Die Post im Auslande.

Die Post im Auslande.

Eine Darstellung der Posteinrichtungen des Auslandes

nach amtlichen Quellen bearbeitet

von

Otto Sieblist,

Kaiserlichem Ober-Postrat,

Vize-Direktor des Internationalen Bureaus des Weltpostvereins.

Vierte, umgearbeitete und vermehrte Auflage.

Springer-Verlag Berlin Heidelberg GmbH 1909

ISBN 978-3-662-00269-8 ISBN 978-3-662-00289-6 (eBook)
DOI 10.1007/978-3-662-00289-6

Vorwort zur ersten Auflage.

Durch die Gründung und den Ausbau des Weltpostvereins, dieser größten aller für die gemeinschaftliche Kulturarbeit der Völker gebildeten Vereinigungen, ist ein gemeinsames, festes Band um alle Weltteile geschlungen, sind die abgelegensten Länder der Erde einander näher gerückt und unmittelbare und enge Verkehrsbeziehungen unter ihnen geschaffen worden. Infolgedessen ist auch das Interesse für die Verkehrseinrichtungen der verschiedenen Staatengebilde der Erde naturgemäß bei den beteiligten Kreisen, den Verkehrsverwaltungen und Verkehrsbeamten, wie auch in der Handelswelt ein allgemeineres und regeres geworden.

Zwar hat der Weltpostverein in verschiedenen fernen Ländern erst die Anregung zur Herstellung geregelter Posteinrichtungen gegeben und für diese als Muster gedient, in anderen ist durch ihn die Beseitigung veralteter, dem Handel und Verkehr und dem Wohle der Allgemeinheit längst nicht mehr entsprechender Verkehrsverhältnisse und die Einführung eines den Ansprüchen des modernen Verkehrs angepaßten Postwesens unter Anschließung an die Einrichtungen des Weltpostvereins veranlaßt worden; dennoch hat überall den besonderen Anforderungen der Verkehrsmittel, den althergebrachten Sitten und Gebräuchen und den eigentümlichen Anschauungen und Bedürfnissen der Landesbevölkerung bei Neuregelung der Verkehrsverhältnisse Rechnung getragen werden müssen. In manchen Ländern wiederum mit einem an sich schon sehr ausgebildeten, festbegründeten Verkehrswesen bestanden von den für den Weltverkehr geschaffenen Verkehrseinrichtungen derartig abweichende Verhältnisse, daß der Weltpostvertrag auf die Gestaltung der inneren postalischen Zustände einen durchgreifenden Einfluß vorerst nicht ausgeübt hat, an dem Bestehenden vielmehr festgehalten worden ist. So kommt es, daß trotz des machtvollen wohltätigen Einflusses, den der Weltpostvertrag seit seinem Bestehen unaufhaltsam auch auf die Gestaltung des Postwesens im eigenen engeren Bereiche der Länder ausübt, dennoch die inneren Posteinrichtungen der verschiedenen Staaten der Erde in noch sehr vielen und wesentlichen Punkten erheblich voneinander abweichen.

Damit hängt es aber auch eng zusammen, daß eine Reihe wichtiger Staaten mit entwickeltem Postwesen von einzelnen Dienstzweigen der Weltpost sich zunächst noch fern gehalten oder daß sie gesucht haben, sie im Wege von Sonderabkommen, wenn auch auf den allgemeinen Grundlagen des Weltpostvertrages und seiner Nebenabkommen, für sich nutzbar zu machen. Um sich in dieser Beziehung ein richtiges Urteil bilden zu können, ist es erforderlich, mit den inneren Posteinrichtungen der betreffenden Staaten näher bekannt zu sein.

Aber auch in vielen anderen Hinsichten ist es für den Kaufmann, wie namentlich für den Verkehrsbeamten von Bedeutung und Interesse, sich mit den Verkehrseinrichtungen der fremden Länder vertraut zu machen und ein vergleichendes Studium der Organisation der einzelnen Postverwaltungen vorzunehmen, zumal auch die Festsetzungen des Weltpostvertrages über Behandlung der Postsendungen des Weltpostverkehrs im Bereich der verschiedenen Postgebiete die für ihren inneren Verkehr bestehenden Einrichtungen vielfach nicht beschränken, sondern ohne weiteres in Wirksamkeit treten lassen (so bezüglich der Bestellung und Abholung, der Rücksendung im Falle der Unbestellbarkeit, der zollamtlichen Abfertigung der Sendungen usw.). Mit Recht muß daher heutzutage von allen Postbeamten, insbesondere aber von denen, die berufen sind, dem Publikum auf bezügliche Anfragen Auskunft zu erteilen, oder die ihre Befähigung für höhere Stellen der Verwaltung nachzuweisen haben, eine allgemeine Kenntnis der Posteinrichtungen in den wichtigeren fremden Ländern verlangt werden.

Ein empfindlicher Mangel hat sich jedoch in dieser Richtung insofern geltend gemacht, als ein umfassendes und bequemes Handbuch über diesen Gegenstand bisher nicht zu Gebote stand. Zwar sind durch die amtlichen und sonstigen Fachzeitschriften seit Jahren Mitteilungen über die fremdländischen Posteinrichtungen veröffentlicht worden, doch sind diese teils längst veraltet, teils in einer größeren Zahl von Bänden zerstreut, von vielen Ländern fehlen solche aber auch ganz. . . .

Die Tatsache, daß jene Veröffentlichungen in verschiedenen Hinsichten dem Bedürfnis nicht zu genügen vermögen, hat den Verfasser veranlaßt, zunächst eine Reihe zusammenhängender Aufsätze über die Posteinrichtungen in den wichtigsten Ländern der Erde, die sich in erster Linie auf das von den fremdländischen Postverwaltungen selbst herausgegebene amtliche Material gründen, durch die in den Kreisen der deutschen Verkehrsbeamten weit verbreitete „Deutsche Verkehrszeitung, Organ für das Post-, Telegraphen- und Eisenbahnwesen und für die Interessen der deutschen Verkehrsbeamten“ zu veröffentlichen. Der Anklang, den dieses Unternehmen in den beteiligten Kreisen gefunden hat, verbunden mit vielfach wiederholten äußeren Anregungen von den verschiedensten Seiten, und die Zustimmung hoher Vorgesetzten haben den Verfasser ermutigt, jene Aufsätze, namentlich was die wichtigeren europäischen Staaten betrifft, in dem gegebenen Rahmen einer erweiternden Umarbeitung zu unterziehen und auf alle einigermaßen bedeutenden Staatengebilde der Erde mit selbständigen geregelten Posteinrichtungen auszudehnen, soweit zuverlässiges Material zur Verfügung stand. Von der Einbeziehung der Posteinrichtungen in den kleineren oder noch wenig entwickelten Kolonialgebieten europäischer Mächte in den Kreis der Besprechung hat der Verfasser absehen zu sollen geglaubt, da diese Einrichtungen denen des Mutterlandes in den wesentlichsten Punkten getreulich nachgebildet sind und im übrigen der innere Verkehr jener Kolonialgebiete (so hat fast jedes Inselchen von Britisch-Westindien seine eigene Postverwaltung) zumeist nur von verschwindender Bedeutung ist.

Wie bereits erwähnt, gründen sich die Aufsätze zum größten Teil auf amtliche Quellen, zum Teil sind zur Ergänzung dieser Quellen auch die auf Mitteilungen der fremdländischen Postverwaltungen fußenden Veröffentlichungen des Internationalen Bureaus des Weltpostvereins herangezogen worden.

Der Verfasser hat die tabellarische Form, die sich für gewisse Zwecke bei dem Stoff der Aufsätze wohl empfohlen hätte, vermieden und sich für eine zusammenhängende Darstellung für jedes einzelne Land entschieden, um das Studium des Stoffes für den Leser anregender zu gestalten. Zudem stellten sich der Anwendung der tabellarischen Form auch sachliche Bedenken entgegen; da die Posteinrichtungen in den einzelnen Ländern infolge ihrer größeren oder geringeren Entwickelung in den Einzelheiten zumeist sehr voneinander abweichen, so hätten unter einer solchen Anordnung entweder die Übersichtlichkeit oder die Ausführlichkeit und Zuverlässigkeit der Angaben Schaden leiden müssen. Um jedoch das Buch auch als bequemes Nachschlagebuch verwendbar zu machen, hat sich der Verfasser befleißigt, die Aufsätze, soweit irgend möglich, nach einer übereinstimmenden Anordnung des Stoffes anzulegen, so daß das Auffinden gesuchter Einzelheiten auch ohne die tabellarische Form ohne Schwierigkeit ermöglicht sein dürfte

Und so übergebe ich denn das Buch, dessen Widmung Seine Exzellenz der Herr Staatssekretär des Reichs-Postamts von Stephan als Begründer und eifriger Förderer des Weltpostvereins anzunehmen geruht hat, der Öffentlichkeit in der Hoffnung, etwas Nützliches im Interesse der deutschen Postverwaltung, der deutschen Amtsgenossen und des deutschen Handelsstandes geschaffen zu haben und dem Wunsche vieler entgegengekommen zu sein, und schließe daran die Bitte um wohlwollende Beurteilung und um Nachsicht, wo das Gebotene hinter dem Erwarteten dennoch zurückgeblieben sein sollte.

Berlin, im Februar 1892.

Vorwort zur vierten Auflage.

Seit dem Erscheinen der 3. Auflage sind neun Jahre verflossen, Jahre regen Schaffens und kräftiger Entwickelung in Handel, Industrie und Verkehr. In engem Zusammenhange mit diesem wirtschaftlichen Aufschwunge, der sich in allen Ländern der Erde mehr oder weniger fühlbar macht, ist das Bedürfnis nach Erleichterungen und Verbesserungen auf den verschiedenen Gebieten des Postwesens schärfer denn je hervorgetreten, und die Postverwaltungen haben sich allerwärts lebhaft bemüht, ihm im eigenen Lande wie im Weltverkehr durch Vereinfachungen im Betrieb, durch Ermäßigung der Tarife, durch Einführung neuer Dienstzweige und durch bessere Anpassung der vorhandenen Einrichtungen an die steigenden Anforderungen des neuzeitlichen Verkehrs nach Möglichkeit gerecht zu werden. Die von diesem Geiste durchdrungenen Beschlüsse der Postkongresse in Washington (1897) und in Rom (1906) haben dieses Streben wesentlich unterstützt und gefördert. Ein Vergleich der Darstellung der dienstlichen Einrichtungen und Vorschriften in den verschiedenen Ländern der Erde in der vorliegenden Neuauflage mit der der früheren Auflagen liefert hierfür einen erfreulichen und überraschenden Beweis.

Aber auch auf einem anderen, mehr die Beamten- als die Geschäftswelt berührenden Gebiete hat sich in dem letzten Jahrzehnt, wie in Deutschland so auch in allen anderen größeren Postverwaltungen, namentlich Europas, eine tief einschneidende Gärung und Bewegung geltend gemacht, die noch nicht allenthalben zum Abschluß und Stillstand gelangt ist: das Drängen der Beamten nach Verbesserung ihrer wirtschaftlichen und gesellschaftlichen Lage einerseits, und das Bestreben der Verwaltungen, diesen Ansprüchen im Rahmen des Berechtigten und Zulässigen und in den durch das Staatswohl gezogenen Grenzen fürsorglich gerecht zu werden, auf der anderen Seite. Erhöhung der Dienstbezüge des Personals, Anpassen der dienstlichen Stellung an Vorbildung und Leistungen, Förderung der fachwissenschaftlichen Ausbildung und des Aufsteigens in der Laufbahn, schärfere Trennung der großen Beamtenklassen, Änderung des Titelwesens, Einführung und Verbesserung der Alters-, Invaliden- und Hinterbliebenenversorgung, Erleichterung der Lasten für Sicherheitsleistung, Beschränkung der Arbeitszeit und Erweiterung der Gelegenheit zur Erholung usw., und dann wieder das unerläßliche und berechtigte Streben der Verwaltungen, die dadurch erhöhten Ansprüche an die Finanzkraft durch Ersparnisse im Betriebe, durch Übertragung einfacherer Dienstleistungen auf billigere Arbeitskräfte, durch Einschränkungen aller Art auf anderen Gebieten einigermaßen wettzumachen — alles das hat das Interesse an der Gestaltung der Beamtenverhältnisse auch außerhalb Deutschlands lebhaft gesteigert. Um diesem Umstand Rechnung zu tragen, hat der Verfasser in der Neuauflage den einschlägigen Personalverhältnissen in den verschiedenen Ländern von Bedeutung, namentlich Mittel- und Westeuropas, aber auch Amerikas, Asiens usw. einen besonders breiten Raum gewährt. Gerade dieser Teil des Buches wird den Verkehrsbeamten besonders fesseln, da er ihm Gelegenheit bietet, seine wirtschaftliche und soziale Lage mit der seiner Berufsgenossen in anderen Ländern zu vergleichen und so einen gesunden und zuverlässigen Maßstab für das Berechtigte und Unberechtigte der eigenen Wünsche und Bestrebungen zu finden. Nur eine genaue Kenntnis aller einschlägigen Verhältnisse kann zu einem richtigen und gerechten Urteil auf diesem schwierigen und doch so interessanten Gebiete führen. Beiläufig bemerkt, hat der Verfasser als Ergebnis seiner Studien auf diesem Gebiete feststellen können, daß die deutsche Post in bezug auf soziale und wirtschaftliche Fürsorge für das Personal der Mehrzahl der übrigen Verwaltungen bahnbrechend vorausgeht, und auch auf diesem Gebiete als Muster gelten kann.

Im allgemeinen geben die Ausführungen den Stand von Anfang Juli 1909 wieder.

Möge auch die Neuauflage dasselbe Wohlwollen und die gleiche Anerkennung bei Verwaltung wie Beamten finden, deren sich die früheren Auflagen zu erfreuen hatten.

Bern, im August 1909. **Der Verfasser.**

Inhaltsverzeichnis.

Europa.

1. Österreich-Ungarn.

(Österreich mit Liechtenstein 300352 qkm und 27735399 Einw.; Ungarn 325325 qkm und 20469157 Einw.)*)

Die Österreichisch-Ungarische Monarchie besitzt für die beiden Reichshälften — Österreich und Ungarn — ein gemeinsames Staatsoberhaupt, den Kaiser von Österreich, zugleich König von Ungarn. Ferner sind für beide Länder gemeinsam: die Regelung der auswärtigen Angelegenheiten mit Einschluß der diplomatischen und handelspolitischen Vertretung dem Auslande gegenüber, das Kriegswesen (mit einigen Einschränkungen) und das Finanzwesen hinsichtlich der gemeinschaftlich zu bestreitenden Ausgaben. Gewisse Angelegenheiten wiederum sind zwar nicht gemeinsam zu verwalten, jedoch nach gleichen, von Zeit zu Zeit zu vereinbarenden Grundsätzen zu behandeln; hierzu zählen die Handelsangelegenheiten, insbesondere die Zollgesetzgebung, die Feststellung des Münzwesens und des Geldfußes, die Feststellung des Wehrsystems usw. In allen übrigen Beziehungen bestehen in den beiden Staatsgebieten vollständig getrennte Regierungen mit eigenen Parlamenten und Ministerien. So wird auch das Post- (und Telegraphen-) Wesen beider Reichshälften durch zwei voneinander unabhängige, besondere Zentralverwaltungen geleitet: die Kaiserlich-Königlich Österreichische, für die österreichischen Staaten einschließlich Galizien und Bukowina, die Königlich Ungarische, für Ungarn mit Siebenbürgen, Kroatien, Slawonien und Fiume nebst Gebiet.

Die Zentralleitung des Post- und Telegraphenwesens in Österreich ist der 3. Sektion des Handelsministeriums (der Post- und Telegraphensektion) übertragen, an deren Spitze ein „Sektionschef" steht. Dieser führt zugleich den Titel „General-Direktor für Post- und Telegraphen-Angelegenheiten". Als ständiges Überwachungsorgan des Handelsministeriums über die Bezirksbehörden ist ein Oberpostinspektor bestellt, der berechtigt ist, in dringenden Fällen auch ohne besondere Vollmacht Anordnungen unter Vorbehalt der nachträglichen Genehmigung des Handelsministeriums zu treffen. Die genannte Sektion des Handelsministeriums zerfällt in 14 Departements; ferner bestehen als Hilfsorgane der Post- und Telegraphensektion das Postkursbureau, das der Leitung der Oberpostinspektors mit untersteht, die technische Abteilung der Post- und Telegraphen-Zentralleitung, das Ministerial-Rechnungsdepartement, die Postfach-Rechnungsdepartements I und II und die Post-Ökonomieverwaltung. Die Ministerial-Departements werden von Ministerial-, Sektions- und Hofräten geleitet. Zur Erledigung der schriftlichen

*) Deutschland 540777 qkm und 60641178 Einwohner (Zählung vom 1. Dezember 1905).

Arbeiten (Konzeptsarbeiten) sind Ministerial-Sekretäre, Ministerial-Vize-Sekretäre und Ministerial-Konzipisten bestimmt; erforderlichenfalls werden auch Beamte der Bezirksbehörden, wie Oberposträte, Posträte, Postsekretäre, Oberpostkontrolore, Postkommissäre, Postkonzipisten usw. dazu verwendet. Auch befähigte Verkehrsbeamte werden bei der Zentralstelle beschäftigt, insbesondere im Kursbureau und in der technischen Abteilung. Das Ministerial-Rechnungsdepartement hat das Rechnungswesen, soweit es die Zentralbehörde selbst betrifft, sowie für das Botschaftspostamt in Konstantinopel und die diesem unterstellten Postämter und die Prüfung der Postsparkassen-Rechnungen zu besorgen, während dem Postfach-Rechnungsdepartement I die Kontrolle der gesamten Betriebsrechnungen hinsichtlich der etatsmäßigen Einnahmen und Ausgaben und dem Postfach-Rechnungsdepartement II die Kontrolle der Postanweisungs- und Postnachnahme-Rechnungen obliegt. An der Spitze jedes Rechnungsdepartements steht ein Rechnungsdirektor; das nachgeordnete Personal setzt sich aus Oberrechnungsräten, Rechnungsräten, Rechnungsrevidenten, Rechnungsoffizialen, Rechnungsassistenten und Rechnungspraktikanten, sowie aus Kanzleigehilfen und Kanzleihilfsarbeitern zusammen.

Der Post- und Telegraphensektion sind zur Verwaltung des vereinigten Post- und Telegraphendienstes in den einzelnen, „im Reichsrate vertretenen" Königreichen und Ländern 10 „K. K. Post- und Telegraphendirektionen" unterstellt, die ihren Amtssitz in folgenden Orten haben: in Brünn für Mähren und Schlesien, in Czernowitz für Bukowina, in Graz für Steiermark und Kärnten, in Innsbruck für Tirol und Vorarlberg, in Lemberg für Galizien, in Linz für Ober-Österreich und Salzburg, in Prag für Böhmen, in Triest für Krain, Görz und Gradiska, Istrien und die Stadt Triest nebst Gebiet, in Wien für Unter-Österreich und in Zara für Dalmatien. Jeder Post- und Telegraphen-Direktion sind die in ihrem Bezirk bestehenden Post- und Telegraphenanstalten untergeordnet. Außerdem sind unterstellt: der Post- und Telegraphen-Direktion in Innsbruck die Postanstalten im Fürstentum Liechtenstein, das ein eigenes Post- und Telegraphenwesen nicht besitzt, und der Post- und Telegraphen-Direktion in Triest die Konsulatspostexpedition in Janina und die Lloydpostexpeditionen in Durazzo, Prevesa, San Giovanni di Medua, Santi Quaranta und Valona. Die übrigen österreichischen Postanstalten in der Levante: das Postamt in Beirut, die Postexpedition in Salonich, die Konsulatspostexpeditionen in Jaffa, Jerusalem und Smyrna und die Lloydpostexpeditionen in Caifa, Candia, Canea, Cavalla, Chios, Dardanellen, Dedeagatsch, Ineboli, Kerasunde, Mitilene, Rettimo, Rhodus, Samsun, Smyrna, Trapezunt und Vathi stehen unter der Aufsicht des der Zentralbehörde unmittelbar unterstellten Botschaftspostamts in Konstantinopel.

Die Leiter der Post- und Telegraphen-Direktionen führen, soweit sie in die IV. Rangklasse der Staatsbeamten gehören, den Titel „Präsident der Post- und Telegraphen-Direktion" (Wien, Lemberg und Prag), sonst den Titel „Oberpostdirektor", bei den kleineren Direktionen „Postdirektor". Bei den 8 größten Direktionen ist ein ständiger Stellvertreter des Vorstehers bestellt, der in Wien, Prag und Lemberg die dienstliche Bezeichnung „Vizepräsident der Post- und Telegraphen-Direktion", bei den übrigen Direktionen „Vizedirektor der Post- und Telegraphen-Direktion" trägt. Die älteren dieser Beamten sind zugleich „Hofräte". Zur Unterstützung sind ihnen Oberposträte (nur bei den größten Direktionen), Posträte und Postsekretäre beigegeben. Der Bezirks-Aufsichtsdienst wird von Oberpostkommissären, Postkommissären und Postkonzeptspraktikanten wahrgenommen, während die Bearbeitung des amtlichen Schriftwechsels (Konzeptsdienst) von Konzipisten und Konzeptspraktikanten besorgt wird. Bei jeder Direktion besteht eine technische Abteilung (als Fachorgan für alle Fragen der Elektrotechnik), ein Rechnungsdepartement, eine Postdirektionskasse und ein Ökonomat (Post- und Telegraphenmaterialien-Verwaltung). Das Personal der technischen Abteilung setzt sich zusammen aus Oberbauräten, Bauräten, Oberingenieuren, Ingenieuren, Bauadjunkten, Maschinenmeistern, Mechanikern, Baueleven und Leitungsrevisoren, das Personal des Rechnungsdepartements aus Oberrechnungsräten oder Rechnungsräten als Vorstehern, ferner aus Rechnungsrevidenten, Rechnungsoffizialen, Rechnungsassistenten und Rechnungspraktikanten, und das Personal der Direktionskassen aus Postkassendirektoren als Vorstehern und aus Zahlmeistern, Hauptkassieren, Kassieren und Hauptkassenkontroloren. Die Geschäfte des Ökonomats werden von Verkehrsbeamten versehen. Mit der Wahrnehmung der Registraturgeschäfte und des Kanzleidienstes, sowie mit der Anfertigung einfacherer schriftlicher Arbeiten, der Aufstellung statistischer Übersichten usw. sind teils Verkehrsbeamte der niederen Klassen, teils Kanzleibeamte und Diurnisten betraut.

Das von einem Oberpostdirektor geleitete Botschaftspostamt in Konstantinopel ist sowohl Verkehrsanstalt als auch Verwaltungsbehörde.

Die **Postanstalten** führen die Bezeichnung „K. K. Postamt" (oder auch „K. K. Post- und Telegraphenamt"). Sie zerfallen in „ärarische" und „nichtärarische" Postämter; erstere sind solche, bei denen der Dienst durch landesfürstliche Beamte und Unterbeamte mit Staatsdienereigenschaft ausgeübt wird, während bei nichtärarischen Postämtern der Dienst durch Personen wahrgenommen wird, welche die Eigenschaft von Staatsdienern nicht besitzen und daher auch keinen Versorgungsanspruch an den Staat haben. Bei den nichtärarischen Postämtern hat der Vorsteher aus seiner Vergütung und aus den ihm bewilligten Pauschalsummen und Nebeneinnahmen (für Eilsendungen u. dgl.) für Hergabe der Diensträume, für deren Ausstattung, für Amtskosten, für Bahnhofsgänge, Briefkastenleerung, Bestelleinrichtungen usw. selbst zu sorgen. Zu den nichtärarischen Postämtern gehören nur die weniger verkehrsreichen; immerhin weisen einzelne eine jährliche etatsmäßige Einnahme von 40 000 Kronen*) auf. In kleineren Orten sind „Postablagen" (den deutschen Posthilfstellen etwa entsprechend) eingerichtet; der Geschäftsführer einer Postablage bezieht als Entschädigung eine Provision von 1 % der verkauften Postwertzeichen.

Für Wahrnehmung des Postfuhrdienstes bestehen „Poststationen"; wo Betriebsdienst und Stalldienst vereinigt sind, heißen die Postanstalten „Postamt und Poststation". In Orten mit ärarischen Postämtern führen die Poststationen die Bezeichnung „Poststallamt", in den anderen Orten „Post-Relais". Die Inhaber von Poststationen haben, soweit sie nicht von früherer Zeit her den Titel „Postmeister" tragen, am Sitz eines Ärarialamtes den Titel „Poststallhalter", sonst „Postfahrtenunternehmer". Bei jeder Poststation für Ärarial- oder Extrapostfahrten muß ein „Wagenmeister" vorhanden sein, dessen Annahme dem Poststallhalter usw. überlassen ist.

*) 1 Krone — ungarisch Korona — (K) zu 100 Heller — ungarisch filler — (h) = 85 Pf.

Außer den Ortspostämtern bestehen noch „Bahnposten"; bei diesen wird der Dienst durch Staatspostbedienstete wahrgenommen. Die Vorsteher der Bahnpostämter führen, je nach dem Geschäftsumfang oder ihrer sonstigen Bedeutung, die Amtsbezeichnung „Oberpostkontrolor" oder „Postkontrolor"; sie haben den gesamten Dienstbetrieb in den Bahnposten zu regeln, auch zum Zwecke der Beaufsichtigung des Dienstes die Eisenbahnstrecken, die von den Bahnposten ihres Amtes befahren werden, zu bereisen. Bei den von Wien ausgehenden Bahnposten finden außerdem außerordentliche Revisionen des Dienstbetriebes durch einen eigens dazu bestellten Beamten der Postdirektion für Wien und Umgegend statt, der die Amtsbezeichnung „Ober-Postkommissar und Bahn-Postinspektor" führt. Die Bahnposten sind nach dem Anfangs- und Endpunkt der von ihnen befahrenen Strecke und außerdem mit Nummern bezeichnet. Wo auf einer Strecke täglich mehr als eine Bahnpost verkehrt, führt in der Regel die der Tageszeit nach zuerst abgehende die niedrigere, die später abfahrende die nächstfolgende Nummer. Viele Eisenbahnzüge, in die Bahnposten nicht eingestellt sind, werden zur Postbeförderung unter Begleitung von „Postkondukteuren" („Bahnposten niederer Ordnung" und „Eisenbahnfahrten mit Postbegleitung") benutzt. Bei anderen Zügen wiederum erfolgt die Beförderung von Briefpaketen durch Vermittelung des Eisenbahnpersonals. Die „Bahnposten niederer Ordnung" befassen sich auch mit der Umarbeitung der Geldbriefe.

Von den ärarischen Ämtern werden die an den größeren Orten bestehenden Hauptpostämter durch „Post-Amtsdirektoren", die übrigen durch „Oberpostverwalter" und „Postverwalter" geleitet. Das nachgeordnete Beamtenpersonal dieser Ämter setzt sich zusammen aus Postamtsvizedirektoren, Oberpostkontroloren, Hauptkassieren, Postkontroloren, Kassieren, Kassenkontroloren, Postoffizialen, Postassistenten und Postamtspraktikanten, sowie aus Hilfsbeamten männlichen und weiblichen Geschlechts (Postadjunkten, Postoffizianten und Postaspiranten).

Die österreichischen Post- und Telegraphenbeamten werden wiederum nach 5 Gruppen unterschieden. Die erste Gruppe umfaßt die „administrativen Beamten", die zweite die „technischen Beamten"; je eine weitere Gruppe bilden die „Rechnungsbeamten", die „Postdirektionskassen-Beamten" und die „Verkehrsbeamten". Bei den einzelnen Gruppen — mit Ausnahme der Beamten der Direktionskassen, die sich aus den Verkehrsbeamten ergänzen — gestaltet sich die dienstliche Laufbahn von ihrem Beginn an verschieden, je nachdem der Beamte eine administrative, technische, Verkehrs- oder Rechnungsbeamtenstelle anstrebt. Zu dem administrativen Personal gehören die Ministerial- und Direktionsbeamten vom Konzeptspraktikanten bis zum Sektionschef aufwärts; technische Beamte sind die bei den technischen Abteilungen des Ministeriums und der Direktionen angestellten Baubeamten vom Baueleven aufwärts bis zum Oberbaurat; die Beamten des Rechnungsdepartements im Ministerium und bei den Direktionen bilden die Gruppe der Rechnungsbeamten. Die bei den ärarischen Post- und Telegraphenämtern *angestellten* Beamten heißen Verkehrsbeamte.

Von den Bewerbern um Beamtenstellen des administrativen Dienstes werden juristische Studien als Vorbedingung für die Annahme gefordert. Die Bewerber haben zu diesem Zwecke den Nachweis über das mit gutem Erfolg zurückgelegte juridisch-politische Universitätsstudium und die drei theoretischen Staatsprüfungen zu liefern. Zur Erlangung einer Anstellung als technischer Beamter in den technischen Abteilungen des Ministeriums und der Direktionen ist der Nachweis des Studiums an einer technischen Hochschule und der im Inland mit Erfolg abgelegten zwei Staatsprüfungen erforderlich. Bewerber um Rechnungsbeamtenstellen werden nur dann angenommen, wenn sie an einem inländischen Gymnasium oder einer Realschule mit dem Zeugnis über die bestandene Reifeprüfung abgegangen sind. Wer Verkehrsbeamter (im obigen Sinne) werden will, soll im allgemeinen eine vollständige Mittelschule oder eine andere gleichgehaltene Lehranstalt bis zum Schluß besucht haben.

Die Anwärter auf die Verkehrsbeamtenstellungen heißen „Postamtspraktikanten". Nach Ablauf von 2 Dienstjahren und nach Absolvierung des Post- und Telegraphenkursus haben sie sich der „Verkehrsprüfung" zu unterziehen, nach deren Bestehen sie nach Maßgabe der frei werdenden etatsmäßigen Stellen als „Assistenten" und später als „Offiziale" angestellt werden. Für die Beförderung in höhere Stellen wird von den Offizialen die Ablegung weiterer Prüfungen gefordert, und zwar haben zunächst diejenigen, welche die Befähigung für Kassier- und Kassenkontrolorstellen bei den Post- und Telegraphenämtern nachweisen wollen, dies durch Ablegung der „Postkassenprüfung" zu tun. Diese Prüfung findet bei der Direktion statt und ist nur mündlich. Die Beamten haben dabei eine genaue Kenntnis des Staatsfinanzwesens und des Kassen- und Rechnungsdienstes bei den Post- und Telegraphenanstalten darzulegen. Zur Erlangung von Verwaltungsstellen ist die „administrative Prüfung" abzulegen. Die Anwärter auf Beamtenstellen des administrativen Dienstes, die „Postkonzeptspraktikanten", werden zu dieser bereits nach Ablauf von 2 Dienstjahren zugelassen, wovon jedoch mindestens eines im Administrativdienst zugebracht sein muß. Sie zerfällt in einen mündlichen und einen schriftlichen Teil. Der letztere besteht in der Bearbeitung einer Aufgabe aus dem Gebiete der Verwaltung oder in einer aktenmäßigen Darstellung und begründeten Entscheidung praktischer Fälle, z. B. Ersatzforderungen, Disziplinarverhandlungen usw. Postoffiziale und Post-Oberoffiziale, welche die Verkehrs- und die administrative Prüfung bestanden haben, werden zur „Amtsleiter-Prüfung" zugelassen. Diese Prüfung, die ebenso wie die administrative Prüfung bei der Zentralbehörde in Wien durch eine besondere Kommission abgenommen wird, hat den Zweck, festzustellen, ob dem Beamten die Dienstkenntnis in dem nötigen erweiterten Umfang zu eigen ist; sie ist Bedingung für die Beförderung in die Stellung eines oberen Beamten bei den Postdirektionskassen — Hauptkassa-Kontrolor, Kassier, Hauptkassier, Zahlmeister und Kassendirektor — oder in die Stelle eines Postkontrolors, Postverwalters, Oberpostkontrolors oder Oberpostverwalters. Die Amtsleiter-Prüfung zerfällt in einen schriftlichen und einen mündlichen Teil. Die schriftliche Prüfung besteht in der Bearbeitung einer Aufgabe aus dem Betriebsdienst, z. B. in der Berichterstattung über Beraubung von Postgütern oder Verlustfälle, in der Feststellung des Personalbedarfs oder in der Begutachtung von Verkehrseinrichtungen. Die mündliche Prüfung soll die Vertrautheit des Kandidaten mit den Vorschriften über den Wirkungskreis der Amtsvorsteher, mit dem Post- und Telegraphendienst (einschließlich der technischen Telegrapheneinrichtungen), sowie mit den von den Verkehrsanstalten zu erledigenden schriftlichen Arbeiten erweisen.

In den Beamtenstellen des Verkehrsdienstes können auch Unteroffiziere angestellt werden, die 12 Jahre (darunter wenigstens 8 als Unteroffiziere) aktiv beim Militär gedient haben, oder die vor dem Feinde oder in Ausübung des öffentlichen Sicherheitsdienstes für den Militärdienst untauglich geworden sind, ohne die Verwendbarkeit für den Zivildienst verloren zu haben, sofern sie die gehörige Befähigung für eine Beamtenstelle besitzen. Für die erste Anstellung ist die vorherige Ablegung der Verkehrungsprüfung Bedingung.

Die Staatsbeamten sind hinsichtlich der Besoldungen (zugleich auch des Ranges) in 11 Rangstufen eingeteilt. Die Besoldung besteht aus zwei Teilen, aus dem eigentlichen Gehalt und der Funktions- oder Aktivitätszulage. Es befinden sich in der Rangstufe V die Ministerialräte und die Hofräte mit einem Gehalt von 10 000, 12 000 und 14 000 K, in der Rangstufe VI die Sektionsräte, Oberpostinspektoren, Oberpostdirektoren, Oberposträte, Oberbauräte und Rechnungsdirektoren mit einem Gehalt von 6400, 7200, 8000 und 8800 K, in der Rangstufe VII die Ministerial-Sekretäre, der Direktor der Ökonomieverwaltung, die Postdirektoren (Vorsteher der kleineren Postdirektionen), Posträte, Bauräte, Oberrechnungsräte, Kassendirektoren, Amtsdirektoren und Postinspektoren mit einem Gehalt von 4800, 5400, 6000 und 6400 K, in der Rangstufe VIII die Ministerial-Vizesekretäre, Postsekretäre, Oberpostkommissäre, Bau-Oberkommissäre, Rechnungsräte, Zahlmeister, Hauptkassiere, Postamtsvizedirektoren, Oberpostverwalter und Oberpostkontrolore mit einem Gehalt von 3600, 4000, 4400 und 4800 K, in der Rangstufe IX die Ministerialkonzipisten, Postkommissäre, Baukommissäre, Rechnungsrevidenten, Postverwalter, Postkontrolore und Oberoffiziale mit einem Gehalt von 2800, 3000, 3200, 3400 und 3600 K, in der Rangstufe X die Postkonzipisten, Bauadjunkten, Obermechaniker, Rechnungsoffiziale und Postoffiziale mit einem Gehalt von 2200, 2400, 2600 und 2800 K, und in der Rangstufe XI die Rechnungsassistenten, Postassistenten, Magazineure, Maschinisten und Mechaniker mit einem Gehalt von 1600, 1800, 2000 und 2200 K. Die Aufrückungszeit in der Rangstufe V beträgt 5, in den Rangstufen IX bis XI 3 und in den Rangstufen VI bis VIII in die 2. und 3. Gehaltsstufe 5, in die 4. 3 Jahre. Die Aktivitätszulagen sind nichtpensionsfähige Wohnungsgeldzuschüsse und auf Grund einer Einteilung aller Orte in 4 Klassen festgesetzt. Wien bildet jedoch eine Klasse für sich. In die 1. Klasse gehören die Orte mit mehr als 80 000 Einwohnern (ausgenommen Wien), in die 2. die Städte mit mehr als 40 000 bis 80 000 Einwohnern, in die 3. die Orte mit mehr als 10 000 bis 40 000 Einwohnern und in die 4. alle Orte mit weniger als 10 000 Einwohnern. Abweichend hiervon kann die Regierung Städte mit teuren Wohnungs- und Lebensmittelpreisen — z. B. Badeorte — einer höheren als ihrer Einwohnerzahl entsprechenden Klasse zuteilen. Die Aktivitätszulage beträgt in Österreich für die 1. Klasse 80 %, für die 2. 70 %, für die 3. 60 % und für die 4. Klasse 50 % der Aktivitätszulage für Wien. Diese beträgt für die Beamten der V. Rangklasse 2200 K, der VI. 1840 K, der VII. 1610 K, der VIII. 1380 K, der IX. 1200 K, der X. 960 K und der XI. 720 K.

Die Beamten der IX. bis XI. Rangklasse beziehen außerdem noch Dienstalterspersonalzulagen, und zwar von 200 K, wenn sie 16 Jahre, von 400 K jährlich, wenn sie 20 Jahre in derselben Rangklasse verbracht haben.

Außerhalb der Rangklassen stehen die Postkonzeptspraktikanten (Anwärter der Administrativlaufbahn), Baueleven (Anwärter der technischen Laufbahn), Rechnungspraktikanten (Anwärter der Rechnungslaufbahn) und Postamtspraktikanten (Anwärter der Verkehrslaufbahn), die jedoch den Charakter von Staatsbeamten haben und als Dienstbezug eine Bauschsumme (Adjutum) beziehen. Diese beträgt für die beiden ersten Anwärtergattungen 1000 und nach Ablegung der administrativen oder der technischen Prüfung 1200 K, für die Rechnungspraktikanten 800 K und für die Amtspraktikanten 600, nach Ablegung der Verkehrsprüfung 800 K. Praktikanten und ihnen gleichgestellte Assistenten, die eine höhere wissenschaftliche Vorbildung genossen haben, erhalten nach dreijähriger Dienstzeit 1600 K, die übrigen Assistenten 1200 K, nach fünfjähriger Dienstzeit 2000 und 1500 K.

Das Unterbeamtenpersonal der ärarischen Postämter wird in 3 Klassen eingeteilt. Die Unterbeamten der 1. Kl. führen die Amtsbezeichnung „Postunterbeamte", die der 2. Kl. „Postamtsexpedienten", die der 3. Kl. „Postamtsdiener". Hinsichtlich der Höhe der Besoldungen zerfällt jede Klasse wiederum in 3 Stufen. Die Gehaltssätze betragen für Postunterbeamte 1200, 1300 und 1400 K, für Postamtsexpedienten 1000, 1100 und 1200 K, für Postamtsdiener 800, 900 und 1000 K. Daneben beziehen die Postamtsexpedienten eine pensionsfähige zeitliche Zulage von 100 K, die Postamtsdiener von 200 K jährlich. Im Bezirk einer jeden Post- und Telegraphendirektion sollen ein Fünftel der etatsmäßigen Stellen auf die Postunterbeamten, je zwei Fünftel auf die beiden anderen Klassen entfallen. Innerhalb der einzelnen Klassen sind auf jeder Stufe gleichviel Leute zu führen. Das Aufsteigen eines Dieners 3. Kl. in eine höhere Klasse wird von dem Ausfall einer Prüfung und eines mehrmonatigen Probedienstes abhängig gemacht. Den Probedienst haben die Beteiligten im allgemeinen während der dienstfreien Zeit zu verrichten. Nur beim Aufsteigen eines Dieners 3. Kl., der in der höchsten Gehaltsstufe dieser Klasse mindestens 10 Jahre verbracht hat, wird von jener Prüfung Abstand genommen; sie ist jedoch nachzuholen, wenn er später in die 1. Kl. einrücken will. Die „Postunterbeamten", welche die erste Gehaltsstufe ihrer Klasse erreicht haben, erhalten neben dem Gehalt noch eine pensionsfähige Dienstalterszulage, die nach fünfjährigem Verweilen in der höchsten Gehaltsstufe von 1400 K 100 K, nach zehnjährigem Verweilen darin 200 K beträgt. Ferner erhalten alle Postdiener die Dienstkleidung geliefert. Endlich beziehen sie Aktivitätszulagen, die in Wien 55 %, in anderen Orten in den 4 verschiedenen Ortsklassen 40, 35, 30 und 30 % des Gehalts betragen.

Bei den ärarischen Ämtern sind außer den eigentlichen Unterbeamten noch Landbriefträger, die eine Bauschvergütung beziehen, Aushilfsdiener und Sammelboten gegen Tagegeld und Bestellboten gegen Tage- oder Stücklohn beschäftigt

Die nichtärarischen Ämter zerfallen in erbliche und in vertragsmäßig bestellte Ämter. Bei den erblichen oder privilegierten Postämtern ist dem Inhaber, dem Postmeister, mittels Allerhöchsten Privilegiums das Recht verliehen, die Befugnis zur Ausübung des Postdienstes zu vererben oder mit Genehmigung der Behörde zu verkaufen, sofern der Erbe oder Käufer die persönliche Dienstfähigkeit und den Besitz des privilegierten Posthauses nachweisen kann. Die Einrichtung ist im Verschwinden, da das Privilegium seit dem Jahre 1840 nicht mehr erteilt wird. Die nichtärarischen Postämter zerfallen in 3 Klassen. Die Vorsteher der Postämter I. und II. Kl. führen die Amtsbezeichnung „Postmeister", die der III. Kl. „Postexpedient"; weibliche Personen, die nichtärarische Ämter verwalten, heißen „Postinhaberinnen". Die Postmeister werden mittels Dekrets ernannt. Durch die Anstellung tritt der Ernannte in ein dauerndes Dienstverhältnis zur Postverwaltung. Die Postexpedienten und Postinhaberinnen stehen zur Verwaltung im Vertragsverhältnis, das beiderseits halbjährlich gekündigt werden kann. Die bei nichtärarischen Ämtern beschäftigten Unterbeamten heißen „Postboten" und stehen allgemein zum Vorsteher im Privatverhältnis; der Postverwaltung sind sie weder durch einen Diensteid, noch durch einen sonstigen Akt unmittelbar verpflichtet und daher auch ihrer Disziplinargewalt nicht unmittelbar unterworfen. Für die Handlungen des Unterbeamtenpersonals dem Ärar gegenüber sind die Postmeister usw. verantwortlich.

Die Bezüge der Postmeister sind teils ordentliche, teils außerordentliche. Zu den ordentlichen Bezügen gehören die Besoldung, das Amtspauschale, die Manipulationsbeihilfen, die Dienerpauschalien, aus denen sie die Kosten für die Unterbeamtenkräfte zu bestreiten haben, und die Dienstalterszulagen, zu den außerordentlichen die Eilbotenlöhne, die Nachtdienstgebühren und die Fahrtbegleitungspauschalien für die Begleitung der Post in Eisenbahnzügen oder für die Besorgung des Bahnpostdienstes durch den Postmeister usw. oder seine Angestellten.

Für die Postämter I. Kl. bestehen 4, für die II. Kl. 2 Besoldungsstufen. Die Höhe der „Besoldung" beträgt bei den Postämtern I. Kl. 2400, 2250, 2100 und 1900 K, bei denen II. Kl. für männliche Postmeister 1700 und 1500 K, für weibliche 1600 und 1400 K.

Das „Amtspauschale" dient zur Bestreitung des Mietzinses für die Diensträume, zur Anschaffung und Unterhaltung der Ausstattungsgegenstände und zur Bestreitung der Kosten für Heizung und Beleuchtung der Diensträume und der sonstigen Auslagen. Es beträgt in den verschiedenen Klassen und Stufen der Ämter in den Bezirken Brünn, Prag und Wien in der Regel 960, 840, 720, 600, 500 und 400 K, in den übrigen Bezirken 900, 780, 660, 540, 450 und 360 K jährlich.

Postmeister der Postämter I. Kl., die in der 1. Besoldungsstufe stehen, haben nach je 5 in dieser Klasse zurückgelegten Dienstjahren Anspruch auf „Dienstalterszulagen" von 200 K, solche der Postämter II. Kl. von 100 K. Die Dienstalterszulagen dürfen im Gesamtbetrage bei Postämtern I. Kl. 400 K, II. Kl. 300 K nicht übersteigen.

Bei Postämtern II. Kl. können in bestimmten Ausnahmefällen als Beamtenhilfskräfte junge Leute, die mindestens 16 Jahre alt sind und die Volksschule bis zu Ende besucht haben, gleichviel ob männlichen oder weiblichen Geschlechts, als „Postgehilfen" herangezogen werden. Diese stehen zu ihrem Dienstgeber in einem privaten Dienstverhältnis; ihre Bezahlung ist der freien Vereinbarung überlassen; zum Dienst werden sie mittels Handschlags verpflichtet. Auch die Frauen der Postmeister können als Postgehilfen zugelassen werden. Die Verwendung der Postgehilfen erfolgt für Rechnung der Postmeister; doch kann diesen eine „Manipulationsbeihilfe" gewährt werden, die je nach dem Verkehrsumfange des Postamts 500, 600 und 700 K, 400, 500 und 600 K oder 240, 320 und 400 K (der 1. Satz für männliche, der 2. für weibliche, der 3. für Ehefrauen der Postmeister) beträgt.

Endlich beziehen auch die Postmeister I. und II. Kl. für Wahrnehmung der Postsparkassengeschäfte besondere „Ortszulagen", die sich in Wien zwischen 510 und 880 K, in Orten der 1. Aktivitätszulagenklasse zwischen 345 und 640 K, der

2. zwischen 290 und 560 K, der 3. zwischen 235 und 480 K und der 4. zwischen 180 und 400 K (je nach der Besoldungsstufe des Postmeisters) bewegen.

Die Dienstbezüge der „Postexpedienten" (Vorsteher der Postämter III. Kl.) setzen sich zusammen aus dem Gehalt (der Bestallung), der Telegraphenzulage bei Ämtern mit Telegraphen- oder Fernsprechdienst und dem Amtspauschale (für Amtsbedürfnisse). Die Postämter III. Kl. sind in 6 Gehaltsstufen eingeteilt, und zwar betragen die Bestallung, die Telegraphenzulage und das Amtspauschale jährlich in der 1. Stufe 1300, 200 und 300 K, in der 2. Stufe 1100, 200 und 250 K, in der 3. Stufe 900, 200 und 200 K, in der 4. Stufe 800, 150 und 175 K, in der 5. Stufe 700, 150 und 150 K und in der 6. Stufe 600, 150 und 125 K. Werden die Diensträume amtlich gestellt, so ist das Amtspauschale nur mit der Hälfte zahlbar. In den angeführten Beträgen ist die Entschädigung für Wahrnehmung der Postsparkassengeschäfte mit enthalten. Die Postexpedienten sind berechtigt, zu ihrer Unterstützung „Postgehilfen" einzustellen, doch wird ihnen für die Haltung von Postgehilfen keinerlei Beihilfe aus der Postkasse gewährt.

Wie bei den ärarischen, so können auch bei den nichtärarischen Postämtern für die Besorgung der Landbriefbestellung „Landbriefträger" gegen feste Vergütung Verwendung finden.

Für die Wahrnehmung der einfacheren Beamtengeschäfte bei den ärarischen Postämtern und die nachgeordneten Beamtenstellen bei nichtärarischen Postämtern I. und II. Kl. sind besondere Betriebsbeamte männlichen und weiblichen Geschlechts bestimmt. Die Bewerber um solche Stellen müssen 17 bis 35 Jahre alt sein und sollen in der Regel vier Jahrgänge einer inländischen Mittelschule oder eines Mädchenlyzeums oder eine mindestens zweiklassige Handelsschule absolviert haben oder das Entlassungszeugnis einer Bürgerschule besitzen. Sie haben zunächst eine sechsmonatige Lehrzeit (Praxis) durchzumachen, davon mindestens die letzten 3 Monate bei einem Ärarialpostamt. In dem letzteren Teil der Praxis müssen sie sich einem von Verkehrsbeamten abzuhaltenden Kursus unterziehen. Für die ersten 3 Monate haben sie ein Lehrgeld von 5 K monatlich zu entrichten. Der Besuch des Kursus dagegen ist unentgeltlich. Am Schluß der Praxis müssen sie sich einer Prüfung aus allen Dienstzweigen unterwerfen, die beim Postamt ihrer Beschäftigung abgenommen wird und in einen mündlichen und schriftlichen Teil zerfällt. Die schriftliche Prüfung besteht in der Ausarbeitung eines leichteren Themas aus dem Verkehrsdienst. Eine zweimalige Wiederholung der Prüfung ist nur mit Genehmigung des Handelsministeriums zulässig. Bis ihre dauernde Einberufung in eine Stelle erfolgt, können sie aushilfsweise und vorübergehend gegen Tagegeld beschäftigt werden. In dieser Zwischenzeit führen sie den Titel „Postaspirant (Postaspirantin)". Ihr Tagegeld ist verschieden nach ihrer Dienstzeit und nach der Aktivitätszulagenklasse, welcher der Beschäftigungsort angehört. Nach der Dienstzeit bestehen 3 Tagegeldstufen; in Wien beträgt das Tagegeld der Postaspiranten 3 K, 3 K 20 h, 3 K 40 h, in Orten der 1. Aktivitätszulagenklasse 2 K 80 h, 3 K, 3 K 20 h, der 2. 2 K 60 h, 2 K 80 h, 3 K, der 3. 2 K 40 h, 2 K 60 h, 2 K 80 h und der 4. 2 K 20 h, 2 K 40 h, 2 K 60 h. Das Tagegeld der Postaspirantinnen ist etwas niedriger und bewegt sich zwischen 2 K 20 h und 3 K. Die 1. Tagegeldstufe kommt während der ersten 2 Jahre, die 2. während des 3. und 4. Jahres, die 3. bei höherer Dienstzeit in Anwendung. Sobald die Aspiranten zum dauernden Dienst einberufen werden, werden sie zu „Postoffizianten (Postoffiziantinnen)" ernannt. Die (männlichen) Postoffizianten zerfallen hinsichtlich ihrer Besoldung in 10 Klassen. Die Verleihung von Postoffiziantenstellen erfolgt zunächst in provisorischer Eigenschaft; erst durch die Beförderung in die nächsthöhere Dienstaltersklasse wird die Anstellung eine definitive. Die Postoffizianten beziehen eine Besoldung. Das Vorrücken in die 2. bis 6. Dienstalters- (Besoldungs)-Klasse erfolgt nach je 2, in die 7. bis 10. Dienstaltersklasse nach je 3 Jahren. Das Vorrücken in die 6. Klasse ist an die Voraussetzung einer befriedigenden Dienstleistung geknüpft. In jeder Dienstaltersklasse richtet sich die Höhe der Besoldung nach der Aktivitätszulagenklasse, welcher der Amtsort angehört; es bestehen also im ganzen 50 Besoldungssätze. Die Besoldung beträgt in den 10 Klassen in Wien 1300, 1400, 1500, 1600, 1700, 1800, 2000, 2200, 2400 und 2600 K, in Orten der 1. Aktivitätszulagenklasse 1200, 1300, 1400, 1500, 1600, 1700, 1850, 2050, 2250 und 2450 K, der 2. Aktivitätszulagenklasse 1150, 1250, 1350, 1450, 1550, 1650, 1800, 2000, 2200 und 2400 K, der 3. Zulagenklasse 1100, 1200, 1300, 1400, 1500, 1600, 1750, 1950, 2150 und 2350 K, der 4. Zulagenklasse 1050, 1150, 1250, 1350, 1450, 1550, 1700, 1900, 2100 und 2300 K. Die Postoffizianten führen vom Eintritt in die 6. Dienstaltersklasse an den Titel „Postadjunkt". Solche, die in die oberste Dienstaltersklasse vorgerückt sind, haben nach je 4 weiteren Dienstjahren Anspruch auf Dienstalterszulagen von 100 K.

Die Postoffiziantinnen zerfallen in 12 Besoldungsklassen. Das Vorrücken in die Klassen 2 bis 6 erfolgt nach 2, in die übrigen Klassen nach je 3 Dienstjahren. Für die 8. Klasse ist ebenfalls befriedigende Dienstführung Voraussetzung. In jeder Besoldungsklasse ist die Besoldung nach der Aktivitätszulagenklasse des Amtsorts verschieden, so daß 60 Sätze bestehen. In Wien beträgt die Besoldung in den 12 Klassen 1100, 1150, 1200, 1250, 1350, 1450, 1600, 1750, 1900, 2050, 2200 und 2350 K, in Orten der 4. Aktivitätszulagenklasse steigt sie von 900 bis 2100 K. Die Postoffiziantinnen erhalten mit dem Eintritt in die 8. Dienstaltersklasse den Titel „Postadjunktin". Nach Einrücken in die 1. Dienstaltersklasse erhalten sie ebenfalls nach je 4 weiteren Dienstjahren eine Alterszulage von 100 K.

Postoffizianten und Postaspiranten können zur Vertretung von Postmeistern und Postexpedienten herangezogen werden; sie führen dann den Titel „Postadministrator" und beziehen neben ihrer Besoldung eine Administrationszulage, die bei Postämtern I. Kl. 10 K, II. Kl. 8 K und III. Kl. 5 K monatlich beträgt. Die Postoffizianten können auch zu Postmeistern und Postexpedienten ernannt werden. Im weiteren werden Postoffizianten, die mindestens vier Klassen einer Mittelschule oder eine dreiklassige Handelsschule absolviert und wenigstens 8 Dienstjahre zurückgelegt haben, auch zur Verkehrsprüfung zugelassen und können dann zu Postassistenten ernannt werden.

Bei Beschäftigung in Orten mit starkem Fremdenverkehr wird den Offizianten und Aspiranten für die Dauer der Saison eine besondere Zulage von 20 % ihres Gehaltes gewährt. In Versetzungs- und Vertretungsfällen beziehen Beamte und Unterbeamte noch Reisetagegelder, Fuhr- und u. U. Umzugskostenentschädigungen, sowie Zehrgelder. Sind von dem ständigen Personal Mehrleistungen in erheblichem Umfange oder für einen längeren Zeitraum zu übernehmen, so können den Beamten und Unterbeamten besondere Mehrarbeitsgebühren, wenn dadurch die Einstellung einer vollen Arbeitskraft für längere

Zeit erspart wird, oder „Stundengelder", wenn dies nicht der Fall ist, bewilligt werden. Jene betragen in Wien für Beamte 1 K 90 h, für Diener 1 K 70 h täglich, in den anderen Orten zwischen 1 K 50 h und 1 K 80 h für Beamte und 1 K 30 h bis 1 K 60 h für Diener. Sind mehrere Personen beteiligt, so wird die Gebühr unter sie verteilt. Die Stundengelder sind für höhere Beamte auf 65 bis 80 h, für Betriebsbeamte auf 45 bis 60 h und für Diener auf 30 bis 45 h festgesetzt. Für Nachtdienst beziehen die Beamten und Unterbeamten besondere Nachtdienstgebühren, die für vollen und halben Nachtdienst verschieden hoch bemessen sind. Unter halbem Nachtdienst ist dabei solcher Dienst zu verstehen, der zwischen 10 und 12 Uhr nachts oder, nach 12 Uhr beginnend, spätestens 5 Uhr beendigt ist. Für subalterne Verkehrsbeamte (einschießlich der Postamtspraktikanten), sowie für Postoffizianten und Postaspiranten beiderlei Geschlechts beträgt die Nachtdienstgebühr für vollen oder halben Nachtdienst in Wien 2 und 1 K, in Orten der 1. Aktivitätszulagenklasse 1 K 80 h und 90 h, der 2. 1 K 60 h und 80 h, der 3. 1 K 40 h und 70 h, der 4. 1 K 20 h und 60 h. Für Unterbeamte bewegt sich diese Gebühr für vollen Nachtdienst zwischen 70 h und 1 K 20 h, für halben Nachtdienst zwischen 35 und 60 h. Für Wahrnehmung des Telegraphendienstes beziehen die Postbeamten eine sog. Telegrammstücktantieme, die im allgemeinen 0,4 h für das Telegramm beträgt. Die im Bahnpostdienst beschäftigten Beamten und Unterbeamten endlich beziehen Kilometergeld, Nachtdienstgebühr und Rastgebühr. Das Kilometergeld ist für Schnellzüge und andere Züge verschieden und beträgt für die beiden Zugarten für landesfürstliche Beamte 0,9 und 1,1 h, für Postoffizianten 0,8 und 1 h, für Postunterbeamte 0,6 und 0,8 h und für Postamtsdiener und Aushilfsdiener 0,5 und 0,7 h. Die Nachtdienstgebühr ist für jede im Postbegleitungsdienst zwischen 10 und 5 Uhr nachts zugebrachte Stunde fällig, und zwar in Höhe von 17 h für landesfürstliche Beamte, 16 h für Postoffizianten, 14 h für Postunterbeamte und 12 h für Postamtsdiener. Die Rastgebühr wird für jede am Endpunkt der Fahrt zwischen Ankunft und Abfahrt des Zuges zugebrachte Stunde gewährt und beträgt für die genannten 4 Beamtenkategorien 24, 22, 16 und 12 h. Die Summe der 3 Gebührenarten soll jedoch mindestens betragen bei einer mehr als 12stündigen Abwesenheit vom Stationsorte 5, 4, 3 und 2 K und bei einer höchstens 12stündigen Abwesenheit 3 K 50 h, 3 K 20 h, 2 K 50 h und 1 K 80 h.

Die Beamten und Unterbeamten jeder Art haben bei jeder Ernennung auf einen festen Dienstposten und bei jeder Gehalts- und Dienstalterspersonalzulage eine Diensttaxe zu entrichten, die im allgemeinen auf ⅓ des Jahresgehalts (abzüglich eines taxfreien Betrages von 600 K) und der Zulagen festgesetzt ist. Kautionen sind nicht zu stellen.

Alle Beamten und Unterbeamten (ausgenommen die Postexpedienten, Postgehilfen und Postboten) haben Anspruch auf Ruhegehalt. Dieses beträgt für alle Staatsbeamten, die in eine bestimmte Rangklasse eingeteilt sind, nach 10jähriger Dienstzeit 40% und für jedes weitere Dienstjahr 2,4% des Gehalts und eines bestimmten Teils der Aktivitätszulage (Rangklasse V 800, VI 640, VII 560, VIII 480, IX 400, X 320 und XI 240 K), so daß nach 35jähriger Dienstzeit die Versetzung in den Ruhestand mit vollem Gehalt nebst der erwähnten Zulage erfolgt. Die übrigen Beamten (insbesondere Postmeister und Postoffizianten) beziehen ein Ruhegehalt, das sich nach

10jähriger Dienstzeit ebenfalls mit 40 %, für jedes weitere Dienstjahr aber nur mit 2 % einer bestimmten Pensionsgrundlage berechnet. Diese ist festgesetzt für Postmeister (männliche und weibliche) in Klasse I, Stufe 1 auf 2700 und 2600 K, Stufe 2 2500 und 2400 K, Stufe 3 2300 und 2200 K, Stufe 4 2100 und 2000 K, in Klasse II, Stufe 1 1800 und 1700 K, Stufe 2 1600 und 1500 K, für männliche Postoffizianten — je nach der Dienstaltersklasse — auf 1000, 1050, 1100, 1200, 1300, 1400, 1550, 1700, 1850 und 2000 K, für weibliche Postoffizianten — je nach der Dienstaltersklasse — 1000, 1050, 1100, 1150, 1200, 1250, 1300, 1400, 1500, 1600, 1700 und 1800 K. Die Unterbeamten (Diener) haben Anspruch auf Ruhegehalt, das sich nach 10jähriger Dienstzeit auf 40 %, für jedes weitere Jahr um 2 % des um 20 % erhöhten Gehaltes beläuft. Das Ruhegehalt eines Staatsbeamten darf nicht geringer als 800 K, eines Postmeisters nicht niedriger als 700 K, eines Postoffizianten nicht geringer als 600 K sein und eines Dieners nicht hinter 400 K zurückbleiben. Wird ein Beamter oder Unterbeamter infolge von Krankheit oder Dienstbeschädigung dienstunfähig, so wird er, sofern er mindestens 5 Dienstjahre zurückgelegt hat, so behandelt, als ob er 10 Jahre im Dienst war. Andernfalls erhält er eine einmalige Abfindung, die bei einer Dienstzeit bis zu 5 Jahren mit dem einfachen, bei höherer Dienstzeit mit dem doppelten Betrage des Jahresgehaltes bemessen wird.

Im Falle des Todes eines Beamten wird der Witwe ein Witwengeld gezahlt, das auf bestimmte Jahresbeträge festgesetzt ist und z. B. bei Beamten der VII. Rangklasse 1800 K, der VIII. Rangklassse 1400 K, der IX. Rangklasse und bei Oberpostmeistern (älteren Postmeistern) 1200 K, der X. Rangklasse und bei Postmeistern I. Kl. 1000 K und der XI. Rangklasse und bei Postmeistern II. Kl. 800 K, bei Postoffizianten der Dienstaltersklassen 1 bis 5: 700 K, 6 bis 9: 750 K, der Kl. 10: 800 K, bei als Postexpedienten bestellten Postoffizianten 50 % des Ruhegehalts, mindestens aber 400 K beträgt. Dienerwitwen erhalten ein Drittel des zur Ruhegehaltsbemessung anrechnungsfähigen Gehalts des verstorbenen Ehemannes, mindestens aber ein Witwengeld von 400 K. Für hinterbliebene Kinder bis zum vollendeten 24. Lebensjahr oder bis zu früher erfolgter Versorgung wird ein Erziehungsbeitrag von einem Fünftel des Witwengeldes, höchstens aber von 600 K für ein Kind, für sämtliche Kinder höchstens von dem Betrage des Witwengeldes gewährt. Elternlose Waisen beziehen die Hälfte des Witwengeldes. Als Abträge zur Pensionskasse sind von den Staatsbeamten 4,3 %, von den männlichen Postmeistern und Postoffizianten 3,8 %, von den weiblichen Postmeistern 2,8 %, von den Postoffiziantinnen 2,5 % und von den Dienern 1,6 % der pensionsfähigen Gehalts- usw. Beträge fortlaufend zu entrichten.

Für die Postboten, Landbriefträger und Postillione des Wiener Poststallamtes, die einen Pensionsanspruch nicht besitzen, besteht eine besondere Anstalt zum Zwecke der Ruheversorgung und der Versorgung ihrer Witwen und Waisen, der Provisionsfonds für Postboten. Die Mitglieder, teils zwangspflichtige, teils freiwillige, haben Eintrittsgelder und fortlaufende Beiträge zu zahlen, außerdem haben die Dienstgeber der Genannten sich an den Eintrittsgeldern und Beiträgen zu beteiligen.

Im allgemeinen nehmen alle Postämter ohne Unterschied an sämtlichen Dienstzweigen teil.

Wie in Österreich, so ist auch in Ungarn das Handelsministerium die oberste

Post- und Telegraphenbehörde. Eine besondere Abteilung des Handelsministeriums ist die „Königliche Generaldirektion der Posten und Telegraphen", der ungefähr in demselben Umfang wie der 3. Sektion des österreichischen Handelsministeriums die selbständige Leitung des Post- und Telegraphenwesens übertragen ist. Diese Generaldirektion gliedert sich in 7 Sektionen. Daneben bestehen als Hilfsämter der Zentralleitung ein Oberinspektorat (für Telegraphie), das Landes-Post- und Telegraphen-Rechnungsamt, das Zentralabrechnungsbureau für Postanweisungen, das Zeitungsabonnementsamt und das Landes-Post- und Telegraphen-Ökonomat. An der Spitze der Generaldirektion steht ein „General- Post- und Telegraphen-Direktor". Die Sektionen werden von Oberdirektoren und Direktoren geleitet; das übrige Personal der Zentralbehörde ist im allgemeinen in derselben Weise wie das der österreichischen obersten Postbehörde zusammengesetzt.

Als Bezirksbehörden bestehen 9 Post- und Telegraphen-Direktionen in Budapest, Kaschau (Kassa), Klausenburg (Kolozsvár), Großwardein (Nagyvárad), Fünfkirchen (Pécs), Preßburg (Pozsony), Ödenburg (Sopron), Temesvar und Agram (Zagrab) mit je einem Post- und Telegraphen-Direktor an der Spitze. Letzterem sind Post- und Telegraphen-Räte und Post- und Telegraphen-Sekretäre beigegeben. Zur Erledigung der schriftlichen Arbeiten sind Post- und Telegraphen-Hilfssekretäre, Post- und Telegraphen-Konzipisten sowie Konzeptspraktikanten angestellt. Ebenso wie in Österreich hat in Ungarn jede Direktion eine von einem technischen Rat geleitete und mit Oberingenieuren, Ingenieuren und Hilfsingenieuren besetzte technische Abteilung, ferner ein Rechnungsdepartement und eine Direktionskasse, deren Personal im wesentlichen dieselben Amtsbezeichnungen führt und in der gleichen Weise zusammengesetzt ist, wie in Österreich. Der Bezirks-Aufsichtsdienst wird in der Regel je zur Hälfte von Sekretären und Verkehrsbeamten — meist Oberoffizialen — versehen. Größere ärarische Ämter werden durch die Direktoren oder Räte revidiert. Bei der Post- und Telegraphendirektion in Budapest besteht für den Aufsichtsdienst ein besonderes, von einem Postrat geleitetes Kommissariat, dem alle die Anwesenheit eines Kommissars an Ort und Stelle erfordernden Angelegenheiten übertragen werden.

Die Postanstalten zerfallen, wie in Österreich, in „ärarische" und „nichtärarische" (ungarisch: kimstári postahivatalok und nem kimstári postahivatalok); neben den Ortspostanstalten bestehen noch besondere „Bahnpostämter". Als Hilfspostanstalten in Landorten bestehen ferner „Postagenturen" und „Postsammelstellen". Von den ärarischen Ämtern werden die größeren durch Oberinspektoren oder Inspektoren, die kleineren von Oberoffizialen oder Offizialen verwaltet. Das nachgeordnete Beamtenpersonal dieser Ämter besteht aus Inspektoren und Oberoffizialen als Abteilungsvorstehern und Kassenführern, sowie aus Offizialen, Hilfskontroloren, Assistenten, Manipulanten und Diurnisten, das Unterbeamtenpersonal aus Unteroffizialen, Dienern und Aushilfsdienern. Die Anwärter auf Staatsbeamtenstellen heißen „Praktikanten", auf Hilfsbeamtenstellen „Eleven". Zur fachlichen Ausbildung der ersteren bestehen in Budapest und Agram besondere „Lehrkurse". Das nichtärarische Personal wird durch Wanderlehrer unterrichtet.

In Ungarn sind die Pensionsverhältnisse der ärarischen Beamten und Unterbeamten in derselben Weise geregelt wie in Österreich; es fehlt jedoch die Festsetzung von Mindestruhegehältern. Pensionsberechtigt sind außer den nach

Rangklassen eingeteilten Beamten die Manipulanten, Manipulantinnen und das Diurnistenpersonal.

Im Falle des Todes eines Beamten werden als fortlaufende Bezüge Witwenpensionen und Erziehungsbeiträge gewährt, letztere jedoch nur dann, wenn ein Beamter mindestens drei versorgungsberechtigte Kinder hinterläßt. Beamtenwitwen erhalten als Pension für sich 50 % des pensionsfähigen Diensteinkommens ihres Ehegatten, mindestens aber 600 K. Beträgt jedoch das Diensteinkommen mehr als 1200 K jährlich, so werden von jeden weiteren 200 K nur 20 % als Witwenpension gerechnet. Mehr als 5000 K jährlich darf keine Witwenpension betragen. Von den Waisen der Beamten gelten die Söhne bis zur Vollendung ihres 20., die Töchter bis zur Erreichung des 18. Lebensjahres als versorgungsberechtigt. Für jedes Kind wird ein Erziehungsbeitrag von einem Sechstel der Witwenpension gewährt. Die Summe der Erziehungsbeiträge darf den Betrag der Witwenpension nicht überschreiten. Vollwaisen erhalten das 1½ fache der für Halbwaisen festgesetzten Beträge. Witwen von Unteroffizialen und Dienern erhalten ein Drittel des letzten Aktivitätsgehalts der Verstorbenen. Den Waisen der Unteroffiziale gebührt ein Erziehungsbeitrag von je 36 K, den Waisen von Dienern ein solcher von 24 K jährlich. Im übrigen gelten für die Versorgung der Unterbeamtenwaisen im wesentlichen dieselben Grundsätze wie für die Beamtenwaisen.

Die nichtärarischen Postämter zerfallen in 4 Klassen, je nach der Wichtigkeit des Dienstes. Die Bedeutung eines Amtes wird nach Arbeitseinheiten festgestellt. Ämter mit weniger als 5000 solcher Einheiten sind Ämter IV. Kl., mit 5 bis 15 000 Einheiten III. Kl., mit 15 bis 35 000 II. Kl. und mit mehr als 35 000 I. Kl. Ämter IV. Kl. sind täglich nur 4 Stunden, solche I. und II. Kl. 8 Stunden für den Verkehr mit dem Publikum geöffnet. Die Vorsteher der nichtärarischen Ämter heißen durchweg „Postmeister". Sie haben für Diensträume, Amtskosten, nachgeordnetes Beamten- und Unterbeamtenpersonal für eigene Rechnung zu sorgen und beziehen als Entlohnung Gebühren, die sich nach der Zahl der Arbeitseinheiten ihres Amtes richtet. Jede Arbeitseinheit aus dem Annahme-, Ausgabe- und Bestellungs- und Fernsprechdienst wird mit je 8 h, aus dem Durchgangsdienst mit 2 h berechnet; dazu tritt ein Zuschlag von 20 % für die Bearbeitung der gewöhnlichen Briefsendungen, für die Einheiten nicht bestehen. Findet bei dem Amt Telegraphen- oder Fernsprechdienst statt, so erhöht sich die Vergütung um jährlich 240 K, bei Telegraphen- und Fernsprechdienst um 360 K. Muß aus besonderen Gründen die Dienstdauer verlängert werden, so bezieht der Postmeister hierfür weitere Entschädigungen, die sich nach der Dienstverlängerung richten; für sog. beschränkten Tagesdienst stellt sich diese Entschädigung beispielsweise auf 240 K, bei vollem Tagesdienst auf 420 K, bei halbem Nachtdienst (bis Mitternacht) auf 540 K und bei vollem Nachtdienst auf 660 K jährlich. Im übrigen sind Mindesteinkommensbezüge festgesetzt; so soll ein Postmeister IV. Kl. nicht weniger als 600 K, ein solcher III. Kl. nicht weniger als 720 K und, wenn das Postamt mit Telegraphen- oder Fernsprechdienst ausgestattet ist, nicht unter 960 und 1020 K jährlich beziehen. Ferner erhalten die Postmeister im Mindesteinkommen Alterszulagen von 120 K nach je 10 Dienstjahren bis zu 30 Dienstjahren, doch sind diese Zahlungen nicht an das Amt, sondern an die Person gebunden. Ein Postamt I. und II. Kl. kann nur solchen Postmeistern übertragen werden, die bereits 5 Jahre als Vorsteher tätig gewesen sind.

Da das Personal der nichtärarischen Postämter keine Pensionsberechtigung besitzt, so besteht für Zwecke der Alters-, Witwen- und Waisenversorgung eine besondere Einrichtung, der Pensionsverein für Post- und Telegraphenbedienstete. Diesem Verein gehören als pflichtige Mitglieder die bei nichtärarischen Ämtern beschäftigten Beamten, einschließlich der Vorsteher, an; die mit Pensionsberechtigung angestellten Staatspostbediensteten (ärarischen Beamten) können freiwillig Mitglieder des Vereins werden. Außer mit der Versicherung von Pensionen für die Beamten und ihre Hinterbliebenen befaßt sich der Verein mit Gewährung von Unterstützungen an bedürftige Mitglieder und von Beerdigungskosten-Zuschüssen, sowie mit der Gewährung von Darlehen gegen fünfprozentige Verzinsung. Für einen jährlichen Beitrag von 4 K leistet der Verein nach mindestens 10jähriger Mitgliedschaft einen Beerdigungskostenbeitrag von 240 K, ferner gegen eine Jahresprämie von 12 K nach ebenfalls mindestens 10jähriger Mitgliedschaft des Ehegatten eine Witwenpension von jährlich 200 K und jedem hinterbliebenen Kinde einen Erziehungsbeitrag von 40 K jährlich. Die Summe der Erziehungsbeiträge darf die Witwenpension nicht übersteigen. Die nichtärarischen Beamten erwerben für ihre Person den Anspruch auf Pension durch Zahlung bestimmter Jahresbeiträge, die auf durchschnittlich 6 % der Besoldung festgesetzt sind. Dafür gewährt der Verein nach 10jähriger Mitgliedschaft den männlichen Postmeistern usw. 50 % und den weiblichen 60 % der Jahresbesoldung als Pension. Mit jedem weiteren Jahr erhöht sich die Pension um 6 bis 20 K jährlich, bis die männlichen Mitglieder nach 35jähriger und die weiblichen nach 30jähriger Mitgliedschaft die volle Jahresbesoldung als Pension erhalten. Der Verein erhält Zuschüsse aus der Postkasse.

Im Ausland unterhält die ungarische Postverwaltung nur eine Postanstalt auf dem internationalen Bahnhof zu Predeal (Rumänien).

Die Versendungsvorschriften und sonstigen dienstlichen Einrichtungen der Postverwaltungen beider Reichshälften decken sich in allen wesentlichen Punkten fast vollständig. Die weiter unten folgenden Versendungsbestimmungen beziehen sich daher, soweit Ausnahmen nicht besonders aufgeführt sind, sowohl auf Österreich als auch auf Ungarn.

Im übrigen besteht zwischen den beiden Reichshälften auch ein engerer Postverband (Wechselverkehr), der durch ein besonderes Übereinkommen zwischen den beiderseitigen Handelsministerien geregelt worden ist. Dieser Wechselverkehr erstreckt sich auf Postsendungen (sowie auf Telegramme) aus einem Staatsgebiet in das andere — interner Wechsel-(Terminal-)Verkehr —, aus einem Staatsgebiet in das Ausland oder umgekehrt mit Durchgang (Transitierung) durch das andere Staatsgebiet — internationaler Wechsel-(Terminal-)Verkehr — und aus dem Ausland in das Ausland mit Durchgang durch beide Staatsgebiete — Transitverkehr —. Jeder der beiden Teile hat auf seinem Gebiet für die Beförderung der Postsendungen auf eigene Kosten zu sorgen. Alle Gebühren aus dem internen Wechselverkehr behält der Teil, in dessen Gebiet sie erhoben werden. Hinsichtlich der Briefpost, sowie der Postanweisungs-, Postauftrags- und Zeitungsgebühren findet eine Ausgleichung nicht statt, dagegen werden die Fahrposteinnahmen (einschl. der Nachnahmegebühren) aus dem internen wechselseitigen Verkehr nach einem bestimmten Verhältnis geteilt, dessen Neufeststellung von beiden Teilen von 5 zu 5 Jahren gefordert werden kann. Im internationalen Wechselverkehr befördert jeder Teil die über sein Gebiet geleiteten Briefpostsendungen aus oder nach dem anderen Gebiet unentgeltlich. Die aus dem Transitverkehr auf die österreichisch-ungarische Beförderungsstrecke entfallenden Einnahmen jedes der beiden Teile werden zwischen beiden Postverwaltungen halbscheidlich geteilt; wird in diesem Verkehr nur eines der beiden Postgebiete berührt, so findet eine Teilung der bezüglichen Transitgebühreneinnahme nicht statt. Die Gebühreneinnahmen jedes der beiden Teile aus dem internationalen Fahrpost-Wechselverkehr werden im Verkehr aus Österreich über Ungarn in das Ausland und umgekehrt in jenem Verhältnis, dagegen im Verkehr aus Ungarn über Österreich nach dem Ausland und umgekehrt zwischen beiden Postverwaltungen halbscheidlich geteilt. Auch die Gebühreneinnahme aus dem Fahrpostverkehr im Durchgang durch Österreich-Ungarn bezieht jede Verwaltung zur Hälfte; wird im Durchgang jedoch nur das eine der beiden Postgebiete berührt, so erfolgt eine Teilung dieser Gebühreneinnahme nicht. Die an fremde Postverwaltungen zu zahlenden Transitgebühren, Weiterfranko, Zollauslagen usw. bilden jedoch keinen Gegenstand der gemeinschaftlichen, zwischen beiden Postverwaltungen zu teilenden Einnahme, sondern werden dem Ministerium, das sie zu vergüten, auszulegen oder einzuheben hat, von dem andern unverkürzt erstattet und in Anrechnung gebracht. Der Abschluß und die Abänderung von Postverträgen und Übereinkommen mit dem Ausland geschehen im Einvernehmen der beiderseitigen Ministerien; bei den Verhandlungen jedoch, die das Internationale Bureau des Weltpostvereins zum Zwecke der Abänderung der Ausführungs-Bestimmungen zum Weltpostvertrag und zu den zugehörigen Nebenabkommen führt, steht jeder der beiden Postverwaltungen die selbständige Stimmabgabe zu. Die Bestimmungen für den österreichisch-ungarischen Wechselverkehr werden im gemeinsamen Einvernehmen der beiderseitigen Minister festgestellt; den letzteren ist dagegen die selbständige Regelung des eigenen inneren Verkehrs unumschränkt vorbehalten. Für den Wechselverkehr gelten jedoch im allgemeinen dieselben Versendungsbedingungen und Taxen wie für den inneren Verkehr beider Länder.

Die Bestimmungen über den Postzwang oder das Postregal enthält für Österreich das Postgesetz vom 5. November 1837, für Ungarn das provisorische Postgesetz vom 26. Dezember 1850; sie sind für beide Länder übereinstimmend. Danach unterliegen dem Postzwang verschlossene Briefe, zu denen alle schriftlichen, an abwesende Personen gerichteten Mitteilungen oder Nachrichten gezählt werden, und periodische Schriften (Zeitschriften und Zeitungen in Blättern oder Heften) ohne Unterschied des Inhalts und gleichviel, ob sie handschriftlich oder durch Druck hergestellt oder vervielfältigt sind, sofern nur diese Gegenstände von einem Orte nach einem anderen gerichtet sind und zwischen beiden Orten eine unmittelbare oder mittelbare Postverbindung besteht. Indessen sind von dem Postzwang eine Anzahl Ausnahmen zugelassen; so erstreckt er sich nicht auf offene oder von Behörden verschlossene Frachtbriefe, die den Frachtführern zugleich mit den Gütern zur Beförderung übergeben werden, auf periodische Schriften, deren Ausgabetag zur Zeit der Beförderung um ½ Jahr zurückliegt, auf Briefe und periodische Schriften, die durch einen besonderen Boten befördert werden, auf periodische Schriften in Ballen oder Kisten, insofern ein solches Frachtstück nur an einen einzelnen Empfänger gerichtet ist, auf die Korrespondenzen der Eisenbahnen, die den Dienst oder den Bau betreffen, auf der Außenseite als „Dienstkorrespondenz" bezeichnet sind, zwischen den Direktionen und ihren Organen, sowie zwischen letzteren ausgetauscht und durch ihre Angestellten befördert werden.

A. Briefpost.

Briefe können bis 250 g, in Ungarn bis 500 g wiegen, doch sind portofreie Dienstbriefe in Österreich bis 2½ kg, in Ungarn bis 1 kg zugelassen. Tarif: bis 20 g frankiert 10 h, unfrankiert 20 h, über 20 bis 250 g frankiert 20 h, unfrankiert 30 h, in Ungarn über 250 bis 500 g frankiert 30 h, unfrankiert 40 h; Ortsbriefe: bis 20 g frankiert 6, unfrankiert 12 h, über 20 bis 250 g frankiert 12, unfrankiert 18 h, in Ungarn über 250 bis 500 g frankiert 18 h, unfrankiert 24 h. Für unzureichend frankierte Briefe wird das Doppelte des fehlenden Frankos erhoben. Für unfrankierte portopflichtige Dienstbriefe wird das Porto nur in Höhe des Frankos berechnet. Unfrankierte Briefe, die äußerlich auf den Inhalt der Briefe bezügliche Zeichen tragen, sind von der Beförderung ausgeschlossen.

Kartenbriefe: 6 h für den Ortsverkehr, 10 h für den Fernverkehr. Sie werden mit einem Zuschlage von 1 h für das Stück, also zu 7 und 11 h, an das Publikum abgesetzt.

Postkarten: einfache 5 h, mit Antwort 10 h, unfrankiert und unzureichend frankiert das Doppelte des fehlenden Frankos. Von der Postverwaltung ausgegebene Postkarten mit eingedrucktem Wertstempel, die übrigens einen Aufdruck „Postkarte" oder „Korrespondenzkarte" nicht mehr tragen, werden zum Nennwert des Stempels, ungestempelte Postkarten zum Preise von 8 h, mit Antwort von 16 h für je 25 Stück verkauft. Durch die Privatindustrie hergestellte Postkarten sind zur Beförderung zugelassen; derartige Karten müssen jedoch in Größe und Stärke des Papiers mit den von der Postverwaltung aufgelegten Postkarten genau übereinstimmen, während die Farbe des Papiers der Wahl des Absenders überlassen ist. Den Postkarten können Warenproben, die für sich besonders frankiert sein müssen, angehängt oder angeheftet werden.

Die Postanstalten befassen sich mit der Annahme von Bestellungen auf Zeitungen und Zeitschriften; die Tätigkeit der Postanstalten erstreckt sich bei dieser Vermittelung lediglich auf die Entgegennahme des Bezugspreises und seine Übermittelung an den Verleger durch besondere Zeitungspostanweisung. Die Übermittelungsgebühr beträgt allgemein 10 h für jede Zeitung oder für mehrere von demselben Bezieher gleichzeitig bestellte Exemplare derselben Zeitung. Es ist Sache des Verlegers, die Bestellungen und Geldbeträge bei der Bestimmungspostanstalt abzufordern. Der Bezieher kann seine Zeitungen auch unmittelbar beim Verleger bestellen. Die einzelnen Zeitungen sind unter einem mit der genauen Adresse des Beziehers versehenen Streifbande (Adreßschleife) zu versenden. Die Verleger haben die Zeitungen in Paketen, nach Kursen und Bestimmungspostämtern geordnet, zur Auflieferung zu bringen. Die Taxe für die vom Verleger bei einem vorher ein für allemal bezeichneten Postamt auf diese Weise aufgegebenen Zeitungen beträgt, ohne Rücksicht auf das Gewicht der Zeitung, für das Exemplar 2 h. Erscheint die Zeitung höchstens einmal wöchentlich, aber nicht seltener als zweimal monatlich, so sind für jede Nummer bis 250 g 2 h und für den 250 g übersteigenden Teil 2 h mehr für jede 100 g zu entrichten; endlich sind für Zeitungen, die seltener als zweimal monatlich erscheinen, 2 h für je 100 g zu zahlen. Abendblätter, die mit den Morgenblättern von demselben oder dem nächstfolgenden Tage vereinigt unter einer Schleife versandt werden, unterliegen keiner besonderen Gebühr; ebenso ist für Beiblätter, wenn sie mit dem Hauptblatt unter einer Schleife verschickt werden, eine besondere Gebühr auch dann nicht zu entrichten, wenn das Beiblatt für sich allein bezogen werden kann. Auch Prämien, wie Bilder, Broschüren, Kalender usw., können gebührenfrei mit der Zeitung zusammen versandt werden. In Österreich ist das Meistgewicht einer Zeitungsnummer auf 1 kg, in Ungarn auf 500 g festgesetzt.

Zur Frankierung der Zeitungen sind besondere Zeitungsfrankomarken (zu 2, 6, 10 und 20 h) zu verwenden, die nur an die von den Postdirektionen zum Bezug ermächtigten Zeitungsverleger in Bogen von je 100 Stück gegen Barzahlung ausgegeben werden. Es werden postseitig auch Adreßbogen zu je 30 Adreßzetteln, die mit einer eingeprägten 2 h-Zeitungsfrankomarke versehen sind, hergestellt und an die Verleger zum Nennwert des Wertstempels (der Bogen also zu 60 h) abgegeben. Ebenso können von den Verlegern hergestellte Adreßstreifen postseitig unentgeltlich mit dem Wertstempel zu 2 h bedruckt werden. Die Zeitungsfrankomarken werden erst bei Ankunft der Zeitungen von dem Bestimmungspostamt entwertet, das die Verpflichtung hat, auch die richtige Anwendung des Tarifs zu überwachen.

Als außergewöhnliche Zeitungsbeilagen sind Drucksachen bis zum Einzelgewicht von 30 g zulässig; die Gebühr beträgt für jede Beilage bis 10 g $1/3$ h, über 10 bis 20 g $2/3$ h und über 20 g 1 h.

Andere als abonnierte Zeitungen, sowie Drucksachen jeder Art sind bis 1 kg zugelassen; in den Ausdehnungen ist eine Grenze nicht gezogen. Tarif: in Ungarn bis 10 g 2 h, über 10 bis 50 g 3 h, in Österreich bis 50 g 3 h, in Österreich und Ungarn über 50 bis 100 g 5 h, über 100 bis 250 g 10 h, über 250 bis 500 g 20 h, über 500 bis 1000 g 30 h, ungenügend frankiert das Doppelte des fehlenden Frankos; unfrankierte Drucksachen gelangen nicht zur Absendung. Inländische Sammelwerke (wie Konversationslexika und dgl.), gleichviel ob gebunden oder ungebunden, die gegen periodisches Abonnement vom Herausgeber, Verleger oder Buchhändler an bestimmten Tagen versandt werden und von einem verantwortlichen Redakteur gezeichnet sind, werden ohne Rücksicht auf ihren Inhalt, und zwar bis zum Einzelgewicht von 500 g unter den gleichen Bedingungen und zu denselben Taxen wie die abonnierten Zeitungen postamtlich befördert. Hinsichtlich der Beschaffenheit und der Verpackung der zur Beförderung gegen die ermäßigte Drucksachentaxe bestimmten Sendungen decken sich die Bestimmungen im wesentlichen mit denen der deutschen Postordnung.

Das gleiche gilt für die Warenproben, soweit nachstehend nicht etwas anderes angegeben ist. Das Meistgewicht der Warenproben ist auf 350 g festgesetzt; in den Ausdehnungen dürfen sie 30 zu 20 zu 10 cm, in Rollenform 30 zu 15 cm nicht überschreiten. Tarif: in Ungarn 3 h bis 50 g, 10 h über 50 bis 250 g, in Österreich 10 h bis 250 g, in Österreich und Ungarn 20 h für schwerere Warenproben, unzureichend frankiert das Doppelte des fehlenden Frankos, unfrankierte Warenproben werden nicht abgesandt. Warenproben, denen Briefe oder unzulässige schriftliche Mitteilungen beigefügt sind, werden, sofern sie 20 g nicht übersteigen, dem Absender als unzulässig zurückgegeben; sind sie schwerer als 20 g, so wird gegen den Absender das Verfahren wegen Portohinterziehung eingeleitet.

Die Vereinigung von Drucksachen und Warenproben zu einer Sendung bis 350 g ist gegen die Warenprobentaxe statthaft. Geschäftspapiere sind nicht zugelassen.

Im inneren Verkehr Österreichs sind auch Bahnhofsbriefe zulässig, d. i. Briefe, die am Bahnhof unmittelbar nach Ankunft an den Empfänger ausgehändigt werden. Die bezüglichen Einrichtungen, sowie die Vorschriften über die Beschaffenheit der Bahnhofsbriefe entsprechen im wesentlichen denen für Bahnhofsbriefe in Deutschland. Die vom Empfänger im voraus zu entrichtende Gebühr beträgt 10 K monatlich.

Briefsendungen jeder Art (ausgenommen abonnierte Zeitungen und Bahnhofsbriefe) können unter Einschreibung befördert werden. Für Verpackung und Verschluß bestehen keine besonderen Bestimmungen; dagegen müssen Einschreibsendungen stets frankiert werden. Die Einschreibgebühr beträgt 25 h, in Ungarn im Ortsverkehr nur 10 h. Die Rückscheingebühr ist der Einschreibgebühr gleich. Der Absender eines Einschreibbriefes kann bei der Einlieferung auch verlangen, daß ihn das Bestimmungspostamt von der Ankunft des Briefes verständigt; für eine solche „Empfangsanzeige" ist ebenfalls eine Gebühr von 25 h im voraus zu entrichten. Einschreibbriefe können mit Nachnahme belastet werden (siehe unter „E. Pakete"). Im Falle des Verlustes einer Einschreibsendung wird dem Absender Schadenersatz in Höhe von 50 K geleistet; Porto und Einschreibgebühr werden jedoch nicht erstattet. Der Anspruch auf Schadenersatz muß innerhalb 6 Monate, vom Tage der Einlieferung ab gerechnet, geltend gemacht werden.

Für portopflichtige Gerichtsbriefe mit Rückschein (eine Art Zustellungsurkunde) in Österreich hat der Empfänger im Ortsverkehr 10 h für jeden Brief, im Fernverkehr bis 50 g einschließlich 10 h, für schwerere Briefe 20 h zu zahlen.

Die Nachsendung der Briefsendungen jeder Art erfolgt kostenfrei. Postlagerbriefe werden 2 Monate zur Verfügung des Empfängers bereitgehalten. Wenn sich jedoch eine Person nach ihrem festen Wohnsitz regelmäßig die Sendungen zu dem offensichtlichen Zwecke postlagernd senden läßt, sich den Ausgabegebühren (Fachgebühr, Lagerzins) zu entziehen, so bleibt der Vermerk postlagernd unberücksichtigt.

Unbestellbare Briefe werden unentgeltlich nach dem Aufgabeort zurückgesandt und dem Absender zurückgegeben. Ist letzterer aus dem Äußeren des Briefes nicht zu ermitteln, so wird die Sendung in eine Liste aufgenommen, die vor dem Postamt zur öffentlichen Kenntnis ausgehängt wird. Meldet sich der Absender nicht, so werden gewöhnliche Briefe nach 3 Monaten, andere Gegenstände nach 1 Monat, und zwar in der Regel am 5., 15. und 25. des Monats an die Bezirksdirektion eingesandt, wo sie von einer Kommission geöffnet werden; vom Inhalt der Briefe darf hierbei nicht Kenntnis genommen werden. Enthalten die Briefe keine Gegenstände von Wert, so werden sie sogleich verbrannt; andernfalls werden sie noch weiter aufbewahrt, und es wird ein Verzeichnis durch die Landeszeitung veröffentlicht. Meldet sich auch dann der Absender nach Ablauf 1 Jahres nicht, so werden die Wertsachen, vorbehaltlich aller Rechte des Eigentümers, zur Postkasse vereinnahmt.

Die Landbriefträger befassen sich auch mit der Annahme (Einsammlung) von Postsendungen aller Art; bei Wertsendungen und Postanweisungen beschränkt sich jedoch die Annahme auf solche bis 1000 K. Die neben Porto und sonstigen Gefällen zur Einhebung gelangende „Einsammlungsgebühr" ist in der Regel von gleicher Höhe wie das Bestellgeld; für Einschreibbriefsendungen beträgt sie 6 h. Die Landbriefträger fertigen über die ihnen übergebenen nachzuweisenden Sendungen „Aufgabescheine" selbständig aus, die sie einem Blockheft entnehmen. Für Wertsendungen usw. von mehr als 100 K gelten diese jedoch nur als „Zwischenaufgabescheine", als welche sie handschriftlich bezeichnet und die auf dem nächsten Bestellgange gegen Aufgabescheine der Postanstalt umgetauscht werden.

In Wien und in Prag besteht eine Rohrposteinrichtung, mit der innerhalb Wien und Prag und ihrer Vororte Briefe und Kartenbriefe bis 10 g, einfache Rohrpostkarten und solche mit bezahlter Antwort (neben angekommenen und aufgelieferten Telegrammen) befördert werden. Die Briefe müssen frankiert sein, andernfalls werden sie als gewöhnliche Briefsendungen behandelt. Tarif: Rohrpostbriefe 45 h, Rohrpostkartenbriefe 35 h, einfache Rohrpostkarten 25 h, Rohrpostkarten mit Antwort 50 h. Über eine Rohrpostsendung erteilen die Postanstalten auf Verlangen gegen eine Taxe von 10 h eine Empfangsbescheinigung. Die Auflieferung der Rohrpostsendungen hat entweder am Schalter der Rohrpoststationen sowie einiger Postämter, oder aber durch Einlegen in die innerhalb der Stadt in großer Anzahl aufgestellten besonderen Rohrpostbriefkasten von rotem Anstrich, die in kurzen Fristen geleert werden, zu erfolgen. Die Bestellung der Rohrpostsendungen geschieht durch Eilboten kostenfrei; nur nach einigen abgelegenen Vororten wird für die Abtragung eine besondere Gebühr von 20 oder 30 h eingehoben. Mit der Rohrpost können auch sog. Bahnhofskorrespondenzen befördert werden, d. h. Briefe und Postkarten nach außerhalb, die mit der Rohrpost den Bahnhofspostämtern zur Weitersendung mit den nächstabgehenden Postzügen zugeführt werden sollen; für diese Sendungen kommt neben der Rohrpostgebühr das gewöhnliche Porto für Briefe oder Postkarten zur Erhebung.

Die Briefsendungen jeder Art, einschließlich der im Wege des Postabonnements bezogenen Zeitungen, werden den Empfängern gebührenfrei in die Wohnung bestellt. Wünscht ein Empfänger seine Sendungen vom Postamt abzuholen, so wird ihm ein Fach des Ausgabespindes oder bei größeren Ämtern ein „Schloßfach" eingeräumt; hierfür hat er eine Fachgebühr von 2 K (wenn auch Postanweisungen und Geldbriefe abgeholt werden, von 3 K) monatlich zu entrichten. Bei Abholung lediglich der im Wege des Abonnements bezogenen Zeitungen kommt eine Fachgebühr nicht zur Erhebung.

Eilbestellung ist für Briefsendungen jeder Art zugelassen, ausgenommen für Ortssendungen. Die Absender haben die Eilsendung mit der deutlichen Bezeichnung „Expreß" zu versehen und stets vollständig zu frankieren; außer dem Porto ist eine Expreßgebühr von 30 h vom Absender im voraus in Freimarken zu entrichten, aus welcher der Eilbotenlohn für die im Ortsbestellbezirk des Bestimmungspostamts auszuführende Eilbestellung bestritten wird. Der ortsübliche Botenlohn für die Eilbestellung außerhalb eines Postorts wird mit 1 K für jede 7½ km Wegestrecke berechnet und vom Empfänger — nach Abzug der in allen Fällen im voraus zu entrichtenden Expreßgebühr von 30 h — eingezogen. Weigert sich der Empfänger, den Eilbotenlohn zu zahlen, so ist die Sendung als unbestellbar zu behandeln. Die Eilbestellung erfolgt nachts von 10 bis 5 Uhr nur dann, wenn der Absender dies durch den Vermerk „auch nachts zustellen“ ausdrücklich verlangt hat.

Um den Ausweis der Empfänger von Einschreib- und Wertsendungen, sowie von Postanweisungen, namentlich wenn diese postlagernd gestellt sind, zu erleichtern, geben die Postanstalten Postausweiskarten (nach deutschem Muster) gegen eine Gebühr von 50 h aus, die ihre Gültigkeit 1 Jahr lang behalten.

Die Frankierung der Postsendungen hat mittels Postfreimarken zu geschehen. Zur Erleichterung des Ankaufs und der Aufbewahrung der Freimarken sind „Markenheftchen“ ausgegeben, die 18 Marken zu 5 h und 6 zu 10 h enthalten und zu 1 K 52 h verkauft werden. Außer Kartenbriefen und Postkarten hat die Postverwaltung auch gestempelte Streifbänder zu 3 h Nennwert ausgegeben, die mit einem Aufschlage von 1 h das Stück abgegeben werden.

Aus Streifbändern, Postkarten usw. ausgeschnittene Markenstempel, sowie Freimarken mit abgeschnittenem Rand sind ungültig. Dagegen können die Marken durchlocht oder überschrieben werden, ohne daß sie ihre Gültigkeit verlieren. Vor der Verwendung unbrauchbar gewordene Postwertzeichen werden unter Entrichtung eines Aufschlags von 1 h für das Stück gegen neue gleichartige Wertzeichen umgetauscht.

Bei den österreichischen Ärarialpostämtern sind auch ungarische Postfreimarken käuflich und umgekehrt. Zum Zahlungsaustausch dürfen derartige Marken des anderen Landesteils von den Postanstalten jedoch nicht abgegeben werden.

Sowohl in Postorten, als auch in Landorten bestehen amtliche „Markenverschleißstellen“. Die Befugnis, Freimarken zu verkaufen, wird von der Postbehörde in der Regel nur Privatpersonen, die ein offenes Geschäft führen, verliehen. Als Entgelt für ihre Mühewaltung beziehen die Inhaber von amtlichen Markenverschleißstellen 1 % des Betrages der abgesetzten Marken. Dagegen haben sie an ihrem Haus eine Tafel mit der deutlichen Bezeichnung „Verkauf von Postwertzeichen“, ferner in Orten mit nichtärarischem Postamt in der Regel einen für eigene Rechnung zu beschaffenden Briefkasten mit 2 Blecheinsätzen anzubringen und diesen zu leeren, auch die Beförderung der Blecheinsätze mit den eingelegten Briefsendungen zur Postanstalt in regelmäßigen Fristen durch zuverlässige Boten unentgeltlich besorgen zu lassen.

Unfrankierte und unzureichend frankierte Sendungen werden in beiden Reichshälften von der Bestimmungsanstalt mit Postportomarken zum Werte des einzuziehenden Portobetrages beklebt. Diese Marken dienen auch zur Verrechnung der Bestellgelder im Landbestelldienst.

B. Wertbriefe (Geldbriefe).

Mit der Post können Papiergeld, Banknoten, bares Geld (Gold, Silber und kleinere Beträge in Kupfer) und Wertpapiere bis 250 g in Briefform unter Wertangabe zur Versendung gelangen; die Höhe der Wertangabe ist unbeschränkt.

Zur Verpackung können in Österreich sowohl die von der Postverwaltung herausgegebenen amtlichen Umschläge, als auch andere Umschläge verwendet werden. Bei den postamtlichen Umschlägen genügt statt der sonst vorgeschriebenen fünfmaligen Siegelung ein Verschluß mit 2 oder 3 Siegeln. Diese amtlichen Umschläge sind auf der Aufschriftseite an der linken oberen Ecke mit dem K. K. Adler und darüber in halbrunder Umschrift mit der Bezeichnung „Postwertzeichen“ und unter dem Adler mit der Angabe „Preis per Stück 2 h“, sowie endlich an der unteren linken Ecke mit einem Vordruck für die Einzelangabe des Wertinhalts nach Staatsnoten und Banknoten versehen; an dem offenen Flügel sind sie behufs Herstellung eines haltbaren Verschlusses gummiert, die beiden Längenflügel sind gekerbt. Die amtlichen Umschläge werden einzeln zu 2 h an das Publikum abgelassen. In Ungarn ist zur Verpackung ein fester Umschlag zu benutzen, der stets mit 5 Siegeln zu verschließen ist.

Bei Geldbriefen bis 1000 K muß der Absender den Brief selbständig (je nachdem mit 2 oder 5 Siegeln) versiegeln und verschlossen zur Post liefern; bei Geldbriefen mit mehr als 1000 K kann der Brief verschlossen oder, zwecks Prüfung des Inhalts durch den Annahmebeamten, offen aufgegeben werden. Bei offener Auflieferung werden in Österreich bei Verwendung eines amtlichen Geldbriefumschlages demnächst zum Verschluß 2 amtliche Siegel auf die Enden der Verschlußklappen und ein Siegel des Aufgebers in die Mitte zwischen jene beiden Siegel, bei Verwendung eines anderen Umschlages aber nur das mittlere Siegel amtlich, die übrigen 4 Siegel vom Aufgeber angelegt. In der letztbeschriebenen Weise wird in Ungarn bei offener Auflieferung der Verschluß der Geldbriefe stets hergestellt.

Außer der Adresse des Empfängers und der Höhe des Wertes müssen in der Aufschrift auch die verschiedenen Geldsorten, aus denen sich der Inhalt zusammensetzt, nach ihrer Gattung, Stückzahl und ihrem Einzelwert angegeben sein. Bei Wertpapieren, die nicht als Geld im Umlauf sind, genügt die Angabe der Gesamtzahl und des Gesamtwertes. Unrichtige Wertangabe ist strafbar, und zwar wird bei zu niedriger Wertangabe eine Geldstrafe in Höhe des fünffachen Betrages der hinterzogenen Versicherungsgebühr auferlegt. Die Bestimmungen über die Haftpflicht der Postverwaltung decken sich im wesentlichen mit den Festsetzungen des deutschen Postgesetzes.

Dem Aufgeber wird kostenfrei ein Einlieferungsschein ausgehändigt, der mit der Unterschrift des Annahmebeamten und einem Abdruck des Tagesstempels versehen wird; führt der Aufgeber ein Posteinlieferungsbuch, so wird in diesem Quittung erteilt. Bei der Einlieferung eines Wertbriefes wird sein Gewicht ermittelt und nebst der erhobenen Taxe auf dem Briefe vermerkt. Im Einlieferungsschein sind Aufschrift, Wert und Gewicht des Briefes, der etwaige Frankobetrag, sowie bei Sendungen mit Wertpapieren die Gattung und Stückzahl der Wertpapiere nach der Angabe in der Aufschrift genau zu verzeichnen.

Die offen zur Post gelieferten Geldbriefe müssen stets vom Absender frankiert werden, während bei den verschlossen aufgegebenen Geldbriefen die Frankierung in das Belieben des Absenders gestellt ist. Nur wenn Geldbriefe der letzteren Art an Behörden gerichtet sind, müssen auch sie vom Absender stets frankiert werden. Tarif: Porto 24 oder 48 h — je nach der Entfernung bis zu 10 geogr. Meilen oder auf weitere Strecken —, Versicherungsgebühr 6 h bis zu 100 K, bei höherer Wertangabe 6 h für jede 300 K, mindestens 12 h. Für offen aufgelieferte Wertbriefe erhöht sich die Versicherungsgebühr um die Hälfte. Für unfrankierte Wertbriefe wird ein Portozuschlag von 12 h erhoben. Im Falle der Nachsendung werden Porto und Versicherungsgebühr von neuem in Ansatz gebracht. Die Frankierung hat mit Postfreimarken zu geschehen, die sämtlich entweder auf die Vorder- oder auf die Rückseite vom Absender aufzukleben sind. Beim Aufkleben der Marken muß zwischen den einzelnen Marken ein kleiner Zwischenraum gelassen werden.

Rückscheine sind zulässig. Wertbriefe mit Rückschein müssen stets frankiert werden. Die Gebühr für einen Rückschein (25 h, in Ungarn im Ortsverkehr 10 h) ist in Freimarken auf dem Rückschein zu verrechnen.

Wertbriefe können mit Nachnahme belastet werden (siehe unter „E. Pakete"). Die Geldbriefe bis 1000 K werden dem Empfänger allgemein durch den Briefträger oder Landbriefträger in die Wohnung bestellt; in einzelnen Orten werden auch Geldbriefe mit höherem Wert abgetragen. Geschieht die Bestellung nicht, so wird dem Empfänger ein Benachrichtigungsschreiben über das erfolgte Eintreffen des Geldbriefes mit der Aufforderung zugefertigt, gegen Abgabe dieses quittierten und nötigenfalls vom Gemeindevorsteher bescheinigten Schreibens den Brief beim Postamt abzuholen oder abholen zu lassen. Die Bestellgebühr, die vom Empfänger eingezogen wird, beträgt im Ortsbestellbezirk bis 1000 K 10 h, bei höherer Wertangabe 20 h für jede 5000 K, im Landbestellbezirk 10 h für den Brief. Wird nur ein Benachrichtigungsschreiben abgetragen, so ist ein Bestellgeld (Avisogebühr) von 4 h zu erheben. Geldbriefe bis 100 K können in Abwesenheit des Empfängers einem seiner erwachsenen Familienglieder ausgehändigt werden. In Ungarn erfolgt die Bestellung der Geldbriefe in die Wohnung der Empfänger nur im Ortsbestellbezirk der größeren Postanstalten (Bestellgebühr 6 h), in allen anderen Fällen — namentlich auch im Landbestellbezirk — wird nur ein Benachrichtigungsschreiben (Gebühr 4 h) abgetragen.

Bei Wertbriefen ist auch Eilbestellung zulässig. An Eilbestellgeld sind im Ortsbestellbezirk 30 h für Abtragung des Briefes oder eines Benachrichtigungsschreibens, im Landbestellbezirk allgemein 1 K für jede $7\frac{1}{2}$ km zu entrichten. Bei einer Wertangabe von mehr als 1000 K tritt noch eine Bestellgebühr von 20 h für jede 5000 K hinzu. Das Eilbestellgeld ist stets, auch für unfrankierte Geldbriefe, vom Absender im voraus zu zahlen; es wird in Freimarken auf einem Eilbestellzettel verrechnet.

Offen eingelieferte Geldbriefe müssen vom Empfänger bei Entgegennahme in Gegenwart des Briefträgers oder Ausgabebeamten ohne Verletzung der Siegel durch Aufschneiden des Umschlages geöffnet und ihr Inhalt muß nachgezählt werden. Der Eröffnung und Feststellung des Inhaltes von verschlossen zur Post gegebenen Geldbriefen dürfen die Postbeamten und Briefträger jedoch nur dann beiwohnen, wenn bei der Aushändigung die Siegel oder der Umschlag beschädigt sind und beim Nachwiegen am Bestimmungsort ein Gewichtsunterschied ermittelt worden ist.

Im Falle der Unbestellbarkeit eines Geldbriefes wird, wie in Deutschland, eine Unbestellbarkeitsmeldung abgelassen, für die der Absender 25 h zu entrichten hat. Von unanbringlichen Geldbriefen wird Aufschrift nebst Inhalts- und Wertangabe durch die amtlichen Blätter veröffentlicht. Meldet sich hierauf der Absender oder der Empfänger binnen 1 Jahr nicht, so werden die Geldbriefe bei der Postdirektion, in deren Bezirk die Aufgabepostanstalt belegen ist, geöffnet und ihr Inhalt im Wege der öffentlichen Versteigerung an den Meistbietenden veräußert. Der Erlös fließt zur Postkasse.

C. Postanweisungen.

In Österreich und in Ungarn nehmen sämtliche Postanstalten am Postanweisungsdienst teil. Der Höchstbetrag einer Postanweisung ist auf 1000 K festgesetzt. Tarif: bis 20 K 10 h, über 20 bis 100 K 20 h, über 100 bis 300 K 40 h, über 300 bis 600 K 60 h, über 600 bis 1000 K 1 K.

Rückscheine sowohl als auch Auszahlungsscheine (die ersteren vom Empfänger, die letzteren von der Bestimmungspostanstalt zu vollziehen) sind zulässig; Gebühr 25 h. Die Rückscheingebühr ist auf dem Rückscheinformular, die Gebühr für einen Auszahlungsschein dagegen ebenso wie die Postanweisungsgebühr selbst auf der Postanweisung in Freimarken zu verrechnen.

Zu den Postanweisungen ist ausschließlich das von der Postverwaltung ausgegebene Kartenformular zu verwenden, das in seiner Anordnung dem internationalen Postanweisungsformular im wesentlichen entspricht. Die Formulare werden sowohl von den Postanstalten als auch von den Freimarkenverkaufsstellen zu 3 h das Stück an das Publikum abgesetzt. Sie sind in Ungarn in ungarischer, in Österreich in deutscher und für diejenigen Postbezirke, in denen außer der deutschen noch eine andere Landessprache gilt, in deutscher und in der anderen Landessprache, so z. B. in deutscher und böhmischer, polnischer, italienischer, ruthenischer, slowenischer und illyrischer Sprache hergestellt. Die Ausfüllung der Vorderseite des Postanweisungsformulars mit Ausnahme des Postvermerks ist Sache des Absenders; die Postbeamten sollen jedoch dem Publikum dabei zur Hand gehen. Der Abschnitt kann zu schriftlichen Mitteilungen verwendet und vom Empfänger losgetrennt und zurückbehalten werden. Bei Postanweisungen, mit denen bei einem Verleger eine Zeitung abonniert wird, kann ein ausgefülltes Probestreifband auf der Vorder- oder Rückseite des Abschnittes angeklebt werden. Bei Postanweisungen, auf denen vom Absender der Geldbetrag mit Buchstaben in einer anderen als der deutschen Sprache niedergeschrieben ist, muß in Österreich dieser Betrag vom Annahmebeamten mit Buchstaben in deutscher Sprache und, wenn der Beamte der letzteren nicht mächtig ist, mit Ziffern im Postvermerk verzeichnet werden.

Über eine eingezahlte Postanweisung wird dem Aufgeber unentgeltlich ein Einlieferungsschein ausgefertigt, der mit dem Briefaufgabestempel bedruckt wird.

Im allgemeinen werden die Postanweisungen nebst den zugehörigen Geldbeträgen den Empfängern durch die Briefträger in die Wohnung bestellt, und zwar im Orts- wie im Landbestellbezirk gegen ein Bestellgeld von 6 h. Der Empfänger hat die auf der Rückseite der Postanweisung befindliche Quittung durch eigenhändige Einsetzung des Ortsnamens und Datums, sowie seiner Namensunterschrift zu vollziehen. Wünscht jemand seine Postanweisungen beim Postamt abzuholen, so hat er eine Abholungserklärung abzugeben und eine Fachgebühr von monatlich 3 K zu entrichten, wobei die etwa bereits entrichtete Gebühr für ein Brieffach angerechnet wird. Geht für denselben Empfänger täglich eine größere Anzahl Postanweisungen ein, so wird über sie ein Verzeichnis (Konsignation) gefertigt und dem Empfänger mit den Postanweisungen gegen Anerkenntnis auf einem Ablieferungsschein ausgefolgt. Der Empfänger hat das Verzeichnis in Gegenwart des Briefträgers zu unterschreiben, worauf es auch vom Briefträger unterzeichnet wird. Die Auszahlung der Postanweisungssumme erfolgt gegen Abgabe dieses vollzogenen Verzeichnisses nebst den Postanweisungen, die einzeln nicht quittiert zu werden brauchen.

Postanweisungen, deren Beträge nicht binnen 14 Tagen abgehoben werden, sowie solche mit dem Vermerk „poste restante“, die nicht binnen 2 Monaten abgefordert werden, verlieren ihre Gültigkeit; diese wird zwar auf Antrag von der Bezirksdirektion verlängert, zu dem schriftlichen Antrage muß jedoch ein Stempelbogen zu 1 K verwendet werden.

Geht dem Empfänger eine Postanweisung vor der Auszahlung verloren, so hat er für Beschaffung einer Zahlungsermächtigung eine Gebühr von 25 h zu entrichten. Eilbestellung ist zulässig, und zwar auch im Ortsverkehr. Hierfür gelten die gleichen Vorschriften und Eilbestellsätze wie für Briefe. Die durch Eilboten zu bestellenden Postanweisungen werden von der Aufgabepostanstalt mit einem Expreßzettel versehen und wie gewöhnliche Postanweisungen offen versandt.

Sämtliche Postanstalten an Orten mit einer Staatstelegraphenstation sind zur Annahme und Auszahlung telegraphischer Postanweisungen bis 1000 K ermächtigt. Außer der gewöhnlichen Postanweisungsgebühr sind das Eilbestellgeld und die tarifmäßige Telegrammgebühr vom Absender zu entrichten. Zu telegraphischen Postanweisungen sind vom Publikum besondere Formulare zu verwenden, die unentgeltlich von den Postanstalten verabfolgt werden. Die Postanweisungsgebühr wird in Freimarken auf dem Postanweisungsformular verrechnet, die übrigen Gebühren werden bar entrichtet. Die Ausfertigung der Überweisungstelegramme, denen der Aufgeber private Mitteilungen anfügen darf, liegt der Postanstalt ob. Die Abtragung des Überweisungstelegramms erfolgt sogleich nach der Ankunft durch besonderen Boten. Trifft ein Überweisungstelegramm abends nach Schluß der Dienststunden ein, so wird die Bestellung erst am folgenden Morgen bewirkt, indessen ist dem Empfänger unverzüglich von dem Eintreffen der telegraphischen Postanweisung mittels dienstlichen Benachrichtigungsschreibens Kenntnis zu geben.

Zu bemerken ist noch, daß im Einlieferungsschein die genaue Zeit der Auflieferung einer telegraphischen Postanweisung nach Stunde und Minute vermerkt wird.

D. Postaufträge.

Der Postauftragsdienst beruht in Österreich-Ungarn auf denselben Grundsätzen wie der internationale Postauftragsdienst, namentlich können Wertpapiere für verschiedene Zahlungspflichtige im Bezirk derselben Postanstalt zu einem einzigen Postauftrag vereinigt werden. Der Höchstbetrag der mittels eines Postauftrages einzuziehenden Forderungen darf im allgemeinen 1000 K nicht übersteigen. Besitzt jedoch der Auftraggeber ein Scheckkonto beim Postsparkassenamt und wünscht er, daß der eingezogene Betrag auf sein Postsparkassenkonto mittels Erlagscheines übertragen wird, so besteht für den Forderungsbetrag keine Grenze; solche Postaufträge über mehr als 1000 K dürfen jedoch nur für einen Zahlungspflichtigen bestimmt sein.

Das Meistgewicht eines Postauftragsbriefes ist in Österreich auf 250 g, in Ungarn auf 500 g festgesetzt. Die Gebühr für einen Postauftragsbrief ist der für einen Einschreibbrief von demselben Gewicht gleich.

Einem Postauftrage können Forderungsbeläge der verschiedensten Art gleichzeitig beigefügt werden, so Schuldscheine, Wechsel, Quittungen, Rechnungen u. dgl. Zinsscheine, deren Einlösung nur gegen Vorzeigung der zugehörigen Wertpapiere erfolgt, sind von der Aufnahme in Postaufträge ausgeschlossen. In den Forderungsbelägen (mit Ausnahme der Zinsscheine) muß der einzuziehende Betrag in österreichisch-ungarischer Währung angegeben sein. Lautet der Belag auf eine andere Währung, so ist am Kopf der einzuziehende Betrag in K und h in Zahlen und Buchstaben vom Auftraggeber zu vermerken. Schriftliche Mitteilungen, welche die Eigenschaft einer eigentlichen und persönlichen Korrespondenz tragen, dürfen den Postaufträgen nicht beigeschlossen werden. Erfolgt die Einlösung von Zinsscheinen bei der Zahlstelle nur bei Vorlegung einer Übersicht, worin die Zinsscheine nach Gattung und Fälligkeitstag eingetragen sein müssen, so muß eine solche gehörig unterfertigte Liste vom Auftraggeber beigefügt werden.

Der wesentliche Inhalt der Forderungsbeläge, nämlich der Name des Gläubigers, sowie jedes einzelnen Schuldners, der für jeden Belag einzuziehende Betrag in Ziffern und der Tag der Fälligkeit ist vom Auftraggeber in ein Postauftragformular einzutragen. Derartige Formulare sind bei jedem Postamt zu 2 h das Stück erhältlich. Jedes Formular ist für höchstens 5 verschiedene Forderungsbeläge berechnet; liegen für dieselbe Postanstalt bei einem Auftraggeber mehr als 5 Beläge vor, so sind, je nach der Zahl, zwei oder mehr Aufträge zu bilden. Das gehörig vollzogene Formular nebst Anlagen ist unter Umschlag an das Bestimmungspostamt abzusenden. Von der Postverwaltung sind amtliche Postauftragsumschläge ausgegeben, die zu 1 h das Stück von den Postanstalten verkauft werden; dem Publikum ist jedoch die Wahl zwischen diesen amtlichen und gewöhnlichen Umschlägen freigestellt. In Österreich tragen die amtlichen Umschläge den Vordruck „Postauftragsbrief. An das K. . . . Postamt in . . .", an der linken oberen Ecke den K. K. Adler mit der Umschrift „Post-Drucksorte. Preis per Stück 1 h" und an der linken unteren Ecke die vorgedruckte Bezeichnung „Recommandiert"; sie sind an der offenen Klappe gummiert.

Die Vorzeigung aller zu einem Postauftrage gehörigen Beläge erfolgt an dem gleichen Tage. Ist für einen Belag ein Fälligkeitstag angegeben, so hat die Vorzeigung auch der übrigen Beläge an diesem Tage zu geschehen; sind für mehrere Beläge verschiedene Fälligkeitstage vermerkt, so hat die Vorzeigung sämtlicher Beläge an dem zunächst eintretenden Fälligkeitstage stattzufinden. Dem Zahlungspflichtigen sind die Zahlungsbeläge nur gegen Entrichtung des vollen Betrages und gegen Vollziehung eines Ablieferungsscheins (Abgabescheins) auszuliefern. Teilzahlungen für ein Wertpapier werden nicht angenommen. Von der eingezogenen Summe sind folgende Gebühren in Abzug zu bringen: eine Einziehungsgebühr von 10 h für jedes eingelöste Wertpapier, wobei die von derselben Zahlungsstelle einzulösenden Zinsscheine nur als ein einziges Wertpapier gelten, und die Postanweisungsgebühr nach dem vollen eingezogenen Betrage, jedoch abzüglich der Einziehungsgebühr, und zwar bei Aufträgen bis 1000 K auch dann, wenn die Übermittelung durch einen dem Auftrage beigelegten Erlagschein für ein Scheckkonto bei der Postsparkasse erfolgt. Bei Postaufträgen über mehr als 1000 K wird statt dieser beiden Gebühren nur eine solche von 1 K 10 h für die ersten 1000 K und von 50 h für jede weiteren 1000 K einbehalten. Die Gebühren sind auf dem Abschnitt der Auftragspostanweisung zu vermerken und werden in Freimarken auf der Anweisung verrechnet. Uneingelöst gebliebene Wertpapiere werden unter Einschreibung an die Aufgabepostanstalt gesandt, die sie nach Prüfung dem Auftraggeber zustellt. Durch einen am Fuß des Auftragformulars niedergeschriebenen und unterzeichneten Vermerk können die Auftraggeber das Verlangen stellen, daß das eingezogene Geld an die Postsparkasse (in Wien oder Budapest) oder an eine öffentliche Kreditanstalt überwiesen werde. Auch ist gestattet, daß der Absender das zur Übermittelung des eingezogenen Betrages bestimmte Postanweisungsformular, auf dessen Abschnitt geschäftliche Vermerke angebracht werden können, dem Postauftragsbriefe beischließt.

Die Vorzeigung der Postauftragspapiere erfolgt in der Regel durch die Briefträger in der Wohnung der Zahlungspflichtigen. Postaufträge über mehr als 1000 K werden dagegen nicht vorgezeigt, sondern dem Zahlungspflichtigen durch einen Abgabeschein angemeldet. Wird bei dem Vorzeigungsversuch ein Zahlungspflichtiger nicht angetroffen, so wird der Abgabeschein bei ihm zurückgelassen; erfolgt binnen 2 Tagen die Einlösung nicht, so wird das Wertpapier nochmals zur Vorzeigung gebracht und sodann, nach Umständen unverzüglich, an den Absendungsort zurückgeschickt. Wünscht ein Auftraggeber, daß ihm im Falle verweigerter Einlösung eines Papiers oder eines Fristbegehrens sogleich Nachricht gegeben wird, so hat er dies auf dem Auftragformular durch den Vermerk „Wenn nicht sofort bezogen, benachrichtigen" zum Ausdruck zu bringen. Für die Benachrichtigung, die in Form einer Unbestellbarkeitsmeldung erfolgt, hat der Auftraggeber eine Gebühr von 25 h zu entrichten. Die Nachsendung von Postauftragspapieren ist zulässig und erfolgt gebührenfrei.

E. Pakete.

Pakete können bis 50 kg und, wenn sie gemünztes Gold oder Silber enthalten, bis 65 kg, in Ungarn bis $62^1/_2$ kg mit der Post versandt werden. In Ungarn ist jedoch das Meistgewicht der Pakete, falls bei der Beförderung Postfußboten beteiligt sind, auf 10 kg beschränkt. Die Versendungsbedingungen stimmen mit den für den inneren deutschen Verkehr gültigen im wesentlichen überein.

Wertangabe ist bei Paketen unbeschränkt zulässig. Wertpakete bis $1^1/_2$ kg, deren Inhalt aus Banknoten, Papiergeld, Bargeld oder Wertpapieren besteht, müssen in Briefumschläge (Flügelkuverts) verpackt, umschnürt und mit mindestens 3 Siegeln dergestalt verschlossen sein, daß die Enden der Umschnürung durch das mittlere Siegel auf dem Umschlag befestigt sind. Das im Paket enthaltene Bargeld muß in Rollen gewickelt, Papiergeld aber in einem besonderen Umschlage verwahrt sein. Bei Sendungen mit Geld oder mit Wertpapieren von mehr als $1^1/_2$ bis 20 kg muß die äußere Verpackung mindestens in Wachsleinwand, deren rauhe Seite nach außen zu kehren ist, oder in haltbarem Leinen oder Leder bestehen, gut vernäht und verschnürt und hinlänglich oft versiegelt sein. Bei einem Gewicht von mehr als 20 kg müssen die Wertpapiere oder das Bargeld in Kisten oder Fässer verpackt sein. Enthalten Wertpakete bis 400 K weder Wertpapiere noch Bargeld, so kann der Verschluß mittels Siegels unterbleiben.

Posttechnisch werden Pakete mit einer Wertangabe bis 40 K zu den gewöhnlichen Paketen gezählt, während nur Pakete mit einer höheren Wertangabe als Wertpakete bezeichnet werden.

Bei Sendungen mit Banknoten, Papiergeld oder Bargeld muß der Wert unverkürzt angegeben werden. Den Postämtern steht das Recht zu, in Fällen des Verdachts, daß die Wertangabe zu niedrig erfolgt sei, die Eröffnung der Sendung durch den Empfänger im Beisein eines Zeugen zu veranlassen; ergibt sich, daß durch eine zu niedrige Wertangabe die fällige Versicherungsgebühr nicht ganz zur Berechnung gelangt ist, so wird vom Empfänger der fünffache Betrag des hinterzogenen Wertportos als Strafbetrag eingezogen.

Jeder Paketsendung muß eine Begleitadresse nach vorgeschriebenem Muster beigegeben werden. Der Abschnitt kann vom Absender zu schriftlichen oder gedruckten Mitteilungen jeder Art benutzt und demnächst vom Empfänger abgetrennt und zurückbehalten werden. Ein zweiter Abschnitt ist ausschließlich zum Aufkleben der zur Frankierung des Pakets verwendeten Freimarken bestimmt. Ist das Paket versiegelt, so muß ein Abdruck des angewendeten Petschafts auch auf der Paketadresse angebracht sein. Die Paketadressen unterliegen einer Stempelabgabe von 10 h und werden von den Postanstalten zu 12 h das Stück an das Publikum abgelassen. Paketadressen ohne den Finanzstempel werden zu 20 h für 25 Stück verkauft.

Für Inhalts- und Wertangabe bei Wertpaketen, deren Inhalt aus Wertpapieren, Papiergeld, barem Geld usw. besteht, gelten die gleichen Bestimmungen wie bei Wertbriefen.

Im Falle des Verlustes oder der Beschädigung eines gewöhnlichen Pakets wird als Schadenersatz in Österreich für jedes kg der ganzen Sendung ein Höchstbetrag von 4 K, in Ungarn bei Paketen bis 3 kg bis 15 K, über 3 bis 5 kg bis 25 K und bei schwereren Paketen bis 5 K für jedes kg der ganzen Sendung gezahlt.

Über ein Paket wird unentgeltlich ein Einlieferungsschein erteilt. In Ungarn müssen Kaufleute oder sonstige Personen, die eine größere Anzahl Pakete zugleich aufliefern, ein Verzeichnis der Pakete in doppelter Ausfertigung bei der Einlieferung vorlegen; die eine Ausfertigung verbleibt bei der Postanstalt, die andere wird dem Auflieferer quittiert zurückgegeben. In Österreich ist es gestattet, daß derartige Personen die Pakete zur Absendung vorbereiten, indem sie sie mit Aufgabenummern bekleben, ihr Gewicht feststellen und sie in Aufgabebücher eintragen. Die Aufgabenummern führen neben den gewöhnlichen Angaben eine für jede solche Person bestimmte Ziffer oder einen Buchstaben; außerdem ist der Beteiligte befugt, auf der Aufgabenummer mit Stempel usw. seinen Namen anzubringen.

Tarif: bis 5 kg bei Entfernungen bis zu 10 geogr. Meilen (1. Zone) 30 h, auf größere Entfernungen (2. bis 6. Zone nach den hierfür auch in Deutschland geltenden Grundsätzen) 60 h, für schwerere Pakete für die ersten 5 kg wie eben angeführt und für jedes weitere kg in der 1. Zone 6 h, in der 2. 12 h, in der 3. 24 h, in der 4. 36 h, in der 5. 48 h, in der 6. 60 h. Für sperrige Pakete — im Sinne des deutschen Posttaxgesetzes — wird der $1\frac{1}{2}$ fache Betrag des Portos erhoben. Unfrankierte Pakete — ausgenommen portopflichtige Dienstpakete — bis 5 kg unterliegen einem Taxzuschlag von 12 h. Pakete nach dem Bestellbezirk der Aufgabepostanstalt sind zulässig, und zwar bei ärarischen Postämtern bis 50 kg, bei nichtärarischen bis 30 kg. Das Porto für derartige Sendungen ist das gleiche wie bei Entfernungen bis 10 geogr. Meilen (1. Zone). Die Versicherungsgebühr, die für Pakete mit angegebenem Wert neben dem Gewichtporto zur Erhebung gelangt, beträgt — wie bei Wertbriefen — 6 h bis zu 100 K, bei höherer Wertangabe 6 h für jede 300 K mit einem Mindestsatze von 12 h. Pakete an Behörden, die Portofreiheit für die von ihnen ausgehenden Sendungen genießen, müssen vom Absender stets frankiert werden. Das gezahlte Franko wird im Einlieferungsschein vermerkt. Rückscheine sind zulässig; die Gebühr (25 h, in Ungarn im Ortsverkehr 10 h) wird in Freimarken auf dem Rückschein verrechnet. Pakete mit Rückschein unterliegen dem Frankierungszwang. Im Falle der Nach- oder Rücksendung wird das Porto (jedoch ohne den Taxzuschlag für unfrankierte Pakete) für den neuen Beförderungsweg von neuem berechnet. Mit unanbringlichen Paketen wird wie mit derartigen Geldbriefen verfahren.

Dringende Pakete sind unter den gleichen Bedingungen wie in Deutschland zugelassen. Neben dem gewöhnlichen Porto ist eine besondere Gebühr von 1 K 20 h, sowie das Eilbestellgeld im voraus zu entrichten.

Nachnahmen sind bis 1000 K zugelassen, und zwar nicht nur auf Paketen mit und ohne Wertangabe, sondern auch auf Geldbriefen und eingeschriebenen Briefsendungen. Die Nachnahmegebühr beträgt bei Wertbriefen und Paketen 2 h für jede 4 K, mindestens jedoch 12 h. Für eingeschriebene Briefsendungen mit Nachnahme wird außer der Gebühr für den Einschreibbrief usw. im Falle der Einlösung der Nachnahme eine Einziehungsgebühr von 10 h erhoben; daneben wird für die Übersendung des Nachnahmebetrages von diesem die gewöhnliche Postanweisungsgebühr in Abzug gebracht. Jeder Nachnahmesendung (ausgenommen die Einschreibbriefsendungen) muß eine Begleitadresse beigegeben sein, der ein besonderes Formular zur Nachnahmepostanweisung angebogen ist. Formulare zu derartigen Begleitadressen, die den Finanzstempel von 10 h tragen, werden von den Postanstalten zu 12 h das Stück verkauft. Die Nachnahmesendungen werden postamtlich (ähnlich wie in Deutschland) durch Aufkleben eines roten Zettels gekennzeichnet. Der Absender einer Nachnahmesendung kann den Antrag stellen, daß die Sendung gegen einen geringeren als den ursprünglichen Nachnahmebetrag oder auch ohne Nachnahme dem Adressaten ausgehändigt wird. Der Antrag ist schriftlich zu stellen, ihm sind eine neue berichtigte Begleitadresse und die Taxe für einen Einschreibbrief oder ein Telegramm beizufügen. Im weiteren ist gestattet, daß auf Wunsch des Absenders die Nachnahmepostanweisung nicht an diesen, sondern an das Postsparkassenamt in Wien oder Budapest oder an eine öffentliche Kreditanstalt gerichtet wird.

Pakete bis 2 kg an Empfänger im Ortsbestellbezirk werden allgemein gegen Einziehung eines Bestellgeldes von 5 h für das Stück in die Wohnung bestellt. Nach Landorten erfolgt die Abtragung von Paketen, auch solcher mit Wertangabe bis 1000 K, soweit die Belastungsmöglichkeit des Landbriefträgers es zuläßt. Wird das Paket selbst nicht abgetragen, so ist dem Empfänger eine Benachrichtigung über sein Vorliegen nebst der Begleitadresse mit der Aufforderung zuzustellen, das Paket bei der Postanstalt abzuholen. Für die Abtragung der Benachrichtigung (Aviso) wird vom Empfänger eine Gebühr von 4 h eingezogen. Der Empfänger hat über jedes Paket auf der Rückseite der Paketadresse Quittung zu leisten. Ist das Paket bei der Postanstalt abzuholen und ist die Unterschrift oder die Person des Empfängers dem Postbeamten nicht bekannt, so muß die Unterschrift vom Ortsvorsteher, Bürgermeister usw. beglaubigt sein.

In größeren Städten, so namentlich in Wien und Budapest, werden sämtliche Pakete mit und ohne Wertangabe den Empfängern in die Wohnung bestellt, sofern diese nicht ein für allemal erklärt haben, ihre Pakete bei der Postanstalt abholen zu wollen. Pakete ohne Wertangabe und solche mit einer Wertangabe bis 40 K, mit Ausnahme solcher, die Uhren, Schmuckgegenstände u. dgl. enthalten, können in Abwesenheit des Empfängers auch erwachsenen Familiengliedern, sowie den Dienstboten, Pakete mit Wertangabe bis 100 K den erwachsenen Familiengliedern ausgehändigt werden. An Bestellgeld wird in Wien und Budapest erhoben: für gewöhnliche Pakete und für Pakete mit Wertangabe bis 1000 K bis $1\frac{1}{2}$ kg 10 h, über $1\frac{1}{2}$ bis 5 kg 20 h und bei schwererem Gewicht 30 h; in anderen Orten beträgt das Paketbestellgeld bis 5 kg 10 h, über 5 kg 20 h. Für Pakete mit Wertangabe von mehr als 1000 K werden daneben 20 h für jede 5000 K erhoben. Hat jemand eine Abholungserklärung abgegeben, so hat er eine „Magazingebühr" zu entrichten, die in Wien 10 K, in Postorten mit ärarischen Postämtern 6 K, in Postorten mit Klassenpostämtern 4 K für den Monat beträgt. Für jedes Paket, das beim Postamt ohne postseitiges Verschulden unabgeholt lagert, wird ein „Lagerzins" erhoben, der für das Stück und den Tag 5 h beträgt. Doch bleiben lagerzinsfrei der Tag der Ankunft, ferner bei Postlagerpaketen und bei Paketen nach Orten, nach denen ein regelmäßiger Zustellungsdienst nicht eingerichtet ist, die unmittelbar folgenden 7 Tage, für alle anderen Pakete die unmittelbar folgenden 2 Tage. An Orten mit Paketbestellung besorgt die Post auch ohne besonderen Auftrag die Einhebung der Verzehrsteuer für die zu bestellenden Pakete gegen eine „Hebegebühr" von 20 h, sowie auf Wunsch der Empfänger auch die Verzollung von Paketen gegen eine „Verzollungsgebühr" von 20 h für das Paket. Will der Empfänger das Paket selbst verzollen, so hat er für Beförderung des Pakets zum Zollamt eine „Tragegebühr" von 10 h zu entrichten.

Für die von den Paketbestellern und Landbriefträgern auf den Bestellgängen eingesammelten Pakete wird eine „Nebengebühr" in Höhe des Bestellgeldes vom Aufgeber eingezogen.

Eilbestellung ist zulässig; Verpflichtung zur Abtragung erstreckt sich jedoch nur bei Paketen bis 5 kg ohne Wertangabe oder mit einer solchen bis zu 200 K an Empfänger im Ortsbestellbezirk auf die Sendungen selbst. In allen anderen Fällen braucht dem Empfänger nur ein Benachrichtigungsschreiben (Aviso) nebst der Paketadresse durch Eilboten überbracht zu werden; es bleibt ihm dann überlassen, für Abholung der Sendung bei dem Postamt zu sorgen. Der Eilbotenlohn beträgt 50 h, für Pakete nach Landorten 1 K für jede $7\frac{1}{2}$ km. Für Pakete mit Wertangabe von mehr als 1000 K tritt eine Gebühr von 20 h für jede 5000 K hinzu. Das Eilbestellgeld von 50 h ist stets vom Absender im voraus zu bezahlen, gleichviel ob das Paket frankiert oder unfrankiert abgesandt wird.

F. Personenbeförderung.

Die Post befaßt sich in Österreich und in Ungarn auch mit der Beförderung von Personen auf Landstraßen. Die Personenbeförderung erfolgt entweder mit den gewöhnlichen Posten oder mit Extrapost. Der Staatsvorbehalt der Personenbeförderung zu Wasser und zu Lande, der früher zugunsten der Post bestand, ist seit Jahren mit der Beschränkung aufgehoben, daß es verboten bleibt, auf Poststraßen Anstalten zur Beförderung von Reisenden mit Pferdewechsel in den von ihnen mitgebrachten Wagen zu errichten oder zu unterhalten.

Von den gewöhnlichen Fahrposten können die sog. Mallefahrten, Personenpostfahrten, Eilfahrten neuen Systems, Packfahrten und Postbotenfahrten zur Personenbeförderung benutzt werden, während die Kariol- und Reitposten lediglich zur Fortschaffung von Postsendungen dienen. Reichen bei den gewöhnlichen Posten die Räume der Hauptwagen zur Aufnahme aller Reisenden nicht aus, so werden auf der Mehrzahl der Postlinien Beiwagen gestellt. Zu bemerken ist noch, daß im allgemeinen die Personenbeförderung für Rechnung der Postverwaltung ausgeführt wird; nur bei den Postbotenfahrten besorgt sie der Vorsteher des Postamts für eigene Rechnung.

Die Reisenden haben sich spätestens 1/4 Stunde vor der planmäßigen Abfahrt im Posthause einzufinden; ein Ausweis der Persönlichkeit der Reisenden ist nicht erforderlich, auch brauchen sie bei Lösung des Fahrscheins ihren Namen nicht zu nennen. Kranke Personen, deren Zustand den Mitreisenden beschwerlich sein müßte, sowie Kinder unter 4 Jahren und Blinde ohne Führer sind von der Beförderung ausgeschlossen, es sei denn, daß die Kranken oder Kinder zu einer Familie gehören, die für die sämtlichen Plätze eines Wagens und für die ganze von der Post befahrene Strecke die tarifmäßigen Gebühren bezahlt. Der Personengeldsatz ist auf den einzelnen Postkursen verschieden. Bei Bemessung des Personengeldes ist die Entfernung von einem Myriameter (10 km) zugrunde zu legen. An Unterwegsorten werden Reisende nur insoweit in die Postwagen aufgenommen, als sich unbesetzte Plätze darin befinden; will sich jemand von einem Unterwegsort aus die Mitfahrt sichern, so muß er rechtzeitig vorher von der vorliegenden Station aus einen Platz lösen.

Dem Reisenden werden für das Reisegepäck Freigewicht und freie Wertangabe gewährt; das Freigewicht beträgt in der Regel 10 kg, der gebührenfreie Wert des Gepäcks allgemein 200 K. Für das Übergewicht und den höheren Wert des Reisegepäcks wird die gewöhnliche Pakettaxe berechnet. Für das Reisegepäck haftet die Postverwaltung in dem gleichen Umfange wie für Pakete mit oder ohne Wertangabe. Dem Reisenden wird bei der Meldung zur Reise, sofern diese bei einer Station erfolgt, ein Fahrschein und n. U. auch ein Gepäckschein kostenfrei ausgehändigt.

Die Beförderung von Reisenden mit Extrapost ist auf bestimmten Postkursen zulässig; auf diesen Poststraßen sind in angemessenen Entfernungen die Standpunkte bestimmt, wo der Pferdewechsel zur Beförderung der Reisenden stattfinden kann. Die Bestellung einer Extrapost muß mindestens 2 Stunden vor der Abfahrt bei dem Postamt bewirkt werden; bei der Bestellung hat der Reisende seinen Namen, Stand, das Haus, wo die Extrapost zur Abholung des Reisenden vorfahren soll, Tag und Stunde der Abfahrt, die Gattung des Wagens und die Anzahl der zu stellenden Pferde anzugeben. Will der Reisende die Gebühren über die Station hinaus bis zum Endpunkt seiner Reise vorausbezahlen, so wird ihm eine Reiseliste ausgehändigt, die er auf jeder Unterwegsstation vorzuzeigen und bei der letzten Station abzugeben hat; für die Ausfertigung einer Reiseliste ist eine Gebühr von 1 K 4 h zu entrichten. Verzögert sich die Abfahrt durch Verschulden des Reisenden, so muß der Postillion bis 1/2 Stunde unentgeltlich warten; für jede weitere halbe Stunde hat der Reisende das Rittgeld für jedes Pferd, sowie das Postillionstrinkgeld für 4 km zu zahlen. Um die Reise tunlichst zu beschleunigen, kann der Reisende die Pferde auf den Stationen seines Reisewegs im voraus bestellen lassen; die Vorausbezahlung kann auf telegraphischem Wege gegen Entrichtung der tarifmäßigen Gebühren oder mit Laufzettel mit den gewöhnlichen Posten geschehen. Für die Ablassung eines Laufzettels ist eine Gebühr von 80 h zu entrichten. Die Zahl der zu stellenden und zu zahlenden Extrapostpferde richtet sich nach dem Gewicht der Ladung, der Beschaffenheit der Wege usw. Die Beförderungsdauer ist je nach der Wegebeschaffenheit ebenfalls verschieden, beträgt aber in der Regel 1 Stunde für je 10 km.

Für Reisende, die mit gesteigerter Schnelligkeit die Reise zurückzulegen wünschen, ist auf bestimmten Postkursen die Einrichtung der kuriermäßigen Beförderung getroffen. Diese Beförderungsart unterscheidet sich von den Extraposten im wesentlichen dadurch, daß das Myriameter in 45 Minuten zurückgelegt wird und die Dauer des Umspannens auf einer Station, die für eine Extrapost bei Tage auf 10, bei Nacht auf 15 Minuten festgesetzt ist, bei Tage nur 5, bei Nacht 10 Minuten beträgt; dagegen sind erhöhte Gebühren für die Beförderung zu zahlen, auch wird bei Bemessung der erforderlichen Bespannung ein um ein Drittel niedrigeres Gewicht auf das Pferd als bei Extraposten in Ansatz gebracht.

Bei Extraposten und Kurieren ist die Benutzung derselben Pferde für die Rückfahrt nur gestattet, wenn der Aufenthalt am Endpunkt der Fahrt 4 Stunden nicht überschreitet. Beschränkt sich dieser Aufenthalt auf nur 2 Stunden, so hat der Reisende für die Rückfahrt nur die Hälfte der Rittgebühren und des Trinkgeldes, bei längerem Aufenthalt (über 2 bis 4 Stunden) dagegen den vollen Betrag dieser Gebühren zu entrichten.

Für eine gewöhnliche Extrapost mit Verwendung eines Posthaltereiwagens hat der Reisende folgende Gebühren zu zahlen: das nach der Bespannung zu bemessende „Rittgeld", das von Zeit zu Zeit, in der Regel je für die Wintermonate und für die Sommermonate, für die verschiedenen Bezirke neu festgesetzt wird (etwa 2 bis 3 K für Pferd und Myriameter), das „Wagengeld" (Kaleschgeld), das für einen geschlossenen Wagen die Hälfte, für einen halbverdeckten Wagen den vierten Teil des für ein Pferd entfallenden Rittgeldes beträgt, das „Postillionstrinkgeld" mit 68 h für Pferd und Myriameter, die „Wagenmeister-(Einspann-) Gebühr" mit 8 h für jedes Pferd, das „Schmiergeld" von 28 h, wenn die Schmiere von der Station zu liefern ist, und von 14 h, wenn der Reisende eigene Schmiere verwenden läßt, und die entstehenden Wege-, Brückenzoll- und Überfahrtgebühren. Bei kuriermäßiger Beförderung wird die Rittgebühr um 48 h für Pferd und Myriameter höher als bei Extraposten berechnet, das Postillionstrinkgeld ist auf 80 h für Pferd und Myriameter festgesetzt; alle übrigen Gebühren sind die gleichen wie bei der gewöhnlichen Extrapostbeförderung. Wenn die Extrapostfahrt auf der Poststraße in einem Orte zwischen zwei Poststationen endigt, so hat der Reisende die Zahlung des Ritt- und Trinkgeldes nur im Verhältnis der Entfernung von je 4 zu 4 km gerechnet, mindestens jedoch für 8 km zu entrichten. Über die entrichteten Gebühren wird dem Reisenden gebührenfrei eine Quittung ausgestellt.

Auf einzelnen Postkursen (mit Malle- oder Personenposten) kann das Publikum auch die Beförderung mit Separatfahrten in besonderen viersitzigen Ärarial-Eilwagen beanspruchen. Diese unterscheiden sich von den Extraposten im wesentlichen nur dadurch, daß bei Ermittelung des Ladungsgewichts und der Bespannung die jeweilig für die Malleposten gültigen Bestimmungen in Anwendung kommen. Bei Separatfahrten hat der Reisende zu entrichten: das für Separat-Eilfahrten jeweilig festgesetzte Ritt- und Postillionstrinkgeld, ferner 40 % des Rittgeldes für Gestellung des Wagens, sowie für Bestreitung von Wege- und Brückenabgaben und endlich die für Rückbeförderung des leeren Wagens entstehenden Kosten. Die Rückbeförderung erfolgt in der Regel mit zurückgehenden Pferden, wofür alsdann 1 K 62 h für Wagen und Myriameter berechnet werden. Für jeden Platz des Wagens sind 25 kg Freigewicht und 200 K gebührenfreie Wertangabe gewährt.

G. Postsparkassen.

Postsparkassen sind sowohl in Österreich als auch in Ungarn eingerichtet. Die Geschäfte der unter Gewährleistung des Staates errichteten Postsparkassen werden in den beiden Reichshälften von je einem besonderen Postsparkassenamt geleitet, die ihren Sitz in Wien und Budapest haben und an deren Spitze ein Direktor steht; die Postsparkassenämter unterstehen den Handelsministern beider Reichshälften unmittelbar. Als Sammelstellen der Postsparkasse dienen die Postämter; an dem Dienst nehmen sämtliche Postämter der beiden Reichshälften teil.

Jeder Einleger erhält von dem Postamt, bei dem er seine erste Einlage bewirkt, ein Einlagebuch, in das jede Einzahlung, Rückzahlung und der Zinsenbetrag einzutragen sind. Jede folgende Einlage kann gegen Eintragung in das Einlagebuch bei jedem beliebigen Postamt bewirkt werden. Das Einlagebuch wird unentgeltlich verabfolgt und ist stempelfrei. Der Einleger muß bei der ersten Einlage seinen Vor- und Zunamen in das Einlagebuch schreiben; ferner trägt der Postbeamte den Vor- und Zunamen des Einlegers, Stand, Wohnort, Alter und Geburtsort, nach Umständen die Adresse, an die der Einleger Nachrichten des Postsparkassenamts zu erhalten wünscht, in das Buch ein. Im weiteren muß der Einleger den im Sparbuch befindlichen sog. „Gegenschein" eigenhändig unterschreiben, den der Postbeamte lostrennt und an das Postsparkassenamt einsendet. Der Einleger kann sich ferner zur Erhöhung der Sicherheit ein geheim zu haltendes „Losungswort" wählen, das er in den Gegenschein mit einzutragen hat. Das Losungswort hat die Wirkung, daß Rückzahlungen nur gegen Angabe dieses Losungswortes erfolgen können; außerdem erleichtert der Besitz eines Losungswortes die Ermächtigung einer dritten Person zur Abhebung von Rückzahlungen.

Die Einlagen müssen mindestens 1 K oder ein Vielfaches von 1 K betragen; das Gesamtguthaben eines Einlegers darf 2000 K (in Ungarn für Privatpersonen 4000 K, für Vereine usw. 8000 K) nicht übersteigen, jedenfalls werden höhere Beträge nicht verzinst. Es können jedoch auch kleinere Beträge als 1 K gespart werden; dies geschieht durch Aufkleben von Postfreimarken auf sog. „Postsparkarten". Formulare zu solchen Karten mit eingeprägter 10 h-Marke werden von den Postämtern und Freimarkenverkaufsstellen ohne Aufschlag abgegeben. Ist eine Postsparkarte mit Briefmarken im Werte von 1 K beklebt, so wird sie zum Nennwert der Marken bei Einlagen in Zahlung genommen. Besondere Einrichtungen bestehen für die Einsammlung von Ersparnissen der Schulkinder. Auf Verlangen stellt das Postsparkassenamt den Schulleitungen Verzeichnisse zur Verfügung, die von den Lehrern nach Eintragung der für die postamtliche Verrechnung notwendigen Angaben nebst den zur Einlage bestimmten Beträgen und den Einlagebüchern unmittelbar an das Postamt zu übergeben sind. Postspareinlagen nehmen auch die Landbriefträger auf ihren Bestellgängen bis 1000 K entgegen, und zwar bis 10 K unentgeltlich, über 10 K gegen eine Einsammlungsgebühr von 6 h. Die Landbriefträger tragen die Beträge in ihr Landbriefträger-Register (Annahmebuch) ein und erteilen dem

Einleger eine Zwischenquittung, die bei Rückgabe des vollzogenen Sparbuches wieder einzuziehen ist.

Jede Einlage muß von dem Beamten sogleich in das Sparbuch eingetragen, neben diese Eintragung müssen ein Abdruck des Tagesstempels und der Name des Beamten gesetzt werden. Jede Postanstalt mit Sparbetrieb meldet täglich die vorgekommenen Ein- und Rückzahlungen der Zentralstelle (in Wien oder Budapest), wo für jeden Einleger ein Konto in einfacher Ausfertigung geführt wird. Auf Grund dieser Meldung fertigt das Postsparkassenamt über jede Einlage eine besondere „Empfangsbestätigung" aus, die dem Einleger mit der Post übersandt wird. Der Einleger hat darüber zu wachen, daß ihm diese Bestätigung richtig zugeht. Sollte sie dem Einleger nicht innerhalb 14 Tage zugekommen sein oder Unrichtigkeiten in bezug auf Betrag und Namen enthalten, so hat der Einleger die im Einlagebuch befindliche „Reklamation" herauszutrennen, auszufüllen und unter Umschlag eingeschrieben an das Postsparkassenamt zu senden. Die Korrespondenz der Einleger mit dem genannten Amt sowohl als auch mit den Postdirektionen und Postämtern wird bei Verwendung der vom Postsparkassenamt ausgegebenen Formulare portofrei befördert.

Der Einleger kann jederzeit die Rückzahlung eines Teiles seines Guthabens oder des Gesamtbetrages durch die vorgeschriebene Kündigung erlangen. Die Kündigung erfolgt auf einer besonderen Drucksorte, nämlich auf einem Blatte (Coupon) aus dem sog. „Juxtenbuche", das dem Einleger gleichzeitig mit dem Sparbuche bei der ersten Einlage unentgeltlich ausgehändigt wird, und muß enthalten: den gekündigten Betrag, den Namen des Postamts, bei dem die Zahlung erfolgen soll, die Adresse, unter welcher der Einleger die Antwort des Postsparkassenamts zu erhalten wünscht, seine Unterschrift und das Losungswort, falls er eines gewählt hat. Über die erfolgte Kündigung sendet das Postsparkassenamt dem Einleger eine 2 Monate gültige Zahlungsanweisung. Die Zusendung erfolgt in der Regel umgehend, jedenfalls aber innerhalb der gesetzlichen Kündigungsfristen, und zwar in Österreich bei Kündigung von Beträgen zwischen 40 und 200 K innerhalb 15 Tage, von 200 bis 1000 K längstens innerhalb eines Monats und bei höheren Beträgen längstens innerhalb zweier Monate nach dem Eintreffen der Kündigung; in Ungarn betragen die Kündigungsfristen bei Beträgen von 50 bis 200 K 8 Tage, von 200 bis 1000 K 15 Tage und bei höheren Beträgen 30 Tage. Die Rückzahlung erfolgt gegen Abgabe dieser in Gegenwart des Postbeamten vom Einleger mit Unterschrift zu versehenden Zahlungsanweisung und gegen Vorweisung des Einlagebuches, in dem der zurückgezahlte Betrag vom Postbeamten eingetragen und vom Gesamtguthaben in Abzug gebracht wird. Widerruflich ist gestattet, daß die Postanstalten Beträge bis 40 K (in Ungarn bis 50 K) ohne vorgängige Kündigung, also ohne eingeholte Zahlungsanweisung, unmittelbar auszahlen.

Die Rückzahlungen sollen nicht geringer sein als 2 K. Der Einleger kann eine beliebige Person zur Abhebung des gekündigten Betrages ermächtigen, und zwar kann diese Vollmacht auf einen einzelnen Fall oder auf eine bestimmte Dauer lauten. Im letzteren Falle muß sie gerichtlich oder notariell bestätigt werden, während im ersteren Falle die Namensunterschrift des Einlegers, die Angabe des Losungswortes oder, sofern ein solches nicht gewählt ist, die Bescheinigung der Unterschrift durch den Gemeindevorsteher, Pfarrer usw. und endlich die Angabe des Namens des Bevollmächtigten genügen. In Österreich erfolgt die Rückzahlung nur bei den Postämtern, die Übersendung mit Postanweisung, mit Telegramm usw. ist unstatthaft. Anders in Ungarn, wo die Übersendung mit Postanweisung oder Wertbrief — nicht telegraphisch — zulässig ist, sofern der Einleger in einem Orte ohne Postsparstelle wohnt; diese Übersendung erfolgt auf Kosten des Einlegers.

Übersteigt das Guthaben des Einlegers den zulässigen Höchstbetrag, so fordert das Postsparkassenamt zur Verminderung des Guthabens auf. Es steht einem Einleger, der ein entsprechendes Guthaben hat, jederzeit frei, den Ankauf von inländischen Staatspapieren für seine Rechnung beim Postsparkassenamt zu verlangen; in dem Gesuch muß ein Losungswort angegeben sein, auch muß bei dem erstmaligen Ankaufe das Einlagebuch, bei jedem weiteren Ankaufe dieses, sowie das Rentenbüchlein beigelegt werden. Die Sendung wird als Brief mit Wertangabe portofrei befördert. Trifft der Einleger keine Verfügung, so wird ein Staatspapier von Amts wegen angekauft. Die angekauften Staatspapiere werden entweder den Einlegern auf deren Kosten und Gefahr übersandt oder von Amts wegen kostenfrei unter Gewährleistung aufbewahrt. Über aufbewahrte Staatspapiere wird dem Einleger vom Postsparkassenamt ein „Rentenbüchlein" ausgefolgt; die Einlösung der Zinsscheine erfolgt dann unentgeltlich, und die Zinsen werden dem Einleger entweder als Einlage gutgeschrieben oder bar übersandt oder in Staatspapiere umgewandelt. Der Eigentümer eines Rentenbüchleins kann auch jederzeit die Zusendung oder den Verkauf seiner Staatspapiere verlangen. Der An- und Verkauf der Staatspapiere geschieht gegen eine mäßige Gebühr (Provision).

Der Zinsfuß, der 3% beträgt, wird vom Handelsminister im Einvernehmen mit den Ministern des Innern und der Finanzen nach Anhörung eines für Postsparkassenangelegenheiten gebildeten Beirates im Verordnungswege festgesetzt und durch die Zeitungen zur öffentlichen Kenntnis gebracht. Die Verzinsung der Spareinlagen beginnt von dem auf die Einzahlung folgenden 1. oder 16. des Monats und endigt mit Ablauf des dem Eintreffen der Kündigung beim Postsparkassenamt vorhergegangenen letzten oder 15. Monatstages. Beträge unter 2 K werden nicht verzinst. Mit dem 31. Dezember eines jeden Jahres werden die Zinsen dem Kapital zugeschlagen. Zur Eintragung der Zinsen, sowie zu Kontrollzwecken hat jeder Einleger sein Sparbuch alljährlich an dem Tage, an dem es ausgefertigt worden ist, an das Postsparkassenamt einzusenden. Die Einsendung geschieht unter Einschreibung portofrei in einem von den Postämtern unentgeltlich zu verabfolgenden Briefumschlage.

Postspareinlagen verjähren in der Regel nach 30 Jahren zugunsten der Postkasse; die Verjährung wird durch jede neue Einlage, durch jede Kündigung und durch jede Eintragung von Zinsen in das Sparbuch unterbrochen.

Postsparkassen sind auch für die Mannschaften auf den Schiffen der Kriegsmarine eingerichtet, die in Tätigkeit treten, wenn ihr Aufenthalt im Auslande voraussichtlich länger als 3 Monate dauert. Außerdem besteht eine gleichartige Sammelstelle bei dem Gesandtschaftsdetachement in Peking.

Für die Mühewaltung aus dem Postsparbetrieb werden den Postbeamten in Ungarn alljährlich besondere Vergütungen gezahlt, und zwar 1 h für jede Einlage und außerdem 3 K für jede 2000 K Einnahme bis 40 000 K, 2½ K für jede 2000 K von 40 000 bis 80 000 K und 2 K für jede 2000 K bei höheren Beträgen.

H. Scheck- und Clearingdienst.

Unabhängig vom Postspardienst befaßt sich die Sparkassenverwaltung unter staatlicher Gewährleistung in Österreich und Ungarn mit einem „Scheck- und Clearingdienst". Dieser besteht darin, daß bei jeder Postanstalt Beträge für Rechnung irgend eines Teilhabers an jenem Dienst eingezahlt, sowie Beträge von dem Guthaben eines Teilhabers mittels Schecks an irgend eine Person oder Firma überwiesen oder auf das Guthaben eines anderen Teilhabers überschrieben werden können. Ein Teilhaber kann sich auf die Teilnahme am Scheckdienst beschränken, aber auch an beiden Dienstzweigen beteiligen.

Zwischen dem Postsparkassenamt in Wien einerseits und dem Postsparkassenamt in Ungarn und der Österreichisch-Ungarischen Bank anderseits ist eine Vereinbarung getroffen, die den Kontoinhabern dieser Anstalten die gegenseitige Überweisung von Guthabenbeträgen ermöglicht. Danach kann eine solche Überweisung jeder Teilnehmer am Scheckverkehr der Postsparkasse in Österreich auf jedes Postscheckkonto in Ungarn und jedes bei der genannten Bank, sei es auf einem österreichischen oder ungarischen Bankplatze bestehende Konto und jeder Kontoinhaber der bezeichneten Bank auf das Konto jedes Teilhabers am Clearingverkehr der Postsparkassen bewirken lassen. Besondere Gebühren kommen für die Übertragungen weder bei den Postsparkassen noch bei der Österreichisch-Ungarischen Bank zur Erhebung.

Zum Scheckverkehr ermächtigt sind ferner die österreichischen Postämter in Konstantinopel, Beirut, Jaffa, Janina, Jerusalem, Salonich, Skutari und Smyrna. Durch Abmachungen mit ausländischen Banken ist für die österreichischen Scheckkontoinhaber auch die Möglichkeit eröffnet, Auszahlungen nach dem Auslande (z. B. Deutschland, Großbritannien und Irland, Italien, Schweiz, Frankreich und Belgien) zu leisten und Zahlungen von ausländischen Kunden zu empfangen.

Wer am Scheck- und Clearingverkehr (Anweisungsverkehr) teilnehmen will, hat ein Gesuch, zu dem Formulare von den Postämtern verabfolgt werden, nebst dem Betrage an Herstellungskosten für die gewünschten Scheck- und Empfangscheinbücher portofrei an das Postsparkassenamt in Wien oder Budapest einzusenden. Auch Personen, die nicht Einleger im Sparverkehr sind oder im Auslande wohnen, ist die Teilnahme gestattet. Die Stammeinlage beträgt 100 K. Dem Postsparkassenamt steht das Recht zu, durch Kündigung der Stammeinlage das sofortige Ausscheiden eines Teilnehmers zu bewirken, sowie ein Ansuchen um Aufnahme ohne Angabe von Gründen abzulehnen. Die Höhe des Zinsfußes der Einlagen im Anweisungsverkehr beträgt 2 %; die Regierung kann jedoch auch die vollständige oder teilweise Unverzinslichkeit der Einlagen anordnen.

Die Einlagen im Anweisungsverkehr können erfolgen durch Einzahlung auf Empfang-(Erlag-)Scheine, durch Einkassierung der Beträge von gewöhnlichen Postanweisungen, Nachnahme-, Auftrags- und Zeitungs-Postanweisungen für die Teilnehmer, durch Gutschrift der Beträge der im Auftrage von Teilnehmern eingelösten Zinsscheine zu inländischen Staatspapieren, durch Gutschrift der Beträge von beim Postsparkassenamt zahlbar gestellten Urkunden und endlich durch Gutschrift im Clearingverkehr.

Die von den Einlegern am häufigsten benutzte Art der Einlage ist die mittels Empfang-(Erlag-)Scheins. Sie kann bei jedem Postamt vom Teilnehmer selbst oder zu seinen Gunsten von dritten bewirkt werden und läßt sich daher auch bei der Einziehung ausstehender Forderungen gut verwerten. Der Teilnehmer kann beispielsweise seinen Kunden mit der Rechnung einen Empfangschein mit dem Ersuchen zusenden, darauf den Betrag der Rechnung beim Postamt einzuzahlen. Der Empfangschein ist eine Quittung des Postamts über den eingezahlten Betrag, der Erlagschein ein Lieferschein, den das Postamt mit einer Nachweisung über die Ein- und Auszahlungen am Tage der Einzahlung an das Postsparkassenamt einzuschicken hat. Die Formulare zu den Empfangscheinen werden an die Teilnehmer in Heften zu 10, 20, 40 usw. Stück zu 2 h für das Stück abgelassen. Empfangschein und Erlagschein sind vom Einleger auszufüllen. Die Rückseite des Erlagscheins kann zu schriftlichen Mitteilungen (des Einzahlers für den Teilnehmer) benutzt werden; in solchen Fällen ist eine Freimarke zu 5 h darauf zu kleben. Der Empfangschein haftet mit einem Abschnitt zusammen, der beim Abtrennen des Scheines im Heft zurückbleibt und dem Inhaber zu Vormerkungen dient. Der die Einzahlung entgegennehmende Postbeamte vollzieht den Empfangschein, bedruckt ihn mit dem Tagesstempel und gibt ihn dem Einzahler zurück. Sobald die Tagesrechnung des Postamts mit dem Erlagschein beim Postsparkassenamt eingegangen ist, übersendet dieses dem Teilnehmer einen Kontoauszug und den Erlagschein. Einzahlungen auf den Erlagschein bis 1000 K nehmen auch die Landbriefträger auf ihren Bestellgängen entgegen; an Einsammlungsgebühr sind für jede Einzahlung 6 h zu zahlen.

Erfolgt die Einlage durch Einkassieren der Beträge auf Postanweisungen für den Teilnehmer, so wird diesem von den erfolgten Gutschriften mittels Kontoauszuges, dem die Abschnitte der Postanweisungen beigefügt werden, Mitteilung gemacht. Für die Einkassierung von Postanweisungen wird eine Provision von 2 h für das Stück durch Konto-Lastschrift erhoben. Einzulösende Zinsscheine zu inländischen Staatspapieren sind an der Kasse des Postsparkassenamts zu überreichen oder frankiert einzusenden. Jeder Zinsschein muß auf der Rückseite den Namen des Einlegers tragen. An Gebühren für die Einlösung sind 2 h für jeden Zinsschein zu entrichten.

Die Rückzahlungen und Konto-Lastschriften im Scheck- und Clearingverkehr erfolgen in der Regel auf Grund der Verfügung, welche die Teilnehmer oder deren Bevollmächtigte mittels Schecks treffen. Die Scheckvordruckblätter werden in Scheckbüchern zu 50 Blatt für den Preis von 2 K verabfolgt; für jedes Vordruckblatt wird außerdem eine Stempelgebühr von 4 h erhoben. Von allen weiteren Stempelgebühren sind die Schecks befreit. Die zu einem Heft vereinigten Scheckformulare sind mit fortlaufender Nummer versehen. Verdorbene Formulare sind mit dem Vermerk „verdorben" an das Postsparkassenamt einzusenden.

Wünscht der Einleger über die Stammeinlage zu verfügen, so ist das Scheckbuch an das Postsparkassenamt einzusenden, womit der Austritt aus dem Scheckverkehr erfolgt. Mit Scheck kann Anweisung erteilt werden zu Zahlungen an den Vorzeiger bei der Kasse des Postsparkassenamts, zur Ausfertigung von Zahlungsanweisungen durch das Postsparkassenamt, zur Ausstellung von Postanweisungen, zur Einziehung von Urkunden (Wechseln, Anweisungen, Schuldscheinen, Rechnungen usw.) gegen Zahlung und Lastschrift der Beträge und endlich zu Buchungen im Clearingverkehr. Die Gebühr für die Einziehung einer Urkunde beträgt 20 h.

Soweit die Bestellung der Postanweisungen mit den zugehörigen Geldbeträgen erfolgt, sind auch die mittels Scheck-Zahlungsanweisungen des Postsparkassenamts angewiesenen Geldbeträge durch die Briefträger abzutragen. Hierfür wird vom Zahlungsempfänger bei Beträgen bis 1000 K eine Bestellgebühr von 6 h, bei höheren Beträgen von 20 h für jede 1000 K erhoben.

Das Postsparkassenamt gibt eine Liste der dem Clearingverkehr beigetretenen Scheckbuchbesitzer heraus, die im Abonnementswege bezogen werden kann.

Für die Benutzung des Scheck- und Clearingverkehrs sind außer den bereits erwähnten Gebühren zu entrichten: eine Manipulationsgebühr von 4 h für jede an dem Konto vorzunehmende Amtshandlung (Einlage, Anweisung, Gutschrift, Lastschrift), sowie eine Provision von jeder Lastschrift, und zwar von $^1/_4\,^0/_{00}$ bis 6000 K und von $^1/_8\,^0/_{00}$ für diese Summe übersteigende Beträge. Von der Provision sind befreit die Lastschriften im Clearingverkehr, die mittels Postanweisung durch das Postsparkassenamt zur Versendung gelangenden Beträge, die durch den Ankauf von Staatspapieren für Rechnung der Teilnehmer am Scheckverkehr in Abschreibung gebrachten Beträge und endlich alle zugunsten des Postsparkassenamts in Abschreibung kommenden Gebühren.

Für Wien ist auch die Einrichtung der „Inhaberschecks" in den Tätigkeitsbereich des Postsparkassenamtes einbezogen. Der Inhaberscheck dient vornehmlich dem örtlichen Zahlungsverkehr, und zwar in der Regel zur Zurückziehung von Geldern für den eigenen Gebrauch der Kontoinhaber oder zur Vermittelung von Zahlungen an Personen, die dem Scheckverkehr nicht angehören. In diesen Fällen erfolgt die Barauszahlung des Gegenwertes. Doch kann auch beim Inhaberscheck die geldlose Vollziehung Platz greifen, indem der Überreicher des Schecks, falls er Mitglied des Scheckverkehrs ist, den Betrag unmittelbar auf sein Postsparkassenkonto gutschreiben läßt; der Scheck ist zu diesem Zwecke mit einer dahin zielenden Bemerkung an das Postsparkassenamt in Wien einzusenden.

Das Postsparkassenamt in Wien übernimmt ferner von seinen Kontoinhabern — zunächst mit Ausschluß der in Wien selbst wohnenden — Wechsel, Schecks, Anweisungen, Akkreditive, Coupons, Rechnungen und andere Forderungsdokumente, die auf einen bestimmten Betrag lauten und in Wien zahlbar sind, zum kommissionsweisen Inkasso und besorgt die Umwechselung von Gold- und Silbermünzen und ausländischen Noten in der Weise, daß die Beträge den Konten der Einleger gutgeschrieben werden. Forderungsdokumente, die auf einen bestimmten Fälligkeitstag lauten, sollen nicht früher als 3 Tage vor ihrer Fälligkeit beim Postsparkassenamt einlangen. Wechsel, die von in Wien wohnenden Kontoinhabern eingereicht werden, müssen quittiert, die von auswärts eingesandten, mit dem Übertragungsvermerk versehen sein. Coupons müssen auf der Rückseite den Namen und die Adresse des Einsenders oder die Nummer seines Kontos oder Einlagebuches tragen.

Nicht akzeptierte Wechsel werden wie akzeptierte durch das Postsparkassenamt am Verfalltage zur Zahlung präsentiert; eine vorherige Präsentation zur Annahme findet nur dann statt, wenn der Einsender nicht in Wien wohnhaft ist und die Präsentation zur Annahme ausdrücklich verlangt. Werden Wechsel, die von nicht in Wien wohnenden Kontoinhabern zum Inkasso oder zur Einholung des Akzepts eingesandt werden, nicht eingelöst oder nicht akzeptiert, so veranlaßt das Postsparkassenamt die Protesterhebung mangels Zahlung oder mangels Annahme auf Kosten des Einsenders, wenn er die Protestierung nicht ausdrücklich untersagt hat. Die Protestierung von Wechseln, die von in Wien wohnenden Kontoinhabern zum Inkasso eingereicht werden, wird durch das Postsparkassenamt nicht besorgt.

Für das Inkasso oder die Umwechselung werden seitens des Postsparkassenamts folgende Gebühren berechnet: für Einlösung von Coupons 2 h das Stück, für die Einkassierung von Wechseln, Rechnungen, Anweisungen und anderen Forderungsdokumenten für das Stück 1/4 ‰, mindestens 40 h, und für nicht honorierte derartige Papiere 40 h für das Stück (das Inkasso von Papieren, die beim Postsparkassenamt selbst zahlbar sind, erfolgt gebührenfrei), für die Einholung von Akzepten auf Wechseln und für die erste Präsentation von Papieren, die eine bestimmte Zeit nach Sicht zahlbar sind, 40 h das Stück und für die Umwechselung von Gold- und Silbermünzen und ausländischen Noten 1/4 ‰, mindestens 20 h von der Summe der in jedem Falle zur Umwechselung gelangenden Wertbeträge. Die Gebühren werden von den eingezogenen Beträgen in Abzug gebracht, bei nicht eingelösten Forderungsdokumenten, sowie bei der Einholung von Akzepten und der ersten Präsentation der Sichtwechsel dem Konto des Einlegers zur Last geschrieben.

2. Bosnien-Herzegowina.

(51027 qkm und 1770353 Einwohner.)

Der Post- und Telegraphendienst in Bosnien-Herzegowina ist als eine Abteilung der Militärverwaltung eingerichtet. Die Oberleitung des Post- und Telegraphenwesens führt daher gegenwärtig das Reichs-Kriegsministerium in Wien. Als Bezirksbehörde ist die k. k. Militär-Post- und Telegraphen-Direktion in Sarajewo bestimmt, die z. Z. dem 15. Korpskommando daselbst untergeordnet ist. Ihr unterstehen die k. und k. Militär-Post- und Telegraphenämter. Der Dienst ist im wesentlichen nach dem Muster des österreichischen und ungarischen Postdienstes geregelt, und es gelten im allgemeinen auch die in Österreich und Ungarn bestehenden Dienstvorschriften.

Das Personal besteht aus Zivilbediensteten (Beamten und provisorischen Amtsdienern) und aus Angehörigen des Heeres (Manipulanten, Kondukteuren, Schreibern, Ordonnanzen als Bestellboten und Amtsdienern). Die Beamten werden dem Personal der österreichischen und der ungarischen Postverwaltung entnommen, die sie für die Dauer ihrer Dienstverwendung in Bosnien-Herzegowina beurlaubt. Die provisorischen Amtsdiener (einheimische Personen) nimmt dagegen die Militär-Post- und Telegraphen-Direktion unmittelbar an, und zwar gegen dreimonatige Kündigung. Die Zuweisung von Militär-Manipulanten (Unteroffiziere und Soldaten) erfolgt durch das Reichs-Kriegsministerium, von Kondukteuren, Schreibern und Ordonnanzsoldaten durch das 15. Korpskommando.

Die Beamten, die einer Rangklasse angehören, beziehen die gleichen Gehälter wie in der Heimat und als Aktivitätszulage in Sarajewo und Mostar in Klasse VII 1610 K*), in Klasse VIII 1380 K, in Klasse IX 1200 K, in Klasse X 960 K und in Klasse XI 720 K, in den übrigen Orten je 200 K weniger. Die

*) Österreichische Münze (1 Krone [K] zu 100 Heller [h] = 85 Pf.).

Postoffizianten beziehen in den 10 Dienstaltersklassen gleichmäßig 1150, 1250, 1350, 1450, 1550, 1650, 1800, 2000, 2200 und 2400 K, die Postoffiziantinnen in den 12 Dienstaltersklassen 950—2100 K, und daneben die sog. „bosnische Dienstzulage", die in Sarajewo und Mostar 400, in den übrigen Orten 300 K beträgt. Die Aufnahmeprüfung für den Staatsdienst und die Verkehrsprüfung (s. Österreich-Ungarn) können in Sarajewo, die weiteren Prüfungen müssen dagegen in Wien oder Budapest abgelegt werden.

In den Eisenbahnzügen sind „Bahnposten" eingerichtet, die in solche I. und II. Ordnung zerfallen. Bahnposten I. Ordnung werden von Beamten und Kondukteuren, solche II. Ordnung nur von Kondukteuren begleitet; in beiden werden Sendungen jeder Art (auch Geldbriefe) umgearbeitet. Die Bahnposten I. Ordnung führen die Nummern 1 bis 100, die II. Ordnung von 101 bis 200.

Die Bestimmungen über den Postzwang sind die gleichen wie in Österreich-Ungarn.

A. Briefpost.

Im inneren Verkehr ebenso wie im Wechselverkehr mit Österreich-Ungarn darf das Gewicht der Briefe 250 g, das der Warenproben 350 g und das der Drucksachen 1 kg nicht übersteigen.

Gewöhnliche Briefe können frankiert oder unfrankiert abgesandt werden. Tarif: frankiert bis 20 g 10 h, über 20 bis 250 g 20 h, unfrankiert 20 und 30 h, unzureichend frankiert das Porto für unfrankierte Briefe abzüglich des Wertes der verwendeten Freimarken. Für Ortssendungen (Sendungen nach dem Bezirk der Aufgabepostanstalt) gilt eine ermäßigte Taxe: frankiert bis 20 g 6 h, über 20 bis 250 g 12 h, unfrankiert 12 und 18 h.

Kartenbriefe sind sowohl für den Ortsverkehr als auch für den Fernverkehr eingeführt. Die Taxe beträgt im Ortsverkehr 6 h, im Fernverkehr 10 h,

Postkarten (Korrespondenzkarten): 5 h für die einfache und 10 h für die Karte mit Antwort für den Orts- und Fernverkehr, unfrankiert das Doppelte der Postkartentaxe; für unfrankierte Postkarten mit Antwort wird das Porto für unfrankierte Briefe erhoben.

Das Publikum hat seine Zeitungen unmittelbar bei den Zeitungsexpeditionen zu bestellen; die Postanstalten befassen sich nicht mit der Besorgung von Abonnements. Die Frankierung der Zeitungen wird durch Aufkleben von besonderen Zeitungsfrankomarken zu 2 h bewirkt. Diese werden nur an die Zeitungsexpeditionen, und zwar in ganzen Bogen zu 100 Stück abgegeben.

Nicht abonnierte Zeitungen und sonstige Drucksachen: 3 h bis 50 g, 5 h über 50 bis 100 g, 10 h über 100 bis 250 g, 20 h über 250 bis 500 g, 30 h über 500 bis 1000 g für den Orts- und Fernverkehr. Die Drucksachen müssen frankiert sein; unfrankierte sind von der Beförderung ausgeschlossen.

Warenproben: bis 250 g 10 h, über 250 bis 350 g 20 h für den Orts- und Fernverkehr. Unfrankierte Warenproben werden nicht befördert.

Geschäftspapiere sind im inneren Verkehr, sowie im Wechselverkehr mit Österreich-Ungarn nicht zulässig.

Briefsendungen jeder Art können unter Einschreibung versandt werden. Einschreibgebühr 25 h. Rückscheine sind zulässig; Gebühr 25 h. Im inneren Verkehr und im Verkehr mit Österreich kann der Absender eines Einschreibbriefes gegen eine Gebühr von 25 h eine amtliche Benachrichtigung (Empfangsanzeige)

über das Eintreffen des Briefes am Bestimmungsorte verlangen. Die Gebühr ist in Freimarken auf dem Einschreibbriefe, der die Bezeichnung „R. E.“ und die Angabe des Absenders tragen muß, zu verrechnen. Einschreibsendungen können mit Nachnahme belastet werden (siehe unter „E. Pakete“). Für in Verlust geratene Einschreibsendungen leistet die Militärpost Ersatz in Höhe von 50 K.

Die vorstehenden Taxvorschriften gelten auch für den Verkehr mit Österreich-Ungarn und mit Deutschland.

Alle bei den Militärpostanstalten ankommenden Briefsendungen an solche Zivilpersonen, die im Orte der Postanstalt wohnen, werden durch Angestellte der Militärpost in die Wohnung der Empfänger bestellt. Zivilpersonen dagegen, die in Landorten wohnen, sowie alle Militärpersonen müssen ihre Sendungen bei der Postanstalt abholen. In allen Fällen, in denen sich im Postorte ansässige Zivilpersonen die Abholung ihrer Sendungen beim Postamt vorbehalten, ist eine Fachgebühr von 2 K monatlich zu entrichten. Für die sonst zur Abholung lagernden Sendungen wird dagegen keinerlei Fach- oder Lagergebühr berechnet außer für postlagernde Briefsendungen, für die der Empfänger eine Lagergebühr von 2 h für das Stück zu entrichten hat. Eilsendungen sind nur nach Postorten zulässig. Die im voraus zu entrichtende Eilbestellgebühr beträgt 30 h. Eilsendungen für den Bestellbezirk der Aufgabepostanstalt werden nicht angenommen.

Die Freimarken können vom Absender beschrieben werden; auch die Durchlochung der Marken mit Buchstaben ist gestattet. Außer Freimarken, Kartenbriefen und Postkarten verkaufen die Postanstalten und Markenverschleißstellen auch gestempelte Briefumschläge zu 10 h, und zwar mit einem Aufschlage von 2 h das Stück. Zur Darstellung der auf unfrankierten oder unzureichend frankierten Sendungen lastenden Portobeträge werden Taxmarken verwendet.

B. Wertbriefe (Geldbriefe).

Geldbriefe, die auch gemünztes Geld enthalten dürfen, sind bis 250 g zulässig; die Höhe der Wertangabe ist unbeschränkt. Die Geldbriefe müssen stets geschlossen aufgeliefert werden. Für Verpackung und Versiegelung gelten die in Österreich-Ungarn bestehenden Vorschriften. Besondere amtliche „Geldbriefkuverts“, zu deren Verschluß zwei Siegel genügen, sind bei den Postanstalten zu 3 h das Stück käuflich. Die Geldbriefe können frankiert oder unfrankiert abgesandt werden; doch müssen durch Eilboten abzutragende Geldbriefe (nur nach Postorten zulässig) stets frankiert sein. Das Porto beträgt allgemein 30 h, die Versicherungsgebühr 5 h für je 300 K. Nach Österreich-Ungarn ist die Taxe höher. Für postlagernde Geldbriefe ist eine besondere Lagergebühr von 4 h zu entrichten. Im Falle der Nach- und Rücksendung eines Geldbriefes wird die Taxe für den neuen Beförderungsweg von neuem berechnet; bei Sendungen an Militärpersonen kommt jedoch ein Nachsendungsporto nicht in Ansatz. Für die Abtragung von Geldbriefen ist ein Bestellgeld von 8 h zu entrichten; wird nur ein Benachrichtigungsschein abgetragen, so beträgt das Bestellgeld 4 h.

Geldbriefe können mit Nachnahme belastet werden (siehe unter „E. Pakete“).

Im übrigen zählen die Briefe mit angegebenem Wert zu den Fahrpostsendungen und unterliegen den für Pakete mit Wertangabe gültigen Bestimmungen.

C. Postanweisungen.

Postanweisungen sind bis 1000 K zulässig. Zu den Postanweisungen sind ausschließlich die von der Militärpostverwaltung ausgegebenen Formulare mit deutschem und kroatischem Vordruck zu verwenden, die zu 3 h das Stück bei allen Militärpostämtern erhältlich sind. Tarif: bis 20 K 10 h, über 20 bis 100 K 20 h, über 100 bis 300 K 40 h, über 300 bis 600 K 60 h, über 600 bis 1000 K 1 K. Nach Österreich-Ungarn gelten höhere Sätze. Dem Absender ist gestattet, auf dem Abschnitt einer Postanweisung zu einer Zeitungsbestellung eine Adreßschleife und bei Einzahlungen an Behörden eine Stempelmarke anzubringen.

An Zivilpersonen im Ortsbestellbezirk von Postanstalten mit Geldbestelleinrichtung werden die Postanweisungen mit den zugehörigen Geldbeträgen in die Wohnung bestellt. Das Bestellgeld beträgt bis 100 K 6 h, über 100 bis 200 K 10 h, über 200 bis 1000 K 20 h. Für die bloße Avisierung ist nur eine Gebühr von 2 h für jede Postanweisung zu entrichten. Für postlagernde Postanweisungen wird eine Lagergebühr von 4 h eingezogen. Eilbestellung ist nach Postorten zulässig; das Eilbestellgeld beträgt 30 h. Geht dem Empfänger eine Postanweisung verloren, so kann ihm gegen eine Gebühr von 25 h eine Zahlungsermächtigung erteilt werden.

Bei Postämtern mit Telegraphenbetrieb können auch telegraphische Postanweisungen bis 1000 K nach allen Orten in Bosnien-Herzegowina aufgegeben werden. Dafür sind besondere Postanweisungsformulare (Bedeckungspostanweisungen) zu verwenden, die von den Postämtern unentgeltlich abgegeben werden. Tarif: die gewöhnliche Postanweisungsgebühr, die durch Aufkleben von Freimarken auf das Postanweisungsformular verrechnet wird, die Telegrammgebühr für das Überweisungstelegramm und das Eilbestellgeld von 30 h für Postanweisungen nach dem Ortsbestellbezirk des Bestimmungsamts, falls die Postanweisung nicht poste restante lautet. Telegraphische Postanweisungen nebst den Geldbeträgen werden den Empfängern nur in den Orten in die Wohnung bestellt, in denen sich bei den Postanstalten Zivildiener befinden; sonst werden sie nur avisiert, d. h. es wird dem Empfänger eine Benachrichtigung von der Ankunft mit der Aufforderung zugestellt, die Postanweisung und das Geld beim Postamt abzuholen. Für die Zustellung einer telegraphischen Postanweisung mit dem Betrage wird vom Empfänger das gewöhnliche Bestellgeld eingezogen.

Der Absender einer gewöhnlichen oder telegraphischen Postanweisung kann bei oder nach der Auflieferung eine Auszahlungsbestätigung gegen eine Gebühr von 25 h verlangen.

D. Postaufträge.

Postaufträge sind im allgemeinen unter den gleichen Bedingungen zulässig wie in Österreich, und zwar bis 1000 K. Zu den Postaufträgen sind Formulare ausgegeben, die zu 2 h das Stück an das Publikum abgelassen werden. Die Taxe ist die gleiche wie für einen eingeschriebenen Brief vom nämlichen Gewicht. Zu den Postaufträgen können amtliche Umschläge benutzt werden, die zu 2 h das Stück käuflich sind. Auf der Außenseite eines Postauftragsbriefes hat sich der Absender namhaft zu machen. Die Anlagen der Postaufträge werden den Zahlungspflichtigen in der Wohnung vorgezeigt. Die Übersendung der Postauftragsgelder erfolgt durch gewöhnliche Postanweisung; in der Aufschrift ist der

Zusatz „Auftrag-Postanweisung" handschriftlich nachzutragen. Von dem eingezogenen Betrage werden die Postanweisungsgebühr, eine Einzugsgebühr von 10 h für jedes eingelöste Postauftragspapier und, wenn der Absender nicht ein Postanweisungsformular selbst beigefügt hat, 3 h für ein solches einbehalten. Wünscht der Auftraggeber im Falle nicht sofortiger Einlösung einzelner Wertpapiere hierüber eine amtliche Nachricht, so hat er dies durch den Vermerk „Wenn nicht sofort bezogen, benachrichtigen" auf dem Auftragsformular anzugeben; die Gebühr für die Benachrichtigung beträgt 25 h.

E. Pakete.

Zur Beförderung mit der Post werden nur Pakete mit oder ohne Wertangabe, die Papiergeld, Silber und Gold, Effekten (Wäsche, Kleider, Uniformstücke usw.), sowie Eß- und Trinkwaren enthalten, bis 20 kg angenommen. Nach größeren Orten sind Pakete bis 50 kg und solche mit Hartgeld bis 65 kg zulässig. Sendungen mit Eß-, Trink- und sonstigen dem Verderben unterliegenden Waren werden nur auf Gefahr des Absenders befördert.

Die Pakete sind in der Regel in starke Leinwand oder in mit der rauhen Seite nach oben gekehrte Wachsleinwand zu verpacken, gut zu verschnüren und zu versiegeln; auch können Kisten verwendet werden. Sendungen jedoch, deren Inhalt aus festen, einer Beschädigung nicht leicht ausgesetzten Gegenständen, wie Büchern, Drucksorten, Waren ohne höheren Wert u. dgl., besteht, können auch in starkes Papier verpackt werden; die Annahme und Beförderung derartig verpackter Sendungen erfolgt aber nur auf Gefahr des Absenders unter Ausschluß der Haftpflicht der Postverwaltung. Die Aufschrift ist unmittelbar auf der Umhüllung der Sendung anzubringen. Jeder Sendung muß eine Paketadresse beigegeben werden, zu der die amtlich ausgegebenen Formulare zu verwenden sind; diese sind bei allen Postämtern zu 2 h das Stück erhältlich.

Die Pakete können frankiert oder unfrankiert abgesandt werden. Tarif: ohne Rücksicht auf die Entfernung bis 500 g 30 h, über 500 g bis 5 kg 50 h, für schwerere Pakete 10 h für jedes kg, Versicherungsgebühr 5 h für jede 300 K Wert. Die Wertangabe ist unbeschränkt. Sperrige Pakete sind ohne Taxerhöhung zulässig.

Nachnahmen sind auf Paketen, auf Wertbriefen und auf eingeschriebenen Briefsendungen bis 1000 K zulässig; gewöhnliche Briefe mit Nachnahme sind dagegen von der Beförderung ausgeschlossen. Jeder Nachnahmesendung — ausgenommen Einschreibbriefsendungen — muß eine besondere Begleitadresse mit angebogener Nachnahmepostanweisung beigegeben werden; Formulare dieser Art sind bei allen Postämtern zu 4 h das Stück käuflich. Nachnahmesendungen (ausgenommen eingeschriebene Briefsendungen und Geldbriefe, die stets frankiert sein müssen,) können frankiert oder unfrankiert versandt werden. Außer dem gewöhnlichen Porto kommt eine Nachnahmegebühr zur Erhebung, die bei Paketen und Geldbriefen für je 4 K 2 h, mindestens aber 12 h, bei Einschreibbriefen allgemein 4 h beträgt. Von dem eingezogenen Nachnahmebetrag wird die Postanweisungsgebühr einbehalten. Der Absender kann verlangen, daß der Nachnahmebetrag an die Postsparkasse in Österreich oder Ungarn oder an ein öffentliches Kreditinstitut des Aufgabegebiets (in Bosnien und Herzegowina die privilegierte Abteilung der Unionbank in Sarajewo) überwiesen werde.

Im Falle des Verlustes oder der Beschädigung eines Pakets übernimmt die Postverwaltung eine Haftung nur in dem Falle, daß der Verlust oder die Beschädigung durch Verschulden eines Militärpostbediensteten herbeigeführt worden ist.

Pakete ohne Wertangabe, sowie solche mit einer Wertangabe bis 40 K und im Einzelgewicht von 1 kg an Zivilpersonen im Postort selbst werden den Empfängern durch Organe der Militärpost in die Wohnung bestellt. Schwerere oder wertvollere Pakete dagegen, ebenso alle Pakete und Wertbriefe mit Nachnahme werden — mit Ausnahme der Orte mit obligatorischer Paketbestellung (Sarajewo, Mostar, Banjaluka und Dol. Tupla) — den Empfängern nur avisiert, d. h. es wird diesen nur eine Benachrichtigung vom Eintreffen der Sendung überbracht, während ihnen überlassen bleibt, die Sendung beim Postamt abzuholen oder abholen zu lassen. Pakete an Militärpersonen, ferner an die in Landorten wohnenden Zivilpersonen sind stets, ohne daß ein Benachrichtigungsschreiben abgetragen wird, abzuholen. Für die Abtragung eines Pakets wird ein Bestellgeld von 8 h, für die Abtragung eines Benachrichtigungsschreibens von 4 h vom Empfänger eingehoben. Für postlagernde Pakete wird eine Lagergebühr von 4 h vom Empfänger eingezogen. — Eilbestellung ist bei Paketen ohne oder mit Wertangabe nach Postorten zulässig; doch werden nur solche bis 2 kg und bis 1000 K Wert durch die Eilboten abgetragen, bei höherem Gewicht oder Wert wird dem Empfänger nur ein Avis zugestellt. Pakete mit Nachnahme sind von der Abtragung durch Eilboten ausgeschlossen. Die Eilbestellgebühr beträgt 50 h für jedes Paket. Eilpakete müssen frankiert werden.

Bei Paketen sind auch Rückscheine zulässig; Gebühr 25 h. Solche Pakete müssen frankiert sein.

F. Personenbeförderung.

Wie in Österreich-Ungarn, so befaßt sich auch in Bosnien-Herzegowina die Post mit der Beförderung von Personen auf Landstraßen sowohl mit den gewöhnlichen Posten als auch mit Extrapost. Die Vorschriften hierüber decken sich in den wesentlichen Punkten mit den in Österreich-Ungarn bestehenden. Die Passagiergebühren sind wie folgt bemessen: bei Personenposten: mit Personenwagen 10 h für das km für Militärpersonen, 16 h für Zivilpersonen, mit landesüblichen Wagen 8 h und 14 h, mit Postautomobilen 14 und 18 h; bei Extraposten: bei Trainbespannung für einen zweisitzigen Extrapostwagen 20 h für das km für Militärpersonen, 35 h für Zivilpersonen, für einen viersitzigen Extrapostwagen 40 und 70 h, bei Zivilbespannung allgemein 80 h für das km, bei Postautomobilen bei Inanspruchnahme bis zu 4 Sitzen 1 K 50 h, von mehr als 4 Sitzen 2 K für das km. Die Bewilligung von Extraposten mit Trainbespannung ist dem 15. Korpskommando vorbehalten. Bei den Personenposten und Postautomobilfahrten werden 10 kg Freigepäck gewährt; für Übergewicht sind für jedes kg 10 h zu entrichten.

3. Frankreich
(mit Algerien).

(Frankreich — mit Monaco —: 536465 qkm und 39267447 Einwohner; Algerien: 890000 qkm und 5231850 Einwohner.)

Die Verwaltung des französischen Post- und Telegraphenwesens ist dem Ministerium für öffentliche Arbeiten, Posten und Telegraphen unterstellt. Die Abteilung für Post und Telegraphie bildet ein Unterstaatssekretariat*) dieses Ministeriums und zerfällt in 6 Abteilungen (divisions): für die Zentralleitung und für Rechtsstreitigkeiten (direction du cabinet et du contentieux), für das Personal (direction du personnel), für den Postbetriebsdienst (direction de l'exploitation postale), für den Telegraphen- und Fernsprechbetrieb (direction de l'exploitation électrique), für Materialien und Bauwesen (direction du matériel et de la construction) und für das Rechnungswesen (direction de la comptabilité). Die Abteilungen setzen sich wiederum aus verschiedenen Bureaus zusammen. An der Spitze jeder Abteilung steht ein Direktor (directeur). Die Bureaus werden von Bureauvorstehern (chefs de bureau) geleitet. Den Bureauvorstehern stehen ein oder mehrere Untervorsteher (sous-chefs) zur Seite. Unter ihnen arbeiten Bureaubeamte (rédacteurs) und männliche und weibliche Hilfskräfte (expéditionnaires und dames employées). Daneben sind Unterbeamte vorhanden, denen der Botenmeister (chef surveillant) vorgesetzt ist. Im weiteren sind 5 Generalinspektoren vorhanden, die sich zur Erledigung besonderer Aufträge zur Verfügung des Ministers und des Unterstaatssekretärs der Posten und Telegraphen zu halten haben. Besondere Bezirke sind ihnen nicht zugeteilt. Die Generalinspektoren sollen namentlich wichtigere Streitfälle oder besondere Schwierigkeiten, die sich im technischen oder Verwaltungsdienst ergeben, ferner Beschwerden über Betrieb oder Personal an Ort und Stelle untersuchen und darüber berichten. Weiter ist es ihre Aufgabe, sich darüber unterrichtet zu halten, ob irgendwelche Reformen des Betriebes erforderlich sind und ob dieser durch die Bezirksbehörden nach einheitlichen Grundsätzen geleitet wird. Ferner haben sie Organisations- oder andere Projekte auszuarbeiten oder nachzuprüfen, wichtige Arbeiten (Bauten u. dgl.) zu überwachen, Postbauten abzunehmen, Gutachten über die Leistungsfähigkeit von Beamten abzugeben; endlich sollen sie zu besonderen Missionen im Auslande verwendet werden. Bei der französischen Zentral-Post- und Telegraphenbehörde besteht für die Erledigung bestimmter Angelegenheiten ein Kollegium (conseil d'administration), dem der Minister und in seiner Abwesenheit der Unterstaatssekretär präsidiert und das sich außer diesem aus den Abteilungs-Direktoren und den Kabinettchefs des Ministers und des Unterstaatssekretärs, den Generalinspektoren usw. und für die Sitzungen, in denen Beförderungsfragen zur Erörterung stehen, aus besonders dazu durch Ministerialerlaß bestimmten Vertretern der verschiedenen Beamtenklassen zusammensetzt. Das Kollegium hat sich insbesondere über die Verteilung der Beamten der Zentralverwaltung auf die einzelnen Bureaus, sowie über die Beförderungen von Beamten in höhere Klassen oder Kategorien zu äußern. Außerdem unterliegen die Gegenstände der Begutachtung des Kollegiums, die ihm vom Minister

*) Siehe S. 486.

oder vom Unterstaatssekretär unterbreitet werden. Auf Grund der Beschlüsse des Kollegiums wird alljährlich eine Vorschlagsliste für Beförderungen in höhere Klassen oder Kategorien (tableau général d'avancement de classe et de grade) aufgestellt. Diese Liste umfaßt, soweit es sich um Beförderungen in eine höhere Kategorie handelt (avancements de grade), eine solche Zahl von Beamten, daß sie dem Doppelten der voraussichtlich im Laufe des Jahres eintretenden Vakanzen entspricht, und soweit es sich um Beförderungen in eine höhere Klasse handelt (avancements de classe), eine solche Zahl, daß sie die nach Maßgabe des Etats voraussichtlich notwendig werdenden Ernennungen um ein Drittel übersteigt. Die Liste wird, nachdem sie die Genehmigung des Ministers erhalten hat, im „Bulletin mensuel" (Postamtsblatt) veröffentlicht. Die Beförderungen selbst erfolgen nicht lediglich nach dem Dienst- oder Rangalter, sondern auch nach Wahl (au choix und au demi-choix). Im Laufe eines Jahres dürfen nur solche Beamte befördert werden, deren Namen in der Vorschlagsliste aufgeführt waren; Ausnahmen in besonderen Fällen sind nur mit Genehmigung des Ministers statthaft. Ferner besteht bei der Zentralbehörde eine Art Disziplinarkammer (conseil central de discipline), dem alle wichtigeren Disziplinarfälle zur Entscheidung unterbreitet werden.

Zur Leitung des Betriebsdienstes ist für jedes Departement eine „Post- und Telegraphendirektion" eingerichtet, die im Hauptort des Departements ihren Sitz hat und an deren Spitze ein „Post- und Telegraphendirektor" (directeur des Postes et des Télégraphes) steht. Zur Stütze sind ihm Inspektoren (inspecteurs und inspecteurs-ingénieurs) und Unterinspektoren (sous-inspecteurs), Unteringenieure (sous-ingénieurs), sowie die erforderlichen Bureaubeamten (rédacteurs), Hilfsbeamten (expéditionnaires und dames employées) und eine Anzahl Unterbeamte, denen die Aufsicht und Kontrolle des Orts- und Landbestelldienstes obliegt (brigadiers-facteurs), beigegeben. Für Disziplinarfälle von gewisser Wichtigkeit besteht bei einer Anzahl Direktionen (je für mehrere Bezirke) ein besonderer Disziplinarrat (conseil de discipline régional), der sich aus mehreren höheren Beamten zusammensetzt.

Den Post- und Telegraphendirektionen sind die Ortspostanstalten ihres Bezirks unterstellt. Die **Postanstalten** zerfallen je nach ihrer Wichtigkeit für den Verkehr in 3 Klassen: in Postämter I. Kl. (recettes composées), bei denen außer dem Vorsteher (receveur) noch eine Anzahl von der Verwaltung angestellter Beamten (commis principaux und commis) beschäftigt sind, in Postämter II. Kl. (recettes simples), bei denen nur der Vorsteher von der Verwaltung selbst ernannt ist, während die nachgeordneten Beamten zu diesem im Privatverhältnis stehen, und endlich in Hilfspostämter (établissements de facteurs-receveurs), deren Inhaber neben den sonstigen beschränkten Amtsgeschäften auch die Bestellung der Sendungen zu besorgen haben. Die facteurs-receveurs fertigen keine Abrechnungen, führen vielmehr ihre Einnahmen täglich an das ihnen vorgesetzte Postamt ab.

Die Einrichtung der Postanstalten erfolgt im allgemeinen für Rechnung der Postverwaltung, indessen nur im wirklichen Bedürfnisfalle nach Maßgabe der verfügbaren etatmäßigen Mittel. Die Gemeinden, in denen neue Postanstalten für Rechnung des Staates errichtet werden, haben in allen Fällen ihrerseits 18 Jahre lang unentgeltlich sowohl die Diensträume, als auch die Wohnräume des Vorstehers herzugeben. Lehnt eine Gemeinde diese Verpflichtung ab, so unterbleibt die Einrichtung der Postanstalt. Wünscht eine Gemeinde vor Eintritt des Zeitpunkts, zu dem die Postverwaltung eine Postanstalt einzurichten hätte, eine Postanstalt (recette des postes municipale oder établissement de facteur-receveur) zu erhalten, so hat sie sich zu verpflichten, Dienst- und Wohnräume für den Beamten herzugeben, zu den Einrichtungs-, Heizungs-, Erleuchtungs- und sonstigen Kosten einen angemessenen Beitrag zu leisten, die Kosten für Beförderung der Posten zu tragen und einen Teil der Besoldungen der Beamten oder bei Einrichtung eines Hilfspostamts den Unterschied zwischen der Besoldung des facteur-receveur und des bisher schon vorhanden gewesenen Briefträgers zu zahlen.

In Paris bestehen als Zweigstellen der größeren Bezirksämter (bureaux centraux) noch Hilfspostanstalten, die den Namen „bureaux auxiliaires" tragen und neben der Nummer ihres Bezirksamts einen Unterscheidungsbuchstaben (z. B. 16 A, 16 B usw.) führen. Ferner gibt es eine Art Hilfspostanstalten, die mit den deutschen Posthilfstellen vergleichbar und deren Unterhaltungskosten ebenfalls nach Umständen von den Gemeinden zu leisten sind. Zu Hilfstelleninhabern (gérants des recettes auxiliaires de poste) werden in der Regel die Steuereinnehmer angenommen, die dazu verpflichtet sind, sonst aber auch Tabakvertreiber, Kaufleute und selbst Privatpersonen. Die Hilfstelleninhaber werden von der Postbehörde nach erfolgter Prüfung angenommen und vereidigt. Die Hilfstellen haben den Verkauf von Postwertzeichen, die Annahme von Einschreibsendungen, den Verkauf von frankierten Postauftragsumschlägen, die Annahme von Postaufträgen, deren Anlagen im Falle unterbliebener Zahlung nicht zum Protest weiterzugeben sind, die Ausfertigung gewöhnlicher Postanweisungen und im Bedürfnisfall die Annahme von Karten-Postanweisungen bis zu 300 Fr.*), den Verkauf von Postbons und ausnahmsweise die Ausgabe und Bestellung gewöhnlicher Briefsendungen zu besorgen. Sind die recettes auxiliaires mit der Bestellung der Briefsendungen betraut, so heißen sie distributions auxiliaires. Die Diensträume hat der Hilfstelleninhaber herzugeben. Schild und Briefkasten liefert die Postverwaltung; in Landorten wird jedoch der der Gemeinde gehörige Briefkasten verwendet. Für die erste Einrichtung einer Hilfstelle auf dem Lande erhält der Inhaber eine einmalige Entschädigung von 50 Fr. Ferner bezieht der Hilfstelleninhaber eine Gebühr von 4 Cts. für jede angenommene Einschreibbriefsendung, 3 Cts. für jeden angenommenen Postauftrag, 5 Cts. für jede angenommene Postanweisung und 3 Cts. für jede ausgezahlte Postanweisung oder jeden verkauften oder eingelösten Postbon. Außerdem bezieht der Inhaber für jede tägliche Postankunft und jeden täglichen Postabgang von und nach der Abrechnungs-Postanstalt 20 Fr. jährlich. Die Jahreseinnahme eines Inhabers soll jedoch bei Hilfstellen in Paris und anderen Städten des Landes mindestens 200 Fr., bei Hilfstellen in Landorten 100 Fr. betragen. Daneben wird dem Inhaber ein Anteil von 1 % des Erlöses für verkaufte Postwertzeichen zugebilligt. Eine besondere Art von Hilfstellen besteht darin, daß die Gemeinden dem Landbriefträger während seiner Wartezeit im Ort ein einfach ausgestattetes Zimmer zur Verfügung stellen, wo er Sendungen annehmen, auch Postanweisungen und Postbons auszahlen kann.

Zum Zwecke der Umladung von Postsachen, der Aufbewahrung und Um-

*) 1 Frank (Fr.) zu 100 Centimen (Cts.) = 81 Pf.

leitung von Kartenschlüssen sind besondere „Entrepôts“ eingerichtet, die sich jedoch mit Annahme und Ausgabe von Postsendungen nicht befassen.

Der Vorsteher der Verkehrsanstalt am Hauptorte des Departements führt den Titel „Haupteinnehmer“ (receveur principal); als solcher hat er die Abrechnung mit sämtlichen Postanstalten des Departements zu bewirken und legt seinerseits wiederum dem Rechnungshof unmittelbare Rechnung. Bei den Verkehrsanstalten von besonderer Wichtigkeit sind noch besondere Sektions- und Untersektionsvorsteher (chefs und sous-chefs de section) vorhanden. Ferner sind bei den Betriebsstellen von einiger Bedeutung besondere Stellenvorsteher (commis principaux) eingestellt. Die bei den Postämtern beschäftigten jüngeren Kräfte, die noch nicht zur Anstellung gelangt sind, führen die Amtsbezeichnung surnuméraires. An Unterbeamten sind bei den Postämtern ein oder mehrere Postschaffner für den inneren Dienst (gardiens de bureau) und Briefkastenleerer, ferner Briefträger (facteurs), Landbriefträger (facteurs ruraux) und Hilfsbriefträger (auxiliaires) beschäftigt.

Zu Zwecken des Bahnpostdienstes ist das Land in 8 Bezirke (lignes) — Ost, Lyon, Mittelmeer, Nord, Nordwest, West, Pyrenäen und Südwest — eingeteilt, die, jeder für sich, wieder in Liniensektionen (sections de ligne) zerfallen. Die Bahnpostdirektion Mittelmeer hat ihren Sitz in Marseille, die der Pyrenäen in Bordeaux, die übrigen Bahnpostdirektionen befinden sich sämtlich in Paris. Jede Sektion wird von einer bestimmten Anzahl Brigaden (Beamtengruppen) befahren. An der Spitze eines jeden Bahnpostbezirks steht ein Direktor, dem die nötige Anzahl Inspektoren, Unterinspektoren und Bureaubeamten zugeteilt ist; die einzelnen Brigaden bestehen aus dem Vorsteher (chef de brigade), Obersekretären (commis principaux) — diese nur auf den wichtigsten Linien — und Beamten (commis). Auf Eisenbahnkursen mit geringerem Verkehr sind Schaffnerbahnposten eingerichtet, welche die Bezeichnung couriers convoyeurs oder courriers auxiliaires führen.

Auf den wichtigsten Bahnhöfen sind ferner besondere Sortierämter (bureaux-gares) eingerichtet, die zur Entlastung der Bahnposten dienen.

Der Postdienst an Bord der zum Seepostdienst bestimmten Schiffe wird durch Postbeamte (agents embarqués) versehen. An den Anlegeplätzen der Postschiffe werden aus der Zahl der am Orte beschäftigten Post- und Telegraphenbeamten Regierungskommissare und deren Beigeordnete als Aufsichtsorgane über den Seepostdienst ernannt; außerdem befinden sich an den gedachten Anlegeplätzen noch besondere Aufsichtskommissionen (commissions de surveillance). Auf den zwischen Havre und New York verkehrenden Schnelldampfern der Compagnie transatlantique sind besondere Seeposten nach deutschem Muster eingerichtet.

In Frankreich finden im Postdienst, teils als Vorsteher kleinerer Postämter, teils als Hilfskräfte bei den Postämtern, auch weibliche Personen Beschäftigung und Anstellung.

Jeder, der als Beamter in den Postdienst eintreten will, hat sich einer Aufnahmeprüfung bei der Departementsdirektion zu unterziehen. Zur Prüfung zugelassen werden nur gesunde junge Leute, die nicht unter 18 und nicht über 25 Jahre alt und gesund sind. Sie haben eine Erklärung der Eltern usw. beizubringen, worin diese sich verpflichten, den Anwärter während der ersten zwei Dienstjahre zu unterhalten. Die Aufnahmeprüfungen finden von Zeit zu Zeit für das ganze Land gleichzeitig an einem von der Zentralverwaltung festgesetzten Tage statt; die Aufgaben stellt die bei der Zentralbehörde bestehende allgemeine Prüfungskommission (commission générale d'examen). Die Prüfung besteht in Niederschrift eines Diktats, in Abfassung eines Aufsatzes oder Briefes über einen bestimmten Gegenstand, in Lösung von Rechenaufgaben (bis zur Regeldetri in Dezimalrechnung), im Nachweis allgemeiner geographischer, sowie physikalischer und chemischer Kenntnisse, hinsichtlich letzterer namentlich nähere Kenntnisse über die Lehre von der Elektrizität und über die Stromerzeugung in Elementen. Außerdem können sich die Kandidaten auf Wunsch noch über andere Gegenstände prüfen lassen, z. B. elementare Arithmetik, praktische Geometrie, Linearzeichnen, fremde Sprachen, postalische und telegraphische Fachkenntnisse. Gute Leistungen in diesen Fächern können u. U. weniger günstige in den obligatorischen Fächern bis zu einem bestimmten Grade ausgleichen. Wer die Prüfung bestanden hat, wird je nach dem eintretenden Bedarf zum Dienst einberufen. Die jungen Beamten führen dann die Amtsbezeichnung „surnuméraires". Übrigens können die jungen Anwärter ausnahmsweise auch schon vor Ablegen der Aufnahmeprüfung im Postdienst Beschäftigung erhalten; in dieser Zeit führen sie die Amtsbezeichnung „aspirants surnuméraires". Für weibliche Personen wird eine besondere, etwas erleichterte Prüfung abgehalten. Sobald sie in den Dienst eingestellt sind, führen sie den Titel „dames employées"; ohne weitere Prüfung können sie die Stellungen als „surveillante" (Aufsichtsdame) und „surveillante principale" (Oberaufsichtsdame) erreichen. Nach Ablauf einer Probedienstzeit erhalten die surnuméraires eine Vergütung von 600 Fr. jährlich, die nach frühestens 3 Monaten auf 1200 Fr. erhöht werden kann. Nach Maßgabe der freiwerdenden etatmäßigen Stellen werden sie zu „commis" ernannt. Voraussetzung ist, daß sie zu diesem Zeitpunkte ihrer Militärpflicht genügt haben; andernfalls erhalten sie zwar eine Vergütung in Höhe des Anfangsgehalts der „commis" (1500 Fr.), behalten aber ihre Stellung als „surnuméraire" auch weiter bei. Bei der Ernennung zum commis beziehen sie ein Gehalt von 1500 Fr. jährlich und steigen in dieser Stellung allmählich auf die Gehaltsstufen von 1800, 2100, 2400, 2700, 3000 und 3300 Fr. auf; ältere commis können auch noch die Gehaltssätze von 3600 und 4000 Fr. erreichen. Commis, die ein Gehalt von mindestens 3300 Fr. beziehen, können zu Obersekretären (commis principaux) befördert werden; die chefs de brigades werden aus den Obersekretären der Bahnpostämter gewählt. Das Gehalt der commis principaux und der chefs de brigade beträgt 3300, 3600, 4000 und 4500 Fr. Beamte, die in die Dienststellung eines Bureaubeamten (rédacteur) gelangen wollen, müssen sich vorher einer Prüfung unterziehen, die entweder eigens für solche Stellen abgehalten wird oder die zum Besuche der höheren Post- und Telegraphenschule berechtigt. Die Prüfung ist schriftlich; es wird gefordert: eine wissenschaftliche Arbeit, eine Arbeit aus dem praktischen Verwaltungsdienst, Fragen über Dienstbetrieb, Verwaltungsrecht und Geographie und eine Zeichnung. Die Kassierer und Buchhalter der Postsparkasse werden aus den Redakteuren gewählt. Das Gehalt der rédacteurs der Direktionen beträgt 1600, 1900, 2200, 2500, 2800, 3100, 3500, 4000 und 4500 Fr.

Wie schon erwähnt, zerfallen die Postämter in solche I. (recettes composées) und II. Kl. (recettes simples). Jede der beiden Klassen zerfällt wieder in 3 Unterklassen. Die Vorsteherstellen der recettes (oder bureaux) simples 3. Kl. werden entweder weiblichen Beamten (dames employées), die mindestens 25 Jahre alt sind und 3 Dienstjahre haben, auch den Post- und Telegraphendienst genau kennen, oder Witwen und Töchtern von Beamten und Unterbeamten oder, wenn établissements de facteurs-receveurs in Ämter umgewandelt werden, den Inhabern dieser Postanstalten selbst übertragen, nachdem sie eine Prüfung für solche Stellen abgelegt haben. Sie beziehen ein Gehalt von 1100, 1200, 1400, 1600 und 1800 Fr. jährlich. Die Vorsteher der recettes simples 2. Kl. (Gehalt 1800, 2000 und 2200 Fr.) werden im allgemeinen aus den Bureaubeamten (rédacteurs) mit einem Gehalt von 2800, 2500 und 2200 Fr., den commis mit einem Gehalt von 2700, 2400 und 2100 Fr. und den Vorstehern und Vorsteherinnen solcher recettes 3. Kl. mit einem Gehalt von 1600 Fr., die Vorsteher der recettes simples 1. Kl. (Gehalt 2400, 2700 und 3000 Fr.) aus den Redakteuren mit 3100 Fr., den Obersekretären mit 3300 und 3000 Fr., den commis mit gleichhohem Gehalt und den Vorstehern und Vorsteherinnen solcher Ämter 2. Kl. mit 2200 Fr. gewählt.

Im übrigen können die Beamten — ohne weitere Prüfung — auch folgende Dienststellen bei Postämtern I. Kl. (recettes composées) erreichen: Unter-Abteilungsvorsteher — sous-chef de section — (Gehalt 3500, 4000, 4500 und 5000 Fr.), Abteilungsvorsteher — chef de section — (Gehalt 5500, 6000, 7000 und 8000 Fr.) und Vorsteher der genannten Postämter (3. Kl.: Gehalt 3000, 3500, 4000 und 4500 Fr., 2. Kl.: 5000, 5500 und 6000 Fr., 1. Kl.: 7000 und 8000 Fr.). Die Vorsteher der Postämter I. 3. Kl. werden gewählt aus den Inspektoren, Unterinspektoren, Redakteuren mit mindestens 3500 Fr. Gehalt, Unter-Abteilungsvorstehern, chefs de brigade und Obersekretären mit mindestens 3600 Fr. Gehalt und den Vorstehern der Ämter II. 1. Kl. mit 3000 Fr. Gehalt, die Vorsteher der Postämter I. 2. Kl. aus den Unterbureauvorstehern der Zentralverwaltung, den Inspektoren mit mindestens 5000 Fr. Gehalt, den Abteilungsvorstehern (der größeren Ämter), den Unter-Abteilungsvorstehern mit mindestens 5000 Fr. Gehalt und den Vorstehern der Ämter I. 3. Kl. mit mindestens 4500 Fr. Gehalt, die Vorsteher der Ämter I. 1. Kl. aus den Bureauvorstehern der Zentralverwaltung, den Abteilungsvorstehern der Ämter, den Unterbureauvorstehern der Zentralverwaltung und den Inspektoren mit mindestens 6000 Fr. Gehalt und den Vorstehern der Ämter I. 2. Kl. mit mindestens 5500 Fr. Gehalt.

Die Stellen der Direktoren, der Bureau- und Unterbureauvorsteher der Zentralverwaltung, der Generalinspektoren, der Bezirksdirektoren, der Inspektoren und Unterinspektoren sind zwar den Beamten ohne besondere Prüfung ebenfalls zur Hälfte zugänglich, die Anwärter auf die andere Hälfte dieser Stellen müssen jedoch die 1. Abteilung der höheren Post- und Telegraphenschule mit vollem Erfolg besucht haben. Es ergibt sich von selbst, daß auch für die übrigen wichtigeren Dienststellen die Beamten, die diese Schule erfolgreich besucht haben, den Vorzug genießen. Die Gehälter der höheren Beamten betragen: für den Vorsteher des Pariser Hauptpostamts (receveur principal des postes de la Seine) 8000, 9000 und 10 000 Fr., für Unterinspektoren 3000 und 3500 Fr., für Inspektoren 4000, 4500, 5000, 5500 und 6000 Fr., für Pariser Hauptinspektoren (inspecteurs principaux) 6000, 7000 und 8000 Fr., für Pariser Unterdirektoren 6000, 7000, 8000, 9000 und 10 000 Fr., für Bahnpost- und Bezirksdirektoren 2. Kl. 6000, 7000 und 8000 Fr., 1. Kl. 6000, 7000, 8000, 9000 und 10 000 Fr., für die Direktoren der größten Bezirke 8000, 9000, 10 000, 11 000 und 12 000 Fr., für Generalinspektoren 8000, 10 000, 12 000 und 15 000 Fr., für Redakteure der Zentralverwaltung 1900, 2200, 2500, 2800, 3100, 3500, 4000 und 4500 Fr., für

Unterbureauvorsteher 5000, 5500 und 6000 Fr., für Bureauvorsteher (chefs de bureau) 7000, 8000, 9000 und 10 000 Fr. und für die Direktoren der Zentralverwaltung 12 000 und 15 000 Fr.

Zur höheren Post- und Telegraphenschule (école professionnelle supérieure) in Paris werden nur Beamte zugelassen, die mindestens schon ein Gehalt von 2700 Fr. oder doch 2 Jahre lang eine Besoldung von 2400 Fr. beziehen. Sie müssen sich vor der Zulassung einer schriftlichen, mündlichen und praktischen Prüfung unterziehen. Die schriftlichen Arbeiten sind in bestimmten Städten und zwar in Klausur zu fertigen. Nur wer in diesem Teile der Prüfung genügt, wird zum mündlichen und praktischen Teile der Prüfung nach Paris vorgeladen. Die zur Schule einberufenen Beamten werden zu rédacteurs an der Schule ernannt. Sie beziehen dort ihr Stellengehalt weiter und erhalten außer der Pariser Ortszulage einen ihren Familienverhältnissen angepaßten besonderen Zuschuß, der jedoch 400 Fr. nicht überschreiten darf. Die Schule zerfällt in 2 Abteilungen, von denen die erste wesentlich für den Postdienst, die zweite für den Telegraphen- und Fernsprechdienst berechnet ist; beide sind voneinander unabhängig. Der Unterricht dauert 2 Jahre; infolgedessen erfolgt auch die Einberufung von Beamten nur alle 2 Jahre. Der Gesamtunterricht zerfällt in 4 halbjährige Teile und umfaßt in der 1. Abteilung Kurse und Vorträge, die für beide Abteilungen gemeinsam sind, besondere Kurse und Vorträge lediglich für Schüler der 1. Abteilung und praktische und Anwendungs-Übungen. Nach Ablauf jedes Halbjahrs haben sich die Schüler einer Reihe von schriftlichen, mündlichen und praktischen Prüfungen zu unterziehen, außerdem findet am Schluß des 2. Schuljahres eine besondere Abgangsprüfung statt. Nur wer den Anforderungen in allen Prüfungen hinreichend entsprochen hat, erhält ein Patent über den Schulbesuch und damit die Anwartschaft auf Einrücken in die höheren Dienststellen. Zugleich wird ihm für die Beförderung in die nächsterreichbaren Klassen oder Grade eine außergewöhnliche Dienstzeit von $1\frac{1}{2}$, $1\frac{1}{4}$, 1 oder $\frac{3}{4}$ Jahren, je nach dem Ausfall der Prüfung, angerechnet. Die anderen finden Verwendung als Bureaubeamte (rédacteurs); doch ist ihnen gestattet, sich den Prüfungen, in denen sie nicht genügt haben, später noch einmal zu unterziehen. Bemerkenswert ist, daß zum Besuch der Schule auch Angehörige ausländischer Postverwaltungen als Hörer unentgeltlich zugelassen werden können.

Für Postbeamte bestehen noch andere Unterrichtsgelegenheiten. So werden zur Erleichterung bei Vorbereitung auf die Aufnahmeprüfung für jene Schule in den größeren Orten Vorträge gehalten, zu denen jedoch nur Beamte aus diesen Orten mit einem Gehalt von mindestens 2100 Fr. als Hörer zugelassen werden. Im weiteren sind alle surnuméraires und nicht fahrenden commis der Bahnpostämter und alle surnuméraires der großen Bezirks-, Sortier- und Durchgangsämter verpflichtet, in ihrer dienstfreien Zeit Sortierkurse durchzumachen, die in Paris, Marseille und Bordeaux abgehalten werden. Nach Beendigung dieser Kurse haben sich die Beamten einer Prüfung zu unterziehen; nur diejenigen, welche die Prüfung bestehen, sind vom Besuch weiterer Kurse befreit. Wer die Prüfung auch zum zweiten Male nicht besteht, zieht sich eine Warnung des Disziplinarrates zu, die eine Verzögerung in der Ernennung zum commis oder in der Beförderung zur Folge hat.

Bei Postämtern II. Kl. können die Vorsteher, soweit das von der Verwaltung eingestellte Beamtenpersonal nicht ausreicht, Hilfsbeamte (aides) einstellen, die jedoch nicht zu den eigentlichen Beamten zählen. Sie können männlichen und weiblichen Geschlechts sein, dürfen nicht unter 16 Jahren alt sein und müssen ein Abgangszeugnis einer Primärschule besitzen oder entsprechende Schulkenntnisse in einer Prüfung nachweisen. Sie werden vom Vorsteher aus einer Bauschvergütung bezahlt.

In Beamtenstellen können auch Militäranwärter einrücken. Ihnen werden in der Regel die Kanzlisten- und unteren Bureaubeamtenstellen bei der Zentralverwaltung und den Direktionen übertragen. Sie führen als solche die Amtsbezeichnung „expéditionnaires“ und beziehen Gehälter von 1500 bis 3600 Fr. (bis 3000 Fr. mit Stufen von 200 Fr., dann von 300 Fr.). Aber auch zu „commis“ können Militäranwärter nach Ablegung einer entsprechenden Prüfung ernannt werden.

Für Unterbeamtenstellen können Zivil- und Militäranwärter angenommen werden. Sie zerfallen in eine Reihe von Klassen und können aus den niederen in die höheren Klassen aufrücken. Die unterste Stufe bilden die Stadtbriefträger bei Postämtern I. Kl. (facteurs de ville), dann folgen die facteurs sous-chefs (Hilfsoberbriefträger) bei Postämtern I. Kl. mit mindestens 10 Briefträgern, facteurs chefs des postes (Oberbriefträger) bei Postämtern I. Kl. mit mindestens 5 Briefträgern, Postschaffner (gardiens de bureau) bei den Ortspostanstalten, solche bei der Zentralbehörde und den Direktionen, Verlader (chargeurs), Schaffner in Beamtenbahnposten (courriers ambulants), Inhaber von Umladestellen (entreposeurs), Bahnpostschaffner (für Schaffnerbahnposten) — courriers convoyeurs —, Packmeister (brigadiers chargeurs), Inhaber von Postagenturen mit Bestelldienst (facteurs-receveurs) und Briefträgeraufseher (brigadiers facteurs). Um die letzteren drei Dienststellen zu erreichen, muß je eine Prüfung abgelegt werden. Ferner gibt es noch Orts- und Landbriefträger (erstere in den Orten mit Postämtern II. Kl.), deren Stellen ausschließlich Militäranwärtern vorbehalten sind. Die Landbriefträger bei den Postämtern I. und die Orts- und Landbriefträger bei den Ämtern im Departement Seine-et-Oise führen den Titel „facteurs suburbains“. Bemerkenswert ist, daß die facteurs-receveurs, die Oberbriefträger, Hilfsoberbriefträger und Stadtbriefträger außerhalb Paris, die Orts- und Landbriefträger allgemein nicht von der Postverwaltung, sondern auf Vorschlag der Bezirksdirektionen von den Präfekten der Departements ernannt werden.

Die Gehälter der Unterbeamten betragen: für Stadtbriefträger 1200 bis 1700 Fr. (mit Stufen von 100 Fr.), für Hilfsoberbriefträger 1300 bis 1800 Fr. (mit Stufen von 100 Fr.), für Oberbriefträger 1400 bis 2000 Fr. (mit Stufen von 100 Fr.), für Postschaffner und Verlader 1200 bis 2000 Fr. (mit Stufen von 100 Fr.), für Postschaffner in Beamtenbahnposten 1200, 1300, 1400, 1500, 1600, 1800 und 2000 Fr., für Postschaffner der Zentralbehörde (auch Pförtner usw.) 1300 bis 2200 Fr. (mit Stufen von 100 Fr.), für Inhaber von Umladestellen und Bahnpostschaffner 1400 bis 2200 Fr. (mit Stufen von 200 Fr.), für Packmeister 1400 bis 2400 Fr. (mit Stufen von 200 Fr.), für facteurs-receveurs 1100, 1200, 1300 und 1500 Fr., für Briefträgeraufseher 1400 bis 2800 Fr. (mit Stufen von 200 Fr.). Die Landbriefträger erhalten, wenn sie nicht über 20 km Wegstrecke zurückzulegen haben, kein Gehalt, sondern eine Vergütung von 7¼ Cts. für jedes zurückgelegte km; andernfalls beziehen sie ein Gehalt von 800 bis 1200 Fr. (mit Stufen von 50 Fr.). Die Ortsbriefträger und die facteurs suburbains haben ein Gehalt von 850 bis 1200 Fr. (mit Stufen von 50 Fr.). Beachtenswert ist, daß auch Unterbeamte zur Beamtenaufnahmeprüfung zugelassen und zu surnuméraires ernannt werden können.

Unterbeamten, die mindestens 15 Jahre vorwurffrei gedient oder sich im Dienst durch besondere Beweise von Treue und Mut ausgezeichnet haben, wird vom Minister eine bronzene „Ehrenmedaille“ verliehen. Eine silberne Ehrenmedaille steht solchen Unterbeamten zu, welche die bronzene mehr als 5 Jahre besitzen oder Inhaber der Militärmedaille sind oder das Abzeichen der Ehrenlegion besitzen und länger als 15 Jahre Dienst verrichten oder außergewöhnliche Beweise von Treue und Mut abgelegt haben.

Außer dem Gehalt (Wohnungsgeldzuschüsse bestehen nicht) können die Beamten und Unterbeamten noch eine ganze Reihe von Nebenbezügen erhalten. Von diesen seien nur folgende aufgeführt. In Paris und in einer Reihe größerer Orte beziehen die Beamten mit einem Gehalt von höchstens 4500 Fr. (ausgenommen Inspektoren, Unterinspektoren und Amtsvorsteher) und die Unterbeamten besondere Ortszulagen (frais de séjour), und zwar die Beamten in Paris 400 Fr., im Seinedepartement außerhalb Paris 300 Fr., in Städten 1. Ranges (8 Orte) 200 Fr., 2. Ranges (39 Städte) 100 Fr. und 3. Ranges (94 Städte) 100 Fr., die Unterbeamten 300, 200, 150, 100 und 50 Fr. jährlich. Alle am Verkaufe von Postwertzeichen beteiligten Beamten und Briefträger erhalten eine „Vergütung (remise)“ von 1% des Wertes der von ihnen an das Publikum abgesetzten Wertzeichen, ferner eine gleichhohe Vergütung für den Verkauf von Quittungs-Stempelmarken. Bei Ämtern mit ständigem Beamtenpersonal beziehen von dieser Vergütung die Vorsteher die eine Hälfte, die andere wird unter die Abteilungsvorsteher, Obersekretäre, commis, surnuméraires und Beamtinnen zu gleichen Teilen verteilt. Die Gebühr für Abholungsfächer unterliegt einer gleichen Teilungsart. Bei vereinigten Ämtern wird den Vorstehern für Wahrnehmung des Telegraphendienstes eine Vergütung von 1% für die ersten 10 000 Fr., $^1/_2$% für die folgenden 10 000 Fr., $^1/_4$% für die folgenden 30 000 Fr. und $^1/_8$% für die den Betrag von 50 000 Fr. übersteigende Summe der aufkommenden „Telegrammgebühren“ gezahlt. Bei kleineren Ämtern wird statt dessen eine Tantieme von 15 Cts. für jedes aufgelieferte und von 10 Cts. für jedes angekommene oder umgearbeitete Telegramm gewährt. Ferner beziehen die Vorsteher von vereinigten Ämtern einen Anteil der aufkommenden Fernsprechgebühreneinnahmen, und zwar bis 10 000 Fr. ½%, von den folgenden 40 000 Fr. ¼% und von allen Beträgen über 50 000 Fr. 25 Cts. für jede 200 Fr. Für Vorsteher von recettes simples beträgt diese Entschädigung 4 Cts. für jede hergestellte Verbindung, 10 Fr. jährlich für jeden Teilnehmer mit Bauschgebühr und, wo Gruppenanschlüsse bestehen, 40 Fr. jährlich für jeden Gruppenteilnehmer. Für Besorgung der Postsparkassengeschäfte beziehen die Amtsvorsteher eine Entschädigung von 50 Cts. für jede eingezahlten 1000 Fr., 25 Cts. für jedes neuausgegebene Sparbuch und 5 Cts. für jede Ein- oder Rückzahlung. Für die „facteurs-receveurs“ sind diese Beträge auf 25, 15 und 2½ Cts. festgesetzt. Ähnliche Vergütungen erhalten die Amtsvorsteher für Wahrnehmung der Geschäfte der Staatsaltersversorgungskasse und der Lebensversicherungen der Depositenkasse usw. Den Vorstehern von Postanstalten, die am Postpaketdienst teilnehmen, ist von den Eisenbahngesellschaften eine Entschädigung von 5 Cts. für jedes aufgelieferte oder ankommende Postpaket zu vergüten. Die Landbriefträger beziehen die von ihnen erhobenen Einsammlungsgebühren (droits de commission) von 5 Cts. für jede nachzuweisende Sendung oder Sparkasseneinlage und von 10 Cts. für jede Postanweisung usw. über mehr als 10 Fr. Die Vorsteher von Postämtern II. 3. Kl. und die facteurs-receveurs erhalten als Entschädigung für die erstmalige Ausrüstung eine Entschädigung (frais de premier établissement) von 60 Fr., die Briefträger, Postschaffner und Verlader in Paris von 80 Fr., in anderen Städten von 75 Fr. und die Orts- und Landbriefträger von 55 Fr. Bei Versetzungen werden Umzugskosten, bei Dienstreisen Tagegelder und Fuhrkosten vergütet. Für Begleitung der Beamtenbahnposten bezieht das Fahrpersonal Bauschvergütungen, und zwar die Direktoren von 1500 Fr., die Inspektoren und Unterinspektoren von 1400 Fr., die chefs de brigade von 1200 Fr., die Obersekretäre und commis von 900 Fr. und die Schaffner von 700 Fr. jährlich. Wird das Bahnpostpersonal in seiner dienstfreien Zeit zu außergewöhnlichen Arbeiten (Hilfe beim Sortieren oder Verladen) am Bahnhofe des Stationsortes herangezogen, so kann ihm eine besondere Entschädigung für die Stunde gezahlt werden, und zwar den chefs de brigade von 1 Fr. 25 Cts., den Obersekretären von 1 Fr., den commis und surnuméraires von 80 Cts. und den Schaffnern und Verladern von 50 Cts. Die Begleiter von Schaffnerbahnposten (courriers-convoyeurs) beziehen eine Fahrtentschädigung (frais de déplacement), die sich nach der Dauer ihrer täglichen Beschäftigung im Fahrdienst richtet und zwischen 400 und 700 Fr. jährlich beträgt. Für Dienst zwischen 10 Uhr abends und 5 Uhr früh werden Nachtdienstgebühren gezahlt, und zwar an Unterabteilungsvorsteher 75 Cts., an Obersekretäre 60 Cts., an die übrigen Beamten 50 Cts. und an Unterbeamte 40 Cts. für die Stunde. Bahnpost-Beamte und -Schaffner erhalten für jede Nachtdienststunde im Fahrdienst 5 Cts. Vorsteher von Postämtern II. 3. Kl. und facteurs-receveurs beziehen für den Nachtdienst 55 Cts. für die Stunde; doch darf die Jahressumme dieser Bezüge 500 Fr. nicht übersteigen. Vorsteher von Postämtern II., die mittags zwischen 12 und 2 Uhr Kartenschlüsse erhalten oder abfertigen, beziehen hierfür eine Entschädigung von 100 Fr. jährlich für jede Stunde des wirklich verrichteten Mittagsdienstes. Briefträger und Landbriefträger mit besonders großen Bestelltouren und facteurs-receveurs, die Fahrräder benutzen, erhalten hierfür eine Beihilfe, die monatlich für Beschaffung und Unterhaltung des Fahrrades 10 Fr., für die Mehrleistung 5 Fr. beträgt. Für Heizung, Beleuchtung, Amtszimmerausstattung und sonstige Amtsbedürfnisse beziehen die Bezirksdirektoren, Postamtsvorsteher, facteurs-receveurs usw. eine Bauschvergütung auf Amtskosten (frais de régie), deren Höhe nach dem wirklichen Bedürfnis festgestellt wird; von dieser wird jedoch für Direktoren und Amtsvorsteher ein Betrag von 10% des Gehalts für den persönlichen Bedarf in Abzug gebracht. Den Unterbeamten werden im allgemeinen die Dienstkleider amtlich geliefert; weibliche Personen, die bei kleinen Postanstalten zum Briefkastenleeren oder zur Briefbestellung Verwendung finden, beziehen dagegen ein Kleidergeld, das im allgemeinen 30 Fr. jährlich beträgt. Briefträger und Postschaffner im äußeren Dienst erhalten ferner ein Stiefelgeld (frais de chaussures) von 50 Fr., ständige Hilfsbriefträger, Verlader, Packmeister usw. ein solches von 15 Fr. Beamte und Beamtinnen, die genötigt und in der Lage sind, sich bei Ausübung des Dienstes einer fremden Sprache zu bedienen, erhalten dafür eine besondere Entschädigung, die für Englisch und Deutsch auf 20 Fr., für Spanisch und Italienisch auf 10 Fr. monatlich festgesetzt ist. Bei größeren Ämtern kann das

Sortieren der Briefe auch Postschaffnern und Briefträgern übertragen werden, die jedoch vorher eine Prüfung abzulegen haben. Für Wahrnehmung des Sortiergeschäfts beziehen sie besondere Entschädigungen, die für Postschaffner 300 bis 600 Fr., für Briefträger 300 bis 1000 Fr. (mit Zwischenstufen von 100 Fr.) betragen.

Bemerkenswert sind endlich noch die Sortierprämien (primes de tri), die an Sortierbeamte des Hauptpostamts und der Bahnhofssortierämter in Paris und an Bahnpostbeamte gezahlt werden. Die Sortierbeamten des Pariser Hauptpostamts sind verpflichtet, sich allmonatlich einer Sortierprobe zu unterziehen, bei der festgestellt wird, wieviel Sendungen sie in einer bestimmten Zeit sortieren und wieviel Fehler jedem dabei unterlaufen. Am Schluß jedes Halbjahrs werden die Ergebnisse für jeden Beamten zusammengestellt; den besten Sortierbeamten werden zur Aufmunterung Sortierprämien von je 200 Fr. überwiesen. Ebenso haben sich die Beamten der Bahnhofssortierämter in Paris und die zum Fahrpersonal der Bahnpostämter gehörigen commis und surnuméraires alljährlich einer solchen Probe zu unterziehen. Den nicht fahrenden Beamten der Bahnpostämter ist es freigestellt, sich an ihr zu beteiligen. Für je 100 in der Stunde sortierte Briefe werden 10 Punkte vermerkt, wovon jedoch 2 für jeden Sortierfehler wieder abgezogen werden. Nach dem Ausfall der Probe werden die Beamten geordnet, und zwar für die Pariser Bahnhofssortierämter und sämtliche Pariser Bahnpostämter je in einer gemeinsamen Liste; die Beamten der beiden in Bordeaux und Marseille befindlichen Bahnpostämter werden dagegen je für sich geordnet. Für je 10 an der Probe beteiligte Beamte wird eine Sortierprämie von 200 Fr. ausgeworfen, die den in der Liste obenanstehenden Beamten gewährt wird. Die prämiierten Beamten sind jedesmal für das folgende Jahr von der Teilnahme an den Proben entbunden, wie auch derselbe Beamte eine Prämie nur alle 2 Jahre einmal erlangen kann. Beamten, die bei den Sortierproben ungenügende Ergebnisse liefern, kann die Verpflichtung auferlegt werden, wieder die Kurse der Sortierschulen zu besuchen. Auch den besten Sortierbriefträgern (facteurs manipulateurs) des Hauptpostamts in Paris können, jedoch ohne Sortierprobe, Sortierprämien von 150 Fr. verliehen werden.

Zur Gestellung von Kautionen sind von den Betriebsbeamten nur die Vorsteher der Postämter (receveurs) verpflichtet, und zwar betragen jene bei einem Gehalt von 1100 Fr. den einfachen, bei 1200 bis 1400 Fr. den $1\frac{1}{2}$ fachen, bei 1600 bis 2400 Fr. den 2fachen, bei 2500 bis 4500 Fr. den $2\frac{1}{2}$ fachen und bei 5000 Fr. Gehalt und mehr den 3fachen Jahresgehaltssatz. Die Kautionen können entweder bar oder in Staatsrenten hinterlegt werden; im ersteren Falle werden sie mit $2\frac{1}{2}$ % verzinst.

Jeder endgültig ernannte Beamte und Unterbeamte hat Anspruch auf Ruhegehalt. Dafür hat er fortlaufende und einmalige Beiträge an die Staatskasse zu entrichten. Die fortlaufenden Beiträge sind auf 5 % des Gehaltes, der Ortszulage und überhaupt jeder regelmäßigen persönlichen Diensteinnahme festgesetzt; die einmaligen Beiträge bestehen in einem Zwölftel des festen Jahreseinkommens bei ersten Ernennungen und jeder Zulage und neu bewilligten festen persönlichen Diensteinnahme. Die Zahlung der einmaligen Beiträge wird immer auf die ersten vier Monatsbezüge verteilt. Das Recht, in den Ruhestand zu treten, wird durch eine Dienstzeit von 30 Jahren (die Dienstzeit als surnuméraire bleibt dabei stets außer Betracht) bei einem Lebensalter von 60 Jahren, von Beamten und Unterbeamten des sog. aktiven Dienstes (Bahnpost-Beamte und Unterbeamte, Briefträgeraufseher, Inhaber von Umladestellen, Briefträger, Verlader, Postschaffner des Außendienstes), die mindestens 15 Jahre in diesem Dienst verbracht haben, durch eine Dienstzeit von 25 Jahren bei einem Lebensalter von 55 Jahren erworben. Ein Ruhegehalt kann aber auch jedem Beamten und Unterbeamten verliehen werden ohne Rücksicht auf Dienst- und Lebensalter, wenn er durch eine in öffentlichem Interesse begangene mutige Handlung oder durch einen im Dienst erlittenen Unfall dienstunfähig geworden ist und bei einem Dienstalter von 20 und einem Lebensalter von 50 Jahren (oder von 15 und 45 Jahren bei Stellungen des aktiven Dienstes), wenn er durch eine aus der dienstlichen Tätigkeit herrührende Krankheit die Dienstfähigkeit verloren hat. Militärdienstzeit wird angerechnet, wenn die Postdienstzeit allein mindestens 12, im aktiven Dienst 10 Jahre zählt. Das Ruhegehalt beträgt für jedes im Zivildienst zugebrachte Dienstjahr ein Sechzigstel der Durchschnittsjahressumme der in den letzten 6 Jahren bezogenen, pensionsabtragpflichtigen Dienstbezüge. Doch wird für 25 ausschließlich im aktiven Dienst verbrachte Dienstjahre schon die Hälfte dieser Bezüge und für jedes weitere Jahr ein Fünfzigstel davon gewährt. Der Mindestsatz des Ruhegehalts ist im allgemeinen auf ein Sechstel, der Höchstsatz auf $^3/_4$ jenes Durchschnittseinkommens bemessen, keinesfalls darf aber das Ruhegehalt folgende Beträge überschreiten: bei einem mittleren Gehaltsbezug bis 1000 Fr. 750 Fr., bei mehr als 1000 bis 2400 Fr. zwei Drittel des Gehalts (jedoch auch nicht weniger als 750 Fr.), bei mehr als 2400 bis 8000 Fr. zwei Drittel des Gehalts, höchstens aber 4000 Fr., bei mehr als 8000 bis 9000 Fr. höchstens 4000 Fr., bei mehr als 9000 bis 10 500 Fr. höchstens 4500 Fr., bei mehr als 10 500 bis 12 000 Fr. höchstens 5000 Fr. und bei mehr als 12 000 Fr. Durchschnittsgehalt 6000 Fr. Im Falle der Dienstunfähigkeit kann jeder Beamte und Unterbeamte auch ohne seinen Antrag von Amts wegen in den Ruhestand versetzt werden.

Die Witwe eines Beamten oder Unterbeamten, der Ruhegehalt bezieht oder, wenn er bis zu seinem Tod im Dienst war, wenigstens 25 Dienstjahre (einschl. der Militärdienstzeit) zählt, hat Anspruch auf **Witwengeld**, wenn die Ehe mindestens 6 Jahre vor dem Aufhören der Diensttätigkeit des Gatten geschlossen ist. Das Witwengeld beträgt, von Ausnahmefällen abgesehen, ein Drittel des Ruhegehalts, das der Ehemann bezog oder auf das er Anspruch gehabt hätte, mindestens aber 100 Fr. jährlich. **Waisengeld** beziehen nur Vollwaisen oder solche Halbwaisen, deren Mutter kein Anspruch auf Witwengeld zusteht. Das Waisengeld beträgt für sämtliche Waisen eines verstorbenen Beamten oder Unterbeamten, gleichviel wie groß ihre Zahl ist, ebensoviel wie das Witwengeld.

Die französische Postverwaltung unterhält eine Anzahl **Postanstalten im Auslande**, und zwar in der Stadt Tripolis, in China: in Amoy, Futschau, Hangkau, Ningpo, Peking, Schanghai, Tientsin und Tschifu, in der Levante: in Alexandrien, Alexandrette, Beirut, Caiffa, Candia (Kreta), Canea (Kreta), Cavalla, Dardanellen, Dede-Agatsch, Jaffa, Jerusalem, Kerasunde, Konstantinopel, Lattakia, Mersina, Rethymno (Kreta), Rhodus, Salonich, Samsun, Smyrna, Trapezunt, Tripolis (Syrien), Vathy (Samos), in Marokko: in Tanger, Arzila, Azemur, Casablanca, Al Ksar el Kbir, Fez, Fez-Mellah, Larache, Marakesch, Marakesch-M'dina, Mazagan, Mekinez, Mogador, Oudjda, Rabat, Safi, Sale, Tetuan, in Abessinien: in Dirre-Daoua.

Der Postzwang erstreckt sich auf die in Staatsdienstangelegenheiten zu befördernden Briefschaften, ferner auf offene und verschlossene Privatbriefe und überhaupt auf geschriebene Gegenstände jeder Art. Ausgenommen sind die Benachrichtigungen der Steuereinnehmer an die Steuerpflichtigen, durch Zollbeamte von einer Zollstelle zur anderen beförderte Zolldienstbriefe, durch besondere Boten abzutragende Privatkorrespondenzen, ferner gerichtliche Akten, Frachtbriefe, Waren begleitende Fakturen, unter Band oder in offenem Umschlag versandte Geschäftspapiere von mehr als 1 kg usw. Verletzungen des Postregals, zu denen auch die Versendung von eigentlichen Korrespondenzen in den einem ermäßigten Portosatz unterliegenden Postsendungen (Drucksachen, Warenproben) gehört, werden mit einer Geldbuße von 150 bis 300 Fr. belegt.

A. Briefpost.

Briefe (lettres) sind ohne Beschränkung des Gewichts und des Umfanges zugelassen. Tarif: 10 Cts. für jede 15 g; unfrankiert und unzureichend frankiert das Doppelte des fehlenden Frankos.

Mit Porto belastete Briefe, die äußerlich auf den Inhalt bezügliche Bemerkungen, Zeichen u. dgl. tragen, werden von der Bestimmungspostanstalt amtlich in einen Umschlag gelegt und in diesem bestellt. Das gleiche Verfahren wird auch bei Bestellung taxierter Postkarten beobachtet. Die Versendung von Gold, Silber, Edelsteinen, Banknoten, Wechseln, Schecks und Zins- und Dividendenscheinen, die an den Inhaber zahlbar sind, in gewöhnlichen Briefen ist bei Androhung einer Geldstrafe von 50 bis 500 Fr. untersagt.

Für gewöhnliche Briefe, die nach Eintritt der Schlußzeit für eine Post aufgeliefert werden, mit dieser aber noch befördert werden sollen, ist in den großen Städten eine besondere Zuschlagtaxe (Spätlingsgebühr) von 5 Cts. für den Brief im voraus zu entrichten; derartige Briefe müssen stets frankiert sein und in die an den Postgebäuden angebrachten, äußerlich entsprechend gekennzeichneten Briefkasten eingelegt werden.

Im allgemeinen hat die Auflieferung der gewöhnlichen Briefsendungen — ausgenommen die Zeitungen — ausschließlich durch die Briefkasten zu geschehen, die an den Postgebäuden oder an den Verkaufsläden der Tabaksregie angebracht oder auf der Straße (in Gestalt von Säulenbriefkasten) aufgestellt sind. In den größeren Orten sind die Briefkasten der Postanstalten in 4 Abteilungen (Ortsbriefe, Departements, Ausland, Drucksachen) geschieden, so daß das Publikum selbst einen Teil der Briefsortiergeschäfte besorgt. Die Postverwaltung bringt auch für Privatpersonen zum eigenen Gebrauch besondere Briefkasten (boîtes aux lettres particulières) an oder in deren Häusern an und läßt sie durch das Postpersonal regelmäßig leeren. Die Leerung erfolgt zu denselben Zeiten wie bei den gewöhnlichen Briefkasten. Die Beschaffung, Unterhaltung und Befestigung der Privatbriefkasten liegt dem Antragsteller ob. Die Postverwaltung hält geeignete Briefkasten zum Ankauf bereit, und zwar von 2 verschiedenen Größen; ein kleiner Briefkasten (30 zu 21 und 14 cm) kostet (ausschließlich Verpackung und Beförderungskosten) 30 Fr., ein größerer (48 zu 31 und 22 cm) 40 Fr. Beschafft sich der Betreffende einen Kasten abweichender Bauart, so muß doch das Schloß dem der amtlichen Briefkasten entsprechen. Die Leerungsgebühr beträgt in Paris und in den Städten mit mehr als 80 000

Einwohnern 100 Fr., in den Städten mit 20 bis 80 000 Einwohnern 75 Fr., in Orten mit weniger als 20 000 Einwohnern 50 Fr., wenn sich daselbst ein vereinigtes Post- und Telegraphenamt (bureau composé) befindet, sonst 25 Fr. jährlich. Die Gebühr ist halbjährlich im voraus zahlbar. Befindet sich der Briefkasten mehr als 20 m vom Haupteingang des Hauses entfernt, so wird eine Zuschlaggebühr von 10 Fr., und wenn der Kasten nicht im Erdgeschoß angebracht ist, eine solche von 10 Fr. für jedes Stockwerk, das erstiegen werden muß, erhoben.

Von der Postverwaltung sind auch sog. Kartenbriefe (cartes-lettres) zu 10 Cts. ausgegeben, die zum Nennwert des Wertstempels (ohne Aufschlag) an das Publikum abgelassen werden. Sie sind teils mit gummiertem, teils mit nicht gummiertem Rand hergestellt; die letzteren, die auch nicht gefalzt sind, sind für die Fälle bestimmt, in denen der Absender vor der Auflieferung zur Post einen Kopieabdruck der Mitteilungen nehmen will. Das Gummieren der Ränder hat das Publikum im letzteren Falle selbst vorzunehmen. In die Kartenbriefe können wie in gewöhnliche Briefe auch Einlagen aufgenommen werden; übersteigen sie alsdann 15 g, so ist das Porto nach der gewöhnlichen Brieftaxe zu ergänzen.

Postkarten (cartes postales): 10 Cts. für die einfache, 20 Cts. für die Karte mit Antwort, unfrankierte einfache Karten 20 Cts. Im Wege der Privatindustrie hergestellte Postkarten sind zur Beförderung zugelassen; sie müssen jedoch mindestens 10, höchstens 14 cm breit und mindestens 7, höchstens 9 cm hoch sein und $1\frac{1}{2}$ bis 5 g wiegen. Die Vorderseite der Postkarten darf außer der eigentlichen Aufschrift die Angabe des Absenders, sowie Zeichnungen, Vignetten und Reklamen, die jedoch nicht die Eigenschaft einer persönlichen Korrespondenz haben, tragen. Name, Stand, Wohnort usw. des Empfängers und Absenders können auch auf gummierten Zettelchen angebracht werden. Ferner können auf Postkarten, die ein Empfangsanerkenntnis oder dgl. enthalten, Stempelmarken aufgeklebt werden; dagegen ist es unstatthaft, den Postkarten andere Gegenstände anzuhängen oder anzuheften. Postkarten, die den Bestimmungen nicht entsprechen, werden wie unzureichend frankierte Briefe behandelt und taxiert.

Bestellungen auf Zeitungen und Zeitschriften (Abonnements aux journaux) werden von allen Postanstalten entgegengenommen; die Tätigkeit der Post erstreckt sich jedoch nur auf die Übermittelung der Bestellung und des Zeitungsgeldes an den Verleger. Für jedes Abonnement werden eine feste Gebühr von 10 Cts. und die Postanweisungsgebühr vom Publikum eingehoben. Beide Gebühren werden, falls der Verleger sich bereit erklärt hat, sie zu tragen, von dem vom Abonnenten gezahlten Zeitungsgeld einbehalten. Das Zeitungsgeld wird dem Verleger postseitig mit Postanweisung übersandt. Die Versendung der einzelnen Zeitungsnummern, die unter Streifband mit der Aufschrift des Beziehers zu geschehen hat, liegt den Verlegern ob. Es empfiehlt sich, bei Erneuerung eines Abonnements ein benutztes und nötigenfalls berichtigtes Adreßband der Postanstalt zu übergeben, die es der Postanweisung anheftet. Im übrigen genießen die durch Vermittelung der Post bestellten Zeitungen hinsichtlich der Taxe, der Versendungs- und der Beförderungsart keinerlei Vergünstigungen gegenüber den sonstigen Zeitungssendungen.

Zeitungen und periodische Zeitschriften (Journaux et publications périodiques) müssen, um gegen die ermäßigte Zeitungstaxe Beförderung zu finden, eine in die Augen fallende Angabe über die Zeit ihres Erscheinens (ob täglich, wöchentlich, monatlich) tragen. Das Meistgewicht der Zeitungspakete ist auf 3 kg festgesetzt. Sie sollen in der Regel frankiert sein und müssen am Schalter aufgeliefert werden. Die Taxe für Zeitungen und Zeitschriften wird nicht für jede Sendung, sondern für jedes einzelne Exemplar, gleichviel ob dieses eine selbständige Sendung darstellt oder mit anderen zu einer Sendung vereinigt ist, berechnet und beträgt 2 Cts. für die ersten 50 g und 1 Ct. mehr für jede weiteren 25 g eines jeden Exemplars. Die ermäßigte Taxe findet jedoch nur Anwendung auf solche Zeitungen und Zeitschriften, die monatlich mindestens einmal erscheinen und bei denen Annoncen, Reklamen usw. nicht mehr als die Hälfte der Zeitung einnehmen; andere Zeitungen und Zeitschriften unterliegen dem Drucksachenporto. Für Zeitungen und Zeitschriften der ersteren Art, die von dem Versender selbst nach Bestimmungsorten und weiter nach Kursen geordnet, abgebunden und für jede Bahnpost in besondere Säcke verpackt sind und bei den Bahnposten, Bahnhofssortierämtern oder Postfuhrwerken unmittelbar aufgeliefert werden (journaux routés), beträgt die Taxe auch für die ersten 50 g nur 1 Ct. Für Zeitungen, die nach Orten innerhalb des Departements ihres Erscheinungsortes oder nach angrenzenden Departements gerichtet sind, ist die Taxe auf die Hälfte der angegebenen Sätze ermäßigt. Sortiert und abgebunden aufgelieferte Zeitungen müssen mit Streifbändern versehen sein, die im voraus, am Vormittag des der Versendung voraufgehenden Tages, vom Postamt abgestempelt werden. Die Bezahlung der Taxe für diese Zeitungen erfolgt bar. Sollen die Streifen mehrere Zeitungsexemplare fassen, so sind sie mit Marken zu frankieren. Gegen die ermäßigte Zeitungstaxe können auch Zeitungspakete an die Bahnhofsbuchhändler und Zeitungsverkäufer offen durch die Bahnposten versandt werden. Am Bestimmungsbahnhof werden diese dann dem Empfänger unmittelbar am Zuge ausgehändigt (Journaux hors sac). Ihre Frankierung muß in gleicher Weise wie für die journaux routés im voraus, und zwar mit Freimarken erfolgen. Für unfrankierte und ungenügend frankierte Zeitungssendungen wird das Doppelte des fehlenden Portos erhoben. Da eine Münze im Wert von ½ Ct. in Frankreich nicht im Umlauf ist, so wird die Taxe erforderlichenfalls auf eine volle Centimensumme aufwärts abgerundet; gibt jedoch jemand eine Anzahl Zeitungen gleichzeitig zur Post, so wird nur der sich für die sämtlichen Zeitungen ergebende Gesamtbetrag abgerundet.

Zeitungsbeilagen, bei denen mindestens die Hälfte des Druckraumes durch Kammerberichte, durch Begründungen von Gesetzentwürfen, durch Kommissionsberichte, amtliche Urkunden, Börsen- und Marktberichte, Kursübersichten u. dgl., oder auch mit Feuilletons, Romanen, neuen Novellen, Kunstdrucken und ähnlichem ausgefüllt ist, werden gebührenfrei befördert, sofern sie der Hauptzeitung beigelegt sind und das gleiche Format wie diese haben. Andere Beilagen müssen dem Postamt gleich den Zeitungsstreifen zur Frankierung vorgelegt werden; ihre Frankierung erfolgt für Beilagen zu journaux routés in bar oder in Marken. Werden Zeitungsbeilagen für sich versandt oder entsprechen sie obigen Anforderungen nicht, so unterliegen sie der Drucksachentaxe.

In den Zeitungen und Zeitschriften können einzelne Stellen des Inhalts angestrichen, sowie mit kritisierenden Randbemerkungen versehen sein, auch dürfen in den in der Zeitung enthaltenen Börsen- und Marktberichten fehlende Zahlen mit der Feder nachgetragen werden; endlich kann auf den Zeitungen der Zweck der Übersendung von dem Verleger handschriftlich und durch Stempel ersichtlich gemacht werden (z. B. Freiexemplar, Tauschexemplar, Probesendung), und es ist gestattet, das Adreßband mit Angaben zu bedrucken, die sich auf den Dienst der Zeitung und auf das Abonnement beziehen; alle diese Angaben dürfen indessen nicht die Eigenschaft einer eigentlichen und persönlichen Korrespondenz tragen. Die Zeitungen (abgesehen von den journaux routés) können einfach umschnürt oder unter Streifband versandt werden. Im ersteren Falle kann die Aufschrift auf die Zeitung selbst niedergeschrieben werden. Zeitungen, die andere als die zulässigen schriftlichen Zusätze oder sonstige schriftliche Mitteilungen enthalten, bilden, wie bereits erwähnt, den Gegenstand eines gegen den Absender einzuleitenden Strafverfahrens.

Gewöhnliche Drucksachen (Imprimés) sind bis 3 kg zugelassen; in den Ausdehnungen sollen sie je 45 cm nicht überschreiten. Tarif: 2 Cts. bis 15 g, 3 Cts. über 15 bis 50 g, 5 Cts. über 50 bis 100 g und bei schwererem Gewicht 5 Cts. für jede 100 g, unfrankiert und unzureichend frankiert das Doppelte des fehlenden Portos. In der Regel erfolgt die Versendung der Drucksachen unter Streifband, das höchstens ein Drittel der Oberfläche bedecken darf. Doch können Drucksachen auch unter offenem Briefumschlag oder in Form von Postkarten versandt werden, indessen beträgt bei dieser Versendungsart die Taxe 5 Cts. für jede 100 g; die ermäßigte Taxe von 2 und 3 Cts. bis 50 g findet sonach auf derartige Drucksachen keine Anwendung. Wählerkarten und auf öffentliche Wahlen bezügliche Zirkulare und Stimmzettel unterliegen bei offener Versendung nur einer Taxe von 1 Ct. für jede 25 g. In bezug auf die Zulässigkeit handschriftlicher Zusätze und Angaben in Drucksachen gelten im inneren Verkehr alle für den Weltpostverkehr getroffenen Bestimmungen. Außerdem aber ist auch gestattet, auf Ansichtskarten Höflichkeitsformen in 5 Wörtern oder Buchstaben anzubringen auf Aushängen von farbigem Papier die Mitteilungen ganz oder teilweise handschriftlich herzustellen und in gedruckten Todesanzeigen Vornamen, Familiennamen, Stand und Alter des Verstorbenen, Tag und Stunde des Todes und der Beerdigung handschriftlich auszufüllen. Den Drucksachen können auch Stückchen Stoff und weißes oder buntes Papier angefügt werden, die einem wissenschaftlichen Zweck, z. B. der Erläuterung einer Färb- oder Herstellungsweise, dienen. In Bücher darf nur der Verfasser selbst eine Widmung handschriftlich eintragen; geschieht dies seitens einer anderen Person (z. B. bei Geschenken), so ist eine besondere Gebühr von 10 Cts. zu entrichten. Mit der Schreibmaschine oder dem Hektographen und ähnlichen Vervielfältigungsapparaten hergestellte Schriftstücke werden ebenfalls gegen die ermäßigte Drucksachentaxe befördert, sofern eine gewisse Zahl gleichlautender Exemplare gleichzeitig hergestellt worden und in der Aufschrift die Art der Herstellung dieser Schriftstücke benannt ist.

Die französische Post befaßt sich auch damit, Zirkulare und Prospekte, die in der Aufschrift nur den Namen des Bestimmungsorts und ein Gewerbe enthalten, gegen die Drucksachentaxe unter Barfrankierung zur Bestellung an alle Personen, die in dem angegebenen Orte jenes Gewerbe betreiben, anzunehmen. Sind an dem Orte weniger Personen in dem aufgeführten Gewerbe tätig, als Zirkulare aufgeliefert und bezahlt waren, so tritt eine Erstattung der zuviel entrichteten Gebühr nicht ein.

Im allgemeinen werden während der Beförderung, von der Auflieferung bis zur Bestellung, die Drucksachensendungen (nebst Warenproben und Geschäftspapieren) von den Briefen und Postkarten getrennt gehalten und behandelt. Diese Trennung ist so weit durchgeführt, daß in großen Städten, namentlich in Paris, nicht nur, wie schon erwähnt, besondere Briefkasten für die beiden Sendungsarten an den Posthäusern angebracht, sondern auch für die Bestellung der Briefsendungen (wenigstens bei den wichtigsten Bestellgängen) besondere Briefträger für Briefe und für Drucksachen eingestellt sind.

Für die Behandlung bei der Absendung und Beförderung wird ein Unterschied zwischen gewöhnlichen und eiligen (urgents) Drucksachen gemacht. Zu letzteren zählen die Zeitungen, Preislisten, Börsenzettel, Avise u. dgl., zu ersteren Kataloge, Bücher usw. Die eiligen Drucksachen werden stets mit der nächsten Beförderungsgelegenheit zur Absendung gebracht, die Bearbeitung der gewöhnlichen Drucksachen erfolgt dagegen erst nach Abgang oder Fertigstellung der Briefe und eiligen Drucksachen, und die Beförderung geschieht nicht mit den Postzügen, sondern als eine Art Frachtgut mit den sonstigen Zügen, und zwar in der Regel zweimal täglich. Die gewöhnlichen (nicht eiligen) Drucksachen werden daher sämtlich erst dem Postamt des Hauptorts des Aufgabedepartements zugeführt, das mit den Postämtern der Hauptorte der übrigen Departements direkte Kartenschlüsse lediglich mit Drucksachen auswechselt. Von den Hauptorten der Bestimmungsdepartements aus werden die Drucksachen den Bestimmungspostanstalten sodann weiter zugeführt.

Geschäftspapiere (Papiers d'affaires) sind bis 3 kg zulässig. In ihren Ausdehnungen sollen sie 45 cm, in Rollenform 75 zu 10 cm nicht überschreiten. Im wesentlichen deckt sich der Begriff der Geschäftspapiere mit dem des Weltpostvertrages; bemerkenswert ist nur, daß auch Korrekturbogen zu den Geschäftspapieren gezählt werden. Die Sendungen sollen frankiert sein und stets am Schalter zur Auflieferung gebracht werden. Tarif: 5 Cts. für jede 50 g, unfrankiert und unzureichend frankiert das Doppelte des fehlenden Frankos.

Warenproben (Echantillons de marchandises) werden bis 500 g mit der Post befördert. In ihren Ausdehnungen dürfen sie im allgemeinen 30 cm nicht überschreiten; ausgenommen sind die auf Papier oder Karton aufgeklebten Stoffmuster, die eine Ausdehnung bis zu 45 cm in jeder Richtung erreichen dürfen. Auch andere Warenproben können 45 cm lang sein, Breite und Stärke zusammen dürfen aber 15 cm nicht überschreiten. Hinsichtlich der Verpackung gelten die gleichen Bestimmungen wie im Weltpostverkehr. Den Warenproben dürfen keinerlei schriftliche Mitteilungen beigefügt werden, welche die Eigenschaft einer persönlichen Korrespondenz haben; dagegen können ihnen Drucksachen jeder Art beigeschlossen sein, auch dürfen gedruckte oder geschriebene Angaben angebracht werden, die sich auf die Gattung und Beschaffenheit der Muster, sowie die Art, sie zu verwenden oder zu handhaben, beziehen oder Empfehlungen in sich schließen, wie „Gelegenheitskauf, Ausverkauf" u. dgl. Im weiteren dürfen den Warenproben einfach gehaltene Rechnungen beigefügt sein, die sich auf Lieferung gleichartiger Waren beziehen. Auch kurze schriftliche Mitteilungen in der Aufschrift sowohl, als auch auf den beigeschlossenen Drucksachen und Etiketten sind zulässig; dafür ist jedoch ein besonderes Porto von 10 Cts. zu entrichten. Kästchen, Säckchen oder Schachteln, die Industrieerzeugnisse enthalten, können mit Band, Papiermarke oder Siegel, die das Fabrikzeichen tragen und als Beleg für das Eigentumsrecht der versendenden Fabrik dienen sollen, verschlossen sein; liegt jedoch der Verdacht eines Mißbrauchs vor, so ist die Postanstalt am Bestimmungsort berechtigt, die Eröffnung der Sendung durch den Empfänger in ihren Diensträumen zu verlangen. Tarif: 5 Cts. für jede 50 g, unfrankiert und unzureichend frankiert das Doppelte des fehlenden Frankos.

Briefsendungen jeder Art können unter Einschreibung (Recommandation) verschickt werden; für diese Sendungen besteht Frankierungszwang. Für Verpackung und Verschluß gelten die gleichen Vorschriften wie für die gewöhnlichen Sendungen. Bares Geld, sowie Gold- und Silbersachen dürfen in Einschreibbriefen nicht versandt werden. Einschreibgebühr: für Briefe und Postkarten 25 Cts., für Zeitungen, Drucksachen, Warenproben und Geschäftspapiere 10 Cts. Dem Aufgeber einer Einschreibsendung wird unentgeltlich ein Einlieferungsschein erteilt. Im Falle des Verlustes einer Einschreibsendung wird, wenn nicht höhere Gewalt vorliegt, ein Ersatzbetrag von 25 Fr. für einen Brief oder eine Postkarte, von 10 Fr. für eine Drucksache, Zeitung, Warenprobe usw. gezahlt. Rückscheine (Avis de réception) sind zulässig; Gebühr 10 Cts.

Nach- und Rücksendung von Briefen usw. erfolgt gebührenfrei; dies gilt auch für Zeitungen, die ursprünglich nach dem Departement des Verlagsortes oder einem benachbarten Departement gerichtet und sodann nach einem entfernteren Departement nachzusenden sind.

Postlagerbriefe werden 3 Monate zur Abholung bereitgestellt. Der Empfänger einer eingeschriebenen Postlagersendung hat sich als solcher gehörig auszuweisen; dabei werden u. a. als genügende Ausweispapiere angesehen: Wahlkarte, Diplom zu einem gelehrten Grad, Bestallungen, Eheverträge, Erlaubnisscheine zum Jagen und zum Tragen von Waffen, Paß, Besitztitel, auf den Namen lautende Wertpapiere, die Photographie des Empfängers, die auf der Rückseite seine beglaubigte Unterschrift trägt, und Eisenbahnabonnementskarten. Stehen dem Empfänger derartige Ausweispapiere nicht zur Verfügung, so kann er seine Identität durch zwei dem Ausgabebeamten bekannte Zeugen darlegen. Um den Ausweis einer Person zu erleichtern, geben ferner die größeren Postanstalten gegen eine Gebühr von 50 Cts. Postausweisbücher (livrets postaux d'identité) aus. Diese haben einen grünen Deckel, auf dessen Rückseite sich die Photographie des Buchinhabers, seine eigenhändige Unterschrift und eine Personbeschreibung befinden. Bei Abforderung gewöhnlicher Briefe genügt die bloße Vorzeigung des Ausweisbuches; bei Abhebung von Sendungen, deren Empfang zu bestätigen ist, wird ein mit der Quittung versehenes Blatt aus dem Ausweisbuch losgelöst und an die Postanstalt abgegeben. Die Postausweisbücher haben 3 Jahre Gültigkeit.

Unbestellbare Briefsendungen werden, wenn sich der Aufgeber auf der Außenseite genannt hat, diesem zurückgegeben, andernfalls aber zur weiteren Behandlung an das Zentralbureau für Rückbriefe (bureau central des rebuts) in Paris eingesandt. Die Einsendung erfolgt teils täglich (rebuts journaliers), teils monatlich (rebuts mensuels). Zu den täglich einzuschickenden Gegenständen gehören Briefe, die wegen fehlender oder mangelhafter Aufschrift nicht befördert werden können, Briefe mit beleidigender oder eine Drohung enthaltender Aufschrift, Briefsendungen, deren Empfänger unbekannt, tot oder verzogen sind, und Sendungen aus dem Auslande, deren Annahme verweigert worden ist; zu den monatlich einzureichenden Sendungen zählen unabgeholte Postlagerbriefe, Gasthofsbriefe, nicht angenommene unfrankierte Briefe, die auf der Außenseite ein den Inhalt andeutendes Zeichen tragen u. dgl. Die täglich eingesandten

Briefe werden zur Ermittelung des Absenders in dem Zentralbureau sogleich nach dem Eingange eröffnet; läßt sich der Absender hierbei nicht feststellen, so werden die Briefe 3 Monate aufbewahrt und dann vernichtet. Enthalten die Briefe Gegenstände von Wert, so beträgt die Aufbewahrungsfrist 3 Jahre. Unanbringliche Zeitungen und Drucksachen werden sogleich vernichtet, unanbringliche Bücher und Warenproben dagegen 1 Jahr aufbewahrt und dann, sofern sie sich nicht zur Überweisung an die Nationalbibliothek eignen, verkauft. Das Vernichten der Briefsendungen erfolgt nicht durch Verbrennen, vielmehr werden sie in Säcke gepackt, die mit dem Siegel der Generaldirektion verschlossen werden, und unter Aufsicht eingestampft.

Die Briefsendungen werden den Empfängern gebührenfrei in die Wohnung bestellt; indes werden Gegenstände, die sich nach Gestalt, Umfang und Gewicht zur Beförderung in den Brieftaschen der bestellenden Boten nicht eignen, zur Abholung durch den Empfänger bei der Postanstalt zurückbehalten. Die Bestellung der gewöhnlichen Sendungen soll am Eingange zu dem Wohnhause des Empfängers bewirkt werden; in der Regel werden diese Gegenstände daher an den Türhüter des Hauses ausgehändigt. Ist ein Türhüter im Hause nicht vorhanden, oder will der Empfänger seine Sendung persönlich entgegennehmen, so hat sich dieser in dem Erdgeschosse des Hauses einzufinden. Der Briefträger ist nicht verpflichtet, sich zur Abtragung gewöhnlicher Postsachen in die oberen Stockwerke der Häuser zu begeben; nur bei eingeschriebenen Sendungen hat der Briefträger die Bestellung in der Wohnung selbst auszuführen. Wird der Empfänger nicht angetroffen, so erfolgt die Aushändigung eingeschriebener Drucksachen, Warenproben und Geschäftspapiere an Angehörige, Hausgenossen oder den Türhüter; in der Quittung über den Empfang, die in einem Heft (carnet) geleistet wird, hat der Betreffende unter seinem Namen sein Verhältnis zum Empfänger mit anzugeben. Wird niemand angetroffen, an den hiernach die Bestellung einer Einschreibsendung geschehen kann, so wird in der Wohnung eine verschlossene Benachrichtigung zurückgelassen, durch die der Empfänger aufgefordert wird, seine Sendung bei der Post abzuholen oder schriftlichen Antrag zu stellen, daß die Sendung nochmals vom Briefträger abgetragen werde.

In den Postorten richtet sich die Zahl der Bestellgänge nach der Zahl der ankommenden Posten. In Paris werden die Sendungen täglich achtmal abgetragen; daneben bestehen daselbst 4 besondere Bestellgänge für Zeitungen und Drucksachen. Die Bestellung erfolgt für die ganze Stadt vom Hauptpostamt aus; die Briefträger werden mittels besonderer Omnibuswagen in ihre Bestellbezirke befördert und von dort wieder abgeholt.

Landorte sowie Ausbauten werden täglich mindestens einmal vom Landbriefträger berührt; ergibt sich für einen Landort eine jährliche Portoeinnahme von mehr als 1200 Fr., so kann die Bestellung täglich zweimal und öfter erfolgen.

In Frankreich besteht auch ein Eilbestelldienst (Distribution par exprès), an dem sämtliche Postanstalten teilnehmen. Die Eilsendungen müssen in der Aufschrift mit großen Buchstaben den Vermerk „Par exprès" tragen. Sie können durch die Briefkasten und an den Schaltern aufgeliefert werden. Der Eilbotenlohn, der im voraus in Freimarken zu entrichten ist, beträgt für Sendungen nach Postorten 30 Cts., nach Algerien 50 Cts., nach Landorten 1 Fr. 50 Cts. Der Empfänger muß über eine Eilsendung Quittung leisten. Er hat das Recht, den Eilboten auf Mitnahme einer Antwort warten zu lassen; hierfür sind jedoch

15 Cts. bei Tag und 30 Cts. nach 8 Uhr abends im Sommer und nach 6 Uhr abends im Winter für jede Viertelstunde Wartezeit an den Boten zu zahlen. An Sonn- und Feiertagen findet eine Abtragung durch Eilboten nachmittags nur in Paris nicht statt. Die Postverwaltung übernimmt für die pünktliche Zustellung der Eilbriefe keine Gewähr, doch erstattet sie in Fällen der verzögerten Überkunft den Eilbotenlohn.

Wünscht ein Empfänger seine Briefe auf dem Postamt abzuholen, so kann die Ausgabe der Sendungen am Schalter von Hand zu Hand oder durch Benutzung angemieteter „Schließfächer" geschehen; in letzterem Falle ist eine Fachmiete zu entrichten, deren Höhe zwischen dem Abholer und dem Vorsteher des Postamts vereinbart wird.

In Paris besteht eine Rohrposteinrichtung (Poste tubulaire), die sich auch auf die Vororte erstreckt und nur zur Beförderung von Rohrpostsendungen (nicht auch von Telegrammen) bestimmt ist. Die Rohrpostsendungen zerfallen in Rohrpostbriefe (cartes pneumatiques fermées) mit und ohne Antwort, Rohrpostkarten (cartes pneumatiques) mit und ohne Antwort und Briefe unter besonderem Umschlag (dépêches sous enveloppes pneumatiques). Die Rohrpostbriefe ähneln in ihrer Einrichtung den Kartenbriefen, die Rohrpostkarten den Postkarten, nur sind sie kleineren Formats; die Briefe unter besonderem Umschlag entsprechen den gewöhnlichen Briefen. Die Formulare zu den verschiedenen Rohrpostsendungen sind mit eingedrucktem Wertzeichen hergestellt und zu deren Nennwert, ohne Aufschlag, bei allen Pariser Postanstalten käuflich; doch sind auch durch die Privatindustrie hergestellte Formulare zugelassen. Tarif: die einfache Rohrpostkarte 30 Cts., Rohrpostkarte mit Antwort 60 Cts., Rohrpostbrief (carte fermée) 50 Cts., ein solcher mit Antwort 1 Fr. und Rohrpostbrief unter besonderem Umschlag 30 Cts. bis 7 g, 50 Cts. von 7 bis 15 g, 1 Fr. von 15 bis 30 g. Die Rohrpostbriefumschläge tragen nur einen Wertstempel von 30 Cts.; höhere Taxbeträge sind durch Hinzukleben von Postfreimarken zu verrechnen. Zur Beförderung mit der Rohrpost sind auch Kartenbriefe geeignet, deren Porto durch Hinzukleben von Freimarken zu ergänzen ist. Unzureichend frankierte Rohrpostbriefe werden von der Beförderung nicht ausgeschlossen; das fehlende Franko wird vom Empfänger eingezogen. Über 30 g schwere Briefe werden mit der Rohrpost nicht befördert. Die Einlieferung der Rohrpostsendungen kann sowohl am Schalter der Telegraphenanstalten als auch durch Einwerfen in die an den Postgebäuden angebrachten besonderen Rohrpostbriefkasten erfolgen. Die Abtragung geschieht sogleich nach der Ankunft durch besondere Boten. Auch zur Absendung in die Provinz oder ins Ausland bestimmte Briefe und Postkarten können zur Sicherung des Anschlusses an den nächstabgehenden Postzug nach Eintritt der Schlußzeit für die betreffende Post mit der Rohrpost bis zum Abgangsbahnhofe befördert werden. Zu derartigen Sendungen können die Formulare für Rohrpostbriefe und Rohrpostkarten, aber auch die gewöhnlichen Briefumschläge und Postkarten verwendet werden; das auf die auswärtige Beförderungsstrecke entfallende tarifmäßige Porto ist in Freimarken besonders zu entrichten. Sendungen dieser Art müssen stets vollständig frankiert sein. Über eine Rohrpostsendung kann dem Absender gegen eine Gebühr von 10 Cts. ein Einlieferungsschein erteilt, gegen eine gleichhohe Gebühr auch ein Rückschein beschafft werden. Dieser wird mit der Post befördert. Soll die Rücksendung des Rückscheins mit der Rohrpost erfolgen, so beträgt die Gebühr 30 Cts.; wünscht der Absender eine Empfangsbestätigung mittels Telegraphs oder Fernsprechers, so hat er eine Gebühr von 50 Cts. zu entrichten.

Von der Postverwaltung sind auch gestempelte Briefumschläge zu 10 und 5 Cts. (letztere für Drucksachen ohne gummierte Verschlußklappe), gestempelte Streifbänder zu 1 und 2 Cts. und Kartenbriefe zu 10 Cts. ausgegeben. Für gummierte Briefumschläge wird ein Aufschlag von 1 Ct., für nicht gummierte von ½ Ct. für das Stück erhoben; für gestempelte Streifbänder beträgt der Aufschlag 1 Ct. für je 3 Stück, es müssen jedoch von diesen mindestens 15 Stück und bei größerem Bedarf eine durch 3 teilbare Menge vom Publikum gekauft werden. Auch „Markenheftchen" sind ausgegeben, die 40 Marken zu 5 Cts. oder 20 zu 10 Cts. enthalten und 2 Fr. 5 Cts. kosten. Die Verwendung der aus Briefumschlägen, Postkarten, Kartenbriefen und Streifbändern ausgeschnittenen Wertzeichen zur Frankierung von Postsendungen ist unstatthaft; dagegen tauschen die Postanstalten verdorbene Briefumschläge, Postkarten, Kartenbriefe, Streifbänder usw. gegen gleichartige Formulare unentgeltlich um.

Der Verkauf von Postwertzeichen an das Publikum wird, außer von sämtlichen Postanstalten, von besonders dazu ermächtigten Privatpersonen, namentlich den Inhabern der Tabakverkaufsstellen, besorgt. Für den Absatz der Postwertzeichen beziehen die Inhaber der Verkaufsstellen eine Provision von 1 % des Erlöses.

Dem Publikum ist gestattet, die Freimarken vor ihrer Verwendung mit besonderen Zeichen oder Buchstaben zu bedrucken oder zu durchlochen; indessen dürfen diese Zeichen nicht mehr als ⅓ der Höhe der Marke einnehmen und nicht die Wertbenennung verdecken oder beschädigen.

In der Regel müssen die Briefsendungen mit Postwertzeichen frankiert sein; doch kann die Frankierung der Zeitungen und Drucksachen (der letzteren nur bei Massenauflieferungen von mindestens 1000 Stück) auf Wunsch des Absenders oder im Interesse des Dienstbetriebes bar erfolgen; in diesem Falle werden die Umschläge und Adreßbänder der Sendungen zum Zeichen der Frankierung im voraus mit einem Stempel „P" (payé) bedruckt. Die Sendungen selbst müssen dann vorsortiert und abgebunden aufgeliefert werden. Unfrankierte und unzureichend frankierte Briefsendungen werden mit T a x m a r k e n (chiffres-taxes) zum Werte des Portobetrages beklebt. Das Publikum ist bei Empfang unfrankierter Briefe nur zur Zahlung des Portobetrages verpflichtet, der durch die aufgeklebten Taxmarken dargestellt wird.

Wer eine bereits benutzte Freimarke nochmals verwendet oder verkauft oder zu verkaufen versucht, wird mit Geldstrafe von 50 bis 1000 Fr., im Rückfalle mit der doppelten Strafe und zugleich mit Gefängnis von 5 Tagen bis 1 Monat bestraft.

B. Wertbriefe.

Wertbriefe (Lettres de valeurs déclarées) sind im inneren Verkehr Frankreichs im allgemeinen unter denselben Bedingungen wie im Weltpostverkehr zugelassen. Der Höchstbetrag der Wertangabe ist auf 10 000 Fr. beschränkt. Eine in betrügerischer Absicht bewirkte zu hohe Wertangabe wird mit Gefängnis von 1 Monat bis zu 1 Jahr und mit Geldbuße von 16 bis 500 Fr. bestraft.

Im Falle des Verlustes oder der Beschädigung eines Wertbriefes leistet die Postverwaltung — den Fall höherer Gewalt ausgenommen — dem Absender oder auf dessen Verlangen dem Empfänger Ersatz für den wirklich erlittenen Schaden bis zur Höhe der Wertangabe.

Über jeden Wertbrief wird dem Aufgeber gebührenfrei ein Einlieferungsschein erteilt; dieser wird einem Register entnommen und trägt ebenso wie der im Register verbleibende Stamm eine fortlaufende aufgedruckte Nummer, die handschriftlich auch auf den Brief übertragen wird. Wertbriefe müssen frankiert sein. Tarif: Porto für einen Einschreibbrief von gleichem Gewicht, Versicherungsgebühr 10 Cts. für jede 500 Fr.

Die Wertbriefe werden den Empfängern in der gleichen Weise wie Einschreibbriefe unentgeltlich in die Wohnung bestellt, indessen erfolgt die Aushändigung nur an den Adressaten selbst oder dessen besonderen Bevollmächtigten, nicht auch an Familienglieder oder Hausangehörige.

Rückscheine (Avis de réception) sind zulässig; Gebühr 10 Cts. Der Absender kann auf Wunsch auch auf telegraphischem Wege gegen eine Gebühr von 50 Cts. eine Bescheinigung über die erfolgte Aushändigung eines Wertbriefes an den Empfänger erhalten.

Eine besondere Abart der Wertbriefe stellen die Wertkästchen (boîtes de valeurs déclarées) dar. Die Wertangabe ist auch bei diesen nur bis 10000 Fr. zulässig. Die Kästchen müssen verschlossen zur Post geliefert werden; den Postbeamten ist es untersagt, bei Herstellung des Verschlusses behilflich zu sein. Das Gewicht der Kästchen ist unbeschränkt; dagegen dürfen sie hinsichtlich der Ausdehnungen 30 zu 10 zu 10 cm nicht überschreiten. Die Wandungen der Kästchen müssen mindestens 8 mm stark sein; tritt bei schwächeren Kästchen infolge Zerbrechens Verlust ein, so lehnt die Postverwaltung die Ersatzverbindlichkeit ab. Die Kästchen müssen kreuzweise mit festem Bindfaden umschnürt und auf den vier Seitenflächen gut versiegelt sein; die beiden anderen Flächen müssen mit weißem Papier überklebt sein, auf dem die Aufschrift und die zur Frankierung erforderlichen Postfreimarken anzubringen sind. Die Versendung französischer oder ausländischer Geldstücke in Wertkästchen ist ebenso wie die Beilegung von Briefen verboten; liegt begründeter Verdacht einer Verletzung dieses Verbotes vor, so ist die Postverwaltung berechtigt, zu verlangen, daß der Empfänger die Sendung in Gegenwart eines Postbeamten öffnet. Tarif: feste Gebühr von 25 Cts., Versicherungsgebühr von 10 Cts. für jede 500 Fr. und Beförderungsgebühr von 5 Cts. für je 50 g. Rückscheine, auch telegraphische, sind gegen die gleiche Taxe wie bei Wertbriefen zulässig.

Auf Briefen und Kästchen mit Wertangabe ist auch Nachnahme zulässig (Envois contre remboursement), und zwar auf Sendungen mit Schmucksachen aus Gold, Silber oder Platina und mit kostbaren Gegenständen bis zu einer Wertangabe von 10000 Fr., auf anderen Sendungen bis zu einer Wertangabe von 2000 Fr. Wertangabe und Nachnahmebetrag brauchen jedoch nicht übereinzustimmen. Die Nachnahmesendungen mit Schmucksachen usw. sind ohne Beschränkung des Gewichts, die anderen aber nur bis zu 500 g zur Versendung zugelassen. Eine Nachnahmesendung darf in keiner Ausdehnung 30 cm überschreiten. Die Verpackung muß so beschaffen sein, daß einem Verlust oder einer Beschädigung vorgebeugt ist; die Sendungen mit Schmucksachen usw. müssen in gehörig umschnürten Kästchen verpackt sein. Alle Nachnahmesendungen sind mit einer ausreichenden Anzahl Siegelverschlüssen zu versehen. Die Sendungen dürfen Briefe oder die Eigenschaft einer persönlichen Korrespondenz tragende

Mitteilungen nicht enthalten. In der Aufschrift müssen Wert- und Nachnahmebetrag in Buchstaben angegeben sein. Jeder Nachnahmesendung muß bei der Einlieferung zur Post eine Einlieferungserklärung (déclaration de dépôt) vom Absender beigefügt sein, zu der die Postanstalten Formulare unentgeltlich verabfolgen. Diese Erklärung wird, nachdem sie vom Annahmebeamten beglaubigt ist, unter besonderem Umschlag, der von der Postanstalt ebenfalls unentgeltlich verabreicht wird, an die Bestimmungspostanstalt abgesandt. Die Nachnahmesendungen unterliegen bei der Absendung den gleichen Tarifsätzen wie die Kästchen mit Wertangabe. Im Falle des Verlustes leistet die Postverwaltung Ersatz wie für Wertsendungen; bei Beschädigungen ist jedoch eine Ersatzleistung ausgeschlossen. Die Gebühren für Einziehung und Übersendung der Nachnahmebeträge an den Absender, sowie für die Rücksendung uneingelöster Nachnahmepäckchen sind die gleichen wie bei Postaufträgen (siehe unter „D. Postaufträge").

C. Postanweisungen.

Postanweisungen (Mandats de poste) können bei allen Postanstalten Frankreichs und Algeriens ein- und ausgezahlt werden, und zwar bei den facteurs-receveurs (Postagenturen) in Algerien bis 50 Fr., bei allen übrigen Postanstalten ohne Beschränkung des Höchstbetrages. Nur im Verkehr mit den französischen Kolonien und den französischen Postanstalten im Ausland ist, mit geringen Ausnahmen, der zulässige Höchstbetrag auf 1000 Fr. beschränkt. · Tarif: bis 20 Fr. 5 Cts. für jede 5 Fr. oder einen Teil davon, über 20 bis 50 Fr. 25 Cts., über 50 bis 100 Fr. 50 Cts., über 100 bis 300 Fr. 75 Cts., über 300 bis 500 Fr. 1 Fr. und über 500 Fr. 1 Fr. für die ersten 500 Fr. und je 25 Cts. für jede weiteren 500 Fr.; für Postanweisungen nach und aus den Kolonien bis zu 50 Fr. 25 Cts., sonst wie im Inland. Daneben wird in Algerien für Postanweisungen nach Frankreich eine Wechsel-Zuschlagtaxe erhoben. Postanweisungen an und von Soldaten und Seesoldaten, die an einem Feldzuge teilnehmen, sind bis 50 Fr. gebührenfrei; doch darf von einem Absender an denselben Empfänger nicht mehr als eine Postanweisung an dem gleichen Tage abgesandt werden. Die Postanweisungsgebühr ist stets bar zu entrichten und wird niemals in Freimarken verrechnet.

Man unterscheidet gewöhnliche Postanweisungen (mandats ordinaires) und solche in Kartenform (mandats-cartes). Die Wahl zwischen den beiden Systemen ist in das Belieben des Absenders gestellt. Die gewöhnlichen Postanweisungen werden aus einem Register herausgelöst, nachdem der Name des Absenders, die eingezahlte Summe, der Name und Wohnort des Empfängers und der Tag der Einzahlung darauf vermerkt sind. Die Postanweisung, sowie ein Einlieferungsschein, der gleichfalls aus dem Register herausgetrennt wird, werden dem Aufgeber mit der Weisung ausgehändigt, die Postanweisung dem Empfänger mittels Briefes zuzusenden, den Einlieferungsschein aber zurückzubehalten. Der letztere dient dem Absender als Ausweis, falls die Postanweisung unbestellbar wird oder in Verlust gerät. Weigert sich der Absender, bei der Einzahlung seinen Namen zu nennen, so wird ihm zwar auch ein Einlieferungsschein ausgestellt, die Rückzahlung des Postanweisungsbetrages tritt jedoch unter keinen Umständen ein. Bei gewöhnlichen Postanweisungen von mehr als 300 Fr. fertigt die Aufgabepostanstalt einen besonderen Einzahlungsschein aus, den sie der Bestimmungspostanstalt übersendet. Die Postanweisungen sind vom Empfänger bei der Bestimmungspostanstalt quittiert vorzulegen, worauf die Zahlung des Betrages erfolgt; in allen Fällen ist das Geld bei der Postanstalt abzuholen, seine Abtragung in die Wohnung des Empfängers findet nicht statt. Im übrigen sind gewöhnliche Postanweisungen bis 300 Fr. allgemein bei Sicht zahlbar, und zwar bei jeder beliebigen Postanstalt; Postanweisungen über 300 Fr. werden dagegen nur von der auf der Postanweisung genannten Bestimmungspostanstalt ausgezahlt.

Postanweisungen in Kartenform, zu denen Formulare aus einem Heft herausgelöst und im Bedarfsfalle auf Verlangen unentgeltlich an den Einzahler zur Ausfüllung verabfolgt werden, können ebenfalls bei allen Postanstalten aufgeliefert werden. Dem Absender wird nur ein Einlieferungsschein erteilt, während die Postanweisung selbst postseitig der Bestimmungspostanstalt übersandt wird. Den Abschnitt der Postanweisung kann der Absender zu schriftlichen Mitteilungen für den Empfänger benutzen. In der Regel fertigt jedoch der Annahmebeamte die Postanweisung selbst aus. Außer der Postanweisungsgebühr ist für Kartenanweisungen eine Bestellgebühr von 10 Cts. vom Absender im voraus zu entrichten. Bei Postanweisungen vom Auslande wird diese Gebühr jedoch vom Empfänger eingezogen. Die Postanweisungen in Kartenform werden den Empfängern grundsätzlich durch die Briefträger in der Wohnung ausbezahlt. Abholung bei der Postanstalt ist ausgeschlossen, es sei denn, daß die Postanweisungen den Vermerk „poste restante“ tragen oder an Soldaten gerichtet sind.

Kartenanweisungen können auch unter Einschreibung versandt werden; in diesem Falle hat der Absender außer der Postanweisungsgebühr eine Einschreibgebühr von 25 Cts. zu entrichten, die durch Aufkleben einer Freimarke von gleichem Betrage in die linke obere Ecke der Postanweisung zu verrechnen ist. Der Annahmebeamte bedruckt im weiteren die Postanweisung, ebenso wie dies bei Einschreibbriefen geschieht, mit einem Stempel „R“ (recommandé) in roter Farbe.

Bemerkenswert ist, daß auch die an Bord der Postdampfschiffe befindlichen Seepostbeamten Einzahlungen auf Postanweisungen entgegennehmen und in allen Hafenplätzen, in denen sich eine französische Postanstalt nicht befindet, Postanweisungen bis 50 Fr. an die Mannschaften französischer Kriegsschiffe auszahlen.

Der Empfänger einer Postanweisung, gleichviel welchen Systems, hat sich vor der Auszahlung durch entsprechende Beweisstücke und Legitimationspapiere und in Ermangelung solcher durch zwei, dem Beamten persönlich bekannte Bürgen auszuweisen. Die Übertragung von Postanweisungen auf dritte Personen mittels Indossaments ist unstatthaft.

Bei der Einzahlung einer Postanweisung oder auch nachträglich kann der Aufgeber die Ausfertigung eines Auszahlungsscheines (avis de payement) verlangen; Gebühr 10 Cts.

Postanweisungen verlieren ihre Gültigkeit nach Ablauf von 2 Monaten und, wenn sie an Soldaten gerichtet sind, nach Ablauf von 3 Monaten. Nach Ablauf dieser Frist hat der Empfänger oder Absender ihre Verlängerung bei der Postbehörde durch ein Gesuch, zu dem ein Stempelbogen zu 60 Cts. zu verwenden ist, besonders zu beantragen. Bei Postanweisungen über mehr als 300 Fr. und bei Kartenanweisungen über mehr als 50 Fr. wird die Gültigkeitserklärung (visa pour date) sogleich nach Eingang des Einzahlungsscheines oder Gesuches, bei

Postanweisungen über geringere Beträge dagegen erst nach Ablauf von 3 Monaten, wenn sie für Privatpersonen in Frankreich, nach 4 Monaten, wenn sie für Privatpersonen in Algerien bestimmt sind, nach Ablauf von 5 Monaten, wenn die Empfänger dem Landheer angehören, nach Ablauf von 1 Jahr in allen sonstigen Fällen, vom Tage der Einzahlung ab gerechnet, erteilt. Das gleiche Verfahren ist zu beobachten, wenn dem Empfänger oder Absender die Ursprungspostanweisung verloren gegangen ist und ein Doppel ausgestellt werden soll. Werden Beträge auf Postanweisungen nicht innerhalb 3 Jahre nach der Einzahlung abgefordert, so verfallen sie der Staatskasse.

Telegraphische Postanweisungen (mandats télégraphiques) sind zwischen allen Orten mit Post- und Telegraphenanstalt bis 5000 Fr. zulässig. Tarif: die gewöhnliche Postanweisungsgebühr, die Gebühr für das Telegramm und das Eilbestellgeld für die etwaige Abtragung der Benachrichtigung durch besonderen Boten. Der Absender kann verlangen, daß ihm von der erfolgten Auszahlung amtlich telegraphische Nachricht gegeben werde. In diesem Falle muß er auf der Vorderseite den Vermerk „Auszahlung telegraphieren (Télégraphier paiement)" niederschreiben und für die Benachrichtigung die Gebühr für ein gewöhnliches Telegramm von 10 Wörtern (50 Cts.) im voraus entrichten.

Der Empfänger hat den Betrag der telegraphischen Postanweisung auf Grund der Benachrichtigung innerhalb 5 Tagen — bei telegraphischen Postanweisungen an Soldaten in Algerien innerhalb 10 Tagen — bei der Postanstalt am Bestimmungsort abzuheben, widrigenfalls die telegraphische Postanweisung an die Zentralbehörde in Paris zur Einleitung der Rückzahlung des Betrages an den Aufgeber eingesandt wird. Doch kann der Empfänger auch verlangen, daß ihm der Betrag einer telegraphischen Postanweisung unentgeltlich in die Wohnung bestellt wird.

Postbons (Bons de poste) werden von sämtlichen Postanstalten Frankreichs und Algeriens, sowie von den französischen Postanstalten in der Levante ausgegeben und eingelöst. Die Postbons lauten auf alle vollen Frankbeträge von 1 bis 20 Fr. Sie werden in Heften von je 100 Stück hergestellt und bestehen aus dem eigentlichen Postbon und einem nach dessen Abtrennung im Heft verbleibenden Stamm. Postbons wie Stamm sind mit vorgedruckten Nummern versehen. Tarif: 5 Cts. bis 10 Fr., 10 Cts. von 11 bis 20 Fr. Wird ein Postbon ausgegeben, so vermerkt der Annahmebeamte darauf handschriftlich den Betrag in Buchstaben und das Datum der Ausgabe und drückt auf dem Postbon und dem Stamm den Aufgabestempel der Postanstalt ab. Der Versender eines Postbons hat auf ihm den Namen und Wohnort des Empfängers anzugeben; die Versendung kann im gewöhnlichen Brief erfolgen. Der Empfänger quittiert den Postbon in Gegenwart des auszahlenden Beamten. Die Versendung von Postbons, die mit dem Namen des Empfängers nicht versehen sind, in gewöhnlichen Briefen wird mit 50 bis 500 Fr. bestraft. Wird ein Postbon bei einer anderen als der darauf angegebenen Postanstalt zur Auszahlung vorgelegt, so hat sich der Empfänger durch das Vorzeigen des Umschlages eines von ihm empfangenen Briefes oder dgl. auszuweisen. Ein Postbon verliert seine Gültigkeit nach 3 Monaten; wird er später zur Zahlung vorgelegt, so ist für jedes über die Fälligkeitsdauer hinaus verflossene Vierteljahr die Taxe des Postbons von neuem zu entrichten. Diese Nachtaxe wird auf der Rückseite des Postbons in Postfreimarken verrechnet. Ist jedoch seit Ausgabe des Postbons mehr als 1 Jahr verflossen, so ist er ungültig, und der Betrag fließt in die Staatskasse. Doppel werden niemals ausgefertigt; ist also ein Postbon beseitigt oder vernichtet worden, so ist sein Betrag der Staatskasse verfallen.

Der Käufer eines Postbons kann beim Ankauf gegen Entrichtung einer Gebühr von 10 Cts. verlangen, daß ihm demnächst über die erfolgte Auszahlung des Postbons und über den Tag der Auszahlung eine amtliche Nachricht übersandt werde.

D. Postaufträge.

Die französische Postverwaltung befaßt sich mit der Einziehung von Geldbeträgen auf Rechnungen, Wechseln, Fakturen und überhaupt Handelspapieren jeder Art durch Postauftrag (Recouvrement). An dem Dienst nehmen sämtliche Postanstalten Frankreichs und Algeriens teil. Den Postaufträgen können als Anlagen auch Handelspapiere beigefügt werden, die im Falle nicht erfolgter Zahlungsleistung an einen Notar oder Gerichtsvollzieher zur Protesterhebung weiterzugeben sind; dieser erweiterte Dienst ist jedoch auf eine bestimmte Zahl Postanstalten beschränkt. Ein Postauftrag kann bis zu 5 verschiedenen Zahlungspflichtigen vorzuzeigende Handelspapiere enthalten, sofern die Bezogenen sämtlich im Bestellbezirk der Bestimmungspostanstalt des Postauftrags wohnen. Überschreitet der Wert der einzelnen Papiere nicht 6 Fr., so können einem Auftrage bis zu 15 Anlagen beigefügt werden. Der Gesamtbetrag der einem Postauftrage beigefügten Handelspapiere darf 2000 Fr. nicht übersteigen. Sämtliche Auftragspapiere müssen mit den vorgeschriebenen Stempelmarken versehen sein. Briefe oder die Eigenschaft einer persönlichen Korrespondenz tragende Mitteilungen dürfen als Anlagen einem Postauftrage nicht angeschlossen werden. In Frankreich — nicht auch in Algerien — sind auch Postaufträge zulässig, deren Anlagen im Bestellbezirk der Aufgabepostanstalt zur Vorzeigung zu bringen sind.

Jedem Postauftrag muß ein Auftragformular von vorgeschriebener Form beigefügt werden. Derartige Formulare, die in ihrer Einrichtung den für den internationalen Dienst vorgeschriebenen entsprechen, werden unentgeltlich abgegeben. Das ausgefüllte Formular ist vom Auftraggeber mit den Wertpapieren in einen zu verschließenden Umschlag einzulegen und an die Bestimmungspostanstalt unmittelbar zu richten. Die Taxe beträgt 25 Cts. für jeden Auftragsbrief. Derartige Umschläge sind von den Postanstalten gegen Entrichtung des Betrages des Wertstempels zu beziehen. Die Umschläge tragen folgenden Vordruck: ,,Recommandé. Valeurs à recouvrer. Bureau de poste de . . ., Département de . . . Envoyé par M . . . demeurant à . . . ". Die Auslieferung der Postaufträge zur Post soll in der Regel 5 Tage, nach Corsica und Algerien 15 Tage vor dem Fälligkeitstage der Anlagen erfolgen, damit die Vorzeigung pünktlich stattfinden kann. Doch wird von der Postverwaltung weder für rechtzeitige Vorzeigung der Postauftragspapiere, noch für pünktliche Weitergabe uneingelöster Wertpapiere zur Protesterhebung eine Verbindlichkeit übernommen.

Falls dem Postauftrage zu protestierende Papiere beigefügt sind, kann der Auftraggeber den ungefähren Betrag der Protestkosten, den er selbst in ausreichender Höhe zu bestimmen hat, bei der Aufgabepostanstalt hinterlegen; gleichzeitig ist dem Postauftrag in allen Fällen ein auf die Protesterhebung bezügliches Verlangschreiben unter Benutzung eines Formulars beizufügen. Von der erfolgten Hinterlegung der Protestkosten wird die Bestimmungspostanstalt amtlich verständigt.

Am Bestimmungsort hat die Eröffnung der Postaufträge durch den Vorsteher der Postanstalt oder dessen Beauftragten unter Zuziehung eines Beamten oder Unterbeamten als Zeugen zu erfolgen. Die Vorzeigung der Postauftragspapiere erfolgt durch die Briefträger, in Algerien jedoch nur im Ortsbestellbezirk. Sind Postauftragspapiere nach Algerien nach Landorten bestimmt, so wird dem Empfänger ein eingeschriebenes Benachrichtigungsschreiben übersandt und das Papier 4 Tage zur Verfügung des Empfängers aufbewahrt.

Verweigert der Bezogene die Einlösung eines ihm vorgezeigten Postauftragspapiers, so hinterläßt der Briefträger eine Notiz, wonach das Papier binnen 24 Stunden (in Algerien binnen 48 Stunden) bei der Postanstalt eingelöst werden kann. Wird der Bezogene bei der ersten Vorzeigung nicht angetroffen, so wird ihm der Auftrag nach 24 Stunden nochmals zur Vorzeigung überbracht. Der Betrag eines Postauftragspapiers muß in einer Summe gezahlt werden; Teilzahlungen werden nicht angenommen. Hat einer der Bezogenen seinen Wohnsitz verändert, so wird das Auftragspapier nach der Postanstalt des neuen Wohnorts nachgesandt. Lotterielose dürfen den Postaufträgen nicht beigefügt sein. Finden sich solche in einem Postauftrag vor, so wird dieser mit dem Vermerk „Lotterie. Umlauf verboten (Loteries. Circulation interdite)" versehen und an den Auftraggeber zurückgesandt. Für jedes uneingelöste Papier wird vom Auftraggeber eine Gebühr von 10 Cts. eingezogen.

Die eingezogenen Beträge werden dem Auftraggeber mit Postanweisung übersandt, nachdem eine Einziehungsgebühr sowohl zugunsten des Briefträgers als auch für den Beamten der Bestimmungspostanstalt von je 5 Cts. für je 20 Fr., höchstens jedoch von 25 Cts., sowie die Postanweisungsgebühr in Abzug gebracht sind. Zu derartigen Postanweisungen, die mit dem Vermerk „Recouvrement" versehen werden müssen, dürfen Kartenformulare nicht verwendet werden. Die Postanweisung wird nebst den etwa uneingelöst gebliebenen Postauftragspapieren und einem Abrechnungszettel innerhalb 10 Tage nach der Einlieferung des Auftrags zur Post (bei Postaufträgen nach und aus Corsica und Algerien innerhalb 25 Tage) dem Auftraggeber unter Einschreibung portofrei übersandt. Jedem zurückgehenden Postauftragspapier wird ein Zettel angeheftet, der den Grund der unterbliebenen Einziehung angibt. Obwohl die facteurs-receveurs in Algerien nur zur Annahme von Postanweisungen vom Publikum bis 50 Fr. ermächtigt sind, nehmen sie am Postauftragsdienst ohne jede Beschränkung teil.

Zu protestierende Papiere werden sogleich nach der ersten vergeblichen Vorzeigung an einen Gerichtsvollzieher oder Notar zur Protesterhebung weitergegeben. Zu den Papieren werden hierbei zwei Formulare ausgefertigt, von denen das eine die Stunde der Abgabe an den Gerichtsvollzieher enthält und für letzteren bestimmt ist, das andere aber vom Gerichtsvollzieher mit Quittung und der Stunde des Empfanges der Postauftragspapiere versehen und vom Boten zur Postanstalt zurückgebracht wird. Ist die Gebühr für die Protesterhebung vom Auftraggeber hinterlegt, so darf der Gerichtsvollzieher oder Notar die Besorgung der Protesterhebung nicht ablehnen. In einer Reihe von Orten, die bei jeder Postanstalt in Erfahrung gebracht werden können, haben sich jedoch bestimmte Gerichtsvollzieher und Notare auch zur unbedingten Protesterhebung verpflichtet, ohne daß die Gebühr dafür vom Absender hinterlegt zu werden braucht

Ist die Gebühr nicht hinterlegt und gehört auch der Bestimmungsort des Postauftrags nicht zu den eben bezeichneten Orten, so kann der Gerichtsvollzieher die Protesterhebung ablehnen; geschieht dies, so werden die Postauftragspapiere dem Auftraggeber mit entsprechendem Vermerk durch Vermittelung der Aufgabepostanstalt gebührenfrei zurückgegeben. Wird ein Papier bei der Protesterhebung nachträglich bezahlt, so hat der Gerichtsvollzieher oder Notar den Geldbetrag zur Übersendung an den Auftraggeber der Postanstalt abzuliefern.

Sind Wertpapiere protestiert worden, so richtet sich die weitere Behandlung der Postaufträge danach, ob die Protestgebühr vom Auftraggeber hinterlegt worden ist oder nicht. Ist es der Fall, so legt der Gerichtsvollzieher oder Notar der Postanstalt eine quittierte Rechnung vor; die Postanstalt verauslagt den Betrag, sendet die Rechnung dem Auftraggeber mittels eines vom Gerichtsvollzieher mit 25 Cts. zu frankierenden Einschreibbriefes zu und benachrichtigt gleichzeitig die Aufgabepostanstalt, die den hinterlegten Betrag in Höhe der Rechnung der Bestimmungspostanstalt überweist. Sind die Protestkosten nicht hinterlegt, so erfolgt ihre Einziehung vom Auftraggeber durch Postauftrag unter Übersendung der Rechnung; bleibt die Rechnung uneingelöst, so wird sie wie ein gewöhnliches nicht eingelöstes Postauftragspapier dem Gerichtsvollzieher oder Notar wieder zugestellt.

E. Postpakete.

Der Postpaketdienst wird in Frankreich im Namen und unter Kontrolle der Postverwaltung von den Eisenbahngesellschaften, sowie von den staatlich unterstützten Dampfschiffsunternehmungen und in Corsica von den Kurieren wahrgenommen. Auf dem flachen Lande, außerhalb des Tätigkeitsbereichs jener Gesellschaften, ist eine Anzahl Postanstalten zur Teilnahme am Postpaketdienst ermächtigt. Die Beförderung der Postpakete (colis postaux) wird nur zwischen verschiedenen Orten, nicht auch im Ortsdienst ausgeführt; eine Ausnahme hiervon bildet Paris, wo eine besondere Stadtpaketpost eingerichtet ist. Postpakete sind nach allen Orten Frankreichs und Algeriens zulässig. Das Meistgewicht eines Postpakets ist auf 10 kg festgesetzt; für die Ausdehnungen bestehen bei Postpaketen bis 5 kg keinerlei beschränkende Bestimmungen. Schwerere Pakete, die innerhalb Frankreichs oder Algeriens befördert werden, dürfen in keiner Ausdehnung 150 cm, solche, die zwischen Frankreich, Corsica und Algerien auszutauschen sind, nicht 55 cbdm im Umfang überschreiten. Sperrige Pakete sind innerhalb Frankreichs (nicht auch nach Algerien) zugelassen; für sie wird die $1\frac{1}{2}$ fache Taxe der gewöhnlichen Pakete erhoben. Pakete mit Regenschirmen, Karten, Plänen und ähnlichen Gegenständen werden jedoch, wenn sie bei einer Länge bis zu 105 cm nicht in Breite und Dicke zusammen 40 cm (nach oder aus Corsica und Algerien 20 cm bei einer Länge von 1 m) überschreiten, als sperrig nicht betrachtet.

Von der Versendung in Postpaketen sind außer leichtentzündlichen Stoffen Briefe und alle die Eigenschaft einer persönlichen Korrespondenz tragenden Mitteilungen, ferner lebende Tiere und von der Versendung in gewöhnlichen Paketen gemünztes Geld, Gold- und Silbersachen und andere Kostbarkeiten ausgeschlossen.

Bei Paketen ist Wertangabe bis zu 5000 Fr. zugelassen.

Die Verpackung der Postpakete muß der Beförderungsstrecke und dem Inhalt angemessen sein. Ein Siegel- oder Plombenverschluß ist nur bei Paketen mit Wertangabe und bei gewöhnlichen Paketen nach Corsica und Algerien unerläßlich; doch wird den Absendern dringend anempfohlen gewöhnliche Pakete allgemein mit Siegeln und Plomben zu verschließen. Die Aufschrift muß mit Tinte geschrieben und bei Paketen mit Wertangabe auf der Verpackung unmittelbar angebracht sein. In der Aufschrift soll sich auch der Absender namhaft machen, und zwar mit dem Zusatz „Sendung des . . . (Envoi de . . .)". Wertpakete müssen ferner in der Aufschrift eine genaue Angabe des Gewichts nach kg und g, gewöhnliche Pakete eine Angabe des dem Oktroi unterliegenden Inhalts und seines Reingewichts tragen. Ferner muß bei Wertpaketen die Wertangabe in der Aufschrift in Zahlen und Buchstaben vermerkt sein.

Jedem Postpaket muß eine Begleitadresse beigegeben sein; Formulare dazu werden von den Paketannahmestellen abgegeben. Im Verkehr mit Corsica und Algerien können mehrere gewöhnliche Pakete ohne Nachnahme (bis zu 3) zu einer Begleitadresse gehören. Bei Wertpaketen muß die Paketadresse einen Abdruck des zum Verschluß benutzten Petschafts in Siegellack tragen.

Die Postpakete müssen stets vom Absender frankiert werden. Die Taxe wird durch ein auf die Begleitadresse aufgedrucktes Wertzeichen dargestellt; für das Formular selbst wird ein Aufschlag nicht erhoben. Die Taxe ist verschieden, je nach Gewicht und je nachdem die Pakete den Empfängern (in Orten mit Paketbestelleinrichtung) in die Wohnung bestellt werden sollen oder auf dem Bahnhof oder im Ankunftshafen abzuholen sind. Ist in einem Ort ein Paketbestelldienst nicht eingerichtet, so müssen die Pakete stets bahnhoflagernd (en gare) oder poste restante adressiert werden.

Tarif: (einschließlich der Stempelgebühr von 10 Cts.) innerhalb des festländischen Frankreichs bis 3 kg 60 Cts., über 3 bis 5 kg 80 Cts. und über 5 kg 125 Cts., nach Corsica und Algerien (Hafenorte) 75, 95 und 165 Cts., (Orte im Innern) 100, 120 und 220 Cts. Werden die Pakete in die Wohnung bestellt, so tritt eine Bestellgebühr von 25 Cts. hinzu. Wird ein Paket in einem Ort aufgeliefert, der nicht an der Eisenbahn liegt, oder ist es nach einem solchen gerichtet, so ist für die Beförderung des Pakets bis zur nächsten Bahnstation oder von dieser zum Bestimmungsort (hier einschließlich der Bestellung) eine Gebühr von 25 Cts. zahlbar. Für Pakete mit Wertangabe innerhalb Frankreichs oder Algeriens ist außer obigen Beträgen noch eine Versicherungsgebühr von 10 Cts. für jede 500 Fr., bei Paketen nach und aus Algerien und Corsica dagegen eine solche von 20 Cts. für jede 300 Fr. zu entrichten.

Dem Aufgeber wird über jede Sendung ein Einlieferungsschein erteilt, der von dem Paketadressenformular losgelöst wird.

Die Postpakete werden mit denselben Eisenbahnzügen wie Eilgut (colis de grande vitesse) befördert. Den Empfängern oder deren Bevollmächtigten werden die Postpakete gegen Quittung auf der Paketadresse ausgehändigt. Wird das Paket nicht in die Wohnung bestellt, so erhält der Empfänger binnen 24 Stunden eine Nachricht von der Ankunft des Pakets zugefertigt; seine Sache ist es, sein Paket auf eigene Kosten vom Bahnhof abzuholen oder abholen zu lassen. Für die Benachrichtigung hat der Empfänger das Drucksachenporto von 5 Cts. zu entrichten. Hat ein Paket in Orten mit Bestelleinrichtung beim ersten Bestellversuch nicht angebracht werden können, so hat es der Empfänger auf dem Bahnhof oder im Empfangsbureau abzuholen; wünscht er die Wiederholung der Bestellung, so hat er ein besonderes Bestellgeld von 25 Cts. zu zahlen.

Auch Eilbestellung ist in Orten mit Paketbestelleinrichtung zugelassen, und zwar gegen eine Eilbestellgebühr von 50 Cts.

Ist ein Paket nachzusenden, so wird für die neue Beförderungsstrecke das Porto (einschl. der Stempelgebühr von 10 Cts.) vom Absender oder Empfänger abermals eingehoben.

Rückscheine sind zulässig; Gebühr 25 Cts.

Bleibt ein Paket unbestellbar, so wird nach einer Lagerzeit von 8 Tagen, in Algerien nach einer solchen von 14 Tagen, die Bestimmung des Absenders eingeholt. Enthält das Paket jedoch leichtverderbliche Gegenstände, so wird der Inhalt verkauft und der Erlös, nach Abzug der aufgelaufenen Kosten, zur Verfügung des Absenders gestellt. Wird über das Paket oder den Erlös vom Absender eine Bestimmung nicht getroffen, so verfällt es der Domänenverwaltung.

Im Falle des Verlustes oder der Beschädigung eines Postpakets wird, ausgenommen höhere Gewalt, dem Absender Ersatz in Höhe des entstandenen Schadens, höchstens jedoch bis 15 Fr. bei Paketen bis 3 kg, bis 25 Fr. bei Paketen über 3 bis 5 kg und bis 40 Fr. bei Paketen über 5 kg geleistet. Bei Paketen mit Wertangabe bildet diese den Maßstab für den Ersatzbetrag. Der Antrag auf Schadloshaltung, dem der Einlieferungsschein beigefügt sein muß, ist innerhalb 1 Jahres bei der Eisenbahn- oder Dampfschiffsgesellschaft oder bei der Postverwaltung anzubringen.

Auf Postpakete sind in Frankreich und Algerien Nachnahmen (Remboursements) bis 1000 Fr. zulässig. Der Nachnahmebetrag muß sowohl auf dem Paket, als auch auf der Begleitadresse in Zahlen und in Buchstaben angegeben sein. Der Absender eines Nachnahmepakets kann verlangen, daß ihm der Nachnahmebetrag in die Wohnung bestellt wird, vorausgesetzt, daß an seinem Wohnort ein Paketbestelldienst eingerichtet ist. Die Taxe für Nachnahmepakete ist die gleiche wie für gewöhnliche Pakete; dazu tritt eine im voraus zu entrichtende Gebühr für die Überweisung des Nachnahmebetrages, und zwar von 60 Cts. bis 500 Fr. und 85 Cts. über 500 Fr., falls der Nachnahmebetrag bei der Paketannahmestelle abgeholt wird, und von 85 Cts. bis 500 Fr. und 110 Cts. über 500 Fr., wenn er in die Wohnung des Absenders abgetragen wird. Einem Nachnahmepaket hat der Aufgeber außer der Paketadresse ein ausgefülltes Formular zur Zahlungsbenachrichtigung (avis d'encaissement) beizufügen, die für die demnächstige Überweisung des Nachnahmebetrages an den Absender bestimmt und auf der über den Nachnahmebetrag später Quittung zu leisten ist. Will der Absender den Nachnahmebetrag abholen, so wird ihm bei Ankunft der vollzogenen Nachnahmeadresse ein Benachrichtigungsschreiben gegen eine Gebühr von 5 Cts. zugefertigt. Bleibt ein Nachnahmepaket unbestellbar, so wird der Nachnahmeschein für die Rücksendung des Pakets verwendet. Der Absender kann nachträglich das Verlangen stellen, daß das Paket dem Empfänger ohne Zahlung des Nachnahmebetrages ausgehändigt wird. Der Wert des Nachnahmescheines wird aldann dem Absender (jedoch abzüglich der Stempelgebühr von 10 Cts.) erstattet.

Der Betrieb der Stadtpaketpost in Paris, der sich auf die Besorgung und Bestellung von Postpaketen bis 10 kg ohne und mit Wertangabe innerhalb der Stadt Paris erstreckt, ist unter der Kontrolle der Postverwaltung einem Privatunternehmer (z. B. Gônon et Co.) übertragen. An Werktagen finden drei Einsammlungen und Bestellungen, an Sonn- und Festtagen eine Einsammlung und zwei Bestellungen statt. Die Auflieferung der Pakete hat bei einer der 500 Annahmestellen (meist Verkaufsläden der Tabakregie und Hilfspostanstalten) zu geschehen. Pakete in größerer Zahl können auf Wunsch auch bei den Absendern abgeholt werden; hierfür ist eine Einsammlungsgebühr zu entrichten, die für jedes Paket bis 1 kg 15 Cts., von 1 bis 5 kg 20 Cts. und von 5 bis 10 kg 35 Cts. beträgt. Die Pakete werden sämtlich in die Wohnung bestellt. Nachnahme und Wertangabe sind bis 500 Fr. zulässig. Tarif: (einschließlich der Bestellung) 25 Cts. bis 5 kg, 40 Cts. über 5 bis 10 kg, Nachnahmegebühr 30 Cts. (einschl. 10 Cts. Stempel) und Versicherungsgebühr 10 Cts. Die Vorschriften über Verpackung, Aufschrift, Ersatzpflicht usw. sind die gleichen wie bei Postpaketen des Fernverkehrs; doch wird bei gewöhnlichen Ortspaketen bis 5 kg Ersatz bis 25 Fr., bei schwereren bis 40 Fr. geleistet. Über jedes eingelieferte Paket wird ein Aufgabeschein erteilt. Der Absender hat weder ein Formular auszufüllen, noch irgendwelcher Förmlichkeit zu genügen; nur hat er außer der Adresse des Empfängers auch seine eigene Adresse auf dem Paket anzugeben.

F. Postsparkassen.

Die Postsparkasse oder Nationalsparkasse (Caisse d'épargne postale oder Caisse nationale d'épargne) besteht seit dem 1. Januar 1882. Bei der Zentralbehörde ist eine besondere Abteilung für die Verwaltung der Postsparkasse eingerichtet. Daneben besteht eine Reihe von Zweigstellen der Nationalsparkasse im Lande, sowie in Algier, Constantine, Oran und Tunis. Am Postsparkassendienst nehmen sämtliche Postanstalten in Frankreich und Algerien (sowie eine Anzahl französischer Postanstalten im Ausland) teil, die täglich für den Sparkassendienst geöffnet sind.

Jede Spareinlage muß mindestens 1 Fr. betragen; der Höchstbetrag eines Guthabens ist im allgemeinen auf 1500 Fr. festgesetzt, nur Wohltätigkeitsvereine, Gewerbevereine, Unterstützungsgesellschaften und ähnliche Verbände dürfen unter gewissen Bedingungen Guthaben bis 15000 Fr. bei der Postsparkasse ansammeln. Spareinlagen können auch Ehefrauen ohne besondere Erlaubnis ihrer Ehemänner, sowie Minderjährige bewirken; letztere sind jedoch erst vom vollendeten 16. Lebensjahre ab berechtigt, selbständig Rückzahlungen zu beanspruchen. Niemand darf gleichzeitig ein Sparkassenbuch der Nationalsparkasse und einer gewöhnlichen Sparkasse oder mehrere Bücher der Nationalsparkasse besitzen.

Auch Beträge unter 1 Fr. können gespart werden, und zwar durch Aufkleben von Postfreimarken zu 5 und 10 Cts. auf sog. „Sparkarten" (bulletins d'épargne). Letztere werden von den Postanstalten unentgeltlich abgegeben. Der Sparer hat auf dem Formular seinen Vor- und Zunamen aufzuzeichnen. Ist die Sparkarte mit Freimarken im Gesamtwert von 1 Fr. beklebt, so wird sie als Einlage zum Nennwert der Marken angenommen. Von demselben Einleger dürfen jedoch in einem Monat nicht mehr als 10 Fr. in dieser Form als Einlagen abgegeben werden.

Bevor eine erste Einlage von einem Sparer entgegengenommen wird, muß dieser erklären, daß er weder bei der Postsparkasse noch bei einer Privatsparkasse ein Buch besitzt. Die Sparbücher fertigt der Direktor der Zentralstelle in Paris oder, wenn der Sparer außerhalb Paris wohnt, der Direktor der Departements-Zweiganstalt aus, in dessen Bereich sich das die erste Einzahlung entgegennehmende Postamt befindet. Der Direktor übergibt das Buch und das vom Postamtsvorsteher vorgelegte Einnahmeverzeichnis dem Vorsteher des Postamts in der Hauptstadt des Departements, der in das Buch den erstmalig eingezahlten Betrag in Zahlen und Buchstaben und den Tag der ersten Einzahlung einträgt. Neben die Eintragung setzt der Postamtsvorsteher einen Abdruck des Tagesstempels, außerdem wird der eingezahlte Betrag durch Zahlen dargestellt, die am Rande der Seite ausgeschnitten werden. Weitere Einzahlungen werden durch Einkleben von „Sparmarken“ (timbres-épargne) in das Sparbuch vom Vorsteher des Einzahlungspostamts verrechnet. Die Sparmarken werden aus einem Heft mit festem Stamm herausgetrennt; der abzulösende Abschnitt enthält eine Reihe Ziffern, mit denen jede Summe von 1 bis 1500 Fr. dargestellt werden kann. Centimenbeträge werden auf den Sparmarken handschriftlich nachgetragen. Die Sparmarke wird in das Sparbuch eingeklebt; sie wird von dem Abschnitt derartig losgetrennt, daß die an der Marke verbleibenden Zahlen den Frankenbetrag der eingezahlten Summe darstellen. Jede in das Sparbuch eingeklebte Marke wird sogleich mit dem Tagesstempel bedruckt und mit dem Namenszug des Beamten versehen; außerdem trägt der Beamte den eingezahlten Betrag in Zahlen und Buchstaben in das Sparbuch ein.

Jede Postanstalt hat alltäglich an die Zentralbehörde in Paris oder an die zuständige Zweigstelle eine Übersicht über die bewirkten erstmaligen und laufenden Einlagen und über die erfolgten Rückzahlungen einzusenden. Die Konten der Sparer werden in doppelter Ausfertigung geführt; am Schluß eines jeden Jahres werden die Zinsen berechnet und den Guthaben zugeschrieben. Die Verzinsung der Sparguthaben erfolgt mit $2\frac{1}{2}$ %; dieser Zinsfuß ist durch Gesetz bestimmt. Beträge über 1500 Fr., sowie Teilbeträge eines Franken werden nicht verzinst. Der Zinsgenuß tritt ein mit dem auf den Einzahlungstag folgenden 1. oder 16. und erlischt an dem der Rückzahlung vorangehenden 1. oder 16. des Monats. Zur Eintragung der Zinsen in das Sparbuch soll der Sparer sein Buch alljährlich einmal an die Direktion einreichen, bei der sein Konto geführt wird; zu diesem Zweck hat er das Buch gegen eine Quittung an die Postanstalt seines Wohnorts abzugeben, die für Weitersendung Sorge trägt. Der Sparer hat darüber zu wachen, daß ihm das Buch binnen 14 Tagen wieder zugeht; er kann beanspruchen, daß ihm das Buch vom Briefträger in die Wohnung gebracht wird. Gebühren oder Porto sind hierfür nicht zu zahlen.

Anträge auf Rückzahlungen müssen auf einem vorgeschriebenen Formular, das die Postanstalten unentgeltlich abgeben, gestellt und, wenn das Konto des Sparers bei der Zentralverwaltung in Paris geführt wird, an das Unterstaatssekretariat der Posten und Telegraphen, wenn es bei einer Zweigstelle geführt wird, an den Kassierer dieser Zweigstelle gerichtet werden. In dem Antrage sind die Nummer des Sparbuches, die Summe und der Ort, wo die Rückzahlung erfolgen soll, deutlich anzugeben. In der Regel wird die Genehmigung zur Rückzahlung nebst dem Tage der Zahlungsleistung auf das Antragformular selbst niedergeschrieben und diese Ermächtigung dem Sparer umgehend, spätestens nach 14 Tagen, unmittelbar übersandt. Ein Doppel der Genehmigungsverfügung in Form einer Zahlungsanweisung wird dem Vorsteher des Postamts, bei dem die Rückzahlung erfolgen soll, zugefertigt. Die Rückzahlung geschieht gegen Vorzeigung der Genehmigungsverfügung und des Sparbuches; zugleich hat jedoch der Postamtsvorsteher die Richtigkeit dieser Verfügung durch Vergleichung mit der empfangenen Zahlungsanweisung zu prüfen, den Betrag der gekündigten Summe in das Sparbuch unter Hinzufügung seiner Namensunterschrift und eines Abdruckes des Tagesstempels einzutragen und den Beteiligten auf der Genehmigungsverfügung Quittung leisten zu lassen. Hebt der Sparer den gekündigten Betrag nicht innerhalb 1 Monats nach Ausstellung der Genehmigungsverfügung ab, so verliert diese ihre Gültigkeit, und die Postanstalt sendet die Zahlungsanweisung an die Zentralbehörde zurück; die Rückzahlung kann alsdann nur auf erneuten Antrag hin erfolgen. In gewissen Fällen kann mit Genehmigung des Staatsrats die Höhe der Rückzahlungen auf 50 Fr. in je 2 Wochen beschränkt werden. Der Antrag auf Rückzahlung darf seitens des Sparers bei Beträgen bis zu 300 Fr. auch telegraphisch gestellt und ebenso kann die Genehmigung zur Rückzahlung (bei höheren Beträgen nur auf schriftlichen Antrag) telegraphisch erteilt werden; die entstehenden Telegrammgebühren hat der Sparer zu tragen. Endlich kann der Sparer das Verlangen stellen, daß ihm oder einer dritten Person der gekündigte Betrag mit Postanweisung auf seine Kosten übersandt werde. In Paris besteht übrigens ein Bureau, bei dem Rückzahlungen ohne weiteres, also ohne vorgängige Kündigung, gegen Vorlegung des Sparbuches bewirkt werden, sofern das Konto des Sparers bei der Zentralstelle in Paris geführt wird. Ferner kann in Paris die Übersendung eines Guthabens auf einen mittels besonderer Rohrpostkarte zu 60 Cts. gestellten Antrag durch Rohrpostanweisung umgehend stattfinden.

Das Konto eines Einlegers, das bei einer Zweigstelle der Nationalsparkasse geführt wird, kann auf Antrag auf eine andere Zweigstelle oder die Zentralstelle in Paris und das Konto, das bei der Zentralstelle geführt wird, auf eine Zweigstelle unentgeltlich übertragen werden. Der Einleger hat in dem Falle sein bisheriges Sparbuch zurückzugeben und erhält dafür eines der neuen Kontostelle.

Der Sparer kann auf Grund seines Sparbuches Einlagen bei jeder beliebigen Postanstalt bewirken, ebenso ist ihm für die Rückzahlungen freigestellt, wo er sie abheben will. Übersteigt das Guthaben eines Einlegers 1500 Fr., so wird der Einleger durch Einschreibbrief aufgefordert, den Mehrbetrag zurückzuziehen; gibt er dieser Aufforderung nicht binnen 3 Monaten Folge, so werden ohne weiteres für den überschießenden Betrag Staatsrententitel für ihn angekauft.

Jeder Einleger kann das Verlangen stellen, daß ihm, falls sein Guthaben mindestens 10 Fr. beträgt, für dieses 3prozentige Staatsrententitel oder auch sonstige derartige Rentenbriefe angekauft werden. Der Antrag ist unter Verwendung eines Formulars bei der Direktion zu stellen, bei der das Konto des Sparers geführt werd. Der Ankauf geschieht kostenfrei, auch können die Titel gebührenfrei bei der Postsparkasse aufbewahrt werden. Die Postsparkasse vermittelt auf Verlangen auch den Verkauf von Rententiteln, aber nicht unentgeltlich, sondern für Rechnung des Beteiligten. Der Erlös aus einem solchen Verkauf wird für ihn auf ein besonderes Konto übertragen und nicht verzinst.

Die Postsparkasse befaßt sich auch damit, Guthaben, die jemand bei einer Privatsparkasse besitzt, bei dieser auf Wunsch des Einlegers abzuheben und auf die Postsparkasse zu übertragen; Vorbedingung ist jedoch, daß das ganze Guthaben (nicht nur ein Teil) zu übernehmen ist. Endlich besteht ein Abkommen mit den belgischen und italienischen Postsparkassenverwaltungen, wonach Guthaben bis 1500 Fr. auf belgischen oder italienischen Sparbüchern auf die französische Postsparkasse und umgekehrt übertragen werden können.

Als besondere Einrichtung sind noch die Schiffspostsparkassen (succursales navales de la caisse nationale d'épargne) zu erwähnen. An Bord eines jeden dem Staate gehörigen Schiffes, sowie bei jeder Marinedivision an Land befindet sich eine Zweigstelle der Postsparkasse, die vom Zahlmeister oder Kapitän des Schiffes oder vom Verwaltungsrat der Division verwaltet wird. Die Abrechnung, sowie der gesamte Schriftwechsel geschieht ausschließlich mit der Zentralstelle der Postsparkasse in Paris. Die Verwalter der Schiffspostsparkassen sind ermächtigt, Sparkassenbücher auszustellen, Einzahlungen entgegenzunehmen und Auszahlungen bis zur Höhe der Guthaben an die Sparbuchinhaber zu leisten. Die Zinsen werden dagegen bei der Zentralstelle in Paris berechnet und erst auf deren Anweisung den Guthaben der Einleger zugeschrieben. Im allgemeinen sind die Schiffspostsparkassen sowohl für die Offiziere, als auch für die Mannschaften nur an den für die Auszahlung des Soldes festgesetzten Tagen geöffnet. Die Sparbuchinhaber müssen schon 3 Tage vorher die Summe angeben, die sie einzuzahlen oder zurückzuziehen wünschen. Die Rückzahlungen werden aus den Einzahlungen gedeckt; die Überschüsse werden an den Hauptrentmeister des Hafenorts in Frankreich oder in den Kolonien oder, wenn sich das Schiff im Auslande befindet, durch Wechsel an den Hauptkassierer der Postsparkasse in Paris abgeführt. Ein Verzeichnis der Ein- und Auszahlungen ist am Schluß eines jeden Zahlungstages an die Zentralstelle in Paris abzusenden. Die Guthaben können außer durch die Schiffspostsparkassen auch bei jeder Postanstalt Frankreichs zurückgezahlt werden; es ist jedoch erforderlich, daß das Schiffssparbuch zunächst an die Zentralstelle in Paris eingesandt und das Guthaben auf ein gewöhnliches Postsparbuch übertragen wird. Im übrigen finden auf die Schiffspostsparkassen dieselben Vorschriften Anwendung, die für die Postsparkassen Frankreichs erlassen sind.

Die „Caisse des Dépots et Consignations", an welche die Nationalsparkasse ihre Überschüsse abführt, legt diese in französischen Staatspapieren oder vom Staat garantierten Werten, in Obligationen der Anleihen der Departements, der Gemeinden, der Handelskammern usw. an.

Wenn innerhalb 30 Jahre auf ein Postsparkassenbuch weder eine Einzahlung gemacht noch eine Rückzahlung verlangt oder sonstige Verfügung getroffen wird, so hört die Zinsvergütung auf, und das Kapital wird dem Berechtigten zurückgezahlt. Ist dieser nicht bekannt, oder kann die Rückzahlung aus einem anderen Grunde nicht erfolgen, so wird das Guthaben zu zwei Fünfteln zur Postsparkasse verrechnet, während die übrigen drei Fünftel solchen Unterstützungsvereinen zufließen, die eine Altersversorgungskasse besitzen. In gleicher Weise wird mit den von Amts wegen oder auf Verlangen der Berechtigten angekauften, aber während eines Zeitraumes von 30 Jahren nicht zurückgezogenen Rententiteln verfahren. —

Die Vorsteher der Postanstalten sind übrigens auch gleichzeitig Agenten der staatlichen Altersrentenkasse, sowie der Unfall- und Sterbeversicherungskassen, nehmen Einlagen für Rechnung dieser Kassen vom Publikum entgegen und übermitteln auch die Übertragung von bei der Postsparkasse gekündigten Guthaben auf jene Kassen.

4. Großbritannien und Irland.

(314339 qkm und 45057000 Einwohner.)

Die vereinigte britische Post- und Telegraphenverwaltung bildet ein Ministerial-Departement, eine Art selbständiges Ministerium, das die Bezeichnung „Post Office“ führt. Es hat seinen Sitz in London. An der Spitze steht der General-Postmeister (Postmaster General), der Mitglied des Staatsministeriums ist und unmittelbar der Krone untersteht; nur hinsichtlich der finanziellen Fragen ist er dem Schatzamt verantwortlich. Der General-Postmeister vertritt die Post- und Telegraphenverwaltung im Parlament. Er bezieht ein Jahresgehalt von 2500 £.*) Der erste Beamte des Post Office nach dem Postmaster General ist der „Secretary“; er braucht bei einem Wechsel in der Regierung sein Amt nicht niederzulegen und ist der erste verantwortliche Ratgeber des General-Postmeisters in allen Angelegenheiten des Post- und Telegraphendienstes (Gehalt 1750 bis 2000 £). Zu seiner Unterstützung sind 2 „Joint Second Secretaries“ (Gehalt 1250 bis 1400 £) und 5 „Assistant Secretaries“ (Gehalt 1000 bis 1200 £) eingestellt. Diese Beamten tragen, jeder für sich, die Verantwortung für einen bestimmten Dienstzweig und haben in Angelegenheiten ihres Ressorts dem Secretary in seiner Eigenschaft als Ratgeber des General-Postmeisters zur Seite zu stehen. Das Office des Secretary ist die Verwaltungsbehörde für den gesamten Betrieb und erledigt den Schriftwechsel sowohl mit der Regierung, als auch mit den nachgeordneten Behörden und dem Publikum. Soweit hierbei Rechtsgrundsätze in Frage kommen, hat das Office des „Solicitor“ (Rechtsbeistand) mitzuwirken. Dem „Solicitor“ (Gehalt 1500 bis 2000 £) sind ein „Assistant-Solicitor“ (Gehalt 600 bis 900 £), 2 „Principal Clerks“ (Gehalt 500 bis 600 £) und eine Anzahl „Assistants“ beigegeben. Das nachgeordnete Personal im Post Office besteht aus „Principal Clerks“ (Gehalt 700 bis 900 £), „Clerks“ 1. Kl. (Gehalt 550 bis 650 £) und „Clerks“ 2. Kl. (Gehalt 150 bis 500 £). Eine besondere Abteilung des „Post Office“ bildet das „Inspektorat“ (Confidential Enquiry Branch), an dessen Spitze ein „Direktor“ (Gehalt 600 bis 800 £) steht; das nachgeordnete Personal bilden „reisende Clerks“ (Travelling Clerks) 1. Kl. (Gehalt 400 bis 500 £) und 2. Kl. (Gehalt 150 bis 350 £). Die Oberaufsicht über den Bahnpostdienst führt ein „Inspector“ (Gehalt 175 bis 280 £). Eine wichtige Abteilung der obersten Behörde ist das Accountant-General's Department, das mit dem gesamten Rechnungswesen Befassung hat und einem „Comptroller and Accountant-General“ (Gehalt 1000 bis 1200 £) unterstellt ist; dieser bekleidet mit den Joint Second Secretaries gleichen Rang und ist in allen finanziellen Fragen Ratgeber des General-Postmeisters. In dieser Abteilung werden alle Rechnungen der Post- und Telegraphenämter in England und Wales geprüft und die inländischen und ausländischen Rechnungen der Gesamtverwaltung aufgestellt. Ferner liegt ihr die Abrechnung über den Postal Order-Verkehr und die Verwaltung der Bestände an Postal Orders ob. Dem Comptroller and

*) Münzen: 1 £ (Pfund Sterling) zu 20 s (Schilling) zu 12 d (Pence) = 20 M. 43 Pf.; 1 s = rund 1 M., 1 d (Penny, Einzahl von Pence) = rund $8\frac{1}{2}$ Pf. — Maße: 1 Fuß zu 12 Zoll = 0,305 m; 1 Zoll = 2,54 cm. 1 engl. Meile = 1,609 km. — Gewichte: 1 engl. Pfund (Pfd.) zu 16 Unzen (Uz.) = 453 g; 1 Unze = 28,3465 g.

Accountant-General sind 2 „Assistant Accountants-General“ (Gehalt 800 bis 900 £ und 100 £ Funktionszulage für den ältesten), 1 „Oberinspektor“ (Chief Examiner — Gehalt 700 bis 800 £), 1 „Rendant“ (Principal Book-keeper and Registrar of Bonds — Gehalt 700 bis 800 £), 1 „Kassierer“ (Cashier — Gehalt 650 bis 750 £), mehrere „Accountants“ (Gehalt 550 bis 700 £ und 550 bis 650 £), „Assistant Accountants“ (Gehalt 440 bis 540 £) und „Examiners“ (Gehalt 360 bis 430 £) zugeteilt. Neben einer großen Zahl männlicher Hilfsbeamten (Clerks) sind auch viele Frauen in diesem Department beschäftigt; letztere sind der Oberaufsicht eines weiblichen „Superintendent“ (Gehalt 280 bis 400 £) unterstellt, der in seiner Tätigkeit von 2 „Hilfsaufseherinnen“ (Assistant Superintendents — Gehalt 210 bis 260 £ und 30 £ Funktionszulage für die älteste) unterstützt wird. Daneben sind noch weibliche „Principal Clerks“ (Gehalt 150 bis 200 £) und weibliche „Kontrollbeamte“ (Tracers) beschäftigt, letztere gegen Wochenlohn. Die Rechnungsarbeiten, die sich auf den Postanweisungsdienst beziehen, werden in dem „Money Order Department“, die Postsparkassenangelegenheiten im „Savings Bank Department“ erledigt. Das „Money Order Department“ wird von einem „Controller“ (Gehalt 800 bis 1000 £) geleitet; unter ihm stehen 1 „Assistant Controller“ (Gehalt 600 bis 700 £), 2 „Principal Clerks“ (Gehalt 500 bis 550 £), 2 „Assistant Principal Clerks“ (Gehalt 410 bis 490 £) und eine Anzahl „Clerks und „Hilfsbeamte“; die Aufsicht über das weibliche Personal führt eine „Superintendent“ (Gehalt 350 bis 450 £), unter der eine „Deputy Superintendent“ (Gehalt 270 bis 330 £), mehrere „Assistant Superintendents“ (Gehalt 210 bis 260 £), „Principal Clerks“ (Gehalt 150 bis 200 £), „Clerks“ und „Hilfskräfte“ arbeiten. Das „Savings Bank Department“ zählt ein Personal von weit über 2000 Köpfen, darunter etwa die Hälfte Frauen. An seiner Spitze steht ebenfalls ein „Controller“ (Gehalt 1000 bis 1200 £) mit 2 „Assistant Controllers“ (Gehalt 700 bis 800 £) und 4 „Sub-Controllers“ (Gehalt 600 bis 700 £); unter ihnen arbeiten eine größere Zahl „Principal Clerks“ (Gehalt 500 bis 550 £), „Assistant Principal Clerks“ (Gehalt 440 bis 490 £) und „Clerks“ 1. Kl. (Gehalt 360 bis 430 £), sowie „Clerks“ 2. Kl. Das weibliche Personal steht unter der Aufsicht einer „Superintendent“ (Gehalt 350 bis 500 £ und eine Funktionszulage von 50 £), 6 „Deputy Superintendents“ (Gehalt 270 bis 330 £ und eine Zulage von 20 £ für die älteste) und 13 „Assistant Superintendents“ (Gehalt 210 bis 260 £). Die „Principal Clerks“ beziehen ein Gehalt von 150 bis 200 £; das übrige weibliche Personal sind „Clerks“ und „Hilfsarbeiter“. Von den kleineren Departments des Post Office seien noch erwähnt: das „Returned Letter Office“ (Rückbriefabteilung), das „Medical Department“ (Gesundheitsabteilung) und das „Housekeeping Department“ (Hausmeisterabteilung).

Die Oberleitung des Londoner Postbetriebsdienstes liegt dem „London Postal Service Department“ ob, das in 2 Abteilungen, das „Controller's Office“ und das „Circulation Office“, zerfällt. Ersteres untersteht einem „Controller“ (Gehalt 1000 bis 1200 £), dem 1 „Vice-Controller“ (Gehalt 800 bis 900 £), 4 „Assistant Controllers“ (Gehalt 700 bis 800 £), 9 „Chief Superintendents“ (Gehalt 500 bis 600 £), eine Anzahl „Principal Clerks“ (Gehalt 400 bis 500 £), „Clerks“ 1. Kl. (Gehalt 310 bis 400 £) usw. nachgeordnet sind; das obere Personal des „Circulation Office“ bilden „Superintendents“ (Gehalt 450 bis 550 £) und „Assistant Superintendents“ (Gehalt 300 bis 450 £).

Für Schottland fällt der größte Teil der Leitung und Kontrolle des Dienstbetriebes einem in Edinburg wohnenden „Surveyor General“ und für Irland dem „Secretary“ in Dublin zu. Bei beiden Behörden bestehen besondere „Accountant's Offices“.

Abgesehen von den 3 Hauptstädten London, Edinburg und Dublin, ist das Gebiet des Vereinigten Königreichs behufs wirksamer Überwachung des Dienstes in 16 Postbezirke (Distrikte) eingeteilt, an deren Spitze je ein „Surveyor“ steht. Diese empfangen ihre Anweisungen vom Sekretär des General-Postamts und haben an ihn über alle ihrer Begutachtung und Prüfung unterzogenen Fragen zu berichten. Die „Surveyors“ nehmen ihren Wohn- und Amtssitz in einem von ihnen selbst gewählten, bedeutenderen Orte ihres Bezirks, der von den wichtigsten Eisenbahnen des Bezirks berührt wird. Jedem „Surveyor“ (Gehalt 600 bis 900 £) sind ein „Assistant-Surveyor“ 1. Kl. (Gehalt 425 bis 525 £) und ein oder mehrere „Assistant-Surveyors“ 2. Kl. (Gehalt 150 bis 400 £), sowie die erforderliche Anzahl von Beamten zugeteilt. Eigentliche Bezirksbehörden oder Provinzalbehörden stellen diese Aufsichtsbehörden nicht dar; die Postämter unterstehen vielmehr der Zentralbehörde unmittelbar. Bemerkenswert ist, daß die Vorsteher der größeren Postämter nicht einmal Revisionen durch die „Surveyors“ unterworfen sind; sie gelten vielmehr in dieser Beziehung als die „Surveyors“ für ihre eigenen Ämter.

Die Postanstalten zerfallen in Ortspostanstalten (post-offices) und Bahnpostämter (Travelling post-offices). Die ersteren werden in 4 Klassen eingeteilt: „Head-Offices“ (Hauptämter) mit ausgedehnten Annahme- und Ausgabebefugnissen, „Sub-Offices“ (Unterämter), die in kleineren Orten des einem Head-Office zugeteilten Bezirks eingerichtet sind, ihre Sendungen in der Regel nur mit dem vorgesetzten Head-Office austauschen und zum größten Teil von der Beteiligung am Postanweisungs- und Postsparkassendienst ausgeschlossen sind, „Branch post-offices“ (Zweigpostanstalten), die in großen Orten zur Entlastung der Hauptpostanstalten dienen, und „Town Sub-Offices“, einfache Annahmestellen in größeren Städten, die in der Regel nur Briefe einsammeln und sie unsortiert und ungestempelt an das vorgesetzte Haupt- oder Zweigpostamt weitergeben, mithin eine Art Freimarkenverkaufsstellen mit beschränkten Annahmebefugnissen bilden. Nehmen die Sub-Offices am Postanweisungs- und Postsparkassendienst teil, so heißen sie „Money Order Sub-Offices“, haben sie Telegraphenbetrieb, so führen sie die Benennung „Telegraph Sub-Offices“; besorgen sie die genannten drei Dienstzweige, so sind sie „Money Order and Telegraph Sub-Offices“. London, das zu Zwecken der Briefbestellung in 8 Bezirke (E.C. = östliches Zentrum, W.C. = westliches Zentrum, E. = Ost, N. = Norden, N.W. = Nordwesten, W. = Westen, S.W. = Südwesten und S.E. = Südosten) eingeteilt ist, besitzt in jedem Bezirk, sowie in Paddington, Battersea und Norwood je ein großes „Bezirkspostamt“ (Metropolitan District Office). Das Hauptpostamt, das sich im Bezirk E.C. befindet, führt den Namen „General Post-Office“. Neben den 11 Head-Offices bestehen in London (31. März 1908) noch 109 Branch Offices und 930 Town Sub-Offices.

Eine besondere Gattung von Postanstalten sind die „Sorting-Offices“, die keinen Annahme-, sondern nur den Abfertigungs-, Entkartungs- und Bestellungsdienst wahrzunehmen haben. Sie unterstehen einem „Overseer“ (Aufseher). Jedem Sorting-Office ist ein Briefkasten-Leerungsbezirk unterstellt. Innerhalb dieses Bezirks haben sie auch die an den Branch- und den Sub-Offices angebrachten

Briefkasten zu leeren. Die eingesammelten Briefsendungen werden vorsortiert auf die Briefabfertigungsstelle des General Post Office-East geleitet.

Die Vorsteher der Head- und Sub-Offices heißen „Postmeister" (Postmasters), und zwar bei den ersteren „Head-Postmasters", bei den letzteren „Sub-Postmasters". Die Head-Postmasters sind mit wenigen Ausnahmen männliche Beamte, während von den Sub-Offices ein namhafter Teil Frauen übertragen ist. Die Head-Postmasters sind durchweg Berufsbeamte, während die Sub-Offices zum größten Teil Ortseinwohnern im Nebenamt übertragen sind. Wenn die Dienstgeschäfte bei einem Sub-Office den Inhaber voll in Anspruch nehmen und die Vergütung in London 500 £, in der Provinz 250 £ übersteigt, so wird das Amt in der Regel einem Berufsbeamten (Salaried Sub-Postmaster) übertragen, der dann unmittelbar aus der Postkasse besoldet wird. Sonst beziehen die Sub-Postmasters als Commission Sub-Postmasters nur feste Vergütungen. Diese sind lediglich nach dem Geschäftsumfange des Postamts bemessen und daher außerordentlich verschieden. Der Geschäftsumfang wird von 3 zu 3 Jahren neu festgestellt, und zwar nach Geschäftseinheiten; so zählen jedes angenommene Postpaket für 3/4, jeder Einschreibbrief für 1, verkaufte Postwertzeichen bis 1 £ für 8, jede Postanweisung für 4, jede Postal Order für 1, jedes Telegramm für 4, jede regelmäßige Tagesdienststunde über 12 Stunden hinaus jährlich für 400, jede regelmäßige Nachtdienststunde jährlich für 500, jede Sonntagsdienststunde jährlich für 1200, jeder gewöhnliche regelmäßige Kartenschluß jährlich für 200, jeder Briefträger mit Zweirad oder Postkarre jährlich für 500 Einheiten usw. Die Mindestvergütung beträgt (mit 3000 Einheiten) 10 £; sie steigt zunächst für je 165 bis 172½ Einheiten um 5 s jährlich bis 30 000 Einheiten, die eine Jahresvergütung von 50 £ bedingen; von da ab beträgt die Steigerung 10 s jährlich für je 350 bis 390 Einheiten, und die Vergütung erreicht damit bei 67 000 Einheiten 100 £. Bis 231 800 Einheiten, die eine Vergütung von 250 £ bedingen, stellt sich die Steigerung auf 1 £ jährlich für jede 810 bis 1445 Einheiten und bis 1 346 450 Einheiten (Vergütung 600 £) auf 5 £ jährlich für jede 7500 bis 41 075 Einheiten. Bei einem Money Order Sub-Office soll jedoch die Mindestvergütung nicht unter 14 £, bei einem Telegraph Sub-Office nicht unter 20 £ und bei einem Money Order and Telegraph Sub-Office nicht unter 24 £ herabgehen. Haben die Postmeister eine Dienstwohnung inne, so haben sie dafür 14% ihres Gehaltes oder ihrer Vergütung als Miete zu entrichten. Für Wahrnehmung des Fernsprechdienstes beziehen die Postmeister besondere Entschädigungen (2 oder 4 £ jährlich je nach der Amtseinrichtung).

Alle Postmasters (die Sub-Postmasters durch Vermittelung der Head-Offices) haben der Zentralstelle tägliche und wöchentliche Abrechnungen einzureichen und tragen die volle Verantwortlichkeit für den Barverkehr der ihnen anvertrauten Postämter. Als Sicherheit müssen sie, soweit die Jahresvergütung 100 £ übersteigt, Kautionen hinterlegen, die, wie für die englischen Beamten überhaupt, hoch bemessen sind. Für einen Sub-Postmaster in London beträgt die Kaution z. B. nicht unter 200 £. Es wird indes nicht beansprucht, daß die Kautionen bar gestellt werden, vielmehr genügt die Bürgschaft als zahlungsfähig bekannter Personen oder Gesellschaften.

Die Head-Postmasters haben den größten Teil ihres Personals unter eigener Verantwortlichkeit anzunehmen, zur Beschäftigung eines Beamten aber die Genehmigung des Surveyors und die Zustimmung des General-Postmeisters einzuholen. Den nicht besoldeten Sub-Postmasters ist die Annahme ihres Hilfspersonals vollständig überlassen; die Postverwaltung fragt weder nach der Zahl noch nach der Besoldung und der Dienstzeit der bei diesen Sub-Offices zum Dienst herangezogenen Personen. Zum großen Teil werden von den Sub-Postmasters weibliche Personen beschäftigt.

Die Besetzung der Postmeisterstellen erfolgt durch den General-Postmeister, wobei die Auswahl tunlichst unter den im Postdienst beschäftigten Personen getroffen wird. Die eingetretene Erledigung von Stellen wird bekannt gemacht; die infolgedessen von den Beamten gestellten Bewerbungen werden durch Vermittelung der Vorgesetzten, unter Beifügung einer gutachtlichen Äußerung über den Grad der Befähigung der Bewerber, der Zentralverwaltung vorgelegt.

Das nachgeordnete Personal der Postanstalten (Head-Offices und der mit Berufsbeamten besetzten Sub-Offices) zerfällt in Beamte und Unterbeamte. Wer als Beamter eintreten will, hat sich einer Aufnahmeprüfung zu unterziehen, die sich auf Lesen, Schreiben, Rechnen, einen Aufsatz, Rechtschreibung und Geographie erstreckt. Die Anwärter sollen ein Lebensalter von 15 bis 18 Jahren haben. Nach bestandener Prüfung werden sie als „Lehrlinge" (Learners) in den Dienst eingestellt. Als Lehrlinge werden Personen beiderlei Geschlechts zugelassen. Die Lehrlinge bei Postanstalten in der Provinz erhalten vom Tage ihres Eintritts an Vergütungen, die zunächst für männliche Lehrlinge wöchentlich 6 s, für weibliche 5 s betragen. Sind sie so weit ausgebildet, daß sie in 12 Minuten 300 Briefe mit nicht mehr als 12 Fehlern sortieren können, so erhöht sich die Vergütung auf 10 und 8 s und nach einjähriger Dienstzeit auf 14 und 12 s wöchentlich. In London sind diese Sätze etwas höher. Hat ein Lehrling das 18. Lebensjahr vollendet, so bezieht er das Mindestgehalt eines angestellten Beamten. Nach zweijähriger Dienstzeit sollen die Lehrlinge tunlichst festangestellt werden. Sie rücken in der Provinz zunächst in die Stellungen als „Sortier- und Telegraphenbeamte" (Sorting Clerks and Telegraphists), in London in die Stellung als Schalter- und Telegraphenbeamte (Counter Clerks and Telegraphists) oder als Sortierer (s. Unterbeamte) ein. Je nach Dienstalter, Leistungen und Begabung können sie dann höhere Dienststellen erreichen, und zwar als Overseers, Clerks verschiedener Klassen, Principal Clerks, Assistant Superintendents 2. und 1. Kl., Superintendents, Chief Superintendents, Assistant Postmasters, Postmasters usw., doch ist das Aufsteigen von einigen Prüfungen abhängig; so wird in der Prüfung für Clerks-Stellen in London z. B. schon die Kenntnis zweier fremder Sprachen, Mathematik, englische Geschichte und Stenographie verlangt. In die höheren Verwaltungsstellen können nur solche Beamte einrücken, die das „höhere Verwaltungsexamen für den Zivildienst" mit Erfolg abgelegt haben. Die Besoldungen sind außerordentlich mannigfaltig, je nach dem Dienstalter und nach der Bedeutung des Amtsortes; in letzterer Beziehung sind die Orte — außer London — in 5 verschiedene Klassen eingeteilt. So beziehen die männlichen Sorting Clerks in der Provinz in Orten der 5 Besoldungsklassen im Alter unter 18 Jahren wöchentlich 16, 15, 15, 15 und 14 s, vom 18. bis 19. Lebensjahr 18, 17, 17, 17 und 16 s, vom 19. bis 20. Jahr 20, 19, 19, 19 und 18 s usw. Sie steigen alljährlich um 1 bis $2\frac{1}{2}$ s wöchentlich und erreichen mit dem 30. bis 36. Lebensjahr die Höchstbesoldung von 56, 52, 48, 44 und 40 s wöchentlich. Die weiblichen Sorting Clerks beziehen weniger, und zwar beträgt das Anfangsgehalt 13, 12, 12, 12 und 12 s, das Höchstgehalt 36, 34, 32, 30 und 28 s wöchentlich. Die Sorting Clerks und die

Counter Clerks and Telegraphists haben nach einer Reihe von Jahren eine besondere praktische Prüfung abzulegen, in der sie den Nachweis einer bestimmten größeren Fertigkeit im Sortieren und Telegraphieren zu erbringen haben, ehe sie in die höheren Gehaltsstufen einrücken können. Diese „Beförderungsschranke" (efficiency bar) liegt bei den männlichen Counter Clerks and Telegraphists beim Gehaltssatz von 44 s, bei den weiblichen von 30 s, bei den männlichen Sorting Clerks beim Vollenden des 29., bei den weiblichen des 26. Lebensjahres; nur bei Ämtern in Orten der 5. Besoldungsstufe besteht diese Leistungsgrenze nicht. Die männlichen Overseers beziehen Jahresgehälter in London von 180 bis 210 £ (mit Jahreszulagen von $7\frac{1}{2}$ £), in der Provinz von 115 bis 140 £ (Jahreszulage 5 £) in Orten der 5. Besoldungsklasse und von 160 bis 190 £ (Jahreszulage $7\frac{1}{2}$ £) in Orten der 1. Besoldungsklasse, die Assistant Superintendents 2. Kl. in London von 220 bis 280 £ (Jahreszulage 10 £), in der Provinz von 150 bis 170 £ (Jahreszulage 6 £) in Orten der 4. Besoldungsklasse (in Orten der 5. Kl. gibt es solche Stellen nicht) und von 200 bis 260 £ (Jahreszulage 10 £) in Orten der 1. Besoldungsklasse, die gleichen Beamten 1. Kl. in London 300 bis 405 £ (Jahreszulage 15 £), in der Provinz in Orten der 3. Besoldungsklasse von 200 bis 225 £ (Jahreszulage 8 £) und von 270 bis 310 £ (Jahreszulage 10 £) in Orten der 1. Klasse, die Superintendents in London 450 bis 550 £ (Jahreszulage 20 £), in der Provinz in Orten der 5. Klasse 150 bis 190 £ (Jahreszulage $7\frac{1}{2}$ £), der 3. Klasse 230 bis 280 £ (Jahreszulage 10 £), der 1. Klasse 320 bis 400 £ (Jahreszulage 15 £), die Assistant Postmasters in Orten der 1. Klasse 520 bis 600 £ (Jahreszulage 20 £) usw. Bei den Postämtern und wichtigeren Unterpostämtern werden auch „Hilfsbeamte" (Assistants) beschäftigt, die einen Stundenlohn von 5 bis $7\frac{1}{2}$ d (weibliche von $4\frac{1}{2}$ bis $6\frac{1}{2}$ d) beziehen und nach einer fünfjährigen Dienstzeit als solche zu Sorting Clerks and Telegraphists ernannt werden können. Bemerkenswert ist, daß die Learners und selbst die Sorting Clerks auch in Stellen einrücken können, die sonst Unterbeamten vorbehalten sind.

Die Hauptklasse der Unterbeamten bilden die Postmen (Briefträger). Sie leeren die Briefkasten, bestellen Postsendungen jeder Art, führen Bahnhofsgänge aus und werden bei größeren Postanstalten auch mit dem Stempeln von Briefschaften und mit Hilfeleistungen beim Öffnen und Schließen der Posten betraut. Sie rekrutieren sich je zur Hälfte aus früheren Angehörigen des Heeres und der Marine und aus Personen, die als Hilfskräfte wie Telegrammbesteller und Hilfsbriefträger schon bei der Postverwaltung beschäftigt sind. Die Anstellung ist von dem Bestehen einer Annahmeprüfung abhängig, in welcher der Bewerber die gewöhnlichen Schulkenntnisse im Lesen, Rechnen und Schreiben nachzuweisen hat. Eine höhere Klasse von Unterbeamten bilden die Sortierer (sorters) in London, die zum Teil aus den Briefträgern, Telegrammbestellern, Paketträgern und ähnlichen Unterbeamten hervorgehen, nachdem sie eine Qualifikationsprüfung abgelegt haben: die größere Hälfte der Sortierer wird aber aus Personen, die der Postverwaltung noch nicht angehören, nach dem Ergebnis eines Wettbewerbs ausgewählt. Diese Leute, die zwischen 18 und 21 Jahren alt sein müssen, haben sich einer Prüfung gleich den Lehrlingen (learners) zu unterziehen. Briefträger, Telegrammbesteller und ähnliche Unterbeamte können auch im Wege beschränkten Wettbewerbs in Beamtenstellen (als Sortierbeamte in der Provinz) einrücken. Die Landbriefträger, die von einer Stadt aus ihre Bestellgänge antreten, gehören zur Klasse der Briefträger, die anderen bilden eine besondere Unterbeamtengattung (Rural postmen). Ein Teil der Landbriefträger ist beritten oder mit Fuhrwerk ausgestattet. Das Amt der Sortierer umfaßt den gesamten Abfertigungs- und Entkartungsdienst für Briefsendungen und Pakete; sie verteilen nicht bloß Briefe, sie stempeln auch die Postsendungen, fertigen Briefbunde, öffnen und verschließen die Beutel und Paketsäcke usw., auch sind sie mit Erledigung schriftlicher Arbeiten, der Verwaltung der Amtsbedürfnisgegenstände und Drucksachen u. dgl. betraut. Eine besondere Unterbeamtenklasse in London bilden noch die Tracers und Sorter-Tracers, die ausschließlich oder neben den Sortiergeschäften als Rechnungsprüfungsbeamte verwendet werden, sowie die Bagmen, denen das Abfertigen und Entkarten der Briefposten zufällt. Diese Stellen werden jedoch teilweise auch durch Sorting Clerks und geprüfte Lehrlinge besetzt. Den Aufsichtsdienst über die Briefträger üben die Head Postmen und Assistant Head Postmen aus, die ebenfalls noch zur Klasse der Unterbeamten zählen.

Im Telegrammbestellungs- und Botenpostdienst werden, namentlich in London, vielfach Knaben (Boy messengers) verwendet. Unter den Begriff Knaben fallen Personen im Alter von 13 bis 16 Jahren; neben Dienstkleidung und Stiefeln erhalten sie 5 bis 8 s Lohn in der Woche, mit jährlichen Zulagen bis 12 s in der Woche steigend. Während der Nacht besorgen Militärpensionäre den Telegrammbestelldienst gegen eine Vergütung von 6 d für die Stunde. Nachdem die Boys das 16. Lebensjahr vollendet haben, treten sie als Briefträger, Sortierer usw. in den Postdienst über.

Die Besoldungsstufen der Unterbeamten sind außerordentlich mannigfaltig. Für die Postmen bestehen in London 3 Besoldungsklassen (je nach dem Stadtteil ihrer Beschäftigung), in den Provinzialstädten 5 Besoldungsklassen, je nach der Wichtigkeit und den Teuerungsverhältnissen des Beschäftigungsorts. Innerhalb dieser Klassen und Stufen richtet sich die Besoldung nach dem Lebensalter der Unterbeamten; alljährlich tritt, gute Führung vorausgesetzt, eine Gehaltserhöhung ein bis zur Erreichung des Höchstgehalts. So beträgt die Besoldung eines Postmen in der Provinz in einem Orte der 5. Besoldungsklasse im Alter von 18 Jahren 15 s, von 19 Jahren 16 s, von 20 Jahren 17 s usw. und erreicht mit dem 24. Lebensjahr den Höchstbetrag von 21 s die Woche, in der 1. Besoldungsklasse dagegen mit 18 Jahren 18 s, mit 19 Jahren 19 s, mit 20 Jahren 20½ s usw. und mit 27 Jahren 30 s wöchentlich als Höchstsatz. In London stellt sich das Einkommen eines Postman mit 18 Jahren allgemein auf 19 s, mit 19 Jahren auf 20 s, mit 20 Jahren auf 21½ s, mit 23 Jahren auf 26 s; von da an ist das Gehalt in den 3 Besoldungsstufen verschieden, in Stufe 1 wird das Höchstgehalt von 35 s wöchentlich mit dem 29. Jahre, in Stufe 2 von 33 s und in Stufe 3 von 31 s mit dem 28. Jahre erreicht. Die Head Postmen und Assistant Head Postmen in der Provinz beziehen neben ihrem Gehalt als Postmen wöchentliche Zulagen, die für die ersteren je nach der Besoldungsklasse ihres Amtsorts 3 bis 7 s, für die letzteren 2 bis 5 s betragen; in London beziehen sie dagegen besondere Gehälter, die sich in der 1. Besoldungsklasse auf 50 bis 60 s wöchentlich (Jahreszulage 2 s) für Head Postmen und auf 40 bis 44 s wöchentlich (Jahreszulage 1 s) für Assistant Head Postmen stellen. Die Sortierer in London erhalten im Alter von 18 Jahren 20 s, von 19 Jahren 22 s, von 20 Jahren 24 s usw. und im Alter von 36 Jahren das Höchstgehalt von 62 s die Woche. Sorter Tracers steigen von 20 bis 55 s, Tracers von 18 bis 50 s, Bagmen von 27 bis 45 s wöchentlich. Weibliche Sortierer beginnen mit 14 s wöchentlich, ihr Höchstgehalt beträgt 30 s. Für die Sortierer und Sorter Tracers besteht zum Aufsteigen in höhere Besoldungsklassen eine ähnliche „Beförderungsschranke" (efficiency bar) wie bei den Sorting Clerks; sie liegt bei den Sortierern bei dem Gehaltssatz von 44 s, bei den Sorter Tracers von 43 s und besteht in dem Nachweis, in einer halben Stunde 1200 Briefe richtig sortieren zu können. Dieser Nachweis ist jährlich von neuem zu liefern. Mißlingt der Nachweis, so findet ein Fortschreiten in die höheren Gehaltsstufen nicht statt; befindet sich der Unterbeamte schon in einer höheren Stufe, so muß er in die letzte Stufe vor der Schranke zurücktreten.

Die Normalarbeitszeit der Beamten und Unterbeamten sind 48 Stunden wöchentlich; dabei werden Nachtdienststunden, d. i. Dienst zwischen 8 Uhr abends und 6 Uhr früh höher bewertet, indem 7 Nachtschichtstunden für 8 Stunden gerechnet werden. Erstreckt sich der Dienst über die Mittagszeit, so wird eine halbstündige Essenspause als Dienstzeit angesehen. Die durchschnittliche Leistung des Landbriefträgers sind 25,6 km. Bei Bemessung des Beamtenbedarfs wird nur der Durchschnitt des Geschäftsumfanges der Postanstalt zugrunde gelegt. Dieses Verfahren bedingt bei jeder gewöhnlichen Zunahme des Verkehrs, wie sie an gewissen Wochentagen und zu bestimmten Tagen wiederkehrt, die Heranziehung verstärkten Personals. Zu dem Zwecke wird das ständige Personal über die Normalarbeitszeit hinaus zum Dienst herangezogen; das gleiche geschieht bei vorübergehend nötigen Vertretungen. Obgleich jeder Beamte verpflichtet ist, Überstunden zu übernehmen, wird der Bedarf doch in der Regel durch sich dazu freiwillig erbietende Beamte und Unterbeamte gedeckt. Für die Überstunden wird nämlich eine besondere Vergütung gezahlt, die für jede Stunde den 8. Teil des regelmäßigen Tagesgehalts beträgt. Die Nachtarbeit von 8 bis 6 Uhr kommt dabei mit der $1^1/_7$fachen Rate in Ansatz. Weibliche Kräfte werden zum Nachtdienst (auch zum regelmäßigen) nur in Ausnahmefällen herangezogen. Die Bahnpostbeamten beziehen für die Fahrten im Bahnpostwagen besondere Fahrtentschädigungen, die bei einer Abwesenheit vom Amtsort bis zu 12 Stunden 3 s, bei längerer Abwesenheit, und zwar bis zu 16 Stunden für Sortierer und Sortierbeamte 4 s, für Postmen 3 s, über 16 bis 20 Stunden 5 und 4 s und bei mehr als 20 Stunden 6 und 5 s beträgt. Aufseher erhalten 6 d mehr als die Sortierer. Schalter- und Sortierbeamte, die regelmäßig Telegraphendienst mit besorgen, erhalten nach Vollendung des 25. Lebensjahres eine besondere technische Zulage von 3 s die Woche. Werden Beamte oder Unterbeamte im dienstlichen Interesse nach einem anderen Orte versetzt, so werden ihnen die entstehenden Umzugskosten ohne jede Kürzung erstattet. Entschädigung auf Kassenausfälle werden dem Kassenpersonal nicht gezahlt, doch darf kein Beamter zur Deckung entstehender Fehlbeträge mit einem höheren Betrage als dem 10. Teil seines Wochenlohnes herangezogen werden; Mehrbeträge werden einer Wohlfahrtskasse zugeführt. Den Unterbeamten wird die Dienstkleidung geliefert; Briefträger beziehen daneben ein Stiefelgeld von 21 s jährlich. Alle Betriebsbeamte, sowie die sonstigen Beamten und Unterbeamten, deren Jahreseinkommen in London nicht mehr als 160 £, in der Provinz nicht mehr als 150 £ beträgt, genießen freie ärztliche Behandlung durch die in großer Zahl eingestellten Postvertrauensärzte und freie Arzneien; kann ein Beamter oder Unterbeamter einem Vertrauensarzt nicht zugewiesen werden, so bezieht er die sonst dem Arzte zustehende Kopfgebühr von jährlich $8^1/_2$ s. Unterbeamte, die sich gut geführt haben, nicht wegen Verspätungen, Versehen usw. bestraft worden sind und sich brauchbar und dienstwillig gezeigt haben, erhalten nach einer 5jährigen Dienstzeit als Dienstauszeichnung einen Tressenstreifen, der auf der linken Brustseite oder auf dem linken Uniformsärmel getragen wird. Nach je weiteren 4 Dienstjahren wird dann ein weiterer Tressenstreifen verliehen, und zwar bis zu 6 Streifen im Höchstfalle. Mit der Verleihung jedes Tressenstreifens ist eine besondere Zulage von je 1 s wöchentlich verbunden, und zwar werden diese Zulagen auch über das Höchstgehalt hinaus gezahlt. Der General-Postmeister kann Tressenstreifen als Belohnung für besondere Dienste vergeben. Die Unterbeamten gehen der Tressenstreifen und der damit verbundenen Zulagen verlustig durch Veruntreuungen, durch die Mitgliedschaft bei Gesellschaften, deren Zweck nach dem Urteil des General-Postmeisters der Disziplin zuwiderläuft, oder durch sonstige schlechte Führung. Die Tressenzulage wird bei Berechnung der Vergütung für Überstunden und bei der Pensionierung als ein Teil des Gehalts angesehen. Die Beamten erhalten während der ersten 5 Jahre 14 Tage, später 21 Tage, die Briefträger 14 Tage Erholungsurlaub unter Fortbezug ihrer Besoldung. Beamte und Unterbeamte beziehen in „Krankheitsfällen" für die ersten 6 Monate ihr volles Gehalt und für die folgenden 6 Monate die Hälfte ihres Gehalts weiter, vorausgesetzt, daß ihre Dienstunfähigkeit durch ärztliches Zeugnis nachgewiesen und ihre dauernde Wiederherstellung bestimmt zu erwarten ist. Bemerkenswert ist schließlich noch, daß es dem Bestellpersonal amtlich erlaubt ist, „Weihnachtstrinkgelder" vom Publikum einzusammeln.

Über die Ansprüche der Beamten auf Ruhegehalt trifft das Pensionsgesetz (vom Jahre 1859) Bestimmung. Es unterscheidet zwischen Ruhegehalt und einmaligem Gnadengeschenk. Letzteres wird den angestellten Beamten und Briefträgern bewilligt, die vor Ablauf einer zehnjährigen Dienstzeit durch Krankheit dauernd dienstunfähig geworden sind und besteht in dem Betrag eines Monatsgehaltes für jedes zurückgelegte Dienstjahr. Das Ruhegehalt beträgt $^1/_{60}$ des Gehaltes für jedes zurückgelegte Dienstjahr bis zum Höchstsatze von $^{40}/_{60}$ und wird den fest angestellten Beamten und Unterbeamten gewährt, die nach mindestens zehnjähriger Dienstzeit wegen dauernder Dienstunfähigkeit oder nach Vollendung des 60. Lebensjahres aus anderen Gründen in den Ruhestand treten. Ist die Dienstunfähigkeit durch einen Betriebsunfall verursacht worden, so erhält der Beamte usw. außer dem gesetzlichen Ruhegehalt noch eine jährliche Entschädigung, die in jedem Falle mit Rücksicht auf die Art des Unfalles und die Besoldung des Beschädigten festgesetzt wird.

Eine Verpflichtung der Postverwaltung, für die Hinterbliebenen ihrer Beamten zu sorgen, besteht nicht. Die Beamten sind in dieser Beziehung auf den Weg der Selbsthilfe verwiesen; zu dem Zweck pflegen sie ihr Leben bei Versicherungsgesellschaften, die den Postbeamten zum Teil Beitragsermäßigungen gewähren, zu versichern. Auch eine Sterbekasse, die Postal and Telegraph Service Benevolent Society, ist aus dem Zusammenschluß der Beamten hervorgegangen. Bei mäßigen Beträgen zahlt diese im Todesfall für ein Mitglied 1. Kl. (erhöhter Beitrag) 150 £, für ein Mitglied 2. Kl. 60 £. Auch die Beschaffung der Dienstkaution ist zum Gegenstand der Selbsthilfe gemacht worden. Unter dem Titel „Post Office Employees' Mutual Guarantee Association" hat sich ein Verein gebildet, der vom General-Postmeister zur Bestellung von Bürgschaften zugelassen wird. Jedes Mitglied hat für je 100 £ der zu bestellenden Kaution eine Aktie von 5 £ zu zeichnen und auf jede Aktie 5 s einzuzahlen, sowie ein Eintrittsgeld von 1 s zu leisten. Auf dem Gebiete der Wirtschaftspflege ist die „Civil Service Supply Association“ aus der Vereinigung der Beamten hervorgegangen. Ihre Gründung fällt ins Jahr 1866; das Betriebskapital wurde durch Ausgabe von Aktien zum Nennwert von 1 £ aufgebracht. Bescheiden hat das Unternehmen angefangen; da es jedoch einem dringenden Bedürfnis entsprach, so gewann es fortgesetzt an Zuspruch und konnte sein Wirkungsfeld beständig erweitern. Heute gehören die „Civil Service Stores“ zu den großartigsten Warenhäusern Londons und versorgen die Beamtenschaft des Vereinigten Königreichs sowohl mit Lebensmitteln für den täglichen Bedarf, als auch mit allen Ausstattungsgegenständen für die Wohnung, Wirtschaft usw.

Im Ausland unterhält die britische Postverwaltung Postanstalten in der Türkei: Konstantinopel, Salonich, Smyrna und Beirut, in Marokko: Casablanca, Fez, Larache, Mazagan, Marrakesch, Mogador, Rabat, Saffi, Tanger und Tetuan, sowie Agenturen in Colon und Panama zur Besorgung der Beförderung der Posten über die Landenge von Panama.

Das ausschließliche Beförderungsrecht der britischen Postverwaltung (Postregal) ist auf Briefe beschränkt. Ausgenommen vom Postzwange sind jedoch Briefe, die durch Vermittelung eines Freundes an den Empfänger ausgeliefert werden sollen, ferner durch besondere Boten zu befördernde Briefe, von einem Gerichtshof ausgehende Prozeßakten, Klageschriften, eidliche Vernehmungen u. dgl., Briefe nach dem Auslande, die mit Privatschiffen befördert werden sollen, Frachtbriefe, Konnossemente, Fakturen usw., die gleichzeitig mit den zugehörigen Gütern ohne besonderes Entgelt von dem Frachtführer oder einem seiner Angestellten mitgenommen werden. Auch offene und verschlossene geschriebene oder gedruckte Orts-Briefsendungen, die eine Aufschrift tragen oder — ohne Aufschrift — auf Grund von Listen bestellt werden sollen, fallen unter den Postzwang.

A. Briefpost.

Die Briefsendungen zerfallen in 4 große Klassen: Briefe, Postkarten, Halfpenny-Pakete und Zeitungen. Warenproben und Geschäftspapiere als solche gibt es nicht.

Für Briefe (letters) ist eine Gewichtsgrenze nicht gezogen, dagegen sollen sie in ihren Ausdehnungen 2 zu 1 zu 1 Fuß nicht überschreiten. Tarif: 1 d bis 4 Uz., ½ d für jede weiteren 2 Uz., unfrankiert und unzureichend frankiert das Doppelte des fehlenden Frankos.

Die Auflieferung der Briefe hat in der Regel durch die Briefkasten zu geschehen, die an jedem Postbureau, sowie in den Straßen als Säulen- (pillar-boxes) oder Wandbriefkasten (wall-boxes) aufgestellt sind. Bei den bedeutenderen Postämtern Londons, als auch anderer größerer Städte sind je 6 Briefkasten aufgestellt, die ihrem Zweck entsprechend äußerlich bezeichnet sind; sie sind bestimmt für Briefe und Postkarten nach dem Ort, nach dem Inlande und nach dem Auslande, für Halfpenny-Pakete und für Drucksachen und für Warenproben nach dem Auslande. Die Leerung der Straßenbriefkasten erfolgt durch Briefträger, in größeren Orten durch jugendliche Kastenleerer.

Die Schlußzeit der Posten tritt im allgemeinen sehr früh ein; in London müssen beispielsweise Briefe und Postkarten, die abends 8½ Uhr zur Absendung gelangen sollen, bei den im Mittelpunkt der Stadt gelegenen Postämtern spätestens 6 Uhr, bei den mehr nach der Weichbildgrenze hin befindlichen Postämtern sogar bis 5 Uhr nachmittags eingeliefert werden. Indessen besteht in England die Einrichtung, daß eilige Briefsendungen auch noch nach Eintritt jener Schlußzeit für die betreffende Post zur Auflieferung gebracht werden können, sofern dafür eine besondere Gebühr (late letter fee) in Freimarken im voraus entrichtet wird. Diese Spätlingsgebühr beträgt je nach der Zeit der Auflieferung ½ d für Inlandsbriefe und Postkarten, ¼ bis ½ d für Halfpenny-Pakete und Zeitungen, 1 oder 2 d für Auslandsbriefe. Werden Briefe in die auf den Bahnhöfen ausgehängten Briefkasten eingelegt, so sind sie ebenfalls einer Spätlingstaxe von ½ d, im Nichtvorausbezahlungsfalle von 1 d für das Inland und von 2 bis 4 d für das Ausland unterworfen. Am Sonntag abend gelangen nur solche Briefe usw. zur Absendung, die in die besonders hierzu bestimmten Briefkasten eingelegt werden und auf denen eine besondere Gebühr von ½ d für Inlandsbriefe und von 1 d für Auslandsbriefe durch Postwertzeichen im voraus verrechnet ist. Einschreibbriefe können auch bei bestimmten Postanstalten für die Sonntagabendpost aufgeliefert werden; sie unterliegen ebenfalls der Spätlingsgebühr von ½ d.

Die britische Postverwaltung befaßt sich damit, Briefkasten, die Privatpersonen an oder in ihren Häusern aufstellen, durch ihr Personal regelmäßig leeren zu lassen. Für das Leerungsgeschäft erhebt die Postverwaltung jedoch von den Kastenbesitzern eine besondere Gebühr; diese beträgt für 2 Tagesleerungen an den Werktagen 1 £ 1 s, für eine dritte Tagesleerung weitere 10½ s, für eine Nachtleerung neben 2 Tagesleerungen, mit der dann zugleich eine Sonntagsleerung verbunden ist, 3 £ 3 s jährlich. Für eine Sonntagsleerung allein ist eine Gebühr von 10½ s zahlbar. Liegt jedoch der Privatbriefkasten abseits vom regelmäßigen Leerungsgange, so tritt zu jenen Gebührensätzen ein der Mehrleistung entsprechender Zuschlag hinzu.

Briefe mit gerichtlichen Vorladungen können unter folgenden Bedingungen zur Post geliefert werden. Die Briefe müssen den Vermerk „Jury Summons" (gerichtliche Vorladung) tragen; außer dem Franko für einen gewöhnlichen Brief muß eine besondere Gebühr von 2 d in Freimarken verrechnet werden. Jedem Briefe muß ein Doppel beigefügt sein, dessen Aufschrift der Vorsteher des Aufgabepostamts mit der Aufschrift des Briefes vergleicht und, wenn sich Anstände nicht ergeben, mit einem Abdruck des Aufgabestempels versieht; das Doppel wird dem Einlieferer zurückgegeben, der Brief selbst aber als gewöhnlicher Brief zur Absendung gebracht. Die Vorlegung des gestempelten Doppels wird vom Gericht als Beweis dafür angesehen, daß die Vorladung dem Vorgeladenen pünktlich ausgehändigt worden ist. Die Auflieferung der Briefe mit gerichtlichen Vorladungen kann nur bei solchen Postanstalten erfolgen, die zum Postanweisungsdienst ermächtigt sind.

Eine besondere Gattung von Briefen bilden die Eisenbahnbriefe (Railway letters). Diese Einrichtung ist dem Umstand entsprungen, daß in England nur ganz wenige Eisenbahnzüge (in der Regel nur 1 bis 2 täglich auf jeder Strecke) zur Postbeförderung benutzt werden. Die britische Postverwaltung hat mit einer Anzahl von Eisenbahngesellschaften ein Abkommen dahin geschlossen, daß das Publikum Briefe auch mit solchen Eisenbahnzügen soll versenden können, welche die Postverwaltung ihrerseits zur Postbeförderung nicht benutzt. Derartige Briefe, die jedoch ein Gewicht von 4 Uz. nicht übersteigen dürfen, hat das

Publikum bei der Eisenbahnstation während der Dienststunden an einen Eisenbahnbeamten der Gepäckannahmestelle oder, falls diese geschlossen ist, am Fahrkartenschalter abzugeben; bei einer Postanstalt dürfen diese Briefe dagegen nicht aufgeliefert werden. Die Beförderung der Eisenbahnbriefe bis zur Bestimmungsstation erfolgt durch das Personal der Eisenbahnen. Am Bestimmungsort hat der Empfänger eines Eisenbahnbriefes diesen in der Regel auf der Station abzuholen; in diesem Falle muß der Brief in der Aufschrift den Vermerk „to be called for (abzuholen)“ und den Zusatz „Parcel Office (Gepäckexpedition)“ tragen. Fehlt der Vermerk oder hat der Absender in der Briefaufschrift den Zusatz „to be posted on arrival (bei der Ankunft zur Post geben)“ angebracht, so wird der Eisenbahnbrief von der Eisenbahnstation sogleich nach der Ankunft der nächsten Postanstalt zur Weitersendung oder Bestellung überwiesen. Das gleiche geschieht mit einem den Vermerk „to be called for“ tragenden Eisenbahnbriefe, der binnen 7 Tagen nach der Ankunft bei der Eisenbahnstation nicht abgefordert worden ist. Eine Gewähr für die richtige und rechtzeitige Überkunft eines Eisenbahnbriefes wird nicht übernommen. Einschreibung ist bei Eisenbahnbriefen ausgeschlossen. Jeder Eisenbahnbrief muß bei der Auflieferung mit 1 d in britischen Postfreimarken frankiert sein; daneben ist eine besondere Gebühr von 2 d im voraus bar zu zahlen, welche die Eisenbahngesellschaft als Entgelt für ihre Mühewaltung bezieht. Die Annahmestation klebt zum Zeichen dafür, daß diese Gebühr entrichtet ist, eine von der Eisenbahngesellschaft hergestellte besondere Marke auf den Brief. Die Entwertung der Postmarken auf den Eisenbahnbriefen hat der mit der Annahme betraute Eisenbahnbeamte zu bewirken. Wird von einem Postbeamten festgestellt, daß ein beförderter Eisenbahnbrief 4 Uz. überschreitet, so wird der Brief mit dem doppelten Betrage des fehlenden Postportos zu Lasten des Empfängers belegt. Wird ermittelt, daß ein Eisenbahnbrief Gegenstände enthält, die von der Beförderung in gewöhnlichen Briefen ausgeschlossen sind, so wird er mit einem Strafporto von 4 d belegt. Für die Beförderung eines Eisenbahnbriefes von der Bestimmungs-Eisenbahnstation zum Bestimmungsort durch die Post wird eine besondere Gebühr nicht erhoben, vielmehr wird die ursprüngliche Frankierung mit 1 d als für diese Weiterbeförderung mit entrichtet angesehen. Es können auch Eisenbahnbriefe bei einer Postanstalt aufgeliefert werden, wenn sie von dieser einem Eilbestellamt zugeführt werden sollen; dieses stellt sie dann der nächsten Eisenbahnstation durch Eilboten zu. Weiter können als Eisenbahnbriefe auch solche Briefe abgesandt werden, die von der Eisenbahnstation am Bestimmungsorte einem Eilbestellamt zur Abtragung durch Eilboten zuzuführen sind. Für solche Briefe hat der Absender außer den obenbezeichneten Taxen noch das Eilbestellgeld zu entrichten.

Die Postverwaltung hat auch Kartenbriefe (Letter cards) ausgegeben, die ein eingeprägtes Wertzeichen von 1 d tragen und mit einem Aufschlage von $\frac{1}{4}$ d für je 2 Stück verkauft werden.

Postkarten (Post cards) kosten $\frac{1}{2}$ d die einfache, 1 d die Karte mit Antwort. Bemerkenswert ist, daß für Postkarten außer dem Betrage des Wertstempels ein Zuschlag für die Herstellungskosten erhoben wird, der z. B. für 1 bis 5 Karten $\frac{1}{4}$ d, für 6 bis 11 Karten $\frac{1}{2}$ d, für 100 Karten $4\frac{3}{4}$ d beträgt und so die Postkartentaxe einigermaßen schwerfällig gestaltet. Die Postkarten werden in 2 Sorten, auf stärkerem und auf schwächerem Papier (stout cards und thin cards), erstere in der Größe $4\frac{1}{2}$ zu $3\frac{1}{2}$, letztere $5\frac{1}{2}$ zu $3\frac{1}{2}$ Zoll, hergestellt. Der Preis ist für beide

Sorten gleich. Die Postkarten werden auch, ohne besondere Preisermäßigung, in geschlossenen Paketen (110 starke Karten zu 5 s, 220 dünne zu 10 s) und in Mengen von je 120 unzerschnittenen Bogen zu 42 Stück (Preis 11 £ 5 s) von den Postanstalten verkauft. Von der Privatindustrie hergestellte Postkarten sind zur Beförderung zugelassen, doch dürfen sie nicht größer als $5\frac{1}{2}$ zu $3\frac{1}{2}$ und nicht kleiner als 4 zu $2\frac{3}{4}$ Zoll sein. Absender und Empfänger können auf kleinen aufgeklebten Zetteln angegeben, auch dürfen Zeichnungen, Illustrationen und Photographien auf die Karten geklebt werden.

Als Halfpenny-Pakete (Halfpenny packages) können im allgemeinen alle Schriftstücke und Drucksachen befördert werden, die nicht die Eigenschaft einer eigentlichen brieflichen Mitteilung haben, dazu gehören auch alle im öffentlichen, geschäftlichen oder privaten Leben vorkommenden teilweise gedruckten Formulare, die mit der Feder oder auf sonstige Weise ausgefüllt sind. Von den zahlreichen Einzelbestimmungen hierüber seien nur folgende angeführt. Es sind zugelassen: von Steuerbeamten ausgefertigte Steuer- und Mahnzettel, sowie Berichte, Anzeigen, Bescheinigungen, Meldungen über die Einschreibung von Wählern, Nachweisungen usw., die von öffentlichen Beamten, Ortsbehörden und anderen öffentlichen Körperschaften abgesandt werden oder an sie gerichtet sind, wenn sich das Geschriebene auf die übliche Ausfüllung oder Verwendung des Formulars beschränkt und wenn Höflichkeits- oder sonstige übliche Formeln mit nicht mehr als 5 Worten oder Buchstaben hinzugefügt sind, ferner gleichartige Listen und tabellarische Aufstellungen jeder Art, wie Wetterberichte, Verzeichnisse von Warenlagerbeständen, Nachweisungen über Instandsetzungsarbeiten, Fahrpläne, Schulberichte u. dgl., auch verschiedene im kaufmännischen Verkehr vorkommende Schriftstücke unter Benutzung gedruckter Formulare, nämlich Rechnungen, Warenbestellungen, Mitteilungen über die Absendung oder den Empfang von Waren oder Geld, Frachtscheine, Ladescheine, Quittungen über Waren oder Geld, Abrechnungen, Preislisten und Marktberichte, Arbeitsaufträge, Bestätigungen von Warenbestellungen oder Arbeitsaufträgen, Mitteilungen über Absendung oder Empfang von Briefen oder sonstigen Schriftstücken, Preiskataloge, Meldungen über Verschiffung und Ablieferung, Warenangebote und Warenanzeigen, Preisnotierungen von Waren, Nachfragen nach solchen Preisnotierungen, Vertragspapiere, Bestätigungen von Verträgen, Mitteilungen über Überweisung von Guthaben, im weiteren gewisse Dokumente, nämlich Urkunden, Abkommen, Entwürfe, Kostenanschläge, Versicherungspolicen, Vollmachten, Wahlakte, Erlaubnisscheine, Stimmzettel, Bescheinigungen mit geschriebenen Angaben, soweit diese zur rechtlichen Gültigkeit oder formellen Vollständigkeit der Urkunden erforderlich sind. Schriftliche Angaben der erwähnten Art sind auch außer bei Versicherungspolicen bei allen sonstigen Versicherungspapieren erlaubt. Bei Zirkularen (gedruckten oder geschriebenen Mitteilungen), gedruckten Visitenkarten, Weihnachts-, Neujahrs-, Oster- und Geburtstagskarten sind auch folgende handschriftliche Zusätze zulässig: Zeitangaben, Name, Adresse und nähere Bezeichnung der beteiligten Personen, nähere Bezeichnung von Waren und Geldbeträgen, Angaben über Art der Absendung oder Ablieferung von Waren oder Geld, Angabe der Geschäftsbedingungen, Buchungsnummern oder Buchstaben, Berichtigungen von Druckfehlern, Ort, Eigenschaft und Gegenstände von Versammlungen oder Zusammenkünften, endlich Höflichkeits- oder sonstige übliche Formeln mit höchstens 5 Worten oder Buchstaben. Zugelassen sind im weiteren Manuskripte und Korrekturbogen mit Korrekturen und Erläuterungen, Schülerarbeiten und Prüfungspapiere mit Erläuterungen, Verbesserungen und Anweisungen, wobei unter den Begriff „Schülerarbeiten und Prüfungspapiere" auch Antworten auf Preisausschreiben (jedoch mit Ausschluß der Antworten auf Preisrätsel) fallen. Auch Bilder, Photographien, Zeichnungen u. dgl. sind allgemein, dagegen die Vervielfältigungen der mit der Schreibmaschine hergestellten Schriftstücke nur dann zur Versendung als Halfpenny-Pakete zugelassen, wenn sie am Postschalter in wenigstens 20 gleichlautenden Exemplaren aufgeliefert werden.

Die Halfpenny-Pakete dürfen 4 Uz. und in den Ausdehnungen 2 zu 1 zu 1 Fuß nicht überschreiten. Sie müssen offen oder in einem offenen Umschlag versandt werden. Die Taxe beträgt allgemein ½ d, unfrankiert und unzureichend frankiert das Doppelte des fehlenden Frankos. Werden die Gewichts- und Ausdehnungsgrenzen überschritten oder entsprechen die Sendungen den sonstigen Vorschriften nicht, so werden die Pakete als Briefe behandelt und taxiert.

Mit der Annahme von Zeitungsabonnements befassen sich die Postanstalten nicht.

Die Zeitungen und Zeitschriften werden in bezug auf Frankierung eingeteilt in solche, die beim General-Postamt zur Versendung angemeldet und eingetragen sind (registered newspapers), und in solche, bei denen dies nicht geschehen ist. Die letzteren werden als Halfpennypakete taxiert und behandelt. Für die Eintragung einer Zeitung beim General-Postamt ist eine Gebühr von 5 s für das Jahr vom Verleger zu entrichten. Zeitungspakete — es handelt sich immer nur um eingetragene Zeitungen — sind bis 5 Pfd. und in den Ausdehnungen bis 2, 1 und 1 Fuß zugelassen. Die Taxe für jede Zeitungsnummer (einschl. der Beilagen) beträgt ½ d, unfrankiert oder unzureichend frankiert das Doppelte des fehlenden Portos. Die Zeitungsbeilagen müssen als Teil der Zeitung gekennzeichnet sein. Zeitungspakete, die den Bestimmungen nicht entsprechen, werden bis 8 Uz. als unfrankierte Briefe, bei höherem Gewicht als Postpakete gegen die Taxe für solche und eine Zuschlagstaxe von 1 d befördert. Zur Eintragung beim General-Postamt sind nur solche Zeitungen und Zeitschriften geeignet, die ganz oder zu einem großen Teile aus politischen Nachrichten oder Artikeln bestehen, in Großbritannien gedruckt sind und erscheinen, nicht seltener als wöchentlich einmal ausgegeben werden und endlich auf der ersten Seite in einer in die Augen fallenden Weise und unabgekürzt, auf den anderen Seiten am Kopf ausführlich oder abgekürzt, den Titel und das Datum enthalten. Die Zeitungen müssen so gefaltet eingeliefert werden, daß ihr Titel zu lesen ist.

Eine besondere Abart von Briefsendungen bilden die zum Gebrauche von Blinden bestimmten Papiere. Sie sind bis 6 Pfd. zulässig, dürfen aber in den Ausdehnungen 2 zu 1 zu 1 Fuß nicht überschreiten. Die Papiere (Bücher, Zeitschriften) müssen in Brailleschrift oder in einer anderen Blindenschrift gedruckt und so verpackt sein, daß sie leicht geprüft werden können. Die Aufschrift muß den Vermerk „Literature for the Blind" tragen. Die Taxe beträgt bis 2 Uz. ½ d, über 2 Uz. bis 2 Pfd. 1 d, über 2 bis 5 Pfd. 1½ d, über 5 bis 6 Pfd. 2½ d.

Briefsendungen jeder Art (mit Ausnahme der Eisenbahnbriefe und der gerichtlichen Vorladungen) können unter Einschreibung (registered) versandt werden. Besondere Bestimmungen für Verpackung und Verschluß bestehen nicht, dagegen müssen derartige Sendungen frankiert sein. Einschreibgebühr 2 d. Gold- und Silbersachen, sowie Münzen können in Einschreibbriefen verschickt werden, nicht aber in gewöhnlichen Briefen. Werden gewöhnliche Briefe mit einem derartigen Inhalt vorgefunden, so werden sie von Amts wegen als Einschreibbriefe behandelt und ebenso, wie im Briefkasten gefundene Einschreibbriefe, mit einer Einschreibgebühr von 4 d belegt. Über eine Einschreibsendung empfängt der Aufgeber gebührenfrei einen Einlieferungsschein. Wird von demselben Absender gleichzeitig eine größere Anzahl Einschreibsendungen aufgeliefert, so hat er zwei gleichlautende Verzeichnisse davon zu fertigen und mit vorzulegen, von denen das eine bei der Postanstalt verbleibt, das andere, mit der Quittung des Annahmebeamten versehen, dem Aufgeber zurückgegeben wird. Die Schlußzeit der Posten tritt für Einschreibbriefe ½ Stunde früher als für gewöhnliche Briefe ein; doch können auch nach Eintritt der Schlußzeit bei den Chief Offices in Dublin und Edinburg und bei allen Head Offices in der Provinz noch Einschreibbriefe gegen eine Spätlingsgebühr (late letter fee) von 4 d aufgeliefert werden. In London beträgt jedoch die Spätlingsgebühr für Einschreibbriefe, die mit den Nachtzügen Beförderung erhalten sollen, bei den Postanstalten im Mittelpunkt der Stadt von 5½ bis 6 Uhr 2 d, von 6 bis 6½ Uhr 4 d, von 6½ bis 7 Uhr 6 d und — jedoch nur beim General-Postamt — von 7 bis 7½ Uhr 1 s, ferner bei den weiterabgelegenen Postanstalten von 5½ bis 6 Uhr 2 d, von 6 bis 6½ Uhr, soweit dies angängig ist, 4 d. — Rückscheine (Advices of delivery) sind zulässig. Die Gebühr von 2 d ist auf dem Rückscheine durch Freimarken zu verrechnen.

Im Falle des Verlustes oder der Beschädigung einer ordnungsmäßig am Schalter aufgelieferten Einschreibsendung zahlt die britische Postverwaltung, obwohl sie gesetzlich nicht dazu verpflichtet ist, eine Entschädigung bis 5 £. Es ist jedoch dem Absender freigestellt, sich gegen Zahlung einer bestimmten Taxe einen Ersatzbetrag bis 400 £ zu sichern; indessen liegt auch in diesem Falle eine gesetzliche Verpflichtung zur Ersatzleistung nicht vor. Diese Taxe beträgt, neben der Einschreibgebühr von 2 d, für Sicherung eines Ersatzbetrages von 5 bis 20 £ 1 d und für jede weiteren 20 £ 1 d mehr (für 400 £ mithin 1 s 8 d). Ein Einschreibbrief mit Versicherung muß in der Aufschrift den Vermerk „Registered“ und daneben die Angabe des Betrages der entrichteten Versicherungsgebühr (z. B. „3 d“) tragen. Der Postverwaltung steht frei, statt den Schadenersatz zu zahlen, den verlorenen Gegenstand selbst durch einen neubeschafften zu ersetzen. Jedenfalls muß der Antrag auf Ersatzleistung spätestens 7 Tage nach erfolgter Einlieferung der Sendung gestellt werden. Enthalten Einschreibsendungen zerbrechliche Gegenstände, so wird in Beschädigungsfällen nur Ersatz geleistet, wenn der Absender in der Aufschrift den Vermerk „Zerbrechlich. Vorsicht!“ (fragile, with care) niedergeschrieben hatte.

Zur Verpackung von Einschreibbriefen hat die britische Postverwaltung besondere gestempelte Einschreibbriefumschläge ausgegeben. Diese tragen im Blaudruck auf der Vorderseite die Überschrift „Registered Letter“ (Einschreibbrief) nebst einer Anweisung über die Auflieferung, sowie in der linken oberen Ecke in ovaler Einrahmung den Buchstaben „R“; auf der Rückseite befindet sich auf der Verschlußklappe das eingestempelte Wertzeichen von 3 d für einen gewöhnlichen Einschreibbrief und in der Mitte der Text der Ersatzleistungsbestimmungen, endlich sind Vorder- und Rückseite rechtwinklig blau durchkreuzt. Die Einschreibbriefumschläge sind in 5 Größen erhältlich; der für das Papier zu zahlende Aufschlag schwankt je nach der Größe zwischen ¼ und 1 d das Stück.

Nachsendung von Briefsendungen jeder Art erfolgt für 1 Jahr gebührenfrei. Soll die Nachsendung über 1 Jahr nach dem Wohnungswechsel hinaus erfolgen, so ist hierfür eine Gebühr zu entrichten, die für das 2. und 3. Jahr je 1 s und für jedes weitere Jahr 5 s beträgt. Die portofreie Nachsendung erfolgt auch für Briefe, die bereits in der Wohnung der Empfänger zugestellt waren, aber spätestens am Tage nach der Bestellung an das Postamt zurückgegeben sind. Postlagerbriefe, die übrigens stets die volle Adresse des Empfängers tragen müssen, werden 1 Monat, in Hafenorten 2 Monate und, wenn sie in London zur Post geliefert und nach London gerichtet sind, nur 14 Tage zur Verfügung der Empfänger bereitgehalten. Postlagerbriefe an im Ort der Bestimmungspostanstalt ansässige Personen, sowie solche, deren Aufschrift nur aus einzelnen Buchstaben, Zahlen, Vornamen usw. besteht, sind unzulässig.

Unbestellbare Briefe, deren Absender aus der Aufschrift ersichtlich ist, werden gebührenfrei an die Absender zurückgeschickt, Drucksachen, Zeitungen und Postkarten aber nur gegen Einziehung eines neuen Portos für den Rückweg, und zwar auch nur dann, wenn sie einen das Verlangen der Rücksendung ausdrückenden Vermerk tragen, andernfalls werden sie vernichtet. Andere unbestellbare Briefe werden von 3 zu 3 Tagen an ein Rückbriefamt (Returned Letter Office) eingesandt; solche Rückbriefämter bestehen bei allen Head Offices. Bei dem Rückbriefamt werden die Briefe geöffnet und, wenn der Absender hierdurch nicht ermittelt wird, vernichtet, sofern sie nicht Gegenstände von Wert enthalten. Wird der Absender ermittelt, so werden gewöhnliche Briefe mit wertvollem Inhalt unter Einschreibung zurückgesandt, und zwar gegen Anrechnung der Einschreibgebühr. Unanbringliche Briefe mit wertvollem Inhalt werden je nach ihrer Wichtigkeit und ihrem Wert 2 Monate bis 2 Jahre aufbewahrt, alsdann wird der Inhalt zugunsten der Postkasse verwertet; in Briefen vorgefundene Postfreimarken werden verbrannt, Postanweisungen und Postbons zerstört und ihr Betrag so zur Postkasse verrechnet. Unanbringliche Zeitschriften werden nicht vernichtet, sondern an Krankenhäuser und ähnliche Institute abgegeben.

Die Briefsendungen werden den Empfängern durch die Briefträger gebührenfrei in die Wohnung bestellt, und zwar sowohl in den Städten als auch in Landorten. Wohnt der Empfänger jedoch in einem Ausbau, Forsthaus u. dgl. abseits von geschlossenen Ortschaften, so hat er eine Person in einer der benachbarten Ortschaften zu bezeichnen, an die seine Briefe abzugeben sind, oder er hat diese bei der Postanstalt selbst abzuholen. Um die Briefbestellung nach Möglichkeit zu beschleunigen, dringt die Postbehörde darauf, daß das Publikum von der Benutzung von Hausbriefkasten den weitestgehenden Gebrauch macht. Briefe an Firmen, die sonst in die Geschäftsräume zu tragen sind, können den Geschäftsinhabern auf Verlangen in die Wohnung bestellt werden, wenn Geschäftsräume und Wohnung im Bestellbezirk derselben Postanstalt liegen; hierfür ist jedoch eine besondere Gebühr von 1 £ 1 s jährlich zu entrichten.

Im übrigen ist es dem Publikum auch gestattet, seine Sendungen bei der Postanstalt abzuholen und zu diesem Zwecke Ausgabefächer (private boxes) anzumieten. An Fachmiete hat das abholende Publikum bei den Hauptpostämtern und Zweigpostanstalten Londons und der ganz großen Städte 3 £ 3 s, in allen übrigen Orten mit Head Offices 2 £ 2 s und bei allen Sub-Offices 1 £ 1 s jährlich im voraus zu entrichten. Für diese Gebühr ist die Abholung während der Schalterstunden, längstens jedoch von 7 Uhr früh bis 10 Uhr abends gestattet. Soll die Abholung zwischen 6 und 7 Uhr früh erfolgen, so erhöht sich die Gebühr um die Hälfte. Bei Postämtern mit Nachtdienst kann das Publikum seine Briefe auch nach Schalterschluß abholen. Derartige auch nachts auszuhändigende Briefe müssen jedoch vom Absender in besondere rote Umschläge verpackt werden, die in der Aufschrift den Vermerk „Special Private Box Night Delivery" (Besonderes Ausgabefach, Nachtausgabe) tragen, damit sie aus den Briefmengen schnell herausgefunden und ohne Verzögerung in die Ausgabefächer eingelegt werden können. Die Gebühr beträgt für diese Nachtabholung das Doppelte der Gebühr für ein gewöhnliches Abholerfach und ist n. U. neben der letzteren zu entrichten. Will jemand, der nicht postlagernd adressieren lassen darf und auch kein Ausgabefach gemietet hat, seine Sendungen abholen, so hat er für jede Nachfrage am Schalter, gleichviel ob Sendungen für ihn vorliegen oder nicht, eine Gebühr von 3 d zu zahlen. Will jemand nur seine Einschreibsendungen auf diese Weise abholen, so hat er für jede werktäglich einmalige Nachfrage eine Jahresgebühr von $10\frac{1}{2}$ s, bei öfterem Nachfragen täglich von 1 £ 1 s zu entrichten. Ausgabefächer können auch lediglich zur Abholung an Sonntagen angemietet werden, und zwar für die Stunden, während deren Beamte im Dienst sind; die Fachgebühr beträgt dann nur $\frac{2}{3}$ und, wenn der Abholer in einem Landorte ohne Sonntagsbestellung wohnt, nur $\frac{1}{3}$ der gewöhnlichen Miete.

Auch auf die Zustellung der Sendungen in verschließbarer Tasche (private bags) kann abonniert werden. Außer der Miete von 1 £ 1 s jährlich ist alsdann für das Überbringen der Tasche durch einen Landbriefträger oder durch Fahr- oder Reitpostgelegenheit eine besondere Taschengebühr und daneben eine Beförderungsgebühr zu entrichten. Die Taschengebühr beträgt bei einem Gewicht der leeren Tasche von nicht mehr als $1\frac{1}{2}$ Pfd. für jede Absendung 1 £ 1 s, von über $1\frac{1}{2}$ bis $2\frac{1}{2}$ Pfd. 1 £ 10 s, bei schwererem Gewicht 2 £ 2 s jährlich. Erfolgt die Beförderung durch einen Landbriefträger zu Fuß, so ist eine Beförderungsgebühr bei einem Gewicht der leeren Taschen bis $1\frac{1}{2}$ Pfd. von $10\frac{1}{2}$ s, über $1\frac{1}{2}$ bis $2\frac{1}{2}$ Pfd. von 15 s jährlich fällig. Schwerere Taschen werden durch Landbriefträger zu Fuß nicht befördert. Für Fortschaffung der Taschen durch fahrende oder reitende Landbriefträger ist eine Beförderungsgebühr von 1 £ 1 s, durch Postwagen oder Privatpostfuhrwerk von 2 £ 2 s jährlich zahlbar. Wird eine Tasche öfter als einmal täglich abgesandt, so ist für jede weitere Versendung die Hälfte der vorstehenden Taschen- und Beförderungsgebühren zu entrichten. Erfolgt die Beförderung einer Tasche nur in einer Richtung, so wird die Beförderungsgebühr nur zur Hälfte erhoben. Auch im Ortsbestellbezirk ist die Benutzung von Taschen gestattet, der Abonnent einer Tasche wird jedoch zugleich als Mieter eines Abholerfaches betrachtet und hat die Miete für ein Fach besonders zu zahlen; wird die Tasche nur zur Auflieferung von Sendungen benutzt, so ist jedoch Fachmiete nicht zahlbar. Die Zustellung der Tasche durch die Ortsbriefträger ist unstatthaft, die Tasche muß also vom Briefempfänger oder dessen Beauftragten abgeholt und zum Postamt zurückgebracht werden. Nur in Orten mit einem Sub-Office kann der Postmeister auch die Zustellung oder Abholung der Tasche besorgen, und zwar gegen Bezug der Taschengebühr. Bleibt dagegen bei den Sub-Offices die Tasche zur Aufbewahrung, so ist eine Aufbewahrungsgebühr von 5 s zu entrichten. Trotz der hohen Fach- und Taschengebühren wird seitens des Publikums von diesen Einrichtungen ein weitgehender Gebrauch gemacht; die Postverwaltung zieht daraus eine so bedeutende Einnahme, daß sie in manchen Städten hinreicht, das gesamte Ausgabe- und Bestellpersonal zu besolden.

In England besteht auch für Briefsendungen (und Postpakete) ein Eilbestelldienst (Express Delivery Service). An diesem nehmen fast alle Postanstalten teil, bei denen eine Telegrammbestellung besteht. Er erstreckt sich auf Ortssendungen und auf Sendungen von weiter her. Ortseilsendungen, sowie solche Sendungen, die nach auswärts ausschließlich durch Eilboten befördert werden sollen, müssen in der Aufschrift den Vermerk „Express" tragen und sollen stets am Schalter aufgeliefert werden; doch können sie auch Eil- oder Telegrammbestellern auf ihren Bestellgängen zur Auflieferung mitgegeben werden. Ihre Abtragung erfolgt an Sonntagen nicht. Die Eilbestellgebühr beträgt 3 d für jede vom Bestellamt aus zurückzulegende engl. Meile oder einen Teil davon. Wiegt die Sendung mehr als 1 Pfd., so ist daneben eine Gewichtsgebühr von 3 d zu entrichten. Soll oder muß zur Beförderung besonderes Fuhrwerk gemietet werden, so sind neben der Meilengebühr die entstehenden Beförderungskosten zu zahlen; die Gewichtsgebühr kommt dann jedoch nicht zur Erhebung. Sollen auf demselben Bestellgange Sendungen (bis zu 10) an verschiedene Empfänger abgetragen werden, so ist das Meilengeld für die gesamte Wegestrecke und daneben eine Gebühr für jede Sendung (ausgenommen die erste) von 1 d fällig; die Gewichtsgebühr ist aber nur für die über 1 Pfd. schweren Gegenstände zu entrichten. Sind mehrere Sendungen desselben Absenders an nur einen Empfänger abzutragen, so kann sie der Versender zu einem Paket zusammenbinden; er zahlt dann nur wie für eine Sendung nach dem Gesamtgewicht des Bündels. Gibt jemand eine Eilsendung einem Telegrammbesteller zur Auflieferung mit, so wird der Weg bis zum Postamt dem Eilbestellgange hinzugerechnet. Für von auswärts mit den gewöhnlichen Posten oder als Eisenbahnbriefe eingehende Eilsendungen ist die gleiche Eilbestellgebühr wie für Ortssendungen fällig, doch kommt eine Gewichtsgebühr nicht zur Erhebung. Die Eilbestellung erfolgt in der Regel vom Bestellpostamt aus, in dessen Bestellbezirk der Empfänger wohnt; in diesem Falle wird in London (nicht auch in anderen Städten) nur eine Eilbestellgebühr von 3 d berechnet ohne Rücksicht auf die Entfernung. In der Aufschrift genügt dann der Vermerk „Express delivery". Der Absender kann jedoch durch einen Vermerk in der Aufschrift auch verlangen, daß die Sendung von dem Postamt aus bestellt wird, bei dem sie ankommt; ist dann das Ankunftsamt nicht auch zugleich das zuständige gewöhnliche Bestellamt, so tritt auch in London stets die Meilengebühr in Kraft. Eilsendungen von weiter her werden während der Dienststunden der Postanstalten auch an Sonntagen abgetragen. In London geschieht dies aber nur mit Eilsendungen, die mit der Nachtpost vom Sonnabend eingetroffen sind und in der Aufschrift den Vermerk „Express Delivery on Sunday" tragen, sowie mit Ortseilsendungen, die für die Bestellung am Sonnabend abend zu spät aufgeliefert sind, und zwar ausschließlich vom General-Postamt aus gegen Zahlung der Meilen- und bei Ortssendungen auch der Gewichtsgebühr. Liegen für denselben Empfänger gleichzeitig mehrere Eilsendungen von auswärts vor, so wird die Meilengebühr nur für eine Sendung, für die übrigen Sendungen dagegen nur eine Gebühr von 1 d erhoben; ein Zusammenbinden ist dabei natürlich ausgeschlossen. Der Eilbote ist verpflichtet, auf Verlangen beim Empfänger einer Eilsendung auf Antwort oder Mitgabe einer sonstigen Sendung zu warten. Wünscht dies der Absender, so hat er auf die Sendung den Vermerk „Wait Reply“ (Auf Antwort warten) oder „Further Service“ (Weiterer Dienst) niederzuschreiben. Der Bote ist verpflichtet, 10 Minuten ohne Entgelt auf die Antwort zu warten; für jede weitere Viertelstunde Wartezeit ist dagegen eine besondere Wartegebühr von 2 d zu zahlen. Zu bemerken ist schließlich noch, daß der Eilbestelldienst in der Zeit von 11 Uhr abends bis 7 Uhr morgens gänzlich ruht.

Die Frankierung der Briefsendungen hat in der Regel durch Postwertzeichen zu geschehen; bei Massenauflieferungen ist jedoch in größeren Städten für Inlandssendungen (ausgenommen eingetragene Zeitungen) auch eine Barfrankierung statthaft. In kleineren Orten ist Barfrankierung nur angängig, wenn sie 2 Tage vor der Auflieferung angemeldet wird. Die Einlieferung der bar zu frankierenden Sendungen muß in London zwischen 9 und 3, in den Provinzstädten zwischen 10 und 4 Uhr erfolgen. Die Sendungen müssen sämtlich dem gleichen Portosatz unterliegen, und das Gesamtporto muß mindestens 1 £ betragen. Briefe und Halfpennypakete müssen für sich zu Bündeln vereinigt sein, deren Portobetrag je 5 s ausmacht.

Am Verkauf der Postwertzeichen beteiligen sich neben den Postanstalten auch die Landbriefträger, die jedoch nur ½ und 1 d-Marken und Einschreibbriefumschläge mit sich führen, sowie Kaufleute und sonstige Personen, die hierzu vom „Office of Inland Revenue“ auf Empfehlung des General-Postamts ermächtigt sind. Eine Vergütung für Wertzeichenvertrieb wird in keinem Falle gezahlt. Die Postfreimarken können gleichzeitig für gewisse stempelpflichtige Papiere als Stempelmarken verwendet werden. Die Postanstalten verkaufen auch Markenbüchlein (Books of stamps), die 18 1 d-Marken und 11 ½ d-Marken enthalten und 2 s kosten. Außerdem werden von den Postanstalten noch verschiedene Sorten gestempelter Briefumschläge mit einem Wertstempel von ½ d in 2 Größen und von 1 d in 3 Größen, sowie gestempelte Streifbänder mit einem Wertstempel von ½ oder 1 d verkauft. Wie bei den Postkarten, so ist auch bei den Briefumschlägen und Streifbändern der Zuschlag für die Herstellungskosten, der vom Publikum eingehoben wird, sehr verschieden je nach der Menge und nach Größe und Stärke des Papiers. Bei der großen Mannigfaltigkeit dieser Zuschlagbeträge muß von einer Einzelaufführung hier Abstand genommen werden.

Aus gestempelten Formularen ausgeschnittene Wertzeichen können zur Frankierung von Postsendungen benutzt werden. Verdorbene Wertzeichen werden ersetzt; es bedarf hierzu jedoch eines besonderen Antrages bei der Stempelkontrolle in London oder bei einem Postmeister einer großen Stadt. Die Durchlochung der Freimarken, wie auch der Wertstempel auf gestempelten Formularen mit Zeichen oder Buchstaben seitens der Geschäftsfirmen, um sich vor unberechtigter Verwendung ihrer Markenbestände zu schützen, ist gestattet. Völlig unbeschädigte und nicht gekennzeichnete Postfreimarken können vom Publikum gegen bar zurückgenommen werden; es bedarf hierzu eines Antrages an ein Hauptrechnungsamt in London, Dublin oder Edinburg. Voraussetzung ist, daß der Gesamtwert der Marken mindestens 1 £ beträgt und eine Umtauschgebühr von 5 % gezahlt wird.

An Sonn- und Feiertagen sind die Postschalter in London geschlossen, in den Provinzialstädten bei den Hauptämtern (nicht auch bei den Town Sub-Offices) und bei den Sub-Offices vormittags 2 Stunden — in der Regel von 8 bis 10 Uhr — zum Verkauf von Postwertzeichen, zur Annahme von Einschreibsendungen und zur Ausgabe der Briefe und Zeitungen geöffnet. Ferner findet Sonntags in London überhaupt keine, in den Provinzialpostorten in der Regel nur eine Ortsbriefbestellung, sowie nach einer Anzahl von Landorten auch eine Landbriefbestellung statt; doch kann jedermann verlangen, daß ihm Sonntags seine Post keinesfalls zugestellt werde. Die Einrichtung oder Aufhebung der Sonntagsbestellung nach Landorten geschieht nur auf Beschluß der Gemeindebehörden, der mit wenigstens Zweidrittelmehrheit zustande gekommen sein muß, die Einrichtung auch nur dann, wenn die Gemeinde für die entstehenden Kosten aufkommt. Im Ortsbestellbezirk kann die Sonntagsbestellung nur dann ganz aufgehoben werden, wenn sowohl die Ortsbehörden als auch die bei weitem überwiegende Mehrzahl der Bewohner darum nachsuchen.

Den Postanstalten liegt auch der Verkauf von Stempelmarken ob. Ferner befassen sich die Money Order Offices damit, für das Publikum gewisse Erlaubnisscheine gegen Einziehung der gesetzlichen Taxe auszufertigen, so für das Vermieten männlicher Dienstboten, für das Halten von Fuhrwerk, Motoren und Hunden, für das Tragen von Jagdgewehren, für den Gebrauch von Waffen, für den Verkauf von Wild und für den Betrieb von Privatbrauereien.

B. Wertbriefe.

Ein eigentlicher Wertbriefdienst besteht in Großbritannien für den Inlandsverkehr nicht, sofern man nicht die unter „A. Briefpost“ beschriebene Einrichtung, Einschreibbriefe gegen eine erhöhte Einschreibgebühr zu versichern, dafür gelten lassen will.

C. Postanweisungen.

Am Postanweisungsdienst nehmen nicht alle Postanstalten teil, die Zahl der zu diesem Dienst ermächtigten Postanstalten (Money Order Offices) ist vielmehr beschränkt, beträgt aber immerhin z. Z. rund 15000. Postanweisungen (Money orders) sind bis 40 £ zulässig. Teilbeträge müssen auf ganze d lauten. Tarif: bis 1 £ 2 d, über 1 bis 3 £ 3 d, über 3 bis 10 £ 4 d, über 10 bis 20 £ 6 d, über 20 bis 30 £ 8 d, über 30 bis 40 £ 10 d.

Will jemand eine Postanweisung einzahlen, so hat er zunächst ein Verlangschreiben auf vorgeschriebenem Formular (Requisition Form) auszufertigen. Die Formulare werden von den Postanstalten unentgeltlich abgegeben. Auf dem Verlangschreiben müssen der Familienname und mindestens ein Vorname (letzterer u. U. nur mit dem Anfangsbuchstaben) des Absenders wie des Empfängers, ferner der Bestimmungsort und der Betrag vermerkt werden. Der Name des Empfängers kann jedoch wegbleiben, wenn die Postanweisung dem Empfänger durch Vermittelung eines Bankhauses ausbezahlt werden soll; in diesem Falle genügt es, quer auf die Aufschriftseite, wie bei einem Wechsel, die Worte „and Co“ zu setzen; der Angabe des Namens des vermittelnden Bankhauses bedarf es nicht. Letzteres Verfahren (Crossing) kann auch nachträglich auf Postanweisungen angewendet werden, die auf den Namen eines bestimmten Empfängers ausgestellt sind. Auf Grund des Verlangschreibens fertigt der Annahmebeamte die Postanweisung aus, die dem Einzahler zur Übersendung an den Empfänger ausgehändigt wird. Auf der Postanweisung wird der Name des Absenders nicht vermerkt. Das Verlangschreiben wird amtlich der Bestimmungspostanstalt übersandt.

Der Betrag einer auf einen bestimmten Empfänger (nicht auf eine Bank) lautenden Postanweisung ist bei der Postanstalt des Bestimmungsorts abzuheben. Die Auszahlung einer Postanweisung kann nie am Einzahlungstage bewirkt werden. Eine Postanweisung, die vom Empfänger quittiert ist, wird ausgezahlt, wenn der Abholer sich durch Nennung des Namens des Absenders ausweisen kann; Postanweisungen mit dem Vermerk „and Co“ werden nur an Banken ausgezahlt, die Nennung des Absenders ist hierbei nicht erforderlich. Will sich der Absender dagegen sicherstellen, daß die Postanweisung nicht in die Hände eines Betrügers fällt, so kann er die Postanweisung mittels Einschreibbriefes an den Empfänger senden, oder er nennt in dem Briefe, in dem er die Postanweisung überschickt, nicht seinen Namen, sondern schreibt dieserhalb noch einen besonderen Brief, oder aber er bestimmt, daß die Postanweisung erst nach 10 Tagen, während welcher Zeit der Empfänger den Empfang der Postanweisung dem Absender bestätigen kann, ausgezahlt wird; dies geschieht, indem der Einzahler auf die Postanweisung einen entsprechenden Vermerk niederschreibt und die Bestimmungspostanstalt davon benachrichtigt.

Soll eine Postanweisung nicht ausgezahlt werden, so hat der Absender sich dieserhalb mit einem schriftlichen Antrag, dem der Betrag der für die Postanweisung gezahlten Gebühr in Freimarken von neuem beizufügen ist, an die Aufgabepostanstalt zu wenden. Das gleiche hat zu geschehen, wenn die Aufschrift der Postanweisung geändert oder eine Postanweisung wegen unterbliebener Absendung zurückgezahlt werden soll. Ist eine Postanweisung einmal ausgefertigt, so kann sie nicht ohne weiteres beseitigt und zurückgezahlt werden, vielmehr ist das ebenerwähnte Verfahren in Anwendung zu bringen.

Die Nachsendung einer Postanweisung nach einem dritten Orte ist zulässig. In diesem Falle ist unter Beifügung des Gebührenbetrages für eine Postanweisung von gleicher Höhe und der Postanweisung selbst ein schriftlicher Antrag an die erste Bestimmungspostanstalt zu richten; ist die neue Postanweisungsgebühr nicht beigefügt, so wird sie bei Ausfertigung der zur Nachsendung bestimmten Postanweisung vom Postanweisungsbetrag in Abzug gebracht. Ist dem Absender oder Empfänger eine Postanweisung in Verlust geraten, so hat der Absender bei dem Kontrolleur des Postanweisungsbureaus in London, Edinburg oder Dublin, je nachdem die Postanweisung bei einer Postanstalt in England mit Wales, in Schottland oder in Irland eingezahlt worden ist, unter Übersendung einer Gebühr von 6 d Antrag auf Ausfertigung eines Doppels zu stellen. Zu allen diesen Anträgen können Formulare verwendet werden, welche die Postanstalten auf Verlangen unentgeltlich verabreichen.

Die Postanweisungen verlieren ihre Gültigkeit nach 12 Monaten; wird jedoch für die verzögerte Abhebung des Betrages ein genügender Grund vorgebracht, so kann die Auszahlung auch noch nach Ablauf jener Frist, jedoch unter Abzug einer Gebühr von 6 d erfolgen.

Die Postanstalten fertigen Postanweisungen bis 40 £ gebührenfrei aus, wenn es sich um Übersendung von Einkommen-, Gebäude-, Grund-, Akzise- oder Erbschaftssteuer an den General-Einnehmer für inländische Steuern handelt.

Postanweisungen können im übrigen nur an Werktagen, nicht auch an Sonn- und Festtagen bei den Postanstalten eingezahlt werden.

Der Absender einer Postanweisung kann verlangen, daß ihm über die erfolgte Auszahlung eine amtliche Nachricht (Advice of payment) gegeben wird; Gebühr 2 d.

Telegraphische Postanweisungen (Telegraph Money Orders) werden nur von den mit Telegraphenbetrieb ausgestatteten Postanweisungsämtern und für solche angenommen, und zwar bis 40 £. Die Taxe setzt sich zusammen aus der Postanweisungsgebühr, aus der Telegrammgebühr (½ d für jedes Wort, mindestens jedoch 6 d) und einer Sondergebühr von 2 d. Der Absender einer telegraphischen Postanweisung kann dem Überweisungstelegramm besondere Mitteilungen für den Empfänger bis zu 12 Worten anfügen lassen; für diese ist die gewöhnliche Telegrammgebühr von ½ d für das Wort zu entrichten. Dem Absender wird unentgeltlich ein Einlieferungsschein erteilt. Das Überweisungstelegramm wird an die Bestimmungspostanstalt gerichtet, die den Adressaten oder, wenn das Überweisungstelegramm die Angabe „crossed" trägt, die vermittelnde Bank zu verständigen hat. Der Empfänger muß sich zur Abhebung des Betrages bei der Postanstalt einfinden und als solcher vor der Auszahlung gehörig ausweisen. Auszahlungsscheine sind zulässig; Gebühr 2 d. Ist eine telegraphische Postanweisung unbestellbar, und soll die Rückzahlung des Betrages an den Einzahler erfolgen, so hat dieser einen Antrag unter Beifügung des Einlieferungsscheines an den Kontrolleur des Postanweisungsbureaus in London, Edinburg oder Dublin zu richten. Auf Anordnung des Kontrolleurs wird dann der Betrag, nach Abzug der gewöhnlichen Postanweisungsgebühr, dem Absender mit gewöhnlicher Postanweisung übersandt.

Postbons (Postal Orders) werden von allen Postanstalten ausgegeben und eingelöst. Sie lauten auf 41 feste, durch 6 d teilbare Beträge von 6 d bis zu 1 £, sowie auf 1 £ 1 s. Tarif: bis 2½ s ½ d, von 3 bis 15 s 1 d und für höhere Beträge 1½ d. Teilbeträge von weniger als ½ s können durch Aufkleben von höchstens 3 Postfreimarken auf die Vorderseite der Postal Orders dargestellt werden; diese Teilbeträge müssen jedoch in ganzen Pennybeträgen bestehen. Durchlochte Marken dürfen nicht benutzt werden. Bei der Ausgabe versieht der Postbeamte die Postal Order mit seiner Namensunterschrift und bedruckt sie mit einem vorgeschriebenen Stempel, der Ort und Tag der Ausgabe ersichtlich macht. Die Postal Orders jedes Betrages tragen eine aufgedruckte Ordnungsnummer. Der Absender einer Postal Order hat auf diese vor der Versendung den Namen des Empfängers niederzuschreiben, ferner kann er den Namen der Postanstalt zufügen, bei der die Postal Order eingelöst werden soll; doch kann er die Postal Order statt dessen, wie dies auch für Postanweisungen zulässig ist, mit dem Vermerk „and Co" versehen (kreuzen), in welchem Falle die Zahlung nur durch Vermittelung eines Bankhauses erfolgt. An der Postal Order befindet sich ein Abschnitt (counterfoil), den der Käufer abtrennen und als Einlieferungsschein zurückbehalten soll. Der Empfänger muß die Postal Order am Fuße der Vorderseite mit seiner Namensunterschrift und, sofern dies nicht schon seitens des Absenders geschehen ist, mit dem Namen der auszahlenden Postanstalt versehen. Die Auszahlung auf Postal Orders an Bankhäuser erfolgt erst, nachdem die Postal Orders seitens des Haupt-

Postamts in London als gültig bescheinigt sind; indessen können die Bankhäuser zur Vereinfachung des Verfahrens besondere Vereinbarungen mit der Postverwaltung treffen. Die Postal Orders verlieren 3 Monate nach dem Ausgabemonat ihre Gültigkeit; diese kann ihnen nur durch nochmalige Zahlung der ursprünglichen Taxe für weitere 3 Monate wieder verliehen werden. Die Nachtaxe wird durch Aufkleben von Postfreimarken auf die Rückseite der Postal Order verrechnet. Zu weiterer Verlängerung der Gültigkeitsdauer bedarf es eines Antrages an das Money Order Department. Sogleich nach erfolgter Auszahlung einer Postal Order wird diese vom Beamten durch einen Abdruck des Ausgabestempels ungültig gemacht.

Der Verkauf wie die Zahlung von Postal Orders erfolgt bei den Postanstalten nur an den Werktagen, und zwar die Auszahlung auch an diesen erst von 9 Uhr vormittags ab.

D. Postpakete.

Postpakete (Parcels) können bei allen Postanstalten zur Beförderung eingeliefert werden; Sonntags ruht jedoch der Paketpostdienst vollständig. Die Postpakete dürfen 11 Pfd. und in den Ausdehnungen $3\frac{1}{2}$ Fuß in der Länge oder 6 Fuß in Länge und Umfang zusammengenommen nicht überschreiten. Jedes Postpaket muß in der oberen linken Ecke der Aufschrift den Vermerk „Paketpost (Parcel Post)" tragen, auch empfiehlt es sich, außer dem Namen und Wohnort des Empfängers noch den Namen des Absenders in der Aufschrift anzugeben. Eine Begleitadresse wird dem Postpaket nicht beigefügt.

Tarif: bis 1 Pfd. 3 d, 1 bis 2 Pfd. 4 d, 2 bis 3 Pfd. 5 d, 3 bis 5 Pfd. 6 d, 5 bis 7 Pfd. 7 d, 7 bis 8 Pfd. 8 d, 8 bis 9 Pfd. 9 d, 9 bis 10 Pfd. 10 d, 10 bis 11 Pfd. 11 d. Das Porto muß im voraus durch Aufkleben von Postfreimarken auf das Paket oder auf einen Paketbeklebezettel verrechnet werden. Das Aufkleben der Marken liegt dem Aufgeber ob. Hat der Absender die Marken auf einem Beklebezettel angebracht (was bei Sendungen mit zerbrechlichem Inhalt namentlich zu empfehlen ist), so hat er sich davon zu überzeugen, daß der Postbeamte den Zettel auf dem Postpaket befestigt. Bei großen Postämtern kann die Frankierung auch bar erfolgen.

Die Auflieferung der Postpakete hat am Postschalter zu geschehen; in London und einigen anderen großen Städten übernimmt die Postverwaltung auch die Abholung von Postpaketen bei den Versendern, sofern gleichzeitig mindestens 10 oder wöchentlich 50 Stück vorliegen. Der Absender kann über die erfolgte Einlieferung eines Postpakets unentgeltlich einen Schein erhalten. Er selbst hat alsdann ein Formular, wie sie bei den Postanstalten zu freier Benutzung ausliegen, auszufüllen und dem Annahmebeamten gleichzeitig mit dem Paket zu übergeben; der Beamte vermerkt seinen Namen auf dem Formular, drückt den Tagesstempel daneben und gibt den Schein dem Einlieferer zurück. Wird ein Postpaket auf andere Weise als am Schalter (etwa durch den Briefkasten) aufgeliefert und ist es ungenügend frankiert, so wird außer dem fehlenden Portoteil ein Strafporto von 1 d vom Empfänger eingezogen.

Unanständige Schriften und Bilder, leichtentzündliche oder sonst gefährliche Sachen, sowie — ohne besondere Genehmigung des General-Postmeisters — lebende Tiere sind von der Versendung in Postpaketen ausgeschlossen. Flüssigkeiten, Glas, Eier, Fische, Früchte, Eßwaren und sonstige leichtzerbrechliche oder verderbliche Gegenstände können in Postpaketen verschickt werden, sie müssen jedoch sorgfältig verpackt und in der Aufschrift mit dem Vermerk „Eggs, fragile — with care“ (Eier, zerbrechlich; Vorsicht!), bei Früchten „Fruit, with care“, bei Fischen und Eßwaren „Perishable“ (gefährlich) versehen sein.

Die Postpakete werden, jedoch nur an Werktagen, den Empfängern durch die Briefträger und Landbriefträger gebührenfrei in die Wohnung bestellt. Ebenso ist den Bewohnern von Landorten gestattet, dem Landbriefträger Postpakete zur Auflieferung mitzugeben. Für die Bestellung durch Landbriefträger bestehen folgende Bestimmungen. Das Gesamtgewicht der von einem Landbriefträger zu Fuß zu bestellenden Gegenstände (Briefe, Zeitungen und Pakete) soll 35 Pfd. nicht überschreiten. Solche Landbriefträger, für deren Bestellbezirke in der Regel Sendungen mit einem höheren Gesamtgewicht vorliegen, sind beritten oder mit Fuhrwerk ausgerüstet. Die Beschaffung von Pferd und Wagen wird dem Landbriefträger überlassen, der dafür eine Vergütung aus der Postkasse erhält. Den Landbriefträgern zu Fuß werden, wenn von ihnen ausnahmsweise Sendungen mit einem jene Meistgrenze überschreitenden Gesamtgewicht zu bestellen sind, Aushelfer oder Karren mitgegeben. Jeder Landbriefträger muß überall, wo er Briefe einsammelt, auch Pakete zur Auflieferung entgegennehmen. Das Gesamtgewicht der Sendungen, die ein Landbriefträger zu Fuß (rural postmen on foot) von einer Person anzunehmen verbunden ist, darf 11 Pfd. nicht überschreiten, es sei denn, daß der Absender am Tage vorher die beabsichtigte Einlieferung von Sendungen mit höherem Gesamtgewicht bereits kundgegeben hat. Für den berittenen oder fahrenden Landbriefträger (mounted rural postman) ist das Gesamtgewicht der von einer Person anzunehmenden Sendungen auf 21 Pfd. festgesetzt; die beabsichtigte Mitgabe schwererer Sendungen ist auch hier vorher anzuzeigen. Die mitzugebenden Pakete müssen mit Freimarken vollständig frankiert sein.

Eilbestellung ist bei Postpaketen unter den gleichen Bedingungen wie bei Briefen zulässig.

Dem Empfänger von Postpaketen ist gestattet, seine Pakete regelmäßig auf dem Postamt abzuholen. In diesem Falle hat er eine Fachmiete zu entrichten, die der Fachmiete für Briefe gleich ist; auch die Unterhaltung von Abholertaschen und Säcken ist zulässig. Postlagerpakete werden 3 Wochen aufbewahrt. Für die Lagerung wird eine Gebühr von 1 d für jeden Tag erhoben. Der Tag der Ankunft und der unmittelbar auf diesen folgende Tag bleiben für die Berechnung der taxpflichtigen Lagerzeit jedoch außer Betracht. Die Höchstlagergebühr ist auf 1 s 5 d festgesetzt. Für Pakete an Empfänger, die außerhalb des Paketbestellbezirks wohnen oder sich an Bord eines Schiffes befinden, wird eine Lagergebühr (demurrage) nicht berechnet. Ist der Name des Absenders auf dem Postpaket angegeben, so wird der Absender nach einer Lagerfrist von 1 Woche davon benachrichtigt, daß das Paket noch nicht abgeholt ist. Bleibt das Paket bis zum Ablauf der dreiwöchigen Lagerfrist unabgefordert, so wird es an das zuständige Returned Letter Office eingesandt; hat sich der Absender namhaft gemacht, so wird es an ihn zurückgesandt. Wird der Absender nicht ermittelt, so wird der Versuch gemacht, ihn durch einen Aushang ausfindig zu machen. Nach 3 Monaten wird über unanbringliche Postpakete endgültig verfügt. Nachsendung ist gegen Entrichtung des neuen Portos zulässig.

Im Falle des Verlustes oder der Beschädigung eines Postpakets wird ein Ersatz bis 2 £ geleistet, obwohl hierzu eine gesetzliche Verpflichtung nicht besteht; durch Entrichtung einer besonderen Taxe von 2 d kann sich der Absender für solche Fälle jedoch einen Schadenersatz bis zur Höhe von 5 £ sichern. Der Ersatzbetrag wird nach denselben Grundsätzen wie bei Einschreibbriefen berechnet, auch steht der Postverwaltung frei, statt den Ersatzbetrag zu zahlen, die verlorenen oder beschädigten Gegenstände durch neue zu ersetzen. Will sich der Absender eines Postpakets Anspruch auf einen höheren Schadenersatz (höchstens jedoch von 400 £) sichern, so kann dies durch Vorauszahlung einer weiteren Versicherungsgebühr, neben der gewöhnlichen Zuschlaggebühr von 2 d, geschehen, und zwar beträgt diese Gebühr bei einem Ersatzanspruch bis 20 £ 1 d und für jede 20 £ mehr je 1 weiteren d. Die Versicherung eines Postpakets geschieht in der Weise, daß der Aufgeber auf dem Paket die Höhe der Versicherungsgebühr neben dem Wort „Registered" vermerkt (z. B. Registered 3 d) und sich einen Einlieferungsschein vom Annahmebeamten erteilen läßt. Ersatzleistung ist unbedingt ausgeschlossen bei unversicherten Paketen, deren Inhalt aus Uhren, Gold- und Silbersachen, Bargeld, Papiergeld, Postanweisungen, Postal Orders, Freimarken und Banknoten besteht, sowie in Beschädigungsfällen bei allen Paketen, die Flüssigkeiten, leichtzerbrechliche Gegenstände u. dgl. enthalten. Soll ein versichertes Paket noch nach Eintritt der Schlußzeit für einen Postversand angenommen werden, so ist bei den größeren Postämtern eine Spätlingsgebühr (late fee) von 4 d zu entrichten. Für ein versichertes Paket kann der Absender einen Rückschein erhalten; Gebühr 2 d.

E. Postsparkassen.

Am Postsparkassendienst (Post Office Savings Bank) nehmen nicht alle Postanstalten teil; die Zahl der für diesen Dienst ermächtigten Postanstalten wird von Jahr zu Jahr erheblich vermehrt.

Die Einlagen dürfen nicht niedriger als 1 s und in einem Jahre nicht höher als 50 £ sein, Teilbeträge eines s werden als Einlage nicht angenommen; das Gesamtguthaben eines Sparers darf im allgemeinen 200 £ nicht übersteigen. Für gewisse Vereine ist der Jahresbetrag auf 100 £, der Gesamtbetrag auf 300 £ erhöht. Der gewährte Zinsfuß beträgt $2\frac{1}{2}$ % und ist durch Gesetz bestimmt; Beträge über 200 £ und unter 1 £ werden nicht verzinst. Der Zinsgenuß beginnt mit dem ersten Tage des auf den Einzahlungstag folgenden Monats und erlischt bei Rückzahlungen mit dem letzten Tage des vorangegangenen Monats.

Das Sparbuch (Deposit Book) wird von dem Beamten der Postanstalt, bei der die erste Einlage bewirkt wird, unentgeltlich ausgefertigt. Bei der ersten Einlage muß der Sparer die Erklärung abgeben, daß für ihn noch kein Sparkonto eröffnet ist, ferner muß er seinen vollen Namen, Stand und Wohnort nennen; diese Angaben werden in dem Sparbuch verzeichnet. Sparbücher können für jedermann ausgefertigt, Guthaben auf solche für Kinder aber nur abgehoben werden, wenn diese das 7. Lebensjahr vollendet haben. Der Postbeamte trägt bei jeder Einlage den Tag und Betrag in das Sparbuch ein und fügt seinen Namen und einen Abdruck des Tagesstempels bei. Der Einzahler hat zu prüfen, ob die Eintragung des Beamten richtig ist.

Jedes Postamt meldet dem Zentral-Sparamt (Savings Bank Department) in London täglich, wieviel an Sparbeträgen ein- und ausgezahlt worden ist. Auf Grund dieser Meldungen fertigt das Zentral-Sparamt über jede Einlage von 5 £ oder mehr noch eine Bescheinigung aus, die dem Sparer mit der Post zugesandt wird. Ist diesem die Bescheinigung des Zentral-Sparamts in England und Wales binnen 4 Tagen nach der Einzahlung (Sonn- und Festtage bleiben bei dieser Zählung außer Betracht), in Schottland und Irland binnen 6 Tagen nicht zugegangen oder sind darin Angaben geändert oder radiert, so hat der Sparer der Zentralstelle hiervon ungesäumt Anzeige zu erstatten. Für den Schriftwechsel zwischen Sparer und Zentral-Sparamt ist Portofreiheit zugestanden. Auf ein Postsparbuch können bei jedem beliebigen Postsparamt Einlagen bewirkt werden.

Auch kleinere Beträge als 1 s können gespart werden. Zu diesem Zweck hat die Postverwaltung Sparkarten ausgegeben, auf welche die kleinen Sparbeträge in Postfreimarken zu je 1 d bis zum Betrage von 1 s aufzukleben sind. Eine mit solchen Postfreimarken gefüllte Karte wird als Einlage zu 1 s von allen Sparstellen angenommen. Formulare zu Postsparkarten werden an das Publikum unentgeltlich abgegeben.

Die Postverwaltung befaßt sich auch damit, auf Ermächtigung der Sparer Guthaben bei Privatsparkassen abzuheben und auf die Postsparkasse zu übertragen und umgekehrt, sowie angesammelte Sparguthaben als Staatsschulden auf das Staatsschuldbuch übertragen zu lassen oder Staats- oder Gemeindeschuldscheine anzukaufen. Der Mindestbetrag, der als Staatsschuld eingetragen werden kann, ist 1 s; der Höchstbetrag ist jährlich auf 200 £, insgesamt für einen Sparer auf 500 £ festgesetzt. Die Zinsen werden in der Regel vierteljährlich auf das Sparkonto des Sparers übertragen, indessen können diesem auch die Zinsscheine sogleich nach dem Ankauf eines Staatsschuldguthabens ausgehändigt werden. In gleicher Weise wie den Ankauf vermittelt die Postverwaltung auch den Verkauf der für ein Postsparguthaben beschafften Staatsschuldscheine usw. Für den Ankauf und Verkauf ist jedoch in allen Fällen von dem Sparer eine Gebühr zu zahlen, die bis 25 £ 9 d, über 25 bis 50 £ 1 s 3 d, über 50 bis 75 £ 1 s 9 d, über 75 bis 100 £ 2 s 3 d, über 100 bis 200 £ 2 s 9 d und für jede weiteren 100 £ 6 d mehr beträgt.

Anträge auf Rückzahlungen (Withdrawals) müssen unter Benutzung eines vorgeschriebenen Formulars an das Postsparkassen-Departement des General-Postamts gerichtet werden. Dieses fertigt ein Ermächtigungsschreiben (Warrant) aus und sendet es unter Umschlag an den Antragsteller. Die Rückzahlung kann bei jedem Postsparamt erfolgen; der Sparer hat das Postamt, bei dem er die Rückzahlung zu erheben wünscht, in seinem Antrag anzugeben. Die Rückzahlung des gekündigten Betrages erfolgt gegen Vorlegung des Sparbuches und des Ermächtigungsschreibens; auf letzterem hat der Sparer Quittung zu leisten. Rückzahlungen bis 1 £ können jedoch auch ohne vorgängigen Antrag bei dem Sparkassen-Departement gezahlt werden. In solchen Fällen hat der Sparer sein Sparbuch an das Postamt abzugeben, das es an das Postsparkassen-Departement einsendet. Der Sparer hat darauf zu achten, daß ihm das Buch nach einigen Tagen wieder zugeht. Für jede Rückzahlung ist grundsätzlich eine Kündigungsfrist von 10 Tagen vorgesehen, die jedoch in der Praxis nicht beobachtet wird.

Anträge auf Rückzahlungen bis 20 £ können telegraphisch gestellt werden und die Zahlungsermächtigungen können vom Kontrolleur (Controller) der Postsparkasse in London telegraphisch erteilt werden. Die Telegrammgebühren hat sämtlich der Antragsteller zu zahlen. Am Tage des Antrages selbst können jedoch nur Rückzahlungen bis 10 £ erfolgen.

Für jeden Sparer wird beim Zentralamt in London ein Konto in einfacher Ausfertigung geführt. Es ist den Sparern anempfohlen, alljährlich am Tage der Ausfertigung des Sparbuches letzteres an das Zentralamt zur Prüfung und Zuschreibung der Zinsen einzusenden. Diese Übersendung kann portofrei erfolgen; Briefumschläge zur Verpackung des Sparbuches sind bei den Postanstalten kostenfrei erhältlich.

Im Falle des Verlustes eines Sparbuches kann dem Sparer auf Verlangen und gegen Zahlung einer Gebühr von 1 s ein Doppel ausgefertigt werden. Sparbücher sind nicht pfändbar.

F. Lebensversicherungs- und Leibrentengeschäft.

Durch Parlamentsakte ist der General-Postmeister ermächtigt, das Leben von Personen beiderlei Geschlechts zu jeder Summe von 5 bis 100 £ versichern zu lassen. Versicherungen können von jeder Person bewirkt werden, die nicht jünger als 14 und nicht älter als 65 Jahre ist; beträgt die Versicherungssumme nicht mehr als 5 £, so sind Versicherungen auch schon für Personen von 8 Jahren ab zulässig.

Durch dieselbe Akte ist der General-Postmeister ferner ermächtigt, sofort oder von einem bestimmten Lebensjahr ab zahlbare Leibrenten zu gewähren, deren jährlicher Betrag nicht geringer als 1 £ und nicht höher als 100 £ für dieselbe Person sein darf. Die zum Empfang der Leibrente berechtigte Person darf nicht jünger als 5 Jahre sein. Denjenigen Personen, deren Leben versichert ist oder für die Renten bestimmt sind, ist für die pünktliche und richtige Auszahlung der ihnen zustehenden Summe staatliche Garantie zugesichert.

Personen, die ihr Leben versichern oder sich eine Jahresleibrente verschaffen wollen, müssen auf einem Formular genaue Angaben über ihr Alter niederschreiben. Können diese Angaben von dem Standesbeamten (Registrar General) beglaubigt werden, so sind weitere Belagstücke nicht erforderlich; andernfalls hat der Antragsteller einen Geburts- oder Taufschein vorzulegen. Ehegatten können beide für sich Versicherungen bis zu 100 £ beantragen und sich Leibrenten bis zum Jahresbetrage von je 100 £ sichern.

Die Prämien sind allgemein zahlbar durch Vermittelung der Postsparkasse. Alle, die ihr Leben bei der Post versichern oder sich in die Postrentenbank einkaufen, sind daher zugleich Mitglieder der Postsparkasse. Ihre Prämien werden regelmäßig von dem Geld einbehalten, das von ihnen in die Postsparkasse eingezahlt ist oder das sie an Zinsen von der Postsparkasse zu fordern haben. Die zur Deckung der Prämien erforderlichen Beiträge können durch Einlagen bei irgendeinem Postsparamt von mindestens 1 s oder auch unter Benutzung von Postsparkarten durch Verwendung von Freimarken zu 1 d angesammelt werden. Außerdem kann auch durch die beteiligte Person Anweisung gegeben werden, daß die Zinsen von Einlagen oder die Dividenden von durch die Sparkasse angekauften Staatspapieren zur Tilgung der fraglichen Beiträge verwendet werden, ohne daß das ersparte Kapital selbst angegriffen wird.

Jede mindestens 16 Jahre alte Person, deren Leben versichert ist, hat das

Recht, eine Person zu bestimmen, die beim Todesfall die Versicherungssumme in Empfang nehmen soll. Dies muß auf einem Formular geschehen, das von dem Kontrolleur des Sparbankdepartements beim General-Postamt in London zu beziehen ist.

Lebensversicherungen (Insurances). Die Höhe der Lebensversicherungsprämien richtet sich nach dem Alter der zu versichernden Person und nach dem Zeitpunkt, bis zu dem die Versicherungsprämien zahlbar sein sollen. Das folgende Beispiel zeigt die verschiedenen Arten, auf die Versicherungen ausgeführt werden können. Das Leben eines Mannes oder einer Frau im Alter von 24 bis 25 Jahren soll mit 10 £ versichert werden, die beim Tode zahlbar sind. Findet die Zahlung der Prämien bis zum Tode statt, so beträgt die Jahresprämie 4 s 4 d (wöchentlich 1 d); soll dagegen die Zahlung der Prämien spätestens mit vollendetem 60. Lebensjahr aufhören, so stellt sich die Jahresprämie auf 4 s 10 d. Außerdem kann die Zahlung von Prämien ganz wegfallen, wenn beim Beginn der Versicherung ein Kapital von 4 £ 9 s eingezahlt wird. Hat ferner eine Person im Alter von 24 bis 25 Jahren ein Guthaben von 9 £ in der Postsparkasse, so kann sie bestimmen, daß von den Zinsen (jährlich 4½ s) 4 s 4 d zur Deckung der Prämien für eine Lebensversicherung von 10 £ verwendet werden. Auf diese Art werden die Prämien gedeckt, ohne daß das ersparte Kapital angerührt wird.

Im weiteren sind Versicherungen in der Weise zulässig, daß das Versicherungskapital beim Eintritt des Todes, spätestens aber bei vollendetem 55., 60. oder 65. Lebensjahr zahlbar wird. Die Zahlung der Prämien erfolgt in diesem Falle je nach Wunsch alljährlich oder in einer Summe bei Beginn der Versicherung. Endlich können Versicherungen dergestalt abgeschlossen werden, daß die Versicherungssumme nach 10, 15, 20, 25, 30, 35 oder 40 Jahren oder bei dem etwaigen früheren Tode auszuzahlen ist; bei solchen Versicherungen ist nur die einmalige Einzahlung einer Summe bei Beginn zulässig, deren Höhe sich nach dem Lebensalter und der Versicherungsdauer richtet.

Übersteigt der Versicherungsbetrag nicht 25 £, so wird die Aufnahme des Antragstellers von dem Ergebnis einer ärztlichen Untersuchung nicht abhängig gemacht. Sollte jedoch in solchem Falle der Versicherte sterben, bevor die zweite Prämie fällig ist, so wird den Hinterbliebenen oder sonstigen Empfangsberechtigten nur der Betrag der ersten Prämie ausgezahlt; stirbt der Versicherte nach Zahlung der zweiten Prämie, aber vor dem Fälligkeitstage der dritten Prämie, so zahlt die Postkasse nur die Hälfte des versicherten Betrages. Ist in den beiden bezeichneten Fällen der Tod des Versicherten erweislich durch einen Unglücksfall herbeigeführt worden, so wird die volle Versicherungssumme ausbezahlt. Übrigens können Personen, die ihr Leben mit nicht mehr als 25 £ versichern wollen, auf ihren Wunsch vor ihrer Aufnahme gegen Zahlung einer Gebühr von 2½ s einer ärztlichen Untersuchung unterzogen werden; in diesem Falle ist die volle Versicherungssumme stets ohne Abzug fällig, gleichviel wann der Tod des Versicherten eintritt.

Niemand kann sein Leben mit weniger als 5 £ versichern. Wer aber sein Leben mit nur 5 £ versichert hat, kann es im Laufe der Jahre noch so oft von neuem versichern, bis die Gesamtversicherungssumme 100 £ erreicht hat. Sollte ein Versicherter, nachdem er 2 Jahre regelmäßig seine Prämien gezahlt hat, nicht mehr fähig oder gewillt sein, die Zahlung der Prämien fortzusetzen, so wird ihm von seinen Prämien ein Betrag erstattet, den die National-Schuldenverwaltung festsetzt.

Leibrenten (Government Annuities). Die Summe, die für die Ausfolgung einer Leibrente einzuzahlen ist, richtet sich nach Alter und Geschlecht des Leibrentenempfängers und danach, ob die Leibrente alsbald zahlbar sein oder erst nach Ablauf einer bestimmten Reihe von Jahren oder von einem bestimmten Lebensjahr ab beginnen soll, und ob das eingelegte Rentenkapital nach dem Aufhören der Rentenzahlung zurückgegeben werden oder der Staatskasse verbleiben soll. Die folgenden Beispiele zeigen, welche verschiedenen Arten von Renten erlangt werden können.

1. Wenn das eingezahlte Rentenkapital voll der Staatskasse verbleiben soll, so hat ein Mann im Alter von 24 Jahren, dem von seinem 54. Jahre ab eine Jahresrente von 1 £ halbjährlich in Teilzahlungen ausgefolgt werden soll, entweder bis zum Eintritt der Rentenzahlung, also während 30 Jahre, jährlich einen Beitrag von 4 s 4 d (wöchentlich 1 d) zu leisten oder auf einmal alsbald ein Rentenkapital von 3 £ 19 s 10 d einzuzahlen. Unter der gleichen Vorbedingung hat eine Frau im Alter von 24 Jahren, die sich von ihrem 54. Lebensjahr ab eine solche Jahresrente von 1 £ sichern will, entweder bis zum 54. Lebensjahr einen Beitrag von 5 s 4 d jährlich oder eine einmalige Zahlung von 5 £ 3 s 2 d zu leisten. Eine bei Einzahlung eines Rentenkapitals alsbald beginnende Jahresrente von 1 £ erfordert für einen 65 jährigen Mann ein Rentenkapital von 9 £ 13 s 4 d, für einen 30 jährigen Mann dagegen von 20 £ 9 s 1d, für eine 65 Jahre alte Frau von 10 £ 14 s 7 d und für eine 30 jährige Frau von 22 £ 11 s 8 d.

2. Wenn das eingezahlte Rentenkapital nach dem Tode des Rentners oder vor Beginn der Rentenzahlung im Falle der Unfähigkeit oder der Weigerung, zur Schaffung des Kapitals weitere Beiträge zu leisten, an den Einzahler oder an die sonstigen Empfangsberechtigten zurückgegeben werden soll, so ist für einen Knaben von 10 Jahren, der von seinem 50. Lebensjahre ab eine Jahresrente von 1 £ beziehen soll, bis zum Eintritt in das 50. Jahr ein jährlicher Beitrag von 4 s 4 d (1 d die Woche) oder ein Rentenkapital von 5 £ 11 s 9 d zu zahlen; für eine Frau von 26 Jahren, der vom Eintritt in das 62. Lebensjahr ab eine Jahresrente von 1 £ gesichert werden soll, beträgt der jährliche Beitrag ebenfalls 4 s 4 d, ein alsbald einzuzahlendes Kapital dagegen 5 £ 4 s 1 d.

Mehrere Personen können sich auch gemeinschaftlich Renten sichern, so zwar, daß die Rente beim Tode einer dieser Personen für diese in Wegfall kommt oder auf die Überlebenden bis zum Tode der letzten übertragen wird.

5. Italien.

(Mit San Marino 286743 qkm und 33920778 Einwohner.)

Die oberste Verwaltungsbehörde für das italienische Post- und Telegraphenwesen bildet das Ministerium der Posten und Telegraphen in Rom, das von einem Minister geleitet wird. Letzterem ist ein Unterstaatssekretär (Sotto segretario di Stato) beigegeben; in der Beaufsichtigung des Betriebes wird er unterstützt von 2 General-Inspektoraten (Ispettorati generali), das eine für den Postbetrieb, das andere für den Seedienst. Ferner ist ein besonderes Ober-Inspektionsamt (Ufficio superiore d'ispezione) eingerichtet. Für den Minister und den Unterstaatssekretär besteht je ein besonderes Kabinettsbureau. Das Ministerium zerfällt im übrigen in 5 große Abteilungen: das „General-Sekretariat" (Segretariato generale) für Personal-, Bau-, Gesetz- und Kassenangelegenheiten, die „Generalpostdirektion" (Direzione generale delle poste) für den eigentlichen Postdienst, die „Generaldirektion für Telegraphie" (Direzione generale dei telegrafi), die „Generaldirektion für Fernsprechwesen" (Direzione generale dei telefoni) und die „Generaldirektion für Postanweisungs- und Sparkassenwesen" (Direzione generale dei vaglia et dei risparmi). An der Spitze jeder Abteilung steht ein „Generaldirektor" (Direttore generale). Jede Abteilung zerfällt in mehrere Unterabteilungen (Divisioni), diese zerfallen wiederum in Sektionen (Sezioni); jede Unterabteilung wird von einem „Divisionschef" (Capo divisione), jede Sektion von einem „Sektionschef" (Capo sezione) geleitet. Das nachgeordnete Personal bilden Ober-Sekretäre (Primi segretari), Sekretäre (Segretari), Vize-Sekretär (Vice segretari), sowie Hilfsarbeiter (volontari) als Anwärter auf die Sekretärstellen. Eine selbständige Unterabteilung, die ebenfalls aus mehreren Sektionen besteht, bildet das „Abrechnungsbureau" (Ragioneria), das von dem Direttore capo della ragioneria centrale geleitet wird. Den General-Inspektoren ist eine Anzahl „Zentralinspektoren" (ispettori centrali) unterstellt, die sämtlich ihren Amtssitz in Rom haben und von dort aus ihre Inspektionsreisen ausführen. Eine „Zentralkasse" (cassa centrale) bildet eine Sektion des General-Sekretariats. Beim Ministerium besteht ein Consiglio d'Amministrazione (Verwaltungsrat), der aus 4 Generaldirektoren, 2 Beamten, die mindestens den Rang der Divisionschefs haben, dem Vorsteher des Ober-Inspektionsamtes (der einen niedrigeren Rang als ein Divisionschef hat) und dem Direktor des Abrechnungsbureaus gebildet wird und unter dem Vorsitz des Ministers oder Unterstaatssekretärs zusammentritt. Handelt es sich um Beamtenfragen, so können noch einige weitere sachverständige Beamte hinzugezogen werden. Für Telegraphenangelegenheiten ist ein „höherer Telegraphenrat" (Consiglio superiore dei servizi elettrici) bestimmt, der technischen Zwecken ausschließlich für Telegraphie und Fernsprechwesen dient. Ferner besteht für Disziplinarangelegenheiten der „Disziplinarrat" (Consiglio di disciplina).

Die Beamten des Ministeriums beziehen folgende Gehälter: der Unterstaatssekretär 12000 Lire*), die Generaldirektoren 10 000 L., die Generalinspektoren 9000 L., der Vorsteher des Abrechnungsbureaus 8000 L., die Capi divisione 1. Kl. 8000, 2. Kl. 7000 L., die Capi sezione und Zentralinspektoren 1. Kl. 6000, 2. Kl. 5000 L., die Ober-Sekretäre 3000, 3500, 4000, 4500 und 5000 L. (Zulagen nach je 4 Jahren), die Sekretäre 3000, 3500 und 4000 L. (Zulagen nach je 5 Jahren) und die Vizesekretäre 1500, 2000 und 2500 L. (Zulagen nach je 4 Jahren).

Das Königreich Italien besteht aus 69 Provinzen; jede bildet für sich einen Postbezirk. Die Oberleitung des Postdienstes in jedem Bezirk ist einer „Provinzialdirektion" (Direzione provinciale) übertragen, die in Oberpostdirektionen — Direzioni superiori (in Rom, Turin, Mailand, Genua, Florenz, Neapel, Palermo, Bologna und Venedig) — und in Direktionen 1. und 2. Kl. zerfallen. An der Spitze der ersteren steht ein Oberpostdirektor (Direttore superiore) — Gehalt 7000 und 8000 L. —, der übrigen ein Direttore provinciale (Gehalt 5000

*) 1 Lira (L.) zu 100 Centesimi (Ct.) = 81 Pf.; 1 Centesimo = 4/5 Pf.

und 6000 L.). Den Vorstehern der meisten Direktionen sind Vizedirektoren (Vice direttori provinciali) — Gehalt 3000, 3500, 4000, 4500 und 5000 L. — beigegeben, die bei den größeren Direktionen „Direttore provinciale aggiunto" heißen und den Rang von Sektionschefs haben. Am Sitze der Oberpostdirektionen sind für den Postdienst besondere Hauptpost- und Haupttelegraphenämter bestimmt, die den Namen Direzione locale führen. In den übrigen Bezirken ist den Provinzialdirektoren zugleich die Leitung des Hauptpostamts in der Provinzialhauptstadt mit übertragen. Die Vorsteher der Abteilungen der Provinzialdirektionen heißen Direttori di riparto oder d'ufficio, je nachdem sie im Verwaltungs- oder Betriebsdienst tätig sind; sind sie Vorsteher von großen Zweigämtern, so heißen sie auch Capi di riparto oder d'ufficio. An der Spitze der Lokaldirektionen stehen die Direttori locali, denen bei den größten Direktionen Direttori locali aggiunti zur Unterstützung und Vertretung beigeordnet sind. Den Bezirks-Aufsichts- und Kontrolldienst besorgen „Bezirksinspektoren" (Ispettori distrettuali), deren es z. B. 57 gibt. Sie unterstehen dem Ober-Inspektionsamt, haben jedoch ihren Amtsort am Sitze der Provinzialdirektion, für deren Bezirk sie bestimmt sind; einzelne Revisionsbezirke setzen sich jedoch aus 2 Provinzen zusammen. Die Bezirksinspektoren beziehen das gleiche Gehalt wie die Ober-Sekretäre des Ministeriums und werden auch aus den Beamten der Sekretär- und Ober-Sekretärstellung gewählt. Ihnen sind je nach Bedarf „Adjunkt-Inspektoren" (Ispettori aggiunti) und „Vize-Inspektoren" (Vice ispettori) zur Vertretung und Aushilfe, ferner Prüfungsbeamte (Verificatori) zur Wahrnehmung der Rechnungskontrollen beigegeben. Die Bezirksinspektoren, Adjunkt-Provinzialdirektoren, Vizedirektoren und Lokaldirektoren werden der Sekretär- und Obersekretärklasse entnommen und beziehen das gleiche Gehalt wie diese; daneben erhalten jedoch die Adjunkt-Provinzialdirektoren und die ersten Bezirksinspektoren noch eine Stellenzulage von 300 L.

In den übrigen Orten des Landes sind Postämter (Uffici) 1., 2. und 3. Kl., je nach dem Verkehrsumfang, und in den kleineren Orten Postagenturen (Collettorie) eingerichtet. Zu den Postämtern 1. Kl. zählen nur solche, die eine etatsmäßige Einnahme von 60 000 L. oder eine nichtetatsmäßige Einnahme von 1½ Millionen L. aufweisen. Zu ihnen gehören auch die Ortsämter der Lokal- und Provinzialdirektionen in den Provinzialhauptstädten, ferner die großen Zweigpostanstalten in den größeren Städten, auf wichtigen Bahnhöfen, in Grenzstädten und in den bedeutenderen Häfen des Landes. An der Spitze eines Postamts 1. Kl. steht ein „Postamtsvorsteher" (Capo d'ufficio), dem Beamte mit fester Besoldung zur Wahrnehmung des technischen Dienstes nachgeordnet sind. In größeren Orten sind dem Postamtsvorsteher oder Lokaldirektor besondere Ortsaufsichtsbeamte, „Untervorsteher" (Sottocapi), ferner „Vizesekretäre" (eine Art Ober-Postsekretäre) beigegeben. Postämter 2. Kl. bestehen in Orten, deren Portoeinnahme im dreijährigen Durchschnitt mindestens 1500 L. oder deren Einnahme aus dem Postanweisungs- und Postsparkassenverkehr mindestens 10000 L. beträgt; Postämter mit weniger Portoeinnahme gehören im allgemeinen zur 3. Kl. Der Dienst wird bei Postämtern 2. und 3. Kl. von Postmeistern männlichen und weiblichen Geschlechts (ricevitori) wahrgenommen, die vor ihrer Einstellung den Nachweis einer besseren Schulbildung zu erbringen haben, sei es durch Zeugnisse, sei es durch eine Prüfung. Sie beziehen feste Vergütungen, deren Höhe indessen von 3 zu 3 Jahren wechselt und sich nach dem Geschäftsumfange richtet. So werden vergütet: für 1 bis 10 täglich ankommende Kartenschlüsse 4 L. jährlich für jeden, für 11 bis 20 2 L. für jeden, für mehr als 20 1 L. für jeden, für 1 bis 10 abgehende Kartenschlüsse 18 L. für jeden, für 11 bis 20 12 L. und für weitere 8 L. für jeden, für Durchgangsposten bei 1 bis 10 2 L., bei mehr 1 L. für jeden über 10 hinaus, für ankommende Einschreibbriefe 3 L. für je 100 bis 500, 2 L. für je 100 über 500 bis 1000, 1 L. jährlich für je 100 über 1000, für solche mit Nachnahme 1 L. mehr für jede 100, für angenommene Einschreibbriefe bis 1000 für jede 100 4 L., über 1000 bis 25 000 2 L. für jede 100, darüber hinaus 1 L. für jede 100 — unter Zuschlag von 1 L. für je 100 mit Nachnahme belastete Einschreibbriefe —, für Wertbriefe ankommend bis 500 Stück jährlich 4 L., über 500 bis 1000 3 L., darüber 2 L. für je 100, aufgeliefert bis 200 Stück 10 L., über 200 bis 1000 8 L., über 1000 bis 20 000 4 L., darüber hinaus 2 L. für je 100, mit Nachnahme 1 L. mehr für jede 100 Stück, für Pakete ankommend bis 1000 Stück 5 L., über 1000 bis 25 000 3 L., darüber 2 L. für je 100 Stück, mit Nachnahme 1 L., mit Wertangabe 2 L. mehr für je 100 Stück, aufgeliefert und im Durchgang bis 1000 4 L., über 1000 bis 25 000 2 L. und darüber 1 L. für je 100 Stück mit Zuschlägen für solche mit Nachnahme oder Wertangabe; in ähnlicher Weise werden die Entschädigungen berechnet für angekommene Postaufträge, für ein- und ausgezahlte Postanweisungen (für Zahl und Betrag), für verkaufte Postwertzeichen, für portofreie Sendungen (30 und 20 L. für jede absendende Behörde), für Eilbriefe und abzutragende Telegramme, für aufgelieferte und aufzunehmende Telegramme (4 bis 23 L. für je 100), für Sparkassenbücher, Einlagen und Auszahlungen, für jeden Landbriefträger und Postboten, für die Zahl der täglichen Dienststunden usw. Das Mindesteinkommen eines Ricevitore soll jedoch bei einem vereinigten Amt 2. Kl. 800 L., 3. Kl. 500 L., bei einem Postamt 2. Kl. ohne Telegraphie oder Fernsprecher 650 L., 3. Kl. 400 L. betragen. Wird ein Postamt 2. oder 3. Kl. frei, so wird die Stelle öffentlich ausgeschrieben, und zwar bei solchen mit einer Jahresvergütung von mindestens 2000 L. durch das Postamtsblatt (Bollettino del Ministero), bei solchen mit weniger Einkommen durch Aushang am Gemeindehaus oder durch das Gemeindeamtsblatt. Die Postagenturen nehmen nur den Postdienst wahr; wird die Einrichtung des Telegraphen- oder Fernsprechdienstes erforderlich, so werden sie in Postämter 3. Kl. umgewandelt.

Der Bahnpostbetrieb untersteht im allgemeinen den Vorstehern der Bahnhofspostämter. Für die Hauptlinien sind den letzteren besondere Aufsichtsbeamte, die Capi linea, zugeteilt, die hinsichtlich der Revisionsgeschäfte aber besonderen Streckeninspektoren unterstellt sind. Solcher Streckeninspektoren (Ispettori circoscrizionali) gibt es im ganzen fünf, die ihren Amtssitz in Rom, Neapel, Bologna, Mailand und Turin haben; sie unterstehen dem Generalinspektorat für den Postbetrieb. Sind bei einem Postamt mehrere Capi linea beschäftigt, so führt der älteste den Titel Capo linea principale. Daneben haben aber auch die Bezirksinspektoren den Bahnpostdienst fortlaufend zu beaufsichtigen. Zum Bahnpostdienst werden nur gesunde und gewandte Beamte zugelassen. Vor ihrer Verwendung müssen sie sich einer Prüfung unterziehen, von deren Ausfall die Zulassung zum Fahrdienst durch das General-Inspektorat abhängig ist. Ist die Zulassung ausgesprochen, so sind sie als surroganti bei einem Bahnhofspostamt zu beschäftigen, auch zu Probefahrten heranzuziehen und bei eintretenden Stellenerledigungen nach der durch die Prüfung festgelegten Reihenfolge endgültig in den Fahrdienst einzustellen. Die sämtlichen Bahnpostbeamten (ebenso wie die Sortierbeamten in großen Städten) haben sich alljährlich einer Prüfung zu unterziehen, durch die sie den Nachweis, in einer gewissen Zeit eine bestimmte Mindestzahl von Sendungen sortieren zu können, erbringen müssen; den tüchtigsten Bahnpostbeamten werden Sortierprämien von je 300 L., den tüchtigsten Ortssortierbeamten solche von 100 L. gewährt, doch kann derselbe Beamte eine solche Prämie nur alle 2 Jahre einmal erhalten. Zur Ausbildung der Beamten im Sortierdienst bestehen in einzelnen Städten auch Sortierkurse, welche die für den Sortier- und Bahnpostdienst bestimmten Beamten besuchen müssen. Bahnpostbeamte, die bei den Sortierprüfungen nicht genügen, werden aus dem Fahrdienst zurückgezogen, bis sie durch erneuten Besuch der Sortierkurse sich die nötige Sicherheit und Gewandtheit im Sortieren wieder erworben haben. Auch die Bahnpostschaffner (messageri) haben sich vor der Zulassung zum Bahnpostdienst einer Prüfung zu unterziehen. Das Bahnpostpersonal bezieht neben dem Gehalt besondere Fahrt- und Überlagergebühren; für jede Stunde Arbeit (die Vorbereitungsarbeit vor der Abfahrt eingeschlossen) werden dem Dienstleiter (capo-turno) 35, den übrigen Beamten 30 und den Unterbeamten 20 Ct., für jede Stunde Überlager ohne Arbeit 20, 20 und 15 Ct. gezahlt.

Die eigentlichen Beamten der Postverwaltung (Personale di ruolo) zerfallen in 4 große Gruppen; die 1. bilden die Direktionsbeamten (personale direttivo), die 2. die Verwaltungs- und Rechnungsbeamten (personale amministrativo e contabile), die 3. die unteren Betriebsbeamten (personale d'ordine) und die 4. die Unterbeamten (agenti subalterni). Zur 1. Gruppe gehören die Beamten des Ministeriums, alle Inspektoren, die Vorsteher und Verwaltungsbeamten der Provinzialdirektionen und Ortsdirektionen. Die 2. Gruppe umfaßt die Postamtsvorsteher (Capi d'ufficio) und Kassierer — Cassieri — (Gehalt 3000, 3400, 3800 und 4000 L., Aufsteigen alle 4 Jahre, letzte Stufe nach 3 Jahren), die Betriebssekretäre (Ufficiale) mit Gehältern von 1200, 1500, 1800, 2100, 2400 und 2700 L. (Zulagen alle 4 Jahre), die Ober-Betriebssekretäre (Primi ufficiali) 3000, 3300, 3600 und 4000 L. (Zulagen nach je 5 Jahren) und die weiblichen Beamten (Ausiliarie) mit Gehältern von 1200, 1450, 1700, 1950, 2200 und 2450 L. (Zulagen bis 1950 L. alle 4, dann alle 5 Jahre). Das untere Betriebspersonal bilden die Adjunkten (aiutanti) mit 1200, 1450, 1700, 1950, 2200 und 2450 L. (Zulagen wie die Ausiliarie). Die Hilfsbeamten bei Postämtern 2. und 3. Kl. heißen „Supplenti" und werden vom Ricevitore bezahlt. Die Unterbeamten zerfallen in Briefträger (Portalettere) und Postschaffner (Serventi) — Gehalt 900 und (nach 2 Jahren) 1000 L. — (mit einem Gehalt von 900 L. heißen sie Vizebriefträger und Vizepostschaffner), Vizebrigadiers (Vice brigadieri) und Vizebahnpostschaffner (Vice messageri) — Gehalt 1200 L. —, Brigadiers — eine Art Oberbriefträger, denen die Aufsicht über das Bestellpersonal obliegt — (Brigadieri) und Bahnpostschaffner (Messageri) — Gehalt 1400, 1600 und 1800 L. Die Beamten und Unterbeamten in Rom beziehen außer dem Gehalt noch Ortszulagen. Die Postboten und Postillione, die auf Vertrag beschäftigt sind, sowie die Landbriefträger (Portalettere rurali) und Postfußboten (Pedoni rurali), die Kastenleerer (Vuotacassette) und Vorortsbriefträger (Portalettere suburbani) zählen nicht zu den eigentlichen Unterbeamten, wie auch die Vorsteher der Postämter 2. und 3. Kl., ihre Hilfsbeamten (Supplenti) und die Inhaber von Postagenturen (Collettori) außerhalb der Reihe der Beamten (fuori ruolo) stehen. Die Vorsteher der Postämter 1. Kl. auf großen Bahnhöfen und in wichtigen Häfen, sowie die Streckeninspektoren beziehen neben ihrem Gehalt noch besondere Funktionszulagen von 200 bis 300 L., die Bahnpostdirektoren auf wichtigen Bahnhöfen solche von 200 L., die ihnen unterstellten Unterdirektoren (Sottocapi) und Aufsichtsbeamten (Capi linea) von 150 L., ihre sonstigen Beamten von 100 L. und ihre Unterbeamten von 60 L. jährlich. Den angestellten Unterbeamten können bei besonderer Tüchtigkeit und musterhafter Führung nach frühestens 3 und dann nach frühestens 4 weiteren Jahren Dienstauszeichnungen (Distintivi di merito) verliehen werden, mit denen je eine jährliche Zulage von 60 L. verbunden ist. Bemerkenswert ist, daß den Betriebsbeamten und Unterbeamten für Nachtarbeit und Nachtwachdienst besondere Nachtdienstentschädigungen (Indennità di servizio notturno) gezahlt werden, sofern der Dienst in die Zeit zwischen 11 und 6 Uhr fällt. Sie betragen für Nachtarbeit für die Beamten 25, für die Unterbeamten 15 Ct. die Stunde, für Nachtwachdienst 1 L. die Nacht. Bahnpostbeamte usw. beziehen diese Entschädigungen jedoch nicht.

Die Aufnahme der Beamten in den Dienst und die Beförderung in höhere Dienststellen sind (die Beförderungen nur zum Teil) von Prüfungen abhängig. Beförderung kann auch für einen Teil der Stellen nach Dienstalter und durch besonderes Verdienst erfolgen; letzteres bedingt nur eine beschränkte Prüfung. Für die Stellen der Adjunkten (Aiutanti) werden (für ein Drittel der Stellen) Militäranwärter, (für die übrigen) Vorsteher von Ämtern 2. und 3. Klasse und ihre Vertreter, sowie Unterbeamte zugelassen, die eine Gymnasial- oder technische Bildung genossen haben oder eine Prüfung bestehen; in dieser haben sie einen Aufsatz über Gegenstände des gewöhnlichen Dienstes zu fertigen, Rechenaufgaben aus der elementaren Arithmetik bis zur Regeldetri zu lösen und eine Probeschrift (Schönschreiben) zu liefern. Nach bestandener Prüfung erhalten die fraglichen Unterbeamten — unter Fortbezug ihres Unterbeamtengehaltes für 3 Monate — den Titel Aspiranti aiutanti. Als solche beziehen sie nach Ablauf von 3 Monaten Tagegelder von $2^1/_2$ L. Nach 1 Jahr haben sie eine weitere mündliche Prüfung abzulegen, nach der sie bei eintretenden Stellenerledigungen zu Adjunkten (aiutanti) 5. Kl. (unterste Besoldungsstufe) ernannt werden. Der Postverwaltung fernstehende Personen, die Beamte der 2. Gruppe werden wollen und mehrere Jahre ein Gymnasium oder Technikum besucht haben, haben sich einer Aufnahmeprüfung zu unterziehen, in der unter anderem auch eine Übersetzung ins Französische zu fertigen ist. Nach ihrer Einstellung in den Dienst heißen sie Eleven (Alunni); sie haben zunächst eine Lehrzeit von 6 Monaten durchzumachen, während der sie keinerlei Entschädigung aus der Postkasse beziehen. Nach Ablauf der Lehrzeit erhalten sie, frühestens jedoch nach einjähriger Dienstzeit, ein Tagegeld von $2^1/_2$ L. Nach 1 Jahr können sie beim Eintreten von Stellenerledigungen in eine Stelle als Ufficiale 6. Kl. (unterste Gehaltsstufe) einrücken. Auch Adjunkte (Aiutanti), Vorsteher von Postämtern 2. und 3. Kl., die der Verwaltung mindestens 3 Jahre angehören und nicht über 40 Jahre alt sind, sowie Hilfsbeamte solcher Ämter (Supplenti) können u. U. nach Ablegung einer besonderen

Prüfung, die der Aufnahmeprüfung der Alunni entspricht, zu Betriebssekretären (Ufficiali) 6. Kl. befördert werden.

Anwärter für die höheren Verwaltungsstellen (1. Gruppe), die ein Gymnasium absolviert haben müssen und zwischen 18 und 25 Jahre alt sind, haben sich einer Aufnahmeprüfung zu unterziehen, nach deren Bestehen sie zu Volontari ernannt werden. Sie haben einen Unterrichtskursus durchzumachen und dann eine Prüfung abzulegen. Hierauf werden sie (frühestens nach 6 Monaten) zu Vizesekretären 3. Kl. ernannt, als welche sie zunächst Tagegelder von 3 L. beziehen. Die Vizesekretärstellen 3. Kl. werden zur Hälfte mit Volontären, zur anderen Hälfte mit Betriebssekretären und Vorstehern von Ämtern 2. und 3. Kl. besetzt, die jene Aufnahmeprüfung bestehen oder die Staatsprüfung für Rechtswissenschaften, Physik oder Mathematik abgelegt haben oder das Diplom als Zivil- oder Gewerbe-Ingenieur besitzen oder eine höhere Handelsschule absolviert haben.

Zu Sekretären 3. Kl. werden Vizesekretäre 1. und 2. Kl. mit höchstens 2500 L. Gehalt und andere Beamte der 2. Gruppe mit mindestens 2400 L. Gehalt nach beschränkter Prüfung, sowie Vizesekretäre 1. Kl. (mit Vorzug) nach Ablegung einer besonderen vollen Prüfung (Sekretärprüfung) befördert. Um Postamtsvorsteher (mit 3000 L. Gehalt) zu werden, haben die Vizesekretäre 1. und 2. Kl. (ebenfalls nur zu einem Teil in vollem Umfange) eine Amtsvorsteherprüfung, die sich auch auf Telegraphie erstreckt, abzulegen. Für Beamte, die höhere Stellen erreichen wollen, besteht in Rom eine „höhere Post- und Telegraphenschule", die mit einer Bibliothek und einem Postmuseum verbunden ist. Sie zerfällt in 2 Abteilungen, die eine für Post, die andere für Telegraphie. Zugelassen sind nur Beamte, welche die Sekretärprüfung mit Erfolg abgelegt haben. Der Schulbesuch ist unentgeltlich; nicht in Rom wohnende Beamte erhalten neben ihrer Besoldung die Hälfte der verordnungsmäßigen Tagegelder. Der Lehrplan ist zweijährig; am Schluß jedes Jahres haben sich die Schüler einer Prüfung zu unterziehen, die aus einem praktischen, schriftlichen und mündlichen Teile besteht. Nach erfolgreichem Besuche der Schule erhalten die Schüler ein Diplom, das sie, wenn sie ein Jahresgehalt von 3500 L. erreicht haben, zur Beförderung in eine Sektionsvorstehersteile beim Ministerium berechtigt.

Die Beamten, die mit der Verwaltung von Kassen oder Behandlung von Wertsendungen und Geldern betraut sind, insbesondere auch die Postamtsvorsteher und Postmeister, haben Kautionen zu stellen. Sie betragen u. a. für Kassierer der Provinzialdirektionen 6000 L., für Vorsteher von Postämtern 1. Kl. 1000 L., für Vorsteher der Postämter 2. Kl. das dreifache der Jahresvergütung, mindestens aber 3000 L., für Vorsteher der Postämter 3. Kl. 500 L., für Postagenten 200 L., für Betriebssekretäre 700 L., für Adjunkten 500 L. usw. Bis zur Gestellung der Kautionen können vorübergehend Bürgschaften geleistet werden. Die Beamten, die Kaution gestellt haben, erhalten jährlich eine besondere Kautionsentschädigung (Indennità di cauzione) von 10 % des Kautionsbetrages, höchstens jedoch von 600 L. jährlich.

Die Postagenten (Collettori) sind keine eigentlichen Beamten, sondern in der Regel Ortseinwohner, die den Postdienst im Nebenamt verrichten. Auch sie haben eine Kaution zu stellen.

Die italienische Postverwaltung unterhält außer in den Kolonien Erithrea und Benadir auch einige Postanstalten im Auslande, und zwar in der Türkei in Konstantinopel, Durazzo, Janina, Jerusalem, Salonich, Skutari (Albanien), Smyrna und Valona, auf Kreta in Canea und in Tripolis in der Stadt Tripolis und in Bengasi, ferner in der Republik San Marino, die ein eigenes Postwesen nicht besitzt.

Die Beförderung, Bestellung und Ausgabe von Briefen, Kartenbriefen und Postkarten ist ein ausschließliches Recht des Staates (Postregal); ausgenommen sind nur offene, von Privatpersonen unentgeltlich beförderte, sowie durch Eilboten versandte Briefe, ferner Briefe, die von Orten ohne Postanstalt herrühren und nach solchen ohne Postanstalt gerichtet sind, und Fakturen, Policen, Frachtbriefe u. dgl., wenn sie offen den Frachtführern usw. übergeben werden. Verletzungen des Postregals werden mit Geldstrafe oder auch mit Gefängnis bestraft.

A. Briefpost.

Für Briefe (lettere) bestehen weder in bezug auf Gewicht noch auf Ausdehnungen Beschränkungen. Tarif: 15 Ct., Ortsbriefe 5 Ct. für jede 15 g, unfrankiert und unzureichend frankiert das Doppelte des fehlenden Frankos unter Abrundung auf eine durch 5 teilbare Centesimisumme aufwärts. Briefe, die zwischen italienischen Hafenorten mit anderen als Postschiffen befördert werden sollen, unterliegen einer festen Zuschlagtaxe von 5 Ct.

Die Unteroffiziere und gemeinen Soldaten des Landheeres und der Marine genießen Portoermäßigung. Briefe an sie bis 15 g kosten nur 10 Ct., unfrankiert 20 Ct. Für unfrankierte Briefe, die von Soldaten bis zum Unteroffizier einschließlich an ihre nächsten Anverwandten (Frau, Eltern, Kinder und Geschwister) gerichtet werden, gelangt nur ein Porto in Höhe des Frankos, also 15 Ct. für jede 15 g zur Erhebung; Vorbedingung ist jedoch, daß der Absender sich auf dem Briefe unter Angabe seines Ranges und des Truppenteils, dem er angehört, namhaft macht und den Brief an die vom Truppenteil zur Sammlung solcher Briefe bestimmte Dienststelle abgibt, ferner, daß die Briefe von dem Truppenteil unter besonderem, mit der Aufschrift „lettere non francate di militari“ (unfrankierte Briefe von Soldaten) versehenem Umschlag an die Postanstalt abgeliefert werden. Auch die von Gemeindevorstehern an andere Gemeindevorsteher und vorgesetzte Behörden abgesandten frankierten Briefe genießen eine Ermäßigung des Portos, und zwar beträgt das Franko nur 10 Ct. für jede 15 g.

Es ist auch zulässig, an die Postämter Briefe usw. für Empfänger ihres Bestellbezirks unter einem gemeinsamen Umschlage als Sammelsendung zu schicken; diese muß jedoch vollständig als Brief und die einliegenden Sendungen müssen nach der Ortstaxe frankiert werden.

Kartenbriefe (biglietti postali) werden zu 5 Ct. für den Ortsverkehr und 15 Ct. für den Fernverkehr von den Postanstalten verkauft.

Postkarten (cartoline postali) kosten für den Bestellbezirk der Aufgabepostanstalt 5 Ct., nach anderen Orten 10 Ct.; für Postkarten mit Antwort, die sowohl für den Bestellbezirk der Aufgabepostanstalt, als auch für den weitergehenden Verkehr gelten, sind allgemein 15 Ct. zu entrichten, so daß die erste Karte 10, die für die Antwort bestimmte aber nur 5 Ct. kostet. Die Doppelkarten zu trennen und jede für sich zu versenden, ist nicht gestattet. Unzureichend frankierte Postkarten werden mit dem doppelten Betrag des fehlenden Postkartenportos belegt. Im Wege der Privatindustrie hergestellte einfache Postkarten (nicht auch Postkarten mit Antwort) werden zur Beförderung angenommen; sie dürfen jedoch nicht größer als 14 zu 9 und nicht kleiner als 10 zu 7 cm, auch nicht schwerer als 5 g sein. Ortspostkarten können jedoch größer sein und bis zu 15 g wiegen. Unfrankierte Postkarten dieser Art werden ebenso wie Postkarten, die sonst den Vorschriften nicht entsprechen, wie unfrankierte Briefe taxiert.

Zeitungsbestellungen (associazioni ai giornali) werden von den Postanstalten zum festen Satz von 20 Ct. für jedes Exemplar entgegengenommen. Bestellt jedoch jemand gleichzeitig mehrere Exemplare derselben Zeitung, so ist die Gebühr nur einmal zu entrichten. Die Tätigkeit der Postanstalten erstreckt sich nur auf die Übermittelung der Bestellung und des Zeitungsgeldes an die Verleger. Zeitungen und Zeitschriften (stampe periodiche), die von den Verlegern unmittelbar versandt werden, unterliegen der im voraus zu entrichtenden Taxe von $^6/_{10}$ Ct. für jede 50 g und für jedes Exemplar, wenn die Zeitung wöchentlich mindestens sechsmal erscheint, und von 1 Ct. für jede 50 g und jedes Exemplar bei seltenerem Erscheinen. Werden sie dagegen von Privatpersonen versandt, so beträgt die Taxe 2 Ct. für jede 50 g. Unzureichend frankierte Zeitungssendungen werden mit dem doppelten Betrag des fehlenden Frankos belegt, unfrankierte gelangen nicht zur Absendung. Gewicht und Umfang der Zeitungspakete sind nicht begrenzt. Es sind auch Zeitungspakete an Zeitungshändler zulässig, die am Bestimmungsbahnhof unmittelbar abgeholt werden; sie müssen den Vermerk in der Aufschrift tragen „fuori dispaccio“ (außerhalb des Kartenschlusses).

Für außergewöhnliche Zeitungsbeilagen, die den Zeitungsexemplaren beigelegt sind, wird die gleiche Taxe wie für Zeitungen erhoben; doch werden solche Zeitschriften beigefügte Beilagen, die nur aus einem Blatte bestehen, sowie Zeichnungen, Schnitte, Modelle u. dgl., die durch Aufdruck als zu den Zeitschriften gehörig gekennzeichnet sind, als Teile der Zeitschrift angesehen. Werden Beilagen für sich versandt, so müssen sie, um gegen die ermäßigte Zeitungstaxe befördert zu werden, in der Aufschrift den gedruckten Vermerk „Beilage zu der x.-Zeitung“ tragen und dieselben Ausdehnungen wie diese Zeitung haben.

In Zeitungssendungen sind handschriftliche Angaben über den Tag des Ablaufs der Bezugszeit, über den Bezugspreis und über den Zweck der Sendung (Tausch-, Frei-, Probe-Exemplar), ferner Berichtigungen von Druckfehlern und Striche, um die Aufmerksamkeit des Lesers auf einzelne Stellen des Inhalts zu lenken, statthaft. Zeitungspakete, die den bestehenden Vorschriften nicht entsprechen, werden wie unfrankierte oder unzureichend frankierte Briefe behandelt. Enthalten sie unzulässige schriftliche Mitteilungen, so werden sie von der Beförderung ausgeschlossen, und der Absender verfällt in eine Geldstrafe von 5 bis 50 L.

Zu bemerken ist noch, daß, um den Verlegern von Zeitungen und Zeitschriften die Auflieferung der Zeitungspakete zu erleichtern, es die Regel bildet, diese nicht durch Aufkleben von Postfreimarken, sondern bar oder durch Anrechnung auf eine hinterlegte Summe (Kontierung) zu frankieren. Wird von der Kontierung Gebrauch gemacht, so müssen die Zeitungen stets bei einer Ortspostanstalt aufgeliefert werden; ihre Abgabe unmittelbar an eine Bahn- oder Schiffspost ist nicht gestattet. Unzureichend frankierte Zeitungen und Zeitschriften werden

8*

nur dann befördert, wenn das fällige, vom Empfänger einzuziehende Porto 1 L. nicht übersteigt.

Andere Drucksachen als Zeitungen (stampe) unterliegen allgemein der Taxe von 2 Ct. für jede 50 g; unfrankierte Drucksachen sind von der Beförderung ausgeschlossen, für unzureichend frankierte Drucksachen wird das Doppelte des fehlenden Frankos erhoben. Bei Massenauflieferungen ist die Barfrankierung (wie bei Zeitungen) zugelassen. Gewöhnliche Drucksachenpakete dürfen die Ausdehnungen von 45 cm in jeder Richtung, in Rollenform 75 zu 10 cm nicht überschreiten; eine Gewichtsgrenze besteht nicht. Visitenkarten, auf denen der Zweck der Übersendung (Beglückwünschung, Beileid, Verabschiedung) mit den Anfangsbuchstaben von zu diesem Zweck gebräuchlichen Worten (p. f., p. c. usw.) handschriftlich angegeben ist, sind zur Beförderung unter offenem Umschlag, Ansichtskarten mit solchen Angaben auch offen gegen eine ermäßigte Taxe von 5 Ct. zugelassen. Handschriftliche Zusätze sind in Drucksachen in gleichem Umfange wie im Weltpostverkehr gestattet.

Der Begriff der Geschäftspapiere (pieghi di carte manoscritte) deckt sich mit dem des Weltpostvereins. Das Meistgewicht ist jedoch auf 5 kg festgesetzt, in den Ausdehnungen dürfen Geschäftspapiere 45 cm in keiner Richtung, in Rollenform nicht 75 zu 10 cm überschreiten. Tarif: 20 Ct. bis 50 g, 40 Ct. von 50 bis 500 g, 80 Ct. von 500 bis 1000 g und für jede weiteren 500 g 40 Ct., unfrankiert und unzureichend frankiert das Doppelte des fehlenden Frankos. Geschäftspapiere nach dem Bestellbezirk der Aufgabepostanstalt und solche nach auswärts bis 15 g unterliegen der Taxe für Briefe, sofern diese niedriger als für Geschäftspapiere ist. Einem Paket mit Geschäftspapieren können eine Postanweisung, sowie ein offener, 15 g nicht überschreitender Brief gebührenfrei beigefügt werden. Ist der beigefügte Brief schwerer als 15 g oder verschlossen, so wird die ganze Sendung mit dem Briefporto belegt. Ebenso werden Geschäftspapiere, die den allgemeinen Versendungsvorschriften nicht entsprechen, wie unfrankierte oder unzureichend frankierte Briefe taxiert, solche jedoch, die zu groß oder zu schwer sind, nicht befördert.

Die Vorschriften über Warenproben (campioni merci) stimmen im wesentlichen mit denen des Weltpostvertrags überein. Das Meistgewicht ist auf 350 g, die Höchstausdehnungen sind auf 30 zu 20 zu 10 oder 30 zu 15 zu 15, in Rollenform auf 30 zu 15 cm festgesetzt. Tarif: 2 Ct. für jede 50 g, und zwar auch für Ortssendungen, unzureichend frankiert das Doppelte des fehlenden Frankos; unfrankierte Warenproben sind von der Beförderung ausgeschlossen. Als Warenproben können auch Waren versandt werden, deren Handelswert 5 L. nicht übersteigt; derartige Sendungen müssen jedoch der Einschreibung unterworfen werden. Finden sich solche Warenproben im Briefkasten vor, so werden sie von Amts wegen als Einschreibsendungen behandelt. Warenproben kann ein Brief beigefügt werden, für den jedoch das volle Franko zu zahlen ist.

Briefsendungen jeder Art können unter Einschreibung (raccomandazione) abgesandt werden. Einschreibgebühr für Briefe und Postkarten 25 Ct., im Ortsverkehr 10 Ct., für Warenproben und Drucksachen bis 500 g 10 Ct., im Ortsverkehr 5 Ct. Geht eine Einschreibsendung verloren, so wird für Briefe und Postkarten ein Ersatzbetrag von 25 L., für Drucksachen usw. von 5 L. gezahlt. Über jede Einschreibsendung wird dem Aufgeber unentgeltlich ein Einlieferungsschein erteilt. Finden sich im Briefkasten gewöhnliche Briefe vor, die anscheinend Geld oder Wertpapiere enthalten, oder Warenprobenpakete, deren Inhalt einen Handelswert bis 5 L. besitzt, so werden diese Sendungen von Amts wegen als eingeschrieben behandelt und mit der doppelten Einschreibgebühr belegt. Rückscheine (ricevute di ritorno) sind zulässig; Gebühr 10 Ct. für Ortsbriefe und 20 Ct. für den Fernverkehr. Wünscht der Absender über die richtige Aushändigung einer Einschreibsendung telegraphische Nachricht zu erhalten, so kann diesem Verlangen gegen Zahlung der Rückschein- und der Telegrammgebühr Folge gegeben werden. Die Haftpflicht der Postverwaltung für Einschreibsendungen erlischt nach 1 Jahr.

Einschreibsendungen können mit Nachnahme belastet werden, und zwar im Verkehr mit den Postdirektionen und Postämtern 1. und 2. Kl. bis 1000 L., mit Postämtern 3. Kl. bis 100 L. und mit Postagenturen bis 50 L. Der Nachnahmebetrag muß in der Aufschrift mit der Angabe „Assegno L . . .“ vermerkt werden. Die Nachnahmegebühr beträgt im Ortsverkehr 15 Ct., im Fernverkehr 25 Ct. Werden von einem Absender gleichzeitig mehrere Nachnahmebriefe an denselben Empfänger aufgeliefert, so wird die Nachnahmegebühr nur für eine Sendung erhoben. Die Nachnahme kann nachträglich geändert oder gestrichen werden; für ein solches Verlangen erhebt die Aufgabepostanstalt die Taxe für einen Einschreibbrief oder ein Telegramm. Briefe mit Nachnahme werden in Orten mit Postdirektionen oder Postämtern 1. und 2. Kl. bis 300 L., mit Postämtern 3. Kl. bis 100 L., mit Postagenturen, sowie nach Landorten bis 50 L. in der Wohnung vorgezeigt; über andere Nachnahmebriefe wird dem Empfänger nur ein Benachrichtigungszettel zugestellt. Wird die Nachnahme nicht sogleich bezahlt, so gilt die Annahme als verweigert, und die Sendung wird alsbald zurückgesandt. Die eingezogenen Nachnahmebeträge werden dem Aufgeber — nach Abzug der Postanweisungsgebühr — mit Postanweisung übermittelt. Liegen gleichzeitig mehrere Sendungen mit Nachnahme desselben Absenders für den gleichen Empfänger vor, so wird der Gesamtbetrag mit einer einzigen Postanweisung übersandt.

Nach- und Rücksendung von Briefsendungen jeder Art erfolgt gebührenfrei. Postlagerbriefe (lettere ferme in posta) werden 2 Monate, von dem auf den Ankunftstag folgenden 1. oder 15. Monatstage gerechnet, zur Verfügung der Adressaten bereitgehalten. Gewöhnliche Postlagerbriefe können als Adresse Buchstaben, Zahlen, Vornamen u. dgl. tragen. Nach Orten mit großen Bahnhöfen können Briefe auch „bahnlagernd“ adressiert werden. Unbestellbare Briefe (rifiuti) werden nur dann an den Aufgabeort zurückgesandt, wenn sich der Absender auf der Außenseite genannt oder der Empfänger ihn namhaft gemacht hat; diese Rücksendung erfolgt bei Gegenständen, deren Annahme die Empfänger abgelehnt haben, sogleich, bei unbestellbaren Zeitungen nach 14 tägiger Lagerfrist und bei anderen unbestellbaren Sendungen 2 Monate nach dem auf den Tag der Ankunft folgenden 1. oder 16. des Monats. Ist die Rücksendung hiernach ausgeschlossen, so werden die Gegenstände durch Vermittelung der Provinzialdirektionen an das Rückbriefamt des Ministeriums (Ufficio centrale dei rifiuti) eingesandt, wo sie nach 2 Monaten geöffnet werden. Gelingt es hierbei nicht, den Absender zu ermitteln, so werden gewöhnliche Briefe vernichtet, Briefe mit Wertsachen dagegen 5 Jahre aufbewahrt. Nach Ablauf dieser Lagerfrist werden die Gegenstände zugunsten der Postkasse verwertet.

Die Bestellung der Briefsendungen in die Wohnung der Empfänger erfolgt unentgeltlich. Werden die Wohnstätten von Briefträgern nicht berührt, so müssen die Sendungen abgeholt werden. Auch sonst steht dem Empfänger frei, seine Sendungen bei der Postanstalt abzuholen und zu diesem Zwecke ein Ausgabefach anzumieten. Die Fachmiete beträgt für ein gewöhnliches Fach (casella aperta) monatlich 2 L., für ein Schließfach (casella chiusa) je nach dessen Größe 2, 3 oder 4 L. monatlich. Für ein Schließfach ist daneben eine einmalige Kaution von 10 L. für etwaige Instandsetzung oder den Ersatz eines Schlüssels zu hinterlegen. Das Publikum kann sich zur Abholung und Auflieferung seiner Sendungen verschließbarer Taschen und Säcke bedienen; die Tasche hat sich der Abholer selbst anzuschaffen, die Säcke liefert dagegen die Postverwaltung. Die Taschen- oder Sackgebühr beträgt für Abholer 2 L. monatlich, bei Zustellung und Abholung der Tasche usw. in der Wohnung durch Postpersonal 3 L. monatlich. Das Publikum kann sich auch das Porto für abgehende und ankommende Sendungen stunden lassen; die Stundungsgebühr ist auf 1 L. für jede 100 L. festgesetzt.

Der Empfänger eines Einschreibbriefes, der vom Briefträger nicht abgetragen wird, hat sich am Schalter gehörig auszuweisen. Zur Erleichterung des Ausweises ist die Einrichtung der Ausweisbücher (libretti di riconoscimento) getroffen. Ein solches Buch besteht aus 10 Ausweisblättern und kostet 50 Ct. Jedes Blatt kann nur zu einem einmaligen Ausweis benutzt werden, und zwar auch bei Abhebung von Wertsendungen und Postanweisungsbeträgen. Die Ausfertigung der Ausweisbücher erfolgt nur durch die Provinzialdirektionen und die Postämter 1. Kl. Die Bücher verlieren nach 3 Jahren ihre Gültigkeit. Bei Neuausfertigungen werden die im alten Buch unbenutzt verbliebenen Ausweisblätter mit 5 Ct. das Stück auf den Preis des neuen Buches angerechnet.

In Italien besteht ein Eilbriefbestelldienst, an dem sämtliche Postanstalten teilnehmen. Die Eilbestellgebühr für Briefsendungen jeder Art — ausgenommen bar frankierte Zeitungen — (oggetti da recapitarsi per espresso), die im Ortsbestellbezirk der Bestimmungspostanstalt abzutragen sind, beträgt 25 Ct. und ist in allen Fällen, auch für Sendungen nach Landorten, mit dem Porto durch Verwendung einer besonderen Eilbestellfreimarke im voraus zu entrichten. Unfrankierte oder unzureichend frankierte Eilsendungen werden wie gewöhnliche Sendungen behandelt und bestellt. Das Verlangen der Eilbestellung muß in der Aufschrift einer Sendung durch den Vermerk „per espresso“ ausgedrückt sein, sofern zur Frankierung des Eilbotenlohnes nicht die besondere Eilbestellmarke benutzt worden ist; in allen Fällen hat sich auch der Absender auf der Sendung namhaft zu machen. Befindet sich am Bestimmungsort eine Telegraphenanstalt, so werden die Eilbriefe dieser von der Postanstalt zur Bestellung überwiesen; andernfalls wird die Bestellung durch Unterbeamte der Postanstalt oder sonstige geeignete Personen, mit denen die Postanstalten ein für allemal Verabredung zu treffen haben, bewirkt. Die Eilbestellung ist auch für Sendungen nach dem Bestellbezirk der Aufgabepostanstalt zulässig; befindet sich am Aufgabeort eine Telegraphenanstalt, so kann der Absender von Ortseilbriefen diese bei der Telegraphenanstalt unmittelbar aufgeben. Ist ein Eilbrief an einen Empfänger an Bord eines Schiffes gerichtet, so ist an Eilbestellgeld vom Absender der Betrag von 1 L. zu entrichten. Wohnt der Empfänger außerhalb des Ortsbestellbezirks, so erfolgt die Eilbestellung ebenfalls in der Regel durch Vermittelung der Telegraphenanstalt. Der entstehende Mehreilbotenlohn, der jedoch 30 Ct. für das km von der Grenze des Ortsbestellbezirks ab gerechnet nicht überschreiten darf, wird in diesem Falle vom Empfänger eingezogen. Weigert sich der Empfänger, den Eilbotenlohn zu zahlen, so wird ihm die Sendung nicht ausgehändigt, sondern an das Ministerium eingesandt; gehen demnächst jedoch wieder Eilsendungen an denselben Empfänger ein, so werden diese nicht durch Eilboten abgetragen, sondern dem Briefträger zur Abtragung auf dem nächsten gewöhnlichen Bestellgang überwiesen. Der Absender auch einer gewöhnlichen Eilsendung kann verlangen, daß ihm über die erfolgte Bestellung gegen Zahlung der Rückscheingebühr eine amtliche Bescheinigung zugefertigt wird. Im Falle des Verlustes einer gewöhnlichen Eilsendung übernimmt jedoch die Postverwaltung keinerlei Verantwortlichkeit.

Am Verkauf der Postwertzeichen nehmen außer den Postanstalten die Tabakverkäufer teil, auch können Privatpersonen dazu ermächtigt werden. Sowohl den Tabakverkäufern und sonstigen Privatpersonen, als auch den Vorstehern der Postämter 2. und 3. Kl. und der Postagenturen und den Landbriefträgern wird für den Verkauf der Postwertzeichen eine Entschädigung von 1 % des Erlöses gezahlt. Den gleichen Preisnachlaß erhalten Privatpersonen, die für mindestens 100 L. Postwertzeichen auf einmal kaufen. In den Händen des Publikums verdorbene Postwertzeichen können bei den Postanstalten gegen Zahlung von 1 Ct. für das Stück ohne Rücksicht auf den Nennwert gegen gültige brauchbare Wertzeichen umgetauscht werden.

Das Porto auf unfrankierten oder unzureichend frankierten Sendungen wird durch Aufkleben von Taxmarken (segnatasse) verrechnet; doch dienen diese auch zur Verrechnung der Taschen- und Sackgebühr, der Stundungsgebühr, des Erlöses für verkaufte Postformulare, von Geldstrafen usw.

Die Postanstalten befassen sich auch damit, die Anerkennung von im Auslande ausgefertigten Dokumenten für das Inland und umgekehrt, sowie von inländischen Dokumenten für andere Gerichtsbezirke zu vermitteln; ferner sind die Postanstalten an Orten ohne Steueramt zur Ausfertigung von Erlaubnisscheinen für die Beförderung von taxfreiem Spiritus in Mengen von mehr als 10 Liter ermächtigt.

B. Wertbriefe.

Am Wertbriefdienst beteiligen sich sämtliche Postanstalten. Die Wertangabe (Assicurazione di valori), die im Verkehr zwischen den Provinzialdirektionen bis 10 000 L. zugelassen ist, ist jedoch im Verkehr mit einem Postamt 1. und 2. Kl. auf 5000 L., im Verkehr mit Postämtern 3. Kl. auf 100 L. und im Verkehr mit Postagenturen auf 50 L. beschränkt. Landbriefträger nehmen nur Wertbriefe bis 50 L. an.

Tarif: Porto für einen gleichschweren Einschreibbrief und Versicherungsgebühr von 10 Ct., im Ortsverkehr von 5 Ct. für jede 300 L. Für Wertbriefe besteht Frankierungszwang. Das Aufkleben der Marken auf den Wertbrief soll tunlichst den Postbeamten überlassen werden.

Die Wertbriefe können verschlossen oder offen eingeliefert werden; die Umschläge der verschlossen eingelieferten Wertbriefe müssen vom Absender mit mindestens 5 Siegeln versiegelt sein. Offen eingelieferte Briefe sind mit mehreren Siegeln des Absenders und außerdem mit 2 postamtlichen Siegeln zu verschließen.

Wertbriefe können unter denselben Bedingungen wie Einschreibbriefe mit Nachnahme belastet sein; letztere braucht mit der Wertangabe nicht übereinzustimmen.

Dem Aufgeber wird unentgeltlich ein Einlieferungsschein erteilt. Rückscheine sind zulässig; Gebühr im Ortsverkehr 10 Ct., im Fernverkehr 20 Ct. Der Absender eines Wertbriefes kann auch das Verlangen stellen, daß ihm telegraphisch eine amtliche Meldung über die richtig erfolgte Bestellung gemacht werde; hierfür hat er im voraus die Telegrammgebühren zu entrichten.

Wertbriefe werden in Orten mit Postdirektionen und Postämtern 1. und 2. Kl. bis 300 L., in Orten mit Postämtern 3. Kl. bis 100 L. und von Postagenturen, sowie durch die Landbriefträger bis 50 L. Wertangabe unentgeltlich in die Wohnung bestellt. Für Briefe mit höherem Wert wird nur ein Schein (Avviso) abgetragen.

Im Falle des Verlustes oder der Beschädigung eines Wertbriefes wird Ersatz für den erlittenen Schaden bis zur Höhe der Wertangabe geleistet. Die Haftpflicht der Postverwaltung erlischt nach 1 Jahr.

C. Postanweisungen.

Am Postanweisungsdienst nehmen sämtliche Postanstalten teil, und zwar die Direktionen und Postämter 1. und 2. Kl. bis 1000 L., die Postämter 3. Kl. bis 100 L. und die Postagenturen bis 50 L. Landbriefträgern können Postanweisungen bis 50 L. übergeben werden, worüber jene eine Zwischenquittung erteilen. Tarif: bis 10 L. 10 Ct., 10 bis 25 L. 20 Ct., 25 bis 50 L. 40 Ct., 50 bis 75 L. 60 Ct., 75 bis 100 L. 80 Ct. und für jede weiteren 100 L. 20 Ct. mehr, für Postanweisungen des Ortsverkehrs die Hälfte dieser Sätze, für Postanweisungen bis 25 L. an Soldaten 5 Ct. Rückscheine sind zulässig; Gebühr 20 Ct. Auch telegraphische Mitteilung über die erfolgte Auszahlung kann verlangt werden; Gebühr 1 L. 20 Ct.

Die Postanweisungen (Vaglia postali) werden vom Annahmebeamten ausgefertigt. Solche bis 25 L. werden postamtlich und offen der Bestimmungspostanstalt übersandt. Diese Anweisungen tragen am Rande 5 Felder, die mit den Beträgen 5, 10, 15, 20 und 25 L. bedruckt sind. Von diesen Feldern werden vom Annahmebeamten so viele abgeschnitten, daß das erste verbleibende Feld den durch 5 teilbaren Vollbetrag oder den nächstniedrigen ergibt. Auf dem Abschnitt der Postanweisung können Mitteilungen für den Empfänger niedergeschrieben werden. Postanweisungen von mehr als 25 L. werden in allen Fällen dem Aufgeber ausgehändigt, dem es überlassen bleibt, sie dem Empfänger in einem Briefe oder in einer Sendung mit Geschäftspapieren zuzusenden. Für den Brief usw. ist das gewöhnliche Porto zu entrichten. Auch an diesen Postanweisungen ist ein Abschnitt, der zu schriftlichen Mitteilungen benutzt und vom Empfänger abgetrennt werden kann. Zu Postanweisungen von mehr als 25 L. wird der Bestimmungspostanstalt ein Einzahlungsschein übersandt. Postanweisungen bis 25 L. werden den Empfängern in der Regel mit dem Geldbetrage in die Wohnung bestellt, auf Verlangen auch durch Eilboten. Über jede Postanweisung wird dem Aufgeber gebührenfrei ein Einlieferungsschein erteilt. Indossierung auf eine dritte Person durch den ursprünglichen Empfänger ist bei Postanweisungen von mehr als 25 L. gestattet. Der Empfänger oder der Indossat einer Postanweisung von mehr als 25 L. hat sie zu quittieren und bei der Bestimmungspostanstalt zur Auszahlung vorzulegen; der Empfänger muß sich als solcher ausweisen. Postanweisungen an Soldaten werden dem Kommandeur des Truppenteils ausgezahlt. Geht dem Absender oder Empfänger eine Postanweisung verloren, so kann ihm vom Ministerium unentgeltlich ein Doppel ausgefertigt werden. Eine Postanweisung kann nach einem andern Orte nachgesandt werden; die Nachsendung des Einzahlungsscheins nach der neuen Bestimmungspostanstalt erfolgt gebührenfrei.

Postanweisungen verlieren 2 Monate nach dem Ausgabemonat ihre Gültigkeit. Die Verlängerung der Gültigkeitsdauer ist durch Vermittelung einer Postanstalt beim Ministerium zu beantragen; Gebühr 10 Ct., bei Postanweisungen an Soldaten und Unteroffiziere unentgeltlich. Unanbringliche Postanweisungsbeträge verfallen nach 3 Jahren der Staatskasse.

Telegraphische Postanweisungen (Vaglia telegrafici) sind nur im Verkehr der Provinzialdirektionen und der Postämter untereinander zulässig; außer der gewöhnlichen Postanweisungsgebühr ist eine Taxe von 1 L. 20 Ct. und, wenn die Übermittelung mit dringendem Telegramm erfolgen soll, von 3 L. 60 Ct. für das Überweisungstelegramm zu zahlen. Ist die Aufgabepostanstalt mit einer Telegraphenanstalt nicht vereinigt, so ist für die Übermittelung des Telegramms an die nächste Telegraphenanstalt keine besondere Gebühr zu entrichten. Befindet sich am Bestimmungsort keine Telegraphenanstalt, so übersendet die letzte Telegraphenanstalt das Telegramm der Bestimmungspostanstalt gebührenfrei mit der Post; wird dagegen das Telegramm durch einen besonderen Boten der Bestimmungspostanstalt überbracht, so hat der Adressat für das Eilbestellgeld aufzukommen. Mit dem Überweisungstelegramm können private Mitteilungen des Absenders verbunden werden; für diese ist die gewöhnliche Telegrammgebühr mit 5 Ct. für das Wort zu entrichten. Der Betrag einer telegraphischen Postanweisung ist stets bei der Postanstalt abzuholen. Der Einzahler einer telegraphischen Postanweisung kann verlangen, daß ihm telegraphisch eine Auszahlungsbescheinigung übermittelt werde; Gebühr 1 L.

Um den im Auslande lebenden italienischen Untertanen geeignete Gelegenheit zu bieten, ihre Ersparnisse schnell, bequem und sicher in die Heimat zu überweisen, ist die Einrichtung getroffen, daß gewisse italienische Konsulate (z. B. nur in Havana und Lima) bare Gelder entgegennehmen und durch die italienische Post in der Heimat auszahlen lassen. Diese Konsulats-Postanweisungen (Vaglia consolari) lauten auf feste Beträge, 1, 2, 5, 10, 20, 50, 100, 200 und 500 L. Seitens des Konsuls werden auf den Postanweisungen Name und Wohnort des Empfängers und der Tag der Ausgabe vermerkt; sodann werden die Postanweisungen dem Einzahler übergeben, der sie mittels Briefes an den Adressaten zu übersenden hat. Außerdem erhält der Einzahler einen Einlieferungsschein. Der Konsul meldet die Einzahlung beim Ministerium in Rom an, das seinerseits die Postanstalten mittels Einzahlungsscheins zur Zahlung der Konsulats-Postanweisungen ermächtigt. Der Absender kann sich durch Ankauf mehrerer Postanweisungen leicht in den Stand setzen, jeden beliebigen Lirebetrag nach Italien zu versenden, doch darf dieselbe Person nur alle 15 Tage einmal Beträge bis zu 500 L. auf diesem Wege verschicken. Tarif: 20 Ct. für jede 10 L. bei Konsulaten in Europa, sowie in den Hafenplätzen des Mittelländischen und des Schwarzen Meeres, und 30 Ct. für jede 10 L. bei außereuropäischen Konsulaten.

Eine besondere Abart der postalischen Geldübermittelung bilden die Kreditbriefe (titoli postali di credito); durch sie wird Reisenden das Mittel geboten, sich jederzeit bei einer beliebigen Postanstalt mit Geld zu versehen, so daß sie größere Barsummen nicht mit sich zu führen brauchen. Der Reisende muß bei einer Provinzialdirektion oder einem Postamt 1. Kl. eine Summe einzahlen, über die ihm ein Kreditbüchlein ausgefertigt wird. Gegen Vorlegung des Büchleins erfolgt dann die Rückzahlung in Teilzahlungen durch die Postanstalten, doch muß die Postanstalt, bei der die erste Abhebung erfolgen soll, im voraus namhaft gemacht werden. Die hinterlegte Summe darf nicht kleiner als 200 L. und nicht größer als 5000 L. sein; die abzuhebenden Teilbeträge dürfen nicht hinter 50 L. zurückbleiben, aber auch 1000 L. nicht überschreiten. Tarif: bis 500 L. 25 Ct., über 500 bis 1000 L. 50 Ct., für jede weiteren 1000 L. 25 Ct. mehr. Die Kreditbriefe lauten auf den Namen einer bestimmten Person; die Übertragung auf andere Personen ist nicht gestattet. Sie haben eine Gültigkeitsdauer von 4 Monaten, den Monat der Ausstellung nicht eingerechnet. Eine Verlängerung der Gültigkeitsdauer ist nicht statthaft, die Rückzahlung der etwa unabgehoben gebliebenen Beträge an den Kreditbriefinhaber erfolgt auf Antrag durch das Ministerium. Bleibt ein Restbetrag während 3 Jahre unabgehoben, so verfällt er der Staatskasse.

D. Postaufträge.

Der Postauftragsdienst (Servizio delle riscossioni) ist in Italien auf denselben Grundlagen eingerichtet, auf denen dieser Dienst im Weltpostverein aufgebaut ist. Doch bestehen in den Einzelbestimmungen gegenüber den Festsetzungen des internationalen Übereinkommens folgende Abweichungen.

Postaufträge, die Zins- und Dividendenscheine und auf den Inhaber lautende Wertpapiere enthalten, dürfen nicht unter Einschreibung, sondern müssen unter Wertangabe, gegen Entrichtung der Taxe für Wertbriefe versandt werden. Die Anlagen zu einem Postauftrage sind der Aufgabepostanstalt zunächst zur Prüfung vorzulegen, worauf bei der Postanstalt der Auftragsbrief geschlossen wird. Muß der Wert angegeben werden, so hat der Auftraggeber sein Petschaft mitzubringen, um den erforderlichen Siegelverschluß anlegen zu können. Briefumschlag, Postauftragformular und erforderlichenfalls Siegellack liefern die Postanstalten unentgeltlich. Werden jedoch von einem Absender Postaufträge öfter oder in größerer Zahl aufgeliefert, so hat er sich die Formulare selbst herstellen zu lassen oder bei der Postanstalt zu kaufen. Heftchen mit Formularen und solche mit Einlieferungsscheinen sind zu 20 Ct. erhältlich. Am Postauftragsdienst nehmen nur die Provinzialdirektionen und die Postämter 1. und 2. Kl. unbeschränkt, die Postämter 3. Kl. nur bis 100 L. und die Postagenturen überhaupt nicht teil.

Den Postaufträgen dürfen Briefe oder andere persönliche Mitteilungen zwischen Gläubiger und Schuldner nicht beigefügt sein, dagegen können die Anlagen aus Dokumenten, welche die Schuld oder die Zahlungsleistung begründen, wie Protesturkunden mangels Zahlung oder Akzepts, den hierauf bezüglichen Rechnungen u. dgl. bestehen. Die Zahl der Anlagen, die spätestens 10 Tage nach der Ankunft fällig sein müssen, ist unbeschränkt, doch dürfen sie nicht für mehr als 5 im Bestellbezirk der Bestimmungspostanstalt wohnende Schuldner bestimmt sein. Der Höchstbetrag eines Postauftrages ist auf 2000 L. festgesetzt. Die Zahlung der Postauftragsgelder muß entweder sogleich bei Vorzeigung der Postauftragspapiere oder, wenn der Absender nicht die sofortige Rücksendung verlangt hat, innerhalb 7 Tage erfolgen. Die Entgegennahme von Teilzahlungen ist zulässig, sofern der Absender nicht das Gegenteil ausdrücklich vorgeschrieben hat.

Die Weitergabe von Postaufträgen zur Protesterhebung ist bei Postdirektionen und Postämtern 1. und 2. Kl. gestattet. Derartigen Postaufträgen muß eine Postanweisung zur Deckung der Kosten der Protestierung beigefügt sein; diese betragen gewöhnlich 15 L., wenn ein Notar, und 7 L., wenn ein Gerichtsvollzieher die Protesterhebung bewirkt. Auf Verlangen des Auftraggebers kann diesem telegraphische Mitteilung über die notwendig gewordene Protestierung einer Anlage gegen Entrichtung der Telegrammgebühren gemacht werden.

Die Einziehungsgebühr beträgt 10 Ct. für jedes eingelöste Wertpapier; diese und die Postanweisungsgebühr für Übersendung der eingezogenen Beträge an den Auftraggeber werden von den Postauftragsgeldern einbehalten. Für Postaufträge im Ortsverkehr ist weder Porto noch Einschreib- oder Versicherungsgebühr für den Postauftrag zu entrichten, doch empfängt der Aufgeber auch über solche Postaufträge unentgeltlich einen Einlieferungsschein; dagegen ist im Falle der Einziehung der Beträge auch bei Postaufträgen dieser Art die volle Einziehungsgebühr und die Hälfte der Postanweisungsgebühr zu zahlen. Die Übersendung der Auftragspostanweisungen und der nicht eingelösten Papiere an den Auftraggeber erfolgt unentgeltlich.

E. Postpakete.

Am Postpaketdienst (Servizio dei pacchi) nehmen sämtliche Postanstalten teil. Es sind gewöhnliche und sperrige Pakete mit und ohne Wertangabe und Nachnahme zulässig. Unter sperrigen Paketen versteht man solche, die in den drei Ausdehnungen 60 cm oder in der Länge 105 cm und in der Breite und Stärke zugleich 40 cm überschreiten oder die eine besonders sorgfältige Behandlung während der Beförderung erheischen. Kein Postpaket darf in der Länge $1\frac{1}{2}$ m und im Gewicht 5 kg übersteigen.

Jedem Postpaket (pacco postale) muß eine Begleitadresse (bullettino di spedizione) beigegeben sein. Die Begleitadressen sind mit einem Wertstempel von 25 oder 60 Ct. oder 1 L. versehen und werden gegen den Wert des Stempels an das Publikum abgelassen. Nur bei Ortspaketen sind Begleitadressen nicht erforderlich. An der Begleitadresse befindet sich ein Abschnitt, der bei der Aufgabe abgetrennt und als Einlieferungsschein zurückbehalten werden kann.

Die Postpakete sollen frankiert sein. Tarif: bis 3 kg 60 Ct., sperrig 90 Ct., über 3 bis 5 kg 1 L., sperrig 1 L. 50 Ct., im Ortsverkehr die Hälfte. Unfrankiert werden Postpakete nur von bekannten Personen angenommen. Für solche Pakete wird ein Zuschlag von 10 Ct. erhoben. Versicherungsgebühr: 10 Ct., im Ortsverkehr 5 Ct. für jede 300 L. Wert, Nachnahmegebühr: 25 Ct., im Ortsverkehr 15 Ct. Für Pakete von Rekruten und Reservisten mit Zivilkleidern wird allgemein bis 5 kg eine Taxe von 40 Ct. erhoben. Für an den Absender zurückgehende leere Gefäße (Kisten, Körbe, Fäßchen, Taschen), die zur Verpackung von Postpaketen gedient haben und innerhalb 15 Tage nach Empfang des Pakets zurückgeschickt werden, beträgt das Porto nur 25 Ct., sperrig 40 Ct., im Ortsverkehr 15 und 20 Ct. Für diese Sendungen des Fernverkehrs sind besondere Begleitadressen (aus rosa Papier) mit dem Wertstempel von 25 Ct. zu verwenden. Wertangabe ist im Verkehr mit Postagenturen bis 50 L., mit Postämtern 3. Kl. bis 100 L., im Verkehr mit Postdirektionen und Postämtern 1. und 2. Kl. bis 1000 L. zulässig. Die Verrechnung des Paketportos erfolgt, soweit nicht der Wert der auf die Begleitadresse aufgedruckten Wertmarke genügt, durch Aufkleben von Postfreimarken auf die Paketadresse. Von größeren Firmen aufgelieferte Pakete können auch bar frankiert werden. Für Pakete mit Nachnahme gelten im übrigen die gleichen Vorschriften wie für Einschreibbriefe mit Nachnahme.

Postpakete sollen tunlichst einen Siegelverschluß tragen. Enthält ein Paket Eßwaren, so soll in der Aufschrift der Vermerk „Dem Verderben unterworfen" (soggetto a guasto) niedergeschrieben sein; bei leichtzerbrechlichen Sachen soll die Aufschrift das Wort „zerbrechlich" (fragile) tragen, doch werden solche Pakete nur auf Gefahr des Absenders befördert. Im übrigen muß der Inhalt nebst dem Reingewicht der einzelnen Gegenstände in der Aufschrift des Pakets und auf der Begleitadresse genau angegeben werden. Unrichtige Inhaltsangabe zieht Geldstrafe von 5 bis 50 L. nach sich. Pakete mit Uhren, Gold- und Silberwaren, gemünztem Geld, Banknoten, alten Münzen, Urkunden, Stempelpapier usw., sowie überhaupt alle Pakete mit Wertangabe müssen mit einer solchen Anzahl Siegeln verschlossen sein, daß der Inhalt unbedingt genügend gesichert ist. Für die erstbezeichneten Sendungen ist die Angabe des Wertes seitens des Absenders allgemein vorgeschrieben. Ergibt sich, daß ein gewöhnliches Paket Gegenstände jener Art enthält, so wird von dem Empfänger der doppelte Betrag der fälligen Versicherungsgebühr, d. i. 20 Ct. für jede 300 L. des wirklichen oder schätzungsweise festgestellten Wertes, eingezogen. Die Begleitadressen zu Wertpaketen müssen einen Abdruck des zum Siegelverschluß benutzten Petschaftes tragen. Den Paketen dürfen offene oder verschlossene Briefe nicht beigepackt sein; doch ist es gestattet, Rechnungen, Fakturen usw. beizufügen, die sich auf den Inhalt der Pakete beziehen. Zuwiderhandlungen gegen das Verbot der Briefbeförderung in Paketen werden mit einer Geldbuße von mindestens 5 L. bestraft. Explodierende oder leichtentzündliche Sachen, ferner Tabak und Salz (die dem Monopol des Staates unterworfen sind), lebende Pflanzen, frisches blutendes Fleisch, geladene Feuerwaffen und ungestempelte Spielkarten dürfen in Paketen nicht versandt werden; im Falle der Außerachtlassung dieses Verbotes wird der Absender mit einer Geldstrafe von 5 bis 50 L. belegt.

Auf einer Reihe von Bedarfsgegenständen lastet in Italien im Falle der Versendung von Ort zu Ort eine Verbrauchssteuer, die bezüglich der in Postpaketen versandten Gegenstände dieser Art durch die Postanstalten vom Empfänger eingezogen wird. Zur Festsetzung des Steuerbetrages muß, wie schon erwähnt, der Inhalt der Pakete in der Aufschrift genau bezeichnet sein. Die Postanstalten haben das Recht, die Sendungen zur Prüfung des Inhaltes unter Zuziehung der Empfänger zu öffnen. Wird hierbei die Absicht einer Steuerhinterziehung entdeckt, so verfällt der Absender einer Strafe, deren Höhe durch die Steuergesetze bestimmt ist. Die Aushändigung der Pakete an die Empfänger erfolgt gegen Empfangsanerkenntnis nach Zahlung der auf den Paketen lastenden Beträge. Die Verweigerung der Zahlung der Steuerbeträge gilt als Annahmeverweigerung. Der Absender kann verlangen, daß dem Empfänger die Pakete steuerfrei ausgehändigt und die Steuergefälle von ihm eingezogen werden. Hierfür ist eine feste Gebühr von 20 Ct. zu entrichten, außerdem ist ein Betrag von 50 Ct. für jedes kg zu hinterlegen. Die Abrechnung über die wirklich gezahlten Steuergefälle erfolgt alsdann auf Grund einer Anrechnung der Bestimmungspostanstalt. Der Absender kann bei Postpaketen auch die Ausfertigung eines Rückscheins oder eine amtliche Meldung über die erfolgte Zustellung der Sendung beanspruchen; Gebühr 20 Ct. Wird eine telegraphische Benachrichtigung über die erfolgte Aushändigung eines Postpakets verlangt, so sind die Telegrammgebühren zu zahlen.

Die Postpakete werden den Empfängern in der Regel durch die Briefträger unentgeltlich in die Wohnung bestellt. Von der Bestellung bleiben nur ausgeschlossen: Postpakete, die den Vermerk „postlagernd (fermo in posta)" tragen, solche, deren angegebener Wert oder Nachnahme den Betrag von 300 L., wenn Stadtbriefträger die Bestellung ausführen, von 100 L. nach Orten mit Postämtern 3. Kl. und von 50 L. nach Orten mit Postagenturen oder wenn Landbriefträger die Abtragung besorgen, übersteigt, Pakete an Soldaten ohne Wohnungsangabe, Pakete an Empfänger, die erklärt haben, ihre Sendungen bei der Postanstalt stets abholen zu wollen, Pakete, die während der Beförderung beschädigt worden sind und deren Eröffnung behufs Feststellung des Inhaltes oder des entstandenen Schadens in Gegenwart eines Postbeamten erforderlich ist, sowie solche, die wegen des Verdachtes unrichtiger Inhaltsangabe oder vorliegender Portohinterziehung zur Eröffnung bestimmt sind und endlich Postpakete nach Wohnstätten, die von bestellenden Boten nicht berührt werden. Enthalten Pakete steuerpflichtige Gegenstände, zu deren Versteuerung die Anwesenheit des Empfängers nötig ist, so erfolgt die Bestellung erst nach Erfüllung dieser Förmlichkeit. Werden Postlagerpakete, sowie Postpakete an solche Empfänger, die erklärt haben, ihre Päckereien stets bei der Postanstalt abholen zu wollen, nicht innerhalb 5 Tage nach der Ankunft abgeholt, so werden sie für jeden weiteren Lagertag mit einer Taxe von 5 Ct., höchstens jedoch 1 L., Wertpakete von 10 Ct., höchstens 2 L., zu Lasten des Empfängers belegt. Nach einer Lagerfrist von 7 Tagen werden unfrankierte und Nachnahme-Pakete zurückgesandt; bei anderen Paketen wird nach 7 Tagen, bei verweigerten Paketen dagegen sogleich, der Absender von dem Schicksal seiner Sendung verständigt und um Abgabe einer anderweitigen Verfügung über das Paket ersucht. Verlangt der Absender die Rücksendung oder Weitersendung, so wird diesem Antrag portofrei entsprochen. Trifft der Absender keine Verfügung oder ist er nicht zu ermitteln, so wird die Sendung 1 Monat aufbewahrt; nach weiteren 6 Monaten wird sie verkauft oder, wenn ein Erlös nicht zu ermitteln ist, vernichtet. Der etwaige Erlös verfällt, wenn er vom Absender nicht abgefordert wird, nach 5 Jahren der Staatskasse.

Im Falle des Verlustes eines Postpakets wird dem Absender oder, auf dessen Wunsch, dem Empfänger Schadenersatz, und zwar bei Wertpaketen bis zur Höhe der Wertangabe, bei gewöhnlichen Paketen bis 15 L., bei Paketen mit Zivilkleidern der Rekruten oder Reservisten bis 10 L. und bei leer zurückgehenden Gefäßen bis 2 L. geleistet. Ist nur ein Teil des Inhaltes in Verlust geraten oder beschädigt worden, so wird nur ein Teil dieser Beträge nach dem Gewicht des abhanden gekommenen oder beschädigten Teiles des Inhaltes gezahlt. Für beschädigte leer zurückgehende Gefäße usw. wird Ersatz nicht gewährt. Der Anspruch auf Schadenersatz erlischt nach 1 Jahr.

F. Postsparkassen.

Sämtliche Postämter Italiens verrichten die Geschäfte von Zweigstellen der Zentralsparkasse unter Gewährleistung des Staates (Casse postali di risparmio). Bei Postämtern 3. Kl. können jedoch Sparbeträge nur bis 100 L. eingezahlt und zurückgezogen werden. Zur Ausstellung von Sparbüchern (libretti di risparmio) sind alle Postämter berechtigt; die Ausfertigung erfolgt unentgeltlich. Geht ein Sparbuch verloren, so kann vom Ministerium gegen eine Gebühr von 1 L. ein Doppel ausgefertigt werden. Für jeden Sparer wird bei dem Ministerium ein besonderes Konto geführt, ein Gegenkonto befindet sich bei der Postanstalt, die das Sparbuch ausgefertigt hat; dieses Gegenkonto kann auf Antrag des Sparers auf eine andere Postanstalt übertragen werden.

Jede Einlage (deposito) muß mindestens 1 L. betragen; in einem Jahre darf der eingelegte Sparbetrag 1000 L. nicht überschreiten. Nur auf Sparbücher von Auswanderern können Einlagen bis zu 10000 L. bewirkt werden. Über jede Einlage wird in dem Sparbuch von den Postämtern Quittung geleistet. Außerdem erhält der Einleger einen Einlagezettel, der aus einem Einzahlungsbuch herausgetrennt wird, in letzterem bleibt jedoch ein Abschnitt (Stamm) zurück. Auf dem Einlagezettel sind 10 Felder vorgedruckt für die Beträge von 20, 40, 60, 80, 100, 200, 400, 600, 800 und 1000 L. Durch Stempeln einzelner Felder wird bis auf überschießende Beträge unter 20 L. die eingezahlte Summe ersichtlich gemacht, außerdem wird auf dem letzten Felde der genaue Betrag der Einlage handschriftlich vermerkt.

Die bei einem Postamt vorgekommenen Einlagen und Rückzahlungen werden täglich der Zentralstelle (Ministerium) angemeldet; über jede Einlage von mehr als 100 L. fertigt die Zentralstelle ein besonderes Anerkenntnis aus, das dem Einleger zugesandt wird und ihm spätestens 20 Tage nach bewirkter Einlage zugegangen sein muß. Für den Verkehr der Sparer mit der Zentralstelle besteht Portofreiheit.

Bei Rückzahlungen (rimborsi) hat der Sparbuchinhaber sein Sparbuch vorzulegen, sich als die Person, auf die das Sparbuch lautet, auszuweisen, was durch Ausweisbüchlein, Bescheinigung eines öffentlichen Beamten oder durch zwei dem Postbeamten persönlich bekannte Personen geschehen kann, und auf einem der Zettel, die dem Sparer in einem Heft mit dem Sparbuch übergeben und mit eingedruckten fortlaufenden Ziffern versehen sind, Quittung zu leisten. Beauftragt der Buchinhaber einen Dritten mit der Abhebung eines Sparbetrages, so hat er ihn auf der Rückseite des Rückzahlungszettels namentlich zu bevollmächtigen; alsdann hat sich der Dritte als die namhaft gemachte Person auszuweisen. Der Zettel wird vom Postamt aus dem Buche herausgetrennt. Die Rückzahlungen erfolgen in der Regel unverzüglich; immerhin hat sich die Verwaltung Kündigungsfristen, von denen jedoch in der Regel kein Gebrauch gemacht wird, vorbehalten, und zwar bei Beträgen bis 100 L. von 10 Tagen, über 100 bis 200 L. von 20 Tagen, über 200 bis 1000 L. von 30 Tagen, über 1000 L. von 60 Tagen.

Um das Ansammeln kleiner Geldbeträge für die Sparer zu erleichtern, werden Sparkarten (cartellini) unentgeltlich ausgegeben, auf die Postfreimarken zu 5 und 10 Ct. aufgeklebt werden können. Die mit Marken beklebten Karten werden dann bei Spareinlagen mit dem Nennwert der Freimarken als bar in Zahlung genommen, wöchentlich jedoch nur eine von demselben Sparer.

Die Spareinlagen werden von dem auf den Einlagetag folgenden 1. oder 16. des Monats ab z. Z. zu 2,64 % verzinst. Die Verzinsung der zurückgezogenen Beträge erfolgt nur bis zu dem dem Auszahlungstag vorangehenden 1. oder 16. des Monats. Guthaben über 2000 L. (von Auswanderern über 10 000 L.) werden nicht verzinst. Die Zinsen werden jährlich einmal in der Zeit vom 1. April bis 31. Dezember in die Sparbücher durch das Ministerium eingetragen. Zu diesem Zwecke sind die Bücher, jedoch ohne die Rückzahlungszettel, durch Vermittelung der Postämter oder unmittelbar an das Ministerium einzusenden; nach dem Wiedereingang der Bücher bei den Sparern können diese die bis dahin über ihre Einlagen empfangenen Bestätigungsschreiben vernichten. Unterbleibt die Einsendung des Sparbuches, so lehnt die Sparkasse die Verantwortlichkeit für die Richtigkeit der Eintragungen für das abgelaufene Jahr ab. Nur bei Auswanderern brauchen die Bücher von 2 zu 2 Jahren eingesandt zu werden.

Die Sparer können ihre Sparbücher beim Ministerium zur Aufbewahrung unentgeltlich hinterlegen. Auf diese Bücher können zwar jederzeit Einlagen bewirkt werden, Rückzahlungen sind dagegen in jedem Falle vorher beim Ministerium anzumelden.

Die Postsparkasse übernimmt es auch, den Sparern auf Verlangen für ihre Einlagen 3, 3½ und 3¾prozentige Staatspapiere anzukaufen, Hypotheken zu erwerben oder die Guthaben ganz oder teilweise auf die Spar- und Depositenkasse zu übertragen. Dies erfolgt unentgeltlich. Mit dem Verkauf oder der Aufbewahrung solcher Staatspapiere befaßt sich die Postsparkasse dagegen nicht. Auch die Einziehung der Zinsen von Rentenbriefen der öffentlichen Schuld bis 10 000 L. besorgen die Postämter für die Sparer unentgeltlich. Endlich können auch Lotteriegewinne bis zu 1000 L. der Postsparkasse als Einlagen überwiesen werden. In solchem Falle genügt es, daß der Losinhaber das Los an ein Postamt 1. oder 2. Kl. abgibt; die Einziehung des Gewinnes von der Lotterieverwaltung erfolgt seitens der Postsparkasse ohne Anrechnung von Kosten oder Gebühren.

Auch die Kassen der in fremden Gewässern befindlichen italienischen Kriegsschiffe nehmen Einzahlungen für die italienische Postsparkasse entgegen und bewirken Auszahlungen auf Sparbücher. Ferner befassen sich die Postsparämter mit der Entgegennahme von Beiträgen zur Alters- und Invalidenversorgungskasse und mit der Auszahlung von Renten.

6. Schweiz*).

(41 324 qkm und 3 315 443 Einwohner.)

Die Schweiz ist eine Föderativrepublik und besteht aus 22 autonomen Kantonen. Die höchste gesetzgebende Gewalt im Bunde hat die Bundesversammlung, die aus 2 Häusern, dem Nationalrat und dem Ständerat, sich zusammensetzt. Das höchste Exekutivorgan ist der Bundesrat. Der Sitz aller Bundesbehörden ist Bern. — Im Organisationsgesetz vom 25. Mai 1849 wird der Bundesrat als oberste vollziehende und leitende Behörde für das Postwesen bezeichnet. Er schließt die Postverträge mit dem Ausland ab, doch steht der Bundesversammlung deren Genehmigung zu. Ausnahmsweise kann dieses Recht auch dem Bundesrat übertragen werden. Letzterem ist ferner die Einrichtung neuer Postkurse und die

*) Siehe S. 486 u. f. (Neues Postgesetz).

Aufhebung bestehender Posten vorbehalten. Die unmittelbare Aufsicht des gesamten Postwesens ist gegenwärtig dem „Post- und Eisenbahn-Departement" übertragen. An der Spitze steht ein Mitglied des Bundesrats. Das Post- und Eisenbahn-Departement zerfällt in 3 Hauptabteilungen: für Post, für Telegraphie und Fernsprechwesen und für Eisenbahnen.

Unter dem Departement ist zur Leitung des gesamten Postwesens die „Ober-Postdirektion" eingesetzt, an deren Spitze der Ober-Postdirektor steht. Die Oberpostdirektion besteht aus 4 Abteilungen: das „Oberpostinspektorat" besorgt die Geschäfte, betr. den allgemeinen Dienstbetrieb, die Personalverhältnisse, die Amtsbedürfnisse, Dienstkleidung, Wertzeichenkontrolle, Registratur und Kanzlei, das „Postkursinspektorat" leitet das Post-Kurs- und Fuhrwesen, die „Oberpostkontrolle" das Rechnungswesen, und die 4. Abteilung ist das „Postscheckinspektorat".

Das schweizerische Postgebiet ist in 11 Kreise eingeteilt, die in folgender Ordnung eine fortlaufende Nummer führen: Genf, Lausanne, Bern, Neuenburg, Basel, Aarau, Luzern, Zürich, St. Gallen, Chur und Bellenz (Bellinzona). An der Spitze jedes Kreises steht die „Kreispostdirektion", die aus dem Direktor, einem Adjunkten, je einem Kontrolleur und Kassierer, sowie den erforderlichen Bureaubeamten zusammengesetzt ist.

Unter der direkten Aufsicht dieser Kreispostdirektionen stehen die Postanstalten: Postbureaus I., II. und III. Kl. und Postablagen. Die Postbureaus I. Kl. befinden sich am Sitze der Kreispostdirektionen; die Vorstehergeschäfte werden von den Kreispostdirektoren mit wahrgenommen. Die wichtigsten Abteilungen werden durch Bureauchefs verwaltet. Bureaus II. Kl. sind in den übrigen verkehrsreichen Orten eingerichtet; als Regel gilt, daß Postanstalten in die Reihe dieser Bureaus nur aufgenommen werden, wenn der Dienst mindestens 2 volle Beamtenkräfte erfordert. Die Vorsteher der Bureaus II. Kl. führen die Amtsbezeichnung „Postverwalter". Als nachgeordnete Beamte sind Unterbureauchefs, Kommis, Aspiranten, Lehrlinge, und bei den größeren Bureaus mit getrennten Geschäftsabteilungen auch Dienstchefs tätig. Die Bureaus III. Kl. werden von den Beamten mit der Amtsbezeichnung „Posthalter" (Buralistes) verwaltet. Diese besorgen den Dienst entweder allein oder mit Unterstützung durch Angehörige oder Privatgehilfen. In den meisten Fällen haben sie auch den Bestelldienst am Orte und die sonstigen Unterbeamtengeschäfte für eigene Rechnung wahrzunehmen, wobei es ihnen überlassen ist, diesen Dienst in eigener Person auszuführen. Die Hergabe der Diensträume ist in der Regel ebenfalls ihre Sache; doch beziehen sie dafür eine besondere Entschädigung, ebenso für Heizung und Beleuchtung. Für sonstige Amtskosten erhalten sie eine Vergütung von 6 Fr.*) jährlich.

Die Postablagen zerfallen in rechnungspflichtige und nicht rechnungspflichtige. Die rechnungspflichtigen Ablagen unterscheiden sich von den Bureaus III. Kl. im wesentlichen nur durch den Geschäftsumfang, der etwa dem unserer mittleren und kleinen Postagenturen entspricht. Wo der Betrieb bedeutender ist, sind in der Regel schon Bureaus III. Kl. eingerichtet, doch gibt es auch noch solche, die 10 bis 12 und selbst mehr Dienststunden werktäglich haben. Der Postdienst

---

*) 1 Frank (Fr.) zu 100 Centimen (Ct.) oder Rappen = 81 Pf., 1 Centime (Ct.) = 4/5 Pf.

bildet jedoch für die Ablagehalter in der Regel nur eine Nebenbeschäftigung. Die größeren Ablagen sind zur Annahme, Auszahlung und Verrechnung der Beträge auf internationalen Postanweisungen ermächtigt, während die übrigen hinsichtlich der internationalen Postanweisungen nur als Vermittelungs-Postanstalten für die nächstgelegenen Postbureaus oder größeren Ablagen dienen. Abweichend von den vorbezeichneten Postanstalten, die sämtlich unmittelbar mit der Kreispostkasse abrechnen, sind die nicht rechnungspflichtigen Ablagen, die nur an ganz unbedeutenden Orten bestehen, in rechnerischer Beziehung einem in der Nähe befindlichen Postbureau oder einer rechnungspflichtigen Ablage zugewiesen. Sie sind lediglich Hilfspostanstalten, deren Betrieb sich in den einfachsten Formen bewegt und gegenüber dem Betriebe bei den übrigen Gattungen von Postanstalten sehr umfassenden Beschränkungen unterliegt. Der Postanweisungs-, Postauftrags- und Nachnahmedienst, sowie die Ausführung von Zeitungsbestellungen wird von ihnen nur vermittelt; sie führen nur einen Teil der vorhandenen Postwertzeichensorten und erhalten die erforderlichen Marken gegen Barzahlung von der nächsten Postanstalt. Sie sind mit einem Ortsstempel, aber nur ausnahmsweise (z. B. in Orten mit einigem Fremdenverkehr) mit einem Datumstempel ausgerüstet. Im allgemeinen kann man diese Postanstalten etwa mit den deutschen Posthilfstellen mit Bestelldienst vergleichen. Die Ablagehalter nehmen die Ortsbestellung wahr; vielfach sind sie zugleich Landbriefträger und, wenn die Ablage nicht an einem Bahn- oder Land-Postkurse liegt, Post(fuß)boten.

Auf den Eisenbahnlinien und auf den Dampfschiffen sind je nach Bedürfnis Bahnposten („fahrende Postbureaus") oder Schiffspostbureaus eingerichtet; sie unterstehen in der Regel der Kreispostdirektion, in deren Gebiet der Postkurs ausmündet, und sind meist Zweigstellen des Ortspostbureaus, dem ihr Personal auch angehört. Nur in einigen Orten (wie Bern, Lausanne, Zürich) bestehen besondere Bahnpostbureaus.

Bezüglich der Beamten und deren Gehälter erläßt die Bundesversammlung die nötigen Gesetze. Auf Grund der gesetzlichen Befugnisse und des jährlichen Voranschlags wählt der Bundesrat die Beamten und bestimmt deren Gehälter. Die Amtsdauer ist jeweilig auf 3 Jahre festgesetzt. Die Unterbeamten ernennt das Post- und Eisenbahn-Departement auf unbestimmte Zeit.

Die dienstliche Laufbahn der Beamten gestaltet sich folgendermaßen. Sämtliche zur Erledigung kommenden oder neu eingerichteten Stellen für Beamte und Unterbeamte werden öffentlich ausgeschrieben. Jeder Schweizer hat das Recht, sich um diese Stellen zu bewerben. Im eigenen Interesse nimmt die Postverwaltung jedoch bei der Besetzung etatmäßiger Beamtenstellen — ausgenommen die der Posthalter — fast nur auf solche Bewerber Rücksicht, die als Postlehrlinge eingetreten sind und den üblichen Bildungsgang durchgemacht haben. Die Anzahl der anzunehmenden Lehrlinge wird alljährlich vom Departement festgesetzt. Die Bewerber dürfen nicht jünger als 16 und nicht älter als 25 Jahre sein. Zu der Bewerbung um Lehrlingsstellen können grundsätzlich auch weibliche Personen zugelassen werden. Gesunde Bewerber, deren Schul- und Führungszeugnisse zu keinem Bedenken Anlaß geben, werden zu einer gemeinsamen „Aufnahmeprüfung" einberufen. Die Prüfung wird durch eine seitens des Departements zu ernennende Kommission von zwei Mitgliedern, zu denen der Kreispostinspektor oder sein Vertreter hinzutritt, abgehalten. In der Prüfung hat der Bewerber einen gewissen Grad allgemeiner Bildung (Aufsatz), gute Handschrift (Diktat), Fertigkeit im Rechnen und Kenntnisse der politischen Geographie nachzuweisen; auch muß er, außer in der Muttersprache, mindestens noch in einer der übrigen Nationalsprachen (deutsch, französisch, italienisch) bewandert sein. Die Prüfung ist schriftlich und mündlich. Das Departement trifft nach dem Ergebnis der Prüfung eine Auswahl unter den Bewerbern. Die tauglich befundenen Personen werden zur Ausbildung geeigneten Postbureaus zugeteilt. Eine Vereidigung findet weder beim Eintritt in den Dienst noch in späteren Stellungen statt. Die Lehrlinge erhalten Tagegelder, und zwar 1½ Fr. für die ersten 3 Monate, 2 Fr. für die folgenden 9 Monate, 3 Fr. für den Rest der Lehrzeit. Die Dauer der Lehrzeit beträgt 18 Monate, innerhalb deren der Lehrling mit allen Zweigen des technischen Dienstes, den Bahnpostdienst ausgenommen, sich vertraut machen, auch den Telegraphendienst erlernen muß. Nach Ablauf der ersten 3 Monate hat die dem Lehrling vorgesetzte Postanstalt über dessen Fähigkeiten, Leistungen und Verhalten zu berichten; die Ober-Postdirektion bestimmt auf Grund des Berichts, ob der Lehrling beizubehalten oder zu entlassen ist.

Nach Beendigung der Lehrzeit haben die jungen Beamten sich der „Patentprüfung" zu unterziehen. Die Prüfung wird von einer Kommission abgehalten, die in gleicher Weise, wie die Aufnahme-Kommission, gebildet wird. Durch die Prüfung soll festgestellt werden, inwieweit der Beamte während der Lehrlingszeit im Gebrauch der fremden Sprache sich fortgebildet hat; außerdem ist eine genaue Kenntnis des Personenbeförderungsdienstes, des Postzeitungswesens, des Postanweisungs-, Postauftrags- und Nachnahmeverkehrs, der Bestimmungen über die Behandlung der Brief- und Fahrpost und des Rechnungswesens darzulegen. Auch diese Prüfung ist schriftlich und mündlich. Lehrlinge, welche die Prüfung bestehen, erhalten ein Patent I., II. oder III. Klasse, je nachdem die Prüfung gut, befriedigend oder mittelmäßig ausgefallen ist. Das Patent gibt den Beamten das Recht, sich um eine Anstellung als Kommis zu bewerben. Es bildet die Regel, daß die Lehrlinge, welche die Prüfung auch ein zweites und ausnahmsweise drittes Mal nicht bestehen, aus dem Dienste auszuscheiden haben. Die patentierten Beamten erhalten die Bezeichnung „Aspiranten" und werden, je nach den Leistungen und örtlichen Verhältnissen, im 1. Jahr gegen 3½ oder 4 Fr., vom 2. Jahr ab gegen 4 oder 4½ Fr. Tagegeld als Hilfsarbeiter verwendet.

Lehrlinge und Aspiranten, die sich grobe Fehler zuschulden kommen lassen, können vom Departement jederzeit entlassen werden. Wird ein Lehrling oder Aspirant zur Aushilfe oder Vertretung vorübergehend einem anderen Postbureau zugewiesen, so erhält er für die erste Zeit dieser Beschäftigung, höchstens aber auf 4 Wochen, einen Zuschuß von 1½ Fr. täglich zu seinen gewöhnlichen Dienstbezügen.

Die Vorsteher der Postbureaus III. Kl. sind berechtigt, mit Genehmigung der Ober-Postdirektion Privatlehrlinge für eigene Rechnung zu beschäftigen. Diese Personen erwerben durch ihre Tätigkeit im Postdienst keinen Anspruch auf die den Postlehrlingen eingeräumten Berechtigungen. Doch können bei Postbureaus III. Kl. auch Lehrlinge und selbst Aspiranten als nachgeordnete Beamte beschäftigt werden.

Aus der Aspirantenstellung rücken die Beamten bei vorhandener Gelegenheit in die Stellen für Kommis auf. Die Anstellung geschieht unter dem Vorbehalt einer dreimonatigen Kündigung. Bei der Bewerbung erhalten gewöhnlich die Beamten mit einem Patent der höheren Klasse vor denen mit einem niedrigeren Patent den Vorzug. Auf Wunsch kann den Aspiranten auch die Verwaltung von Bureaus III. Kl. übertragen werden. Den Kommis ist die Möglichkeit geboten, bei guten Leistungen in die Stellen für Unterbureauchefs und Dienstchefs und für Vorsteher von Bureaus II. Kl. sowie in die höheren Stellen der Kreispostdirektionen und der Ober-Postdirektion zu gelangen.

Für die Annahme als Unterbeamter gilt als Bedingung, daß der Bewerber gesund, im Rechnen, Schreiben und Lesen geübt und im Besitz guter Führungszeugnisse ist. Auf das Vorleben des Bewerbers wird mit großer Sorgfalt eingegangen. Es bestehen folgende Unterbeamtenklassen: Kondukteure, Mandatträger (Geldbesteller), Paketträger (Paketbesteller), Nachnahmeträger, Briefträgerchefs, Oberbriefträger, Briefträgerchef-Gehilfen, Briefträger, Bureaudiener, Hauswarte, Wagenmeister, Packerchefs, Packer, Wagenbesorger, Briefkastenleerer, Landbriefträger und Landboten. Auch die Ablagehalter zählen zu den Unterbeamten. Die Bahnpostkondukteure werden aus den Bureaudienern gewählt und bleiben dann dauernd in dieser Stellung. Postkondukteure auf Landwegen gibt es nur noch bei den wichtigeren Alpenposten; von ihnen wird verlangt, daß sie in wenigstens zwei Landessprachen sich geläufig auszudrücken vermögen und ansprechende Umgangsformen besitzen. Die Anstellung der Unterbeamten geschieht unter dem Vorbehalt einer dreimonatigen Kündigung. Auf dem Wege der Bewerbung können Unterbeamte einer niedrigeren Klasse in eine höhere Klasse aufrücken.

Die Stellen der Beamten und bei kleinen Bureaus auch der Unterbeamten sind weiblichen Personen unter gleichen Bedingungen, wie den Männern, zugänglich; auch entsprechen die Besoldungs- und Beförderungsverhältnisse der weiblichen Beamten im wesentlichen denen der männlichen, nur die Höchstgehaltsstufe bleibt um 400 Fr. hinter der der männlichen Beamten zurück. Seit dem Jahre 1894 sind weibliche Bewerber jedoch nicht mehr zum Postdienst angenommen worden. Die Verheiratung hat für die weiblichen Beamten nicht die Notwendigkeit im Gefolge, aus dem Dienst auszuscheiden.

Der schweizerische Beamtendienst kennt eine „Anstellung auf Lebenszeit“ nicht. Die Übertragung einer etatmäßigen Stelle gilt als „definitive Anstellung“. Sämtliche angestellte Beamte werden, wie schon erwähnt, auf 3 Jahre vom Bundesrat gewählt; gegen Ende dieser Amtsperiode nimmt der Bundesrat eine Neuwahl vor, zu der die Vorschläge von dem Departement ausgehen. Es bildet die Regel, daß die Beamten wiedergewählt werden; immerhin kommen Übergehungen von Beamten vor. Häufiger macht die Verwaltung von der ihr zustehenden Befugnis der nur „provisorischen“ Wiederwahl bei solchen Beamten, die den Anforderungen nicht genügen, Gebrauch; sie hat in diesem Fall die Möglichkeit in der Hand, die Beamten alsbald zu entlassen, wenn die gehoffte Besserung nicht eintritt.

Bei der Ober-Postdirektion und den Kreis-Postdirektionen beziehen an Gehalt*): 1. Klasse: Ober-Postdirektor 10000 Fr., 2. Klasse: Ober-Postinspektor 7000 Fr. (und 500 Fr. Zulage als Stellvertreter des Ober-Postdirektors), die

*) Nach einem den gesetzgebenden Körpern vorliegenden Gesetzentwurf sollen für die nachbezeichneten Beamten- und Unterbeamtenklassen die Höchstbesoldungssätze

beiden anderen Inspektoren, der Ober-Postkontrolleur und die Kreis-Postdirektoren 6500 Fr., 3. Klasse: die Adjunkten der drei Inspektionen und der Ober-Postkontrolle 5500 Fr., die Traininspektoren und die Materialienverwalter 5400 Fr., der Kontrolleur der Taxwertzeichen 5200 Fr., die Adjunkten der Kreis-Postdirektionen 5300 Fr., die Kassierer dieser Behörden 5500 Fr., die Kontrolleure der Kreis-Postdirektionen und ein Sekretär 1. Kl. der Ober-Postinspektion 5300 Fr., die übrigen Sekretäre 1. Kl. dieser Abteilung und alle Sekretäre 1. Kl. der beiden anderen Inspektionen und die Revisoren 1. Kl. der Ober-Postkontrolle 5200 Fr., 4. Klasse: die Sekretäre 2. Kl. bei der Ober-Postdirektion und die Revisoren 2. Kl. der Ober-Postkontrolle 4500 Fr., 5. Klasse: die Kanzlisten 1. Kl. 4000 Fr., die Revisions- und anderen Gehilfen 3800 Fr., 6. Klasse: die Kanzlisten 2. Kl. 3500 Fr., der Hauswart und der Abwart der Ober-Postdirektion und die Gehilfen der Wertzeichenkontrolle und des Materialienbureaus 3000 Fr., 7. Klasse: die Aushelfer, Packer, Magaziner, Bureaudiener und Ausläufer bei der Ober-Postdirektion 2500 Fr. Im übrigen sind für die verschiedenen Klassen Mindestbesoldungen festgesetzt, und zwar in Klasse 1: 6000 Fr., 2: 5000 Fr., 3: 4000 Fr., 4: 3500 Fr., 5: 3000 Fr., 6: 2000 Fr. und 7: 1200 Fr. Doch sollen die Beamten beim Übertritt in eine höhere Klasse stets mindestens ihr bisheriges Gehalt weiterbeziehen. Die Gehälter werden im übrigen vom Postdepartement festgesetzt. Bei den Postbureaus I. und II. Kl. richtet sich die Festsetzung des Gehalts außer nach der Dienststellung der Beamten und Unterbeamten auch nach der Einwohnerzahl des Amtsortes, und zwar ist sie verschieden, je nachdem der Ort mindestens 10 000 Einwohner oder weniger als 10 000 Einwohner hat. Danach erhalten die Postverwalter, denen wenigstens ein Bureauchef untergeordnet ist, 3000 bis 4800 oder 2700 bis 4500 Fr., die Postverwalter ohne Bureauchefs und die Bureauchefs 2400 bis 4500 oder bis 4300 Fr., die Dienstchefs und Unterbureauchefs 2100 bis 4000 oder bis 3800 Fr., die Kommis männlichen Geschlechts 1800 bis 3700 oder 3500 Fr., die Kommis weiblichen Geschlechts 1800 bis 3300 oder bis 3100 Fr. Für die Bemessung des den Posthaltern zustehenden Gehalts sind folgende 7 Kategorien gebildet: 2400 bis 3700, 2100 bis 3300, 1800 bis 3000, 1500 bis 2400, 1200 bis 2100, 900 bis 1800 und 600 bis 1500 Fr. Die Einreihung der Bureaus III. Kl. in die verschiedenen Kategorien erfolgt auf Grund sog. Verkehrsnoten. Bei ihrer Feststellung ist die Zahl der täglich abgefertigten Fahrpostkartenschlüsse, die jährliche Zahl der eingeschriebenen Reisenden, der aufgegebenen und umgeleiteten gewöhnlichen Briefsendungen, der eingeschriebenen Sendungen, der aufgegebenen, angekommenen und umgeleiteten Fahrpostsendungen, der bearbeiteten Nachnahmen, Postanweisungen und Postaufträge, der im Bestell- und Botenpostdienst zurückzulegenden km und der außerordentlichen Dienststunden maßgebend. So werden z. B. 45 tägliche Fahrpostkartenschlüsse als 4, 31 bis 45 als 3, 16 bis 30 als 2 Noten und bis 15 als 1 Note

---

um 300 Fr., die Mindestbesoldungssätze und die gegenwärtig gewährten Besoldungen um 200 Fr. erhöht werden mit der Maßgabe, daß vom 1. Januar 1912 ab das Gehalt nach Ablauf jeder dreijährigen Amtsperiode um je 400 Fr. bis zur Erreichung der Höchstsätze steigt: Bureauchefs, Postverwalter, Dienstchefs, Unterbureauchefs, Kommis bei den Bureaus 1. und 2. Kl., Posthalter, Postkondukteure, Postablagehalter (sofern sie im ausschließlichen Dienste der Bundesverwaltung stehen), Paket- und Mandatträger, Briefträger, Bureaudiener, Packer, Kastenleerer, Landbriefträger und Landboten.

gezählt. Die Noten jedes einzelnen Bureaus werden auf Grund der Statistik ermittelt. Um für diese möglichst zuverlässige Angaben zu erhalten, haben die Postbureaus III. Kl., deren Vorsteher an recht hohen Ergebnissen ein begreifliches Interesse haben, während der zwei im Februar und August jährlich stattfindenden Zählperioden den abgehenden Kartenschlüssen Zählkarten beizufügen. Bei mehr als 40 Verkehrsnoten werden die Bureaus in die I. Kategorie, bei mehr als 35 bis 40 Verkehrsnoten in die II. Kategorie, bei mehr als 30 bis 35 Verkehrsnoten in die III. Kategorie usw. in Abstufungen von je 5 Noten eingereiht.

Die „Ablagehalter" haben die Diensträume, Ausstattungsgegenstände und Amtsbedürfnisse für eigene Rechnung zu beschaffen sowie den Bestelldienst und die sonstigen Unterbeamtengeschäfte zu besorgen oder für eigene Rechnung besorgen zu lassen. Ihre Besoldung ist verschieden, je nachdem sie nur Bureaudienst oder daneben auch Bestell- und Botendienst wahrnehmen. Die Höhe der Entschädigung für den Bureaudienst richtet sich nach der Wichtigkeit der Stelle, dem Verkehrsumfang und dem Mietswert des Dienstlokals. Auch hierfür sind — wie bei den Postbureaus III. Kl. — Verkehrsnoten ausschlaggebend. So gelten je 3 Kartenschlüsse täglich, je 100 Reisende jährlich, je 1000 Briefsendungen, je 200 Einschreibsendungen, je 100 Postaufträge usw. für je 1 Note, ebenso jede 50 Fr. des Mietswertes des Dienstraumes. Nach diesen Gesichtspunkten unterscheidet man 5 Besoldungsklassen, und zwar die I. Kl. (d. h. alle nicht rechnungspflichtigen Ablagen) mit 120, die II. (bis 18 Noten) mit 240, die III. (bis 28 Noten) mit 360, die IV. (bis 38 Noten) mit 480 und die V. (über 38 Noten) mit 600 Fr. Gehalt. Die Entschädigung für die Wahrnehmung des Bestell- und Botendienstes bemißt sich nach der Länge der täglichen Dienstzeit und beträgt für das Jahr bei einer solchen von 1 Stunde täglich 120 bis 160 Fr., von 2 Stunden täglich 240 bis 320 Fr., von 3 Stunden täglich 360 bis 480 Fr. usw., 120 bis 160 Fr. für jede weitere tägliche Dienststunde mehr. Dauert der tägliche Bestell- und Botendienst länger als 10 Stunden, d. i. die größte, von der Postverwaltung als zulässig festgesetzte Tagesleistung, so wird dem Ablagehalter für die Annahme einer Aushilfe eine Zulage von 120 Fr. für jede Jahresdienststunde gewährt.

Für die etwaige Mitbesorgung des Telegraphen- und Fernsprechdienstes erhalten die Posthalter und Ablagehalter von der Telegraphenverwaltung ein besonderes Einkommen, das bei einzelnen Bureaus III. Kl. sich jährlich bis 600 und selbst 800 Fr. stellt. Für Postbureaus I. und II. Kl. fließen die von der Telegraphenverwaltung für Mitbesorgung des Telegraphen- und Fernsprechdienstes zahlbaren Vergütungen in die Postkasse.

Ähnlich wie die Gehälter der Beamten sind auch die Besoldungen der Unterbeamten geregelt*). Die Sätze sind ebenfalls verschieden, je nachdem der Amtsort mindestens 10000 oder weniger als 10000 Einwohner hat. Das Gehalt beträgt bei den Postbureaus I. und II. Kl. für Kondukteure 1500 bis 2700 oder bis 2500 Fr., für Paket-, Mandat- und Nachnahmeträger, Briefträgerchefs, Oberbriefträger und Briefträgerchefgehilfen 1620 bis 2500 oder bis 2380 Fr. (die letztgenannten drei Unterbeamtengattungen beziehen in den größeren Orten noch eine besondere Zulage von 200 Fr.), für die Briefträger, Bureaudiener, Haus

*) Siehe die Anmerkung auf Seite 131.

warte, Wagenmeister und Packerchefs 1500 bis 2300 oder bis 2180 Fr., für die Packer und Wagenbesorger 1440 bis 2200 oder bis 2080 Fr. und für die Briefkastenleerer 1380 bis 2100 oder bis 1980 Fr.

Besondere Landbriefträger und Landboten werden nur bei den Postbureaus I. und II. Kl. angestellt. Ihre Besoldung bemißt sich nach denselben Grundsätzen wie bei den Postablagen die Vergütung für Wahrnehmung des Bestell- und Botendienstes. Hiernach beträgt sie bei einer täglichen Dienstleistung von 10 Stunden 1200 bis 1600 Fr. Für jede weitere Jahresdienststunde erhalten sie zur Unterhaltung von Aushelfern eine Zulage von 120 Fr. Bei den Postbureaus III. Kl. wird die Entschädigung für Besorgung des Bestell- und Botendienstes bei Festsetzung der Notenzahl berücksichtigt.

Als Grundsatz gilt, daß ein Angestellter, der im ausschließlichen Dienste einer eidgenössischen Verwaltung steht, mindestens eine Besoldung von 1200 Fr. erhalten soll*). Wo ein Mindest- und Meistgehalt festgesetzt ist, steigt die Besoldung des Beamten oder Angestellten mit Ablauf jeder dreijährigen Amtsperiode um 300 Fr.*). Wenn jedoch einem Beamten oder Angestellten ungenügende Leistungen oder tadelhafte Aufführung nachgewiesen werden können, so erhält er entweder gar keine oder eine geringere Besoldungszulage. Die volle Zulage von 300 Fr. wird den Beamten auch nur dann gewährt, wenn sie vor Beginn einer Amtsperiode länger als 30 Monate im Dienst gestanden hatten. Bei Beförderungen oder beim Übertritt aus einer Stelle in die andere setzt die Postverwaltung das Gehalt nach den Grundsätzen für Bewilligung von Gehaltszulagen, aber auch unter Berücksichtigung der jeweiligen Umstände, fest.

Von besonderem Interesse sind die in der Schweiz bestehenden Bestimmungen über die von dem Personal zu verrichtenden Dienststunden. Durch das Gesetz vom 19. Dezember 1902 über die Arbeitszeit beim Betrieb der Eisenbahnen und anderer Verkehrsanstalten und die dazu erlassenen Ausführungsbestimmungen ist, soweit die Post in Frage kommt, bestimmt worden, daß die Arbeitszeit der „im Betriebsdienst mit der Verpflichtung zur gewöhnlichen Arbeitszeit beschäftigten Beamten und Arbeiter“ täglich 10 Stunden nicht übersteigen dürfe, daß zwischen zwei Tagesleistungen eine ununterbrochene Ruhe von wenigstens 9, im Bahnpostdienst von 10 Stunden liegen müsse, und daß nach der halben Arbeitszeit eine mindestens einstündige Ruhe zu gewähren sei. Zusammenhängende Dienstzeit soll 15 bis 16, für den Bahnpostdienst 14 Stunden nicht übersteigen und zum Nachtdienst jemand nur an höchstens 14 Tagen in einem Monat, im Fahrdienst höchstens jede dritte Nacht herangezogen werden. Den weiteren Festsetzungen des Gesetzes zufolge sind den Beamten und Unterbeamten im Jahre 52 Tage, angemessen verteilt, freizugeben; von diesen Tagen müssen 17 unbedingt auf einen Sonntag fallen. Der Bundesrat ist ermächtigt, in besonderen Fällen Abweichungen von den vorstehenden Bestimmungen zuzulassen. Ein Ruhetag des Fahrpersonals muß mindestens 34, des übrigen Personals mindestens 33 Stunden umfassen. Von den 52 Ruhetagen sind den Beamten und Unterbeamten wenigstens 8 Tage als zusammenhängender Urlaub zu gewähren. Nach mehr als 10 Dienstjahren (Lehrlings- und Aushelferzeit zählt dabei nicht) wird die Zahl der Ruhetage auf 60 erhöht. Halbe Ruhetage werden, sofern sie nicht auf Nachtdienst folgen, jedoch angerechnet. Übertretungen

*) Siehe die Anmerkung auf Seite 131.

des Gesetzes werden mit Geldbuße bis 500 Fr., im Wiederholungsfall bis 1000 Fr. bestraft. Der Verzicht eines Beamten auf die gesetzlich zugesicherte Dienstbefreiung schließt die Strafbarkeit nicht aus. Die Beamten und Unterbeamten der Ober-Postdirektion und der Kreis-Postdirektionen, sowie die nicht mit der „Verpflichtung zur gewöhnlichen Arbeitszeit" angestellten Beamten, nämlich die Posthalter, die den Bureaus I. und II. Kl. zugewiesenen Landbriefträger und Landboten, die Unterbeamten der Bureaus III. Kl. und der Ablagen, die Ablagehalter, die Aspiranten bei den Postämtern III. Kl. und die Lehrlinge fallen nicht unter das Gesetz. Um jedoch auch diesen nicht mit jener Verpflichtung angestellten Beamten und Unterbeamten die Möglichkeit dienstfreier Tage zu gewähren, erhalten sie für ihre Vertretung an solchen eine Entschädigung, und zwar bei einem Jahresgehalt bis 300 Fr. 32 Fr., von 300 bis 400 Fr. 40 Fr., von 400 bis 500 Fr. 48 Fr., von 500 bis 600 Fr. 56 Fr., von 600 bis 700 Fr. 64 Fr., von 700 bis 800 Fr. 72 Fr., von 800 bis 900 Fr. 80 Fr., von 900 bis 1500 Fr. 120 Fr., von 1500 bis 2100 Fr. 160 Fr., von über 2100 Fr. 200 Fr. jährlich. Posthalter, die einen durch den Verkehr bedingten Gehilfen unterhalten, beziehen für dessen Sonntagsruhe eine Vergütung, die bei einem Gehalt des Posthalters von 900 bis 1500 Fr. 60 Fr., von 1500 bis 2100 Fr. 80 Fr. und von über 2100 Fr. 100 Fr. jährlich beträgt.

Bei den größeren Verkehrsanstalten, wo das Personal ununterbrochen beschäftigt ist, leisten die Beamten im täglichen Durchschnitt $8\frac{1}{2}$ bis 9, die Unterbeamten $9\frac{1}{2}$ bis 10 Stunden. Bei kleineren Postanstalten wird eine größere Tagesleistung beansprucht; ihr Umfang richtet sich nach den Anforderungen, denen der Beamte innerhalb der angesetzten Dienststunden zu genügen hat. An Sonntagen tritt eine Beschränkung des Beförderungsdienstes nicht ein; dagegen ist der Schalterdienst auf 2 Stunden vormittags (meist von 10 bis 12 Uhr) beschränkt. Wochentäglich sind die Schalter bei den Bureaus I. und II. Kl. im Sommer von 7, im Winter von 8 Uhr vormittags bis 8 Uhr abends geöffnet, bei Bureaus III. Kl. wird der Dienst durch eine einstündige Mittagspause unterbrochen. Sonntags findet allgemein nur eine Briefbestellung statt. Kastenleerungen werden Sonntags nachmittags nicht ausgeführt.

Die im Bahnpostdienst beschäftigten Beamten werden grundsätzlich auch zum Ortsdienst der Postanstalt herangezogen. Damit Überanstrengungen durch den Bahnpostdienst vermieden werden, darf kein Beamter im Laufe eines Jahres an mehr als 180 Tagen Fahrdienst versehen. Die Fahrt und Überlagergebühren sind ziemlich reichlich bemessen; je nach der Zeit der Abwesenheit vom Wohnort werden den Beamten und den Unterbeamten zugute gerechnet: für Frühstück den Beamten 1 Fr., den Unterbeamten 80 Ct., Mittagessen $2\frac{1}{2}$ und 2 Fr., Abendessen 2 Fr. und 1 Fr. 80 Ct. und für das Nachtquartier $2\frac{1}{2}$ und 2 Fr. Außerdem erhalten die Beamten für jede Fahrt eine Vergütung bis zu $1\frac{1}{2}$ Fr., je nach der Schwierigkeit der Leistung. Nimmt der Beamte, wie es auf Lokalkursen wohl geschieht, gleichzeitig die Unterbeamtengeschäfte wahr, so empfängt er für 1 km Fahrt noch eine Entschädigung von 1 Ct.

Für Nachtdienst wird eine besondere Nachtdienstentschädigung gezahlt. Sie wird nur Beamten und Unterbeamten der Bureaus I. und II. Kl., sowie Kondukteuren der eigentlichen Nachtzüge gewährt. Als Nachtdienst rechnet die Zeit von $9\frac{1}{2}$ Uhr abends bis 6 Uhr morgens. Es werden vergütet: bei einer Dauer von $1\frac{1}{2}$ bis 2 Stunden für die Beamten 1 Fr., für die Unterbeamten

70 Ct., bei einer Dauer von mehr als 2 bis $3\frac{1}{2}$ Stunden $1\frac{1}{2}$ und 1 Fr. und bei einer Dauer von mehr als $3\frac{1}{2}$ Stunden 2 und $1\frac{1}{2}$ Fr. Bei Festsetzung des Arbeitsmaßes werden nur die Nachtdienststunden von 11 bis 4 $1\frac{1}{4}$ fach, die übrigen aber einfach gerechnet. Auch für Fahrdienst, der vor $5\frac{1}{2}$ Uhr früh fällt, werden, sofern nicht schon eine Nachtdienstentschädigung zahlbar ist, Frühdienstentschädigungen für jenes Personal von gleicher Höhe wie die Nachtdienstentschädigungen gewährt. Beamte und Unterbeamte, die nachts in den Diensträumen schlafen müssen, beziehen bei Postbureaus I. und II. Kl., sofern nicht schon Nacht- oder Frühdienstentschädigungen fällig sind, dafür eine Entschädigung von 1 Fr. die Beamten und von 70 Ct. die Unterbeamten.

An allen größeren Eisenbahnknotenpunkten hat die schweizerische Postverwaltung entweder im Postgebäude selbst oder in der Nähe wohnliche und heizbare Zimmer als Unterkunftsräume für die Bahnpostbeamten und Kondukteure einrichten lassen. Die Räume sind mit dem nötigen Schreibzeuge, den im Fahrdienst erforderlichen Formularen, Kartierungsverzeichnissen usw. ausgestattet.

Einen Fonds zu Unterstützungen an Beamte oder deren Hinterbliebene besitzt die schweizerische Postverwaltung nicht. Für außergewöhnliche Arbeiten, durch welche die Beamten lange in ihrer dienstfreien Zeit beschränkt worden sind, können vom Bundesrat besondere Vergütungen gewährt werden. Verwaltet ein Beamter die Stelle eines höheren Beamten einstweilig, so wird ihm als Vergütung hierfür der Unterschied zwischen seiner Besoldung und der des höheren Beamten bewilligt.

Versetzungskosten-Entschädigungen werden nicht gezahlt. Da die erledigten Stellen öffentlich ausgeschrieben werden und demgemäß der Übertritt eines Beamten in eine andere Dienststelle auf dem Wege der Bewerbung erfolgt, so hat der Beamte, wenn seiner Bewerbung entsprochen wird, die Umzugskosten selbst zu tragen. Versetzungen kommen deshalb nicht oft vor; in der Regel werden die erledigten Stellen an Beamte der Postanstalt, wo jene Stellen sich befinden, übertragen. Die Behörde kann die Versetzung eines „definitiv“ angestellten Beamten zu einer anderen Postanstalt gegen dessen Wunsch nicht verfügen, weil der Beamte immer für einen bestimmten Ort gewählt wird.

Beim Ausscheiden aus dem Dienste infolge eingetretener Dienstunfähigkeit wird den Beamten und Unterbeamten ein Ruhegehalt nicht bewilligt. Doch wird ihnen, sowie in Todesfällen den Hinterbliebenen ein „Besoldungsnachgenuß“ bis zur Dauer von 1 Jahre gewährt. Eine gesetzlich geregelte Hinterbliebenen-Versorgung ist in der Schweiz nicht eingeführt.

Die einzige Wohlfahrtseinrichtung der Verwaltung bildet der Lebensversicherungsverein. Zur Errichtung dieses Vereins, bei dem Versicherungen auf Lebenszeit und abgekürzte Versicherungen bis zum 50., 55. und 60. Lebensjahre genommen, sowie vom 61. bis 65. Jahre ab zahlbare Altersrenten versichert werden können, sind die Beamten auf dem Wege der Selbsthilfe gelangt. Der Meistsatz für Lebensversicherungen beträgt 10 000 Fr., für Altersrenten 1000 Fr. Die Beträge müssen durch 100 teilbar sein. Zum Beitritt sind alle eidgenössischen und kantonalen Beamten und Unterbeamten, und zwar über 1000 Fr. auf Grund eines ärztlichen Gesundheitszeugnisses zugelassen. Von einigen Verwaltungszweigen, u. a. auch von der Post, werden dem Verein behufs Ermäßigung der Prämien für ihre Beamten Zuschüsse gewährt. Die Postverwaltung zahlt jährlich 65 000 Fr. und außerdem die von dem Personal und den Postpferdehaltern gezahlten Geldbußen. Der Prämienerlaß beträgt für die Postbeamten 20 % der statutarischen Prämie. Die Einziehung der Prämien geschieht monatlich durch Nachnahmen. Dem Verein ist Portofreiheit bewilligt.

Das Tragen einer Dienstkleidung ist vorgeschrieben für die Beamten, die das Übergabegeschäft auf Bahnhöfen beaufsichtigen (nur Mantel und Mütze), die Beamten und Unterbeamten der Postbureaus III. Kl. und der Postablagen, denen die Besorgung von Bestell- und Botenpostdienst übertragen ist (volle Uniform), die Kondukteure (volle Uniform) und die Unterbeamten der Postbureaus I. und II. Kl. (volle Uniform). Allen diesen wird die Dienstkleidung amtlich geliefert. Zur Dienstkleidung gehört auch eine weiße, bis an das Knie reichende Leinwandbluse, die nur von Ortsbestellern, Bureaudienern, Packern, Landbriefträgern und Landboten im Sommer zu tragen ist. Die bestellenden Boten können übrigens, wenn der Dienst unbedeutend ist, bürgerliche Kleidung tragen; sie erhalten alsdann an Stelle der Dienstkleidungsstücke alljährlich eine bare Entschädigung von 20 Fr.

Einer Einrichtung muß hier noch gedacht werden, die der Schweiz eigentümlich und für die Postbeamten von hervorragender Bedeutung ist, des Amtsbürgschaftsvereins. Dieser Verein, der im wesentlichen aus Post- und Telegraphenbeamten besteht, dem aber auch Beamte und Unterbeamte der anderen Bundesverwaltungen und der schweizerischen Nationalbank, sowie Postpferdhalter mit einer Kautionspflicht von höchstens 30 000 Fr. beitreten können, hat den Zweck, der Bundesverwaltung gegenüber Bürgschaft mit solidarischer Haftpflicht jedes einzelnen Mitgliedes für die getreue Erfüllung der Amtspflichten aller übrigen Vereinsgenossen zu leisten. Infolge einer Verordnung des Bundesrats haben nämlich die Beamten und Unterbeamten vor Antritt ihrer Stelle dadurch Bürgschaft zu leisten, daß sie entweder sich als Mitglied des schweizerischen Amtsbürgschaftsvereins ausweisen oder sichere Bürgen stellen. Die Mitglieder zahlen ein einmaliges Eintrittsgeld, 2 ‰ der Kaution, und außerdem im Bedarfsfalle eine Jahresprämie, deren Höhe von der Generalversammlung festgesetzt wird. Mitglieder, für die der Verein Kautionsverpflichtungen erfüllen muß, haben die gezahlten Summen nebst Auslagen und Zinsen zu ersetzen. Aus den Beiträgen wird ein Betriebsfonds in Höhe von mindestens 5 ‰ der übernommenen Bürgschaften gebildet. Der Verein genießt Portofreiheit; die Abträge der Postbeamten werden durch die Kreispostkassen im Wege des Abzuges vom Diensteinkommen erhoben. Die Beamten und Unterbeamten haben folgende Beträge als Kaution zu leisten oder sicherzustellen: die Kreispostkassierer 20 000 Fr., die Beamten der Ober-Postdirektion und der Kreis-Postdirektion 6000 Fr., die Bureauchefs und die Postverwalter 6000 Fr., die Kommis 3000 Fr., die Posthalter 5000 Fr., die Ablagehalter mit Postanweisungsdienst 5000 Fr., die Ablagehalter ohne Postanweisungsdienst 2000 Fr., die Kondukteure 5000 Fr., die sonstigen Unterbeamten 2000 Fr., die Postaspiranten und Postlehrlinge 3000 Fr.

Eine eigentliche Verschmelzung der Post- und Telegraphenverwaltung besteht in der Schweiz nicht; doch werden, wenn keine besonderen Gründe entgegenstehen, die Post- und die Telegraphenanstalten in den kleinen Ortschaften in den gleichen Räumen untergebracht und die Geschäfte von derselben Person besorgt.

Das Postregal des Bundes besteht in dem ausschließlichen Recht der Beförderung von verschlossenen Briefen und von Postkarten, sowie von allen anderen verschlossenen Gegenständen jeder Art (Pakete, Gelder usw.) bis 5 kg und von Zeitungen, in der regelmäßigen Personenbeförderung und der Beförderung von Reisenden durch Extraposten. Das Postregal ist sonach in der Schweiz sehr umfassend. Für die regelmäßige Beförderung von Personen und deren Gepäck auf Schiffen oder Fuhrwerken, für die Beförderung von Personen durch Extraposten, sowie für die Fortschaffung von Briefen, Paketen, Geldern und Personen durch Botenfahrten kann der Bundesrat auf bestimmte Zeit, gegen Entrichtung einer Gebühr, besondere Konzessionen erteilen. Die Beförderung von Briefen durch besondere Boten des Absenders oder aus Gefälligkeit, ferner das Austragen, Verbreiten und Verkaufen von schweizerischen Zeitungen durch dazu besonders bestimmte Personen oder Organe unmittelbar seitens der Verleger ist jedoch gestattet. Verletzungen des Postregals, Überschreitungen einer Konzession, sowie mißbräuchliche Verwendung von Postwertzeichen werden mit Geldstrafe von $1\frac{1}{2}$ bis 750 Fr., in Wiederholungsfällen bis 3000 Fr. geahndet.

A. Briefpost.

Briefe dürfen 250 g nicht überschreiten; für die Ausdehnungen sind Grenzen nicht gezogen. Für die Anwendung der Brieftaxe bestehen 2 Zonen; die 1. Zone umfaßt alle Orte, die nicht mehr als 10 km vom Aufgabeort, in Luftlinie von Poststelle zu Poststelle gemessen, entfernt sind (Lokalrayon), die 2. alle weiter belegenen Orte. Tarif: Lokalrayon 5 Ct., unfrankiert 10 Ct., Fernverkehr 10 Ct., unfrankiert 20 Ct. bis 250 g, unzureichend frankiert allgemein der einfache fehlende Frankobetrag ohne Zuschlag. Die Versendung von Geld und Wertsachen in Briefen ist untersagt.

Die Post übernimmt auch die Bestellung von gerichtlichen Akten aller Art (Vorladungen, Notifikationen u. dgl.). Die Akte sind am Schalter aufzugeben, und zwar in zwei gleichlautenden Ausfertigungen, von denen die eine an den Empfänger abgesandt, die andere an den Versender mit der Erklärung über die erfolgte Bestellung zurückgeschickt wird. Die Taxe ist die gleiche wie für einen Einschreibbrief mit Rückschein (im Lokalrayon 35 Ct., sonst 40 Ct.); sie wird durch Aufkleben von Freimarken auf das an den Absender zurückgehende Doppel verrechnet. Für den Verlust oder die Verspätung der gerichtlichen Akte oder der Doppel wird von der Postverwaltung wie für Einschreibbriefe gehaftet.

Postkarten kosten 5 Ct. die einfache, 10 Ct. die Karte mit Antwort. Von der Privatindustrie hergestellte Postkarten sind zugelassen; sie dürfen jedoch nicht größer als 14 zu 9 und nicht kleiner als 10 zu 7 cm sein. Unfrankierte sowie ungenügend frankierte Postkarten sind von der Beförderung ausgeschlossen.

Die Zeitungen können entweder bei einer Postanstalt oder unmittelbar bei dem Verleger bestellt werden. Für solche Bestellungen, bei denen die Post die Zeitungsgelder vom Besteller erhebt und die Abrechnung mit dem Verleger besorgt, wird eine Gebühr von 10 Ct. für jedes Exemplar berechnet; außerdem ist für jede Nummer ein Porto von 1 Ct. für jede 75 g zu entrichten. Diese Gebühren die im Zeitungsbezugspreis mit enthalten sein müssen, sind spätestens alle Vierteljahre einmal vom Verleger zu zahlen oder bei Abrechnung mit dem Verleger einzubehalten. Die Taxe wird bei jedesmaliger Ausrechnung auf volle 5 Ct. aufwärts abgerundet. Der gleichen Taxe (von 1 Ct. für jede 75 g des

Exemplars) unterliegen die Zeitungen, die beim Verleger unmittelbar bestellt werden. Bei Zeitungspaketen mit abonnierten Zeitungen, gleichviel ob die Bestellung der Zeitung bei einer Postanstalt oder dem Verleger erfolgt ist, brauchen die einzelnen Nummern nicht mit besonderer Aufschrift versehen zu sein, bei unmittelbar abonnierten Zeitungen hat jedoch der Verleger der Bestimmungspostanstalt vierteljährlich ein Verzeichnis der Bezieher derartiger Zeitungen portofrei zu übersenden. Die der Post zu übergebenden Zeitungen sind von den Verlegern nach postamtlicher Anleitung für die verschiedenen Absatzpostanstalten in gesonderte Pakete unter Band dergestalt zu verpacken, daß die Zahl der Exemplare leicht geprüft werden kann. Die Verleger sind gehalten, bei der Auflieferung der Zeitungen die Zahl der Exemplare in einem Lieferungsbüchlein, zu dem bestimmte Formulare zu verwenden sind, anzugeben. Diese Zahl hat die absendende Postanstalt tunlichst oft zu prüfen und bei jedem Erscheinen der Zeitung nebst dem Datum der Aufgabe und der Blattnummer in der Gesamtzahl in ein Speditionsbuch einzutragen, nach dem am Schluß des Vierteljahrs die Beförderungsgebühren zu berechnen sind. Von den Verlegern versandte Probeblätter müssen die volle Aufschrift der Empfänger tragen, unterliegen aber nur der Taxe für Zeitungen.

Gewöhnliche wie außergewöhnliche Zeitungsbeilagen, die als Fortsetzung, Erläuterung oder Illustrationen zur Hauptzeitung dienen, werden als Teil der Zeitung betrachtet und unterliegen keiner besonderen Taxe.

Die Bestimmungen für Drucksachen sind im allgemeinen dieselben wie im Weltpostverkehr. Besonders zu bemerken ist nur, daß die von Privatpersonen (nicht von Verlegern) abgesandten Zeitungen den gewöhnlichen Drucksachen gleich zu achten sind. Auch Bücherzettel sind im inneren schweizerischen Verkehr gegen die ermäßigte Drucksachentaxe zulässig. Im Wege der Polygraphie, Chromographie u. dgl. hergestellte Abzüge werden jedoch nur dann als Drucksachen zugelassen, wenn sie in Mengen von mindestens 20 gleichlautenden Exemplaren am Schalter aufgegeben werden. Das Meistgewicht für Drucksachenpakete ist auf 500 g festgesetzt. Tarif: 2 Ct. bis 50 g, 5 Ct. über 50 bis 250 g, 10 Ct. über 250 bis 500 g. Unfrankierte und unzureichend frankierte Drucksachen werden nicht befördert.

Eine besondere, der schweizerischen Postverwaltung eigentümliche Einrichtung stellen die Drucksachen zur Einsicht und die abonnierten Drucksachen dar. Drucksachen zur Einsicht sind solche, die von Buchhandlungen abgesandt sind und vom Empfänger erst nach Einsichtnahme, jedoch längstens innerhalb 4 Tage als verweigert an die Post zurückgegeben werden können. Die Rücksendung an den Aufgeber erfolgt taxfrei; der Empfänger hat in der Aufschrift der Sendungen in diesem Falle den Vermerk „Rechtzeitig refüsiert" niederzuschreiben, die Postanstalt drückt diesem Vermerk zum Zeichen der Richtigkeit den Aufgabestempel bei. Die „abonnierten Drucksachen" sind solche, die regelmäßig zwischen Leihbibliotheken, Lesezirkeln usw. und den Abonnenten, sowie zwischen den Abonnenten untereinander zum Austausch kommen. Sie sind bis 2 kg zugelassen; die Taxe beträgt für jede Versendung 15 Ct., nur die Rücksendung an den ersten Absender erfolgt kostenfrei. Die ermäßigte Taxe begreift die Bestellung der abonnierten Drucksachen in die Wohnung der Abonnenten in sich, nur der erste Absender muß sie nach erfolgter Benachrichtigung durch die Post bei der Postanstalt abholen; ausgenommen sind nur Bücher der amtlichen Bibliotheken, die diesen stets durch die Briefträger zurückgestellt werden. Abonnierte Drucksachen von mehr als 2 kg unterliegen der Pakettaxe, werden aber wie gewöhnliche Drucksachen zusammen mit den Briefen (Briefpost) befördert.

Geschäftspapiere werden wie gewöhnliche Briefe behandelt und taxiert.

Warenproben dürfen 500 g nicht überschreiten, unterliegen aber in den Ausdehnungen keiner Einschränkung. Tarif: 5 Ct. bis 250 g, 10 Ct. über 250 bis 500 g; unfrankiert und unzureichend frankiert werden sie nicht befördert.

Die Briefsendungen jeder Art können unter Einschreibung versandt werden; sie müssen stets vollständig frankiert sein. Besondere Bestimmungen hinsichtlich des Verschlusses der Einschreibsendungen sind nicht erlassen. Einschreibgebühr: 10 Ct. Die Versendung von Wertpapieren und barem Geld in Einschreibbriefen ist untersagt. Für einen Einlieferungsschein ist keine Gebühr, für einen Rückschein sind 20 Ct. zu entrichten. Die Quittung der Postanstalt über einen aufgegebenen Einschreibbrief kann auch in einem Einlieferungsbuch ausgestellt werden, das von der Postanstalt zu 50 Ct. zu beziehen ist. Im Falle der verzögerten Beförderung eines Einschreibbriefes um mehr als 1 Tag wird ein Schadenersatz von 15 Fr., im Verlustfall von 50 Fr. gezahlt. Um bei Empfangnahme von Einschreibsendungen (aber auch Postanweisungen und Wertsendungen) den Ausweis einer Person zu erleichtern, hat die schweizerische Postverwaltung die Ausgabe von Identitätsbüchern eingeführt. Solche Bücher werden von sämtlichen Kreispostdirektionen und Postbureaus 2. Kl. ausgestellt. Der Preis eines Büchleins, das 20 Empfangsscheine enthält, beträgt 50 Ct. Die Bücher verlieren nach 3 Jahren ihre Gültigkeit, doch kann die Gültigkeitsdauer auf Antrag um 1 Jahr verlängert werden.

Wegen der Briefsendungen mit Nachnahme siehe unter „E. Pakete".

Nach- oder Rücksendung von Briefschaften erfolgt gebührenfrei; wird jedoch ein nach dem Lokalrayon gerichteter und entsprechend frankierter Brief nach einem außerhalb des Lokalrayons belegenen Orte nachgesandt, so wird der Portounterschied vom Empfänger eingezogen. Verschlossene Briefe können vom Absender noch 24 Stunden nach Empfangnahme zurückgegeben werden, wenn sie in keiner Weise verletzt sind. Postlagerbriefe werden 2 Monate zur Verfügung der Empfänger bereitgehalten. Unbestellbare Briefe werden nach dem Aufgabeort zurückgesandt und dem Absender, sofern dieser aus der Aufschrift ersichtlich ist, zurückgegeben. Andernfalls werden sie an die Kreispostdirektion eingereicht und zur Ermittelung der Absender, jedoch nur im September jedes Jahres, geöffnet. Ist die Rückgabe der Briefe an den Absender auch nach der Eröffnung nicht möglich, so werden sie verbrannt. Enthalten die Briefe Gegenstände von Wert, so wird ihr Inhalt nach 5 Jahren zugunsten der Postkasse verwertet.

Briefsendungen jeder Art werden dem Empfänger gebührenfrei durch die Briefträger in die Wohnung bestellt. Für Briefe nach Orten, die mehr als eine Stunde vom Bestellpostamt abliegen und von Briefträgern nicht berührt werden, muß der Empfänger eine Niederlegungsstelle in einem vom Briefträger berührten Orte bezeichnen, wohin die Bestellung zu erfolgen hat. Briefsendungen jeder Art, die in der Aufschrift den Vermerk „persönlich abzugeben" tragen, dürfen nur an den Empfänger selbst bestellt werden, andere gewöhnliche Gegenstände können dagegen in Abwesenheit des Empfängers an Familienmitglieder, Geschäftsangestellte oder Dienstboten, an den Hausherrn oder Türhüter und, mit Genehmigung der Empfänger, auch an Nachbarn abgegeben werden. In größeren Städten findet übrigens in der Regel eine Abgabe der uneingeschriebenen Gegenstände in der Wohnung der Empfänger nicht statt; die Briefträger sind nur gehalten, im Eingangsflur der Häuser, wenn keine Briefeinwürfe vorhanden sind, durch Läuten oder Aufruf die Empfänger aufzufordern, die für sie bestimmten Gegenstände an der Haustür zu holen. Infolgedessen wird von im Hausflur angebrachten Hausbriefkasten umfassender Gebrauch gemacht.

Wünscht ein Empfänger seine Sendungen bei der Postanstalt abzuholen, so kann diesem Verlangen entsprochen werden; der Antrag ist schriftlich zu stellen. Dem Empfänger wird in diesem Falle ein Brieffach des Ausgabespindes zur Verfügung gestellt, wofür er bei gewöhnlichen Spinden eine Monatsmiete von 1 Fr., bei Schließfächern von 1½ Fr. für ein kleines und von 2½ Fr. für ein größeres Fach zu entrichten hat.

Eilbestellung ist zulässig. Eilbestellgeld 30 Ct. für je 2 km Entfernung. Das Eilbestellgeld hat der Absender tunlichst bei der Auflieferung der Sendung zu entrichten, jedenfalls bleibt er für die Zahlung des Eilbestellgeldes haftbar. Die Eilbestellung erfolgt von 10 bis 6 Uhr nachts nur dann, wenn der Absender dies durch den Vermerk „auch nachts zu bestellen" ausdrücklich verlangt hat.

Es sind auch „Bahnhofsbriefe" (im Sinne der deutschen Einrichtung) zugelassen. Für sie ist eine besondere Gebühr von 1 Fr. monatlich zu zahlen.

Zum Verkauf der Postwertzeichen an das Publikum können, außer den Postanstalten, auch Privatpersonen auf ihren Antrag zugelassen werden; für ihre Mühewaltung erhalten sie eine Entschädigung von 1% des Erlöses, höchstens jedoch 150 Fr. jährlich. Außer Postfreimarken und Postkarten werden auch gestempelte Streifbänder (Frankobänder) zu 2 und 5 Ct. verkauft. Verdorbene Postkarten zu 10 und 20 Ct. können unter Nachzahlung von 5 Ct. für das Stück gegen neue Postkarten umgetauscht werden. Aus Postkarten und Streifbändern ausgeschnittene Wertzeichen sind ungültig. Die Post befaßt sich auch damit, Briefumschläge, Streifbänder usw. von Privaten unentgeltlich mit dem Wertstempel von 2 bis 30 Ct. zu bedrucken.

Das Porto auf unfrankierten und unzureichend frankierten Briefsendungen wird durch Taxmarken (chiffres-taxes) verrechnet, die auf die Sendungen aufgeklebt werden.

B. Wertbriefe.

Wertbriefe im deutschen Sinne und im Sinne des internationalen Übereinkommens kennt der innere schweizerische Betrieb nicht. Sie fallen unter den Begriff der Pakete (Fahrpoststücke); siehe unter „E. Pakete".

C. Postanweisungen.

Am Inlandspostanweisungsdienst nehmen nicht nur sämtliche Postbureaus, sondern auch die rechnungspflichtigen Postablagen teil. Postanweisungen sind bis 1000 Fr., amtliche bis 10 000 Fr. zulässig. Tarif: bis 20 Fr. 15 Ct., über 20 bis 100 Fr. 20 Ct. und jede weiteren 100 Fr. 10 Ct. mehr.

Zu den Postanweisungen wird ein mit Abschnitt versehenes Formular in Kartenform verwendet, das von den Postanstalten unentgeltlich an das Publikum abgegeben wird. Auf dem Abschnitt, dessen Rückseite zu schriftlichen Mitteilungen benutzt werden kann, muß der Name des Absenders angegeben werden; weigert sich letzterer, seinen Namen niederzuschreiben, so muß er ihn wenigstens dem Annahmebeamten nennen, der ihn im Annahmebuch vermerkt. Im allgemeinen hat der Absender die Postanweisung selbst auszufüllen; indessen kann der Annahmebeamte ihm hierbei behilflich sein. Die Beförderung der Postanweisungen zum Bestimmungsort erfolgt postseitig. Dem Absender wird ein Einlieferungsschein unentgeltlich erteilt. Postanweisungen können gegen eine besondere Gebühr von 10 Ct. unter Einschreibung befördert werden. Die Postanweisungen verlieren mit dem 10. Tage des auf den Einzahlungsmonat folgenden Monats ihre Gültigkeit; mit diesem Zeitpunkt wird die Rückzahlung des Postanweisungsbetrages an den Absender eingeleitet. Ist die Rückzahlung innerhalb 4 Monate nicht möglich, so wird die Postanweisung an die Kreispostdirektion eingesandt; nach Ablauf von 5 Jahren verfällt sie der Staatskasse.

Die Postanweisung nebst dem zugehörigen Geldbetrag wird dem Empfänger kostenfrei durch die Briefträger in die Wohnung bestellt. An Sonn- und Feiertagen ruht die Geldbestellung. Der Empfänger hat über den Empfang des Geldes auf der Rückseite der Postanweisung mit Tinte oder Tintenstift zu quittieren. Der Abschnitt wird von der Postanweisung abgetrennt und dem Empfänger bei der Auszahlung des Geldes übergeben. Wo die örtlichen Verhältnisse oder sonstige Umstände der Bestellung des Geldes entgegenstehen, wird dem Empfänger nur der Abschnitt als Benachrichtigung übersandt und ihm die Abholung des Geldbetrages von der Poststelle überlassen. Ist eine Postanstalt nicht im Besitz der nötigen Barmittel, so kann die Auszahlung bis zu 5 Tagen verschoben werden. Eilbestellung ist bei Postanweisungen zulässig; Eilbestellgebühr mit dem zugehörigen Geldbetrage 50 Ct., ohne das Geld 30 Ct. für je 2 km. Tritt in der Beförderung einer Postanweisung eine Verspätung um mehr als 24 Stunden ein, so hat der Absender Anspruch auf eine Entschädigung von 15 Fr.

Telegraphische Postanweisungen können bei den Postanstalten aller Orte, die auch eine Telegraphenstation besitzen, bis 500 Fr. aufgeliefert werden. Der Aufgeber hat ein Überweisungstelegramm auf besonderem Formular auszufüllen. Außer der Taxe für eine gewöhnliche Postanweisung, die auf einem Einzahlungsschein in Marken verrechnet wird, ist die Gebühr für das Telegramm (30 Ct. Grundtaxe und $2\frac{1}{2}$ Ct. für jedes Wort) zu entrichten; die Überbringung des Telegramms zur Telegraphenstation erfolgt unentgeltlich. Der Empfänger erhält von der Telegraphenanstalt das Überweisungstelegramm mit einer Aufforderung, das Geld bei der Postanstalt abzuheben. Eine Abschrift des Telegramms, jedoch ohne die etwa hinzugefügt gewesenen privaten Mitteilungen, wird der Bestimmungspostanstalt zugefertigt. Der Einzahlungsschein wird der Bestimmungspostanstalt postseitig übersandt. Der Absender wie der Empfänger können verlangen, daß das Überweisungstelegramm mit dem Barbetrage durch besonderen Boten bestellt wird; alsdann ist Eilbestellgeld zu bezahlen. Der Betrag des Eilbestellgeldes wird auf einem besonderen Expreßbestellschein, der mit dem Einzahlungsscheine der Bestimmungspostanstalt übersandt wird, in Marken verrechnet. Befindet sich am Sitze der Bestimmungspostanstalt keine Telegraphenanstalt, so wird das Telegramm und die Abschrift von der letzten Telegraphenanstalt kostenfrei unter Einschreibung an den Empfänger und die Bestimmungspostanstalt gesandt, sofern das Überweisungstelegramm dem Empfänger nicht von der letzten Telegraphenanstalt aus durch Eilboten zugestellt werden soll. In letzterem Falle ist ein Eilbestellgeld zu zahlen, das über 1 bis $1\frac{1}{2}$ km 25 Ct., über $1\frac{1}{2}$ bis 2 km 50 Ct., über 2 bis 3 km 80 Ct., über 3 bis 4 km 1 Fr. 10 Ct. und für jedes weitere km 30 Ct. mehr beträgt. Auf Entfernungen bis 1 km erfolgt die Bestellung unentgeltlich. Der Empfänger einer telegraphischen Postanweisung, die nicht durch Eilboten mit dem Geld zu bestellen ist, hat den Geldbetrag bei der Postanstalt abzuholen; vor der Auszahlung hat sich der Empfänger als solcher auszuweisen.

D. Postaufträge.

Im inneren schweizerischen Verkehr sind Postaufträge (Einzugsmandate) bis 1000 Fr. und bis 250 g zulässig. Es sind dazu ausschließlich die von der Postverwaltung ausgegebenen, mit Vordruck versehenen Postauftrags-Umschläge, welche die Postanstalten unentgeltlich verabfolgen, zu verwenden. Die Rückseite der Umschläge kann zu Vermerken darüber benutzt werden, was mit dem Auftrage geschehen soll, falls die Einziehung des Betrages durch die Post nicht gelingt. Hierbei sind nur folgende Vermerke zulässig: „zum Protest", „an N. N. zum Protest", „zur Beitreibung", „an N. N. zur Beitreibung" oder „sofort zurück".

Einem Postauftrag dürfen nur Wertpapiere (Quittungen, Zinsscheine, Wechsel, Schecks, Handels- und sonstige ohne Kosten zahlbare Wertpapiere) für ein und denselben Zahlungspflichtigen beigegeben werden; es ist untersagt, den Aufträgen Briefe oder Dokumente beizufügen oder mehrere Wertpapiere anzuschließen, die eine verschiedene Behandlung erfordern oder nicht spätestens 15 Tage nach der Auflieferung des Postauftrages oder nicht sämtlich gleichzeitig fällig sind. Tarif: bis 20 Fr. 15 Ct., über 20 bis 1000 Fr. 30 Ct. Eine Einziehungsgebühr wird nicht erhoben. Die Taxe für den Postauftrag wird durch Aufkleben von Freimarken auf den Postauftragsumschlag verrechnet. Bei der Auflieferung und während der Beförderung werden die Postaufträge wie Einschreibbriefe behandelt.

Wird bei der ersten Vorzeigung die Zahlung verweigert oder Aufschub verlangt, so erfolgt nach 7 Tagen, sofern nicht der Absender eine andere Behandlung vorgeschrieben hat, eine zweite Vorzeigung. Die Rücksendung uneingelöster Wertpapiere erfolgt in besonderen Umschlägen portofrei unter Einschreibung. Die eingezogene Summe, die vom Schuldner nicht in Teilbeträgen gezahlt werden kann, wird dem Auftraggeber mit Postanweisung nach Abzug der Postanweisungsgebühr und etwaiger Stempelgebühren übersandt.

E. Pakete (Fahrpostsendungen)

Unter den Begriff „Fahrpostsendungen" fallen alle Sendungen (auch Briefe) mit Wertangabe, die Pakete ohne Wertangabe im Gewicht von mehr als 250 g (ausgenommen die Warenproben und Drucksachen bis 500 g und die abonnierten Druckschriften bis 2 kg), sowie leichtere Pakete, die ausdrücklich als Fahrpoststücke aufgegeben werden, ferner alle Nachnahmen von mehr als 50 Fr. und kleinere Nachnahmen auf zu buchenden Sendungen. Das Meistgewicht der Pakete beträgt für Orte, die nur durch Postfußboten oder Maultierposten bedient werden, 50 kg, sonst 60 kg, ausnahmsweise auch mehr. Sperrige Gegenstände, sowie Pakete, die 2 m in einer Richtung überschreiten, sind von der Postbeförderung ausgeschlossen.

Für Aufschrift und Verpackung gelten im allgemeinen dieselben Bestimmungen wie für den inneren deutschen Verkehr; bemerkenswert ist nur, daß gemünztes Geld ausschließlich in Paketform zu versenden ist und bares Geld nicht mit anderen Gegenständen in eine Sendung verpackt werden darf. Begleitadressen sind den Fahrpoststücken nicht beizugeben.

Sämtliche Fahrpoststücke unterliegen einer Gewichtstaxe, zu der für Wertsendungen die Versicherungsgebühr und für Nachnahmesendungen die Nachnahmegebühr hinzutreten. Gewichtstarif: bis $\frac{1}{2}$ kg 15 Ct. frankiert, 30 Ct. unfrankiert, $\frac{1}{2}$ bis $2\frac{1}{2}$ kg 25 Ct. frankiert und 40 Ct. unfrankiert, $2\frac{1}{2}$ bis 5 kg 40 und 60 Ct., 5 bis 10 kg 70 Ct. und 1 Fr., 10 bis 15 kg 1 und $1\frac{1}{2}$ Fr., 15 bis 20 kg $1\frac{1}{2}$ und 2 Fr.; bei höherem Gewicht: für je 5 kg auf Entfernungen bis 100 km 30 Ct., 100 bis 200 km 60 Ct., 200 bis 300 km 90 Ct., über 300 km 1 Fr. 20 Ct., mit einem Zuschlag von 50 Ct. für jede nicht frankierte Sendung. Versicherungsgebühr: 3 Ct. für jede 100 Fr. bis 1000 Fr., bei höherem Wert 30 Ct. für die ersten 1000 Fr. und 6 Ct. für jede weiteren 1000 Fr.; diese Gebühr wird eintretendenfalls auf eine durch 5 teilbare Centimensumme aufwärts abgerundet. Die Wertangabe ist unbeschränkt. Nachnahmegebühr: 10 Ct. für je 10 Fr. Im Falle der Nachsendung werden nur Gewichtporto und Versicherungsgebühr für die neue Beförderungsstrecke von neuem in Anrechnung gebracht, und zwar einschließlich der Zuschlagtaxen bei ursprünglich unfrankierten Paketen.

Über Fahrpoststücke kann dem Aufgeber auf Verlangen ein Einlieferungsschein erteilt werden, wofür eine besondere Gebühr von 3 oder 5 Ct., je nachdem der Annahmebeamte das Empfangsanerkenntnis in einem Quittungsbuch oder auf besonderem Zettel leistet, zu entrichten ist. Bescheinigungsbücher für taxpflichtige Quittungen können bei den Postanstalten für 4 Fr. 70 Ct. (150 Quittungen) und 11 Fr. 90 Ct. (390 Quittungen) bezogen werden. Rückscheine sind zulässig; Gebühr 20 Ct.

Nachnahmen sind auf Briefsendungen bis 50 Fr., auf Paketen bis 300 Fr. zulässig. Briefsendungen, auf denen eine höhere Nachnahme als 50 Fr. lastet, werden als Pakete (Fahrpoststücke) behandelt. Für gewöhnliche Briefsendungen mit Nachnahme bis 50 Fr. wird ein Einlieferungsschein nicht erteilt; wird ein solcher verlangt, so sind sie als Fahrpostsendungen zu behandeln und zu taxieren. Auch offene Blätter und Karten können mit Nachnahme (bis 50 Fr.) versandt werden; solche aus gewöhnlichem Papier müssen wenigstens die Größe eines gewöhnlichen Oktavblatts haben und einmal gefaltet sein. Kleineres Format und nicht zusammengefaltete Zettel werden nur dann befördert, wenn das Papier ganz fest ist und mindestens die Größe einer Postkarte hat. Für offene Blätter unter Nachnahme kommt neben der Nachnahmegebühr (10 Ct. für jede 10 Fr.) nur das Drucksachenporto, also 2 Ct., zur Erhebung. Werden von demselben Absender gleichzeitig mehr als 10 Nachnahmesendungen eingeliefert, so ist von ihm ein Verzeichnis dieser Nachnahme beizufügen, wozu die Postanstalten Formulare unentgeltlich abgeben. Das Verzeichnis verbleibt bei der Aufgabepostanstalt und wird später zur Abrechnung mit dem Aufgeber benutzt.

Nachnahmesendungen müssen in der Aufschrift den Vermerk „Nachnahme fr. . . .“ und den Namen des Absenders tragen. Sie können nur bei den Postbureaus und rechnungspflichtigen Postablagen aufgeliefert werden.

Löst der Empfänger eine Nachnahme innerhalb 7 Tage nicht ein, so wird der Gegenstand mit der ersten Post des 8. Tages als unbestellbar an den Aufgabeort zurückgesandt. Will der Absender dem Empfänger eine Einlösungsfrist von 14 Tagen gestatten oder wünscht er die Zahlung des Nachnahmebetrags sogleich nach der Zahlung und nicht erst, wie es die Regel bildet, nach Ablauf der für Nachnahmen vorgesehenen allgemeinen Lagerfrist von 7 Tagen, so muß der Nachnahmesendung ein Einlösungsschein gegen eine Gebühr von 10 Ct. beigefügt werden. Der Nachnahmebetrag wird an den Absender gezahlt, sobald die Aufgabepostanstalt sicher ist, daß der Empfänger die Sendung eingelöst hat. Diese Sicherheit gilt als gegeben, wenn der vom Absender verlangte Einlösungsschein gehörig bescheinigt zurückgekommen ist oder wenn, in Ermangelung eines solchen, binnen 15 Tagen, von der Absendung an gerechnet, weder die Nachnahmesendung zurückgelangt, noch eine Mitteilung über nicht erfolgte Einlösung des Gegenstandes eingetroffen ist. Die Aufgeber haben die Nachnahmebeträge nach Eintritt der Verfallzeit bei der Aufgabepoststelle gegen Quittung abzuheben. Wird der Betrag nicht innerhalb 1 Monats nach Auflieferung der Sendung abgeholt, so wird er, wenn eine vorherige Aufforderung unbeachtet geblieben ist, dem Aufgeber gebührenpflichtig mit Postanweisung übersandt.

Sofern der Empfänger oder der Absender nicht eine andere Verfügung getroffen hat, werden Fahrpoststücke bis zum Wert von 1000 Fr. und bis 5 kg dem Empfänger gebührenfrei durch die Post in die Wohnung bestellt. Auch Fahrpoststücke von höherem Wert und Gewicht werden in der Regel bestellt, sofern die Abtragung nicht mit besonderen Schwierigkeiten verbunden ist. Für solche Sendungen ist jedoch eine Bestellgebühr zu entrichten, die für Stücke bis 25 kg oder 5000 Fr. Wert 15 Ct., von höherem Gewicht oder Wert 30 Ct. beträgt. Werden solche Sendungen von der Post nicht bestellt, so muß dem Empfänger kostenfrei eine Benachrichtigung über ihr Vorliegen zugefertigt werden. Holt der Empfänger alsdann die Sendungen nicht binnen 24 Stunden ab, so hat er eine Lagergebühr in Höhe des Bestellgeldes zu entrichten, die auch bei Nach- oder Rücksendungen angerechnet bleibt.

Eilbestellung ist bei Fahrpoststücken bis 5 kg zulässig; Eilbestellgeld: 50 Ct. für jede 2 km. Bei schweren Sendungen oder hohem Wert braucht nur eine Anmeldung durch den Eilboten gegen das Eilbestellgeld für Briefe abgetragen zu werden.

Der Adressat hat sich grundsätzlich bei der ersten Vorzeigung eines Gegenstandes über die Annahme oder Nichtannahme zu erklären, jedoch wird zu einer Entschließung für mit Nachnahme belastete Gegenstände eine Frist von 7 oder 14 Tagen, für andere eine solche von 4 Tagen bewilligt, nach deren Ablauf die Sendung dem Adressaten durch die Briefträger nochmals angeboten wird.

Abholung ist zulässig. In bestimmten größeren Orten kann ein Abholerfach für Pakete gemietet werden; die Fachgebühr beträgt monatlich 1 Fr. oder, wenn der Mieter bereits ein Brieffach besitzt, 50 Ct.

Die Postverwaltung leistet im Falle des Verlustes oder der Beschädigung eines Fahrpoststücks Ersatz für den wirklich erlittenen Schaden; für Sendungen mit Wertangabe gilt hierbei die letztere als Höchstgrenze, für gewöhnliche Pakete dagegen beträgt der Höchstsatz 15 Fr. für jedes kg. Wenn in der Beförderung oder Bestellung eines gewöhnlichen Pakets oder eines solchen mit Wertangabe eine Verzögerung um mehr als 24 Stunden vorgekommen ist, so steht dem Absender ein Ersatzbetrag von 15 Fr. zu.

F. Personenbeförderung.

Einen außerordentlich ausgebildeten Dienstzweig der schweizerischen Post bildet die Personenbeförderung mit regelmäßigen Posten und durch Extraposten. Wie schon oben angeführt, erstreckt sich auf diesen Dienstzweig das Postregal. Die Bestimmungen über die Anmeldung zur Reise mit der Post, über die von der Reise mit der Post ausgeschlossenen Personen, über die Rangordnung der Plätze, über das Reisegepäck, den Ort des Ein- und Aussteigens der Reisenden usw. sind im wesentlichen dieselben wie in Deutschland. Reichen die Plätze im Hauptwagen nicht aus, so findet auf den meisten Kursen Gestellung von Beiwagen statt.

Die Fahrpreise sind auf den einzelnen Postkursen verschieden; doch ist bei Alpenkursen oder anderen Kursen, wo der Betrieb besondere Schwierigkeiten bietet oder mit bedeutenden Kosten verbunden ist, als Höchstsatz 30 Ct. für den Platz im Coupé oder auf dem Verdeck, 25 Ct. für den Platz im Innern des Wagens, auf allen anderen Straßen 20 und 15 Ct. für das km festgesetzt. Die erhöhte Taxe für die Alpenstraßen soll nur vom 15. Juni bis 15. September berechnet werden. Kinder unter 2 Jahren werden frei, von 2 bis 7 Jahren gegen die halbe Taxe befördert.

Von allen Postanstalten werden Fahrscheine für die Hin- und Rückfahrt (Retourbillete) gegen 10% Preisermäßigung ausgegeben, die eine Gültigkeitsdauer von 3 Tagen haben. Die Rückfahrscheine sind nicht übertragbar. Von den Kreispostdirektionen können Abonnementsfahrscheine, mit beliebigem Anfangszeitpunkt, für je 10 zwischen zwei bestimmten Orten innerhalb 3 Monate auszuführende Reisen ausgestellt werden. Für einen solchen Fahrschein ist der zehnfache Betrag eines einfachen Fahrscheines abzüglich 20% Ermäßigung zu entrichten. Die Abonnementsfahrscheine lauten nicht auf eine bestimmte Person. Für die Einfügung in kombinierbare Eisenbahn-Rundreisebillette sind für einzelne größere Alpenkurse auch Abschnitte ausgegeben, für die ebenfalls eine Preisermäßigung zugestanden ist.

Der gewöhnliche Fahrschein gilt in der Regel nur für die Fahrt, für die er gelöst ist. Wenn jedoch ein Reisender wenigstens 2 Stunden vor dem Abgang der Post die Postanstalt benachrichtigt, daß er von dem Fahrschein für die Fahrt keinen Gebrauch machen wolle, so wird ihm das Recht eingeräumt, eine innerhalb der nächsten 8 Tage in gleicher Richtung abgehende Post ohne Nachzahlung zu benutzen. Wer ohne rechtzeitige Voranzeige den Postenabgang versäumt, hat gegen Nachzahlung der Hälfte des Fahrpreises Anspruch auf Benutzung einer am gleichen oder am nächstfolgenden Tage in derselben Richtung abfahrenden Post. Eine Erstattung des Personengeldes tritt nur dann ein, wenn die Fahrt wegen Erkrankung unterbleiben mußte.

Bis 15 kg und auf den Alpenlinien bis 10 kg erfolgt die Beförderung von Reisegepäck unentgeltlich. Bei höherem Gewicht hat der Reisende für das Gesamtgewicht (ohne Abzug eines Freigewichts) eine Gebühr zu zahlen, die nach Gewicht und Entfernung verschieden ist. Es sind 5 Entfernungsstufen festgesetzt: bis 15 km, über 15 bis 30 km, über 30 bis 50 km, über 50 bis 70 km und über 70 km. Die Reisegepäcktaxe beträgt in den verschiedenen Entfernungsstufen bis 20 kg 40, 60, 80, 100, 140 Ct., über 20 bis 30 kg 60, 90, 120, 150, 210 Ct. und so fort für je 10 kg mehr 20, 30, 40, 50 und 70 Ct. mehr (für 100 kg also 2, 3, 4, 5 und 7 Fr.). Geht der Reisende von einem Kurse auf einen anderen über, so wird die Gepäcktaxe nach der Gesamtentfernung berechnet. Vom 15. Juni bis 15. September erhöht sich die Taxe auf den Alpen- und Touristenkursen um 50 %.

Das Reisegepäck muß gehörig verschlossen und mit dem Namen oder wenigstens Reiseziel des Reisenden versehen sein. Es ist in der Regel ½ Stunde vor Abgang der Post, bei Frühposten am Abend vorher aufzuliefern.

Wohnt der Reisende nicht weiter als 20 Minuten von der Postanstalt entfernt, so kann er sich das Reisegepäck in der Wohnung abliefern oder abholen lassen; hierfür ist eine Taxe zu zahlen, die für ein Stück oder mehrere Stücke bis zum Gesamtgewicht von 25 kg 20 Ct., über 25 bis 50 kg 40 Ct., über 50 bis 100 kg 60 Ct. und bei höherem Gewicht für jede weiteren 25 kg 20 Ct. mehr beträgt. Auf größere Entfernungen als 20 Minuten hat die Beförderung des Gepäcks durch Postbedienstete nicht stattzufinden. Wird das Gepäck innerhalb 24 Stunden nicht abgeholt, so ist die Lagergebühr wie für gewöhnliche Pakete zu entrichten.

Wertangabe ist bei Reisegepäck nicht zulässig. Im Falle des Verlustes oder der Beschädigung von ordnungsmäßig aufgeliefertem Reisegepäck wird ein Ersatzbetrag bis 15 Fr. für das kg gezahlt. Im Falle der verzögerten Beförderung von Reisegepäck um 24 bis 48 Stunden wird eine Entschädigung von 15 Fr., um mehr als 48 Stunden von weiteren 15 Fr. für jede 24 Stunden, höchstens jedoch von 60 Fr. gezahlt.

Die Beförderung von Personen und deren Gepäck mit Extrapost ist auf einer Anzahl von Alpenstraßen eingerichtet; auf diesen Straßen ist es jedermann untersagt, Reisende, die mit Privatfuhrwerk oder mit Extrapost in irgendeiner Ortschaft an den Straßen ankommen, innerhalb 24 Stunden mit neuer Pferdebespannung weiterzubefördern. Auch die Postpferdhalter dürfen lediglich auf den ihnen zugewiesenen Strecken, und zwar auch da nur unter postseitiger Kontrolle, Reisende mit Extrapost oder mit Pferdewechsel befördern. Die Taxe (mit Einschluß des Postillions-Trinkgeldes) ist für Pferd und km auf 45 Ct. festgesetzt, bei Bergfahrten wird für jedes km Steigung ein Zuschlag von 45 Ct. berechnet; die Mindesttaxe für die regelmäßige Pferdegestellung sowohl, als auch für die Hergabe von Vorspann beträgt jedoch 3½ Fr. für das Pferd. Außer dieser Taxe für die Pferde werden noch berechnet: Wagengeld, bei Hergabe der Wagen durch die Postverwaltung oder die Postpferdhalter, und zwar (mit Einschluß der Gebühren für Beleuchtung, Schmieren, Umladen und Reinigen der Wagen) für einen 2 bis 4sitzigen Wagen 20 Ct., für einen 5 bis 6sitzigen 25 Ct. und für einen 7 und mehrsitzigen 30 Ct. für das km, und eine Abfertigungsgebühr, die allgemein 2½ Fr. für jede Extrapost beträgt. Über die gezahlten Extrapostgelder wird dem Besteller einer Extrapost unentgeltlich eine Empfangsbescheinigung erteilt. Die Bespannung der Extraposten richtet sich nach der Größe der Wagen, der Zahl der Reisenden, dem Gewicht der Gesamtladung und der Beschaffenheit des Weges; es werden nicht mehr als fünfspännige Extraposten gestellt, auch werden im Interesse der Sicherheit in der Regel auf den Bergstationen nur zweispännige Extraposten geliefert.

Extrapost-Reisende, die nach einem kurzen Aufenthalt an einem Ort wieder zu der Poststation, von wo sie abgefahren sind, zurückkehren wollen, können sich gegen Zahlung der Hälfte der für die Hinfahrt fälligen Gebühren derselben Postpferde bedienen, wenn der Aufenthalt nicht länger als 4 und nicht kürzer als

1½ Stunden währt. Eine Extrapost kann bis ½ Stunde vor der Abfahrt ohne weiteres abbestellt werden; erfolgt die Abbestellung später, so hat der Reisende die Taxe für eine Entfernung von 7 km für jedes Pferd zu zahlen. Läßt der Reisende die bestellten Pferde länger als ½ Stunde warten, so hat er bis zum Ablauf einer ganzen Stunde und dann weiter für jede fernere Stunde die tarifmäßige Taxe für die Entfernung von je 5 km zu entrichten; dabei bleiben Bruchteile unter ½ Stunde unberücksichtigt. Die gleiche Entschädigung hat der Reisende zu zahlen, wenn er die Extrapost unterwegs länger als ½ Stunde halten läßt. Außer der Abfertigungsgebühr bezieht die Postverwaltung 4 % der Pferde-, Wagen- und Wartegelder.

G. Zustellung von Zahlungsbefehlen und Konkursandrohungen durch die Post.

Das Ende 1891 erlassene Bundesgesetz über Schuldenbeitreibung und Konkurse hat für die Postverwaltung einen neuen Dienstzweig bedingt: die Zustellung von Zahlungsbefehlen und Konkursandrohungen, sog. Beitreibungsurkunden, durch das Postbestellpersonal.

Die Post besorgt die Zustellung der bezeichneten Urkunden gegen eine bei der Einlieferung zu entrichtende Taxe von 20 Ct.; hierfür hat sie die Beförderung an den Bestimmungsort, die Zustellung an den Empfänger, die Zahlungsbescheinigung, bei Zahlungsbefehlen die Entgegennahme eines etwaigen Rechtsvorschlages und die Rücksendung des Doppels des Zahlungsbefehls und der Konkursandrohung an das Beitreibungsamt zu leisten. Die Urkunden sind entweder offen gefaltet oder verschlossen in Briefform einzuliefern. Sie werden wie gewöhnliche Briefe behandelt, also weder auf dem Hinweg noch auf dem Rückweg als eingeschrieben befördert.

Die Zahlungsbefehle und Konkursandrohungen bestehen aus je zwei zusammenhängenden Doppeln. Beide Teile müssen die Bezeichnung der Person tragen, für die sie bestimmt sind; demgemäß ist auf dem einen der Name des Schuldners, auf dem anderen der des Gläubigers zu vermerken. Auf beiden Doppeln hat der Briefträger die Zustellungsbescheinigung anzubringen, deren Formel vorgedruckt ist. Der Briefträger fügt handschriftlich das Datum der Zustellung, die genaue Bezeichnung der Person, an die er zugestellt hat, und seine Unterschrift bei.

Die Urkunden werden dem Schuldner in seiner Wohnung oder an dem Orte, wo er seinen Beruf auszuüben pflegt, zugestellt. Wird er dort nicht angetroffen, so kann die Zustellung an eine zu seiner Haushaltung gehörige erwachsene Person oder an einen Angestellten geschehen. Wird keine der erwähnten Personen angetroffen, so ist die Urkunde einem Gemeinde- oder Polizeibeamten zur Aushändigung an den Schuldner zu übergeben.

Das für den Schuldner bestimmte Doppel wird diesem überlassen, während das andere vom Briefträger an die Postanstalt zurückgeliefert ist. Als unbestellbar können Beitreibungsurkunden nur zurückgesandt werden, wenn der Schuldner unbekannt oder gestorben ist; eine Annahmeverweigerung ist ausgeschlossen. Will der Empfänger die Urkunde nicht annehmen, so hat der Briefträger in gewöhnlicher Weise auf den beiden Doppeln die Zustellung zu bescheinigen und das für den Schuldner bestimmte Exemplar in dessen Wohnung zurückzulassen.

Bei Zahlungsbefehlen hat der Briefträger auf Verlangen des Schuldners dessen Rechtsvorschlag entgegenzunehmen. Dieser ist in der Abteilung „Rechtsvorschlag" der Urkunde den Angaben des Schuldners entsprechend zu vermerken und vom Briefträger unterschriftlich zu bescheinigen. Rechtsvorschlag kann beispielsweise in folgenden Formen verlangt werden: „Der Schuldner erhebt Rechtsvorschlag", „Der Schuldner erhebt Rechtsvorschlag, weil er bezahlt hat", oder „Der Schuldner erhebt Rechtsvorschlag für . . . Fr. und erkennt bloß . . . Fr. an". Natürlich bestimmt der Schuldner die Form des Rechtsvorschlages. Zur Entgegennahme des Rechtsvorschlages ist der Briefträger nur verpflichtet, wenn der Schuldner sich hierzu unmittelbar bei der Zustellung entschließt. Der Bote braucht nicht auf die Entschließung des Schuldners zu warten oder zur Entgegennahme des Rechtsvorschlages wiederzukommen.

An Sonn- und gesetzlichen Feiertagen werden Beitreibungsurkunden nicht bestellt.

H. Postscheck- und Girodienst.

Der Postscheck- und Girodienst ist am 1. Januar 1906 eingeführt. Er besteht darin, daß für jede Person, Firma, Behörde und jeden Verein für den Zahlungsverkehr eine Rechnung eröffnet und geführt werden kann, auf die alle Zahlungseingänge (Beträge der für den Rechnungsinhaber eingehenden Einzahlungsscheine und Übertragungen von anderen Scheckrechnungen, die Beträge der für ihn ankommenden Postanweisungen und Zahlungsanweisungen und der von ihm aufgelieferten Postaufträge und Nachnahmen) und alle Zahlungsausgänge (Barzahlungen von Postschecks, Anweisungen zur Auszahlung durch die Postanstalten und Aufträge zur Übertragung auf andere Postscheckrechnungen) eingetragen werden. Die Zahlungsausgleichung durch Postschecks heißt „Giro".

Der Postscheck- und Girodienst wird von der Ober-Postdirektion, und zwar dem Inspektorat dieses Dienstes geleitet und überwacht. Die Rechnungen werden von den „Postscheckbureaus" geführt, die in eine Zahl- und eine Kontostelle zerfallen; solche Bureaus bestehen z. B. in Genf, Lausanne, Bern, Langenthal, Burgdorf, Freiburg, Neuenburg, Biel, Chaux-de-Fonds, Basel, Solothurn, Olten, Aarau, Luzern, Zürich, Schaffhausen, Winterthur, St. Gallen, Chur und Bellinzona. An dem Dienst haben sich alle Postbureaus und rechnungspflichtigen Postablagen durch Annahme von Einzahlungen und durch Auszahlung von Anweisungen der Postscheckbureaus zu beteiligen.

Die Eröffnung einer Rechnung erfolgt auf Grund schriftlichen Antrages. Ergeben sich keine ernsten Bedenken dagegen, so wird der Antragsteller von der zuständigen Kreispostdirektion aufgefordert, eine förmliche Beitrittserklärung abzugeben und zwei Karten mit den Unterschriften der zur Verfügung über das Konto berechtigten Personen beizufügen.

Von dem Beitritt eines neuen Teilnehmers am Postscheck- und Girodienste wird der Postanstalt, in deren Bezirk der Teilnehmer wohnt, und außerdem dem Inspektorat des Postscheck- und Giroverkehrs Mitteilung gemacht. Dieses veranlaßt die Aufnahme des neuen Rechnungsinhabers in das Teilnehmerverzeichnis. Die Beitrittserklärungen verbleiben bei der Kreispostdirektion. Von den Unterschriftenkarten wird die eine der Zahlstelle, die andere der Kontostelle des Scheckbureaus, bei dem die Rechnung geführt werden soll, überwiesen. Die Kontostelle erhält gleichzeitig Anweisung wegen Anlegung der Rechnung, deren

Eröffnung erfolgt, sobald der neue Teilnehmer die auf 100 Fr. bemessene Stammeinlage bei einer Postanstalt eingezahlt und die Kontostelle des Scheckbureaus den über die Einzahlung ausgefertigten Einzahlungsschein empfangen hat. Die Stammeinlage darf, solange die Rechnung besteht, nicht zurückgezogen werden. Die Höhe des Guthabens unterliegt keiner Beschränkung; die einzelnen Bareinlagen dürfen jedoch nicht mehr als 10 000 Fr. betragen.

Bareinlagen für eine Postscheck- und Girorechnung können durch den Rechnungsinhaber und durch jeden Dritten bei allen Scheckbureaus und bei allen zum Scheck- und Girodienste zugelassenen Postanstalten gemacht werden. Zu den Einzahlungen sind Einzahlungsscheine zu verwenden. Diese bestehen aus 3 Teilen, einem nach Vollziehung durch die Annahmestelle dem Einzahler zu verabfolgenden Empfangsscheine, der für das zuständige Scheckbureau bestimmten, von der Annahmestelle zu vollziehenden Einzahlungsbescheinigung und einem Abschnitt, auf dem der Einzahler Mitteilungen für den Rechnungsinhaber, zu dessen Gunsten die Einzahlung erfolgt, niederschreiben kann. Formulare zu den Einzahlungsscheinen werden von den Scheckbureaus und Postanstalten unentgeltlich abgegeben. Hefte mit Einzahlungsscheinen werden nur an solche Rechnungsinhaber verabfolgt, die sie an ihre Reisenden zur Benutzung unterwegs abgeben wollen. Außer den bar eingezahlten Beträgen werden dem Guthaben der Rechnungsinhaber auch die Geldbeträge eingehender Postanweisungen, ferner die auf Postaufträge eingezogenen Summen sowie fällige Nachnahmebeträge gutgeschrieben, wenn die Rechnungsinhaber es wünschen. Über derartige Beträge hat die Postanstalt, der die Auszahlung obliegen würde, in gleicher Weise wie über bar eingezahlte Beträge einen Einzahlungsschein auszufertigen. Die Postbureaus I. und II. Kl. und bestimmte Postbureaus III. Kl. sind jedoch ermächtigt, die inländischen Postanweisungen selbst täglich zweimal — also ohne Einzahlungsschein — an das Postscheckbureau einzusenden. Ein Höchstbetrag ist für derartige Gutschriften nicht vorgesehen. Die Einzahlungsscheine werden der Kontostelle des Scheckbureaus zugestellt, bei dem die Rechnung, für welche die Einzahlung bewirkt worden ist, geführt wird. Die Abschnitte werden von den Scheinen abgetrennt und den Rechnungsinhabern mit der nächsten Benachrichtigung über die Höhe des Kontoguthabens zugestellt.

Verfügungen über die den Betrag der Stammeinlage übersteigenden Kontoguthaben können nur mittels Postschecks getroffen werden. Die Formulare zu den Postschecks werden den Rechnungsinhabern in Form von Postscheckheften von dem Inspektorat unentgeltlich überwiesen. Die Postschecks müssen folgende handschriftliche Angaben tragen: Ort und Datum der Ausstellung, die Angabe der zu zahlenden oder im Girowege zu überweisenden Summe in Zahlen und Worten und die Unterschrift des Rechnungsinhabers oder seines Bevollmächtigten. Mittels Postschecks kann über die Kontoguthaben, wenn es sich um Übertragungen im Girowege handelt, ohne Einschränkung verfügt werden; Barauszahlungen sind dagegen ohne weiteres nur bis zu 10000 Fr. für den Tag zulässig, während es zur Auszahlung einer höheren Summe einer 2 Tage vorher abzugebenden schriftlichen Mitteilung bedarf, damit das erforderliche Bargeld für die auszahlende Stelle rechtzeitig beschafft werden kann. Alle Postschecks lauten auf den Inhaber. Dieser kann den Betrag durch ein Scheckbureau oder eine Postanstalt an sich oder eine dritte Person auszahlen oder im Girowege seinem oder einem anderen Konto gutschreiben lassen. Auch die Weitergabe eines Schecks an eine andere Person zu gleichartiger Verwendung ist zulässig. Zu beachten ist jedoch, daß die Schecks nach 1 Monat ihre Gültigkeit verlieren.

Das Verfahren, wenn der Inhaber eines Postschecks die Auszahlung des Betrages wünscht, ist verschieden, je nachdem die Auszahlung beim Postscheckbureau oder bei einer Postanstalt gewünscht wird. Im ersten Falle ist der Scheck am Schalter des Scheckbureaus, bei dem die Rechnung des Scheckausstellers geführt wird, einzureichen. Die Schecks dürfen in diesem Falle kein Indossament tragen, auch soll eine Person, an welche die Zahlung geleistet werden soll, nicht genannt sein. Ist ausnahmsweise doch ein Zahlungsempfänger angegeben, so darf das Scheckbureau den Betrag nur auszahlen, wenn der als Empfänger Bezeichnete den Scheck persönlich vorweist und der Schalterbeamte den Vorweiser kennt. Der Schalterbeamte prüft den Scheck; ergeben sich keine Mängel, so wird der Scheck zunächst der Kontostelle des Scheckbureaus überwiesen. Diese prüft den Scheck ebenfalls und überzeugt sich ferner, ob sich der Betrag des Schecks innerhalb des Guthabens des Ausstellers hält. Alsdann wird der Betrag von dem Konto des Scheckausstellers mit dem Zusatz „B" (Barzahlung) abgeschrieben und der Scheck, nachdem er mit dem Vermerke „visiert" und dem Namenszuge des Beamten, der die Lastschrift bewirkt hat, versehen und in ein „Verzeichnis der visierten Schecks" eingetragen ist, an die Zahlstelle gegeben. Bei dieser wird der Scheck in das „Verzeichnis der bezahlten Schecks" eingetragen, worauf die Auszahlung erfolgt und der Scheck mit dem Stempelabdruck „Bezahlt" versehen wird. Eine Quittung braucht auf dem Scheck nicht zu sein, doch werden quittierte Schecks nicht beanstandet.

Ein Postscheck, dessen Betrag bei einer Postanstalt abgehoben werden soll, ist an ein beliebiges Scheckbureau abzugeben oder im frankierten Umschlage zu übersenden; auf der Rückseite des Schecks muß die Person oder Firma, an welche die Auszahlung des Betrages bewirkt werden soll, mit genauer Angabe der Adresse genannt sein. N. U. werden die Schecks ohne Verzug an das zuständige Scheckbureau weitergesandt. Die Schecks werden von der Kontostelle des Bureaus geprüft, wenn keine Mängel bestehen, in das „Register der eingelangten Schecks" eingetragen und von dem Konto des Scheckausstellers mit dem Zusatze „A" (Anweisung) abgeschrieben. Sodann wird eine Zahlungsanweisung an die auf der Rückseite des Schecks angegebene Adresse ausgefertigt. Die Anweisung lautet in der Regel auf die Postanstalt des Wohnortes der Zahlungsempfänger und wird dieser unter Umschlag übersandt. Die Postanstalt hat den Betrag nach Empfang der Anweisung dem Empfänger ins Haus zu senden. Anweisungen über mehr als 10 000 Fr. dürfen nur ausgezahlt werden, wenn sie eine besondere Ermächtigungsformel des Scheckbureaus tragen. Soll der Betrag telegraphisch übermittelt werden, so stellt die Kontostelle die Anweisung auf die Zahlstelle des Scheckbureaus aus, die den Betrag durch telegraphische Postanweisung nach Abzug der Telegrammgebühr dem Empfangsberechtigten übersendet. Wohnt dieser im Auslande, so erfolgt die Übersendung des Betrages durch Postanweisung.

Soll der Betrag eines Postschecks einem anderen Rechnungsinhaber gutgeschrieben werden (Giroverkehr), so ist der Scheck ebenfalls an ein Scheckbureau einzusenden. Die Beträge werden zunächst von den Konten der Aussteller mit dem Zusatze „G" (Giro) abgeschrieben. Alsdann erfolgt, wenn der Giroempfänger dem eigenen Bureau angehört, die Gutschrift in dessen Rechnung, oder die Schecks werden dem Scheckbureau, bei dem die Rechnung geführt wird, übersandt. Die Kontostelle dieses Bureaus bewirkt die Gutschrift, nachdem sie den Scheck im „Register der eingelangten Schecks" gebucht hat.

Kontoauszüge werden den Inhabern von Postscheck- und Girorechnungen am 15. und letzten Tage jedes Monats übersandt. Diese Benachrichtigungen erfolgen unentgeltlich mittels frankierten Briefes. Auf begründetes Gesuch kann von der Oberpostdirektion eine häufigere (wöchentliche oder auch tägliche) Benachrichtigung angeordnet werden; hierfür wird eine besondere Gebühr bis zu 1 Fr. den Monat erhoben. Sind in einem Konto Änderungen nicht eingetreten, so unterbleibt die Übersendung eines Kontoauszuges. Den Auszügen werden die Abschnitte der Einzahlungsscheine und Postanweisungen beigefügt.

Die Gebühren für den Postscheck- und Giroverkehr betragen: bei Einzahlungen: 5 Ct. für je 100 Fr., bei Auszahlungen: wenn die Abhebung des Betrages bei einem Postscheckbureau erfolgt: bis 5000 Fr. 5 Ct. für je 100 Fr., über 5000 Fr. hinaus: 5 Ct. für je 200 Fr., wenn die Abhebung bei einer Postanstalt erfolgt: dieselbe Gebühr, zuzüglich einer festen Gebühr von 5 Ct. für jede Auszahlung, bei Übertragungen von einer Rechnung auf eine andere (Giroverkehr): 10 Ct. für je 1000 Fr.

Die Gebühren sind von dem Rechnungsinhaber zu entrichten, zu dessen Gunsten die Einzahlung erfolgt oder zu dessen Lasten die Auszahlung oder Übertragung bewirkt wird. Eine Barzahlung der Gebühren findet nicht statt, diese werden vielmehr dem Konto des Rechnungsinhabers zur Last geschrieben. Für die Gutschrift von Postanweisungs- oder Nachnahmebeträgen werden Gebühren nicht berechnet.

Der Schriftwechsel der Rechnungsinhaber mit den Postbehörden und Dienststellen des Postscheck- und Giroverkehrs ist portopflichtig, also auch die Übersendung der Postschecks an die Scheckbureaus. Alle Kontoguthaben (einschl. der Stammeinlage) werden mit 1,8% verzinst; doch sind Guthaben von mehr als 100 000 Fr. unverzinslich. Die Verzinsung beginnt mit dem auf die Einzahlung oder Gutschrift folgenden 1. oder 16. Monatstag und endigt mit dem der Auszahlung oder Abschreibung vorangehenden 15. oder letzten Tage des Monats. Die Zinsen werden jährlich durch das Inspektorat des Postscheck- und Giroverkehrs berechnet. Dieses veranlaßt, daß jede Kreispostkasse den Jahresbetrag der auf die Postscheckbureaus des Kreises entfallenden Zinsen an diese bar mittels Einzahlungsscheins zahlt; darauf bewirkt die Kontostelle des Postscheckbureaus die Gutschrift der Zinsen in den einzelnen Konten.

Die Aufhebung einer Postscheck- und Girorechnung kann in begründeten Fällen durch die Oberpostdirektion jederzeit erfolgen. Die Aufhebung wird dem Rechnungsinhaber mit Angabe des Tages, an dem sie wirksam wird, mitgeteilt. Der Inhaber einer Rechnung seinerseits kann die Rechnung mit 14tägiger Frist kündigen; die Kündigung muß dem Postscheckbureau, bei dem die Rechnung geführt wird, schriftlich angezeigt werden. Nach Empfang der Mitteilung über die Aufhebung der Rechnung oder nach Absendung des die Kündigung enthaltenden Schreibens darf der Rechnungsinhaber über sein Guthaben nicht mehr durch Schecks verfügen; noch vorkommende Einzahlungen werden den Einzahlern zurückgegeben. Die Abwickelung einer aufgehobenen oder gekündigten Rechnung erfolgt in der Weise, daß die Rechnung abgeschlossen und das sich ergebende Guthaben einschließlich der Stammeinlage und der aufgelaufenen Zinsen dem Rechnungsinhaber zur Verfügung gestellt wird. Gegen Rückgabe der unbenutzten Postscheckformulare erfolgt die Auszahlung des Guthabens.

Eine Verantwortlichkeit übernimmt die Postverwaltung im Postscheck- und Giroverkehr insofern, als sie für den Verlust von Postscheckbeträgen in gleicher Weise wie für den Verlust von Postanweisungsbeträgen vollen Ersatz leistet. Anderseits haftet jeder Rechnungsinhaber für die Folgen, die aus mißbräuchlicher Verwendung oder aus dem Abhandenkommen der ihm von der Postverwaltung überlassenen Postscheckformulare entstehen. Für die verspätete Auszahlung oder Gutschrift von Postscheckbeträgen leistet die Postverwaltung, sofern die Verspätung 24 Stunden übersteigt, eine Entschädigung von 15 Fr. Hat die verspätete Auszahlung aber ihren Grund darin, daß die Auszahlungsstelle nicht über die erforderliche Barschaft verfügte, so tritt eine Entschädigungspflicht nur ein, wenn die Verspätung mehr als 5 Tage ausmacht.

Die im Postscheck- und Giroverkehre verfügbaren Gelder werden abzüglich eines genügenden Betriebsfonds, der in den Kassen der Kreispostdirektionen und Postanstalten verfügbar sein muß, von der Oberpostdirektion zinstragend angelegt. Die Anlage hat so zu geschehen, daß jederzeit ausreichende Barmittel verfügbar gemacht werden können. Als Regel gilt, daß ungefähr ein Drittel des Geldes in inländischen Staatspapieren (Bund, Bundesbahnen, Kantone, Gemeinden) und zwei Drittel in Bankdepots (bei Kantonal- oder anderen Emissionsbanken) angelegt sein sollen.

Durch den Postscheck- und Girodienst können auch Geld- und Giroüberweisungen für Empfänger in Großbritannien und Irland vermittelt werden, und zwar durch Inanspruchnahme des Schweizerischen Bankvereins in London, für den in Basel eine Postscheckrechnung geführt wird. Der genannte Bankverein zahlt an Empfänger in Großbritannien mittels Schecks. An Gebühren werden für diesen Verkehr erhoben: bei Einzahlungen bis 100 Fr. 25 Ct., über 100 bis 200 Fr. 30 Ct., über 200 bis 300 Fr. 45 Ct. und für jede weiteren 100 Fr. 15 Ct. mehr; bei Giroüberweisungen: bis 200 Fr. 20 Ct., über 200 bis 300 Fr. 30 Ct. und für jede weiteren 100 Fr. 10 Ct. mehr.

7. Belgien.

(29456 qkm und 7317561 Einwohner.)

Die Verwaltung des Postwesens in Belgien ist dem Ministerium für Eisenbahnen, Posten und Telegraphen zugeteilt. Die Leitung ist einer Abteilung dieses Ministeriums, der General-Direktion der Posten (Administration des postes), an deren Spitze ein General-Direktor steht, übertragen. Bei der General-Direktion besteht eine besondere General-Inspektion, deren Inhaber vom Verwaltungschef zu besonderen Aufträgen und großen organisatorischen Arbeiten verwendet wird. Dem General-Inspektor ist ein Direktions-Inspektor beigegeben. Die Generaldirektion zerfällt in 2 Direktionen, von denen die erste für Personal, Materialien und Diensträume, die zweite (die größere) für Betrieb und Rechnungswesen bestimmt ist. Jede Direktion wird von einem Directeur d'Administration geleitet, dem bei der 1. Abteilung ein, bei der 2. zwei Direktions-Inspektoren (Inspecteurs de Direction) sowie ein Inspektor beigegeben sind. Zu den Obliegenheiten der Inspektoren gehört die Bearbeitung von Angelegenheiten allgemeiner Natur, von Prozeßsachen u. dgl., sowie die Ausarbeitung von Verträgen und Gesetzentwürfen. Jede der beiden Direktionen zerfällt in eine Anzahl Bureaus mit je einem Chef de Division an der Spitze; diese haben die Aufsicht in ihrem Bureau zu führen und die vorgelegten Entwürfe zu prüfen und gegenzuzeichnen. An der Spitze der einzelnen Arbeitsgruppen jedes Bureaus steht ein Chef de bureau, der die wichtigeren Entwürfe in der Regel selbst fertigt und nur die Bearbeitung minder wichtiger Gegenstände den nachgeordneten Beamten überläßt; ihm ist meist ein Unterchef (Sous-chef de bureau) beigegeben. Die nachgeordneten Beamten sind Commis-chefs (Obersekretäre) und Commis (Sekretäre). Eine besondere Abteilung der Generaldirektion bildet der Service de surveillance (Aufsichtsdienst) mit einer Anzahl Contrôleurs principaux und Contrôleurs, deren Obliegenheiten im allgemeinen denen der deutschen Ober-Postinspektoren entsprechen. An Gehalt beziehen: der General-Direktor 12000 und 13200 Fr.*), der General-Inspektor 10000, 11000 und 12000 Fr., die Directeurs d'Administration 9000 und 10000 Fr., die Direktions-Inspektoren 6000, 7000, 8000 und 9000 Fr., der Inspektor 5500, 6000, 6500 und 7000 Fr., die Chefs de Division 2. Kl. 5500 bis 6000 Fr., 1. Kl. 6500 und 7000 Fr., die Chefs de bureau 4500, 5000 und 5500 Fr., die Sous-chefs de bureau 4000 und 4500 Fr., die Commis-chefs 3500 und 4000 Fr., die Commis 3. Kl. 1400 Fr., 2. Kl. 1700 und 2000 Fr., 1. Kl. 2300, 2700 und 3100 Fr., die Contrôleurs principaux 6000 Fr., die Contrôleurs 3. Kl. 3500 Fr., 2. Kl. 4000 Fr., 1. Kl. 4500, 5000 und 5500 Fr.

Zur unmittelbaren Regelung und Überwachung des Dienstes bei den Betriebsstellen (mit Ausschluß der Bahnposten) sind besondere Provinzialbehörden eingerichtet. Das Land ist in 9 Bezirke (Circonscriptions provinciales) eingeteilt, an deren Spitze je ein „Directeur de service" steht (Gehalt 6000, 7000, 8000 und 9000 Fr.); letzterem ist eine dem Umfang der Geschäfte entsprechende Zahl „Adjoints" (Kontrolleure) zugewiesen. Die Direktionen haben ihren Sitz in Brüssel, Antwerpen, Gent, Brügge, Mons, Charleroy, Namur, Lüttich und Neufchâteau.

Der Directeur de service ist, neben seinen Verwaltungsgeschäften, gehalten, jede zu seinem Bezirk gehörige Postanstalt wenigstens einmal im Jahre selbst zu revidieren oder durch seine Adjoints revidieren zu lassen und über das Ergebnis jeder Revision an die General-Direktion zu berichten. Neben den allgemeinen Betriebsrevisionen ist jedes Postamt jährlich mindestens zweimal, jede andere Postanstalt mindestens einmal einer Kassenrevision zu unterziehen.

Die Ortspostanstalten zerfallen in 6 Gattungen. Die **Postämter** (perceptions) sind Postanstalten mit vollen Befugnissen, von denen viele mit Stationen der Staats-Eisenbahnen vereinigt sind und bei denen dann der Eisenbahn-, Post- und Telegraphendienst unter der Leitung desselben Vorstehers steht. Sie zerfallen je nach ihrer Wichtigkeit in 4 Klassen. **Zweigpostämter** (bureaux annexes) bestehen nur in größeren Städten und während des Sommers auch in den bedeutenderen Badeorten; sie sind als Zweigstellen den Ortspostämtern zugeteilt und nehmen an allen Dienstzweigen, vielfach auch am Bestelldienst teil. **Neben-Postämter** (sous-perceptions) sind Postanstalten mit beschränkten Befugnissen

*) 1 Frank (Fr.) zu 100 Centimes (Cts.) = 81 Pf.; 1 Centime (Ct.) = 1/5 Pf.

in Orten, deren postalischer Verkehr die Einrichtung eines Postamts nicht rechtfertigen würde; sie sind einem benachbarten Postamt untergeordnet, dem sie täglich über die vorgekommenen Einnahmen und Ausgaben Bericht zu erstatten haben (sie decken sich also im wesentlichen mit den deutschen Postagenturen). Sie zerfallen wiederum in solche 1. und 2. Klasse. Die Postablagen (dépôts) sind Postanlagen mit noch beschränkteren Befugnissen als die Nebenämter und sind in kleineren, von den Postämtern oder Neben-Postämtern verhältnismäßig weit abliegenden Ortschaften eingerichtet. Sie sind ebenso wie die Nebenämter einem benachbarten Postamt unterstellt, an das sie posttäglich eine Übersicht über ihre dienstlichen Verrichtungen nebst den eingenommenen Beträgen einsenden, ihre Schreibtätigkeit beschränkt sich auf die Eintragung der nachzuweisenden Sendungen in ein Annahmebuch und auf die Ausfertigung der Posteinlieferungsscheine; am Bestelldienst nehmen sie nicht teil. Die Hilfsablagen (dépôts-relais) sind kleine Postanstalten, die von einem in dem Landort stationierten Landbriefträger verwaltet werden. Endlich bestehen in Orten mit Perceptions 1. Kl. noch Annahmestellen (Agences), die von Privaten im Nebenamt verwaltet werden und Annahmedienst in beschränktem Umfange besorgen.

Die Vorsteher der großen Postämter heißen „Percepteurs principaux“, der mittleren und kleinen Ämter „Percepteurs“. Bei den größeren Ämtern ist die Kassenverwaltung meist besonderen Kassenbeamten (Comptables) übertragen; die Stellenvorsteher der größeren Ämter sind Chefs de bureau, Sous-chefs de bureau und Commis-chefs (Obersekretäre). Beim Hauptpostamt in Brüssel gibt es außerdem einen besonderen Chef de bureau principal. Das nachgeordnete Beamtenpersonal zerfällt in Sekretäre (Commis) 1., 2. und 3. Kl. und in Assistenten (Commis d'ordre) 1. und 2. Kl. Die neu in den Dienst tretenden Beamten (surnuméraires) werden gegen Tagegeld beschäftigt und rücken nach einer Prüfung in die etatmäßigen Beamtenstellen ein. Bevor ein Beamter angestellt wird, hat er als Commis d'ordre und später beim Einrücken in Sekretärstellen eine Zeit lang die neue Stelle auf Probe zu verwalten. Die Assistenten (Commis d'ordre) 2. Kl. beziehen ein Gehalt von 1200 bis 2400 Fr. (Zulagen von je 200 Fr.), die 1. Kl. von 2400 bis 3000 Fr. (Zulagen von 200 Fr.); das Gehalt der Sekretäre und Obersekretäre ist das gleiche wie für die bei der Generaldirektion beschäftigten (siehe oben). Das Gehalt der Percepteurs principaux beträgt 5500 Fr., der Percepteurs 1. Kl. 4500 und 5000 Fr., 2. Kl. 3500 und 4000 Fr., 3. Kl. 2700 und 3100 Fr. und 4. Kl. 1700, 2000 und 2300 Fr., das der Sous-chefs de bureau 4000 und 4500 Fr., der Chefs de bureau 4500, 5000 und 5500 Fr., des Chef de bureau principal in Brüssel 6000 Fr. Der Zeitpunkt des Aufsteigens aus einer Gehaltsstufe in die andere ist ebenso wie die Beförderung in eine höhere Stelle abhängig von den Leistungen und vom Dienstalter und für beide Fälle verschieden. Bezüglich der Leistungen unterscheidet man das Aufsteigen au grand choix (besonders tüchtige Beamte) und au choix; wer sich nicht hervortut, steigt lediglich nach dem Dienstalter auf. So erreichen das Höchstgehalt als Commis-chefs, als Commis 1. Kl. und als Commis d'ordre 1. Kl. solche, die au grand choix aufsteigen, schon frühestens 2 Jahre, solche, die au choix aufsteigen, erst 4 bis $4^1/_2$ Jahre nach dem Einrücken in die 2. Gehaltsstufe, solche aber, die nach dem Dienstalter aufsteigen, erst 6 Jahre nach diesem Zeitpunkte und auch nur, wenn sie dann mindestens 50 Lebens- und 30

Dienstjahre haben. Die Vorsteher der Nebenpostämter heißen „Sous-percepteurs“ (Gehalt 1. Kl. 600 bis 1000 Fr. — Zulagen von je 100 Fr. —, 2. Kl. 600, 700 und 800 Fr.), die der Postablagen „Agents de dépôt“ (Vergütung 300 bis 450 Fr.). Nebenpostämter und Postablagen können auch mit Frauen besetzt werden; in der Regel werden ihre Vorsteher der Klasse der Sekretäre oder Assistenten entnommen oder es werden Ortseinwohner eingestellt. Sie können sich durch erwachsene Familienangehörige oder von ihnen angenommene Gehilfen (männlichen oder weiblichen Geschlechts) bei den Dienstgeschäften unterstützen und vertreten lassen. Wird bei einem Nebenpostamt die Einstellung eines Gehilfen durch den Geschäftsumfang bedingt, so wird dem Sous-percepteur hierfür eine besondere Vergütung gewährt. Das Amt der Sous-percepteurs und Agents de dépôts gilt als Nebenamt. Die Verwalter der Hilfsablagen (dépôts-relais) sind, wie schon erwähnt, Landbriefträger. Die Diensträume der Nebenpostämter und Postablagen werden von der Verwaltung angemietet, bei den Hilfsablagen hat sie der Ablageinhaber zu stellen. Die Sous-percepteurs erhalten als Entschädigung für die erstmalige Beschaffung der Nebenausstattung (die eigentlichen Dienstmöbel werden amtlich geliefert) 50 Fr., die Postablagen- und Hilfsablagen-Inhaber 25 Fr. Ferner erhalten die Sous-percepteurs 1. Kl. für Heizung, Beleuchtung und sonstige Amtsbedürfnisse eine jährliche Vergütung von 100 Fr., 2. Kl. von 80 Fr. und die Postablagen-Inhaber von 60 Fr., die Hilfsablagen-Inhaber beziehen für diese Amtsbedürfnisse und als Entschädigung für den Dienstraum eine Bauschvergütung von 150 Fr. jährlich.

Das Unterbeamtenpersonal besteht aus Oberbriefträgern (Chefs-facteurs), Dolmetschen (Interprètes), Sortierern (facteurs-trieurs), Briefträgern (Facteurs des postes) und Landbriefträgern (Facteurs ruraux). Die Oberbriefträger haben in den größeren Orten das gesamte Bestellpersonal in und außer dem Postamt zu überwachen. Auch bei der General-Direktion und den Bezirks-Direktionen sind Oberbriefträger (Chefs-facteurs provinciaux) beschäftigt, welche die Bestellbezirke, namentlich Landbezirke, revidieren und Aufträge an Ort und Stelle prüfen. Letztere beziehen Gehälter von 2200, 2400, 2600, 2900 und 3200 Fr., erstere von 2000, 2200, 2400 und 2600 Fr. Die Dolmetsche, die mehrerer Sprachen mächtig sein müssen, haben für Aufrechterhaltung der Ordnung in den Schaltervorräumen der großen Ämter zu sorgen und dem Publikum Auskunft zu erteilen; ihr Gehalt beträgt 1600 und 1800 Fr. Die Sortierer besorgen den Sortierdienst bei den großen Ämtern und begleiten die Schaffnerbahnposten, soweit sie mit der Umarbeitung der Sendungen betraut sind. Sie beziehen Gehälter von 1600, 1700, 1800 und 2000 Fr. Die Klasse der Briefträger umfaßt nicht nur die eigentlichen Ortsbriefträger, sondern auch die Postschaffner, Kastenleerer, Unterbeamten der Beamtenbahnposten und Begleiter von Schaffnerbahnposten ohne Briefumarbeitung. Ihnen kann auch die Verwaltung von dépôts-relais übertragen werden. Die eigentlichen Ortsbriefträger führen die Sonderbezeichnung facteurs distributeurs, die Postschaffner garçons de bureau, die Kastenleerer facteurs-releveurs, die Begleiter der Schaffnerbahnposten facteurs-convoyeurs. Die Briefträger jeder Art zerfallen in 3 Klassen und beziehen an Gehalt in Klasse I 1200 bis 1600 Fr. (Zulagen je 100 Fr.), II 1100 bis 1400 Fr., III 1000 bis 1300 Fr. Die Landbriefträger endlich, die vielfach zugleich Inhaber der Hilfsablagen sind, zerfallen ebenfalls in 3 Besoldungsklassen mit 1100 bis 1300, 1000 bis 1200 und 900 bis 1100 Fr. Einkommen.

Der Normaldienst der Briefträger und Landbriefträger ist auf $6\frac{1}{2}$ Stunden Bestellzeit und daneben auf 2 bis 3 und mehr Stunden inneren Dienst (Sortieren, Bureaudienst usw.) für Ortsbriefträger und Kastenleerer und 1 Stunde (Sortieren) für Landbriefträger festgesetzt. Im ganzen sollen Briefträger jeder Art nicht mehr als 9 bis 10 Stunden Tagesdienst oder 8 Stunden Nachtdienst täglich verrichten, auch soll ihre tägliche zusammenhängende Freizeit hinter 8 Stunden nicht zurückbleiben.

Das gesamte Bahnpostwesen steht unter der unmittelbaren Aufsicht und Leitung eines Directeur de service (Gehalt 6000, 7000, 8000 und 9000 Fr.); diesem sind 3 „Chefs de ligne" unterstellt, denen die Beaufsichtigung des Betriebes im Bereich der 3 Bahnpostämter — Est (Osten), Nord-Midi (Norden und Süden), Ouest (Westen) — obliegt. Der Directeur de service hat sämtliche Bahnposten mindestens zweimal jährlich zu revidieren, während von den Chefs de ligne eine monatlich einmalige Revision der ihnen zugewiesenen Bahnposten auszuführen ist. Das Personal bei den Bahnposten besteht aus Sekretären, Assistenten und Briefträgern (Postschaffnern). Während der Fahrt wird der Dienst von dem Beamten geleitet, der den höchsten Rang einnimmt oder, bei gleichen Rangverhältnissen, im Dienst der älteste ist; er führt den Titel „commis-dirigeant" und hat nach jeder Fahrt dem Vorsteher des Bahnpostamts über die Erledigung der Dienstgeschäfte, besondere Vorkommnisse u. dgl. zu berichten. Von den Schaffnerbahnposten mit und ohne Briefumarbeitung war schon weiter oben die Rede.

Die Postagenturen sind Sonn- und Feiertags geschlossen, alle übrigen Postanstalten einige Stunden für den Verkehr mit dem Publikum geöffnet.

Alle Unterbeamten im äußeren Dienst haben Dienstkleidung zu tragen, für Bahnpostunterbeamte und Aushelfer genügt das Tragen der Mütze. Die Unterbeamten haben die Dienstkleidung für eigene Rechnung zu beschaffen, doch erhalten sie für die erstmalige Anschaffung eine Beihilfe von 50 Fr., die auf ein Sparbuch eingezahlt wird. Fortlaufend haben sie dann allmonatlich auf dieses Sparbuch Einzahlungen zu bewirken, die für die Briefträger auf 5 Fr., für die Landbriefträger auf 3 Fr. festgesetzt sind. Um die Beschaffung der Dienstkleider einheitlich, regelmäßig und billig zu gestalten, ist eine besondere Kleiderkassenkommission bei der Generaldirektion eingerichtet. Die Beiträge zur Kleiderkasse werden aus den Kleiderspargutbaben der Unterbeamten gedeckt.

Alle angestellten Beamten und Unterbeamten haben Anspruch auf Ruhegehalt. Das Ruhegehalt beträgt für jedes Dienstjahr $^1/_{60}$, für Beamte des aktiven Dienstes, die mindestens 20 Jahre solchen Dienst verrichtet haben (Bahnpost-Beamte und Unterbeamte, Orts- und Landbriefträger) $^1/_{50}$ des Durchschnittsgehaltes der letzten 5 Jahre, höchstens jedoch $^3/_4$ des Gehaltes, ohne daß es 7500 Fr., für Kassenbeamte 5250 Fr. jährlich überschreiten darf. Pensionsanspruch hat jeder, der 30 Dienstjahre und das 65. Lebensjahr vollendet hat, ohne daß es des Nachweises der Dienstunfähigkeit bedarf. Doch wird auch solchen ein Ruhegehalt gezahlt, die infolge von Krankheit nach einer Dienstzeit von 10 Jahren oder infolge im Dienst entstandener Krankheit nach einer Dienstzeit von 5 Jahren oder durch einen Betriebsunfall schon früher dienstunfähig werden. Sind Beamte oder Unterbeamte durch einen Betriebsunfall dienstunfähig geworden, so wird ein Ruhegehalt von $^1/_4$ des Gehaltes und vom 5. Dienstjahr ab außerdem $^1/_{60}$ des Durchschnittsgehaltes der letzten 5 Jahre gewährt. Der Pensionsanspruch beginnt frühestens mit dem 21. Lebensjahre, doch kann Militärdienstzeit schon vom 19. Jahre ab gerechnet werden. In Fällen, wo das Ruhegehalt weniger als 300 Fr. ausmacht, ist die Hälfte des Gehalts bis zu 300 Fr. zahlbar.

Für die Witwen- und Waisenversorgung besteht eine Pensionskasse, zu welcher der Staat aber keine Beiträge leistet. Der Kasse kann jeder Beamte und Unterbeamte beitreten. Als Beiträge hat jedes Mitglied zu entrichten: bei einem Gehalt (mit Nebenbezügen) oder Ruhegehalt bis 3000 Fr. 3 %, darüber 3½ % des Einkommens, höchstens jedoch 500 Fr. jährlich, ferner das erste Monatsgehalt bei der Anstellung bei einem Gehalt von mindestens 1200 Fr., sonst die Hälfte, und bei allen Zulagen 2 Monatsbeträge der Zulagen, endlich einen Jahresbetrag des derzeitigen etwaigen Witwengeldes; außerdem fließen die aufkommenden Geldstrafen zur Kasse. Daneben sind außergewöhnliche Beiträge zu leisten, die für die ersten 10 Jahre 2 %, später 1 % des Gehaltes oder Ruhegehaltes betragen. Ist der Beamte oder Unterbeamte mindestens 10 Jahre älter als die Frau, so erhöhen sich die Beiträge für so viele Jahre, als der Altersunterschied ausmacht, bei einem Altersunterschied von 10 Jahren um 1 %, von jedem weiteren Jahre um $^1/_{10}$ % bis 25 Jahre, bei einem Unterschied von 26 Jahren um 3 % und für jedes weitere Jahr um 0,15 %; doch soll der Gesamtbeitrag (abgesehen von den außergewöhnlichen Beiträgen) 5 % des Einkommens oder 500 Fr. jährlich nicht übersteigen. Witwen- und Waisengeld wird nur gezahlt, wenn der Beamte mindestens 5 Jahre Beiträge geleistet und die Ehe 1 Jahr bestanden hat; andernfalls tritt lediglich eine Erstattung der Beiträge ein und auch nur dann, wenn das Einkommen des Beamten höchstens 2000 Fr. betragen hat. Das Witwengeld beträgt 20 % des Durchschnittsgehalts der letzten 5 Jahre, wenn der Beamte nicht länger als höchstens 10 Jahre zur Kasse beigesteuert hat, für jedes weitere Beitragsjahr erhöht es sich um 1 %. Für jedes Kind unter 18 Jahren steigert sich der Bezug um 2 % des letzten Durchschnittsgehaltes, doch darf das Witwen- und Waisengeld zusammengenommen nicht die Hälfte des letzten Gehaltes, noch den Betrag des Ruhegehaltes des verstorbenen Mannes, noch den Betrag von 4000 Fr. übersteigen. Der Mindestsatz des Witwen- und Waisengeldes ist auf 175 Fr. festgesetzt. Sind nur Vollwaisen vorhanden, so beträgt das Waisengeld bei nur 1 Kind $^3/_5$, bei 2 Kindern $^4/_5$, bei 3 Kindern den vollen Satz des Witwengeldes und erhöht sich für jedes weitere Kind um 2 % des Gehaltes bis zu 10 %.

Zur Beförderung der Postsachen dienen die Eisenbahnen, die Malleposten, die Messagerien, die Botenposten und die Postdampfschiffe. Die Beförderung mit der Eisenbahn erfolgt unentgeltlich, und zwar sowohl auf den Linien der Privatbahnen wie der Staatseisenbahnen. Werden die Züge nicht von Bahnposten oder von Postschaffnern (facteurs-convoyeurs), denen nur die Beaufsichtigung und der Austausch der Postsachen obliegt, begleitet, so erfolgt die Beförderung der Kartenschlüsse durch Vermittelung des Bahnpersonals, das für sie verantwortlich bleibt. Unter der Bezeichnung „Malleposten“ oder „Eisenbahnanschlußposten“ werden solche Beförderungsmittel verstanden, die von der Verwaltung im postdienstlichen Interesse eingerichtet und subventioniert werden. Die Übertragung dieser Beförderungen erfolgt an Privatpersonen im Wege der Unterbietung; die Verträge werden auf 3 bis 5 Jahre abgeschlossen. Das Personengeld und das Paketporto fließen dem Unternehmer zu; er ist auch verpflichtet, für Rechnung der Eisenbahnverwaltung, gegen eine Entschädigung von 10 Cts. für jedes Stück, Pakete bis zu 5 kg zu befördern, die mit Marken frankiert sind und denen eine zum Gebrauch für die Beförderung auf der Eisenbahn bestimmte Begleitadresse beigegeben ist. Unter „Messagerien“ versteht man Beförderungseinrichtungen, die von Unternehmern durch Fuhrwerke jeder Art (Diligencen, Omnibuswagen, Güterwagen usw.) für eigene Rechnung unterhalten werden. Der Postverwaltung ist das Recht ihrer Benutzung zu Postbeförderungszwecken durch die Konzessionsurkunden gesichert; die Unternehmer erhalten für die Beförderung von Postsachen eine Entschädigung von jährlich 5 Fr. für jedes täglich zurückgelegte km. Die Beförderung von Botenposten ist, soweit als möglich, überzähligen Briefträgern übertragen, mit denen jederzeit kündbare Verträge von unbeschränkter Zeitdauer abgeschlossen werden.

Zur Aufnahme der mit der Post zu versendenden Briefpostgegenstände ist in jeder Gemeinde des Königreichs mindestens ein Briefkasten vorhanden. In den großen Städten verwendet die Verwaltung gußeiserne Briefkasten in Säulenform, die auf den Bürgersteigen der Straßen frei aufgestellt werden. Diese Kasten sind mit zwei Abteilungen versehen, deren eine für Briefe und Postkarten, die andere für Zeitungen und Drucksachen bestimmt ist. In weniger großen Städten und in Landorten wird von Kasten aus Holz mit nur einer Abteilung Gebrauch gemacht, die an den Mauern von öffentlichen oder Privat-Gebäuden befestigt werden. Ferner sind die zur Postbeförderung auf den Landstraßen benutzten Wagen mit beweglichen Briefkasten aus Blech versehen, die an den Haltestellen von den Postanstalten geleert werden, und endlich befindet sich auch an jedem Bahnpostwagen ein Briefkasten, der vom Publikum während der Haltezeit benutzt werden kann.

Bemerkenswert ist noch, daß die Auszahlung der Altersrenten von 65 Fr. jährlich durch die Postanstalten und Landbriefträger besorgt wird.

Der Postzwang besteht für verschlossene und offene Briefe, für Postkarten und Kartenbriefe und für Ankündigungen, Rundschreiben, Prospekte, Preisverzeichnisse und Anzeigen jeder Art, sofern sie mit der Adresse des Empfängers versehen sind. Dem Postzwang sind jedoch nicht unterworfen: Briefe oder Sendungen, die von anderen Verwaltungen des Staates unter den von der Regierung festzusetzenden Bedingungen befördert werden, Briefsendungen, die Privatpersonen durch das eigene Dienstpersonal sich übersenden oder von der Post abholen oder bei ihr aufgeben lassen, briefliche Mitteilungen, die Private in eigenen Angelegenheiten befördern, unverschlossene Frachtbriefe und Rechnungen mit Angaben, die ausschließlich die Lieferung der beigegebenen Waren usw. betreffen, und endlich die Dienstpapiere der Eisenbahnen oder anderen öffentlichen Beförderungsanstalten, soweit sie mit den Fahrzeugen, dem Personal usw. der Beteiligten befördert werden.

A. Briefpost.

Briefe (lettres) können frankiert oder unfrankiert aufgeliefert werden. Für Größe und Gewicht sind Grenzen nicht gezogen, nur müssen Briefe, die schwerer als 1 kg sind, stets vollständig frankiert sein. Tarif: 10 Cts. für jede 20 g, unfrankiert und unzureichend frankiert das Doppelte des fehlenden Portos, unter Abrundung auf die nächsthöhere durch 5 teilbare Centimensumme. Stadtbriefe genießen keine Taxermäßigung. Unfrankierte Briefe an Soldaten und

Unteroffiziere werden wie frankierte taxiert (10 Cts. für jede 20 g). Es ist verboten, in gewöhnlichen Briefen auf den Inhaber lautende Wertpapiere von mehr als 5 Fr. Wert (ausgenommen Postanweisungen und Postbons), ferner Geldstücke, Gold, Silber, Kleinodien und sonstige Kostbarkeiten zu versenden. Zuwiderhandlungen werden mit Geldstrafe von 5 bis 25 Fr. geahndet.

Kartenbriefe (cartes-lettres) werden zum Nennwert des Wertstempels von 10 Cts. an das Publikum abgelassen. In die Kartenbriefe Einlagen einzufügen, ist gestattet; wird jedoch dadurch das Gewicht von 20 g überschritten, so ist das nach der Brieftaxe sich ergebende Porto durch Aufkleben von Freimarken zu ergänzen.

Postkarten (cartes postales) kosten 5 Cts. die einfache, 10 Cts. die Karte mit Antwort, unfrankiert und unzureichend frankiert das Doppelte des fehlenden Portos. Postkarten, die Geschäftsleute bedrucken wollen, sind in Blättern zu 72 einfachen oder 12 Doppelkarten in Mengen von mindestens 10 Bogen erhältlich. Durch die Privatindustrie hergestellte Postkarten sind zur Beförderung zugelassen; Aufdruck und Farbe des Papiers sind in das Belieben des Publikums gestellt, in der Größe sollen sie aber 14 zu 10 cm nicht überschreiten und hinter 9 zu 7 cm nicht zurückbleiben. Es ist gestattet, an Postkarten Zeitungsausschnitte, Annoncen, Warenproben und sonstige kleine Gegenstände anzubringen, doch ist für diese das Porto besonders zu entrichten. Postkarten, die nach ihrer Beschaffenheit als solche nicht befördert werden dürfen, werden wie Briefe behandelt und taxiert. Bei der Bestellung von Postkarten mit Antwort haben die Landbriefträger (nicht auch die Ortsbriefträger) die Verpflichtung, auf Verlangen der Empfänger bis zu 5 Minuten auf die Fertigstellung der Antwort behufs Mitnahme zum Postamt zu warten.

Die Postanstalten befassen sich mit der Annahme und Besorgung von Zeitungsbestellungen (Abonnements aux journaux). Die Zeitungsgebühr setzt sich zusammen aus einer festen Gebühr von $2\frac{1}{2}$ % des Einkaufspreises, mindestens jedoch von 10 und höchstens von 20 Cts. für ein Abonnement auf 3 Monate, von 40 Cts. für ein solches auf 6 Monate und von 75 Cts. für ein ganzjähriges Abonnement, und aus dem Porto, das 1 Ct. für jede Nummer und für jede 75 g beträgt; das Porto wird jedoch in der Regel nicht nach dem Gewicht jeder einzelnen Nummer, sondern nach einem im Einvernehmen mit dem Verleger festgestellten Durchschnittsgewicht berechnet und im voraus für die ganze Bezugszeit bar entrichtet. Für außergewöhnliche Zeitungsbeilagen zu täglich erscheinenden Zeitungen wird besonderes Porto nicht erhoben. Sofern nicht zwischen der Postverwaltung und dem Verleger wegen der Barzahlung des Portos eine Vereinbarung besteht, sind die Zeitungspakete mit Freimarken zu frankieren.

Regelmäßig erscheinende Zeitungen und Zeitschriften (journaux et autres publications périodiques), deren Bestellung nicht durch die Postanstalten erfolgt ist, können frankiert oder unfrankiert abgesandt werden; das Gewicht der Zeitungspakete ist nicht beschränkt. Tarif: frankiert 1 Ct., unfrankiert 2 Cts. für jede Nummer und für jede 75 g, unzureichend frankiert das Doppelte des fehlenden Frankos (immer unter Abrundung auf eine durch 5 teilbare Centimensumme aufwärts). Außergewöhnliche Zeitungsbeilagen müssen wie gewöhnliche Drucksachen für sich frankiert werden. Außer der Adresse des Empfängers können auf den Zeitungssendungen die Adresse des Absenders, ein Vermerk „Freiexemplar (envoi gratuit)", „auf Wunsch (en option)" und „Tauschexemplar (pour échange)", sowie eine Angabe, wann das Abonnement abläuft, angegeben sein, auch können einzelne Stellen des Inhalts, auf welche die Aufmerksamkeit des Empfängers gelenkt werden soll, durch Striche kenntlich gemacht werden.

Für gewöhnliche Drucksachen (imprimés) sind Ausdehnungen und Gewicht nicht beschränkt. Tarif: bis 25 g 1 Ct., über 25 bis 50 g 2 Cts. und für jede weiteren 50 g 2 Cts. mehr, unfrankiert und unzureichend frankiert das Doppelte des fehlenden Portos (unter Abrundung auf eine durch 5 teilbare Centimensumme). Hinsichtlich der Beschaffenheit der Drucksachensendungen decken sich die Bestimmungen im allgemeinen mit denen des Weltpostvertrages; zu bemerken ist jedoch, daß auf den von den Schulen ausgehenden Benachrichtigungen der Name des Schülers, Tag und Dauer des Fehlens beim Unterricht und über den Schüler verhängte Strafen, auf gedruckten Aushängen Tag und Stunde der Verkäufe u. dgl. handschriftlich angegeben werden können. Bücherzettel sind zulässig. Durch Chromographie, Hektographie, Schreibmaschine und ähnliche Vervielfältigungsverfahren hergestellte Schriftstücke, Drucksachen, deren Text nachträglich mit der Feder abgeändert ist, Papier mit Blindenschrift und Drucksachen (Benachrichtigungen und Rundschreiben), deren allgemeiner Charakter zweifelhaft ist, sind gegen die ermäßigte Drucksachentaxe nur dann zur Beförderung zugelassen, wenn sie in mindestens 20 völlig gleichen Exemplaren am Schalter einer Postanstalt aufgeliefert oder einem Landbriefträger auf dessen Bestellgang mitgegeben werden. Drucksachen jeder Art können unter offenem Briefumschlag verschickt werden, in diesem Falle beträgt das Franko jedoch mindestens 5 Cts. Gedruckte Adreß- und Visitenkarten, die in dieser Form versandt werden, können mit schriftlichen Mitteilungen jeder Art versehen sein, auch können mehrere derartige Adreß- und Visitenkarten unter gemeinsamem Umschlag bis 10 g gegen 5 Cts. für die ganze Sendung befördert werden. Sonst ist die Beifügung von schriftlichen Mitteilungen persönlicher Natur, sowie von Briefen zu Drucksachen (wie auch zu Warenproben und Geschäftspapieren) unbedingt untersagt; Zuwiderhandlungen gegen dieses Verbot ziehen Geldstrafen von 5 bis 25 Fr. und, wenn die Versender Privatbeförderungsunternehmer sind, von 26 bis 300 Fr. nach sich. Drucksachen und Zeitungen, die in Mengen von mindestens 1000 Stück aufgeliefert werden, können in Streifbändern mit im voraus abgestempelten Marken am Schalter abgegeben werden.

Geschäftspapiere (papiers d'affaires) im Sinne des Weltpostvertrages sind zur Beförderung zugelassen. Für die Ausdehnungen bestehen keine Grenzen, dagegen ist ihr Meistgewicht auf 1 kg beschränkt. Tarif: 5 Cts. für jede 100 g, mindestens jedoch 10 Cts., unfrankiert und unzureichend frankiert das Doppelte des fehlenden Frankos. Den Geschäftspapieren dürfen Verzeichnisse des Inhalts der Sendungen beigefügt werden.

Warenproben (échantillons) dürfen 350 g, in den Ausdehnungen 30 zu 20 zu 10 cm nicht überschreiten. Tarif: 5 Cts. bis 100 g, 10 Cts. über 100 bis 200 g, 15 Cts. über 200 bis 350 g, unfrankiert und unzureichend frankiert das Doppelte des fehlenden Frankos. Apothekerwaren, Drogen u. dgl. können in Schachteln und Säckchen mit einer die Echtheit der Proben sichernden und u. U. auch eine Gebrauchsanweisung tragenden Marke verschlossen sein. Besteht der Verdacht, daß sie andere Gegenstände als Muster enthalten, so kann sie die Postanstalt in Gegenwart des Absenders oder Empfängers amtlich öffnen.

Einschreibung (recommandation) ist bei Briefsendungen jeder Art gestattet. Für Einschreibsendungen besteht Frankierungszwang. Einschreibgebühr 25 Cts. Rückscheine sind zulässig; Gebühr 10 Cts. Die Versendung von Wertpapieren und gemünztem Geld in Einschreibbriefen ist gestattet; doch sollen solche Briefe tunlichst mit Siegellack verschlossen, auch Münzen darin so befestigt werden, daß sie während der Beförderung ihre Lage nicht verändern können. Die Versendung von ungemünztem Gold und Silber, sowie von Preziosen und anderen kostbaren Gegenständen in Einschreibbriefen ist verboten; Zuwiderhandlungen sind mit Geldstrafe von 5 bis 25 Fr. bedroht. Über jede Einschreibsendung wird dem Aufgeber gebührenfrei ein Einlieferungsschein erteilt; liefert jemand gleichzeitig mehrere Einschreibsendungen auf, so soll er ein Verzeichnis mit Angabe des Absenders und des Tages der Auflieferung bei der Postanstalt in zweifacher Ausfertigung vorlegen, wovon die eine vom Annahmebeamten unterzeichnet und mit dem Tagesstempel bedruckt dem Aufgeber als Einlieferungsschein zurückgegeben wird. Im Falle des Verlustes einer Einschreibsendung wird von der Postverwaltung Ersatz in Höhe von 50 Fr. geleistet.

Nach- und Rücksendung von Briefsendungen erfolgt taxfrei. Postlagerbriefe müssen stets den vollen und richtigen Namen des Empfängers in der Aufschrift tragen; solche mit Anfangsbuchstaben, Zahlen, Vornamen, angenommenen Namen usw. werden nicht befördert. Postlagerbriefe werden 2 Monate — außer dem Ankunftsmonat — zur Verfügung der Adressaten bereitgehalten.

Unbestellbare Briefsendungen (rebuts) werden, wenn sich der Absender auf der Außenseite genannt hat, nach dem Aufgabeort zurückgeschickt, andernfalls an die Zentralverwaltung eingereicht. Diese Einsendung erfolgt täglich bei Briefen an Empfänger, die unbekannt, verstorben, ohne die neue Adresse zu hinterlassen, abgereist sind, oder bei Briefen, deren Annahme verweigert worden ist, und an jedem 1. oder 16. Tage des Monats bei anderen Sendungen. Die ersteren werden unverzüglich, die letzteren 8 Tage und die unabgeholt gebliebenen Postlagerbriefe 4 Monate nach ihrem Eintreffen bei der Zentralbehörde geöffnet. Wird hierbei der Absender nicht ermittelt, so werden die in den Briefen vorgefundenen Gegenstände von Wert 5 Jahre zur Verfügung des Absenders gehalten und dann zugunsten der Postkasse verwertet; Briefe ohne Werteinlage werden 3 Monate nach der Eröffnung vernichtet.

Falls der Absender oder der Empfänger nicht ein anderes ausdrücklich bestimmt hat, werden Sendungen bis 2 kg den Empfängern unentgeltlich in die Wohnung bestellt. Wegen des Ausschließens frankierter Sendungen von der Sonntagsbestellung siehe bei den „Postwertzeichen". Portofreie Sendungen werden Sonntags nie abgetragen. Sendungen, die als Aufschrift nur Anfangsbuchstaben, sonst aber eine genaue Wohnungsangabe tragen, sind zulässig und werden von den Briefträgern bestellt. Der Empfänger einer Einschreibsendung hat über diese zu quittieren; die Einschreibsendungen werden ebenfalls von den Briefträgern und Landbriefträgern gebührenfrei abgetragen, doch kann der Empfänger im einzelnen Falle verlangen, daß ihm gestattet wird, die Sendung bei der Postanstalt abzuholen, um sie sogleich bei der Empfangnahme in Gegenwart eines mitgebrachten Zeugen öffnen zu können. Vor der Eröffnung hat der Empfänger jedoch Quittung zu leisten. Aus Anlaß der unter Zuziehung eines Zeugen vorgenommenen Feststellung des Inhalts übernimmt die Postverwaltung keinerlei Verantwortlichkeit; die Postbeamten dürfen als Zeugen bei einer derartigen Eröffnung einer Sendung nicht dienen.

Trifft eine gewöhnliche Briefsendung mit einer Aufschrift ein, die es zweifelhaft erscheinen läßt, für welche von mehreren gleichnamigen Personen die Sendung bestimmt ist, so werden diese Personen sämtlich eingeladen, sich zu einer festgesetzten Stunde gleichzeitig bei der Postanstalt einzufinden oder Beauftragte dahin zu entsenden. In deren Gegenwart wird alsdann der Brief geöffnet, damit sich der richtige Empfänger melde. Geschieht dies und wird von keinem der übrigen Anwesenden Einspruch erhoben, so wird der Brief ausgehändigt, andernfalls wird er wieder verschlossen und an den Absender zurückgesandt.

Wünscht jemand seine Sendungen bei der Postanstalt abzuholen, so wird ihm im Ausgabespind ein Fach eingeräumt, für das er bei den Postämtern mit werktäglich mindestens fünfmaliger Bestellung eine Miete von 2 Fr., bei den übrigen von 1 Fr. für den Monat zu entrichten hat. Dem Inhaber eines Ausgabefachs kann unter eigener Verantwortlichkeit des Ausgabebeamten das Porto gestundet werden, indessen muß mindestens monatlich eine Regelung des Kontos stattfinden.

Ausweiskarten mit 5jähriger Gültigkeit kosten 50 Cts.

Eilsendungen sind zulässig. Sie müssen mit dem deutlichen Vermerk „par exprès" oder mit einer ähnlichen Bezeichnung versehen sein. Für jede Eilsendung wird außer dem Porto eine feste, stets im voraus vom Absender voll zu entrichtende Gebühr von 25 Cts. erhoben. Für die im Landbestellbezirk der Bestimmungspostanstalt abzutragenden Eilsendungen kommt außerdem eine nach der wirklichen Wegentfernung zu berechnende Zuschlaggebühr zur Erhebung, und zwar von 2 bis 3 km 25 Cts., über 3 bis 4 km 50 Cts., über 4 bis 5 km 75 Cts. und für jedes weitere km 20 Cts. mehr. Diese Gebühr kann für die nachts oder unter besonders schwierigen Umständen auszuführenden Bestellungen um 50 Cts. erhöht werden. Die Zuschlaggebühr wird im allgemeinen vom Empfänger eingezogen, kann aber auch vom Absender vorausbezahlt werden, sofern er die Entfernung anzugeben vermag. Die Ortseilbestellgebühr wird für jeden Gegenstand besonders erhoben, und zwar selbst dann, wenn von einem Absender gleichzeitig mehrere Sendungen an denselben Empfänger abgeschickt werden; die Zuschlagtaxe für Land- und für Nachtbestellung wird jedoch nur einmal erhoben. Die Eilsendungen werden bei der Annahme mit dem Stempel „Exprès" bedruckt und unabhängig von der sonst etwa vorgeschriebenen Buchung in ein Annahmebuch eingetragen. Jeder Eilsendung wird ein Eilbriefzettel beigefügt, in dem die Sendung genau zu bezeichnen, auch die erhobene und noch einzuziehende Gebühr anzugeben ist und der zugleich zur Bescheinigung über den Empfang der Sendung dient. Gewöhnliche, nicht nachzuweisende Eilsendungen werden außerdem in einen mit entsprechender Aufschrift versehenen rosafarbenen Umschlag gelegt. Derartige Sendungen müssen mit der nächsten sich darbietenden Gelegenheit, gleichviel ob mit dem Zuge für gewöhnlich eine Postbeförderung stattfindet oder nicht, abgesandt werden. Diese Bestimmung ist für das Publikum deshalb von großer Wichtigkeit, weil in Belgien nur eine verhältnismäßig geringe Zahl von Zügen, meist nur 2 bis 3 täglich, zur Postbeförderung benutzt wird. Besondere Kosten dürfen jedoch durch die Beförderung der Sendungen zum Bahnhof nicht entstehen. Die Versendung der nachzuweisenden Eilsendungen erfolgt dagegen in allen Fällen innerhalb der gewöhnlichen Kartenschlüsse. Genügen dem Absender die der Postverwaltung zur Verfügung stehenden Beförderungsmittel nicht, so kann er, unter Erlegung der dafür entstehenden Kosten, die Gestellung von Fuhrwerk, Estafetten oder besonderen Boten beanspruchen. Am Bestimmungsort werden die Eilsendungen in ein Ankunftsbuch eingetragen. Die dienstlichen Umschläge der Eilsendungen werden 3 Monate aufbewahrt, damit bei Beschwerden darauf zurückgegangen werden kann. Die Abtragung der gewöhnlichen Eilsendungen erfolgt überall, wo sich eine Telegraphenanstalt befindet, im Ortsbestellbezirk durch die Unterbeamten der Telegraphenanstalt; in allen übrigen Fällen hat die Postanstalt die Bestellung der Sendung auszuführen. Die Eilbestellung ist sofort nach Eingang der Sendung zu bewirken; die Eilbestellung ruht jedoch in Postorten im Sommer von 8 Uhr abends bis 6 Uhr morgens und im Winter von 7 Uhr abends bis 7 Uhr morgens, nur in Orten mit Straßenbeleuchtung hat sie abends stets bis 10 Uhr zu erfolgen. Nach Landorten wird die Eilbestellung nur von 6 Uhr morgens bis 7 Uhr abends im Sommer und von 7 Uhr morgens bis 6 Uhr abends im Winter ausgeführt. Verweigert der Empfänger die Zahlung der etwa zum Ansatz gekommenen Zuschlaggebühr, so wird die Sendung nicht ausgehändigt, sondern gegen Einziehung der Gebühren an den Absender zurückgegeben. Von der Eilbestellgebühr werden stets 5 Cts. zur Postkasse verrechnet, der Rest wird den Eilboten gezahlt. Hat der Absender gegen Vorausbezahlung einer Gebühr von 10 Cts. eine Anzeige über die erfolgte Bestellung einer Eilsendung verlangt, so wird ihm von der Bestimmungspostanstalt eine vom Empfänger zu vollziehende Empfangsbescheinigung mit nächster Post übersandt. Der Absender kann auch das Verlangen stellen, daß der Empfänger durch den Eilboten um eine Antwort ersucht werde; in solchem Falle muß die Aufschrift der Sendung den Vermerk tragen: „Réponse à demander“. Die Frankierung der Antwort ist im allgemeinen dem Empfänger überlassen; doch kann auch der Absender die zur Frankierung der Antwort erforderlichen Wertzeichen der Sendung sogleich beifügen. Auf die Zustellung der Antwort braucht der Bote nicht länger als 10 Minuten zu warten. Die Eilbestellung ist außer bei gewöhnlichen und eingeschriebenen Briefsendungen zulässig bei Wertbriefen, bei Postanweisungsbeträgen bis 1000 Fr., bei telegraphischen Postanweisungen nebst den Geldbeträgen, bei Nachnahmebriefen und bei Postaufträgen; Wertbriefe werden den Eilboten nur insoweit mitgegeben, als sie auch im gewöhnlichen Bestellungsdienst durch die Briefträger abgetragen werden, andernfalls erstreckt sich die Eilbestellung nur auf den Ablieferungsschein.

Am Verkauf der Postwertzeichen beteiligen sich außer den Postbeamten auch die Eisenbahn- und Telegraphenstationen. Eine besondere Vergütung wird für diese Mühewaltung nicht gewährt. Gestempelte Briefumschläge zu 10 Cts. werden zum Preise von 11 Cts. das Stück an das Publikum verkauft. Markenbüchlein mit 10 10-Cts.- und 20 5-Cts.-Marken kosten 2 Fr. 2 Cts. Die Freimarken werden auch mit einem unten anhängenden Streifen mit dem Aufdruck „Ne pas livrer le dimanche — Niet bestellen op zondag“ (Nicht am Sonntag zu bestellen) verkauft, der nach Belieben abgetrennt werden kann. Sind Briefsendungen mit solchen Marken mit Streifen frankiert, so unterbleibt ihre Bestellung am Sonntag. Die Postkarten, Kartenbriefe und gestempelten Briefumschläge tragen jenen

Aufdruck an der rechten Kante. Soll ihm keine Folge gegeben werden, so hat ihn der Absender zu durchstreichen. Aus Formularen ausgeschnittene Wertzeichen sind ungültig. Durchlochung der Marken mit Buchstaben ist gestattet.

Das Porto auf unfrankierten Briefen wird durch Aufkleben von Taxmarken (chiffres-taxes) verrechnet.

An Orten, wo sich keine Steuerstelle befindet, befassen sich die Postanstalten auch mit dem Vertrieb von Stempelmarken und Stempelvordruckblättern zu Handelspapieren (Wechseln u. dgl.), sowie mit der Ausgabe von Fischerei-Erlaubnisscheinen.

B. Wertbriefe.

Der Meistbetrag der Wertangabe auf Wertbriefen ist auf 100 000 Fr. festgesetzt; für Größe und Gewicht sind Grenzen nicht gezogen. Wertbriefe müssen frankiert sein. Tarif: Porto für einen gleichschweren Einschreibbrief, Versicherungsgebühr 10 Cts. für jede 1000 Fr. Der angegebene Wert darf den gemeinen Wert des Inhalts nicht übersteigen; zu hohe Wertangabe in betrügerischer Absicht wird mit Gefängnis von 1 bis 12 Monaten und mit Geldstrafe von 26 bis 500 Fr. geahndet. Der Wert muß in Buchstaben und Ziffern angegeben werden. Der Verschluß eines Wertbriefes muß aus mindestens 5 Siegeln bestehen. Über einen Wertbrief wird dem Aufgeber ein Einlieferungsschein gebührenfrei erteilt.

Bei Auflieferung, wie bei Abholung eines Wertbriefes mit mehr als 20 000 Fr. ist dem Aufgeber oder Empfänger gestattet, das Annahmezimmer der Postanstalt zu betreten. Den Landbriefträgern können auf ihren Bestellgängen Wertbriefe zur Auflieferung bei der Postanstalt mitgegeben werden, indessen geschieht dies lediglich auf Gefahr des Absenders.

In den Wertbriefen dürfen Wertpapiere jeder Art, sowie Geldstücke versandt werden; dagegen ist die Aufnahme von ungemünztem Gold und Silber, von Preziosen und sonstigen kostbaren Gegenständen in die Wertbriefe unter Androhung einer Geldstrafe von 5 bis 25 Fr. untersagt. Geldstücke müssen innerhalb der Briefe gehörig befestigt sein. Die zur Frankierung eines Wertbriefes bestimmten Freimarken darf das Publikum selbst aufkleben; beim Befestigen der Marken ist zu beachten, daß zwischen je 2 Marken ein kleiner Zwischenraum frei bleibt. Die Postbeamten dürfen sich weder bei der Fertigung eines Geldbriefes, seiner Aufschrift oder des Verschlusses beteiligen, noch ist ihnen gestattet, als Zeugen beim Einlegen des Wertinhalts zu dienen. — Rückscheine sind zulässig; Gebühr 10 Cts.

Wertbriefe bis 20 000 Fr. nach Postorten und bis 5000 Fr. nach Landorten werden den Empfängern in der Regel gebührenfrei in die Wohnung bestellt; wünscht der Empfänger ausnahmsweise einen Wertbrief selbst abzuholen, um ihn sogleich nach der Empfangnahme in Gegenwart von Zeugen zu öffnen, so ist dies in der gleichen Weise wie bei Einschreibsendungen zulässig. Briefe an Empfänger, die des Schreibens unkundig sind, können nur bis zum Wertbetrag von 150 Fr. in der Wohnung des Empfängers unter Zuziehung zweier Zeugen ausgehändigt werden; die Zeugen haben unter die als Quittung dienenden Handzeichen des Empfängers auf dem Ablieferungsschein ihre Namensunterschrift zu setzen. Briefe mit über 150 Fr. Wertangabe an des Schreibens unkundige Empfänger müssen bei der Postanstalt unter Zuziehung zweier Zeugen abgeholt werden. Eilbestellung ist zulässig (s. unter „A. Briefpost").

Im Falle des Verlustes eines Wertbriefes oder seines Inhaltes leistet die Postverwaltung dem Absender Ersatz bis zur Höhe des angegebenen Wertes. Die Ersatzleistung bleibt jedoch ausgeschlossen, wenn der Schaden durch Fahrlässigkeit oder durch Verschulden des Absenders oder durch höhere Gewalt herbeigeführt worden ist, oder wenn der Adressat den Brief unbeanstandet angenommen und über den Empfang Quittung geleistet hat. Der Anspruch auf Schadloshaltung muß binnen 6 Monaten geltend gemacht werden. Der Inhalt unanbringlicher Wertbriefe verfällt nach 5 Jahren der Staatskasse.

C. Postanweisungen.

In Belgien unterscheidet man zwei Arten von Postanweisungen (mandats-poste), solche auf einen bestimmten Empfänger (mandats nominatifs) und solche auf den Inhaber (mandats au porteur). Ein Meistbetrag ist für Postanweisungen nicht festgesetzt. Tarif: 10 Cts. bis 10 Fr., 15 Cts. über 10 bis 20 Fr., 20 Cts. über 20 bis 50 Fr., 30 Cts. über 50 bis 100 Fr., über 100 bis 1000 Fr. für jede 100 Fr. 10 Cts. mehr und über 1000 Fr. für jede 200 Fr. 10 Cts. mehr.

Die Postanweisungen werden einem Heft mit Stamm entnommen. Auf dem Stamm werden Tag der Einzahlung, Name und Wohnort des Absenders und Empfängers, bei den auf den Inhaber lautenden Postanweisungen statt der letzteren Angabe nur der Vermerk „au porteur“ eingetragen. Die gleichen Angaben gehen auf die vom Stamm loszutrennende Postanweisung über, auch werden auf dieser der eingezahlte Betrag und der Name der Aufgabepostanstalt, sowie der Name des Annahmebeamten vermerkt. Die Postanweisung selbst wird dem Aufgeber ausgehändigt, und es liegt diesem ob, sie im Briefe dem Empfänger zu übersenden; für die Übersendung ist das Briefporto zu entrichten. Dem Aufgeber wird gebührenfrei ein Einlieferungsschein erteilt. Bei Postanweisungen über mehr als 300 Fr. fertigt die Aufgabepostanstalt einen besonderen Einzahlungsschein aus und übersendet ihn der Bestimmungspostanstalt. Rückscheine (Auszahlungsscheine) sind zulässig; Gebühr 10 Cts.

Die Ausfertigung und die Auszahlung von Postanweisungen sind ohne Beschränkung nur bei Postämtern und Nebenpostämtern zulässig; bei den Postagenturen und den Ablagen können nur Postanweisungen bis 300 Fr. ausgefertigt werden, indessen können die Ablagen bei höheren Beträgen zwischen dem Publikum und den Postämtern vermittelnd wirken. Zahlt jemand bei einer Ablage einen höheren Betrag als 300 Fr. ein, so empfängt er eine Zwischenquittung; die Ablage überweist den Betrag dem vorgesetzten Amt, das eine Postanweisung und den Einlieferungsschein ausfertigt und der Ablage übersendet. Diese werden sodann dem Einzahler gegen Rückgabe der Zwischenquittung ausgefolgt. Will der Absender die Verzögerung, die diese Vermittelung im Gefolge hat, vermeiden, so kann er bei der Einzahlung des Geldes der Ablage zugleich unter offenem Umschlag den Begleitbrief, der für sich verschlossen sein darf, übergeben; er wird dem Postamt mit überwiesen, das alsdann die Postanweisung mit dem Briefe in jenen Umschlag einschließt und dem Empfänger unmittelbar übersendet. Postanweisungsbeträge bis 500 Fr. dürfen auch den Landbriefträgern auf ihren Bestellgängen mitgegeben werden; dies geschieht jedoch auf Gefahr des Absenders. Der Landbriefträger fertigt gleichfalls eine Zwischenquittung aus, die er auf dem nächsten Bestellgang gegen die Postanweisung nebst Einlieferungsschein umzutauschen hat.

Im allgemeinen hat der Empfänger den Postanweisungsbetrag unter Vorlegung der quittierten Postanweisung bei dem Postamt oder Nebenpostamt abzuheben. Bei Postanweisungen über 300 Fr. erfolgt die Auszahlung nur, wenn der Einzahlungsschein vorliegt. Obwohl die Postanweisungen auf einen bestimmten Bestimmungsort lauten, können sie doch bei jedem beliebigen Postamt des Landes ausgezahlt werden, und zwar bis zu 300 Fr. ohne weiteres; bei höheren Beträgen hat das Postamt erst den Einzahlungsschein, falls ein solcher noch nicht vorliegt, von der ersten Bestimmungspostanstalt einzufordern und den Eingang abzuwarten. Diese Einforderung des Einzahlungsscheins kann auf Verlangen für Rechnung des Empfängers telegraphisch geschehen.

Bei Postanweisungen auf bestimmte Empfänger kann der Postanweisungsbetrag dem Empfänger durch die Briefträger oder Landbriefträger in die Wohnung bestellt werden, und zwar in Orten mit Postämtern oder Nebenpostämtern bis 1000 Fr., nach Landorten bis 500 Fr. In solchem Falle hat der Empfänger die quittierte Postanweisung dem Briefträger oder Landbriefträger zu übergeben, der das Geld auf dem nächsten Bestellgang mitbringt. In gleicher Weise kann eine quittierte Postanweisung auch einer Ablage übergeben werden, die sie an das nächste Postamt übersendet; von diesem aus erfolgt sodann die Zustellung des Geldes durch den Landbriefträger. Für Abtragung des Geldes kommt eine Bestellgebühr von 5 Cts. bis 50 Fr. und 10 Cts. bei höheren Beträgen zur Erhebung. Auch der Absender einer Postanweisung kann das Verlangen stellen, daß der Geldbetrag bestellt wird; in diesem Falle ist die Bestellgebühr vom Absender im voraus durch Postfreimarken auf der Rückseite der Postanweisung zu verrechnen. Seitens der Einzahlungspostanstalt wird das Verlangen der Bestellung sowohl auf der Postanweisung als auch auf dem Stamm und zutreffendenfalls auf dem Einzahlungsschein vermerkt. Auf Grund des Einzahlungsscheines wird jedoch die Bestellung nur einmal versucht; gelingt sie hierbei nicht, so muß der Empfänger den Betrag bei der Postanstalt abholen. Auch die Abtragung eines Postanweisungsbetrages bis 1000 Fr. durch Eilboten kann der Absender verlangen; in diesem Fall hat er die Postanweisung in einem Eilbrief abzusenden und in der Aufschrift den Vermerk niederzuschreiben: „A remettre par exprès avec le montant du mandat de .... francs ci-inclus. (Mit dem Betrag einer inliegenden Postanweisung über .... Fr. durch Eilboten zu bestellen).“ Im übrigen s. unter „A. Briefpost“.

Der Empfänger einer auf seinen Namen ausgestellten Postanweisung hat sich, sofern er dem Ausgabebeamten nicht persönlich bekannt ist, durch Ausweispapiere, mindestens aber durch Vorlegung des Umschlages des Briefes, in dem ihm die Postanweisung übersandt worden ist, zu legitimieren. Postanweisungen auf den Inhaber werden dem ausbezahlt, der sie bei der Postanstalt vorlegt; der Empfänger braucht sich hierbei nicht auszuweisen. Postanweisungen auf den Inhaber über mehr als 1000 Fr. können nur nach vorgängiger Ermächtigung seitens der obersten Behörde durch die Postanstalten ausgezahlt werden.

Beträge von mindestens 500 Fr., die zum Ankauf von zu hinterlegenden Staatspapieren bestimmt sind, können mittels besonderer Postanweisungen der Belgischen Nationalbank in Brüssel übermittelt werden. Tarif: bis 1000 Fr. 30 Cts., für höhere Beträge 10 Cts. mehr für jede weiteren 1000 Fr.

Die Postanweisungen sind 30 Tage gültig; nach Ablauf dieser Frist können sie nur auf besondere Ermächtigung der Generaldirektion ausbezahlt werden. Ist dem Absender oder Empfänger eine Postanweisung verloren gegangen, so hat er sich wegen Ausfolgung einer Zahlungsermächtigung an die Generaldirektion zu wenden; diesem Gesuch wird entsprochen, sobald feststeht, daß die Postanweisung unausgezahlt geblieben ist. Der Betrag unanbringlicher Postanweisungen verfällt nach 5 Jahren der Staatskasse.

Telegraphische Postanweisungen (mandats télégraphiques) können nur bei Postämtern oder Nebenpostämtern auf den Namen bestimmter Empfänger und bis 5000 Fr. eingezahlt werden. Tarif: die gewöhnliche Postanweisungsgebühr und eine Telegrammgebühr von 1 Fr. oder, falls das Überweisungstelegramm mit dem Vermerk „dringend" versehen wird, von $1\frac{1}{2}$ Fr. Dem Überweisungstelegramm können private Mitteilungen gegen eine Taxe von 10 Cts. oder bei dringenden Überweisungstelegrammen von 20 Cts. für je 5 Wörter angefügt werden. Befinden sich Post- und Telegraphenanstalt nicht in demselben Gebäude, so wird die Besorgung des Überweisungstelegramms zum Telegraphenamt unentgeltlich durch die Briefträger bewirkt. Wünscht jedoch der Einzahler, daß die Beförderung des Telegramms zur Telegraphenanstalt unverzüglich durch besonderen Boten erfolgt, so kann diesem Verlangen entsprochen werden; der Einzahler hat alsdann eine besondere Abtragungsgebühr, die für jeden Fall zu vereinbaren ist, zu entrichten. Wohnt der Empfänger einer telegraphischen Postanweisung im Ortsbestellbezirk der Bestimmungspostanstalt, so wird ihm sogleich nach Ankunft des Überweisungstelegramms eine Abschrift des letzteren mit dem Anheimgeben zugestellt, den Betrag bei der Postanstalt abzuheben; befindet sich der Wohnsitz des Empfängers im Landbestellbezirk, so erfolgt die Abtragung des Überweisungstelegramms durch die Landbriefträger auf den gewöhnlichen Bestellgängen. Die Abtragung der telegraphischen Postanweisungen nebst den zugehörigen Beträgen durch besondere Boten ist nach Orten des Landbestellbezirks gestattet; der Absender hat jedoch in diesem Falle die Eilbestellung bei der Einzahlung zu beantragen und das Eilbestellgeld in der gleichen Höhe wie für einen Eilbrief im voraus zu entrichten.

Von der belgischen Postverwaltung sind auch Postbons (bons de poste) eingeführt. Sie werden auf volle Frankenbeträge von 1 bis 20 Fr. ausgefertigt; Teilbeträge eines Franken können durch Aufkleben von Postfreimarken auf den Postbon innerhalb des dafür vorgesehenen Raumes dargestellt werden. Tarif: 5 Cts. bis 10 Fr., 10 Cts. von 11 bis 20 Fr. Den Postanstalten werden die Postbons in numerierten, 200 oder 400 Formulare (4 Formulare auf jedem Blatt) enthaltenden Registern geliefert. Gleich nach dem Eingange sind die Formulare bei dem Vordruck „Postanstalt" mit dem Namensstempel der Postanstalt zu bedrucken. Sie bestehen aus drei, durch Durchlochung voneinander geschiedenen Teilen. Bei der Ausfertigung verbleibt ein Teil, der Stamm (souche), im Register; der zweite Teil, der eigentliche Bon, wird mit dem dritten Teil, dem Einlieferungsschein, dem Einzahler ausgehändigt. Die Ausfertigung des Postbons bei der Postanstalt besteht in der Einrückung des Betrages, der Bedruckung mit dem Aufgabestempel und der Unterzeichnung durch den ausfertigenden Beamten. Für die Einrückung des Betrages haben die Postanstalten besondere, die Zahlen 1 bis 20 tragende Stempel. Außer dem Wertstempel wird der Aufgabestempel in den drei Teilen des Postbons abgedruckt. Die Postanstalten geben auch Postbons ohne Frankenbetrag aus, durch die der Absender Beträge unter 1 Fr. übermitteln kann (bons sans valeur à l'émission). Die Taxe für solche Postbons beträgt 5 Cts. Die Bezeichnung des Adressaten auf dem Postbon ist Sache des Absenders und muß vor der Absendung geschehen.

Für die Übermittelung des Postbons an den Empfänger hat der Absender zu sorgen. Die Person, auf deren Namen der Postbon ausgestellt ist, kann den Betrag (des Postbons und der etwa aufgeklebten Freimarken) bei jedem Postamt oder Nebenpostamt abheben; ist sie dem Beamten nicht bekannt, so hat sie sich gehörig auszuweisen, wobei die Vorzeigung des Briefumschlages, worin ihr der Postbon zugegangen ist, als ausreichend angesehen wird. Die Bestellung des Postbonbetrages kann an Empfänger in Orten ohne Postanstalt, durch die Landbriefträger in die Wohnung des Empfängers erfolgen; Bestellgeld 5 Cts. Die bezahlten Postbons, auf deren Rückseite der Empfänger quittiert, werden von der zahlenden Postanstalt, ebenfalls auf der Rückseite, mit einem Abdruck des Tagesstempels versehen; die zur Darstellung der Centimenbeträge verwendeten Postwertzeichen werden mit einem Röllchen entwertet.

Die Gültigkeitsdauer der Postbons ist auf 3 Monate beschränkt, nach dieser Frist dürfen sie nur auf besondere Ermächtigung seitens der Generaldirektion gezahlt werden. Doppel dürfen die Postanstalten nicht ausfertigen; für abhanden gekommene oder vernichtete Postbons kann die oberste Verwaltung frühestens 4 Monate nach dem Ausstellungstag die Zahlung des Frankenbetrages anweisen, eine Erstattung des Wertes der etwa aufgeklebt gewesenen Freimarken tritt nicht ein. Die Postbons verjähren nach 5 Jahren.

Zur Vereinfachung des Barverkehrs von Personen, die bei der Belgischen Nationalbank ein Konto besitzen, ist seit dem 20. April 1909 eine besondere Gattung von Postanweisungen (Mandats de versement en compte courant und Mandats de payement — par transfert — en compte courant) geschaffen worden. Mittels solcher Postanweisungen (mandats de versement) können Beträge an die genannte Bank oder deren Zweigstellen und Agenturen gesandt werden, die auf das Konto des Einzahlers oder einer dritten Person übertragen werden sollen, während umgekehrt mit diesen Postanweisungen (mandats de payement) Beträge, die für Rechnung eines Kontoinhabers bei jener Bank von dieser an eine dritte Person gezahlt werden sollen, überwiesen werden. Postanweisungen der ersteren Art müssen auf mindestens 50 Fr. lauten, für die der letzteren Art ist ein Mindestbetrag nicht festgesetzt; der Höchstbetrag ist nicht beschränkt. Bei Einzahlungen an die Nationalbank hat der Einzahler eine besondere Postanweisung, zu der die Postanstalten unentgeltlich Formulare abgeben, zu der sich das Publikum die Formulare aber auch selbst herstellen lassen kann, auszufüllen; der Annahmebeamte bucht und vollzieht die Anweisung und sendet sie unter Umschlag an die Bank von Amts wegen ab. Der Einzahler erhält einen aus dem Annahmebuche herauszutrennenden Einlieferungsschein unentgeltlich. Quittierte gewöhnliche Postanweisungen und Postbons können in Zahlung angenommen werden Die Bank fertigt nach Empfang der Beträge eine Bescheinigung (avis de crédit) aus und übergibt sie der General-Postdirektion, die sie dem Einzahler unter Umschlag übersendet. Postanweisungen dieser Art können bei allen Postanstalten aufgegeben werden, doch erfolgt ihre amtliche Ausfertigung nur durch die Postämter. Tarif: bis 50 Fr. 10 Cts., über 50 bis 100 Fr. 15 Cts., über 100 bis 200 Fr. 20 Cts., über 200 bis 1000 Fr. 30 Cts., für jede weiteren 1000 Fr. 10 Cts mehr. Soll ein Betrag für Rechnung eines Kontoinhabers der Nationalbank an eine dritte Person gezahlt werden, so hat der Kontoinhaber die Bank mittels Schecks damit zu beauftragen. Die Bank übergibt der General-Postdirektion in Brüssel ein Verzeichnis, nach welchem die Generaldirektion die Postanweisungen ausfertigt und an die Bestimmungspostanstalten offen absendet. Auf diesen Postanweisungen wird die Zahl der Tausende der Frankensumme durch Durchlochung festgelegt. Die Postanweisungen werden wie die auf einen bestimmten Empfänger lautenden Postanweisungen behandelt. Die Taxe ist die gleiche wie für Anweisungen der ersteren Art.

D. Postaufträge.

Am Postauftragsdienst (service des recouvrements) nehmen unmittelbar nur die Postämter teil, indessen beteiligen sich daran auch die Nebenpostämter und Ablagen als Vermittelungsstellen zwischen den Postämtern und dem Publikum insofern, als sie die Postauftragspapiere vom Publikum gegen Zwischenquittung entgegennehmen, an die Postämter zur postamtlichen Behandlung überweisen und die von den Postämtern ausgefertigten Einlieferungsscheine den Absendern unter Einziehung der Zwischenquittung ausfolgen.

Der Postauftragsdienst ist in Belgien ausgebildeter als in irgendeinem anderen Lande. Das Verfahren ist verschieden, je nachdem es sich um die Einkassierung von Quittungen, um die Einziehung der Beträge auf Rechnungen zu Briefen, Drucksachen usw. (eine Art Nachnahme), um die Einziehung von Geldbeträgen auf Wechseln und sonstigen Handelspapieren, um die Einholung von Akzepten auf Wechseln und endlich um die Einziehung der Beträge von Zinsscheinen, Dividendenscheinen und amortisierten Wertpapieren handelt.

Für die Einkassierung von Quittungsbeträgen (encaissement des quittances) ist ein Höchstbetrag nicht festgesetzt. Die Einziehungsgebühr beträgt für jede Quittung bis 20 Fr. 10 Cts., über 20 bis 50 Fr. 20 Cts., über 50 bis 100 Fr. 30 Cts., über 100 bis 1000 Fr. für jede 100 Fr. 10 Cts. mehr, bei höheren Beträgen für den 1000 Fr. übersteigenden Betrag 10 Cts. für jede 200 Fr. Die Gebühr wird in Freimarken auf den Quittungen verrechnet; sie wird dem Absender nicht erstattet, wenn die Einziehung des Betrages nicht gelingt. Enthalten Quittungen eine besondere Mitteilung geschrieben oder gedruckt, so ist dafür noch das Brief- oder Drucksachenporto zu zahlen. Gegen Entrichtung des Eilbestellgeldes kann der Auftraggeber die Vorzeigung der Quittung sogleich nach dem Eintreffen am Bestimmungsort durch besonderen Boten verlangen.

Die Quittungen müssen der Postanstalt am Aufgabeort mit einem Verzeichnis vorgelegt werden; die Quittungen sind darin einzeln nach Zahlungspflichtigen und nach Betrag aufzuführen, ferner müssen sie mit fortlaufenden Nummern versehen sein, die mit denen des Verzeichnisses übereinstimmen. Die Angabe eines Fälligkeitstages für Quittungen ist nicht gestattet. Zu den Verzeichnissen sind Formulare zu benutzen, welche die Postanstalten unentgeltlich abgeben; von der Privatindustrie hergestellte Formulare dieser Art müssen den amtlichen in ihrer Einrichtung und Anordnung entsprechen. Zu den durch Eilboten vorzuzeigenden Quittungen muß ein besonderes Verzeichnis gefertigt werden. Der Annahmebeamte prüft das Verzeichnis und übergibt dem Auftraggeber einen Einlieferungsschein über den Gesamtquittungsbetrag; Verzeichnis wie Einlieferungsschein werden mit einem Abdruck des Tagesstempels versehen, die Freimarken auf den Quittungen werden mit dem Tagesstempel entwertet. Die durch Eilboten vorzuzeigenden Quittungen werden mit einem Stempel „Exprès" bedruckt. Der Beamte ordnet die Quittungen nach Bestimmungsorten und versendet sie an die einzelnen Postanstalten unter Beifügung je eines besonderen Auftragformulars.

Am Bestimmungsort werden die Quittungen geprüft und auf der Rückseite mit dem Tagesstempel bedruckt. Unrichtig geleitete Quittungen werden unter Beifügung eines neuen Auftragformulars nachgesandt. Gelingt die Einziehung eines Quittungsbetrages nicht bei der ersten Vorzeigung, so hat der Briefträger eine Benachrichtigung bei dem Schuldner zurückzulassen, wann die zweite Bestellung erfolgt oder daß die Quittung innerhalb 24 Stunden bei der Postanstalt eingelöst werden kann. Die zweite Vorzeigung wird nach 24 Stunden bewirkt, wenn nicht der Auftraggeber eine kürzere Frist vorgeschrieben hat. Spätestens 5 Tage nach dem Eingang muß die Abwickelung der Auftragspapiere erfolgen; das Postauftragformular, auf dem die eingezogenen Beträge vermerkt werden, wird mit den nicht eingelösten Quittungen an die Aufgabepostanstalt zurückgesandt. Sind Quittungen nicht eingelöst worden, so können sie immer von neuem wieder zur Einziehung eingereicht werden; das zweite Mal ist alsdann nur die halbe Taxe, das dritte Mal wieder die ganze Taxe, das vierte Mal die halbe Taxe usw. zu berechnen.

Nachdem sämtliche von einem Auftraggeber abgegebenen Quittungen abgewickelt, also sämtliche Auftragformulare bei der Aufgabepostanstalt wieder eingegangen sind, wird der Auftraggeber aufgefordert, die zurückgekommenen Quittungen und die eingelösten Beträge bei der Postanstalt gegen Quittung auf dem zurückzugebenden Einlieferungsschein abzuholen. Auch vorher schon können dem Auftraggeber nach Maßgabe der eingelaufenen Auftragformulare (Abrechnungszettel) auf die eingezogenen Beträge Vorschüsse in durch 100 teilbaren Frankensummen gezahlt werden. Wohnt der Auftraggeber in einem Landort, so kann er bei Auflieferung der Postauftragspapiere gegen eine Gebühr von 10 Cts. verlangen, daß ihm nach Abwickelung der Aufträge die Beträge der eingelösten Quittungen, sowie die uneingelöst zurückgekommenen Quittungen durch den Landbriefträger in die Wohnung gebracht werden; Vorbedingung ist jedoch, daß der Gesamtbetrag eines Verzeichnisses 500 Fr. nicht übersteigt.

G e w ö h n l i c h e n und e i n g e s c h r i e b e n e n B r i e f e n, Zeitungen, Drucksachen und Geschäftspapieren, sowie Wertsachen können quittierte R e c h n u n g e n zur Einziehung des Betrages beigefügt werden (envois contre encaissement). Die Beifügung einer Rechnung zu Warenproben ist nur dann gestattet, wenn diese geschlossen als Briefe versandt werden. Die einzuziehende Summe, die bei Wertbriefen nicht mit dem angegebenen Wert übereinzustimmen braucht, muß auf der Sendung selbst in Buchstaben vermerkt werden. Die Sendungen sind nach dem gewöhnlichen Tarif für Briefe, Zeitungen usw. zu frankieren; außerdem aber unterliegt die beigefügte Rechnung der Einziehungsgebühr für Quittungen (s. oben), mindestens jedoch einer solchen von 15 Cts. Diese letztere Gebühr ist in Postfreimarken auf der Rechnung zu entrichten. Eilbestellung ist zulässig.

Derselben Sendung darf nur eine einzige Rechnung beigefügt sein, dagegen können mehrere gleichartige Sendungen (nur Briefe oder nur Drucksachen usw.)

zu einer einzigen Rechnung gehören; im letzteren Falle sind diese Sendungen vom Aufgeber zu einem Paket zu vereinigen. Die Rechnungen müssen den Namen des Absenders und des Empfängers sowie einen Vermerk enthalten, daß die Zahlung des Betrages gegen Aushändigung der Sendung erfolgt ist. Bei Drucksachen kann die Rechnung in der Aufschrift der Sendung selbst angebracht sein.

Der Aufgeber hat den zu gleicher Zeit zur Post gegebenen Sendungen mit Rechnung ein Verzeichnis unter Verwendung eines vorgeschriebenen Formulars, das die Postanstalten unentgeltlich abgeben, beizufügen. Die Aufgabepostanstalt ordnet die von einem Absender herrührenden Sendungen nach ihren Bestimmungsorten und nimmt die nach derselben Postanstalt gerichteten Sendungen in ein besonderes Verzeichnis auf, dem die Sendungen nebst den Rechnungen beigefügt werden; für gewöhnliche, eingeschriebene oder durch Eilboten abzutragende Gegenstände sowie für Wertsendungen sind jedoch je besondere Verzeichnisse erforderlich. Über die mit einem Verzeichnis aufgelieferten Gegenstände mit Rechnungen erhält der Auftraggeber einen summarischen Einlieferungsschein unentgeltlich. Die einzelnen Sendungen werden mit dem Tagesstempel und mit einem Stempel „Remb(oursement)“ bedruckt. Die für dieselbe einziehende Postanstalt bestimmten Sendungen sind von der Aufgabepostanstalt zu einem Paket zu vereinigen, das ebenfalls mit dem Stempel „Remb.“ bedruckt wird.

Sendungen, die nach zweimaliger Vorzeigung binnen 48 Stunden nicht eingelöst sind, werden als unbestellbar zurückgesandt; Nachsendung ist nicht zulässig. Postlagersendungen können bis 1 Monat lagern, wenn der Absender nicht eine geringere Lagerfrist in der Aufschrift angegeben hat. Wird eine Sendung, die als unbestellbar nach dem Aufgabeort zurückgesandt worden war, von neuem — mit berichtigter Adresse oder dgl. — abgesandt, so ist nur die Hälfte der Einziehungsgebühr, mindestens jedoch eine solche von 10 Cts. zu entrichten. Die Abwickelung der Rechnungsbeträge erfolgt im übrigen in derselben Weise wie bei gewöhnlichen Quittungen.

Die Post befaßt sich ferner damit, Wechsel zur Akzepteinholung (acceptation des effets de commerce) in allen Orten des Landes vorzuzeigen und nach Umständen zu protestieren oder zur Protesterhebung weiterzugeben. Die Taxe von 20 Cts. für jeden Wechsel ist in Freimarken auf der Rückseite der Wechsel zu verrechnen. Wechsel mit einer bestimmten Verfallzeit müssen spätestens 15 Tage vorher zur Post gegeben werden. Den Aufträgen können Briefe und Drucksachen beigefügt werden, die jedoch besonders zu frankieren sind.

Der Absender hat die nach demselben Bestimmungs-Postamt (einschließlich der zugeteilten Nebenpostämter, Ablagen und Hilfsablagen) gerichteten Wechsel unter Beifügung eines gemeinsamen Postauftragformulars unter geschlossenem Umschlag einzuliefern. Wird für einzelne Wechsel die Vorzeigung durch Eilboten verlangt, so ist diesen je ein besonderes Formular beizugeben, auf dessen Rückseite die Eilbestellgebühr in Freimarken zu verrechnen ist. Sind Wechsel erst zum Akzept und dann zur Einlösung vorzuzeigen, so ist ihnen ein besonderes Auftragformular von der Art, wie es Postaufträgen zur Einziehung von Geldbeträgen auf Handelspapieren beizufügen ist, anzuschließen; das Formular und die Anlagen sind jedoch mit dem Vermerk „A présenter préalablement à l'acceptation (zuerst zum Akzept vorzuzeigen)“ oder einer ähnlichen Angabe zu versehen. Solche Postaufträge wie auch die mit durch Eilboten vorzuzeigenden Wechseln sind unter offenem Umschlag einzuliefern. In den Postauftragformularen, die den amtlichen Musterformularen in ihrer Einrichtung entsprechen müssen, ist hinter jeder auf ein zu protestierendes Papier bezüglichen Eintragung ein besonderer Hinweis in Gestalt des Buchstabens „P“ (Protest) zu machen.

Der Umschlag eines Postauftrages muß außer dem Namen des Auftraggebers und der Bestimmungspostanstalt, je nachdem, die Angaben tragen: „Effets à l'acceptation“ oder „Acceptation et encaissement“ oder „par exprès“. Dem Auftraggeber wird von der Aufgabepostanstalt ein Einlieferungsschein über die Gesamtzahl der gleichzeitig aufgegebenen Postaufträge erteilt. Die Auflieferung von Postaufträgen zur Akzepteinholung dürfen die Nebenpostämter und Ablagen nicht vermitteln; der Auftraggeber, der an einem Orte ohne Postamt wohnt, ist dagegen berechtigt, seine Aufträge in besonderem Briefumschlag an den Vorsteher des nächsten Postamts zur weiteren Behandlung einzusenden.

Am Bestimmungsort werden die Wechsel den Bezogenen in der Wohnung vorgezeigt; sofern nicht gleichzeitig der Betrag des Wechsels einzuziehen ist, kann der Wechsel dem Bezogenen behufs Ausführung des Akzepts auf 24 Stunden gegen besonderes Empfangsanerkenntnis überlassen werden. Die Vorzeigung erfolgt nur einmal; u. U. wird der Wechsel 24 Stunden zur Verfügung des Empfängers auf dem Postamt bereitgehalten, wovon der Bezogene verständigt wird.

Wird ein Wechsel mit dem Vermerk „zum Protest“ nicht akzeptiert, so wird hierüber ein Protestprotokoll aufgenommen; demnächst wird der Wechsel sofort auch allen übrigen Personen vorgezeigt, die bei Annahme oder Einlösung des Wechsels etwa beteiligt sind. Hatte der Zahlungspflichtige den Wechsel behufs Ausführung des Akzepts an sich genommen und weigert er sich dann, ihn zurückzugeben, so wird nicht zum Protest geschritten, sondern dem Auftraggeber die von dem Bezogenen über den Wechsel ausgestellte Quittung übermittelt. Die angenommenen und verweigerten Wechsel werden, u. U. unter Beifügung der Protesturkunden, an die Aufgabepostanstalt zurückgesandt, die sie dem Auftraggeber gegen Quittung auf dem zurückzugebenden Einlieferungsschein sowie gegen Einziehung der Protestkosten und der für ihre Übermittelung fälligen Postanweisungsgebühr aushändigt.

Bezüglich der Einziehung von Beträgen auf Handelspapieren — encaissement des effets de commerce — (Wechsel, Schecks, Obligationen usw.) ist ein Meistbetrag nicht festgesetzt. Es sind zur Einziehung der Geldbeträge auch solche Handelspapiere zulässig, bei denen mangels Zahlung die Protesterhebung einzutreten hat. Die Einziehungs- und Übermittelungsgebühr beträgt für jedes einzelne Handelspapier 10 Cts. für jede 100 Fr. bis zu 1000 Fr. und 50 Cts. mehr für jede weiteren 1000 Fr., mindestens jedoch 25 Cts. Diese Gebühr muß vor der Auflieferung der Auftragspapiere zur Post auf ihrer Vorderseite durch Postfreimarken verrechnet werden. Der Auftraggeber kann die Ausfertigung und Übersendung einer Nachricht über die erfolgte Einlösung oder verweigerte Zahlung verlangen; in diesem Falle hat er jedem Papier einen Einlösungsschein, wozu ausschließlich die von der Postverwaltung herausgegebenen und bei den Postanstalten unentgeltlich zu beziehenden Formulare zu verwenden sind, beizufügen und mit 10 Cts. in Freimarken zu frankieren. Die Vollziehung und Rücksendung der Einlösungsscheine erfolgt sogleich nach der Einlösung des Auftragspapiers oder, sofern es uneingelöst bleibt, gleichzeitig mit der Rücksendung des Papiers.

Die Handelspapiere sind frühestens 15, spätestens 4 Tage vor dem Verfalltage zur Post zu liefern; allerdings werden auch verspätet eingelieferte sowie verfallene Handelspapiere zur Vorzeigung entgegengenommen, indessen lehnt dann die Postverwaltung jede Verantwortlichkeit ab, falls die Einlösung mißlingt und die Protesterhebung nicht mehr möglich ist. Der Auftraggeber hat zu sämtlichen für dasselbe Postamt (einschl. der zugeteilten Nebenpostämter, Ablagen und Hilfsablagen) bestimmten Handelspapieren ein Auftragformular beizufügen und die Sendung unter offenem gummiertem Umschlag, der den Vermerk „Encaissement", den Namen der Bestimmungspostanstalt und die Angabe des Absenders in der Aufschrift tragen muß, bei der Postanstalt aufzuliefern. In dasselbe Auftragformular können Handelspapiere, die an verschiedenen Tagen desselben Monats fällig sind, an verschiedene Zahlungspflichtige sowie auch zu protestierende Papiere aufgenommen werden; letztere sind im Auftragformular (bordereau) mit dem Buchstaben „P" zu kennzeichnen. Liegen Papiere vor, die in verschiedenen Monaten fällig sind, so müssen verschiedene Postauftragformulare dazu ausgefertigt werden. In das Postauftragformular sind die Handelspapiere nach der Reihenfolge der Fälligkeitstage einzutragen; die auf Sicht zahlbaren oder bereits verfallenen Papiere sind unterhalb jener Eintragungen in besonderer Abteilung aufzuführen. Am Kopf des Postauftragformulars müssen außerdem die Fälligkeitstage noch besonders vorgemerkt sein. Durch Eilboten vorzuzeigende Papiere sind in besondere Formulare einzutragen, die am Kopfe den Vermerk „Par exprès" tragen müssen.

Den von einem Absender herrührenden, gleichzeitig zur Einlieferung gelangenden Postaufträgen muß ein Einlieferungsverzeichnis in doppelter Ausfertigung beigegeben werden, in das die Auftragspapiere summarisch, nach Bestimmungsorten geordnet, eingetragen werden und auf dem der Auftraggeber sich zur Zahlung sämtlicher für Protesterhebung, Stempel, Stempelstrafen u. dgl. entstehenden Auslagen durch seine eigenhändige Unterschrift verpflichtet. Die Verzeichnisse hat der Auftraggeber selbst zu fertigen, und zwar nach einem von der Postverwaltung festgestellten Muster. Nachdem der Inhalt eines Postauftragsbriefes vom Annahmebeamten geprüft und richtig befunden oder auf Anfordern vom Auftraggeber richtiggestellt ist, wird der Postauftragsbrief geschlossen und der Bestimmungspostanstalt portofrei unter Einschreibung übersandt; die beiden Ausfertigungen des Einlieferungsverzeichnisses dagegen werden an die Generaldirektion zu Abrechnungszwecken eingereicht. Über sämtliche gleichzeitig eingelieferte Postaufträge wird dem Aufgeber ein Einlieferungsschein gebührenfrei erteilt, worin die Zahl der Postaufträge, die Fälligkeitstage der Papiere, der einzuziehende Gesamtbetrag und der Tag der Auflieferung zur Post vermerkt werden. Auftraggeber in Orten, die nicht zum Bestellbezirk eines Postamts gehören, haben die offenen Auftragsbriefe nebst Postauftragformularen und Einlieferungsverzeichnissen in geschlossenem Umschlag an den Vorsteher des nächsten Postamts abzusenden. Diese Übersendung erfolgt gebührenfrei unter Einschreibung; die Vorsteher der Nebenpostämter, Postablagen und Hilfsablagen fertigen Zwischenquittungen aus, die demnächst bei Eingang der Einlieferungsscheine vom Auftraggeber wieder eingezogen werden.

Unmittelbar nach Eingang eines Postauftrages sendet die Bestimmungspostanstalt ein Empfangsanerkenntnis an die Generaldirektion. Die Vorzeigung der Handelspapiere erfolgt sogleich nach Eingang oder am Fälligkeitstage, falls ein solcher angegeben ist, in der Wohnung des Zahlungspflichtigen, und zwar, wenn Eilbestellung verlangt ist, durch Eilboten. Im letzteren Falle muß die Eilbotengebühr in Freimarken auf dem Postauftragformular verrechnet sein. Wird der Zahlungspflichtige nicht angetroffen oder verweigert er die Zahlung oder verlangt er eine Zahlungsfrist, so bleibt es ihm überlassen, demnächst das Postauftragspapier bei der Postanstalt einzulösen; eine zweite Vorzeigung in der Wohnung findet nicht statt. Es ist jedoch einem auf dem Lande wohnenden Zahlungspflichtigen gestattet, nachträglich dem Landbriefträger den Betrag des Handelspapiers behufs Einlösung auf dem Bestellgang zu übergeben, auch wenn der Landbriefträger das einzulösende Papier nicht bei sich führt. Der Landbriefträger stellt in solchem Falle eine aus einem besonderen Büchlein herausgetrennte Zwischenquittung aus, die auf dem nächsten Bestellgange gegen Aushändigung des Handelspapiers wieder eingezogen wird. Für diese Vermittelung hat der Zahlungspflichtige eine besondere Gebühr von 10 Cts. zu entrichten. Auf Wechsel und Schecks können die Briefträger Teilzahlungen annehmen, und zwar auch dann, wenn im Nichtzahlungsfall die Protestierung der Papiere verlangt ist; im letzteren Falle erstreckt sich der Protest nur auf den Restbetrag. Der Auftraggeber kann endlich beanspruchen, daß, im Falle ein Papier nicht eingelöst wird, es dritten Personen zur Zahlung vorgezeigt wird; diese müssen jedoch sämtlich im Bezirk desselben Bestimmungspostamts wohnen.

Wird ein zu protestierendes Papier nicht bei der ersten Vorzeigung oder bei dem ersten Vorzeigungsversuch eingelöst, so wird eine Protesturkunde ausgefertigt. Nimmt der Bezogene einen Wechsel nicht an, und sind auf letzterem noch andere Zahlungspflichtige bezeichnet, so können diese sämtlich zur Zahlung aufgefordert werden; eintretendenfalls wird auch für jeden einzelnen eine besondere Protesturkunde ausgefertigt. Nach einer ersten vergeblichen Vorzeigung wird ein zu protestierendes Handelspapier an jeden ausgehändigt, der an Stelle des Zahlungspflichtigen sich zur Zahlung des Betrages erbietet, selbst gegen den Widerspruch des Bezogenen oder des Auftraggebers; eine Protesturkunde wird nur auf Wunsch des Zahlenden aufgenommen. Ist aber auch bereits mangels sofortiger Einlösung eines Wechsels Protest erhoben und eine Protesturkunde ausgefertigt worden, so kann der Zahlungspflichtige doch noch nachträglich den Wechsel einlösen, wenn er zugleich die Protestkosten zahlt, vorausgesetzt jedoch, daß das protestierte Papier nebst Protesturkunde noch nicht an die Aufgabepostanstalt oder den Auftraggeber zurückgeschickt ist.

Nicht eingelöste Papiere werden der Aufgabepostanstalt unter Beifügung eines Verzeichnisses zur Aushändigung an den Auftraggeber übersandt; Protesturkunden sind dem Verzeichnis anzuschließen. Der Auftraggeber quittiert über den Rückempfang in dem Verzeichnis, das der einziehenden Postanstalt demnächst wieder zugeschickt wird; u. U. hat er auch die Protestkosten nebst der Postanweisungsgebühr für ihre Übersendung zu zahlen. Die einziehende Postanstalt sendet die Postauftragformulare und die letzterwähnten Verzeichnisse an die Generaldirektion in Brüssel, welche die Abrechnung mit den Auftraggebern unter Benutzung eines der beiden Einlieferungsverzeichnisse aufstellt und abwickelt. Beträge unter 1000 Fr. werden dem Auftraggeber durch Postanweisung, höhere Beträge durch Anweisung auf eine vom Auftraggeber zu bezeichnende Agentur der Nationalbank übermittelt. Befindet sich am Wohnort des Auftraggebers keine Bankagentur, so kann die Zahlung auch, soweit die verfügbaren Mittel es gestatten, durch die Postanstalt am Aufgabeort der Auftragspapiere erfolgen.

Die Protestaufnahme erfolgt im allgemeinen durch die Gerichtsvollzieher (huissiers), indessen führen an Orten, an denen sich Gerichtsvollzieher nicht befinden, sowie im Falle der Abwesenheit des Gerichtsvollziehers vom Ort, die Postbeamten selbst die Protesterhebung aus. Die Postbeamten, die hiermit betraut werden, müssen jedoch mindestens 21 Jahre alt und mit einer königlichen oder ministeriellen Ernennung versehen sein. Für die Protesterhebung werden erhoben: für die einfache und die erstmalige Protestierung $1\frac{1}{2}$ Fr. und für jeden weiteren Protestakt 1 Fr. für den Akt und dieselbe Wohnung; die Gebühr beziehen der Vorsteher des Postamts, der Beamte, der den Protest ausgeführt hat, und der Briefträger, der den Wechsel zur Zahlung vorgezeigt hat, zu gleichen Teilen.

Die Post vermittelt schließlich auch die Einlösung von Zins- und Dividendenscheinen, sowie von amortisierten Wertpapieren und auf den Inhaber lautenden Wertpapieren (payement et recouvrement des coupons d'intérêt et de dividende, ainsi que des titres amortis). Zins- und Dividendenscheine, die nur bei gleichzeitiger Vorlegung des Wertpapiers, der Aktie usw. zahlbar sind, bleiben jedoch von dieser Vermittelung ausgeschlossen. Die Zinsscheine zu belgischen Staatsschuldscheinen werden ohne Erhebung einer Einlösungsgebühr gegen bar umgetauscht, während für andere Zinsscheine eine Einlösungs- oder Umtauschgebühr von 1 Ct. für jeden Zinsschein und außerdem 1 Ct. für jede 10 Fr. bis zum Betrage von 100 Fr. und für jede weiteren 20 Fr. bei höheren Summen des Gesamtbetrages einer Auftragssendung berechnet wird. Die Gesamtgebühr wird auf eine durch 5 teilbare Centimensumme aufwärts abgerundet. Für den Umtausch amortisierter Wertpapiere wird eine Gebühr von 10 Cts. für jede 100 Fr. bis zum Betrage von 1000 Fr., mindestens aber 25 Cts., und 50 Cts. mehr für jede weiteren 1000 Fr. erhoben. Die Taxe wird nach dem Gesamtbetrag der von demselben Besitzer gleichzeitig vorgelegten und bei derselben Zahlstelle einzulösenden Wertpapiere berechnet. Ist zu einem Wertpapier vor der Einlösung noch ein Visum einzuholen, so ist eine besondere Gebühr von 20 Cts. für das Wertpapier zu entrichten.

Die sämtlichen von demselben Postamt und in demselben Monat einzutauschenden Zinsscheine und amortisierten Wertpapiere hat der Besitzer in ein Verzeichnis aufzunehmen, auf dessen Rückseite die Taxe in Postwertzeichen zu verrechnen ist. Das Verzeichnis nebst Anlagen wird der Bestimmungspostanstalt unter Umschlag, der in der Aufschrift den Vermerk „coupons à encaisser" führt, eingeschrieben und portofrei übersandt. Die Bestimmungspostanstalt prüft den Inhalt unter Zuziehung eines zweiten Beamten, läßt die Anlagen den zahlungspflichtigen Bankhäusern vorlegen und sendet das Verzeichnis, unter Beifügung der etwa nicht eingelösten Zinsscheine, an die Aufgabepostanstalt zurück, die den Auftraggeber befriedigt. Letzterer kann verlangen, daß ihm die Geldbeträge für eingelöste Zinsscheine und Wertpapiere gebührenfrei in die Wohnung bestellt werden. Er quittiert über den Empfang des Geldes in dem letzterwähnten Verzeichnis und gibt den bei der Einlieferung der Zinsscheine und Wertpapiere empfangenen Einlieferungsschein zurück.

E. Postpakete.

Am Postpaketdienst nehmen nur die nicht an einer Eisenbahn gelegenen Postanstalten teil. Die Beförderung auf den Eisenbahnen erfolgt ausschließlich durch die Eisenbahnverwaltung selbst.

Postpakete (petits paquets) sind bis 5 kg zulässig. Wertangabe und Nachnahme sind unbeschränkt gestattet. Für die Ausdehnungen sind Grenzen nicht gezogen. Für die Taxe bestehen 2 Tarife, Nr. I (Exprès) und Nr. II (Service accéléré). Das Porto: nach Tarif I 80 Cts., nach Tarif II 50 Cts. für jedes Paket, und die Nachnahmegebühr: bis 200 Fr. 20 Cts., über 200 bis 1000 Fr. 60 Cts., bei höheren Beträgen für jede weiteren 1000 Fr. 10 Cts., sind durch Aufkleben von Eisenbahnmarken auf die Begleitadresse im voraus zu entrichten; zu letzterer sind von der Verwaltung vorgeschriebene Formulare zu verwenden, welche die Postanstalten unentgeltlich an das Publikum abgeben. Bei den Paketen kann auch ein Interesse an rechtzeitiger Überkunft versichert werden; hierfür beträgt die Versicherungsgebühr für jedes Paket und jeden Interessenbetrag von 500 Fr. 1 Fr. Wertangabe ist auf Paketen mit Kleinodien, Spitzen, Uhren und kostbaren Metallen zulässig und unerläßlich. Die Taxe für solche Pakete beträgt bei gewöhnlicher Versendung 50 Cts. für das Paket und Versicherungsgebühr 6 Cts. für jede 1000 Fr., bei Beförderung und Bestellung als Eilsendung 1 Fr. und Versicherungsgebühr 12 Cts. für jede 1000 Fr. Die Gesamttaxe wird auf eine durch 10 teilbare Centimensumme aufwärts abgerundet. Rückscheine sind zulässig; Gebühr 10 Cts.

Die nach Tarif I frankierten Pakete werden mit dem ersten, frühestens ½ Stunde nach der Auflieferung abgehenden Personenzug, die nach Tarif II frankierten mit dem ersten, frühestens 1 Stunde nach der Auflieferung abgehenden Güter- oder auch Personenzug abgesandt, dergestalt, daß sie spätestens in der übernächsten Nacht den Bestimmungs-Bahnhof erreichen. Bis zur Entfernung von 3 km werden die Postpakete den Empfängern gebührenfrei in die Wohnung bestellt, und zwar die nach Tarif I frankierten sogleich nach der Ankunft, jedoch nur bis 9 Uhr abends, die nach Tarif II frankierten an dem auf den Tag der Ankunft folgenden Vormittag. Soll die Bestellung eines nach Tarif I frankierten Pakets noch abends nach 9 Uhr geschehen, so ist im Ortsbestellbezirk der Eisenbahnstation eine Gebühr von 25 Cts. zu entrichten. Auch nach Landorten werden Pakete der Tarifklasse I sogleich nach der Ankunft abgetragen, und zwar von Eisenbahnstationen aus gegen eine Gebühr von 20 Cts. für jedes km; erfolgt die Bestellung von einer Postanstalt aus, so beträgt die letztere Gebühr nur 20 Cts. für jedes km über 3 km hinaus. Postpakete der II. Tarifklasse werden bis 3 kg nach Landorten in Entfernungen von mehr als 3 km von den Landbriefträgern unentgeltlich abgetragen, bei schwereren Paketen wird dagegen dem Empfänger nur eine Benachrichtigung zugesandt, wonach er das Paket auf der Eisenbahnstation oder bei der Postanstalt abzuholen hat.

An Orten mit Eisenbahnstation, wo eine regelmäßige Gelegenheit zur Abfuhr der Eisenbahngüter eingerichtet ist, kann das Publikum sich die abzusendenden Postpakete in der Wohnung abholen lassen. Das Verlangen muß 24 Stunden vorher entweder bei den Niederlagen (Agenturen) der Eisenbahnen oder den Eisenbahnstationen selbst mündlich gestellt oder mittels offenen Briefes ausgesprochen werden; die an die Stationsvorsteher zu richtenden Verlangschreiben, die Namen und Wohnung des Absenders, sowie Zahl, Gewicht, Beschaffenheit und Bestimmungsort der Pakete ergeben müssen, werden gebührenfrei durch die Post befördert. Für jedes in der Wohnung abgeholte Paket ist eine Gebühr von 30 Cts. zu entrichten.

Bei Postpaketen mit Wertangabe wird dem Empfänger im Falle des Verlustes, der Beschädigung oder der verzögerten Überkunft eine Entschädigung für den wirklich erlittenen Schaden bis zur Höhe der Wertangabe gezahlt. Bei gewöhnlichen Postpaketen beträgt der Höchstsatz der im Falle des Verlustes oder der Beschädigung zu zahlenden Entschädigung 4 Fr. für jedes fehlende oder beschädigte kg der Sendung. Für verzögert beförderte Pakete, für welche die rechtzeitige Überkunft versichert ist, wird in jedem Falle der Betrag des versicherten Interesses entschädigt.

F. Postsparkassen.

Am Postsparkassendienst nehmen sämtliche Postanstalten (ausgenommen die Agenturen) als Zweigstellen der „Caisse Générale d'épargne et de retraite" teil.

Bei der ersten Einzahlung hat der Einleger zunächst in doppelter Ausfertigung ein Anerkenntnis zu unterzeichnen, daß ihm die auf den Postsparkassendienst bezüglichen Gesetze und Verordnungen genügend bekannt sind und daß er sich ihnen in jeder Beziehung unterwirft. Sodann wird ihm unentgeltlich ein Sparbuch ausgehändigt, das er bei jeder Einzahlung oder Rückzahlung vorzulegen hat. Das Sparbuch ist mit einer fortlaufenden Nummer und der Unterschrift oder einem Abdruck des Namensstempels des Generaldirektors der Sparkasse oder seines Vertreters, sowie mit der Unterschrift des Postvorstehers versehen, der das Buch ausgibt. In dem Buche werden Name, Vorname und Wohnung des Einlegers vermerkt; es dient zur Eintragung der Beträge, die der Sparer nach und nach einzahlt oder zurückzieht. Geht dem Einleger ein Sparbuch verloren, so wird ihm gegen eine Gebühr von 25 Cts. ein Doppel ausgefertigt.

Der Mindestbetrag einer Einlage ist 1 Fr.; Bruchteile eines Frank werden auch bei Einzahlung größerer Beträge nicht angenommen. Der Höchstbetrag einer Einlage ist unbeschränkt, doch darf ein Einleger innerhalb 14 Tage im ganzen nicht mehr als 5000 Fr. einzahlen; indessen ist die Zentralverwaltung berechtigt, auf Verlangen der Einleger diesen Betrag zu erhöhen. Der Meistbetrag der auf ein Sparbuch eingezahlten Sparbeträge ist im übrigen unbeschränkt. Ein Einleger darf im allgemeinen nur ein einziges Sparbuch besitzen. Einzahlungen können auf ein Sparbuch bei jeder beliebigen Postanstalt bewirkt werden. Von der Landbevölkerung können Sparbeträge bis 500 Fr. den Landbriefträgern zur Besorgung mitgegeben werden; nur bei der ersten Einlage müssen auch die Landbewohner sich bei der Postanstalt selbst einfinden.

Es können auch Beträge von weniger als 1 Fr. gespart werden; dies geschieht durch Aufkleben von Freimarken zu 5 und 10 Cts. auf eine Sparkarte, die unentgeltlich von den Postanstalten und Landbriefträgern verabreicht wird. Eine mit Freimarken zum Gesamtwert von 1 Fr. beklebte Sparkarte wird zum Nennwert der Marken bei Einlagen als bar entgegengenommen. Von einer Person können jedoch nicht mehr als höchstens 10 Fr. monatlich in Sparkarten eingelegt werden. Für Schulkinder werden Sparkarten ausgegeben, die zum Bekleben mit Freimarken von je 2 Cts. bestimmt sind. Den Vorstehern von Staats- und Gemeindeschulen wird von der Verwaltung ein angemessener Vorrat an Freimarken auf Stundung geliefert.

Bewirkt ein Sparer eine Einlage, so wird diese in dem Sparbuch durch Einkleben von Sparmarken (coupons-reçus) dargestellt. Solche sind zu den festen Beträgen von 1, 2, 3, 5, 10, 30, 50, 100, 500 und 1000 Fr. in Gebrauch.

Nachdem der Annahmebeamte die Marken aufgeklebt hat, entwertet er sie durch Aufdrücken des Tagesstempels und fügt seine Namensunterschrift bei. Es ist Sache des Publikums, zu prüfen, daß der Wert der eingeklebten Marken dem Sparbetrage gleich ist.

Auf Verlangen der Einleger können die Sparbeträge in belgischen Staatspapieren, als Renten bei der Pensionskasse oder als Einlagen bei der Versicherungskasse (s. unter G.) angelegt werden.

Die Rückzahlung von Sparbeträgen kann bei jeder Postanstalt bewirkt werden, frühestens jedoch 14 Tage nach erfolgter Einzahlung. Bei jeder Rückzahlung muß das Sparbuch vorgelegt werden. Beträge bis 100 Fr. werden unverzüglich gegen Quittung gezahlt; indessen kann eine derartige Rückzahlung ohne vorangegangene Kündigung wöchentlich höchstens einmal stattfinden. Wird die Rückzahlung von einer anderen als der Postanstalt, bei der die erste Einzahlung erfolgt ist, verlangt, so findet die Auszahlung ebenfalls ohne weiteres statt, doch hat der Sparer sich gehörig auszuweisen. Die Postanstalt hat im weiteren auf Grund der Liste über in Verlust geratene und ersetzte Sparbücher von dem Tage der letzten Zinseintragung in dem Buche ab sich zu vergewissern, daß das Buch nicht ungültig erklärt und im Besitz eines Betrügers ist.

Bei Beträgen über 100 Fr. muß der Rückzahlung eine schriftliche Kündigung vorangehen, die von der Postanstalt an die Sparkassenverwaltung weitergegeben wird. Die Kündigungsfrist, die jedoch von der Sparkassenverwaltung abgekürzt werden kann, ist bei Beträgen von 100 bis 500 Fr. auf 15 Tage, von 500 bis 1000 Fr. auf 1 Monat, von 1000 bis 3000 Fr. auf 2 Monate und von 3000 Fr. und mehr auf 6 Monate festgesetzt.

Der schriftlichen Kündigung ist das Sparbuch beizufügen, über das dem Sparer von der Postanstalt eine Zwischenquittung ausgehändigt wird. Die Sparkassenverwaltung bestimmt bei Rücksendung des Sparbuches unter Übersendung einer Zahlungsanweisung den Tag, an dem die Rückzahlung bewirkt werden kann. Handelt es sich um Rückzahlung des gesamten Guthabens, so wird das Buch, auch wenn das Guthaben weniger als 100 Fr. beträgt, dem Inhaber gegen Aushändigung eines Empfangsscheines abgenommen und der Sparkassenverwaltung eingereicht, die der Postanstalt innerhalb 8 Tage von der Höhe der aufgelaufenen Zinsen Nachricht gibt. Kapital und Zinsen werden sodann gegen Rückgabe des Empfangsscheines ausgezahlt.

Der zurückgezahlte Spar-Teilbetrag wird in das Sparbuch eingetragen und von dem Guthaben des Sparers in Abzug gebracht. Der Eintragung fügt der Postbeamte seine Unterschrift und einen Abdruck des Tagesstempels bei. Über den zurückgezahlten Betrag hat der Einleger eine Empfangsbescheinigung auszustellen; ist er des Schreibens unkundig, so haben zwei Zeugen für ihn zu quittieren. Für Minderjährige ist die Quittung von dem Vater, dem Vormund oder der das Vermögen der Minderjährigen verwaltenden Behörde zu vollziehen. Verheiratete Frauen können die von ihnen eingelegten Summen sich zurückzahlen lassen, sofern nicht von den Ehemännern Einspruch hiergegen erhoben wird.

Die Sparkassenbücher werden alljährlich von der Sparkassenverwaltung eingefordert, damit diese die Richtigkeit der Eintragungen und der berechneten Beträge prüfen und die aufgelaufenen Zinsen gutschreiben kann. Legt der Sparer auf jene Aufforderung hin nicht innerhalb des ersten Halbjahrs das Sparbuch vor und steht ihm für diese Unterlassung nicht ein triftiger Grund zur Seite, so geht er für das abgelaufene Jahr der Zinsen verlustig. Der gewährte Zinsfuß beträgt bis 2000 Fr. 3 %, für höhere Beträge 2 % der Gesamtsumme. Die Festsetzung und Abänderung des Zinsfußes erfolgt durch den Verwaltungsrat der Sparkasse mit Zustimmung des Finanzministers. Der Zinsgenuß beginnt mit dem auf den Einzahlungstag nächstfolgenden 16. Tage und erlischt an dem dem Rückzahlungstag vorangegangenen 16. Tage. Außer diesen laufenden Zinsen wird alle 5 Jahre ein Teil des als Reservefonds angesammelten Gewinnes der Sparkasse an die Sparer verteilt. Die Zinsen werden den Sparern entweder halbjährlich bar ausgezahlt oder auf Verlangen den Guthaben zugeschrieben.

Die Guthaben der Sparer können auf Verlangen in öffentliche Fonds umgewandelt werden; diese werden in einen besonderen Rentenbrief (carnet de rentes) eingetragen. Auf Wunsch können die öffentlichen Fonds jederzeit in auf den Inhaber lautende Wertpapiere umgewandelt oder in das „Große Staatsschuldbuch" (Grand-Livre de la Dette publique) übertragen werden.

Für die Beteiligung der Beamten der Postverwaltung am Postsparkassendienst zahlt die Sparkassenverwaltung Entschädigungen, und zwar ¼ % der auf einen Rentenbrief übertragenen Guthaben, ferner 6 Cts. für jede Spareinlage, höchstens jedoch 12 Cts. für dasselbe Buch und den Zeitraum von 14 Tagen, und 10 Cts. für jedes ausgegebene, mindestens ein volles Jahr in Gebrauch befindliche Buch. Sind die Einlagen bei einer sous-perception bewirkt worden, so stehen dem Vorsteher dieser Postanstalt ³/₅ der Entschädigung zu. Sind die Einlagen durch Vermittelung eines Landbriefträgers oder eines Inhabers einer Ablage eingezahlt worden, so haben diese in erster Linie auf 2 Cts. für jede Einlage Anspruch. Der Restbetrag wird von der Postverwaltung zu einem Fonds angesammelt, aus dem den Beamten und Unterbeamten besondere Vergütungen, ferner Belohnungen für Beamte, die besonders regen Eifer im Interesse des Sparkassendienstes entfalten oder sonst in hervorragender Weise zur Ausdehnung des Sparsystems beitragen, und Entschädigungen für Kassenausfälle bewilligt werden. Die regelmäßigen Vergütungen sind festgesetzt für Percepteurs principaux und Percepteurs 1. Kl. auf 500 Fr., für Percepteurs 2. Kl. auf 400 Fr., 3. Kl. auf 300 Fr. und 4. Kl. auf 250 Fr. jährlich. Briefträger erhalten für jedes von Sparern eingeholte oder an sie bestellte Sparbuch und Rentenbuch oder für eine Versicherungspolice (siehe unter G.) 1 Ct. Die Entschädigung auf Kassenausfälle beträgt für jede 10 000 Fr. der Einnahmen oder Ausgaben bis ½ Million 2 Fr., der zweiten ½ Million 1 Fr., der zweiten Million 25 Cts., der dritten Million 12½ Cts. und der höheren Beträge 5 Cts., höchstens jedoch im ganzen 200 Fr. jährlich.

Mit den Postverwaltungen von Frankreich (einschl. Algerien und Tunis) und von Niederland besteht eine Vereinbarung, wonach in Belgien eingezahlte Sparbeträge auf die Postsparkassen jener Staaten übertragen werden können und umgekehrt.

G. Postrenten- und Lebensversicherungsdienst.

Die belgischen Postanstalten nehmen als Zweigstellen der unter Gewährleistung des Staates eingerichteten „Allgemeinen Spar- und Rentenkasse" (Caisse

Générale d'épargne et de retraite) auch Einzahlungen auf Renten entgegen und bewirken die regelmäßige Auszahlung von Renten. Zur Annahme von Beiträgen auf Rentenversicherungen sind sämtliche Postanstalten und Landbriefträger ermächtigt, während an der Auszahlung der Renten vorerst nur die Postämter (perceptions und sous-perceptions) teilnehmen.

Jedermann kann, wenn er ein Alter von 18 Jahren erreicht hat, für sich selbst oder auch zugunsten dritter Personen, die mindestens 10 Jahre alt sein müssen, Einlagen bei der Rentenkasse bewirken. Es können durch Einzahlung eines einmaligen Kapitals Renten, deren Zahlung ohne Rücksicht auf das Alter des Rentenempfängers sogleich beginnt (rentes immédiates), erworben oder durch Einzahlung eines fortlaufenden Beitrages Anspruch auf eine von einem bestimmten Lebensjahr ab (vom 50. bis 65.) zahlbare Rente erlangt werden (rentes différées). Bei den sogleich zahlbaren Renten verfällt das eingezahlte Kapital stets der Rentenkasse; bei den später zahlbaren Renten kann die Versicherung so abgeschlossen werden, daß entweder das durch die Einlagen angesammelte Kapital gleichfalls der Rentenkasse verfällt oder nach dem Tode des Rentenempfängers dessen Erben oder, wenn die Einlagen unter entsprechendem Vorbehalt von einer dritten Person bewirkt worden sind, dieser oder deren Erben ausgezahlt wird. Die Zahlung der Rente kann vor Eintritt der vereinbarten Altersgrenze beginnen, wenn der Rentner vor der Zeit arbeitsunfähig wird; die Höhe der zahlbaren Rente wird jedoch nach dem Verhältnis des Lebensalters des Rentners zu der vereinbarten Anfangszeit der Rentenzahlung bemessen. Nur wenn die Erwerbsunfähigkeit durch einen bei Ausübung des Berufes eingetretenen Unfall, der eine Verstümmelung oder ein dauerndes Leiden im Gefolge hat, entstanden ist, tritt der Rentner, wenn er der Rentenkasse mindestens 5 Jahre angehört, in den Genuß der vollen Rente, höchstens jedoch einer solchen von 360 Fr. jährlich. Der Höchstbetrag einer Rente darf im übrigen nicht 1200 Fr. jährlich übersteigen, der Mindestbetrag nicht hinter 12 Fr jährlich zurückbleiben. Stirbt ein Rentenempfänger, so wird den Hinterbliebenen im Falle nachweisbarer Dürftigkeit aus der Rentenkasse ein Beitrag zu den Begräbniskosten von 25 Fr. gezahlt.

Der Rentner braucht bei der ersten Einzahlung die Höhe der Rente, die er sich sichern will, nicht zu nennen, vielmehr hat er nur das Lebensjahr, mit dem die Rentenzahlung beginnen soll, anzugeben; ferner bedarf es nicht regelmäßiger Einzahlung der Beiträge, auch brauchen letztere nicht von der gleichen Höhe zu sein, sondern jeder Rentner zahlt Beiträge, wann und wie hoch er sie entbehren kann und will, während die Zentralverwaltung der allgemeinen Spar- und Rentenkasse fortlaufend auf Grund der von jedem Rentner bewirkten Einzahlungen berechnet, wieviel regelmäßige Rente sich der Rentner durch diese Einzahlungen von dem vereinbarten Zeitpunkt ab nunmehr gesichert hat. Ist durch die Einlagen der Höchstbetrag der Rente erreicht, so sind fernere Einzahlungen nicht zu bewirken; etwa zuviel geleistete Einlagen werden dem Rentner zurückgezahlt. Der Mindestbetrag einer Einlage ist auf 1 Fr. festgesetzt; Teilbeträge eines Frank werden als Einlage nicht angenommen, dagegen ist es gestattet, ebenso wie im Postsparkassendienst kleinere Beträge durch Aufkleben von Postfreimarken von 5 und 10 Cts. auf eine Sparkarte bis zur Höhe von 1 Fr. anzusammeln und diese Karten bei den Einlagen in Zahlung zu geben.

Bei der ersten Einlage hat der Einzahler ein Formular zur Rentenanmeldung auszufüllen, worin außer den auf die Person des Rentners bezüglichen Angaben vermerkt sein muß, ob die Rentenzahlung sogleich oder später, und zwar von welchem Lebensjahr ab beginnen soll und ob und an wen das Rentenkapital nach dem Tode des Rentners zurückzuzahlen ist. Im weiteren wird dem Rentner über die erste Einzahlung ein aus einem Buche mit Stamm herauszutrennender Abschnitt als einstweilige Bescheinigung übergeben. Die Rentenanmeldung wird unverzüglich unter Einschreibung an die Zentralstelle eingesandt, die ein Rentenbüchlein ausfertigt und dem Rentner gegen Wiedereinziehung des Abschnitts durch die Postanstalt ausfolgen läßt. Die eingezahlten Rentenabträge sind von den Postanstalten in die Rentenbüchlein ebenso, wie Sparbeträge in die Postsparbücher, unter Verwendung von Sparmarken einzutragen. Die Renteneinlagen werden von den Postanstalten sogleich bei der Annahme in ein Register eingetragen, das am 1. und 16. jedes Monats an die Verwaltung der Rentenkasse eingesandt wird. Auf Grund dieses Registers fertigt die Zentralstelle besondere Anerkenntnisse über die Einlagen aus, die den Einlegern mittels Briefes zugeschickt werden; diese Anerkenntnisse enthalten zugleich eine Angabe über die Höhe der nunmehr erworbenen Rente. Der Einzahler hat darauf zu achten, daß ihm das Anerkenntnis über eine Einlage spätestens nach 20 Tagen zugegangen ist.

Die Nebenpostämter sind nur ermächtigt, von demselben Einleger innerhalb 15 Tage Einlagen bis 5000 Fr., die Ablagen bis 1000 Fr. und die Landbriefträger bis 500 Fr. anzunehmen. Die Ablagen und Landbriefträger sind zu Eintragungen in die Rentenbüchlein nicht ermächtigt, sie haben die Bücher vielmehr an das vorgesetzte Postamt abzuliefern; den Rentnern werden für die Zeit, bis sie ihre Büchlein zurückerhalten, Zwischenquittungen von den Ablagen und Landbriefträgern ausgefolgt. Die Annahme erstmaliger Einlagen ist den Landbriefträgern nicht gestattet. Die Übertragung von Spareinlagen bei der Postsparkasse auf ein Rentenguthaben ist zulässig. Die Rentenbüchlein sind jährlich einmal zur Prüfung und Eintragung des erworbenen Rentenbetrages und des angesammelten Rentenkapitals durch Vermittelung der Postanstalten an die Zentralstelle einzusenden.

Die Zahlung der Renten erfolgt von dem Monat ab, der auf den Monat folgt, in dem der Rentner das vereinbarte Alter erreicht hat. Die Auszahlung der sofort zahlbaren Rente beginnt mit dem auf den Einzahlungstag des Rentenkapitals folgenden Monat. Bei Eintritt der Fälligkeit der Rentenzahlung wird von der Zentralstelle ein Rentenbrief für den Rentner ausgefertigt und mit einem Verzeichnis, das Namen, Vornamen und Wohnort, Geburtstag und Geburtsort des Rentenempfängers, die Namen seines Vaters und seiner Mutter, eine laufende Nummer und die Höhe des allmonatlich zahlbaren Rentenbetrages enthält, der Postanstalt, welche die Rente zahlen soll, übersandt. Gleichzeitig wird dem Rentenempfänger ein Benachrichtigungsschreiben zugefertigt, das dieser mit seiner zu beglaubigenden Namensunterschrift zu versehen hat. Die Postanstalt trägt die auf den Rentenbrief bezüglichen Angaben in eine Stammliste ein und überträgt die Nummer der Eintragung auf den Rentenbrief. Der Rentenempfänger hat sich mit jenem Benachrichtigungsschreiben bei der Postanstalt einzufinden; nachdem er dort auch in die Stammliste seine Namensunterschrift eingetragen hat und diese als mit der Unterschrift auf dem bei der Postanstalt verbleibenden Benachrichtigungsschreiben übereinstimmend befunden worden ist, wird ihm der Rentenbrief ausgehändigt. Die zurückbehaltenen Benachrichtigungsschreiben werden alle 14 Tage von den Postanstalten an die Zentralstelle eingesandt. Handelt es sich um den Ankauf einer sofort zahlbaren Rente, so wird dem Rentenempfänger nicht erst ein Rentenbüchlein, sondern sogleich der Rentenbrief (brevet de rente) zugefertigt. Die Zahlung der Rente erfolgt monatlich am Monatsende oder auch viertel-, halb- und ganzjährlich gegen Vorlegung einer Quittung und des Rentenbriefes. Vor der Zahlung der Rente hat der Postbeamte jedesmal zu prüfen, ob Betrag und Unterschrift auf der Quittung mit denen in der Stammliste übereinstimmen. Bei jeder Rentenzahlung hat der Postbeamte das für den betreffenden Monat vorgesehene Feld in dem Rentenbrief durch Bedrucken mit dem Aufgabestempel auszufüllen, so daß eine Doppelzahlung ausgeschlossen ist. Wird die Rente für den Monat Juni gezahlt, so wird der Rentenbrief von der Postanstalt gegen eine Zwischenquittung jedesmal einbehalten und der Zentralstelle zur Prüfung übersandt.

Der Bezug einer Rente erlischt mit dem Ablauf des dem Todestag des Rentners vorangehenden Monats, für den Sterbemonat ist sonach eine Rente nicht mehr zahlbar.

Ist die Rückzahlung des Rentenkapitals vorbehalten worden, so haben die Empfangsberechtigten einen Antrag auf Erstattung bei der Zentralstelle durch Vermittelung der Postanstalt zu stellen; dem Antrage sind der Rentenbrief des Verstorbenen, ein Totenschein und eintretendenfalls eine notarielle Bevollmächtigung eines der Empfangsberechtigten zur Abhebung des Kapitals oder auch eine Erbbescheinigung der Antragsteller beizufügen. Nach erfolgter Prüfung der Beweisstücke erteilt die Zentralstelle der Postanstalt die Anweisung zur Zahlung. Handelt es sich um die Zahlung des Beitrages zu den Beerdigungskosten, so haben die Hinterbliebenen des Rentners unter Beifügung der auf den Tod und die Dürftigkeit bezüglichen Beweisstücke einen Antrag bei der Zentralstelle durch Vermittelung der Postanstalt zu stellen. Die Nebenpostämter senden die Quittungen täglich an das Hauptpostamt ein; die Hauptpostämter dagegen fertigen monatlich zweimal, am 1. und 16., Zahlungslisten über die bei ihnen und den Nebenpostämtern bewirkten Renten- und Kapitalienzahlungen und reichen sie mit den Belägen an die Zentralstelle ein, die ihrerseits mit der General-Postdirektion abrechnet.

Auch für die Beteiligung am Rentengeschäft werden der Postverwaltung Entschädigungen aus der Rentenkasse gezahlt, und zwar für jede Einlage 2 Cts., für Rentenbeträge jedes Rentners 0,6 % dieser Beträge, für jede erstmalige Einzahlung auf eine neue Rente 20 Cts., für jede Auszahlung $7\frac{1}{2}$ Cts. und für jeden neuen Rentenbrief 10 Cts. Mit den Entschädigungen wird wie mit denen für den Postsparkassenbetrieb verfahren.

Die Postämter wirken auch als Zweigstellen der Versicherungskasse, die mit der Allgemeinen Rentenkasse vereinigt ist. Die Lebensversicherungen können auf den Todesfall oder auf bestimmte Zeit, letztere auf eine Dauer von 10, 15, 20 oder 25 Jahren oder bis zur Vollendung des 55., 60. oder 65. Lebensjahres abgeschlossen werden. Bei Lebensversicherungen auf den Todesfall werden die Prämien, je nach der getroffenen Vereinbarung, nur bis zum 55., 60. oder 65. Lebensjahr gezahlt. Bei Versicherungen kann eine einmalige Summe eingezahlt werden, von der dann die Jahresbeiträge nach und nach abgezogen werden; dies ist aber nur zulässig bei Versicherungen auf 10, 15, 20 oder 25 Jahre. Die Versicherungssumme darf 5000 Fr. im Einzelfall nicht übersteigen. Es ist gestattet, Versicherungen auf eine andere Person abzuschließen; der Versicherer muß jedoch mindestens 21 Jahre und die Person, auf die sich die Versicherung bezieht, mindestens 20 Jahre alt sein. Die jährlich zahlbare Prämie muß stets auf volle Frankenbeträge lauten und darf nicht unter 1 Fr. betragen. Jede Prämie muß alljährlich im Laufe des Monats entrichtet werden, in dem die erste Prämie gezahlt worden ist. Ist der Monat verstrichen, so wird jede weitere Zahlung abgelehnt. Jedem Versicherer wird ein Versicherungsschein in Form eines Büchleins (livret-police) unentgeltlich ausgehändigt, worauf Einzahlungen bei jedem beliebigen Postamt gemacht werden können. Die Einzahlungen, abgesehen von der ersten, für die ein Schein ausgestellt wird, werden in dem Buche durch Einlegemarken (coupons-reçus) dargestellt. Tritt der Tod eines Versicherten ein, so ist davon alsbald, spätestens aber nach 3 Monaten, die Anzeige an die Versicherungskasse zu richten. In besonderen Fällen kann der Verwaltungsrat der Kasse auch den Rückkaufswert einer Police an den Versicherten auszahlen.

Für die Teilnahme am Lebensversicherungsgeschäft werden von der Rentenkasse zugunsten der Postbeamten an die Postkasse Entschädigungen gezahlt, und zwar 6 Cts. für jede Einzahlung und 10 Cts. für jede neue Police. Auch sie fließen, nach Abzug von $^3/_5$ für die Inhaber der Nebenpostämter, zu dem unter F. beschriebenen Fonds.

8. Niederland.

(33081 qkm und 5747269 Einwohner.)

Das Postwesen in Niederland wird durch die „Generaldirektion der Post und Telegraphie" (Hoofdbestuur der Posterijen en Telegrafie) im Haag verwaltet, die eine Abteilung des Ministeriums für Wasserstraßen, Handel und Verkehr bildet. An der Spitze des niederländischen Postwesens steht der „Generaldirektor" (Directeur-Generaal). Ihm sind ein Administrateur sowie 2 Oberinspektoren (Hoofdinspecteurs) — einer für Post, der andere für Telegraphie — und ein Ober-Telegrapheningenieur beigegeben. Die Generaldirektion ist in 12 Abteilungen eingeteilt, die von Inspekteuren, Adjunkt-Inspekteuren oder Referendaristen geleitet werden. Das nachgeordnete Personal besteht aus einer Anzahl Obersekretären (Hoofdcommiezen), Sekretären (Commiezen), Hilfssekretären (Adjunct-commiezen), Assistenten (Klerken), Hilfsbeamten (Adsistenten) und Unterbeamten. Zum Zwecke der Beaufsichtigung und einheitlichen Regelung des Dienstbetriebes bei den Postanstalten ist das Land in 10 Inspektionsbezirke eingeteilt, an deren Spitze je ein „Post- und Telegraphen-Inspekteur" steht. Diese haben ihren Amtssitz in Amsterdam, Arnheim, Haag, Groningen, Hertogenbosch, Leeuwarden, Mastricht, Middelburg, Utrecht und Zwolle. Für das Bahnpostwesen ist ein besonderer Inspekteur vorhanden, der in Utrecht wohnt. Das Gehalt der Inspekteurs beträgt 3600 bis 4200 Gld.*) Jedem Inspekteur ist ein Adjunct-inspecteur (Gehalt 2400 bis 3000 Gld.) beigegeben. Die Inspekteurs unterstehen dem Generaldirektor unmittelbar. Jede Postanstalt sollen sie jährlich mindestens zweimal revidieren.

Die Ortspostanstalten zerfallen in Postämter (postkantoren) und Hilfspostanstalten (hulpkantoren). Letztere sind einem benachbarten Postamt unter-

*) 1 Gulden (Gld.) zu 100 Cents (Ct.) = 1 M. 69 Pf.

stellt, mit dem sie abrechnen; sie nehmen an allen Dienstzweigen teil. Außerdem bestehen in den größeren Orten noch Stadtpostanstalten als Zweigstellen der Hauptämter (bijkantoren). Die Mehrzahl der Postämter in den mittleren und kleinen Städten und der Stadtpostanstalten sowie einige Hilfspostanstalten sind mit Telegraphenbetrieb ausgerüstet. In größeren Orten sind auch besondere Markenverkaufsstellen eingerichtet, deren Inhaber 1 % des Wertes der verkauften Wertzeichen als Entschädigung beziehen.

Für den Bahnpostdienst sind 4 Bahnpostämter (Spoorwegpostkantoren) in Amsterdam, Rotterdam, Zwolle und Arnheim eingerichtet; dem Bahnpostamt in Rotterdam ist auch die Seepostlinie Vlissingen-Queenborough unterstellt. Der Bahnpostbetrieb auf kleineren Strecken ist den Ortspostämtern übertragen.

Die Ortspostämter zerfallen je nach ihrer etatsmäßigen Einnahme in 8 Klassen, und zwar gehören zur 1. Kl. die Postämter mit einer Jahreseinnahme von mehr als 320 000 Gld. (Amsterdam, Haag, Groningen, Rotterdam und Utrecht), zur 2. Kl. von 160 000 bis 320 000 Gld. (Arnheim, Harlem, Leeuwarden, Leiden und Nijmegen), zur 3. von 80 000 bis 160 000 Gld., zur 4. von 40 000 bis 80 000 Gld., zur 5. von 20 000 bis 40 000 Gld., zur 6. von 11 000 bis 20 000 Gld., zur 7. von 5000 bis 11 000 Gld., zur 8. von weniger als 5000 Gld. Die Vorsteher der Postämter heißen „Direkteure". Ihr Gehalt beträgt in Klasse 1: 3900 bis 5000 Gld., 2: 3400 bis 3800 Gld., 3: 2900 bis 3300 Gld., 4: 2400 bis 2800 Gld., 5: 1900 bis 2300 Gld., 6: 1600 bis 1800 Gld., 7: 1400 bis 1500 Gld., 8: 900 bis 1300 Gld. Die Direkteure der Bahnpostämter beziehen Gehälter von 3200 bis 4200 Gld. Unter den Direkteuren befinden sich einige, die Vorsteher von mit Hilfspostanstalten vereinigten Telegraphenanstalten sind; sie führen die Amtsbezeichnung „Direkteure-Brievengaarder" und haben ein Gehalt von 900 bis 2000 Gld. Von den Direkteuren sind nur wenige weiblich. Bei den großen Ämtern sind dem Direkteur „Adjunkt-Direkteuren" als Vertreter und Obersekretäre (Hoofdcommiezen) als Stellenvorsteher zugeteilt. Das Gehalt der ersteren beträgt 2800 Gld., in Rotterdam 3200 Gld., in Amsterdam 3400 Gld., das der Obersekretäre beläuft sich auf 2400 bis 2700 Gld. Die Sekretäre (Commiezen) zerfallen in 4 Klassen; ihr Gehalt beträgt in Kl. 1: 2200 Gld., 2: 1700 Gld., 3: 1400 Gld., 4: 1100 Gld. Besitzen sie das Zeugnis über die bestandene Telegraphenprüfung (das sog. „Radicaal" für den Telegraphendienst), so erhöht sich ihr Gehalt um 100 Gld. Sind Sekretäre der niederen Klassen nicht nach je 7 Jahren in eine höhere Klasse aufgerückt, so werden ihnen bis zur Beförderung in die nächsthöhere Klasse in der 4. und 3. Kl. Zulagen von 200 Gld., in der 2. Kl. von 300 Gld. gewährt. Außer den Sekretären werden bei den Postämtern als angestellte Betriebsbeamte noch Assistenten (Klerken) beschäftigt. Sie zerfallen in 2 Klassen und beziehen Gehälter von 400 bis 1200 Gld., die Assistenten mit mindestens 900 Gld. Gehalt bilden die 1., die übrigen die 2. Klasse. Assistenten, die das volle Telegraphenexamen abgelegt haben, können bis 1500 Gld. steigen. Eine besondere Klasse von Beamten, die z. T. aus Unterbeamten hervorgehen, sind die Hilfsbeamten (Adsistenten); ihr Gehalt beträgt 400 bis 1100 Gld. Den bei der Generaldirektion beschäftigten Beamten kann eine Funktionszulage von 15 % ihres Gehalts, den Vorstehern der Stadtpostanstalten eine solche von 200 Gld. bewilligt werden. Bei der Generaldirektion gibt es noch besondere Bureaubeamte (Bureelambtenaren), die ein Gehalt von 400 bis 1200 Gld. beziehen. Legen sie nach frühestens 6jähriger Dienstzeit das Fachexamen ab, so wird das Gehalt wie folgt geregelt:

nach jenen 6 Jahren 900 Gld., nach je weiteren 4 Jahren Zulagen von 150, 150, 150 und 200 Gld., so daß sich für sie das Höchstgehalt nach 22 Jahren auf 1600 Gld. stellt.

Bewerber um Assistentenstellen (Klerken-Stellen) dürfen nicht jünger als 18 und nicht älter als 23 Jahre sein; solche jedoch, die bei einer Postanstalt als Hilfsbeamte oder Unterbeamte längere Zeit tätig gewesen sind, können bis 30 Jahre alt sein. Sie haben sich der Klerkenaufnahmeprüfung zu unterziehen, die mündlich und schriftlich ist. In ihr wird verlangt ein Aufsatz, Sprechen der französischen Sprache und Übersetzung in diese, Übersetzung aus dem Englischen und Deutschen, Geographie und Rechnen mit benannten und unbenannten Zahlen einschl. der Bruchrechnung. Je nach dem Ausfall werden sie in eine Anwärterliste eingetragen und nach der Reihe zum Dienst einberufen. Zur Prüfung werden auch weibliche Anwärter zugelassen. Die geprüften und zur Erlernung des Dienstes einberufenen Anwärter führen die Amtsbezeichnung „Kandidat". Nach ihrer Ausbildung, die in der Teilnahme an Unterrichtskursen besteht und für den Telegraphendienst höchstens 8, für den Postdienst 5 Monate in Anspruch nimmt, werden die Kandidaten nach abgelegten Fachprüfungen zunächst auf 1 Jahr als Assistenten auf Probe mit einer Monatsvergütung von 40 Gld. beschäftigt, und erst nach Bestehen der Probezeit werden sie als Assistenten angestellt mit einem Gehalt von 400 Gld., das aber nach 1 Monat auf 600 Gld., nach 2 Jahren auf 700 Gld. und nach je weiteren 4 Jahren um 100 Gld. steigt. Die Assistenten können bei guter Führung ohne weitere Prüfung nach 15jähriger Dienstzeit zu „Titularsekretären" (Commie-titulair) ernannt werden; als solche erhalten sie eine außergewöhnliche Zulage von 200 Gld. Im übrigen können die Assistenten auch zur Sekretärprüfung zugelassen werden. Reichen die Anwärter aus der Assistentenklasse für die Sekretärstellen nicht aus (was durchweg der Fall ist), so können auch andere Anwärter, die vorher nicht Beamte waren, mit ihnen eine Aufnahmeprüfung für Sekretärstellen ablegen. Diese letzteren dürfen nicht jünger als 18 und nicht älter als 22 Jahre sein. Die Prüfung ist mündlich und schriftlich. Gefordert werden ein Aufsatz, Französisch, Deutsch und Englisch mit schriftlicher Übersetzung in jede der Sprachen und Gewandtheit im Sprechen, Staatseinrichtung, Geographie, Arithmetik bis zu Gleichungen zweiten Grades mit einer Unbekannten, Physik, Geometrie und Stereometrie. Nach bestandener Prüfung werden die Assistenten zu „Aspirant-Commiezen" (Sekretäraspiranten) ernannt, behalten aber ihr Assistentengehalt zunächst bei. Die neu in den Dienst tretenden Anwärter heißen „Surnumerair" (Supernumerar) und beziehen während der Ausbildung keine Vergütung. Die Anwärter werden im Post-, Telegraphen- und Fernsprechdienst besonders ausgebildet, und zwar praktisch und theoretisch. Nachdem sie einen Telegraphenkursus besucht und die Prüfung für den Telegraphendienst bestanden haben, werden sie zunächst auf 3 Monate einem kleineren Postamt überwiesen und dann zu einem Postkursus bei den Postämtern in Rotterdam und Utrecht herangezogen, der für Surnumerairs 1 Jahr, für im Postdienst bereits ausgebildete Adspirant-commiezen $7\frac{1}{2}$ Monat dauert. Durch eine umfassende schriftliche und mündliche Prüfung erlangen sie schließlich das Recht auf Anstellung als „Postsekretär". Weitere Prüfungen sind nicht abzulegen, um höhere Dienststellen zu erlangen. Ein Assistent kann zwar ohne Ablegung der Sekretärprüfung auch Vorsteher eines Postamtes werden, aber nur eines solchen der 8. Klasse.

Die Unterbeamten setzen sich zusammen aus „Conducteurs der Brievenmalen" (Postschaffner im Begleitungsdienst, insbesondere Bahnpostschaffner), „Oberbriefträgern" (Hoofdbestellers), „Briefträgern" (Bestellers), „Kantoorknechts" (Postschaffner im Ortsdienst) und „Postboten". Die Postboten werden im Land- und Ortsbriefbestelldienst, im Paketbestelldienst und Kastenleerungsdienst beschäftigt. Bei ihrer Annahme haben sie eine einfache Prüfung abzulegen. Sie werden nach halben Stunden ihrer regelmäßigen Beschäftigung bezahlt, und zwar beträgt diese Vergütung 30 Gld. jährlich für jede ½ Stunde; ändert sich die Arbeitsdauer, so findet eine Neuregelung der Bezüge statt. Diese Vergütung erhöht sich erstmalig nach 2 und dann noch fünfmal nach je 4 Jahren bei einer Arbeitsvergütung unter 300 Gld. jährlich um 20 Gld., von 300 bis unter 390 Gld. um 30 Gld. und bei 390 Gld. und mehr um zweimal 50 und viermal 30 Gld. Aus den Postboten werden die Briefträger, die auch Paketbestell- und Kastenleerungsdienst wahrnehmen, und die Kantoorknechts gewählt; letztere gibt es nur bei größeren Ämtern, während bei den kleineren Ämtern die Briefträger den Bureaudienst mitbesorgen. Das Gehalt der Besteller richtet sich nach der Klasse des Postamts, bei dem sie beschäftigt sind. Das Anfangsgehalt, das aber nur 1 Monat lang gezahlt wird, beträgt allgemein 400 Gld. und steigt dann auf 600 Gld. bei Ämtern 1. und 2. Kl., 575 Gld. 3. und 4. Kl., 550 Gld. 5. und 6. Kl. und 525 Gld. 7. und 8. Kl. Nach 2 Jahren erhöht es sich auf 700, 675, 650 und 600 Gld. Die weiteren Zulagen, 5 an Zahl, sind nach je 4 weiteren Dienstjahren fällig und betragen bei den Ämtern 1. und 2. Kl. zweimal 50 und dreimal 25 Gld., 3. und 4. Kl. einmal 50 und viermal 25 Gld., bei den übrigen Ämtern fünfmal 25 Gld. Nehmen Briefträger am Bestelldienst überhaupt nicht teil, so kann ihnen eine besondere Zulage bis 50 Gld. gewährt werden. Das Gehalt der Postschaffner (Kantoorknechts) beträgt im 1. Monat 400 Gld., dann bei Ämtern 1. und 2. Kl. 2 Jahre lang 650 Gld., bei anderen Ämtern 625 Gld. und steigert sich alle 4 Jahre durch weitere Zulagen, 5 an Zahl, die bei Ämtern 1. und 2. Kl. zweimal 50 und dreimal 25 Gld., bei anderen Ämtern einmal 50 und viermal 25 Gld. betragen. Briefträger und Postschaffner, die in die Stellen für Oberbriefträger, Kondukteure und Hilfsbeamte (Adsistenten) einrücken wollen, müssen eine Prüfung ablegen; zur Vorbereitung auf diese können sie zu einem halbjährigen Kursus (in Arnheim und Utrecht) zugelassen werden. In den höheren Stellen beziehen sie ein Grundgehalt von der gleichen Höhe wie die Briefträger, und zwar bei Ämtern 1. und 2. Kl. wie Briefträger bei diesen, bei den übrigen Ämtern wie Briefträger bei Ämtern 3. und 4. Kl., und daneben Stellenzulagen von 150, 200, 250 und 300 Gld., die letzteren drei nach je 4 Dienstjahren. Sind sie jedoch bei ihrer Beförderung noch nicht 2 Jahre im Postdienst beschäftigt gewesen, so werden die Zulagen nur alle 6 Jahre gewährt. Die Kondukteure zerfallen in 3 Klassen, und zwar gehören zur 2. Klasse solche mit einem Gehalt von mindestens 1000 Gld., zur 1. solche mit mindestens 1100 Gld. Kondukteure und Hilfsbeamte (Adsistenten), die im Bahnpostdienst beschäftigt und genötigt sind, über Nacht außerhalb ihres Amtsortes zu bleiben, beziehen für jede solche Fahrt eine Extraentschädigung von 40 Ct. Adsistenten, Conducteurs, Oberbriefträger, Kantoorknechts, Besteller und Postboten haben Uniform zu tragen, die ihnen unentgeltlich geliefert wird.

Die Bahnpostbeamten beziehen neben ihrer Besoldung besondere Fahrtgelder, die für jede Stunde der Abwesenheit vom Amtsort für Bahnpostdirektoren

25 Ct., für Aufsichtsbeamte 20 Ct., für Sekretäre (Commiezen) 1. Kl. 16 Ct., 2. Kl. 14 Ct., 3. und 4. Kl. 12 Ct., für Adspirant-Commiezen und Surnumerairs 12 Ct. betragen, doch werden monatlich höchstens 300 Stunden angerechnet. Die Hilfsbeamten und Conducteurs beziehen nur die erwähnte Vergütung für nächtliche Abwesenheit vom Amtsort; dieselbe Vergütung erhalten Kantoorknechts, Besteller und Postboten, die im Bahnpostdienst tätig sind, daneben aber besondere Zulagen von 90, 108 oder 126 Gld. jährlich, je nachdem sie länger als 4 bis 6, länger als 6 bis 8 oder länger als 8 Stunden vom Amtsort abwesend sind.

Die Inhaber von Hilfspostanstalten führen die Amtsbezeichnung „Brievengaarders". Sie werden aus den Ortseinwohnern gewählt und können männlichen oder weiblichen Geschlechts sein. Ihre Vergütung richtet sich in erster Linie nach dem Geschäftsumfang und wird nach Verkehrsnoten berechnet. So zählen mindestens 5000 Briefe und Postkarten 4 Punkte, je 2500 mehr bis 50 000 2 Punkte, darüber je 2500 1 Punkt, bis 1000 eingeschriebene Sendungen, Postanweisungen, Pakete oder Postaufträge 6 Punkte, jede weiteren 100 bis 3000 und jede weiteren 200 über 3000 bis 10 000 und jede 1000 darüber 1 Punkt. Die Vergütung beträgt bis 20 Punkte 200 Gld., bis 35 275 Gld. und steigt mit je 15 Punkten um 75 Gld. bis zum Höchstsatz von 725 Gld. Sind täglich zwischen 5 Uhr früh und 10 Uhr abends während der gewöhnlichen Dienststunden mehr als 6 Posten im Ein- oder Abgang abzufertigen, so wird eine besondere Vergütung bis zu 50 Gld. und für jede Nachtpost eine solche von 30, höchstens jedoch von 60 Gld. gewährt. Ist Orts- oder Landbestellung auszuführen, so wird ferner für jede halbe Stunde eine Entschädigung von 30 Gld. jährlich gezahlt. Beträgt die obige Gesamtvergütung nicht wenigstens 300 Gld., so erhält der Brievengaarder nach 2 Jahren und weiter fünfmal nach je 4 Jahren eine Zulage von 20 Gld., bei einer Gesamtvergütung von 300, aber weniger als 390 Gld. eine gleichartige Zulage von je 30 Gld. und bei höherer Vergütung nach 2 und 6 jähriger Dienstzeit eine Zulage von je 50 Gld. und nach je weiteren 4 Dienstjahren viermal eine solche von je 30 Gld. Die Hilfspostanstalten sollen täglich mindestens 5 Stunden für den Verkehr mit dem Publikum geöffnet sein.

Die Beamten und Unterbeamten haben Kautionen zu stellen; diese sind entweder durch Verpfändung eines in das Großbuch der Nationalschuld eingetragenen Barkapitals oder durch Bürgschaften von Gesellschaften und Vereinigungen zu leisten, die von dem Finanzminister als geeignet anerkannt sind. Die Kaution beträgt für Direktoren bei Ämtern mit weniger als 1000 Gld. Jahreseinnahme 100 Gld., von 1000 bis 2000 Gld. 200 Gld., von 2000 bis 5000 Gld. 400 Gld., von 5000 bis 10 000 Gld. 800 Gld. und mit größerer Einnahme ein Zwölftel von dieser, höchstens jedoch 20 000 Gld., für Bahnpostdirektoren, Adjunkt-Direktoren und Obersekretäre 1600 Gld., für Sekretäre und Supernumerare 800 Gld., für Assistenten (Klerken) 240 Gld., für Brievengaarders 250 Gld. und für Conducteurs 300 Gld. Die übrigen Beamten und Unterbeamten sind nicht kautionspflichtig.

Alle angestellten Beamten und Unterbeamten haben Anspruch auf Ruhegehalt, und zwar mit dem vollendeten 65. Lebensjahre. Unfallbeschädigte können jedoch jederzeit, infolge von Krankheiten dienstunfähig gewordene Angestellte nach mindestens zehnjähriger Dienstzeit Ruhegehalt erhalten. Das Ruhegehalt beträgt $^1/_{60}$ des Durchschnittsgehalts der letzten 5 Jahre für jedes

Dienstjahr, darf aber $\frac{2}{3}$ dieses Gehaltes und 3000 Gld. nicht überschreiten. Unfallverletzte erhalten stets ein Ruhegehalt von $\frac{2}{3}$ des Gehaltes, höchstens 3000 Gld. Die Beamten und Unterbeamten, deren Dienstbezüge 400 Gld. übersteigen, haben als Beiträge zur Pensionskasse die Hälfte des bei der erstmaligen Anstellung fälligen Jahresgehalts — in 4 Jahresraten — und weiter die Hälfte jeder Jahreszulage zu entrichten. Die Hinterbliebenen (Witwen und Waisen bis 18 Jahre) der Beamten und Unterbeamten beziehen Witwen- und Waisengeld. Ersteres beträgt $^{23}/_{80}$ des vom verstorbenen Manne erdienten Ruhegehalts, höchstens jedoch von 2400 Gld., das Waisengeld $^{23}/_{400}$ des Ruhegehalts für jedes Kind, für alle Kinder zusammen höchstens $^{23}/_{80}$. Vollwaisen erhalten $^{23}/_{240}$ des Ruhegehalts. Der Höchstbetrag des Witwengeldes ist auf 690 Gld. festgesetzt. Zu dem Pensionsfonds haben die männlichen Beamten und Unterbeamten jährlich 5 % ihres pensionsfähigen Gehaltes oder des Ruhegehaltes als Beitrag zu entrichten; ausgenommen sind nur solche, die das 60. Lebensjahr vollendet haben, unverheiratet sind und keine Kinder unter 18 Jahren haben.

Der Postzwang erstreckt sich auf Briefe und Papiere bis 500 g; ausgenommen sind nur Briefe, die durch besondere Boten befördert werden, Papiere, die das Frachtgeschäft des Beförderers selbst betreffen, und Adressen, Fakturen und ähnliche Schriftstücke, die mit den zugehörigen Frachtgütern zusammen befördert werden, sowie Zeitungen und Bücher. Zuwiderhandlungen werden mit Geldbußen bis 100 Gld. bestraft.

A. Briefpost.

Briefe (brieven) sind bis 2 kg zulässig. In den Ausdehnungen bestehen keine Grenzen. Tarif: bis 20 g 5 Ct., über 20 bis 200 g 10 Ct., über 200 bis 500 g 15 Ct., für jede weiteren 500 g 5 Ct. mehr, für unfrankierte Briefe kommt daneben ein Zuschlagporto von 5 Ct. in Ansatz, unzureichend frankiert das Porto für unfrankierte Briefe abzüglich des Wertes der verwendeten Postwertzeichen; für Briefe an Empfänger im Bezirk der Aufgabepostanstalt frankiert bis 20 g 3 Ct., über 20 bis 200 g 5 Ct., unfrankiert und unzureichend frankiert Portozuschlag 5 Ct., u. U. unter Anrechnung der verwendeten Freimarken. Schwerere Briefe unterliegen denselben Portosätzen, wie solche des Fernverkehrs.

Die Postverwaltung hat auch Kartenbriefe (postbladen) mit eingedrucktem Wertstempel — für den Inlandsverkehr — zu 3 und 5 Ct. ausgegeben, die zu $3\frac{1}{2}$ und $5\frac{1}{2}$ Ct. an das Publikum verkauft werden.

Postkarten (briefkarten), die für den Ortsverkehr mit dem Frankostempel von $1\frac{1}{2}$ Ct., für den Fernverkehr von $2\frac{1}{2}$ Ct. versehen sind, werden zum Preise von 2 und 3 Ct., Postkarten mit Antwort (zu 3 und 5 Ct.) für 4 und 6 Ct. an das Publikum verkauft. Von der Privatindustrie hergestellte Postkarten sind zulässig; für unfrankierte Postkarten dieser Art wird neben der Postkartentaxe eine Zuschlaggebühr von $2\frac{1}{2}$ Ct. erhoben, ebenso für unzureichend frankierte Postkarten, jedoch unter Anrechnung der verwendeten Postfreimarken. Postkarten sind auch in Blocks zu 10 Stück käuflich.

Die Postanstalten nehmen Bestellungen auf Zeitungen an. Die Zeitungsgebühr, welche die Verleger in Form eines Rabatts der Postkasse zu-

zubilligen haben, beträgt in der Regel 10 % des Abonnementspreises. Jede Zeitungsbestellung wird von den Postanstalten mittels Postanweisung ausgeführt.

Die Frankierung der Zeitungen (nieuwsbladen) soll stets im voraus geschehen; sie kann auf Grund besonderer Abkommen mit den Verlegern bar stattfinden. Die Zeitungspakete dürfen 3 kg und in den Ausdehnungen 45 cm in einer Richtung, in Rollenform 75 zu 10 cm nicht überschreiten. Tarif: für Zeitungen, die monatlich mindestens einmal erscheinen, ½ Ct. für die Nummer bis 55 g, 1 Ct. für eine Nummer über 55 bis 150 g und ½ Ct. mehr für jede weiteren 50 g, unfrankiert und ungenügend frankiert das doppelte Porto abzüglich des Wertes etwa verwendeter Freimarken. Gewöhnliche Zeitungsbeilagen, d. s. solche, die einen wirklichen Bestandteil der Zeitung ausmachen (bijvoegsels), werden als Teile der Zeitungen angesehen und nicht besonders taxiert und unterliegen auch dann nur der Zeitungstaxe, wenn sie für sich versandt werden. Auf den Zeitungen, die unter Streifband oder in offenem Briefumschlag zu versenden sind, ist die handschriftliche Angabe des Herkunftsortes der Zeitung, des Tages der Absendung und des Namens des Absenders gestattet. Zeitungen und Zeitschriften, die seltener als einmal monatlich erscheinen, unterliegen den Bestimmungen und Taxen für gewöhnliche Drucksachen.

Für Gewicht und Ausdehnungen von Drucksachensendungen (gedrukte stukken) gelten dieselben Bestimmungen wie für Zeitungen. Als Drucksachen können auch Adreßkarten und Bücherzettel, die mindestens 6 zu 9 und höchstens 13 zu 18 cm messen, versandt werden. Tarif: 1 Ct. für jede 50 g bis 500 g, 12½ Ct. über 500 bis 750 g, 15 Ct. über 750 bis 1000 g und 2½ Ct. mehr für jede weiteren 1000 g, unfrankiert und unzureichend frankiert das doppelte Porto, abzüglich des Wertes der etwa verwendeten Freimarken. Drucksachen können mit Zeitungen zu einer Sendung vereinigt werden; in diesem Falle unterliegt aber die ganze Sendung der Taxe für Drucksachen. Zusätze und Änderungen im Text der Drucksachen sind im allgemeinen in demselben Umfang wie im Weltpostverkehr zugelassen; durch Mimeograph, Hektograph u. dgl. hergestellte Abzüge werden nur dann als Drucksachen zugelassen, wenn gleichzeitig mindestens 20 Stück am Schalter der Postanstalt oder beim Landbriefträger aufgeliefert werden.

Geschäftspapiere werden als Briefe behandelt und taxiert.

Warenproben (monsters) sind bis 350 g zugelassen; sie dürfen 30 zu 20 zu 10 cm, in Rollenform 30 zu 15 cm nicht überschreiten und sollen frankiert sein. Tarif: 2½ Ct. für jede 75 g, unfrankiert oder unzureichend frankiert (aus dem Briefkasten) die doppelte Taxe unter Anrechnung des Wertes der etwa verwendeten Freimarken. Im übrigen gelten die gleichen Vorschriften wie im Weltpostverkehr.

Briefsendungen jeder Art können unter Einschreibung (aanteekening) versandt werden. Für Einschreibsendungen besteht Frankierungszwang. Einschreibbriefe, die auf den Inhaber lautende Wertpapiere enthalten, müssen mit mindestens 2 Siegeln verschlossen sein, bei anderen Einschreibbriefen ist ein Verschluß mit Siegeln nicht erforderlich. Die Einschreibgebühr beträgt 10 Ct. Für Briefe, die Geldstücke, Banknoten, Kassenscheine, Gold, Silber oder sonstige kostbare Gegenstände enthalten, ist die Einschreibung vorgeschrieben; werden derartige gewöhnliche Briefe im Briefkasten vorgefunden, so werden sie von

Amts wegen eingeschrieben. In letzterem Falle wird der Empfänger durch die Bestimmungspostanstalt aufgefordert, persönlich im Amtszimmer zu erscheinen und dem Öffnen des Briefes beizuwohnen. Werden in dem Briefe tatsächlich Geldstücke oder andere Kostbarkeiten vorgefunden, so ist die dreifache Einschreibgebühr vom Empfänger zu erlegen. Rückscheine (bericht van ontvang) sind zugelassen; Gebühr 5 Ct. Einlieferungsscheine werden unentgeltlich ausgestellt. Im Falle des Verlustes einer Einschreibsendung wird ein Ersatzbetrag von 25 Gld. gezahlt. Der Anspruch auf Schadenersatz erlischt, wenn er nicht innerhalb 1 Jahres schriftlich angemeldet wird.

Nach- und Rücksendung von Briefsendungen erfolgen gebührenfrei. Im Falle der Nachsendung eines Ortsbriefes nach einem weiter belegenen Orte wird nur der Unterschied zwischen den Frankobeträgen einer Ortssendung und einer weitergehenden Sendung vom Empfänger eingezogen. Postlagersendungen sind nur an Personen zugelassen, die keinen dauernden Wohnsitz im Ort haben, und werden bei der Bestimmungspostanstalt 6 Wochen zur Verfügung des Adressaten aufbewahrt. Unbestellbare Briefsendungen, deren Absender auf der Außenseite nicht genannt ist, werden monatlich zweimal an die Generaldirektion eingesandt; diese trägt die Briefe und Postkarten, nach den Aufgabepostanstalten gesondert, in Verzeichnisse ein, die an die Aufgabepostanstalten gesandt und dort zur Einsicht für die Absender 3 Monate ausgehängt werden. Gelingt auch auf diesem Wege die Ermittelung der Absender nicht, so werden die Briefe, jedoch mit Ausschluß solcher, die Wertgegenstände enthalten, und die Postkarten nach frühestens 3 Monaten vernichtet. Briefe mit Wertsachen werden aufbewahrt; den Absendern wird, sofern sie aus den Briefen zu ersehen sind, hiervon mit der Aufforderung Kenntnis gegeben, die Sendungen gegen Bezahlung des Portos in Empfang zu nehmen. Nach Ablauf von 3 Jahren verfallen die Wertsachen der Staatskasse, während die zugehörigen Briefe vernichtet werden.

Die gewöhnlichen Briefsendungen werden den Empfängern kostenfrei in die Wohnung bestellt, Einschreibbriefe jedoch nur dann, wenn der Empfänger sehr weit von der Postanstalt entfernt wohnt. Im übrigen wird dem Empfänger einer Einschreibsendung lediglich eine schriftliche Benachrichtigung mit dem Ersuchen zugestellt, die Sendung auf der Post abzuholen. Den Ablieferungsschein muß der Empfänger unter den Augen des Postbeamten vollziehen. Will der Empfänger den Brief nicht selbst abholen, so kann er eine andere Person zur Empfangnahme bevollmächtigen. Zu diesem Zwecke bedarf es nur der Ausfüllung einer auf der vorläufigen Benachrichtigung vorgedruckten Vollmacht.

Ist eine Briefsendung an eine Person gerichtet, die mit anderen Personen am Ort gleichen Namens ist, so werden alle diese Personen eingeladen, sich zu einer bestimmten Stunde bei der Postanstalt einzufinden. In ihrer Gegenwart wird dann der Brief geöffnet, damit der richtige Empfänger festgestellt und ihm der Brief ausgehändigt wird.

Wünscht ein Empfänger seine Sendungen regelmäßig bei der Postanstalt abzuholen, so ist ihm dies gegen Entrichtung einer Fachmiete gestattet, die in Amsterdam und Rotterdam $3^3/_4$ Gld., in Städten mit mehr als 30 000 Einwohnern 2 Gld., in Orten mit 20 bis 30 000 Einwohnern 1 Gld., in kleineren Orten 50 Ct. und, wenn er nur Zeitungen abholt, 25 Ct. vierteljährlich beträgt. Will er die Sendungen auch nach Schalterschluß bis 11 Uhr abends abholen, so ist die doppelte Fachmiete zu entrichten. Für Abholung der Einschreib- und Wertbriefe bei einer Stadtpostanstalt ist eine Jahresgebühr von 5 Gld. zu zahlen. Abholer können sich das Porto stunden lassen; die Stundungsgebühr ist der Fachgebühr gleich.

Eilbestellung ist zugelassen; das Eilbestellgeld ist durch Aufkleben von Marken auf die Sendung vom Absender im voraus zu entrichten und beträgt im Ortsbestellbezirk 15 Ct., nach Landorten bis zu $^1/_4$ Stunde Entfernung vom Postort ebenfalls nur 15 Ct., für jede weitere Entfernung von je $^1/_4$ Stunde aber 15 Ct. mehr. Das Verlangen der Eilbestellung muß in der Aufschrift durch die in die Augen fallende Bezeichnung „Expresse bestelling" ausgedrückt werden. Eilsendungen, die nach 10 Uhr abends eintreffen, werden erst am folgenden Morgen gegen 7 Uhr abgetragen. Zu Eilsendungen sind Rückscheine gegen eine Gebühr von 5 Ct. zulässig.

Außer den Freimarken und den bereits erwähnten Formularen werden auch gestempelte Briefumschläge zu 5 und $12^1/_2$ Ct. mit einem Aufschlag von $^1/_2$ Ct. das Stück an das Publikum abgesetzt. Auch Markenbüchlein (postzegelboekjes) mit 24 Marken zu 1, $1^1/_2$, $2^1/_2$, 3, 5 oder $12^1/_2$ Ct. oder mit je 6 Marken zu 1, $2^1/_2$ und 3 Ct. und 12 zu 5 Ct. sind ausgegeben; sie werden mit einem Aufschlag von 1 Ct. verkauft. Durchlochung von Marken mit Anfangsbuchstaben ist zulässig. Aus Formularen ausgeschnittene Wertstempel sind zur Frankierung ungültig.

Zur Verrechnung des Portos auf unfrankierten und unzureichend frankierten Sendungen dienen Taxmarken (portzegels).

B. Wertbriefe.

Wertbriefe (aangeteekende brieven met aangegeven waarde) sind bis 12000 Gld. zugelassen; zur Annahme von Wertbriefen mit mehr als 600 Gld. sind jedoch nur die Postämter ermächtigt. Die Auflieferung der Wertbriefe hat in der Regel am Schalter der Postämter zu geschehen, doch können Wertbriefe bis zu 600 Gld. auch Hilfspostanstalten und an Orten ohne Postamt auch den Landbriefträgern auf deren Bestellgängen übergeben werden.

Die Wertbriefe müssen mit mindestens 2 Siegeln verschlossen sein. Die Postbeamten dürfen sich an der Fertigung der Wertbriefe und an der Anlegung des Verschlusses nicht beteiligen, es sei denn, daß der Beamte, wozu er berechtigt ist, die Vorlegung des Inhalts verlangt hat. Der Wert muß in der Aufschrift in Buchstaben angegeben sein. Die Versendung von gemünztem Geld, von Gold, Silber, kostbaren Steinen u. dgl. in Wertbriefen ist gestattet.

Die Taxe, die in Freimarken auf den Wertbriefen zu verrechnen ist, setzt sich aus dem Porto für einen gleichschweren gewöhnlichen Brief und einer Versicherungsgebühr von $2^1/_2$ Ct. für jede 100 Gld., mindestens jedoch von $12^1/_2$ Ct. zusammen. Rückscheine sind zugelassen; Gebühr 5 Ct.

Hinsichtlich der Bestellung von Wertbriefen gelten die gleichen Grundsätze wie für die Bestellung von Einschreibsendungen, nur müssen Wertbriefe mit mehr als 600 Gld. stets auf der Post abgeholt werden. Bis zum Werte von 600 Gld. kann der Empfänger ebenfalls durch Ausfüllung eines auf dem Benachrichtigungsschreiben befindlichen Vordrucks eine andere Person zur Empfangnahme des Briefes bevollmächtigen. Bei höheren Beträgen bedarf es zu diesem Zwecke einer gerichtlichen Vollmacht. Bei Wertbriefen bis 3000 Gld. ist Eilbestellung auch der Sendung selbst, bei höherem Wert nur eines Benachrichtigungsschreibens zulässig; das Verlangen der Eilbestellung muß, wie bei gewöhnlichen Briefen, durch den Vermerk „Expresse bestelling“ in der Aufschrift ausgedrückt sein. Das Eilbestellgeld ist das gleiche wie für gewöhnliche Briefe.

Im Falle des Verlustes oder der Beraubung eines Wertbriefes leistet die Postverwaltung Ersatz bis zur Höhe der Wertangabe. Die Ersatzleistung bleibt ausgeschlossen, wenn der Empfänger einen Wertbrief unanbestandet übernommen und darüber Quittung geleistet hat. Die Ersatzansprüche müssen innerhalb 1 Jahres geltend gemacht werden. Wird das in einem Wertbrief Vermißte ganz oder teilweise wiedergefunden, so wird hiervon dem Absender oder dem Empfänger Mitteilung gemacht. Der Absender kann das Gefundene gegen Herausgabe des empfangenen Ersatzbetrages zurückerhalten, wenn die Rückgabe der Ersatzsumme binnen 30 Tagen nach Aushändigung der erwähnten Mitteilung stattfindet. Ist diese Frist verstrichen, ohne daß der Absender das Gefundene zurückverlangt hätte, so wird dem Empfänger eine gleiche Zeit lang Gelegenheit gegeben, gegen Entrichtung des an den Absender gezahlten Betrages das Gefundene in Empfang zu nehmen. Wird auch hiervon kein Gebrauch gemacht, so verfällt das Gefundene dem Staat.

C. Postanweisungen.

Sämtliche Postanstalten sind zur Annahme und Auszahlung von Postanweisungen (Postwissels) ermächtigt. Ein Höchstbetrag ist für Postanweisungen nicht festgesetzt. Die Postanweisungsformulare sind bei allen Postanstalten zum Preise von ½ Ct., solche mit eingeprägtem 2½ Ct.-Wertstempel zu 3 Ct. das Stück erhältlich. Tarif: 2½ Ct. bis 5 Gld., 5 Ct. über 5 bis 12½ Gld., 10 Ct. über 12½ bis 25 Gld., 15 Ct. über 25 bis 37½ Gld., 20 Ct. über 37½ bis 50 Gld., für jede weiteren 25 Gld. bis 500 Gld. 5 Ct. mehr und über 500 Gld. 10 Ct. für jede 100 Gld. mehr. Die Gebühr wird in Postfreimarken auf der Postanweisung verrechnet. Jedes Postanweisungsformular ist am Kopfe mit zwei Reihen Ringen bedruckt, von denen die linke Reihe für die Zehner, die rechte für die Einer der Guldensumme zur Kontrolle bestimmt ist. Lautet beispielsweise eine Postanweisung auf 31 Gld., so wird links der dritte Ring, rechts der erste Ring durch einen Abdruck des Aufgabestempels ausgefüllt. Die Versendung der Postanweisungen erfolgt postseitig. Postanweisungen über 100 bis 500 Gld. werden der Bestimmungspostanstalt amtlich angemeldet, bei Postanweisungen über 500 Gld. wird der Bestimmungspostanstalt der Geldbetrag gleichzeitig mit der Postanweisung übersandt. Bei Hilfspostanstalten aufgelieferte Postanweisungen werden zunächst dem vorgesetzten Postamt übersandt, wo sie wie die bei dem Postamt selbst eingezahlten Postanweisungen gebucht und weiterbehandelt werden. Rückscheine (Auszahlungsscheine) sind zugelassen; Gebühr 5 Ct. Zu Postanweisungen mit Rückschein sind besondere Postanweisungsformulare mit angehängtem Rückschein zu verwenden; sie kosten ½ Ct. das Stück.

Die Postanweisungen werden den Empfängern durch die Briefträger kostenfrei zugestellt; der Empfänger hat den Betrag bei der Postanstalt abzuheben. Nur wenn Eilbestellung verlangt ist (Gebühr wie bei Eilbriefen), sowie bei Postanweisungen nach Landorten, die mehr als 20 Minuten vom Postort entfernt liegen, wird auch der Geldbetrag dem Empfänger in die Wohnung bestellt. Postanweisungen nach Hilfspostanstalten werden diesen von den vorgesetzten Postämtern zugleich mit dem Geldbetrag überwiesen.

Es ist zulässig, eine Postanweisung durch Indossament auf eine andere Person, die jedoch im Bezirk der ersten Bestimmungspostanstalt wohnen muß, zu übertragen. Die Postanweisungen verlieren mit Ablauf des auf den Einzahlungsmonat folgenden Monats ihre Gültigkeit; diese Frist kann nur auf besondere Verfügung der Generaldirektion verlängert werden. Unanbringliche Postanweisungsbeträge verfallen nach 5 Jahren der Staatskasse.

Die Übermittelung von Postanweisungen auf telegraphischem Wege (Telegraphische postwissels) ist bis 500 Gld. statthaft. Ist am Bestimmungsort keine Telegraphenanstalt, so ist im Überweisungstelegramm anzugeben, ob es mit der Post oder durch Eilboten der Bestimmungspostanstalt zugefertigt werden soll. Für telegraphische Postanweisungen wird neben der gewöhnlichen Postanweisungsgebühr und, im Falle verlangter Eilbestellung, dem gewöhnlichen Eilbotenlohn die Telegrammgebühr, nämlich 25 Ct. bis zu 10 Wörtern und 5 Ct. mehr für je 5 weitere Wörter (bis 50 Wörter) erhoben. Der Aufgeber kann verlangen, daß die telegraphische Postanweisung als dringendes Telegramm behandelt wird; in diesem Falle ist die doppelte Gebühr für das Telegramm zu entrichten. Für eine telegraphische Empfangsanzeige sind 25 Ct. zu zahlen. Die Bestellung gewöhnlicher Überweisungstelegramme erfolgt durch die Telegraphenboten unmittelbar an den Empfänger, bei Postanweisungen von mehr als 150 Gld. wird jedoch die Ankunft der Bestimmungspostanstalt von der Telegraphenanstalt noch besonders gemeldet; durch Eilboten abzutragende telegraphische Postanweisungen sind dagegen stets an die Postanstalt abzugeben, die ihrerseits für die Abtragung auch des Geldes durch besonderen Boten Sorge trägt. In bezug auf die Auszahlung telegraphischer Postanweisungen gelten im übrigen dieselben Bestimmungen wie für gewöhnliche Postanweisungen.

Die Postverwaltung hat auch eine Art Postbons, Postausweise (postbewijzen), herausgegeben. Diese können auf Beträge bis 10 Gld. lauten. Sie sind bei allen Postämtern und Hilfspostanstalten käuflich und zahlbar. Tarif: 3 Ct., davon ½ Ct. für das Formular. Der Betrag eines Postausweises wird vom Ausgabebeamten mit einer Ordnungsnummer handschriftlich auf dem Formular angegeben. Die Formulare zu den Postausweisen sind mit einem eingeprägten Wertzeichen zu 2½ Ct. sowie mit einem Abschnitt versehen, auf dem 10 Felder zu je 1 Gld. aufgedruckt sind. Der Betrag des Postausweises wird durch Abschneiden der den Postausweisbetrag überschreitenden Felder gekennzeichnet; sind Centbeträge zu zahlen, so wird nur ein Teil des den Guldenbetrag des Postausweises überschreitenden ersten Feldes abgeschnitten. Außerdem wird dem Absender ein Auflieferungsausweis (Einlieferungsschein) ausgestellt. Die Art der Übermittelung der Postausweise an den Empfänger, der auf dem Ausweisformular vor der Absendung nach Namen und Wohnort zu bezeichnen ist, bleibt dem Absender überlassen; eine Beförderung der bloßen Formulare durch die Post findet nicht statt. Die Gültigkeitsdauer der Postausweise beträgt 6 Monate. Nach Ablauf dieser Frist können Auszahlungen nur mit Genehmigung der obersten Postverwaltung erfolgen. Eine solche Genehmigung ist auch zur Ausfertigung von Doppelausweisen in Fällen erforderlich, wo der Originalausweis in Verlust geraten ist. Vor jeder Auszahlung eines Postausweises haben sich die Beamten über die Echtheit zu vergewissern; entstehen die geringsten Zweifel so soll der Ausweis nur nach vorheriger Anfrage bei der Ausgabepostanstalt zur Auszahlung kommen. Wenn erforderlich, hat der Vorzeiger des Postausweises auch seine Berechtigung durch Vorweisen des Briefes, in dem ihm der Ausweis zugegangen ist, zu begründen. Dies muß namentlich dann geschehen, wenn der Absender unterlassen hat, den Namen des Empfängers in das Formular einzutragen. Die Auszahlung erfolgt gegen Quittung des Empfängers oder seines Bevollmächtigten. Indossierung ist auch bei Postausweisen zulässig. — Unabgehobene Postausweisbeträge verfallen nach 5 Jahren der Staatskasse.

D. Postaufträge.

Durch Vermittelung der Postverwaltung können Beträge bis 500 Gld. auf Quittungen, Wechsel und andere Handelspapiere eingezogen werden (Invordering van gelden op quitantiën en handelspapier). Die Einziehungsgebühr beträgt 5 Ct. für jeden besonders einzufordernden Betrag. Einem Papier kann ein Brief oder Zettel angefügt sein, für den jedoch das Briefporto besonders zu entrichten ist. Die Anlagen sind bei der Postanstalt mittels Verzeichnisses einzureichen. Formulare zu den Verzeichnissen sind zu ½ Ct. das Stück bei den Postanstalten käuflich. In jedes Verzeichnis können bis zu 100 Eintragungen aufgenommen werden; dabei ist es ohne Belang, wie viele Postanstalten an der Einziehung der Gelder beteiligt sind. Doch sind Anlagen, die binnen 8 Tagen fällig sind, in ein anderes Verzeichnis einzutragen als solche, die erst 14 Tage nach Sicht fällig sind. Die Formulare zu jenen Verzeichnissen sind weiß, zu letzteren gelb. Die Aufgabepostanstalt fertigt für jede Einziehungspostanstalt ein besonderes Verzeichnis an und übersendet ihr dies mit den zugehörigen Anlagen. Die Vorzeigung der Papiere bei dem Zahlungspflichtigen erfolgt durch die Briefträger. Eine Quittung darf einen Abschnitt mit dem Vermerk tragen, wann eine zweite Vorzeigung stattfinden wird; dieser Abschnitt wird dann vom Briefträger abgetrennt und beim Zahlungspflichtigen zurückgelassen. Wird bei der ersten Vorzeigung nicht Zahlung geleistet, so findet eine nochmalige Vorzeigung nach 8 oder, falls die Zahlung erst 14 Tage nach Sicht fällig ist, nach 14 Tagen statt. Die Rücksendung uneingelöster Wertpapiere an die Aufgabepostanstalt geschieht unentgeltlich. Die Übermittelung der Gelder erfolgt unter Einbehaltung der Postanweisungsgebühr. Sind die Abrechnungszettel über alle von einem Auftraggeber gleichzeitig aufgelieferten Wertpapiere eingegangen, so wird der Auftraggeber aufgefordert, sich zur Abrechnung bei der Postanstalt einzufinden. Protesterhebung ist zulässig; ein zu protestierendes Papier darf aber nicht kleiner als 14 zu 8 und nicht größer als 30 zu 14 cm sein.

E. Postpakete.

Postpakete (pakketten) sind bis 5 kg zugelassen. Die Taxe, die im voraus zu entrichten ist, beträgt ohne Rücksicht auf die Entfernung bis 1 kg 15 Ct., über 1 bis 3 kg 20 Ct., über 3 bis 5 kg 25 Ct. Die Frankierung muß durch Freimarken erfolgen, die auf das Paket oder die Begleitadresse aufgeklebt werden. Die Formulare zur Begleitadresse, die vom Absender dem Vordruck entsprechend ausgefüllt werden müssen, sind bei den Postanstalten zu ½ Ct. je 2 Stück erhältlich. Sind bei der Beförderung Eisenbahnen beteiligt, so ist an diese für jedes Paket bis

1 kg 7 Ct., über 1 bis 3 kg 11 Ct. und über 3 bis 5 kg 15 Ct. Entschädigung für die Beförderung von der Postverwaltung zu vergüten. Sind mehrere Eisenbahngesellschaften bei der Beförderung beteiligt, so haben sie sich in diese Sätze zu teilen.

Die Pakete müssen in einer Weise verpackt sein, die der Dauer der Beförderung entspricht und den Inhalt hinreichend sichert. Sie müssen mit Siegeln, Plomben u. dgl. verschlossen sein; die Versiegelung kann bei gewöhnlichen Paketen jedoch unterbleiben, wenn die Sendung durch die Unteilbarkeit des Inhalts oder durch den sonstigen Verschluß hinreichend gesichert erscheint. Von der Postbeförderung sind ausgeschlossen Pakete, die in ihrem Umfang 25 cbdm oder in einer Ausdehnung 100 cm überschreiten (über geringfügige Überschreitungen darf hinweggesehen werden), lebende Tiere — mit Ausnahme von Fischen, Muscheln, Blutegeln u. dgl., wenn sie entsprechend verpackt sind —, leicht entzündliche Stoffe oder Gegenstände, die dem schnellen Verderben ausgesetzt sind oder andere Sendungen beschädigen können, und endlich Briefe oder Notizen mit der Eigenschaft einer persönlichen Korrespondenz; Mitteilungen, die den Inhalt des Pakets betreffen und nicht den Charakter eines Briefes haben, sind jedoch zulässig und können auch auf den Abschnitt der Begleitadresse niedergeschrieben werden.

Der Meistbetrag der Wertangabe (verzekerde waarde) ist auf 500 Gld. festgesetzt. Für Pakete mit Wertangabe ist neben dem gewöhnlichen Porto eine Versicherungsgebühr von 10 Ct. für 100 Gld. im voraus zu entrichten. Wertpakete müssen in Kisten von Holz oder Blech u. dgl. verpackt und versiegelt sein.

Im Falle des Verlustes, der Beschädigung oder verspäteten Überkunft eines gewöhnlichen Pakets wird dem Absender der durch den Verlust oder die Beschädigung wirklich erlittene Schaden, höchstens aber 2½ Gld. für jedes kg der Sendung, vergütet. Bei Postpaketen mit Wertangabe wird letztere bei der Ersatzleistung zugrunde gelegt. Die Verbindlichkeit der Postverwaltung zur Ersatzleistung bleibt ausgeschlossen, wenn der Verlust infolge höherer Gewalt eingetreten, wenn die Beschädigung durch die natürliche Beschaffenheit des Inhalts, durch mangelhafte Verpackung oder durch eigene Fahrlässigkeit des Absenders herbeigeführt und endlich, wenn der Ersatzanspruch nicht innerhalb 6 Monate erhoben worden ist. Für den durch verzögerte Beförderung entstandenen Schaden wird, den Fall höherer Gewalt ausgenommen, eine Entschädigung nur dann gewährt, wenn der Inhalt des Pakets infolge dieser Verzögerung verdorben ist.

Auf Verlangen des Absenders können die Postpakete mit und ohne Wertangabe unmittelbar nach ihrer Ankunft am Bestimmungsort durch besonderen Boten bestellt werden. Die im voraus zu entrichtende Eilbestellgebühr beträgt 15 Ct. für den Ortsbestellbezirk (bis ¼ Stunde Entfernung) und bei Abtragung nach Landorten 15 Ct. für jede weitere ¼ Stunde Entfernung; ist der Aufgabepostanstalt im letzteren Falle die Entfernung nicht bekannt, so hat der Aufgeber einen angemessenen Betrag zu hinterlegen. Das Verlangen der Eilbestellung muß auf der Aufschriftseite des Pakets und der Begleitadresse ersichtlich gemacht sein.

Bei Postpaketen, deren Eilbestellung nicht verlangt ist, erfolgt die Abtragung durch die bestellenden Boten auf den gewöhnlichen Bestellgängen; der Empfänger oder dessen Bevollmächtigter hat über den Empfang eines Pakets mit oder ohne Wertangabe auf der Begleitadresse, deren Abschnitt vom Empfänger zurückbehalten werden kann, Quittung zu leisten. Wird die Annahme eines Pakets verweigert oder ist der Adressat unbekannt oder sonst binnen zweimal 24 Stunden nicht zu ermitteln oder wird ein postlagerndes Paket nicht binnen 7 Tagen abgeholt, so wird dem Absender hiervon mit der Aufforderung Kenntnis gegeben, innerhalb 10 Tage anderweit über das Paket zu verfügen. Bleibt diese Aufforderung ohne Folge, so wird das Paket zurückgesandt. Nach- oder zurückzusendende Postpakete werden für den neuen Beförderungsweg von neuem mit der Pakettaxe (nicht auch der Versicherungsgebühr) zu Lasten des Empfängers belegt. Unanbringliche Pakete werden 6 Monate aufbewahrt; nach Ablauf dieser Frist und nach erfolgter Bekanntmachung durch das Amtsblatt werden die Pakete verkauft.

Auf Postpaketen mit und ohne Wertangabe ist auch Nachnahme bis 150 Gld. zulässig. Nachnahmepakete werden wie Pakete mit einer Wertangabe in Höhe der Nachnahme taxiert; eine besondere Nachnahmegebühr wird nicht berechnet. Der Betrag der Nachnahme muß auf der Aufschriftseite des Pakets sowohl, als auch der Begleitadresse mit dem Zusatz „Verrekenpakketen“ in Zahlen und Buchstaben angegeben sein. Die Aushändigung der Nachnahmepakete an die Empfänger erfolgt erst nach Zahlung der darauf haftenden Nachnahmebeträge; nötigenfalls werden die Pakete zweimal in Zwischenräumen von 7 Tagen zur Annahme vorgezeigt. Der eingezogene Nachnahmebetrag wird, nach Abzug der Postanweisungsgebühr und des Preises eines Postanweisungsformulars, dem Absender mit Postanweisung übersandt.

Über jedes Wertpaket wird dem Auflieferer unentgeltlich ein Einlieferungsschein erteilt; aber auch über ein gewöhnliches Paket kann sich der Absender gegen eine Gebühr von 5 Ct. einen Einlieferungsschein ausstellen lassen. Rückscheine sind zu Paketen jeder Art zulässig; Gebühr 5 Ct.

F. Postsparkassen.

Die „Reichs-Postsparbank“ (Rijkspostspaarbank) hat ihren Sitz in Amsterdam; ihre Leitung ist einem Direktor übertragen. Mit der Aufbewahrung der Spareinlagen und der hierfür angekauften Wertpapiere ist die Niederländische Bank beauftragt. Alle Postämter und Hilfspostanstalten sind zur Annahme und Rückzahlung von Spareinlagen ermächtigt. An Orten, wo sich Annahmestellen nicht befinden, können Spareinlagen und Rückzahlungen durch Vermittelung der Landbriefträger bewirkt werden.

Der Mindestbetrag einer Spareinlage beträgt 25 Ct.; ein Höchstbetrag ist nicht bestimmt. Der Zinsfuß ist durch Gesetz auf 2,64% festgesetzt; Beträge über 1200 Gld. werden nicht verzinst. Die Verzinsung beginnt mit dem auf die Einzahlung folgenden 1. oder 16. des Monats und erlischt an dem der Auszahlung vorangehenden 1. oder 16.

Um das Sparen kleinerer Beträge zu ermöglichen, werden Sparkarten unentgeltlich ausgegeben, auf denen 20 Postfreimarken zu 5 Ct. befestigt werden können. Zum Gebrauch für Schulen sind auch Formulare erhältlich, auf die 100 Freimarken zu 1 Ct. geklebt werden können. Sind die Formulare mit Marken gefüllt, so können sie als gewöhnliche Spareinlage zu 1 Gld. bei den Postanstalten in Zahlung gegeben werden, jedoch nur alle 14 Tage eine Karte von demselben Sparer.

Bei der ersten Einlage muß der Sparer seinen Namen in eine Stammrolle (Matrikel) der Postanstalt einschreiben und eine Erklärung unterzeichnen, daß er sich den für die Postsparkasse bestehenden Bestimmungen unterwirft. Ist er des Schreibens unkundig, so wird dies in der Erklärung wie in der Stammrolle vermerkt. Verheiratete Frauen und Minderjährige dürfen sich der Postsparkasse bedienen. Personen, die zugunsten eines Dritten Beträge einlegen wollen, haben selbst zu bestimmen, unter welchen Bedingungen die Guthaben dem Betreffenden demnächst ausgezahlt werden dürfen. Diese Bedingungen werden auf der ersten Seite des Buches eingeschrieben und von dem Einleger unterzeichnet. Das Sparbuch wird unentgeltlich geliefert; in das Buch werden Name, Vornamen und Wohnort des Einlegers oder der Person, zu deren Gunsten die Einlage bewirkt wird, eine laufende Nummer und der Name der Postanstalt eingetragen. Verloren gegangene Bücher können durch Doppel ersetzt werden; die Anträge sind an den Direktor der Sparbank zu richten. Die Aushändigung des Doppels erfolgt jedoch erst nach 6 Wochen. Auf dem Antrag muß die Unterschrift des Einlegers von dem Bürgermeister seines Wohnortes beglaubigt sein. Für das Doppel sind 50 Ct. zu entrichten, die dem Antrag in Freimarken beizufügen sind.

Die Postbeamten tragen die Einlagen in ein Stammregister ein und wiederholen die Summe in Buchstaben auf dem Empfangsschein, den sie aus dem Register lostrennen und mittels zweier gummierten Papierstreifen in das Sparbuch einkleben. Demnächst wird der Tag der Einzahlung und der Betrag in Ziffern in dem Sparbuch vermerkt und die Richtigkeit der Eintragung durch Unterschrift des Beamten und Abdruck des Tagesstempels beglaubigt. Einlagen können bei jeder beliebigen Postanstalt unter Vorlegung des Sparbuches bewirkt werden. Bei Einlagen von 25 Gld. und mehr erhält der Sparer innerhalb der nächsten 2 Wochen ein besonderes Bestätigungsschreiben von dem Direktor der Sparkasse.

Rückzahlungen bis 25 Gld. können unter Vorlegung des Sparbuches ohne weiteres von der Postanstalt, von der das Sparbuch ausgestellt ist, bewirkt werden; innerhalb 7 Tage darf jedoch derselbe Einleger nicht einen zweiten Betrag zurückfordern. Ist über die Persönlichkeit des Sparbuchinhabers kein Zweifel, so können die Postanstalten auch Beträge bis 100 Gld. ohne weiteres zurückzahlen. Bei höheren Beträgen muß indessen in allen Fällen vorher die Genehmigung des Direktors der Sparbank schriftlich eingeholt, der Betrag also gekündigt werden; der Direktor der Sparbank übermittelt dann dem Einleger durch die von diesem bezeichnete Postanstalt eine auf den Betrag lautende Postanweisung, die mit Ablauf von 4 Wochen ihre Gültigkeit verliert. Die Rückforderung und die Übermittelung mit Postanweisung kann für Rechnung des Sparers telegraphisch geschehen. Die Prüfung der Identität des Einlegers wird bei Rückzahlungen durch Vergleichung der Unterschrift unter der Quittung mit der Unterschrift auf dem Kündigungszettel oder in der Stammrolle, wenn die Rückzahlung durch die Postanstalt geschieht, die das Sparbuch ausgestellt hat, ausgeführt. Rückzahlungen, die auf Grund einer Kündigung geleistet werden, brauchen nicht bei der Postanstalt, die das Sparbuch ausgefertigt hat, zu erfolgen, sondern können bei jeder beliebigen Postanstalt bewirkt werden. Eine Kündigungsfrist von 14 Tagen ist zwar vorgesehen, wird jedoch niemals eingehalten. Die Rückzahlungen werden von dem Vorsteher der Postanstalt in das Sparbuch eingetragen und in gleicher Weise beglaubigt wie die Einzahlungen. Einlagen wie Rückzahlungen werden hintereinander gebucht; bei jeder Eintragung wird das Guthaben des Einlegers von neuem festgestellt und der Betrag auf den Quittungen, Kündigungsanzeigen und Postanweisungen wiederholt, so daß stets kontrolliert werden kann, ob die Eintragungen des Kontos der Sparkasse mit dem des Sparbuches übereinstimmen.

Alle 5 Tage haben die Postämter dem Direktor der Reichs-Post-Sparbank über die bei ihnen und den zugeteilten Hilfspostanstalten vorgekommenen Ein- und Auszahlungen Nachricht zu geben. Bei der Direktion wird für jeden Sparer ein Konto in einfacher Ausfertigung geführt. Die Postsparkasse besorgt auch den Ankauf von Staatspapieren und deren Eintragung in das Staatsschuldenbuch, doch nur in Beträgen, die durch 50 Gld. teilbar sind, bis 6000 Gld. Außer den entstehenden gewöhnlichen Kosten für den Ankauf ist $^1/_8$ % als Provision und das Porto für Übersendung der Papiere im Wertbrief zu erstatten. Die Zinsen werden alljährlich im Konto, wie in den Sparkassenbüchern gutgeschrieben; zwecks Eintragung der Zinsen müssen die Einleger ihr Sparbuch einmal im Jahre, und zwar im Laufe des Monats, in dem es ausgestellt ist, durch die Postanstalt ihres Wohnorts an den Direktor der Sparkasse einsenden. Säumige werden an die Einsendung erinnert. Für den Briefwechsel zwischen dem Direktor der Sparkasse und den Spareinlegern besteht Portofreiheit.

Sparguthaben können auch auf die belgische und die niederländisch-indische Postsparkasse und umgekehrt übertragen werden.

Für Wahrnehmung der Sparkassengeschäfte wird den Vorstehern der Postanstalten eine Vergütung bewilligt, und zwar von 5 Ct. für jedes neu ausgestellte und am Schluß des Jahres noch in Benutzung stehende Sparbuch, von $1^1/_2$ Ct. für jede Einlage und von 1‰ der Gesamtsumme der Einlagen.

Schließlich ist zu bemerken, daß die Postanstalten auch als Zweigstellen der Reichsversicherungsbank (für Arbeiterversicherung) tätig sind, indem sie Beiträge zur Abführung entgegennehmen, Anmeldungen vermitteln und die Renten auszahlen.

9. Luxemburg.

(2586 qkm und 246455 Einwohner.)

Die Regierung des Großherzogtums Luxemburg wird unter der souveränen Gewalt des Großherzogs von einem Präsidenten mit dem Titel „Staatsminister" und drei Mitgliedern mit dem Titel „General-Direktoren" geleitet. Dem General-Direktor der Finanzen ist die vereinigte Post- und Telegraphenverwaltung des Großherzogtums unter Leitung eines Post- und Telegraphen-Direktors, der seinen Sitz in der Hauptstadt Luxemburg hat, unterstellt. Dem Direktor sind 2 Inspektoren, einer für Post, der andere für Telegraphie, sowie ein Bureauvorsteher (commis chef de bureau) und eine Anzahl Kommis und Supernumerare (surnuméraires) als Hilfskräfte beigegeben.

Der Post- und Telegraphen-Direktion sind die Postanstalten untergeordnet. Sie zerfallen in 5 Klassen: eigentliche Postämter (bureaux de perception) mit sämtlichen Dienstzweigen, Postagenturen mit vollem Dienst (agences de plein exercice), die ebenfalls an sämtlichen Dienstzweigen teilnehmen, aber in rechnerischer Beziehung Postämtern zugeteilt sind, an die sie ihre den Betrag von 1000 Fr.*) übersteigenden Überschüsse täglich abzuführen haben, Hilfs-

*) 1 Frank (Fr.) zu 100 Centimen (Cts.) = 81 Pf.; 1 Centime (Ct.) = $^4/_5$ Pf.

postagenturen (agences postales auxiliaires), deren Verwaltung Ortseinwohnern ohne Vergütung als Ehrenamt übertragen wird und die sich mit der Annahme von gewöhnlichen und eingeschriebenen Briefen, sowie von Postpaketen befassen, Postpaketagenturen (agences de la poste aux colis), deren Verwaltung Eisenbahn-Stationsvorstehern oder Posthilfstellen-Verwaltern übertragen ist und denen die Annahme und Ausgabe von Postpaketen obliegt, Posthilfstellen (relais), die von Landbriefträgern besorgt werden und für die Annahme und Ausgabe von gewöhnlichen und eingeschriebenen Briefsendungen bestimmt sind.

In den Eisenbahnzügen verkehren auch Bahnposten, in denen die Postsendungen von Schaffnern umgearbeitet und ausgetauscht werden und die der Ortspostanstalt am Anfangspunkt des Kurses unterstellt sind.

Einige Postämter und Agenturen mit vollem Dienst sind neben dem Post- und Telegraphendienstbetrieb in beschränktem Maße mit Geschäften als Zweigstellen der Sparkassen und der Zollämter betraut.

Die Vorsteher der Postämter führen den Titel „percepteurs"; bei den größeren Ämtern sind diesen für den technischen Dienst Kommis und Supernumerare unterstellt. Die Unterbeamtengeschäfte werden von Bahnpostschaffnern (facteurs convoyeurs), Briefträgern (facteurs) und Landbriefträgern (facteurs ruraux) wahrgenommen. Die Verwaltung der Postagenturen mit vollem Dienst ist tüchtigen Briefträgern übertragen, die neben den Beamtendienstgeschäften auch die Bestellung der Postsendungen besorgen.

Der Postzwang erstreckt sich auf die Beförderung der Briefe, Postkarten und politischen Zeitungen. Ausgenommen sind nur Zeitungen, die für Rechnung der Verleger in dem Orte des Erscheinens selbst ausgetragen werden, Briefe, die durch besondere Boten befördert werden, Zeitungen, die zu Paketen von mehr als 1 kg vereinigt sind und für sich oder in Buchhändler-Paketen von mehr als 1 kg versandt werden, Frachtbriefe und Fakturen, die Waren begleiten, und schließlich Bestellzettel, die ihre Träger zur Abholung oder Ablieferung der von ihnen beförderten Waren ermächtigen.

A. Briefpost.

Briefe sind ohne Gewichts- und Ausdehnungsgrenzen zugelassen. Tarif: bis 20 g 10 Cts., über 20 bis 250 g 20 Cts., über 250 g bis 1 kg 35 Cts., bei schwererem Gewicht für jede weiteren 20 g 10 Cts. mehr; unfrankiert und unzureichend frankiert das Doppelte des fehlenden Portos, das nötigenfalls auf eine durch 5 teilbare Centimensumme aufwärts abgerundet wird. Stadtbriefe genießen keine Portoermäßigung.

Postkarten kosten 5 Cts. die einfache, 10 Cts. die Karte mit Antwort, unfrankiert und unzureichend frankiert das Doppelte des fehlenden Portos. Die von der Privatindustrie hergestellten Postkarten sind zur Beförderung zugelassen, doch dürfen sie nicht größer als 14 zu 9 cm und nicht kleiner als 10 zu 7 cm sein. Es ist gestattet, die Rückseite der Postkarten mit gedruckten Zetteln zu bekleben. Den Postkarten andere Gegenstände anzufügen, ist verboten.

Unter offenem Umschlag versandte Visitenkarten, die mit schriftlichen Mitteilungen versehen sind, werden gegen die Taxe für Postkarten zur Versendung zugelassen. Enthält ein Umschlag mehrere beschriebene Karten, so ist für jede das Porto besonders zu entrichten.

Die Postanstalten befassen sich damit, Bestellungen auf Zeitungen und Zeitschriften vom Publikum entgegenzunehmen. Neben dem auf den Zeitungen angegebenen Preise der Zeitung, der außer dem Einkaufspreise vom Verleger noch das Porto für die Beförderung der Zeitung in sich schließen muß, wird eine Abonnementsgebühr von 10 Cts. für jede Zeitung und für jedes Vierteljahr erhoben. Das Porto — einschl. ordentlicher Beilagen — beträgt 1 Ct. für jede Zeitungsnummer und für je 75 g, wenn die Zeitung höchstens täglich einmal, 1½ Cts., wenn sie täglich zweimal, und 2 Cts., wenn sie täglich dreimal oder öfter erscheint. Den Zeitungen können auch außergewöhnliche Beilagen beigefügt sein; der Versendung solcher Beilagen muß ihre Anmeldung bei der Postanstalt und die Entrichtung der Gebühr, die 1 Ct. für jede 50 g der einzelnen Beilage beträgt, vorangehen. Bestellt jemand eine Zeitung zu spät oder wünscht er die Nachlieferung einzelner Nummern, so ist hierfür das einfache Briefporto zu zahlen. Wechselt ein Bezieher seinen Aufenthaltsort, so kann ihm die Zeitung nach dem neuen Wohnort überwiesen werden. Die Gebühr beträgt für jede Überweisung 25 Cts., die Rücküberweisung nach dem ursprünglichen Bezugsort erfolgt unentgeltlich.

Nicht im Postwege bezogene Zeitungen und Zeitschriften müssen wenigstens teilweise frankiert sein. Die Ausdehnungen der Zeitungspakete sind nicht beschränkt, dagegen darf ihr Gewicht 2 kg nicht übersteigen. Tarif: 1 Ct. für jede 50 g; in dieser Taxe sind die den Zeitungen beigefügten Beilagen mit politischem Inhalt eingeschlossen. Für Beilagen, die Annoncen enthalten und den Zeitungen auf Verlangen von Privatpersonen beigefügt werden, ist dagegen ein besonderes Porto von 1 Ct. für jede 50 g zu entrichten. Unzureichend frankierte Zeitungen werden mit dem Doppelten des fehlenden Portos belegt.

Auch Drucksachen anderer Art als Zeitungen und Zeitschriften müssen mindestens zum Teil frankiert sein; sie dürfen ein Gewicht von 2 kg und in den Ausdehnungen 45 cm, in Rollenform 75 zu 10 cm nicht übersteigen. Tarif: für gebundene und broschierte Bücher, Broschüren, Musikalien und Korrekturbogen zu solchen Gegenständen mit oder ohne Manuskript, für Wand- und Abreißkalender ohne Geschäftsanzeigen, für Drucksachen, die von den Druckereien an die Kundschaft geschickt werden, Steuerzettel u. dgl. 1 Ct. für jede 50 g, für Zirkulare, Adreßkarten, Visitenkarten, Zeichnungen, Papiere mit Blindenschrift, Photographien und Albums, Bilder, Pläne, geographische Karten, Kataloge und Annoncen 2 Cts. für jede 50 g, unzureichend frankiert durchweg das Doppelte des fehlenden Portos. Im allgemeinen decken sich die Bestimmungen über die Beschaffenheit der Drucksachen mit denen der deutschen Postordnung, namentlich sind auch Bücherzettel zur Beförderung als Drucksachen zugelassen. Gegen die erhöhte Drucksachentaxe (2 Cts. für jede 50 g) können auch weißes Brief- und Schreibpapier, unbedruckte Briefumschläge, sowie Visitenkarten, die handschriftlich mit den Zweck ihrer Versendung andeutenden Buchstaben, wie p. f., p. p. c., p. c., p. r. versehen und unter offenen Umschlag gelegt sind, versandt werden.

Geschäftspapiere dürfen in keiner Ausdehnung 45 cm, in Rollenform nicht 75 zu 10 cm und im Gewicht nicht 2 kg übersteigen. Sie müssen wenigstens teilweise frankiert sein. Tarif: 1 Ct. für jede 50 g, mindestens 10 Cts. für jede Sendung, unzureichend frankiert das Doppelte des fehlenden Portos.

Warenproben dürfen 350 g und in den Ausdehnungen 30 zu 20 zu

10 cm, in Rollenform 30 zu 15 cm nicht übersteigen. Tarif: 10 Cts. für die Sendung; unfrankiert und unzureichend frankierte Warenproben sind von der Beförderung ausgeschlossen. Im übrigen gelten hinsichtlich der Beschaffenheit der Warenprobensendungen die gleichen Bestimmungen wie für den Weltpostverkehr.

Eine besondere Gattung von Briefsendungen bilden die Arzneisendungen, die aber nur im Bestellbezirk der Aufgabepostanstalt zulässig sind. Sie können offen oder verschlossen sein, dürfen bis 1 kg wiegen und müssen frankiert sein. Tarif: bis 20 g 10 Cts., über 20 bis 250 g 20 Cts., über 250 g bis 1 kg 25 Cts.

Briefsendungen jeder Art können eingeschrieben befördert werden. Sie müssen vollständig frankiert sein. Besondere Vorschriften für Verschluß, Verpackung, Form usw. bestehen nicht. Einschreibgebühr 20 Cts. Auf den Inhaber lautende Wertpapiere, Münzen und kostbare Gegenstände müssen unter Einschreibung versandt werden. Im Falle des Verlustes einer Einschreibsendung wird dem Absender oder auf dessen Verlangen dem Adressaten ein Ersatzbetrag von 50 Fr. gezahlt. Über jede Einschreibsendung wird unentgeltlich ein Einlieferungsschein erteilt; den größeren Geschäftshäusern werden auf Wunsch Posteinlieferungsbücher zum Preise von 1¼ Fr. das Stück postseitig geliefert. Gibt jemand, der ein Einlieferungsbuch nicht besitzt, eine größere Anzahl Einschreibbriefe gleichzeitig auf, so werden ihm nur 10 auf einmal abgenommen, und erst, wenn das inzwischen hinzugekommene sonstige Publikum abgefertigt ist, kann er weitere 10 aufgeben und so fort. Für Einschreibbriefe, die den Briefträgern oder Landbriefträgern zur Auflieferung mitgegeben werden, übernimmt die Postverwaltung keine Verantwortlichkeit. Rückscheine sind zugelassen; Gebühr 10 Cts.

Nachsendung der Briefsendungen erfolgt kostenfrei. Postlagerbriefe werden 3 Monate zur Verfügung des Empfängers bereitgehalten.

Unbestellbare Briefe werden nach dem Aufgabeort zurückgesandt und dem Absender zurückgegeben. Werden dergleichen Briefe, deren Absender aus dem Äußeren nicht ersichtlich ist, nicht innerhalb 2 Monate abgefordert, so sind sie an die Postdirektion einzusenden, die sie an die Rückbriefkommission zur Eröffnung weitergibt.

Briefsendungen jeder Art werden den Empfängern im Orts- und Landbestellbezirk gebührenfrei in die Wohnung bestellt. Über Einschreibsendungen hat der Empfänger oder dessen Bevollmächtigter zu quittieren. Bei der Bestellung von Postkarten mit Antwort an Empfänger in Landorten ist der Landbriefträger verpflichtet, auf Verlangen bis zu 5 Minuten auf die geschriebene Antwort zwecks Mitnahme zur Postanstalt zu warten; die Ortsbriefträger haben diese Verpflichtung nicht.

Wünscht jemand seine Sendungen auf dem Postamt abzuholen, so wird ihm gegen eine Gebühr von 1½ Fr. für den Monat ein besonderes Fach des Ausgabespindes eingeräumt.

Zum erleichterten Ausweis bei Empfangnahme von nachzuweisenden Sendungen gibt die Post Ausweisbücher nach dem Muster der internationalen Büchlein aus; Gebühr 50 Cts.

Auch Eilbestellung ist zulässig; die Sendungen müssen stets am Schalter der Postanstalt aufgeliefert werden. Die Eilbestellgebühr, die in Höhe des

Ortseilbestellgeldes vom Absender im voraus entrichtet werden soll, beträgt im Ortsbestellbezirk 30 Cts. für jede Sendung bis 250 g und 50 Cts. für jede schwerere Sendung (bis 25 kg), im Landbestellbezirk (bis 4 kg) bis $1\frac{1}{2}$ km 50 Cts., über $1\frac{1}{2}$ bis 3 km 75 Cts., über 3 bis 5 km 1 Fr., bei größeren Entfernungen 1 Fr. für jede Sendung bis zur Entfernung von 5 km und 20 Cts. mehr für jedes weitere km. Erfolgt die Eilbestellung nach Landorten im Winter (1. November bis 31. März) nach $5\frac{1}{2}$, im Sommer nach $8\frac{1}{2}$ Uhr abends, so sind die doppelten Eilbestellgeldsätze zu erheben.

Auf eingeschriebene Briefsendungen jeder Art (mit Ausnahme der Warenproben) kann der Absender Nachnahme bis 1000 Fr. erheben. Außer dem gewöhnlichen Porto nebst Einschreibgebühr ist eine Vorzeigegebühr von 10 Cts. für jede Sendung zu entrichten. In der Aufschrift ist der Nachnahmebetrag in Ziffern und Buchstaben mit dem Zusatz „Remboursement" anzugeben. Der eingezogene Nachnahmebetrag wird dem Absender mit besonderer Nachnahmepostanweisung — nach Abzug der Postanweisungsgebühr — übersandt. Wird eine Sendung nicht binnen 7 Tagen eingelöst, so ist sie nach dem Aufgabeort zurückzusenden.

Außer den Postbeamten befassen sich auch die Steuereinnehmer mit dem Verkauf der Postwertzeichen. Eine Vergütung für den Markenverkauf wird unter keinen Umständen bewilligt. Aus Postkarten ausgeschnittene Wertzeichen sind zur Frankierung ungültig.

B. Wertbriefe.

Wertbriefe als solche sind im inneren Verkehr nicht zugelassen; sie müssen als Pakete mit Wertangabe versandt werden (siehe unter „E. Pakete").

C. Postanweisungen.

Am Postanweisungsdienst nehmen sämtliche Postämter teil. Postanweisungen sind bis 1000 Fr. zulässig. Tarif: 10 Cts. bis 10 Fr., 15 Cts. über 10 bis 25 Fr., 25 Cts. über 25 bis 125 Fr., $37\frac{1}{2}$ Cts. über 125 bis 250 Fr., 50 Cts. über 250 bis 500 Fr., 75 Cts. über 500 bis 800 Fr., 1 Fr. über 800 bis 1000 Fr. Für die Einsammlung einer Postanweisung nebst Geldbetrag in einem Ort ohne Postamt wird eine Nebengebühr zugunsten des Landbriefträgers erhoben, die bis 500 Fr. 20 Cts., über 500 bis 1000 Fr. 40 Cts. beträgt. In Postorten erfolgt die Bestellung der Postanweisungen ohne die zugehörigen Geldbeträge gebührenfrei. Auch nach Landorten wird zuerst nur die Postanweisung selbst bestellt, und es bleibt dem Empfänger überlassen, sich auf seine Gefahr den Geldbetrag vom Landbriefträger gegen Entrichtung einer Gebühr in Höhe der Einsammlungsgebühr mitbringen zu lassen.

Formulare zu Postanweisungen werden von den Postanstalten zu 5 Cts. für 5 Stück an das Publikum abgelassen. Die Ausfüllung des Postanweisungsformulars ist Sache des Aufgebers. Der Abschnitt des Formulars kann zu schriftlichen Mitteilungen benutzt und vom Empfänger losgetrennt werden. Über den eingezahlten Betrag wird ein Einlieferungsschein kostenfrei erteilt. Die Versendung der Postanweisungen erfolgt postseitig.

Die Übertragung der Postanweisungen auf dritte Personen, sowie ihre Indossierung ist nicht statthaft. Postlager-Postanweisungen werden 1 Monat zur Verfügung der Adressaten bereitgehalten.

Hebt der Empfänger den Geldbetrag nicht binnen 1 Woche nach Zustellung der Postanweisung bei der Postanstalt ab, so wird er benachrichtigt, daß die Postanweisung, falls nicht der Betrag innerhalb 1 Woche abgeholt werde, als verweigert betrachtet wird. Nach Ablauf dieser Frist wird der Absender von dem Vorgang in Kenntnis gesetzt und aufgefordert, den Postanweisungsbetrag sich zurückzahlen zu lassen. Wird nachgewiesen, daß die Verzögerung in der Abhebung des Geldbetrages ohne Verschulden des Adressaten eingetreten ist, so kann die Gültigkeitsdauer der Postanweisung, die nur 15 Tage beträgt, durch die Postdirektion verlängert werden. Legt sodann der Inhaber einer solchen Postanweisung diese zur Zahlung vor, so hat er vorab soviel mal 10 Cts. zu entrichten, als Zeitfristen von 15 Tagen seit Eintritt der Verfallzeit verflossen sind; diese Taxe soll jedoch insgesamt 30 Cts. nicht überschreiten. Rückscheine sind zulässig; Gebühr 10 Cts.

Postanweisungen können auf telegraphischem Wege befördert werden. Außer der Postanweisungsgebühr ist für telegraphische Postanweisungen die Gebühr für das Telegramm zu entrichten. Die Auszahlung der Beträge erfolgt bei den Postanstalten gegen Vorlegung des quittierten Überweisungstelegramms.

D. Postaufträge.

Die luxemburgische Postverwaltung befaßt sich mit der Einziehung von Geldbeträgen bis 1000 Fr. auf Quittungen, Wechseln und anderen Wertpapieren. Zu den Postaufträgen ist ein vorgeschriebenes Formular zu verwenden, das zu 1 Ct. das Stück bei den Postanstalten käuflich ist. Für jedes Wertpapier ist eine Einziehungsgebühr von 10 Cts. in Freimarken auf dem Auftragformular zu verrechnen. Die Vereinigung mehrerer Postaufträge, die von demselben Auftraggeber herrühren und für verschiedene im Bereich derselben Postanstalt wohnhafte Personen bestimmt sind, zu einer Sendung ist gestattet, sofern der Gesamtbetrag sämtlicher Aufträge 1000 Fr. nicht übersteigt. Auf dem Postauftragformular hat der Auftraggeber außer seinem Namen den einzuziehenden Betrag, sowie Namen und Wohnort des Zahlungspflichtigen anzugeben; n. U. ist auf der Rückseite des Formulars auch der Vermerk „An N. N. zum Protest", „zurück nach einmaliger vergeblicher Vorzeigung" usw. niederzuschreiben. Die Versendung des Postauftrages nebst Anlage hat unter geschlossenem, an die Bestimmungspostanstalt gerichtetem Briefumschlag eingeschrieben gegen die Taxe für Einschreibbriefe zu erfolgen.

Die Vorzeigung geschieht entweder am Fälligkeitstag oder, wenn ein solcher nicht angegeben ist, sogleich nach Eingang des Postauftrages; an Sonn- und Festtagen findet jedoch eine Vorzeigung nicht statt. Teilzahlungen sind auf ein Papier nicht zulässig. Wird ein Papier bei der ersten Vorzeigung nicht eingelöst, so verbleibt es noch 48 Stunden bei der Postanstalt zur Verfügung des Zahlungspflichtigen. Die nicht eingelösten Papiere werden kostenfrei mittels Einschreibbriefes an den Auftraggeber zurückgesandt. Die Übermittelung der eingezogenen Geldbeträge an den Auftraggeber erfolgt, nach Abzug der Postanweisungsgebühr und etwaiger Stempelgebühren, durch Postanweisung. Ein Abrechnungszettel wird nicht beigefügt; die Abrechnung wird auf den Abschnitt der Postanweisung niedergeschrieben.

Quittungen, deren Beträge innerhalb des Bestellbezirks der Aufgabepostanstalt eingezogen werden sollen, sind der Postanstalt mit einem Verzeichnis in doppelter Ausfertigung zu übergeben. Dabei ist für jede Quittung bis 20 Fr. eine Gebühr von 10 Cts., über 20 bis 50 Fr. von 20 Cts., über 50 bis 100 Fr. von 30 Cts. und über höhere Beträge von 10 Cts. für jede weiteren 100 Fr. zu entrichten. Tragen die Quittungen besondere geschriebene oder gedruckte Mitteilungen, so ist für diese das Brief- oder Drucksachenporto besonders zu zahlen. Über die eingezogenen Beträge wird spätestens 20 Tage nach der Einlieferung mit dem Auftraggeber abgerechnet.

E. Pakete.

Pakete werden von den Postanstalten bis 50 kg angenommen. Wertangabe ist bis 10 000 Fr., Nachnahme bis 1000 Fr. zulässig; auch können gewöhnliche Pakete unter Einschreibung versandt werden. Die Verpackung muß so beschaffen sein, daß der Inhalt vor Beschädigungen genügend gesichert ist. Sendungen mit Wertangabe müssen gehörig versiegelt sein. Solche bis 100 g können in festen Briefumschlägen verpackt sein, die mindestens 2 Siegel tragen müssen. Bei höherem Gewicht sind richtige Pakete, Grups oder Säcke zu bilden. Pakete mit barem Geld (espèces et finances) von mehr als 1 kg müssen in doppelte Säcke verpackt sein; der Kropf der beiden ineinander gesteckten Säcke muß mit demselben Bindfaden umschnürt, die Schnurenden, sowie die Knoten müssen angesiegelt sein. Leichtentzündliche und überhaupt gefährliche Gegenstände sind von der Beförderung ausgeschlossen. Dem Paket (bis zu 3) muß eine Begleitadresse beigefügt werden; Formulare sind zu 5 Cts. für 5 Stück bei den Postanstalten käuflich. Auf das Paket bezügliche Mitteilungen können auf den Abschnitt geschrieben werden. Die Begleitadresse zu einem Wertpaket muß einen Abdruck des zum Verschluß des Pakets verwendeten Petschafts tragen. Die Wertangabe muß auf dem Paket und der Begleitadresse in Zahlen und Buchstaben vermerkt sein. Einem Paket darf eine Rechnung, aber kein Brief beigefügt werden.

Pakete, die auf den Inhaber lautende Wertpapiere, Münzen, Edelmetalle oder kostbare Steine enthalten, müssen unter Einschreibung oder unter Wertangabe versandt werden.

Nachnahme ist auf dem Paket und der Begleitadresse in Zahlen und Buchstaben mit dem Zusatz „Remboursement" anzugeben. Mit den auf Paketen entnommenen Nachnahmen wird ebenso verfahren wie mit Nachnahmen auf Briefen. Postlagerpakete werden 3 Monate zur Verfügung des Empfängers bereitgehalten; bei Postlagerpaketen mit Nachnahme ist diese Lagerfrist auf 14 Tage beschränkt.

Die Frankierung der Pakete erfolgt durch Aufkleben von Postfreimarken auf die Begleitadresse. Tarif: bis 1 kg frankiert 15 Cts., unfrankiert 25 Cts., über 1 bis 5 kg 25 und 35 Cts., über 5 kg 5 Cts. für jedes kg ohne Rücksicht auf die Entfernung, mindestens jedoch für ein unfrankiertes Paket über 5 kg 35 Cts., sperrige Pakete (der Begriff deckt sich mit dem gleichartigen des deutschen Verkehrs) ein Taxzuschlag von 50 %, Versicherungsgebühr: 10 Cts. für jede 300 Fr., Einschreibgebühr: 20 Cts., Nachnahmegebühr: 10 Cts. Für Wert- und Einschreibpakete besteht Frankierungszwang. Über Wertpakete wird unentgeltlich, über gewöhnliche Pakete nu auf Verlangen, und zwar gegen eine Gebühr von 10 Cts., ein Einlieferungsschein erteilt.

Die Pakete werden den Empfängern in die Wohnung bestellt; Bestellgebühr: 10 Cts. bis 25 kg, 20 Cts. über 25 bis 50 kg. Das Bestellgeld wird auch für jeden Bestellversuch berechnet und bleibt auf dem Paket auch im Falle der Nach- oder Rücksendung haften. Die Pakete können auf Verlangen der Absender auch durch Eilboten abgetragen werden, indessen erstreckt sich die Verpflichtung zur Eilbestellung der Sendungen selbst nach Orten ohne Postanstalt nur auf Pakete bis 4 kg. Das Eilbestellgeld ist das gleiche wie für Eilbriefe (s. unter „A. Briefpost").

Im Falle der Nach- oder Rücksendung eines Pakets wird das Porto von neuem wie für ein frankiertes Paket angesetzt. Über unbestellbare Pakete wird eine Unbestellbarkeitsmeldung abgelassen; Gebühr: 10 Cts.

Im Falle des Verlustes oder der Beschädigung eines Pakets leistet die Postverwaltung Ersatz für den wirklich erlittenen Schaden, jedoch höchstens bei Paketen mit Wertangabe bis zur Höhe der Wertangabe und bis zu 10 000 Fr., falls die Wertangabe höher ist, bei Einschreibpaketen bis zum Betrage von 50 Fr. und bei gewöhnlichen Paketen bis zur Höhe von 2 Fr. für jede 500 g der ganzen Sendung. Für verzögerte Beförderung oder Bestellung wird nur dann Ersatz geleistet, wenn der Inhalt dadurch seinen Wert ganz oder teilweise verloren hat. Höhere Gewalt und Fahrlässigkeit des Absenders schließen die Ersatzverbindlichkeit der Postverwaltung aus.

F. Arbeitsnachweis.

Die luxemburgischen Postanstalten — außer in der Stadt Luxemburg selbst, wo das von Berufsleuten geleitete Arbeitsnachweisamt für das Land seinen Sitz hat — und Landbriefträger dienen auch als Arbeitsnachweisstellen für den Bereich ihres Bestellbezirks. Außerdem haben sie jede Woche die bei ihnen angemeldeten und nicht erledigten Arbeitsgesuche und Arbeitsangebote dem Arbeitsnachweisamt in der Hauptstadt zu übermitteln, das die ihnen zugehenden Meldungen in wöchentliche Vakanzenlisten zusammenfaßt. Diese Listen werden bei allen Postanstalten, Gemeinden und Bahnhöfen ausgehängt, durch die Zeitungen veröffentlicht und mehreren ausländischen öffentlichen Arbeitsvermittelungsanstalten zugesandt. Der Verkehr zwischen den Postanstalten und dem Nachweisamt beschränkt sich indessen nicht auf diese wöchentlichen Mitteilungen, sondern es sind auch telegraphische und telephonische Übermittelungen jederzeit gestattet. Mit dem Arbeitsnachweis ist auch ein Wohnungsnachweis für Arbeiter und Angestellte verbunden.

10. Dänemark.

(233 269 qkm — einschl. Grönland, Island und Faröer — und 2 695 633 Einwohner.)

Die oberste Verwaltungsbehörde des dänischen Postwesens ist die Generaldirektion der Posten (Generaldirektoratet for Post- og Befordringsvaesenet) in Kopenhagen, die eine besondere Abteilung des Ministeriums des Innern bildet.

Alle Abrechnungs-, Kautions- und Kassensachen sind dagegen einer Abteilung des Finanzministeriums zugeteilt. Bezirksdirektionen bestehen nicht, vielmehr sind die Postanstalten der Generaldirektion unmittelbar unterstellt. Dem Generaldirektor sind 3 Abteilungsvorsteher (Kontorchefer), sowie ein Postinspektor für den Dienst der Generaldirektion zugeteilt. Die Bureaubeamten heißen „Fuldmägtige" (Sekretäre); außerdem sind im Bureaudienst noch Assistenten, Postexpedienten, Schreiber und einige Postschaffner (Bude) beschäftigt. Den Aufsichtsdienst im Lande üben 2 Oberpostinspektoren aus, einer für das Festland, der andere für die Inseln; ihnen sind je 2 Sekretäre zugeteilt.

Die Orts-Postanstalten zerfallen in „Postkontore" (Postämter 1 Kl.) und „Postexpeditionen" (Postämter 2. Kl.), die sich mit allen Zweigen des Postdienstes befassen, in „Jernbanebrevsamlingssteder" (Briefsammelstellen an Eisenbahnen), die außer am Briefpost-, Paket- und Wertbriefdienst auch am Postanweisungs- und Nachnahmedienst teilnehmen, und in „Brevsamlingssteder" (gewöhnliche Briefsammelstellen an Landwegen), die von den letzteren beiden Dienstzweigen ausgeschlossen sind. Beide Arten von Briefsammelstellen oder Postagenturen sind von Postämtern 1. und 2. Kl. abhängig. Endlich gibt es noch „Relaisstationen", die sich nur mit der Annahme von Reisenden und ihrem Gepäck zur Beförderung mittels Extrapost befassen. In Kopenhagen besteht ein „Ober-Postamt", dessen Vorsteher den Titel „Ober-Postmeister" führt. Die Postkontore werden von „Postmeistern", die Postexpeditionen von „Postexpeditören" verwaltet. Zu Vorstehern der größeren königlichen Postexpeditionen werden etatmäßig angestellte Beamte, die ihre Tätigkeit ausschließlich dem Postdienst widmen, verwendet, während die kleineren Postexpeditionen gewöhnlich im Nebenamt von Eisenbahn- oder Steuerbeamten oder auch von Ortseinwohnern verwaltet werden. Das Ober-Postamt in Kopenhagen besteht aus dem Briefpostamt, dem Fahrpostamt, dem Postzeitungsamt, dem Postkontor auf dem Bahnhof, einer Anzahl Postämtern in den Vororten und mehreren in verschiedenen Stadtgegenden errichteten Stadtpostanstalten, die nur Annahmedienst haben. Jede dieser Postanstalten wird von einem Postmeister verwaltet. Dem Ober-Postmeister sind 3 „Oberpostkontrolöre" und eine Anzahl „Postkontrolöre" zugeteilt, die den Aufsichtsdienst wahrnehmen. Das nachgeordnete Personal aller Postkontore besteht aus Postexpedienten und Hilfsbeamten (Medhjaelpere).

Für den Bahnpostdienst sind 2 Bahnpostämter (Jernbanepostkontorer), für den Seepostdienst der Strecke Korsör—Kiel ein Schiffspostamt (Dampskibskontoret) bestimmt, denen der Betrieb auf den Bahnpoststrecken und der genannten Seepost unterstellt ist. Die Vorsteher dieser drei Ämter sind Postmeister. Jedem ist ein Sekretär beigegeben. Das übrige Personal deckt sich mit dem der Ortspostämter 1. Kl.

Das nachgeordnete Personal der Postämter 2. Kl. und der Postagenturen steht im Privatverhältnis zum Vorsteher. Die Beschäftigung von Frauen im Postdienst ist nicht ausgeschlossen; ihre Zahl ist jedoch gering.

Das Unterbeamtenpersonal der Postämter 1. Kl. besteht aus Briefträgervorstehern (Postbudformänd) — nur bei den größten Ämtern —, Oberbriefträgern (Overpostbude) — nur in Kopenhagen —, Kontorpackmeistern, Oberpackmeistern und Postpackmeistern — nur im Bahnpost- und Schiffspostdienst —, Postkonduktören und Postboten (Postbuden), die sowohl für den inneren wie für den Bestelldienst bestimmt sind.

Für die Besoldungen zerfallen die Beamten und Unterbeamten in eine Reihe von Besoldungsklassen. Das Gehalt zerfällt in das eigentliche Gehalt (Lönning) und in Alterszulagen, die nach je einer bestimmten Zahl von Dienstjahren steigen. Bei der Postverwaltung kommen nur folgende Besoldungsstufen vor: 1, 2, 5, 7, 12, 13, 15, 16, 18 bis 23. Außerhalb dieser Klassen stehen der Generaldirektor mit einem Gehalt von 6000 K.*), einer besonderen Zulage von 800 K. und einer Alterszulage von 1000 K., die 3 Kontorchefer (Gehalt 4000 K., Alterszulage — A. Z. — 500, 1000 und 1500 K.), die Sekretäre (2400 K., A. Z. 300 und 600 K.), die Assistenten bei der Generaldirektion (1200 K., A. Z. 200, 400, 600, 800 und 1000 K.), die Schreiber (1000 K., A. Z. 100 bis 900 K.) und die Boten der Generaldirektion (1000 K., A. Z. 100 bis 800 K.). Zur Stufe 23 gehören die Ober-Postinspektoren und der Ober-Postmeister in Kopenhagen (4800 K., A. Z. 402, 804, 1206 und 1608 K.), zur Stufe 22 die 3 Ober-Postkontrolöre (4800 K., A. Z. 330, 660, 990 und 1320 K.), Stufe 21 der Postinspektor der Generaldirektion und die Postmeister der obengenannten 4 großen Kopenhagener Postämter (4020 K., A. Z. 270, 540, 810, 1080 K.), Stufe 20 die Postmeister der nächstgroßen Ämter und der Bahnpostämter (3600 K., A. Z. 255, 510, 765, 1020 K.), Stufe 19 die Postmeister anderer großer Ämter (3240 K., A. Z. 240, 480, 720, 960 K.), Stufe 18 Postmeister und Postkontrolöre (2850 K., A. Z. wie Stufe 19), Stufe 16 und 15 die übrigen Postmeister (2400 K., A. Z. wie Stufe 19, und 1680 K., A. Z. 210, 420, 630, 840 K.), Stufe 13 die Postexpedienten (in Kopenhagen und anderen größeren Städten 1470 K., in den kleineren Städten 1380 K., für alle A. Z. 330, 660, 990, 1320 K.), Stufe 12 die Hilfsbeamten (in größeren Orten 570 K., in kleineren 510 K., A. Z. 48, 96, 144 usw. bis 960 K. in kurzen Fristen), Stufe 7 die Briefträgervorsteher und Kontorpackmeister (1650 K., A. Z. 120, 240, 360, 480 K.), Stufe 5 die Oberbriefträger und Oberpackmeister (1530 oder 1470 K., A. Z. 120, 240, 360, 480 K.), Stufe 2 die Postpackmeister und Postkondukteure (1080, 1170, 1230, 1290, 1320, 1410 und 1530 K., A. Z. wie in Stufe 5), Stufe 1 die Postboten (in Kopenhagen 1260 K., in anderen Orten je nach ihrer Bedeutung 1050, 1140 und 1200 K., A. Z. wie in Stufe 5). Die Postexpeditöre beziehen feste Vergütungen, die sich je nach dem Geschäftsumfange ihres Amtes zwischen 1000 und 1800 K. bewegen.

Zur Aufnahme in den Postdienst als Beamter ist eine Prüfung abzulegen. Die Dienstanfänger heißen „Eleven". Sie haben einen besonderen Postkursus durchzumachen und dann eine Fachprüfung abzulegen. Angestellt werden sie als „Assistenten". Die Beförderung der Assistenten zu Postexpediteuren und dieser zu Postmeistern usw. ist ebenfalls von Fachprüfungen abhängig.

Die mit königlichem Dekret angestellten Beamten und Unterbeamten haben Anspruch auf Ruhegehalt, frühestens jedoch, wenn sie das 35. Lebensjahr vollendet und seit der Anstellung 10 Dienstjahre haben. Das Ruhegehalt beträgt für eine anrechnungsfähige Dienstzeit (frühestens vom 25. Lebensjahr ab gerechnet) bis zu 2 Jahren $^1/_{10}$, über 2 bis zu 4 Jahren $^2/_{10}$, über 4 bis zu 7 Jahren $^3/_{10}$, über 7 bis zu 10 Jahren $^4/_{10}$, über 10 bis zu 20 Jahren $^5/_{10}$ des Durchschnittsgehalts der letzten 5 Jahre. Vom 20. Dienstjahre ab steigt das Ruhegehalt mit jedem weiteren Dienstjahre um $^1/_{60}$ des Durchschnittsgehalts, darf aber $^{40}/_{60}$

*) Gewicht: 1 Pfund (Pfd.) zu 100 Quint oder Kvint (Qu.) = 500 g; 1 Quint (Qu.) also = 5 g. Maß: 1 Meile = 7,532 km; 1 Elle zu 2 Fuß (Fod) zu 12 Zoll (Tommer); 1 Zoll = 2,616 cm. Münze: 1 Krone (K.) zu 100 Öre (Ö.) = 1 M. $12^1/_2$ Pf.

nicht übersteigen. Wer das 70. Lebensjahr vollendet hat, kann seine Versetzung in den Ruhestand aus Altersrücksichten verlangen, vorher ist Dienstunfähigkeit Voraussetzung. Beamte, die bei Ausübung ihres Dienstes durch Unfall dienstunfähig werden, erhalten stets ein Ruhegehalt von $\frac{2}{3}$ ihres Gehalts. Die Staatskasse stellt für jeden Beamten und angestellten Unterbeamten (Bahnpostunterbeamte, Kondukteure, Briefträger in größeren Orten), wenn sie das 25. Lebensjahr vollendet haben, jährlich einen Betrag in Gutschrift, der 5% der Besoldung entspricht und zur Pensionsversicherung dient. Stirbt der Beamte vor der Versetzung in den Ruhestand, so kann aus der angesammelten Summe den unter 18 Jahren alten Waisen eine jährliche Unterstützung bewilligt werden. Jeder Beamte und ruhegehaltsberechtigte Unterbeamte muß für den Fall seines Todes seiner Witwe bei der vom Staate garantierten Versicherungsgesellschaft eine lebenslängliche Rente versichern, die mindestens $\frac{1}{5}$ seines pensionsfähigen Einkommens betragen muß, 1200 K. jährlich aber nicht übersteigen darf. Um der Frau jenes Fünftel als Witwengeld zu sichern, hat jeder verheiratete Beamte und pensionsberechtigte Unterbeamte, der nicht nachweist, daß er für seine Witwe eine lebenslängliche Jahresrente in anderer genügender Weise sichergestellt hat, jährliche Abträge zur Witwenkasse zu zahlen, die für Beamte 5%, für Unterbeamte 3% des Einkommens betragen.

Die Verwaltung der Telegraphen ist von der Post getrennt, doch ist eine große Anzahl von Postanstalten mit Telegraphenbetrieb ausgerüstet.

Zur Postbeförderung dienen neben den Eisenbahnen und Postdampfschiffen mehrere Privatdampfschiffe, ferner fahrende Posten und Botenposten. Die fahrenden Posten werden sämtlich zugleich zur Beförderung von Personen und von Postsendungen jeder Art benutzt. Es sind ganz verdeckte Kurswagen mit 2, 4 oder 6 Sitzplätzen in Gebrauch. Jedes Dorf und jeder Platz von einiger postalischer Bedeutung besitzt eine wöchentlich mehrmalige regelmäßige Verbindung mit einer benachbarten Postanstalt. Abgesehen von einzelnen Linien haben die Landpostboten die Sendungen nicht an die einzelnen Empfänger zu bestellen, sondern an Auswechselungsstellen abzuliefern, wo sie auch die zur Einlieferung bei der Postanstalt bestimmten Gegenstände in Empfang nehmen. Die Auswechselungsstellen müssen von den Landbewohnern eingerichtet und unterhalten werden und stehen im übrigen zur Postverwaltung in keinen Beziehungen, insbesondere übernimmt die Postbehörde keine Verantwortlichkeit für die bei den Auswechselungsstellen lagernden Postsendungen. Die Landpostboten befördern Pakete bis 2 Pfd. und Geldbeträge in Papier bis 100 K., in Silber bis 50 K.; auf Gefahr des Absenders oder des Empfängers dürfen sie jedoch auch größere Summen mitnehmen. Sie führen ferner Freimarken zum Verkauf bei sich und haben für die Leerung der Briefkasten in den Landorten zu sorgen. Mehrfach benutzen die Landpostboten Fuhrwerk und nehmen alsdann Pakete bis 4 Pfd. mit.

Das Postregal erstreckt sich auf die Beförderung von Briefen zwischen zwei durch die Post bedienten Orten, von Frachtbriefen, Manuskripten, mit handschriftlichen Bemerkungen versehenen Drucksachen (und zwar ohne Rücksicht auf deren Gewicht), von Papiergeld und Kurantgeld, sofern es unter Umschlag gelegt oder sonst verpackt ist. Vom Postzwang sind jedoch ausgenommen Briefe, die zwischen Orten ohne Briefbestellung ausgetauscht werden, Sendungen, deren Beförderung die Post am Tage der Auflieferung nicht mit der gleichen Sicherheit und Schnelligkeit befördern kann als eine gewählte andere Beförderungsart, und Gegenstände, die durch besonders bezahlte Boten des Absenders fortgeschafft werden. Ferner erstreckt sich das Postregal nicht auf Briefe, die im Bestellbezirk der Aufgabepostanstalt abzutragen sind; in Orten jedoch, in denen täglich mehr als einmal die Briefkasten geleert und die Briefsendungen bestellt werden, ist es Privatpersonen untersagt, Briefkasten aufzustellen oder Privatstadtposten einzurichten.

A. Briefpost.

Im allgemeinen können Briefe (Brev) frankiert oder unfrankiert versandt werden; nur solche an den König und an Mitglieder des königlichen Hauses, ferner von Privatpersonen oder Beamten herrührende Briefe an Staats- und Gemeindebeamte, sofern nicht in der Aufschrift ersichtlich gemacht ist, daß der Brief einen eingeforderten Bericht enthält, und in Kriegszeiten Briefe an Soldaten im stehenden Heere oder bei der Marine müssen stets frankiert zur Post geliefert werden. Ein Brief darf im Gewicht 50 Qu., in den Ausdehnungen 15 zu 10 zu 1 Zoll nicht überschreiten. Tarif: 10 Ö., Ortsbriefe 5 Ö., unfrankiert und unzureichend frankiert das Doppelte des fehlenden Portos. Briefe, die von Beamten abgesandt oder an solche gerichtet sind, unterliegen, sofern sie nach obigem überhaupt unfrankiert zur Beförderung gelangen dürfen, auch unfrankiert nur einer Taxe von 10 oder 5 Ö.

Die von der Postverwaltung ausgegebenen Kartenbriefe (Korrespondancekort) unterliegen hinsichtlich der Frankierung und der Taxen den Bestimmungen für Briefe.

Postkarten (Brevkort) kosten im Ortsverkehr 3 Ö., sonst 5 Ö., solche mit Antwort 6 und 10 Ö., unzureichend frankiert das Doppelte des fehlenden Portos. Die Postkarten müssen mindestens teilweise frankiert sein. Von der Privatindustrie hergestellte Postkarten sind zur Versendung zugelassen; sie müssen jedoch in Größe, Gestalt, Stärke und Farbe des Papiers sowie im Vordruck den amtlichen Postkarten durchaus gleich sein, nur dürfen sie nicht, wie diese, das Landeswappen tragen. Postkarten, die den allgemeinen Bestimmungen nicht entsprechen oder unfrankiert sind, werden wie gewöhnliche Briefe behandelt und taxiert.

Die dänische Post befaßt sich mit der Annahme von Zeitungsbestellungen (Abonnement paa Tidender og Tidsskrifter); sie übermittelt das Bezugsgeld an den Verleger und befördert die Zeitungen an den Wohnort des Beziehers. Die Taxe für diese Leistungen beträgt ½ Ö. für jede Zeitungsnummer bis 7 Qu., ¾ Ö. über 7 bis 15 Qu., 1 Ö. über 15 bis 25 Qu., mindestens aber 5 Ö. und ist für die wenigstens 3 Monate umfassende Abonnementsperiode vorauszubezahlen; ferner werden, falls bei der Vermittelung mehrere Postanstalten beteiligt sind, 10%, sonst 5% des Einkaufspreises der Zeitung berechnet. Der Zeitungsbezug durch die Post erstreckt sich auf alle Zeitungen und Zeitschriften, die in regelmäßigen Lieferungen mindestens einmal jährlich erscheinen. Die einzelnen Nummern der durch die Post besorgten Zeitungen und Zeitschriften dürfen nicht schwerer als 25 Qu. sein, ihre Oberfläche darf 15 zu 10 Zoll nicht überschreiten; nötigenfalls müssen sie so gefaltet werden, daß diese Maße eingehalten werden. Den Zeitungsnummern können nur solche Blätter, die in ihren wesentlichen Teilen zu jenen gehören, eine Fortsetzung der Angaben des Hauptblattes enthalten und in Titel, Format, Papier, Nummer und Datum mit dem Hauptblatt übereinstimmen, ferner Inhaltsverzeichnisse, zur Erläuterung des Textes dienende Karten und Bilder, auch Prospekte und Bestellzettel, die sich auf die Zeitung selbst beziehen, unentgeltlich als Beilagen beigefügt werden. Andere Beilagen, die Reklamen, Preislisten u. dgl. enthalten, können den Zeitungen und Zeitschriften beigelegt werden, müssen aber mit 1 Ö. das Blatt frankiert sein. Sind den Zeitungen sonstige Beilagen beigegeben, so müssen diese einen geschriebenen oder gedruckten Vermerk enthalten, daß sie der Zeitung als Beilage dienen sollen, auch müssen sie mit 4, im Ortsverkehr mit 2 Ö. das Stück frankiert sein.

Die Post befaßt sich im weiteren damit, vom Verleger aufgelieferte Pakete mit nicht durch die Post abonnierten Zeitungen zu befördern und ihren Inhalt nach den von den Verlegern gelieferten Verteilungslisten den Empfängern regelmäßig zuzustellen. In diesem Falle hat der Versender im voraus für die Nummer eine Gebühr von $\frac{1}{2}$ Ö. bis 7 Qu., $\frac{3}{4}$ Ö. über 7 bis 15 Qu., 1 Ö. über 15 bis 25 Qu., mindestens aber 5 Ö. zu entrichten. Die Beilagen, die den solchergestalt versandten Zeitungen und Zeitschriften beigegeben werden, unterliegen denselben Bestimmungen wie die Beilagen, die den vom Bezieher abonnierten Zeitungen beigefügt sind. Die Frankierung der Zeitungspakete hat mit besonderen Zeitungsmarken zu geschehen, auf die kein Rabatt gewährt wird.

Alle anderen Drucksachen fallen unter den Begriff der gewöhnlichen Drucksachen (Tryksager). Für ihre Frankierung im voraus gelten die gleichen Festsetzungen wie für Briefe; soweit hiernach jedoch ein Frankierungszwang nicht besteht, müssen sie wenigstens teilweise frankiert sein. Das Meistgewicht ist auf 50 Qu. festgesetzt; für die Ausdehnungen ist nur die beschränkende Bestimmung erlassen, daß sich die Drucksachen mit den übrigen Briefsendungen leicht verpacken lassen müssen. Tarif: ohne Rücksicht auf das Gewicht 4 Ö., im Ortsverkehr 2 Ö. für jede Sendung, unzureichend frankiert das Doppelte des fehlenden Frankos; unfrankierte Drucksachen werden nicht befördert. Bezüglich der Zulässigkeit schriftlicher Bemerkungen und Zusätze in Drucksachen sind im wesentlichen die gleichen Grundsätze maßgebend, wie im innern deutschen Verkehr, ebenso bezüglich der Verpackung und Aufschrift. Drucksachen, die Wertpapiere irgendwelcher Art darstellen, wie Freimarken, Postkarten usw., sind von der Beförderung unter Streifband ausgeschlossen, solche, die den bestehenden Bestimmungen nicht entsprechen, werden wie Briefe behandelt und taxiert.

Es ist gestattet, Drucksachen an mehrere Personen zu richten, denen sie nacheinander zu übersenden und auszuliefern sind. Diese müssen in der Aufschrift die Namen und Wohnungsbezeichnungen sämtlicher Empfänger tragen, mit den Namen der verschiedenen Zeitschriften und Bücher, die den Inhalt der Drucksache bilden, versehen sein und das Datum ergeben, wann die Weitersendung von einem Empfänger an den anderen zu erfolgen hat. Jeder der Adressaten hat vor der Weitersendung den ihn betreffenden Teil der Aufschrift zu durchstreichen und die Sendung von neuem mit 2 oder 4 Ö. zu frankieren.

Geschäftspapiere gelten als Briefe.

Für die Frankierung von Warenproben (Vareprover og Monstre) gelten dieselben Bestimmungen wie für Drucksachen. In den Ausdehnungen sollen die Warenproben die für Briefe festgesetzten Grenzen innehalten, indessen sind auch größere Warenprobensendungen zugelassen, sofern sie sich nur, ebenso wie die Drucksachen, bequem mit den anderen Briefsendungen verpacken lassen. Tarif: 4 Ö., im Ortsverkehr 2 Ö. für jede Sendung, unzureichend frankiert das Doppelte des fehlenden Frankos; unfrankierte Warenproben werden nicht befördert. Für Verpackung, Zulässigkeit schriftlicher Bemerkungen usw. gelten die Bestimmungen des Weltpostvertrages. Warenproben, die den Vorschriften nicht entsprechen, werden als Briefe oder Pakete behandelt und taxiert.

Briefsendungen jeder Art (mit Ausnahme der Zeitungen) können unter Einschreibung (under Anbefaling) versandt werden. Sie müssen stets frankiert werden und in der Aufschrift den Vermerk „Eingeschrieben" (anbefales oder recommanderes) oder „N. B." tragen. Einschreibgebühr 15 Ö. Die Einschreibbriefe können Geld, Banknoten, Papiergeld, Wertpapiere usw. ohne Rücksicht auf die Höhe des Wertes enthalten. Im Falle des Verlustes einer Einschreibsendung zahlt die Postverwaltung dem Absender eine Entschädigung von 20 K. Verzögerungen in der Beförderung oder Bestellung, sowie Beschädigungen geben zu Ersatzleistungen keinen Anlaß. Für die Ausfertigung eines Einlieferungsscheins sind 4 Ö. zu entrichten; hat der Absender die aufzuliefernden Einschreibsendungen jedoch in ein Quittungsbuch eingetragen, so daß der Annahmebeamte als Quittung nur seinen Namen neben die Eintragungen zu setzen hat, so ist eine solche Gebühr nicht zu zahlen. Derartige Bücher sind für 50 Ö. das Stück erhältlich. Die Taxe für einen Rückschein ist die gleiche wie für einen gewöhnlichen Brief, nämlich 5 oder 10 Ö.

Briefsendungen jeder Art können mit Nachnahme bis 720 K. belastet werden; doch müssen mit solchen Sendungen mindestens zwei Postämter (Briefsammelstellen gelten nicht als solche) Befassung haben, andernfalls ist Nachnahme nicht zugelassen. Außer dem Porto ist eine Nachnahmegebühr von 15 Ö. bis 25 K., von 20 Ö. über 25 bis 50 K., von 25 Ö. über 50 bis 100 K., von 30 Ö. über 100 bis 200 K., von 35 Ö. über 200 bis 300 K., von 40 Ö. über 300 bis 500 K. und von 45 Ö. über 500 bis 720 K. im voraus zu entrichten. Die eingezogenen Nachnahmebeträge werden dem Absender mittels gebührenfreier Postanweisung übersandt.

Nachsendung der Briefsendungen erfolgt taxfrei. Postlagerbriefe (til Afhentning) werden 3 Monate bei den Postanstalten aufbewahrt. Unbestellbare Briefsendungen werden, behufs Rückgabe an den Absender, nach dem Aufgabeort zurückgesandt. Verweigert der Absender die Annahme oder ist er nicht zu ermitteln, so werden die Gegenstände an die Generaldirektion eingesandt, wo die Briefe der ersteren Art vernichtet, die der letzteren Art von besonders dazu bestimmten Beamten geöffnet werden. Die Aufschriften der Briefe, deren Absender nicht haben ermittelt werden können, werden durch das Amtsblatt veröffentlicht. Werden die Briefe nicht innerhalb einer bestimmten Frist abgefordert, so werden auch sie vernichtet. Werden Wertsachen in den Briefen vorgefunden, so werden jene oder der durch ihren Verkauf erzielte Erlös zur Postkasse verrechnet; meldet sich jedoch der Eigentümer noch innerhalb der nächsten 3 Monate, so wird ihm der Betrag erstattet.

Im allgemeinen werden die Briefsendungen den Empfängern kostenfrei in die Wohnung bestellt, und zwar auch in Landorten, in letzteren in der Regel wochentäglich einmal. In den dünn bevölkerten Teilen des Landes erfolgt die Bestellung nur innerhalb geschlossener Ortschaften und an den diese verbindenden Wegen; die Bewohner abgelegener Häuser und Häusergruppen dagegen haben bestimmte Personen der nächstgelegenen Dörfer zu bezeichnen, an die ihre Sendungen abzugeben sind. In der Zeit zwischen Ankunft der Post und Antritt des nächsten Bestellganges hat jedermann die Befugnis, seine Sendungen unentgeltlich bei der Postanstalt abzufordern.

Wünscht jemand, seine Sendungen ausnahmslos von der Postanstalt abzuholen, so werden sie gegen eine Fachgebühr, die 66 Ö. für den Monat nicht übersteigen darf, am Schalter bereitgehalten. In einigen größeren Orten sind besondere Ausgabespinde amerikanischen Systems (Schließfächer) aufgestellt.

Eilbestellung ist bei allen Briefsendungen, ausgenommen Ortssendungen, zulässig. Das Verlangen der Eilbestellung (ved Expresbud) muß in der Aufschrift der Sendungen ersichtlich gemacht sein. Die Eilsendungen müssen stets am Schalter oder durch Vermittelung eines Landbriefträgers aufgeliefert werden; die Entrichtung des Eilbotenlohnes hat stets im voraus zu geschehen. Kann dieser bei Sendungen nach Landorten von vornherein nicht zuverlässig berechnet werden, so hat der Aufgeber einen angemessenen Betrag zur Deckung des Eilbotenlohnes bei der Aufgabepostanstalt zu hinterlegen. Das Eilbestellgeld beträgt im Ortsbestellbezirk 20 Ö. für die Sendung; ist eine Ortsbestellung nicht eingerichtet (im Falle das Posthaus vereinzelt liegt), so wird der Umkreis von $^1/_8$ Meile um das Posthaus als Ortsbestellbezirk gerechnet. Nach Landorten ist eine Grundtaxe von 20 Ö. und außerdem für jede $^1/_4$ Meile Weges eine Gebühr von 30 Ö. zu entrichten. Erfolgt die Eilbestellung auf Verlangen des Absenders oder Empfängers ganz oder teilweise in der Zeit von 9 Uhr abends bis 6 Uhr morgens, so erhöhen sich die Eilbestellgeldsätze um die Hälfte.

Die Postwertzeichen sind nur bei den Postanstalten und Landbriefträgern käuflich, und zwar im allgemeinen zum Nennwert der Marken oder des Wertstempels unter Zuschlag von 1 Ö. für jeden gestempelten Briefumschlag und jedes Streifband. Kauft jedoch jemand auf einmal mindestens 100 Freimarken, 25 Postkarten, 25 Kartenbriefe, 25 Briefumschläge oder 25 Streifbänder, so wird ihm ein Rabatt von 2 % des Wertes der Wertzeichen bewilligt. Auf die in kleineren als den vorgenannten Mengen verkauften Wertzeichen wird dieser Rabatt den absetzenden Beamten gewährt. Aus Formularen ausgeschnittene Wertstempel können zur Frankierung der Briefe verwendet werden.

B. Wertbriefe.

Wie schon erwähnt, umfaßt der Postzwang auch die Beförderung von barem Geld und Papiergeld zwischen zwei von der Post bedienten Orten, sofern es unter Umschlag oder sonst verpackt wird. Die Geldbriefe (Pengebreve) dürfen nicht dicker als 1 Zoll, nicht größer als ein gewöhnlicher Bogen Schreibpapier (Folioformat) und nicht schwerer als 50 Qu. sein. Übrigens dürfen bares Geld, Papiergeld, auf den Inhaber lautende Wertpapiere u. dgl. auch ohne Angabe des Wertes in Einschreibbriefen versandt werden, nicht aber auch in gewöhnlichen Briefen; die Versendung derartiger Werte in gewöhnlichen Briefen ist mit Geldstrafe von $^1/_5$ des Wertes, höchstens jedoch von 20 K., bedroht. Vor der Einlegung des Wertinhaltes in den Brief muß der Inhalt in haltbares Papier eingeschlagen werden; auch der Umschlag selbst muß aus starkem, widerstandsfähigem Papier bestehen. Setzt sich der Inhalt höchstens aus vier Banknoten, ohne gemünztes Geld, zusammen, so kann ein gestempelter oder ein gewöhnlicher Briefumschlag benutzt werden.

Der Absender kann den Wertbrief geschlossen zur Post liefern oder sich den Inhalt vor der Absendung von dem Annahmebeamten feststellen lassen. Letzteres ist jedoch nicht zulässig, wenn der Brief mehr als 2000 K. gemünztes Geld enthält. Im ersteren Falle muß der Brief vom Absender mit 5 Siegeln verschlossen sein. Im letzteren Falle wird der Brief vom Absender in Gegenwart des Postbeamten mit 3 Siegeln verschlossen, neben denen das Postamt noch die eigenen amtlichen Siegel anbringt. Es sind bei den Postanstalten besondere amtliche Geldbriefumschläge erhältlich, die nur mit 2 Siegeln verschlossen zu werden brauchen; wird der Inhalt auf der Post festgestellt, so werden diese beiden Siegel vom Postamt angebracht, während der Aufgeber ein drittes Siegel mit dem eigenen Petschaft zwischen die beiden amtlichen Siegel setzt. Für die Feststellung des Inhalts bei der Auflieferung ist eine Gebühr von 10 Ö. bis 500 K. und von 5 Ö. mehr für jede weiteren 1000 K. zu entrichten; diese verbleibt dem Annahmebeamten.

Die Wertangabe ist unbeschränkt; den Landbriefträgern und den Briefsammelstellen dürfen jedoch unter Verantwortlichkeit der Postverwaltung nur Wertbriefe bis 500 K. übergeben werden. Der Aufgeber eines Wertbriefes kann einen niedrigeren als den wirklichen Wert des Briefes versichern; macht er von dieser Befugnis Gebrauch, so muß er den Brief verschlossen zur Post liefern, eine Feststellung des Inhalts durch den Annahmebeamten ist alsdann nicht zulässig.

Im Falle des Verlustes oder der Beschädigung eines Wertbriefes leistet die Postverwaltung für den entstandenen Schaden bis zur Höhe der Wertangabe Ersatz. Der Anspruch auf Schadloshaltung muß binnen 3 Monaten geltend gemacht werden.

Die Wertbriefe müssen dem Empfänger oder dessen Bevollmächtigten selbst ausgehändigt werden und gegen Quittung. Bei Wertbriefen, deren Inhalt bei der Auflieferung amtlich festgestellt worden ist, darf sich der bestellende Bote nicht eher entfernen, als bis feststeht, daß der Inhalt des Briefes richtig ist.

Wertbriefe können frankiert oder unfrankiert aufgeliefert werden. Tarif: das Porto für einen gewöhnlichen Brief und Versicherungsgebühr von 15 Ö. bis 1000 K. und für jede weiteren 1000 K. 5 Ö. mehr. Im Falle der Nach- oder Rücksendung eines Wertbriefes ist eine Nach- oder Rücksendungsgebühr von 1 Ö. für jede 100 K. des Wertes, mindestens aber von 10 Ö. fällig. Für die Ausfertigung eines Rückscheins ist das gewöhnliche Briefporto zu zahlen. Hinsichtlich der Ausfertigung von Einlieferungsscheinen und von Empfangsanerkenntnissen in Quittungsbüchern seitens der Postanstalten gelten für Wertbriefe die gleichen Vorschriften wie für Einschreibbriefe. Nachnahme und Eilbestellung sind bei Wertbriefen in gleicher Weise und zu den gleichen Bedingungen zulässig wie bei Briefsendungen (siehe unter „A. Briefpost").

C. Postanweisungen.

Alle Postanstalten Dänemarks (einschl. der Faröer) nehmen am Postanweisungsdienst teil. Die Übermittelung von Geldern durch Postanweisung (Postanvisninger) ist nur zulässig, wenn an der Behandlung der Postanweisungen mindestens zwei Postämter beteiligt sind. Zwischen einer Briefsammelstelle einerseits und dem Postamt, dem diese untergeordnet ist, anderseits dürfen sonach Gelder zur Überweisung mittels Postanweisung nicht angenommen werden. In Kopenhagen sind jedoch auch Ortspostanweisungen zulässig. Der Höchstbetrag der Postanweisungen ist auf 720 K. festgesetzt. Tarif: bis 25 K. 10 Ö., über 25 bis 50 K. 15 Ö., über 50 bis 100 K. 20 Ö., über 100 bis 200 K. 25 Ö., über 200 bis 300 K. 30 Ö., über 300 bis 500 K. 35 Ö., über 500 bis 720 K. 40 Ö.

Zu Postanweisungen wird ein besonderes Kartenformular mit Abschnitt, der zu schriftlichen Mitteilungen dient und vom Empfänger abgetrennt werden kann, benutzt. Formulare sind zu 1 Ö. das Stück oder zu 20 Ö. für das Paket von 25 Stück bei allen Postanstalten und Landbriefträgern zu beziehen. Im Wege der Privatindustrie hergestellte Postanweisungsformulare sind unzulässig. Die Ausfüllung der Postanweisungsformulare hat durch den Absender selbst zu erfolgen; es ist jedoch gestattet, sich dazu der Hilfe der Postbeamten zu bedienen, die für diese Dienstleistung 5 Ö. beanspruchen können. Dem Einlieferer einer Postanweisung wird auf Verlangen vom Annahmebeamten oder dem annehmenden Landbriefträger gegen eine Gebühr von 4 Ö., die dem Beamten zufällt, ein Einlieferungsschein erteilt. Hat der Beamte oder Landbriefträger nur in einem Einlieferungsbuch (s. unter „A. Briefpost") durch seine Unterschrift zu quittieren, so ist eine Gebühr nicht fällig. Rückscheine sind zulässig; die Gebühr ist gleich der Taxe für einen gewöhnlichen Brief.

Am Bestimmungsort werden die Postanweisungen den Empfängern durch die Briefträger in die Wohnung bestellt, jedoch ohne den zugehörigen Geldbetrag; nur wenn der Empfänger im Ortsbestellbezirk einer Briefsammelstelle oder im Landbestellbezirk irgend einer Postanstalt wohnt, wird ihm auch das Geld in die Wohnung bestellt, andernfalls hat er den Geldbetrag gegen Vorlegung der quittierten Postanweisung bei der Postanstalt abzuheben. Holt er den Betrag nicht spätestens bis zum 10. Tage des auf den Einzahlungstag folgenden Monats ab, so wird er mittels Schreibens an die Einlösung erinnert; erfolgt letztere auch dann innerhalb einiger Tage nicht, so wird die Rückzahlung des Geldes an den Absender eingeleitet. Eilbestellung ist zulässig; Tarif wie für Eilbriefe (s. unter „A. Briefpost"). Postlagernde Postanweisungen werden 14 Tage zur Verfügung des Empfängers bereitgehalten, dann nach dem Aufgabeort zurückgesandt. Der Betrag unanbringlicher Postanweisungen verfällt nach 1 Jahr der Postkasse.

Telegraphische Postanweisungen (Telegrampostanvisninger) sind nach allen Orten bis 720 K. zulässig. Außer der Taxe für eine gewöhnliche Postanweisung ist für die telegraphische Übermittelung die Gebühr für ein Telegramm von 20 Wörtern zu entrichten. Die Ausfertigung der telegraphischen Postanweisungen erfolgt gebührenfrei durch die Annahmebeamten auf unentgeltlich zu liefernden besonderen Formularen. Ist mit der Aufgabepostanstalt eine Telegraphenanstalt nicht vereinigt, so wird die telegraphische Postanweisung dem Auflieferer ausgehändigt, der alsdann seinerseits für die telegraphische Beförderung Sorge zu tragen hat. Die Bestimmungs-Telegraphenanstalt übergibt die telegraphische Postanweisung der Postanstalt, die sie dem Empfänger auf dem nächsten gewöhnlichen Bestellgange zustellt oder, wenn sie nach einer Postanstalt ohne Telegraph gerichtet ist, dieser mit den gewöhnlichen Posten zur Bestellung übersendet. Die Auszahlung erfolgt wie bei den gewöhnlichen Postanweisungen.

D. Postaufträge.

Ein Postauftragsdienst besteht nur insoweit, als sich die Postanstalten mit der Einziehung von Geldbeträgen auf Grund von Auftragskarten befassen, die offen versandt werden und denen Anlagen nicht beigefügt sein dürfen (Postopkroevninger paa Blanket). Formulare zu Auftragskarten können bei allen Postanstalten, sowie von den Landbriefträgern zu 1 Ö. das Stück oder zu 20 Ö. für 25 Stück bezogen werden. Andere als die amtlichen Formulare sind von der Benutzung ausgeschlossen. Am Postauftragsdienst nehmen alle Postanstalten in dem gleichen Umfange wie am Postanweisungsdienst teil. Der Höchstbetrag einer Auftragskarte ist auf 720 K. festgesetzt.

Auf dem Formular müssen Name, Wohnort und Wohnung des Absenders und des Zahlungspflichtigen, der einzuziehende Betrag in Zahlen und Buchstaben und, falls dem Zahlungspflichtigen eine bestimmte Frist zur Einlösung bewilligt werden soll, auch diese angegeben sein. An dem Formular befindet sich ein Abschnitt, der vom Auftraggeber zu schriftlichen Mitteilungen für den Zahlungspflichtigen benutzt werden kann. Wird auf dem Abschnitt der Schuldbetrag genannt, so ist darauf zu achten, daß dieser mit der gleichartigen Angabe auf dem Formular selbst genau übereinstimmt. Die vom Absender im voraus zu entrichtende Taxe für einen Postauftrag ist die gleiche wie für Briefe mit Nachnahme (s. unter „A. Briefpost"). Porto ist für die Karte nicht zu entrichten; die Nachnahmegebühr wird in Freimarken auf dem Formular verrechnet.

Die Vorzeigung der Postauftragskarten erfolgt in der Regel durch den Briefträger oder Landbriefträger in der Wohnung des Zahlungspflichtigen; doch ist auch gestattet, die Aufträge mit dem Vermerk „postlagernd" zu versehen. Der Briefträger hat dem Zahlungspflichtigen zunächst nur von der Höhe des Betrages und dem Namen des Auftraggebers Kenntnis zu geben. Leistet der Zahlungspflichtige alsdann Zahlung, so löst der Briefträger den Abschnitt von dem Formular und händigt ihn dem Zahlungspflichtigen als Belag aus; das Formular selbst wird dem Empfänger nicht behändigt, sondern verbleibt im Besitz der Postanstalt. Verweigert der Adressat die Zahlung und ist eine Zahlungsfrist nicht vorgesehen, so wird das Formular mit dem Abschnitt an den Auftraggeber sogleich zurückgesandt. Die Rücksendung geschieht auch, wenn ein postlagernder Auftrag innerhalb 14 Tage nach dem Eintreffen und ein Auftrag mit Frist nach Ablauf dieser nicht eingelöst ist. Die Rücksendung erfolgt kostenfrei. Eilbestellung ist zulässig; Taxe wie für Briefe. Die eingezogenen Geldbeträge werden dem Auftraggeber mit gebührenfreier Postanweisung übersandt.

E. Pakete.

Am Paketdienst nehmen sämtliche Postanstalten teil. Pakete (Pakkesager) sind, wenn die Beförderung mit der Eisenbahn, mit Dampfschiffen oder mit der Fahrpost erfolgen kann, bis 100 Pfd., wenn die Beförderung ganz oder teilweise mit Privatpersonenfuhrwerk oder durch Landbriefträger mit Fuhrwerk erfolgt, bis 5 Pfd., wenn an der Beförderung Landbriefträger zu Fuß beteiligt sind, bis 2 Pfd., wenn sie in Kopenhagen aufgeliefert und nach Kopenhagen gerichtet sind, bis 20 Pfd., und wenn sie im Ortsbestellbezirk der Aufgabepostanstalt (außer Kopenhagen) zu bestellen sind, bis 10 Pfd. zulässig; über kleine

Abweichungen soll jedoch hinweggesehen werden. Sie sollen in keiner Ausdehnung 10 Fuß überschreiten. Sperrige Pakete sind zulässig, ebenso kann auf Paketen der Wert (Pengepakker) angegeben oder Nachnahme entnommen werden. Die Wertgrenze ist unbeschränkt, jedoch dürfen bei Briefsammelstellen und durch die Landbriefträger nur Wertpakete bis 500 K. aufgeliefert werden, es sei denn, daß der Absender selbst die Verantwortlichkeit tragen will; Pakete mit barem Geld sollen niemals schwerer als 16 Pfd., Beutel mit barem Geld nicht schwerer als 32 Pfd. sein. Nachnahmen sind bis 720 K. zulässig; die Ausgleichung der eingezogenen Nachnahmebeträge erfolgt durch Postanweisung.

Die Vorschriften über Verpackung decken sich im allgemeinen mit den in Deutschland gültigen. Die Beförderung von leichtentzündlichen, explodierbaren, leichtzerbrechlichen oder übelriechenden Gegenständen, sowie von lebenden Tieren (ausschließlich der Vögel) ist untersagt; gelangen derartige Sachen unter Verschweigung des Inhalts zur Auflieferung, so bleibt der Absender für den etwa entstehenden Schaden haftbar. Das Paket muß mit der vollen Adresse des Empfängers, unter Hinzufügung der etwaigen Wertangabe oder des Betrages der Nachnahme, versehen sein.

Jedem Paket muß eine Begleitadresse (Adressebrev) beigegeben sein, zu der besondere, von der Postverwaltung ausgegebene Formulare zu verwenden sind. Preis der Formulare 1 Ö. das Stück oder 20 Ö. für ein Päckchen von 25 Stück. Das Formular hat die Gestalt eines Briefumschlages; ein Brief bis 3 Qu. kann beigelegt werden. Wird ein Schlüssel beigefügt, so darf der Inhalt der Begleitadresse 3 Qu. auch überschreiten. Bis zu 3 an denselben Empfänger gerichtete gewöhnliche Pakete können mit einer Begleitadresse versandt werden; Paketen mit Wertangabe oder Nachnahme muß jedoch je eine besondere Begleitadresse beigefügt sein. Pakete mit Wertangabe, die gemünztes Geld, Papiergeld oder auf den Inhaber lautende Wertpapiere enthalten, können unter denselben Bedingungen wie derartige Briefe mit Wertangabe offen zu amtlicher Feststellung des Inhalts eingeliefert werden. Die Wertpakete müssen mit Siegeln hinreichend gut verschlossen sein, bei gewöhnlichen Paketen ist ein Siegelverschluß nicht erforderlich.

Im Falle des Verlustes oder der Beschädigung eines gewöhnlichen Pakets wird, sofern der Schaden nicht durch mangelhafte Verpackung oder durch die Beschaffenheit des Inhalts selbst herbeigeführt worden ist, von der Postverwaltung ein Schadenersatz von 1 K. für jedes Pfd. der ganzen Sendung gezahlt. Bei Wertpaketen ist der angegebene Wert für die Höhe des Ersatzbetrages maßgebend. Außer dem Schadenersatz wird dem Absender in Verlustfällen auch das ganze Porto erstattet.

Im allgemeinen werden die Pakete den Empfängern in die Wohnung bestellt; die Aushändigung darf nur an den Empfänger selbst oder dessen Bevollmächtigten gegen Quittung auf der Begleitadresse erfolgen. Eilbestellung ist zulässig; die Eilbestellgebühr beträgt im Ortsbestellbezirk, d. i. bis $^1/_8$ Meile vom Posthause, 5 Ö. für je 2 Pfd., mindestens aber 20 Ö., im Landbestellbezirk 20 Ö. Grundtaxe und 50 Ö. für jede $^1/_4$ Meile. Doch werden nur Pakete bis 5 Pfd. im Landbestellbezirk abgetragen.

Auf Verlangen wird dem Aufgeber eines Pakets ein Einlieferungsschein erteilt. Auf den Einlieferungsscheinen sind vom Annahmebeamten zu vermerken: Name des Empfängers, Bestimmungsort, Gattung der Sendung, Gewicht der

Pakete, Betrag der Wertangabe, Inhalt der Sendung, sofern dieser in der Aufschrift angegeben ist, Betrag der verwendeten Freimarken und des etwa bar entrichteten Frankos, Tag der Ausfertigung des Scheines, sowie der Name des Absenders, falls dieser es wünscht. Für jeden Einlieferungsschein hat der Aufgeber eine Gebühr von 4 Ö. zu entrichten. Bedient sich der Aufgeber jedoch eines Einlieferungsbuches (s. unter „A. Briefpost"), so wird eine Gebühr nicht berechnet. Ist der Annahmebeamte dem Aufgeber auf dessen Verlangen beim Adressieren, Verpacken und Versiegeln des Pakets behilflich, so kann er hierfür 5 Ö. beanspruchen.

Tarif: bis 5 Pfd. 20 Ö., über 5 bis 10 Pfd. 30 Ö., für schwerere Pakete für jedes Pfd. 5 Ö., für Ortspakete bis 5 Pfd. 15 Ö., über 5 bis 10 Pfd. 20 Ö., für schwerere Pakete 4 Ö. für jedes Pfd. Für sperrige Pakete erhöhen sich diese Taxen um die Hälfte. Versicherungsgebühr wie für Wertbriefe, Nachnahmegebühr wie für Briefsendungen mit Nachnahme. Für einen Rückschein ist die Taxe für einen gewöhnlichen Brief im voraus zu zahlen. Pakete bis 10 Pfd., alle Eilpakete und Pakete mit Nachnahme unterliegen dem Frankierungszwang, die übrigen Pakete können frankiert oder unfrankiert abgesandt werden. Nach- oder Rücksendung eines Pakets, das dem Frankierungszwang unterliegt, erfolgt gebührenfrei; für die übrigen Pakete wird dagegen eine Nach- oder Rücksendungsgebühr von 1 Ö. für jedes Pfd., mindestens aber von 10 Ö., erhoben.

Neuerdings sind auch dringende Pakete eingeführt. Für sie besteht Frankierungszwang. Außer dem gewöhnlichen Porto wird eine besondere Gebühr von 40 Ö. für jede 10 Pfd. erhoben.

Postsparkassen bestehen in Dänemark nicht.

F. Personenbeförderung.

Die dänische Postverwaltung befaßt sich mit der Beförderung von Reisenden und deren Gepäck mittels der von ihr unterhaltenen Personenposten. Von der Beförderung mit den Personenposten sind nur ausgeschlossen: Blödsinnige, mit häßlichen oder ansteckenden Krankheiten behaftete Personen, Betrunkene, Gefangene, unanständig gekleidete oder sonst in unpassender Weise sich benehmende Personen und endlich Kinder unter 6 Jahren ohne Begleitung Erwachsener.

Die Reisebedingungen sind verschieden, je nachdem es sich um Kurse, auf denen die ältere Art der Einschreibung der Reisenden noch besteht, oder um Kurse, auf denen das Eisenbahnfahrkartensystem eingeführt ist, handelt. Auf Kursen der ersteren Art wird dem Reisenden für die Strecke, die er zu fahren wünscht, ein Fahrschein auf besonderem Formular handschriftlich ausgefertigt; dieser enthält die Quittung über den Fahrpreis, die Angabe der Post, für die der Schein gültig ist, die Ankunfts- und Abfahrtszeit der Post bei der Abreisestation, den Endpunkt der bezahlten Reise, die Zu- und Abgangsstelle, falls diese mit dem Ort der Ausfertigung des Scheines oder dem Bestimmungsort der Post nicht zusammenfällt, die Platznummer, Stückzahl, Gewicht und Wert des Reisegepäcks. Das Personengeld wird nach dem Satze von 60 Ö. für die Meile erhoben; bei Feststellung der Entfernung bleiben Strecken von weniger als $^1/_8$ Meile unberücksichtigt, solche von $^1/_8$ Meile und mehr werden mit $^1/_4$ Meile berechnet. Kinder unter 2 Jahren, die einen besonderen Platz im Wagen nicht einnehmen, werden frei befördert, für ältere Kinder muß der Fahrpreis voll entrichtet werden. Reisegepäck wird bis 30 Pfd. frei befördert; für Übergewicht, das unbeschränkt zugelassen ist, werden 4 Ö. für jedes Pfd. ohne Rücksicht auf die Entfernung erhoben. Ist der Wert des Reisegepäcks angegeben, so ist in allen Fällen auch die für Wertpakete festgesetzte Versicherungsgebühr zu entrichten. Die Einschreibung von Gepäck kann nur bei Postämtern 1. und 2. Kl. erfolgen; tritt ein Reisender bei einer Briefsammelstelle hinzu, so wird sein Gepäck bis zum nächsten Postamt unentgeltlich und uneingeschrieben befördert. Der Reisende kann bis zu ¼ Stunde vor Abfahrt der Post von der Reise ohne Angabe eines Grundes zurücktreten; in solchen Fällen wird ihm der Fahrpreis, jedoch abzüglich einer Gebühr von 33 Ö., zurückgezahlt. Auf dem Reisegepäck müssen der Name des Reisenden und der Bestimmungsort angegeben sein; ist dies nicht geschehen und weigert sich der Reisende, das Fehlende nachzuholen, so wird das Gepäck von der Postanstalt entsprechend bezeichnet, wofür jedoch von dem Reisenden 5 Ö. für das Stück zu entrichten sind.

Auf Kursen, auf denen das Eisenbahnfahrkartensystem eingeführt ist, wird das Personengeld für Strecken von je ½ Meile und darunter nach Maßgabe der an den Straßen aufgestellten Halbmeilensteine erhoben, und zwar beträgt die Gebühr für jede ½ Meile 30 Ö. Ein Reisender muß jedoch mindestens zwei Fahrkarten zu je 30 Ö. lösen, da die in allen Fällen zu bezahlende Mindestentfernung auf 1 Meile festgesetzt ist. Der Reisende hat soviele Fahrkarten zu lösen, als er halbe Meilen mit der Post zurücklegen will. Der Verkauf der Fahrscheine wird von den Postämtern (nicht auch von den Briefsammelstellen), sowie unterwegs von den Postschaffnern oder Postillionen bewirkt. Das Besteigen und Verlassen der Postwagen kann an jeder beliebigen Stelle der Straße geschehen. Ein Stück Reisegepäck, das 1 Elle in der Länge und 15 Zoll in Breite und Höhe und 30 Pfd. im Gewicht nicht übersteigen darf, wird gebührenfrei befördert. Für weitere Gepäckstücke, sowie für solche, die jene Maß- und Gewichtsgrenzen überschreiten, oder die verspätet eingeliefert werden, ist dagegen ein Überfrachtporto von 4 Ö. für jedes Pfd. zu entrichten. Taxpflichtiges Reisegepäck ist zur Beförderung nur zulässig, wenn der Reisende bei einem Postamt 1. oder 2. Kl. sich zur Reise meldet. Der Reisende empfängt für sein Gepäck, das frei befördert wird, eine Reisegepäckmarke (Rejsegodsmœrke), deren Angaben mit den Vermerken der auf das Gepäck aufzuklebenden Kontroll- und Auslieferungsmarke übereinstimmen müssen. Für Gepäck, für das Überfrachtporto oder Versicherungsgebühr gezahlt ist, empfängt der Reisende einen besonderen Schein, auf dem das Überfrachtporto in Postfreimarken verrechnet wird. Geht Reisegepäck verloren oder wird es beschädigt, so leistet die Postverwaltung in demselben Umfange wie für Pakete mit oder ohne Wertangabe Ersatz. Gehört Reisegepäck ohne Wertangabe zu einer Fahrkarte des Eisenbahnfahrkartensystems, so wird der wirkliche Schaden ersetzt, höchstens jedoch 30 K.

11. Schweden.

(447864 qkm und 5377713 Einwohner.)

Die oberste Postbehörde Schwedens ist die General-Postdirektion, die eine Abteilung des Ministeriums des Innern bildet. An der Spitze steht der General-Postdirektor. Die Zentralverwaltung zerfällt in 5 Abteilungen, die Betriebsabteilung, die Rechnungsabteilung, die Auslands- und Verordnungsabteilung, die Revisionsabteilung und die Kanzlei, die von je einem Abteilungsvorsteher (Bureauchef) geleitet werden. Ferner besteht eine besondere Abteilung für die Postsparkassen. Das übrige Personal der Generaldirektion besteht aus je einem Sekretär für jede Abteilung, aus einem Kassierer, zwei Intendanten, einer Anzahl Notaren, Aktuaren, Revisoren und Unterbeamten. Die Gehälter setzen sich allgemein aus dem eigentlichen Gehalt (Lön) und einem Dienstgeld (Tjänstgöringspenningar) zusammen; letzteres kommt nur für die Zeiten wirklicher Dienstleistung zur Zahlung und wird bei Beurlaubungen oder Erkrankungen einbehalten. Die Gehälter der Beamten der Generaldirektion betragen: der General-Postdirektor 7000 K.*) Gehalt und 3000 K. Dienstgeld, die Bureauchefs 4400 K. Geh. und 2000 K. D. G. (Erhöhung des Gehalts nach 5 Jahren um 600 K.), die Sekretäre 3000 K. (nach 5 und 10 Jahren je 500 K. Zulage) und 1500 K. D. G., die übrigen Beamten 1800 K. Geh. (nach 5 und 10 Jahren je 500 K. Zulage) und 1200 K. D. G., der erste Unterbeamte 800 K., die übrigen Unterbeamten 500 K. Geh. (nach 5 Jahren 100 K. Zulage) und 300 K. D. G. Außerdem ist bei der Generaldirektion noch eine Anzahl Hilfsbeamte beschäftigt.

Das schwedische Postgebiet ist in 3 Stadtbezirke (Stockholm, Gothenburg und Malmö) und 5 Inspektionsbezirke (Süd-, West-, Ost-, Mittel- und Nordbezirk) eingeteilt. An der Spitze der 3 Stadtbezirke steht je ein „Postdirektor", an der Spitze der 5 Inspektions- oder Landbezirke je ein „Postinspektor". Die Befugnisse der Postdirektoren und Postinspektoren erstrecken sich auf die Leitung und Überwachung des Postdienstes in ihrem Bezirk, die selbständige Erledigung einfacher Angelegenheiten, die Revision der Postanstalten und Bahnposten, die Ausführung der von der Generaldirektion erlassenen Verfügungen und die Abgabe von Vorschlägen und Gutachten in Fragen, deren Entscheidung sich die Generaldirektion vorbehalten hat. Jedem Direktor und Inspektor sind ein „Kontrolleur" und die nötige Zahl von Expeditions- und Hilfsbeamten beigegeben. Der Kontrolleur kann zur Revision und Beaufsichtigung der Postanstalten herangezogen werden.

Die Postanstalten zerfallen in „Postkontore" mit vollem Dienst und in „Poststationen" mit beschränktem Dienst; erstere werden wiederum je nach ihrer Wichtigkeit in 4 Klassen, letztere in 3 Klassen eingeteilt. Außerdem sind in Stockholm, Göthenburg, Falköping-Ranten und Malmberget noch „Stadtpostanstalten" (Filialpostkontors) eingerichtet. Die Poststationen und Stadtpostanstalten sind rechnerisch Postkontoren zugeteilt. Die Poststationen 1. Kl. sind befugt zur Annahme und zur Ausgabe von Einschreibsendungen, ferner von Wertsendungen, und zwar, wenn sie an der Eisenbahn liegen, mit unbeschränkter Wertangabe, sonst bis 20000 K., von Paketen bis 10 kg, von Postanweisungen und Nachnahme-

*) 1 Krone (K.) zu 100 Öre (Ö.) = 1 M. 12½ Pf.

sendungen bis 100 K., die Poststationen 2. Kl. in gleichem Umfange, jedoch von Paketen nur bis 1 kg, solche 3. Kl. (auch „Bressamlingsställe" genannt) von Wertsendungen bis 500 K., von Einschreibsendungen, von Paketen bis 1 kg und von Postanweisungen bis 100 K. Alle Poststationen nehmen am Sparkassendienst teil. Die „Bahnposten" zerfallen in 2 Klassen: Postkoupéexpeditionen (Beamtenbahnposten) und Postillionskoupés (Schaffnerbegleitung). Für den Schiffspostdienst sind „Dampfschiffsexpeditionen" eingerichtet. Die Vorsteher der Postkontore sind „Postmeister" (postmästare), die der Poststationen „Poststationsvorstände" (Poststationsföreståndare). Letztere werden in der Regel aus den Ortseinwohnern gewählt, verwalten die Station im Nebenamt und zählen nicht zu den eigentlichen Beamten; sie stehen zur Verwaltung im Vertragsverhältnis und erhalten eine Löhnung, die sich nach dem Umfange der Station richtet. Unter ihnen befindet sich eine größere Zahl weiblicher Personen. Bei den größeren Postkontoren sind zur Unterstützung der Postmeister „Kontrolöre" eingestellt. Die angestellten Betriebsbeamten bei den Postkontoren sind die „Postexpeditöre", die ältesten davon „Erste Postexpeditöre" (eine Art Obersekretäre).

Das Diensteinkommen der Postdirektoren in Stockholm und Gothenburg beträgt 3500 K. Gehalt (nach 5 und 10 Jahren je 500 K. Zulage) und 2000 K. Dienstgeld, des Postdirektors in Malmö 3200 K. Geh. (Zulage wie bei jenen) und 2000 K. D. G., der 5 Postinspektoren 4125 K. Geh. und 1375 K. D. G. (keine Zulagen), der Postmeister 1. Kl. (z. B. der 16 größten Kontore) 3200 K. Geh. (nach 5 und 10 Jahren je 300 K. Zul.) und 1500 K. D. G. (nach 5 und 10 Jahren je 100 K. Zul.), der Postmeister 2. Kl. 2600 K. Geh. (nach 5 und 10 Jahren je 300 K. Zul.) und 1000 K. D. G. (nach 5 und 10 Jahren je 100 K. Zul.), der Postmeister 3. Kl. 2200 K. Geh. (Zulagen wie bei den Postmeistern 1. Kl.) und 800 K. D. G. (Zulagen wie bei den Postmeistern 1. Kl.), der Posmeister 4. Kl. 2000 K. Geh. (Zulagen ebenso wie bei 3. Kl.) und 600 K. D. G. (Zulagen wie bei der 3. Kl.). Die angegebenen Dienstgelder der Postmeister sind jedoch nur die Mindestsätze; sie sollen sonst betragen bei einer Wertzeichen-Einnahme des Postamts bis 6000 K. 10%, über 6000 bis 10 000 K. 5%, über 10 000 K. 1% dieser Einnahme. Die Kontrolöre beziehen an Gehalt 2200 K. (Zulage nach 5 und 10 Jahren je 400 K.) und an Dienstgeld 1000 K. Die Postexpeditöre zerfallen in 4 Gehaltsklassen; sie beziehen in Kl. 1 1725 K. Geh. (Zulage nach 5 und 10 Jahren 400 K.) und 775 K. D. G., in Kl. 2 1500 K. Geh. (Zulage nach 5 und 10 Jahren je 300 K.) und 700 K. D. G., in Kl. 3 1250 K. Geh. (Zulage nach 5 und 10 Jahren je 150 K.) und 500 K. D. G., in Kl. 4 1050 K. (Zulagen wie in Kl. 3) und 450 K. D. G. Auch die angestellten Unterbeamten (Postbediente — Postbetjänte) zerfallen in 4 Gehaltsklassen, und zwar erhalten sie in Kl. 1 800 K. Geh. (Zulage nach 5 und 10 Jahren je 200 K.) und 550 K. D. G., in Kl. 2 800 K. Geh. (Zulage wie in Kl. 1) und 500 K. D. G., in Kl. 3 800 K. Geh. (Zulage nach 5 und 10 Jahren je 150 K.) und 450 K. D. G., in Kl. 4 800 K. Geh. (Zulage wie in Kl. 3) und 300 K. D. G.

Zum Eintritt in den Postdienst als Beamte werden gesunde junge Leute männlichen und weiblichen Geschlechts zugelassen, die entweder das Studentenexamen abgelegt haben oder ein von einer öffentlichen höheren Lehranstalt ausgestelltes Zeugnis der Reife für die obere sechste Klasse vorlegen können. Die letzteren haben überdies ein Zeugnis eines Hauptlehrers an einer höheren Lehranstalt oder eines Universitätslehrers beizubringen, daß sie in der Geographie, der Arithmetik, der deutschen oder der französischen Sprache und in der Fertigkeit im schwedischen Aufsatz den Anforderungen genügen, die im Studentenexamen gestellt werden. Die Anwärter (Eleven) werden zunächst 4 Monate auf einem Postkontor beschäftigt und darauf zu einem theoretischen Kursus einberufen, der 3 Monate dauert und mit einer schriftlichen und mündlichen Prüfung abschließt. Unterrichtsgegenstände sind: Deutsch, Französisch, postalische Geographie, Leitwesen, Rechnungswesen und Verfassungskunde. Nach dem Bestehen der Abschlußprüfung melden sich die Eleven bei dem Leiter des Bezirks, in dem sie beschäftigt zu werden wünschen. Sie erhalten den Titel „extraordinärer Postexpeditör" (Dispositionsbiträde), beziehen aber zunächst kein Gehalt. Erst wenn sie in Stellen für „extraordinäre Postexpeditöre mit fester Jahresvergütung" (Extrabiträde) einrücken, erhalten sie eine Entschädigung für ihre Dienstleistungen, und zwar die männlichen von 1050, 1200, 1350 und 1500 K. (Aufsteigen von 3 zu 3 Jahren), die weiblichen 900, 1050, 1200 und 1350 K. jährlich; bei Postkontoren mit schwierigen Arbeitsverhältnissen können die männlichen Beamten dieser Gattung mit 1200 K. anfangen. Im weiteren Verlaufe ihrer Dienstzeit werden die Beamten in die verschiedenen Klassen der Postexpeditörstellung befördert. Eine Frist für das Aufrücken von einer Stufe in die andere ist nicht festgesetzt; die Beförderung geschieht allgemein nach Maßgabe der verfügbar werdenden Stellen und ohne Unterschied des Geschlechts der Anwärter. Nur die Stellen für „erste Postexpeditöre" sind ebenso wie die Stellen für Postamtsvorsteher 1. bis 4. Kl. den männlichen Beamten vorbehalten. Wer in die höheren Stellen der Postverwaltung gelangen will, muß sich dem „höheren Postexamen" unterwerfen, das nach Bedürfnis, höchstens aber einmal jährlich, in Stockholm im Monat Oktober abgehalten wird. Zu dieser Prüfung können gut empfohlene Beamte zugelassen werden, wenn seit ihrer Ernennung zum extraordinären Postexpeditör mindestens 5, höchstens aber 12 Jahre verstrichen sind.

Neben den ordentlichen Beamten werden im schwedischen Postdienste Hilfsbeamte beschäftigt. Sie werden von den Postamtsvorstehern angenommen und können von diesen jederzeit wieder entlassen werden. Ihre Besoldung erhalten sie vom Amtsvorsteher, dem zur Unterhaltung von Hilfsbeamtenkräften eine Pauschsumme zur Verfügung gestellt wird. Die Hilfsbeamten, die mindestens 15 Jahre alt sein müssen, haben beim Eintritt eine schriftliche Erklärung abzugeben, daß sie aus ihrer Beschäftigung keinen Anspruch auf feste Anstellung im Postdienste herleiten wollen. Als Hilfsbeamte können übrigens auch extraordinäre Postexpeditöre so lange beschäftigt werden, bis sie zum Aufrücken in eine Stelle mit fester Jahresvergütung an der Reihe sind.

Als Unterbeamte (Betjänte) werden gesunde junge Leute zwischen 18 und 25 Jahren angenommen, die mindestens die vierte Klasse der Volksschule mit Erfolg durchgemacht oder sich anderweit die entsprechenden Kenntnisse angeeignet haben. Die Anwärter, die eine deutliche Handschrift besitzen müssen, haben zunächst eine Probedienstleistung durchzumachen. Erweisen sie sich dabei als tauglich, so werden sie zu „Reserve-Postbedienten" (Reservpostbetjänte) ernannt. Später werden sie zu „außerordentlichen Postbedienten" (Extrapostbetjänte) und schließlich zu „ordentlichen Postbedienten" (Ordinarie Betjänte) befördert. Im weiteren können die Unterbeamten die Stellung als „erste Postbediente" — Förste Postbetjänte — (unseren gehobenen Unterbeamten vergleichbar) erreichen. Dazu ist erforderlich, daß sie einen „Unterweisungskursus" mit Erfolg durchmachen, der für jeden Bezirk einmal jährlich stattfindet. Der Unterricht, der 6 Wochen dauert und mit einer schriftlichen und mündlichen Prüfung abschließt, erstreckt sich auf die Abfassung von Meldungen und einfacheren Dienstschreiben, Rechnen (vier Grundrechnungsarten und Brüche), allgemeine Postordnung, Dienstanweisung für Postbediente, Leitvorschriften, schwedische postalische Geographie (Kenntnis der Postämter und der wichtigeren Poststationen, der Postkurse und der Eisenbahnknotenpunkte), Inlandstaxen und Bedeutung der auf den Sendungen vom Auslande vorkommenden postalischen Bezeichnungen. Wer die Abschlußprüfung nicht besteht, kann noch einmal zur Teilnahme an dem Unterweisungskursus einberufen werden; genügt er auch dann den in der Prüfung gestellten Anforderungen nicht, so ist eine nochmalige Wiederholung nicht statthaft. Solche Unterbeamte, die bei dem Unterricht gute Auffassungsgabe und größeren Eifer bekundet haben, werden zu einem „Ergänzungskursus" herangezogen, wobei ihnen Gelegenheit gegeben wird, ihre Kenntnis der postalischen Geographie von Schweden und ihre Fertigkeit in der Handhabung des Leitmaterials bis zu dem von den Beamten verlangten Maße zu erweitern. Auch dieser Ergänzungskursus schließt mit einer Prüfung ab, nach deren Bestehen den Unterbeamten die Befugnis erteilt wird, die abgehenden gewöhnlichen Briefsendungen auf einem Postamt oder in einer Bahnpost (mit Beamtenbegleitung) unter eigener Verantwortlichkeit zu sortieren. Sämtliche „erste Postbediente" beziehen neben dem Einkommen ihrer Stelle eine Zulage, deren Höhe zwischen 180 und 240 K. schwankt.

Nach ihrer Beschäftigung zerfallen die Unterbeamten in „Briefträger" (Brefbärare), „Postschaffner" (Posttransportörer), „Kastenleerer" (Breflådstömmare), „Packmeister" (Paktmästare), „Bahnpostschaffner" (Järnvägspostiljoner) und „Postkondukteure" (Landtvägspostiljoner).

Die angestellten Beamten und Unterbeamten haben Anspruch auf Ruhegehalt, das im Höchstfalle dem eigentlichen Gehalt (Lön) gleich ist, sich im übrigen aber nach der Dienstzeit richtet. Zum Pensionsfonds sind Abträge zu leisten, und zwar in Höhe eines Monatsgehalts bei der festen Anstellung und eines Zwölftels jeder Zulage. Eine staatliche Versorgung der Witwen und Waisen besteht nicht.

Sämtliche Beamte sind zur Stellung einer Kaution verpflichtet; um die Beschaffung der Kaution zu erleichtern, besteht (ähnlich wie in der Schweiz) unter Leitung der Generaldirektion ein sog. Leih- und Bürgschaftsverein, der für seine Mitglieder die erforderlichen Dienstkautionen stellt.

Die Beförderung der Posten auf Landwegen erfolgt entweder durch Fahrposten (Åkande post), durch Fuß- oder Schlittenposten (Gång- oder Roddpost) oder durch Landbriefträger (Landbrefbäring). Diese verkehren in der Regel im Umkreise der Postanstalten, von denen sie ausgehen; einige berühren aber auch benachbarte Postanstalten. Den Landbriefträgern, die zum Teil mit Fuhrwerk ausgerüstet sind, werden folgende Gegenstände mitgegeben: gewöhnliche und eingeschriebene Briefsendungen, gewöhnliche Pakete bis 1 kg (im Falle der Verwendung von Fuhrwerk auch solche über 1 bis 5 kg), Sendungen mit Wertangabe bis 500 K., Ablieferungsscheine zu Wertsendungen mit höherer Wertangabe, Postanweisungen mit den Geldbeträgen, Sendungen mit Nachnahme, die Arznei enthalten, sowie Zeitungen. Eine Bestellung der Sendungen usw. an die Adressaten findet nur dann statt, wenn deren Wohnungen sich entweder unmittelbar an dem Wege des Landbriefträgers oder doch in solcher Nähe befinden, daß durch das Abtragen keine wesentliche Verzögerung im Gange der Post entsteht. Gewöhnliche Sendungen und Ablieferungsscheine über nachzuweisende Sendungen an andere Personen werden an einen Vermittler abgegeben, der an dem Landbriefträgerkurse wohnt und von der beteiligten Gemeinde der Postanstalt namhaft gemacht worden ist. Diesen Mittelspersonen wird postseitig eine Entschädigung nicht gezahlt. Die Landbriefträger sind befugt, Wertsendungen bis 500 K. und Postanweisungen bis 100 K. nach Orten in Schweden anzunehmen und darüber vollgültige Einlieferungsscheine auszustellen; auch dürfen sie Bestellungen auf größere Mengen von Postwertzeichen, für die der Geldbetrag vorher zu erlegen ist, ausführen.

Als eine Ergänzung des Landpostdienstes ist die Versendung von Briefpostsendungen mittels Postfelleisens (Lösväskor) anzusehen, die auf Ersuchen eines oder mehrerer Beteiligten oder eines ganzen Kirchspiels eingerichtet wird. Der Antrag ist an die nächstgelegene Postanstalt zu richten, die, sobald über die Einzelheiten Verständigung erzielt ist, dem Antragsteller die für ihn eingehenden Briefpostgegenstände in bestimmten Zeitabschnitten mittels verschließbarer Tasche (Felleisen) zusendet. Die Tasche gelangt sodann mit den Briefen usw., die der Antragsteller abzusenden wünscht, an die Postanstalt zurück. Geht das Ersuchen von mehreren Beteiligten aus, so ist eine Mittelsperson zu bezeichnen, an die das Felleisen zu senden ist und die für die Verteilung der angekommenen und die Einsammlung der abzusendenden Gegenstände Sorge trägt. Das Verfahren mit nachzuweisenden Sendungen unterliegt besonderer Vereinbarung. Das Felleisen wird in beiden Richtungen in der Regel durch Boten der Beteiligten befördert; es kann jedoch auch einer Landfahrpost, einem fahrenden Landbriefträger, einem Eisenbahnzug oder einem Dampfschiffe mitgegeben werden. Für die mit der Versendung des Felleisens für die Postverwaltung verbundene Mühewaltung ist eine Vergütung zu zahlen, die nach der Häufigkeit des Austausches und der Menge der zu befördernden Sendungen berechnet wird. Der Mindestbetrag dieser Gebühr, die eine Nebeneinnahme des Vorstehers der beteiligten Postanstalt bildet, ist auf 2 K., der Höchstbetrag auf 18 K. jährlich festgesetzt. Wird das Felleisen mit einer Landfahrpost befördert, die regelmäßig von einem Unterbeamten begleitet wird, so ist dafür außerdem noch zugunsten dieses Unterbeamten eine Abgabe von 1½ bis 3 K. jährlich zu entrichten, je nachdem das Felleisen einmal wöchentlich oder öfter hin- und zurückbefördert wird.

Die Schiffsposten vermitteln nicht nur den Postdienst zwischen verschiedenen Postanstalten, sondern treten vielfach auch, namentlich im Sommer, an die Stelle von Ortspostanstalten in solchen Ortschaften, deren Postverkehr die Einrichtung dauernder Postanstalten nicht rechtfertigen würde. In solchen Fällen wird mit dem Schiffskapitän ein Abkommen dahin getroffen, daß er nicht nur die Annahme und Abgabe der Sendungen besorgen, sondern auch Freimarken zum Verkauf an das Publikum vorrätig halten und auf den ihm zur Beförderung übergebenen Sendungen die Marken entwerten muß. Der Austausch von Sendungen durch Vermittelung von Privatdampfschiffen erstreckt sich jedoch weder auf Einschreibsendungen noch auf Wertbriefe.

Eigene Gebäude besitzt die Postverwaltung nur in wenigen Orten; in anderen Orten von einiger Bedeutung werden passende Räume für Rechnung der Postkasse gemietet und ausgestattet. Für gewöhnlich zahlt jedoch die Verwaltung dem Vorsteher der Postanstalt eine jährliche Vergütung mit der Verpflichtung, die Beschaffung und Ausstattung der Diensträume selbst zu besorgen. Nach den gleichen Grundsätzen wird bei Beschaffung der Amtsbedürfnisgegenstände verfahren.

Das Postregal erstreckt sich auf die regelmäßige Beförderung aller verschlossenen Briefe und der Postkarten in den Gegenden mit geregeltem Postdienst. Privatpersonen kann die Einrichtung eines Postdienstes zwischen Orten, die von der Staatspost nicht bedient werden, von der General-Postdirektion auf Antrag überlassen werden; diese Erlaubnis wird alsdann auf bestimmte oder unbestimmte Zeit gegen einjährige Kündigung erteilt.

A. Briefpost.

Die gewöhnlichen Briefe (bref) sollen in der Regel frankiert zur Post geliefert werden. Das Meistgewicht ist auf 250 g festgesetzt; für die Ausdehnungen sind keine Grenzen gezogen. Tarif: bis 20 g 10 Ö., über 20 bis 125 g 20 Ö., über 125 bis 250 g 30 Ö., für Ortsbriefe 5, 10 und 15 Ö., unfrankiert und unzureichend frankiert das Doppelte des fehlenden Frankos.

Kartenbriefe (kortbref) sind zu 5 und 10 Ö. ausgegeben; sie werden wie Briefe behandelt.

Postkarten (brefkort) kosten allgemein 5 Ö., solche mit Antwort 10 Ö., unzureichend frankiert das Doppelte des fehlenden Portos. Von der Privatindustrie hergestellte Postkarten werden zur Beförderung zugelassen, wenn sie in Größe (höchstens 14 zu 9 und mindestens 10 zu 7 cm) und Beschaffenheit des Papiers mit den von der Postverwaltung ausgegebenen Postkarten übereinstimmen, auch möglichst genau denselben Aufdruck tragen und frankiert sind. Postkarten, die diesen Bestimmungen nicht entsprechen, werden nicht angenommen; finden sie sich im Briefkasten vor, so werden sie nur befördert, wenn sie nach der Taxe für gewöhnliche Briefe vollständig frankiert sind.

Der Brauch, Zeitungen durch Vermittelung der Post zu beziehen (tidningars och tidskrifters förskrifvande genom Postverket), ist in Schweden allgemein verbreitet; nur wenn die Zeitungen am Wohnort der Bezieher selbst erscheinen, wird von dem direkten Bezug vom Verleger seitens des Publikums Gebrauch gemacht. Die Postanstalten nehmen vom Publikum den Abonnementsbetrag entgegen, bestellen die Zeitungen beim Verleger und sorgen für die Aushändigung der Zeitungen an die Bezieher. Der Abonnementspreis setzt sich zusammen aus einer Abonnementsgebühr, dem Einkaufspreis der Zeitung vom Verleger und einer Zeitungsgebühr. Die Abonnementsgebühr beträgt 10 Ö. für jedes Abonnement der gewöhnlichen Bezugszeit und 2 % des Einkaufspreises, mindestens 5 Ö. Die Zeitungsgebühr hängt ab von der Häufigkeit des Erscheinens und dem Gewicht der einzelnen Zeitungsnummer; es sind vom Verleger zu zahlen: 12 Ö. jährlich für jede in einer Woche (oder seltener) erscheinende Zeitungsnummer bis zu siebenmaligem Erscheinen, bei öfterem Erscheinen 6 Ö. jährlich für jede weitere Wochennummer, ferner 6 Ö. für jedes kg der beförderten Zeitungen. Das Gewicht wird für das Jahr nach Belegnummern festgesetzt. Die einzelnen Zeitungsnummern sollen 150 g im Gewicht und die Zeitungspakete im Format der Aufschriftsfläche 15 qdm nicht überschreiten. Gewöhnliche Zeitungsbeilagen werden als Teile der Zeitung angesehen; außergewöhnliche Zeitungsbeilagen, deren Versendung vor der Auflieferung angemeldet werden muß, kosten ½ Ö. für jede 25 g der einzelnen Beilage.

Für Zeitungen, die in der Zeitungspreisliste aufgeführt, von den Beziehern aber beim Verleger unmittelbar bestellt worden sind, wird, wenn sie mit Einzeladressen versehen zur Post geliefert werden (Verlegerkreuzbänder — utgifvarekorsband), das Porto nach dem Gesamtgewicht der gleichzeitig zur Einlieferung kommenden Sendungen berechnet. Das Porto beträgt 12 Ö. für jedes kg, mindestens aber 24 Ö.

Auch andere als abonnierte Zeitungen (vanliga tidningskorsband, gewöhnliche Zeitungskreuzbänder) genießen eine Portoermäßigung gegenüber den gewöhnlichen Drucksachen. Die Zeitungspakete werden ohne Gewichtsbeschränkung zur Beförderung angenommen; für ihre Größe gelten die für die abonnierten Zeitungen erlassenen Bestimmungen. Tarif: 1 Ö. für je 50 g, mindestens aber für Ortssendungen 2 Ö., für andere 4 Ö., unzureichend frankiert das Doppelte des fehlenden Frankos.

Für Drucksachen (andere als Zeitungen und Zeitschriften) — trycksaker — besteht gleichfalls der Frankierungszwang. Das Meistgewicht ist auf 2 kg beschränkt; in den Ausdehnungen dürfen sie in keiner Richtung 45 cm, in Rollenform nicht 75 zu 10 cm überschreiten. Tarif: im Ortsverkehr 2 Ö., sonst 4 Ö. für jede 50 g, unzureichend frankiert das Doppelte des fehlenden Portos. Für die zulässigen handschriftlichen Zusätze und die Verpackung gelten im wesentlichen dieselben Bestimmungen wie im Weltpostverkehr.

Geschäftspapiere (affärshandlingar) müssen frankiert sein und dürfen 2 kg nicht überschreiten. Für die Ausdehnungen gelten die gleichen Vorschriften wie für Drucksachen. Tarif: 2 Ö. im Ortsverkehr, sonst 4 Ö. für je 50 g, mindestens jedoch 5 und 10 Ö. für die Sendung, unzureichend frankiert das Doppelte des fehlenden Portos. Geschäftspapiere müssen entweder unter Band oder in offenem Briefumschlag versandt werden.

Warenproben (varuprof), die gleichfalls dem Frankierungszwange unterliegen, dürfen nicht schwerer als 350 g sein und in den Maßen 30 zu 20 zu 10, in Rollenform 30 zu 15 cm nicht übersteigen. Tarif: im Ortsverkehr 2 Ö., sonst 4 Ö. für jede 50 g, mindestens jedoch 4 und 8 Ö. für die Sendung, unzureichend frankiert das Doppelte des fehlenden Portos. Unfrankierte Warenproben gelangen ebenso wie unfrankierte Drucksachen und Geschäftspapiere unter keinen Umständen zur Absendung. Verpackung usw. wie im Weltpostverkehr.

Briefsendungen jeder Art (mit Ausnahme der Zeitungen) können unter Einschreibung (rekommenderas) versandt werden. In diesem Falle müssen die Sendungen stets voll im voraus frankiert werden. Einschreibbriefe müssen, je nach der Beschaffenheit des verwendeten Briefumschlages, mit 2 oder 5 Siegeln verschlossen sein. Für die eingeschriebenen Gegenstände anderer Art bestehen besondere Vorschriften über Verschluß und Verpackung nicht. Geld- und Wertpapiere können in Einschreibbriefen versandt werden. Einschreibgebühr 15 Ö. Für den Verlust einer Einschreibsendung wird ein Schadenersatz von 36 K. gezahlt, und zwar auch, wenn der Verlust durch höhere Gewalt oder Seegefahr eingetreten ist. Ein Schadenersatz wird auch dann geleistet, wenn die Siegel oder die Umhüllung eines Einschreibbriefes während der Beförderung beschädigt worden sind und bei der Ankunft ein Teil des Inhalts fehlt. Über eine Einschreibsendung wird ein Einlieferungsschein unentgeltlich erteilt. Rückscheine (mottagningsbevis) sind zulässig; Gebühr 10 Ö.

Briefsendungen können mit Nachnahme belastet werden (s. unter „D. Pakete").

Nach- oder Rücksendung von Briefsendungen erfolgt taxfrei. Postlagerbriefe werden bei den Postanstalten bis zum Ablauf der auf die Einlieferungswoche folgenden achten Woche zur Verfügung der Adressaten gehalten. Unanbringliche Briefe werden an die Generaldirektion eingesandt, wo sie zur Ermittelung des Absenders oder Empfängers geöffnet werden. Enthalten unanbringliche Briefe Geld oder geldwerte Gegenstände, so wird die Adresse der Briefe im Amtsblatt veröffentlicht. Der Geldbetrag oder der Erlös, der vom Eigentümer nicht abgefordert wird, verfällt nach 10 Jahren der Staatskasse. Wertlose unanbringliche Briefe werden vernichtet.

Die Bestellung der gewöhnlichen Briefsendungen in die Wohnung der Empfänger erfolgt kostenfrei. Über Einschreibsendungen wird dem Empfänger (ausgenommen in größeren Städten, wo die Einschreibbriefe selbst abgetragen werden) nur ein Benachrichtigungsschreiben zugestellt; die Sendung selbst hat der Empfänger bei der Postanstalt abzuholen. In kleinen Orten, sowie im Landbezirk einer Anzahl kleinerer Postanstalten ist jedoch ein Bestelldienst nicht eingerichtet; an diesen Orten haben die Empfänger ihre sämtlichen Sendungen stets von der Post abzuholen. Die Abholung und Zustellung der Briefsendungen geschieht häufig mit besonderer Tasche (löswäskor), zu welcher der Eigentümer sowohl als auch die Postanstalt je einen Schlüssel besitzen. Bezüglich der Gebühr siehe weiter oben.

Die Eilbestellung (Expressbefordran) ist im Ortsbestellbezirk aller Orte zulässig, wo Briefträger beschäftigt sind. Sie erstreckt sich auf Briefsendungen jeder Art, sowie auf Pakete bis 1 kg, auf Postanweisungen, auf die Benachrichtigungsschreiben zu Einschreib- und Wertbriefen und zu Paketen von mehr als 1 kg. Die Eilbestellgebühr beträgt 20 Ö. für die Sendung und muß stets im voraus entrichtet werden.

Zum Verkauf von Postwertzeichen sind außer den Postanstalten auch Privatpersonen (Kaufleute und Händler) zugelassen. Letzteren kann ein eiserner Bestand von 150 K. übergeben werden. Die Postbeamten beziehen von dem Erlös für abgesetzte Postwertzeichen eine Tantième (siehe weiter oben). Privatpersonen erhalten einen Rabatt von 1%, Inhaber von amtlichen Verkaufsstellen 2% des Wertes der Postwertzeichen, wenn sie auf einmal mindestens 3 Bogen zu je 100 Freimarken, oder 100 Postkarten, oder 100 gestempelte Briefumschläge kaufen. Es gibt Markenheftchen mit 30 Marken zu 5 oder zu 10 Ö., die mit einem Aufschlage von 5 Ö. verkauft werden. Außer Postkarten und Kartenbriefen sind auch gestempelte Briefumschläge zu 2, 4 und 5 Ö. käuflich, die mit einem Aufschlage von 1 Ö., bei Abnahme von 25 Stück von 5 Ö. abgegeben werden. Unbrauchbar gewordene gestempelte Formulare werden gegen eine Gebühr von 1 Ö., Kartenbriefe von 2 Ö. das Stück umgetauscht. Aus Formularen ausgeschnittene Wertstempel sind zur Frankierung unbrauchbar.

Zur Verrechnung des Portos auf unfrankierten und unzureichend frankierten Sendungen sind besondere Taxmarken (portomärken) mit der Inschrift „lösen" im Gebrauch. Stundung des Frankos und Portos ist zulässig. Die Stundungsgebühr beträgt bis 500 K. 6%, für Beträge über 500 K. 5% bis 1000 K., 3% über 1000 bis 5000 K., 2% über 5000 K., mindestens aber 5 K. vierteljährlich.

B. Wertbriefe.

Am Wertbriefdienst nehmen sämtliche Postanstalten teil. Werden die Wertbriefe (assurerade bref) bei einem Postamt aufgeliefert und sind sie an ein solches Amt oder an eine an der Staatseisenbahn belegene Poststation gerichtet, so besteht für die Wertangabe keine Grenze; andernfalls ist der Meistbetrag der Wertangabe für Poststationen 1. und 2. Kl. auf 20 000 K., für Poststationen 3. Kl. auf 500 K. beschränkt.

Die Wertbriefe müssen in der Regel in Briefumschläge, deren Schlußklappen sich in einem Punkt kreuzen (vierklappig), verpackt und mit 5 Siegeln verschlossen sein. Wird der Inhalt des Briefes, was auf Verlangen des Aufgebers geschehen kann, vom Annahmebeamten festgestellt, so hat dieser die Siegel mit dem Petschaft des Absenders anzulegen. Das Dienstsiegel des Postamts darf dazu nicht verwendet werden. Mit 2 Siegeln verschließbare besondere Briefumschläge sind auch zugelassen.

Für die Wertangabe besteht „Deklarierungszwang", d. h. die Wertangabe darf nicht höher und nicht niedriger als der wirkliche Wert des Inhalts sein. Vermutet der Annahmebeamte eine unrichtige Angabe des Wertes, so kann er die Eröffnung des Briefes und Feststellung des Inhalts verlangen. Ergibt sich, daß der Wert des aus Geldstücken, Wertpapieren oder Papiergeld bestehenden Inhalts zu hoch oder zu niedrig angegeben ist, so hat der Postbeamte die Annahme des Briefes unter der unrichtigen Wertangabe abzulehnen; diese Annahmeverweigerung kann dem Aufgeber auf Verlangen schriftlich bestätigt werden.

Wünscht der Aufgeber, daß der Inhalt eines Wertbriefes vom Annahmebeamten festgestellt wird, so hat er mit dem Briefe ein Verzeichnis der Münz- und Papiergeldsorten, sowie im Falle, daß der Brief auch sonstige Wertpapiere enthält, ein oder erforderlichenfalls mehrere Beschreibungen dieser Wertpapiere dem Annahmebeamten vorzulegen. Der Annahmebeamte prüft die Angaben in den Verzeichnissen, bescheinigt die Richtigkeit des Inhalts auf dem Briefumschlage, gibt im Einlieferungsschein getrennt an, wieviel bares Geld und wieviel in Wertpapieren der Wertbrief enthält und wieviel Verzeichnisse vorgelegt worden sind, und befestigt die Verzeichnisse mit dem Dienstsiegel des Postamts an den Einlieferungsschein. Für diese Inhaltsfeststellung sind (außer der gewöhnlichen Taxe) 10 Ö. für die Feststellung des baren Geldes und 25 Ö. für die Prüfung eines jeden besonderen Verzeichnisses über Wertpapiere zu entrichten; die letztere Gebühr steht dem Annahmebeamten zu. Zu bemerken ist, daß im Einlieferungsschein auch die Höhe des Gesamtwertes, sowie das Gewicht des Briefes vermerkt wird. Über verschlossen aufgelieferte Wertbriefe wird unentgeltlich ein Einlieferungsschein erteilt.

Im Falle des Verlustes oder der Beschädigung eines Wertbriefes wird dem Aufgeber Schadenersatz bis zur Höhe der Wertangabe für den erlittenen Schaden gezahlt; als Schaden wird der Unterschied zwischen der Wertangabe und dem im Briefe vorgefundenen Wertbetrag angenommen. Anträge auf Schadenersatz müssen in Beschädigungsfällen innerhalb 60 Tage, in Verlustfällen innerhalb 1 Jahres schriftlich an die General-Postdirektion gerichtet werden.

Der Empfänger eines Wertbriefes kann verlangen, daß der Inhalt von dem Ausgabebeamten festgestellt wird. Dieses Verlangen muß vor Aushändigung des Briefes gestellt werden. Ist der Inhalt auch bei der Auflieferung amtlich festgestellt worden oder ist die Feststellung wegen Beschädigung der Siegel oder der Verpackung erforderlich, so geschieht die Inhaltsfeststellung am Bestimmungsort kostenfrei, andernfalls hat der Empfänger 10 Ö. zu zahlen, die dem Ausgabebeamten zufallen.

In größeren Städten können Wertbriefe bis 500 K. den Empfängern durch die Briefträger in die Wohnung bestellt werden. In allen übrigen Fällen wird dem Empfänger nur ein Benachrichtigungsschreiben zugefertigt, und es ist seine Sache, den Brief vom Postamt abzuholen. Werden dem Empfänger die Briefsendungen in geschlossener Tasche zugestellt, so kann auch ein Wertbrief aufgenommen werden, nachdem der Empfänger der Postanstalt den quittierten Ablieferungsschein zugestellt hat oder wenn er ein für allemal schriftlich in Gegenwart von Zeugen die Erklärung abgegeben hat, daß ihm Wertbriefe stets auf diese Weise zugestellt werden sollen und er von vornherein auf Ersatz für den etwa entstehenden Schaden verzichtet. Kommt ein Brief nach einem kleineren Postamt mit einer höheren als der für dieses Postamt zulässigen Wertangabe vor, so wird er dem der Bestimmungspostanstalt nächsten, für diese Wertangabe ermächtigten Postamt zugeführt; dort hat der Empfänger den Brief entweder abzuholen oder er hat den quittierten Ablieferungsschein an diese Postanstalt mit Verzichtleistungserklärung auf Schadenersatz für den durch die Weiterbeförderung nach der Bestimmungspostanstalt etwa entstehenden Schaden oder Nachteil einzusenden, worauf der Brief dem Empfänger durch die Postanstalt seines Wohnorts zugestellt wird.

T a r i f: Porto für einen gewöhnlichen Brief und Versicherungsgebühr: bis 500 K. 30 Ö., über 500 bis 1000 K. 50 Ö., über 1000 bis 5000 K. 50 Ö. für die ersten 1000 K. und 2 Ö. für jede weiteren 100 K., über 5000 bis 50 000 K. 1 K. 30 Ö. für die ersten 5000 K. und 15 Ö. für jede weiteren 1000 K., über 50 000 bis 100 000 K. 8 K. 5 Ö. für die ersten 50 000 K. und 10 Ö. für jede weiteren 1000 K. und bei Beträgen über 100 000 K. 13 K. 5 Ö. für die ersten 100 000 K. und 5 Ö. für jede weiteren 1000 K. Porto und Versicherungsgebühr sind in Freimarken auf der Vorderseite der Wertbriefe zu verrechnen. Rückscheine sind zulässig; Gebühr 10 Ö. Auf Wertbriefen ist N a c h n a h m e zulässig (siehe unter „D. Pakete").

C. Postanweisungen.

Am Postanweisungsdienst nehmen sämtliche Postämter mit vollem Dienst (Postkontore) unbeschränkt, d. h. bis 500 K. teil. Die Poststationen dagegen nehmen nur solche Postanweisungen (postanvisningar) bis 100 K. an und zahlen nur solche aus, die an ein Postkontor gerichtet sind oder von einem solchen ausgehen oder, wenn sie an eine Poststation gerichtet sind oder von einer solchen ausgehen, während der Beförderung mindestens durch e i n Postkontor bearbeitet werden. Postanweisungen nach dem Bestellbezirk der Aufgabepostanstalt können nur bei Postkontoren eingezahlt werden. T a r i f: bis 5 K. 10 Ö., über 5 bis 25 K. 15 Ö., über 25 bis 50 K. 25 Ö., über 50 bis 100 K. 30 Ö., über 100 bis 250 K. 35 Ö., über 250 bis 500 K. 40 Ö.

Zu den Postanweisungen sind besondere Formulare mit einem Abschnitt, der vom Absender zu schriftlichen Mitteilungen benutzt und vom Empfänger losgetrennt werden kann, zu verwenden. Die Ausfüllung der Formulare liegt den Absendern ob. Dem Aufgeber wird über den eingezahlten Betrag unentgeltlich ein Einlieferungsschein erteilt.

In einzelnen größeren Städten werden den Empfängern die Postanweisungen nebst den zugehörigen Geldbeträgen in die Wohnung bestellt. In den anderen größeren Orten werden den Empfängern nur die Postanweisungen, ohne die zugehörigen Geldbeträge, überbracht, und es ist Sache der Empfänger, das Geld gegen Rückgabe der vollzogenen Postanweisung bei der Postanstalt abzuholen. Bei den kleinen Postanstalten, sowie allgemein im Landbestellbezirk wird dagegen den Empfängern nur ein Benachrichtigungsschreiben zugestellt. Sofern ein Empfänger im Landbestellbezirk, dessen Wohnort vom Landbriefträger begangen wird, der Postanstalt eine ordnungsmäßig vollzogene Quittung über einen Postanweisungsbetrag zufertigt, kann ihm der Betrag durch den Landbriefträger zugestellt werden. Liegt für den im Bezirk einer kleinen Postanstalt wohnhaften Empfänger eine Postanweisung vor, zu deren Zahlung diese Postanstalt wegen der Höhe des Betrages nicht ermächtigt ist, so verbleibt die Postanweisung bei der nächstgelegenen größeren Postanstalt, und es wird dem Empfänger nur eine Benachrichtigung zugeschickt; diesem bleibt es überlassen, das Geld bei der größeren Postanstalt selbst abzuheben oder aber dieser eine ordnungsmäßige Quittung zu übersenden, worauf die Postanstalt den Postanweisungsbetrag dem Empfänger auf dessen Gefahr im Wertbrief zuschickt. Hat der Empfänger ein für allemal in Gegenwart von Zeugen eine Erklärung abgegeben, daß ihm die Postanweisungsbeträge auf seine Gefahr zugeschickt werden sollen, so kann die Zusendung des Geldes auch ohne vorherige Einsendung einer Quittung ohne weiteres erfolgen. Unterhält der Empfänger eine Abholertasche (Felleisen), so kann ihm der Postanweisungsbetrag unter denselben Bedingungen wie ein Wertbrief durch die Tasche nach vorheriger Einsendung einer Quittung oder nach Abgabe einer allgemeinen Verzichtleistungserklärung auf Schadenersatz zugestellt werden.

Eilbestellung ist nach allen Postorten zulässig, wo Briefträger amtlich eingestellt sind. Die Eilbestellgebühr beträgt 20 Ö.

Die Postanweisungen verlieren ihre Gültigkeit mit Ablauf des auf den Einzahlungsmonat folgenden Monats. Nach Ablauf dieser Frist wird die Rückzahlung des Postanweisungsbetrages an den Absender eingeleitet. — Auszahlungsscheine sind zulässig; Gebühr 10 Ö.

Die Übermittelung von Postanweisungen auf telegraphischem Wege ist statthaft. An diesem Verkehr nehmen sämtliche Postämter und die Poststationen 1. und 2. Kl. teil. Der Absender hat zu jeder telegraphischen Postanweisung (telegrampostanvisningar) ein besonderes Formular auszufüllen. Die telegraphischen Postanweisungen können dem Empfänger durch Eilboten zugestellt werden; in dem Falle ist auf das Formular der Vermerk „postexpress“ niederzuschreiben. Das Überweisungstelegramm fertigt der Annahmebeamte aus; er legt es in einen amtlichen Umschlag und übergibt es dem Absender, der für Auflieferung bei der nächsten Telegraphenanstalt selbst Sorge zu tragen hat. Dies unterbleibt natürlich, wo Post und Telegraphie in einem Hause vereinigt sind. Für das Überweisungstelegramm ist die gewöhnliche Telegrammgebühr zu entrichten. Die Aufgabepostanstalt sendet ihrerseits an die Bestimmungspostanstalt eine Einzahlungsmeldung ab. Im übrigen finden die für gewöhnliche Postanweisungen gültigen Bestimmungen Anwendung.

Die Einziehung von Geldern im Wege des **Postauftrages** ist im inneren Verkehr Schwedens noch **nicht** eingeführt.

D. Pakete.

Am Paketdienst nehmen sämtliche Postanstalten teil. Zwischen den Postkontoren können Pakete (paket) bis 50 kg ausgetauscht werden; für Pakete, die bei Poststationen 1. Kl. (an der Eisenbahn) aufgeliefert werden oder für solche bestimmt sind, ist das Meistgewicht auf 10 kg und im Verkehr mit den nur durch Boten- oder Landbriefträgerposten bedienten Poststationen auf 1 kg beschränkt. Leichtentzündliche Sachen, Sprengstoffe, Feuerwerkskörper, sowie überhaupt alle Gegenstände, die andere Sendungen beschädigen können, ferner lebende Tiere sind von der Beförderung ausgeschlossen. Briefe dürfen in Pakete nicht eingelegt werden; Zuwiderhandlungen sind mit einer Geldstrafe von 20 K. bedroht.

Die Verpackung muß dergestalt sein, daß der Inhalt genügend gesichert ist. Jeder Sendung muß eine Begleitadresse beigegeben sein; auf dem Abschnitt der Begleitadresse hat sich der Absender namhaft zu machen, den Inhalt der Sendung anzugeben und diese Angabe zu unterschreiben. Mitteilungen persönlicher Natur dürfen auf dem Abschnitt nicht angebracht werden.

Wertangabe ist zulässig, und zwar bei den verschiedenen Postanstalten in denselben Grenzen wie bei Wertbriefen. Die Angabe eines höheren oder niedrigeren als des wirklichen Wertes ist untersagt.

Im Falle des Verlustes oder der Beschädigung von Paketen wird von der Postverwaltung Ersatz geleistet. Bei Wertpaketen wird bei dessen Bemessung der angegebene Wert zugrunde gelegt. Bei gewöhnlichen Paketen wird der wirklich erlittene Schaden, höchstens 2 K. bis 1 kg, 4 K. über 1 bis 2 kg und bei höherem Gewicht 1 K. für jedes $\frac{1}{2}$ kg ersetzt. Für die Geltendmachung der Ersatzansprüche, sowie für die besondere Behandlung der Wertpakete bei der Auflieferung und bei der Ausgabe gelten die für Wertbriefe erlassenen Bestimmungen.

Die Pakete werden den Empfängern nur gegen Empfangsbescheinigung auf der Begleitadresse ausgehändigt. In größeren Orten werden gewöhnliche Pakete bis 1 kg, sowie Pakete mit Wertangabe bis 500 K. den Empfängern in die Wohnung bestellt. In einzelnen größeren Städten werden auch schwerere Pakete gegen ein Bestellgeld von 15 Ö. bis 3 kg, 25 Ö. über 3 bis 10 kg, 35 Ö. bei höherem Gewicht den Empfängern in die Wohnung getragen. Einzelne Postanstalten lassen kleinere Pakete auch durch die Landbriefträger zur Bestellung mitnehmen. In allen anderen Fällen wird den Empfängern nur ein Benachrichtigungsschreiben über die Ankunft der Pakete zugefertigt, und es liegt jenen ob, die Sendungen von der Postanstalt abzuholen oder abholen zu lassen. Eilbestellung ist nach Postorten zulässig; Eilbestellgebühr 20 Ö. für die Sendung bis 1 kg.

Dem Aufgeber, auch eines gewöhnlichen Pakets, kann auf Verlangen ein Einlieferungsschein erteilt werden. In diesem Fall hat der Absender dem Paket zwei gleichlautende Begleitadressen beizufügen, von denen ihm die eine bescheinigt vom Annahmebeamten zurückgegeben wird.

Wird ein Paket nicht binnen 3 Monaten abgeholt, so wird eine Unbestellbarkeitsmeldung zur Einholung anderweitiger Bestimmung des Absenders erlassen. Im Falle der Nach- oder Rücksendung wird das Porto für die neue Beförderungsstrecke dem Empfänger oder dem Absender in Anrechnung gebracht.

Tarif: bis 1 kg 30 Ö., über 1 bis 3 kg 50 Ö., über 3 bis 5 kg 75 Ö. und bei schwererem Gewicht für jedes ½ kg 15 Ö., Sperrgut 50 % Zuschlag; Versicherungsgebühr wie für Wertbriefe. Die Taxe für Feststellung des Inhalts von Paketen mit Wertangabe bei der Auflieferung oder Ausgabe ist die gleiche wie bei Wertbriefen. Rückscheine sind zulässig; Gebühr 10 Ö.

Sowohl auf Briefsendungen als auch auf Geldbriefen und Paketen können Nachnahmen (postförskott) bis 500 K. genommen werden; indessen sind Nachnahmesendungen bis zu diesem Betrage nur im Verkehr der Postkontore, bei Poststationen 1. und 2. Kl. nur bis 100 K. zulässig; Poststationen 3. Kl. nehmen am Nachnahmeverkehr nicht teil. Außer dem Porto gelangt eine Nachnahmegebühr zur Erhebung, die der Postanweisungsgebühr gleich ist. Die eingezogenen Nachnahmebeträge werden den Absendern mit Postanweisung zugeschickt. Die Verweigerung der Zahlung des Nachnahmebetrages gilt für Ablehnung der Sendung selbst. Wird eine Nachnahmesendung nicht sogleich eingelöst, so lagert sie, falls der Absender nicht eine kürzere Frist bestimmt hat, 14 Tage zur Abholung durch den Empfänger und wird dann nötigenfalls zurückgesandt. Die Sendung selbst wird nicht dem Empfänger zur Einlösung in die Wohnung gebracht, sondern es wird ihm nur eine Benachrichtigung zugestellt.

E. Postsparkassen.

Am Postsparkassendienst nehmen sämtliche Postanstalten teil. Die Einlagen dürfen nicht geringer als 1 K. sein; ein Meistbetrag ist nicht festgesetzt, Beträge von mehr als 2000 K. werden jedoch nicht verzinst. Der Zinsfuß wird durch Königliches Dekret bestimmt und beträgt gegenwärtig 3,6 %. Wird der Zinsfuß geändert, so tritt der neue Zinsfuß erst 4 Monate nach Veröffentlichung des Dekrets in Kraft. Die Zinsen werden nur monatsweise berechnet; die Verzinsung einer Einlage beginnt sonach erst mit dem 1. Tage des auf den Einzahlungstag folgenden Monats, während die Verzinsung eines zurückgezahlten Betrages mit dem letzten Tage des dem Auszahlungstag vorangehenden Monats erlischt. Jedermann kann sowohl für sich als auch für dritte Personen Einlagen bewirken. Verheiratete Frauen können selbständig für sich ohne Einwilligung der Ehegatten Spargelder einlegen, ebenso bedürfen minderjährige Personen von mehr als 15 Jahren nicht der Zustimmung ihrer Eltern oder Vormünder.

Das Sparbuch wird von der Postanstalt ausgestellt, bei der die erste Einzahlung bewirkt wird. Jeder eingezahlte Betrag wird im Sparbuch durch Sparmarken (qvittenskuponger) zum Werte der Einlage verrechnet. Die Marken werden mit dem Namen des Annahmebeamten überschrieben und mit einem Abdruck des Aufgabestempels versehen; außerdem wird der Betrag noch in eine besondere Spalte des Sparbuches eingetragen. Zum Sparen kleinerer Beträge dienen besondere Sparmarken (sparmärken) zum Werte von je 10 Ö., die auf eine Sparkarte (sparkort) aufzukleben sind. Jede Sparkarte faßt 10 solcher Marken; eine vollständig beklebte Sparkarte kann bei der Einlegung eines Sparbetrages zu 1 K. in Zahlung gegeben werden.

Geht dem Sparer ein Buch verloren, so hat er den Verlust unter Bezeichnung der Zeit und der Umstände des Verlustes der Zentraldirektion der Postsparkasse anzuzeigen. Diese ruft das Buch dreimal hintereinander durch das Amtsblatt für Rechnung des Sparers auf und liefert nach 6 Monaten, je nach Umständen kostenfrei oder gegen Zahlung einer besonderen Vergütung, ein Doppel des Buches dem Sparer aus.

Jede Rückzahlung muß schriftlich durch Vermittelung der Postanstalten bei der Zentraldirektion in Stockholm angemeldet werden. Nur in Stockholm selbst können, vorbehaltlich des Widerrufs, Sparbeträge ohne vorgängige schriftliche Kündigung sogleich zurückgezahlt werden. Die Kündigungsfristen betragen bis 50 K. 10, über 50 bis 500 K. 30 und bei höheren Beträgen 60 Tage. Die Rückzahlungen können bei jeder zum Sparkassenbetrieb ermächtigten Postanstalt bewirkt werden; der Sparer hat in der Kündigung die Postanstalt zu bezeichnen, bei der er den Betrag abheben will. Die Rückzahlung kann telegraphisch angeordnet werden, die Übersendung des zurückzuzahlenden Betrages durch Postanweisung ist dagegen nicht statthaft; bei der Rückzahlung ist stets das Sparbuch der Postanstalt vorzulegen.

Die Poststationen senden jeden Tag ein Verzeichnis der bewirkten Ein- und Rückzahlungen an das ihnen vorgesetzte Postkontor ein. Diese wiederum schicken monatlich dreimal Übersichten über die Ein- und Rückzahlungen an die Zentraldirektion ein. Für jeden Sparer wird ein Konto bei der Zentraldirektion in einfacher Ausfertigung geführt. Die Postsparkasse übernimmt es, den Sparern auf Verlangen für ihr Guthaben Staatspapiere anzukaufen; dies geschieht kostenfrei, für die Übersendung der Wertpapiere mittels Geldbriefes hat der Sparer dagegen das Porto zu zahlen. Mit dem Verkauf solcher Papiere befaßt sich die Postsparkasse nicht.

Die Zinsen werden alljährlich nach dem Stande vom 31. Dezember berechnet; jeder Sparer hat jährlich einmal in dem Monat, in dem sein Sparbuch ausgefertigt ist, dieses an die Zentraldirektion einzusenden, worauf die Zinsen darin gutgeschrieben werden. Sind innerhalb 10 Jahre weder Ein- noch Rückzahlungen auf ein Sparbuch bewirkt worden und hat der Sparer nicht für Verlängerung der Gültigkeitsdauer seines Buches gesorgt, so verfallen die Guthaben der Sparkasse.

Den Postbeamten wird für ihre Mühewaltung aus Anlaß des Postsparkassendienstes eine Entschädigung gezahlt, die 2 Ö. für jede Einzahlung zugunsten des Annahmebeamten und für jeden Zeitraum von 10 Jahren 0,1 % für jede in Rechnung gestellten 10 K. zugunsten des abrechnenden Beamten beträgt.

12. Norwegen.

(322 987 qkm und 2 330 364 Einwohner.)

Das norwegische Postwesen ist dem Ministerium der öffentlichen Arbeiten unterstellt; an der Spitze der Postabteilung dieses Ministeriums steht ein General-Sekretär oder Expeditionschef. Bezirksdirektionen bestehen nicht, vielmehr sind die Postanstalten jener Ministerialabteilung unmittelbar untergeordnet. Die Postabteilung des Ministeriums zerfällt in 5 Bureaus, nämlich in 3 Verwaltungsbureaus (Postadministrationskontorer), in ein Kontrollbureau für die Ausgaben der Postverwaltung und für die Abrechnungen und in ein Kontrollbureau für die Einnahmen der Postverwaltung. Jedem dieser Bureaus steht ein Bureauchef vor. Ferner bestehen eine Oberpostkasse, eine Freimarkenverwaltung und ein Aufsichtskontor bei der Zentralbehörde. Das weitere Personal besteht aus Untervorstehern (Fuldmägtige), Sekretären und Assistenten. Dem General-Sekretär der Posten ist auch die Verwaltung der Telegraphie unterstellt. An der Spitze des Telegraphenwesens steht unter jenem ein Direktor, dem lediglich der Betrieb zugeteilt ist. Der Expeditionschef bezieht ein Gehalt von 6000 K.*). Das Gehalt der Bureauchefs beträgt 4000 K., der Untervorsteher 3120 K., der Sekretäre 1. Kl. 2400 K. (nach 5 und 10 Jahren je eine Zulage von 250 K.), der Sekretäre 2. Kl. 1800 K. (Zulagen wie bei solchen 1. Kl.), der Assistenten 1. Kl. 1200 K. (Zulagen von je 200 K. nach 5, 10 und 15 Jahren), der Assistenten 2. Kl. 800 K. (und gleiche Zulagen wie die 1. Kl.).

Die Ortspostanstalten zerfallen in 3 Klassen: die „Postkontorer", die „Postaapnerier" (eine Art Postagenturen) und die „Brevhuse" (eine Art Posthilfstellen), die sich nur mit gewöhnlichen Briefsendungen befassen. Die Postaapnerier sind den Postkontoren unterstellt und rechnen mit diesen ab. Außerdem gibt es noch Bahnposten (Postexpeditionen), die den am Anfangspunkt jedes Kurses bestehenden Ortspostämtern zugeteilt sind. Die Vorsteher der Postkontorer, deren Gehalt jährlich mindestens 3000 K. beträgt, werden durch königliches Dekret, die anderen Beamten der Postkontorer und Postaapnerier sowie der Bahnposten dagegen, soweit ihr Gehalt mindestens 500 K. jährlich beträgt, vom Minister, die übrigen vom General-Sekretär ernannt. Die Verwaltung der Postaapnerier wird Personen übertragen, die für gewöhnlich noch andere öffentliche Ämter bekleiden oder irgendein Geschäft betreiben; unter ihnen befindet sich eine Anzahl Frauen. Das Gehalt der Postamtsvorsteher wird von der Nationalversammlung festgesetzt; die etwa erforderlichen Hilfsarbeiter werden von den Postamtsvorstehern selbst angenommen und besoldet, auch tragen diese sämtliche Amtsunkosten, wofür ihnen eine Bauschvergütung gezahlt wird. Eine Ausnahme machen nur die größeren Postämter (Christiania, Bergen, Drammen, Drontheim, Fredrikstad, Kristiansand, Stavanger), bei denen die Besoldungen der Hilfsarbeiter und die Amtsunkosten unmittelbar aus der Postkasse gezahlt werden. Neben ihrem Gehalt beziehen die Postamtsvorsteher (die der vorgenannten 7 Städte ausgenommen) eine Provision von 4% des Wertes der Freimarken, die sie in Einzelmengen von weniger als 100 Stück verkaufen, und von 2% des Wertes der Postwertzeichen, die sie in Einzelmengen von 100 Stück und mehr absetzen, ferner die Portostundungs- und einige sonstige Gebühren von unbestimmter Höhe. Wird ein Postkontor frei, so wird die Stelle mit Gehalt und Nebenbezügen im Postamtsblatt ausgeschrieben.

Für die Revision der Postanstalten und ihrer Kassen sind bestimmte Zeitpunkte nicht festgesetzt; die Revisionen werden durch Beamte des Ministeriums, die in jedem einzelnen Falle hierzu bestimmt werden, abgehalten. Außerdem ist noch ein besonderer „Aufsichtsbeamte" bei der Zentralbehörde vorhanden, der für Inspektionsreisen und andere dienstliche Angelegenheiten, wie die Abschließung von Postfuhrverträgen usw., stets zur Verfügung des Ministeriums steht (Gehalt 3000 K.).

---

*) 1 Krone (K.) zu 100 Öre (Ö.) = 1 Mk. $12\frac{1}{2}$ Pf.

Die Gehälter der Postamtsvorsteher, der „Postmester", sind je nach der Bedeutung des von ihnen verwalteten Amtes verschieden. So beziehen der Postmeister in Christiania ein Gehalt von 7000 K., der Postmeister in Bergen 5600 K., der Postmeister in Drontheim 5200 K., die Postmeister von Drammen und Stavanger 5000 K., die Postmeister der übrigen Postkontore 4500, 4000, 3500, 3000, 2500, 2000 und 1500 K. Soweit das Anfangsgehalt 3000 K. nicht übersteigt, erhalten die Postmeister Alterszulagen, und zwar nach 5 und 10 Jahren je 250 K., die auch beim Einrücken in ein Amt mit höherem Gehalt gezahlt werden. Der Vorsteher des Bahnhofspostamtes in Christiania, dem zugleich die wichtigen, in Christiania entspringenden Bahnposten unterstellt sind, bezieht ein Gehalt von 3400 K. Auch unter den Postmeistern der kleinsten Ämter befinden sich Frauen. Bei den großen Postämtern sind den Postmeistern Ober-Sekretäre (Postfuldmägtige) als Vertreter zugeteilt. Sie zerfallen in 3 Klassen und beziehen an Gehalt in Kl. 1 3400 K., Kl. 2 2900 K., Kl. 3 2400 K. (nebst Alterszulagen von je 200 K. nach 5, 10 und 15 Jahren). Die Betriebsbeamten der Postkontore sind „Postbetjente" (Sekretäre) und „Postassistenten"; bei den Bahnposten führen die ersteren die Amtsbezeichnung „Postekspeditör". Beide Beamtengattungen zerfallen in je 3 Besoldungsklassen; die „Postbetjente" beziehen an Gehalt in Kl. 1 1900 K., in Kl. 2 1600 K., in Kl. 3 1300 K. und erhalten nach 5, 10 und 15 Jahren Alterszulagen von je 200 K. Die Postekspeditöre sind in Gehalt und Alterszulagen den „Postbetjenten" völlig gleichgestellt. Die „Postassistenten" beziehen Gehalt in Kl. 1 1100 K., in Kl. 2 900 K., in Kl. 3 700 K. und eine Alterszulage von 100 K. nach 3 Jahren. Auch unter den Postassistenten und Postbetjenten befinden sich Frauen. Die neu in den Dienst tretenden Anwärter auf Beamtenstellen heißen „Posteleve". Sie haben vor ihrer Anstellung als „Postassistenten" eine Prüfung abzulegen. Die Postelevenzeit dauert etwa 4 bis 5 Jahre. Die Inhaber von Postagenturen heißen „Postaapnerierne"; ihre feste Vergütung ist von dem Verkehrsumfange der Agentur abhängig und schwankt zwischen 25 und 1000 K. jährlich.

Die Unterbeamten zerfallen in „Packer" und „Stempler", „Postboten" und „Postkondukteure", „Wachtmeister" und „Kastenleerer"; die Bahnpostschaffner heißen „Packmeister" und beziehen 1100 K., in Christiania 1200 K. Gehalt mit Alterszulagen von je 150 K. nach 3, 6, 9 und 12 Jahren. Für Beschaffung der Dienstkleider erhalten die Unterbeamten eine Jahresvergütung von 100 K. „Postillione" beziehen Wochenlohn mit Alterszulagen, Reise- und Nachtdienstentschädigung. Eine besondere Klasse Unterbeamte bilden endlich die „Landbriefträger" (Landpostbud).

Alle Beamte vom Postmeister abwärts und alle Unterbeamte (ausgenommen Postillione) mit einem Jahresgehalt von mindestens 600 K. sind zu Abträgen zur Pensionskasse verpflichtet. Die Beiträge sind verschieden für Beamte mit 600 bis 1200 K. (Tarif I), 1200 bis 1500 K. (Tarif II), 1500 bis 1800 K. (Tarif III), 1800 bis 2400 K. (Tarif IV), über 2400 K. (Tarif V), die Unterbeamten und Postagenten (mit mindestens 600 K.) gehören zur Tarifklasse VI. Die Monatsbeiträge steigen jährlich in Tarifklasse I von 4 bis 6 K., II von 5 bis 8 K., III von 6 bis 10 K., IV von 8 bis 12 K., V von 9 bis 15 K., VI von 3 bis $4\frac{1}{2}$ K.; in den Tarifklassen I bis V erreichen sie den Höchstsatz mit dem 40. Lebensjahre und bleiben dann unverändert bis zum 70. Jahre. Über dieses Alter hinaus sind Beiträge nicht zu leisten. Der Bezug eines Ruhegehalts tritt ein, wenn ein Beamter oder Unterbeamter durch Krankheit dienstunfähig wird oder mit dem 65. Lebensjahr; das Mindestruhegehalt beträgt die Hälfte des Gehalts. Außerdem sind besondere Hilfskassen vorhanden, aus denen in Fällen der Bedrängnis oder des Todes oder bei unzureichendem Ruhegehalt Beihilfen gezahlt werden; an Beiträgen zu diesen Kassen sind bei der erstmaligen Anstellung ein volles Monatsgehalt, dessen Zahlung auf 6 Monate verteilt werden kann, und von jeder Zulage oder Gehaltserhöhung ein Monatsbetrag abzuführen.

Alle Beamte und Unterbeamte haben Kautionen zu stellen.

Die Beförderung der Postsachen zu Lande findet, von den Eisenbahnen abgesehen, fast ausschließlich mit Wagen statt. Die Unternehmer liefern die Bespannung und stellen den Postillion gegen eine für jede Fahrt festgesetzte Vergütung. Den Hauptposten werden außer den Postillionen noch Postbegleiter beigegeben; diese werden vom Ministerium für die einzelnen Strecken bezeichnet und sind den Vorstehern der Postkontore untergeordnet.

Der Postabteilung des Ministeriums sind außer dem eigentlichen Postdienst der Telegraphendienst des Landes, die Beförderung der Reisenden in Personen- und Eilposten, die Überwachung der vom Staat subventionierten Dampfschiffe und die Überwachung der auf hohen Bergen für die Personenbeförderung eingerichteten Haltestellen (Herbergen) zugeteilt.

Das Postregal erstreckt sich nur auf die Beförderung verschlossener Briefe zwischen Orten Norwegens, die eine von der Postverwaltung unterhaltene Postverbindung besitzen, sowie zwischen Norwegen und dem Ausland. In Übertretungsfällen werden sowohl die Absender wie auch die Beförderer der Briefe bestraft.

A. Briefpost.

Das Gewicht der Briefe (Breve) darf 500 g nicht übersteigen; für die Ausdehnungen sind Grenzen nicht gezogen. Tarif: frankiert bis 20 g 10 Ö., über 20 bis 125 g 20 Ö., über 125 bis 500 g 30 Ö., im Ortsverkehr bis 125 g 5 Ö., über 125 bis 500 g 10 Ö., unfrankiert bis 20 g 20 Ö., über 20 bis 125 g 30 Ö., über 125 bis 500 g 40 Ö., im Ortsverkehr 10 und 20 Ö., unzureichend frankiert das Doppelte des fehlenden Frankos, höchstens jedoch das Porto für unfrankierte Briefe. Ist in einem Orte Briefbestellung nicht eingerichtet, so unterliegen Ortsbriefe dem Frankierungszwang, doch beträgt dann die Taxe allgemein nur 2 Ö. für den Brief.

Werden Briefsendungen jeder Art nach Eintritt der Schlußzeit für die Post, mit der sie abgesandt werden sollen, eingeliefert, so ist eine Spätlingsgebühr von 10 Ö. für die Sendung zu entrichten.

Kartenbriefe (Kortbreve) sind zu 5 und 10 Ö. ausgegeben. Sie werden wie Briefe behandelt.

Postkarten (Brevkort) kosten einfach 5 Ö., mit Antwort 10 Ö., im Ortsverkehr einfach 3 Ö., mit Antwort 6 Ö. Durch die Privatindustrie hergestellte Postkarten sind zur Beförderung zugelassen, wenn sie den von der Postverwaltung ausgegebenen entsprechen und in den Ausdehnungen die Grenzen von 14 zu 9 und 10 zu 7 cm einhalten.

Die Post befaßt sich mit der Annahme und Ausführung von Zeitungsabonnements (Tidender og Tidsskrifter i Abonnement); die Zeitungsbestellungen werden von den Postanstalten entweder durch gebührenfreie Postanweisung oder, wenn sich mehrere Abonnenten derselben Zeitung an dem Orte befinden, durch eine Zusammenstellung bei den Expeditionen bestellt. Die Zeitungsverleger versenden die Zeitungen entweder unter offenem Umschlag, der den Namen und die Wohnung des Empfängers trägt, oder in Paketen, indem sie es der Post überlassen, die einzelnen Exemplare den Abonnenten auf Grund einer Liste zuzustellen. Tragen die Zeitungen die Adresse des Empfängers, so sind alle für dieselbe Absatzpostanstalt bestimmten Exemplare zu besonderen Bunden zu vereinigen. Bei der Auflieferung der Zeitungen zur Post stellt die Postanstalt das Gesamtgewicht fest. Tarif: $12\frac{1}{2}$ Ö. für jedes kg Zeitungen, die wöchentlich mindestens dreimal, und 15 Ö. für das kg Zeitungen, die seltener erscheinen. Die Gebühr kann entweder bei jedesmaliger Auflieferung oder wöchentlich, monatlich oder vierteljährlich, sofern genügende Sicherheit besteht, entrichtet werden. Den abonnierten Zeitungen können außergewöhnliche Zeitungsbeilagen im einzelnen bis 250 g beigefügt werden. Das Gewicht der Beilagen wird zusammen mit dem der Zeitungen ermittelt und für sie die gewöhnliche Zeitungstaxe berechnet; daneben wird jedoch für die Beilagen noch eine besondere Gebühr von $\frac{1}{2}$ Ö. für jedes Exemplar bis 50 g und 1 Ö. für schwerere Exemplare erhoben. Die abonnierten Zeitungen werden weder mit Wertzeichen frankiert, noch mit dem Aufgabestempel bedruckt.

Drucksachen (Tryksager), zu denen auch die nicht im Postwege bezogenen Zeitungen gehören, unterliegen dem Frankierungszwang. Das Meistgewicht ist auf 500 g festgesetzt; Ausdehnungsgrenzen sind nicht gezogen. Tarif: bis 20 g 3 Ö., über 20 bis 125 g 5 Ö., über 125 bis 250 g 10 Ö. und über 250 bis 500 g 15 Ö., unzureichend frankiert das Doppelte des fehlenden Portos. Für Beschaffenheit, Verpackung, zulässige schriftliche Zusätze usw. gelten die Bestimmungen des Weltpostvertrages. Es ist auch gestattet, Drucksachen mit den Aufschriften mehrerer Empfänger, denen diese Sendungen nacheinander zugestellt werden sollen, zu versehen; für die jedesmalige Weitersendung ist jedoch immer von neuem das fällige Porto zu entrichten. Drucksachen, die den allgemeinen Vorschriften nicht entsprechen oder unfrankiert sind, werden wie unfrankierte oder unzureichend frankierte Briefe behandelt und taxiert.

Geschäftspapiere (Forretningspapirer) sind bis 500 g zulässig. Sie dürfen in keiner Richtung 45 cm überschreiten und müssen frankiert sein. Tarif: bis 250 g 10 Ö., über 250 bis 500 g 15 Ö., unzureichend frankiert das Doppelte des fehlenden Portos. Geschäftspapiere, die den bestehenden, den Bestimmungen des Weltpostvertrages gleichen Vorschriften nicht entsprechen, werden wie unzureichend frankierte Briefe behandelt.

Warenproben (Vareprøver) sind gleichfalls bis 500 g zulässig; in der Größe dürfen sie 30 zu 20 zu 10 cm, in Rollenform 30 zu 15 cm nicht übersteigen. Sie müssen frankiert sein. Tarif: allgemein bis 20 g 3 Ö., über 20 bis 125 g 5 Ö., über 125 bis 250 g 10 Ö., über 250 bis 500 g 15 Ö., unzureichend frankiert das Doppelte des fehlenden Portos. Für Beschaffenheit, Verpackung usw. gelten die Bestimmungen des Weltpostvertrages. Warenproben, die den Vorschriften nicht entsprechen, werden wie unzureichend frankierte Briefe behandelt und taxiert.

Briefsendungen jeder Art können unter Einschreibung (Rekommandation) versandt werden. Sie müssen stets frankiert sein. Einschreibgebühr 10 Ö. Zur Verpackung der Briefe dürfen nicht Umschläge verwendet werden, denen farbige Striche aufgedruckt sind. In Einschreibbriefen können Wertpapiere versandt werden. Wertgegenstände dürfen jedoch für jede 15 g des Briefgewichts 2 K.

Wert nicht erreichen; sind Briefmarken eingeschlossen, so darf deren Wert in keinem Falle 5 K. übersteigen. Im Falle des Verlustes einer Einschreibsendung leistet die Postverwaltung einen Ersatz von 20 K.; für Beschädigung oder verzögerte Beförderung übernimmt die Postverwaltung keinerlei Ersatzverbindlichkeit. Über jede Einschreibsendung wird dem Aufgeber ein Einlieferungsschein unentgeltlich erteilt. Rückscheine (Mottagelsesbevis) sind zulässig; Gebühr 10 Ö. Werden unzureichend frankierte oder unfrankierte Einschreibsendungen im Briefkasten vorgefunden, so werden sie wie gleichartige gewöhnliche (nicht eingeschriebene) Sendungen behandelt. Einschreibsendungen können mit Nachnahme belastet werden (s. unter E. Pakete").

Nach- oder Rücksendung von Briefsendungen erfolgt gebührenfrei. Postlagersendungen werden 2 Monate zur Verfügung der Empfänger bereitgehalten. Über die unanbringlichen Briefe wird von den Postanstalten eine Liste gefertigt, die an einer in die Augen fallenden Stelle des Posthauses ausgehängt wird. Bleiben die Sendungen unabgeholt, so werden sie an die Generaldirektion in Christiania eingesandt, wo sie zur Ermittelung der Absender geöffnet werden. Läßt sich der Absender hierbei nicht ermitteln, so werden Briefe ohne Wertinhalt vernichtet, während Wertgegenstände aufbewahrt werden. Alle 5 Jahre wird eine amtliche Liste der aufbewahrten Wertsachen veröffentlicht; bleiben sie auch dann unabgefordert, so werden sie zugunsten der Postkasse verkauft.

In Städten sowie in einigen Landorten werden die Briefsendungen, ausgenommen die portofreien Sendungen, die abonnierten Zeitungen, die öfter als fünfmal wöchentlich erscheinen, und die Einschreibbriefe, die stets bei der Post abzuholen sind, den Empfängern gebührenfrei in die Wohnung bestellt. In allen anderen Orten müssen die angekommenen Sendungen sämtlich von der Post abgeholt werden. Besteht ein Bestelldienst, so kann dem Publikum dennoch auf Wunsch gestattet werden, seine Sendungen ausnahmslos von der Post abzuholen oder abholen zu lassen. In solchem Falle ist vom Abholer eine Fachmiete zu entrichten, die für ein Fach im Ausgabespind vierteljährlich 4 K., für ein Schließfach 2 K. beträgt.

Ein Eilbestelldienst besteht nur in Christiania, Bergen, Drontheim und Stavanger, und zwar auch für Ortssendungen. Nach 9 Uhr abends werden jedoch Eilsendungen nicht mehr abgetragen. Das Eilbestellgeld beträgt 20 Ö. für die Sendung. Die Postanstalten haben Eilbriefe in einen besonderen Umschlag zu legen, der mit der Aufschrift „Ilpost til . . . " (Eilpost nach . . . .) zu versehen ist.

Außer den Postanstalten können sich auch Privatpersonen mit dem Verkauf von Postwertzeichen befassen. Die Postbeamten beziehen, wie schon erwähnt, eine Vergütung von 4 oder 2% des Wertes der abgesetzten Wertzeichen; dem Publikum wird hiervon ein Preisnachlaß von 2% bewilligt, wenn mindestens 100 Freimarken oder 100 Postkarten auf einmal gekauft werden. Freimarken sind auch in Markenheftchen (Frimerkerhefter) erhältlich. Aus Postkarten ausgeschnittene Wertzeichen sind zur Frankierung nicht verwendbar.

Das Porto auf unfrankierten Briefen wird mit besonderen Portomarken (Portomerker) verrechnet.

B. Wertbriefe.

Am Wertbriefdienst nehmen sämtliche Postanstalten teil. Alle Briefe mit einem Wertinhalt von 2 K. und mehr für jede 15 g ihres Gewichts müssen als

Wertbriefe (Vaerdibreve) versandt werden. Nur Wertpapiere sowie Postwertzeichen im Werte von weniger als 5 K. können auch ohne Wertangabe durch die Post versandt werden. Personen, die höhere Beträge in gewöhnlichen oder eingeschriebenen Briefen versenden, werden mit Geldstrafen von 2 bis 20 K. belegt. Bares Geld oder andere Wertgegenstände müssen in den Brief eingeschlagen oder in einen Umschlag gelegt und dann erst in den Wertbriefumschlag verpackt werden, der je nach seiner Form mit 2 oder 5 Siegeln zu verschließen ist. Wertbriefumschläge zu 2 Siegeln dürfen nicht größer als 18 zu 12 cm sein.

Auf Verlangen des Aufgebers kann der Inhalt eines Wertbriefes bei der Auflieferung vom Annahmebeamten festgestellt werden. In diesem Falle wird bei Wertbriefen mit Umschlag zu 2 Siegeln ein Siegel vom Aufgeber, das andere vom Annahmebeamten mit dem amtlichen Petschaft angelegt. Bei Umschlägen zu 5 Siegeln werden das mittlere Siegel, sowie je ein Siegel links und rechts vom Aufgeber, die beiden anderen vom Annahmebeamten angebracht. Besitzt der Aufgeber keinen Siegellack oder kein geeignetes Petschaft, so erfolgt die Anlegung sämtlicher Siegel durch den Annahmebeamten. Für die Feststellung des Inhalts erhebt der Annahmebeamte für sich eine Gebühr von 5 Ö. für die ersten 500 K. und 2 Ö. für jede weiteren 500 K. Liefert der Annahmebeamte den Siegellack für die Anlegung der Siegel, so kann er hierfür 5 Ö. beanspruchen; den gleichen Betrag kann der Annahmebeamte für Lieferung eines Wertbriefumschlages erheben. Bei Wertbriefen mit barem Geld ist die Feststellung des Inhalts übrigens nur bei einem Inhalt von mindestens 10 K. gestattet.

Das Meistgewicht eines Wertbriefes beträgt 500 g; die Wertangabe ist unbeschränkt. Dem Auflieferer eines Wertbriefes wird unentgeltlich ein Einlieferungsschein erteilt, der den Namen des Absenders und des Empfängers und den Wertbetrag sowie einen Vermerk darüber enthalten muß, ob der Brief verschlossen aufgeliefert oder der Inhalt vom Annahmebeamten festgestellt worden ist; in letzterem Falle muß der Inhalt im Einlieferungsschein im einzelnen vermerkt werden. Sofern die Postanstalt einen Tagesstempel besitzt, wird der Schein noch mit diesem bedruckt, außerdem wird die Nummer des Annahmebuches, die bei Postkontoren wöchentlich, bei Postaapnerien monatlich mit 1 beginnt, in dem Schein angegeben.

Dem Empfänger eines Wertbriefes wird ein Ablieferungsschein zugefertigt, und es ist seine Sache, den Brief gegen Quittung bei der Postanstalt abzuholen. Dem Empfänger ist es freigestellt, den Brief bei der Empfangnahme in Gegenwart des Ausgabebeamten zu öffnen und den Inhalt amtlich feststellen zu lassen. Unterläßt er dieses, so lehnt die Postverwaltung jede Verantwortlichkeit ab, falls sich bei späterer Eröffnung des Briefes das Fehlen des Inhalts oder eines Teils ergeben sollte.

Im Falle des Verlustes oder der Beschädigung eines Wertbriefes wird dem Absender für den wirklich erlittenen Schaden bis zur Höhe der Wertangabe oder im Verhältnis zu ihr Ersatz geleistet. Ist der Inhalt bei der Auflieferung nicht festgestellt worden und fehlt bei der Eröffnung des Briefes ein Teil des Inhalts, so leistet die Postverwaltung nur dann Ersatz, wenn der Umschlag oder die Siegel deutlich erkennbare Spuren gewaltsamer Eröffnung tragen. Enthalten die Wertbriefe Wertpapiere, die ungültig erklärt werden können, so werden im Verlustfalle nur die Kosten für die Ungültigkeitserklärung, höchstens jedoch 40 K. erstattet.

Tarif: Gewichtporto: für Ortsbriefe frankiert bis 125 g 5 Ö., über 125 bis

500 g 10 Ö., unfrankiert 10 und 20 Ö., im Fernverkehr frankiert bis 125 g 10 Ö., über 125 bis 500 g 30 Ö., unfrankiert 30 und 40 Ö., für Ortsbriefe in Orten ohne Ortsbriefbestellung bis 500 g 2 Ö.; Versicherungsgebühr: bis 100 K. 10 Ö., über 100 bis 500 K 10 Ö. und außerdem 5 Ö. für jede 100 K., über 500 K. 20 Ö. und daneben 8 Ö. für jede 250 K., Nachnahmegebühr: 10 Ö. und die Postanweisungsgebühr (s. unter „E. Pakete"). Rückscheine sind zulässig; Gebühr 10 Ö. Im Frankierungsfall können Porto und Versicherungsgebühr bar entrichtet oder durch Aufkleben von Freimarken auf den Brief verrechnet werden.

C. Postanweisungen.

Am Postanweisungsdienst nehmen die Postkontore bis 1000 K., einige größere bis 10 000 K., die Agenturen in der Regel nur bis 100 K. teil. Tarif: bis 5 K. 10 Ö., über 5 bis 50 K. 15 Ö., über 50 bis 100 K. 20 Ö., über 100 bis 200 K. 30 Ö., über 200 bis 300 K. 35 Ö., über 300 bis 400 K. 40 Ö., über 400 bis 500 K. 45 Ö., über 500 bis 750 K. 54 Ö., über 750 bis 1000 K. 62 Ö., über 1000 K. $1\frac{1}{4}$ ‰. Die Gebühr wird in Freimarken verrechnet. Zu den Postanweisungen werden Kartenformulare verwendet, die den für den internationalen Verkehr vorgeschriebenen gleichartigen Formularen im wesentlichen entsprechen. Die Ausfüllung der Formulare, die unentgeltlich abgegeben werden, liegt den Aufgebern ob. Der Abschnitt des Postanweisungsformulars kann zu schriftlichen Mitteilungen benutzt werden.

Dem Aufgeber wird ein Einlieferungsschein unentgeltlich erteilt, der einem Buche entnommen wird, worin von jedem Schein ein Stamm zurückbleibt. Jeder Einlieferungsschein trägt eine aufgedruckte fortlaufende Nummer, die der Annahmebeamte handschriftlich auch auf die Postanweisung zu übertragen hat. Der Stamm des Einlieferungsscheines trägt die gleiche Nummer. Auf dem Stamm wird der Name des Absenders vermerkt; letzterer muß sich also namhaft machen. Rückscheine sind zulässig; Gebühr 10 Ö. Auf dem Rückscheine hat der Empfänger selbst zu quittieren; die Gebühr wird durch Aufkleben einer Freimarke auf den Rückschein verrechnet.

Die Postanweisungen werden unter besonderem Umschlag an das Bestimmungspostamt gesandt; auf der Außenseite des Umschlages ist der Aufgabestempel der Postanstalt abzudrucken und die vom Annahmebeamten bescheinigte Zahl der im Umschlag enthaltenen Postanweisungen anzugeben. Die Postanweisungen werden den Empfängern ohne den zugehörigen Geldbetrag ausgehändigt; es ist Sache des Empfängers, den Betrag gegen Rückgabe der quittierten Postanweisung bei der Postanstalt abzuheben. Werden die Postanweisungsbeträge nicht innerhalb 1 Monats abgehoben, so verlieren die Postanweisungen ihre Gültigkeit. In solchem Falle verständigt die Bestimmungspostanstalt die Aufgabepostanstalt, damit diese die Rückzahlung des Betrages an den Absender einleitet. Liegt hierbei die Postanweisung nicht vor, so hat der Aufgeber auf dem zurückzugebenden Einlieferungsscheine Quittung zu leisten. Auf Postanweisungen eingezahlte unanbringliche Geldbeträge verfallen nach 5 Jahren dem Staat.

Telegraphische Postanweisungen sind zugelassen. An diesem Dienst nehmen alle Postkontore an Orten mit Telegraphenanstalt teil. Die Ausfertigung des Überweisungstelegramms erfolgt durch den Annahmebeamten, der das Telegramm mit dem Aufgabestempel bedruckt, in einen Umschlag, der die Aufschrift „Telegraphische Postanweisungen (telegramanvisninger) für die Telegraphenanstalt in" trägt und wie ein Wertbrief mit dem Dienstsiegel des Postamts verschlossen wird, einlegt und dem Aufgeber mit der Weisung übergibt, den Brief bei der Telegraphenanstalt unter Entrichtung der Telegrammgebühren selbst abzuliefern. Von dem Überweisungstelegramm behält der Annahmebeamte der Postanstalt eine Abschrift zurück, auf der er die Postanweisungsgebühr in Freimarken verrechnet und die er unter Umschlag an die Bestimmungspostanstalt absendet.

D. Postaufträge.

Am Postauftragsdienst (Postinkassation) nehmen alle Postkontore und eine Anzahl Postaapnerier teil. Als Anlagen sind Quittungen, Rechnungen, Anweisungen, Wechsel und andere ohne Kosten zahlbare Papiere, nicht aber Wertpapiere, Zins- und Dividendenscheine zulässig. Einem Postauftrage können Papiere für mehrere Zahlungspflichtige (bis zu 5) an demselben Orte beigefügt werden, doch darf der Gesamtbetrag aller einem Auftrage beigeschlossenen Papiere 100 K. nicht übersteigen. Dem Auftrag ist ein Postauftragformular in vorgeschriebener Form beizugeben; Formular und Papiere sind der Bestimmungspostanstalt im Einschreibbrief zu übersenden. Protesterhebung ist nicht zulässig. Wird ein Postauftragspapier bei der Vorzeigung nicht eingelöst, so bleibt es noch 7 Tage zur Verfügung des Schuldners bei der Postanstalt, es sei denn, daß der Absender die sofortige Rücksendung verlangt hat. Von dem eingezogenen Betrage werden eine Einziehungsgebühr von 20 Ö. für jeden Forderungsbelag, bei Wechseln nötigenfalls die Stempelgebühr von 10 Ö. und für Übersendung des Geldes die gewöhnliche Postanweisungsgebühr in Abzug gebracht. Nicht eingelöste Papiere werden unter Einschreibung gebührenfrei zurückgeschickt.

E. Pakete.

Am Paketdienst nehmen sämtliche Postanstalten teil. Im Verkehr mit den Postanstalten, die nur durch Botenposten bedient werden, ist das Höchstgewicht der Pakete (Pakker) auf $1\frac{1}{2}$ kg, mit den übrigen Postanstalten an Landpostkursen auf 12 kg beschränkt; erfolgt die Beförderung ausschließlich mit der Eisenbahn oder mit Dampfschiffen, so können Pakete bis 50 kg angenommen werden. Für Pakete, die auf Landwegen zu befördern sind, ist der Umfang auf 30 cbdm, für die ausschließlich mit Eisenbahn oder Schiff zu befördernden auf 120 cbdm beschränkt. In Paketen dürfen nicht versandt werden: verschlossene Briefe, Gegenstände, deren Beförderung mit Gefahr verbunden ist, unförmliche oder übelriechende Sachen, lebende Tiere, Gegenstände, die äußerlich beleidigende, unanständige oder gesetzwidrige Angaben tragen. Die Pakete müssen der Beschaffenheit des Inhalts und der Länge und Art der Beförderungsstrecke entsprechend fest verpackt sein; Flaschen, Krüge usw. müssen, mit Stroh geschützt, in Kisten verpackt werden. Die äußere Umhüllung hat stets, auch bei Kisten, in starkem Papier, Leinwand oder Wachsleinwand zu bestehen. Jedem Paket muß eine Begleitadresse beigegeben werden; ihr Abschnitt darf zu schriftlichen Mitteilungen nicht benutzt werden.

Enthalten die Pakete bares Geld oder Wertpapiere, ersteres im Werte von 2 K. und mehr, oder Freimarken im Werte von 2 K. und mehr, oder sonstige Wertsachen, deren Wert für jede 15 g 2 K. erreicht oder übersteigt, so muß der Wert des Pakets angegeben werden. Die Unterlassung der Wertangabe in den bezeichneten Fällen wird mit Geldstrafe von 2 bis 20 K. bestraft.

Auf Pakete mit und ohne Wertangabe, aber auch auf eingeschriebene Briefsendungen jeder Art, sowie auf Wertbriefe können Nachnahmen (postopkrävning) bis 1000 K., auf Sendungen, die zwischen Aapneriern (Agenturen) ausgetauscht werden, bis 100 K. entnommen werden. Nachnahmesendungen werden am Bestimmungsort 14 Tage zur Verfügung der Empfänger aufbewahrt und dann, wenn sie uneingelöst bleiben, nach dem Aufgabeort zurückgesandt.

Dem Aufgeber eines Pakets mit oder ohne Wertangabe wird auf Verlangen ein Einlieferungsschein gebührenfrei erteilt. Die Aufgabepostanstalt kann bei der Auflieferung des Pakets die Angabe des Inhalts beanspruchen, während die Bestimmungspostanstalt das Recht hat, die Eröffnung des Pakets zu verlangen, um festzustellen, daß das Paket tatsächlich weder einen Brief noch unangegebene Werte enthält. Bei der Ankunft werden die Pakete in ein Lagerbuch eingetragen. Der Empfänger hat im Lagerbuch oder auf der Paketadresse Quittung zu leisten. Rückscheine sind zulässig; Gebühr 10 Ö.

Im Falle des Verlustes oder der Beschädigung eines Pakets wird dem Aufgeber der wirklich erlittene Schaden, höchstens jedoch 2 K. für jedes halbe kg ersetzt; bei Paketen mit Wertangabe wird diese bei Bemessung des Ersatzbetrages zugrunde gelegt. Ersatzansprüche müssen innerhalb 6 Monate geltend gemacht werden.

Die Pakete müssen stets frankiert werden. Tarif: bis 1 kg 30 Ö., über 1 bis 3 kg 50 Ö., über 3 bis 5 kg 75 Ö., bei schwereren Paketen 15 Ö. mehr für jedes weitere ½ kg, Sperrgut: 50 % Zuschlag zu diesen Sätzen; Versicherungsgebühr wie für Wertbriefe, Nachnahmegebühr: 10 Ö. Einziehungsgebühr und die Postanweisungsgebühr für den um diese zu kürzenden Nachnahmebetrag.

Postsparkassen sind in Norwegen nicht eingerichtet.

13. Spanien.

(504982 qkm — einschl. Balearen, Canarische Inseln, spanische Besitzungen an der Nordküste von Marokko und Republik Andorra — und 19748100 Einwohner.)

Das Postwesen des Königreichs Spanien untersteht dem Ministerium des Innern und wird von einem „General-Post- und Telegraphendirektor" geleitet. Die Generaldirektion zerfällt in mehrere Abteilungen (grupi), an deren Spitze je ein „Sektionschef" steht. Die Abteilungen zerfallen wiederum in Bureaus, die von „Bureauvorstehern" (Jefes de Negociado) geleitet werden. Das Personalbureau untersteht dem Generaldirektor unmittelbar. Als besondere Abteilung zählt das „Generalinspektorat", das von dem „Chefinspektor" (Inspector en Jefe) geleitet wird und 4 „Inspektoren" (Subinspectores) zählt. Das Bureaupersonal der Generaldirektion besteht aus „Offizialen" (oficiales). Der Generaldirektion steht ein „Kollegium" (Junta de Jefes) zur Seite, das aus den leitenden Beamten Madrids gebildet wird und dem im wesentlichen die Beschlußfassung über Änderungen im Dienstbetrieb obliegt. Für den Bahnpostdienst sind 6 „Bahnpostinspektionen" (Norte, Nordeste, Sudeste, Sur, Oeste, Noroeste) bestimmt, die ihren Sitz in Madrid haben. Das Land ist in 49 Postbezirke eingeteilt, die mit den Provinzen des Landes zusammenfallen und an deren Spitze je ein „Ober-Postdirektor" (Administrador principal) steht. Die Bezirksdirektionen zerfallen je nach der Bedeutung des Verkehrs in 3 Klassen. Zu Aufsichtszwecken ist das Land in 11 Bezirksinspektionen eingeteilt; die Bezirksinspektoren haben ihren Sitz in Coruña, Bilbao, Zaragoza, Barcelona, Valencia, Málaga, Córdoba, Sevilla, Tenerife, Valladolid und Madrid.

Die Ortspostanstalten sind eingeteilt in „Hauptämter" (Administraciónes), in „gewöhnliche Ämter" (Estafetas) und in „Postagenturen" (Agencias); letztere haben nur beschränkte Befugnisse und sind einer Estafeta zugeteilt. Die Estafetas werden in Orten mit Telegraphenanstalt von den Telegraphenbeamten nebenamtlich mitverwaltet, sollen künftig aber allgemein von Postbeamten verwaltet und in allen Bezirkshauptorten, in allen übrigen Orten mit mindestens 5000 Einwohnern und in sonst wichtigen Orten eingerichtet werden. Die Hauptämter befinden sich nur in den Hauptstädten der Provinzen; ihre Vorsteher sind die Ober-Postdirektoren, denen aber zugleich auch alle übrigen Postanstalten ihres Bezirks unterstehen. Den Ober-Postdirektoren sind ein oder mehrere „Bureauvorsteher" (Jefes de Negociado) beigegeben. Das nachgeordnete Beamtenpersonal besteht aus „Offizialen" und weiblichen „Hilfskräften"; erstere sind die eigentlichen verantwortlichen Beamten, die sich mit den Wertsendungen zu befassen haben.

Der Generaldirektor bezieht ein Gehalt von 12 500 Pesetas.*) Das Gehalt der Sektionschefs beträgt 10 000 P., das der Bureauvorsteher, die in 3 Gehaltsklassen zerfallen, 4000, 5000 und 6000 P., das der Administratoren 6500, 7500, 8750 und 10000 P., das der Offizialen, die 5 Gehaltsklassen bilden, 1100, 2200, 2500, 3000 und 3500 P., das der weiblichen Hilfskräfte 1000 P.

Wer als ordentlicher Beamter in den Postdienst eintreten will, hat sich einer Aufnahmeprüfung zu unterziehen; diese besteht in Niederschrift eines Diktats und eines kleinen Aufsatzes, Sprechen, Lesen und Übersetzung im Französischen, Lösen einiger Rechenaufgaben, postalische und allgemeine Geographie, Kenntnis der Postgesetzgebung und der internationalen Verträge und Rechnungswesen. Wer die Prüfung besteht, wird bei sich darbietender Gelegenheit, je nach dem Ausfall früher oder später, Offizial 5. Kl. Offiziale, die in Bureauvorsteherstellen aufrücken wollen, haben sich ebenfalls einer Prüfung zu unterziehen, die sich auch auf die englische oder deutsche Sprache erstreckt und in der u. a. die Anfertigung von Berichts- und Verfügungsentwürfen verlangt wird. Übrigens sind die Stellen der Offiziale 5. Kl. und die Unterbeamtenstellen in erster Linie Militäranwärtern vorbehalten.

Für den Bahnpostdienst bestehen besondere Bahnpostämter (Estafetas ambulantes), die von einem Vorsteher (Administrador) geleitet werden. Das Bahnpostpersonal ist das gleiche wie bei den großen Ortspostämtern.

Die Unterbeamten der Ortspostanstalten zerfallen in „Oberbriefträger" (Carteros mayores), „Briefträger" (Carteros) 1. bis 3. Kl., „Landbriefträger" (Carteros rurales), „Postschaffner" und „Bureaudiener" (Ordenanzas) 1. und

*) 1 Peseta (P.) zu 100 Centimos (Cts.) = 81 Pf.

2. Kl. (Gehalt 1000 und 750 P.) und „Postfußboten" (Peatones). Die Landbriefträger waren bisher nicht nur dazu bestimmt, die Briefsendungen in den Landorten den Empfängern zuzustellen, sondern sie hatten gleichzeitig auch eine Landpostanstalt (Carteria) zu besorgen. Sie mußten an einer geeigneten Stelle ihres Wohnhauses einen Briefkasten anbringen, in den das Publikum die aufzuliefernden Briefe einlegen konnte; ferner mußten sie sich zu ein für allemal bestimmten Stunden in ihrer Behausung befinden, um die aufgelieferten Briefe abzusenden, die ankommenden entgegenzunehmen, auszugeben und zu bestellen. Künftig werden die Agenturen (Agencias) Ortseinwohnern übertragen,

Bemerkenswert ist die Einrichtung, daß von den Beamten jedes Bezirks einer von ihnen gewählt wird, der bei der Ober-Postdirektion ihre Interessen vertritt, so besonders bei der Anstellung, Beförderung, Entlassung, Festsetzung von Geldstrafen usw. Dieser Beamte führt die Amtsbezeichnung „Habilitado".

Alle angestellten Beamten haben Anspruch auf Ruhegehalt, und zwar in Höhe von $^2/_5$ des Gehaltes bei einem Dienstalter von 20 Jahren ab, $^3/_5$ von 25 Jahren ab und $^4/_5$ von 35 Jahren ab. Mit dem 65. Lebensjahr wird Ruhegehalt auch dann gewährt, wenn Dienstunfähigkeit nicht vorliegt. Den Hinterbliebenen der angestellten Beamten wird auch Witwen- und Waisengeld gezahlt, das sich nach der Höhe des Gehaltes richtet. Es beträgt bei einem Gehalt von mindestens 10000 P. 2500 P., von 8750 P. ab 2250 P., von 7500 P. ab 2000 P., von 6250 P. ab 1700 P., von 5000 P. ab 1425 P., von 4000 P. ab 1150 P., von 3000 P. ab 950 P., von 2250 P. ab 750 P., von 1500 P. ab 550 P. und von 1100 P. ab 375 P. Bei einem Gehalt von weniger als 1100 P. oder bei einem Dienstalter von weniger als 15 Jahren wird Witwengeld nur für eine bestimmte Reihe von Jahren gezahlt und zwar bei einem Dienstalter von mindestens 12 Jahren 11 Jahre, von 10 bis 12 Jahren 10 Jahre, von 8 bis 10 Jahren 9 Jahre, von 6 bis 8 Jahren 8 Jahre, von 4 bis 6 Jahren 7 Jahre, von 2 bis 4 Jahren 5 Jahre und von weniger als 2 Jahren so lange, als die Dienstzeit betragen hat, und zwar im allgemeinen von 1% des Gehaltes für jedes Dienstjahr bis zu einem Viertel des Gehaltes.

Die Beförderung der Postsendungen erfolgt mit der Eisenbahn, mit Schiff, mit Karren, zu Pferd oder durch Fußboten. Auf Nebenbahnen verkehren keine Bahnposten; die Postsachen werden dort in geschlossenen Säcken durch das Eisenbahnpersonal oder unter Postbegleitung ausgetauscht. Auf den Hauptlinien, wo Bahnposten verkehren, werden täglich nur 2 Züge als Postzüge benutzt. Die Fußboten verwenden zur Beförderung der Postbeutel vielfach Pferde und Esel.

Die spanische Postverwaltung unterhält mehrere Postanstalten in Marokko und zwar in Tanger, Saffi, Mogador, Larache, Rabat, Casablanca, Mazagan, Tetuan, Fez, Marokko (Stadt), Mekines, Alkasar-Kibir und Arsila.

Das Postmonopol erstreckt sich auf die Beförderung von Briefen, Postkarten und Zeitungen. Ausgenommen vom Monopol sind nur offene Empfehlungsbriefe, welche die Beteiligten bei sich tragen, Briefe, die zwischen Orten ohne Postanstalt versandt werden oder an Empfänger im Aufgabeort gerichtet sind, Briefsendungen, die Beförderungsanstalten in dienstlichen Angelegenheiten mit ihren eigenen Beförderungsmitteln an ihre Behörden und Beamten versenden, und endlich Zeitungen, die keine persönliche Aufschrift tragen und entweder noch mit der Post befördert werden sollen oder mit ihr bereits versandt gewesen sind. Verletzungen des Monopols werden mit dem fünffachen Betrage des hinterzogenen Portos, mindestens jedoch mit einer Geldstrafe von 5 P. bestraft.

A. Briefpost.

Briefe (cartas) sind ohne Beschränkung der Ausdehnungen bis 4 kg zulässig. Sie unterliegen dem Frankierungszwang. Tarif: 15 Cts. für jede 15 g, Ortsbriefe 10 Cts. ohne Rücksicht auf das Gewicht. (Die Herabsetzung auf 10 und 5 Cts. für die ersten 20 g, mit Steigerung um 5 Cts. für jede 10 g im Fernverkehr und 20 g im Ortsverkehr ist für nahe Zeit geplant.) Unfrankierte und unzureichend frankierte Briefe, die durch die Briefkasten zur Auflieferung gelangen, sollen von der Beförderung nicht ausgeschlossen werden; die Aufgabepostanstalt sendet jedoch derartige Briefe, nachdem sie darauf den Betrag des fehlenden Portos ersichtlich gemacht hat, unter besonderem Umschlag an das dem Wohnort des Empfängers nächstgelegene Hauptpostamt, dessen Vorsteher den Empfänger schriftlich auffordert, den Betrag des Portos zu überbringen oder einzusenden. Geht der Portobetrag ein, so wird er auf dem Briefe durch Aufkleben von Postfreimarken verrechnet und der Brief alsdann als frankierter Brief behandelt und nötigenfalls nach dem Bestimmungsort weitergesandt. Hat sich in der Aufschrift der Absender genannt, so wird dieser aufgefordert, das fehlende Franko zu erlegen; bis dahin wird der Brief bei der Aufgabepostanstalt aufbewahrt.

Postkarten (tarjetas postales) kosten 10 Cts. die einfache, 15 Cts. die Karte mit Antwort (geplant ist die Herabsetzung auf 5 und 10 Cts.). Von der Privatindustrie hergestellte Postkarten sind von der Beförderung nicht ausgeschlossen, sie müssen jedoch in Größe und Beschaffenheit des Papiers den von der Postverwaltung ausgegebenen Postkarten entsprechen und vollständig frankiert sein. Postkarten, denen Muster oder sonstige Gegenstände angeschlossen oder angeheftet sind, werden nicht befördert.

Bestellungen auf Zeitungen werden von den Postanstalten nicht entgegengenommen. Doch ist die Einrichtung dieses Dienstes geplant.

Als Zeitungen im postmäßigen Sinne (periódicos) gelten alle Druckschriften, die in regelmäßigen Zeitfristen an einem bestimmten Orte unter einem unveränderten Titel veröffentlicht werden; dabei ist es gleichgültig, ob ihr Inhalt vornehmlich politischer, wissenschaftlicher, belehrender, geschäftlicher oder unterhaltender Art ist. Zeitungspakete sollen in der Regel nicht schwerer als 4 kg sein; nur solche, die zum Verkauf bestimmt sind, auf dem Bahnhof abgeliefert und bloßgehend befördert werden, dürfen bis 20 kg wiegen. In keiner Richtung sollen sie 50 cm überschreiten. Tarif: $\frac{1}{4}$ Ct. für jede 35 g, im Ortsverkehr ohne Unterschied des Gewichts 5 Cts. für jede Sendung (geplant ist die Einführung einer Taxe von 1 Ct. für je 150 g, im Ortsverkehr von 5 Cts. bis 500 g Höchstgewicht). Die Frankierung solcher Zeitungen, die von Zeitungsexpeditionen, Verlegern und Zeitungshändlern zur Post geliefert werden, erfolgt in der Regel nicht mit Freimarken, sondern durch Bedrucken mit einem Frankostempel; dieser muß nicht nur auf jedem Hauptblatt, sondern auch auf jeder einzelnen Beilage abgedruckt werden, denn die Zeitungsbeilagen unterliegen demselben Porto wie eine selbständige Zeitung. Zeitungen, die von Privatpersonen aufgeliefert werden, müssen dagegen stets mit Freimarken frankiert sein. Die Zeitungssendungen dürfen außer der Aufschrift keinerlei geschriebene Mitteilungen enthalten, auch müssen sie so verpackt sein, daß ihr Inhalt leicht geprüft werden kann. Zeitungssendungen, die diesen Bedingungen nicht entsprechen, werden als Briefe angesehen und taxiert.

Drucksachen — andere als Zeitungen — (impresos) sind bis 4 kg zugelassen. Sie dürfen in keiner Ausdehnung 50 cm, in Rollenform nicht 1 m zu 15 cm überschreiten. Sie müssen stets mit Postfreimarken frankiert sein. Tarif: $\frac{1}{4}$ Ct. für jede 10 g, für Ortssendungen 5 Cts. ohne Rücksicht auf das Gewicht (geplant ist eine Einheitstaxe von 1 Ct. für je 50 g, für Ortssendungen von 5 Cts. bis 500 g Höchstgewicht). Postfreimarken sowie Stempelbogen sind von der Beförderung als Drucksachen ausgeschlossen. Geschriebenes dürfen die Drucksachen im allgemeinen nicht enthalten, doch sind in dieser Beziehung die gleichen Ausnahmen wie im Weltpostverkehr zugelassen. Ist es wegen der Art der Herstellung oder wegen handschriftlicher Zusätze zweifelhaft, ob eine Sendung als Drucksache versandt werden darf, so ist es zur günstigen Entscheidung erforderlich, daß mindestens 10 völlig gleiche Exemplare gleichzeitig aufgeliefert werden; andernfalls werden derartige Sendungen als Briefe taxiert und behandelt. Die Drucksachensendungen können unter Streifband, zwischen Pappdeckeln, in Rollenform usw. verpackt sein, jedenfalls muß jedoch der Inhalt leicht geprüft werden können.

Der Begriff der Geschäftspapiere (papeles de negocios) deckt sich mit dem des Weltpostvertrages. Geschäftspapiere unterliegen für Verpackung, Gewichts- und Ausdehnungsgrenzen und Taxe denselben Vorschriften wie die Drucksachen, doch beträgt die Mindesttaxe 10 Cts. für jede Sendung.

Warenproben (muestras de comercio) sind bis 500 g zulässig. In den Ausdehnungen dürfen sie 30 zu 20 zu 10 cm nicht übersteigen. Für Warenproben besteht ebenfalls Frankierungszwang; Tarif: 5 Cts. für jede 20 g (geplant ist für jede 50 g), im Ortsverkehr 5 Cts. ohne Rücksicht auf das Gewicht. Werden die Muster in Form von sog. Kollektionen, die auf Pappe aufgeklebt sind, versandt, so beträgt das Porto nur 2 Cts. für jede 20 g. Die Warenproben müssen unter Umschlag oder Streifband, in Kästchen oder Säckchen dergestalt verpackt sein, daß ihr Inhalt leicht geprüft werden kann. Fette und flüssige Stoffe können als Warenproben versandt werden; für ihre Verpackung bestehen besondere Vorschriften, die sich den für den Weltpostverkehr vereinbarten diesbezüglichen Bedingungen eng anschließen. Als Warenproben sind auch Medikamente zugelassen, zu denen auch in Glasröhren enthaltener Impfstoff zählt.

Briefsendungen jeder Art können unter Einschreibung (objetos certificados) versandt werden. Sie müssen frankiert sein. Einschreibgebühr 25 Cts. für jede Sendung (geplant ist für Ortssendungen: 10 Cts.). Rückscheine (Aviso de recibo) sind zulässig; Gebühr 10 Cts. Einschreibbriefe dürfen Wertpapiere, aber kein bares Geld enthalten. Die Aufgabepostanstalt bedruckt die Einschreibsendungen, die stets am Schalter aufgeliefert werden müssen, mit einem farbigen Stempel „Certificado" und durchkreuzt die Vorderseite des Briefumschlages oder des Streifbandes mit farbigem Stift, um einer Verwechselung der Einschreibsendungen mit gewöhnlichen Sendungen vorzubeugen. Den Briefträgern werden die Einschreibsendungen in einem besonderen Buche zugeschrieben, worin der Empfänger Quittung zu leisten hat; außerdem hat der Empfänger aber auch noch auf dem Briefumschlag oder Streifband Quittung zu erteilen und den Umschlag oder das Streifband dem Briefträger oder, im Falle der Abholung bei der Postanstalt, dem Ausgabebeamten zurückzugeben. Die quittierten Briefumschläge usw. werden monatsweise an die vorgesetzte Bezirksdirektion eingesandt und dort aufbewahrt. Im Falle des Verlustes einer Einschreibsendung wird dem Aufgeber oder, auf dessen Wunsch, dem Adressaten ein Schadenersatz von 50 P. geleistet (die Herabsetzung auf 20 P., für Ortssendungen auf 10 P. ist beabsichtigt). Die Ersatzpflicht der Postverwaltung für in Verlust geratene Einschreibsendungen erlischt 1 Monat nach der Auflieferung.

Nachsendung von Briefsendungen jeder Art erfolgt gebührenfrei. Postlagersendungen werden 2 Monate zur Verfügung der Empfänger bereitgehalten.

Unbestellbare Briefsendungen (refugos) werden nach dem Aufgabeort zurückgesandt; läßt sich der Absender aus der Außenseite des Briefes nicht erkennen, so werden die Briefe an die Generaldirektion in Madrid eingeschickt. Dort können die Briefe geöffnet, dürfen aber nicht gelesen werden; enthalten die Briefe jedoch Gegenstände von Wert, so ist es gestattet, zur Ermittelung des Eigentümers von der Ortsangabe und der Unterschrift des Briefes Kenntnis zu nehmen. Gelingt auch hierdurch die Ermittelung des Absenders nicht, so werden die Wertgegenstände 3 Jahre zur Verfügung des Absenders gehalten; nach Ablauf dieser Frist verfallen sie dem Staat. Die unanbringlichen Briefe und Postkarten werden vernichtet.

Die Postsendungen, die eine genaue Adresse des Empfängers tragen, werden diesem durch Briefträger in die Wohnung bestellt. In kleinen Orten liegt die Abtragung der Briefe den Gemeindedienern ob. Für jede Briefsendung des inländischen Verkehrs wird ein Bestellgeld von 5 Cts. erhoben (für Madrid, Barcelona, Valencia, Sevilla, Malaga, Santa Cruz (Teneriffa) und Las Palmas (Canarische Inseln) ist der Wegfall des Bestellgeldes für nahe Zeit geplant). Die Einnahme an Bestellgeld wird zur Besoldung der Briefträger verwendet. Die Bestellung wird nur da eingerichtet, wo das aufkommende Bestellgeld die Kosten voll deckt. Bemerkenswert ist, daß in großen Städten für inländische und für ausländische Briefe, welche letzteren den Bestimmungen des Weltpostvertrages gemäß bestellgeldfrei abzutragen sind, besondere Briefträger unterhalten werden. — Ein Eilbestelldienst ist in Spanien nicht eingerichtet.

Dem Publikum steht frei, seine Briefschaften bei der Postanstalt selbst abzuholen oder abholen zu lassen. In diesem Falle wird bei der Postanstalt ein besonderes Fach des Ausgabespindes zur Verfügung gestellt. Diese Ausgabeeinrichtung führt den Namen „Apartado". Für die Einräumung eines Ausgabefaches hat der Abholer eine Miete zu entrichten, deren Höhe sich nach dem Umfange der Korrespondenz richtet. In letzterer Beziehung unterscheidet man 7 Klassen. Bei 100 und mehr abzuholenden Sendungen täglich beträgt die Jahresgebühr 500 P., bei 76 bis 100: 400 P., bei 51 bis 75: 300 P., bei 31 bis 50: 200 P., bei 21 bis 30: 150 P., bei 11 bis 20: 100 P., bei 6 bis 10: 75 P., bei 1 bis 5: 50 P. (Für Orte mit freier Bestellung ist folgende Fachgebühr geplant: für gewöhnliche Fächer 1 P. 50 Cts., für ein Schließfach kleinster Art 2 P. 50 Cts., mittlerer Art 3 P. 50 Cts., großer Art 4 P. 50 Cts. monatlich.) Bei der Abholung kann von verschließbaren Kasten und Taschen Gebrauch gemacht werden; in diesem Falle ist der Postanstalt vom Abholer ein passender Schlüssel zur Verfügung zu stellen.

Der Vertrieb der Postwertzeichen liegt ausschließlich besonderen Verkäufern ob, denen zugleich auch der Absatz von Tabak, Zigarren usw. übertragen ist. Für ihre Müheleistung beim Markenverkauf erhalten sie aus der Postkasse 1% des Erlöses.

B. Wertbriefe.

Am Wertbriefdienst nehmen die Postagenturen und eine Anzahl kleinere gewöhnliche Postämter nicht teil. Wird ein Brief nach einem Orte aufgeliefert, dessen Postanstalt für diesen Verkehr nicht geöffnet ist, so muß der Aufgeber in der Aufschrift die Postanstalt bezeichnen, wo der Empfänger den Brief abholen soll. Der Inhalt der Wertbriefe (certificados con valores declarados) darf aus Banknoten, Staatsschuldscheinen, Aktien, Obligationen, Wertpapieren, die an der Börse zugelassen sind, und überhaupt aus Dokumenten, deren Wiederbeschaffung dem Absender im Falle des Verlustes Kosten verursacht, nicht aber aus gemünztem Geld bestehen. Der Höchstbetrag der Wertangabe ist auf 10 000 P. festgesetzt.

Die Wertbriefe müssen in Umschläge von Leinwand oder starkem Papier verpackt und mit 5 oder mehr mit einem Petschaft mit Inschrift (nicht bloß Wappen) in gutem Siegellack hergestellten Siegelabdrücken verschlossen sein. Die Wertbriefe müssen entweder kreuzweise mit einem Faden umschnürt oder an zwei Stellen durchgenäht sein; da, wo der Faden geknotet ist, muß ein Siegel aufgedrückt sein. In der Aufschrift ist der Wert in Zahlen und Buchstaben ohne jede Abänderung mit dem Zusatz „valores declarados" anzugeben.

Tarif: Porto und Einschreibgebühr für einen gleichschweren Einschreibbrief und Versicherungsgebühr von 10 Cts. für jede 250 P. (geplant ist 5 Cts. für jede 500 P.). Das Porto ist in Freimarken auf dem Briefe zu verrechnen, die Versicherungsgebühr dagegen bar zu entrichten. Der Annahmebeamte versieht den Wertbrief mit einem Abdruck des Stempels „valores declarados", wiegt und mißt den Brief und händigt dem Aufgeber einen Einlieferungsschein aus, in dem die Wertangabe, das genaue Gewicht in g, die Größe des Briefes, die Farbe, Zahl und Inschrift der Siegel anzugeben sind. Dieser Einlieferungsschein wird einem Heft entnommen, dessen Blätter aus einem Stamm und 2 Abschnitten bestehen. Ein Abschnitt dient als Einlieferungsschein; die Versicherungsgebühr wird auf dem zweiten Abschnitt durch Aufkleben von Freimarken verrechnet. Diese letzteren Abschnitte werden monatlich an die Bezirks-Postdirektion eingesandt.

Die Bestimmungspostanstalt sendet dem Empfänger ein Benachrichtigungsschreiben mit der Aufforderung zu, sich mit Ausweispapieren oder Bürgen bei der Postanstalt zur Abholung des Briefes einzufinden. Ist der Empfänger verhindert, persönlich seinen Brief abzuholen, so kann er durch schriftliche Vollmacht auf dem Benachrichtigungsschreiben eine dritte Person mit der Abholung beauftragen. Die Wertbriefe werden dem Empfänger verschlossen ausgehändigt; dieser muß jedoch den Brief am Schalter öffnen und den Umschlag, mit Quittung versehen, dem Ausgabebeamten zurückgeben.

Im Falle des Verlustes oder der Beraubung eines Wertbriefes wird von der Postverwaltung Schadenersatz geleistet, und zwar im Verlustfalle in Höhe des angegebenen Wertes, im Beraubungsfalle mit dem Unterschiede zwischen dem angegebenen und dem im Briefe noch vorgefundenen Werte. Die Verpflichtung der Postverwaltung zur Ersatzleistung bleibt ausgeschlossen, wenn der Verlust eines Wertbriefes durch höhere Gewalt herbeigeführt worden ist, wenn das bei der Ausgabe festgestellte Gewicht mit dem bei der Auflieferung ermittelten übereinstimmend befunden worden und der Siegelverschluß unverletzt gewesen ist, wenn der Empfänger die Empfangsbescheinigung unbeanstandet vollzogen hat, wenn sich ergibt, daß der Wert in betrügerischer Absicht zu hoch angegeben war, oder wenn der Anspruch auf Schadloshaltung nicht binnen 6 Monaten erhoben worden ist.

Eine besondere Gattung von Wertbriefen stellen die Briefe mit öffentlichen Fonds (fondos públicos) dar. Unter öffentlichen Fonds versteht man Wertpapiere, die an der Madrider Börse zugelassen sind. Der Meistbetrag der Wertangabe ist bei Briefen dieser Art auf 50 000 P. festgesetzt. Bei Bemessung der Höhe des anzugebenden Wertes ist der Wert zugrunde zu legen, den die Fonds am Tage der Auflieferung an der Börse haben. An Versicherungsgebühr werden für diese Wertbriefe, die sonst wie gewöhnliche Wertbriefe beschaffen sein müssen und behandelt werden, nur 5 Cts. für jede 250 P. (geplant ist 5 Cts. für jede 500 P.) erhoben.

Die Post befaßt sich auch mit der Beförderung von Wertkästchen bis 5000 P. Diese können Wertgegenstände jeder Art enthalten und müssen in Kistchen von Holz oder Metall verpackt, gut verschnürt und versiegelt sein. Die Siegel sind auf den Seitenteilen des Kistchens anzubringen. Die obere und die untere Breitfläche der Kistchen sind in ihrer ganzen Ausdehnung mit Papier zu überziehen; auf diesem sind die Aufschrift und die Wertangabe niederzuschreiben, die zur Verrechnung des Portos und der Versicherungsgebühr erforderlichen Postwertzeichen aufzukleben und die amtlichen Stempelabdrücke anzubringen. Der Wert muß vom Absender in der Aufschrift, unter Beisetzung der Bezeichnung „Wertgegenstand (objeto asegurado)", in Zahlen und Buchstaben angegeben werden. Das Gewicht darf 2 kg nicht überschreiten; die Höchstausdehnungen sind auf 30 zu 20 zu 10 cm festgesetzt. Tarif: 15 Cts. für jede 30 g (geplant ist 5 Cts. für jede 50 g), 25 Cts. Einschreibgebühr und eine Versicherungsgebühr von 10 Cts. für jede 250 P. (geplant ist 5 Cts. für jede 500 P.). Im übrigen deckt sich die Behandlung der Wertkästchen mit der der Wertbriefe.

Für die Versendung von barem Geld bis 50 P. und bis 300 g besteht die Einrichtung der „Valores en metálico". Die Geldstücke müssen in einen 5 mm starken, 14 zu 8 cm großen Pappkarton eingelassen werden; zu dem Zwecke ist der Karton mit Löchern zu versehen, die der Größe der einzelnen Geldstücke entsprechen. Der Karton ist sodann der ganzen Fläche nach innen an das Adreßblatt eines Leinenumschlages aufzukleben; auch die Klappen des Umschlages müssen auf der ganzen Fläche gummiert sein, so daß sie fest auf der freien Seite des Kartons haften. Ferner ist über den Karton ein Faden zu legen, dessen Enden am oberen und unteren Rande des Mittelstücks des Kartons durch diesen hindurchgezogen werden, so daß ein Kreuzverschluß entsteht; die Enden des Bindfadens werden fest verknotet und mit einem Siegel auf den Brief festgelegt. Papiergeld und briefliche Mitteilungen darf die Sendung nicht enthalten. Auf der Vorderseite muß diese außer der Adresse die Wertangabe in Zahlen und Buchstaben mit dem Zusatz „Valores en metálico" tragen. Die Postverwaltung haftet für diese Geldsendungen wie für die Wertbriefe. Tarif: 15 Cts. für jede 60 g und 25 Cts. Versicherungsgebühr (geplant ist 35 Cts. für jede Sendung ohne Rücksicht auf das Gewicht).

Ein Postanweisungs- und ein Postauftragsdienst bestehen in Spanien nicht; doch ist ihre Einrichtung für nahe Zeit geplant.

C. Postpakete.

Am Paketdienst nehmen alle Hauptpostämter, viele Estafetas und eine Anzahl Postagenturen teil, soweit sie an Eisenbahnen, Dampfschiffskursen und gewissen Fahrpostlinien liegen. Pakete sind zwar auch nach allen anderen Orten zulässig, doch müssen sie vom Empfänger bei der nächsten Paketpostanstalt abgeholt werden. Das Höchstgewicht ist auf 5 kg festgesetzt; in den Ausdehnungen dürfen die Pakete nicht 60 cm, in Rollenform nicht 1 m zu 20 cm überschreiten. Sie sollen einen Verschluß mit Siegeln, Plomben oder Siegelmarken tragen, solche mit Wertangabe müssen stets versiegelt sein. In gewöhnlichen Paketen dürfen Gold- oder Silbersachen, Edelsteine und sonstige Kostbarkeiten nicht versandt werden. Jedem Paket muß eine Begleitadresse in dreifacher Ausfertigung beigefügt sein; sind mehrere Pakete für denselben Empfänger bestimmt, so genügt für alle eine dreifache Begleitadresse. Jedes Paket wird von der Aufgabepostanstalt mit einem Aufgabezettel, der eine Nummer und den Namen dieser Anstalt trägt, beklebt.

Wertangabe ist bis 500 P. zulässig; auch können die Pakete mit Nachnahme bis 500 P. belastet sein. Letztere werden von der Aufgabepostanstalt mit einem roten Zettel versehen, der die Aufschrift „Reembolso" (Nachnahme) trägt. Der eingezogene Nachnahmebetrag wird dem Aufgeber in einem Geldpaket übersandt, das wie ein Wertbrief behandelt wird.

Nach Ankunft eines Pakets wird dem Empfänger ein Benachrichtigungszettel übersandt, daß er es auf dem Postamt abzuholen habe. Bleibt das Paket unbestellbar oder unabgeholt, so wird nach 8 Tagen eine Unbestellbarkeitsmeldung abgelassen; geht eine Verfügung des Absenders über das Paket nicht binnen 1 Monat ein, so wird das Paket verkauft. Für nach- oder zurückzusendende Pakete ist das Porto für die neue Beförderung nochmals zu zahlen.

Tarif: 1 P. für das Paket (geplant ist folgender Tarif: bis 1 kg 75 Cts., über 1 bis 3 kg 1 P., über 3 bis 5 kg 1 P. 50 Cts.), innerhalb der Balearen und Canarischen Inseln 50 Cts.; Versicherungsgebühr: 10 Cts. bis 250 P., 20 Cts. über 250 bis 500 P. (geplant ist 10 Cts. bis 500 P.), Nachnahmegebühr: 1% des Nachnahmebetrages bis 100 P., ½% für höhere Beträge, Mindestgebühr 50 Cts. Die Nachnahmegebühr wird von dem eingezogenen Betrage einbehalten und in Freimarken auf dem Geldpaket verrechnet.

Im Falle des Verlustes, der Beraubung oder Beschädigung leistet die Postverwaltung Ersatz für den entstandenen Schaden, höchstens jedoch von 25 P. für gewöhnliche Pakete und bis zur Höhe der Wertangabe bei Wertpaketen.

Postsparkassen sind in Spanien nicht eingerichtet; doch ist die Einrichtung geplant.

14. Portugal.

(91943 qkm — einschl. Madeira und Azoren — und 5423132 Einwohner.)

Die Leitung des Postwesens im Königreich Portugal ist der „Generaldirektion der Posten und Telegraphen" übertragen, die eine besondere Abteilung des Ministeriums für öffentliche Arbeiten, Handel und Industrie bildet und an deren Spitze der „Generaldirektor der Posten und Telegraphen" (director geral dos correios e telegraphos) steht. Die Generaldirektion zerfällt in 5 Abteilungen (repartição), wovon die 1. für die Zentralverwaltung und das Personal, die 2. für Telegraphenbau und Materialien, die 3. für den Telegraphenbetrieb, die 4. für den Postbetrieb, die 5. für das Rechnungswesen (einschl. des Postanweisungsdienstes) bestimmt ist. An der Spitze der 2. Abteilung steht ein besonderer „Generalinspektor" für Telegraphie und elektrische Betriebe; die übrigen werden von „Abteilungsvorstehern" (Chefes de repartição) geführt. Die Abteilungen zerfallen wieder in je 2 Sektionen; jede Sektion wird von einem „Sektionschef" (Chefe de divisão) geleitet; die Sektionschefs der 2. Abteilung sind Ingenieure des Ministeriums der öffentlichen Arbeiten, die übrigen Post- und Telegraphenbeamte. Das nachgeordnete Personal der Generaldirektion besteht aus „Offizialen" (officiaes) 1. und 2. Kl. und Aspiranten. In Lissabon und in Oporto sind je eine „Post- und eine Telegraphen-Administration" und daneben je eine Post- und Telegraphendirektion und für die übrigen 19. Verwaltungsbezirke „Post- und Telegraphendirektionen" in den Hauptorten eingerichtet. An der Spitze der Bezirke stehen „Dienstchefs" (Chefes de serviço), denen die sämtlichen Postanstalten ihres Bezirks unterstellt, die aber zugleich auch Vorsteher des Hauptpostamts der Bezirkshauptstadt sind. Die 21 Bezirkshauptstädte sind Angra, Aveiro, Beja, Braga, Bragança, Castello Branco, Coimbra, Evora, Faro, Funchal (Madeira), Guarda, Horta, Leiria, Lissabon, Oporto, Ponta Delgada (Azoren), Portalegre, Santarem, Vianna do Castello, Villa Real und Viseu. Die Dienstchefs in Lissabon und Oporto sind nur Vorsteher der beiden Bezirke, nicht auch der Post- und Telegraphenanstalten in den beiden Städten, die den Administrationen unmittelbar unterstehen.

Die Postanstalten zerfallen in Postämter (Estaçãos) und Postagenturen (Depositarios de caixas de correio); außerdem bestehen in Lissabon und Oporto noch Stadtpostanstalten (Postos). Die Postämter werden in 4 Klassen eingeteilt; zur 1. Klasse gehören die Postämter in Lissabon, Oporto und den Bezirkshauptstädten, sowie in einigen anderen größeren Orten; nur bei den Postämtern 1. Kl. ist etatmäßiges Personal beschäftigt. Die Vorsteherstellen der Postämter 2. bis 4. Kl. werden mit der Postverwaltung fernstehenden Privatleuten männlichen oder weiblichen Geschlechts besetzt; sie können sich im Dienst durch Personen unterstützen lassen, die zu ihnen in ein Vertragsverhältnis treten. Die Vorsteher der 1. Kl. heißen „Dienstchefs" (Chefes de estação), die der übrigen Ämter „Postverwalter" (Encarregados); den letzteren Titel führen auch die Vorsteher der Stadtpostanstalten, die ebenfalls mit Nichtfachbeamten besetzt werden.

Der gesamte Bahnpostdienst des Landes untersteht einem „Dienstchef", der in Lissabon seinen Wohnsitz hat; ihm sind mehrere „Unterchefs" zugeteilt, die an wichtigeren Eisenbahnknotenpunkten wohnen. Auf den Nebenlinien verkehren Schaffnerbahnposten. Das Bahnpostpersonal wird aus den Beamten der Postämter 1. Kl. gewählt. Auf den zwischen dem Mutterland und den Azoren, Madeira und überseeischen Provinzen verkehrenden Schiffen sind „Schiffsposten" eingerichtet, die mit Beamten aus Lissabon und Oporto besetzt werden.

Das Beamtenpersonal der Postämter 1. Kl. besteht aus „Unterchefs", die den Dienstchefs zur Unterstützung beigegeben sind, aus „Offizialen" 1. und 2. Kl., „Aspiranten" 1. und 2. Kl. und „Hilfsaspiranten"; Aspiranten sind jedoch nur bei den Postämtern in Lissabon und Oporto und in den Bahnposten beschäftigt. Zu Revisionszwecken werden Offiziale und Aspiranten herangezogen. Außer den genannten ordentlichen Beamten gibt es noch „Hilfsbeamte", die nicht zu dem ständigen Personal zählen: „Praktikanten" und weibliche „Adjutanten", die sowohl bei Postämtern 1. als auch 2. und 3. Kl. beschäftigt werden können (ausgenommen in Lissabon, Oporto und Coimbra).

Das Diensteinkommen der Beamten setzt sich aus dem eigentlichen Gehalt und einer Dienstzulage zusammen. Es beziehen jährlich der Generaldirektor 1300 Milreis*) Gehalt und 180 Mr. Dienstzulage, der Generalinspektor 1100 und 180 Mr., die Sektionschefs 800 und 190 Mr., die Offizianten 1. Kl. 700 und, wenn sie Dienstchefs oder Unterdienstchefs sind, 60 bis 90 Mr., wenn sie Dienstchefs in Lissabon oder Oporto sind, 150 Mr., und wenn sie bei der Generaldirektion beschäftigt werden, 100 Mr. Dienstzulage, die Offiziale 2. Kl. 550 Mr. und die gleichen Dienstzulagen wie die Offiziale 1. Kl., die Aspiranten 1. Kl. 275 und 60 Mr., die Aspiranten 2. Kl. 275 und 60 Mr., die Vorsteher der Postämter 2. Kl. in Städten 180, in ländlichen Orten bis zu 160 Mr. und 30, 48 oder 60 Mr. Dienstzulage, die Vorsteher der Postämter 3. und 4. Kl. in Städten 90, in ländlichen Orten bis zu 72 Mr. und 30 oder, wenn das Postamt zum Postanweisungsdienst ermächtigt ist, 48 Mr. Dienstzulage, die weiblichen Adjutanten 200 Mr., nach 5 Jahren 300 Mr., nach 10 Jahren 400 Mr. Gehalt ohne Dienstzulage. Das Gehalt der Vorsteher der Postämter 2. bis 4. Kl. in ländlichen Orten richtet sich im übrigen nach dem Geschäftsumfange der Ämter; die eben angegebenen Sätze von 160 und 72 Mr. stellen nur die Höchstbezüge dar. Auch das Einkommen der Vorsteher der Stadtpostanstalten ist vom Verkehrsumfang abhängig und darf 72 Mr. jährlich nicht übersteigen. Neben dem regelmäßigen Diensteinkommen beziehen die Beamten für Nacht- und Frühdienst und die Bahnpostbeamten für den Fahrdienst noch besondere Entschädigungen.

Das Unterbeamtenpersonal in Lissabon und Oporto besteht aus „Briefträgern" (Carteiros), „Kastenleerern" (Encarregados de abertura de receptaculos postaes) und „Stemplern" (Marcadores da correspondencia); diese sind etatmäßig angestellt und beziehen Tagegeld, und zwar die Briefträger von 680 oder 700 R., die Kastenleerer und Stempler von 500 R. Die tüchtigeren Briefträger werden im Sortierdienst verwendet und beziehen als Sortierer (divisores de posta interna) eine Zulage von 100 R. täglich. Die Unterbeamten der übrigen Postämter heißen durchweg „Besteller" (Distribuidores) und beziehen in den Bezirkshauptstädten und einigen anderen großen Orten Tagegelder bis 400 R., in den übrigen Orten bis 360 R. Außerdem gibt es noch „Hilfsbriefträger", die bei vollem Dienst in Lissabon und Oporto 450 R., in den übrigen Orten 300 R. Tagegeld beziehen. Bei den kleineren Ämtern sind ferner „Diener"

*) 1 Milreis (Mr.) zu 1000 Reis (R.) = 4 M. 53 3/5 Pf.

(Serventes) beschäftigt, deren Tagegeld sich nach dem Umfang der Leistung richtet, aber über 400 R. nicht hinausgehen darf. Den Landbestelldienst endlich besorgen die „Landbriefträger“ (Distribuidores ruraes), deren Tagegeld im Höchstfalle 300 R. beträgt.

Wer als ordentlicher Beamter in den Dienst treten will, muß eine Aufnahmeprüfung ablegen oder die Königliche Armenschule absolviert haben und darf nicht jünger als 18 und nicht älter als 25 Jahre sein. Ferner muß er die Telegraphenschule besucht haben und Französisch, wenn er in Lissabon oder Oporto beschäftigt sein will, auch Englisch können. Ein Viertel der freien Beamtenstellen ist versorgungsberechtigten Unteroffizieren vorbehalten, die im Telegraphendienst ausgebildet sein müssen. Nach bestandener Prüfung werden die Anwärter, sobald sie zum Dienst einberufen sind, zu „Hilfsaspiranten“ ernannt, während des ersten Jahres aber nur auf Probe beschäftigt. Schüler der Königlichen Armenschule, die das 18. Lebensjahr noch nicht vollendet haben, können als „Praktikanten“ Verwendung finden. Die Beförderung in die höheren Stellen erfolgt dann für die Hälfte der Stellen nach dem Dienstalter, für die andere Hälfte nach besonderer Tüchtigkeit, die durch weitere Prüfungen nachzuweisen ist. Auch die Personen, die Vorsteher eines Postamts 2. Kl. werden wollen, müssen vorher die Telegraphenschule mit Erfolg besucht haben, und zwar gleichviel, ob sie schon Postämter 3. und 4. Kl. verwaltet haben oder neu in den Dienst treten; im übrigen müssen alle Anwärter auf Postämter 2. bis 4. Kl. nachweisen, daß sie im Lesen, Rechnen und Schreiben gehörig bewandert sind.

Das Publikum ist berechtigt, an dem Wohn- oder Geschäftshaus einen Privatbriefkasten anzubringen, der vom Postpersonal auf den gewöhnlichen Leerungsgängen mit geleert wird. Die Kasten hat das Publikum selbst zu beschaffen. Für das Leeren ist eine besondere Gebühr von 6 Mr. jährlich zu entrichten.

Das Postmonopol der portugiesischen Verwaltung erstreckt sich auf Briefe, Kartenbriefe, Postkarten und verschlossene Korrespondenzen jeder Art, sowie auf gerichtliche Dokumente. Es ist jedoch gestattet, Briefe durch eigene Diener oder durch einer Beförderungsanstalt nicht angehörige Personen unentgeltlich befördern zu lassen; außerdem sind vom Monopol ausgenommen Empfehlungsschreiben, Briefe, die schon einmal mit der Post befördert worden sind, frankierte Briefe, die vor der Beförderung zur Abstempelung der Marken bei einer Postanstalt vorgelegt worden sind, sowie Briefe, die durch Privatpersonen innerhalb des Weichbildes der Städte befördert werden.

A. Briefpost.

Für die Taxierung der Briefsendungen besteht nur eine Zone, die ganz Portugal nebst den Azoren und Madeira umfaßt; für Ortssendungen besteht keine Taxermäßigung.

Briefe (cartas) sind ohne Beschränkung des Gewichts und der Größe zulässig. Tarif: 25 R. für jede 15 g, unfrankiert und unzureichend frankiert das Doppelte des fehlenden Portos.

Zum ausschließlichen Gebrauch im inneren Verkehr hat die Postverwaltung Kartenbriefe (cartas-bilhetes) zu 25 R., solche mit Antwort zu 50 R. ausgegeben. In die Kartenbriefe können auch andere Gegenstände eingelegt werden; wird hierdurch das Gewicht von 15 g überschritten, so ist die Sendung wie ein gewöhnlicher Brief nachzufrankieren.

Postkarten (bilhetes postaes) sind zu 10 R. die einfachen, zu 20 R. solche mit Antwort ausgegeben. Von der Privatindustrie hergestellte Postkarten sind zur Beförderung mit der Post zugelassen.

Das Publikum kann die Zeitungen und Zeitschriften, die es abonniert, bei allen Postanstalten, die zum Postanweisungsdienst ermächtigt sind, und ihrem Bestellpersonal bestellen (assignaturas de jornaes). Die Gebühr für jede Zeitungsbestellung beträgt 20 R.; daneben ist die gewöhnliche Postanweisungsgebühr zu entrichten. Je nach den mit den Verlegern getroffenen Vereinbarungen ist die Postanweisungsgebühr entweder vom Besteller einzuziehen oder vom Abonnementsbetrag einzubehalten. Die Versendung und Beförderung der postseitig bezogenen Zeitungen erfolgt in derselben Weise und zu denselben Taxen wie die Versendung anderer Zeitungen.

Das Meistgewicht der Zeitungspakete (jornaes) ist auf 2 kg festgesetzt; Beschränkungen in den Ausdehnungen bestehen nicht. Die Zeitungen müssen wenigstens teilweise frankiert werden. Tarif: $2\frac{1}{2}$ R. für jede 50 g, unzureichend frankiert das Doppelte des fehlenden Frankos; unfrankierte Zeitungen gelangen nicht zur Absendung. Das Porto für die abonnierten Zeitungen kann für die Bezugszeit im voraus bar nach einem Durchschnittsgewicht entrichtet werden; die Zeitungspakete müssen alsdann in der Aufschrift den Vermerk „Avença“ tragen. Für denselben Ort bestimmte Zeitungen können ohne besondere Aufschriften an das Postamt gerichtet werden. Alsdann ist die Taxe in einem Betrage für alle Zeitungen auf dem Paket nach dem Gesamtgewicht zu verrechnen. Die Verteilung an die Empfänger erfolgt auf Grund von Listen. Die politischen und literarischen Beilagen, sowie Beilagen mit Annoncen werden als Teile der Zeitungen angesehen, wenn sie einen Anhang der Zeitung bilden und für sich allein kein selbständiges Werk oder Blatt darstellen; sie müssen im Kopf die Nummer der Zeitung, sowie die Angabe „Beilage“ tragen. Alle anderen Beilagen unterliegen der Taxe für gewöhnliche Drucksachen.

Drucksachen (impressos) — andere als Zeitungen — müssen ebenfalls wenigstens teilweise frankiert sein. Das Meistgewicht eines Drucksachenpakets ist auf 2 kg festgesetzt; für die Größe sind Grenzen nicht gezogen. Tarif: 5 R. für jede 50 g, unzureichend frankiert das Doppelte des fehlenden Frankos. Hinsichtlich der Zulässigkeit handschriftlicher Angaben und Zusätze in Drucksachen gelten im wesentlichen dieselben Bestimmungen wie für den Weltpostverkehr.

Geschäftspapiere (papeis commerciaes e manuscriptos) sind zulässig; sie müssen frankiert abgesandt werden. Gewicht und Größe sind unbeschränkt. Tarif: 25 R. bis 250 g und 5 R. mehr für jede weiteren 50 g, unzureichend frankiert das Doppelte des fehlenden Frankos; unfrankierte Geschäftspapiere werden nicht befördert. Geschäftspapiere, die den allgemeinen Bestimmungen (dieselben wie im Weltpostverkehr) nicht entsprechen, werden zwar befördert, aber als Briefe taxiert.

Warenproben (amostras de mercadorias) dürfen in keiner Ausdehnung 30 cm, im Gewicht nicht 250 g überschreiten. Sie müssen wenigstens teilweise frankiert sein; unfrankiert gelangen sie nicht zur Absendung. Tarif: 5 R. für jede 50 g, unzureichend frankiert das Doppelte des fehlenden Frankos. Für Verpackung und sonstige Beschaffenheit gelten im übrigen die Bestimmungen des Weltpostvertrages. Warenproben, die den Vorschriften nicht entsprechen, werden nicht abgesandt, sondern an die Absender zurückgegeben oder, wenn letztere nicht bekannt sind, als unanbringlich behandelt.

Briefsendungen jeder Art können unter Einschreibung (correspondencia registada) versandt werden; sie müssen stets frankiert sein und am Schalter aufgeliefert werden. Für Form und Verschluß bestehen keine besonderen Vorschriften. Die Einschreibgebühr beträgt 50 R. und ist auch für portofreie Dienstbriefe zu entrichten. Über jede Einschreibsendung wird dem Aufgeber unentgeltlich ein Einlieferungsschein (certificado) erteilt. Rückscheine (aviso de recepção) sind zulässig; Gebühr 25 R. Briefe mit dem Vermerk „registada", die im Briefkasten vorgefunden werden, gelangen als gewöhnliche Briefe zur Absendung. Im Falle des Verlustes einer Einschreibsendung zahlt die Postverwaltung einen Schadenersatz von 9 Mr.

Einschreib- und Wertbriefe sowie Wertkästchen können unter Nachnahme versandt werden, soweit die Postanstalten zum Postanweisungsdienst ermächtigt sind. Der Höchstbetrag der Nachnahme richtet sich danach, bis zu welchem Betrage die Postanstalten Postanweisungen annehmen oder auszahlen (siehe unter „C. Postanweisungen"). Der Nachnahmebetrag ist in der Aufschrift in Ziffern und Buchstaben mit dem Zusatz „Cobrança" anzugeben. Der eingezogene Nachnahmebetrag wird nach Abzug der Stempel-, Postanweisungs- und Nachnahmegebühr (25 R. für die Sendung) mit Postanweisung, die ebenso wie der im Annahmeheft verbleibende Stamm (souche) mit roter Tinte den Vermerk „Cobrança" erhält, dem Aufgeber übersandt.

Nach- oder Rücksendung von Briefpostgegenständen erfolgt gebührenfrei. Postlagersendungen werden bis zum Ablauf des auf den Monat der Ankunft folgenden Monats zur Verfügung der Empfänger bereitgehalten. Unbestellbare Briefsendungen werden den Absendern zugeführt. Ist der Absender äußerlich nicht zu erkennen, so werden die Sendungen an die Generaldirektion eingesandt, wo gewöhnliche Gegenstände nach 6 Monaten und Einschreibsendungen nach 1 Jahr zur Ermittelung der Absender geöffnet werden. Gewöhnliche Briefe, die hierbei unanbringlich bleiben, werden sogleich vernichtet; die darin vorgefundenen Wertsachen werden zugunsten der Postkasse verwertet.

Ein Bestelldienst ist nicht in allen Orten Portugals eingerichtet; wo er besteht, erfolgt die Abtragung der Briefsendungen in die Wohnung der Empfänger gebührenfrei, in den anderen Orten müssen die Sendungen von der Post abgeholt werden. Zu dem Zweck sind alle Postanstalten bis 6 oder 7 Uhr abends offen; geht eine Post später, aber nicht nach 11 Uhr ein, so wird der Schalter nochmals für $1/2$ Stunde für die Ausgabe geöffnet. In den größeren Städten Portugals ist den Briefempfängern gestattet, auf die Bestellung zu verzichten und ihre Sendungen vom Postamt abzuholen; in dem Falle hat der Abholer eine Fachmiete von $4 1/2$ Mr. jährlich zu entrichten.

Es ist zwar auch ein Eilbestelldienst eingerichtet; er erstreckt sich jedoch nur auf Einschreibbriefe, Wertbriefe, Wertkästchen, Pakete und Postanweisungen, nicht auch auf gewöhnliche Briefsendungen. Die Eilsendungen (correspondencia por expresso) müssen am Schalter aufgeliefert werden, wo sie der Annahmebeamte mit dem Stempel „Proprio" bedruckt. Das Eilbestellgeld wird alljährlich von der Regierung neu festgestellt; z. Z. beträgt es 300 R. für die Sendung. Die Gebühr muß in Freimarken auf der Sendung verrechnet werden.

Neben den Postanstalten können sich auch Kaufleute mit Genehmigung der Postverwaltung mit dem Verkauf von Postwertzeichen befassen. Im allgemeinen erhalten weder die Postbeamten noch die Kaufleute eine Entschädigung für den Absatz der Marken, nur in Lissabon und Oporto wird den Kaufleuten eine Vergütung von 1 % des Wertes der abgesetzten Wertzeichen bewilligt. Außer den Postwertzeichen, Postkarten und Kartenbriefen sind von der Postverwaltung gestempelte Briefumschläge zu 25 und 50 R. ausgegeben. Bemerkenswert ist, daß die Postfreimarken auch zur Entrichtung der Telegrammgebühren benutzt werden können.

Zur Verrechnung des Portos auf unfrankierten und unzureichend frankierten Sendungen werden besondere Taxmarken (Sellos de porteado) benutzt.

B. Wertbriefe.

Briefe mit angegebenem Wert (cartas registadas com valores declarados) dürfen nur Banknoten, Wechsel, Schecks, Aktien, Staatsschuldscheine, Lotterielose, Freimarken, Zinsscheine u. dgl., aber kein gemünztes Geld, noch Gold- und Silbersachen, Edelsteine usw. enthalten. Gegenstände der letzteren Art müssen in Wertkästchen (caixas com valor declarado) versandt werden. Der Höchstbetrag der Wertangabe ist auf 2000 Mr. festgesetzt.

Die Wertbriefe müssen in Umschläge von Leinwand oder festem Papier, die aus einem einzigen Stück bestehen, verpackt und mit mehreren Siegeln verschlossen sein; ferner muß der Umschlag bei der Auflieferung vollständig unbeschädigt sein, Freimarken dürfen vor der Auflieferung nicht aufgeklebt werden. Die Wertangabe ist in Buchstaben zu vermerken.

Wertkästchen dürfen nicht schwerer als 1 kg und nicht größer als 20 zu 10 zu 10 cm sein. Die Wandungen der Kästchen müssen 8 mm dick oder mit Blech beschlagen sein. Die Kästchen sind vom Absender kreuzweise zu umschnüren; die Knotenenden sind festzusiegeln. Die obere und untere Fläche des Kästchens müssen mit weißem Papier überzogen sein, das zur Anbringung der Aufschrift, der Wert- und Inhaltsangabe, der Freimarken und der Abdrücke der Dienststempel bestimmt ist.

Die Wertbriefe und Wertkästchen werden vom Annahmebeamten gewogen. Das Gewicht wird in der oberen linken Ecke in g, bei Wertbriefen auch das Porto in Zahlen in der oberen rechten Ecke der Aufschriftseite vermerkt; sodann hat der Annahmebeamte die zur Frankierung erforderlichen Freimarken in Gegenwart des Aufgebers auf die Aufschriftseite des Briefes oder Wertkästchens aufzukleben. Die Briefe und Wertkästchen werden in ein besonderes Annahmebuch eingetragen, aus dem der Einlieferungsschein herausgetrennt wird. Auf den Brief oder das Kästchen wird ein in Rotdruck hergestellter Aufgabezettel aufgeklebt, dessen Nummer auf den Einlieferungsschein und in den Stamm des Annahmebuches übertragen wird. Es ist den Postbeamten untersagt, bei Einlegung der Wertpapiere in einen Wertbrief oder der Wertsachen in ein Wertkästchen als Zeuge zu dienen oder dem Aufgeber beim Versiegeln des Briefes oder des Kästchens oder bei Fertigung der Aufschrift behilflich zu sein. Die auf die Wertbriefe usw. aufzuklebenden Aufgabenummern laufen vom 1. Januar bis 31. Dezember jedes Jahres. Der Absender kann das Verlangen stellen, daß ihm über die erfolgte Aushändigung eines Wertbriefes oder Kästchens eine amtliche Benachrichtigung (Rückschein) zugefertigt werde; Gebühr 25 R.

Die Beförderung der Wertbriefe und Wertkästchen erfolgt in der gleichen Weise, wie dies für den internationalen Wertbriefaustausch durch das Übereinkommen von Rom vorgesehen ist; namentlich erfolgt die Versendung der Wertbriefbunde und Wertkästchen in den Einschreibbriefsäcken, also mit der Briefpost. Im allgemeinen werden die Wertbriefe und Kästchen in Orten, wo ein Bestelldienst eingerichtet ist, unentgeltlich in die Wohnung der Empfänger abgetragen. Wünscht jedoch der Empfänger, seine Wertbriefe usw. von der Postanstalt selbst abzuholen, so kann einem solchen Verlangen Folge gegeben werden; alsdann wird dem Empfänger zunächst nur ein Benachrichtigungsschreiben über die Ankunft eines Wertbriefes oder Wertkästchens zugestellt. In jedem Falle muß der Empfänger über einen Wertbrief oder ein Wertkästchen in einem besonderen Buch Quittung leisten; die Aushändigung der Wertbriefe und Kästchen erfolgt nur an den Empfänger selbst oder dessen Bevollmächtigten. Wie schon erwähnt, können Wertbriefe und Wertkästchen den Empfängern auch durch Eilboten zugestellt werden.

Tarif: für Wertbriefe Porto für einen gewöhnlichen, gleichschweren Brief, feste Gebühr von 50 R. und Versicherungsgebühr von 250 R. für jede 100 Mr., für Wertkästchen Porto von 20 R. bis 100 g, 50 R. über 100 bis 500 g, 100 R. über 500 bis 1000 g und Versicherungsgebühr wie bei Wertbriefen. Wertbriefe und Wertkästchen können auch mit Nachnahme belastet werden (siehe unter „A. Briefpost").

Im Falle des Verlustes oder der Beschädigung eines Wertbriefes oder Wertkästchens leistet die Postverwaltung Ersatz für den wirklich erlittenen Schaden bis zur Höhe der Wertangabe.

C. Postanweisungen.

Am Postanweisungsdienst nehmen nur die Postämter in Städten und zu diesem Dienst besonders ermächtigte Landpostämter teil. Man unterscheidet 3 Arten von Postanweisungen (vales de correio): solche auf einen bestimmten Empfänger, solche auf den Inhaber (ohne Angabe eines bestimmten Empfängers) und Dienst-Postanweisungen, die zur Ausgleichung von Geldbeträgen zwischen den Postanstalten, namentlich im Verkehr mit Lissabon und Oporto, zur Überweisung der auf internationale Postanweisungen eingezahlten Beträge und zur Abführung von Beiträgen der Post- und Telegraphenbeamten zur Unterstützungskasse dienen.

Den Annahmebeamten wird für die Mühewaltung aus Anlaß des Postanweisungsdienstes eine besondere Vergütung gezahlt, die 1½ R. für jedes Mr., höchstens jedoch in Lissabon und Oporto 250 Mr., in den übrigen Orten 100 Mr. jährlich für jede Postanstalt beträgt. Die Auszahlungsbeamten beziehen, mit Ausnahme von Lissabon, eine Vergütung von 10 R. für jede Postanweisung, ohne Rücksicht auf die Höhe des ausgezahlten Betrages.

Der Höchstbetrag ist für Postanweisungen nach den Provinzialhauptstädten auf 500 Mr., nach den Kreishauptstädten auf 200 Mr. und nach den übrigen Orten auf 100 Mr. festgesetzt. Tarif: 25 R. für jede 5 Mr. Die Postanweisungen über 1 Mr. und mehr unterliegen außerdem einer Stempelgebühr von

10 R. von 1 bis 10 Mr., 20 R. von 10 bis 20 Mr., 40 R. über 20 bis 50 Mr., 60 R. über 50 bis 100 Mr., 100 R. über 100 bis 500 Mr., die durch Aufkleben von Stempelmarken auf die Postanweisungen und durch Entwertung, sei es handschriftlich, sei es mit dem Briefaufgabestempel, verrechnet wird. Für Dienstpostanweisungen ist die Stempelabgabe nicht zu entrichten.

Der Aufgeber einer Postanweisung hat die zu ihrer Ausfertigung erforderlichen Angaben auf ein besonderes Anmeldeformular, für das er 5 R. in Postfreimarken zu entrichten hat, niederzuschreiben und dieses an den Annahmebeamten abzugeben. Die Ausfertigung der Postanweisungen, die aus einem Heft herausgelöst werden, liegt dem Beamten ob. An der Postanweisung befinden sich 2 Abschnitte, von denen der eine als Einlieferungsschein, der andere als Benachrichtigungsschreiben an die Bestimmungspostanstalt (Einzahlungsschein) zu dienen hat. Der Einlieferungsschein sowie eine auf den Inhaber lautende Postanweisung werden dem Aufgeber ausgehändigt; es ist dessen Sache, die Anweisung dem Empfänger im Briefe zu übersenden. Den Einzahlungsschein sendet die Aufgabe- der Bestimmungspostanstalt amtlich unter Umschlag zu. Lautet die Postanweisung auf einen bestimmten Empfänger, so wird dem Aufgeber nur der Einlieferungsschein ausgehändigt, während die Postanweisung postseitig der Bestimmungspostanstalt übersandt wird. Die Übersendung kann auch unter Einschreibung gegen Entrichtung der Einschreibgebühr von 50 R. erfolgen.

Am Bestimmungsort werden die Postanweisungen den Empfängern, jedoch ohne den Geldbetrag, gebührenfrei in die Wohnung bestellt. Eilbestellung ist bei eingeschriebenen Postanweisungen an bestimmte Empfänger gleichfalls zulässig. Die Eilbestellgebühr von 300 R. muß in Postfreimarken links oben auf der Postanweisung verrechnet werden. Auszahlungsscheine sind zulässig; die Gebühr von 25 R. ist durch Aufkleben einer Freimarke auf den Schein zu verrechnen.

Postanweisungen, die den Empfängern nicht binnen 8 Tagen, bei postlagernden und solchen an zeitweise Abwesende nicht binnen 15 Tagen haben zugestellt werden können, werden nach dem Aufgabeort zurückgesandt. Bei der Auflieferung soll der Absender seinen Namen, seinen Stand und seine Wohnung angeben; weigert er sich, so schreibt der Annahmebeamte auf die Postanweisung den Vermerk „anonym“ nieder. Alsdann hat jedoch der Absender keinen rechtlichen Anspruch auf Rückzahlung des Betrages im Falle der Unbestellbarkeit.

Der Empfänger kann eine Postanweisung durch Indossament auf eine dritte Person übertragen. Die Rückindossierung auf den ersten Empfänger ist zulässig. Postanweisungen bis 50 Mr. sind auf Sicht zahlbar; bei höheren Beträgen hat die Auszahlung zu erfolgen, sobald der Postanstalt die erforderlichen Geldmittel zur Verfügung stehen, jedenfalls aber innerhalb 8 Tage. Die Zahlung geschieht bei Postanweisungen an eine bestimmte Person gegen Quittung des Empfängers oder des Indossaten, bei Postanweisungen auf den Inhaber gegen Quittung des Inhabers unter Rückgabe der Postanweisung ohne jede Förmlichkeit. In Lissabon erfolgt die Auszahlung durch den Zahlmeister des Finanzministeriums, in den Bezirksstädten durch die Agenturen der Portugiesischen Bank, in den übrigen Orten durch die Postanstalten. Liegt bei Vorzeigung einer Postanweisung noch kein Einzahlungsschein vor, so wird der Betrag nicht eher ausgezahlt, bis die Einzahlung auf eine zu erlassende amtliche Anfrage hin von der Aufgabepostanstalt bestätigt wird.

Geht dem Absender oder Empfänger eine Postanweisung verloren oder wird sie in seinem Besitz beschädigt, so kann ihm durch die Generaldirektion ein Doppel ausgestellt werden; dem Antrag sind der Einlieferungsschein und eine Gebühr von 25 R. beizufügen.

Die Postanweisungen verlieren ihre Gültigkeit nach 60 Tagen; auf Antrag kann die Gültigkeit von der Generaldirektion immer auf weitere 60 Tage (bis höchstens auf 1 Jahr) gegen jedesmalige Zahlung einer Gebühr von 25 R. verlängert werden. Nach 1 Jahr, vom Tage der Einzahlung ab gerechnet, verfallen die Beträge dem Staat.

Telegraphische Postanweisungen (vales telegraphicos) können nur auf bestimmte Empfänger lauten. Befindet sich am Aufgabeort keine Telegraphenstation, so ist die Anweisung mit der Telegraphengebühr unter dienstlicher Einschreibung, auf Verlangen und auf Kosten des Aufgebers auch durch Eilboten, an das nächste, am Sitz einer Telegraphenanstalt befindliche Postamt zur weiteren Behandlung zu übersenden. Der Höchstbetrag der telegraphischen Postanweisungen ist auf 100 Mr. festgesetzt. Tarif: gewöhnliche Postanweisungsgebühr, Gebühr für das Anmeldeformular (5 R.), Telegrammgebühr von 300 R., u. U. auch die Eilbestellgebühr. Die Ausfertigung des Überweisungstelegramms liegt dem Annahmebeamten ob. Zu jeder telegraphischen Postanweisung wird außer dem Überweisungstelegramm eine gewöhnliche Postanweisung ausgefertigt, die nebst dem Einzahlungsschein der Bestimmungspostanstalt unter Einschreibung in einem Umschlag übersandt wird. Die Bestimmungs-Telegraphenanstalt fertigt zu jedem angekommenen Überweisungstelegramm eine Telegramm-Postanweisung nebst Einzahlungsschein aus und stellt diese Postanweisung dem Empfänger, den Einzahlungsschein der Postanstalt zu. Kann der Empfänger einer telegraphischen Postanweisung nicht binnen 48 Stunden, bei postlagernden Anweisungen nicht binnen 5 Tagen ermittelt werden, so wird die Anweisung an die Aufgabepostanstalt zwecks Verständigung des Aufgebers zurückgeschickt. Die telegraphischen Postanweisungen sind stets, ohne Rücksicht auf die Höhe des Betrages, auf Sicht zahlbar. Geht zu einer telegraphischen Postanweisung nicht rechtzeitig die Bestätigungs-Postanweisung nebst Einzahlungsschein ein, so ist hiervon nicht nur die Aufgabepostanstalt, sondern auch die General-Direktion telegraphisch zu verständigen.

D. Postaufträge.

Am Postauftragsdienst nehmen alle zum Postanweisungsdienst ermächtigten Postanstalten teil. Als Anlagen zu Postaufträgen (Cobrança de recibos, letras e obrigações) sind Quittungen, Wechsel, Schecks, Zins- und Dividendenscheine, Obligationen, Fakturen und überhaupt alle Handelspapiere zulässig, die auf Sicht zahlbar sind. Papiere, die an einem bestimmten Fälligkeitstag vorzuzeigen sind, dürfen Postaufträgen nicht beigefügt werden. Mit Protesterhebung befassen sich die Postanstalten nicht. Postaufträge können im Verkehr mit Postanstalten in Provinzialhauptstädten bis 500 Mr., in Kreishauptstädten bis 200 Mr. und in kleineren Orten bis 100 Mr. aufgeliefert werden. Diese Beschränkung erklärt sich aus dem Umstand, daß die Übermittelung der eingezogenen Beträge durch Postanweisung erfolgt, die betreffenden Postanstalten aber zur Annahme und Auszahlung höherer Postanweisungsbeträge nicht ermächtigt sind. Demselben Postauftrag können nur von einem Auftraggeber herrührende, für einen oder mehrere Zahlungspflichtige an demselben Ort bestimmte Wertpapiere beigefügt werden.

Die Postauftragsbriefe müssen der Postanstalt offen übergeben werden. Jedem Postauftrag ist außer den Anlagen ein gehörig ausgefülltes Postauftragformular in doppelter Ausfertigung beizufügen. Auf der einen Ausfertigung wird die Vorzeigegebühr von 10 R. für jede Anlage in Freimarken verrechnet. Die Formulare sowie die Postauftragsumschläge werden von den Postanstalten gegen eine Gebühr von 5 R. hergegeben. Der Annahmebeamte prüft, ob das Formular richtig ausgefüllt ist, und verschließt dann den an die Bestimmungspostanstalt gerichteten Postauftragsbrief, der, nachdem ihn der Beamte mit den Buchstaben T. C. (Titulos para Cobrança) gekennzeichnet hat, unter Einschreibung befördert wird. Dem Auftraggeber wird über jeden Postauftrag ein aus dem Annahmebuch herauszutrennender Einlieferungsschein erteilt. Für einen Postauftragsbrief ist die Taxe für einen gleichschweren Einschreibbrief zu entrichten. Wird ein Postauftragsbrief verschlossen im Briefkasten vorgefunden, so sendet ihn die Postanstalt an die General-Direktion zur Eröffnung ein; wird der Absender hierbei ermittelt, so wird ihm der Auftragsbrief zurückgegeben, andernfalls wird der Brief als unanbringlich behandelt.

Am Bestimmungsort werden die Postauftragsbriefe tunlichst unter Zuziehung eines zweiten Beamten geöffnet und in ein besonderes Ankunftsbuch eingetragen. Ist ein Bestelldienst eingerichtet, so werden die Papiere den Zahlungspflichtigen in der Wohnung durch die Briefträger zur Zahlung vorgezeigt; andernfalls wird den Zahlungspflichtigen eine Benachrichtigung über das Vorliegen eines Postauftragspapiers bei der Abholung der Briefsendungen übergeben mit der Aufforderung, das Papier binnen 5 Tagen einzulösen. Von den eingezogenen Beträgen werden die Postanweisungsgebühr, die Stempelgebühr und die Anmeldeformulargebühr von 5 R. in Abzug gebracht. Werden Auftragspapiere nicht innerhalb 5 Tage eingelöst, so werden sie nochmals vorgezeigt und, wenn sie auch dann uneingelöst bleiben, dem Auftraggeber kostenfrei, unter Angabe des Grundes, eingeschrieben zurückgesandt. Die zur Übersendung der eingezogenen Gelder ausgefertigte Postanweisung wird dem Auftraggeber unter Beifügung des nicht mit den Freimarken für die Vorzeigegebühr beklebten Exemplars des Auftragformulars unter Briefumschlag eingeschrieben übersandt. Die für Postaufträge aufkommenden Vorzeigegebühren fallen den Postamtsvorstehern zu; ist die Einziehung durch Briefträger erfolgt, so ist die Hälfte den Briefträgern auszuzahlen.

E. Pakete.

Postpakete (encommendas postaes) sind bis 5 kg zulässig. Sie dürfen in der Länge 60 cm nicht überschreiten, hinter 10 cm aber auch nicht zurückbleiben, während der Gesamtumfang auf höchstens 25 cbdm festgesetzt ist. Einschreibung ist gestattet, ebenso Wertangabe bis 500 Mr. und auf Einschreib- und Wertpaketen Nachnahme bis 500, 200 oder 100 Mr., je nachdem die Postanstalten die Ermächtigung zur Annahme und Auszahlung von Postanweisungen in dieser Höhe haben.

Briefe dürfen in Postpakete nicht eingelegt werden, ebenso ist die Beförderung von Tabak, lebenden Tieren, Pflanzen und Pflanzenteilen, ferner von leichtentzündlichen Stoffen in Postpaketen untersagt. Nicht mehr im Umlauf befindliche in- und ausländische Gold-, Silber-, Kupfer-, Nickel- und Bronzemünzen sowie Medaillen können in Postpaketen mit angegebenem Wert versandt werden. Der Wert- und der Nachnahmebetrag (dieser mit dem Zusatz „Cobrança") müssen in Ziffern und Buchstaben angegeben werden.

Eine Begleitadresse wird den Paketen nicht beigegeben. Die Pakete werden mit einem eine jährlich fortlaufende Nummer tragenden Aufgabezettel beklebt und in ein Annahmebuch verzeichnet, aus welchem der dem Absender kostenfrei auszuhändigende Einlieferungsschein (auch bei gewöhnlichen Postpaketen) herausgetrennt wird. Der Aufgeber ist wegen des in Portugal allgemein bestehenden Oktrois gehalten, auf dem Paket seinen Namen und den Inhalt anzugeben. Wert- und Einschreibpakete müssen versiegelt sein. Die Frankierung der Postpakete erfolgt durch Aufkleben von Freimarken auf das Paket; die Marken werden mit dem Tagesstempel entwertet. Wertpakete werden bei der Einlieferung genau gewogen, das Gewicht wird in der oberen linken Ecke der Aufschrift des Pakets in g vermerkt. Es ist den Annahmebeamten untersagt, beim Verschließen eines Postpakets Hilfe zu leisten, Papier, Siegellack, Petschaft, Bindfaden usw. zum Verpacken und Verschließen herzugeben und die Aufschrift oder Wertangabe niederzuschreiben. Nur die Postpaketämter in Lissabon und Oporto übernehmen die Verpackung von Paketen im Auftrage und in Anwesenheit der Absender. Einschließlich der Hergabe des Verpackungsstoffes ist dafür eine Gebühr von 50 R. zu zahlen. Sind jedoch Kisten, Wachsleinen usw. zur Verpackung nötig, so sind die Kosten dafür noch besonders zu erstatten. Der Aufgeber eines Einschreibpakets kann das Verlangen stellen, daß ihm eine vom Empfänger unterzeichnete Empfangsbestätigung beschafft werde; die Gebühr von 25 R. ist in Freimarken auf dem Rückschein zu verrechnen. Auch für nachträgliche Anfragen über das Schicksal eines Postpakets hat der Aufgeber diese Gebühr nebst einer Formulargebühr von 5 R. zu zahlen.

Die Beförderung der Postpakete erfolgt entweder innerhalb der Briefbeutel oder in besonderen Paketsäcken; nach Lissabon und Oporto sind die Pakete stets in direkte Paketsäcke auf die Bestimmungspostanstalt zu verpacken.

Wird vermutet, daß ein Paket verbotene Gegenstände enthält, so ist der Empfänger verpflichtet, es bei der Postanstalt zu öffnen. Enthält ein Paket Briefe, so wird der sechsfache Betrag des Portos für einen gleichschweren unfrankierten Brief, mindestens aber 1 Mr. als Strafe berechnet. Sendungen mit Tabak werden mit Beschlag belegt, solche mit lebenden Tieren, Pflanzen und leichtentzündlichen Sachen sogleich beseitigt.

Dem Empfänger wird ein Benachrichtigungsschreiben über das Vorliegen eines Postpakets als gewöhnlicher Brief zugestellt; es ist Sache des Empfängers, das Paket bei der Postanstalt abzuholen oder abholen zu lassen. Nur in den größeren Städten findet die Abtragung der Pakete selbst statt, wenn der Absender in der Aufschrift den Vermerk „Domicilio" (Wohnung) niedergeschrieben und eine Bestellgebühr von 100 R. nach Lissabon und Oporto, von 50 R. nach den anderen Orten entrichtet hat. Der Empfänger hat über den Empfang eines jeden Postpakets Quittung zu leisten.

Bei Postpaketen kann auch das Verlangen der Abtragung durch Eilboten gestellt werden. Die Eilbestellgebühr beträgt z. B. 300 R. und muß in Postfreimarken auf dem Paket verrechnet werden. Die Aufgabepostanstalt bedruckt das durch Eilboten zu bestellende Paket mit einem besonderen Stempel „Proprio" oder schreibt dieses Wort mit roter Tinte darauf. Am Bestimmungsort wird dem Empfänger sogleich nach der Ankunft das Paket selbst durch besonderen Boten zugestellt.

Bleiben Pakete länger als 8 Tage unabgeholt, so wird eine Lagergebühr (Taxa de armazenagem) von 5 R. für den Tag erhoben und in Marken auf den Paketen verrechnet. Gleichzeitig werden sie unbestellbar gemeldet. Bleibt dann in den nächsten 30 Tagen eine Verfügung des Empfängers oder Absenders aus, so werden die Pakete an das Paketpostamt in Lissabon gesandt, das sie dem Zollamt zum Verkauf übergibt. Der Erlös verfällt nach 1 Jahre einer Hilfskasse für Post- und Telegraphenbeamte. Auf Verlangen des Empfängers kann diesem ein Postpaket nachgesandt werden; unbestellbare Pakete können an den Aufgeber auf dessen Wunsch zurückgesandt werden. Für die Nach- oder Rücksendung werden Porto und Versicherungsgebühr von neuem in Ansatz gebracht.

Enthalten die Postpakete steuerpflichtige Gegenstände, so wird die fällige Steuer auf Grund der Inhaltsangaben auf den Paketen berechnet und erhoben; indessen haben die Steuerbehörden das Recht, die Pakete in Gegenwart der Empfänger oder eines Postbeamten zu öffnen, um die Richtigkeit der Inhaltsangabe zu prüfen.

Postpakete müssen stets frankiert werden. Tarif: bis 3 kg 200 R., über 3 bis 4 kg 250 R., über 4 bis 5 kg 300 R., Einschreibgebühr 250 R., bei Wertangabe Einschreibgebühr von 50 R. und Versicherungsgebühr 250 R. für jede 100 Mr., Nachnahmegebühr wie für Briefe mit Nachnahme (siehe unter „A. Briefpost").

Im Falle des Verlustes oder der Beschädigung eines gewöhnlichen Postpakets leistet die Postverwaltung keinen Ersatz. Für Wertpakete wird im Falle des Verlustes oder der Beschädigung der wirklich erlittene Schaden bis zur Höhe der Wertangabe ersetzt; für Einschreibpakete wird Ersatz wie für Einschreibbriefe geleistet. Ist der Verlust oder die Beschädigung eine Folge höherer Gewalt, so tritt eine Ersatzleistung nicht ein.

Postsparkassen sind in Portugal noch nicht eingerichtet.

15. Rußland.

(22840800 qkm und 130507000 Einwohner.)

Das russische Post- und Telegraphenwesen wird von der Hauptverwaltung (General-Direktion) der Posten und Telegraphen geleitet, die eine Abteilung des Ministeriums des Innern bildet. Ihr untersteht auch das finnische Post- und Telegraphenwesen. Dem Chef der Hauptverwaltung stehen 2 Bevollmächtigte, „Gehilfen" genannt, ferner 2 „Inspektoren" und eine Anzahl „Beamte zu besonderen Aufträgen" zur Seite. Der Hauptverwaltung sind für den Betrieb bei den Ortspostanstalten 2 selbständige Stadtpostverwaltungen (für St. Petersburg und Moskau) und 29 Post- und Telegraphendirektionen (ferner 2 selbständige Stadt-Telegraphenverwaltungen in St. Petersburg und Moskau) unterstellt. Die vereinigten Post- und Telegraphendirektionen, denen die Post- und Telegraphenanstalten bestimmter Gouvernements und Gebiete untergeordnet sind, sind folgende: Archangelsk für die Gouvernements Archangelsk und Olonez, Charkow für Charkow und Kursk, Grodno für Grodno, Lomsha, Lublin und Sjedlez, Irkutsk für Irkutsk, Jakutsk und Transbaikalien, Jaroslaw für Jaroslaw, Wologda und Kostroma, Kasan für Kasan, Nischni-Nowgorod und Simbirsk, Kischinew für Bessarabien und Podolien, Kiew für Wolhynien und Kiew, Minsk für Minsk und Mogilew, Moskau für Moskau (ausgenommen die Stadt Moskau), Twer und Wladimir, Odessa für Taurien und Cherson, Omsk für Akmolinsk, Semipalatinsk und Tobolsk, Orel für Kaluga, Orel und Tula, Perm für Perm und Wiatka, Poltawa für Poltawa und Tschernigow, Amurgebiet (Sitz in Kabarowsk) für Amurgebiet, Küstengebiet von Ostsibirien und Sachalin, Riga für Livland und Kurland, Rostow für Jekaterinoslaw und Don-Kosakengebiet, Samara für Orenburg, Samara, Turgaisk und Ufa, Saratow für Astrachan, Saratow und Ural, St. Petersburg für St. Petersburg (ausgenommen die Hauptstadt), Pskow, Nowgorod, Insel Moon, die Stationen der Nikolaus-Eisenbahn und Estland, Smolensk für Witebsk und Smolensk, Tambow für Tambow, Pensa und Riazan, Tiflis für Tiflis, Baku, Jelisawetpol, Kutaiß mit Suchum, Eriwan und Kars, Tomsk für Jenisseisk und Tomsk, Turkestan (Sitz in Taschkent) für Samarkand, Semiretschensk, Syr-Darja, Transkaspien und Ferghana, Warschau für Warschau, Kalisch, Petrikau, Plozk, Radom und Kjelze, Wilna für Wilna, Kowno und Suwalki, Wladikawkas für Daghestan, Kuban, Stawropol, Tersk und den Schwarzemeerbezirk.

An der Spitze der Direktionen, die in solche 1. und 2. Klasse zerfallen, stehen die Provinzial-Post- und Telegraphendirektoren. Ihnen sind ein „Gehilfe" (als Vertreter), ein Betriebsführer (Inspektor) und dessen Gehilfe, sowie ein Rechnungsführer und dessen Gehilfe beigegeben, denen je nach dem Geschäftsumfang der Direktion eine entsprechende Anzahl von Bureau- und Kanzleibeamten zugeteilt ist.

Die Ortspostanstalten, die den Post- und Telegraphendirektionen unterstellt sind, zerfallen in „Postkontore" (Postämter) und in „Postabteilungen" (Agenturen). Erstere werden wieder, je nach ihrem Geschäftsumfang, in 6 Klassen eingeteilt; so gehören die Kontore mit einer Jahreseinnahme von mehr als 100 000 Rubel*) zur 1., von 75 bis 100 000 R. zur 2. Klasse usw. Die Vorsteher der Postkontore sind die „Chefs" oder Postmeister (Natschalniks); ihnen ist als Vertreter stets ein „Gehilfe" (Pomoschtschnik) beigegeben. Die nachgeordneten Beamten heißen allgemein nur „Beamte" und zerfallen in 6 Klassen. Unter den Beamten der 4., 5. und 6. Kl. befindet sich eine große Anzahl Frauen; auch von den Vorstehern der kleineren Postanstalten sind viele weiblichen Geschlechts. Außer den eigentlichen Postanstalten (Postkontoren und Postabteilungen) gibt es noch „Hilfspostanstalten", eine Art Posthilfstellen. So sind auf den Eisenbahnstationen, wo sich keine Reichs-Postanstalten befinden, Posthilfstellen (potschtowyje punkty), die Postsendungen jeder Art annehmen und ausgeben, oder Posthilfstellen, die nur gewöhnliche und eingeschriebene Sendungen annehmen, oder solche, die nur gewöhnliche Sendungen annehmen und ausgeben, eingerichtet. Die Posthilfstellen der ersteren Art sind jedoch in ihren Befugnissen

*) 1 Rubel (R.) zu 100 Kopeken (K.) = 2 M. 16 Pf.

folgenden Beschränkungen unterworfen: ausländische Pakete und Wertbriefe werden weder angenommen noch ausgegeben, inländische Wertbriefe werden nur bis 200 R., und zwar offen angenommen, der Postanweisungs- und Nachnahmeverkehr ist nicht zugelassen, doch ist dem Empfänger einer Nachnahme gestattet, den Nachnahmebetrag und den Benachrichtigungszettel an die nächste Postanstalt mit dem Verlangen zu schicken, ihm durch Vermittelung der Posthilfstelle die Nachnahmesendung auszufolgen, was unentgeltlich geschieht; ebenso werden dem innerhalb des Bezirks einer solchen Posthilfstelle wohnenden Empfänger Postanweisungsbeträge nebst den Postanweisungsabschnitten von der nächsten Postanstalt in verschlossenem Wertbriefe zugesandt. Bei den Posthilfstellen der 2. Art hat der Vorsteher der Eisenbahnstation oder sein Vertreter eingeschriebene Sendungen unentgeltlich anzunehmen, während er für jede auszuhändigende Einschreibsendung vom Empfänger eine Gebühr von 3 K. erheben darf. Bei den Hilfstellen der 3. Art kann der Stationsbeamte für jeden auszugebenden Brief und jede auszugebende Postkarte 3 K. einziehen; portofreie Sendungen sowie Zeitungen und andere Preßerzeugnisse unterliegen jedoch der Ausgabegebühr nicht.

In ähnlicher Weise wie auf den Eisenbahnstationen können auch in den Dörfern Posthilfstellen von den Gemeindeverwaltungen eingerichtet werden. Man unterscheidet hier ebenfalls drei Arten, nämlich solche, die Sendungen jeder Art, solche, die nur gewöhnliche Sendungen annehmen und ausgeben, sowie Postwertzeichen verkaufen, und solche, die nur Postwertzeichen vertreiben. Diese Posthilfstellen der 1. Art sind denselben Beschränkungen unterworfen wie die Posthilfstellen 1. Art auf Eisenbahnstationen. Mit der Verwaltung dieser Posthilfstellen werden vom Gouverneur entweder die Dorfältesten oder die Dorfschreiber betraut. Die Gemeinde-Posthilfstellen der 2. Art erhalten nur an Private gerichtete, vollständig frankierte Sendungen zur Aushändigung. Sie können vom Empfänger für jeden Brief und jede Postkarte bis 3 K., für jede Drucksache bis 1 K. und für Zeitungen nicht mehr als 60 K. jährlich oder 5 K. monatlich erheben. Die Gebührenfestsetzung unterliegt der Beschlußfassung der Gemeindeversammlung. Für die Ausgabe der Benachrichtigungszettel (powjestki) darf keine Gebühr erhoben werden.

Posthilfstellen können ferner auf den Postfuhrstationen unterhalten werden. Sie befassen sich mit der Annahme und Ausgabe gewöhnlicher Privatsendungen und dem Verkauf von Postwertzeichen und entsprechen in allem den Gemeinde-Posthilfstellen der 2. und 3. Art.

Die Verwaltung des Bahnpostbetriebs ist der Generaldirektion unmittelbar unterstellt, die Bahnpostdirektionen, deren es 12 gibt, sind also den Provinzial-Postdirektionen nicht unter-, sondern nebengeordnet. An der Spitze jeder Bahnpostdirektion steht ein Bahnpostdirektor; diesem sind nicht nur sämtliche Bahnposten seines Bezirks, sondern auch die Ortspostanstalten unterstellt, die auf den Hauptbahnhöfen (in der Regel an den beiden Endpunkten jeder Bahnlinie) eingerichtet sind.

Für den Eintritt in den Post- (und Telegraphen)-Dienst gibt es drei Arten von Bewerbern.

Die Bewerber der höheren Post- und Telegraphenlaufbahn treten nach dem Besuche der Elektrotechnischen Anstalt oder nach vollendetem Universitätsstudium in den Dienst. Für Bewerber von Universitäten ist die Einhaltung eines bestimmten Studienganges nicht vorgeschrieben, es werden Studierte aller Fakultäten berücksichtigt. Die Zahl der Kandidaten für den höheren Post- und Telegraphendienst ist sehr gering (gegenwärtig etwas über 1%); die Anwärter zählen gleich beim Eintritt zur I. und II. Beamtenklasse und haben Subalternstellen nicht durchzumachen. Allerdings müssen bei den in Rußland herrschenden Standesvorrechten bei der Besetzung von Beamtenstellen Söhne von Adeligen nach dem Gesetze zuerst berücksichtigt werden; danach kommen Söhne von Offizieren und Beamten und erst in dritter Linie die Bewerber aus den übrig bleibenden bürgerlichen Ständen. Nach kurzer Ausbildung rücken die Kandidaten der höheren Laufbahn in leitende Stellen und haben als „Beamte zu besonderen Aufträgen" ungefähr die Geschäfte unserer Ober-Postinspektoren zu erledigen. Später bekleiden sie als „Gehilfen der Bezirksdirektoren" eine den deutschen Posträten ähnliche Stellung und endigen in der Regel als Bezirksdirektoren, als höhere Beamte der Zentralverwaltung oder als Vorsteher größerer Ämter.

Die zweite Laufbahn der Post und Telegraphie fordert das Reifezeugnis eines Gymnasiums oder einer Realschule und stellt etwa 9% der ganzen Beamtenschaft. Die Bewerber werden nach ihrer Ausbildung in allen Zweigen des Dienstes, meist nach 6 Monaten, zur Prüfung zugelassen und müssen die Kenntnis der deutschen und französischen Sprache nachweisen. Sie sind, je nach ihrer Befähigung, zu Vorstehern und Gehilfen vereinigter Kontore bestimmt, erreichen aber unter Umständen auch die Stellung eines Bezirksdirektors.

Die unterste Klasse der Post- und Telegraphenbeamten (etwa 90% aller Beamten) besitzt nur eine mäßige Schulbildung. Mehr als Lesen und Schreiben wird von diesen Bewerbern kaum verlangt. Freilich ist es in Rußland keineswegs leicht, sich eine Schulbildung anzueignen, da, besonders auf dem platten Lande, der Mangel an Schulen recht fühlbar ist. Ein Schulzwang besteht nicht, Lehrer oder für den Lehrberuf befähigte Leute sind oft nicht vorhanden, und gewöhnlich unternimmt es der Landgeistliche (Pope), bemittelten Bauernsöhnen den ersten Unterricht zu erteilen. Da es mit der Bildung der Popen häufig ebenfalls schwach bestellt ist, so greifen größere Dorfgemeinden und kleine Städte meist zur Selbsthilfe. Gewöhnlich wird von den Kreisverwaltungen ein Lehrer gewonnen, begüterte Einwohner leisten einen Zuschuß zur Besoldung, und man wendet sich mit der Bitte an das Ministerium für Volksaufklärung, diese „Schule" mit dem Rechte der III. Bildungsklasse auszurüsten. Da derartigen Wünschen in weitgehendem Maße entsprochen wird, so besitzt Rußland eine ganze Anzahl von Lehranstalten der beschriebenen Art; dennoch sind viele Kreise noch gänzlich ohne Schule. Die auf diesen obrigkeitlich genehmigten Schulen oder mit dem Abgang aus Quarta und Quinta der Gymnasien und Realschulen erworbene III. Bildungsklasse berechtigt in Rußland zur Erlangung aller Subalternbeamtenstellen. Unter Bildungsklassen versteht man in Rußland drei verschiedene Grade von erworbenen Kenntnissen, die nicht nur für Post und Telegraphie, sondern auch für alle Staatsämter gelten. Klasse I umfaßt alle Beamten mit Universitätsbildung, Klasse II die Abiturienten der Gymnasien und Realschulen und Klasse III alle übrigen Geschulten, seien sie nun Quartaner, Quintaner oder Kreisschüler.

Zum Eintritt in den Post- (und Telegraphen)-Dienst hat der Bewerber eine Bittschrift an den Bezirksdirektor seines Kreises einzureichen. Die Bezirksdirektion verfügt über Annahme und Entlassung von Beamten selbständig. Voraussetzung für Bewerber ist, daß sie zur rechtgläubigen Kirche gehören und nicht Mitglied einer Freimaurerloge sind. Die Ausbildung erfolgt in allen Zweigen des Post- und Telegraphendienstes, mit Ausnahme der Geldannahme- und Geldabfertigungsstellen, in denen lediglich ältere, besonders zuverlässige Beamte beschäftigt werden. Der Unterweisung im Morsebetriebe folgt später da, wo die örtlichen Verhältnisse dies gestatten, eine Ausbildung in den einzelnen Zweigen des Telegraphendienstes. Die meisten Beamten müssen zu diesem Zwecke größeren Kontoren überwiesen werden.

Frauen, die in den Post- und Telegraphendienst eintreten wollen, müssen mindestens 18 Jahre, höchstens 35 Jahre alt sein und ein Zeugnis über den erfolgreichen Besuch wenigstens der 4. Klasse eines Mädchengymnasiums besitzen oder eine gleichwertige Schulbildung nachweisen. Sie werden zunächst ohne Vergütung zur Ausbildung in den Dienst eingestellt und erhalten nach Ablegung einer Prüfung beim Freiwerden einer Stelle die Bezüge eines Beamten 6. Kl. Nach je 3 Jahren können sie dann in die 5. Beamtenklasse (unter gleichzeitiger Anstellung als etatsmäßige Postbeamtin) und weiter in die 4. Klasse aufrücken. Weibliche Beamte, die den Anforderungen hinsichtlich der Schulbildung genügen und außerdem eine Aufnahmeprüfung im Deutschen und Französischen bestehen, werden sogleich nach ihrer Ausbildung als Beamte 5. Kl. angestellt. Als solche können sie dann auch zu Vorsteherinnen kleinerer Postkontore ernannt werden.

Die Prüfungen der Beamten finden vor dem Prüfungsrate der Bezirksdirektionen statt.

Die Titel der russischen Beamten sind fast bei allen Verwaltungen gleichlautend; besondere Benennungen gibt es bei der Post, wie schon erwähnt, nur für die Vorsteher und ihre Vertreter oder Gehilfen. Die übrigen Beamten heißen einfach „Beamter 1., 2., 3. usw. Rangklasse". Älteren Beamten wird durch die Bezeichnung Kollegienregistrator, Kollegiensekretär, Titulärrat, Kollegienassessor, Hofrat und Kollegienrat ein besonderer Titel verliehen. Höhere Beamte führen die Bezeichnung Staatsrat, Wirklicher Staatsrat, Geheimer Rat und Wirklicher Geheimer Rat.

Die Unterbeamten heißen potschtaljon. Sie ergänzen sich aus der Klasse der Militärinvaliden und stehen stets im Militärverhältnis. Die Unterbeamten haben die Aussicht, bei hervorragendem Diensteifer und vorhandener Tüchtigkeit in schriftlichen Arbeiten mit Beamtengeschäften betraut und bei langjähriger guter Führung und Nüchternheit zu Beamten der 6. Kl. befördert zu werden.

Die Anstellung auf Lebenszeit ist unbekannt, und es kommt recht häufig vor, daß selbst dienstältere Beamte wegen schlechter Führung entlassen werden. Einen schweren Stand hat die russische Verwaltung mit den im russischen Beamtenheere so häufigen Trunkenbolden. In Personalfragen ist der Bezirksdirektor auch über ältere Beamte zuständig, er verfügt selbständig über alle Beamten mit Ausnahme der Vorsteher und ihrer Gehilfen.

Die Besoldungen der Beamten bestehen aus dem eigentlichen „Gehalt" und einem „Tischgeld"; letzteres beziehen nur angestellte Beamte, nicht auch die „Beamten zu besonderen Aufträgen", die Beamten 6. Kl. und die Unterbeamten. Die Besoldungen betragen: bei der Hauptverwaltung der Posten und Telegraphen: Generaldirektor 4000 R. Gehalt, 3000 R. Tischgeld und 4500 R. besondere Zulage (zusammen 11 500 R.), seine Gehilfen 2500 R. Gehalt und

2000 R. Tischgeld, die Inspektoren 2500 R. Gehalt und 1500 R. Tischgeld, die Beamten zu besonderen Aufträgen 450 bis 1500 R. Gehalt, bei den Bezirksdirektionen 1. Kl.: der Chef 2000 R. Gehalt und 1000 R. Tischgeld, sein Gehilfe 1200 und 600 R., der Betriebsführer 800 und 400 R., sein Gehilfe 500 und 300 R., der Rechnungsführer 700 und 300 R., sein Gehilfe 500 und 200 R., bei den Bezirksdirektionen 2. Kl.: der Chef 1700 und 800 R., sein Gehilfe 1000 und 500 R., der Betriebsführer 700 und 300 R., sein Gehilfe 500 und 300 R., der Rechnungsführer 600 und 300 R., sein Gehilfe 500 und 200 R., bei den Post- (und Telegraphen-) Ämtern 1. bis 6. Kl.: der Vorsteher 1200 und 600, 1000 und 500, 800 und 400, 600 und 300, 500 und 250 und 400 und 200 R., ihre Gehilfen 1000 und 500, 800 und 400, 600 und 300, 500 und 250 und 400 und 200 R. Die Vorsteher der Postkontore 6. Kl. stehen allein und haben keinen Gehilfen, sondern nur Unterbeamte. Die sonstigen Post- (und Telegraphen)-Beamten beziehen: 1. Kl. 800 und 400 R., 2. Kl. 600 und 300 R., 3. Kl. 500 und 250 R., 4. Kl. 400 und 200 R., 5. Kl. 360 und 90 R., 6. Kl. 360 R. Gehalt, kein Tischgeld. Die Inhaber der Postabteilungen (Postagenturen) beziehen 360 R. Gehalt und, wenn die Postabteilung mit Telegraphie ausgerüstet ist, daneben 90 R. Tischgeld. Die Unterbeamten zerfallen in 3 Besoldungsklassen und beziehen in ihnen 216, 240 und 276 R. Die Dienstbezüge der gewöhnlichen Beamten und der Unterbeamten sind also außerordentlich niedrig; ihre Armut ist daher auch in Rußland sprichwörtlich geworden. Dazu kommt, daß von den Beamten 7% des Gehaltes als Beitrag zur Pensionskasse und 1% des Tischgeldes zum Invalidenfonds einbehalten werden. In der letzten Zeit ist übrigens die Verwaltung bemüht, die Besoldungen, namentlich der Unterbeamten und der unteren Beamtenklassen, aufzubessern.

Zur Linderung von Not und Unglück unter den Beamten werden bei den Bezirksdirektionen alle Papier-, Siegellack- und Bindfadenabfälle gesammelt und der Erlös zum Besten eines Unterstützungsfonds verwendet. Zu diesem Fonds fließen außerdem die Gebühren für Abholungsscheine, für Aufstellung und Leerung von Privatbriefkasten u. dgl. Von den aufgekommenen Beträgen werden 10% zur Unterhaltung einer Kranken- und Begräbniskasse sowie zur Waisenerziehung verwendet. Über die Bewilligung hat der Bezirkschef zu entscheiden.

Hervorzuheben ist jedoch, daß die russische Post- und Telegraphenverwaltung ihren Beamten nach Möglichkeit Dienstwohnung gewährt. Außer dem Generaldirektor und seinen Gehilfen haben die Bezirkschefs, ihre Gehilfen, die Betriebsführer und Rechnungsführer, ferner alle Postamtsvorsteher und ihre Gehilfen freie Wohnung; endlich erhalten die Beamten von mehr als 25 jähriger Dienstzeit stets Dienstwohnung oder eine geringe Entschädigung.

Bei Dienstreisen werden den Beamten 3 K. für jede auf Eisenbahnen oder Dampfschiffen zurückgelegte Werst*) und 3 bis 5 K. für jedes Pferd und jede Werst auf Landwegen vergütet. Je nach der Rangklasse des Beamten stehen ihm 2, 3, 4 usw. Pferde zu. An Umzugskosten wird bei Reisen über 1000 Werst der Betrag eines ganzen Jahreseinkommens gezahlt, außerdem werden Tagegelder bewilligt, und zwar den Beamten der 6. Rangklasse 30 K., allen übrigen 1 R. Findet die Versetzung eines Beamten auf seinen Antrag statt, so dürfen

*) 1 Werst = 1,067 km.

Umzugskosten nicht gewährt werden; doch darf hierbei nicht unerwähnt bleiben, daß die Beamten in Rußland bei ihren Reisen im weitesten Sinne freie Fahrt genießen.

An Ruhegehalt bewilligt die Verwaltung den Beamten in der Regel bei guter Führung nach 25 jähriger Dienstzeit die Hälfte und nach 35 Dienstjahren das volle Gehalt als Pension. Muß ein Beamter infolge von Krankheit schon früher aus dem Dienste scheiden, so wird ihm meist schon nach 20 Dienstjahren die Hälfte und nach 25 Dienstjahren das ganze Gehalt bewilligt. Der russische Beamte hat jedoch in keinem Falle einen gesetzlichen Anspruch auf die vorangeführten Sätze, und es kommt nicht selten vor, daß alte Beamte, die bei ihren Vorgesetzten nicht beliebt sind oder sich nicht tadelfrei geführt haben, nur nach den unter der Regierung Katharinas II. festgesetzten, erheblich geringeren Sätzen in den Ruhestand versetzt werden. Die Hinterbliebenen von Beamten erhalten in der Regel die Hälfte des erdienten Ruhegehalts, doch gibt es keinen Rechtsanspruch auf einen bestimmten Satz. Die Unterbeamten erhalten in der Regel erst nach 35 jähriger Dienstzeit ein Ruhegehalt von 240 R.

An die Arbeitsleistung der Beamten werden im allgemeinen hohe Ansprüche gestellt; Tagesleistungen von 10 bis 16 Stunden sind nichts Außergewöhnliches. Eine besondere Vergütung für Nachtdienst oder Überstunden wird nicht gewährt. Eine bestimmte Dienstzeit wird meist auch bei den kleinsten Verkehrsämtern eingehalten.

Die Beförderung der Postsendungen auf den Eisenbahnen erfolgt entweder durch Vermittelung des Eisenbahnpersonals oder aber durch Bahnposten, die in besonderen Bahnpostwagen oder in zu Postzwecken eingerichteten Wagenabteilen tätig sind. Neben der Eisenbahn ist das hauptsächlichste Beförderungsmittel für Postsendungen und Reisende die Pferdepost. Für diesen Dienst sind mit Unternehmern zum Zwecke der Unterhaltung einer oder mehrerer Posthaltereien Verträge abgeschlossen. Von einigen Grenzdistrikten, wie Finnland oder Polen oder der Küste des Ochotskischen Meeres abgesehen, bestehen hauptsächlich zwei Arten von Postfuhrkontrakten, und zwar solche mit Normalbestimmungen, nach denen die Unternehmer eine bestimmte Anzahl Pferde unterhalten müssen und, neben einer jährlichen Vergütung von bestimmter Höhe für jedes Pferd, für die Beförderung von Post und Reisenden 3 K. für Werst und Pferd zu beanspruchen haben, und solche für sog. freie Posten, bei denen die Unternehmer verpflichtet sind, eine zwar nicht fest bestimmte, aber doch ausreichende Anzahl von Pferden zu unterhalten, damit die Beförderung von Post und Reisenden keine Unterbrechung erleidet. Neben einer jährlichen Vergütung, die für ein oder mehrere Relais auf einen bestimmten Betrag festgesetzt ist, beziehen die Unternehmer für die Beförderung von Post und Reisenden 4 K. für Werst und Pferd; außerdem steht ihnen allein das Recht zur Personenbeförderung zu, was bei den Posthaltereien, die sich auf Verträge mit Normalbestimmungen gründen, nicht der Fall ist. Die obere Leitung des Postfuhrwesens liegt in den Händen der Generaldirektion; unter ihrer Oberaufsicht haben die Provinzialdirektionen die unmittelbare und stetige Kontrolle über das Postfuhrwesen zu führen und in dringenden Fällen, wenn die regelmäßige Beförderung der Posten gefährdet ist, im Einverständnis mit den Gouverneuren die nötigen Maßnahmen zu treffen. Das niedere Personal der Posthaltereien besteht aus Schreibern, Wagenmeistern (Starosten) und Postillionen (Jamschtschik). Das Postfuhrgeschäft ist fast durchweg Posthaltern übertragen; nur in St. Petersburg, Moskau, Warschau, Odessa, Riga und Charkow bestehen reichseigene Posthaltereien.

Die Beförderung der Postsachen auf den Landstraßen erfolgt in der Regel mit vierrädrigen Wagen, im Winter in Schlitten. Im Gouvernement Archangelsk treten bei Stationen an solchen Straßen, die an Flußufern oder an der Küste entlang führen, im Sommer an Stelle der Wagen Ruder- oder Seegelboote (karbas). Wenn in Kaukasien die Bergpässe zugeschneit sind, erfolgt die Beförderung der Briefpakete durch Träger oder durch Handschlitten. Ist der Schnee fest genug, so werden die Schlitten von Ochsen gezogen oder die Postsachen werden in Satteltaschen untergebracht. Letztere kommen auch bei der Beförderung von Postsachen durch die Wälder in einigen sumpfigen Niederungen Ostsibiriens in Anwendung. Zwischen Jakutsk und Ochotsk bedient man sich berittener Boten zur Beförderung der Postsendungen, weil die dichten Wälder, die diese Gegend bedecken, für Wagen nicht befahrbar sind. Zwischen Ochotsk und Petropawlowsk (Kamschatka) wird auf einer Strecke von mehr als 4000 km von schmalen Schlitten Gebrauch gemacht, die, von ganz eigentümlicher Bauart, länglich-viereckigen Schachteln (narta) gleichen; sie werden mit Renntieren oder Hunden bespannt. Auch in den nordöstlichen Teilen Ostsibiriens wird von dieser Beförderungsweise im Winter zeitweise Gebrauch gemacht. Bei der Schwierigkeit der Beförderung und den großen Entfernungen haben einzelne Postorte nur eine sehr seltene regelmäßige Postverbindung.

Auf den Seen und Flüssen endlich bestehen regelmäßige Schiffsposten, so auf dem Schwarzen, dem Asowschen, Kaspischen und Weißen Meer, sowie auf dem Eismeer längs der zum russischen Lappland gehörigen Murmanskischen Küste bis nach Vardö und Vadsö, endlich auf dem Ladoga-, Onega-, Peipus- und Baikalsee, auf der Wolga, dem Lama, Dnjepr, Obi, Amur usw.

Besonders zu bemerken ist noch, daß in Rußland eine Anzahl Lokalposten bestehen, welche die Staatsposten ersetzen oder in ihrer Aufgabe unterstützen, von landschaftlichen Behörden (semstwo) eingerichtet sind und für deren Rechnung unterhalten werden. Der Geschäftskreis der Lokalposten besteht darin, Briefe, Postkarten, Sendungen unter Band, periodische Zeitschriften, Pakete ohne Wertangabe und Anzeigen über den Eingang von Briefen und Paketen mit Wertangabe bei den Staatspostanstalten abzuholen und nach Orten ohne Staatspostanstalten zu befördern, sowie Briefpostsendungen jeder Art aus Orten ohne Staatspostanstalten an letztere zu überbringen und abzugeben, und endlich den Austausch dieser Sendungen zwischen Orten ohne Staatspostanstalten zu vermitteln. Die Lokalposten können Freimarken ausgeben, jedoch mit der Bedingung, daß diese in ihrer Zeichnung mit den Marken der Staatsposten nichts gemein haben. Diese Marken sind nur für den Lokalpostdienst in dem Distrikt gültig, in dem sie ausgegeben werden. Im weiteren ist den semstwo die Annahme und Ausgabe von Einschreibsendungen gestattet, wenn sie dafür die gleiche Haftpflicht übernehmen wie die Postverwaltung. Mit Genehmigung der Hauptverwaltung der Posten und Telegraphen können die semstwo unter der gleichen Bedingung auch alle übrigen Postdienstzweige einführen. Diese Einrichtung der Lokalposten hat für die Postverwaltung den außerordentlichen Vorteil, daß ein sehr kostspieliger Teil des Landpostdienstes ihr abgenommen ist.

Die russische Postverwaltung unterhält zahlreiche Postanstalten im Auslande, und zwar eine größere Zahl in der Mandschurei, ferner in China: in Hankau, Kalgan, Kaschgar, Peking, Schanghai, Tientsin, Tschifu, Tschugutschak und Urutsi, sowie in nachbenannten Orten der Türkei: Konstantinopel, Ineboli, Sinope, Samsun, Kerrasunt, Trapezunt, Dardanellen, Smyrna, Chios, Tripolis (Syrien), Beirut, Jaffa, Jerusalem, Kaifa, Athos, Ordu und Salonich. Die Postanstalten in China unterstehen der Postdirektion in Kabarowsk, die in der Türkei der Postdirektion in Odessa. Die Geschäfte bei den Postanstalten in den Hafenorten der Levante werden von der Russischen Dampfschiffahrts- und Handelsgesellschaft wahrgenommen, die Postdampfschiffslinien zwischen Rußland und der Levante unterhält.

Der Postzwang erstreckt sich in Rußland auf die Beförderung von Briefen, Postkarten, Sendungen unter Band, Kreditbilletten und gemünztem russischem Geld.

A. Briefpost.

Briefe (pisma) müssen nach Form und Inhalt so beschaffen sein, daß sie mit der Post versandt werden können. Das Gewicht ist unbegrenzt; eine Ausnahme bilden die Ortsbriefe, die höchstens 1 Pfund*) wiegen dürfen. Tarif: 7 K. für jedes Lot (= 12¾ g), für Ortsbriefe in St. Petersburg und Moskau 5 K. und in anderen Orten 3 K. ohne Rücksicht auf das Gewicht. Unfrankierte oder unzureichend frankierte Briefe werden mit der doppelten Brieftaxe abzüglich des Wertes der verwendeten Freimarken belegt; nicht ordnungsmäßig frankierte Briefe an eine Behörde werden nicht abgesandt. Kurshabendes Geld russischer Währung in gewöhnlichen Briefen zu versenden, ist verboten; geschieht es dennoch, so wird ¼ der in den Briefen vorgefundenen Geldsumme zugunsten der Postkasse beschlagnahmt und davon ¼ dem die Übertretung entdeckenden Postbeamten als Belohnung gezahlt. Ausländisches Geld und andere Gegenstände von Wert dürfen dagegen im inneren Verkehr in gewöhnlichen Briefen befördert werden.

Zu den Briefen rechnen auch die von der russischen Post herausgegebenen Kartenbriefe zu 5, 7 und 10 K. (schtempelnyje blanki dlja pisem).

Postkarten (potschtówyja kártotschki, Postkärtchen, früher otkrvtyja pisma, offene Briefe genannt) können auch in Privatbetrieben hergestellt werden und unterliegen einheitlich im Orts- und Fernverkehr einer Taxe von 3 K. die einfache und von 6 K. die Karte mit Antwort, unfrankiert und unzureichend frankiert das Doppelte des fehlenden Frankobetrags.

Für Drucksachen (im engeren Sinne petschátnyja proiswedjénija, Preßerzeugnisse, im weiteren Sinne banderoli, Kreuzbandsendungen genannt), zu denen jedoch auch die Warenproben und Geschäftspapiere zählen, gelten im allgemeinen dieselben Bestimmungen wie im Weltpostverkehr. Den Drucksachen werden auch zugezählt: handschriftlich ausgefüllte meteorologische Karten, die an die meteorologischen Observatorien gerichtet sind, Karten mit handschriftlicher Beantwortung von gedruckten Fragen über den Saatenstand und den Obstbau, Kalender in Gestalt von Notizbüchern mit Bleistift und Gummiring usw. Finden sich in einer Drucksachensendung Gegenstände vor, deren Versendung in einer solchen nicht gestattet ist, z. B. Briefe, Dokumente oder dgl., so werden

*) 1 Pud zu 40 Pfund (Pfd.) zu 32 Lot = 16,38 kg; 1 Pfd. = 409 g; 1 Lot = 12¾ g.

sie dem Empfänger oder, falls dieser die Annahme verweigert, dem Absender gegen Zahlung des vierfachen Briefportos ausgehändigt. Die Hälfte der erhobenen Gebühren fällt dem die Unregelmäßigkeit entdeckenden Beamten zu. Das Meistgewicht einer Drucksachensendung ist auf 2 kg (156 Lot), für Ortssendungen auf 32 Lot festgesetzt. In den Ausdehnungen dürfen Drucksachen 45 cm (10 1/8 Werschok*), in Rollenform 75 cm zu 10 cm (16 7/8 zu 2 1/4 Werschok) nicht überschreiten. Tarif: jede 4 Lot 2 K., Ortssendungen 1 K. bis 1 Lot, bei höherem Gewicht 2 K. für je 8 Lot; unzureichend frankiert das Doppelte des fehlenden Portos. Unfrankierte Drucksachen werden nicht befördert.

Die russischen Postanstalten nehmen im inneren Verkehr Zeitungsbestellungen nur von den Redaktionen und Herausgebern entgegen, bei denen die Abonnenten die Zeitungen (powremjénnyja isdánija) unmittelbar zu bestellen und zu bezahlen haben. Für die Beförderung der Zeitungen hat der Verleger der Post zu entrichten: 8 % des Abonnementspreises für Zeitungen, die nicht mehr als sechsmal jährlich, 10 %, die nicht mehr als einmal monatlich, 12 %, die nicht mehr als zweimal monatlich, 14 %, die nicht mehr als einmal wöchentlich, 16 %, die nicht öfter als zweimal wöchentlich, 18 %, die nicht öfter als einmal täglich und 20 %, die nicht mehr als zweimal täglich erscheinen. Die Mindestgebühr für das Jahr beträgt jedoch bei Zeitungen, die nicht mehr als sechsmal jährlich oder einmal monatlich erscheinen, 40 K., bei solchen, die nicht mehr als zweimal monatlich erscheinen, 60 K., die nicht mehr als einmal wöchentlich erscheinen, 80 K., die nicht mehr als zweimal wöchentlich erscheinen, 1 R., die nicht mehr als einmal täglich erscheinen, 1 R. 20 K. und die nicht mehr als zweimal täglich erscheinen, 1 R. 40 K. Diese Mindestgebühren gelten auch für Zeitungen, die am Orte ihres Erscheinens verbleiben. Für die Zustellung von Zeitungen und Zeitschriften werden keine besonderen Gebühren erhoben. Bestellungen auf Versendung und Zustellung von Zeitschriften und Zeitungen werden von den Verlegern auf sämtliche Monatstermine eines Jahres angenommen. Die für das Jahr oben angegebenen Gebührensätze werden für kürzere Bezugszeiten als ein Jahr nach ihrem Verhältnis zur Jahresgebühr berechnet; ein Zuschlag tritt hierbei nicht ein, nur werden sich etwa ergebende Bruchteile einer K. für eine volle K. gerechnet. Für die Versendung von Zeitschriften und Zeitungen an die Stadtabonnenten, die für die Sommerzeit in der Umgebung der Städte eine Landwohnung beziehen, wird eine Ergänzungszahlung in Höhe der Hälfte der für ein Jahr festgesetzten Gebühr für Ortszeitungen erhoben. Der Umkreis dieser Umgebung wird von der Ortspostanstalt bestimmt.

Der Verleger hat die Zeitungen unter einfachen oder doppelten (gekreuzten) Streifbändern aufzuliefern und letztere mit der genauen Adresse der Empfänger sowie mit der Bezeichnung der Zeitung zu versehen. Die nach ein und demselben Orte bestimmten Exemplare sind zu Zeitungspaketen zu vereinigen, auf denen der Bestimmungsort, die Zahl der Zeitungsexemplare, sowie Name, Nummer und Erscheinungsjahr der Zeitung angegeben werden müssen. Die Zeitungspakete dürfen in keiner Richtung 45 cm überschreiten. Eine Stempelung der Streifbänder findet nicht statt. Die Auflieferung bei der Post geschieht mittels doppelten Verzeichnisses, in dem die Zahl der Zeitungsexemplare in der von der Post vorgeschriebenen Reihenfolge nach Städten und Kursen aufgeführt ist.

*) 1 Werschok = 4,45 cm.

Ein Verzeichnis bleibt bei der Post, das andere wird dem Verleger zurückgegeben. Die Zeitungsgebühr ist für die ganze Bezugszeit im voraus zu entrichten, und zwar spätestens am Abende des Tages der Auflieferung der Zeitungen bei der Post. Für die im Verlagsorte verbleibenden Zeitungen wird eine Verpackung unter Streifband nicht in Anspruch genommen; dagegen hat der Verleger eine Liste der Empfänger zu liefern. Ist eine Zeitung unbestellbar, so wird nur das erste eingehende Exemplar, mit einem Vermerk über die Ursache der Unbestellbarkeit versehen, an den Verleger zurückgeschickt, die nachfolgenden Exemplare werden zurückbehalten und nach Ablauf der Aufbewahrungsfrist als endgültig unbestellbar behandelt.

Als Höchstgewicht der Zeitungen und Zeitschriften, die der Post zur Versendung und Zustellung für die oben angegebenen Taxsätze übergeben werden, sind für das einzelne Exemplar festgesetzt 4 Lot für nicht mehr als zweimal täglich, 8 Lot für nicht mehr als einmal täglich, 16 Lot für nicht mehr als zweimal wöchentlich, 24 Lot für nicht mehr als einmal wöchentlich, 48 Lot für nicht mehr als zweimal monatlich und 64 Lot für nicht mehr als einmal monatlich, sowie für nicht mehr als sechsmal jährlich erscheinende Zeitungen. Für das etwaige Übergewicht über diese Höchstgewichtsätze wird für jedes Lot eines jeden Exemplars $1/4$ K. Zuschlag erhoben. Den Zeitungen können regelmäßige und außergewöhnliche Beilagen beigefügt sein; die Zeitungen mit Beilagen dürfen jedoch die obigen Gewichtsgrenzen nicht übersteigen, widrigenfalls sie mit $1/4$ K. Gebühr für jedes Lot Übergewicht belegt werden. Handelt es sich um fremde Beilagen (Preiskurante, Kataloge, Probenummern fremder Zeitungen u. dgl.), so findet eine Gewichtsanrechnung nicht statt. Für Geschenkbeilagen, wie Literaturerzeugnisse und Kunstbeilagen, die in den Bezugsbedingungen in Aussicht gestellt worden sind, wird nur eine Gebühr von $1/8$ K. für jedes Lot erhoben. Übersteigen diese Beilagen für ein Exemplar im Laufe des Jahres das Gewicht von 6 Pfd., so ist für das Übergewicht das Drucksachenporto zu entrichten.

Für Höchstgewicht, Ausdehnungen und Beschaffenheit der Warenproben (obrástschiki towárof) bestehen dieselben Vorschriften wie im Vereinsverkehr. Tarif: 2 K. für je 4 Lot, mindestens aber 3 K., und zwar sowohl für Ortssendungen als auch für Warenproben nach weiterhin; unzureichend frankiert das Doppelte des fehlenden Portos.

Auch auf die Geschäftspapiere (Djelowyja bumági) finden die Bestimmungen des Weltpostvertrages Anwendung. Tarif: bis 12 Lot 7 K., über 12 bis 16 Lot 8 K. und für jede weiteren 4 Lot 2 K. mehr, für Ortssendungen 2 K. für je 4 Lot, mindestens aber in St. Petersburg und Moskau 5 K., in anderen Orten 3 K.; unzureichend frankiert allgemein das Doppelte des fehlenden Portos.

Das Zusammenpacken von Drucksachen, Warenproben und Geschäftspapieren zu einer Sendung ist unter denselben Bedingungen wie im Vereinsverkehr gestattet.

Briefsendungen jeder Art können unter Einschreibung versandt werden; sie unterliegen dem Frankierungszwang. Der Absender einer Einschreibsendung hat diese als solche in der Aufschrift durch den Vermerk „Sakásnoje (eingeschrieben)" zu kennzeichnen. Einschreibgebühr 7 K. (im Auslandsverkehr 10 K.). Sie ist ebenso wie das gewöhnliche Franko durch Aufkleben von Freimarken auf die Sendung zu verrechnen. Die Aufschrift der Einschreibbriefe darf nicht mit Bleistift hergestellt sein; derartige Sendungen dürfen auch nicht an Stelle des Namens des Empfängers mit erdachten Namen oder mit Buchstaben versehen sein. Änderungen und Streichungen des Namens des Empfängers und Bestimmungsorts sind nicht gestattet, wohl aber andere Änderungen. Es gilt als Regel, daß die Aufschrift von Einschreibsendungen in russischer Sprache ausgefertigt sein muß. Im Zartum Polen können die über die Grenzen dieses Gebiets nicht hinausgehenden Sendungen auch mit Aufschriften in polnischer Sprache versehen sein. Dem Aufgeber einer Einschreibsendung wird unentgeltlich ein Einlieferungsschein (Potschtówaja róspiska) erteilt. Das Publikum kann gegen Erstattung der Kosten von der Post auch Posteinlieferungsbücher erhalten. Rückscheine (Uwjedomlenija o polutschenii) sind bei allen Sendungen zulässig, über deren Einlieferung Quittung erteilt wird; der Absender hat auf ein ihm auf Verlangen von der Postanstalt geliefertes Formular zum Preise von 1 K. für 2 Stück eine Freimarke im Werte von 7 K. (im Auslandsverkehr von 10 K.) aufzukleben und die Rückseite des Formulars mit seiner vollen Adresse (Name und Wohnung) zu versehen. Im Briefkasten vorgefundene eingeschriebene Briefe, die nicht vollständig frankiert sind oder sonst den Vorschriften nicht entsprechen, werden als gewöhnliche Sendungen behandelt.

Im Falle des Verlustes einer ordnungsmäßig am Schalter einer Postanstalt aufgelieferten Einschreibsendung wird dem Aufgeber ein Ersatzbetrag von 10 R. gezahlt; für die durch Einwerfen in einen Briefkasten aufgelieferten Einschreibsendungen leistet die Postverwaltung jedoch keinerlei Gewähr. Das Recht auf Entschädigung erlischt 2 Jahre nach der Auflieferung. Der Antrag auf Schadloshaltung ist an die Bezirksdirektion, in deren Gebiet die Aufgabepostanstalt belegen ist, oder an die Hauptverwaltung der Posten und Telegraphen in St. Petersburg zu richten, die sich die Entscheidung über die Ersatzleistungen in allen Fällen vorbehalten hat.

Die Nach- oder Rücksendung von Briefsendungen jeder Art erfolgt portofrei. Postlagerbriefe (do wostrebowanija) werden bei den Postanstalten 2 Monate zur Verfügung der Empfänger bereitgehalten.

Unbestellbare Briefsendungen, d. h. solche, deren Annahme verweigert worden ist, deren Empfänger nicht haben ermittelt werden können, gestorben sind oder ohne Hinterlassung einer Adresse abgereist sind, werden von der Bestimmungspostanstalt sofort nach der Aufgabepostanstalt zurückgeschickt. Gewöhnliche Briefsendungen, deren Absender aus der Aufschrift nicht ersichtlich ist, sowie die bei Bahnposten und auf Dampfschiffen aufgegebenen Gegenstände verbleiben dagegen bei der Bestimmungspostanstalt und werden von dieser an die Postdirektion derjenigen Stadt eingeschickt, zu deren Bezirk sie gehört und in der sich eine Rechnungskammer (Kontrolnaja Palata) befindet. Hier werden die gewöhnlichen unbestellbaren Briefe sowie die preisgegebenen Pakete sofort, die übrigen unbestellbaren Sendungen aber erst nach 2 Monaten geöffnet. Findet sich bei der Eröffnung bares Geld vor, dessen Versendung in Briefen nicht gestattet ist, oder enthält die Sendung Gegenstände, deren Beförderung mit der Post unzulässig ist, so werden diese zugunsten des Staates beschlagnahmt. Sonstige Gegenstände von Wert werden verkauft, der Erlös, nach Abzug der Versteigerungskosten, wird der Reichsrentei zur Aufbewahrung übergeben; Akten, Dokumente und andere Geschäftspapiere werden zur Ablieferung an die Eigentümer der Regierung des Gouvernements überwiesen, in dem die Sendung zur Post gegeben war. Heiligenbilder, Gebetbücher und andere Gegenstände des Kultus werden der am Orte befindlichen Kirche zur Verfügung gestellt, während die Briefe selbst verbrannt werden. Über die geöffneten Sendungen und die darin vorgefundenen, dem Staate nicht zufallenden Einlagen werden in den Regierungsamtsblättern (in St. Petersburg im „Regierungs-Anzeiger") Veröffentlichungen erlassen. Auf die der Reichsrentei überwiesenen Beträge und Wertpapiere bleibt den Absendern das Eigentumsrecht auf die Dauer von 10 Jahren, vom Tage der ersten Veröffentlichung ab, gewahrt.

Gewöhnliche Briefsendungen, Zeitungen und Ablieferungsscheine werden den Empfängern, die nicht Abholer sind, durch die Briefträger gebührenfrei in die Wohnung bestellt. Sendungen mit der Bezeichnung „An N für B" oder „An N, abzugeben an B" werden grundsätzlich nur der zuerst genannten Person ausgehändigt. Wenn die Empfänger an Orten wohnen, wo eine Bestellung durch die Post nicht stattfindet, so werden die vorhin genannten Gegenstände den Adressaten durch die Posten der Semstwo (Lokalposten), die Polizeibehörden, die Gemeindeverwaltungen oder durch andere örtliche Verkehrsmittel zugeführt. Eingeschriebene Briefsendungen werden den Empfängern an Orten mit Briefbestellung in die Wohnung bestellt, es sei denn, daß der Absender in der Aufschrift durch den Vermerk „gegen Meldeschein" (po powjestkje) die Aushändigung der Sendungen am Postschalter ausdrücklich verlangt hat. Im letzteren Falle wird dem Empfänger nur der Ablieferungsschein (Meldeschein) überbracht, und es bleibt ihm überlassen, seine Sendung bei der Postanstalt abzuholen. Hat sich der Empfänger innerhalb 7 Tage nach der Zustellung des Meldescheins bei der Postanstalt zur Abhebung seines Briefes nicht eingefunden, so wird ihm ein zweiter Meldeschein zugesandt und dieser gegen Quittung eingehändigt. Der Vorzeiger des Meldescheins hat, wenn er dem Ausgabebeamten nicht persönlich bekannt ist, auf dem Meldeschein seine Identität von der Ortspolizei oder, wenn er im Staatsdienst steht, von seiner Dienstbehörde beglaubigen zu lassen. Vollmachten auf dem Meldeschein sind zulässig; sie müssen gleichfalls vorschriftsmäßig beglaubigt sein.

Derartige Beglaubigungen sind indessen nicht erforderlich, wenn sich der Empfänger im Besitz einer besonderen Ausweiskarte (biljet) zum Empfang seiner Postsendungen befindet. Eine solche Karte wird von der Postbehörde auf schriftliches Ansuchen ausgefertigt; das Gesuch ist an die Abholungspostanstalt zu richten. Die Karten werden entweder für bestimmte Arten von Sendungen oder für Postsendungen jeder Art (also auch für Wertsendungen, Pakete usw.) ausgefertigt. Die für die Ausfertigung einer solchen Karte fällige Gebühr beträgt für das Jahr 3 R. in St. Petersburg, Moskau und Warschau, 1½ R. in Gouvernements- und Kreisstädten sowie in Rostow am Don und in Odessa und 1 R. in andern Orten. Gewöhnliche Briefsendungen, Zeitungen, gewöhnliche Pakete und Ablieferungsscheine werden dem Vorzeiger der Karte ohne Förmlichkeit ausgehändigt; der Ausgabebeamte trägt nur in die 16 Seiten enthaltende Karte die Zahl jeder Art von Sendungen ein. Handelt es sich um Sendungen mit Wertangabe, Postanweisungen oder Einschreibsendungen, so werden die Sendungen mit der Zahl und der Gesamtsumme des Wertes — nach den einzelnen Gattungen getrennt — unter Beifügung eines Abdruckes des Poststempels eingetragen. Eine im Laufe des Jahres durch Ausfüllung der 16 Seiten abgenutzte oder sonstwie unbrauchbar gewordene Abholerkarte wird gegen Zahlung von 25 K. erneuert. Es ist Sache des Inhabers der Karte, diese so aufzubewahren, daß Mißbrauch ausgeschlossen ist. Die Aushändigung von Sendungen an Karteninhaber erfolgt nur an den, der die Karte vorzeigt. Holt ein Karteninhaber seine Sendung selbst ab, so genügt, neben Vorlegung der Karte, die eigenhändige Unterschrift auf dem Meldezettel. Sendet er einen Bevollmächtigten, so muß sowohl der Meldezettel als auch die Ausweiskarte mit einer eigenhändigen Vollmacht seitens des Adressaten versehen sein; einer Beglaubigung der Vollmacht bedarf es jedoch nicht. Außer den Karten für eine einzelne Person kann auch den Bewohnern von außerhalb des Postorts gelegenen Ortschaften eine allgemeine Ausweiskarte für die Empfangnahme von gewöhnlichen Briefsendungen, gewöhnlichen Paketen, Zeitungen und Meldescheinen ausgefertigt werden. Das schriftliche Gesuch um Verabfolgung der allgemeinen Karten wird von dem Bevollmächtigten der Ortschaft eingereicht; es muß eine Bescheinigung der zuständigen Ortspolizei oder Gebietsverwaltung darüber enthalten, daß das Gesuch infolge des allgemeinen Wunsches der Bewohner eingereicht wird. Die Verabfolgung einer allgemeinen Karte schließt übrigens die Erteilung einer besonderen Karte an einzelne in der Ortschaft wohnende Personen nicht aus. Die Ausweiskarten verlieren ihre Gültigkeit nach 1 Jahr, müssen also jährlich erneuert werden. Über postlagernde und solche Einschreibsendungen, für die ein Meldezettel nicht ausgefertigt wird, hat der Empfänger auf der Post in einem Buche Quittung zu leisten; ist der Empfänger des Schreibens nicht kundig, so muß für ihn eine andere, dem Ausgabebeamten bekannte oder sonst gehörig ausgewiesene Person, die jedoch nicht dem Personal der Post angehören darf, quittieren.

Privatpersonen, die an Orten mit obligatorischer Bestellung ihre Sendungen von der Post abzuholen wünschen, haben eine jedes Kalenderjahr zu erneuernde Abholungserklärung abzugeben. Dagegen werden den Behörden, Gesellschaften, Handelsfirmen, Banken, Redaktionen usw. die Sendungen nur auf ausdrücklichen schriftlichen Antrag, in dem die zur Empfangnahme bevollmächtigten Personen namhaft zu machen sind, ins Haus bestellt. Auch diese Anträge sind jährlich zu erneuern.

Einzelne Personen, ganze Gemeinden und Behörden können ihre Postsendungen durch verschließbare Posttaschen aufliefern und abholen lassen. Zu diesem Zwecke ist von den Beteiligten bei der Post eine schriftliche Erklärung abzugeben und eine Ausweiskarte zu lösen; weitere Gebühren sind nicht zu entrichten. Ein Schlüssel zur Tasche bleibt dauernd bei der Post, während ein weiterer Schlüssel im Besitze jedes Empfängers ist. Lassen mehrere Empfänger ihre Postsachen mittels einer gemeinsamen Tasche abholen, so sortiert die Post die Sendungen nach den einzelnen Empfängern und bindet auf jedes Päckchen die zugehörige, jedesmal mit vorzulegende Ausweiskarte. Im übrigen übernimmt die Post keinerlei Verantwortung, wenn bei diesem Verfahren Sendungen abhanden kommen oder beschädigt werden.

Gewöhnliche Sendungen, Zeitungen und Postablieferungsscheine können in einer Anzahl von Städten auch außerhalb der Schalterdienststunden von der Post abgeholt werden, wenn der Empfänger ein verschließbares Abholungsfach angemietet hat. Die jährliche Gebühr für ein Fach gewöhnlicher Größe beträgt in St. Petersburg und Moskau sowie bei den Postkontoren 1. Kl. 5 R., bei den übrigen Postanstalten 3 R. Die Fachinhaber sind zur Lösung von Ausweiskarten nicht verpflichtet.

Mit dem Vertrieb der Postwertzeichen befassen sich im allgemeinen nur die Postanstalten. Außer den Postfreimarken, Kartenbriefen und Postkarten verkaufen die Postanstalten auch gestempelte Briefumschläge (zum Werte von 5, 7, 10, 14 und 20 K.) und gestempelte Streifbänder (zu 1 und 2 K.) mit einem Aufschlag von ½ K. das Stück für die Umschläge und von ¼ K. für die Streifbänder. Ungestempelte Formulare zu Postkarten werden zum Preise von 1 K. für je 4 Stück an das Publikum abgelassen. Es ist dem Publikum nicht gestattet, die Postwertzeichen vor oder bei der Verwendung mit einem Firmenstempel zu bedrucken oder zu durchlochen. Die nach dem Auslande gerichteten Sendungen dürfen jedoch mit durchlochten Marken versehen werden. Aus gestempelten Formularen herausgeschnittene Wertstempel sind zur Frankierung nicht verwendbar.

B. Postanweisungen.

Postanweisungen (Perewody) werden von allen Postanstalten angenommen und ausgezahlt. Eine Ausnahme bilden nur die im Küstengebiet von Ostsibirien gelegenen Städte Ochotsk, Gishiga, Petropawlowsk, Markowo und Bering, die vom Postanweisungsverkehr ausgeschlossen sind. Die Auszahlung der Postanweisungen erfolgt in barem Gelde; fehlt solches, so können mit dem Einverständnis des Empfängers an Orten, wo sich Staatsrenteien oder Kassen des Finanzministeriums befinden, die Postanweisungsbeträge auch durch Anweisungen (Assignaten) auf diese Kassen beglichen werden, andernfalls ist bei Geldmangel dem Empfänger mitzuteilen, wann er sich das Geld von der Post abholen kann. Der Höchstbetrag einer Postanweisung ist auf 5000 R. festgesetzt. Tarif: bis 25 R. 15 K., über 25 bis 100 R. 25 K., über 100 bis 125 R. 40 K., über 125 bis 200 R. 50 K. und so fort, für die ersten 25 R. jedes neuen Hunderts 15 K. und für die folgenden 75 R. 10 K. mehr; 5000 R. sonach 12½ R. Zu den Postanweisungen können außer den von der Postverwaltung zu 1 K. für 2 Stück ausgegebenen Formularen auch in Privatbetrieben hergestellte Formulare verwendet werden. Die Postanweisungsgebühr ist in Freimarken auf der Postanweisung zu verrechnen. Der Abschnitt des Anweisungsformulars kann im inneren Verkehr sowie im Verkehr mit Bulgarien und den russischen Postanstalten in der Türkei zu schriftlichen Mitteilungen an den Empfänger benutzt werden. Über jede Postanweisung wird dem Aufgeber kostenfrei ein Einlieferungsschein erteilt, der aus dem Annahmebuche herausgetrennt wird.

Dem Empfänger einer Postanweisung wird ein Benachrichtigungsschreiben zugestellt, mit dem er sich zur Empfangnahme des Geldes und des Postanweisungsabschnittes bei der Postanstalt einzufinden hat. An Orten, in denen Geldbriefe den Empfängern in die Wohnung bestellt werden, können auf Verlangen der Empfänger oder der Absender auch Postanweisungsbeträge bis zu 500 R. ins Haus abgetragen werden; Bestellgeld 10 K. Der Absender kann diese Gebühr durch Aufkleben einer Marke auf die Postanweisung im voraus entrichten. In diesem Falle hat er auf der Postanweisung den Vermerk „mit Bestellung" (s dostáwkoju) niederzuschreiben. Beim Abhandenkommen einer Postanweisung wird entweder der Postanweisungsbetrag dem Absender zurückgezahlt, oder es wird auf dessen Wunsch ein Doppel der Postanweisung ausgefertigt und gebührenfrei der Bestimmungspostanstalt übermittelt. Postanweisungen, deren

Beträge weder an den Empfänger bestellt noch an den Absender zurückgezahlt werden können, werden 10 Jahre aufbewahrt und dann vernichtet.

Telegraphische Postanweisungen sind nur im inneren Verkehr zulässig. Neben der Postanweisungsgebühr ist eine feste, durch Freimarken auf dem Postanweisungsformular zu verrechnende Telegrammgebühr zu entrichten. Diese beträgt im Verkehr zwischen Postanstalten des europäischen Rußlands einschließlich Transkaukasiens sowie im Verkehr zwischen Postanstalten des asiatischen Rußlands bei Beträgen bis 500 R. 1 R. 15 K., bei höheren Beträgen 1 R. 40 K., im Verkehr zwischen dem europäischen und dem asiatischen Rußland 2 R. 15 K. und 2 R. 65 K., im Verkehr der russischen Postanstalten der Mongolei untereinander 1 R. 55 K. und 1 R. 90 K., im Verkehr dieser Postanstalten mit dem asiatischen Rußland 2 R. 55 K. und 3 R. 15 K. und im Verkehr mit dem europäischen Rußland 3 R. 55 K. und 4 R. 40 K. Für telegraphische Postanweisungen werden im Verkehr zwischen Orten, auf die der Ortstelegraphentarif Anwendung findet, bei Beträgen bis 500 R. an Telegrammgebühren 35 K., bei höheren Beträgen 40 K. erhoben. Die Ausfertigung des Überweisungstelegramms besorgt der Annahmebeamte auf Grund der gewöhnlichen Postanweisung, die der Absender jedoch am Kopfe mit dem Vermerke „po telegrafu" (durch Telegraph) zu versehen hat. Schriftliche Mitteilungen auf dem Abschnitt einer telegraphischen Postanweisung sind nicht zulässig. Die Annahme von telegraphischen Postanweisungen kann übrigens nur bei solchen Postanstalten erfolgen, die mit Telegraphenbetrieb ausgerüstet sind. Telegraphische Postanweisungen werden nur in der Zeit von 8 Uhr vormittags bis 5 Uhr nachmittags bestellt. Auf Antrag können auch gewöhnliche Postanweisungen auf telegraphischem Wege nachgesandt oder zurückgeschickt werden.

In Finnland können Postanweisungen nur nach Orten mit Postkontoren oder Posterpeditionen aufgeliefert werden.

C. Wertbriefe.

Briefe mit Wertangabe (pisma s objáwlennoi zénnostju) dienen zur Versendung von Geld, das im Reiche Kurs hat, Kreditbilletten und klingender Münze, von zinstragenden und anderen Wertpapieren und von Papieren, Dokumenten und anderen Gegenständen, die für den Absender Wert haben. Briefe mit Wertangabe können entweder offen zur Beglaubigung der Einlage oder geschlossen bei der Post eingeliefert werden; dementsprechend heißen sie entweder „offene" (otkrýtyja) oder „geschlossene" (sakýtyja) Wertbriefe. Das Höchstgewicht eines Wertbriefes ist auf 20 Pfd., im Ortsverkehr auf 1 Pfd. festgesetzt. Die Höhe der Wertangabe ist bei offenen Briefen unbegrenzt, bei geschlossenen auf 45 000 R. beschränkt. Geld, das im Reiche Kurs hat, darf nur in offenen Wertbriefen versandt werden, wobei die Einlage an klingender Münze höchstens betragen darf: 30 R. Gold, 2 R. Silber, 95 K. silberne und 9¾ K. kupferne Münze. In den Wertbriefen können zusammen mit den Wertsachen schriftliche Mitteilungen sowie andere Papiere und Gegenstände jeder Art versandt werden, in offenen Wertbriefen jedoch nur dann, wenn sie nicht in einen besonderen verschlossenen Umschlag verpackt sind. Bares Geld muß mit dem Nominalwert angegeben werden, den Wert der andern Einlagen kann der Absender dagegen nach Gutdünken, aber nicht über den wirklichen Wert hinaus versichern. Bei

Gegenständen, die keinen Verkaufswert haben, darf die Wertangabe nicht den Betrag des Schadens übersteigen, der durch Verlust oder Beschädigung dieser Gegenstände entstehen kann. Betrügerische Wertangabe zieht nicht nur gerichtliche Bestrafung, sondern auch den Verlust des Anspruchs auf Entschädigung nach sich.

In jedem offenen Geldbriefe muß sich ein Verzeichnis (opis) der Einlagen (mit Ausschluß der nicht versicherten Gegenstände) befinden. Der Absender hat das Verzeichnis in russischer Sprache auszufertigen und zu unterschreiben; darin sind Zahl und Wert der versicherten Gegenstände nach Gattungen getrennt (Angabe der Nummern und Serien der Papiere ist nicht erforderlich) sowie der Betrag des baren Geldes aufzuführen. Die mit Ziffern gebildete Gesamtsumme ist in Buchstaben zu wiederholen. Änderungen und Streichungen dürfen nicht vorkommen. Bei der Versendung von Bargeld allein bedarf es eines Verzeichnisses nicht. Wünscht der Absender eine Abschrift des Verzeichnisses zu besitzen, so hat er es in doppelter Ausfertigung einzureichen, und zwar auf einem Bogen Papier, auf den beiden Hälften einer Seite gleichlautend geschrieben. Bei der Auflieferung prüft der Annahmebeamte den Inhalt des offenen Wertbriefes auf Grund des Verzeichnisses, versieht letzteres zum Zeichen der Richtigkeit mit einem Abdruck des Aufgabestempels und legt es zusammen mit dem Inhalt in Gegenwart des Aufgebers in den Briefumschlag, auf den er seinen Namen schreibt. Hat der Auflieferer ein doppeltes Verzeichnis vorgelegt, so wird jedes mit dem Aufgabestempel bedruckt und das eine dem Auflieferer zurückgegeben. Die Adresse des Absenders braucht nur auf den geschlossen aufgelieferten Wertbriefen angegeben zu werden. Die Wertangabe hat in Ziffern und hinsichtlich der Rubel auch in Buchstaben zu erfolgen. In der Aufschrift dürfen keinerlei Änderungen oder Streichungen vorkommen.

Der Umschlag eines Wertbriefes muß je nach Umfang und Gewicht aus haltbarem Papier, Leinwand, Wachstuch oder Leder bestehen. Ist ein Wertbrief schwerer als 7 Pfd., so ist eine Umhüllung aus starker Leinwand, aus Leder oder Wachstuch erforderlich. Bei geringerem Gewicht kann ein Umschlag aus Papier, das auf Leinwand gezogen ist, verwendet werden, und bei Sendungen unter 1 Pfd. wird die Verwendung gewöhnlichen haltbaren Papiers zugelassen. Die Klappen eines aus Leinwand, Leder oder Wachstuch bestehenden Umschlages müssen mit einem ungeknoteten Faden zugenäht werden; außerdem ist es Vorschrift, daß über 7 Pfd. schwere Wertbriefe mit Bindfaden kreuzweise umschnürt werden. Die Enden des zu verknotenden Bindfadens werden auf der Post mit dem Postsiegel an den Umschlag angesiegelt. Wenn der Inhalt des Wertbriefes in eine Kiste, ein Futteral, eine Schachtel u. dgl. verpackt ist, so muß zur äußeren Umhüllung stets Leinwand, Wachstuch oder Leder verwendet werden. Überhaupt soll jeder Wertbrief so verpackt sein, daß seinem Inhalt ohne äußerlich sichtbare Beschädigung der Umhüllung und der Siegel nicht beizukommen ist. Auch der Inhalt muß gut und so verpackt sein, daß er sich während der Beförderung nicht bewegen kann. Briefumschläge mit farbigen Rändern sind unzulässig, ebenso ist das Aufkleben von Zetteln jeder Art untersagt. Der Umschlag muß stets so geformt sein, daß die Verschlußklappen untereinander angesiegelt werden können. Offen bei der Post aufzuliefernde Wertbriefe werden vom Annahmebeamten mit der erforderlichen Zahl von Lacksiegeln, mindestens jedoch mit 2 Siegeln mittels Postpetschafts verschlossen. Erhält der Wertbrief nur 2 Siegelabdrücke, so müssen sie recht groß sein. Bei 3 oder mehr Siegelabdrücken muß mindestens einer besonders groß sein. Die Anbringung der amtlichen Siegel und die Lieferung des erforderlichen Siegellacks erfolgt unentgeltlich. Verschlossen aufzuliefernde Wertbriefe muß der Absender mit wenigstens 5 Siegelabdrücken aus feinem Lack verschließen. Bei der Auflieferung hat der Absender gleichzeitig auf einem Stück Papier einen Abdruck des verwendeten Petschafts in Siegellack abzugeben. Auf diesem Papier sind auch die Adresse des Absenders und die volle Aufschrift des Wertbriefes zu vermerken. Die Angaben auf dem Papier und auf der Adresse des Wertbriefes müssen von derselben Hand herrühren und mit derselben Tinte geschrieben sein.

Tarif: Porto wie für einen gleichschweren gewöhnlichen Brief, Versicherungsgebühr: bei einer Wertangabe bis 10 R. 10 K., über 10 bis 100 R. 25 K., bei höherer Wertangabe für die ersten 100 R. 25 K. und für jede weiteren 100 R. je 15 K. mehr. Wenn in den Wertbriefen Silberrubel versandt werden (es dürfen nicht mehr als 2 sein), so wird für sie zusammen mit dem Papier, in dem sie haltbar befestigt sein müssen, eine einheitliche Gewichtsgebühr von 7 K. erhoben; nur der übrige Teil des Geldbriefes unterliegt der allgemeinen Brieftaxe. Für die Wertbriefe besteht Frankierungszwang. Die Marken, deren Zahl durch Wahl hoher Werte möglichst zu beschränken ist, sind in Zwischenräumen auf die Wertbriefe aufzukleben. Die Nachsendung und Rücksendung von Wertbriefen erfolgt gebührenfrei. Über einen Wertbrief wird dem Absender unentgeltlich ein Einlieferungsschein erteilt.

Briefe mit Wertangabe bis 500 R. können den Empfängern gegen eine Gebühr von 10 K. durch den Briefträger ins Haus bestellt werden. Die Aushändigung erfolgt gegen Quittung an den Empfänger persönlich. Ist dieser des Schreibens unkundig oder dem Briefträger von Person nicht bekannt, so erfolgt die Zustellung in Gegenwart des Hausverwalters, Portiers, Hausknechts oder einer anderen dem Briefträger bekannten Person. Diese haben für den Schreibunkundigen zu quittieren und seine Schreibunfähigkeit zu bescheinigen, oder den dem Briefträger unbekannten schreibkundigen Empfänger durch Hinzufügung ihrer Unterschrift zu der des Empfängers auszuweisen. An Bevollmächtigte werden Wertbriefe nicht bestellt. Der Empfänger eines der Post verschlossen übergebenen Wertbriefes hat das Recht, die Annahme abzulehnen, wenn die Umhüllung oder die Siegel in dem Grade beschädigt sind, daß die Möglichkeit der Entwendung des Inhalts oder eines Teiles vorliegt. Die der Post offen übergebenen Wertbriefe sind auf Verlangen des Empfängers in seiner Gegenwart vom Postausgabebeamten oder vom Briefträger zu öffnen und auf die Richtigkeit des Inhalts hin zu prüfen.

Im Falle des Verlustes oder der Beschädigung eines Wertbriefes erstattet die Postverwaltung den wirklichen Schaden bis zur Höhe der Wertangabe. Für die in Wertbriefe aufgenommenen Gegenstände, deren Wert nicht versichert worden ist, wird eine Entschädigung nicht geleistet. Die Ersatzpflicht erlischt nach 2 Jahren. Für die vom Finanzministerium ohne Zahlung der Versicherungsgebühr aufgelieferten Wertsendungen (einschließlich der Wertpakete) übernimmt die Post keinerlei Haftung.

D. Pakete.

Pakete (posýlki) können mit oder ohne Wertangabe aufgeliefert werden. Bei Paketen mit kurshabender klingender Münze ist die Angabe des Wertes unerläßlich. Der angegebene Wert darf 45000 R. nicht übersteigen. Das Höchstgewicht der Pakete beträgt 120 Pfd. (3 Pud), bei solchen mit kurshabender klingender Münze 60 Pfd. Abgesehen von den von der Postbeförderung allgemein ausgeschlossenen Gegenständen, wie explodierbaren, leichtentzündlichen und ätzenden Sachen dürfen in inländischen Paketen Kreditbillette, die als Geld im Reiche Kurs haben, und schriftliche Angaben jeder Art, die die Eigenschaft einer eigentlichen und persönlichen Mitteilung tragen, nicht versandt werden. Wird kurshabendes Geld in Sendungen befördert, in denen seine Versendung nicht gestattet ist, so wird bei Entdeckung der vierte Teil beschlagnahmt; werden in Paketen briefliche Mitteilungen vorgefunden, so wird vom Empfänger oder, wenn dieser die Annahme verweigert, vom Absender der vierfache Betrag des hinterzogenen Briefportos eingezogen. Vom beschlagnahmten Gelde erhält der entdeckende Beamte den vierten Teil, vom vierfachen Betrage des Briefportos die Hälfte. Es ist verboten, Paketen mit klingender Münze andere Gegenstände beizufügen. Die Pakete sind verschlossen aufzuliefern mit Ausnahme der Pakete mit klingender Münze, die ebenso wie die Geld enthaltenden Wertbriefe offen am Postschalter vorzulegen sind.

Gewöhnliche Pakete bis 1 Pud können in starke Pappschachteln verpackt werden. Pakete bis 7 Pfd., die zwischen Orten an der Eisenbahn oder an Dampferlinien befördert werden, können selbst bei Wertangabe in starke Pappschachteln oder in festes Papier verpackt sein, wenn diese Verpackungsstoffe noch mit Wachstuch oder haltbarer Leinwand umhüllt werden. Im übrigen sollen die Pakete möglichst gut in Holzkisten, Fässer, Leder, Wachstuch, Leinwand u. dgl. verpackt sein. Die Nähte müssen mit derselben Sorte Zwirn hergestellt sein. Alle Pakete ohne Wertangabe (mit Ausnahme der in Holzkisten verpackten oder in Leder, Wachstuch oder Leinwand eingenähten) sind kreuzweise zu umschnüren. Bei den Wertpaketen werden die Enden der Schnur von der Post ohne Erhebung einer besonderen Gebühr verbleit oder an das Paket angesiegelt.

Für Wertpakete mit klingender Münze werden nur folgende Verpackungen zugelassen: Lederbeutel, Beutel aus Leinwand, Wachstuch oder Segeltuch, feste Holzfässer von mindestens halbzölliger Wandstärke mit Eisenreifen, gutgefugte Kisten aus mindestens ½ Zoll starken Brettern und dicke Bretter mit ausgehöhlten Vertiefungen zum Hineinlegen der Münzen. Die Beutel müssen aus einem Stück bestehen. Das in Lederbeuteln zu versendende Geld muß zunächst in ein Leinwandsäckchen verpackt werden. In Wachstuch-, Leinwand- oder Segeltuchbeuteln dürfen nur Gold- oder Silbermünzen bis 25 R. verschickt werden, wobei das Geld zunächst in starkes Papier einzuschlagen ist. Bei der Verwendung von Kisten und Fässern ist das Geld zunächst in Leinwandsäckchen zu legen. Die Kisten und Fässer sind in Leder, Wachstuch, Leinwand oder Segeltuch einzunähen und an den Nähten mit dem Siegel des Absenders zu versiegeln. Die Bretter mit den zylinderförmigen Löchern zur Aufnahme der Geldstücke müssen mindestens 1 Zoll dick sein. Die Löcher werden bis zum Rande mit Geldstücken gefüllt, alsdann wird ein anderes ebenso großes, mindestens ½ Zoll starkes Brett darauf festgeschraubt; die Bretter werden dann in Leder, Wachstuch oder Leinwand eingenäht und ordnungsmäßig umschnürt und versiegelt.

Der Wert eines Pakets darf nur in vollen Rubeln angegeben werden; auf Paketen mit klingender Münze ist jedoch der volle Wert nach Rubeln und Kopeken niederzuschreiben. Alle Pakete müssen auch Namen und Adresse des Absenders tragen. Bei den Paketen mit Wertangabe sind die Adresse und die sonstigen Angaben auf die Umhüllung unmittelbar niederzuschreiben; bei Ledergeldbeuteln kann die Niederschrift auch auf der am Beutel befindlichen Lederfahne, bei Geldbeuteln aus andern Stoffen (Höchstbetrag des Inhalts 25 R.) auch auf einer Papierfahne oder einem aufgeklebten Stück Papier erfolgen.

Jedes Paket muß von einer Postpaketadresse (soprowodítelny ádres) begleitet sein, deren Abschnitt zu schriftlichen Mitteilungen benutzt werden kann. Die Postpaketadressen werden in 3 verschiedenen Farben geliefert: rosa für gewöhnliche Pakete, weiß für Wertpakete, gelb für Nachnahmepakete. Von den rosafarbenen und weißen Paketadressen kosten je 2 Stück 1 K., von den gelben eine 1 K. Die Paketadressen können auch im Privatwege hergestellt werden, müssen aber den amtlichen genau entsprechen.

Für die Taxierung der Pakete sind 3 Zonen gebildet, und zwar bilden das europäische Rußland mit Transkaukasien die 1., das westliche Sibirien mit Turkestan, Transkaspien und Turgaisk die 2. und das östliche Sibirien (Jenisseisk, Irkutsk, Jakutsk, Amurgebiet, Transbaikalien, Küstengebiet von Ostsibirien mit Sachalin und den russischen Postanstalten in der Mandschurei) die 3. Zone; ferner zerfallen die Pakete in 4 Arten: bis 2, über 2 bis 7, über 7 bis 12 und über 12 Pfd. Die ersten drei Arten werden „leichte" (malowjésnyja), die vierte Art wird „gewöhnliche" (obyknowjénnyja) Pakete genannt. Für die ersten drei Arten beträgt die Taxe innerhalb der 1. Zone 25, 45 und 65 K., innerhalb der 2. Zone 35, 65 und 95 K., innerhalb der 3. Zone 45, 85 und 125 K. Nach dem Tarif der 3. Zone werden auch Pakete nach Orten benachbarter Zonen taxiert; liegt jedoch eine Zone zwischen der Aufgabe- und Bestimmungszone, so steigen die Gebühren auf 65 K., 1 R. 25 K. und 1 R. 85 K. Für Pakete der 4. Art (über 12 Pfd.) werden erhoben: für die ersten 12 Pfd. die Gebühren für Pakete der 3. Art und für jedes weitere Pfd. bei einer Entfernung bis 500 Werst 5 K., über 500 bis 1000 Werst 10 K., über 1000 bis 2000 Werst 20 K., über 2000 bis 3000 Werst 25 K., über 3000 bis 4000 Werst 30 K. und über 4000 Werst 35 K.; die eben genannten Entfernungen werden berechnet von der Gouvernements- (oder Gebiets-) Hauptstadt des Aufgabeorts bis zur Hauptstadt des Bestimmungs-Gouvernements. Für Pakete der 4. Art, die im Aufgabe-Gouvernement verbleiben, wird für jedes Pfd. über 12 Pfd. hinaus erhoben im europäischen Rußland (mit Transkaukasien), sowie in den Bezirken Transkaspien, Samarkand, Ferghana und Syr-Darja 5 K., im asiatischen Rußland (mit Ausschluß der ebengenannten Gebiete), sowie zwischen den russischen Postanstalten in der Mandschurei 10 K. Die Versicherungsgebühr ist die gleiche wie für Wertbriefe. Das Paketporto (Gewichts-, Versicherungs-, Bestell- und Nachnahmegebühr) soll bei der Einlieferung voll entrichtet und in Freimarken auf den Begleitadressen verrechnet werden.

Der Einlieferer eines Pakets erhält unentgeltlich einen Einlieferungsschein. Über gewöhnliche Pakete und über Pakete mit Wertangabe bis 10 R. kann auch in besonderen Posteinlieferungsbüchern Quittung erteilt werden.

Alle Postpakete, die innerhalb des Grenzrayons (eines russischen Landstreifens von 7 Werst Breite) aufgeliefert werden und nach dem Innern des Reichs gerichtet sind, unterliegen der vorherigen Besichtigung und Versiegelung durch die Zollbehörde. Bei Paketen nach Finnland sind 2 Inhaltserklärungen erforderlich.

Gewöhnliche Pakete und Wertpakete bis 500 R. werden in die Wohnung bestellt. Erfolgt die Paketbestellung durch Fußboten, so werden nur Pakete bis 12 Pfd. abgetragen; sind jedoch Paketbestellwagen in Gebrauch, so gelangen Pakete bis 1 Pud (40 Pfd.) zur Bestellung. Pakete bis 12 Pfd. kosten 10 K., schwerere 20 K. Bestellgeld. Gewöhnliche Pakete und Pakete mit Wertangabe (mit Ausnahme der Pakete mit klingender Münze) sowie Nachnahmesendungen werden als postordnungsmäßig bestellt angesehen, wenn sie in der Wohnung des Empfängers irgendeinem erwachsenen Hausgenossen gegen Quittung mit dem Zusatz „po dowjériju" (in Vollmacht) ausgehändigt worden sind. Bei der Nach- und Rücksendung von Paketen kommt nur die Gewichtsgebühr neu zur Erhebung.

An einigen Orten wird für nicht rechtzeitig von der Post abgeholte Pakete für die auf den 7. Tag nach Empfang des zweiten Benachrichtigungszettels (powjestka) folgende Zeit vom Empfänger eine in Freimarken zu verrechnende Lagergebühr von 5 K. für Paket und Tag erhoben. Bei Postlagerpaketen kommt an diesen Orten die Lagergebühr erst nach Ablauf von 14 Tagen zur Erhebung. An Orten, wo eine obligatorische Paketbestellung besteht, ist die Lagergebühr schon zu entrichten, wenn der Empfänger die Sendung nicht binnen 7 Tagen nach Empfang des ersten Benachrichtigungsschreibens abholt.

Im Falle des Verlustes oder der Beschädigung eines Pakets ohne Wertangabe leistet die Postverwaltung keinerlei Ersatz. Für Pakete mit Wertangabe haftet dagegen die Post in gleicher Weise wie bei Wertbriefen.

Mit Nachnahme können eingeschriebene (nicht auch gewöhnliche) Briefe und Kreuzbandsendungen, offene und geschlossene Wertbriefe sowie Pakete ohne und mit Wertangabe versandt werden. Der Höchstbetrag der Nachnahme ist auf 5000 R. festgesetzt. Die Aufschrift der Nachnahmesendungen muß den Vermerk „Nachnahmezahlung . . . . ." (naloshenny platiósch . . . Rub. . . . Kop.) — den Betrag in Zahlen, die Rubel auch in Buchstaben — sowie die genaue Adresse des Absenders tragen. Auf Wertsendungen braucht der Nachnahmebetrag mit der Wertangabe nicht übereinzustimmen. Dem Absender einer Nachnahmesendung ist gestattet, nach erfolgter Absendung die Nachnahmesumme zu vermindern (nicht aber zu erhöhen) oder das Ersuchen zu stellen, die Sendung ohne Einziehung der Nachnahme auszuliefern. Der Antrag muß bei der Aufgabepostanstalt unter Vorlegung des Einlieferungsscheines gestellt werden. Mittels Telegramms kann nur das Verlangen auf Nichtaushändigung oder Rücksendung einer Nachnahmesendung gestellt werden.

Für eine Nachnahmesendung ist außer Porto, Einschreib-, Versicherungsgebühr usw. eine besondere Nachnahmegebühr von 2 K. für jeden Rubel, mindestens jedoch von 10 K. in Postwertzeichen zu entrichten.

Nachnahmesendungen bis 500 R. werden den Empfängern auch in die Wohnung bestellt. Teilzahlungen werden nicht angenommen. Der eingezogene Nachnahmebetrag wird dem Absender ohne Abzug mittels portofreier Postanweisung übersandt.

Nachnahmesendungen, die nicht innerhalb 2 Monate nach dem Tage der Ankunft vom Adressaten eingelöst worden sind, werden als unbestellbar nach dem Aufgabeorte zurückgesandt; verweigert der Empfänger die Annahme, so erfolgt die Rücksendung unverzüglich. Bei nicht eingelösten Nachnahmen wird die Nachnahmegebühr nicht erstattet, auch nicht bei Streichung oder Ermäßigung des Betrages oder bei Rückforderung der Sendung. Auf die Frage der Ersatzleistung in Verlustfällen übt der Umstand, daß auf einer Sendung Nachnahme lastet, keinerlei Einfluß aus.

In Finnland sind Nachnahmesendungen nur zwischen Orten mit Postkontoren und Expeditionen zugelassen.

E. Personen- und Estafettenbeförderung.

Im ganzen Gebiet des russischen Reichs können, wie schon erwähnt ist, Reisende mit Postpferden befördert werden. Im allgemeinen sind für diese Beförderung mit Pferden der Staatsposthaltereien 3 K. für Werst und Pferd, mit Pferden der Privatposthaltereien 4 K. für Werst und Pferd zu entrichten.

Estafette wird eine Post genannt, die gegen besondere Bezahlung außerhalb der festgesetzten Beförderungszeiten von solchen Stationen abgelassen wird, auf denen sich Posthaltereien befinden. Zur Beförderung mit Estafette können Sendungen jeder Art zu jeder Tages- und Nachtzeit aufgeliefert werden, doch darf das Gesamtgewicht nicht mehr als 6 Pud betragen, und Wertsendungen und Pakete ohne Wertangabe dürfen nur auf solchen Stationen angenommen werden, wo Unterbeamte zur Begleitung der Post vorhanden sind. Gewöhnliche und eingeschriebene Estafetten-Briefsendungen sowie Postanweisungen werden mit 1 Pferde nebst Fuhrknecht, Paket-, Wert- und Geldsendungen bis 4 Pud unter Begleitung eines Postunterbeamten mit 2 Pferden und, wenn es sich um bedeutende Summen, um schlechte Wege oder um ein Gewicht über 4 bis 6 Pud handelt, mit 3 Pferden befördert. Auch kann bei sehr hohen Summen noch ein zweiter Unterbeamter als Begleiter mitgegeben werden.

Außer dem gewöhnlichen Porto, der Versicherungsgebühr usw. sind für die Beförderung durch Estafette das Anderthalbfache des gewöhnlichen Fahrtgeldes für jede Werst der Estafettenbeförderung und Werstgeld von ½ K. für Werst und Pferd zu entrichten. Werden von einem Absender mehrere nach dem gleichen Bestimmungsorte gerichtete Sendungen zur Beförderung mit derselben Estafette aufgeliefert, so hat er die Estafettengebühr nur einmal zu zahlen; handelt es sich dagegen um mehrere Absender, so hat jeder sämtliche Gebühren besonders zu entrichten. Über jede Estafettensendung wird unentgeltlich ein Einlieferungsschein erteilt. Wenn eine Sendung streckenweise mit den gewöhnlichen Posten (Fuhrwerk, Eisenbahn, Dampfer usw.) befördert wird, so sind die Estafettengebühren nur für den Weg zu bezahlen, auf dem wirklich eine estafettenmäßige Beförderung stattfindet. Die Schnelligkeit einer Estafette soll wenigstens 12 Werst in der Stunde betragen, wenn der Zustand des Weges kein Hindernis bildet.

Für die Estafettenbeförderung im Zartum Polen bestehen zum Teil abweichende Bestimmungen. Dort werden für die Estafette nur die einfachen Fahrtgelder erhoben, und zwar in Angelegenheiten der Regierung 5 K., in Privatangelegenheiten 6 K. Beförderungsgelder für Pferd und Werst. Pakete und sonstige Sendungen bis 3 Pfd. können durch einen reitenden Postboten, Pakete über 3 Pfd. bis 5 Pud, sowie Geld- und Wertsendungen bis 450 R. müssen auf einem Einspänner befördert werden. Sendungen von 5 bis 7½ Pud oder von mehr als 450 R. Wert sind in Begleitung eines Schaffners auf einem Fuhrwerk mit 2 Pferden und, wenn das Gewicht 7½ Pud übersteigt, mit 3 Pferden zu befördern. Für die Hergabe des ein- oder mehrspännigen Fuhrwerks wird für die Werst 1 K. berechnet. Außerdem sind für den die Sendung begleitenden Schaffner für jede Werst auf der Hinfahrt $1\frac{1}{4}$ K., auf der Rückfahrt $4\frac{1}{4}$ K. oder, falls die regelmäßige Fahrpost zur Rückfahrt benutzt werden kann, $2\frac{1}{8}$ K. zu entrichten.

F. Postsparkassen.

In dem eigentlichen Rußland nehmen nicht die Postanstalten, sondern die Telegraphenanstalten die Geschäfte von Sparkassen als Agenten der Reichsbank wahr. Dagegen bestehen in Finnland richtige Postsparkassen.

Die Leitung dieser Postsparkassen ist dem General-Postdirektor in Helsingfors übertragen; ihm ist ein Senatsbeamter und ein Direktor des Staatskontors beigegeben. Bei der Direktion sind ein Administrator, ein Kassierer und mehrere Bureau- und Rechnungsbeamte tätig. Am Postsparkassendienst nehmen nur die größeren Postanstalten teil.

Jedermann hat das Recht, für sich oder für andere Einlagen bei der Postsparkasse zu bewirken. Die Einlagen dürfen nicht weniger als 1 Mark*) betragen; Teilbeträge einer Mark werden auch bei höheren Einlagen nicht angenommen. Um jedoch dem Publikum die Möglichkeit zu gewähren, auch kleinere Beträge für die Postsparkasse anzusammeln, sind besondere Sparmarken zu je 10 P. ausgegeben, die auf Sparkarten aufzukleben sind, bis eine Mark erreicht ist.

Bei der ersten Einlage hat der Sparer seinen Namen, seine Stellung, sowie Tag und Jahr der Geburt anzugeben; handelt es sich um Minderjährige, so bedarf es auch der Nennung der Eltern oder des Vormundes. Auf den Namen des Einlegers wird ein Sparbuch von der Postanstalt ausgefertigt und dem Sparer unentgeltlich ausgehändigt. Für ein und dieselbe Person darf nur ein einziges Sparbuch ausgestellt werden. Der Betrag der Einlagen wird im Sparbuch durch einzuklebende Kontrollmarken dargestellt, die durch Überschreiben mit dem Namen des Annahmebeamten und durch Bedrucken mit dem Tagesstempel entwertet werden. Die Kontrollmarken sind in 7 Werten hergestellt: zu 1, 2, 5, 10, 20, 50 und 100 M.

Die Spareinlagen werden zu 3% verzinst, und zwar beginnt die Verzinsung zu Anfang des auf den Einzahlungstag folgenden Monats und erlischt mit dem der Rückzahlung vorangegangenen Kalendermonat. Die Zinsen werden Ende jedes Kalenderjahrs berechnet und dem Guthaben zugeschrieben.

Wünscht jemand einen Teil seines Guthabens zurückzuziehen, so hat er die Höhe der Rückzahlung und die Postanstalt, bei der er das Geld erheben will, einer Postanstalt schriftlich zu bezeichnen; diese bescheinigt ihm den Empfang des Verlangschreibens und sendet es an die Generaldirektion zur Einholung der Zahlungsgenehmigung ein. Für die Rückzahlungen ist eine Kündigungsfrist vorgesehen, und zwar bis 100 M. von 10, über 100 bis 500 M. von 30 und für höhere Summen von 60 Tagen. Der Sparer hat nach Eingang der Zahlungsgenehmigung bei der von ihm bezeichneten Postanstalt dieser seinen Namen, seine Stellung und seinen Geburtstag zum Ausweise anzugeben; stimmen diese Angaben mit den vom Sparer bei der ersten Einlage bewirkten Angaben überein, so erfolgt die Auszahlung gegen Quittung des Sparers; in dem Sparbuch

*) 1 Mark (M.) zu 100 Penni (P.) = 81 Pf.

wird der Betrag vom Guthaben in Abzug gebracht. Wird ein gekündigter Betrag nicht innerhalb 15 Tage nach Eingang der Auszahlungsgenehmigung abgehoben, so verliert diese ihre Gültigkeit, und es bedarf alsdann einer erneuten Kündigung. Der gekündigte, aber nicht abgehobene Betrag wird hinsichtlich der Verzinsung wie eine Neueinlage behandelt.

Alljährlich vor Ablauf des Monats, in dem das Sparbuch ausgefertigt ist, hat jeder Sparer sein Sparbuch gegen Quittung einer am Postsparkassendienst teilnehmenden Postanstalt zu übergeben, die es an die Generaldirektion zur Prüfung und Eintragung der Zinsen einsendet. Nach der Rückkunft wird das Sparbuch dem Einleger gegen Rückgabe der Quittung wieder ausgehändigt.

Die Sparbücher können durch Erbschaft, Testament, Pfändung u. dgl. auf dritte Personen übertragen werden, doch ist von einem solchen Besitzwechsel der Generaldirektion baldigst Nachricht zu geben.

Die Beamten der zum Postsparkassendienst ermächtigten Postanstalten erhalten für ihre Mühewaltung 3 P. für jede Einlage; außerdem beziehen die Vorsteher der Postanstalten $^1/_{10}$% der Beträge der Einlagen.

Ein Postauftragsdienst ist in Rußland noch nicht eingerichtet.

---

16. Rumänien.

(131 353 qkm und 6 684 265 Einwohner.)

Die rumänische Post- und Telegraphenverwaltung untersteht dem Ministerium des Innern. An der Spitze der Verwaltung steht der „Generaldirektor der Posten und Telegraphen". Ihm ist zur Unterstützung und Vertretung ein „Unter-Generaldirektor" beigegeben. Die Zentralbehörde zerfällt in 5 Abteilungen (Divisionen): für den Verwaltungsdienst, für den Betriebsdienst, für das Landpostwesen, für das Abrechnungs- und Kassenwesen und für technische Angelegenheiten (Telegraphenbau usw.). Jede Abteilung wird von einem „Divisionschef" geleitet. Der Chef der technischen Abteilung ist ein „Chef-Ingenieur". Außerdem ist ein „Generalkassierer" vorhanden. Zur Beratung und Beschlußfassung über wichtige Fragen (Vorbereitung des Budgets, der Gesetzentwürfe, Änderung der Reglements, Vergebung der Lieferungen und Leistungen, Ausbildung der Beamten, Beförderung des Personals usw.) besteht bei der Generaldirektion ein „Verwaltungsrat", der sich unter dem Vorsitz des Generaldirektors aus den Divisionschefs und den in Bukarest wohnenden Inspektoren zusammensetzt. Zu Verwaltungs-, Aufsichts- und Revisionszwecken ist das rumänische Postgebiet in 4 Post- und Telegraphenbezirke eingeteilt. Die Geschäfte der Bezirksleiter sind „Inspektoren" übertragen, von denen 3 ihren Amtssitz in Bukarest und einer ihn in Jassy haben. Daneben ist ein „Inspektor" mit dem Wohnsitz Bukarest für die Leitung des „Bahnpostdienstes" bestimmt. Jedem Inspektor sind ein bis zwei (im ganzen 7) „Bezirkskontrolleure" (Controlori de circumscriptie) beigegeben, die aus den „Ober-Offizianten" (Oficianti superiori) gewählt werden. Für Bukarest (Ortspostämter) ist ein besonderer „Betriebschef" (Dirigentele oficiului postal central) vorhanden; ebenso bestehen für die 3 anderen Bezirke besondere „Bezirkschefs" (Sefi de circumscriptie). Dem Inspektor für den

Bahnpostdienst unterstehen 6 Bahnpostinspektionen, die ihren Sitz in Crajova, Pitesti, Bukarest, Buzau, Galatz und Jassy haben.

Die Postanstalten zerfallen in 2 Klassen, in solche mit vollem Dienst und in Landpostanstalten, die nur Briefsendungen annehmen und ausgeben. Das Personal (einschl. des nachgeordneten Personals der Generaldirektion und der Inspektionen und der Vorsteher der Postämter) setzt sich zusammen aus „Ober-Offizianten" (Oficianti superiori), „Unter-Offizianten" (Oficianti inferiori) und „Eleven" (Elevi), ferner aus „Hilfsbeamten" (Impiegati auxiliari) und „Aspiranten"; die Eleven sind die Anwärter für Offiziantenstellen, die Aspiranten für Hilfsbeamtenstellen. Zwecks Heranbildung eines tüchtigen Personals für die Stellen der Oberbeamten (Offizianten usw.) ist eine besondere „Fachschule" für Post, Telegraphie und Telephonie eingerichtet mit folgenden Unterrichtsfächern: Verwaltung, Betrieb und Technik des Post- usw. Dienstes, Physik, Chemie, Bauwesen, Staatswissenschaft, französische und deutsche Sprache. Der Kursus schließt mit einer Prüfung ab.

An Gehalt beziehen: der General-Postdirektor 12000 Lei*) (und 4200 L. Tagegeld für Dienstreisen), der Unter-Generaldirektor 9600 L. (und 3600 L. Tagegeld), der Chef-Ingenieur 7200 L., der Generalkassierer 6720 L., die Divisionschefs 1. Kl. 6600 L., 2. Kl. 5400 L., die Inspektoren 8400 L. (und 2400 L. Tagegeld), der Betriebschef in Bukarest und die Bezirkschefs 6720 L. (und die letzteren 2400 L. Tagegeld), die Ober-Offizianten 1. Kl. 6600 L., 2. Kl. 5400 L., 3. Kl. 4500 L. (die Kontrolleure daneben 2160 L. Tagegeld), die Unter-Offizianten unter denen sich auch Frauen befinden, 1. Kl. 3600 L., 2. Kl. 3240 L., 3. Kl. 2640 L., die Eleven (darunter fast ein Viertel Frauen) 1. Kl. 1800 L., 2. Kl. 1440 L., 3. Kl. 1200 L., die Hilfsbeamten 1680, 1440, 1200, 1080 und 960 L., die Aspiranten 720 und 600 L. Auch unter den Hilfsbeamten und Aspiranten befindet sich eine größere Zahl Frauen. Bewerber, welche die 4. Sekundarklasse mit Erfolg besucht haben oder Baccalaureaten sind, werden zunächst als überzählige Hilfsbeamte zur Erlernung des Dienstes eingestellt. Nach ihrer Ausbildung werden sie zu Aspiranten ernannt und beziehen als solche das angegebene Gehalt von 600 und 720 L. Später rücken sie in Hilfsbeamtenstellen mit dem Anfangsgehalt von 960 L. ein. Aus der 2. Gehaltsstufe können sie in Elevenstellen 3. Klasse gelangen. Zum Aufrücken in eine Elevenstelle 1. Klasse und aus dieser in die Offiziantenstelle bedarf es der zuvorigen Ablegung einer Prüfung. Im übrigen erfolgt die Beförderung entweder nach dem Dienstalter und nach besonderer Auswahl für tüchtige Beamte.

Die Postunterbeamten zerfallen in „Kondukteure" 1., 2. und 3. Kl. (Gehalt 2400, 1800, 1560 L.), „Oberbriefträger" (Capi factori) — Gehalt 1440 L. —, „Hauptbriefträger" (Factori principali) — Gehalt 1200 L. —, „Briefträger" (Factori) 1., 2., 3. und 4. Kl. (Gehalt 1080, 960, 840 und 720 L.) und „Hilfsunterbeamte" 1., 2. und 3. Kl. (Tagegeld 840, 720 und 600 L.). Sortierbriefträger in den Bahnposten beziehen neben dem Gehalt noch Tagegelder in Höhe von 600 L. jährlich; ebenso erhalten das übrige Bahnpostpersonal und die Begleiter der Landposten noch besondere Fahrtentschädigungen.

Der Postverwaltung steht das ausschließliche Recht zu, Briefsendungen jeder Art, Geld, Wertsachen und sonstige Gegenstände bis 5 kg zu befördern.

*) 1 Leu (L.) — Mehrzahl: Lei — zu 100 Bani (B.) — Einzahl: Ban — = 81 Pf.

A. Briefpost.

Bei gewöhnlichen Briefen (Scrisori) bestehen für Gewicht und Umfang keine Grenzen. Tarif: 15 B., im Ortsverkehr 10 B. für jede 50 g, unfrankiert und unzureichend frankiert das Doppelte des fehlenden Frankos.

Kartenbriefe (Cartile postale închise) sind von der Verwaltung zu 10 und 15 B. ausgegeben.

Die Taxe für Postkarten (Cartile postale) beträgt 5 B. für die einfache, 10 B. für die Karte mit Antwort. Von der Privatindustrie hergestellte Postkarten sind zugelassen, doch dürfen sie in der Größe von den amtlichen Karten um nicht mehr als 1 cm abweichen. Für unfrankierte und unzureichend frankierte Karten wird das Doppelte des fehlenden Frankos erhoben.

Die Post befaßt sich mit dem Zeitungsvertrieb. Von den Bestellern wird außer dem Preis der Zeitungen eine Zeitungsgebühr von 2% des Einkaufspreises, mindestens jedoch von 25 B. für jede Bestellung erhoben. Die Postanstalten senden die Bestellungen an die Postämter in Bukarest und in Jassy, die den Verkehr mit den Verlegern vermitteln. Die Beförderungsgebühr für im Postwege bezogene Zeitungen beträgt 1 B. für jede 50 g und ist vom Verleger im voraus bar zu entrichten.

Für andere als durch die Post bezogene Zeitungen und Zeitschriften (Jurnale sau publicatiuni periodice) besteht Frankierungszwang. Das Meistgewicht eines Zeitungspakets ist auf 2 kg festgesetzt; in keiner Ausdehnung darf die Grenze von 45 cm überschritten werden. Tarif: allgemein (auch im Ortsbezirk) für eine einzelne Zeitungsnummer 1 B. für jede 50 g, für ein Paket mit mehreren Zeitungen 1½ B. für jede 50 g, unzureichend frankiert das Doppelte des fehlenden Portos; unfrankierte Zeitungen gelangen nicht zur Absendung. Gewöhnliche Zeitungsbeilagen, die eine Fortsetzung der Zeitung bilden, werden als Teil der Zeitung angesehen; werden sie für sich allein versandt, so werden sie gegen die ermäßigte Zeitungstaxe befördert. Andere Beilagen werden wie gewöhnliche Drucksachen taxiert. Auf den von Verlegern abgesandten Zeitungen können handschriftlich oder mit Stempel Angaben über den Zweck der Sendung angebracht werden, z. B. Freiexemplar, Tauschexemplar, Probeexemplar. Enthalten die Zeitungen sonstige Vermerke mit der Eigenschaft einer persönlichen Mitteilung, so werden sie wie unzureichend frankierte Briefe taxiert.

Auch gewöhnliche Drucksachen (Imprimate) unterliegen dem Frankierungszwang. Das Meistgewicht ist gleichfalls auf 2 kg festgesetzt; in den Ausdehnungen dürfen sie 45 cm in keiner Richtung, in Rollenform nicht 75 zu 10 cm überschreiten. Tarif: 3 B. für jede 50 g, unzureichend frankiert das Doppelte des fehlenden Frankos; unfrankierte Drucksachen werden nicht abgesandt. Für die sonstigen Versendungsbedingungen gelten im wesentlichen die Bestimmungen des Weltpostvertrages.

Geschäftspapiere (Hârtii de afaceri) sind zugelassen. Für Meistgewicht, Umfang und Frankierung sind die gleichen Vorschriften wie für Drucksachen maßgebend. Tarif: 3 B. für jede 50 g, mindestens 15 B. für jede Sendung.

Warenproben (Probele de marfuri) sind bis 350 g, solche mit Getreidemustern bis 500 g zulässig; sie dürfen in den Ausdehnungen nicht 30 zu 20 und 10 cm, in Rollenform nicht 30 zu 15 cm überschreiten und unterliegen dem Frankierungszwang. Tarif: 3 B. für jede 50 g, mindestens 6 B., unzureichend frankiert das Doppelte des fehlenden Portos; unfrankierte Warenproben werden nicht befördert. Im übrigen decken sich die Vorschriften mit den Bestimmungen des Weltpostvertrages.

Die Vereinigung von Drucksachen, Warenproben und Geschäftspapieren zu einer Sendung (Obiecte grupate) ist gestattet.

Briefsendungen jeder Art können eingeschrieben (Recomandate) versandt werden; in diesem Falle unterliegen auch die Briefe dem Frankierungszwang. Einschreibgebühr 25 B. Für den Verschluß der Einschreibsendungen sind besondere Bestimmungen nicht erlassen. Wertpapiere, Geld und kostbare Gegenstände jeder Art sind von der Beförderung in Einschreibbriefen ausgeschlossen. Stellt sich heraus, daß Einschreibbriefe derartige Sachen enthalten, so werden sie als Wertbriefe oder als Pakete behandelt und taxiert. Werden unzureichend frankierte Einschreibsendungen im Briefkasten vorgefunden, so werden sie als gewöhnliche Sendungen abgeschickt. Über jeden Einschreibbrief erhält der Aufgeber unentgeltlich einen Einlieferungsschein. Rückscheine (Aviz de primire) sind zulässig; Gebühr 25 B. Im Falle des Verlustes einer Einschreibsendung zahlt die Postverwaltung dem Absender einen Ersatzbetrag von 50 L. Die Ersatzansprüche müssen binnen 6 Monaten geltend gemacht werden. Für die Einlieferungsbescheinigungen verkauft die Postverwaltung auch Quittungsbücher (Livrete de recepise), die mit 50 Quittungen 1 L., mit 100 2 L. und mit 200 4 L. kosten.

Auf Einschreibsendungen (ausgenommen Warenproben) können Nachnahmen (Ramburs) im einzelnen bis 500 L., von Landpostanstalten bis 100 L. eingezogen werden. Die Nachnahmegebühr von 10 B. ist stets im voraus zu entrichten. Die vom Empfänger eingezogene Nachnahmesumme wird dem Absender nach Abzug der Postanweisungsgebühr durch Postanweisung übersandt. Werden Nachnahmesendungen nicht binnen 7 Tagen eingelöst, so gehen sie als unbestellbar an den Aufgeber zurück.

Nach- oder Rücksendung erfolgt in der Regel gebührenfrei, nur in dem Falle, daß ein Ortsbrief nach einem anderen Orte nachzusenden ist, wird der Taxunterschied für den Brief, jedoch ohne besonderen Zuschlag, in Anrechnung gebracht. Postlagerbriefe werden 3 Monate zur Verfügung der Empfänger bereitgehalten. Unanbringliche Sendungen werden am Schluß eines jeden Monats, Einschreibsendungen alle 3 Monate an die Generaldirektion eingesandt, wo sie 1 Jahr aufbewahrt und dann verbrannt werden. Die Generaldirektion hat das Recht, die Briefe nach Ablauf der einjährigen Lagerfrist durch eine aus besonders vereidigten Mitgliedern bestehende Kommission öffnen zu lassen. Dabei vorgefundene, unanbringlich bleibende Wertsachen werden durch das Regierungsamtsblatt veröffentlicht; nach 3 Jahren verfallen sie der Staatskasse.

Die Briefsendungen werden den Empfängern regelmäßig unentgeltlich in die Wohnung bestellt. Wünscht der Empfänger seine Sendungen stets bei der Postanstalt abzuholen, so hat er eine Fachmiete von 2 L. für den Monat, die zu Beginn jedes Vierteljahrs zahlbar ist, zu entrichten. Zur Erleichterung des Ausweises der Empfänger von Postsendungen gibt die Postverwaltung Ausweisbücher (Livrete postale de identitate) zum Preise von 50 B. aus. Sie entsprechen den für den internationalen Verkehr vorgesehenen. Ein Eilbestelldienst ist nicht eingerichtet.

Der Verkauf von Postwertzeichen ist außer den Postanstalten sämtlichen Tabakhändlern und den Verkäufern von Stempelmarken übertragen;

diesen Privatpersonen werden 2% des Erlöses vergütet. Außer Postfreimarken, Postkarten und Kartenbriefen hat die Postverwaltung auch gestempelte Streifbänder zu 1 B. ausgegeben.

Das Porto auf unfrankierten Briefen usw. wird durch Aufkleben von Taxmarken (Timbre taxa de plata) verrechnet.

B. Wertbriefe.

Bei Wertbriefen (Scrisorile cu valoare declarata) ist die Wertangabe unbegrenzt zugelassen. Bei Briefen mit barem Geld oder Staatspapieren muß der wirkliche Wert angegeben werden, widrigenfalls als Strafe die dreifache Taxe der Sendung und eine Geldstrafe von 1 bis 500 L. über den Absender verhängt wird. Die Wertbriefe müssen gehörig verschlossen und mit 5 Siegeln versehen sein. Im Falle des Verlustes oder der Beschädigung eines Wertbriefes wird dem Absender der wirklich erlittene Schaden bis zur Höhe der Wertangabe ersetzt. Ist ein Brief äußerlich unversehrt und ohne Gewichtsunterschied ausgehändigt worden und hat der Empfänger unbeanstandet Quittung über den Empfang geleistet, so wird ein nachträglicher Ersatzanspruch nicht anerkannt. Im Falle der Nachsendung oder Rücksendung wird für die neue Beförderungsstrecke das Porto von neuem in Ansatz gebracht. Unanbringliche Wertbriefe werden bei der Generaldirektion 1 Jahr lang aufbewahrt und dann zugunsten der Postkasse verkauft.

Briefe mit einem Werte bis 500 L. unterliegen der Taxe für Einschreibbriefe, solche mit höherem Wert einer Gewichtstaxe und alle außerdem einer Versicherungsgebühr. Die Gewichtstaxe beträgt 1 L., die Versicherungsgebühr bis 500 L. 20 B., über 500 bis 10 000 L. 20 B. für die ersten 500 L. und 15 B. für jede weiteren 500 L., bei höherem Wert 3 L. 5 B. für die ersten 10 000 L. und 5 B. mehr für jede weiteren 1000 L. Für unfrankierte Wertbriefe wird eine Zuschlagtaxe von 25 B. erhoben. Rückscheine sind zulässig; Gebühr 25 B.

Die Wertbriefe werden übrigens im inneren Verkehr als Fahrpoststücke (Pakete) behandelt. Sie können wie diese und unter den gleichen Bedingungen mit Nachnahme belastet werden.

C. Postanweisungen.

Am Postanweisungsdienst nehmen alle Postämter sowie einzelne Landpostanstalten teil, letztere jedoch nur bis 200 L. Sonst ist der Höchstbetrag der Postanweisungen (Mandate postale) auf 500 L. festgesetzt; Nachnahme- und Postauftragspostanweisungen sind jedoch bis 1000 L. zulässig. Zu den Postanweisungen sind nur die von der Postverwaltung ausgegebenen Formulare verwendbar. Für Beträge bis 10 L. bestehen besondere Formulare, die auf jeden Leibetrag von 1 bis 10 L. lauten, außerdem solche, die nur für Beträge bis 95 B. bestimmt sind. An jeder dieser 11 Postanweisungsforten sind alle durch 5 teilbaren Banibeträge (also 19) durch Abschnitte dargestellt, die bei der Ausgabe mit der Schere dergestalt abgelöst werden, daß die fehlenden Abschnitte die eingezahlten Banibeträge darstellen. Tarif: bis 10 L. 10 B., über 10 bis 200 L. für jede 25 L. 25 B., über 200 L. 2 L. für die ersten 200 L. und 50 B. für jede weiteren 100 L. Jede Postanweisung unterliegt außerdem einer Formulargebühr von 5 B. Der Abschnitt der Postanweisungen kann zu schriftlichen Mitteilungen an den Empfänger benutzt werden. Über jede Anweisung wird dem Aufgeber unentgeltlich ein Einlieferungsschein erteilt. Auszahlungsscheine (Aviz de plata) sind zulässig; Gebühr 25 B.

Die Postanweisungen werden den Empfängern mit dem Geldbetrag in die Wohnung bestellt, und zwar solche bis 10 L. unentgeltlich, über höhere Beträge gegen ein Bestellgeld, das bis 100 L. 10 B., über 100 L. 20 B. beträgt. Die Übertragung der Postanweisungen auf dritte ist zulässig. Die Anweisungen verlieren nach 40 Tagen ihre Gültigkeit; diese kann jedoch durch die Aufgabepostanstalt auf Antrag verlängert werden. Die Beträge unanbringlich bleibender Anweisungen verfallen nach 3 Jahren der Staatskasse.

Auch telegraphische Postanweisungen sind zulässig bis 500 L. Das Überweisungstelegramm fertigt der Annahmebeamte aus. Außer der Postanweisungsgebühr ist die Telegrammgebühr zu entrichten. Für Abtragung des Telegramms mit dem Geldbetrage sind die gewöhnlichen Bestellgeldsätze zu zahlen.

D. Postaufträge.

Am Postauftragsdienst nehmen alle zum Postanweisungsdienst ermächtigten Postanstalten teil. Als Anlagen zu Postaufträgen (Recuvremente) sind alle ohne Kosten zahlbaren Handelspapiere zugelassen. Jedem Postauftrag ist ein Auftragformular nach dem Muster der für den internationalen Verkehr eingeführten beizufügen; die Anlagen können für mehrere Zahlungspflichtige bestimmt sein, doch darf deren Zahl nicht 5 und der Gesamtbetrag aller Anlagen nicht 1000 L. übersteigen. Die Übersendung des Formulars und der Anlagen an die Bestimmungspostanstalt erfolgt in einem frankierten Einschreibbrief.

Teilzahlungen werden von den Zahlungspflichtigen nicht angenommen. Werden die Papiere innerhalb 7 Tage nicht eingelöst, so werden sie dem Auftraggeber ohne Kosten unter Einschreibung zurückgesandt. Die eingezogenen Beträge werden ihm nach Abzug einer Einziehungsgebühr von 10 B. für jedes eingelöste Papier, der etwa fälligen Stempelgebühren und der gewöhnlichen Postanweisungsgebühr (einschl. Formulargebühr) durch Postanweisung übermittelt.

E. Pakete.

Pakete (Obiecte de Mesagerii) sind bis 50 kg, in und nach Orten ohne Postamt, die nicht an der Eisenbahn liegen, bis 5 kg zugelassen. Die Wertangabe ist unbeschränkt. Bei Paketen mit barem Geld und Staatsschuldscheinen muß der genaue Wert angegeben werden; bei zu niedriger Wertangabe wird der Absender oder Empfänger in eine Geldstrafe in Höhe der dreifachen Taxe für ein gleichschweres, mit richtiger Wertangabe versehenes Paket genommen.

Die Pakete müssen der Länge der Beförderungsstrecke, dem Umfang, dem Gewicht und der Höhe des Wertes entsprechend gut verpackt und bei Wertangabe gehörig versiegelt sein; der Siegelverschluß muß so angelegt sein, daß ohne Beschädigung eines der Siegel dem Inhalt der Sendung nicht beizukommen ist. Jeder Paketsendung muß eine Begleitadresse (Foile de expeditie) beigegeben sein, die auf dem Abschnitt eintretendenfalls einen Abdruck des zur Versiegelung des Pakets verwendeten Petschafts tragen muß. Bis zu 3 für denselben Empfänger bestimmten Paketen kann eine gemeinsame Begleitadresse beigefügt werden.

Formulare zu Paketadressen, die mit einer eingeprägten Stempelmarke zu 10 B. versehen sind, können bei jeder Postanstalt und Markenverkaufsstelle gekauft werden. Über jedes Wertpaket wird dem Absender kostenfrei ein Einlieferungsschein erteilt. Rückscheine sind zulässig; Gebühr 25 B.

Auf Pakete mit und ohne Wertangabe können Nachnahmen bis 1000 L., in Orten ohne Postamt, die nicht an der Eisenbahn liegen, bis 50 L. eingezogen werden. Der eingezogene Betrag, abzüglich der Postanweisungsgebühr, wird dem Absender durch Postanweisung übersandt.

Tarif: bis 2½ kg im Ortsverkehr 20 B., im Fernverkehr 50 B., über 2½ bis 5 kg 20 B. und 1 L., für schwerere Pakete allgemein für jedes weitere kg 25 B., Sperrgut 50% Zuschlag, Versicherungsgebühr wie für Wertbriefe, Nachnahmegebühr 10 B. für jede Sendung. Pakete bis 5 kg unterliegen dem Frankierungszwang; für unfrankierte Pakete von mehr als 5 kg wird ein besonderes Zuschlagporto von 25 B. erhoben. Im Falle der Nach- oder Rücksendung wird die Taxe für die neue Beförderungsstrecke von neuem berechnet.

Für die Bestellung der Pakete in die Wohnung der Empfänger wird bis 5 kg eine Bestellgebühr von 20 B., bei größerem Gewicht von 50 B. vom Empfänger eingezogen.

Im Falle des Verlustes oder der Beschädigung eines Wertpakets wird dem Absender ein Schadenersatz in Höhe des wirklich erlittenen Schadens bis zum angegebenen Wertbetrage gezahlt; handelt es sich um ein gewöhnliches Paket, so darf der Ersatzbetrag 2 L. für jedes kg der Sendung nicht übersteigen.

F. Postsparkassen.

Die Postsparkasse bildet einen Teil der vom Staat garantierten Landessparkasse. Der Mindestbetrag einer Einlage ist auf 1 L., der Höchstbetrag auf 300 L. und das Höchstguthaben auf 3000 L. festgesetzt. Der Zinsfuß beträgt 5%, kann jedoch durch Beschluß des Verwaltungsrates bis auf 3% heruntergesetzt werden. Die Einlagen werden von Beginn des auf den Einzahlungstag folgenden Monats ab, die Rückzahlungen bis zum 1. Tage des Monats, in dem diese abgehoben werden, verzinst. Personen jeder Nationalität, jedes Geschlechts und jedes Alters können Einlagen für sich bewirken.

Die Sparbücher werden bei der ersten Einlage von dem Annahmebeamten ausgestellt; jede Einlage wird in dem Sparbuch vom Annahmebeamten vermerkt, der seine Namensunterschrift und einen Abdruck des Tagesstempels neben die Eintragung setzt. Sparkarten werden nicht ausgegeben; es bleibt den Lehrern überlassen, von ihren Schülern kleinere Sparbeträge anzunehmen und anzusammeln, bis der Betrag von 1 L. erreicht ist. Einzahlungen und Rückzahlungen können nur bei dem Postamt bewirkt werden, welches das Sparbuch ausgestellt hat. Soll ein Sparbetrag auf ein anderes Postamt übertragen werden, so hat der Sparer im Sparbuch den Rückempfang seines Guthabens anzuerkennen und das Buch der Postanstalt zu übergeben; die Postanstalt, auf die das Guthaben überwiesen wird, fertigt dem Sparer ein neues Sparbuch aus. Übersteigt ein Guthaben 3000 L., so kauft die Postsparkasse dem Sparer einen Staatsschuldschein an. Beträge bis 20 L. werden in der Regel sogleich zurückgezahlt, höhere Beträge müssen erst bei der Postanstalt, die das Sparbuch ausgestellt hat, schriftlich gekündigt werden, und zwar erfolgt die Zahlung in der Regel 3 Tage nach bewirkter Kündigung. Die Kündigungsfrist kann jedoch ausgedehnt werden auf 1 Monat bei Beträgen bis 100 L., auf 2 Monate über 100 bis 500 L. und auf 3 Monate bei höheren Beträgen.

Jede Postanstalt sendet wöchentlich eine Übersicht über die bewirkten Einlagen und Rückzahlungen an die Sparkassenverwaltung ein; die Konten werden in einfacher Ausfertigung geführt. Die Zinsen werden jährlich dem Sparkapital zugeschrieben. Wird auf ein Sparbuch innerhalb 30 Jahre weder eine Einlage noch eine Rückzahlung bewirkt, auch der Sparbetrag nicht vom Sparer beansprucht, so verfällt das Guthaben dem Staat.

Für Wahrnehmung der Postsparkassengeschäfte wird den Postbeamten eine besondere Vergütung nicht gewährt.

G. Personenbeförderung.

Mit den Postwagen auf den Landstraßen können auch Reisende mit ihrem Gepäck befördert werden. Fahrscheine geben sowohl die Postanstalten als auch die Kondukteure aus. Die Fahrtaxe beträgt für Plätze 1. Kl. 20 P., 2. Kl. 15 P. für jedes km. Kinder unter 5 Jahren zahlen die Hälfte. Für Reisegepäck sind 50 P. für jede 10 kg ohne Rücksicht auf die Entfernung zu entrichten.

17. Serbien.

(48303 qkm und 2784016 Einwohner.)

Die Generaldirektion der serbischen Posten und Telegraphen untersteht dem Handels- und Ackerbau-Ministerium. Sie zerfällt in 5 Sektionen. Der ersten Sektion liegen die Regelung des Postkurswesens, des Dienstbetriebes, der Taxfragen und des Bahnpostwesens, der zweiten im wesentlichen die Ordnung der Personalangelegenheiten, der Post- und Telegraphenschule, der Rechtsfragen, ferner die Verdingung der Postfuhr- und Botenpostunternehmungen und die Statistik, der dritten das Postanweisungs-, Postauftrags- und Nachnahmewesen, der vierten die Telegraphenangelegenheiten und der fünften als Ökonomat und Rechnungssektion das Kassen- und Rechnungswesen für Post und Telegraphie ob. Jede Sektion wird von einem Sektionschef geleitet. Das Personal der Generaldirektion wird in einer Post- und Telegraphenschule vorgebildet, in der auch die französische Sprache unterrichtet wird. Die Postanstalten sind der Generaldirektion unmittelbar untergeordnet. Die Beamten zerfallen in festangestellte und provisorische; erstere bilden 6, letztere 2 Klassen. Eine besondere Einrichtung bilden in Serbien die sog. Gemeindepostämter. Diese Ämter unterstehen hinsichtlich der Verrichtung des Dienstes zunächst der Beaufsichtigung des Staatspostamtes, mit dem sie unmittelbare Kartenschlüsse unterhalten, und weiter in ihrer Gesamtheit dem Bautenminister. Ihr Wirkungskreis umfaßt im wesentlichen die Annahme und Zustellung von Briefsendungen jeder Art (auch von eingeschriebenen und durch Eilboten zu bestellenden) bis 1 kg, ferner von Paketen ohne Wertangabe bis 5 kg, sowie die Annahme und Zustellung von Telegrammen. Nach Bedürfnis kann der Bautenminister anordnen, daß die Gemeindepostämter auch mit den übrigen Zweigen des Post- und Telegraphendienstes sich befassen. Die

Ausstattungsgegenstände, wie Briefkasten, Ledertaschen, Stempel usw., haben die Gemeinden aus eigenen Mitteln zu beschaffen. Die Obliegenheiten eines Gemeindepostmeisters hat nach Wahl der Gemeinde deren Schriftführer oder Schreiber wahrzunehmen, wofür ihm diese eine Vergütung von höchstens 12 Dinar*) monatlich zubilligen kann. Das Gemeindegericht ist verpflichtet, dem zuständigen staatlichen Postamte den Vor- und Zunamen der zum Gemeindepostmeister gewählten und vor dem Ortsgeistlichen im Beisein des Gemeindevorstehers vereidigten Person bekannt zu geben. Zur gleichmäßigen Ausübung der Dienstgeschäfte werden bei den Staatspostämtern für die ihnen unterstehenden Gemeindepostmeister dreitägige Unterrichtskurse abgehalten. Die Beförderung der Post von und zu den Staatspostämtern besorgt der Gemeindepostträger, der nach Bedarf beritten zu machen ist. Die Postträger werden nach erfolgter Vereidigung ebenfalls von der Gemeinde angestellt; ihre Vergütung bestimmt der Gemeindeausschuß. Die Vorsitzenden der Gemeindegerichte haben für die pünktliche Verrichtung des Postdienstes in ihrem Bereiche zu sorgen. Auch steht die Gemeinde für alle in Empfang genommenen und behandelten Sendungen ein. Im Falle des Verlustes einer eingeschriebenen Sendung sind der Vorstand des Gemeindegerichts und der Gemeindepostmeister solidarisch für den Schaden haftbar. Bei unordentlicher Dienstführung in einem Gemeindepostamte hat die Staatspostanstalt gleichzeitig dem Bautenministerium und der Bezirksbehörde Anzeige zu erstatten. Letztere Behörde hat die Organe des Gemeindeamts zur Verantwortung zu ziehen und ist befugt, die Schuldigen mit Geldstrafe von 15 bis 50 D. zu belegen; gegen Urteile der Bezirksbehörden kann innerhalb 3 Tage an das Bautenministerium Berufung eingelegt werden. Ein Gemeindepostmeister, der von der staatlichen Postanstalt dreimal wegen Unzuverlässigkeit angezeigt worden ist, muß auf Anordnung des Bautenministers vom Gemeindegerichte seines Dienstes enthoben werden.

Ein Postmonopol des Staates besteht in Serbien nicht.

A. Briefpost.

Gewöhnliche Briefe können frankiert oder unfrankiert zur Post geliefert werden; nur nach Orten ohne Postanstalt, ferner an den König oder an eine Zivil- oder Militärbehörde müssen sie stets frankiert sein.

Das Meistgewicht ist auf 1 kg (bei portofreien Dienstbriefen auf 3 kg) festgesetzt; Beschränkungen in den Ausdehnungen bestehen nicht. Tarif: frankiert wie unfrankiert für Stadtbriefe 5 P., für andere Briefe 10 P. für jede 20 g, ungenügend frankiert das fehlende Porto ohne Zuschlag.

Von der Postverwaltung sind Kartenbriefe ausgegeben, die zum Nennwert des Stempels (5 und 10 P.) verkauft werden.

Als Postkarten werden die von der Postverwaltung ausgegebenen und die von der Privatindustrie hergestellten Karten zugelassen. Tarif: einfache Karte 5 P., Karte mit Antwort 10 P. Für Postkarten, die nach dem Bestellbezirk der Aufgabepostanstalt gerichtet sind, besteht keine Taxermäßigung.

Die Postanstalten befassen sich mit der Annahme und Ausführung von Zeitungsbestellungen. An Zeitungsgebühr werden 7% des Einkaufspreises berechnet; nur für das Post- und Telegraphen-Amtsblatt wird eine solche Gebühr

*) 1 Dinar (D.) zu 100 Para (P.) = 81 Pfg.

nicht in Ansatz gebracht. Die Beförderung der durch die Post bezogenen Zeitungen erfolgt portofrei. Der Verleger übergibt die bestellten Zeitungen unverpackt der Postanstalt, und diese sorgt für die Verteilung und Versendung an die Absatzpostanstalten. Um etwaigen Fehlmeldungen begegnen zu können, haben die Verleger den Verlagspostanstalten regelmäßig eine bestimmte Anzahl überzählige Exemplare von jeder Nummer zu übergeben, und zwar ist diese Zahl festgesetzt auf 5% bei einem Vertrieb bis 300 Nummern und auf 3% bei einem größeren Vertrieb.

Drucksachen (zu denen auch die nicht im Postwege bestellten Zeitungen zu rechnen sind) unterliegen dem Frankierungszwang. Höchstgewicht 1 kg. Tarif: allgemein bis 50 g 5 P., über 50 bis 150 g 10 P., über 150 bis 250 g 15 P., über 250 bis 500 g 20 P., über 500 bis 1000 g 30 P. Unzureichend frankierte oder unfrankierte Drucksachen gelangen nicht zur Absendung. In den Ausdehnungen sollen Drucksachenpakete in keiner Richtung 45 cm, in Rollenform nicht 75 zu 10 cm überschreiten. In und auf Drucksachensendungen ist außer der Aufschrift nur die Adresse des Absenders gestattet. Den Zeitungen und Zeitschriften, Broschüren, Annoncen und Anerbietungen, die literarische Werke betreffen, und den den Zeitungen beigefügten literarischen oder politischen Beilagen steht, sofern die Versendung durch die Verleger oder Herausgeber unmittelbar erfolgt, gesetzlich Portofreiheit zu.

Geschäftspapiere sind bis 1 kg zulässig. Tarif: allgemein bis 50 g 5 P., über 50 g bis 150 g 10 P., über 150 bis 250 g 15 P., über 250 bis 500 g 20 P., über 500 bis 1000 g 30 P.; unzureichend frankierte oder unfrankierte Geschäftspapiere werden nicht befördert.

Warenproben sind ebenfalls bis 1 kg zugelassen und müssen frankiert sein. Die Taxe ist die gleiche wie für Drucksachen. Hinsichtlich der Verpackung und der zulässigen schriftlichen Angaben decken sich die Bestimmungen mit den Vorschriften des Weltpostvertrages.

Die Vereinigung von Drucksachen, Warenproben und Geschäftspapieren zu einer Sendung ist gestattet, doch wird das Porto für jeden Teil der Sendung besonders berechnet.

Briefsendungen jeder Art, die nach Postorten gerichtet sind, können unter Einschreibung versandt werden. Sie müssen stets frankiert werden; Einschreibgebühr 20 P. Rückscheine sind zulässig; Gebühr 20 P. Über jede Einschreibsendung wird unentgeltlich ein Einlieferungsschein erteilt. Wertpapiere, Münzen, Edelsteine oder andere kostbare Gegenstände dürfen in Einschreibbriefen nicht versandt werden. Einschreibsendungen müssen stets am Schalter der Postanstalten aufgeliefert werden; im Briefkasten vorgefundene werden nur dann eingeschrieben befördert, wenn sie vollständig frankiert sind. Nachforschungen nach Einschreibbriefen ohne Rückschein werden nur angestellt, wenn eine Gebühr von 50 P. entrichtet wird, ausgenommen, daß eine Bescheinigung des Empfängers über die Nichtankunft der Sendung vorgelegt wird. Für den Verlust einer Einschreibsendung leistet die Postverwaltung dem Absender Ersatz von 23½ D. Daneben wird dem Absender das Porto erstattet. Der Ersatzantrag muß innerhalb 3 Monate gestellt werden.

Nach- oder Rücksendung von Briefsendungen erfolgt taxfrei. Postlagersendungen werden 3 Monate zur Verfügung der Empfänger bereitgehalten. Unbestellbare Briefe werden nach dem Aufgabeort zurückgesandt und dem

Absender zurückgegeben, wenn er äußerlich zu ersehen ist; andernfalls verbleiben gewöhnliche Briefsendungen 1 Monat, Einschreibsendungen 3 Monate bei der Aufgabepostanstalt und werden dann zur Eröffnung und zur Ermittelung der Absender an die Verwaltungsbehörde des Ortes eingesandt, die eine Kommission zur Eröffnung der Briefe einsetzt. Bleiben sie auch dann unanbringlich, so werden sie vernichtet; darin vorgefundene Wertsachen werden aufbewahrt, bis sie nach 1 Jahr der Staatskasse zufallen.

Die Briefsendungen werden den Empfängern in Postorten gebührenfrei durch die Briefträger in die Wohnung bestellt. Auch nach Orten ohne Postanstalt werden die Sendungen in der Regel abgetragen, jedoch nicht durch Briefträger, sondern durch Boten der Ortsbehörden. Findet die Abtragung Schwierigkeiten, so müssen die Sendungen bei der Postanstalt abgeholt werden. Dem Empfänger ist in allen Fällen freigestellt, seine Sendungen regelmäßig nach Ankunft jeder Post bei der Postanstalt abzuholen; macht jemand von dieser Befugnis Gebrauch, so ist, je nach dem Umfange der Postanstalt, eine Fachmiete von 1 oder 2 D. monatlich zu zahlen.

Auch Eilbestellung, verbunden mit Eilbeförderung durch Estafette, ist für Sendungen nach Postorten bis 1 kg zulässig. Die im voraus zu entrichtende Eilbestellgebühr ist auf 1 D. für jede 5 km Weges festgesetzt. Porto wird daneben nicht in Ansatz gebracht. Der Absender kann bei Auflieferung einer Eilsendung das Verlangen auf Zufertigung einer Bescheinigung über Tag und Stunde der Aushändigung an den Empfänger stellen; die Gebühr für einen solchen Rückschein beträgt 40 P. und muß im voraus entrichtet werden.

Am Verkauf der Postwertzeichen beteiligen sich außer den Postbeamten auch die Bahnhofsvorsteher, Tabakhändler usw.; diesen Privatpersonen wird eine Vergütung von 5% des Erlöses gewährt.

B. Postanweisungen.

Am Postanweisungsdienst nehmen sämtliche Postanstalten teil. Postanweisungen sind bis 500 D., im Verkehr mit dem Hauptpostamt in Belgrad bis 2000 D. zulässig. Die Postanweisungen können auf Gold oder auf Silber, nicht aber auf beide Münzsorten lauten. Sie werden in der Münzsorte ausgezahlt, in der die Einzahlung erfolgt ist. Tarif: bis 25 D. 25 P., über 25 bis 50 D. 50 P., über 50 bis 100 D. 60 P. und für jede weiteren 100 D. 10 P. mehr; daneben eine Stempelabgabe von 10 P. Zu den Postanweisungen sind nur die von der Postverwaltung ausgegebenen, mit einem Wertstempel zu 25 P. versehenen Formulare zu verwenden. Ein Einlieferungsschein wird unentgeltlich erteilt. Auszahlungsscheine sind zulässig; Gebühr 25 P.

Der Empfänger einer Postanweisung muß den Betrag innerhalb 14 Tage bei der Postanstalt abheben. Geschieht dies nicht, so wird die Rückzahlung an den Absender eingeleitet. Geht dem Empfänger eine Postanweisung verloren, so kann ihm von der Generaldirektion gegen Zahlung von 25 P., bei Postanweisungen mit Auszahlungsschein unentgeltlich ein Doppel ausgefertigt werden. Unanbringliche Postanweisungen werden der Gerichtsbehörde übergeben; ihr Betrag verfällt nach weiteren 101 Tagen der Staatskasse.

Telegraphische Postanweisungen sind bis 250 D. zulässig. Das Hauptpostamt in Belgrad ist ermächtigt, solche ausnahmsweise bis 1000 D. anzunehmen.

Außer der Postanweisungsgebühr ist die Taxe für das Überweisungstelegramm zu entrichten.

C. Wertbriefe und Pakete.

Pakete mit und ohne Wertangabe sind bis 50 kg zulässig. Die Wertangabe ist nicht beschränkt. Zu den Wertpaketen (Frachtstücken) gehören auch die Wertbriefe, d. h. Briefe bis 150 g, die Banknoten, Wertpapiere oder gemünztes Geld enthalten. Jedem Postpaket (nicht auch den Wertbriefen) muß eine Begleitadresse oder ein Begleitbrief beigegeben sein. Bei Paketen im Werte von mehr als 100 D. muß die Aufschrift auf die Umhüllung des Pakets selbst niedergeschrieben, bei Paketen von geringerem Wert kann sie auf einem der ganzen Fläche nach aufgeklebten Stück Papier angebracht werden. Die Paketumhüllung muß mit einer angemessenen Zahl Siegeln verschlossen und dann mit einer Schnur umbunden sein, deren Enden zu knoten, aber nicht anzusiegeln sind. Nur bei Paketen mit alten Kleidern oder sonstigen Sachen von geringem Wert kann, wenn die Beförderung ausschließlich mit Schiff oder Eisenbahn erfolgt, die Umhüllung aus Papier, sonst muß sie aus Leinen oder Wachsleinwand bestehen.

Das Porto für Pakete ohne Wertangabe, ferner für Pakete an den König, an die Minister und an Staats- und Gemeindebehörden muß vom Absender im voraus entrichtet werden; für andere Wertpakete besteht kein Frankierungszwang. Tarif: Gewichtporto 5 P. für jede 500 g und je 50 km Entfernung, Versicherungsgebühr: für jede 100 D. bis zu 2500 D. 5 P. bis 100 km, 10 P. über 100 bis 250 km und 15 P. bei größeren Entfernungen, bei höherer Wertangabe für jede 200 D. über 2500 D. hinaus 5, 10 und 15 P. Für die Gewichtstaxe bestehen 10 Entfernungsstufen. Neben jenen Sätzen sind für die Begleitadresse oder den Begleitbrief 10 P. zu zahlen; übersteigt das Gewicht eines Begleitbriefes jedoch 20 g, so unterliegt der Brief der gewöhnlichen Brieftaxe.

Über jedes Paket wird dem Aufgeber unentgeltlich ein Einlieferungsschein erteilt. Rückscheine sind zulässig; Gebühr 40 P.

Die Nachsendung von Paketen ist nur statthaft, wenn ihr Wert die für die Nachsendung fällige Gebühr mindestens um das Fünffache übertrifft. Pakete ohne Wertangabe sind daher von der Nachsendung ausgeschlossen. Wird ein Paket unbestellbar, so wird es, wenn der Absender bekannt ist, an diesen gebührenpflichtig zurückgeschickt; andernfalls wird es bei der Postanstalt 3 Monate aufbewahrt. Hat ein während dieser Lagerzeit im Schaltervorflur angebrachter Aushang keinen Erfolg, so wird das Paket an die Polizeibehörde ausgeliefert, der es obliegt, das Paket zu verkaufen und den Absender zu ermitteln.

Für einen Laufzettel wird, wenn nicht die Rückscheingebühr bezahlt ist, eine Gebühr von 50 P. erhoben. Nachfragen sind nur innerhalb 3 Monate nach der Auflieferung zugelassen. Im Falle des Verlustes oder der Beschädigung eines Pakets ohne Wertangabe leistet die Postverwaltung Ersatz bis $1\frac{1}{2}$ D. für das kg. Für Pakete mit Wertangabe wird bei Bemessung des Schadenersatzes die Wertangabe zugrunde gelegt. Die Ersatzleistung bleibt jedoch ausgeschlossen bei gewöhnlichen Paketen, die Fleisch, Fische oder andere leichtverderbliche Sachen, ferner Glaswaren, feine Instrumente u. dgl. enthalten oder 1 m lang sind. Derartige Pakete können immer nur auf Gefahr des Absenders zur Postbeförderung angenommen werden.

Pakete mit und ohne Wertangabe können mit Nachnahme bis 500 D.

belastet werden. Den Nachnahmesendungen müssen je eine Begleitadresse und ein Nachnahmeschein, wozu amtliche Formulare unentgeltlich abgegeben werden, beigefügt sein. Der Nachnahmebetrag darf den Wert der Sendung nicht übersteigen. Über jede Nachnahmesendung wird dem Aufgeber ein Einlieferungsschein, dem ein Abschnitt des Nachnahmescheines beigefügt wird, unentgeltlich ausgehändigt. Bei Auszahlung des Nachnahmebetrages hat der Absender Einlieferungsschein und Abschnitt des Nachnahmescheines vorzulegen. Löst der Empfänger die Nachnahme nicht binnen 14 Tagen nach der Ankunft ein, so wird die Sendung an den Absender zurückgeschickt. Die Nachnahmesendungen können frankiert oder unfrankiert sein, doch ist die Nachnahmegebühr stets zugleich mit dem Porto zu entrichten. Außer dem Paketporto und u. U. der Versicherungsgebühr wird eine Nachnahmegebühr erhoben, die für Beträge bis 25 D. 25 P., über 25 bis 50 D. 50 P., über 50 bis 100 D. 60 P., über 100 bis 200 D. 70 P., über 200 bis 300 D. 80 P., über 300 bis 400 D. 90 P., über 400 bis 500 D. 1 D. beträgt.

D. Personenbeförderung.

Die Beförderung der Posten auf Landwegen wird im Wege der Verdingung auf je 5 Jahre an Privatunternehmer vergeben. Soweit zur Beförderung Fuhrwerk zu benutzen ist, ist es tunlichst zur Beförderung von Personen einzurichten. Die Reisenden haben für die Benutzung der Personenposten zu entrichten: 60 P. für jede 5 km bei gewöhnlichen zweirädrigen Postwagen, 1 D. bei gleichen Wagen im außerordentlichen Dienst, 80 P. bei Postkutschen im gewöhnlichen und außergewöhnlichen Dienst (Extrapost), doch müssen im letzteren Falle stets alle 4 Plätze eines Wagens bezahlt werden. Eine außergewöhnliche Beförderung kann wöchentlich nur einmal beansprucht werden. Kinder bis 4 Jahre fahren in Begleitung Erwachsener unentgeltlich, solche über 4 bis 10 Jahre zum halben Satz. Sehr kranke und betrunkene Personen, sowie Kinder unter 4 Jahren ohne Begleitung werden nicht befördert. Das aufkommende Personengeld fließt ungeteilt dem Fuhrunternehmer zu. Reisegepäck bis 15 kg wird unentgeltlich befördert, wenn es der Reisende unter eigener Obhut behält. Schwereres Gepäck muß ordnungsmäßig aufgeliefert werden, doch ist dies auch für leichteres Gepäck gestattet. Für aufgeliefertes Gepäck ist die gewöhnliche Pakettaxe zu entrichten; geht solches Gepäck verloren, so wird ein Ersatz von 50 P. für jedes kg geleistet.

---

18. Bulgarien.

(96345 qkm und 4035615 Einwohner.)

Die Verwaltung der bulgarischen Posten und Telegraphen bildet unter dem Namen „Post- und Telegraphendepartement“ eine besondere Abteilung des Ministeriums der öffentlichen Arbeiten und des Verkehrswesens. Die Postanstalten sind der Generaldirektion unmittelbar untergeordnet, Bezirksverwaltungen sind nicht eingerichtet. Die Postanstalten zerfallen in 8 Klassen, von denen die der ersten 7 Klassen sich an allen Dienstzweigen beteiligen, während die der 8. Klasse sich nur mit der Behandlung gewöhnlicher und eingeschriebener Briefsendungen, sowie z. T. mit dem Telegraphendienst, befassen. Alle Bahnstationen sind zugleich Postanstalten 6. Kl.

Das Postbeförderungsmonopol erstreckt sich auf gewöhnliche und eingeschriebene Briefe, auf Manuskripte, Zeitungen und Druckschriften jeder Art sowie auf Wertbriefe.

A. Briefpost.

Briefe nach dem Bestellbezirk der Aufgabepostanstalt (Ortsbriefe) unterliegen dem Frankierungszwang, andere können frankiert oder unfrankiert aufgeliefert werden. Gewicht und Umfang der Briefe sind unbeschränkt. Tarif: Ortsbriefe 5 Stotinki*) für jede 15 g, andere 10 St. für jede 15 g, unfrankiert und unzureichend frankiert das Doppelte des fehlenden Portos.

Von der Verwaltung sind Kartenbriefe ausgegeben, die zum Nennwert des Stempels (5 und 10 St.) verkauft werden. Einlagen dürfen in Kartenbriefe nicht gemacht werden.

Die Taxe für einfache Postkarten beträgt in allen Fällen 5 St., für Karten mit Antwort 10 St. Von der Privatindustrie hergestellte Postkarten sind von der Beförderung nicht ausgeschlossen, doch ist ihre Ausgabe von einer besonderen Genehmigung abhängig.

Die Postanstalten befassen sich mit der Annahme und Ausführung von Zeitungsbestellungen. An Zeitungsgebühr, die das für die Zeitungen fällige Porto nicht in sich schließt, werden 10% des Einkaufspreises in Ansatz gebracht. Daneben wird eine Beförderungsgebühr berechnet, die sich nach der Häufigkeit des Erscheinens und dem ungefähren Gewicht richtet und vom Verleger für die Bezugszeit bar im voraus zu entrichten ist; ferner wird eine Gebühr von 10 St. für die dem Abonnenten auszuhändigende Quittung erhoben. Die abonnierten Zeitungen werden durch Vermittelung der Postanstalt am Verlagsort der Absatzpostanstalt übersandt, die für Zustellung der einzelnen Nummern an die Abonnenten Sorge trägt.

Andere als durch die Post bezogene Zeitungen und Zeitschriften müssen frankiert sein. Das Meistgewicht der Zeitungspakete ist auf 3 kg festgesetzt; ein Zeitungspaket darf in keiner Richtung 45 cm überschreiten. Tarif: für Zeitungen für jedes Exemplar 1 St. für jede 50 g, für Zeitschriften 1 St. für jede 100 g, für Zeitungen, die in Paketen mit einer für den ganzen Inhalt gemeinsamen Adresse versandt werden, 3 St. für die ersten 100 g und 2 St. für jede weiteren 100 g ohne Rücksicht auf die Zahl der in dem Paket enthaltenen Exemplare. Für die ordentlichen Beilagen wird eine besondere Taxe nicht berechnet; außergewöhnliche Beilagen unterliegen der Drucksachentaxe.

Andere Drucksachen als Zeitungen müssen wenigstens teilweise frankiert sein. Auch für diese ist ein Meistgewicht von 3 kg und eine Ausdehnungsgrenze von 45 cm in jeder Richtung festgesetzt. Tarif: 5 St. für jede 100 g, unzureichend frankiert das Doppelte des fehlenden Portos. Außer dem Namen des Absenders und dem Tage der Absendung dürfen die Drucksachen keinerlei handschriftliche Bemerkungen enthalten. Drucksachen, die den Bestimmungen nicht entsprechen oder unfrankiert sind, werden nicht abgesandt.

Geschäftspapiere müssen wenigstens teilweise frankiert sein, dürfen in

---

*) 1 Lewa (L.) zu 100 Stotinki (St.) = 81 Pf.

keiner Ausdehnung 45 cm überschreiten und nicht schwerer als 3 kg sein. Tarif: 5 St. für jede 50 g, ungenügend frankiert das Doppelte des fehlenden Frankos.

Warenproben unterliegen dem Frankierungszwang, sind bis 500 g zulässig und dürfen in keiner Ausdehnung 25 cm überschreiten. Tarif: 5 St. für jede 50 g. Die Warenproben müssen unter Band oder in Säckchen versandt werden; an schriftlichen Bemerkungen sind nur der Name des Absenders und die Angabe des Absendungstages gestattet. Warenproben, die den Bestimmungen nicht entsprechen, werden wie Briefe behandelt und taxiert.

Briefsendungen jeder Art können eingeschrieben befördert werden; sie müssen frankiert sein. Besondere Vorschriften für Verpackung und Verschluß bestehen nicht. Einschreibgebühr 15 St. Papiergeld und Wertpapiere können in Einschreibbriefen versandt werden; dagegen dürfen diese gemünztes Geld nicht enthalten. Dem Aufgeber wird unentgeltlich ein Einlieferungsschein erteilt. Rückscheine sind zulässig; Gebühr 15 St. Im Falle des Verlustes einer Einschreibsendung wird dem Absender ein Schadenersatz von 50 L. gezahlt.

Eingeschriebene Briefe, Drucksachen und Geschäftspapiere können mit Nachnahme bis 500 L. belastet werden. Wegen Bedingungen und Tarif siehe unter „E. Pakete".

Für Nach- oder Rücksendung wird kein Porto in Ansatz gebracht. Postlagersendungen werden 6 Monate bei der Bestimmungspostanstalt aufbewahrt. Unbestellbare Briefe werden nach 2monatiger Lagerfrist nach dem Aufgabeort zurückgesandt, wo sie, wenn der Absender nicht bekannt ist; 2 Monate ausgestellt bleiben. Melden sich die Absender während dieser Frist nicht, so werden die Sendungen an die Generaldirektion eingesandt. Diese veröffentlicht die Aufschriften der Briefe und vernichtet die unabgefordert gebliebenen Sendungen nach Ablauf weiterer 6 Monate; für Drucksachen und Warenproben ist diese Frist auf 1 Jahr erweitert. Werden unbestellbare Briefe nachträglich abgefordert, so ist eine Gebühr von dem doppelten Betrage des Portos zu zahlen.

Briefsendungen jeder Art werden den Empfängern gebührenfrei in die Wohnung bestellt. Wünscht jemand seine Sendungen auf der Post abzuholen, so wird ihm gegen eine Jahresmiete von 20 L. ein Fach des Ausgabespindes eingeräumt. Ein Eilbestelldienst ist nicht eingerichtet.

Zur Erleichterung des Ausweises bei Abholung von Einschreibsendungen, Wertbriefen usw. werden Ausweisbücher nach Art der für den internationalen Verkehr vorgesehenen gegen eine Gebühr von 50 St. ausgegeben.

Außer den Postbeamten können sich auch Privatpersonen am Verkauf der Postwertzeichen beteiligen; den einen wie den anderen zahlt die Postverwaltung eine Vergütung von 5% des Erlöses, den Privatverkäufern aber nur bei Bestellungen von mindestens 100 L. Das Porto auf unfrankierten und unzureichend frankierten Briefsendungen wird durch besondere Taxmarken (chiffres-taxes) verrechnet.

B. Wertbriefe.

In Wertbriefen dürfen Banknoten, Wertpapiere, Zinsscheine u. dgl., nicht aber Geldstücke, Gold- und Silbersachen, Edelsteine und andere Kostbarkeiten versandt werden. Für Gewicht und Umfang sind Grenzen nicht gezogen, dagegen ist der Meistbetrag der Wertangabe auf 10 000 L. beschränkt. Der angegebene

Wert muß dem wirklichen Werte des Inhalts entsprechen und in der Aufschrift in Buchstaben und Ziffern vermerkt werden. Die Briefe müssen in feste Umschläge verpackt und mit mindestens 5 Siegeln verschlossen sein. Eine in betrügerischer Absicht bewirkte zu hohe Wertangabe wird mit Gefängnis von 1 Woche bis 6 Monate und einer Geldstrafe von 20 bis 500 L. bestraft. Aber auch eine in betrügerischer Absicht bewirkte zu niedrige Wertangabe wird gerichtlich bestraft, und zwar mit 5 Tagen bis 1 Monat Gefängnis und einer Geldstrafe von 5 bis 500 L.

Den Fall höherer Gewalt ausgenommen, steht dem Absender oder, wenn dieser sich nicht meldet, dem Empfänger für den wirklich erlittenen Schaden bis zur Höhe der Wertangabe Anspruch auf Ersatz zu. Dieser Anspruch muß binnen 6 Monaten vom Tage der Auflieferung ab geltend gemacht werden. Hat der Empfänger die Sendung in Besitz genommen und Quittung geleistet, so erlischt damit die Verpflichtung der Postverwaltung zur Ersatzleistung. Dem Aufgeber wird gegen eine Gebühr von 10 St. ein Einlieferungsschein erteilt. Der Annahmebeamte darf sich bei Verpackung, Verschluß, Fertigung der Aufschrift oder Feststellung des Inhalts eines Wertbriefes nicht beteiligen.

Die Wertbriefe müssen von den Empfängern bei der Postanstalt gegen Quittung im Lagerbuch abgeholt werden Ist der Empfänger dem Ausgabebeamten nicht bekannt, so muß er sich durch Dokumente, durch Postausweisbuch oder durch 2 dem Beamten bekannte Zeugen ausweisen. Unbestellbare Wertbriefe werden nach dem Aufgabeorte zurückgesandt.

Wertbriefe müssen mit Postfreimarken frankiert werden; Tarif: Porto für einen gleichschweren Einschreibbrief, Versicherungsgebühr: 10 St. für jede 100 L. Rückscheine sind zulässig; Gebühr 15 St.

Wertbriefe können mit Nachnahme bis 500 L. belastet werden. Die nähere Angabe siehe unter „E. Pakete“.

Auch Wertkästchen können mit der Post versandt werden. Sie dürfen in keiner Ausdehnung 10 cm überschreiten; der Deckel muß 8 mm stark sein. Der Höchstbetrag der Wertangabe ist auf 10 000 L. festgesetzt; das Gewicht ist nicht beschränkt. Die Kästchen müssen umschnürt und versiegelt sein. Die Frankierung erfolgt durch Aufkleben von Postfreimarken auf das Kästchen. Tarif: Einschreibgebühr 15 St., Versicherungsgebühr: 1 % bis 100 L. und 1/2 % bei höheren Beträgen über die ersten 100 L. hinaus. Für den Einlieferungsschein ist eine Gebühr von 10 St. zu entrichten. Rückscheine sind zulässig; Gebühr 15 St. Im übrigen finden auf Wertkästchen die Vorschriften für Wertbriefe Anwendung.

C. Postanweisungen.

Zur Ausgabe von Postanweisungen sind sämtliche Postanstalten in Bulgarien ermächtigt, und zwar im allgemeinen bis 500 L. Befindet sich jedoch im Bestimmungsort eine Staatskasse oder ein Finanzbeamter, so sind Postanweisungen dahin bis 1000 L., und gibt es am Ort eine Zweigstelle der Nationalbank, so sind solche bis 20 000 L. zulässig. Tarif: 20 St. bis 20 L., 30 St. über 20 bis 50 L., 50 St. über 50 bis 100 L., 80 St. über 100 bis 200 L., 1 L. 10 St. über 200 bis 300 L., 1 L. 40 St. über 300 bis 400 L., 1 L. 70 St. über 400 bis 500 L. und 10 St. mehr für jede weiteren 100 L. Die Taxe ist im voraus zu entrichten und wird auf der Postanweisung in Freimarken verrechnet. Daneben wird für jede Anweisung über 10 L. und mehr eine Stempelgebühr von 15 St. erhoben.

Die Postanweisungen werden aus einem Register herausgelöst, ebenso die zugehörigen Einlieferungsscheine und Einzahlungsscheine; ein Stamm bleibt im Register zurück. Die Ausfertigung der Postanweisungen erfolgt durch den Annahmebeamten; die Übersendung an den Bestimmungsort erfolgt postseitig. Die Bestimmungspostanstalt benachrichtigt den Empfänger mit der Aufforderung, den Betrag bei der Zahlstelle abzuheben. Die Postanstalt sendet amtlich auch einen Einzahlungsschein an die Bestimmungspostanstalt. Diese ermächtigt die auszahlende Stelle, die am Ort befindliche Staatskasse usw., auf Grund des eingegangenen Einzahlungsscheines zur Auszahlung. Ein Indossament ist auf Postanweisungen nicht statthaft.

Die Postanweisungen verlieren ihre Gültigkeit nach 2 Monaten. Sind Postanweisungen innerhalb dieser Frist nicht ausgezahlt worden, so muß bei der Zentralbehörde eine Verlängerung der Frist um weitere 2 Monate beantragt werden; zu dem Antrag, für den eine Gebühr von 1 L. zu entrichten ist, ist ein Stempelbogen zu 50 St. zu verwenden. Das gleiche gilt für Nachsendungs- und Rückzahlungsverlangen, doch beträgt die Postgebühr in diesen Fällen nur 50 St. Postanweisungsbeträge, die 3 Jahre unabgehoben bleiben, verfallen der Staatskasse.

Telegraphische Postanweisungen sind bis 500 L. zulässig; Voraussetzung ist, daß sich am Bestimmungsort eine Telegraphenanstalt befindet. Außer der Postanweisungsgebühr ist die Gebühr für das Überweisungstelegramm zu entrichten, das der Annahmebeamte ausfertigt. Sogleich nach Ankunft des Überweisungstelegramms sendet die Bestimmungspostanstalt eine Zahlungsermächtigung an die zahlende Stelle und eine Benachrichtigung an den Empfänger.

D. Postaufträge.

Die Postanstalten befassen sich mit der Einziehung von Geldbeträgen auf Quittungen, Fakturen, Handelspapieren, Wechseln u. dgl. bis 500 L. Der Auftraggeber hat diese Papiere mit einem in doppelter Ausfertigung auszufüllenden Formular der Postanstalt vorzulegen; nachdem der Annahmebeamte die Eintragungen mit den Papieren verglichen hat, zieht er die Postauftragsgebühr, die für jedes Papier bis 25 L. 10 St., über 25 bis 50 L. 20 St., über 50 bis 100 L. 30 St. und über 100 L. für jede weiteren 100 L. 20 St. mehr, mindestens aber 30 St. beträgt, bar vom Aufgeber ein, vermerkt die erhobene Taxe auf jedem Papier und sendet Papiere und Auftragformulare in einem amtlichen Einschreibbriefe an die Bestimmungspostanstalt ab. Der Gesamtbetrag aller zu einem Auftrag gehörigen Papiere darf 500 L. nicht übersteigen. Papiere, die an einem bestimmten Tage fällig sind, müssen mindestens 10 Tage vor dem Fälligkeitstage der Post übergeben werden. Dem Aufgeber wird unentgeltlich ein Einlieferungsschein erteilt.

Die Papiere werden den Zahlungspflichtigen durch die Briefträger in der Wohnung vorgezeigt. Über Papiere, die an einem bestimmten Tage fällig sind, wird dem Empfänger sogleich nach der Ankunft eine Benachrichtigung mit Angabe des Betrages und des Fälligkeitstages zugestellt. Werden die Papiere nicht sogleich bei der Vorzeigung eingelöst, so lagern sie noch 5 Tage bei der Postanstalt zur Verfügung des Zahlungspflichtigen und werden dann n. U. mit einem Formular, das den Grund der Unbestellbarkeit der Papiere ergibt, an das Aufgabepostamt zurückgeschickt, das sie dem Aufgeber zurückgibt und mit ihm über die eingezogenen Beträge abrechnet. Die für nicht eingelöste Papiere entrichtete Gebühr wird nicht erstattet. Die eingezogenen Beträge werden der Aufgabepostanstalt mittels Postanweisung überwiesen. Die Nachsendung von Postauftragspapieren ist nicht gestattet; mit der Weitergabe der Papiere zur Protesterhebung befassen sich die Postanstalten nicht.

E. Pakete.

Pakete sind bis 50 kg zugelassen. Von der Beförderung ausgeschlossen sind Pakete, die in einer Ausdehnung 1 m überschreiten oder leichtentzündliche Stoffe und ätzende Flüssigkeiten, auch leichtzerbrechliche Sachen enthalten oder sonst geeignet sind, andere Sendungen zu beschädigen. Die Pakete dürfen offene oder verschlossene Briefe nicht enthalten. Wertangabe ist bis 50 000 L. zulässig.

Die Pakete müssen haltbar und den Inhalt sichernd verpackt sein. Sendungen mit barem Geld oder kostbaren Gegenständen sollen in Leder oder feste Leinwand eingeschlagen und mit ungeknotetem Bindfaden umschnürt sein; sie müssen mindestens 2 Siegel tragen, von denen eins die Enden des Bindfadens bedeckt und festhält. Außer den vom Absender angebrachten Siegeln legt auch die Aufgabepostanstalt noch eigene Siegel an. Die Pakete müssen in der Aufschrift außer Namen und Wohnort des Empfängers auch Namen und Wohnort des Absenders enthalten. Eine Begleitadresse wird den Sendungen nicht beigegeben; nur Paketen mit Wertangabe ist ein Begleitschein beizufügen, der einen Abdruck des zum Verschluß der Sendung benutzten Petschafts in Siegellack und mit schwarzer Farbe sowie die Unterschrift des Absenders tragen muß. Dieser Begleitschein wird dem Empfänger gleichzeitig mit dem Paket ausgehändigt. Die Pakete mit und ohne Wertangabe werden bei der Annahme in ein Register eingetragen, aus dem gegen eine Gebühr von 10 St. ein Einlieferungsschein für den Aufgeber herausgetrennt wird.

Im Falle des Verlustes oder der Beschädigung eines Pakets wird, den Fall höherer Gewalt ausgenommen, dem Absender Ersatz geleistet. Bei Wertpaketen wird dafür die Wertangabe zugrunde gelegt. Bei gewöhnlichen Paketen wird ein Ersatzbetrag bis 5 L. für jedes kg der Sendung, höchstens jedoch von 15 L. gezahlt.

Pakete, die nicht binnen 4 Monaten nach der Auflieferung den Empfängern oder Absendern haben zugestellt werden können, werden als unbestellbar angesehen; alle 4 Monate veröffentlicht die Zentralbehörde durch ein amtliches Blatt eine Liste der unanbringlich lagernden Pakete. Werden die Pakete auch innerhalb der nächsten 8 Monate nicht abgefordert, so werden sie geöffnet, ihr Inhalt wird veräußert; der Erlös wird in der Nationalbank hinterlegt und verfällt nach 8 Jahren dem Staat.

Tarif: gewöhnliche Pakete bis 5 kg 75 St., über 5 kg 40 St. für jedes kg. Für Wertpakete wird entweder ebenfalls dieses Gewichtporto oder ein Wertporto erhoben, das für jede 1000 L. 40 St., mindestens aber 1 L. beträgt; zur Erhebung gelangt die sich danach ergebende höhere Taxe. Bei Nach- und Rücksendungen wird die Taxe von neuem zum Ansatz gebracht.

Pakete mit und ohne Wertangabe können ebenso wie Einschreibbriefsendungen und Wertbriefe mit Nachnahme bis 1000 L. belastet werden. Die Nachnahmegebühr, die neben den übrigen für die Sendung fälligen Gebühren (einschl. einer

Einlieferungsscheingebühr von 10 St.) zu zahlen ist, beträgt 25 St. für jede 50 L. Die Sendungen werden bei der Auflieferung mit einem besonderen Nachnahmezettel beklebt, auf dem der Nachnahmebetrag zu vermerken ist. Sie sind am Postschalter einzulösen; dem Empfänger wird nur ein Benachrichtigungsschreiben zugestellt. Holt der Empfänger die Sendung nicht ab, so wird er nach 10 Tagen daran erinnert. Erfolgt auch dann die Einlösung nicht, so wird die Sendung nach dem Aufgabeort zurückgesandt. Die eingezahlten Nachnahmebeträge werden dem Aufgeber nach Abzug der Postanweisungsgebühr mit Postanweisung übersandt.

F. Postsparkassen.

Zum Postsparkassendienst sind nur bestimmte Postanstalten zugelassen. Jede Einzahlung muß mindestens 1 L. betragen; Guthaben sind bis 2000 L., für Wohlfahrtseinrichtungen bis 5000 L. zugelassen, höhere Guthaben sind zwar nicht ausgeschlossen, werden aber nicht verzinst. Bei der erstmaligen Einzahlung wird dem Sparer von der Postanstalt ein Sparbuch ausgefertigt, das bei allen weiteren Einzahlungen und bei Rückzahlungen vorzulegen ist. Doch können Einzahlungen und Rückzahlungen bei jeder beliebigen, zum Postsparkassendienst ermächtigten Postanstalt bewirkt werden. Bei der Ausfertigung des Sparbuches werden genaue Angaben über den Sparer (Name, Alter, Wohnung, Stand usw.) in eine Matrikel eingetragen; der Sparer hat unter den Augen des Beamten seine Unterschrift in das Sparbuch einzuschreiben. Jede Einzahlung wird durch Einkleben einer Sparmarke, auf die der Beamte den Sparbetrag zu vermerken hat, in das Sparbuch festgelegt; handschriftliche Quittungen im Buche ohne Sparmarke sind ungültig. Sparkarten sind nicht ausgegeben. Geht dem Sparer das Buch verloren, so kann es nach Ablauf von 1 Monat durch ein neues ersetzt werden; die Gebühr hierfür von 1 L. ist auf dem Antragschreiben in Freimarken zu verrechnen.

Rückzahlungen bis 50 L. können jederzeit bewirkt werden; bei höheren Beträgen ist eine Kündigungsfrist zu beobachten, und zwar bis 100 L. von 10 Tagen, über 100 bis 200 L. von 20 Tagen, über 200 bis 500 L. von 30 Tagen, über 500 bis 1000 L. von 45 Tagen, über 1000 L. von 60 Tagen, doch braucht die Verwaltung diese Fristen nicht einzuhalten. Rückzahlungen können nur in Fristen von mindestens je 5 Tagen erfolgen. Rückzahlungen mittels Postanweisung sind nicht zugelassen. Auf Verlangen beschafft die Verwaltung für die Guthaben Staatsschuldscheine auf Kosten der Sparer.

Der Zinsfuß ist gesetzlich festgelegt und beträgt z. B. 4%. Die Verzinsung der Einlagen beginnt nach 10 Tagen, die der Rückzahlung erlischt mit dem Tage vor der Auszahlung. Die Zinsen werden am Jahresschluß den Guthaben zugeschrieben. Jeder Einleger hat sein Sparbuch jährlich bis zum 1. April der Postanstalt seines Wohnorts zur Eintragung der Zinsen vorzulegen; unterbleibt dies, so geht er der Zinsen verlustig. Für jeden Sparer wird bei der Generaldirektion ein Konto in einfacher Ausfertigung geführt. Wird innerhalb 15 Jahre auf ein Sparbuch weder eine Einzahlung noch eine Auszahlung oder eine Zinseneintragung bewirkt, so verfällt das Guthaben dem Staat.

Die mit dem Postsparkassendienst betrauten Beamten beziehen für die Sparkassengeschäfte keine besondere Vergütung.

19. Griechenland.

(64679 qkm und 2631952 Einwohner.)

Die General-, Post- und Telegraphendirektion in Athen bildet eine Abteilung des Ministeriums des Innern. An ihrer Spitze steht ein „Generaldirektor". Die Generaldirektion zerfällt in 3 Abteilungen oder Sektionen, eine für Post, eine für Telegraphie, die dritte ist die technische Sektion. Jede Sektion wird von einem „Sektionschef" geleitet; der älteste ist zugleich Vertreter des Generaldirektors. Die Sektionen bestehen wieder aus Bureaus, und zwar zählt die Postsektion deren 4, für Beförderungsdienst und internationalen Verkehr, für Nachforschungen nach Einschreibbriefen und Rückbriefe, für Postanweisungen und für Postpakete. Die Vorsteher der Bureaus sind „Dienstchefs". Drei Bureaus: die Kanzlei und Registratur, das Rechnungsbureau und das Bureau für Statistik und Veröffentlichungen sind für die 3 Abteilungen gemeinsam; ihre Vorsteher sind „Sekretäre". Das übrige Personal der Bureaus besteht aus „Kommis" und „Hilfssekretären". Für Revisionszwecke besteht bei der Generaldirektion ein „Inspektorat" für die drei vereinigten Dienste (Post, Telegraphie, Fernsprechwesen), daneben gibt es noch 2 besondere „Postinspektionen", 3 „Telegrapheninspektionen" und 2 „Fernsprechinspektionen". Zur Entscheidung über wichtigere Verwaltungsfragen, so über Ernennung, Beförderung und Entlassung der Beamten, Verhängung von Geldstrafen von mehr als 50 Drachmen*), Lieferungen im Werte von mehr als 200 D., Änderungen der Postordnungen, Abschließung von Verträgen, Aufstellung des Budgetentwurfs, Umwandlung von Postanstalten usw. tritt von Zeit zu Zeit unter dem Vorsitze des Generaldirektors ein „Verwaltungsrat" zusammen, der aus den Sektionschefs, den Dienstchefs, dem Telegraphendirektor und dem Direktor des Hauptpostamts in Athen und dem ersten Inspektor besteht.

Der Generaldirektion unterstehen 9 „Provinzialdirektionen", die in Athen, Larissa, Missolonghi, Zante, Patras, Tripolitza, Calamate, Nauplia und Syra ihren Sitz haben und denen die Postanstalten der einzelnen Provinzen, jedoch nur hinsichtlich des Telegraphen- und Fernsprechdienstes untergeordnet sind. Für den Postbetrieb unterstehen die Postanstalten der Generaldirektion unmittelbar. Die Postanstalten zerfallen je nach ihrer Bedeutung in 4 Klassen. In Athen, Piräus, Volo, Syra, Patras und Korfu bestehen besondere Postämter, die mit Telegraphenanstalten nicht vereinigt sind; das Postamt in Athen führt die Bezeichnung „Zentralpostamt". Alle übrigen Postanstalten sind mit Telegraphenbetrieb ausgestattet. Die Vorsteher der Postanstalten 4. Kl. sind nicht Berufsbeamte, sondern besorgen die Dienstgeschäfte im Nebenamt, während sie im Hauptberuf Eisenbahn- oder andere Beamte oder Geschäftsleute u. dgl. sind. Für die Strecke Piräus-Athen-Patras besteht ein besonderes „Bahnpostamt". Die Mehrzahl der kleineren Postanstalten ist nur im Sommer geöffnet, weil bei Eintritt des schlechten Wetters im Winter die Bergströme austreten und die Niederungen überfluten, so daß viele Orte im Inneren des Landes vollständig von der Außenwelt abgeschnitten werden und einen regelmäßigen Verkehr nicht aufrecht zu erhalten vermögen.

---

*) 1 Drachme (D.) zu 100 Lepta (L.) = 81 Pf.

In den Orten ohne Postanstalt sind Briefkasten (Grammatokiwótia) angebracht, deren Inhalt von den Landbriefträgern und Gemeindeboten zu bestimmten Zeiten — je nach der Bedeutung der Orte zwei-, vier- oder sechsmal in der Woche — entnommen und den Bestellpostanstalten zugeführt wird.

Die Postverbindungen im Inneren des Landes werden teils durch die Eisenbahnen, teils durch Fahrposten, Reitposten und von der Postverwaltung eingestellte Fußboten hergestellt. Außerdem kommt noch eine große Anzahl besonderer Boten zur Verwendung, die zur Beförderung der Postsendungen zwischen den Orten mit Postanstalt und den Gemeinde-Hauptorten angenommen sind und auf Kosten der Gemeinden unterhalten werden. Der Verkehr der Postanstalten untereinander findet wöchentlich mindestens zweimal und höchstens sechsmal, die Bestellung der Sendungen seitens der Postanstalten nach ihren Bestellbezirken in der Regel wöchentlich zweimal statt.

Der Postverkehr zwischen dem Festlande und den Inseln, sowie der Inseln untereinander wird durch zahlreiche Dampfschiffe, und zwar täglich, vermittelt. Ein Teil der Dampfschiffe ist Eigentum der Regierung und steht für die Besorgung des Seepostdienstes ausschließlich zur Verfügung der griechischen Postverwaltung, ein anderer Teil gehört nationalgriechischen Schiffahrts-Gesellschaften, die zur Ausführung von Seepostfahrten vertragsmäßig verpflichtet sind.

Die griechische Postverwaltung hat das Monopol der Beförderung von verschlossenen Briefen, von Zeitungen, Druckschriften, Postkarten, Zirkularen, Preislisten und ähnlichen Benachrichtigungen, die unter der Aufschrift bestimmter Empfänger versandt werden, ferner von Warenproben, Geschäftspapieren und Paketen, soweit sie zur Postbeförderung zugelassen sind. Ausgenommen sind nur Gegenstände dieser Art, die man durch eigene Bedienstete abtragen läßt, von Verlegern und Zeitungshändlern versandte Zeitungen, Ortsdrucksachen mit Annoncen usw., mit den Eisenbahnen oder Schiffen beförderte Pakete und die von diesen Unternehmungen im eigenen Interesse mit eigenem Personal beförderten Schriftstücke. Finden sich Briefe, selbst wenn sie mit Postmarken frankiert sind, bei einem Privatbeförderer vor, so werden sie beschlagnahmt und nur gegen Zahlung des doppelten Briefportos ausgeliefert.

A. Briefpost.

Gewöhnliche Briefe (grámmata) sind bis 250 g zulässig. Ihr Umfang ist nicht beschränkt. Sie müssen stets frankiert sein. Tarif: 20 L. bis 15 g, 30 L. über 15 bis 30 g, 60 L. über 30 bis 100 g, über 100 g 10 L. mehr für jede 20 g; Stadtbriefe: 10 L. bis 15 g, 20 L. über 15 bis 30 g, über 30 g 5 L. für jede weiteren 20 g; unzureichend frankiert das fehlende Porto. Unfrankierte Briefe werden dem Absender gegen eine Benachrichtigungsgebühr von 10 L. zur Frankierung zurückgegeben. Athen und Piräus bilden für die Taxen einen gemeinsamen Ortsbezirk.

Kartenbriefe (bracheîai epistolaì) sind zu 10 L. ohne Aufschlag bei den Postanstalten käuflich. Einlagen dürfen ihnen nicht beigeschlossen werden.

Als Postkarten (epistolika deltária) sind nicht nur die von der Postverwaltung ausgegebenen Postkarten mit eingedrucktem Wertstempel, sondern auch die von der Privatindustrie hergestellten Karten zulässig. Tarif: im Ortsverkehr 5 L. die einfache, 10 L. die Karte mit Antwort; im Fernverkehr 10 L. die einsache, 20 L. die Karte mit Antwort. Die Postverwaltung hat auch Postkarten mit Ansicht herausgegeben, die außer dem Frankostempel noch einen zweiten Wertstempel von 10 L. (für die Herstellungskosten) tragen.

Mit dem Zeitungsvertrieb befassen sich die Postanstalten nicht.

Zeitungen und Zeitschriften (ephimerìdes kaì periodikà syggrámmata) müssen frankiert sein. Das Höchstgewicht eines Zeitungspakets ist auf 1 kg festgesetzt; für die Ausdehnungen sind Grenzen nicht gezogen. Tarif: für Zeitungen unter Band 1 L. für jede 50 g, für Zeitungen, welche die Verleger in Paketen versenden, 1 L. für jede 100 g. Vorbedingung ist jedoch, daß die Zeitungen und Zeitschriften in regelmäßigen Fristen, mindestens aber alle 3 Monate einmal erscheinen; andernfalls unterliegen sie der Taxe für Drucksachen. Unzureichend frankierte oder unfrankierte Zeitungen gelangen nicht zur Absendung. Die Zeitungsbeilagen werden als Teile der Zeitungen angesehen und ebenso wie diese taxiert; werden sie für sich allein versandt, so unterliegen sie der Drucksachentaxe. Schriftliche Zusätze jeder Art, mit Ausnahme der Adresse des Absenders, sind untersagt.

Andere Drucksachen (entypa) als Zeitungen sind ebenfalls bis 1 kg zugelassen und dem Frankierungszwang unterworfen. Tarif: aus einem einfachen Blatt bestehende Drucksachen 1 L. für jede 50 g, Hefte und Bücher 2 L. für jede 50 g; unfrankierte und unzureichend frankierte Drucksachen gelangen nicht zur Absendung. Auf Drucksachen können handschriftlich Name des Absenders, Absendungstag und Aufgabeort angegeben, Widmungen eingetragen und Stellen, auf welche die Aufmerksamkeit des Lesers gelenkt werden soll, angestrichen werden. Die Drucksachen müssen so verpackt sein, daß ihr Inhalt leicht geprüft werden kann; die Rollenform ist hierbei nicht ausgeschlossen. Offene Sendungen mit nur einer Visitenkarte ohne jeden schriftlichen Zusatz oder nur mit den Anfangsbuchstaben von Höflichkeitsformen unterliegen einer Taxe von 3 L. im Fernverkehr und von 2 L. im Stadtverkehr.

Geschäftspapiere (dikaiógrapha kaì dikógrapha) sind bis 1 kg zugelassen; sie dürfen 45 cm in der Länge nicht überschreiten. Sie unterliegen dem Frankierungszwang, unfrankierte und unzureichend frankierte sind von der Beförderung ausgeschlossen. Tarif: 5 L. für jede 50 g.

Warenproben (deìgmata emporevmáton) müssen ebenfalls vollständig frankiert sein. Das Meistgewicht ist auf 100 g beschränkt; in den Ausdehnungen dürfen sie 30 zu 20 zu 10 cm nicht überschreiten. Tarif: 5 L. für jede 50 g. An schriftlichen Zusätzen dürfen Warenproben nur tragen: Name und Wohnort des Absenders und des Empfängers, Fabrik- oder Handelszeichen, Nummer und Preis der Ware. Flüssigkeiten und fette Stoffe sind zugelassen; die Verpackung muß den für den Weltpostverkehr gegebenen Vorschriften entsprechen. Warenproben, die einen Kaufwert haben, werden als Pakete behandelt und taxiert; solche, die sonst den Vorschriften nicht entsprechen, werden nicht befördert.

Die Vereinigung von Zeitungen, Drucksachen, Warenproben und Geschäftspapieren zu einer Sendung ist unstatthaft.

Enthalten Drucksachen, Warenproben und Geschäftspapiere briefliche Mitteilungen, so wird vom Empfänger eine Geldbuße von 50 L. eingezogen; verweigert er die Zahlung, so werden die Sendungen mit Beschlag belegt.

Briefsendungen jeder Art können unter Einschreibung (apostolaì epì süstásei) versandt werden. Einschreibbriefe dürfen ebenso wie gewöhnliche

Briefe Wertpapiere und Geld nicht enthalten. Finden sich solche mit Geld vor, so wird die zehnfache Postanweisungsgebühr für das Geld eingezogen. Einschreibbriefe müssen stets mit mindestens 3 Siegeln verschlossen sein. Einschreibgebühr 20 L. Über jede Einschreibsendung wird dem Aufgeber, der sich bei der Auflieferung namhaft machen muß, ein Einlieferungsschein (apodeìxeis paralabis) unentgeltlich erteilt. Die Quittung kann auch in Einlieferungsbüchern erteilt werden, die zum Preise von 2 D. bei den Postanstalten käuflich sind. Rückscheine (eidopoiìseis paradóseos) können sowohl bei der Einlieferung der Einschreibsendungen zur Post, als auch nachträglich verlangt werden; Gebühr 20 L. Den Fall höherer Gewalt ausgenommen, leistet die Postverwaltung bei Verlust einer Einschreibsendung dem Absender Ersatz in Höhe von 25 D. Für Einschreibbriefe, die Geld enthalten, wird kein Ersatz geleistet. Anträge auf Ersatzleistung sind mittels Formulars, auf dem 30 L. in Freimarken zu verrechnen sind, spätestens 3 Monate nach der Einlieferung der Sendung an die Generaldirektion einzureichen.

Um den Empfängern von Einschreibsendungen, Postanweisungen und Paketen den Ausweis über ihre Person zu erleichtern, werden von einer Anzahl größerer Postanstalten Ausweisbücher zum Preise von 50 L. ausgegeben.

Nach- oder Rücksendung von Briefsendungen erfolgt ohne Nachtaxe. Postlagersendungen werden 3 Monate zur Verfügung des Empfängers bei den Postanstalten bereit gehalten. Unbestellbare Briefe werden an die Generaldirektion eingesandt; enthalten sie keine Wertgegenstände, so werden sie nach 3 Monaten vernichtet.

Die Briefsendungen werden den Empfängern stets in die Wohnung bestellt, und zwar in Orten, wo postseitig besoldete Briefträger beschäftigt sind, gebührenfrei. Zeitungen werden stets vor den Briefen usw. abgetragen. Wünscht jemand seine Sendungen auf der Post abzuholen, so wird diesem Verlangen ohne Zahlung einer Gebühr entsprochen. In Athen sind auch Schließfächer eingerichtet, die gegen eine Gebühr von 36 D. jährlich für ein kleines und von 60 D. für ein großes Fach vermietet werden. In den Postorten mit Bestelleinrichtung besteht auch ein Eilbestelldienst; das Eilbestellgeld von 20 L. für jede Sendung muß vom Absender im voraus in Freimarken entrichtet werden.

Außer den Postbeamten beteiligen sich auch die Geschäftsleute, insbesondere die Apotheker, an deren Häusern Briefkasten angebracht sind, sowie in Orten ohne Postanstalt die Ortsvorsteher am Vertrieb der Postwertzeichen. Diese Privatpersonen haben die Markenbestände mit einem Preisnachlaß von 2 % von den Postanstalten, diese wiederum mit einem Preisnachlaß von 5 %, aus dem jedoch der den Privatverkäufern zustehende Preisnachlaß zu decken ist, von den Kassierern der Staatskassen zu beziehen. Außer den Postfreimarken (grammatósima), Kartenbriefen und Postkarten mit und ohne Ansicht sind auch gestempelte Streifbänder zu 1, 2 und 5 L. ausgegeben, die mit einem Aufschlag von 1 L. das Stück verkauft werden.

Die Verrechnung des vom Empfänger einzuziehenden Nachtaxportos für unzureichend frankierte Briefe erfolgt durch Aufkleben von besonderen Taxmarken (Enárithma grammatósima).

B. Postanweisungen.

Am Postanweisungsdienst nehmen nur die Staatspostanstalten (nicht auch die Landpostanstalten) teil. Der Höchstbetrag einer Postanweisung ist für die großen Ämter auf 1000 D., für die übrigen auf 500 D. festgesetzt. Tarif: bis 50 D. 30 L., über 50 bis 100 D. 50 L., über 100 bis 200 D. 1 D. und für jede weiteren 100 D. 30 L. mehr. Von demselben Absender dürfen an dem gleichen Tage für denselben Gläubiger nicht mehr als 2 Postanweisungen aufgeliefert werden. Nur die von der Postverwaltung ausgegebenen Formulare dürfen verwendet werden. Sie sind gestempelt und ungestempelt käuflich. Die gestempelten, von denen es, den Taxstufen entsprechend, 11 Sorten gibt, werden zum Nennwert des Stempels, ungestempelte zu 3 L. das Stück abgegeben. Der Abschnitt der Formulare kann zu schriftlichen Mitteilungen, die sich auf das zu übersendende Geld beziehen, verwendet werden.

Die Postanweisungen werden auf den Namen eines bestimmten Empfängers ausgefertigt; die Übertragung auf dritte Personen (Indossierung) ist nicht statthaft. Über jede Postanweisung wird ein Einlieferungsschein unentgeltlich erteilt. In der Regel sind die Postanweisungen nur bei der Postanstalt zahlbar, die auf der Postanweisung genannt ist; nur bei Postanweisungen an Soldaten, die ihren Garnison- oder Standort gewechselt haben, ist bis 5 D. eine Nachsendung ohne vorherige Einholung der Genehmigung der Generaldirektion gestattet. Die Postanweisungen verlieren ihre Gültigkeit mit Ablauf des zweiten Monats nach dem Einzahlungsmonat; diese Verfallfrist kann nur durch ein Visum der Generaldirektion gegen eine Gebühr von 20 L. verlängert werden. Rückscheine sind zulässig; Gebühr 20 L.

In großen Orten erfolgt die Bestellung der Postanweisungen mit dem Geldbetrag gegen eine Bestellgebühr von 20 L. in die Wohnung der Empfänger. In den anderen Orten wird nur eine Benachrichtigung abgetragen; das Geld ist bei der Postanstalt abzuheben. — Unbestellbare Postanweisungen verfallen nach 5 Jahren der Staatskasse.

C. Pakete.

Pakete sind bis 5 kg zulässig. Sie sollen in keiner Ausdehnung 60 cm und im Umfang nicht 20 cbdm übersteigen; nur solche mit Schirmen, Stöcken, Plänen und Karten dürfen bis 1 m lang sein bei einem Durchmesser von höchstens 20 cm. Von der Beförderung in Postpaketen sind ausgeschlossen: Briefe, lebende Tiere (ausgenommen Bienen und Blutegel), leichtentzündliche oder sonst gefährliche Sachen und Waffen, ferner Geld, Gold- und Silbersachen und sonstige Kostbarkeiten, sowie schriftliche Mitteilungen. Enthalten die Postpakete Gegenstände, die dem Staatsmonopol unterliegen (wie Tabak, ungestempelte Spielkarten), so sind vor der Auflieferung bestimmte Zollförmlichkeiten zu erfüllen. Fleisch, Wild, Fische usw. können nur in dringenden Paketen versandt werden.

Die Pakete müssen haltbar verpackt und versiegelt sein und eine deutliche genaue Aufschrift tragen. Für Pakete bis 2 kg von geringem Wert genügt für kurze Beförderungsstrecken einfaches Papier. Jedem Paket muß eine Begleitadresse beigegeben sein, zu der die Postverwaltung die Formulare zu 4 L. das Stück verkauft; doch sind auch gestempelte Paketadressen ausgegeben, die zum Nennwerte des Stempels (50 L., 1, 1½ und 2 D.) ohne Aufschlag verabreicht werden. Auf der Begleitadresse hat der Absender den Empfänger zu bezeichnen und Gewicht und Inhalt des Pakets anzugeben. Über jedes Postpaket wird dem Aufgeber unentgeltlich ein Einlieferungsschein erteilt.

Tarif: bis 2 kg 50 L., über 2 bis 3 kg 1 D., über 3 bis 4 kg 1 D. 50 L., über 4 bis 5 kg 2 D., Ortspakete allgemein 50 L. Pakete bis 2 kg, die in einer Ausdehnung 25 cm überschreiten, unterliegen einer Zuschlagtaxe von 50 L. Die Taxe muß stets im voraus entrichtet werden. Rückscheine sind zulässig; Gebühr 20 L.

Die Beförderung der Postpakete erfolgt mit Schiff, Eisenbahn, Fahr- oder Reitpost. Am Bestimmungsort wird dem Empfänger ein Benachrichtigungszettel über die erfolgte Ankunft eines Postpakets zugestellt; letzteres muß sodann gegen Quittung bei der Postanstalt abgeholt werden. Erfolgt die Abholung nicht binnen 5 Tagen, so ist für das Paket ein Lagergeld von 10 L. für den Tag, höchstens jedoch für 30 Tage zu entrichten. In den größeren Orten werden die Pakete den Empfängern gegen ein Bestellgeld von 25 L. in die Wohnung bestellt. Im Falle der Nachsendung eines Postpakets ist eine Taxe von 50 L. zu entrichten. Verweigert der Empfänger die Annahme eines Postpakets, so wird der Absender alsbald hiervon verständigt. Wird ein Paket nicht binnen 15 Tagen nach Zustellung des Benachrichtigungszettels abgeholt, so wird dem Empfänger ein zweiter Zettel übersandt. Bleibt es auch die nächsten 15 Tage unabgefordert, so wird es noch weitere 2 Monate verwahrt und dann an die Generaldirektion eingesandt. Nach dem ersten Monat kann nur noch der Absender über das Paket verfügen. Ist ein Paket unbestellbar, weil der Empfänger nicht bekannt ist, so bleibt das Paket zunächst 2 Monate lagern, nach deren Ablauf der Absender behufs Abgabe einer weiteren Verfügung, die binnen 15 Tagen zu erfolgen hat, benachrichtigt wird. Bleibt die Bestimmung des Absenders aus, so wird das Paket als unbestellbar behandelt und an die Generaldirektion eingesandt.

Die Postanstalten haben das Recht, Postpakete zur Prüfung ihres Inhalts zu öffnen. Finden sich in einem Paket von der Beförderung ausgeschlossene Gegenstände, so kann die Postverwaltung über den Absender eine Geldstrafe verhängen. Enthält ein Postpaket einen offenen oder verschlossenen Brief, so wird eine Strafe von 50 L. festgesetzt; daneben ist das doppelte Briefporto zu zahlen.

Soweit die Beförderung eines Pakets lediglich mit Schiff, Eisenbahn oder Fuhrwerk zu erfolgen hat, kann es als **dringendes Paket** behandelt werden. Solche Pakete werden stets mit der ersten sich bietenden Gelegenheit abgesandt; sie werden mittels Stempels als „dringend“ gekennzeichnet und in besonderen Körben oder Säcken befördert. Am Bestimmungsort werden sie sogleich nach der Ankunft durch die Briefträger bestellt. Für dringende Pakete ist außer dem gewöhnlichen Paketporto eine besondere Gebühr von 50 L. im voraus zu entrichten.

Wertangabe und **Nachnahme** sind auf Paketen **nicht** zugelassen.

Den Fall höherer Gewalt ausgenommen, zahlt die Postverwaltung für ein in Verlust geratenes oder beschädigtes Postpaket einen Ersatzbetrag bis 15 D. Für verzögerte Beförderung übernimmt die Postverwaltung keinerlei Verantwortlichkeit. Die Ersatzansprüche müssen binnen 6 Monaten geltend gemacht werden.

Ein **Wertbrief**-, ein **Postauftrags**- und ein **Postsparkassendienst** sind in Griechenland noch **nicht** eingerichtet.

20. Türkei.

(2987568 qkm und 24082324 Einwohner.)

In der Türkei sind Post und Telegraphie zu einer Verwaltung vereinigt, die von der „General-Post- und Telegraphendirektion“ geleitet wird. An der Spitze der Generaldirektion steht ein „Generaldirektor“. Ihm sind ein „Unterstaatssekretär“ (Müsteschar) und ein „Unter-Generaldirektor“ beigegeben. Ein „General-Administrator“ (Müdiri Umami) überwacht den gesamten Geschäftsbetrieb. Unter seiner Leitung sind 3 „Direktoren“ (Basch Müdir) tätig, einer für den Postbetriebsdienst, einer für den Postanweisungsdienst, der dritte für den Paketdienst. Die 3 Abteilungen zerfallen in mehrere Unterabteilungen. Für die 3 Abteilungen gemeinsam sind ein Bureau für das Rechnungswesen und für Rechtsfragen, ein Generalsekretariat für Post und Telegraphie, ein Inspektorat usw. Ein besonderer „Verwaltungsrat“, der nur zeitweilig zusammentritt, unterstützt den Generaldirektor bei seinen Entscheidungen über besonders wichtige Fragen.

Das Land ist in 22 Postbezirke eingeteilt, die im wesentlichen mit den Vilayets zusammenfallen; nur der Postbezirk Smyrna umfaßt die Provinzen Aidin und den Archipel, Bagdad die Provinzen Bagdad und Mossul, Beirut die Provinz Beirut, sowie Jerusalem und den Libanon, Diarbekir die Provinzen Diarbekir und Mamuret-ul-Aziz, Salonich die Provinzen Salonich, Monastir und Skutari (Albanien) und Wan die Provinzen Wan und Bitlis. Die anderen Bezirksdirektionen haben ihren Sitz in Adana, Adrianopel, Aleppo, Angora, Castamuni, Siwas, Mekka, Brussa, Konia, Üsküb, Janina, Damaskus, Trapezunt, Tripolis (Afrika), Erzerum und Sanaa. An der Spitze eines jeden Postbezirks steht ein „Hauptdirektor“, dem die Postanstalten (mensil) des Bezirks unterstellt sind.

Die Postanstalten in der Hauptstadt sowie in den Sandschaks Ismid und Tschataldscha stehen unter der unmittelbaren Leitung der Generaldirektion. Die Postanstalten zerfallen in 3 Klassen: solche, die an allen Dienstzweigen beteiligt sind, solche, die nur am Briefpost- und Postpaketdienst teilnehmen, und solche, die nur Postwertzeichen verkaufen.

Übrigens ist die Verwaltung seit Jahren in einer Reorganisation begriffen, an der sich auch ein höherer deutscher Postbeamter als Müawin (Berater) der Generaldirektion beteiligt.

In Konstantinopel sowie in einer Reihe anderer Orte der Türkei unterhalten Deutschland, Österreich, Frankreich, Italien, England und Rußland Postanstalten, die jedoch im allgemeinen nur einen internationalen Verkehr vermitteln.

Dem Staat ist gesetzlich das alleinige Recht (Monopol) der Beförderung von Briefen, Zeitungen, regelmäßig erscheinenden Zeitschriften und Paketen bis 2 kg vorbehalten.

A. Briefpost.

Die Taxe für Briefe (mektub) beträgt 1 Piaster*) für jede 15 g, für solche, die zwischen zwei Küstenorten ausgetauscht werden, 20 Pa. für jede 15 g; un-

*) 1 türk. Pfund oder lira (Pfd.) = 100 Piaster (Pst.); 1 Piaster = 40 Para (Pa.); 1 Pfund = 18 M. 44 Pf.; 1 Para also fast 1/2 Pf.

frankiert und unzureichend frankiert das Doppelte des fehlenden Portos. Wertpapiere, Banknoten, gemünztes Geld und Edelsteine dürfen nicht in Briefen (auch nicht in eingeschriebenen) versandt werden; solche Gegenstände sind vielmehr in Wertbriefen oder Paketen zu verschicken. Sollten Briefe mit derartigen Sachen ohne Vorwissen der Beamten durch die Briefkasten aufgeliefert worden sein, so wird etwaigen Nachfragen nach dem Verbleibe solcher Briefe keine Folge gegeben.

Postkarten sind von der Verwaltung zu 20 Pa. für die einfache, von 1 Pst. für die Karte mit Antwort ausgegeben. Von der Privatindustrie hergestellte Postkarten sind zur Beförderung zugelassen.

Drucksachen müssen unter Streifband frankiert aufgeliefert werden. Tarif: zwischen Küstenorten 10 Pa. für jede 75 g, nach und von Postorten des Innern 10 Pa. für jede 50 g. Das Höchstgewicht der Drucksachenpakete ist auf 2 kg festgesetzt. Die Päckchen müssen im übrigen so beschaffen sein, daß sie in die Postsäcke aufgenommen werden können und ihr Inhalt leicht geprüft werden kann.

Geschäftspapiere sind bis 2 kg zulässig. Sie müssen frankiert sein. Die Taxe ist die gleiche wie für Drucksachen.

Warenproben (kast) können bis 2 kg mit der Post versandt werden. Für Warenproben bis 250 g wird die Taxe für Drucksachen erhoben; für schwerere Warenproben sind für jede 50 g 20 Pa. zu entrichten. Für Warenproben besteht Frankierungszwang.

Briefsendungen jeder Art können unter Einschreibung (daudlu) versandt werden. Einschreibgebühr 1 Pst. Rückscheine sind zulässig; Gebühr 1 Pst. Dem Aufgeber wird ein Einlieferungsschein erteilt, der einer Stempelgebühr von 10 Pa. unterliegt. Wird ein Rückschein verlangt, so wird die Stempelmarke zur Hälfte auf den Einlieferungsschein, zur Hälfte auf den Rückschein, sonst ganz auf den Einlieferungsschein geklebt. Einschreibbriefe müssen mit mindestens 3 Siegeln verschlossen sein; solche von größerem Umfange müssen mit Bindfaden umschnürt und an 5 oder mehr Stellen gesiegelt sein. Es ist dem Annahmebeamten untersagt, von den Aufgebern die Angabe des Inhalts der Einschreibbriefe zu verlangen. Die Einschreibsendungen werden von dem annehmenden Beamten in Gegenwart des Aufgebers gewogen; das Gewicht wird auf die Siegelseite des Briefes niedergeschrieben. Das Aufkleben der Freimarken auf die Briefe erfolgt durch die Beamten gleichfalls in Gegenwart der Aufgeber. Die Einschreibsendungen werden in ein Annahmebuch eingetragen; diese Eintragung muß den Tag der Annahme und Absendung, die vollständige Aufschrift der Sendung, den Namen des Absenders, das Gewicht der Sendung und endlich die laufende Nummer ergeben, die auf die Siegelseite des Briefes neben den am oberen Rande an der Ecke anzubringenden Abdruck des Einschreibstempels übertragen wird. Der Einlieferungsschein wird aus dem Annahmebuche herausgetrennt. Geht eine Einschreibsendung verloren, so wird, den Fall höherer Gewalt ausgenommen, dem Absender oder dem Adressaten eine Entschädigung von 1 Pfd. gezahlt.

Nach- und Rücksendung erfolgt taxfrei. Postlagerbriefe werden 6 Monate zur Verfügung des Empfängers bereit gehalten. — Briefe, die wegen mangelhafter Aufschrift unbestellbar sind, werden während 3 Monate bei der Bestimmungspostanstalt in einem Glaskasten offen ausgestellt. Briefe, deren Annahme verweigert wird, gehen an die Aufgabepostanstalt zurück, die sie dem Absender aushändigt oder, wenn dieser nicht bekannt ist, ebenfalls öffentlich ausstellt. Nach

Ablauf von 3 Monaten werden die Briefe amtlich geöffnet. Ergibt sich auch hierbei kein Anhaltspunkt für die Ermittelung des Absenders, so werden die Sendungen verbrannt; darin vorgefundene Wechsel und Wertpapiere sind jedoch an die Kasse der Generaldirektion einzureichen, wo sie 15 Jahre lang aufbewahrt werden und dann der Staatskasse verfallen.

Die angekommenen Briefsendungen werden den Empfängern in der Regel gebührenfrei in die Wohnung bestellt, es sei denn, daß diese das Verlangen ausgesprochen haben, ihre Sendungen regelmäßig bei der Postanstalt abzuholen oder abholen zu lassen. Im letzteren Falle wird eine Fachgebühr von ½ bis 2 Pfd. jährlich erhoben.

Es steht jedermann frei, Sendungen zur Beförderung mit Tartarenestafette aufzuliefern. Die Gebühr beträgt für jede Wegstunde 25 Pst. Der Tartar ist gehalten, am Bestimmungsort auf Verlangen des Empfängers bis zu 3 Tagen auf Mitnahme der Antwort zu warten. Auch die Beförderung von Sendungen durch Eilboten (zu Fuß) ist zulässig und erfolgt unter ähnlichen Bedingungen wie die Beförderung von Estafettensendungen, doch beträgt die Taxe nur 10 Pst. für jede Wegstunde.

Der Vertrieb der Postwertzeichen (pul) ist den Postanstalten übertragen; doch können sich auch Privatpersonen damit befassen. Diese beziehen hierfür einen Rabatt von 2 bis 20%. Das Porto auf unfrankierten Briefen wird durch besondere Taxmarken verrechnet.

B. Wertbriefe.

In Wertbriefen können Wertpapiere jeder Art, nicht aber bares Geld, Gold- und Silbersachen u. dgl. versandt werden. Die Wertbriefe müssen mit mindestens 5 Siegeln verschlossen sein. Der Höchstbetrag der Wertangabe ist auf 500 Pfd. festgesetzt. Der Wert muß auf dem Briefe mit Ziffern und Buchstaben niedergeschrieben werden. Wertbriefe müssen frankiert sein. Außer Briefporto und Einschreibgebühr ist eine Versicherungsgebühr von 1 Pst. für jede 10 Pfd. zu entrichten; die Gesamttaxe wird in Freimarken auf der Sendung verrechnet. Ein Einlieferungsschein wird unentgeltlich erteilt. Ersatzansprüche sind binnen Jahresfrist geltend zu machen; im Falle des Verlustes, der Beschädigung oder der Beraubung leistet die Postverwaltung Ersatz nach Maßgabe der Wertangabe.

Ist ein Wertbrief unbestellbar, so wird eine Meldung an die Aufgabepostanstalt zwecks Benachrichtigung des Absenders abgelassen. Trifft dieser binnen 2 Monaten keine Verfügung, so wird der Wertbrief 3 Monate bei der Bestimmungspostanstalt ausgestellt und dann an die Generaldirektion eingesandt. Bleiben solche Briefe unabgefordert, so verfällt ihr Inhalt nach 15 Jahren der Staatskasse.

C. Postanweisungen.

Postanweisungen sind bis 20 Pfd. zulässig; doch können mehrere Postanweisungen von demselben Absender für den gleichen Empfänger eingezahlt werden. Zu den Postanweisungen ist ein amtliches Formular zu verwenden, das die Postanstalten unentgeltlich abgeben und das vom Absender oder auf dessen Wunsch vom Annahmebeamten auszufüllen ist. Der Einzahler erhält unentgeltlich einen Einlieferungsschein. Tarif: bis 1 Pfd. 20 Pa., über 1 bis

2 Pfd. 1 Pst., über 2 bis 3 Pfd. 1½ Pst., über 3 bis 4 Pfd. 2 Pst., über 4 bis 5 Pfd. 2½ Pst., bei höheren Beträgen für je 2 Pfd. (bis 19 Pfd.) 20 Pa. mehr, über 19 bis 20 Pfd. 6½ Pst. Auszahlungsscheine sind zulässig; die Gebühr von 1 Pst. ist in Freimarken auf der Postanweisung zu verrechnen.

Die Postanweisungen werden den Empfängern in die Wohnung bestellt, jedoch ohne den Betrag. Diesen hat der Empfänger, der sich als solcher gehörig auszuweisen hat, bei der Postanstalt abzuheben. Geht dem Empfänger eine Postanweisung verloren, so kann der Betrag auf Grund einer Zahlungsanweisung, welche die Generaldirektion unentgeltlich erteilt, ausgezahlt werden. Im übrigen verlieren Postanweisungen 2 Monate nach dem Auszahlungsmonat ihre Gültigkeit, doch kann diese Frist von der Generaldirektion um weitere 2 Monate verlängert werden. Erfolgt die Abhebung der Beträge in dieser Frist nicht, so werden sie dem Absender zurückgezahlt; bleiben sie 2 Jahre lang unanbringlich, so verfallen sie der Staatskasse.

D. Pakete.

Pakete sind im allgemeinen nur bis 5 kg zugelassen; doch können Pakete mit Bargeld, Gold- und Silberbarren und anderen Edelmetallen bis 10 kg wiegen. Pakete, die ausschließlich mit der Eisenbahn oder mit Schiff zu befördern sind, können in jeder Ausdehnung bis 60 cm, wenn sie Schirme, Stöcke, Pläne, Karten u. dgl. enthalten, 1 m zu 20 cm messen, andere Pakete dürfen die Maße von 40 zu 30 zu 20 cm nicht überschreiten. Wertangabe ist bis 500 Pfd. zugelassen. Wertpakete müssen mit Siegeln verschlossen sein, neben denen die Aufgabepostanstalt noch amtliche Siegel anbringt. Offene oder verschlossene Briefe, Zeitungen und Zeitschriften dürfen in den Paketen nicht enthalten sein.

Jedem Paket muß eine Begleitadresse beigegeben sein; Formulare dazu geben die Postanstalten unentgeltlich ab. Der Abschnitt kann zu schriftlichen, den Inhalt des Pakets betreffenden Mitteilungen benutzt werden. Bis zu 3 an denselben Empfänger gerichtete Pakete können zu einer gemeinsamen Begleitadresse gehören. Die Pakete werden von den Postanstalten in ein Annahmebuch eingetragen, aus dem ein Einlieferungsschein herausgetrennt wird. Dieser ist unentgeltlich. Rückscheine sind zulässig; Gebühr 1 Pst.

Sogleich nach der Ankunft wird dem Empfänger ein Benachrichtigungsschreiben kostenfrei zugestellt; die Pakete selbst sind gegen Quittung auf der Begleitadresse bei der Postanstalt abzuholen. Erfolgt die Abholung nicht binnen 10 Tagen, so kommt ein Lagergeld von 1 Pst. für die Woche in Ansatz.

Tarif: Das Porto berechnet sich nach Gewicht und Entfernung. Es bestehen besondere Tarife, je nachdem die Pakete ausschließlich mit Eisenbahnen oder Schiffen oder auch mit Landposten zu befördern sind. Für die ersteren bestehen 3 Zonen: die 1. Zone bildet jedes einzelne Meer oder jede Eisenbahnlinie, Marmarameer und Schwarzes Meer sowie Marmarameer und Mittelländisches Meer werden dabei zusammen als je ein Meer angesehen; die 2. Zone bilden zwei Meere oder zwei Eisenbahnlinien oder ein Meer und eine Eisenbahnlinie, die 3. Zone die übrigen Entfernungen. Das Porto beträgt für diese Art Pakete bis 5 kg in Zone 1: 4 Pst., Zone 2: 8 Pst., Zone 3: 12 Pst., bei schwereren Paketen werden für jedes weitere kg 1, 2 oder 3 Pst. erhoben; Versicherungsgebühr bei Wertpaketen: 2 Pst. für jede 10 Pfd. Für Pakete, die ausschließlich mit Fuhrwerk oder Reitposten (Tartarenposten) zu befördern sind, bestehen 5 Zonen; das Porto beträgt bis 250 g allgemein 4 Pst., über 250 bis 500 g in Zone 1 und 2: 4 Pst., Zone 3: 5, Zone 4: 7, Zone 5: 8 Pst., über 500 g bis 1 kg in Zone 1: 4, Zone 2: 7, Zone 3: 10, Zone 4: 13 und Zone 5: 16 Pst., über 1 bis 2 kg 8, 14, 20, 26 und 32 Pst., über 2 bis 3 kg 12, 21, 30, 39 und 48 Pst., über 3 bis 4 kg 16, 28, 40, 52 und 64 Pst., über 4 bis 5 kg 20, 35, 50, 65 und 80 Pst., bei höherem Gewicht 4, 7, 10, 13 und 16 Pst. mehr für jedes weitere kg. Versicherungsgebühr: 2, 3, 4, 5 und 6 Pst. für jede 10 Pfd. Sind Pakete teils mit Schiff oder Eisenbahn, teils mit Landposten zu befördern, so berechnet sich die Taxe für jede Beförderungsart besonders.

Nach- und Rücksendung ist bei Paketen zulässig; für die neue Beförderungsstrecke ist das Porto nachzuzahlen. — Bleiben Pakete unbestellbar, so wird die Verfügung des Absenders über sie eingeholt. Trifft dieser binnen 2 Monaten keine solche, so werden die Pakete noch weitere 2 Monate bei der Bestimmungspostanstalt aufbewahrt; gleichzeitig wird in der Hauptstadt eine Bekanntmachung in den Zeitungen erlassen oder, falls die Bestimmungspostanstalt in der Provinz liegt, ein Aushang am Postschalter angebracht. Bleibt dieser Aufruf ohne Erfolg, so werden gewöhnliche Pakete vom Gemeinderat der Aufgabepostanstalt geöffnet und verkauft, Wertpakete aber an die Generaldirektion gesandt, die den Inhalt verwertet oder bei Bargeld feststellt. Nach 2 Jahren fällt der Erlös oder das Bargeld der Staatskasse endgültig zu.

Im Falle des Verlustes oder der Beschädigung von Paketen ersetzt die Postverwaltung den wirklich erlittenen Schaden bis zur Höhe der Wertangabe, bei gewöhnlichen Paketen bis zu 1 Pfd. Der Anspruch muß binnen Jahresfrist nach der Auflieferung eines Pakets geltend gemacht werden; der Ersatzbetrag ist 90 Tage nach seiner Feststellung zahlbar.

E. Postsparkassen.

Am Postsparkassendienst nehmen zunächst nur die Postanstalten in den größeren Städten teil. Der Sitz der Hauptkasse ist in Konstantinopel. Der Sparkassendienst ist nach österreichischem Muster unter Bürgschaft der Regierung eingerichtet. Hervorzuheben ist, daß die Sparer mindestens 17 Jahre alt sein müssen. Die Spareinlagen werden bis 100 Pfd. mit 3%, darüber hinaus bis 200 Pfd. mit 2½% verzinst; für größere Einlagen, die nicht zurückgezogen werden, ist die Anlegung in türkischen Werten zu 4% möglich. Vorschrift ist, daß Einlagen bis 5 Pst., wie in Österreich, durch Postfreimarken auf Sparkarten zu verrechnen sind. Die Bestände der Postsparkasse werden in türkischen Papieren zu 4% sowie in Vorschüssen an die Ottomanbank und die Postanweisungskasse zu angemessenem Zinsfuße angelegt.

Amerika.

21. Vereinigte Staaten von Amerika.

(9386292 qkm und 84220433 Einwohner — mit Hawai und Samoainseln.)

Die oberste Leitung des Postwesens der Vereinigten Staaten von Amerika hat das „Post Office Department" in Washington, das eine besondere Abteilung der Bundesregierung bildet. An seiner Spitze steht der „Postmaster General", der Mitglied des Kabinetts ist und die Postverwaltung gegenüber dem Bundes-Präsidenten sowie den beiden gesetzgebenden Körperschaften, Senat und Repräsentantenhaus, vertritt. Die Stellung des General-Postmeisters ist deshalb in erster Linie eine politische und erst in zweiter Linie die eines Verwaltungsbeamten; infolgedessen tritt mit jedem Wechsel eines Kabinetts auch in der Person des General-Postmeisters ein Wechsel ein. Das Post Office Department zerfällt in 4 Abteilungen, an deren Spitze je ein „Hilfs-Generalpostmeister" (Assistant Postmaster General) steht. In die 1. Abteilung fällt die Regelung aller Angelegenheiten, die sich auf die Einrichtung und Aufhebung von Postanstalten, den Ortsbestelldienst und das Personal der Orts-Postanstalten beziehen; der 2. Abteilung liegen die Regelung des Postbeförderungsdienstes und der Dienstverhältnisse des in diesem Dienstzweige tätigen Personals, Beschaffung der Bahnpostwagen, Briefbeutel, Briefsäcke usw., Abschließung der Postfuhrverträge und ähnlicher Verträge sowie Regelung der Postbeziehungen zum Auslande ob. In der 3. Abteilung werden die Angelegenheiten, betreffend Regelung und Überwachung des gesamten Kassen- und Rechnungswesens der Postanstalten, des Postanweisungsverkehrs und des Einschreibdienstes, Herstellung und Vertrieb der Postwertzeichen, Erlaß der Vorschriften über die Taxen und Versendungsbedingungen für die Postsendungen bearbeitet, und die 4. Abteilung befaßt sich mit Regelung des Landbestelldienstes und der Dienstverhältnisse der Landbriefträger, Beschaffung der Ausstattungsgegenstände und Amtsbedürfnisse für die Postanstalten und Behandlung der unbestellbaren Postsendungen. Auch die Hilfs-Generalpostmeister wechseln meistens mit der Person des General-Postmeisters. Dem letzteren ist ferner ein „Assistant Attorney General" unterstellt, der das Amt eines Rechtsbeistandes der Postverwaltung innehat und Jurist ist. Die Kontrolle über die Kassen- und Rechnungsgeschäfte der Postanstalten ist dagegen einem dem Bundes-Schatzamte angehörigen „Auditor" übertragen. Die Abteilungen der Zentralbehörden zerfallen wieder in „Bureaus" (Divisions), die von „Superintendents" geleitet werden. Ihnen sind „Assistant Superintendents", „Chief Clerks" und „Clerks" beigegeben.

Zur Wahrnehmung des Aufsichtsdienstes, Führung von Untersuchungen bei Unregelmäßigkeiten, Prüfung von Anträgen der Postämter auf Personalvermehrung usw. sind „Postinspektoren" (Post Office Inspectors) angestellt, die unter der Oberaufsicht eines bei dem Post Office Department beschäftigten und dem General-Postmeister unmittelbar untergeordneten „Ober-Postinspektors" (Chief Post Office Inspector) stehen. Obschon die Postinspektoren ebenfalls Beamte des Post Office Departments sind, haben sie mit Ausnahme von wenigen ihren Amtssitz nicht in Washington, sondern mit Rücksicht auf die weiten Entfernungen auf das ganze Gebiet der Vereinigten Staaten von Amerika verteilt. Im ganzen sind 15 Aufsichtsbezirke eingerichtet, in denen mehr als 200 Postinspektoren tätig sind. Diese haben ihren Amtssitz in folgenden 15 Städten: Boston, New York, Philadelphia, Washington, Cincinnati, Chicago, St. Louis, Kansas City, Chattanooga, Denver, San Francisco, Spokane, Austin, Atlanta und St. Paul. In jedem dieser Orte befindet sich ein aufsichtführender Postinspektor, der die Geschäfte verteilt. Zur Erledigung einfacher schriftlicher Arbeiten sind den Postinspektoren Clerks zugeteilt.

Die sämtlichen Postämter (Post-offices), die je nach ihrer Bedeutung und nach der Höhe ihrer Einnahmen in 4 Klassen zerfallen, sind dem Post Office Department unmittelbar unterstellt. Bezirksbehörden gibt es nicht. Zu den Postämtern 1. Kl. gehören die mit einer jährlichen Roheinnahme über 40 000 D.*), zu den Postämtern 2. Kl. von mehr als 8000 D., zu den Postämtern 3. Kl. von mehr als 1900 D.; die übrigen Postämter sind solche 4. Kl.

Die Vorsteher der Postämter heißen „Postmasters". Die Vorsteher der Postämter der ersten 3 Klassen werden Presidential Postmasters, die genannten Ämter selbst Presidential Post-Offices genannt, weil die Ernennung der Vorsteher durch den Präsidenten der Republik erfolgt. Die Vorsteher der Ämter 4. Kl., welche die weitaus größere Mehrzahl der Postämter bilden, ernennt dagegen der General-Postmeister.

Außer den Hauptpostämtern gibt es in größeren Orten noch „Zweigpostämter" (Branch offices), die in „Stationen" (Stations) und „Unterstationen" (Substations) zerfallen. Sie unterscheiden sich in der Weise, daß bei den „Stations" Annahme-, Abfertigungs- und Bestellungsdienst für gewöhnliche und eingeschriebene Sendungen sowie die Annahme und Auszahlung von Postanweisungsbeträgen stattfinden, während die „Substations" nur Annahmestellen sind. Die „Stations" sind bezeichnet durch Buchstaben oder mit dem Namen des Hauses und der Straße, wo sie sich befinden, die „Substations" dagegen durch Zahlen. Letztere werden meistens durch Privatpersonen, in der Regel Apotheker oder Drogenhändler, verwaltet, die dafür eine jährliche Vergütung von 100 bis 900 D. erhalten, allerdings auch eine Kaution von 2000 D. stellen müssen. Sowohl die „Stations" als auch die „Substations" sind dem Postmeister des Hauptpostamts unterstellt.

Der Bahnpostdienst ist in den Vereinigten Staaten in der Weise organisiert, daß das gesamte Postgebiet in 13 Bahnpostdistrikte eingeteilt ist. Für jeden dieser 13 Distrikte ist ein „Bahnpost-Superintendent" bestimmt, der unter der Oberleitung des beim Post Office Department angestellten „General-Superintendenten für das Bahnpostwesen" den Bahnpostdienst in dem ihm zugeteilten Gebiete zu regeln hat. Die Bahnpost-Superintendenten haben ihren Amtssitz in Boston,

---

*) 1 Dollar (D.) zu 100 Cents (Ct.) = 4 M. 19 1/5 Pf. — 1 engl. Pfund (Pfd.) zu 16 Unzen (Uz.) = 453 g; 1 Unze = 28,3465 g. — 1 Fuß zu 12 Zoll = 0,305 m; 1 Zoll = 2,54 cm; 1 (engl.) Meile = 1,609 km.

New York, Washington, Atlanta, Cincinnati, Chicago, St. Louis, San Francisco, Cleveland, St. Paul, Fort Worth (Texas), New Orleans und Seattle.

Die Beamtenverhältnisse bei der Postverwaltung der Vereinigten Staaten sind grundverschieden von den deutschen. Man kennt in Amerika nicht den Unterschied zwischen Beamten und Unterbeamten. Dort hat der Postbeamte am Schalter keinen höheren Rang als der Briefträger oder Stempler. Alle drei werden unter gleichen Vorbedingungen in den Postdienst eingestellt. Zu ganz untergeordneten Leistungen werden noch in geringem Umfange Arbeiter verwendet, die nicht im Beamtenverhältnis stehen. Man unterscheidet gegenwärtig zwischen Beamten, die den gesetzlichen Zivildienstbestimmungen unterworfen sind, und solchen, auf die diese Vorschriften keine Anwendung finden. Zu den letzteren gehören fast alle oberen Beamten, insbesondere der General-Postmeister, die 4 Hilfs-General-postmeister, die General-Superintendenten und Superintendenten des Post Office Department, der Ober-Postinspektor und die Postinspektoren, die Postmeister der Postämter 1., 2. und 3. Kl., der Auditor (erste Rechnungsbeamte) des Haupt-Postamts in New York, die Hilfspostmeister, die Kassierer, die Superintendenten bei den Dienststellen für den ankommenden und abgehenden Briefverkehr, die Superintendenten der Zweigpostämter und die sog. Finance-Clerks bei den großen Postämtern, ferner alle Militär- und Marine-Invaliden, die bei vorhandener Qualifikation überhaupt in erster Linie als Anwärter für den Postdienst berücksichtigt werden müssen. Endlich sind den Zivildienstvorschriften nicht unterworfen alle Beamte, die bei Postämtern ohne Bestelldienst beschäftigt werden.

Die Ernennung des General-Postmeisters, der 4 Hilfs-Generalpostmeister und, wie schon erwähnt, der Postmeister bei den Postämtern 1., 2. und 3. Kl., den sog. „Presidential post-offices", erfolgt durch den Bundespräsidenten nach vorheriger Einholung der Zustimmung des Senats, die der übrigen vorerwähnten Beamten durch den General-Postmeister. Bei der Besetzung der Postmeisterstellen 1., 2. und 3. Kl. ist die politische Gesinnung der Bewerber nicht ohne Einfluß. Die Übertragung der Postmeisterstellen erfolgt daher bestimmungsgemäß nur für einen Zeitraum von 4 Jahren. Hiermit ist aber nicht gesagt, daß kein Postmeister länger als 4 Jahre in seinem Amte verbleibt, vielmehr ist es zulässig und, wenn nicht besondere Hinderungsgründe obwalten, auch üblich, daß die Übertragung der Stellen nach Ablauf der 4 Jahre erneuert wird. Bei der Neubesetzung der Postmeisterstellen wird keine Rücksicht darauf genommen, daß der neue Postmeister mit den Postdienstgeschäften und dem Betriebe bei einer Postanstalt häufig nicht vertraut ist. Vollständig unabhängig von politischen Einflüssen erfolgen die Annahme und Beschäftigung der Beamten, die den gesetzlichen Zivildienstvorschriften unterworfen sind. Es sind dies namentlich die nachgeordneten Beamten (clerks) bei dem Post Office Department in Washington, bei den Postämtern mit Bestelldienst und die Bahnpostbeamten sowie die Briefträger. Die Annahme dieser Beamten geschieht durch die Postmeister nach vorheriger Einholung der Genehmigung der obersten Postbehörde. Voraussetzung für die Annahme ist, daß der Anwärter vorher die „Zivildienstprüfung" bestanden hat. Diese Prüfung, zu der sich die Bewerber unter Verwendung eines bestimmten Formulars zu melden haben, ist vor einer besonderen Kommission abzulegen. Derartige Kommissionen, zu denen häufig auch Postbeamte gehören, sind fast in allen größeren Städten eingesetzt. Nach dem Zivildienstgesetz gibt es 3 Grade von Prüfungen. Von diesen haben die Anwärter für den Postdienst die Prüfung des zweiten Grades abzulegen. Hierbei müssen sie die Bedeutung von 20 Wörtern, z. B. „Wohltat", „Zeitung", klar und richtig angeben, in der Arithmetik Rechenaufgaben mit Brüchen und Dezimalbrüchen sowie sonstige nicht allzu schwere Aufgaben der Zins- oder Gesellschaftsrechnung lösen, über ein bestimmtes Thema einen Brief von mindestens 125 Worten fehlerfrei schreiben, Schnell- und Schönschriftproben ablegen, Fragen über die Lage inländischer Orte beantworten und die Aufschriften von 25 Karten fließend lesen können. Die Personen, welche die Prüfung bestanden haben, werden in ein Register eingetragen, in das gleichzeitig die von den Anwärtern erstrebten Dienststellen vermerkt werden. Nach der Zeitfolge des Bestehens der Prüfung erfolgt ihre Einberufung in die Dienststelle an dem von ihnen gewählten Orte. Zunächst werden sie bei der Postverwaltung in der Regel als „Stellvertreter" (substitutes) für erkrankte oder beurlaubte Beamte verwendet und erhalten nur insoweit eine Bezahlung, als sie Dienst tun. Eine Ausnahme hiervon bilden nur die Vertreter der Bahnpostbeamten, denen ein Monatslohn für 11 Tage in Höhe von 25 D. gewährleistet ist. Die Verwendung der Anwärter als Stellvertreter beruht darauf, daß der amerikanischen Postverwaltung nicht Beamte zur Verfügung stehen, die sie zur Vertretung der am Dienste verhinderten Beamten bald nach diesem, bald nach jenem Orte entsenden kann. Vielmehr erhält jedes Postamt nur seine bestimmte Zahl von Beamten und Briefträgern zugewiesen. Kann einer davon seinen Dienst aus irgendeinem Grunde nicht verrichten, so hat das Postamt selbst im Orte unter Heranziehung des ältesten Stellenanwärters für Ersatz zu sorgen. Der Stellvertreter bezieht für die Zeit der Vertretung das Einkommen des Beamten oder Briefträgers, für den er eingestellt ist.

Bemerkenswert ist, daß die Bahnpostbeamten nicht aus den Orts-Postbeamten entnommen werden, sondern eine besondere Beamtenklasse für sich bilden, die durch besondere Anwärter für den Bahnpostdienst ergänzt wird. Die Einstellung von Vertretern für fehlende Bahnpostbeamte erfolgt insofern nach festen Grundsätzen, als für je 10 Bahnpostbeamte ein ständiger Vertreter eingestellt wird; dieser wird nach Maßgabe seiner wirklichen Verwendung bezahlt, muß aber auf alle Fälle wenigstens 25 D. monatlich erhalten.

Die Anwärter für den Postdienst dürfen nicht unter 18 und nicht über 45 Jahre alt sein. Die männlichen Bewerber für den Ortsdienst müssen wenigstens 5 Fuß 4 Zoll groß sein und ein Mindestgewicht von 125 Pfund haben; bei den Bewerbern für den Bahnpostdienst wird eine Größe von 5 Fuß 6 Zoll und ein Gewicht von 135 Pfund beansprucht.

Im Bereiche der Postverwaltung der Vereinigten Staaten können auch weibliche Personen in allen Dienststellen beschäftigt werden. Dabei ist es ohne Einfluß, ob die weibliche Person verheiratet oder unverheiratet ist. Eine geringe Beschränkung bei der Auswahl der weiblichen Beamtenkräfte besteht nur insofern, als die in Postmeisterstellen verwendeten Frauen mindestens 21 Jahre alt sein müssen, sofern ihre Großjährigkeit nach den in dem betreffenden Staate geltenden Gesetzen nicht schon mit dem vollendeten 18. Lebensjahre eintritt. Die Bezahlung der Beamtinnen ist die gleiche wie die der Beamten.

Obschon die auf Grund des Gesetzes über den Zivildienst angenommenen Beamten, solange sie ihre Pflicht tun, nicht ohne weiteres aus dem Postdienst entlassen werden können, ist doch das Band, das die Beamten mit der Bundesverwaltung verbindet, nur locker. Die Beamten können keinerlei Rechte in bezug auf ihre Beförderung und die Höhe ihres Diensteinkommens erwerben; sie müssen sich gefallen lassen, aus einer besser besoldeten in eine geringer besoldete Dienstklasse versetzt zu werden. Sie können nach den gegenwärtigen gesetzlichen Bestimmungen weder Pensionsansprüche erlangen, noch sind sie auf Lebenszeit oder Kündigung angestellt. Sie beziehen ihr Diensteinkommen nur so lange, wie sie arbeiten. Müssen sie wegen Krankheit vom Dienste fernbleiben, oder lassen sie sich zur Erledigung von Familienangelegenheiten oder von Privatgeschäften beurlauben, so verlieren sie für die Zeit, in der sie ihren Dienst nicht verrichten, ihre Diensteinkünfte. Ebenso genießen sie weder eine Unfall-Fürsorge, noch bekümmert sich die Postverwaltung irgendwie um die Hinterbliebenen verstorbener Beamten, vielmehr hört beim Ableben eines Beamten die Zahlung des Diensteinkommens von dem Tage ab auf, an dem der Beamte gestorben ist. Hierbei sind nur zwei Ausnahmen zugelassen: alle Beamten erhalten jedes Jahr unter Übernahme der Vertretungskosten auf die Bundeskasse einen Erholungsurlaub, dessen Dauer für die Beamten des Post Office Department auf 30 Tage, für die Beamten der Postämter und die Bahnpostbeamten auf 15 Tage festgesetzt ist; ferner wird an die Angehörigen eines im Bahnpostdienst getöteten Beamten eine einmalige Entschädigung von 1000 D. gezahlt.

Jeder Postbeamte hat vor seinem Eintritt in den Dienst einen Diensteid zu leisten, den in der Regel der Postmeister des Beschäftigungspostamts abnimmt. Die dauernde Beschäftigung als Beamter ist bei den nach den Vorschriften des Zivildienstgesetzes eingestellten Personen von einer sechsmonatigen Probedienstzeit abhängig. Eine besondere Ausbildung vor der Zulassung zum Dienst findet nicht statt, alle Beamten werden von vornherein vollbeschäftigt. Ihre Verwendung geschieht natürlich zunächst in leichteren Dienststellen, aus denen sie später für wichtigere Dienstzweige ausgewählt werden. So werden die für den Briefträgerdienst bestimmten Beamten zuerst als Briefkastenleerer verwendet usw. Die Beamten werden fast nie versetzt, sondern verbleiben immer in demselben Orte und meist sogar in der gleichen Dienststelle. Dies wirkt natürlich auf ihre Leistungsfähigkeit sehr günstig ein. Dazu kommt, daß sich die Beamten, soweit sie im Sortier- und im Bahnpostdienst beschäftigt sind, von Zeit zu Zeit Prüfungen unterwerfen müssen, deren Ausfall sogar auf die Höhe ihrer Besoldungen von Einfluß ist.

Die tägliche Arbeitsdauer ist für die Beamten des Post Office Department in Washington auf die Zeit von 9 Uhr vormittags bis 4 Uhr nachmittags unter Einschluß einer Frühstückspause festgesetzt und beträgt für die Beamten bei den Postämtern in der Regel 8 Stunden täglich, bestimmt festgelegt ist sie aber nur für die Briefträger. Aus Fürsorge für diese ist ein Gesetz erlassen worden, daß kein Briefträger länger als täglich 8 Stunden arbeiten darf. An den Sonn- und Feiertagen ist der Dienst auf das geringste Maß beschränkt; eine Bestellung von Postsendungen findet an diesen Tagen überhaupt nicht statt. Hiernach beträgt das wöchentliche Leistungsmaß der Beamten und Briefträger kaum mehr als 48 Stunden. Anderseits müssen die Beamten während der Dienststunden durchweg intensiv und häufig unter ungünstigen örtlichen Verhältnissen arbeiten.

Alle Postmeister und alle Postbeamten, die mit barem Gelde oder mit Einschreibsendungen Befassung haben, darunter auch die Bahnpostbeamten und die Briefträger, müssen verhältnismäßig hohe Kautionen stellen. Die Höhe richtet sich nach dem Werte der von den Beamten aufzubewahrenden Barmittel, Wertzeichenbestände und Einschreibsendungen und wird in jedem einzelnen Falle von der obersten Postbehörde festgesetzt. Nur für die Briefträger und gewöhnlichen Bahnpostbeamten ist allgemein eine Kaution von 1000 D. vorgesehen. Wenn ein Schalterbeamter einen Postwertzeichenbestand von 10 000 D. zu verwalten hat, so muß er auch eine Kaution in dieser Höhe stellen. Für die außergewöhnliche Höhe der Kautionen möge als Beispiel dienen, daß der Postmeister in New York eine Kaution von 75 000 D. stellen muß und daß die Kautionen der Betriebsbeamten, der Clerks, zwischen 1000 und 15 000 D. betragen. Die Kautionen werden nicht in bar oder Staatspapieren hinterlegt, sondern bestehen lediglich in Bürgschaftsleistungen. Für diesen Zweck gibt es besondere Versicherungsgesellschaften, die von der Postverwaltung anerkannt sind. Dafür, daß die Versicherungsgesellschaft für den kautionspflichtigen Beamten die Garantie bis zur Höhe der Kautionssumme der Postverwaltung gegenüber übernimmt, hat der Beamte an die Gesellschaft eine Entschädigung von ½ % der Kautionssumme jährlich zu zahlen. Doch dürfen nicht alle Beamten ihre Kautionen durch solche Gesellschaften stellen lassen. Die Postmeister der Ämter 3. und 4. Kl. haben für die ganze Kaution andere Bürgen zu stellen, und zwar mindestens zwei, von denen einer im Bezirk des Postamts wohnen muß; bei den Postmeistern der Ämter 1. und 2. Kl. kann die Hälfte der Kaution von einer Gesellschaft übernommen werden, die in dem betreffenden Staate gesetzlich zugelassen ist. Die Postverwaltung gibt den Privatbürgen den Vorzug, doch sind die von Versicherungsgesellschaften gestellten Bürgschaften erheblich überwiegend, bei dem nachgeordneten Personal bilden sie fast die Regel.

Die den Postbeamten zugebilligten Gehälter sind den Lohnverhältnissen in den Vereinigten Staaten entsprechend ziemlich hoch, dagegen findet eine Gewährung von Dienstwohnungen oder von Wohnungsgeldzuschüssen nicht statt. Hinsichtlich der Höhe des Gehalts bestehen im allgemeinen folgende Grundsätze: der Chef einer Postdienststelle muß mindestens das Doppelte des Diensteinkommens des zweiten, unmittelbar nach ihm rangierenden Beamten beziehen, die Gehälter der Postmeister richten sich nach der Höhe der Einnahmen der von ihnen verwalteten Postämter; die Gehaltsätze für die Clerks richten sich danach, ob diese bei dem Post Office Department oder bei den Betriebsstellen beschäftigt sind, sowie welcher Klasse das Postamt, bei dem sie diensttätig sind, angehört.

Unabhängig von diesen Grundsätzen ist das Gehalt des General-Postmeisters und des Postmeisters in New York festgesetzt. Beide beziehen das gleiche Gehalt von 8000 D. jährlich. Die 4 Hilfs-General-Postmeister erhalten dagegen den vorstehenden Grundsätzen entsprechend nur 4000 D. jährlich, also weniger als viele Postmeister, trotzdem daß ihre Dienststellung eine höhere und wichtigere ist als die der Postmeister. Von den übrigen Beamten des Post Office Department haben jährlich zu beziehen: der General-Superintendent für das Bahnpostwesen 4000 D., dessen Assistent 3500 D., die Superintendenten der Bahnpostdistrikte, der Superintendent für den Auslandsverkehr und der Ober-Postinspektor je 3000 D., die Postinspektoren 1600 bis 2500 D. und die Clerks 720 bis 3000 D.

Die Gehälter der Postamtsvorsteher (Postmeister) richten sich, wie erwähnt, im allgemeinen nach der Höhe der etatsmäßigen Einnahmen der Postämter; die Vorsteher der Postämter 3. und 4. Kl. erhalten neben dem eigentlichen Gehalte für Wahrnehmung des Postanweisungsdienstes eine besondere Vergütung, die 3 Ct. für jede Postanweisung ausmacht. Die Gehaltsätze sind wie folgt abgestuft: Postmeister 1. Kl. 3000 bis 6000 D., und zwar bei einer Einnahme von 40 000 bis 45 000 D. 3000 D., bis 60 000 D. 3100 D., bis 80 000 D. 3200 D., bis 110 000 D. 3300 D., bis 150 000 D. 3400 D. usw., 450 000 bis 500 000 D. 4000 D., bis 600 000 D. 5000 D., darüber 6000 D., Postmeister 2. Kl. 2000 bis 2900 D. in Abstufungen von 100 D., 3. Kl. 1000 bis 1900 D., ebenfalls in Abstufungen von 100 D., 4. Kl. vierteljährlich: für die ersten 50 D. der Einnahme 100%, für die folgenden 100 D. 60%, für die dann folgenden 200 D. 50% und für die überschießenden Beträge 40 % der Einnahme. Ein Postmeister, dessen Amt 400 D. im Vierteljahr oder jährlich 1600 D. einbringt, würde also im Vierteljahre 230 D. oder im Jahre 920 D. beziehen. Erreicht die Jahreseinnahme — ohne die Postanweisungstantieme — 1000 D., so muß die Umwandlung des Postamts in ein solches 3. Kl. in Erwägung gezogen werden. Die Höhe der bei der Klasseneinteilung der Postämter und bei der Gehaltsfestsetzung der Vorsteher zugrunde zu legenden Einnahmen wird alljährlich neu festgestellt; es kommen daher in jedem Jahre zahlreiche Änderungen in der Zuteilung der Postämter zu den einzelnen Klassen und noch mehr Änderungen im Gehalte der Postamtsvorsteher vor. Die bei den Postämtern 1. und 2. Kl. angestellten Assistant Postmasters, das sind die den Vorstehern bei der Leitung des Amtes als Aufsichtsbeamte zugeteilten Clerks, beziehen je nach der Größe des Amtes Gehälter zwischen 1000 und 3500 D. Die Betriebsbeamten (clerks) und Briefträger der Postämter 1. und 2. Kl. beziehen gleiche Gehälter und sollen in bestimmten Fristen gewisse Gehaltsstufen erreichen. Es sind 6 Gehaltsstufen vorgesehen, nämlich 1. Stufe 600, 2. Stufe 800, 3. Stufe 900, 4. Stufe 1000, 5. Stufe 1100, 6. Stufe 1200 D. Das Aufrücken in die nächsthöhere Stufe findet, gute Dienstführung und befriedigende Leistungen vorausgesetzt, statt, wenn der Beamte in der vorhergehenden Stufe ein volles Jahr zugebracht hat; doch gilt dies für Beamte und Briefträger bei Postämtern 2. Kl. nur bis zur Erreichung der 4. und für Angestellte von Postämtern 1. Kl. nur bis zur Erreichung der 5. Gehaltsstufe, während das Aufrücken in die höheren Gehaltsstufen von dem Vorhandensein der erforderlichen etatsmäßigen Mittel, zugleich auch von den Leistungen usw. abhängig ist. Die Zurückversetzung in eine niedrigere Gehaltsstufe und selbst die Zurücksetzung um mehrere Gehaltsstufen ist bei mangelhaften Leistungen und bei unbefriedigender Dienstführung statthaft; ist der Grund, der zu der Zurückversetzung Anlaß gegeben hat, weggefallen, so kann der Beamte wieder im Gehalt aufrücken. Der Postverwaltung ist es überlassen, Clerks in Briefträgerstellen und Briefträger in Stellen für Clerks einrücken zu lassen. Auf das Gehalt der Beteiligten ist ein solcher Stellenwechsel ohne Einfluß. Für „Hilfsbeamte" (solche müssen wenigstens 2 Stunden täglich beschäftigt sein) und für „Vertreter" ist eine Vergütung von 30 Ct. für die Stunde vorgesehen; doch können Hilfsbeamte und Vertreter auch gegen Gewährung des Gehalts der 1. Gehaltsstufe beschäftigt werden, und zwar wird von dieser Befugnis immer dann Gebrauch gemacht, wenn vollbeschäftigte Hilfsbeamte oder Vertreter während eines vollen Monats oder länger diensttätig sind. Die Vergütungen der Vertreter werden bei jedem Postamte aus einem Fonds gezahlt, in den die Gehaltsabzüge fließen, die dem ständigen Personal bei Abwesenheit vom Dienste gemacht werden. Reicht der Fonds zur Zahlung der Vertretungskosten ausnahmsweise nicht aus, so werden die Mehrkosten auf die Postkasse übernommen. Die Clerks und Briefträger können je nach ihren Leistungen und ihrer Führung auch in Clerkstellen des Verwaltungsdienstes einrücken. Diese höheren Clerks zerfallen in 6 Klassen, und zwar beziehen sie in Kl. 1: 1200 bis 1400 D., in Kl. 2: 1400 bis 1600 D., in Kl. 3: 1600 bis 1800 D., in Kl. 4: 1800 bis 2000 D., in Kl. 5: 2000 bis 2500 D., in Kl. 6: 2500 D. und mehr. Die höheren Stufen der Clerks entsprechen etwa den Sekretären, Obersekretären, Inspektoren und Vizedirektoren in Deutschland.

In ähnlicher Weise gliedern sich die Bahnpostbeamten. Die unteren Clerks beziehen Gehälter in 4 Abstufungen bis 1400 D., die höheren Clerks zerfallen in 4 Stufen, und zwar beziehen sie in Stufe 1 (Chief clerks) 1600 D.; die 2. Stufe umfaßt die Assistant Superintendents, die 3. die Superintendents, den Assistant General Superintendent und den Chief clerk des General Superintendent, die 4. den General Superintendent. Die „Landbriefträger" erhalten folgende Gehälter: bei einem täglichen Leistungsmaß von 6 bis 8 Meilen 396 D., über 8 bis 10 Meilen 432 D., über 10 bis 12 Meilen 468 D. und weiter, je um 2 Meilen bis zu 24 Meilen ansteigend, 504, 540, 630, 720, 810 und 864 D., endlich bei 24 und mehr Meilen 900 D. im Jahre. Wenn in dieser Gehaltsskala ein tägliches Leistungsmaß bis zu 24 Meilen (38,6 km) und mehr vorgesehen ist, so muß dabei berücksichtigt werden, daß die amerikanischen Landbriefträger ihren Bestelldienst durchweg mit Pferd und Wagen, die sie sich auf eigene Kosten halten müssen, versehen.

Bei den Postämtern 3. und 4. Kl. sind Clerks nicht beschäftigt. Den Postmeistern dieser Ämter bleibt es überlassen, für etwaige Hilfskräfte selbst zu sorgen. Ist das Bedürfnis, eine oder mehrere Hilfskräfte bei solchen Ämtern zu beschäftigen, durch den Geschäftsumfang bedingt, so wird den Vorstehern eine „Bauschvergütung" (Allowance) gezahlt, die sich nach der Höhe des Gehaltes des Vorstehers richtet. Sie beträgt bei 1900 D. Gehalt 500 D., bei 1800 D. Gehalt 444 D. und bei je 100 D. Gehalt weniger 360, 300, 240, 180, 144, 120, 108 und 96 D. jährlich; letztere Vergütung wird also bei einem Gehalt von 1000 D. gewährt.

Das Tragen von Dienstkleidern ist nur für die Briefträger vorgeschrieben. Diese haben die Dienstkleider für eigene Rechnung zu beschaffen und zu unterhalten. Die Länge der Dienstzeit, die ein Briefträger zurückgelegt hat, wird durch Sterne auf den Ärmeln der Dienströcke ersichtlich gemacht. Es bedeuten 1 Stern aus schwarzer Seide eine 5 jährige, 2 solcher Sterne eine 10 jährige, 1 Stern aus roter Seide eine 15 jährige, 2 rotseidene Sterne eine 20 jährige, 1 silberner Stern eine 25 jährige, 2 silberne Sterne eine 30 jährige, 1 goldener Stern eine 35 jährige und 2 goldene Sterne eine 40 jährige Dienstzeit.

Die Beförderung der Postsendungen erfolgt durch Bahnposten, Dampfschiffe, Fahrposten auf Landstraßen (Star routes), fahrende Landbriefträger und Botenposten (Mail Messengers), diese hauptsächlich für Bahnhofsgänge, ferner innerhalb der großen Städte durch Straßenbahnwagen und große Rohrpostanlagen.

Für die „Bahnposten" werden Bahnpostwagen von 25 bis 60 Fuß Länge verwendet, deren Beschaffung und Ausrüstung den Eisenbahngesellschaften obliegt. In den letzten Jahren sind aus Gründen der Sicherheit für das Bahnpostpersonal Bahnpostwagen ganz aus Stahl hergestellt worden. Die Bahnpostwagen sind an den Längsseiten mit Fangvorrichtungen (catcher) versehen, um im Vorbeifahren Briefbeutel von entsprechend eingerichteten Gestellen abzunehmen. Die Vergütungen, die die Postverwaltung den Eisenbahn-Gesellschaften für die Gestellung und Beförderung der Bahnpostwagen zu zahlen hat, werden nach dem Rauminhalt der Bahnpostwagen und nach dem Gewicht der beförderten Sendungen berechnet. Außer den Bahnpostwagen haben die Eisenbahngesellschaften der Postverwaltung noch Packwagen (store cars) zur Aufnahme von geschlossenen Posten zur Verfügung zu stellen, wofür ihnen eine besondere Vergütung aber nicht gewährt wird. Hiervon wird in ausgedehntem Umfange Gebrauch gemacht. Infolgedessen haben die amerikanischen Bahnposten niemals über Raummangel zu klagen. Im allgemeinen werden täglich nur wenige Eisenbahnzüge zur Postbeförderung benutzt, was zur Folge hat, daß den einzelnen Zügen verhältnismäßig große Mengen von Sendungen zugeführt werden. Zwischen großen Städten und auf den Haupt-Eisenbahnlinien verkehren in der Regel besondere Posteilzüge mit 6 bis 8 zusammenhängenden Bahnpostwagen.

Auf verschiedenen Dampfschifflinien sind auch besondere, von Postbeamten bediente „Schiffsposten" eingerichtet, die den Bahnpostbezirken mit zugeteilt sind. Von New York aus verkehren ferner nach Europa besondere „Seeposten", die z. T. mit amerikanischen Beamten besetzt sind. Solche Seeposten bestehen z. B. auf den Dampfern des Norddeutschen Lloyd, der Hamburg-Amerika-Linie, der American Line, der White-Star-Line und der französischen Compagnie transatlantique.

Zu den in großen Städten bestehenden „Straßenbahn-Postverbindungen" werden besondere Wagen eingestellt, die mit Sortierfachwerken versehen sind und die Bezeichnung „Electric trolley mail cars" führen. Sie sind Eigentum der Straßenbahngesellschaften, mit denen die Postverwaltung wegen der Postbeförderung Verträge abgeschlossen hat.

Das neueste Beförderungsmittel bilden innerhalb einzelner großen Städte z. B. die großen „Rohrpostanlagen". Die Röhren haben meistens einen Durchmesser von 8 Zoll = 20,46 cm, jedoch gibt es in Philadelphia auch eine 6zöllige und in Boston eine 10zöllige Rohrpost. Gegenwärtig befinden sich derartige große Rohrpostanlagen, die ebenfalls von Privatunternehmern unterhalten werden, in New York, Brooklyn, Boston, Philadelphia, Chicago und St. Louis. Sie werden ausschließlich für den Stadtverkehr zur Beförderung von Briefen und Postkarten verwendet.

Für den „Postbeförderungsdienst auf Landstraßen" ist das gesamte Gebiet der Vereinigten Staaten in 4 Vertragsabschnitte (contract sections) zerlegt; in jedem Jahre werden in je einem von ihnen alle Leistungen neu ausgeschrieben und an die Mindestfordernden, sofern sie ausreichende Sicherheit bieten, auf 4 Jahre vergeben. Doch müssen die Unternehmer an dem betreffenden Kurse oder in dessen Nähe ansässig sein und sich verpflichten, den Postfuhrdienst auf der ihnen übertragenen Route persönlich zu überwachen. Sie müssen durch ihre Wagenführer gewöhnliche Briefsendungen oder Beutel mit solchen Briefschaften für die am Postkurs oder in dessen Nähe (aber nicht an einem Postorte) wohnenden Personen auf deren Verlangen bestellen. Die Adressaten haben zu diesem Zweck auf ihre Kosten an der Poststraße einen Briefkasten oder einen Pfahl mit einem Haken zum Aufhängen des Beutels derart aufzustellen, daß der Wagenführer dazu gelangen kann, ohne vom Wagen abzusteigen. Die Anwohner der Poststraßen können diese Einrichtung auch zur Auflieferung ihrer Korrespondenz benutzen. Der Wagenführer hat dann die Briefkasten zu leeren und die darin vorgefundenen Sendungen oder den an dem Pfahl hängenden Beute mit abzusendenden Briefen mit zur nächsten Postanstalt zu nehmen.

In größeren Städten bestehen auch besondere „Stadtpost- und Bahnhofsfahrten", die ebenfalls vertragsmäßig verdungen sind. Um die Wagen leicht zu halten, bestehen ihre Wandungen meist aus gitterartigem Blechgeflecht (Screen wagons).

Die „Landbriefträger" sind, wie schon erwähnt, durchweg mit Pferd und Wagen ausgerüstet, und ihre Tagesleistung beträgt im allgemeinen 24 Meilen (38,6 km). Voraussetzung für die Einrichtung eines Landbestelldienstes ist, daß der Landbriefträger auf seiner Fahrt Sendungen für wenigstens 100 Familien zu bestellen hat. Doch wird hiervon in wenig bevölkerten Gegenden öfter abgewichen. Auch von der Regel, daß die Landbestellung an jedem Wochentag ausgeführt werden soll, finden in dünn bevölkerten Gegenden Ausnahmen statt. Es bildet die Regel, daß die Landbriefträger die Sendungen in die von den Bewohnern des Bezirkes an der Route des Landbriefträgers aufgestellten Briefkasten einlegen und sich nur dann zu den oft weitab von den gewöhnlichen Wegen gelegenen Farmen usw. begeben, wenn sie Einschreib- oder Eilsendungen abzuliefern haben. Sache der Empfänger ist es somit, sich regelmäßig zu den Briefkasten zu begeben, um nachzusehen, ob Sendungen darin niedergelegt worden sind. In entsprechender Weise werden aufzuliefernde Sendungen den Landbriefträgern in der Weise zugeführt, daß sie von den Absendern in die Briefkasten eingelegt und von den Bestellern auf dem nächsten Bestellgange mitgenommen werden. Außer mit der Bestellung und der Annahme gewöhnlicher und eingeschriebener Sendungen und der Entnahme aufzuliefernder gewöhnlicher Sendungen aus den erwähnten Briefkasten befassen sich die Landbriefträger auch mit dem Verkaufe von Postwertzeichen und der Annahme von Einzahlungen auf Postanweisungen.

Zum Zwecke der Einlieferung der Postsendungen sind in den Städten zahlreiche Straßenbriefkasten von verschiedener Größe aufgestellt. Für Drucksachen usw. (Sendungen 2., 3. und 4. Klasse) gibt es besonders große Briefkasten, die durch die Inschrift: „For newspapers and packages, but not for letters" gekennzeichnet sind, während die gewöhnlichen Briefkasten die Inschrift „For letters" tragen. Außerdem sind in den vielstöckigen Gebäuden, insbesondere in Hotels, zum Zwecke der Einlieferung von Briefsendungen, Briefschächte (mail-chutes) eingerichtet, die in zu ebener Erde angebrachte Briefkasten münden. Die Schächte sind 20 cm breit und etwa 10 cm tief. In jedem Stockwerk befindet sich neben dem Einwurfe des Briefschachtes eine unter Glas angebrachte Tafel, auf der die Leerungszeiten angegeben sind. Die Leerung erfolgt zu derselben Zeit wie die der Straßenbriefkasten. Hinsichtlich der Einrichtung der Briefschächte ist gesetzlich bestimmt, daß drei Viertel der Vorderseite aus durchsichtigem Glase bestehen müssen, damit geprüft werden kann, ob Briefe hängen geblieben sind, daß jeder Briefkasten, der mit einem Schachte in Verbindung steht, aus Metall sein und einen elastischen Boden haben muß, sowie daß die Briefkasten die Bezeichnung „U. St. Mail Letter Boxes" tragen müssen und Eigentum der Vereinigten Staaten werden. Die Leerung der Straßenbriefkasten und mail-chutes erfolgt dem Verkehrsumfange und dem Postengang entsprechend, sie findet in den Geschäftsgegenden häufiger statt als in den Privatwohnungsvierteln. In New York werden die Straßenbriefkasten werktäglich je nach ihrer Lage 16 bis 27 mal geleert, mit Ausnahme der großen Briefkasten für die Sendungen der 2. bis 4. Klasse, deren Leerung nur dreimal geschieht. In einzelnen großen Städten, wie in Chicago und Philadelphia, werden zur Leerung der Briefkasten zwei- oder vierrädrige Fuhrwerke, sog. „collection-cars“, verwendet.

Im Auslande unterhält die Postverwaltung der Vereinigten Staaten von Amerika eine Postagentur in Schanghai (China).

Die Postverwaltung der Vereinigten Staaten von Amerika hat das ausschließliche Recht (Monopol) der Beförderung von Briefen jeder Art. Doch ist es gestattet, Briefe durch besondere Boten oder auch unentgeltlich mit Gelegenheit zu versenden, ferner unterliegen die zu Warensendungen gehörigen Begleitbriefe dem Postzwange nicht.

A. Briefpost.

Die Briefsendungen werden in 4 Klassen eingeteilt: 1. Klasse (first class matter) Briefe, versiegelte Pakete und Postkarten, 2. Klasse (second class matter) Zeitungen und regelmäßig erscheinende Zeitschriften, 3. Klasse (third class matter) Bücher, Broschüren und sonstige Drucksachen, 4. Klasse (fourth class matter) Muster und gewisse Waren.

First class matter: Briefe (letters), zu denen alle verschlossenen Sendungen zählen, sind ohne Beschränkung der Ausdehnungen bis 4 Pfd. zur Beförderung zugelassen. Sie müssen mindestens zum einfachen Portosatz frankiert sein. Tarif: 2 Ct. für jede Uz., und zwar auch für Ortsbriefe (drop letters), wenn an dem Orte ein Briefbestelldienst eingerichtet ist, andernfalls für Ortsbriefe 1 Ct. für jede Uz.; unzureichend (mit wenigstens 2 oder 1 Ct.) frankiert der Betrag des fehlenden Portos. Briefe, die nicht wenigstens mit einem Portosatz frankiert sind, werden nicht abgesandt, sondern dem Absender zurückgegeben. Ist er nicht bekannt, so wird der Empfänger zur Einsendung des fehlenden Portobetrages aufgefordert; leistet er der Aufforderung keine Folge, so wird der Brief nach 14 Tagen als unbestellbar behandelt.

Postkarten (postal cards): einfach 1 Ct., mit Antwort 2 Ct. Von der Privatindustrie hergestellte Postkarten (private mailing cards) sind zur Beförderung zugelassen, wenn sie in Größe und Stärke (nicht auch Farbe) des Papiers den amtlich ausgegebenen Postkarten entsprechen und am Kopf der Vorderseite den Aufdruck „Post Card“ tragen.

Second class matter: Zeitungen und regelmäßig erscheinende Zeitschriften (newspapers und periodical publications) müssen frankiert sein. Zeitungen, die von den Verlegern oder deren Agenten an Zeitungsverkäufer oder regelmäßige Bezieher verschickt werden, sind ohne Beschränkung des Gewichts zulässig. Tarif: 1 Ct. für jedes Pfd. der von Verlegern, Agenten oder Zeitungsverkäufern untereinander oder an regelmäßige Bezieher oder von Zeitungsverlegern an zu gewinnende Bezieher abgesandten Zeitungspakete und 1 Ct. für je 4 Uz. für Zeitungen, die von anderen Personen versandt werden. Das Meistgewicht dieser letzteren Zeitungssendungen ist zudem auf 4 Pfd. beschränkt. Zeitungen und Zeitschriften an Bezieher, die in derselben county (Grafschaft oder Kreis) wohnen, in der auch die Zeitung oder Zeitschrift erscheint, werden portofrei befördert, wenn sich am Bestimmungsort eine Postanstalt ohne

Bestellungsdienst befindet; ist letzteres nicht der Fall, so ist für jedes Pfd. der Sendung 1 Ct. zu zahlen. Zeitungen, die wöchentlich mindestens einmal erscheinen und bei einer Postanstalt mit Bestelldienst lediglich zur Bestellung aufgeliefert werden, unterliegen einer Taxe von 1 Ct. für jedes Pfd. Die Taxe für seltener als wöchentlich einmal erscheinende Zeitungen, sowie für Zeitschriften, deren Gewicht im einzelnen 2 Uz. nicht übersteigt, beträgt, wenn sie einer Postanstalt mit Bestelldienst zur Abtragung übergeben werden, 1 Ct. und, wenn ihr Gewicht 2 Uz. übersteigt, 2 Ct. für jede Zeitung oder Zeitschrift; besitzt die Postanstalt keine Bestelleinrichtung, so unterliegen auch diese Zeitungen und Zeitschriften nur der oben genannten Taxe für wöchentlich einmal erscheinende Zeitungen. Unfrankierte oder unzureichend frankierte Zeitungspakete werden nicht befördert, sofern sie nicht nach vorstehendem Portofreiheit genießen. Ordentliche Zeitungsbeilagen unterliegen derselben Taxe wie die Zeitungen, zu denen sie gehören, und werden mit diesen zusammen gewogen. Wenn den Zeitungen auf Wunsch von Privatpersonen Annoncenbeilagen beigefügt werden, so unterliegt die ganze Sendung der Taxe für Sendungen 3. Klasse. Für Zeitungspakete, die von den Verlegern versandt werden, ist das Porto bar, sonst in Freimarken zu entrichten.

Zeitungen und Zeitschriften müssen, um gegen die ermäßigte Zeitungstaxe Beförderung zu erhalten, die ersteren wöchentlich mindestens einmal, die letzteren mindestens viermal jährlich in regelmäßigen Fristen erscheinen, von einer bekannten Veröffentlichungsstelle ausgehen, ungeheftet und ungebunden sein, als Zweck die Verbreitung von Nachrichten allgemeinen Charakters oder solcher aus dem Bereich der Literatur, Wissenschaften oder Künste oder bestimmter Industriezweige verfolgen und eine Liste regelmäßiger Bezieher besitzen. Die Verleger müssen ihre Zeitung oder Zeitschrift unter Vorlegung von Probenummern mit einem ausgefüllten Fragebogen beim Post Office Department anmelden; dieses entscheidet dann darüber, ob die Zeitung als Gegenstand 2. Klasse anzusehen ist. Zeitungen, die lediglich dem Zweck der Veröffentlichung von Annoncen dienen, genießen die den Zeitungen gewährte Portovergünstigung nicht, sondern sind als Sendungen 3. Klasse zu betrachten.

Mit der Annahme und Ausführung von Zeitungsbestellungen befassen sich die Postanstalten nicht.

Third class matter: Drucksachen (andere Drucksachen als die zur 2. Klasse der Briefsendungen gehörigen Zeitungen) — printed matter — müssen stets vollständig frankiert sein. Für die Ausdehnungen sind Grenzen nicht gezogen; dagegen dürfen sie ein Gewicht von 4 Pfd. nur dann überschreiten, wenn es sich um die Versendung einzelner Bücher von höherem Gewicht handelt. Tarif: einheitlich 1 Ct. für jede 2 Uz. Die Drucksachen dürfen handschriftlich mit einer Widmung, sowie mit sonstigen Bemerkungen, die nicht die Eigenschaft einer persönlichen Mitteilung haben, versehen werden.

Fourth class matter: Als solche können versandt werden: Schreib- und anderes Papier, unbeschriebene Karten und Postkarten, Briefumschläge, Kalender, unbeschriebene Schreib- und Notizbücher, Albums, Handzeichnungen, Holz- und Metallplatten zu Stichen, gerahmte und ungerahmte Bilder, Spielkarten, Lineale, Maßstäbe, Metalle, Mineralien, Münzen, getrocknete Blumen, Früchte und Pflanzen, frische und künstliche Blumen, Bienen, Stoffmuster, Warenpäckchen mit Originalverschluß wie Tabak, Pillen, Seife usw. und ähnliche Gegenstände. Die solche Sachen enthaltenden Pakete müssen so verpackt sein, daß ihr Inhalt leicht geprüft werden kann; hinsichtlich ihres Umfangs sind Grenzen nicht gezogen, im Gewicht dürfen sie jedoch 4 Pfd. nicht überschreiten. Sie unterliegen dem Frankierungszwang. Tarif: 1 Ct. für jede Uz. Verschlossene Pakete werden wie Briefe taxiert und behandelt. Sämereien, Kartoffeln, Bohnen, Erbsen, Kastanien und Eicheln zum Säen oder Pflanzen können ebenfalls in Paketen versandt werden; diese unterliegen aber nur der Taxe für Sendungen 3. Klasse.

Der Absender kann auf einem Paket außer der Aufschrift seinen Namen, sowie auf einem beigefügten Zettel die Fabrik- oder Handelszeichen, Buchstaben und Nummern zur näheren Bezeichnung der Ware anbringen. Handschriftliche Angaben, die eine persönliche Mitteilung darstellen, sind, abgesehen von Neujahrs- und Weihnachtsgrüßen, nicht statthaft.

Von der Beförderung in Sendungen der 4. Klasse sind unbedingt ausgeschlossen: leichtentzündliche oder ätzende Flüssigkeiten, geistige und malzhaltige Getränke, lebende Tiere (außer Bienen), leichtfaulende Früchte, Guano und andere übelriechende Sachen. Der Inhalt einer Sendung muß in eine Hülle von Papier, Leinwand oder Pergamentpapier eingeschlagen und nötigenfalls in eine Kiste oder Schachtel aus Holz oder Blech verpackt sein, die mit verschiebbarem oder drehbarem Deckel versehen ist. Für Flüssigkeiten, Fette, feine Instrumente, Nadeln, Sämereien, Gewürze, abfärbende Stoffe usw. bestehen hinsichtlich der anzuwendenden Verpackung eine Menge von besonderen Vorschriften.

Die Sendungen 4. Klasse bilden einen gewissen Ersatz für Pakete, mit deren Beförderung sich die amerikanische Postverwaltung im inneren Verkehr nicht befaßt, obwohl sie solche mit verschiedenen fremden Ländern — mit einigen sogar bis 5 kg oder 11 Pfd. — austauscht.

Geschäftspapiere als solche sind im inneren Verkehr nicht zugelassen.

Briefsendungen jeder Art können unter Einschreibung (Registration) versandt werden; sie müssen stets im voraus frankiert und am Schalter abgegeben werden, eingeschriebene Sendungen 1. Klasse können auch bei den Briefträgern und Landbriefträgern aufgeliefert werden. Wertpapiere und bares Geld sind in Einschreibbriefen zugelassen. Besondere Vorschriften über den Verschluß der Einschreibsendungen bestehen nicht. Einschreibgebühr 8 Ct. Sie schließt die Taxe für einen Rückschein in sich, der dem Absender in jedem Falle zugefertigt wird. Über jede Einschreibsendung wird dem Aufgeber, der sich auf der Sendung namhaft machen muß, unentgeltlich ein Einlieferungsschein erteilt. Die Postverwaltung leistet im Falle des Verlustes einer Einschreibsendung 1. Klasse Ersatz in Höhe des wirklich erlittenen Schadens, höchstens jedoch von 25 D. für die einzelne Sendung. Der Anspruch auf Ersatz muß binnen Jahresfrist angebracht werden. Für Sendungen 2. bis 4. Kl. wird Ersatz nicht geleistet. Einschreibsendungen werden an den Empfänger oder dessen Bevollmächtigten ausgehändigt; tragen sie jedoch den Vermerk „Deliver to the addressee in person", so dürfen sie nur an den Empfänger selbst bestellt werden.

Nachsendung erfolgt gebührenfrei, wenn es sich um Sendungen der 1. Klasse und um solche Zeitungen handelt, die an regelmäßige Bezieher in der county ihres Erscheinungsortes nachzusenden sind. Alle anderen Sendungen werden mit der Taxe für neu aufgelieferte Briefsendungen belegt. Postlagersendungen, die den Vermerk „Transient“ oder „To be called for“ tragen müssen, werden 30 Tage zur Verfügung der Empfänger gehalten.

Unbestellbare Briefe (dead letters, „tote Briefe“) werden an das Dead Letter Office des Post Office Department in Washington eingesandt, wo sie eintretendenfalls behufs Ermittelung der Absender geöffnet werden. Gelingt die Ermittelung des Absenders nicht, so werden die Sendungen vernichtet oder als altes Papier verwendet; Wertsachen, die in den Briefen vorgefunden werden, bewahrt die Postverwaltung eine bestimmte Zeit auf und verwertet sie nach 4 Jahren zugunsten der Staatskasse. Unanbringliche Zeitschriften, Bücher u. dgl. werden auf jedesmalige besondere Anordnung des General-Postmeisters Krankenhäusern, Asylen und ähnlichen Instituten überwiesen. Andre Drucksachen, Waren usw. werden verkauft. Den Briefversendern wird empfohlen, ihre Adresse in der Briefaufschrift anzugeben mit dem Zusatze, nach welcher Frist die Sendungen im Falle der Unbestellbarkeit zurückzuschicken sind; fehlt die Frist, so erfolgt die Rücksendung nach 30 Tagen, und zwar unmittelbar nach dem Aufgabeort. Enthalten unbestellbare Briefe Gegenstände von Wert, so werden sie vor der Einsendung an das Dead Letter Office in eine Liste eingetragen, die am Postamt ausgehängt und in den am Ort erscheinenden oder dort am meisten gelesenen Zeitungen veröffentlicht wird. Meldet sich der Empfänger einer solchen Sendung nachträglich, so wird von ihm eine Gebühr von 1 Ct. eingezogen. In diese Liste werden jedoch Briefe, deren Absender sich in der Aufschrift genannt hat, oder die für regelmäßige Empfänger bestimmt oder nach Hotels oder postlagernd adressiert sind, nicht aufgenommen.

In allen Orten mit mehr als 10 000 Einwohnern (in eingemeindeten Vororten mit mindestens 5000 Einwohnern) oder mit einer Portoeinnahme von mehr als 10 000 D. jährlich besteht ein Briefbestelldienst (Free delivery service), verbunden mit einer Stadtposteinrichtung und der Leerung von Straßenbriefkasten. Die Bestellung der von weiterher eingehenden Briefsendungen an die Empfänger erfolgt in diesen Orten gebührenfrei. Doch werden schwere oder umfangreiche Sendungen auch in diesen Orten von der Bestellung ausgeschlossen; dem Empfänger solcher Sendungen wird nur eine Aufforderung zugestellt, sie bei der Post abzuholen. Die in anderen Orten wohnhaften Briefempfänger sind dagegen allgemein genötigt, ihre Sendungen bei der Postanstalt abzufordern. Von der Bestellung durch fahrende Landbriefträger usw. ist schon weiter oben die Rede gewesen.

Aber auch in Orten mit Bestelldienst ist es dem Publikum gestattet, seine Sendungen regelmäßig beim Postamt abzuholen; in diesem Falle wird dem Beteiligten gegen eine Fachmiete, deren Höhe vom Postmeister festgesetzt und vom Post Office Department genehmigt wird, ein Fach des Briefausgabespindes eingeräumt. Die Fachmiete richtet sich nach der Einnahme des Postamts und nach der Größe der Fächer. Schließfächer gibt es von 4 Größen; für kleine Fächer beträgt die Fachmiete mindestens 20 Ct. und höchstens 4 D. vierteljährlich, für Fächer größter Art bewegt sie sich zwischen 45 Ct. und 7 D.

Auch ein Eilbestelldienst ist eingerichtet. Es können sowohl Briefsendungen jeder Art von weiterher als auch Ortsbriefe, und zwar gewöhnliche und eingeschriebene, durch Eilboten abgetragen werden. Die Briefe müssen neben den gewöhnlichen, zur Frankierung erforderlichen Freimarken noch mit einer besonderen Eilbriefmarke, deren Wert 10 Ct. beträgt, oder mit gewöhnlichen Briefmarken zu diesem Betrage beklebt sein und in der Aufschrift den Vermerk „Special Delivery“ tragen. Der Eilbestellbezirk fällt in den Orten, welche die gewöhnliche Bestelleinrichtung haben, mit dem Ortsbestellbezirk zusammen; in den übrigen Orten findet die Eilbestellung nur im Umkreis einer Meile (= 1,609 km) von dem Postamte statt. Nach Landorten wird eine Eilbestellung nicht ausgeführt. Die Eilbriefmarke wird von der Aufgabepostanstalt in derselben Weise wie die gewöhnlichen, auf Postsendungen befindlichen Freimarken entwertet. Am Bestimmungsort müssen sämtliche eingegangenen Briefsäcke für den Ort gleichzeitig geöffnet und die Eilbriefe von den übrigen Briefschaften geschieden werden. Die den Kartenschluß fertigende Postanstalt hat aus den Eilbriefsendungen tunlichst besonders gekennzeichnete Bunde zu fertigen, die sich von den anderen Bunden deutlich unterscheiden und so leicht entdeckt werden. Die Eilsendungen werden mit dem Ankunftsstempel bedruckt und nach Stückzahl, Aufschrift usw. in ein Bestellungs- und in ein Merkbuch eingetragen. Dem Eilboten wird mit den Eilbriefen das Bestellungsbuch mitgegeben; in diesem haben die Empfänger der Eilsendungen den Empfang zu bescheinigen. Diese Bescheinigung ist unabhängig von der für eingeschriebene Eilsendungen zu erteilenden Quittung abzugeben. Bei der Rückkehr des Eilboten zum Postamt hat der Bote das Bestellungsbuch zurückzuliefern, nachdem er die Stunde der Aushändigung der Sendung oder, bei unbestellbaren oder verzögert bestellten Eilbriefen, den Grund der Unbestellbarkeit oder der Verzögerung eingetragen hat. In das Merkbuch ist dieser Vermerk, wie auch der Name des Eilboten zu übertragen. Das Merkbuch bildet zugleich die Grundlage für die Abrechnung mit dem Eilboten über den Eilbotenlohn oder die Besoldung des Boten. Bei kleineren Postämtern hat der Postmeister für die sofortige Abtragung der Eilsendungen Sorge zu tragen; dafür stehen ihm $^4/_5$ der Eilbestellgebühr zu. In größeren Orten werden besondere Eilboten, die mindestens 13 Jahre alt sein müssen, gehalten; auch sie beziehen Stücklohn in Höhe von $^4/_5$ der Eilbestellgebühr, höchstens aber 30 D. im Monat. In Orten mit Briefbestelldienst erfolgt die Eilbestellung zwischen 7 Uhr morgens und 11 Uhr abends, und zwar auch an Sonntagen, in Orten ohne Bestelldienst nur bis 7 Uhr abends; geht jedoch nach 7 Uhr eine Post ein, so erfolgt die Eilbestellung noch bis 9 Uhr.

Mit der Bestellung ist vielfach die Einsammlung von Postsendungen verbunden („house-to-house collection“ — Einsammlung von Haus zu Haus). Das Wesen der Einrichtung besteht darin, daß die Korrespondenten auf eigene Kosten einen Briefkasten nach dem von der Verwaltung empfohlenen Muster an ihrer Wohnung anbringen lassen. Der Briefkasten wird zugleich von dem Briefträger zum Einlegen der für den Korrespondenten eingegangenen Briefschaften und von letzterem zur Auflieferung seiner abgehenden Sendungen benutzt. Der Briefträger nimmt die vorgefundenen Sendungen mit zum Postamt oder wirft sie, wenn dadurch eine Beschleunigung erzielt wird, in einen Straßenbriefkasten. Ferner können durch die Privatbriefkasten Bestellungen auf Freimarken unter Beifügung des erforderlichen Betrages vermittelt werden; die Wertzeichen werden auf dem nächsten Rundgange vom Briefträger in den Briefkasten des Bestellers gelegt. Abgesehen von den dem Publikum gewährten Erleichterungen dient die Einrichtung namentlich auch dazu, die Bestellung zu beschleunigen.

In einigen größeren Städten sind neben den Postanstalten Privatpersonen, die den Titel „Postagent“ führen, mit dem Verkauf von Postwertzeichen betraut, um dem in abgelegenen Stadtteilen wohnenden Publikum den Ankauf von Marken zu erleichtern. In der Regel werden Kaufleute mit offenem Geschäft zu Postagenten gewählt. Sie erhalten für ihre Mühewaltung eine Vergütung von 2 D. für den Monat. Die Bestände an Freimarken haben sie fortgesetzt durch den Ankauf von Marken bei den Postanstalten zu ergänzen. Außer Postfreimarken und Postkarten sind auch gestempelte Briefumschläge (zu 1, 2, 4 und 5 Ct.) und gestempelte Streifbänder (zu 1, 2 und 4 Ct.) ausgegeben. Die gestempelten Briefumschläge, die, je nach Wert, Farbe, Größe und Papier voneinander abweichend, in 46 verschiedenen Sorten vorrätig sind, und die gestempelten Streifbänder, deren es 15 Sorten gibt, werden mit einem Aufschlag verkauft, der je nach Gattung, Zahl und Papiersorte der gleichzeitig entnommenen Stücke verschieden bemessen ist; der Tarif ist dadurch äußerst verwickelt. Beispielsweise wird für die mit dem Wertstempel 1 Ct. versehenen Briefumschläge von weißer Farbe, $3^1/_4$ zu $5^1/_2$ Zoll, erhoben: für 1 Stück 2 Ct., für 2: 3 Ct., für 3: 4 Ct., für 4: 5 Ct., für 5: 6 Ct., für 6: 7 Ct., für 7: 8 Ct., für 8: 9 Ct., für 9: 11 Ct., für 10: 12 Ct., für 25: 29 Ct., für 50: 57 Ct., für 100: 1 D. 13 Ct., für 250: 2 D. 81 Ct. usw. Auch Markenheftchen sind ausgegeben, die neben 24 1-Ct.-Marken noch 12, 24 oder 48 2-Ct.-Marken enthalten und mit einem Aufschlag von 1 Ct. verkauft werden.

Die Postverwaltung befaßt sich auch mit dem Bedrucken der sog. „Special request envelopes“ für das Publikum, das sind Briefumschläge, die auf der Aufschriftseite neben dem Namen des Absenders noch einen gedruckten Vermerk tragen, wie mit der Sendung im Falle der Unbestellbarkeit verfahren werden soll usw. Die Verwaltung strebt damit eine Vereinfachung des Rückbriefgeschäfts und Verminderung der unanbringlichen Sendungen an.

Zu bemerken ist schließlich noch, daß die Frankierung von Massensendungen statt mit Marken in bar erfolgen kann.

Das Porto für unfrankierte und unzureichend frankierte Sendungen wird mit Taxmarken (postage due stamps) verrechnet.

B. Postanweisungen.

Am Postanweisungsdienst nehmen alle Postämter 1. und 2. Kl. mit ihren Stationen und Unterstationen, sowie eine große Zahl der Postämter 3. und 4. Kl. teil. Der Höchstbetrag einer Postanweisung (Money Order) ist auf 100 D. festgesetzt. Tarif: bis $2^1/_2$ D. 3 Ct., über $2^1/_2$ bis 5 D. 5 Ct., über 5 bis 10 D. 8 Ct., über 10 bis 20 D. 10 Ct., über 20 bis 30 D. 12 Ct., über 30 bis 40 D. 15 Ct., über 40 bis 50 D. 18 Ct., über 50 bis 60 D. 20 Ct., über 60 bis 75 D. 25 Ct. und über 75 bis 100 D. 30 Ct. Die Gebühr wird bar entrichtet.

Wünscht jemand eine Postanweisung abzusenden, so hat er auf einem besonderen Formular (form of application) die erforderlichen Angaben niederzuschreiben, worauf der Annahmebeamte zur Ausfertigung der Postanweisung schreitet. Die Postanweisung wird dem Einzahler zur Übermittelung an den Empfänger ausgefolgt, während der Bestimmungspostanstalt ein Einzahlungsschein (advice) übersandt wird. Postanweisung, Einzahlungsschein und Posteinlieferungsschein, von denen die beiden letzteren durch Durchdruckverfahren beim Ausfüllen der Postanweisung mit Ausnahme des stets handschriftlich mit Tinte anzugebenden Namens des Empfängers hergestellt werden, trennt der Annahmebeamte aus einem Heft heraus. Dem Aufgeber liegt ob, zu prüfen, ob die Postanweisung ordnungsmäßig ausgefertigt ist. Um Weiterungen zu vermeiden und die Sicherheit zu erhöhen, ist den Absendern besonders anempfohlen, die Adresse des Empfängers so genau in dem Verlangformular anzugeben, daß jeder Ungewißheit vorgebeugt wird, auch seinen Namen möglichst vollständig zu nennen.

Eine Postanweisung ist nur bei der Postanstalt zahlbar, auf die sie ausgestellt ist. Soll sie auf eine andere Anstalt übertragen werden, so muß der Annahmebeamte die Postanweisung als bei ihm ausgezahlt behandeln und eine neue Postanweisung auf den neuen Bestimmungsort ausfertigen, der Absender hat jedoch die Postanweisungsgebühr alsdann von neuem zu entrichten; die erste Bestimmungspostanstalt wird amtlich von der eingetretenen Ungültigkeit des übersandten Einzahlungsscheines verständigt. Wünscht jemand eine Postanweisung an sich selbst nach einem Ort einzuzahlen, wo er unbekannt ist, so hat er den Einzahlungsschein selbst zu unterzeichnen; diese Unterschrift wird als vom Absender herrührend bescheinigt und dient am Bestimmungsort als ausreichender Ausweis für den Empfänger. Indossierung auf eine dritte Person ist statthaft, eine zweimalige Indossierung dagegen ausgeschlossen.

Der Empfänger hat sich bei Vorlegung der Postanweisung der Postanstalt gegenüber gehörig auszuweisen; die Auszahlung erfolgt gegen Vorlegung der quittierten Postanweisung. Die Postanweisungen verlieren ihre Gültigkeit nach Jahresfrist. Eine Verlängerung der Gültigkeitsdauer muß durch Vermittelung der Aufgabe- oder Bestimmungspostanstalt bei dem Post Office Department beantragt werden.

Telegraphische Postanweisungen sind nicht zulässig.

Ein Postauftrags-, ein Wertbrief- und, wie schon erwähnt, ein Paketdienst, sowie Postsparkassen bestehen in den Vereinigten Staaten noch nicht.

22. Canada.

(9659400 qkm und 5983550 Einwohner.)

Das canadische Postgebiet umfaßt das eigentliche Dominium von Canada, ferner Neu-Schottland, Neu-Braunschweig, die Prinz-Edward-Insel und Britisch-Columbien mit der Vancouver-Insel. An der Spitze des canadischen Postwesens steht ein Postmaster General als Leiter des „Post Office Department" in Ottawa. Dem General-Postmeister sind ein „Deputy Postmaster General", ein „Assistant Deputy Postmaster General", ein „Accountant" (für das Kassen- und Rechnungswesen), ein „Secretary" und ein „Assistant Secretary" beigegeben. Das Post Office Department zerfällt in 5 Abteilungen, für Postanweisungsdienst, für Sparkassendienst, für Rückbriefdienst, für Wertzeichenvertrieb und für den Postbeförderungsdienst. An der Spitze jeder Abteilung steht ein „Superintendent". Daneben sind ein „Controller" für die Lager und ein „Controller" für den Bahnpostdienst Vorsteher besonderer Zweigabteilungen. Der gesamte Aufsichtsdienst untersteht einem „Chief Post Office Superintendent", der in Toronto wohnt. Das Land ist in 16 Inspektionsbezirke eingeteilt, die je einem

Postinspektor unterstehen. Diese haben ihren Amtssitz im Hauptort ihrer Bezirke, und zwar in Halifax, Charlottetown, St. John, Quebec, Montreal, Ottawa, Kingston, Toronto, London, Winnipeg, Victoria, Vancouver, Calgary, Edmonton, Moose Jaw und Saskatoon. Eigentliche Bezirkspostdirektionen sind nicht eingerichtet; die Postanstalten, deren Vorsteher algemein den Titel „Postmaster" führen, sind vielmehr dem Post Office Department unmittelbar untergeordnet.

Der Bahnpostdienst untersteht der Aufsicht von 11 Superintendents, die in Halifax (für Neu-Schottland), in Charlottetown (für die Prince-Edward-Insel), in St. John (für Neu-Braunschweig), in Quebec, Montreal, Ottawa, Toronto, Calgary und London (für die gleichnamigen Bezirke), in Winnipeg (für Manitoba und die Nord-West-Territorien) und in Vancouver (für Britisch-Columbien) ihren Sitz haben.

Der Postverwaltung steht das alleinige Recht (Monopol) zu, Briefe anzunehmen, zu befördern und auszugeben. Es ist jedoch gestattet, Briefe einem Bekannten oder Freunde zur Abgabe an einen bestimmten Empfänger mitzugeben oder durch besondere Boten den Empfängern zuzustellen, auch Warensendungen Begleitpapiere offen beizufügen.

A. Briefpost.

Die Briefsendungen zerfallen in 4 Klassen. Briefsendungen der 1. Klasse (First Class Matter) sind die Briefe, zu denen auch alle ganz oder teilweise mit der Hand oder Schreibmaschine geschriebenen Sachen, ausgenommen Manuskripte zu Büchern und Zeitungen, sowie Akten der Behörden, gehören, gleichviel ob sie offen oder verschlossen versandt werden, ferner die Postkarten. Sendungen der 2. Klasse (Second Class Matter) sind die an regelmäßige Bezieher gerichteten Zeitungen und Zeitschriften, solche der 3. Klasse (Third Class Matter) die übrigen Zeitungen und Zeitschriften und sonstigen Drucksachen, die Manuskripte zu Büchern und Zeitungen, Akten der Behörden, sowie die Warenproben, Sendungen der 4. Klasse (Fourth Class Matter) sind die offenen Warenpakete.

First Class Matter: Briefe (letters) und offene oder verschlossene Geschäftspapiere (legal and commercial papers) müssen wenigstens teilweise frankiert sein; unfrankierte Briefe werden nicht befördert. Tarif: 2 Ct.*), Stadtbriefe (dropped letters) 1 Ct. für jede Uz.; unzureichend frankiert das Doppelte des fehlenden Portos. Gewicht und Umfang der Briefe sind nicht beschränkt. Briefe, die an einen Postmeister mit dem Ansuchen geschickt werden, sie einem beliebigen Vertreter eines in der Aufschrift genannten Geschäftszweiges (z. B. einem Pelzhändler u. dgl.) auszuhändigen, sind zugelassen, ebenso Briefe, die als Aufschrift nur eine Wohnungsangabe tragen.

Die Taxe für Postkarten (post cards) beträgt 1 Ct. für die einfache, 2 Ct. für die Karte mit Antwort. Von der Privatindustrie hergestellte Karten sind zur Beförderung zugelassen, doch dürfen sie 6 zu $3^1/_4$ Zoll nicht überschreiten und hinter $3^5/_8$ zu $2^1/_4$ Zoll in der Größe nicht zurückbleiben.

*) 1 Dollar (D.) zu 100 Cents (Ct.) = 4 M. $19^4/_5$ Pf. — 1 engl. Pfund (Pfd.) zu 16 Unzen (Uz.) = 453 g; 1 Unze = 28,3465 g. — 1 Fuß zu 12 Zoll = 0,305 m; 1 Zoll = 2,54 cm; 1 (engl.) Meile = 1,609 km.

Second Class Matter: Zeitungen (newspapers) und Zeitschriften (periodicals), die höchstens einmal wöchentlich, mindestens aber einmal monatlich ausgegeben werden, genießen, sofern sie in Canada erscheinen und vom Verleger oder von Zeitungshändlern an regelmäßige Bezieher in Canada gerichtet sind, im Umkreis von 40 engl. Meilen vom Erscheinungsort Portofreiheit. Sind sie jedoch für den Ort des Erscheinens selbst bestimmt, und besteht an diesem Ort ein unentgeltlicher Bestelldienst, so ist für sie 1 Ct. für je 4 Uz. zu zahlen. Sind solche Zeitungen oder Zeitschriften nach weitergelegenen Orten gerichtet oder erscheinen Zeitungen öfter als einmal wöchentlich, so beträgt die Taxe $\frac{1}{4}$ Ct. für jedes Pfd. Als Zeitungen und Zeitschriften dieser Art gelten nur solche, die nach Vorlegung eines Antrages des Verlegers und einer Probenummer vom Post Office Department anerkannt worden sind. Diese Zeitungen werden nicht mit Freimarken, sondern bar frankiert und müssen am Schalter aufgeliefert werden, wo sie mit einem Stempel „Postage Paid" bedruckt werden. Den Zeitungen können ordentliche Beilagen, Rechnungen der Redaktionen und Expeditionen, sowie Zeitungsbestellzettel mit je einem für die Antwort zu benutzenden und mit gedruckter Aufschrift versehenen Briefumschlage beigefügt sein. Zeitungen und Zeitschriften, die seltener als einmal monatlich erscheinen und an regelmäßige Bezieher gerichtet sind, unterliegen dagegen einer Taxe von 1 Ct. für jedes Pfd. Derselben Taxe sind die von den Redaktionen, Expeditionen u. dgl. versandten Probeblätter unterworfen. Das gleiche Vorrecht genießen die im Ausland erscheinenden Zeitungen, die vom Auslande mit der Post eingegangen sind und von den Zeitungshändlern im Lande an regelmäßige Bezieher verschickt werden. Für andere als die vorbezeichneten Zeitungen und Zeitschriften beträgt die Taxe 1 Ct. für jede 4 Uz.; wiegen jedoch die einzelnen Sendungen dieser Art, die nur ein Exemplar enthalten, weniger als 1 Uz., so kosten sie nur $\frac{1}{2}$ Ct. Zeitungen müssen stets frankiert sein; unzureichend frankierte, die mindestens 1 Ct. in Freimarken tragen, werden zwar abgesandt, unterliegen aber einer Nachtaxe in Höhe des doppelten Betrages des fehlenden Portos. Mit weniger als 1 Ct. unzureichend frankierte und unfrankierte Zeitungen werden nicht abgesandt, sondern als unbestellbar behandelt. Bleiben Zeitungen 4 Wochen lang unabgeholt, so wird der Verleger hiervon benachrichtigt, die Zeitungen werden aber nicht zurückgesandt. Gehen hierauf noch solche an den gleichen Empfänger ein, so erfolgt eine zweite Benachrichtigung. Die dann noch eingehenden werden unter Belastung mit einem Porto von 1 Ct. für je 4 Uz. an den Verleger zurückgeschickt.

Third Class Matter: Andere als die beschriebenen Zeitungen und Zeitschriften, sowie Drucksachen jeder Art (Bücher, Broschüren, Preislisten, Angebote u. dgl.) — printed matter und book packets — sind bis 5 Pfd. zulässig; enthalten sie nur ein einziges Buch, so ist ein Höchstgewicht von 10 Pfd. gestattet. Die Drucksachen dürfen in den Ausdehnungen 30 zu 12 zu 12 Zoll oder bei Messung des Umfangs (Länge und Dicke um das Paket herum) 6 Fuß nicht überschreiten. Tarif: 1 Ct. für jede 4 Uz., mit mindestens 1 Ct. unzureichend frankiert das Doppelte des fehlenden Portos. Unfrankierte Drucksachen gelangen nicht zur Absendung. Die Drucksachen müssen unter Streifband oder in einem offenen Umschlag versandt werden, können aber mit Bindfaden umschnürt sein. Schriftliche Zusätze sind wie bei Drucksachen des Weltpostverkehrs gestattet. Zirkulare ohne Aufschrift bis 2 Uz., die den Bewohnern eines Ortes durch Einlegen in die Hausbriefkasten seitens der Briefträger zugestellt werden sollen und nur die Aufschrift „The Householder“ tragen, unterliegen einer Taxe von ½ Ct., die in Freimarken auf den einzelnen Exemplaren zu verrechnen ist. Gegen die Drucksachentaxe können auch Pakete mit für den Druck bestimmten Manuskripten, Zeitungsartikeln usw., sowie mit Akten der Behörden versandt werden. Auch Päckchen mit Sämereien, Wurzeln, Pflanzen u. dgl. sind zugelassen; doch beträgt die Taxe für diese Päckchen 2 Ct. für die ersten 4 Uz. und 1 Ct. mehr für jede weiteren 4 Uz.

Warenproben (patterns) sind bis 3 Pfd., solche mit Tee- und ähnlichen Proben aber nur bis ½ Pfd. zulässig. Tarif: 1 Ct. für jede 4 Uz.; unzureichend, aber mit mindestens 1 Ct. frankiert das Doppelte des fehlenden Portos. Unfrankierte Warenproben werden als unbestellbar behandelt. Außer der Adresse des Absenders und Empfängers, den Handelsmarken und Geschäftszeichen, sowie dem Preis der Ware dürfen Warenproben keinerlei schriftliche Angaben enthalten. Die Verpackung der Warenproben muß derartig sein, daß der Inhalt leicht geprüft werden kann. Doch ist solchen Geschäftsleuten, die mit Verbrauchsartikeln handeln und den Postanstalten als zuverlässige Personen hinreichend bekannt sind, gestattet, die Proben in geschlossenen Kästchen oder Schachteln einzuliefern; in solchem Falle muß die Aufschrift einen Zettel tragen, der eine Beschreibung der inliegenden Muster ergibt. Massensendungen der 3. Klasse können auch bar frankiert werden, doch müssen alle von gleichem Gewicht sein. Dazu ist vorher die Genehmigung des Postmeisters einzuholen. Bei der Auflieferung werden dann die Sendungen mit einem Stempel: „Postage paid in cash; Authorized under permit No ...“ bedruckt. Voraussetzung ist jedoch, daß das Gesamtporto mindestens 25 D. ausmacht.

Fourth Class Matter: Pakete mit Waren jeder Art (Merchandise) sind bis 5 Pfd. zulässig. Sie müssen offen, d. h. so aufgeliefert werden, daß ihr Inhalt leicht geprüft werden kann. Geschlossene Pakete werden wie Briefe behandelt und taxiert. Die Beförderung der Warenpakete erfolgt mit der Briefpost, wie sie überhaupt unter den Begriff der Briefsendungen fallen. Tarif: 1 Ct. für jede 4 Uz., unzureichend mit mindestens 1 Ct. frankiert das Doppelte des fehlenden Portos, unfrankiert unzulässig. Die Pakete dürfen Briefe nicht enthalten, doch können Zettel mit auf den Inhalt bezüglichen Angaben beigefügt sein. Leichtentzündliche Stoffe sowie verderbliche oder den anderen Sendungen schädliche Sachen sind von der Beförderung ausgeschlossen; dagegen können Flüssigkeiten, fette Stoffe und Glaswaren verschickt werden, wenn für sie eine bestimmte, genügend sichere Verpackung gewählt wird. In den Ausdehnungen dürfen Warenpakete 30 Zoll zu 1 Fuß zu 1 Fuß oder im Umfang (Länge und Dicke um das ganze Paket herum zusammengenommen) 6 Fuß nicht überschreiten. Gewissen zuverlässigen Geschäftsleuten ist gestattet, ihre Waren in der gleichen Weise und unter denselben Bedingungen, wie dies für Warenproben zugelassen ist, in verschlossenen Kisten oder Büchsen zu versenden.

Briefsendungen aller 4 Klassen können unter Einschreibung versandt werden (Registration). Bares Geld, Gold- und Silbersachen, sowie sonstige Wertgegenstände sind von der Aufnahme in Einschreibbriefe nicht ausgeschlossen, doch soll ihre Versendung niemals in gewöhnlichen Briefen erfolgen. Einschreibgebühr 5 Ct. Unzureichend frankierte Einschreibsendungen aus dem Briefkasten werden als unbestellbar an das Rückbriefamt in Ottawa unter Einschreibung eingesandt. Rückscheine sind zulässig; Gebühr 5 Ct. Über jede Einschreibsendung wird ein Einlieferungsschein gebührenfrei erteilt. Die Sendungen werden einzeln von Stelle zu Stelle nachgewiesen und nur den Empfängern selbst oder deren Bevollmächtigten gegen Quittung in einem Lagerbuche ausgehändigt. Im Falle des Verlustes einer Einschreibsendung wird von der Postverwaltung keinerlei Ersatz geleistet.*)

Dagegen können Einschreibbriefe unter besonderer Versicherung eines Betrages bis 25 D., der jedoch den wirklichen Wert der Sendung nicht überschreiten darf, aufgeliefert werden; für solche Einschreibbriefe wird dann im Verlust- oder Beschädigungsfalle Ersatz bis zur Höhe des versicherten Betrages geleistet. Der Wert ist in der Aufschrift mit dem Zusatz „Insured for" anzugeben. Die Sendungen werden mit einem roten Zettel beklebt, der die Aufschrift „Insured" trägt, im übrigen aber wie Einschreibbriefe behandelt und befördert. Münzen, Gold- und Silbersachen, Juwelen und ähnliche Wertsachen können in Kästchen verpackt werden; diese müssen umschnürt sein, die Schnurenden müssen angesiegelt oder plombiert werden. Die obere und die untere Fläche müssen mit weißem Papier überklebt werden, auf das die Adresse zu schreiben ist. Neben dem Porto und der Einschreibgebühr ist eine Versicherungsgebühr von 3 Ct. bis 10 D., 4 Ct. bis 15 D., 5 Ct. bis 20 D., 6 Ct. bis 25 D. der versicherten Summe im voraus zu entrichten. Auch für diese Sendungen sind Rückscheine (Gebühr 5 Ct.) zulässig.*)

Postlagersendungen mit Anfangsbuchstaben, Vornamen oder falschen Namen sind nicht zulässig; sie müssen stets den vollen und richtigen Namen des Empfängers in der Aufschrift tragen. Nachsendung von Briefen usw. erfolgt gebührenfrei, sofern der Empfänger seinen Wohnsitz verändert hat. Im allgemeinen werden Briefsendungen, die an den Aufgeber zurückzusenden sind, wie unbestellbare Briefe behandelt. Hat der Absender jedoch seine Adresse auf dem Briefe angegeben (address letters), so wird dieser an ihn unmittelbar zurückgeschickt, und zwar nach 15 Tagen, wenn in der Aufschrift nicht ein anderes Verlangen (request letters) gestellt ist. Die Rücksendung erfolgt in diesen Fällen gebührenfrei, außer für Gegenstände 4. Kl., für die das Porto für den Rückweg von neuem in Ansatz kommt. Andere unbestellbare Briefsendungen werden, ausgenommen die Zeitungen, die bereits bei den Postanstalten vernichtet werden, monatlich mindestens einmal an das General-Postamt in Ottawa (Abteilung für unbestellbare Briefe, Dead Letter Office) eingesandt; wird der Absender dort ermittelt, so erfolgt die Rücksendung an ihn unter Einziehung eines Rückportos von 2 Ct.

In den größeren Orten werden die Briefsendungen den Empfängern durch Briefträger gebührenfrei in die Wohnung bestellt. Auch in den übrigen Orten ist ein Bestelldienst eingerichtet, doch erfolgt dort die Bestellung durch besondere Boten gegen Einziehung einer Bestellgebühr von höchstens 2 Ct. für die einzelne Sendung, die dem Boten zufällt.

Ein Eilbestelldienst ist nur in den größeren Städten eingerichtet. Die Eilbestellgebühr beträgt 10 Ct. und ist durch Aufkleben einer besondern Eilbestellmarke (Special Delivery Stamp) oder von gewöhnlichen Briefmarken auf den

*) Die Einrichtung der Einschreibbriefe unter besonderer Versicherung ist seit 7. April 1909 aufgehoben. Es wird jetzt für verloren gegangene Einschreibsendungen allgemein Ersatz bis 25 D. gezahlt.

Brief zu verrechnen; im letzteren Falle muß die Aufschrift jedoch den Vermerk „Special Delivery“ tragen. Sonntags ruht die Eilbestellung.

Am Vertrieb der Postwertzeichen beteiligen sich außer den Postanstalten auch Privatpersonen, die hierzu vom General-Postamt besonders ermächtigt sind; anderen Privatpersonen ist der Verkauf von Postwertzeichen untersagt. Außer Postfreimarken und Postkarten hat die Postverwaltung auch gestempelte Streifbänder (zu 1 Ct.) und gestempelte Briefumschläge (zu 1, 2 und 3 Ct.) in verschiedener Größe ausgegeben. Die Streifbänder werden mit einem Aufschlage von 1 Ct. für je 4 Stück, die Briefumschläge von 1 Ct. für je 5 Stück verkauft. Aus Postkarten usw. ausgeschnittene Wertstempel sind zur Frankierung der Briefsendungen ungültig. Auch Freimarkenheftchen (stamp books) mit je 12 2-Ct.-Marken sind käuflich mit einem Aufschlage von 1 Ct. das Stück.

Das Porto auf unzureichend frankierten Sendungen wird mit Taxmarken (postage due stamps) verrechnet.

B. Postanweisungen.

Am Postanweisungsdienst nehmen nur die größeren Postanstalten teil. Der Höchstbetrag einer Postanweisung (Money Order) ist auf 100 D. festgesetzt. Tarif: bis 5 D. 3 Ct., über 5 bis 10 D. 6 Ct., über 10 bis 30 D. 10 Ct., über 30 bis 50 D. 15 Ct., über 50 bis 75 D. 25 Ct., über 75 bis 100 D. 30 Ct. Bei den Postanstalten im Yukon-Territorium wird die doppelte Taxe für Postanweisungen erhoben.

Der Aufgeber hat vor der Einzahlung einen Verlangzettel (Application form) sorgfältig auszufüllen, nach dem der Annahmebeamte die Postanweisung ausfertigt. Es muß der Name des Empfängers und des Absenders angegeben werden, und zwar einschließlich der Vornamen oder doch deren Anfangsbuchstaben. Soll der Postanweisungsbetrag am Bestimmungsort durch Vermittelung einer Bank vom Postamt abgehoben werden, so braucht der Name des Empfängers nicht angegeben zu werden, vielmehr genügt statt dessen der Vermerk „and Co“. Die Postanweisung händigt der Annahmebeamte dem Einzahler aus, während an die Bestimmungspostanstalt von Amts wegen nur ein Einzahlungsschein abgesandt wird, der alle Angaben des Verlangzettels enthält; der Einzahlungsschein kann offen oder, wenn er nach einer entfernten Gegend des Landes gerichtet ist, unter Umschlag versandt werden. Auf der Postanweisung, deren Versendung an den Empfänger Sache des Absenders ist, wie auf dem Einzahlungsschein muß der Betrag der Postanweisung in Zahlen und in Buchstaben angegeben sein. Die Postanweisungen, die einem Heft mit Stamm entnommen werden, tragen eine vorgedruckte fortlaufende Nummer; vor der Ausgabe sind sie, ebenso wie die Einzahlungsscheine, mit einem Abdruck des Tagesstempels zu versehen.

Beim Eintreffen bei der Bestimmungspostanstalt wird der Einzahlungsschein mit dem Tagesstempel bedruckt, auf seine Richtigkeit hin geprüft und bis zur Vorzeigung der zugehörigen Postanweisung aufbewahrt. Eine Postanweisung darf nicht ausgezahlt werden, wenn nicht der Einzahlungsschein vorliegt und dieser in seinen Angaben mit jener vollkommen übereinstimmt. Die Postanweisung muß von dem Empfänger quittiert sein. Die Übertragung einer Postanweisung auf eine dritte Person ist zulässig, doch muß diese an demselben

Orte wie der ursprüngliche Empfänger wohnen; diese Übertragung muß durch Indossierung erfolgen. Eine zweimalige Indossierung derselben Postanweisung ist jedoch nicht statthaft.

Die Postanweisungen verlieren nach 12 Monaten ihre Gültigkeit; die Verlängerung dieser Frist muß beim General-Postmeister beantragt werden. Die Postmeister haben die Einzahlungsscheine alltäglich daraufhin zu prüfen, ob die Verfallzeit inzwischen eingetreten ist; zutreffendenfalls sind die Einzahlungsscheine mit dem Vermerk „Verfallen" zu versehen und an die Abteilung für Postanweisungen beim Post Office Department in Ottawa einzusenden. Die Übertragung oder Nachsendung einer Postanweisung nach einem neuen Bestimmungsort kann nur mit Genehmigung des Post Office Department geschehen. Geht eine Postanweisung verloren, so wird auf Antrag vom Post Office Department ein Doppel unentgeltlich ausgefertigt.

Die Postmeister, die nicht ein festes Gehalt beziehen, empfangen auf die bei ihnen auf Postanweisungen eingezahlten Summen eine Vergütung von $\frac{1}{4}$ %.

Von den am Postanweisungsdienst beteiligten Postanstalten werden auch Postbons (postal notes) ausgegeben. Sie lauten auf feste Beträge, und zwar auf 20, 25, 30, 40, 50, 60, 70, 75, 80, 90 Ct., 1, $1\frac{1}{2}$, 2, $2\frac{1}{2}$, 3, 4, 5 und 10 D. Tarif: bis 40 Ct. 1 Ct., von 50 Ct. bis $2\frac{1}{2}$ D. 2 Ct., für 3, 4 und 5 D. 3 Ct. und für 10 D. 5 Ct. Bruchteile eines D. bis zu 9 Ct. können in Freimarken auf den Postbon aufgeklebt werden. Dem Empfänger eines Postbons wird der Wert dieser Marken mit ausbezahlt. Ein Postbon verliert seine Gültigkeit nach 12 Monaten, sie kann vom Post Office Department unentgeltlich verlängert werden. Der Käufer eines Postbons muß vor der Absendung an den Zahlungsempfänger dessen Namen auf den Postbon niederschreiben, außerdem kann er auch den Ort, wo der Postbon ausgezahlt werden soll, darauf angeben. Der Empfänger muß ferner, bevor er Zahlung erlangen kann, die Quittung am Fuße des Postbons ausfüllen, auch den Namen des Bestimmungsorts auf dem Postbon vermerken, falls der Absender dies unterlassen hat. Ist der Postbon vom Absender mit „and Co." durchkreuzt, so erfolgt die Auszahlung des Betrages nur an eine Bank, gleichviel ob diese auf dem Postbon namhaft gemacht ist oder nicht.

C. Postsparkassen.

Am Postsparkassendienst sind nur die größeren Postanstalten beteiligt. Die Einlagen dürfen nicht niedriger als 1 D. und nicht höher als 1000 D. jährlich sein; das Guthaben eines Einlegers darf 3000 D. nicht übersteigen. Der Zinsfuß, der z. Z. 3 % beträgt und niemals mehr als 4 % betragen soll, wird durch Gesetz bestimmt. Die Verzinsung der Einlagen beginnt mit dem auf den Einzahlungstag folgenden 1. des nächsten Monats, die Verzinsung der zurückgezahlten Beträge erlischt dagegen am 1. des Rückzahlungsmonats.

Die Sparbücher werden von den Postmeistern ausgefertigt. Bei der ersten Einlage hat der Sparer seinen Vor- und Zunamen, seinen Stand und Wohnort genau anzugeben und seine Namensunterschrift in das Sparbuch einzutragen; ferner hat er eine schriftliche Erklärung auf vorgedrucktem Formular abzugeben, daß er sich den Bedingungen des Postsparkassendienstes unterwirft und noch kein Guthaben bei der Sparkasse besitzt. Ergibt sich die Unrichtigkeit der letzteren Versicherung, so verliert der Sparer jedes Recht an das eingelegte Guthaben. Im Augenblick einer Einzahlung ist der Einlagebetrag von dem Annahmebeamten in Zahlen in das Buch einzurücken; zugleich wird der Tag der Einzahlung vermerkt und der Namenszug des Annahmebeamten, sowie ein Abdruck des Tagesstempels beigefügt. Sparkarten sind nicht eingeführt; die Einlagen müssen stets in barem Geld bewirkt werden. Dem Sparer muß über jede von ihm bewirkte Einlage binnen 10 Tagen (in Britisch-Columbien und den Nordwestterritorien 18 Tagen) ein Bestätigungsschreiben des Hauptbureaus der Postsparkasse in Ottawa zugehen; empfängt er es nicht rechtzeitig, so hat er das Ausbleiben alsbald dem General-Postamt zu melden. Eine Eintragung in das Sparbuch ohne Vorliegen des Bestätigungsschreibens wird als zu Recht bestehend nicht anerkannt. Eine Erklärung, daß ihm dies ausdrücklich bekannt gegeben sei, hat der Sparer bei der ersten Einlage schriftlich auf vorgedrucktem Formular abzugeben. Hat der Einleger sein Sparbuch verloren, so kann ihm gegen eine Gebühr von 20 Ct. ein Doppel ausgehändigt werden; in solchem Falle muß der Sparer jedoch die Gesamthöhe der Einlagen und Rückzahlungen angeben können.

Für die Rückzahlungen sind Kündigungsfristen nicht vorgesehen. Der Einleger hat sich wegen einer Rückzahlung mittels Formulars, das die Postanstalten unentgeltlich abgeben, an den General-Postmeister (Abteilung für Sparkassen) in Ottawa zu wenden, der einen Wechsel auf den Postmeister des Auszahlungsamts zieht und den Sparer vom Geschehenen benachrichtigt; dieser hat sich dann beim Postmeister auszuweisen und sein Sparbuch vorzulegen, worauf die Auszahlung erfolgt. Rückzahlungsanweisungen mittels Telegraphs sowie Rückzahlungen durch Postanweisung, durch Ankauf von Rententiteln u. dgl. sind nicht statthaft. Die Einleger können auf ihr Sparbuch bei allen zum Postsparkassendienst ermächtigten Postanstalten Einlagen bewirken und Rückzahlungen entgegennehmen; im letzteren Falle ist nur erforderlich, daß der Sparer in seinem Rückzahlungsantrage die auszahlende Postanstalt bezeichnet. Übersteigt das Guthaben 3000 D., so muß der überschießende Betrag zurückgezogen werden; keinesfalls wird er verzinst.

Die Postmeister melden die erfolgten Ein- und Auszahlungen täglich an das Hauptbureau in Ottawa, wo für jeden Sparer ein Konto in einfacher Ausfertigung geführt wird. Jährlich werden bis zum 31. März (Schluß des Etatsjahres) die Zinsen berechnet und dem Kapital zugeschlagen. Jeder Sparer hat jährlich an dem Tage, an dem sein Buch ausgestellt ist, das Sparbuch an das Hauptbureau in Ottawa einzusenden, wo es geprüft und der aufgelaufene Zinsenbetrag eingetragen wird. Die Ein- und Rücksendung der Bücher erfolgt portofrei.

Die Postamtsvorsteher, die keine feste Besoldung beziehen, erhalten für Wahrnehmung der Sparkassengeschäfte eine Vergütung von $\frac{1}{4}$ % der eingelegten Summen.

Ein Wertbrief- und ein Postauftragsdienst bestehen nicht. Als Ersatz für den Paketdienst kann die Einrichtung der Briefsendungen 4. Klasse (siehe unter „A. Briefpost") gelten.

23. Mexiko.

(1 987 201 qkm und 13 607 259 Einwohner.)

Die oberste Postbehörde ist dem Ministerium der Verkehrswege und öffentlichen Arbeiten unterstellt und führt den Namen „General-Postdirektion". An ihrer Spitze steht der „General-Postdirektor"; ihm sind ein „Unterdirektor" (Subdirector) und ein „Sekretär" beigegeben. Zur Entscheidung wichtiger Fragen ist ein besonderer „Verwaltungsrat" (Junta Consultora) gebildet, der aus 2 ständigen Beamten (Vocales permanentes) und verschiedenen höheren Beamten der Hauptstadt sich zusammensetzt und unter dem Vorsitz des General-Postdirektors tagt. Die Generaldirektion zerfällt in 10 Abteilungen, neben denen noch 3 selbständige Bureaus bestehen. An der Spitze jeder Abteilung steht ein „Vorsteher" (Jefe); bei den größeren Abteilungen ist auch noch ein „Untervorsteher" (Subjefe) vorhanden. Das nachgeordnete Personal setzt sich aus „Offizialen" und „Schreibern" zusammen. Zur Oberaufsicht über den gesamten Dienstbetrieb sind dem Generaldirektor 3 „Hauptinspektoren" (Visitadores) beigegeben. Das Land ist im übrigen zu Revisionszwecken in 24 Aufsichtsbezirke eingeteilt, an deren Spitze je ein „Inspektor" steht; in den größten Bezirken ist diesem ein „Unterinspektor" (Subinspector) beigegeben. Für den Bahnpostdienst sind 7 „Bahnpostdistrikte" eingerichtet, die von je einem „Direktor" (Jefe) geleitet werden. An Gehältern beziehen der Generaldirektor 6000 Pesos*), der Subdirektor 4500 P., der Sekretär 1800 P., die ständigen Beamten des Verwaltungsrates und die Abteilungsvorsteher 3000 P., die Bureauvorsteher 2400 P., die Untervorsteher 2400 P., die Hauptinspektoren 2400 P., die Inspektoren 1800 P., die Unterinspektoren 1200 P. und die Bahnpostdirektoren (Jefes de ruta) 1500 P.

Die Postanstalten zerfallen in „Lokal-Administrationen" (Postämter mit vollem Dienst) und in „Postagenturen", die sich nur mit dem Verkauf von Postwertzeichen befassen, einen Briefaustausch nur mit einer Lokal-Administration unterhalten und dieser unterstellt sind; mit der Annahme, Beförderung und Ausgabe von Einschreibsendungen befassen sich die Postagenturen nicht. Die Lokal-Administrationen unterstehen der General-Postdirektion unmittelbar. Lokal-Administrationen sind eingerichtet in der Stadt Mexiko, in der Hauptstadt eines jeden Bundesstaates, in der Hauptstadt des Territoriums Baja-California, in den Haupt-Handelshäfen, in den Hauptorten der Distrikte, Kantone und Bezirke, wo eine politische Behörde ihren Sitz hat, sowie in einigen anderen bedeutenderen Orten. Die Lokal-Administrationen zerfallen in „distribuidoras", größere Postanstalten, denen die Umarbeitung der für andere Postorte und Postlinien bestimmten Sendungen mit obliegt, „de cambio", Auswechselungs-Postanstalten für den Verkehr mit dem Ausland, und in „repartidoras", die nur Briefsendungen für den eigenen Bezirk sowie geschlossene Durchgangspakete für andere Administrationen erhalten. In Städten mit mehr als 50 000 Einwohnern sind „Zweig-Postanstalten" (Oficinas succursales) eingerichtet, um die Briefbestellung zu beschleunigen. Diese Zweig-Postanstalten sind der Lokal-Administration am Ort unterstellt.

An der Spitze jeder Lokal-Administration steht ein „Administrator". Die

*) 1 Peso (P.) zu 100 Centavos (Ct.) = 2 M. 10 Pf.

Lokal-Administrationen zerfallen je nach ihrem Geschäftsumfang in 11 Klassen; das Gehalt der Administratoren beträgt in den einzelnen Klassen rund 500, 600, 800, 1000, 1200, 1500, 1800, 2400, 3000, 3500 und (in Mexiko) 4000 P. Daneben beziehen sie noch besondere Vergütungen für die Diensträume und Amtskosten, die sehr verschieden sind. Das nachgeordnete Personal besteht aus „Offizialen" (Oficiales) — Gehalt 800, 900, 1000, 1100, 1275, 1450, 1525, 1640, 1825 und 2190 P. —, „Schreibern" (Escribientes) — Gehalt 365, 620 und 800 P., „Briefträgern" (Carteros) — Gehalt 120 bis 500 P., „Anwärtern" und „Aushelfern" bis 365 P. Lohn. Die Offiziale sind nur bei den größeren Lokal-Administrationen beschäftigt. Bei den größten Lokal-Administrationen gibt es noch je einen „Hilfschef" (Jefe auxiliar) — Gehalt 2200 bis 3000 P., einen „Unter-Hilfschef" (Subjefe auxiliar) — Gehalt 2400 P. — und einen „Kassierer" (Cajero) — Gehalt 2000 bis 3000 P. Die Verwalter der Agenturen, die den Titel „Agente" führen, beziehen Besoldungen, die je nach dem Geschäftsumfange 91¼, 182½ oder $240^{9}/_{10}$ P. betragen.

In größeren Städten wird außer der gewöhnlichen Zahl Briefträger noch ein „Hilfsbriefträger" für je zwei Zweig-Postanstalten unterhalten, um Verlegenheiten für den Bestellungsdienst tunlichst fernzuhalten. Die Briefträger müssen im Dienst stets Uniform tragen. Ihnen liegt sowohl die Briefbestellung als auch die Leerung der Straßen-Briefkasten ob. Außerdem haben sie auch die Eigenschaft von Postwächtern und Postsicherheitsbeamten; sie sind als solche verpflichtet, auf Vergehen gegen das Postgesetz und gegen das Eigentum der Postverwaltung zu achten, die auf der Tat ergriffenen Schuldigen vor den Vorsteher der Postanstalt zu führen, diesem auch von allen sonstigen ähnlichen Vorkommnissen Anzeige zu erstatten. Die Polizei ist verpflichtet, die von den Postamtsvorstehern erbetene Hilfe unverzüglich zu gewähren.

Alle Beamten und Unterbeamten, die mit Geld- und Wertsachen zu tun haben, müssen Kautionen in Höhe des Gehaltes für 2 Jahre stellen; diese sind entweder bar oder in Wertpapieren zu hinterlegen oder durch Bürgschaft zu leisten oder durch Versicherung bei einer Kautionsgesellschaft sicherzustellen.

Bezüglich der Beförderung der Postsendungen werden die Postkurse in allgemeine, besondere und spezielle eingeteilt. „Allgemeine" sind solche, die von der Hauptstadt ausgehen und bei den an der Landesgrenze, am Stillen Ozean und dem Golf von Mexiko gelegenen Auswechselungsstellen mit dem Ausland endigen. Die „besonderen" Postkurse verbinden direkt zwei Umleitungsbureaus und die „speziellen" entweder zwei einfache Bestellungs-Postanstalten oder eine der letzteren mit einem Umleitungsbureau. Beförderungsmittel sind Eisenbahnen, Straßenbahnen, Dampfschiffe, Boote, Wagen, Maulesel, Reit- und Botenposten. Mit dem Postbeförderungsdienst auf der Eisenbahn sind ausschließlich Postbeamte betraut, während bei den andern Beförderungsmitteln der Dienst in der Regel durch Angestellte der Unternehmung, durch Postbeamte aber nur ausnahmsweise wahrgenommen wird.

Die mexikanische Postverwaltung besitzt das Monopol der Beförderung von geschriebenen Korrespondenzen. Eine Ausnahme hiervon ist nur gestattet bei der Beförderung von Briefen zur nächsten Postanstalt zwecks ihrer Einlieferung zur Post, bei der Versendung von Briefen durch expresse Boten, bei der Beförderung von gerichtlichen Akten und Erkenntnissen, bei der Beförderung von Fakturen, Frachtbriefen und Zollinhaltserklärungen, die Warensendungen beigegeben sind, bei der Beförderung von Korrespondenzen zwischen zwei Orten ohne Postanstalt, bezüglich solcher Briefe, welche die Besitzer zum persönlichen Gebrauch bei sich tragen (Empfehlungsschreiben und Bestellschreiben), und hinsichtlich der Briefe, welche die Beförderungsanstalten an ihre Beamten in dienstlichen Angelegenheiten richten.

A. Briefpost.

Briefe (cartas) müssen wenigstens teilweise, und zwar mit einem Portosatz frankiert sein, ohne daß das fehlende Porto über zwei Portosätze hinausgehen darf. Das Gewicht darf 5 kg nicht überschreiten; für den Umfang sind die Grenzen von 20 zu 10 zu 5 cm gezogen. Tarif: 5 Ct., Ortsbriefe 2 Ct. für jede 20 g, amtliche Briefe der Regierungen und Privatbriefe der Gouverneure 3 Ct., solche Ortsbriefe 2 Ct. für jede 20 g, unzureichend frankiert allgemein das Doppelte des fehlenden Portos.

Kartenbriefe (tarjetas-cartas) sind ohne und mit Antwort ausgegeben und zwar erstere im Ortsverkehr zu 2, im Fernverkehr zu 5 Ct., solche mit Antwort zu 4 und 10 Ct.

Postkarten (tarjetas postales) kosten 2 Ct. die einfache, 4 Ct. die Karte mit Antwort, Postkarten des Ortsverkehrs 1 und 2 Ct. Von der Privatindustrie hergestellte Postkarten sind zur Beförderung zugelassen, sie dürfen jedoch nicht größer als 14 zu 9 und nicht kleiner als 10 zu 7 cm sein und nicht mehr als 5 g wiegen.

Mit der Vermittelung eines Zeitungsbezuges durch die Post befassen sich die Postanstalten nicht.

Pakete mit Zeitungen und Zeitschriften (publicaciones periódicos), die von den Verlegern oder Zeitungsagenten versandt werden und mindestens vierteljährlich einmal erscheinen, müssen wenigstens teilweise frankiert sein. Sie dürfen 5 kg nicht überschreiten und müssen sich bequem in die Briefbeutel verpacken lassen. Tarif: 2 Ct. für jede 500 g, unzureichend frankiert das Doppelte des fehlenden Frankos. Probeblätter und Prospekte einer neuerscheinenden Zeitung werden unentgeltlich befördert. Das Franko für Zeitungen wird nicht auf den Zeitungspaketen, sondern auf Anmeldezetteln, die mit den Paketen am Schalter vorgelegt werden müssen, in Freimarken in einer Summe verrechnet. Sind die Anmeldezettel mit Freimarken gefüllt, so sind sie von der Postanstalt an die Generaldirektion einzusenden. Regelmäßige, einen Teil der Zeitung ausmachende Beilagen werden wie die Zeitungen selbst taxiert; andere den Zeitungen beigefügte Beilagen dagegen unterliegen der Taxe für Drucksachen. Auf den Zeitungspaketen und deren Inhalt können folgende handschriftliche Bemerkungen angebracht werden: Name und Stellung des Absenders, Aufgabeort und Absendungstag, Angaben, welche die Rücksendung der Zeitungen oder Zeitschriften betreffen, und Striche, die dazu bestimmt sind, die Aufmerksamkeit des Empfängers auf einzelne Stellen hinzulenken. Wenn die Zeitungen die Vorteile des oben bezeichneten ermäßigten Portos genießen sollen, so müssen sie auf dem Postamt in das Verzeichnis der regelmäßig erscheinenden Zeitungen und Zeitschriften eingetragen sein; daß dies der Fall ist, muß aus einer Angabe auf den Zeitungen ersichtlich sein. Nicht eingetragene Zeitungen unterliegen dem gewöhnlichen Drucksachenporto.

Die Zeitungspakete sind in der Regel bei den Ortspostanstalten aufzuliefern. Die Bahnposten nehmen solche nur dann unmittelbar entgegen, wenn der Auflieferer eine Bescheinigung der Ortspostanstalt vorzeigt, daß die fälligen Gebühren bei letzterer richtig im voraus bezahlt worden sind. Den eingetragenen Zeitungen gleichgeachtet werden auch Kataloge, Börsenzettel, Zirkulare und Prospekte der Zeitungen und Schulbücher für Elementarschulen.

Drucksachen (andere als eingetragene Zeitungen und Zeitschriften usw.) — impresos — und Geschäftspapiere (papeles de negocios) müssen wenigstens teilweise frankiert sein. Im Gewicht dürfen sie 5 kg, in den Ausdehnungen die eigentlichen Drucksachen 45 cm, die anderen Sendungen 20 zu 10 zu 5 cm nicht überschreiten. Tarif: 1 Ct. für jede 100 g, unzureichend frankiert das Doppelte des fehlenden Portos. Außer den auf Zeitungspaketen zulässigen handschriftlichen Bemerkungen können Drucksachen auch noch eine Widmung des Absenders, Visitenkarten kurze Höflichkeitsformeln tragen. Zu den Drucksachen zählen auch mit einem Kopf bedruckte Briefbogen, Briefumschläge mit Aufdruck und Schreibhefte.

Warenproben (muestras) werden bis 300 g und in den Ausdehnungen bis 30 zu 20 zu 10 cm, in Rollenform bis 30 zu 15 cm zur Beförderung angenommen. Tarif: 1 Ct. für jede 100 g, unzureichend frankiert das Doppelte des fehlenden Portos; unfrankierte werden nicht abgesandt. Warenproben müssen so verpackt sein, daß ihr Inhalt leicht geprüft werden kann; sie dürfen mit den im Weltpostverkehr zugelassenen schriftlichen Zusätzen versehen sein. Abfärbende Pulver und Flüssigkeiten, fette Stoffe, leichtentzündliche und übelriechende Sachen sind bei entsprechender Verpackung von der Beförderung nicht ausgeschlossen.

Alle Gegenstände können unter Einschreibung (certificados) versandt werden. Zeitungspakete werden aber nur dann zur Einschreibung zugelassen, wenn sie wie Drucksachen frankiert sind. Die Einschreibgebühr beträgt 10 Ct. Rückscheine sind zugelassen; Gebühr 5 Ct. Besondre Vorschriften für Verpackung und Verschluß bestehen nicht. Über jede Einschreibsendung wird ein Einlieferungsschein unentgeltlich erteilt. Wertpapiere und bares Geld dürfen in Einschreibbriefe nicht eingelegt werden. Im Falle des Verlustes eines Einschreibbriefes leistet die Postverwaltung Ersatz bis 10 P., für andre Einschreibsendungen wird Ersatz nicht gewährt. Die Ersatzpflicht der Postverwaltung erlischt nach 6 Monaten. Der Empfänger einer Einschreibsendung muß sich als solcher ausweisen; zur Erleichterung dieses Ausweises stellen die Postanstalten Ausweisbücher (libretas de Identidad) zum Preise von 10 Ct. aus, die 2 Jahre gültig sind.

Einschreibsendungen können mit Nachnahme (Reembolso) bis 100 P. belastet werden. Diese sind stets bei der Postanstalt abzuholen. Die Nachnahmegebühr beträgt 10 Ct. Die Sendungen können bis zu 7 Tagen lagern. Die eingezogenen Beträge, abzüglich der Postanweisungsgebühr, werden dem Aufgeber mit Postanweisung übersandt.

Nachsendung von Briefsendungen erfolgt gebührenfrei. Postlagersendungen sind zulässig und werden 60 Tage zur Verfügung der Empfänger gehalten. Sie werden in eine Liste eingetragen, die im Schalterraum ausgehängt wird.

Bei der Generaldirektion besteht eine besondere Abteilung für die Behandlung unbestellbarer Postsendungen (refugos). An diese sind seitens der Postanstalten alle Gegenstände einzusenden, die von der Postbeförderung ausgeschlossen sind (unfrankierte oder sonst unzulässige Zeitungen, Drucksachen, Warenproben), ferner solche, die nicht von der Post abgeholt worden sind, deren Annahme der Empfänger verweigert hat, deren Empfänger nicht zu ermitteln ist oder die durch einen Unglücksfall so durchnäßt oder beschädigt worden sind, daß sie den Empfängern nicht behändigt werden können. Gegenstände der letzteren Art werden unverzüglich eingesandt. Die übrigen Sendungen verbleiben zunächst 30 Tage bei der Aufgabe- oder Bestimmungs-Postanstalt, die eine Liste zur öffentlichen Kenntnis aushängt. Sendungen, die am Bestimmungsort dem Empfänger nicht haben ausgeliefert werden können, werden alsdann an den Aufgabeort zurückgesandt; dort ist die Rückgabe an den Absender zu versuchen. Demnächst sind alle unbestellbar gebliebenen Sendungen an die Generaldirektion einzureichen. Diese stellt ein Verzeichnis auf, das durch die Zeitungen der Bundeshauptstadt sowie durch die Lokalblätter der Orte, woher die Gegenstände rühren oder wohin sie gerichtet sind, veröffentlicht wird. Erfolgt die Rückforderung nicht binnen 4 Wochen, so werden die Sendungen vernichtet. Die Beseitigung der Briefsendungen erfolgt jährlich zweimal durch eine Kommission, die sich aus dem Generaldirektor, dem Vorsteher der Rückbrief-Abteilung und einem vom Staatssekretär des Innern bestimmten Beamten zusammensetzt. Die Kommission öffnet zunächst die Briefe und scheidet die einfachen Briefe von denen, die Gegenstände von Wert enthalten. Die ersteren werden verbrannt, die letzteren mit ihrem Wertinhalt zu einem Paket vereinigt, nachdem ein Verzeichnis aufgestellt worden ist. Der Generaldirektor veröffentlicht demnächst auch dieses Verzeichnis durch geeignete Zeitungen. Bleiben die Gegenstände bis zum nächsten Vernichtungstermin unabgefordert, so werden die zugehörigen Briefe verbrannt, die Wertsachen dagegen den öffentlichen Wohltätigkeitsanstalten überwiesen.

Ausländische Lotterielose, Banknoten, unentwertete Freimarken, auf den Inhaber lautende Schecks, bares Geld, Juwelen und kostbare Steine, Edelmetalle, lebende und tote Tiere (ausgenommen Bienen), leichtverderbliche Früchte und Lebensmittel, explodierende und leichtentzündliche Stoffe, unanständige Gegenstände u. dgl. sind von der Beförderung mit der Post allgemein ausgeschlossen. Finden sich Sendungen mit solchen Gegenständen vor, so wird eine Liste davon mit dem Namen der Empfänger ausgehängt. Meldet sich der Absender binnen 30 Tagen nicht, so werden sie an die Generaldirektion eingesandt.

In einer Anzahl von Städten ist ein Briefbestelldienst (Entrega à domicilio), mit dem ein Stadtpostdienst und ein Briefeinsammlungsdienst (aus Straßen-Briefkasten) verbunden ist, eingerichtet. Die Bestellung der Briefsendungen erfolgt in solchen Orten gebührenfrei. Nur schwere Sendungen bleiben von der Bestellung ausgeschlossen; die Empfänger erhalten nur eine Aufforderung, sie von der Post abzuholen. Ein Eilbestelldienst besteht nicht.

Das Publikum ist auch an Orten mit Bestelldienst berechtigt, seine Sendungen bei der Postanstalt abzuholen. Hierfür ist eine Fachgebühr von 3 P. vierteljährlich zu entrichten. Die Einrichtung von Abholungsfächern (cajas de apartado) hat für Rechnung der Postverwaltung zu erfolgen, wenn wenigstens 10 Abholer sich zusammenfinden. Wird diese Zahl nicht erreicht, so kann diese

Einrichtung von dem Vorsteher der Postanstalt für eigene Rechnung getroffen werden; die Fachgebühr bildet in diesem Falle eine Nebeneinnahme des Vorstehers.

Am Verkauf der Postwertzeichen (timbres postales) können sich neben den Postanstalten auch Buchhändler und Tabakverkäufer beteiligen; eine Vergütung oder ein Rabatt wird diesen Personen hierfür jedoch nicht bewilligt. Außer Postfreimarken, Postkarten und Kartenbriefen hat die Verwaltung auch gestempelte Briefumschläge und Streifbänder ausgegeben, für die ein Zuschlag von 1 Ct. das Stück erhoben wird.

B. Postanweisungen.

Sämtliche Lokal-Administrationen und Zweigpostanstalten in den Städten und Vororten sind zur Annahme und Auszahlung von gewöhnlichen und außergewöhnlichen Postanweisungen (giros postales) ermächtigt. Der Meistbetrag für gewöhnliche Postanweisungen ist auf 100 P. festgesetzt. Keine Beschränkung bezüglich des Meistbetrages besteht für außergewöhnliche Postanweisungen, die jedoch in jedem Falle nur auf vorherige Ermächtigung des Ministeriums der Verkehrswege und öffentlichen Arbeiten zugelassen werden. Tarif: bis 10 P. 10 Ct., für jede weiteren 10 P. bis 80 P. 5 Ct. mehr, 80 bis 100 P. 50 Ct. und für jede weiteren 10 P. 5 Ct. mehr.

Gewöhnliche und außergewöhnliche Postanweisungen sind nur gültig, wenn sie auf den amtlich den Postanstalten gelieferten Formularen ausgefertigt sind. Diese Formulare, die mit einem Stammabschnitt versehen und zu Heften mit je 100 Stück gebunden sind, tragen eine gedruckte Serien-Nummer. Jedes Formular besteht aus 3 Teilen mit der gleichen Nummer, nämlich der eigentlichen Anweisung, die dem Einlieferer ausgehändigt wird, dem Einzahlungsscheine, der der Auszahlungsstelle übermittelt wird, und dem im Hefte befestigten Stammabschnitte, der bei der Aufgabepostanstalt verbleibt. Behufs Ausfertigung einer Postanweisung muß der Beteiligte ein Antrags-Formular ausfüllen, das ihm vom Annahmebeamten zugestellt wird; es gibt (in Zahlen und Buchstaben) den Betrag der Anweisung an, den Namen des Absenders und des Empfängers, die Postanstalt, die den Betrag auszahlen soll, und endlich den Staat oder das Territorium, in dem diese Postanstalt gelegen ist. Postbeamte dürfen die Formulare nicht ausfüllen. Soll auf Wunsch des Absenders dem Empfänger die Formalität des Ausweises erspart werden, so muß er einen entsprechenden Vermerk auf dem Antragsformular unterschreiben. Der Annahmebeamte versieht dann Auszahlungsschein und Stammabschnitt, nicht aber die dem Absender auszuhändigende Anweisung, mit einem gleichen Vermerk.

Für außergewöhnliche Anweisungen besteht ein abweichendes Verfahren. Die Postanstalt händigt dem Absender eine Quittung über die vorauszubezahlende Anweisungsgebühr aus und ersucht dann die Generaldirektion um Ermächtigung, die Anweisung ausfertigen zu dürfen. Wird diese Ermächtigung erteilt, so erstreckt sich ihre Gültigkeit nur auf 3 Tage; unterläßt es der Absender, sich innerhalb dieser Frist bei der Postanstalt zu melden, um die Anweisung ausfertigen zu lassen, so wird angenommen, daß er seinen Antrag zurückzieht, und die gezahlte Gebühr verfällt der Postverwaltung. Im übrigen gelten die gleichen Vorschriften wie für gewöhnliche Anweisungen.

Der Empfänger einer Postanweisung, dessen Name auch auf dem Einzahlungsscheine angegeben wird, kann diese durch Indossament auf eine andere Person übertragen. Doch ist eine solche Übertragung nur einmal zulässig. Das Indossament ist auf der Vorderseite der Anweisung anzubringen, indem hinter den Worten „Zu zahlen an Herrn . . ." der Name des neuen Empfängers hinzugefügt wird.

Die Gültigkeitsdauer der Postanweisungen erlischt nach 2 Jahren. Nach Ablauf dieser Frist verfällt der Betrag von nicht ausgezahlten Anweisungen der Verwaltung. Die Einzahlungsscheine für nicht abgeforderte Anweisungsbeträge werden bei der Auszahlungsstelle bis zum Ablaufe der Gültigkeitsfrist aufbewahrt, dann mit dem Worte: „Verfallen" bezeichnet und an die Generaldirektion eingesandt.

Im Falle des Verlustes einer Anweisung kann die Aufgabestelle ein Doppel ausfertigen, für das nur eine Stempelgebühr zu entrichten ist. Der Antragsteller muß jedoch eine Bescheinigung der Auszahlungsstelle darüber beibringen, daß die Ursprungsanweisung weder ausgezahlt worden ist, noch ausgezahlt werden wird.

Die Auszahlung erfolgt gegen Aushändigung der Anweisung nach Eingang des zugehörigen Einzahlungsscheines, mit dem die Anweisung zu vergleichen ist. Der Empfänger bescheinigt auf der Anweisung den Empfang und muß sich dem auszahlenden Beamten gegenüber ausweisen, sofern nicht der Absender bei Ausfertigung der Anweisung auf den Ausweis der Empfangsberechtigung durch den Empfänger verzichtet hat.

C. Postaufträge.

Die Verleger eingetragener Zeitungen und Zeitschriften und ihre Agenten können die Bezugspreise für ihre Werke oder Zeitungen durch die Post einziehen lassen. Das gleiche gilt für die Verleger von Elementarschulbüchern. Die Einziehung erfolgt durch Wechsel auf die Abonnenten oder Bezieher an die Order der Lokal-Administratoren, in deren Bezirken sie wohnhaft sind. Sämtliche Lokal-Administrationen, Vororts-Zweigstellen und Agenturen können die Einziehung von Verlegerwechseln bewirken; doch müssen sie ausschließlich an die Order von Lokal-Administratoren lauten. Die Wechsel müssen nach einem von der General-Direktion gegebenen Muster ausgefertigt werden, bei Sicht oder höchstens 10 Tage nach dem Tage der Ausstellung zahlbar und eigenhändig von dem Aussteller oder seinem Bevollmächtigten unterschrieben sein.

Die Aufgeber tragen die Wechsel zunächst, nach den Nummern und der alphabetischen Reihenfolge der Staaten geordnet, in ein Verzeichnis ein, das in doppelter Ausfertigung den Wechseln bei der Einlieferung beigegeben werden muß. Nach Prüfung wird eines der Verzeichnisse von der Postanstalt aufbewahrt, das andere, mit der Unterschrift des Annahmebeamten versehen, dem Absender zurückgegeben. Die Formulare werden von der Postverwaltung geliefert.

Die Einlieferung der einzuziehenden Wechsel hat seitens der Verleger periodisch in Zwischenräumen von wenigstens 1 Monat zu geschehen. Die vorgeschriebene Prüfung, Eintragung usw. und die Weitersendung der Wechsel nach dem Bestimmungsorte müssen von den Aufgabe-Postanstalten innerhalb 8 Tagen nach geschehener Einlieferung bewirkt werden.

Die mit der Einziehung betrauten Postanstalten lassen die Wechsel innerhalb 10 Tage nach Empfang akzeptieren und setzen dann eine neue Frist von 10 Tagen für die Einkassierung fest. Bei Nichtzahlung wird der Grund entweder von den Schuldnern selbst oder von dem Vorsteher der Postanstalt auf der Rückseite der Wechsel vermerkt. Wechsel, die 4 Monate nach dem Tage der Einlieferung noch nicht eingezogen oder, mit dem obigen Vermerk versehen, nicht nach dem Aufgabeorte zurückgeschickt worden sind, müssen von dem schuldigen Postbeamten, der dafür in die Rechte des ursprünglichen Beziehers eintritt, bezahlt werden.

Nach Ablauf der vorgeschriebenen Fristen müssen die mit der Einziehung betrauten Postanstalten der Aufgabe-Postanstalt von den erfolgten Einziehungen Nachricht geben und ihr die unbezahlt gebliebenen Wechsel zurücksenden, und zwar stets mit der nächsten Post, sobald eine Einziehung erfolgt oder eine Zahlung verweigert worden ist. Die auf den Auftragsdienst bezügliche, zwischen den Postanstalten ausgetauschte Korrespondenz wird unter Einschreibung und für die Aufgeber kostenfrei befördert.

Von den Aufgabe-Postanstalten werden einmal wöchentlich an dem von ihnen dafür bestimmten Tage den Verlegern die eingezogenen Geldbeträge gleichzeitig mit den unbezahlt gebliebenen Wechseln zugestellt. Die Verleger bescheinigen den Empfang der erhaltenen Beträge.

Die Verleger haben für die Einziehung ihrer Wechsel und für die Vermittelung des damit verbundenen Geldverkehrs eine Gebühr von 5 % für Summen von mehr als 5 P. und von 25 Ct. für Wechsel bis einschließlich 5 P. zu zahlen. Für unbezahlt zurückgekommene Wechsel ist keine Gebühr zu entrichten.

D. Postpakete.

Die Pakete (bultos postales) gehören nach der mexikanischen Gesetzgebung eigentlich zu den Gegenständen der Briefpost und bilden die 5. Klasse der Briefsendungen. Im allgemeinen müssen sie offen versandt werden, so daß ihr Inhalt leicht geprüft werden kann; doch können Medikamente, Parfümerien, Zigarren, Konserven, photographische Platten u. dgl. in ihrem Originalverschluß belassen werden. Briefe wie überhaupt persönliche schriftliche Mitteilungen dürfen den Paketen nicht beigefügt sein; auch sind alle Gegenstände, deren Versendung in Briefen verboten ist (siehe unter „A. Briefpost"), von der Beförderung in Paketen ausgeschlossen. Die Pakete können unter Einschreibung versandt werden und in diesem Falle auch mit Nachnahme belastet sein. Die Nachnahmebeträge werden nach Abzug der Postanweisungsgebühr dem Aufgeber mit Postanweisung übermittelt. Das Höchstgewicht der Pakete ist auf 5 kg festgesetzt; ihr Umfang darf 120 cm nicht überschreiten. Tarif: 12 Ct. für jede 500 g; Einschreibgebühr 10 Ct., Nachnahmegebühr 10 Ct. Rückscheine sind zulässig; Gebühr 5 Ct. Die Pakete müssen vollständig frankiert sein; das Porto wird in Freimarken auf der Aufschriftseite der Pakete verrechnet. Eine Begleitadresse wird den Paketen nicht beigegeben. Die Bestellung der Pakete in die Wohnung der Empfänger findet im allgemeinen nicht statt und ist nur mit Genehmigung des Verkehrssekretariats des Ministeriums zulässig. In Verlust- und Beschädigungsfällen wird ein Ersatz auch dann nicht geleistet, wenn die Pakete eingeschrieben versandt worden sind.

24. Columbien.

(1206200 qkm und 4141791 Einwohner).

Die vereinigte Post- und Telegraphen-Verwaltung der Republik Columbia untersteht dem Ministerium des Innern und bildet ein selbständiges Departement mit der Bezeichnung „General-Post- und Telegraphen-Direktion". An ihrer Spitze steht der „General-Direktor", dem ein „Sekretär" beigegeben ist. Die Generaldirektion zerfällt in 15 Abteilungen, von denen 2 für Telegraphie, die anderen 13 für die Post bestimmt sind. Die 4. Abteilung ist die weitaus wichtigste und führt die Bezeichnung „General-Post- und Telegraphen-Administration". Sie wird von dem „General-Post- und Telegraphen-Administrator" geleitet, dem alle Postanstalten des Landes unterstehen und der zugleich Leiter des Hauptpostamts in der Hauptstadt Bogotá ist. An der Spitze der übrigen Abteilungen stehen „Vorsteher" (Jefes), denen „Untervorsteher" (Subjefes), „Adjutanten" (Ayudante), „Oberoffiziale", „Offiziale", „Kopisten" und „Unterbeamte" zugeteilt sind. Dem General-Administrator ist ein „Postinspektor" beigegeben, dem die Revision der Postanstalten usw. obliegt.

Die Postanstalten in der Provinz zerfallen in 3 Klassen, in Postagenturen, Hauptpostadministrationen und Unterpostadministrationen. Die „Postagenturen" (Agencias postales) sind in den Seehäfen eingerichtet, wo neben dem inneren Postdienst zugleich ein internationaler Postenaustausch zu vermitteln ist; solche sind z. Zt. in Barranquilla, Buenaventura, Cartagena, Riohacha, Santa Marta und Tumaco eingerichtet. Ihre Vorsteher heißen „Postagenten" und stehen im Range den „Hauptadministratoren", den Vorstehern der Hauptpostadministrationen gleich. Solche bestehen in den Hauptorten der Departements und in den bedeutenderen Handelsplätzen des Landes (z. B. in Bucaramanga, Ibagué, Medellin, Pasto, Popayán und Tunja). In den übrigen Orten des Landes sind die Postanstalten „Unteradministrationen", die zum größten Teil von Telegraphenbeamten mitverwaltet werden; ihre Vorsteher heißen „Administratoren". Bei den größeren Postanstalten sind „Kassierer", „Buchhalter", „Inspektoren", „Adjutanten", „Offiziale" und „Briefträger" vorhanden, bei den kleineren neben dem Vorsteher meist nur noch ein Briefträger.

An Gehalt beziehen der Generaldirektor 3000 Pesos*) Gold, der Sekretär 1200 P., der General-Administrator 1800 P., die Abteilungsvorsteher und Untervorsteher 360, 480, 600, 720, 840, 900, 1200 und 1440 P., der Inspektor 1200 P., die Adjutanten 360 bis 720 P., die Oberoffiziale 840 P., die Offiziale 240 bis 720 P., die Kassierer und Buchhalter 480 bis 1080 P., die Briefträger 24 bis 180 P., die Postagenten 480, 600, 1104 und 1200 P., die Hauptadministratoren 780, 840, 960 und 1200 P., die Administratoren 120 bis 960 P. je nach dem Verkehrsumfange der Postanstalt. Alle Beamten haben Kautionen entweder durch Verpfändung von Grundstücken oder in Wertpapieren oder mit Bürgschaft zu stellen, und zwar in Höhe von 100 bis 4000 P. Anspruch auf Ruhegehalt oder Witwen- und Waisengeld besteht nicht, dagegen ist eine „Hilfskasse" (Caja de recompensas) für die Post- und Telegraphenbeamten gegründet worden,

*) 1 Peso (P.) zu 100 Centavos (Ct.) = (in Gold) 4 M. 5 Pf.; 1 Peso Papier = 4 Pf.

aus der den Beamten je nach der Dauer der zurückgelegten Dienstzeit einmalige Beihilfen in Höhe des ein-, zwei- oder dreifachen Jahresgehaltes beim Scheiden aus dem Dienst bewilligt werden; stirbt der Beamte, ohne diese Beihilfe schon bezogen zu haben, so erhalten sie die Hinterbliebenen. Wird ein Beamter durch einen Betriebsunfall dienstunfähig, so erhält er aus der Hilfskasse ein Ruhegehalt von 120 bis 240 P. jährlich. Der Fonds der Hilfskasse wird gebildet aus verhängten Geldstrafen, aus regelmäßigen Beiträgen der Beamten in Höhe von 2 % ihrer Dienstbezüge, aus außergewöhnlichen Zuwendungen und aus einem Zuschuß aus der Staatskasse von 2 % der etatsmäßigen Einnahmen aus Post und Telegraphie.

Ein Postmonopol besteht nicht.

A. Briefpost.

Für Briefe (Cartas) besteht keine Beschränkung für Gewicht und Ausdehnungen. Tarif: 2 Ct., Ortsverkehr 1 Ct. für jede 15 g, unfrankiert und unzureichend frankiert das Doppelte des fehlenden Portos, das von den Briefempfängern in Freimarken, die der Briefträger oder Beamte entwertet, auf der Sendung zu verrechnen ist. Briefe können auch nach Eintritt der Schlußzeit für eine Post noch für diese aufgeliefert werden. Für solche ist jedoch neben dem Porto noch eine Spätlingsgebühr (Sobreporte de retardo) zu entrichten, die für jede Sendung und für jede Viertelstunde nach der Schlußzeit 2½ Ct. beträgt.

Postkarten (Tarjetas postales) kosten allgemein 1 Ct. die einfache, 2 Ct. die Karte mit Antwort. Von der Privatindustrie hergestellte Karten sind nicht zugelassen.

Zeitungen und Zeitschriften (Periódicos), die regelmäßig erscheinen und von Abonnenten bezogen werden, genießen für die ersten 6 Monate nach dem erstmaligen Erscheinen Portofreiheit. Nach 6 Monaten unterliegen sie der Taxe für Drucksachen. Zeitungspakete dürfen nicht schwerer als 2 kg sein.

Drucksachen (Impresos gravables) sind bis 2 kg zugelassen und müssen mindestens teilweise frankiert sein. Tarif: ½ Ct. für jede 50 g, unzureichend frankiert das Doppelte des fehlenden Portos.

Geschäftspapiere (Papeles de negocios) sind ebenfalls bis 2 kg zulässig und wenigstens teilweise zu frankieren. Tarif: 2 Ct. bis 100 g, 1 Ct. für jede weiteren 50 g, unzureichend frankiert das Doppelte des fehlenden Portos.

Warenproben (Muestras) sind bis 250 g und in den Ausdehnungen bis 20 zu 10 zu 5 cm zugelassen und müssen wenigstens teilweise frankiert sein. Die Muster dürfen keinen Kaufwert haben; sie müssen so verpackt sein, daß ihr Inhalt leicht geprüft werden kann. Tarif: 1 Ct. bis 100 g und 1 Ct. mehr für jede weiteren 50 g, unzureichend frankiert das Doppelte des fehlenden Portos. Proben von Landeserzeugnissen bis 100 g werden portofrei befördert.

Briefsendungen jeder Art können unter Einschreibung (Recomendados) versandt werden. Sie müssen stets vollständig frankiert sein. Die Einschreibgebühr beträgt 10 Ct. und ist auch für portofreie Sendungen zu entrichten. Die Einschreibsendungen werden gewogen, das Gewicht wird im Annahmebuch vermerkt. Rückscheine (Avisos de recibo) sind zulässig; Gebühr 5 Ct. Im Falle des Verlustes einer Einschreibsendung hat der Empfänger Anspruch auf Ersatz bis 10 P. Hat ein Beamter den Verlust verschuldet, so wird er in eine Geldbuße von 12 P. genommen.

Unbestellbare Briefsendungen werden 3 Monate bei der Bestimmungspostanstalt aufbewahrt und dann, wenn der Absender sich auf der Sendung namhaft gemacht hat, an den Aufgabeort, andernfalls an die Generaldirektion gesandt. Bei dieser werden die Briefe von einer besonderen Kommission geöffnet; der Absender wird, wenn er dabei ermittelt wird, auf der Sendung vermerkt und diese der Aufgabepostanstalt übersandt. Sind sie dort nicht anbringlich, so wird von ihnen eine Liste angelegt, die 3 Monate am Schalter ausgehängt wird. Meldet sich der Absender nicht, so werden sie nach Ablauf dieser Frist wieder an die Generaldirektion eingesandt, die sie verbrennt oder, wenn Wertsachen darin enthalten sind, mit diesen 1 Jahr aufbewahrt. Zeitungen, Zeitschriften, Zirkulare, Kataloge, Preislisten u. dgl. werden stets an die Generaldirektion gesandt, wo sie sogleich vernichtet werden.

In Städten mit mindestens 50 000 Einwohnern wird ein Bestelldienst verbunden mit einem Stadtpostdienst eingerichtet. Der Stadtpostdienst, zu dem auch ein Kastenleerungsdienst gehört, erstreckt sich nur auf Briefe, Postkarten und Drucksachen. Nur diese Ortssendungen werden den Empfängern unentgeltlich in die Wohnung bestellt. Auf Sendungen von auswärts, und zwar solche jeder Art, wird die Bestellung nur für solche Empfänger ausgedehnt, die sich auf die Bestellung durch Zahlen einer Monatsvergütung, deren Höhe sich nach den Kosten der Briefbestellung richtet, abonnieren. Solchen Empfängern werden dann auch unfrankierte Briefe und unzureichend frankierte Sendungen jeder Art ins Haus gebracht; das zu entrichtende Porto ist durch Freimarken auf den dem Briefträger zurückzugebenden Umschlägen zu verrechnen. Bemerkenswert ist, daß alle abzutragenden Sendungen bei der Postanstalt zunächst einzeln in Ankunftsbücher eingetragen werden. In Orten ohne Bestelldienst haben die Empfänger die Sendungen bei der Post abzuholen. Bei allen Postanstalten, wo mindestens 20 Empfänger den Wunsch äußern, können Schließfacheinrichtungen hergestellt werden (Servicio de apartado). Für jedes Schließfach ist eine Miete von 5 P. jährlich zu entrichten; außerdem ist eine Kaution von 4 P. zu hinterlegen als Sicherheit dafür, daß das Schließfach in gutem Zustand erhalten wird.

B. Wertbriefe.

Unter der Form der Wertbriefe (Valores declarados) können Papiergeld, Staatspapiere, Post- und Telegraphenwertzeichen, Stempelmarken und Stempelpapier bis zu einer Wertangabe von 20 P. Gold für jede einzelne Sendung der Post zur Beförderung übergeben werden. Die Einlieferung muß in jedem Falle offen geschehen. Es sind Umschläge zu verwenden, welche die Postverwaltung herstellen läßt. Besteht der Inhalt eines Wertbriefes aus Wertzeichen im Betrage von weniger als je 50 Ct. das Stück, so stellt der Annahmebeamte den Inhalt durch Zählen fest und verschließt und versiegelt den Wertbrief. Enthält der Brief aber Wertgegenstände in höheren Beträgen, so bleibt er offen und wird auch offen nach seinem Bestimmungsorte befördert. Jeder Wertsendung sind seitens des Absenders zwei gleichlautende Verzeichnisse beizufügen, worin Absender, Empfänger, Bestimmungsort und der Wertinhalt in seinen einzelnen Sorten verzeichnet sein müssen. Das eine mit der Unterschrift des Absenders versehene Inhaltsverzeichnis verbleibt bei der Aufgabepostanstalt, das zweite, mit der Empfangsbescheinigung des Annahmebeamten versehen, wird dem Einlieferer zurückgegeben. Die einzelnen Wertpapiere werden nach genauer Vergleichung mit den Eintragungen in den Briefkarten den Postkondukteuren gegen Empfangsbescheinigung überwiesen und in derselben Weise bis zur Erreichung des Bestimmungsorts von Hand zu Hand weitergegeben. Im Falle des Verlustes eines Wertbriefes wird der Beamte, der weder die Weitergabe noch die vorschriftsmäßige Aushändigung an den Empfänger nachweisen kann, verantwortlich gemacht. Der dem Absender zu leistende Schadenersatz kann ohne weiteres von seinem Gehalt einbehalten werden.

Die Versendung von Wertpapieren usw. durch die Briefpost in anderer als der vorbezeichneten Form ist verboten. Vermutet ein Beamter, daß ein gewöhnlicher Brief Wertgegenstände enthält, so hat er darauf das Wort „Atención" (Achtung) niederzuschreiben, um die Bestimmungspostanstalt darauf aufmerksam zu machen, daß der Brief vom Empfänger im Beisein eines Postbeamten geöffnet werden muß. Erweist sich die Vermutung als begründet, so muß der Empfänger den doppelten Betrag des Portos für den Wertbrief zahlen.

Die Versicherungsgebühr beträgt 5 % des Wertes.

C. Postanweisungen.

Am Postanweisungsdienst nehmen nur die größeren Postagenturen, die Hauptadministrationen und einige Administrationen teil. Postanweisungen (Giros postales) müssen auf mindestens 200 P. Papiergeld lauten; der Höchstbetrag ist auf 2000 P. Papiergeld festgesetzt. Mehr als eine Postanweisung darf an einem Tage von demselben Absender für den gleichen Empfänger nicht angenommen werden. Der Einzahler hat alle für die Postanweisung nötigen Angaben auf ein Anmeldeformular niederzuschreiben, nach dem der Beamte die Postanweisung ausfertigt. Die Postanweisung wird in ein Buch eingetragen, dessen Blätter aus 3 Teilen bestehen. Einen Teil bildet die eigentliche Postanweisung, die dem Einzahler zur Übersendung an den Empfänger übergeben wird, der 2. Teil wird als Einzahlungsschein der Bestimmungspostanstalt übersandt, der 3., der Stamm, bleibt im Buch und dient als Rechnungsbelag. Tarif: von 200 bis 500 P. 5 P., über 500 bis 1000 P. 10 P., über 1000 bis 2000 P. 20 P. Papier. Rückscheine sind zulässig; Gebühr 5 P. Papier. Die Postanweisungen können durch Indossament auf einen Dritten übertragen werden. Geht eine Postanweisung verloren, so kann gegen nochmalige Entrichtung der Postanweisungsgebühr ein Doppel ausgefertigt werden. Die Postanweisungen verlieren nach 6 Monaten ihre Gültigkeit; sie können dann dem Absender ausbezahlt werden, der dafür eine Gebühr von 10 P. Papier zu entrichten hat. Nach weiteren 6 Monaten verfallen sie der Postkasse. Ist eine Postanweisung ausgezahlt worden, so hat die zahlende Postanstalt der Aufgabepostanstalt eine Auszahlungsmeldung zu übersenden, deren Angaben mit der Eintragung im Annahmebuch zu vergleichen sind.

Auch telegraphische Postanweisungen (Giros extraordinarios) sind zulässig. Für diese ist die doppelte Gebühr zu entrichten. Für telegraphische Auszahlungsmeldungen hat der Absender die dafür fälligen Telegrammgebühren zu zahlen.

D. Pakete.

In Paketen (Encomiendas) können alle möglichen Gegenstände mit Ausnahme der feuergefährlichen Stoffe, der Flüssigkeiten und überhaupt aller Stoffe, die andere Postsendungen beschädigen könnten, sowie der lebenden Tiere befördert werden. Die Einlegung von schriftlichen Mitteilungen ist nicht gestattet. Im Zuwiderhandlungsfalle werden die eingelegten Briefe, wenn ihr Vorhandensein am Aufgabeorte bemerkt wird, von der Beförderung ausgeschlossen, wenn sie erst am Bestimmungsorte entdeckt werden, den Empfängern gegen Zahlung des doppelten Portos behändigt.

Bei allen Paketen muß der Wert angegeben werden, und zwar bei Sendungen mit barem Gelde oder mit Papiergeld der wirkliche Wert, bei Sendungen mit anderem Inhalt der Marktwert oder, wenn es an einem solchen fehlt, der Schätzungswert nach Vereinbarung zwischen dem Aufgeber und dem Annahmebeamten. Jedes Paket muß von 2 Inhaltserklärungen begleitet sein, von denen die eine bei der Postanstalt verbleibt, während die andere, mit Empfangsbescheinigung durch den Annahmebeamten versehen, dem Einlieferer zurückgegeben wird. Man unterscheidet zwischen Sendungen mit angegebenem Wert (de valor declarado) und solchen mit gezähltem Wertinhalte (de valor contado). Zu den ersteren gehören Sendungen, deren Inhalt aus Papiergeld in Abschnitten von weniger als 5 P. oder in Münzen von geringerem Wert als 50 Ct. sowie aus Waren usw. besteht. Sie werden verschlossen eingeliefert, wogegen die Sendungen der zweiten Klasse offen zur Post gebracht werden, damit der Inhalt von dem Annahmebeamten durch Zählung des Geldes usw. genau ermittelt und festgestellt werden kann.

In dem einen wie dem andern Falle findet die Versiegelung durch den Absender im Beisein des Annahmebeamten statt, der neben den Siegeln des Absenders einen amtlichen Verschluß anlegt. Pakete sind bis 50 kg zulässig und unterliegen dem Frankierungszwange. Von demselben Absender dürfen für den gleichen Empfänger nur Pakete bis zum Gesamtgewicht von 100 kg gleichzeitig aufgeliefert werden. Nach Orten ohne Postanstalt sowie nach solchen Orten mit Postanstalt, die nicht an einem für den Paketdienst eingerichteten und benutzten Postkurse liegen, werden Pakete zur Beförderung nicht angenommen.

Der Tarif für die Beförderung der Pakete ist sehr verwickelt. Es bestehen besondere Tarifsätze: Tarif I für Sendungen mit Papiergeld der Nationalbank, mit Gold in Barren oder gemünzt oder in Staub, mit Silber in Barren oder gemünzt, Juwelen und Edelsteinen, Nickelmünzen und Kreditbriefen, Tarif II für Sendungen mit Waren.

Für Sendungen nach Tarif I sind ohne Rücksicht auf das Gewicht zu zahlen: für Nationalbanknoten, Nickelmünzen und Kreditbriefe 2%, für die anderen Gegenstände 1% des Wertes. Für Warenpakete ist dagegen nur nach dem Gewicht und nach der Entfernung zu zahlen. Die Entfernung richtet sich nach Streckenlängen der Post- oder Eisenbahnlinien; es sind 3 Zonen eingerichtet, für die jedoch eine Kilometerausdehnung nicht maßgebend ist. Das Porto beträgt für Zone 1: 30 Ct., für Zone 2: 60 Ct., für Zone 3: 1 P. 20 Ct. für jedes kg. Neben den angeführten Taxsätzen sind noch Stempelgebühren zu entrichten, wenn der Wert der Sendung 100 P. übersteigt; diese Gebühren betragen 50 Ct. für jede 100 P. über die ersten 100 P. hinaus.

25. Bolivien.

(1470196 qkm und 1953916 Einwohner.)

Das Postwesen Bolivias untersteht dem Ministerium des Innern und wird von der General-Postdirektion in La Paz geleitet, an deren Spitze der „General-Postdirektor" (Director General de Correos) steht. Die Generaldirektion besteht aus 2 Abteilungen, einer für den inneren Dienst und einer für den Auslandsverkehr; sie werden von je einem „Abteilungschef" oder Sekretär geleitet. Daneben ist eine Rechnungsabteilung, die einem „Contador" übertragen ist, und ein statistisches Bureau vorhanden. Die nachgeordneten Beamten der Generaldirektion heißen „Hilfsoffiziale" (Oficiales auxiliares). Der Bezirksaufsichtsdienst wird von „Inspektoren" wahrgenommen, die dem Generaldirektor unmittelbar unterstehen. Jedes Departement bildet für sich auch einen besonderen Postbezirk, ausgenommen das Departement Potosi, von dem die Provinz Porco abgezweigt ist; letztere bildet einen Postbezirk für sich. Da es im ganzen 9 Departements gibt, so bestehen 10 Postbezirke. Die Bezirksoberbehörden heißen „Hauptverwaltungen" (Administraciones principales); an ihrer Spitze steht ein „Hauptverwalter", dem für die Kassenführung ein besonderer Beamter (Interventor-Contador) beigegeben ist; dieser hat den Hauptverwalter in Abwesenheitsfällen zu vertreten. Die Hauptverwalter sind zugleich Leiter der Ortspostanstalt am Sitze der Hauptverwaltung. Ihnen sind die übrigen Postanstalten ihres Bezirks, die in „Unterverwaltungen" (Subadministraciones) und in „Agenturen" (Receptorias) zerfallen, unterstellt. Die Hauptverwalter haben die Postanstalten ihres Bezirks zu revidieren oder durch Beamte der Hauptverwaltung in besonderem Auftrag revidieren zu lassen. Bei den größeren Postanstalten sind für die wichtigeren Dienstzweige besondere „Offiziale" vorhanden, nämlich für den Postanweisungs-, den Einschreib-, den Paket- und den statistischen Dienst. Nur für die übrigen Dienstzweige dürfen die „Hilfsoffizialen" herangezogen werden. Die Vorsteher der Unterverwaltungen heißen „Unterverwalter" (Subadministradores), die der Agenturen „Einnehmer" (Receptores); in kleineren Orten werden die Agenturen von den Steuerbeamten im Nebenamt verwaltet. Bei den Hauptverwaltungen sind ferner „Briefträger" (Carteros) und „Kastenleerer" (Buzoneros) beschäftigt.

Die Beförderung der Postsachen geschieht entweder mit der Eisenbahn, und zwar durch Vermittelung der Bahnposten (Estafetas ambulantes), oder zu Wasser mit Dampfschiffen oder Ruderboten oder auf Landwegen mit Postwagen, durch reitende Boten oder durch Fußboten. Die Beförderung der Posten auf Landwegen wird vertragsmäßig vergeben; die Postfuhrunternehmer führen den Titel „Postmeister" (maestros de postas), die Wagenführer heißen „Postillione" (postillones).

Die bolivianische Postverwaltung besitzt das ausschließliche Recht der Briefbeförderung; vom Postmonopol ausgenommen sind nur Briefe, die mit Freimarken vollständig frankiert sind und vor der Absendung einer Postanstalt zur Entwertung der Marken vorgelegen haben, die nach Orten ohne Postanstalt durch besondere Boten befördert werden, die von den Eisenbahnbehörden durch ihre eigenen Angestellten in Angelegenheiten des Eisenbahndienstes verschickt werden, und Empfehlungsschreiben.

A. Briefpost.

Für Briefe (Cartas) besteht keine Gewichts- oder Ausdehnungsgrenze. Sie unterliegen dem Frankierungszwange und müssen mindestens mit dem Porto für einen einfachen Brief frankiert sein. Tarif: für Briefe nach Orten des Aufgabedepartements 5 Ct.*), für solche nach anderen Departements 10 Ct. für jede 20 g, unzureichend frankiert das Doppelte des fehlenden Portos.

Postkarten (Tarjetas postales) kosten die einfache Karte im Aufgabedepartement 1 Ct., weiterhin 2 Ct., mit Antwort 2 und 4 Ct. Von der Privatindustrie hergestellte Karten sind zulässig, müssen aber den amtlichen Postkarten in Größe usw. entsprechen.

Die Drucksachen (Impresos) zerfallen in 3 Gattungen: in in regelmäßigen Fristen erscheinende Zeitungen und Zeitschriften, Bücher und Broschüren von allgemeinem Interesse und im Lande gedruckte Noten, in gebundene oder geheftete, im Inlande veröffentlichte Bücher und Broschüren von nicht allgemeinem Interesse und in sonstige Drucksachen (Zirkulare, Visitenkarten, Neujahrskarten, Korrekturbogen mit oder ohne Manuskript, Kataloge, Prospekte, Stiche usw.). Alle dürfen im Gewicht 2 kg, in den Ausdehnungen 45 cm, in Rollenform 75 zu 10 cm nicht überschreiten. An schriftlichen Zusätzen sind nur der Name des Absenders, eine Widmung, Anstriche einzelner Stellen und in den Preislisten, Zirkularen usw. Preisangaben u. dgl. zugelassen. Tarif: Drucksachen der 1. Gattung sind portofrei (und zwar auch im Verkehr mit Peru, Chile, Ecuador und der Provinz Tacna), der 2. Gattung allgemein 3 Ct. für jede 50 g, der 3. Gattung 2 Ct. für jede 20 g, unzureichend frankiert das Doppelte des fehlenden Portos, unfrankiert unzulässig.

Auch Geschäftspapiere (Papeles de negocios) im Sinne des Weltpostvertrages sind zulässig. Für Höchstgewicht und Ausdehnungen gelten die gleichen Vorschriften wie für Drucksachen. Tarif: 2 Ct. für jede 20 g, unzureichend frankiert das Doppelte des fehlenden Portos; unfrankierte werden nicht befördert.

Für Warenproben (Muestras) gelten gleiche Bestimmungen wie im Weltpostverein. Das Höchstgewicht ist auf 350 g, die Höchstausdehnungen sind auf 30 zu 20 zu 10 cm, in Rollenform auf 30 zu 15 cm festgesetzt. Tarif: im Aufgabedepartement 8 Ct., weiterhin 10 Ct. für jede 50 g, unzureichend frankiert das Doppelte des fehlenden Portos, unfrankiert nicht zulässig.

Briefsendungen jeder Art können unter Einschreibung (Certificados) versandt werden. Über eine Einschreibsendung erhält der Absender unentgeltlich einen Einlieferungsschein, der auch die Aufgabenummer der Sendung aufweisen muß; die Einschreibgebühr beträgt 10 Ct. Rückscheine sind zulässig; Gebühr 5 Ct. Im Falle des Verlustes einer Einschreibsendung hat der schuldige Beamte dem Absender einen Ersatzbetrag von 10 B. zu zahlen.

In Orten mit Briefbestelleinrichtung werden die Briefsendungen den Empfängern unentgeltlich in die Wohnung bestellt, an anderen Orten sind sie abzuholen. Alle 8 Tage ist eine Liste der nicht abgeholten Sendungen aufzustellen und bei der Postanstalt auszuhängen. Aber auch in Orten mit Bestellung können die Empfänger ihre Briefe bei der Post abholen. In den größeren Orten sind Schließfächer eingerichtet, für die eine Miete von 1 B. für kleine, von 1 B. 30 Ct.

*) 1 Boliviano (B.) zu 100 Centavos (Ct.) = nominell 4 M. 5 Pf.

für mittlere und von 2 B. für größere Fächer monatlich zu entrichten ist. Die Gebühr für gewöhnliche Fächer wird zwischen Postanstalt und Abholer vereinbart, ohne daß sie jedoch 1 B. monatlich überschreiten oder hinter 50 Ct. zurückbleiben darf.

Auch Eilsendungen (Expresos) sind eingeführt; doch versteht man darunter solche, die durch besondere Beförderungsmittel von einem Orte zum anderen (mit Estafette) befördert werden. Für solche Sendungen ist außer dem gewöhnlichen Porto eine besondere Eilbeförderungsgebühr zu zahlen nach folgendem Tarif: von Oruro nach Sucre (75 km) 7 B. 50 Ct. für den Beförderer und 2 B. 50 Ct. für die Postanstalten, zusammen 10 B., nach La Paz (49 km) 4 B. 90 Ct. und 2 B. 10 Ct. (= 7 B.), nach Cochabamba (41 km) 4 B. 10 Ct. und 1 B. 90 Ct. (= 6 B.), nach Potosí (65 km) 6 B. 50 Ct. und 2 B. 50 Ct. (= 9 B.) und von Sucre nach Potosí (29 km) 2 B. 90 Ct. und 1 B. 10 Ct. (= 4 B.). Ist die Eilsendung auf mehreren Strecken zu befördern, so sind die Einzelgebühren zusammenzurechnen, so von Sucre nach La Paz 17 B. (Sucre — Oruro und Oruro — La Paz).

Unbestellbare Sendungen werden 6 Monate bei der Postanstalt aufbewahrt und dann, nachdem eine Liste davon im Posthause ausgehängt oder durch die Lokalblätter veröffentlicht war, an die Generaldirektion eingesandt. Dort werden Briefe, Postkarten, Geschäftspapiere und gewöhnliche Drucksachen von einer Kommission verbrannt, Muster, Bücher und andere Gegenstände von Wert aber verkauft; der Erlös wird 6 Monate aufbewahrt und fließt dann zur Postkasse. Ein Öffnen der Briefe findet nicht statt.

Der Vertrieb der Postwertzeichen, zu denen auch gestempelte Briefumschläge und Streifbänder gehören, erfolgt ausschließlich durch die Postanstalten, denen dafür ein Rabatt von 5% belassen wird.

B. Wertbriefe.

Am Wertbriefdienst nehmen nur die Haupt- und Unterverwaltungen teil. In Wertbriefen (Cartas con valores declarados) dürfen nur Wertpapiere versandt werden. Münzen, Edelsteine und andere kostbare Gegenstände müssen in Wertkästchen (Cajas de valores) zur Auflieferung gelangen. Während für Wertbriefe eine Gewichts- und Ausdehnungsgrenze nicht gezogen ist, dürfen Wertkästchen, zu denen Metall- oder Holzkistchen zu verwenden sind, nicht schwerer als 1 kg und nicht größer als 20 zu 10 zu 10 cm sein. In die Wertbriefe und Wertkästchen dürfen offene oder verschlossene Briefe nicht eingelegt werden. Die Sendungen sind gut verschlossen und gehörig versiegelt am Schalter aufzuliefern; ein Einlieferungsschein wird unentgeltlich erteilt. Wertangabe ist bei Briefen und Kästchen, die unmittelbar zwischen zwei Hauptverwaltungen ausgetauscht werden, bis 1000 B., bei deren Beförderung eine Unterverwaltung beteiligt ist, bis 100 B. zugelassen. Die Sendungen müssen vollständig frankiert sein. Tarif: für Briefe das Briefporto und für Kästchen das Paketporto (siehe unter „D. Pakete"), ferner die Einschreibgebühr von 10 Ct. und eine Versicherungsgebühr von 15 Ct. bis 10 B., 30 Ct. über 10 bis 25 B., 60 Ct. über 25 bis 50 B., 1 B. über 50 bis 100 B. und 1 B. mehr für jede weiteren 100 B. Rückscheine sind zulässig; Gebühr 5 B. Bleiben Wertbriefe und Wertkästchen unbestellbar, so werden sie nach 3 Monaten nach dem Aufgabeort zurückgesandt; nach weiteren 6 Monaten sind sie dann der Generaldirektion einzureichen, die damit wie mit anderen unbestellbaren Sendungen verfährt, die Sendungen aber vorher öffnet.

Für Wertbriefe und Wertkästchen wird im Falle des Verlustes oder der Beschädigung Ersatz nach Maßgabe der Wertangabe geleistet.

C. Postanweisungen.

Am Postanweisungsverkehr nehmen auch nur die Haupt- und Unterverwaltungen teil. Der Höchstbetrag einer Postanweisung (Giro postal) ist für die Hauptverwaltungen auf 1000 B., für die Unterverwaltungen auf 100 B. festgesetzt. Dem Einzahler wird ein Schein über den eingezahlten Betrag ausgehändigt, den er dem Empfänger (als Postanweisung) zu übersenden hat; dies kann im gewöhnlichen und im eingeschriebenen Briefe geschehen. Die Annahmepostanstalt sendet ihrerseits den eingezahlten Betrag bar und offen unter Übergabe von Hand zu Hand auch seitens der Postbegleiter an die Bestimmungspostanstalt ab, die ihn dem Vorzeiger der Postanweisung nach gehörigem Ausweis gegen Quittung auf der zurückzugebenden Postanweisung auszahlt. Die Übertragung einer Postanweisung auf einen Dritten durch Indossierung ist zulässig. Bleibt ein Postanweisungsbetrag unanbringlich, so geht der Postanweisungsbetrag in gleicher Weise wie bei der Hinbeförderung kostenpflichtig nach dem Aufgabeort zurück. Auszahlungsscheine sind zulässig; Gebühr 5 Ct. Tarif: bis 10 B. 15 Ct., über 10 bis 25 B. 30 Ct., über 25 bis 50 B. 60 Ct., über 50 bis 100 B. 1 B. und für höhere Beträge 1 B. für jede 100 B.

D. Postpakete.

Am Paketdienst nehmen alle Postanstalten, ausgenommen die ausschließlich durch Botenposten bedienten, teil. Pakete (Encomiendas) sind bis 5 kg zugelassen, dürfen aber in keiner Ausdehnung 60 cm und im Gesamtumfang nicht 20 cbdm überschreiten. Lebende Pflanzen und Tiere, sowie explodierende und leichtentzündliche Sachen sind von der Beförderung ausgeschlossen. Die Pakete müssen gut verpackt, gehörig verschlossen und versiegelt sein. Über jedes Paket wird dem Aufgeber ein Einlieferungsschein erteilt. Eine Begleitadresse ist den Sendungen nicht beizugeben. Die Pakete werden bei der Auflieferung und bei der Ankunft in Register eingetragen und während der Beförderung von Stelle zu Stelle einzeln nachgewiesen. Tarif: bis 30 g 15 Ct. nach dem Aufgabedepartement, 20 Ct. nach anderen Orten, über 30 bis 460 g 30 und 40 Ct., über 460 g bis 5 kg 15 und 20 Ct. für jede weiteren 460 g. Werden Pakete ausschließlich mit der Eisenbahn befördert, so kommt nur die Hälfte dieser Sätze in Anwendung. Das Porto muß stets voll im voraus entrichtet werden, und zwar in Freimarken, die der Aufgeber selbst unter den Augen des Annahmebeamten auf das Paket aufzukleben hat. Bleibt ein Paket 6 Monate unabgeholt, so wird eine Unbestellbarkeitsmeldung abgelassen; verlangt der Absender die Rück- oder Nachsendung, so hat er das Porto dafür wie für ein neuaufgeliefertes Paket zu entrichten. Bleibt die Verfügung des Absenders über 2 Monate aus, so ist der Fall der Generaldirektion zu melden, die den Verkauf des Pakets verfügt; der Erlös wird zur Postkasse verrechnet. Geht ein Paket verloren oder wird es beschädigt, so haben die verantwortlichen Beamten für den Schaden aufzukommen; der Ersatzbetrag soll aber nie mehr als 10 B. betragen.

Pakete können auch als Eilsendungen durch Estafette befördert werden (siehe unter „A. Briefpost").

26. Chile.

(759000 qkm und 3399928 Einwohner.)

Das Postwesen der Republik Chile gehört zum Ressort des Ministeriums des Innern; an seiner Spitze steht der „General-Postdirektor". In jedem Provinzial-Hauptorte ist eine Haupt-Postadministration eingerichtet, deren Vorsteher der unmittelbare Vorgesetzte aller Postbeamten in der Provinz ist. Ferner bestehen in allen Bezirks-Hauptorten, in Städten mit mehr als 2000 Einwohnern und in den wichtigeren Hafenorten „Lokal-Administrationen", die der Haupt-Administration der Provinz untergeordnet sind. Endlich sind in Orten von weniger Bedeutung und geringerer Einwohnerzahl „Postablagen" vorhanden, bei denen der Dienst durch Ortseinwohner wahrgenommen wird. Alle Städte von einiger Bedeutung besitzen Briefkasten, aber nur einige größere Städte Ortsbriefbestelleinrichtung.

Der General-Postdirektor wird von dem Präsidenten der Republik ernannt, der auch, auf den Vorschlag des ersteren, die „Verwalter" (Administradores), sowie auf den Vorschlag der Verwalter die „Ablagehalter" anstellt. Die Annahme der nachgeordneten Beamten bei den Postanstalten ist Sache des Vorstehers, doch hat er davon dem Generaldirektor Anzeige zu erstatten. Für die Anstellung der Briefträger, deren Vergütung sich nach der Zahl der von ihnen bestellten Sendungen richtet, sorgt der Verwalter unter eigener Verantwortlichkeit. Verwalter und Ablagehalter, die eine feste Besoldung nicht beziehen, erhalten für ihre Dienstleistungen und als Vergütung für kleine Bureauausgaben eine Entschädigung von 20 % des aufgekommenen Portos für die Briefsendungen aus anderen Verwaltungskreisen, die in ihrem Bezirk zur Bestellung oder Ausgabe gelangen. Verwalter, die ein festes Gehalt beziehen, haben dem Generaldirektor eine Kaution in Höhe ihrer jährlichen Besoldung zu leisten, wogegen die Kaution der Administratoren, deren Einkommen nur in Tantiemen besteht, in jedem einzelnen Falle besonders festgesetzt wird, ohne daß sie jedoch die Jahreseinnahme der von ihnen verwalteten Postanstalt übersteigen darf. Die Haupt-Administratoren haben auf Anweisung der Regierung die Administrationen und Postanstalten ihrer Provinz zu revidieren; sie beziehen hierfür eine Vergütung in Höhe eines Drittels des Gehaltsteils, der auf den für die Revisionen verwendeten Zeitraum entfällt. Die Ablagehalter haben die Sendungen anzunehmen, sie durch Boten an die Administration, der sie untergeordnet sind, weiterzusenden und die von letzterer erhaltenen Briefsendungen auszugeben; die Aufschriften der angekommenen Gegenstände nehmen sie in eine Liste auf, die sie an einer in die Augen fallenden Stelle ihres Bureaus aushängen.

Die Postbeamten sind von den Dienstleistungen bei der Bürgerwehr und der Ortspolizei befreit. — In Provinzen, in denen Staatskassenanstalten nicht bestehen, haben die Administratoren, die ein festes Gehalt beziehen, deren Geschäfte unentgeltlich mitzuversehen und in diesem Falle eine Kaution zu leisten, die dem doppelten Betrage ihres jährlichen Gehaltes gleichkommt.

Die Weitersendung der Briefpakete findet auf der kürzesten Post- und Staatsstraße statt; auf den Eisenbahnen erfolgt ihre Beförderung unentgeltlich, wogegen auf anderen Straßen Unternehmer damit betraut sind. Eine finanzielle Beteiligung an Postfuhr-Unternehmungen ist den Administratoren verboten. Die

Unternehmer können unter eigener Verantwortlichkeit die Briefpakete durch Kuriere oder Postillione befördern lassen, sofern die Verwaltung deren Annahme gutgeheißen hat. Kuriere oder Postbegleiter tragen an ihren Hüten die Inschrift „Correos" (Posten) und dürfen, wenn sie dienstlich unterwegs sind, zu ihrer persönlichen Verteidigung Waffen führen.

Der chilenischen Postverwaltung ist das ausschließliche Recht zur Beförderung der Briefe (Postmonopol) gesetzlich eingeräumt.

A. Briefpost.

Bei Briefen (cartas comunes) ist für Gewicht und Ausdehnungen eine Grenze nicht gezogen. Tarif: 5 Ct.*) bis 20 g, 10 Ct. über 20 bis 30 g, 20 Ct. über 30 bis 100 g und 5 Ct. mehr für jede weiteren 50 g, für Ortsbriefe 2 Ct. für jede 20 g, unzureichend frankiert und unfrankiert das Doppelte des fehlenden Portos. Enthält ein Brief bares Geld, auf den Inhaber lautende Wertpapiere, Banknoten oder andere Wertsachen, so wird er angehalten und nur gegen Zahlung einer Strafe von 1 P. für jede 15 g zurückgegeben.

Postkarten (tarjetas postales) kosten gleichmäßig 2 Ct. die einfache, 4 Ct. die Karte mit Antwort. Außerdem hat die chilenische Postverwaltung noch Postkarten zu 1 Ct. das Stück ausgegeben, die jedoch nur zum Bedrucken benutzt werden dürfen. Von der Privatindustrie hergestellte Postkarten werden zur Beförderung zugelassen, müssen aber wie Briefe frankiert werden. Den Postkarten dürfen kleine Muster u. dgl. angehängt werden.

Mit der Annahme von Zeitungsabonnements befassen sich die Postanstalten nicht.

Im Lande selbst erscheinende Zeitungen und Zeitschriften (diarios i periódicos) genießen unbeschränkte Portofreiheit, und zwar einschließlich ihrer Beilagen. Die Zeitungspakete dürfen jedoch 5 kg und in den Ausdehnungen 30 cm nicht überschreiten. Die Zeitungspakete müssen entweder einfach mit Bindfaden umschnürt oder unter Streifband, das nur ein Drittel der Oberfläche des Zeitungspakets bedecken darf, zur Post geliefert werden. Schriftliche Bemerkungen irgendwelcher Art in und auf den Zeitungspaketen sind unstatthaft.

Drucksachen — andere als Zeitungen und Zeitschriften — (impresos) dürfen 5 kg und in den Ausdehnungen 30 cm nicht übersteigen. Tarif: 1 Ct. für jede 50 g, unfrankiert und unzureichend frankiert das Doppelte des fehlenden Portos. Für schriftliche Zusätze gelten die gleichen Vorschriften wie im Weltpostverkehr. Die Drucksachen müssen so verpackt sein, daß ihr Inhalt leicht geprüft werden kann.

Als Geschäftspapiere (espedientes judiciales) sind nur Gerichtsakten zugelassen; sie müssen wenigstens teilweise frankiert sein. Für Gewicht und Ausdehnungen sind Grenzen nicht gezogen. Tarif: 15 Ct. bis 100 g und 2 Ct. mehr für jede weiteren 50 g, unzureichend frankiert das Doppelte des fehlenden Portos; unfrankierte werden wie Briefe behandelt und taxiert. Schriftliche Bemerkungen dürfen auf und in den Sendungen nicht angebracht sein.

Warenproben (muestras) sind bis 1 kg zulässig und dürfen in keiner Ausdehnung 30 cm überschreiten. Tarif: 5 Ct. für jede 50 g, unzureichend frankiert

*) 1 Peso (P.) Silber zu 100 Centavos (Ct.) = 1 M. 53 Pf.

und unfrankiert das Doppelte des fehlenden Portos. Die Warenprobenpakete müssen so verpackt sein, daß der Inhalt leicht geprüft werden kann; leichtentzündliche Stoffe sowie Gegenstände mit Handelswert sind von der Beförderung ausgeschlossen. An handschriftlichen Zusätzen sind nur Fabrikzeichen und Preisangabe gestattet.

Die Vereinigung von Zeitungen, Drucksachen und Warenproben zu einer Sendung ist unzulässig.

Briefsendungen jeder Art können unter Einschreibung (correspondencia certificada) versandt werden. Die Einschreibsendungen, mit alleiniger Ausnahme der Geschäftspapiere, können frankiert oder unfrankiert sein; besondere Anforderungen werden für Verpackung und Verschluß nicht gestellt. Wertpapiere und bares Geld dürfen in Einschreibbriefe nicht eingelegt werden. Außer dem gewöhnlichen Porto wird eine Einschreibgebühr von 10 Ct. für jede 50 g, höchstens jedoch von 50 Ct. erhoben. Über jede Einschreibsendung wird unentgeltlich ein Einlieferungsschein erteilt. Jeder Einschreibsendung wird von Amts wegen unentgeltlich ein Rückschein beigefügt, der nach seiner Rückkunft dem Absender ausgehändigt wird; zu diesem Zwecke muß sich der Aufgeber einer jeden Einschreibsendung namhaft machen. Im Falle des Verlustes, der Beschädigung oder der verzögerten Beförderung einer Einschreibsendung des inneren Verkehrs wird von der Postanstalt keinerlei Ersatz geleistet.

Nachsendung erfolgt gebührenfrei. Postlagersendungen werden 3 Monate zur Verfügung des Empfängers aufbewahrt. Unbestellbare Briefsendungen werden 3 Monate bei der Bestimmungspostanstalt zurückgehalten und dann an die Rückbriefstelle der Generaldirektion in Valparaiso eingesandt. Ist der Absender äußerlich zu erkennen, so werden ihm die Sendungen zurückgegeben; andernfalls haben sie weitere 6 Monate zu lagern, nach deren Ablauf zu ihrer Eröffnung geschritten wird. Läßt sich auch hierbei weder Absender noch Empfänger ermitteln, so werden sie verbrannt.

Die Briefsendungen werden den Empfängern in allen größeren Orten durch die Briefträger in die Wohnung bestellt, und zwar gegen eine Bestellgebühr von 2 Ct. für jeden Brief und von 1 Ct. für jede andere Sendung des inneren Verkehrs. Den Empfängern ist jedoch das Recht eingeräumt, ihre Sendungen am Schalter abzuholen. In großen Orten, wie Valparaiso und Santiago, sind besondere Ausgabespinde mit Schließfächern aufgestellt. Bei kleineren Postanstalten wird den regelmäßigen Abholern ebenfalls ein besonderes Fach des Ausgabespindes eingeräumt, indessen müssen die Briefe stets am Schalter abgefordert werden. In allen Fällen hat der Abholer eine Fachmiete von 1 P. 50 Ct. vierteljährlich im voraus zu entrichten. — Ein Eilbestelldienst ist nicht eingerichtet.

Mit dem Vertrieb der Postwertzeichen werden außer den Postanstalten auch geeignete Privatpersonen von der Generaldirektion betraut; an diese werden die Markenbestände gegen einen Rabatt von 3 % abgelassen. Außer Freimarken und Postkarten sind gestempelte Briefumschläge ausgegeben.

B. Wertbriefe.

Wertbriefe (Cartos con valores declarados) dürfen nur Wertpapiere und Papiergeld, nicht auch Bargeld, Gold- oder Silbersachen u. dgl. enthalten. Die

Wertangabe ist unbeschränkt und muß auf chilenische Währung lauten. Die Briefe müssen gut versiegelt sein. Tarif: außer Briefporto und Einschreibgebühr eine Versicherungsgebühr von 20 Ct. für jede 100 P. Über einen Wertbrief erhält der Aufgeber unentgeltlich einen Einlieferungsschein. Wertbriefe müssen bei der Postanstalt abgeholt werden. Bleibt ein Brief unabgeholt, so wird eine Unbestellbarkeitsmeldung abgelassen; geht dann binnen 10 Tagen keine Verfügung des Absenders ein, so wird der Wertbrief nach dem Aufgabeort zurückgesandt. In Verlust- und Beschädigungsfällen leistet die Postverwaltung Ersatz nach Maßgabe der Wertangabe.

Gold- und Silbersachen und andere kostbare Gegenstände können in Wertkästchen versandt werden. Die Kästchen dürfen nicht größer als 30 zu 10 zu 10 cm sein; der Deckel muß eine Stärke von 8 mm haben. Das Höchstgewicht ist auf 1 kg, der Höchstbetrag der Wertangabe auf 200 P. festgesetzt. Tarif: Porto 30 Ct., Einschreibgebühr 10 Ct. für jede 50 g, höchstens 50 Ct., Versicherungsgebühr 20 Ct. für je 100 P.

C. Postanweisungen.

Am Postanweisungsdienst nehmen die Haupt- und Bezirksadministrationen und deren Stadtpostzweigstellen teil. Der Mindestbetrag einer Postanweisung (Giro postal) ist auf 1 P., der Höchstbetrag auf 100 P. festgesetzt. Die Anweisungen werden aus einem Heft herausgetrennt; an jedem Anweisungsformular haftet ein Einlieferungsschein und ein Einzahlungsschein, der an die zahlende Stelle gesandt wird. Der Einzahler muß auf die Postanweisung seinen und des Empfängers Namen, die einzuzahlende Summe und den Einzahlungstag selbst niederschreiben. Tarif: bis 14 P. 5 Ct., für jede weiteren 10 P. (bis 94 P.) 5 Ct. mehr und über 94 bis 100 P. 50 Ct. Die Postanweisungen verlieren nach 6 Monaten ihre Gültigkeit. Können innerhalb eines weiteren Jahres Postanweisungsbeträge weder dem Absender noch dem Empfänger ausgezahlt werden, so verfallen sie der Postkasse.

D. Postpakete.

Pakete (Encomiendas) sind bis 5 kg zugelassen; sie dürfen in keiner Ausdehnung 60 cm überschreiten. Briefliche Mitteilungen, die sich nicht ausschließlich auf das Paket beziehen, explodierende und leichtentzündliche Stoffe dürfen in Paketen nicht verschickt werden; zerbrechliche und leichtverderbliche Sachen, sowie Flüssigkeiten werden nur auf Gefahr des Absenders zur Beförderung angenommen. Die Pakete müssen versiegelt sein und in der Aufschrift eine genaue Inhaltsangabe tragen. Jedem Paket ist eine Begleitadresse auf vorgeschriebenem Formular beizugeben. Wertangabe und Nachnahme sind nicht zugelassen. Über jedes Paket erhält der Aufgeber unentgeltlich einen Einlieferungsschein. Für Nachsendungen ist das Porto von neuem zu entrichten. Tarif: bis 3 kg 30 Ct., über 3 bis 5 kg 50 Ct. Im Falle des Verlustes oder der nicht selbst verschuldeten Beschädigung zahlt die Postverwaltung Ersatz bis zu 10 P.

Die Pakete werden den Empfängern in Orten mit Briefbestelldienst unentgeltlich in die Wohnung bestellt; ist die Bestellung nicht angängig, so wird dem

Empfänger nur eine Benachrichtigung zugestellt. Verweigert der Empfänger die Annahme, so wird der Absender hiervon verständigt; trifft er hierauf keine Entscheidung, so wird das Paket verkauft. Werden Pakete nicht abgeholt oder ist der Empfänger nicht zu ermitteln, so wird nach 15 Tagen eine Unbestellbarkeitsmeldung abgelassen; geht darauf keine Bestimmung des Absenders ein, so werden Pakete mit verderblichem Inhalt sogleich, andere nach 6 Monaten verkauft.

E. Büchervertrieb.

Die Postanstalten befassen sich damit, den Bezug von Bücherwerken von den Verlegern für das Publikum zu vermitteln. Der Verleger übergibt die Bücher einer bestimmten Postanstalt, die sie den bestellenden Postanstalten übersendet. Für jedes Buch wird neben dem Einkaufspreis eine Vermittelungsgebühr von 10% dieses Preises erhoben; diese Gebühr wird von den Postanstalten am Bestellungs- und am Verlagsort halbscheidlich geteilt. Die Versendung der Bücher erfolgt allgemein portofrei.

Jeder Verfasser oder Verleger, der ein Werk für den Bezug durch die Post zur Verfügung stellen will, hat bei der General-Postdirektion unter Übersendung eines Freiexemplars die Ermächtigung nachzusuchen, die Bücher einer von ihm zu wählenden Postanstalt zu übersenden, zugleich hat er den Preis anzugeben. Hierauf wird das Buch in die von der Postverwaltung aufgestellte Preisliste der im Postwege zu beziehenden Bücherwerke eingetragen. Es können jedoch auch Bücher, die nicht in diese Liste aufgenommen sind, durch die Post bezogen werden. Aller 2 Monate kann abgerechnet werden. Diese Einrichtung (Compraventa de libros) soll namentlich den Schülern der Lyzeen in den Provinzialstädten zugute kommen, wo es mitunter keine Buchhandlung gibt und die Zwischenhändler die Preise der durch ihre Vermittelung bezogenen Werke über Gebühr in die Höhe schrauben.

27. Paraguay.

(253100 qkm und 631347 Einwohner.)

Das Post- und Telegraphenwesen der Republik Paraguay untersteht der Leitung des „Generaldirektors für Posten und Telegraphen". Diesem ist ein „Generalsekretär" als Untergeneraldirektor zugeteilt. Die Generaldirektion zerfällt in 2 Abteilungen, eine für Post, eine für Telegraphie, die von je einem „Generalinspektor" geleitet werden; daneben bestehen noch besondere Bureaus für das Rechnungswesen, für das Kassenwesen, für Registratur, für Statistik und für Typographie. Die Postanstalten zerfallen in 3 Klassen und sind sämtlich der Generaldirektion unmittelbar unterstellt. In den Landesteilen, die weder von Eisenbahnen noch von Dampfschiffen berührt werden, vermitteln Landbriefträger zu Fuß oder zu Pferd den Postverkehr.

Ein Postmonopol besteht nicht.

A. Briefpost.

Für **Briefe** (Cartas) besteht weder eine Gewichts- noch eine Ausdehnungsgrenze. **Tarif**: 20 Ct.*) für jede 15 g, unfrankiert und unzureichend frankiert das Doppelte des fehlenden Portos. Ortsbriefe kosten allgemein 5 Ct. das Stück. Bei Postanstalten an der Eisenbahn oder in Hafenorten nach der Schlußzeit für eine Post aufgelieferte Briefe unterliegen einer **Spätlingsgebühr** (tasa de última hora) in Höhe des Portos.

Kartenbriefe (Cartas tarjetas) sind zu 20 Ct. das Stück ausgegeben. Sie genießen also gegen die Briefe keine Tarifermäßigung. Im Ortsverkehr sind nur Kartenbriefe mit Einladungen usw. zu 5 Ct. das Stück zugelassen.

Postkarten (Tarjetas postales) kosten 10 Ct. die einfache, 20 Ct. die Karte mit Antwort. Von der Privatindustrie hergestellte Postkarten sind zur Beförderung zugelassen, müssen aber den amtlichen durchaus entsprechen, namentlich auch in der Größe (14 zu 9 cm). Den Postkarten dürfen andere Gegenstände nicht angefügt werden; andernfalls werden sie ebenso wie solche, die den Bedingungen sonst nicht entsprechen, als Briefe taxiert.

Zeitungen und **Zeitschriften** (Publicaciones periódicos) unterliegen einer **Taxe** von 1 Ct. für jede 100 g, andere **Drucksachen** (Impresos) von 5 Ct. für jede 100 g, unzureichend frankiert das Doppelte des fehlenden Portos. Das Höchstgewicht ist auf 2 kg festgesetzt. Die Drucksachen unterliegen bezüglich schriftlicher Zusätze und Änderungen den gleichen Bestimmungen wie im Weltpostverkehr.

Geschäftspapiere (Papeles de negocio) sind ebenfalls bis 2 kg zugelassen; in den Ausdehnungen dürfen sie an keiner Seite 45 cm, in Rollenform nicht 75 zu 10 cm überschreiten. **Tarif**: 25 Ct. bis 250 g und 5 Ct. mehr für jede weiteren 50 g, unzureichend frankiert das Doppelte des fehlenden Portos.

Warenproben (Muestras sin valor) sind bis 350 g zugelassen. **Tarif**: 10 Ct. bis 100 g, 5 Ct. mehr für jede weiteren 50 g, unzureichend frankiert das Doppelte des fehlenden Portos.

Briefsendungen jeder Art können unter **Einschreibung** (Certificado) versandt werden. Besondere Vorschriften für Verpackung und Verschluß bestehen nicht. Geldstücke und kostbare Gegenstände dürfen in Einschreibbriefen nicht versandt werden. Über jede Einschreibsendung wird unentgeltlich ein Einlieferungsschein erteilt. Die Einschreibgebühr beträgt 20 Ct. **Rückscheine** (Acuso de recibo) sind zulässig; Gebühr 20 Ct. Im Falle des Verlustes hat der schuldige Beamte den Absender schadlos zu halten.

In Orten mit Stadtposteinrichtung werden die Briefsendungen unentgeltlich **in die Wohnung** bestellt; in anderen Orten sind sie allgemein bei der Postanstalt abzuholen. Für ein Abholungsfach ist gleichmäßig eine Fachmiete von 20 P. für je 6 Monate zu entrichten. Ein **Eilbestelldienst** ist eingerichtet; für gewöhnliche Eilbriefe ist eine Eilbestellgebühr von 1 P. 25 Ct., für Einschreibbriefe — neben Porto und Einschreibgebühr — von 50 Ct., für solche mit Rückschein von 1 P. zu entrichten.

*) 1 Peso (P.) Gold zu 100 Centavos (Ct.) = 4 M. 5 Pf.; 1 Peso fuerte (Papier) 10 Pf.

B. Postpakete.

Postpakete (Encomiendas postales) sind bis 3 kg zulässig; sie dürfen in keiner Richtung 70 cm überschreiten, ihr Höchstumfang ist auf 20 cbdm festgesetzt. Eine Paketadresse wird den Sendungen nicht beigegeben; das Porto ist in Freimarken auf den Sendungen selbst zu verrechnen und beträgt einheitlich 3 P. für das Paket. Eine Ersatzpflicht für Pakete besteht nicht.

---

28. Uruguay.

(186926 qkm und 1103040 Einwohner.)

In Uruguay sind Post und Telegraphie zu einer Verwaltung vereinigt. Die oberste Behörde ist die „General-Post- und Telegraphendirektion" in Montevideo, die dem Ministerium des Innern unterstellt ist. Dem „Generaldirektor" sind 1 „Subdirektor" und 1 „Sekretär", ferner 2 „General-Postinspektoren", 1 „Departements-Postinspektor" und 2 „Telegrapheninspektoren" zugeteilt. Das Land ist in 19 Postbezirke eingeteilt, in denen die Leitung und Beaufsichtigung des Dienstes je einer Bezirksdirektion anvertraut ist. Die Bezirksdirektionen nehmen zugleich die Geschäfte der Ortspostanstalt an ihrem Sitze wahr, außerdem sind ihnen aber auch die übrigen Bezirkspostanstalten untergeordnet, die in eigentliche „Postämter" und in „Postagenturen" zerfallen; die letzteren befassen sich nur mit der Annahme und Ausgabe gewöhnlicher Briefsendungen. Die Bezirksdirektionen und eine Anzahl „Zweigpostanstalten" befassen sich auch mit der Einhebung der Steuern und dem Verkauf von Stempelpapier und Stempelmarken.

Ein Postmonopol besteht in Uruguay gesetzlich auch für Briefe nicht.

A. Briefpost.

Bei Briefen (cartas) sind für Gewicht und Umfang Grenzen nicht gezogen. Tarif: 5 Ct.*), Stadtbriefe 2 Ct. für jede 15 g, unfrankiert und unzureichend frankiert das Doppelte des fehlenden Portos.

Kartenbriefe (tarjetas epistolares), und zwar sowohl einfache als auch mit Antwort, sind von der Verwaltung ausgegeben und werden gegen die ermäßigte Taxe von 3 und 6 Ct. befördert.

Die Taxe für Postkarten (tarjetas postales) beträgt allgemein 2 Ct. die einfache, 4 Ct. die Karte mit Antwort. Von der Privatindustrie hergestellte Postkarten sind zur Beförderung zugelassen. Den Postkarten dürfen Warenmuster oder dgl. nicht angehängt sein, andernfalls werden sie als Briefe behandelt und taxiert.

Die Postanstalten nehmen Bestellungen auf Zeitungen und Zeitschriften (periodicos) an. Außer dem Einkaufspreis und dem Porto erheben die Postanstalten eine Abonnementsgebühr von 5 % des Einkaufspreises, min-

---

*) 1 Peso (P.) zu 100 Centesimos (Ct.) = 4 M. 34 Pf.

destens aber 10 Ct. für das Vierteljahr, 20 Ct. für das Halbjahr und 30 Ct. für das Jahr. Auch die Briefträger nehmen Bestellungen auf Zeitungen entgegen. Die Vermittelung der Bestellungen liegt einem besonderen Zeitungspostamt in Montevideo ob. Die bestellten Zeitungen werden von den Redaktionen in Paketen an die Bestellpostämter gesandt; die Pakete müssen den Vermerk „Suscricion postal“ tragen. Ihr Höchstgewicht ist auf 2 kg festgesetzt. Die Beförderungsgebühr für abonnierte Zeitungen beträgt ½ Ct. für jede 100 g.

Sonstige Drucksachen (impresos) sollen in keiner Richtung 45 cm, in Rollenform nicht 75 zu 10 cm überschreiten. Das Meistgewicht beträgt 2 kg. Für Drucksachen besteht Frankierungszwang; unfrankierte oder unzureichend frankierte werden nicht befördert. Tarif: ½ Ct. für jede 100 g. Zirkulare gelten nicht als Drucksachen, sondern als Geschäftspapiere.

Geschäftspapiere (papeles de negocios) müssen frankiert sein; ihr Meistgewicht ist auf 2 kg festgesetzt, für die Ausdehnungen gelten die gleichen Vorschriften wie bei Drucksachen. Tarif: 1 Ct. für jede 50 g. Schriftliche Zusätze irgendwelcher Art dürfen die Geschäftspapiere nicht enthalten. Sie müssen entweder unter Streifband oder in einen Umschlag gelegt werden, dessen vier Ecken abgeschnitten sind, so daß man den Inhalt übersehen kann. Unzureichend frankierte oder unfrankierte Geschäftspapiere und solche, die sonst den Bedingungen nicht entsprechen, gelangen nicht zur Absendung.

Auch Warenproben (muestras) müssen frankiert aufgeliefert werden. Im Gewicht dürfen sie 350 g, in den Ausdehnungen 20 zu 10 zu 5 cm nicht überschreiten. Tarif: 1 Ct. für jede 50 g. Für die Verpackung gelten die gleichen Vorschriften wie für Geschäftspapiere, und bezüglich der zulässigen schriftlichen Zusätze decken sich die Bestimmungen mit denen des Weltpostvertrages.

Die Vereinigung von Drucksachen, Geschäftspapieren und Warenproben zu einer Sendung ist gestattet.

Briefsendungen jeder Art können unter Einschreibung (certificados) versandt werden. Sie müssen stets frankiert sein, ausgenommen Gerichtsakten, für welche die Zahlung des Portos auch dem Empfänger überlassen werden kann. Für Verschluß und Verpackung sind besondere Bestimmungen nicht getroffen. Über jede Einschreibsendung wird unentgeltlich ein Einlieferungsschein erteilt. Einschreibsendungen, die im Briefkasten gefunden werden, haben die Postanstalten wie gewöhnliche Briefsendungen zu behandeln, auch wenn sie als Einschreibsendungen genügend frankiert sind. Jeder Einschreibsendung wird von Amts wegen ein Rückschein beigefügt; die Taxe dafür ist in der Einschreibgebühr einbegriffen. Diese beträgt 20 Ct. für jede Sendung, für Zahlungsbefehle und zwischen den Gerichtsbehörden ausgetauschte Sendungen nur 10 Ct. Für Gerichtsakten und für Stempelpapier zu Protokollen wird eine Einschreibgebühr von 50 Ct. und daneben eine besondere Gebühr, die sich nach der Zahl der in den Sendungen enthaltenen Bogen richtet, erhoben; die besondere Gebühr stellt sich für 1 bis 100 Bogen auf 1 P., für 101 bis 200 Bogen auf 2 P. und für größere Mengen auf 3 P. Geld und Wertpapiere dürfen in Einschreibbriefen nicht versandt werden. Für Einschreibsendungen wird von der Postverwaltung in keinem Falle Schadenersatz geleistet; doch wird bei Aushändigung der Einschreibsendungen besondere Vorsicht angewendet. Zur Erleichterung des Ausweises beim Vorliegen von Einschreibsendungen usw. gibt die Verwaltung Ausweisbücher (libretas de identidad) zum Preise von 50 Ct. aus, die 3 Jahre Gültigkeit haben.

Für Nach- oder Rücksendung von Briefschaften wird Porto nicht erhoben. Postlagersendungen werden 1 Jahr zur Verfügung der Empfänger bereitgehalten.

Unanbringliche Briefsendungen werden an die Generaldirektion in Montevideo eingeschickt, wo sie zur Ermittelung der Absender nach einer Lagerfrist von 1 Jahr von einer Kommission geöffnet werden; diese setzt sich aus dem General-Postdirektor, einem Notar und mehreren höheren Postbeamten zusammen. Gelingt es bei der Eröffnung nicht, den Absender zu ermitteln, so werden die Sendungen in Gegenwart der Kommission verbrannt; enthalten sie Wertsachen, so werden sie in ein Verzeichnis eingetragen und ein weiteres Jahr aufbewahrt, nach dessen Ablauf die Wertsachen zur Verfügung des Ministeriums des Innern gestellt werden.

Ein Briefbestelldienst ist nur in den größeren Städten eingerichtet. Dort werden die angekommenen Sendungen den Empfängern unentgeltlich in die Wohnung bestellt. Bei Postanstalten ohne Bestelleinrichtung werden die angekommenen Briefsendungen in Listen eingetragen, die an einer allgemein zugänglichen Stelle des Postgebäudes zur öffentlichen Kenntnis ausgehängt werden, so daß jedermann, ohne den Schalterbeamten zu belästigen, prüfen kann, ob eine Sendung für ihn vorliegt oder nicht.

Aber auch in Orten mit Bestelleinrichtung kann dem Publikum gestattet werden, die Sendungen regelmäßig auf der Post abzuholen. In solchem Falle wird jedem Abholer ein besonderes Fach des Ausgabespindes gegen Entrichtung einer Fachmiete von 12 P. für das Jahr (abono al apartado) eingeräumt. Diese Gebühr wird von der Postanstalt in Freimarken auf einer Abholerkarte verrechnet.

Ein Eilbestelldienst ist nicht eingerichtet.

Am Vertrieb der Postwertzeichen können sich mit Genehmigung des Ministeriums des Innern außer den Postanstalten auch Privatpersonen beteiligen. Diesen wird für die Mühewaltung eine Vergütung von 10% des Erlöses bewilligt. Außer Postfreimarken, Kartenbriefen und Postkarten sind gestempelte Streifbänder zu ½ und 1 Ct. und gestempelte Briefumschläge zu 5, 10 und 20 Ct. ausgegeben.

Zur Verrechnung des Portos auf unfrankierten und unzureichend frankierten Sendungen werden Taxmarken verwendet.

Mit der Beförderung von Wertbriefen befaßt sich die Post nicht.

B. Postanweisungen.

Am Postanweisungsdienst nehmen die Zentralverwaltung in Montevideo, die Bezirksdirektionen und die Zweigpostämter teil. Ein Meistbetrag ist für Postanweisungen (giros postales) nicht festgesetzt. Tarif: bis 11 P. ausschließlich 10 Ct., von 11 P. an bis 100 P. für jede weiteren 10 P. 10 Ct. mehr, von 100 P. an 1 P. für die ersten 100 P. und für die weiteren Beträge bis 1000 P. ½% und über 1000 P. ¼%.

Die Postanweisungen, die der Annahmebeamte nach den schriftlichen Angaben des Einzahlers auszufertigen hat, sowie der Einlieferungsschein, der dem Einzahler gebührenfrei ausgehändigt wird, und der Einzahlungsschein, der an die Bestimmungspostanstalt amtlich zu senden ist, werden einem Register entnommen, in dem ein Stamm mit den wichtigsten Angaben der Postanweisung zurückbleibt. Der Absender, dem die Übersendung der Postanweisung an den Empfänger für eigene Rechnung obliegt, kann die Rückseite der Postanweisung zu schriftlichen Mitteilungen jeder Art für den Empfänger benutzen.

Der Empfänger einer Postanweisung kann diese mittels Indossaments auf eine dritte Person übertragen; eine weitere Indossierung ist jedoch nicht statthaft. Der Absender hat, solange sich die Postanweisung in seinen Händen befindet, das Recht, die Postanweisung abändern zu lassen oder sie zurückzugeben; im letzteren Falle bleiben die entrichteten Gebühren zur Postkasse vereinnahmt, im ersteren Falle dagegen hat der Absender für die Neuausfertigung der Postanweisung die volle Taxe zu entrichten, während ihm von der für die ursprüngliche Postanweisung gezahlten Gebühr die Hälfte erstattet wird. Die Postanweisungen verlieren nach 30 Tagen die Gültigkeit; der Aufgeber hat alsdann die Postanweisung gegen Ausfolgung einer Doppelanweisung an die Aufgabepostanstalt zurückzugeben. Für das Doppel ist die Postanweisungsgebühr von neuem zu entrichten. Geht jemandem eine Postanweisung verloren, so kann ihm gegen Entrichtung der Postanweisungsgebühr ebenfalls ein Doppel ausgefertigt werden. In diesem Falle muß jedoch eine Bescheinigung der Bestimmungspostanstalt beigebracht werden, daß die Postanweisung noch nicht anderweit ausbezahlt ist; die Zahlung der Ursprungspostanweisung wird alsdann ausgesetzt.

Die Postanweisungen sind nur bei der Postanstalt zahlbar, auf die sie gezogen sind. Der Empfänger hat über den Empfang des Geldes auf der Postanweisung zu quittieren. Die Auszahlung eines Postanweisungsbetrages darf nur erfolgen, wenn zu der Postanweisung der amtlich übersandte Einzahlungsschein vorliegt und sich die Angaben auf diesem mit denen der Postanweisung durchaus decken. Die Auszahlungspostanstalt bedruckt die Postanweisung sogleich nach bewirkter Auszahlung mit einem Stempel „bezahlt".

Auch telegraphische Postanweisungen sind zugelassen. Außer der Postanweisungsgebühr ist vom Aufgeber die Gebühr für das Überweisungstelegramm zu entrichten.

C. Postaufträge.

Am Postauftragsdienst nehmen alle zum Postanweisungsdienst ermächtigten Postanstalten teil. Der Auftraggeber hat ein Formular auszufüllen, aus dem die einzuziehende Summe und Name und Wohnung des Schuldners ersichtlich sein müssen. Dem Postauftragformular müssen die einzulösenden Papiere, eine Zahlungsanweisung, welche die Postanstalt zur Einziehung der Beträge ermächtigt, und ein Benachrichtigungszettel für den Schuldner beigefügt sein; die Rückseite des Zettels kann mit schriftlichen Mitteilungen für den Zahlungspflichtigen versehen werden. Zu Postauftragspapieren eignen sich Werttitel jeder Art ohne Einschränkung des Betrages. Die Postauftragsgebühr die bei der Einlieferung der Papiere zur Post zu entrichten ist, beträgt bis 10 P. 15 Ct., über 10 bis 20 P. 30 Ct. und für jede weiteren 10 P. 30 Ct. mehr. Die eingezogenen Beträge werden dem Auftraggeber mittels Postanweisung übersandt. Werden die Papiere nicht eingelöst, so werden sie 15 Tage zur Verfügung des Zahlungspflichtigen bereitgehalten und dann mit der Zahlungsanweisung unter Einschreibung portofrei an den Auftraggeber zurückgesandt.

D. Postpakete.

Am Postpaketdienst nehmen nur die eigentlichen Postämter teil. Die Pakete (encomiendas postales) dürfen in keiner Ausdehnung 60 cm und im Umfang nicht 20 cbdm übersteigen. Das Meistgewicht ist auf 5 kg festgesetzt. Die Pakete müssen gut verpackt und fest umschnürt, auch tunlichst mit Siegelverschlüssen versehen sein. Jedem Paket muß eine Begleitadresse beigegeben sein, doch können 3 Pakete an denselben Empfänger mit einer gemeinsamen Begleitadresse versandt werden. Tarif: bis 3 kg 30 Ct., über 3 bis 5 kg 50 Ct. Rückscheine sind zulässig; Gebühr 5 Ct. Briefe dürfen den Paketen nicht beigefügt werden; Zuwiderhandlungen werden mit Geldstrafe von 10 P. geahndet. Nach- und Rücksendung ist gegen Zahlung der Beförderungsgebühr für die neue Strecke zulässig.

In Orten mit Bestelldienst wird den Empfängern ein Benachrichtigungsschreiben durch den Briefträger zugestellt; es ist Sache der Empfänger, die Pakete von der Postanstalt abholen zu lassen. In Orten ohne Bestelleinrichtung werden die Pakete in eine Liste eingetragen, die am Posthaus offen ausgehängt wird. Die Aushändigung der Pakete erfolgt gegen Quittung auf der Begleitadresse.

Ersatz wird im Falle des Verlustes oder der Beschädigung eines Postpakets von der Postverwaltung nicht geleistet.

E. Büchervertrieb.

Zur Erleichterung der Verbreitung guter Bücher im Lande befassen sich die Postanstalten auch mit dem Vertrieb von Büchern. Der Verleger hat sich an die Generaldirektion zu wenden, welche die Bücher an die Postanstalten verteilt. Von dem Erlös werden an den Verleger $^4/_5$ des Verkaufspreises abgeführt; von dem verbleibenden Fünftel fällt die Hälfte den Beamten zu, die den Verkauf bewirkt haben, die andere Hälfte fließt zur Postkasse.

29. Argentinische Republik.

(806400 qkm und 6000000 Einwohner.)

Das Postwesen der Argentinischen Republik ist dem Ministerium des Innern zugeteilt. Die Leitung des Postdienstes, vereinigt mit dem Telegraphendienst des Landes, ist der „General-Direktion der Posten und der Telegraphen" übertragen, die ihren Sitz in Buenos Aires hat. Das Land ist in 4 Hauptpostbezirke eingeteilt, von denen der 1. die Bundeshauptstadt, die Provinz Buenos Aires und die südlichen Territorien, der 2. die Provinzen Santa Fé, San Luis, Mendoza, Córdoba, Santiago, Süd- und Mittel-Chaco, der 3. die Provinzen Entre-Rios und Corrientes, sowie das Missionsterritorium, und der 4. die Provinzen Tucuman, La Rioja, Jujui, Salta und Catamarca umfaßt. Die Hauptpostbezirke zerfallen wiederum in zusammen 21 Distrikte. Die Postanstalten (administraciones) werden je nach ihrer Wichtigkeit in 3 Klassen eingeteilt.

Längs der Flußläufe erfolgt die Postbeförderung teils mit Flußdampfern, teils mit Segelschiffen und kleineren Boten. Auf den Hauptlinien sind Schiffsposten unter Begleitung eines Postbeamten eingerichtet; drei davon vermitteln den Verkehr zwischen Buenos Aires und den Ortschaften am Rio Parana, am Rio Paraguay und am Rio del Plata, eine vierte Schiffspost besorgt den Postverkehr zwischen Buenos Aires und den südlichen Häfen. Im Innern des Landes geschieht die Beförderung der Posten teils mit der Eisenbahn, teils mit Fahr- und Reitposten. Auf den Eisenbahnen verkehren Bahnposten.

Das Beförderungsmonopol der Post erstreckt sich auf Briefe jeder Art. Verletzungen dieses Monopols werden mit Geldstrafen von 20 bis 103 P.*) geahndet.

A. Briefpost.

Für Briefe (cartas) ist eine Grenze in Gewicht und Umfang nicht gezogen. Tarif: 5 Ct., Stadtbriefe 3 Ct. für jede 15 g, unfrankiert und unzureichend frankiert das Doppelte des fehlenden Portos.

Kartenbriefe (tarjetas cartas) mit eingedrucktem Wertzeichen sind zu 3 und 5 Ct. ausgegeben.

Postkarten (tarjetas postales) werden von den Postanstalten zum Nennwert des Stempels verkauft, und zwar zu 4 Ct., im Stadtverkehr zu 2 Ct. die einfache und zu 6 und 3 Ct. die Karte mit Antwort.

Briefe und Postkarten, die erst nach Eintritt der Schlußzeit einer Post zur Beförderung mit der letzteren bei einer Postanstalt eingeliefert oder an Bord der Postschiffe vor deren Abfahrt oder an die Postboten und Begleiter unterwegs abgegeben werden oder in Buenos Aires bei den Bahnposten auf den Bahnhöfen zur Auflieferung gelangen, werden außer mit dem gewöhnlichen Porto mit einer Spätlingstaxe von der Höhe des Portos belegt; Porto und Spätlingstaxe (tasa de ultima hora) müssen im voraus durch Freimarken auf den Sendungen verrechnet werden.

Eine Anzahl Postanstalten vermittelt die Bestellung auf Zeitungen und Bücher (suscripción á publicaciones y adquisición de libros); außer dem Porto wird eine besondere Vermittelungsgebühr von 2 % des Einkaufspreises und die Postanweisungsgebühr für die zu übersendenden Barbeträge erhoben. Die Pakete mit Zeitungen und Büchern dürfen 2 kg nicht überschreiten; die Ausdehnungen sind unbeschränkt. Diese Sendungen müssen stets frankiert sein. Die Taxe beträgt für abonnierte Zeitungen (diarios und periodicos), die mindestens monatlich einmal erscheinen, in Paketen ½ Ct. für jede 65 g, für einzeln versandte derartige Zeitungen ½ Ct. für die Nummer ohne Rücksicht auf das Gewicht und für andere Zeitungen, sowie für Drucksachen jeder Art (impresos) — Bücher, Zeitschriften, Noten, Korrekturbogen mit und ohne Manuskript, Frachtzettel, Photographien, Stiche, Pläne, geographische Karten, Kataloge, Prospekte, gedruckte Anzeigen u. dgl. — 2 Ct. für jede 100 g. Unfrankierte Sendungen dieser Art sind unzulässig, für unzureichend frankierte wird das Doppelte des fehlenden Portos eingezogen.

Auch Geschäftspapiere (papeles de negocio) sind bis 2 kg zulässig; als solche gelten alle geschriebenen Gegenstände, die nicht die Eigenschaft einer eigentlichen und persönlichen Korrespondenz haben, wie Gerichtsakten, Zeugnisse, Fakturen, Versicherungspapiere und Manuskripte zu Büchern. Tarif: 5 Ct. für

*) 1 Peso moneta nacional (P.) zu 100 Centavos (Ct.) = rund 4 M.

jede 100 g, unzureichend frankiert das Doppelte des fehlenden Portos, unfrankiert unzulässig.

Warenproben (muestras) dürfen 350 g und in den Ausdehnungen 30 zu 20 zu 10 cm nicht überschreiten. Sie dürfen keinen Kaufwert haben und müssen dergestalt in Kästchen, Büchsen oder Umschläge verpackt sein, daß die Postbeamten von dem Inhalt leicht Einsicht nehmen können. Tarif: 5 Ct. für die ersten 100 g und 1 Ct. mehr für jede weiteren 50 g. Eine besondere Art von Warenproben bilden die Sendungen mit Sämereien (envíos de semillas), die 250 g nicht überschreiten dürfen, in allen übrigen Beziehungen sowie in den Taxen jedoch wie Warenproben behandelt werden.

Einschreibung (certificación) ist bei allen Briefsendungen zulässig. Einschreibgebühr 12 Ct. Rückscheine (recibo di ritorno) sind zugelassen; Gebühr 12 Ct. Im Falle des Verlustes wird für eine Einschreibsendung kein Ersatz geleistet.

Nach- oder Rücksendung von Briefschaften erfolgt gebührenfrei. Werden Sendungen unbestellbar, so sind sie in eine Liste aufzunehmen, die von Zeit zu Zeit in den Zeitungen veröffentlicht wird. Meldet sich der Empfänger oder Absender einer unbestellbaren Sendung infolge dieser Veröffentlichung, so hat er für jede seiner Sendungen eine besondere Veröffentlichungsgebühr von 2 Ct. zu entrichten.

In allen Postorten, in denen ein Stadtpostdienst eingerichtet ist, erfolgt die Bestellung der Briefsendungen (und zwar auch der eingeschriebenen) in die Wohnung der Empfänger gebührenfrei. Sendungen im Gewicht von mehr als 1 kg müssen jedoch stets bei der Postanstalt abgeholt werden. Der Entwickelung des Stadtpostdienstes, namentlich in der mehr als 400 000 Einwohner zählenden Hauptstadt Buenos Aires, hat die argentinische Postverwaltung seit Jahren besondere Sorgfalt zugewendet. Während anfänglich den Briefträgern auch die Leerung der Straßenbriefkasten mit übertragen war, erfolgt diese jetzt durch besondere Kastenleerer. Die letzte Leerung der Straßenbriefkasten für die Frühposten wird nachts 12 Uhr bewirkt. Die abends mit den Posten eingehenden Briefsendungen werden noch am Tage der Ankunft abgetragen, so daß sich die letzte Tagesbestellung bis tief in die Nacht hinein erstreckt. Innerhalb der eigentlichen Stadt wird die Briefbestellung durch Briefträger zu Fuß, in den Vororten durch solche zu Pferd ausgeführt. Auch die Kastenleerer für die abgelegeneren Stadtbezirke sind beritten. Um die Aufrechterhaltung eines ordnungsmäßigen Bestellungsdienstes zu sichern, sind besondere Aufsichtsbeamte für den Briefbestelldienst eingesetzt, die ebenfalls zum Teil beritten sind.

Auch ein Eilbestelldienst ist eingerichtet. Der Absender einer Eilsendung hat in der Aufschrift den Vermerk „expreso“ niederzuschreiben und die Sendung am Schalter aufzuliefern. Die Sendungen müssen einschließlich der Eilbestellgebühr von 25 Ct. vollständig frankiert sein.

Dem Publikum ist gestattet, seine Sendungen bei der Postanstalt abzuholen. In solchem Falle wird dem Abholer gegen Entrichtung einer Jahresmiete von 20 P. ein besonderes Ausgabefach zur Verfügung gestellt. Die Fachmiete wird in Freimarken auf einer Abholerkarte verrechnet. Empfängt jemand regelmäßig Bücher, Zeitungen und Zeitschriften, deren Zahl 50 täglich überschreitet, so ist eine Fachmiete von 30 P. jährlich zu erlegen. Im weiteren kann der Abholer (abonado al apartado) verlangen, daß die für ihn angekommenen

Sendungen in einem besonderen Buche verzeichnet werden, das ihm auf Verlangen von dem Briefträger täglich in die Wohnung gebracht wird; für diese Buchung der Sendungen nebst Abtragung des Buches ist eine besondere Gebühr von 4 P. jährlich zu entrichten.

Der Verkauf der Postwertzeichen ist neben den Postanstalten auch Privatpersonen übertragen. Die Freimarkenverkaufsstellen befinden sich zumeist in der Nähe von Straßenbriefkasten. Außer Freimarken, Postkarten und Kartenbriefen sind von der Postverwaltung noch gestempelte Briefumschläge und Streifbänder verschiedener Werte ausgegeben. Die Absender müssen die Freimarken stets selbst auf die Sendungen kleben; den Postbeamten ist unter Androhung einer Geldstrafe von 103⅓ P. verboten, dies im Auftrage des Publikums zu tun.

B. Wertbriefe.

Wertpapiere, Papiergeld und andere kostbare Schriftstücke können in Briefen mit Wertangabe (cartas con valores declarados), Münzen, Gold- und Silbersachen, Juwelen und ähnliche Wertsachen in Wertkästchen (cajas con valor declarado) versandt werden. Der angegebene Wert muß mit dem wirklichen Wert des Inhalts übereinstimmen; bei zu hoher Wertangabe wird im Falle der Entdeckung der zu viel versicherte Teil des Wertes zugunsten der Postkasse als Strafe von dem Absender eingezogen. Der Höchstbetrag der Wertangabe ist auf 10 000 P. festgesetzt.

Der Wert muß in der Aufschrift in Buchstaben und Zahlen angegeben und durch Hinzufügung der Anfangsbuchstaben des Absenders bescheinigt sein. Der Verschluß muß mit gutem Siegellack unter Anwendung eines ordentlichen Petschafts hergestellt sein. Die Auflieferung der Wertbriefe hat stets am Schalter der Postanstalten zu geschehen; dem Absender wird unentgeltlich ein Einlieferungsschein erteilt. Tarif: für einen Wertbrief das Porto für einen gleichschweren gewöhnlichen Brief, für Wertkästchen 50 Ct.; neben dem Porto Versicherungsgebühr von 1 P. für die ersten 100 P. und 50 Ct. für jede weiteren 50 P. Rückscheine sind zulässig; Gebühr 12 Ct. Den Fall höherer Gewalt ausgenommen leistet die Postverwaltung für den Verlust oder die Beraubung von Wertbriefen Ersatz für den erlittenen Schaden bis zur Höhe der Wertangabe.

C. Postanweisungen.

Am Postanweisungsdienst nehmen nur die größeren Postanstalten teil. Der Einzahler hat in einem vorgeschriebenen Formular den Namen des Empfängers und den einzuzahlenden Betrag anzugeben, worauf die Postanstalt die Postanweisung (giro postal) ausfertigt und dem Einzahler zur Übermittelung an den Empfänger übergibt. Über jeden Postanweisungsbetrag wird unentgeltlich ein Einlieferungsschein erteilt. Mit derselben Post darf von einem Absender nur eine Postanweisung an einen und denselben Empfänger versandt werden. Die Aufgabepostanstalt übersendet der Bestimmungspostanstalt zu jeder Postanweisung einen Einzahlungsschein, ohne dessen Vorliegen eine Postanweisung nicht bezahlt werden darf. Der Empfänger kann die Postanweisung mittels Indossaments auf eine dritte Person übertragen; eine weitere Indossierung ist jedoch unstatthaft.

Der Höchstbetrag einer Postanweisung ist auf 100 P. festgesetzt. Tarif: bis 5 P. 5 Ct., über 5 bis 10 P. 10 Ct., über 10 bis 100 P. 1 %. Die Gebühr wird in Freimarken auf der Postanweisung verrechnet. Auszahlungsscheine (aviso de pago) sind zulässig; Gebühr 12 Ct.

Wünscht jemand den Postanweisungsbetrag zurückgezahlt zu erhalten, sei es, weil er die Postanweisung nicht absenden will, sei es, daß er eine Änderung darin wünscht, so wird diesem Ansuchen gegen Rückgabe der quittierten Postanweisung und des Einlieferungsscheines entsprochen. Die Gebühr bleibt jedoch zur Postkasse vereinnahmt. Postanweisungen verlieren nach 30 Tagen ihre Gültigkeit.

Postanweisungsbeträge können auch telegraphisch übermittelt werden. In solchem Falle ist neben der Postanweisungsgebühr die Gebühr für das Überweisungstelegramm mit 1 P. zu entrichten. Telegraphische Auszahlungsscheine sind zulässig; Gebühr 50 Ct.

Die Postverwaltung hat auch Postbons zu den festen Beträgen von ½, 1, 2, 3, 4, 5 und 10 P. ausgegeben. Tarif: bis 5 P. 5 Ct., zu 10 P. 10 Ct. Auszahlungsscheine sind auch bei Postbons zulässig; Gebühr 12 Ct.

D. Postaufträge.

Die größeren Postanstalten befassen sich auch mit der Einziehung von Geldbeträgen im Wege des Postauftrages (cobro de giros y pagarés). Zu den Postaufträgen ist ein vorgeschriebenes Formular zu benutzen, das bei den Postanstalten erhältlich ist. Mit ein und derselben Post darf nur ein einziger Auftrag von demselben Auftraggeber an denselben Zahlungspflichtigen abgehen. Der Betrag eines Postauftrages darf 1000 P. nicht überschreiten. Die Übersendung der Postauftragspapiere an die Bestimmungspostanstalt erfolgt mit Einschreibbrief. Die Zahlung des Betrages des Postauftrages muß vom Zahlungspflichtigen stets in einer Summe geschehen; Teilzahlungen werden nicht angenommen.

Bei Auflieferung eines Postauftrages hat der Auftraggeber zunächst eine feste Gebühr von 30 Ct. zu entrichten, die auch in dem Falle, daß der Auftrag nicht ausgeführt werden kann, zur Postkasse vereinnahmt bleibt. Der eingezogene Geldbetrag wird dem Auftraggeber durch Postanweisung übersandt, nachdem von dem Betrag eine Gebühr von 2 % einbehalten worden ist.

E. Postpakete.

Postpakete (encomiendas postales) sind bis 5 kg zulässig. Sie dürfen in keiner Ausdehnung 60 cm überschreiten, ihr Umfang darf über 20 cbdm nicht hinausgehen. Am Paketdienst beteiligen sich alle Postanstalten. Wertangabe ist bis 10 000 P. zulässig. Bei einzelnen Postanstalten kann auf Postpakete auch Nachnahme entnommen werden, gleichviel ob der Wert der Sendung angegeben ist oder nicht. Eine Begleitadresse ist den Paketen nicht beizugeben; das Porto wird auf den Paketen selbst in Freimarken verrechnet. Tarif: bis 1 kg 50 Ct., über 1 bis 2 kg 60 Ct., über 2 bis 3 kg 80 Ct., über 3 bis 5 kg 1 P., Versicherungsgebühr: für die ersten 100 P. 1 P., für jede weiteren 50 P. 50 Ct. mehr, Nachnahmegebühr 3 % des Nachnahmebetrages. Rückscheine sind zulässig; Gebühr 12 Ct. Die Pakete können den Empfängern in die Wohnung bestellt werden;

Bestellgebühr 50 Ct. für jedes Paket. Im Falle des Verlustes eines gewöhnlichen Postpakets zahlt die Postverwaltung dem Absender Ersatz bis zu 5 P., bei Wertpaketen wird der angegebene Wert für den Ersatzbetrag zugrunde gelegt.

30. Brasilien.

(8550000 qkm und 17400000 Einwohner.)

Die brasilianische Postverwaltung wird von einer „Generaldirektion" (Directoria Geral dos Correios) geleitet, die in der Bundeshauptstadt Rio de Janeiro ihren Sitz hat und eine Abteilung des Ministeriums für Gewerbe, Verkehr und öffentliche Bauten bildet. An der Spitze der Generaldirektion steht der „General-Postdirektor". Die Generaldirektion zerfällt in 3 Abteilungen: eine „Unterdirektion" (Sub-Directoria), eine „Rechnungsabteilung" (Contadoria Geral) und eine „Kassenabteilung" (Almoxarifado). Diese Abteilungen werden von „Abteilungschefs" geleitet; der Vorsteher der 1. Abteilung führt den Titel „Unterdirektor" (Sub-Director), der 2. Abteilung „General-Rechner" (Contador Geral) und der 3. Abteilung „Almoxarife". Dem Generaldirektor ist ein „Adjutant" beigegeben. Das übrige Personal der Generaldirektion besteht aus „Offizialen" 1. bis 3. Klasse, „Hilfsoffizialen", „Praktikanten" 1. und 2. Klasse, „Schaffnern" (Continuos) und „Dienern" (Serventes).

Das Postamt in der Bundeshauptstadt Rio de Janeiro wird von dem General-Postdirektor mit verwaltet. In der Hauptstadt eines jeden der 20 Bundesstaaten besteht ein „Hauptpostamt" (Administração dos Correios) mit einem „Postdirektor" (Administrador) an der Spitze. Die Haupt-Postämter sind je nach ihrer Bedeutung und ihrem Geschäftsumfang in 4 Klassen eingeteilt. Zur 1. Klasse gehören die Haupt-Postämter für Rio de Janeiro (ohne die Hauptstadt), São Paulo, Minas Geraes, Rio Grande do Sul, Pernambuco, Bahia und Pará; zur 2. Klasse: Amazonas, Ceará, Maranhão und Paraná; zur 3. Klasse: Alagôas, Espirito Santo und Santa Catharina; zur 4. Klasse: Goyaz, Parahyba do Norte, Rio Grande do Norte, Sergipe, Matto Grosso und Piauhy. Im Staate Minas Geraes bestehen ferner 3 „Sub-Administrationen", und zwar in Campanha. Diamantina und Uberaba, die den Hauptpostämtern 4. Kl. gleichstehen.

Es gilt als Regel, daß die Haupt-Postämter in Staatsgebäuden untergebracht sind; nur wo es an solchen fehlt, hat die Unterbringung in angemieteten Gebäuden stattgefunden.

Dem Haupt-Postamt unmittelbar unterstellt sind die „Postagenturen" (Agencias) im Bereiche des betreffenden Bundesstaates. Auch die Postagenturen zerfallen in 4 Klassen. Für die Einreihung in die 1. Klasse muß eine Einnahme von mehr als 15000 Mr.*) in 3 aufeinander folgenden Jahren erreicht sein und der Ort einen wichtigen Mittelpunkt für den Austausch von Postsendungen bilden. In die 2. Klasse der Postagenturen werden Orte eingereiht, wo eine Einnahme von mehr als 8000 Mr. in je 3 Jahren erzielt wird oder die Umleitung von Briefsendungen oder Postsäcken stattfindet. Der 3. Klasse der

*) 1 Milreis (Mr.) zu 1000 Reis (R.) = 2 M. 29 1/4 Pf. (Reis = Mehrzahl von Real.) 1 Mr. Papier = 1 M. 2 Pf.

Postagenturen gehören die in Orten an, wo mehr als 2000 Mr. in je 3 Jahren aufkommen und ein erheblicher Briefverkehr herrscht. Die übrigen Postagenturen werden zur 4. Klasse gerechnet.

In einzelnen Städten sind auf den Bahnhöfen sog. „Stadtpost-Agenturen" eingerichtet, die sich mit dem Verkauf von Postwertzeichen und mit der Annahme gewöhnlicher und eingeschriebener Briefsendungen befassen. Diese Agenturen werden zur 3. Klasse gerechnet und sind, wie alle übrigen Agenturen, den Haupt-Postämtern unterstellt. In Rio de Janeiro besteht auch eine Anzahl „Zweigpostanstalten" (Succursaes). Zur Erleichterung für das Publikum sind ferner in den Städten und Dörfern amtliche Verkaufsstellen für Postwertzeichen eingerichtet, deren Inhaber 5 % vom Erlös der verkauften Wertzeichen als Entschädigung beziehen.

Das Personal bei den Haupt-Postämtern setzt sich zusammen aus dem „Vorsteher", einem „Kontrolleur" (Contador) und einem „Kassierer" (Thezoureiro), sowie aus „Offizialen" (Officiaes), „Hilfsoffizialen" (Amanuenses), „Praktikanten", „Briefträgern" (Carteiros), „Postschaffnern" (Continuos) und „Dienern". Bei den größten Hauptpostämtern sind als Leiter der Hauptdienstzweige noch besondere Sektionschefs (Chefes de Secção) eingestellt. Bei den Haupt-Postämtern in Rio de Janeiro, São Paulo und Minas Geraes ist außerdem noch ein besonderes Personal für den Bahnpostdienst beschäftigt.

Bei den Haupt-Postämtern 1. Kl., die eine Jahreseinnahme von mehr als 300 000 Mr. haben oder denen mehr als 300 Postagenturen unterstellt sind, wird ein Offizial zum Vertreter des Vorstehers bestimmt, dem die Leitung des eigentlichen Betriebsdienstes übertragen ist; er empfängt dafür eine Jahresentschädigung von 400 Mr. Der Verkauf der Postwertzeichen im Haupt-Postgebäude zu Rio de Janeiro wird durch Gehilfen des Kassierers besorgt, die unter der unmittelbaren Verantwortlichkeit des Kassierers arbeiten.

Im übrigen beziehen die Beamten folgende Gehälter: der Generaldirektor 15 000 Mr., der Sub-Direktor 12 000 Mr., der Condator Geral 10 000 Mr., sein Adjutant 7200 Mr., der Almoxarife 6000 Mr., die Postdirektoren: in Rio de Janeiro 12 000 Mr., der übrigen Hauptpostämter 1. Kl. 10 500 Mr., der Hauptpostämter 2. Kl. 6000 Mr., 3. Kl. 5000 Mr., 4. Kl. 4000 Mr.; (die folgenden Zahlen beziehen sich ebenfalls auf diese 5 Klassen der Hauptpostämter:) die Kontrolleure 8400, 7200, 4000, 3400, 3000 Mr., die Kassierer 7600, 6400, 3000, 2400, 2000 Mr., die Sektionschefs 7200 und 6000 Mr., die Offiziale 1. Kl. 6000, 5400, 3000, 2400, 1800 Mr., 2. Kl. 4800, 4500, 2400, 1800, 1800 Mr., 3. Kl. (nur in Rio de Janeiro und den Hauptpostämtern 1. Kl.) 3600 Mr., die Hilfsoffiziale 2600, 2600, 2000, 1600, 1600 Mr., die Praktikanten 1. Kl. 2200, 2200, 2000, 1800, 1400 Mr., 2. Kl. 1100, 1100, 900, 700, 700 Mr., die Briefträger 1. Kl. 2400, 2400, 1800, 1400, 1400 Mr., 2. Kl. 2200, 2200, 900, 700, 700 Mr., 3. Kl. (nur in der Hauptstadt und bei Hauptpostämtern 1. Kl.) 1100, 1100 Mr., Postschaffner (ebenso) 1400, 1200 Mr., Landbriefträger 1. Kl. (nur in Rio de Janeiro und Rio Grande do Sul) 2400 Mr., 2. Kl. (nur in Rio de Janeiro) 1200 Mr.. Die Diener und Stempler (Carimbadores — nur in Rio de Janeiro und S. Paulo) beziehen Tagegelder von $1\frac{1}{2}$ bis 4 Mr.

Das Personal der Bahnposten und der Schiffsposten empfängt einen Gehaltszuschuß, der bei den Offizialen 1. und 2. Kl. 20 %, 3. Kl. 25 %, bei den Praktikanten und Dienern 30 % des Gehalts beträgt.

Den Postagenten 1., 2. und 3. Kl. sind Gehilfen zugewiesen, bei denen 4. Kl. werden dagegen Gehilfen nicht beschäftigt. Für die Besetzung der Postagenturen 4. Kl. kann die Verwaltung auf weibliche Personen zurückgreifen. Witwen, Töchtern oder Schwestern von Postbeamten, welche die erforderlichen Bedingungen erfüllen, wird bei der Bewerbung der Vorzug gegeben.

Die Besetzung der Stelle des General-Direktors steht im freien Ermessen der Staatsregierung. Bei der Besetzung der Stellen des Unterdirektors, der Vorsteher der Haupt-Postämter und der Rechnungsführer (Kontrolleure) bei den Haupt-Postämtern hat die Regierung zwar auch freie Wahl, doch ist Bedingung, daß die Stelleninhaber den Postbeamten entnommen werden.

Für das Einrücken in die Stellen für Offiziale 1., 2. und 3. Kl. und für Praktikanten 1. Kl. wird die Ablegung von Prüfungen gefordert, die nach Maßgabe des Ranges der zu besetzenden Stellen stufenweise schwieriger werden.

Alle Beamten und Unterbeamten mit festem Gehalt haben Anspruch auf Ruhegehalt.

Sämtliche Beamte sowie die Briefträger haben Kautionen zu stellen, deren Höhe sich nach der Wichtigkeit der Stellungen und der Verantwortlichkeit der Beamten oder auch nach der Höhe der Einnahme eines Postamts oder einer Agentur richtet.

Ergibt eine Postanstalt auf dem flachen Lande 2 Jahre hintereinander eine Einnahme von weniger als 100 Mr., so wird die Postanstalt aufgehoben und darf vor Ablauf von 3 Jahren nicht wieder eingerichtet werden.

Landbestelldienst ist nur in den Provinzen Rio de Janeiro und Rio Grande do Sul eingerichtet; die Landbriefträger — im Jahre 1908 im ganzen 42 — sind sämtlich beritten.

Das Postmonopol erstreckt sich auf die Beförderung von geschlossenen Briefen jeder Art, die zwischen Orten mit regelmäßigem Postdienst ausgetauscht werden. Ausgenommen sind jedoch Empfehlungsschreiben sowie die durch eigene oder besondere Boten beförderten Briefe.

A. Briefpost.

Bei Briefen (cartas) sind Gewicht und Größe nicht beschränkt. Tarif: im Ortsverkehr bei Hauptpostämtern 100 R., sonst 200 R. für jede 15 g, für amtliche Briefe nur 100 R. für jede 25 g, unfrankiert und unzureichend frankiert das Doppelte des fehlenden Portos. Briefe, die nach Eintritt der Schlußzeit für eine Post aufgeliefert werden und mit letzterer noch befördert werden sollen, unterliegen der doppelten Taxe. Die Versendung von Münzen, Wechseln, Schecks, Wertpapieren, Gold- und Silbersachen und sonstigen kostbaren oder steuerpflichtigen Gegenständen in Briefen ist verboten.

Die Postverwaltung hat auch Kartenbriefe (cartas-bilhete) zu 200 R. ausgegeben. Enthalten sie Einlagen, so unterliegen sie der Taxe für Briefe.

Postkarten (bilhetes-postaes) kosten 50 R. die einfache, 80 R. die Karte mit Antwort. Von der Privatindustrie hergestellte Postkarten sind zulässig, doch dürfen sie nicht größer als 14 zu 9 cm und nicht kleiner als 12 zu 8 cm und müssen ordnungsmäßig frankiert sein. Für Spätlings-Postkarten und für Spätlings-Kartenbriefe wird ebenfalls die doppelte Taxe erhoben.

Die Postanstalten befassen sich mit der Annahme von Zeitungsbestellungen (assignaturas de jornaes). Für die hieraus erwachsende Mühewaltung sowie für die Übermittelung der Zeitungsgelder an die Verleger wird neben dem Zeitungsgeld eine Postanweisungsgebühr von 1 % sowie eine Zeitungsgebühr von 2 % des Bezugspreises erhoben.

Pakete mit regelmäßig erscheinenden Zeitungen — auch den durch die Postanstalten bezogenen — und Zeitschriften (jornaes e revistas) sind ohne Beschränkung des Gewichts zugelassen. Die Taxe für in Brasilien erscheinende Zeitungen und Zeitschriften, die von den Verlegern oder deren Agenten an Zeitungsverkäufer, Agenten oder regelmäßige Bezieher versandt werden, beträgt 10 R. für jede 100 g. Soll die Verteilung der Zeitungen an die Bezieher durch die Post besorgt werden, so muß jedem Zeitungspaket eine Verteilungsliste beigelegt sein. Zeitungen, die von anderen als den vorangeführten Personen abgeschickt werden, unterliegen der Taxe für Drucksachen. Die Zeitungspakete müssen wenigstens teilweise frankiert sein; für ungenügend frankierte wird das Doppelte des fehlenden Portos eingezogen. Beilagen, die mit den Zeitungen versandt werden, unterliegen derselben Taxe wie die Zeitungen selbst.

Andere Drucksachen (impressos) als Zeitungen und Zeitschriften dürfen in keiner Richtung 45 cm, in Rollenform nicht 75 zu 10 cm überschreiten. Das Meistgewicht ist auf 2 kg beschränkt. Tarif: 20 R. für jede 50 g, amtliche Drucksachen 20 R. für jede 100 g; unzureichend frankierte und unfrankierte Drucksachen werden mit dem dreifachen Betrage des fehlenden Portos belegt, können aber auch von der Beförderung ausgeschlossen werden. Für die handschriftlichen Zusätze auf Drucksachen gelten die gleichen Bestimmungen wie im Weltpostverkehr.

Geschäftspapiere (manuscriptos) sind unter den gleichen Bedingungen wie im Weltpostverkehr zugelassen. Tarif: 150 R. für jede 50 g, amtliche Geschäftspapiere 50 R. für jede 50 g. Das Porto muß wenigstens teilweise im voraus entrichtet werden. Das Meistgewicht ist auf 2 kg beschränkt.

Warenproben (amostras) sind bis 250 g zugelassen. In den Ausdehnungen dürfen sie 30 zu 20 zu 10 cm, in Rollenform 30 zu 15 cm nicht überschreiten. Tarif: 50 R. für jede 50 g. Unzureichend frankierte oder unfrankierte Warenproben werden, sofern ihre Beförderung überhaupt erfolgt, mit dem dreifachen Betrage des fehlenden Portos belegt. Im übrigen gelten die gleichen Vorschriften wie im Weltpostverein.

Jede Briefsendung kann unter Einschreibung versandt werden. Einschreibsendungen (correspondencia registrada) müssen stets vollständig frankiert sein; außer dem gewöhnlichen Porto (bei Zeitungen dem Porto für Drucksachen) ist eine Einschreibgebühr von 200 R. in Freimarken zu entrichten. Rückscheine sind zulässig; Gebühr 100 R. Über jede Einschreibsendung wird dem Aufgeber gebührenfrei ein Einlieferungsschein erteilt. Während der Beförderung werden die Einschreibsendungen nur gegen Quittung von Hand zu Hand oder durch Einzelzuschrift von Stelle zu Stelle weitergegeben. Eine weitergehende Gewähr bietet die Postverwaltung dem Absender für die richtige Überkunft der Sendung nicht, insbesondere wird eine Verpflichtung zur Ersatzleistung im Falle des Verlustes einer Einschreibsendung nicht übernommen.

Die Nachsendung von Briefsendungen jeder Art nach einem neuen Bestimmungsort erfolgt gebührenfrei. Postlagersendungen werden 3 Monate bei der Bestimmungspostanstalt aufbewahrt. Briefsendungen, deren Annahme vom Empfänger verweigert wird, werden an die Absender umgehend zurückgesandt. Bei Sendungen, die von den Empfängern nicht abgeholt worden sind, erfolgt die Rücksendung erst nach 1 Monat und bei Briefen an verstorbene Personen nach 2 Monaten. Unanbringliche Postsendungen (refugos) werden von den Postanstalten zu Beginn eines jeden Monats an die vorgesetzte Provinzialdirektion (Hauptpostamt) eingereicht; ist der Absender aus irgend einer Angabe auf der Außenseite des Briefes zu erkennen, so sendet die Provinzialdirektion die Sendungen dem Absender unmittelbar zu. Alle übrigen Sendungen werden alljährlich zweimal, Ende Juni und Ende Dezember, von einer Kommission geöffnet, die aus dem Postdirektor, dem Kassierer, dem Kontrolleur und einem Offizial besteht. Wird der Absender hierbei nicht ermittelt, so werden Briefe ohne Wertinhalt vernichtet; das gleiche geschieht mit unanbringlichen Postkarten. Zeitungen und Warenproben oder Waren von Wert werden verkauft, Drucksachen und Manuskripte von Wert werden 2 Jahre aufbewahrt, bevor zur Vernichtung oder zum Verkauf geschritten wird. Wertgegenstände verfallen nach 2 Jahren dem Staat.

In allen Orten mit mindestens 5000 Einwohnern ist ein mit Stadtpost und Briefkastenleerung verbundener Bestelldienst für gewöhnliche und eingeschriebene Briefsendungen eingerichtet. Die Bestellung erfolgt gebührenfrei, und zwar in den Provinzialhauptstädten mindestens dreimal, in anderen Orten zweimal täglich. Briefsendungen an Bewohner von Kasernen, Krankenhäusern, Gefängnissen und sonstigen Gebäuden, deren Betreten den Briefträgern nicht gestattet ist, werden in die Briefkasten eingelegt, die an solchen Gebäuden aufgehängt sein müssen. In den Städten besteht auch ein Eilbestelldienst; die Eilbestellgebühr, die stets mit dem Porto im voraus zu entrichten ist, beträgt 500 R. für jede Sendung.

An Orten ohne Bestelldienst werden die angekommenen Sendungen, alphabetisch geordnet, zur Abholung am Schalter bereitgestellt. An Orten mit Bestelleinrichtung ist den Empfängern das Recht eingeräumt, gleich nach Ankunft der Post und vor Begim des Briefbestellganges die Sendungen am Schalter abzuholen. Hierfür ist eine Fachmiete zu entrichten, die in Rio de Janeiro 25 Mr., bei den Hauptpostämtern 1. und 2. Kl. und den Agenturen 1. Kl. 20 Mr., bei den übrigen Hauptpostämtern und den Subadministrationen 16 Mr. und bei den Postagenturen 2. bis 4. Kl. mit Bestelldienst 10 Mr. halbjährlich beträgt.

Außer den Postanstalten können sich, wie schon erwähnt, mit dem Vertrieb der Postwertzeichen mit Genehmigung der Postbehörde auch Privatpersonen (Kaufleute, Händler) befassen, die einen Rabatt von 5% für die von ihnen angekauften Marken beziehen. Außer Freimarken (Sellos), Postkarten und Kartenbriefen sind auch gestempelte Briefumschläge (sobre-cartas) zu 6 Werten und gestempelte Streifbänder (cintas-estampilhadas) zu 3 Werten ausgegeben.

Zur Verrechnung des Portos auf unfrankierten und unzureichend frankierten Sendungen dienen besondere Taxmarken (Sellos especiaes de taxa devida).

B. Wertbriefe.

Wertpapiere, die auf den Inhaber lauten, Dokumente, Lotterielose sowie Banknoten können unter Wertangabe (als „valores declarados)‘ in Briefen versandt werden, Banknoten nur dann, wenn die Bestimmungspostanstalt am Postanweisungsdienst nicht teilnimmt. Die Wertangabe muß auf der Rückseite des Wertbriefes neben dem Verschluß mit den Worten „vale . . . . mil réis (gut für . . . . Milreis)" niedergeschrieben sein, und zwar die Zahl der Milreis in Buchstaben. Die Wertangabe muß dem wirklichen Werte des Inhalts genau entsprechen, wenn dieser aus Banknoten besteht; bei Lotterielosen und auf den Inhaber lautenden Papieren kann die Wertangabe niedriger (nicht aber höher) als der wirkliche Wert sein. Handelt es sich um die Versendung von Dokumenten, so ist dem Wertbetrag hinzuzufügen: „em documentos (in Dokumenten)". Der Höchstbetrag der Wertangabe ist auf 300 Mr. festgesetzt.

Die Wertbriefe müssen offen am Schalter aufgeliefert werden, damit der Inhalt vom Annahmebeamten geprüft werden kann. Es ist nicht erforderlich, die Briefe mit Siegeln zu verschließen; dagegen ist den Annahmebeamten streng untersagt, dem Aufgeber eines Wertbriefes Briefumschlag, Siegellack oder Petschaft zu leihen oder die Aufschrift oder Wertangabe auf den Brief zu schreiben. Tarif: Porto für einen gleichschweren gewöhnlichen Brief, Einschreibgebühr (200 R.) und Versicherungsgebühr: 300 R. bis 10 Mr., 450 R. über 10 bis 15 Mr., 600 R. über 15 bis 20 Mr., 750 R. über 20 bis 25 Mr. und 150 R. mehr für jede weiteren 5 Mr. Die Gebühren müssen stets vom Absender im voraus entrichtet werden.

Dem Aufgeber eines Wertbriefes wird ein Einlieferungsschein unentgeltlich erteilt. Rückscheine sind zulässig; Gebühr 100 R., die in Freimarken auf dem Rückscheinformular verrechnet werden muß. Die Wertbriefe müssen vom Empfänger bei der Postanstalt stets abgeholt werden, doch wird in Orten mit Bestelleinrichtung dem Empfänger ein Benachrichtigungsschreiben über die Ankunft eines Wertbriefes in die Wohnung bestellt. Über den Empfang hat der Adressat einen Ablieferungsschein zu vollziehen; der Empfänger hat die Sendung in Gegenwart des Ausgabebeamten zu öffnen und die Richtigkeit des Inhalts festzustellen. Im Falle des Verlustes oder der Beraubung eines Wertbriefes leistet die Postverwaltung, höhere Gewalt als Ursache ausgenommen, Ersatz nach Maßgabe der Wertangabe. Der Anspruch auf Schadenersatz muß innerhalb 1 Jahres erhoben werden.

Zur Versendung von klingender Münze, von Gold- und Silbersachen, Juwelen und sonstigen kostbaren Gegenständen dienen die Wertpakete (encommendas registradas com valor declarado). Die Wertangabe, die in Verlust- und Beraubungsfällen bei Bemessung des Ersatzbetrages zugrunde gelegt wird, darf 200 Mr. nicht übersteigen und soll dem wirklichen Werte des Inhalts entsprechen, kann aber auch niedriger als dieser sein. Tarif: Porto für ein Warenpaket (siehe unter „D. Pakete"), Einschreibgebühr von 200 R. und Versicherungsgebühr: 500 R. bis 10 Mr., 750 R. über 10 bis 15 Mr. und 250 R. mehr für jede weiteren 5 Mr. Der Inhalt wird wie bei Wertbriefen vom Annahmebeamten festgestellt, dann aber werden die Sendungen amtlich versiegelt. Im übrigen finden die Bestimmungen für Wertbriefe auch auf die Wertpakete Anwendung.

C. Postanweisungen.

Am Postanweisungsdienst nehmen nur das General-Postamt in Rio de Janeiro, die Hauptpostämter und die Agenturen 1. Kl. teil; die Postagenturen 2. und 3. Kl. können mit Genehmigung des Finanzministers gleichfalls zu diesem Dienst ermächtigt werden.

Die Postanweisungen (Vales postaes) zerfallen in 2 Klassen, in solche auf einen bestimmten Empfänger (vales nominaes) und in solche auf den Inhaber (vales ao portador). Der Höchstbetrag der Postanweisungen ist festgesetzt: für die auf einen bestimmten Empfänger ausgestellten Postanweisungen auf 1000 Mr. bei solchen nach Rio de Janeiro und nach Hauptpostämtern 1. und 2. Kl., auf 500 Mr. nach den übrigen Hauptpostämtern, den Subadministrationen und den Postagenturen 1. Kl. und auf 200 Mr. nach Postagenturen 2. und 3. Kl., und für die auf den Inhaber lautenden Postanweisungen auf 200 Mr. nach Rio de Janeiro und den Hauptpostämtern 1. und 2. Kl., auf 100 Mr. nach den übrigen Hauptpostämtern, den Subadministrationen und den Postagenturen 1 Kl. und auf 50 Mr. nach den Postagenturen 2. und 3. Kl. Tarif: bis 25 Mr. 400 R., über 25 bis 50 Mr. 700 R., über 50 bis 100 Mr. 1 Mr. 200 R., über 100 bis 150 Mr. 1 Mr. 750 R., über 150 bis 200 Mr. 2 Mr. 250 R., über 200 bis 300 Mr. 2 Mr. 750 R. und für jede weiteren 100 Mr. 500 R. mehr.

Wünscht jemand eine Postanweisung einzuzahlen, so hat er der Postanstalt die erforderlichen Angaben schriftlich zu machen; diese fertigt auf Grund der Angaben die Postanweisung aus und übergibt sie dem Einzahler nebst einem Einlieferungsschein. Der Einzahler hat die Postanweisung dem Empfänger im Einschreibbrief zu übersenden. Auszahlungsscheine (aviso de recepção) sind zulässig; die Gebühr von 100 R. ist in Freimarken auf dem Verlangschreiben zu verrechnen. Von demselben Absender können an denselben Empfänger an einem Tage nur Postanweisungen, die insgesamt den oben angegebenen Höchstbetrag nicht übersteigen, eingezahlt werden. In der Regel muß der Einzahler sich namhaft machen. Will er dies nicht tun, so können auf der Postanweisung an der für den Namen des Absenders vorbehaltenen Stelle lediglich die Anfangsbuchstaben oder der Vermerk „anonym" niedergeschrieben werden; in einem solchen Falle hat jedoch der Absender keinen rechtlichen Anspruch auf Rückzahlung des Betrages einer unbestellbaren oder auf Aushändigung eines Doppels zu einer in Verlust geratenen Postanweisung. Die Postanweisungen und Einlieferungsscheine werden ebenso wie der Einzahlungsschein, der amtlich an die Bestimmungspostanstalt gesandt wird, aus einem Buche herausgelöst, in dem ein Stamm zurückbleibt. Der Empfänger einer auf ihn persönlich ausgestellten Postanweisung kann diese durch Indossierung auf der Rückseite der Postanweisung auf eine dritte Person übertragen; bei auf den Inhaber lautenden Postanweisungen ist die Indossierung nicht statthaft.

Der Empfänger einer Postanweisung hat sich auszuweisen; die Postanweisung hat er mit Quittung zu versehen. Die Postanweisungen verlieren 3 Monate nach dem Einzahlungsmonat ihre Gültigkeit; die Verlängerung dieser Frist auf weitere 3 Monate kann nur durch nochmalige Entrichtung der Postanweisungsgebühr erlangt werden. Nach 1 Jahr verfallen Postanweisungsbeträge der Postkasse. Nachsendung oder Überweisung nach einer anderen als der bei der Einzahlung genannten Postanstalt ist nicht statthaft; sie kann nur durch Rückzahlung der Postanweisung und Ausfertigung einer neuen Postanweisung erreicht werden. Die Auszahlung der Postanweisungen erfolgt in Rio de Janeiro, bei den Hauptpostämtern und den Postagenturen 1. Kl. durch den Kassierer der Postanstalt, bei den Postagenturen 2. und 3. Kl. durch die Steuerbehörde; in letzterem Falle muß der Empfänger die Postanweisung vor der Auszahlung bei der Postanstalt zur Prüfung vorlegen. Die mit der Auszahlung der Postanweisungen betrauten

Beamten beziehen eine besondere Vergütung von $\frac{1}{4}$ %, in Rio de Janeiro $\frac{1}{8}$ % der ausgezahlten Beträge.

D. Postpakete.

Mit der Post können nur offene Pakete (Encommendas) mit Waren bis 3 kg versandt werden. Für die Verpackung und die zulässigen schriftlichen Mitteilungen gelten die Vorschriften für Warenproben (siehe unter „A. Briefpost"). In den Ausdehnungen dürfen die Pakete nicht 40 zu 22 zu 16 cm, in Rollenform nicht 30 zu 15 cm überschreiten. Die Pakete müssen stets unter Einschreibung versandt werden; im Falle des Verlustes oder der Beschädigung wird jedoch keinerlei Ersatz geleistet. Über jedes Paket wird ein Einlieferungsschein unentgeltlich verabfolgt. Tarif: 150 R. für jede 50 g, daneben die Einschreibgebühr von 200 R.; diese wie das Porto muß stets im voraus entrichtet werden. Rückscheine sind zulässig; Gebühr 100 R. Auch Eilbestellung nach Postorten kann verlangt werden; Eilbestellgebühr 500 R.

Wegen der Pakete mit Wertangabe siehe unter „B. Wertbriefe."

Ein Postauftrags- und ein Sparkassendienst bestehen nicht.

Afrika.

31. Egypten.

(Ohne Sudan 994300 qkm und 11272000 Einwohner.)

Die oberste Postbehörde in Egypten führt den Namen „General-Postdirektion" und ist dem Finanzministerium untergeordnet. Sie hat ihren Sitz in Alexandrien. Bezirksdirektionen sind nicht eingerichtet, indessen ist nur eine beschränkte Anzahl von Postanstalten der Generaldirektion unmittelbar unterstellt; die übrigen kleineren Postanstalten sind den Postämtern, an deren Spitze ein Lokalpostinspektor steht, zugeteilt und von diesen abhängig. Die Postanstalten zerfallen im übrigen in 3 Klassen; die der 1. Kl. nehmen an allen Dienstzweigen teil, die der 2. Kl. sind von dem Wertbrief- und Wertpaketdienst ausgeschlossen, die der 3. Kl. (Agenturen) nehmen nur am Briefversendungs- und Paketdienst teil. Orte, die von Landbriefträgern bedient werden und wo gewöhnliche und eingeschriebene Briefsendungen und Pakete bei diesen aufgeliefert werden können, heißen „Poststationen". In den Eisenbahnzügen verkehren „Bahnposten".

Der Postzwang erstreckt sich auf die Beförderung von Briefen, Drucksachen und Geschäftspapieren, welche die Eigenschaft einer persönlichen Korrespondenz haben. Die Beförderung von Briefen durch besondere Boten ist jedoch Privatpersonen gestattet. Verstöße gegen das Postmonopol werden mit Geldbuße in Höhe des zehnfachen hinterzogenen Portos geahndet.

A. Briefpost.

Für Briefe ist eine Gewichts- und Ausdehnungsgrenze nicht festgesetzt Tarif: 5 M.*), Ortsbriefe 3 M. für jede 30 g, unfrankiert und unzureichend frankiert das Doppelte des fehlenden Portos. Briefe an Unteroffiziere und Soldaten in Nubien kosten 3 M., unfrankiert 6 M. bis 30 g; schwerere Briefe genießen keine Portoermäßigung.

Von der Postverwaltung sind auch Kartenbriefe zu 5 M. für das Inland ausgegeben, die mit einem Aufschlag von ½ M. verkauft werden.

Postkarten kosten 2 M. die einfache, 4 M. die Karte mit Antwort, unfrankiert und unzureichend frankiert das Doppelte des fehlenden Portos. Von der Privatindustrie hergestellte Postkarten sind zur Beförderung zugelassen. Muster u. dgl. dürfen den Postkarten nicht angeheftet werden.

---

*) 1 Pfund egyptisch (L. E.) zu 1000 Millièmes (M.) = rund 20 M. 75 Pf.; 10 Millièmes = 1 Piaster (Pst.).

Die Postanstalten vermitteln Bestellungen auf Zeitungen. Außer dem Abonnementsbetrag wird vom Besteller eine Gebühr von 10 M. für jedes L. E. und eine feste Gebühr von 10 M. für jedes Abonnement erhoben. Im übrigen unterliegen die so bestellten Zeitungen und Zeitschriften bei der Versendung denselben Bedingungen und Taxen wie andere vom Verleger versandte Zeitungen.

Für Pakete mit Zeitungen und Zeitschriften ist ein Höchstgewicht von 2 kg festgesetzt, in den Ausdehnungen dürfen sie in keiner Richtung 45 cm, in Rollenform nicht 75 zu 10 cm überschreiten. Tarif: 1 M. für jedes Exemplar, unfrankiert oder unzureichend frankiert das Doppelte des fehlenden Portos. Die Verleger können mit der Postverwaltung eine Vereinbarung dahin treffen, daß sie ein Pfand hinterlegen und das Porto für die zu versendenden Zeitungen wöchentlich nachträglich in einer Summe zahlen; sie müssen alsdann die Zahl der täglich versandten Nummern genau angeben. Die einzelnen Sendungen brauchen in diesem Falle nicht mit Freimarken frankiert zu werden; dagegen müssen sie sämtlich unter Streifband versandt werden, von dem ein Exemplar bei der Einlieferungs-Postanstalt zu hinterlegen ist. Die Zeitungen sind stets am Schalter, nicht durch die Briefkasten zur Einlieferung zu bringen. Gewöhnliche Beilagen werden als Teil der Zeitungen, zu denen sie gehören, betrachtet und unterliegen keiner besonderen Taxe, wenn sie mit den Zeitungen zusammen versandt werden. Werden sie einzeln für sich verschickt, so unterliegen sie der gewöhnlichen Zeitungstaxe. Erscheinen Zeitungen oder Zeitschriften seltener als vierteljährlich einmal, so sind sie ebenso wie alle außergewöhnlichen Zeitungsbeilagen der Taxe für Drucksachen unterworfen. Die Zeitungen müssen so verpackt sein, daß der Inhalt der Pakete leicht geprüft werden kann. Sie dürfen schriftliche Bemerkungen enthalten, sofern diese nicht die Eigenschaft einer eigentlichen und persönlichen Korrespondenz haben.

Andere Drucksachen als Zeitungen und Zeitschriften sind bis 2 kg zugelassen; für die Ausdehnungen gelten die gleichen Vorschriften wie für Zeitungen. Tarif: 1 M. für jede 30 g, für Visitenkarten 2 M. für jede 50 g und im Ortsverkehr 1 M. für jede 50 g; unzureichend frankiert oder unfrankiert das Doppelte des fehlenden Portos. Auch die Drucksachen dürfen mit schriftlichen Bemerkungen jeder Art versehen sein, die nicht die Eigenschaft einer persönlichen Korrespondenz tragen.

Geschäftspapiere sind unter den gleichen Bedingungen zulässig wie Drucksachen. Tarif: 2 M., im Ortsverkehr 1 M. für jede 50 g.

Warenproben sind bis 350 g zugelassen; in den Ausdehnungen dürfen sie 30 zu 20 zu 10 cm, in Rollenform 30 zu 15 cm nicht überschreiten. Die Taxe ist die gleiche wie für Geschäftspapiere. Sonst finden auf Warenproben dieselben Bestimmungen wie auf die Drucksachen Anwendung. Flüssigkeiten, Fette, starkabfärbende Stoffe u. dgl. sind zur Beförderung als Warenproben zugelassen; sie müssen hinsichtlich der Verpackung denjenigen besonderen Bedingungen entsprechen, die auch zwischen den Vereinsländern für solche Sendungen vereinbart sind. Tabak, in Blättern oder geschnitten, darf nur bis 20 g, Zigaretten dürfen nur in Mengen von 10 Stück, Zigarren nur in Mengen von 3 Stück als Warenprobe versandt werden.

Die Vereinigung von Drucksachen, Geschäftspapieren und Warenproben zu einer Sendung ist gestattet.

Briefsendungen jeder Art können unter Einschreibung befördert werden. Sie müssen stets frankiert sein; Einschreibgebühr 5 M. Wertpapiere und Papiergeld können in Einschreibbriefe eingelegt werden, nicht aber gemünztes Geld, Gold- und Silbersachen, Juwelen und zollpflichtige Gegenstände. Die Einschreibsendungen müssen stets am Schalter aufgeliefert werden; im Briefkasten vorgefundene Einschreibsendungen werden wie gewöhnliche Sendungen behandelt, selbst wenn sie ausreichend frankiert sind. Dem Aufgeber wird über jede Einschreibsendung unentgeltlich ein Einlieferungsschein erteilt. Größeren Geschäftsleuten kann die Quittung über Einschreibsendungen in Quittungsbüchern erteilt werden, die zu 20 M. bei den Postanstalten käuflich sind. Bank- und Handelshäusern, die monatlich mindestens 60 Einschreibsendungen aufgeben, werden die Quittungsbücher unentgeltlich geliefert. Rückscheine sind zulässig; Gebühr 10 M. Ist eine Einschreibsendung in Verlust geraten, so hat der Absender, den Fall höherer Gewalt ausgenommen, Anspruch auf Schadenersatz in Höhe von 2 L. E.; für Beschädigungen oder verzögerte Beförderung und Bestellung übernimmt die Postverwaltung keinerlei Haftpflicht. Der Ersatzanspruch muß binnen 6 Monaten gestellt werden; der Ersatzbetrag wird binnen Jahresfrist gezahlt.

Zum erleichterten Ausweis beim Empfange nachzuweisender Sendungen werden von den Postämtern in Alexandrien, Kairo, Ismailia, Port Said und Suez Ausweisbücher ausgegeben, die 3 Jahre gültig sind und 20 M. das Stück kosten.

Nach- oder Rücksendung der Briefsendungen erfolgt gebührenfrei. Postlagersendungen werden 3 Tage aufbewahrt. Ist der Empfänger bekannt, so wird er alsdann von dem Vorliegen der Sendungen verständigt; andernfalls werden sie bis zum Ablauf des auf den Monat des Eintreffens folgenden Monats zur Abholung bereitgestellt.

Unbestellbare Briefsendungen sind an das Rückbriefamt bei der Generaldirektion in Alexandrien einzusenden, wo sie geöffnet werden; diejenigen jedoch, deren Absender aus dem Äußeren ersichtlich ist, werden alsbald uneröffnet nach dem Aufgabeort zur Aushändigung an den Absender weitergeschickt. Zeitungen gehen in allen Fällen unmittelbar vom Bestimmungs- an den Aufgabeort zurück. Läßt sich bei der Eröffnung der Briefe beim Rückbriefamt der Absender nicht ermitteln, so werden die Sendungen nach 1 Jahr vernichtet; die in den Briefen vorgefundenen Wertgegenstände werden 5 Jahre aufbewahrt und verfallen sodann dem Staat.

Eine Ortsbriefbestellung ist in einer Reihe größerer Orte eingerichtet; daselbst erfolgt die Abtragung der Sendungen in die Wohnung der Empfänger unentgeltlich. Zur Bestellung gelangen die Sendungen, deren Empfänger diese Art der Zustellung besonders gewünscht haben oder die innerhalb 24 Stunden nach der Ankunft nicht am Postschalter abgefordert worden sind. Nur in Alexandrien und Kairo werden alle Sendungen gleich nach der Ankunft bestellt. Die Briefträger begeben sich in die oberen Stockwerke der Häuser nur zur Bestellung von Einschreibbriefen und von mit Porto belasteten Sendungen; die Empfänger haben daher im Erdgeschoß der Häuser Briefkasten anzubringen, in welche die Briefträger die Sendungen einlegen können. Derartige Briefkasten können von der Post zum Preise von 400 M. bezogen werden. In einzelnen Teilen des Landes ist auch ein regelmäßiger Landbestelldienst eingerichtet; die Zustellung der Sendungen durch die Landbriefträger erfolgt gleichfalls unentgeltlich.

In den Orten, wo ein Briefbestelldienst nicht eingerichtet ist, haben die Empfänger ihre Sendungen bei der Postanstalt abzuholen. Aber auch in Orten mit Briefbestelleinrichtung ist, wie schon oben angedeutet, den Empfängern gestattet, ihre Sendungen regelmäßig abzuholen. Dabei ist ihnen freigestellt, ein Fach des Ausgabespindes gegen eine Fachmiete von 600 M. jährlich anzumieten. Sind Schließfächer eingerichtet, so werden Einschreibbriefe sowie mit Porto belastete Sendungen nicht selbst in die Fächer gelegt, sondern nur Benachrichtigungszettel, daß derartige Sendungen vorliegen und am Schalter abzulangen sind. Den Abholern wird anempfohlen, ihre Korrespondenten aufzufordern, in den Briefaufschriften die Nummer des Abholerfaches mit anzugeben. Bei Schließfächern ist für Rückgabe des Schlüssels ein Betrag von 100 M. zu hinterlegen.

Am Vertrieb der Postwertzeichen können sich mit Genehmigung der Generaldirektion neben den Postanstalten auch Privatpersonen beteiligen, denen auf die abgesetzten Wertzeichen eine Vergütung von 3% des Erlöses bewilligt wird. In Kairo und Alexandrien sind alle Salzverkäufer mit dem Freimarkenverkauf betraut. Außer Postfreimarken, Kartenbriefen und Postkarten sind von der Postverwaltung gestempelte Briefumschläge zu 1 und 2 M. für Visitenkarten und 8 Sorten für Briefe, ferner 2 Sorten gestempelte Streifbänder ausgegeben, die mit einem Zuschlag von ½ M. für den Umschlag und von ¼ M. für das Streifband verkauft werden. Auch Markenheftchen mit 24 Stück 3- oder 5-M.-Marken sind mit einem Zuschlag von 1 M. das Stück käuflich.

Zur Verrechnung des Portos auf unfrankierten und unzureichend frankierten Sendungen dienen besondere Taxmarken.

B. Wertbriefe und Geldpakete.

Wertpapiere jeder Art können in Briefen unter Angabe des Wertes mit der Post versandt werden; dagegen müssen Geldstücke, Gold- und Silbersachen, Edelsteine und andere Kostbarkeiten in Wertpakete verpackt werden. Die Wertbriefe müssen mit mindestens 5 Siegeln verschlossen sein. Die Wertangabe ist auf 400 L. E. beschränkt; ein Höchstgewicht ist für Wertbriefe nicht festgesetzt.

Die Wertbriefe müssen stets am Schalter aufgeliefert werden; ihnen muß eine Inhaltserklärung beigegeben sein, in der Name und Wohnort des Absenders und des Empfängers, sowie der Wertbetrag zu vermerken sind und die mit einem Abdruck des zum Verschluß des Briefes verwendeten Petschafts in Siegellack versehen sein muß. Außerdem hat der Absender die Höhe des Wertbetrages und die Adresse auch auf den Brief niederzuschreiben. Formulare zu den Inhaltserklärungen werden von den Postanstalten unentgeltlich abgegeben. Dem Absender wird über einen Wertbrief ein Einlieferungsschein unentgeltlich erteilt. Das Porto muß in Freimarken auf den Wertbriefen verrechnet werden, die Marken hat jedoch stets der Annahmebeamte aufzukleben.

Die Wertbriefe werden den Empfängern oder deren Bevollmächtigten gegen Quittung am Schalter ausgehändigt. Im Falle des Verlustes oder der Beschädigung eines Wertbriefes wird dem Absender Schadenersatz nach Maßgabe der Wertangabe geleistet, den Fall höherer Gewalt nicht ausgenommen. Der Antrag auf Schadloshaltung muß binnen 6 Monaten gestellt werden.

Unanbringliche Wertbriefe werden an die Generaldirektion eingesandt, wo sie 5 Jahre zur Verfügung des Absenders gehalten werden; nach Ablauf dieser

Frist verfällt der Wertinhalt dem Staat. Im Falle der Nachsendung wird ein Zuschlagporto für den neuen Beförderungsweg nicht erhoben.

Tarif: Porto für einen gleichschweren Einschreibbrief, Versicherungsgebühr 5 M. für jede 12 L. E. Diese Taxe muß stets im voraus entrichtet werden. Rückscheine sind zulässig; Gebühr 10 M.

Auf Wertbriefen kann Nachnahme bis 100 L. E. haften. Der eingezogene Nachnahmebetrag wird dem Aufgeber mit Postanweisung übersandt, nachdem davon die Postanweisungsgebühr und eine Einziehungsgebühr von 5 M. einbehalten worden sind. Wird ein Nachnahme-Wertbrief nicht eingelöst, so wird er nach einer Lagerfrist von 7 Tagen an den Aufgeber zurückgesandt; wird dagegen die Annahme verweigert, so wird diese Lagerfrist nicht eingehalten.

Gemünztes Geld, Gold- und Silbersachen und andere Kostbarkeiten können ohne Beschränkung der Wertangabe, in Säckchen oder Kistchen (group) verpackt und gut versiegelt, mit der Post versandt werden. Die Sendungen selbst müssen mit einer Marke und einer Nummer an Stelle der Aufschrift versehen sein. Tarif: 10 M. für je 12 L. E., mindestens jedoch 100 M. Rückscheine sind zulässig; Gebühr 10 M.

Jeder Sendung muß eine Inhaltserklärung auf vorgeschriebenem Formular beigegeben werden, worin Name, Vorname und Wohnort des Absenders und des Empfängers, Marke und Nummer des Pakets, Beschaffenheit des Inhalts (Gold oder Silber), sowie die Summe oder der Wert in egyptischer Münze in Buchstaben und Zahlen angegeben sein müssen und die einen Abdruck des zum Versiegeln des Pakets verwendeten Petschafts tragen muß. Bei der Auflieferung empfängt der Absender unentgeltlich eine Quittung, die alle die Sendung betreffenden Einzelheiten enthält und dem Absender mittels Briefes zuzustellen ist, sowie einen Einlieferungsschein, den er aufzubewahren hat. Der angegebene Wert muß dem wirklichen Werte genau entsprechen; auf Verlangen des Absenders kann der Inhalt vor Anlegung des Verschlusses von dem Annahmebeamten festgestellt werden. Falls eine unrichtige Wertangabe ermittelt wird, haben der Absender und der Empfänger die doppelte tarifmäßige Taxe sowie eine Geldstrafe von 5 L. E. zu zahlen.

Die Aushändigung eines Wertpakets an den Empfänger erfolgt erst, nachdem dieser die ihm vom Absender zugeschickte Quittung der Aufgabepostanstalt vorgelegt und sich auch sonst gehörig als Empfänger ausgewiesen hat. Groups, die nicht binnen 24, an Empfänger außerhalb des Ortsbestellbezirks binnen 48 Stunden nach der Ankunft abgeholt sind, werden zu Lasten des Empfängers mit einer Lagergebühr von 20 M. täglich für jede 100 L. E., höchstens aber von täglich 100 M. belegt. Ist dem Absender oder Empfänger die Quittung verloren gegangen, so kann dem Absender gegen Vorzeigung des Einlieferungsscheines und Zahlung einer Gebühr von 10 M. ein Doppel ausgefolgt werden. Im Falle der Nachsendung eines Groups wird für die neue Beförderungsstrecke das Porto von neuem berechnet. Um die Nachsendung zu erreichen, muß sich der Empfänger unter Beifügung des mit Empfangsanerkenntnis versehenen Quittungsformulars und des fälligen Nachsendungsportos an die Postanstalt seines Wohnorts wenden; diese veranlaßt bei der Aufgabepostanstalt die Ausfertigung einer anderen, auf den neuen Bestimmungsort lautenden Quittung und bei der ersten Bestimmungspostanstalt die Nachsendung des Groups.

Wenn ein Group verloren geht oder seines Inhalts ganz oder teilweise beraubt wird, so wird dem Absender, den Fall höherer Gewalt ausgenommen, Schadenersatz nach Maßgabe der Wertangabe geleistet. Der Anspruch ist binnen 6 Monaten geltend zu machen. Unanbringliche Groups verfallen nach 5 Jahren dem Staat.

C. Postanweisungen.

Am Postanweisungsdienst nehmen die Postanstalten 1. und 2. Kl. teil. Der Höchstbetrag einer Postanweisung ist auf 100 L. E. festgesetzt; indessen kann derselbe Absender gleichzeitig mehrere Postanweisungen an denselben Empfänger aufliefern. Tarif: 3 M. für jedes L. E., mindestens jedoch 10 M., für Postanweisungen aus und nach dem Sudan 5 M. für das L. E., mindestens 10 M.

Der Aufgeber einer Postanweisung hat auf einem von den Postanstalten unentgeltlich hergegebenen Formular alle auf die Postanweisung bezüglichen Angaben, nämlich Namen, Vornamen und Wohnort des Absenders und des Empfängers, sowie den Betrag, zu vermerken; die Ausfertigung der Postanweisung, die einem Heft mit festem Stamme entnommen wird, liegt dem Postbeamten ob. Die Postanweisung wird dem Einzahler übergeben, und es ist dessen Sache, sie dem Empfänger zu übermitteln. Außerdem empfängt der Einzahler noch einen besonderen Einlieferungsschein. Will der Absender seine Postanweisung nachträglich auf einen anderen Empfänger oder Bestimmungsort umschreiben lassen, so hat er die Postanweisung an die Einzahlungspostanstalt zurückzugeben, die ihm gegen Entrichtung einer Nachtaxe von 10 M. eine neue Postanweisung ausfertigt. Will sich dagegen der Empfänger die Postanweisung nach einem anderen Orte überweisen lassen, so muß er die quittierte Postanweisung der neuen Bestimmungspostanstalt mit einem Verlangformular vorlegen; diese benachrichtigt alsdann die erste Bestimmungspostanstalt.

Die Postanweisungen verlieren mit Ablauf des zweiten, nach dem Sudan des vierten auf den Einzahlungsmonat folgenden Monats ihre Gültigkeit; wegen Verlängerung der Gültigkeitsdauer müssen sich die Einzahler oder Empfänger an die General-Postdirektion wenden, welche die Postanweisungen unentgeltlich mit einem entsprechenden visa versieht. Ist dem Empfänger oder Absender eine Postanweisung verloren gegangen, so wird ihm ein Doppel gegen eine Gebühr von 10 M. ausgehändigt.

Die Auszahlung des Postanweisungsbetrages erfolgt gegen Abgabe der quittierten Postanweisung; ist der Empfänger bei der Postanstalt nicht persönlich bekannt, so muß er sich ausweisen, auch den Absender angeben können. Bei den kleineren Postanstalten muß der Empfänger außer auf der Postanweisung noch in einem besonderen Kassenbuch über den Empfang des Geldes quittieren. Bei Postanweisungen von mehr als 20 L. E. ist dies bei allen Postanstalten erforderlich. Vor der Auszahlung vergleicht die Postanstalt die Postanweisung sorgfältig mit dem ihr von der Aufgabepostanstalt amtlich zugegangenen Einzahlungsschein. Rückscheine sind zulässig; Gebühr 10 M. Die Ein- und Auszahlung der Postanweisungsbeträge hat in Gold zu erfolgen; Silbermünzen werden nur bis 2 L. E. angenommen und ausgezahlt. Indossierung ist zulässig, jedoch nur auf eine im Bestellbezirk der Bestimmungspostanstalt wohnhafte dritte Person. Postanweisungsbeträge verfallen nach 5 Jahren der Staatskasse.

Postanweisungen bis 40 L. E. dürfen den Empfängern auch mit den Geldbeträgen durch besondere Boten in die Wohnung bestellt werden. Hierfür ist ein Eilbotenlohn von 10 M. zu zahlen.

Postanweisungen bis 20 L. E. können auch auf telegraphischem Wege übermittelt werden; an diesem Dienst nimmt jedoch nur eine beschränkte Zahl Postanstalten teil. Außer der gewöhnlichen Postanweisungsgebühr hat der Aufgeber die Telegrammgebühr für das Überweisungstelegramm zu zahlen. Dem Telegramm können auf Verlangen schriftliche Mitteilungen des Aufgebers für den Empfänger angefügt werden. Kann die telegraphische Postanweisung aus irgend einem Grunde innerhalb 24 Stunden nicht ausgezahlt werden, so wird der Absender hiervon verständigt. Der Empfänger wird von dem Vorliegen einer telegraphischen Postanweisung entweder durch den Briefträger oder auf die sonst für Zustellung von Briefen übliche Weise schriftlich in Kenntnis gesetzt; über den Empfang des Geldes hat er nicht nur auf dem Überweisungstelegramm, sondern auch noch in einem Quittungsbuch zu quittieren.

Die Postanstalten verkaufen auch britische Postal Orders und lösen solche ein; für den inneren Verkehr sind diese jedoch nicht gültig.

D. Postaufträge.

Sämtliche zum Postanweisungsdienst ermächtigten Postanstalten befassen sich auch mit der Einziehung von Geldbeträgen auf Quittungen, Fakturen, Schecks, Wechseln und sonstigen ohne Kosten zahlbaren Handelspapieren im Wege des Postauftrages; Zins- und Dividendenscheine sind jedoch ausgeschlossen. Der Höchstbetrag eines Postauftrages ist auf 40 L. E. festgesetzt.

Jedes Wertpapier muß die Quittung des Auftraggebers tragen, auch mit der erforderlichen Zahl Stempelmarken versehen sein. Demselben Postauftrag darf nur ein Wertpapier beigefügt sein. Zu den Postaufträgen ist ein vorgeschriebenes, von den Postanstalten unentgeltlich erhältliches Formular in doppelter Ausfertigung auszufertigen und mit dem Wertpapier der Aufgabepostanstalt vorzulegen. Nach Prüfung schließt der Beamte den Postauftragsbrief, der wie ein Einschreibbrief zu frankieren ist, und gibt dem Absender das eine bescheinigte Exemplar des Formulars als Einlieferungsschein zurück.

Dem Zahlungspflichtigen wird das Postauftragspapier in der Wohnung vorgezeigt; besteht kein Bestelldienst, so wird er mit Benachrichtigungsschreiben von dem Vorliegen des Postauftragspapiers verständigt und aufgefordert, das Papier bei der Postanstalt einzulösen. Ist ein Fälligkeitstag angegeben, so ist dieser für die Vorzeigung maßgebend. Werden die Papiere nicht innerhalb 7 Tage nach der Vorzeigung oder Benachrichtigung eingelöst, so werden sie mittels Einschreibbriefes kostenfrei an die Aufgabepostanstalt zurückgesandt, die sie dem Auftraggeber zurückgibt. Die eingezogenen Beträge dagegen werden dem Auftraggeber mit Postanweisung zugeschickt, nachdem davon die Postanweisungsgebühr, etwaige Stempelgebühren, sowie eine Einziehungsgebühr von 5 M. für jedes eingelöste Papier in Abzug gebracht sind. Mit der Weitergabe uneingelöst gebliebener Wertpapiere zur Protesterhebung befassen sich die Postanstalten nicht.

E. Postpakete.

Pakete sind bis 5 kg, nach gewissen Orten des Sudan sowie nach Orten im Landesinnern, die nicht an der Eisenbahn oder an Schiffskursen liegen, bis 3 kg zulässig. Wertangabe ist auf ihnen bis 400 L. E., nach dem Sudan bis 20 L. E. gestattet, auch kann Nachnahme bis zu 100 L. E., nach dem Sudan bis 20 L. E. entnommen werden. Am Postpaketdienst nehmen sämtliche Postanstalten 1., 2. und 3. Kl. teil.

Briefe, gemünztes Geld, leichtentzündliche Stoffe, Gegenstände, deren Beförderung für andere Sendungen mit Gefahr verbunden ist u. dgl. dürfen in Postpaketen nicht versandt werden. Die Postbeamten haben das Recht, die Postpakete zu öffnen und ihren Inhalt zu prüfen. Die Postpakete sollen in keiner Richtung 60 cm überschreiten; nur solche, die Regenschirme, Stöcke, Karten, Pläne u. dgl. enthalten, dürfen bis 1 m lang und bis 20 cm dick sein. Die Pakete müssen der Beschaffenheit des Inhalts und der Länge der Beförderungsstrecke entsprechend haltbar verpackt, solche mit Wertangabe auch mit Siegeln und Plomben verschlossen sein. Bei den größeren Postanstalten werden zur Verpackung der Pakete besondere Kistchen von 2 Größen zum Preise von 15 und 20 M. zum Verkauf bereitgehalten. Jedes Paket muß mit der Adresse des Empfängers und eintretendenfalls mit der Wertangabe und dem Nachnahmebetrag versehen sein. Den Paketen ist eine Begleitadresse auf vorgeschriebenem Formular beizugeben, die bei Wertpaketen einen Abdruck des zum Verschluß benutzten Siegels tragen muß. Der Abschnitt der Begleitadresse kann zu schriftlichen Mitteilungen über das Paket benutzt und vom Empfänger losgetrennt und zurückbehalten werden. Formulare zu Begleitadressen werden dem Publikum unentgeltlich von den Postanstalten überlassen. Die Zahl der zu einer Paketadresse gehörigen Pakete für einen Empfänger ist unbeschränkt. Dem Aufgeber wird über jedes Postpaket ein Einlieferungsschein erteilt.

Am Bestimmungsort wird die Begleitadresse dem Empfänger zugestellt; es ist Sache des Empfängers, das Paket gegen Rückgabe der mit Quittung versehenen Begleitadresse und bei Paketen mit Wertangabe außerdem gegen Quittung in einem Lagerbuch vom Postamt abzuholen. Die Nachnahmepakete werden den Empfängern nur gegen Entrichtung des vollen Nachnahmebetrages ausgefolgt. Wird ein Paket nicht binnen 3 Tagen abgeholt, so ist eine Lagergebühr von 5 M. für jeden Tag zahlbar, ausgenommen von Personen, die nur vorübergehend verreist sind, von Schiffsmannschaften und Touristen. Nach- und Rücksendung von Postpaketen erfolgt kostenfrei.

Auf Verlangen des Absenders kann ein Postpaket dem Empfänger durch Eilboten zugestellt werden. Hierfür ist eine Eilbestellgebühr von 10 M. im voraus zu entrichten. Die Verpflichtung zur Abtragung eines Postpakets durch Eilboten erstreckt sich jedoch nur auf den Ortsbestellbezirk oder, wenn ein solcher nicht besteht, auf einen Umkreis von 4 km von der Postanstalt.

Im Falle des Verlustes oder der Beschädigung eines Pakets hat der Absender Anspruch auf Schadenersatz; bei Wertpaketen wird dabei die Wertangabe zugrunde gelegt, bei gewöhnlichen und bei Nachnahmepaketen darf der Ersatzbetrag 1 L. E. nicht übersteigen. In Verlustfällen wird dem Absender auch das gezahlte Porto erstattet. Der Anspruch auf Schadenersatz muß innerhalb 6 Monate erhoben werden.

Wird ein Paket ohne Nachnahme nicht binnen 14, eine solches mit Nachnahme nicht binnen 7 Tagen bei der Postanstalt abgeholt oder wird die Annahme verweigert, so wird eine Verfügung des Absenders über das Paket eingefordert. Geht innerhalb weiterer 2 Monate eine Nachricht vom Absender nicht ein, so wird das Paket nach dem Aufgabeort zurückgesandt; nimmt der Absender sodann das Paket nicht binnen 14 Tagen zurück, so ist es an die Generaldirektion, Zentralbureau für Rückbriefe, einzusenden. Nachdem die Pakete auch hier 6 Monate unabgefordert gelagert haben, wird ihr Inhalt zugunsten der Staatskasse verkauft.

Tarif: bis 1 kg 30 M., über 1 bis 3 kg 40 M., über 3 bis 5 kg 50 M., nach dem Sudan bis 1 kg 50 M., über 1 bis 3 kg 70 M., über 3 bis 5 kg 90 M.; Versicherungsgebühr 5 M. für jede 12 L. E., Nachnahmegebühr 5 M. Die Taxbeträge werden durch Aufkleben von Freimarken auf die Begleitadresse verrechnet. Rückscheine sind zulässig; Gebühr 10 M.

Der eingelöste Nachnahmebetrag wird dem Absender nach Abzug der Postanweisungsgebühr mit Postanweisung übersandt. Zum Zeichen der erfolgten Zahlung wird dem Empfänger einer Nachnahmesendung über den Postanweisungsbetrag noch ein besonderer Einlieferungsschein ausgehändigt.

F. Postsparkassen.

Am Postsparkassendienst nehmen nur die Postämter 1. Kl. und eine Anzahl solcher 2. Kl. teil. Der Mindestbetrag einer Einzahlung ist auf 50 M., der Höchstbetrag der in einem Jahr zulässigen Einzahlungen auf 50 L. E., das Höchstguthaben auf 200 L. E. festgesetzt. Bei der erstmaligen Einlage wird dem Sparer von der Postanstalt ein Sparbuch unentgeltlich ausgehändigt, das dann bei jeder Ein- oder Rückzahlung vorgelegt werden muß. Einzahlungen sowie Rückzahlungen, die bis 5 L. E. in Unter- und Mittel-Egypten, bis 10 L. E. in Ober-Egypten jederzeit bei der Postanstalt des Ausstellungsorts des Sparbuches ohne weiteres, sonst nur gegen Einholung einer Zahlungsermächtigung der Generaldirektion zulässig sind, werden vom Beamten handschriftlich in das Sparbuch eingetragen; über einen zurückgezahlten Betrag hat der Sparer auch noch besondere Quittung auf einem Formular zu leisten. Wechselt der Sparer seinen Wohnort, so kann das Sparbuch dahin umgeschrieben werden. Geht ihm das Sparbuch verloren, so wird mit Genehmigung der Generaldirektion ein neues gegen eine Gebühr von 50 M. ausgestellt.

In größeren Orten gibt die Verwaltung auch Sparkarten aus, auf denen Kinder ihre kleinen Ersparnisse in Postfreimarken anlegen können; enthält eine Sparkarte Marken von 50 M. Wert, so wird die Karte als Einlage auf ein Sparbuch angenommen.

Die Guthaben werden mit 2½% verzinst, aber nur für volle L. E. Die Berechnung der Zinsen erfolgt jährlich. Die Verzinsung beginnt für Einlagen am 1. des folgenden Monats und erlischt für Auszahlungen mit dem vorangegangenen Monat. Von Zeit zu Zeit fordert die Generaldirektion die Sparbücher von den Sparern zur Prüfung und zur Eintragung der Zinsen ein. Wird 15 Jahre lang weder eine Einlage noch eine Rückzahlung noch eine Zinseneintragung auf ein Sparbuch bewirkt, so verfällt das Guthaben dem Staat.

Guthaben können auf die britische und auf die italienische Postsparkasse und umgekehrt übertragen werden. Im Verkehr mit Großbritannien ist für eine solche Übertragung eine Gebühr von 5 M. für jede 2 L. E. zu entrichten, im Verkehr mit Italien erfolgt die Übertragung unentgeltlich.

32. Kapland.

(744046 qkm und 2858500 Einwohner.)

Die kapländische Post- und Telegraphen-Verwaltung bildet ein selbständiges Departement (Department of Posts and Telegraphs) der Kolonialregierung, das von dem „General-Postmeister" (Postmaster General) geleitet wird. Ihm ist ein ,,Secretary" mit einem ,,Assistant Secretary" und einem ,,Chief Clerk" beigegeben. Das Departement zerfällt in 8 Abteilungen, für Personal, für Auslandssachen, für allgemeinen Schriftwechsel, für inländisches Kurswesen, für Nachforschungen, für die Provinzialpostanstalten, für Rückbriefe und für den Telegraphenbetrieb. Jede Abteilung wird von einem ,,Principal Clerk" geleitet. Das Rechnungswesen führt ein ,,Accountant", dem ein ,,Assistant Accountant" zur Seite steht. Die Rechtsangelegenheiten sind einem ,,Departmental Auditor" übertragen. Im weiteren bestehen 4 Kontrollbureaus, für Postanweisungen, für Postal Notes und Postaufträge, für Sparkassen und für die Wertzeichenverrechnung; jedes Kontrollbureau steht unter der Leitung eines ,,Controller". Für Telegraphie und Fernsprechwesen bestehen besondere Abteilungen; an der Spitze der ersteren steht ein „Chef-Ingenieur", des letzteren ein ,,Assistant Engineer". Das nachgeordnete Personal der Zentralbehörde besteht aus ,,Clerks", männlichen und weiblichen „Assistenten" und „Unterbeamten" (Messengers). Das Zentral-Postamt in Kapstadt wird von einem ,,Controller" geleitet, dem ein ,,Assistant Controller", zwei ,,Superintendents", eine Anzahl ,,Assistant Superintendents", „Assistenten", „Briefträger" (Carriers), „Postschaffner" (Mail Porters) und „Boten" (Messengers) zugeteilt sind. Der Aufsichtsdienst liegt ,,Surveyors" ob.

Die Postanstalten zerfallen in 4 Klassen: ,,Head Offices" (Hauptpostämter) und in den größeren Orten ,,Branch Offices" (Zweigpostanstalten), die an sämtlichen Dienstzweigen teilnehmen, ,,Sub Offices" (Unterpostämter) und ,,Post Office Agencies" (Postagenturen), die sich nicht an allen Dienstzweigen beteiligen und hinsichtlich der Geschäftsführung und Abrechnung einem Hauptpostamt unterstellt sind. Die Vorsteher der Hauptämter heißen ,,Postmaster", die der Unterpostämter ,,Deputy Postmaster", die der Agenturen ,,Agent". Bei den größten Ämtern sind dem Postmeister ein ,,Assistant Postmaster", ein ,,Superintendent" (Postinspektor) und ein oder mehrere ,,Assistant Superintendents" zugewiesen. Das nachgeordnete Personal der Postämter besteht aus „Assistenten", „Lehrlingen" (Learners), „Postschaffnern" (Mail Porters und Bagmen), „Briefträgern" (Letter Carriers) und „Boten" (Messengers). Auch Bahnposten (Travelling Post Offices) sind eingerichtet und zwar von Kapstadt nach Port Elizabeth und East London, sowie auf den Strecken zwischen Kapstadt und De Aar (Western), De Aar und Port Elizabeth (Midland), Rosmead und East London (Eastern), Naauwpoort und Wolvehoek (O. R. C.). Die sämtlichen Bahnposten unterstehen einem „Superintendent", der seinen Amtssitz in Kapstadt hat.

Die Assistenten werden aus den Lehrlingen entnommen, die sich durch eine Prüfung die Anwartschaft auf Assistentenstellen erwerben müssen; den Assistenten können Postmeisterstellen übertragen werden. Für die höheren Stellen ist, wie in Großbritannien, die Ablegung einer allgemeinen Prüfung für den Zivildienst erforderlich. Die Assistenten und Postmeister kleinerer Ämter beginnen mit einem Gehalt von 60 £*) und steigen jährlich um 10 £ bis zum Höchstgehalt von 250 £; bei dem Gehaltssatz von 180 £ befindet sich eine sog. „Efficiency Bar", d. h. die Beamten, die über diesen Satz hinaussteigen wollen, müssen eine Prüfung über ihre Leistungen ablegen. Die Postmeister der größeren Ämter und die ihnen gleichgestellten Beamten beginnen mit einem Gehalt von 265 £ und steigen jährlich um 15 £ bis zum Höchstsatze von 340 £. Die Controllers, Assistant Controllers, Superintendents, einige der Assistant Superintendents, die Postmeister der ganz großen Ämter und alte Beamte ähnlicher Grade beginnen mit 360 £ Gehalt; die Höhe der Zulagen und die Fristen, in denen solche gewährt werden, sind verschieden und hängen von Stellenerledigungen usw. ab.

Alle festbesoldeten Beamten und Unterbeamten haben Anspruch auf Ruhegehalt, wenn sie infolge Krankheit dienstunfähig werden und mindestens 10 Dienstjahre zurückgelegt haben, wenn sie durch Einziehung ihrer Stelle überzählig werden oder wenn sie das 60. Lebensjahr (Telegraphenbeamte das 50.) vollendet haben. Das Ruhegehalt beträgt für jedes Dienstjahr $^1/_{60}$ des Durchschnitts des in den letzten 3 Jahren bezogenen Gehalts, höchstens jedoch 2 Die Beamten und Unterbeamten haben jedoch Abträge in Höhe von 3% ihrer regelmäßigen Dienstbezüge zur Pensionskasse zu zahlen. Auch nicht festbesoldete Beamte usw. können, sofern sie dauernd beschäftigt werden, der Pensionskasse beitreten; ihre Dienstzeit wird dann vom Tage ihres Eintritts in die Kasse ab gerechnet. Tritt ein Beamter usw. vor Vollendung des 10. Jahres aus den oben angeführten Gründen in den Ruhestand, so erhält er aus der Pensionskasse eine einmalige Beihilfe von soviel Monatsgehältern, als er Dienstjahre zählt. Hat er noch kein volles Jahr gedient, so werden ihm lediglich die gezahlten Beiträge erstattet. Auch eine Witwenversorgung besteht. Jeder Beamte mit einem Einkommen von mindestens 100 £ jährlich muß zu der Witwenkasse 1% seiner Dienstbezüge zahlen, und zwar auch dann noch, wenn er in den Ruhestand getreten ist. Die Höhe des Witwengeldes richtet sich nach der Dauer der Mitgliedschaft, nach dem Altersunterschied zwischen Mann und Frau und nach dem Diensteinkommen, soll aber nie mehr als $^1/_3$ des Gehalts oder als 250 £. jährlich betragen. Übersteigt das Witwengeld nicht 10 £ jährlich, so kann der Witwe eine einmalige Abfindungssumme gezahlt werden, deren Höhe von dem Alter der Witwe abhängt. Waisengeld wird nicht gezahlt.

Die Postverwaltungen von Kapland, Oranjeflußkolonie, Transvaal und Natal haben sich für ihre Gebiete zu einem engeren Postverein, dem „Südafrikanischen Postverein", zusammengeschlossen; diesem Verein sind nachträglich auch die portugiesische „Provinz" Mozambique, das britische Protektorat (Schutzgebiet) Bechuanaland und Rhodesia beigetreten. Der Vertrag setzt einheitliche und vereinfachte Formen für den Austausch von Briefsendungen, Paketen, Postanweisungen, Postal Notes und Postaufträgen fest, doch sind einheitliche Taxen nicht festgelegt. Gilt für die Briefsendungen auch im allgemeinen die inländische Brieftaxe, so sind doch auch darin Verschiedenheiten vorhanden. Ein wesentlicher Vorteil des Vereins besteht in der gewährten unentgeltlichen Transitfreiheit für Inlandssendungen.

*) Münze: 1 Pfd. Sterling (£) zu 20 Schilling (s) zu 12 Pence (d) = 20 M. 43 Pf; 1 Penny (Einzahl von Pence = $8^1/_2$ Pf.). — Gewicht: 1 engl. Pfund (Pfd.) zu 16 Unzen (Uz.) = 453 g; 1 Unze = 28,3465 g. — Maße: 1 (engl.) Meile = 1,609 km; 1 Fuß zu 12 Zoll = 0,305 m; 1 Zoll = 2,54 cm.

Die kapländische Post besitzt das ausschließliche Recht (Postmonopol) der Beförderung von Briefen jeder Art gegen Bezahlung; nur Begleitbriefe zu Waren, durch besondere Boten beförderte Briefe und Gerichtsakten sind vom Postzwang befreit. Verletzungen des Postmonopols werden mit Geldstrafe bis 20 £ geahndet.

A. Briefpost.

Briefe (letters) dürfen in den Ausdehnungen nicht 2 Fuß zu 12 Zoll zu 12 Zoll überschreiten; eine Gewichtsbeschränkung besteht dagegen nicht. Tarif: 1 d für jede ½ Uz., unfrankiert und unzureichend frankiert das Doppelte des fehlenden Portos. Wertpapiere und Banknoten sollen in gewöhnlichen Briefen nicht versandt werden.

Sollen Briefsendungen (jeder Art) nach Eintritt der Schlußzeit für eine Post mit letzterer noch Beförderung finden, so ist eine Spätlingstaxe (late letter fee) zu zahlen, die im allgemeinen für die erste Viertelstunde nach Eintritt der Schlußzeit 1 d, bei späterer Auflieferung 4 d beträgt. Für Sendungen, die unmittelbar am Bahnpostwagen aufgeliefert werden, beträgt die Spätlingsgebühr für Briefe 6 d, für Drucksachen 2 d, für Zeitungen 2 d, für von Verlegern und Zeitungsagenten abgesandte Zeitungspakete 6 d für 50, 1 s für 100 und 1 s mehr für jede weiteren 100 Zeitungsexemplare. Dieselbe Gebühr ist für solche Zeitungspakete zu zahlen, die beim Postamt selbst bis zu ¼ Stunde nach der Schlußzeit aufgeliefert werden; über diese Zeit hinaus werden Zeitungspakete nicht angenommen. Für Drucksachenpakete ist bei der verspäteten Einlieferung bei einem Postamt 1 s für jede 50 Stück zu zahlen; auch diese werden nur während ¼ Stunde nach Schlußzeit entgegengenommen. Briefe nach Europa können auch noch bis zu 1 Stunde nach der Schlußzeit aufgeliefert werden gegen eine Spätlingsgebühr von 1 d bis ¼ Stunde, 2 d ½ Stunde und später von 4 d; erfolgt ihre Auflieferung an Bord der Postdampfer, so ist eine Spätlingsgebühr von 2½ s für jede Sendung zu verrechnen.

Kartenbriefe (letter cards) sind mit eingedrucktem Wertzeichen zu 1 d ausgegeben und kosten 1¼ d das Stück.

Postkarten (post cards) kosten ½ d die einfache, 1 d die Karte mit Antwort. Sie werden zum Nennwert des Stempels an das Publikum verkauft. Von der Privatindustrie hergestellte Postkarten sind zulässig; doch dürfen sie nicht größer als 5½ zu 3½ und nicht kleiner als 4 zu 2¾ Zoll sein. Die Aufschrift „Postkarte" ist nicht erforderlich. Für unfrankierte und unzureichend frankierte Karten dieser Art wird das Doppelte des fehlenden Portos nacherhoben.

Mit der Vermittelung von Zeitungsbestellungen befassen sich die Postanstalten nicht. Das Meistgewicht beträgt für Zeitungspakete 7 Pfd.; in den Ausdehnungen dürfen sie 2 zu 1 zu 1 Fuß nicht überschreiten. Unter Zeitungen (newspapers) in diesem Sinne versteht man solche Zeitungen und Zeitschriften, die in regelmäßigen Fristen von mindestens 7 Tagen erscheinen; Beilagen dürfen ihnen beigefügt sein, sofern sie einen Teil der Zeitungen bilden. Tarif: für jede Zeitungsnummer bis 4 Uz., gleichviel ob einzeln oder in Paketen versandt, ½ d, indessen soll das Gesamtporto für Zeitungspakete sich auf höchstens 1 d für jede 2 Uz. des ganzen Pakets stellen; unzureichend frankiert das Doppelte des fehlenden Portos. Unfrankierte Zeitungen werden nicht befördert, sondern an die Rückbriefabteilung des General-Postamts zur Vernichtung eingereicht. Die Frankierung der Zeitungen hat mit Freimarken oder durch Verwendung gestempelter Streifbänder zu erfolgen; die letzteren werden mit einem Aufschlage zu dem Wertstempel verkauft. Die Zeitungspakete dürfen keinerlei schriftliche Zusätze oder Angaben außer dem Namen und Wohnort des Absenders und des Empfängers und den Worten „Newspaper only (nur Zeitungen)" tragen, widrigenfalls sie als unzureichend frankierte Briefe behandelt und taxiert werden. Enthalten sie Briefe oder andere, einer höheren Taxe unterliegende Gegenstände, so wird der Absender mit einer Geldbuße bis 20 £ oder mit Gefängnis bis 6 Monate bestraft. Tauschexemplare werden gebührenfrei befördert.

Drucksachenpakete (book packets) sind bis 7 Pfd. zugelassen; die Höchstausdehnungen sind auf 2 zu 1 zu 1 Fuß festgesetzt. Tarif: ½ d für jede 2 Uz., unfrankiert und unzureichend frankiert das Doppelte des fehlenden Portos. Die Drucksachenpakete müssen so verpackt sein, daß ihr Inhalt leicht geprüft werden kann. Für schriftliche Zusätze gelten die gleichen Bestimmungen wie im Weltpostverein; sind Briefe eingeschlossen, so finden die Vorschriften über derartige Zeitungspakete Anwendung.

Geschäftspapiere (commercial papers) unterliegen den gleichen Bedingungen und Taxen wie Drucksachen; sie fallen unter den Begriff „book packets".

Warenproben (sample packets) sind ebenfalls bis 7 Pfd. und im Umfang bis zu 2 zu 1 zu 1 Fuß zulässig. Sie können frankiert oder unfrankiert versandt werden; die Taxe ist dieselbe wie für Drucksachen, beträgt jedoch mindestens 1 d. Für Warenproben gelten im übrigen die gleichen Bestimmungen wie im Weltpostverkehr.

Briefsendungen jeder Art können unter Einschreibung (registered) versandt werden. Eingeschriebene Briefe dürfen Münzen, Wertpapiere, Banknoten u. dgl. enthalten. Für den Verschluß von Einschreibbriefen sind besondere Bestimmungen nicht getroffen; doch hat die Postverwaltung zur Erhöhung der Sicherheit besondere Einschreibbriefumschläge ausgegeben, deren Benutzung empfohlen wird. Einschreibsendungen müssen stets frankiert werden. Die Einschreibgebühr beträgt 4 d. Rückscheine (acknowledgments of delivery) sind zulässig; Gebühr 2½ d. Einschreibsendungen sollen stets am Schalter aufgeliefert werden, wo dem Aufgeber ein Einlieferungsschein unentgeltlich erteilt wird. Findet sich ein Einschreibbrief im Briefkasten vor, so wird er zwar als Einschreibbrief behandelt, unterliegt aber einer Einschreibgebühr von 8 d. Einschreibbriefe müssen spätestens ½ Stunde vor Eintritt der Schlußzeit aufgegeben werden; sollen später aufgelieferte Einschreibbriefe noch mit der betreffenden Post zur Absendung gelangen, so ist während der ersten Viertelstunde eine besondere „Spätlingsgebühr" (late letter fee) von 2 d, in der zweiten Viertelstunde bis zum Eintritt der Schlußzeit eine solche von 4 d, am Bahnpostwagen von 1 s zu entrichten. Für Einschreibbriefe nach Europa tritt in Kapstadt die Schlußzeit am Mittwoch 1½ Uhr ein; bis 2½ Uhr ist dann eine Spätlingsgebühr von 4 d, bis 3 Uhr von 8 d und auf dem Schiff, wo die Annahme bis 3¾ Uhr zulässig ist, von 2 s 6 d für die Sendung zu zahlen. Gewöhnliche Briefe, die gemünztes Geld, goldene oder silberne Uhren, Edelsteine oder ähnliche Kostbarkeiten, ferner Banknoten, Freimarken von mindestens 1 s Wert, Straußenfedern u. dgl. enthalten, haben die Postanstalten von Amts wegen unter Einschreibung zu versenden; von den Empfängern ist dann eine Gebühr von 8 d einzuziehen. Im Falle des Verlustes einer Einschreibsendung wird, obwohl hierzu eine gesetzliche Verpflichtung nicht besteht, ein Ersatz bis zu 5 £, für Einschreibbriefe mit Geld bis 2 £ gewährt; für zwangsweise eingeschriebene Briefe wird dagegen nie Ersatz geleistet. Der Ersatzanspruch ist binnen 31 Tagen nach der Einlieferung geltend zu machen; über 1 Jahr hinaus tritt keinesfalls Ersatzleistung ein.

Nach- oder Rücksendung von Briefsendungen jeder Art erfolgt ohne Anrechnung von Porto. Postlagersendungen (to be called for) dürfen nicht mit Anfangsbuchstaben und angenommenen Namen adressiert werden. Sie werden 2 Monate bei der Bestimmungspostanstalt aufbewahrt; sind Briefe jedoch nach einem größeren Orte der Kolonie gerichtet, so wird ihre Aufschrift, falls sie nach 4 Wochen nicht abgeholt sind, durch das Amtsblatt (Government Gazette) veröffentlicht. Werden sie auch bis zum Ablauf des zweiten Monats nicht abgefordert, so werden sie an die Rückbriefabteilung (Returned Letter Office) des General-Postamts in Kapstadt eingesandt; hier werden sie geöffnet und, wenn es gelingt, den Absender zu ermitteln, an diesen zurückgeschickt, und zwar solche mit Wertsachen unter Einschreibung gegen Einziehung einer Gebühr von 4 d.

Ebenso werden auch alle anderen unbestellbaren Briefsendungen, deren Absender äußerlich nicht zu erkennen ist, an jenes Rückbriefamt zur Eröffnung eingereicht. Wird der Absender bei der Eröffnung nicht ermittelt, so werden die Briefe vernichtet; die in ihnen vorgefundenen Wertgegenstände werden dagegen aufbewahrt und demnächst, wenn sie unabgefordert bleiben, zugunsten der Staatskasse veräußert.

Briefsendungen jeder Art werden dem Empfänger gebührenfrei in die Wohnung bestellt. Nur bei Postanstalten ohne Bestelldienst sowie bei allen Postanstalten nach einer angekommenen Post, an die sich eine Briefbestellung nicht anschließt, muß oder kann die Abholung der Sendungen bei der Postanstalt erfolgen. Die Briefträger dürfen für die Abtragung der Briefe keinerlei Bezahlung annehmen, doch ist ihnen die Annahme von Weihnachtsgeschenken gestattet.

Bei den meisten größeren Postanstalten besteht für regelmäßige Abholer die Einrichtung der „Schließfächer" (Private letter boxes); die Miete für ein solches Fach beträgt im ersten Jahre 25 bis 65 s, in den folgenden Jahren 20 bis 60 s jährlich und ist vierteljährlich im voraus zu entrichten. Jeder Doppelschlüssel kostet 2 s und ein neues Schloß nebst Schlüssel 5 s.

Personen, die außerhalb der Postorte an Poststraßen wohnen, können ihre Sendungen in einem Beutel (Private bag) durch die regelmäßigen Posten überbracht werden. Außer den Anschaffungskosten für die Beutel, die in 2 Größen zu 19 und 15 s geliefert werden und leer nicht über $3^1/_4$ Pfd. schwer sein dürfen, ist eine Beförderungsgebühr von 1 £ jährlich im voraus zu entrichten. Sollen die Briefe in beiden Richtungen von den Postanstalten zugeschickt werden, so ist die doppelte Beförderungsgebühr zu zahlen.

Privatpersonen ist auch gestattet, an ihren Häusern Privatbriefkasten (private posting boxes) zur Auflieferung von Briefsendungen anzubringen. Die Leerung erfolgt durch die Postboten bei der Leerung der amtlichen Briefkasten; dafür sind an Gebühr zu entrichten: $1^1/_2$ £ jährlich bei täglich einmaliger, 3 £ bei täglich zweimaliger, $4^1/_2$ £ bei täglich dreimaliger und 6 £ bei täglich viermaliger Leerung.

Der Vertrieb der Postwertzeichen wird von den Postanstalten und von Privatpersonen bewirkt. Die letzteren beziehen, soweit ihnen hierzu besondere Erlaubnis erteilt ist, eine Entschädigung von $2\frac{1}{2}$ % des Erlöses, wenn sich an ihrem Hause ein Briefkasten befindet, sonst nur von $1\frac{1}{4}$ %. Außer Postfreimarken, Kartenbriefen, Postkarten und gestempelten Streifbändern sind auch gestempelte Briefumschläge zu ½ und 1 d in je 2 Größen ausgegeben, für die neben dem Wert des Stempels ein Zuschlag erhoben wird, der je nach der Zahl der gleichzeitig gekauften Umschläge und je nach der Größe verschieden bemessen ist und für 8 Stück ¾, 1 und 2 d beträgt. Die schon erwähnten Briefumschläge zu Einschreibbriefen tragen auf einer seitlichen Verschlußklappe einen Wertstempel von 4 d (Einschreibgebühr) und werden in 5 Größen hergestellt. Der Preisaufschlag für die beiden kleinsten Sorten beträgt ¼ d, für die mittlere Sorte ¾ d und für die beiden größten Sorten 1 d für den Umschlag. Marken können gegen solche anderer Werte umgetauscht werden; die Umtauschgebühr beträgt 5 %. Auch Markenbüchlein (Books of stamps) mit 30 Stück 1 d-Marken sind ausgegeben; der Aufschlag für das Büchlein ist 1 d.

In Kapstadt und Port Elizabeth können Briefe, Postkarten und Drucksachen auch bar frankiert werden, wenn das Gesamtporto mindestens 1 £ beträgt; diese Sendungen müssen dann in Bündeln zu je 5 s Porto aufgegeben werden.

Die Postanstalten, die zum Postanweisungsdienst ermächtigt sind, befassen sich auch mit dem Vertrieb von Stempelmarken (revenue stamps) und mit der Ausgabe von Erlaubnisscheinen (Licenses) der mannigfachsten Art, so für Auktionatoren, Bäcker, Fleischer, Geschäftsreisende, Wildprethändler, Straußenfederhändler, Aufstellung von Billards, Patente für Medikamente, Tabakverkäufer usw.

Ein Wertbriefdienst ist in der Kapkolonie nicht eingerichtet.

B. Postanweisungen.

Am Postanweisungsdienst nehmen nur die Hauptpostämter und Zweigpostämter teil. Postanweisungen (Money Orders) sind bis 40 £ zulässig. Tarif bis 1 £ 3 d, über 1 bis 2 £ 6 d, über 2 bis 5 £ 1 s, über 5 bis 7 £ $1\frac{1}{2}$ s, über 7 bis 10 £ 2 s und für jede weiteren 2 £ 3 d mehr.

Die Ausfertigung der Postanweisungen erfolgt durch den Annahmebeamten auf Grund der vom Aufgeber unter Benutzung eines Formulars auf ein Verlangschreiben (requisition form) niedergeschriebenen Angaben. Auf der Postanweisung selbst bleibt der Name des Absenders zunächst fort; doch ist es dem Absender überlassen, ihn einzurücken. Dem Einzahler wird die Postanweisung zur Übersendung an den Empfänger ausgehändigt, während das Einzahlungsamt dem Bestimmungsamt nur einen Einzahlungsschein übersendet, auf dem auch der Name des Absenders vermerkt sein muß. Der Name des Empfängers kann wegbleiben, wenn der Absender wünscht, daß die Postanweisung dem Empfänger durch Vermittelung eines Bankhauses ausgezahlt wird. In diesem Falle genügt es, quer auf die Aufschriftseite die Worte „and Co" zu setzen; der Angabe des Namens des Bankhauses bedarf es nicht.

Wird bei der Bestimmungspostanstalt eine Postanweisung zur Auszahlung vorgelegt, so prüft der Ausgabebeamte, ob die Quittung mit der Aufschrift übereinstimmt, und läßt sich vom Empfänger den Namen des Absenders nennen. Erfolgt hierauf eine richtige Antwort, so wird die Auszahlung bewirkt, es sei denn, daß der Ausgabebeamte sonstige begründete Zweifel hat. Postanweisungen mit dem Vermerk „and Co" werden nur an Banken ausgezahlt; die Nennung des Namens des Absenders ist hierbei nicht erforderlich. Es ist Sache des Absenders, dafür zu sorgen, daß die Postanweisung nicht in die Hände eines Unberechtigten gelangt oder diesem der Name des Absenders bekannt wird. Dem Absender wird daher empfohlen, den Brief, mit dem er die Postanweisung an den Empfänger sendet, nur mit dem Anfangsbuchstaben seines Namens zu unterschreiben, so daß einem Fremden der Name des Absenders nicht bekannt wird, oder, wenn der Empfänger den Absender selbst nicht genügend kennen würde, den Begleitbrief mit der Postanweisung unter Einschreibung zu senden, oder die Postanweisung an eine Bank zu richten, oder endlich Postanweisung und Begleitbrief unter besonderen Briefumschlägen getrennt und zu verschiedenen Zeiten abzuschicken. Auszahlungsscheine (Advices of payment) sind zulässig; Gebühr 2½ d.

Die Postanweisungen verlieren nach 12 Monaten ihre Gültigkeit und werden später ausnahmsweise nur dann ausbezahlt, wenn für die Verzögerung ein triftiger Grund angeführt werden kann. Geht dem Absender eine Postanweisung verloren, so kann vom General-Postamt ein Doppel unentgeltlich ausgefertigt werden; ist sie dagegen nach ihrer Absendung an den Empfänger in Verlust geraten, so ist eine besondere Gebühr von 1 s zu entrichten. Soll eine Postanweisung nach einem anderen Orte oder an einen anderen Empfänger nachgesandt werden, so hat sich der Absender mittels Verlangschreibens auf besonderem Formular an die erste Bestimmungspostanstalt zu wenden, die ihrerseits eine neue Postanweisung ausfertigt; hierbei wird jedoch der Postanweisungsbetrag um die Taxe für die neue Postanweisung gekürzt.

Telegraphische Postanweisungen bis 40 £ können zwischen allen zum Postanweisungsdienst ermächtigten Postanstalten, an deren Sitz sich eine Telegraphenanstalt befindet, ausgetauscht werden. Tarif: gewöhnliche Postanweisungsgebühr und eine Telegrammgebühr von 1 s. Das Überweisungstelegramm, das der Annahmebeamte ausfertigt, ist für die Bestimmungspostanstalt bestimmt; besondere Mitteilungen des Absenders können daher in das Überweisungstelegramm nicht aufgenommen werden. Dem Einzahler wird als Einlieferungsschein die Postanweisung, die zum Überweisungstelegramm gehört, ausgehändigt, nachdem sie quer mit den Worten „Payment authorized by telegraph' überschrieben worden ist. Das Bestimmungsamt benachrichtigt den Empfänger nicht von dem Vorliegen einer telegraphischen Postanweisung; dies liegt vielmehr dem Absender ob. Der Empfänger hat sich persönlich zur Post zu begeben und dort zu quittieren. Vermag er den Namen des Absenders richtig anzugeben, so wird ihm der Betrag ohne weitere Förmlichkeit ausbezahlt. Auch für telegraphische Postanweisungen sind Auszahlungsscheine (2½ d) zulässig.

Die Hauptpostämter und eine Anzahl Unterpostämter befassen sich auch mit dem Verkauf und der Einlösung britischer „Postal Orders", die auch für den Inlandsverkehr gelten. Sie unterliegen den gleichen Bestimmungen wie in Großbritannien selbst; für Teilbeträge eines halben s sind aber kapländische Wertzeichen zu verwenden. Kapländische „Postal Notes" gibt es nicht mehr. Tarif: ½ bis 5 s 1 d, von 5½ bis 10½ s 2 d, von 11 bis 21 s 3 d.

C. Postaufträge.

Die Post befaßt sich damit, auf Antrag des Publikums von irgend einem Zahlungspflichtigen Gelder einzuziehen und sie dem Auftraggeber zu übersenden. Die Postauftragsumme darf 10 £ nicht übersteigen. An dem Postauftragsdienst beteiligen sich sämtliche zum Postanweisungsdienst ermächtigten Postanstalten.

Zu den Postaufträgen (Postal Drafts) sind besondere Formulare auszufüllen, welche die Postanstalten unentgeltlich abgeben; der Auftraggeber hat in dem Formular zu vermerken: die Summe, die eingezogen werden soll, Namen und Wohnort des Zahlungspflichtigen, das Datum des Vorzeigetages, sofern ein solcher vorzuschreiben ist, sowie in dem Falle, daß von demselben Zahlungspflichtigen, was gestattet ist, nach Ablauf einer bestimmten Zeit noch ein zweiter Betrag eingezogen werden soll, das Datum dieser zweiten Vorzeigung und endlich das Datum der Rücksendung des etwa uneingelöst gebliebenen Postauftrages, sofern für diesen nicht die volle, postseitig festgesetzte Lagerfrist eingehalten werden soll. Für jeden Postauftrag, der nur auf einen Zahlungspflichtigen lauten darf, ist eine Gebühr von 6 d und, wenn eine zweite Vorzeigung behufs Einziehung eines zweiten Betrages erfolgen soll, von 9 d im voraus zu entrichten. Der Postauftrag, der vom Auftraggeber unterzeichnet sein muß, wird portofrei der Bestimmungspostanstalt übersandt. Dem Postauftrage kann eine Quittung des Absenders, die das Gewicht von ½ Uz. nicht übersteigen darf, beigefügt werden; alsdann ist neben der Postauftragsgebühr noch 1 d zu zahlen.

Der Postauftrag wird dem Zahlungspflichtigen zur Zahlung vorgezeigt oder es wird diesem, wenn er außerhalb des Ortsbestellbezirks oder im Bezirk eines Sub Post Office oder einer Post Office Agency wohnt, eine Aufforderung zur Zahlung unter Umschlag zugestellt; in solchem Falle hat er sich zur Einlösung des Auftrages bei dem Hauptpostamt einzufinden, er kann aber auch den Betrag diesem Postamt mittels Einschreibbriefes zusenden. Die von einer Postanstalt bescheinigte Annahmeverweigerung oder Nichteinlösung hat gesetzliche Kraft und kann bei Klagen vor Gericht zugrunde gelegt werden. Wird Zahlung geleistet, so quittiert der Postbeamte am Fuß des Postauftragformulars oder auf einem besonderen Formular und händigt dieses, nebst der etwa vom Absender beigefügten Quittung, dem Zahlungspflichtigen aus. Ist nur eine einzige Summe einzuziehen, so ist dem Zahlungspflichtigen in der Regel eine Zahlungsfrist von 1 Monat, und wenn 2 Summen nacheinander einzuziehen sind, für die 2. Zahlung eine weitere Frist von 15 Tagen gestellt. Erfolgt innerhalb dieser Fristen die Zahlung nicht, so sendet die Postanstalt dem Auftraggeber den Postauftrag gehörig bescheinigt gebührenfrei unter Einschreibung zurück. Eingezogene Beträge werden dem Auftraggeber durch Postanweisung oder in britischen Postal Orders unter Einschreibung übersandt, nachdem die Postanweisungs- oder Postal-Order-Gebühr sowie eine Einziehungsgebühr (charge for collection) von 6 d für jedes £ einbehalten worden sind.

D. Postpakete.

Mit der Post können Pakete (parcels) bis 11 Pfd. versandt werden. Sie sind offen, wie Warenproben, oder geschlossen aufzuliefern; im letzteren Falle muß ihnen jedoch eine Erklärung, wozu die Postanstalten Formulare unentgeltlich abgeben, folgenden Inhalts beigefügt sein: „Durch die Inland-Paketpost. Von . . . . an . . . . Inhalt des Pakets . . . . . . Ich bescheinige, daß dieses Paket weder einen Brief, noch Zeitungen, noch sonstige Gegenstände enthält, die einer höheren Taxe als der Pakettaxe unterworfen sind. Unterschrift: . . . . Datum . . . . ." Das Einlegen von Briefen usw. in Postpakete wird ebenso wie bei Zeitungspaketen mit Briefen bestraft. Leichtentzündliche und explodierende Stoffe und Gegenstände, deren Beförderung mit Gefahr oder Nachteil verbunden ist, sind von der Beförderung in Postpaketen ausgeschlossen. Zuwiderhandlungen sind mit Gefängnis bis 5 Jahre bedroht.

Die Ausdehnung eines Postpakets ist auf höchstens 3½ Fuß in der Länge und 6 Fuß in Länge und Umfang zusammengenommen beschränkt. Die Taxe, die stets im voraus durch Aufkleben von Freimarken auf das Paket zu entrichten ist, beträgt 4 d bis 8 Uz. und 2 d mehr für jede weiteren 4 Uz. Im Falle der Nachsendung ist das Porto von neuem in Ansatz zu bringen. Postpakete können auch unter Einschreibung versandt werden; alsdann kommt neben dem Porto die Einschreibgebühr von 4 d zur Erhebung. Solche mit Bargeld, Banknoten, Straußenfedern, goldenen und silbernen Uhren, Juwelen, Freimarken von mehr als 1 s Wert und ähnlichen wertvollen Sachen müssen eingeschrieben werden. Gegen Entrichtung von 1 d kann dem Aufgeber eines gewöhnlichen oder eingeschriebenen Pakets ein Einlieferungsschein, den der Aufgeber selbst auszufüllen hat, erteilt werden; diese Gebühr ist durch Aufkleben einer Marke auf den Schein, die mit dem Tagesstempel entwertet wird, zu verrechnen. Eine Paketadresse ist den Paketen nicht beizugeben. Für verspätet aufgelieferte Postpakete wird die gleiche Spätlingsgebühr wie für Einschreibbriefe erhoben. Werden Postpakete in den Briefkasten gelegt, so wird vom Empfänger eine Strafe von 4 d eingezogen.

Für den Fall des Verlustes oder der Beschädigung eines gewöhnlichen Pakets übernimmt die Postverwaltung keinerlei Ersatzverbindlichkeit; für eingeschriebene Postpakete wird dagegen Ersatz wie für Einschreibbriefe geleistet.

E. Postsparkassen.

Am Postsparkassendienst (Post Office Savings Banks) nehmen alle zum Postanweisungsdienst ermächtigten Postanstalten teil. Die Mindesteinlage ist auf 1 s, die Höchstsumme der Einlagen während eines Jahres auf 100 £, das höchste Gesamtguthaben eines Sparers (ohne die Zinsen) auf 600 £ festgesetzt. Teilbeträge eines s werden als Einlagen nicht angenommen. Dagegen werden den Schulen und Anstalten auf Verlangen Pennysparbücher von den Postanstalten unentgeltlich verabfolgt.

Die Sparbücher fertigen die Postanstalten aus. Wenn jemand eine erste Einlage bewirkt, so muß er seinen Vor- und Zunamen, seinen Stand und seine Wohnung nennen; gleichzeitig hat er eine Erklärung zu unterschreiben, daß er unter eigenem oder fremdem Namen noch kein Guthaben bei der Postsparkasse besitzt. Diese Erklärung muß von dem Postmeister oder einer ihm bekannten Person oder dem Geistlichen oder einem Friedensrichter bescheinigt sein. Der Annahmebeamte trägt jede Einlage handschriftlich in das Sparbuch ein, setzt seine Unterschrift daneben und drückt den Tagesstempel im Buche ab. Außerdem empfängt der Einleger noch eine besondere Bescheinigung von der Postsparkassenverwaltung in Kapstadt zugesandt. Die Postanstalten sind verpflichtet, alltäglich der genannten Zentralbehörde eine Übersicht über die vorgekommenen Ein- und Auszahlungen einzuschicken. Nach diesen Übersichten werden die bei der Zentralbehörde für jeden Sparer in einfacher Ausfertigung geführten Konten richtiggestellt und die Einlagebescheinigungen ausgefertigt und versandt. Für das erste Sparbuch hat der Sparer eine Gebühr nicht zu entrichten; dagegen hat er für ein im Falle des Verlustes gefordertes Doppel 2 s zu zahlen. Die Ausfertigung eines Doppels erfolgt durch den Kontrolleur der Zentralbehörde, niemals durch eine Postanstalt.

Der Zinsfuß ist auf 3% festgesetzt; die Verzinsung einer Einlage beginnt mit dem 1. Tage des auf den Einzahlungstag folgenden Monats, und die Verzinsung eines zurückgezahlten Betrages erlischt zu Beginn des Auszahlungsmonats. Die Zinsen werden am Schluß eines jeden Etatsjahrs berechnet und den Guthaben zugeschrieben. Die Sparer haben ihr Buch jährlich einmal an dem Tage, an dem es ausgefertigt ist, an die Zentralstelle der Postsparkasse in Kapstadt einzusenden, damit es geprüft wird und die entstandenen Zinsen eingetragen werden können. Für die Einsendung der Bücher an die Zentralstelle und für die Rücksendung an den Eigentümer kommt Porto nicht zur Erhebung.

Wünscht ein Sparer, einen Teil seines Guthabens zurückzuziehen (withdrawals), so hat er dies unter Benutzung eines Formulars, das die Postanstalten unentgeltlich zur Verfügung stellen, bei der Zentralstelle anzumelden; diese sendet ihm dann ein Ausweisschreiben zu, das er der in dem Anmeldeschreiben angegebenen Postanstalt mit dem Sparbuch vorzulegen hat. Die Ermächtigung zu einer Rückzahlung kann auch telegraphisch eingeholt und erteilt werden; in diesem Falle hat der Sparer jedoch die Telegrammgebühren für beide Telegramme mit 2 s zu entrichten. Gegen Zahlung einer Gebühr von 1 s kann einem Sparer ausnahmsweise auch die widerrufliche Ermächtigung zur Abhebung von Sparbeträgen ohne Kündigung und Ausweisschreiben erteilt werden.

Einem Sparer können auch Sparkassengutscheine (Savings Bank Certificates), die auf 100 £ lauten und sich mit 3½% in halbjährlichen Fristen verzinsen, ausgefertigt werden; doch ist ihre Zahl für jeden Sparer auf 10 beschränkt. Für jedes Verlangen, das auf einem Formular zu stellen und dem das Sparbuch beizufügen ist, wird eine Gebühr von 1 s für den Schein erhoben. Die Beträge solcher Scheine werden auch im Sparbuch besonders vermerkt, und die Zinsen werden halbjährlich zugeschrieben. Die Scheine werden immer nur am 1. eines Monats ausgefertigt. Die Rückzahlung der auf Gutscheine eingelegten Beträge erfolgt mit dreimonatiger Kündigung; ausnahmsweise kann von der Einhaltung dieser Kündigungsfrist abgesehen werden, doch ist dann eine Gebühr von 10 s für den Schein zu entrichten.

Guthaben können auch auf die Postsparkasse des Mutterlandes und einer Anzahl britischer Kolonien und umgekehrt übertragen werden.

33. Oranjeflußkolonie.

(130510 qkm und 447100 Einwohner.)

Die oberste Postbehörde der Oranjeflußkolonie ist das dem Gouverneur unterstehende „Postal Department“ in Bloemfontein, das von einem „Postmaster General“ geleitet wird. Diesem ist ein „Secretary“ zugeteilt. Für das Kassen- und Rechnungswesen ist ein „Chief Accountant“, für die Verwaltung der Post- und Telegraphenlager ein „Controller of Stores“ bestimmt. Post und Telegraphie sind vereinigt; nur in der Hauptstadt besteht ein besonderes Telegraphenamt. Die Postanstalten unterstehen dem Postdepartement unmittelbar. Sie zerfallen in „Haupt- oder Postanweisungsämter“, die an allen Dienstzweigen teilnehmen, in „Unterpostämter“ (Sub Post offices), die vom Postanweisungsdienst ausgeschlossen sind, und in „Agenturen“ (Post Office Agencies), die nur Briefsendungen annehmen und ausgeben. Die Unterpostämter und Agenturen sind einem Hauptpostamt zugeteilt. Die Vorsteher der Postämter heißen „Postmaster“, die nachgeordneten Beamten „Assistenten“. Die Beförderung der Postsachen erfolgt mit der Eisenbahn, und zwar auf der Strecke De Aar—Bloemfontein—Germiston in Beamtenbahnposten, oder auf Landwegen mit Fuhrwerk (Main Routes) oder mit Reitpost (Branch posts). Die Postsachenbeförderung auf Landwegen wird kontraktlich vergeben; die Unternehmer von Postfuhrwerk können neben der Post auch Personen für eigene Rechnung befördern.

Die Post besitzt das alleinige Recht der gewerbsmäßigen Beförderung von Briefen.

A. Briefpost.

Briefe (Letters) dürfen nicht über 2 zu 1 zu 1 Fuß groß sein. Das Gewicht ist nicht beschränkt. Tarif: 1 d*) für jede ½ Uz., unfrankiert oder unzureichend frankiert das Doppelte des fehlenden Portos.

Briefe und andere Sendungen, die nach der Schlußzeit für eine Post für letztere noch aufgeliefert werden, unterliegen neben dem Porto einer „Spätlingsgebühr“ (Late letter fee), die stets im voraus entrichtet werden muß und bis 15 Minuten nach der Schlußzeit 2 d, über 15 bis 30 Minuten 4 d beträgt. Auch den Bahnposten können noch Briefe bis zur Abfahrt des Zuges übergeben werden; in diesem Falle beträgt die Spätlingsgebühr für Briefe 6 d, für Drucksachen 4 d und für Zeitungspakete 2 d.

Postkarten (Post Cards) kosten ½ d die einfache, 1 d die Karte mit Antwort. Von der Privatindustrie hergestellte Karten sind zulässig, sie dürfen jedoch nicht größer als 5½ zu 3½ und nicht kleiner als 4 zu 2¾ Zoll sein. Für unfrankierte und unzureichend frankierte Postkarten wird das Doppelte des fehlenden Portos erhoben.

Zeitungen (Newspapers), die nicht seltener als wöchentlich einmal erscheinen, genießen Portoermäßigung, doch sollen sie überwiegend aus politischen Nachrichten bestehen, und es müssen vom Verleger zwei Freiexemplare an den Postmeister in Bloemfontein abgeliefert werden. Die Zeitungen müssen ein-

*) Münzen, Maße und Gewichte wie im Kapland (s. S. 389).

zeln adressiert sein, doch können die für denselben Ort bestimmten zu Paketen vereinigt werden, auf deren Aufschrift die Zahl der eingeschlossenen Zeitungen vermerkt werden muß. Tarif: ½ d für jedes Zeitungsexemplar und für jede 4 Uz., unzureichend frankiert das Doppelte des fehlenden Portos. Unfrankierte Zeitungen werden nicht abgesandt. Tauschexemplare sind portofrei. Die Zeitungspakete dürfen nicht schwerer als 7 Pfd. und nicht größer als 2 zu 1 zu 1 Fuß sein.

Drucksachen, Geschäftspapiere und Warenproben (Book packets und Samples) unterliegen in Gewicht und Ausdehnungen denselben Beschränkungen wie Zeitungspakete. Sie müssen so verpackt sein, daß ihr Inhalt leicht geprüft werden kann; im übrigen gelten die gleichen Bedingungen wie im Weltpostverkehr. Tarif: ½ d für jede 2 Uz., unfrankiert und unzureichend frankiert das Doppelte des fehlenden Portos.

Briefsendungen jeder Art können unter Einschreibung (Registration) versandt werden. Die Einschreibgebühr beträgt 4 d. Die Sendungen müssen stets frankiert sein. Briefe mit Geld, Straußenfedern, Uhren, Juwelen und ähnlichen kostbaren Sachen müssen stets unter Einschreibung versandt werden; zu solchen mit Geld sind ausschließlich die von der Verwaltung in verschiedenen Größen ausgegebenen Einschreibbriefumschläge zu verwenden, die zum Nennwert des Wertstempels verkauft werden. Finden sich Briefsendungen mit wertvollem Inhalt oder Einschreibsendungen im Briefkasten vor, so werden sie von Amts wegen eingeschrieben und unterliegen einer Einschreibgebühr von 8 d. Für Einschreibbriefe, die bis ¼ Stunde nach der Schlußzeit aufgegeben werden, ist eine Spätlingsgebühr von 4 d, die bei den Bahnposten aufgeliefert werden, von 8 d zu entrichten. Über eine Einschreibsendung erhält der Aufgeber unentgeltlich einen Einlieferungsschein. Rückscheine (Acknowledgments of receipt) sind zulässig; Gebühr 2½ d. Im Falle des Verlustes einer Einschreibsendung hat der Absender Anspruch auf Schadenersatz bis zur Höhe von 5 £; für Briefe mit Geld wird jedoch höchstens ein Ersatz von 2 £ und für von Amts wegen eingeschriebene Sendungen aus dem Briefkasten überhaupt kein Ersatz gezahlt.

Nach- und Rücksendung erfolgt taxfrei.

Unbestellbare Briefsendungen werden 4 Wochen bei der Bestimmungspostanstalt aufbewahrt, wenn der Absender nicht auf der Adresse seinen Namen angegeben und eine nicht unter 7 Tagen betragende Frist für die Rücksendung ausdrücklich vorgeschrieben hat. Nach Ablauf jener Lagerfrist werden sie in eine Liste eingetragen, die am Schalter ausgehängt wird. Bleiben sie auch dann noch unabgefordert, so werden sie nach 4 Wochen an das Rückbriefamt in Bloemfontein eingesandt. Ist der Absender nicht äußerlich ersichtlich, so werden sie zur Ermittelung des Absenders geöffnet und an den Absender zurückgeschickt; werden dabei Gegenstände von Wert vorgefunden, so werden sie eingeschrieben gesandt unter Einziehung einer Gebühr von 4 d. Ist der Absender nicht zu ermitteln, so werden die Briefe verbrannt. Zeitungen werden dem Absender nie zurückgegeben. Wertsachen werden aufbewahrt, ein Verzeichnis wird im Amtsblatt veröffentlicht; nach 3 Monaten werden sie, wenn sich der Eigentümer nicht gemeldet hat, zugunsten der Staatskasse verkauft.

In Orten mit Briefbestelleinrichtung werden alle Briefsendungen dem Empfänger unentgeltlich in die Wohnung bestellt; in solchen Orten braucht sich der Postmeister auf Abholung der Sendungen am Schalter nicht einzulassen. Eilbestellung ist nicht zulässig. Bei größeren Postanstalten sind für Abholer besondere Schließfacheinrichtungen vorhanden. Für ein Schließfach sind an Fachmiete jährlich 30 s für ein großes und 20 s für ein kleines Fach zu entrichten; daneben hat der Abholer als Gewähr für ordnungsmäßige Rückgabe des Faches mit Schlüssel einen Betrag von $6\frac{1}{2}$ s als Pfand zu hinterlegen. Soll ein Fach auf Wunsch des Mieters auf eine andere Person übertragen werden, so kann der Postmeister dem nachgeben, doch ist eine Gebühr von 2 s dafür fällig. Personen, die an einem Hauptpostkurs wohnen, können ihre Briefsendungen auf Wunsch in geschlossenen Beuteln (private bags) mit dem Postwagen zugeführt werden. Hierfür ist außer den Kosten für einen Beutel eine Gebühr von 20 s jährlich für einen kleinen Beutel, dessen Leergewicht nicht $3\frac{1}{2}$ Pfd. übersteigen darf, und von 30 s für einen großen Beutel im Gewicht bis zu 5 Pfd. zu entrichten.

Am Vertrieb der Postwertzeichen nehmen außer den Postanstalten auch besonders dazu ermächtigte Privatpersonen teil, die beim Bezuge von Wertzeichen im Werte von je mindestens 5 £ einen Rabatt von $2\frac{1}{2}$% beziehen. Außer Freimarken, Postkarten und Einschreibbriefumschlägen werden auch gewöhnliche gestempelte Briefumschläge gegen einen Aufschlag, der für die verschiedenen Sorten abweichend festgesetzt ist, und gestempelte Streifbänder ohne Aufschlag an das Publikum verkauft.

Ein Wertbriefdienst besteht nicht.

B. Postanweisungen.

Am Postanweisungsdienst nehmen nur die Hauptpostämter, die deshalb zum Unterschied von den Sub Post offices die Bezeichnung „Money Order Offices" führen, teil. Postanweisungen (Money orders) sind bis 40 £ zulässig. Tarif: 6 d für je 4 £.

Der Absender einer Postanweisung hat zunächst ein Anmeldeformular (requisition form), das die Postanstalten unentgeltlich abgeben, auszufüllen; darin müssen alle auf die Anweisung bezüglichen Angaben enthalten sein, insbesondere auch der Vorname des Absenders und des Empfängers oder doch dessen Anfangsbuchstabe. Die von dem Beamten ausgefertigte Postanweisung wird dem Einzahler übergeben, dem es überlassen ist, sie dem Empfänger zu übersenden. Der Bestimmungspostanstalt wird nur ein Einzahlungsschein übermittelt, ohne den die Auszahlung nicht erfolgen darf. Der Empfänger hat den Postanweisungsbetrag bei der Postanstalt abzuholen, dabei hat er die quittierte Anweisung zurückzugeben; doch hat er auch das Recht, durch einen Vermerk auf der Anweisung eine Bank mit der Erhebung des Geldes zu beauftragen. Andere Indossierungen sind nicht zulässig. Holt der Empfänger den Betrag selbst, so genügt im allgemeinen als Ausweis, daß er den Namen des Absenders angeben kann. Geht eine Postanweisung verloren, so stellt der Chief Accountant des General-Postamts auf Antrag, dem 1 s in Freimarken beizufügen ist, ein Doppel aus, frühestens jedoch 1 Monat nach der Einzahlung. Soll der Name des Empfängers geändert werden, so ist dies bei der Aufgabepostanstalt unter Zahlung einer Gebühr von 3 d zu beantragen. Soll die Anweisung auf ein anderes Postamt umgeschrieben werden, so ist sie mit einem schriftlichen Antrage an die erste Bestimmungspostanstalt zu senden; es wird dann unter Abzug der Postanweisungsgebühr eine neue Anweisung ausgefertigt. Postanweisungen verlieren nach 12 Monaten ihre Gültigkeit. — Auszahlungsscheine sind zulässig; Gebühr $2\frac{1}{2}$ d.

Postanweisungen können übrigens auch bei Sub-Offices eingezahlt werden; diese senden das Anmeldeformular an das vorgesetzte Postamt, das die Anweisung ausfertigt und dem Empfänger unmittelbar übersendet.

Auch telegraphische Postanweisungen sind zulässig. Außer der Postanweisungsgebühr ist die Gebühr für ein Telegramm von 12 Wörtern (1 s) zu zahlen. Mitteilungen für den Empfänger werden in das Überweisungstelegramm nicht aufgenommen. Es ist auch Sache des Absenders, den Empfänger von der Absendung der Postanweisung unmittelbar zu verständigen. Als Einlieferungsschein erhält der Aufgeber die gewöhnliche Postanweisung, die mit dem Vermerk „Payment authorised by telegraph" überschrieben wird. Der Empfänger quittiert auf einem besonderen Quittungsformular. Telegraphische Auszahlungsmeldung ist zulässig; Gebühr $1\frac{1}{2}$ s.

Postal Orders, d. s. Postanweisungen auf feste Beträge von 1 bis 5 s, die durch $\frac{1}{2}$ s teilbar sind, und auf $7\frac{1}{2}$, 10, $10\frac{1}{2}$, 15 und 20 s, verkaufen alle Haupt- und Unterpostämter. Tarif: bis 5 s 1 d, $7\frac{1}{2}$, 10 und $10\frac{1}{2}$ s 2 d, 15 und 20 s 3 d. Daneben geben die Hauptpostämter auch englische Postal Orders ab. Tarif: bis $2^1/_2$ s 1 d, 3 bis 5 s 2 d, $7^1/_2$ bis $12^1/_2$ s 3 d, 15 bis 21 s 4 d. Pennybeträge unter $\frac{1}{2}$ s können durch Aufkleben von höchstens 3 Freimarken dargestellt werden. Im übrigen decken sich die Vorschriften mit den für Postal Orders in Großbritannien geltenden Bestimmungen.

C. Postaufträge.

Am Postauftragsdienst beteiligen sich nur die Hauptpostämter. Die Bedingungen, die Gebühren und das Verfahren decken sich genau mit den im Kapland gültigen; es wird daher auf diese verwiesen.

D. Postpakete.

Am Paketdienst nehmen alle Haupt- und Unterpostämter teil. Postpakete (Parcels) sind bis 11 Pfd. zulässig; die größte Längenausdehnung ist auf 3 Fuß 6 Zoll, die Länge und der Umfang zusammengenommen auf höchstens 6 Fuß festgesetzt. Die Pakete können offen oder verschlossen versandt werden; sind sie verschlossen, so ist ihnen eine Inhaltserklärung beizufügen, die zugleich die Versicherung ausdrückt, daß das Paket weder einen Brief noch einer höheren Taxe unterliegende Gegenstände enthält. Werden trotzdem derartige Gegenstände in einem Paket vorgefunden, so werden sie nicht nur mit dem doppelten Briefporto belegt, sondern der Absender wird auch noch hart bestraft. Auch gefährliche Gegenstände, lebende Tiere, kostbare Steine, Bargeld, Banknoten usw. dürfen in Postpaketen nicht versandt werden. Eine Begleitadresse ist den Sendungen nicht beizugeben; die Frankierung erfolgt in Freimarken, die auf das Paket oder einen daran befestigten Zettel zu kleben sind. Will der Absender über ein Postpaket einen Einlieferungsschein haben, so hat er das Formular dazu selbst auszufertigen und eine 1 d-Marke darauf zu kleben; der Abdruck des Entwertungsstempels gilt dann als Quittung.

Tarif: $1\frac{1}{2}$ d für jede 4 Uz. Pakete müssen frankiert werden. Einschreibung ist gestattet; Einschreibgebühr 4 d. Rückscheine sind zulässig; Gebühr $2\frac{1}{2}$ d.

Die Pakete sind am Schalter aufzuliefern; findet sich ein Paket im Briefkasten vor, so wird eine Zuschlagtaxe von 4 d vom Empfänger eingezogen. Für zu spät eingelieferte Pakete wird die gleiche Spätlingsgebühr wie für Briefe erhoben. Werden Pakete am Bahnpostwagen abgegeben, so ist eine Spätlingsgebühr von 4 d zu entrichten; sind sie eingeschrieben, so beträgt diese Gebühr (einschl. der Einschreibgebühr) 1 s. Im Falle des Verlustes eines Einschreibpakets wird Ersatz bis zu 5 £ gezahlt; für in Verlust geratene gewöhnliche Pakete und für Beschädigung gewöhnlicher und eingeschriebener Pakete wird kein Ersatz geleistet.

Die Pakete werden in Orten mit Bestelleinrichtung durch die Briefträger abgetragen, sonst sind sie abzuholen. Lagert ein Paket länger als 8 Wochen, so wird ein Lagergeld von 1 d für jeden Werktag berechnet. Im Falle der Nach- oder Rücksendung ist von neuem Porto zu zahlen.

E. Postsparkassen.

Am Postsparkassendienst (Post Office Savings Bank) nehmen alle Hauptpostämter teil. Der Mindestbetrag einer Einlage ist auf 1 s, der Höchstbetrag der in 1 Jahr bewirkten Einlagen auf 100 £, der Höchstbetrag eines Guthabens auf 500 £ festgesetzt. Bei der ersten Einlage muß der Sparer eine Erklärung abgeben, daß er noch kein Sparbuch besitzt; seine Unterschrift, die seinen Vor- und Zunamen, Beruf und Wohnort enthalten muß, ist in Gegenwart des Postmeisters darauf zu setzen oder muß von einem Pfarrer, Friedensrichter oder dem Gemeindevorsteher beglaubigt sein. Für das Sparbuch ist eine Gebühr von 3 d zu entrichten; diese Gebühr ist auch zu zahlen, wenn das Buch mit Eintragungen gefüllt und durch ein neues zu ersetzen ist. Ein- und Rückzahlungen können bei jedem beliebigen Hauptpostamt bewirkt werden. Bei Einzahlungen trägt der Postbeamte den Betrag in das Sparbuch ein und fügt seinen Namen und einen Abdruck des Tagesstempels bei. Außerdem erhält der Sparer binnen 14 Tagen eine Bescheinigung des Controller der Postsparkasse in Bloemfontein, ohne die für die Einzahlung keine Haftung übernommen wird.

Will jemand einen Sparbetrag zurückziehen, so hat er dies dem Controller mit einem Formular anzumelden. Dieser übersendet ihm dann eine Zahlungsermächtigung, die er mit dem Sparbuch dem von ihm in jenem Formular bezeichneten Postamt vorzulegen hat; gleichzeitig erhält auch das Postamt eine solche Zahlungsverfügung, ohne die es eine Rückzahlung nicht bewirken darf. Die Rückzahlung wird vom Postamt im Sparbuch vermerkt. Die Zahlungsermächtigung kann auf Antrag des Postamts auch telegraphisch für Rechnung des Sparers erteilt werden. Die Zahlungsermächtigungen verlieren nach 6 Wochen ihre Gültigkeit.

Der Zinsfuß beträgt 3%. Einlagen werden erst vom 1. des folgenden Monats, Rückzahlungen nur bis zum Schluß des vorangegangenen Monats verzinst. Eine Verzinsung von Beträgen, die nicht 3 Monate in der Postsparkasse geruht haben, findet jedoch nicht statt. Die Zinsen werden alljährlich am 30. Juni (dem Ende des Rechnungsjahres) berechnet. Zur Eintragung der Zinsen ist das Sparbuch stets im Monat Juli an den Controller einzusenden; Umschläge dazu liefern die Postanstalten. Die Übersendung erfolgt in beiden Richtungen portofrei.

Guthaben können auch auf die Postsparkassen von Großbritannien, Kapland, Natal, Süd-Rhodesia und Transvaal und umgekehrt übertragen werden; hierfür ist jedoch eine Gebühr von 6 d für jede 4 £, mindestens aber von 2 s zu zahlen.

---

34. Transvaal.

(304913 qkm und 1440340 Einwohner.)

Das vereinigte Post- und Telegraphenwesen in der britischen Kolonie Transvaal ist dem „Post Office Department" in Johannesburg, das von einem „Postmaster General" geleitet wird, unterstellt. Dem General-Postmeister ist ein „Secretary" beigegeben. Die Zentralverwaltung zerfällt in mehrere Abteilungen, die von „Chief Clerks" geleitet werden; diesen sind „Clerks" für die Bureauarbeiten zugeteilt. Das Kassen- und Rechnungswesen untersteht einem „Chief Accountant", die Lager einem „Controller of Stores". Für Aufsichtszwecke ist dem Postmaster General ein „Inspektor" beigegeben. Die Post- und Telegraphenanstalten unterstehen dem General-Postmeister unmittelbar; Bezirksbehörden gibt es nicht. Die Postanstalten zerfallen in „Hauptpostämter" (Head Offices), „Unterpostämter" (Sub-Offices), „Zweigpostanstalten" (Branch Offices), „Stadt-Unterpostämter" (Town Sub-Offices) und „Postagenturen" (Agencies). Die 4 letztgenannten Arten von Postanstalten sind einem Hauptpostamt unterstellt. Die gewöhnlichen Sub-Offices (nicht in Städten mit einem Hauptpostamt) nehmen nur am Brief-, Paket- und Postal-Order-Dienst teil, die Agenturen befassen sich nur mit Brief- und Paketsendungen. Die Vorsteher der Hauptpostämter heißen „Postmeister"; ihnen sind „Clerks", „Sortierer" und „jüngere männliche und weibliche Clerks" (Junior Clerks), sowie „Unterbeamte" zugeteilt. In den großen Städten arbeiten die „Briefträger" (Postmen) unter der Aufsicht eines „Oberbriefträgers" (Inspector of Postmen), dem auch das Sortieren der Briefe nach Bestellbezirken obliegt. Die Vorsteher von Sub-Offices sind teils Männer, teils Frauen; sie führen die Amtsbezeichnung „Sub-Postmasters" und „Sub-Postmistresses". Bemerkenswert ist, daß in Johannesburg ein besonderes „Postamt für Eingeborene" besteht, das zum Teil auch mit einheimischen und indischen Beamten besetzt ist. „Beamtenbahnposten" verkehren auf der Eisenbahnlinie Johannesburg—Naauwport wöchentlich einmal für die Auslandsposten.

Die Post von Transvaal besitzt das ausschließliche *Recht der gewerbsmäßigen Beförderung* von Briefen gegen Bezahlung.

A. Briefpost.

Briefe (Letters) sind ohne Beschränkung des Gewichts zugelassen;[1] die Höchstausdehnungen sind jedoch auf 2 zu 1 zu 1 Fuß festgesetzt. Wertsachen und Banknoten sollen in gewöhnlichen Briefen nicht versandt werden; jedenfalls empfiehlt es sich, Banknoten, die in Briefe eingelegt werden, in der Mitte durchzuschneiden und jede Hälfte für sich, tunlichst zu verschiedenen Zeiten, zu versenden. Tarif: 1 d*) für jede ½ Uz.; unfrankiert und unzureichend frankiert das Doppelte des fehlenden Portos.

Sollen Briefsendungen, die nach Eintritt der Schlußzeit für eine Post aufgeliefert werden, mit letzterer noch zur Absendung kommen, so ist neben dem Porto eine besondere „Spätlingsgebühr" zu entrichten; diese beträgt bis 15 Minuten nach der Schlußzeit 1 d, über 15 Minuten hinaus 3 d für jede Sendung. Briefe usw. nach dem Auslande, die in Johannesburg und Pretoria nach der Schlußzeit aufgeliefert werden, unterliegen einer Spätlingstaxe von 6 d. Für auf dem Bahnhofe dem Postamt oder den Bahnposten übergebene Sendungen ist in Johannesburg und in Pretoria eine Spätlingsgebühr von 1 s zu entrichten.

Briefe, die mit einem Eisenbahnzuge ohne Bahnpost befördert werden sollen, können bei den Eisenbahnstationen zur Mitnahme durch das Eisenbahnpersonal aufgeliefert werden. Diese Eisenbahnbriefe (Railway Post Letters) müssen in besondere, von der Postverwaltung ausgegebene Umschläge eingelegt und vollständig frankiert werden. Außer dem Briefporto ist eine Gebühr von 1 d zu zahlen. Die Briefe sind entweder „bahnlagernd" zu adressieren oder müssen in der Aufschrift den Vermerk tragen „Via . . . Station. To be posted on arrival". Im ersteren Falle werden sie bei der Bestimmungsstation 6 Wochen zur Abholung bereitgestellt und dann an die nächste Postanstalt zur Behandlung als unbestellbare Sendungen abgeliefert; im letzteren Falle werden sie von der Station der nächsten Postanstalt zugeführt oder in den nächsten Briefkasten eingelegt oder einem den Bahnhof berührenden Postbeamten übergeben.

Postkarten (Post Cards) kosten einfach ½ d, mit Antwort 1 d, unfrankiert oder unzureichend frankiert das Doppelte des fehlenden Portos. Von der Privatindustrie hergestellte Postkarten sind zugelassen; doch müssen sie den amtlichen in Stärke und Aufdruck entsprechen und dürfen nicht größer als 5½ zu 3½ und nicht kleiner als 4 zu 2¾ Zoll sein.

Zeitungen (Newspapers) können einzeln oder in Paketen, offen oder unter Streifband versandt werden. Die Zeitungspakete dürfen nicht schwerer als 7 Pfd. sein und in den Ausdehnungen nicht 2 zu 1 zu 1 Fuß überschreiten. Tarif: für jedes Zeitungsexemplar (einschl. der Beilagen) ½ d für jede 4 Uz., unzureichend frankiert das Doppelte des fehlenden Portos; unfrankierte werden als unbestellbar an das Rückbriefamt in Johannesburg eingesandt. Voraussetzung für die Anwendung der ermäßigten Zeitungstaxe ist jedoch, daß die Zeitungen monatlich mindestens einmal erscheinen. Sind die Zeitungen leicht, so können die Pakete auch als Drucksachenpakete versandt werden, wenn sich diese Taxe billiger stellt. Werden die Zeitungen in Mengen von mindestens 240 Stück gleichzeitig von dem Zeitungsverleger versandt und erfolgt die Versendung in großen Paketen, so ist für die Zeitungen, die vom Verleger für diesen Zweck bei der Postverwaltung angemeldet und in das Zeitungsregister eingetragen sind, nur ¼ d für jedes Exemplar zu zahlen. Die Verleger haben die Streifbänder für die einzelnen Exemplare jedoch im voraus der Postanstalt zum Stempeln vorzulegen. In der Aufschrift der Zeitungspakete ist dann der Vermerk „Newspaper Postage Paid" niederzuschreiben. Das Porto wird nicht auf den einzelnen Streifbändern, sondern für sämtliche Zeitungspakete auf einer Karte durch Freimarken verrechnet. Schriftliche Mitteilungen sind in Zeitungen

*) Münzen, Maße und Gewichte wie im Kapland (s. S. 389).

nicht gestattet. Finden sich in einer Zeitungssendung Gegenstände vor, die an sich einer höheren Taxe unterliegen, so wird sie als Brief oder Postpaket taxiert, und der Aufgeber wird noch hart bestraft.

Andere Zeitungen, Drucksachen und Geschäftspapiere fallen unter den gemeinsamen Begriff der „Book Packets“. Auf diese Sendungen finden die gleichen Vorschriften wie im Weltpostverkehr Anwendung, doch sind sie im einzelnen bis 7 Pfd. und in den Ausdehnungen bis 2 zu 1 zu 1 Fuß, in Rollenform bis 30 zu 4 Zoll zulässig. Tarif: ½ d für jede 2 Uz., unzureichend frankiert und unfrankiert das Doppelte des fehlenden Portos.

Für Warenproben (Pattern and sample packets) gelten die gleichen Gewichts- und Ausdehnungsgrenzen wie für Book packets; im übrigen decken sich die Vorschriften mit denen des Weltpostvertrages. Tarif: 1 d bis 4 Uz. und ½ d mehr für jede weiteren 2 Uz., unfrankiert und unzureichend frankiert das Doppelte des fehlenden Portos.

Briefsendungen jeder Art können eingeschrieben (Registered) versandt werden. Für Verpackung und Verschluß bestehen keine besonderen Vorschriften, doch sollen zur Versendung von Münzen die von der Postverwaltung ausgegebenen Einschreibbriefumschläge benutzt werden. Die Einschreibsendungen sind stets am Schalter aufzuliefern. Der Absender kann unentgeltlich einen Einlieferungsschein erhalten, zu dem der Beamte das Formular auszufüllen hat. Gibt jemand eine größere Zahl von Einschreibsendungen gleichzeitig auf, so hat er ein Verzeichnis in doppelter Ausfertigung aufzustellen, von dem er eine Ausfertigung als Einlieferungsschein zurückerhält. Die Einschreibgebühr beträgt 4 d und ist mit dem Porto stets im voraus zu entrichten. Rückscheine sind zulässig; Gebühr 2½ d. Finden sich Einschreibbriefe im Briefkasten, so wird für sie eine Einschreibgebühr von 8 d erhoben. Briefe mit Geld, kostbaren Steinen u. dgl. müssen stets unter Einschreibung versandt werden; finden sich gewöhnliche Briefe mit solchem Inhalt vor, so werden sie von Amts wegen eingeschrieben, und es wird hierfür vom Empfänger eine Einschreibgebühr von 8 d eingezogen. Einschreibsendungen müssen spätestens 15 Minuten vor der Schlußzeit einer Post aufgeliefert sein; später werden sie zwar auch noch angenommen, doch ist dann eine „Spätlingsgebühr“ von 3 d, in Pretoria und Johannesburg für Briefe nach dem Auslande eine solche von 6 d und bis ¼ Stunde vor Abgang der Post von 1 s zu zahlen. Geht eine Einschreibsendung oder ein Teil ihres Inhalts verloren, so leistet die Postverwaltung Ersatz bis zu 2 £, für Briefe mit Bargeld aber nur dann, wenn für sie die amtlichen Umschläge benutzt worden sind. Für die von Amts wegen eingeschriebenen Briefe mit Geld, kostbaren Steinen usw. wird in keinem Falle Ersatz geleistet.

Nach- oder Rücksendung der Briefsendungen erfolgt gebührenfrei, und zwar auch dann noch, wenn nachzusendende Briefe bis zu 7 Tagen nach erfolgter Bestellung an die Postanstalt zurückgegeben werden. Im letzteren Falle ist jedoch Einschreibgebühr von neuem zu entrichten. Postlagerbriefe sind nur für Fremde zulässig; sie müssen die volle Adresse des Empfängers tragen, solche mit Anfangsbuchstaben, mit Vor- oder falschen Namen werden als unbestellbar behandelt. — Unbestellbare Briefe, welche die Adresse des Absenders tragen, werden nach dem Aufgabeort zurückgesandt, andere werden an das Rückbriefamt in Johannesburg eingesandt, wo sie geöffnet und, wenn möglich, dem Absender zurückgegeben werden. Wird der Absender nicht ermittelt, so werden sie vernichtet. Drucksachen, Zeitungen und Postkarten, die den Namen des Absenders nicht tragen, werden schon bei der Bestimmungspostanstalt vernichtet.

In den größeren Orten werden die Briefsendungen den Empfängern unentgeltlich in die Wohnung bestellt. Doch ist auch Abholung bei der Postanstalt in diesen Orten gestattet; alsdann hat der Abholer ein Schließfach (Private letter box) anzumieten. Die Miete beträgt in Johannesburg und Pretoria für ein kleines Fach 2 £, für ein großes 3 £, für ein Fach mit Einsatzkasten 4 £ das Jahr, bei den Zweigpostanstalten in diesen beiden Städten sowie in Germiston für ein kleines Fach 1½ £, ein großes 2 £, in allen übrigen Orten 1 und 1½ £. Daneben ist als Gewähr für Zurückgabe des Faches und der Schlüssel in gutem Zustande ein Betrag von 5 s zu hinterlegen. Geht ein Schlüssel verloren, so ist für Erneuerung des Schlosses und zweier Schlüssel eine Gebühr von 7½ s zu entrichten. Extraschlüssel kosten 2½ s. Personen, die an einer Poststraße wohnen, können ihre Briefsendungen mit der Post in besonderen Beuteln (Private post bags) erhalten und aufliefern. Außer den Kosten für den Beutel ist eine Jahresmiete von 1 £ für jede täglich benutzte Post zu zahlen.

Das Publikum kann mit Genehmigung des Postmeisters auch Privatbriefkasten (Private posting boxes) zur Auflieferung der Sendungen an Privathäusern anbringen, die gelegentlich der gewöhnlichen Kastenleerungsgänge vom Postpersonal geleert werden; hierfür ist für jede tägliche Leerung eine Jahresgebühr von 2 £ zu entrichten.

Auch ein Eilbestelldienst (Express Delivery) ist eingerichtet. Man unterscheidet Sendungen, die ausschließlich durch Eilboten zu befördern und zu bestellen sind, und solche, die nur nach Ankunft am Bestimmungsorte durch Eilboten abzutragen sind. Für erstere ist kein Porto, sondern nur ein Eilbestellgeld zu entrichten, das 6 d für jede engl. Meile beträgt. Die Sendungen dürfen bis 11 Pfd. schwer sein. Werden sie eingeschrieben, so ist eine besondere Einschreibgebühr von 4 d zu zahlen. Die Bestellung von Sendungen im Gewichte von mehr als 5 Pfd. erfolgt in der Regel nur auf Entfernungen bis 3 Meilen vom Posthaus, und zwar meist mit Rad. Die Eilsendungen sind am Schalter aufzuliefern, die Gebühr ist in Freimarken auf einem Formular zu verrechnen. Der Empfänger kann verlangen, daß der Bote bis zu 10 Minuten auf Mitnahme einer Antwort wartet; dauert das Warten länger, so ist bis zu 30 Minuten eine Gebühr von 6 d zu zahlen. Für die Eilbestellung von Hunden ist die doppelte Eilbestellgebühr zu entrichten. Mit Eilboten können auch bares Geld bestellt, Personen geführt und Spätlingsbriefe zu den Hauptpostämtern oder Bahnhöfen befördert werden. Briefe von auswärts sind den gleichen Eilbestellgeldsätzen, jedoch neben dem Porto, unterworfen. Sie müssen in der Aufschrift den Vermerk „Express“ tragen, und es muß mindestens die Hälfte des Eilbestellgeldes vorausbezahlt sein. Die Abtragung von Eilbriefen erfolgt nur während der Telegraphendienststunden des Bestellamtesdurch die Telegrammbesteller.

Am Vertrieb der Postwertzeichen dürfen sich außer den Postanstalten nur solche Privatpersonen beteiligen, die dazu von der Postverwaltung besonders ermächtigt sind. Diese haben an ihrem Hause ein Schild mit der Inschrift „Licensed to Sell Stamps“ anzubringen, das die Verwaltung für 1½ s liefert. Sie beziehen für den Verkauf der Wertzeichen keinerlei Entschädigung; den Postagenten dagegen wird ein Rabatt von 2½% bewilligt. Außer den Freimarken, Postkarten und Einschreibbriefumschlägen hat die Verwaltung noch gewöhnliche gestempelte Briefumschläge zu 1 d ausgegeben, die mit einem Aufschlage von ½ d für zwei Stück verkauft werden. Gestempelte Streifbänder werden ebenso wie die Postkarten ohne Aufschlag abgegeben. Von den Einschreibbriefumschlägen (zu 4 d) gibt es 5 Größen, für die ein Aufschlag von ½ d für die beiden kleineren, von 1 d für die 3 größeren Sorten für das Stück erhoben wird. Kartenbriefe zu 1 d werden ohne Aufschlag verkauft. Auch „Markenbüchlein" mit 29 oder 30 1 d-Marken sind ausgegeben; für sie ist ebenfalls ein Aufschlag von 1 d zu entrichten.

Bei Massenauflieferungen, für die ein Gesamtporto von mindestens 1 £ zu zahlen ist, kann in einigen größeren Städten die Frankierung bar erfolgen. — Zur Verrechnung des Portos auf unfrankierten und unzureichend frankierten Sendungen dienen besondere Taxmarken (Postage Due Stamps).

Die Postanstalten beteiligen sich auch am Vertrieb der Stempelmarken und an der Ausgabe von Erlaubnisscheinen für steuerpflichtige Berufe u. dgl.

Ein Wertbriefdienst besteht nicht.

B. Postanweisungen.

Am Postanweisungsdienst nehmen nur die Hauptpostämter und deren Zweigpostanstalten teil. Postanweisungen (Money Orders) sind bis 40 £ zulässig. Tarif: 6 d für jede 4 £. Rückscheine 3 d. Im übrigen deckt sich der Postanweisungsdienst in jeder Beziehung mit dem in der Oranjeflußkolonie.

Auch telegraphische Postanweisungen sind unter den gleichen Bedingungen und zu den gleichen Gebührensätzen wie in der Oranjeflußkolonie zulässig.

Postal Orders sind zu 1, 1½, 2, 2½, 3, 3½, 4, 4½, 5, 7½, 10, 10½, 15, 20 und 21 s ausgegeben; sie sind bei allen Postämtern käuflich und zahlbar, doch beteiligen sich auch einzelne Postagenturen an ihrem Verkauf. Tarif: bis 2½ s 1 d, 3 bis 10½ s 2 d, zu 15, 20 und 21 s 3 d. Teilbeträge von ½ s können durch aufzuklebende Freimarken dargestellt werden. Der Absender soll vor der Versendung den Namen des Empfängers auf die Postal Order niederschreiben, der Name der Auszahlungspostanstalt kann vom Ausgabebeamten oder vom Käufer auf der Postal Order vermerkt werden. Soll die Auszahlung durch eine Bank vermittelt werden, so hat der Empfänger dies in der in Großbritannien üblichen Weise auf der Postal Order ersichtlich zu machen. Geht eine Postal Order verloren, so wird ein Doppel nach Ablauf von 6 Monaten unentgeltlich ausgestellt. Die Postal Orders verlieren nach 3 Monaten ihre Gültigkeit; diese Frist kann durch Aufkleben von Marken in Höhe der halben Postal Order-Gebühr um weitere 3 Monate verlängert werden, eine weitere Verlängerung muß bei dem Chief Accountant in Johannesburg beantragt werden. Im übrigen gelten die gleichen Vorschriften wie in Großbritannien.

Ein Postauftragsdienst besteht nicht.

C. Postpakete.

Am Postpaketdienst nehmen alle Haupt- und Unterpostämter teil. Postpakete (Parcels) sind bis 11 Pfd. zulässig; in der Länge dürfen sie nicht 3½ Fuß, in Länge und Umfang zusammen nicht 6 Fuß überschreiten. Die Pakete können offen oder verschlossen aufgeliefert werden, in letzterem Falle muß ihnen auf einem von den Postanstalten unentgeltlich abgegebenen Formular eine Erklärung beigefügt sein, die Wert und Inhalt genau ergibt und die ausdrückliche Versicherung enthält, daß dem Paket keine einer höheren Taxe unterliegende Gegenstände beiliegen. Eine Begleitadresse ist den Paketen nicht beizugeben; die Freimarken für die Frankierung werden auf das Paket selbst geklebt. Wünscht der Absender eines gewöhnlichen Pakets einen Einlieferungsschein, so hat er das Formular dazu selbst auszufüllen und eine Freimarke von 1 d darauf zu kleben; der Abdruck des Aufgabestempels auf dieser Marke stellt dann die Empfangsbescheinigung dar.

Tarif: 2 d für jede 4 Uz. Das Porto muß vorausbezahlt werden. Einschreibung ist gestattet; Einschreibgebühr 4 d. Pakete mit kostbaren Steinen, Gold und Banknoten müssen eingeschrieben werden. Durch die Briefkasten eingelieferte Pakete unterliegen einer Aufschlaggebühr von 3 d. Rückscheine zu Einschreibpaketen sind zulässig; Gebühr $2\frac{1}{2}$ d. Werden Pakete nach Eintritt der Schlußzeit zu einer Post aufgeliefert, so ist für sie eine Spätlingsgebühr von 3 d zu entrichten; von den Bahnposten werden Pakete nicht angenommen. In Orten mit Briefbestellung werden die Pakete unentgeltlich abgetragen. Auch Eilbestellung ist zugelassen, und zwar unter denselben Bedingungen wie bei Briefen. Kann ein Paket nicht abgetragen werden und lagert es deshalb länger als 21 Tage bei der Postanstalt, so wird ein Lagergeld von 1 d für jeden weiteren Tag erhoben.

Eine besondere Abart der Postpakete bilden die landwirtschaftlichen Pakete (Agricultural parcels); diese können Butter, Eier, Brot, Geflügel, Schinken, Honig, Tabak, Zigarren, getrocknete und eingemachte Früchte, Blumen, Sämereien, Lebensmittel, rohes Leder, Wolle u. dgl. enthalten, soweit diese Sachen in der Kolonie selbst erzeugt sind. Sie unterliegen im allgemeinen den gleichen Vorschriften wie die gewöhnlichen Postpakete, doch genießen sie eine ermäßigte Taxe, und zwar bis $1\frac{1}{4}$ Pfd. 3 d, über $1\frac{1}{4}$ bis 3 Pfd. 6 d, über 3 bis 6 Pfd. 8 d, über 6 bis 9 Pfd. 10 d, über 9 bis 11 Pfd. 1 s. Die zur Verpackung solcher Pakete benutzten Gefäße usw. können zu der gleichen Taxe an den Absender zurückgeschickt werden.

Für gewöhnliche Pakete übernimmt die Postverwaltung keinerlei Verantwortlichkeit. Dagegen wird für eingeschriebene Pakete im Falle des Verlustes oder der Beschädigung Ersatz bis 2 £ geleistet.

D. Postsparkassen.

Am Postsparkassendienst nehmen alle zum Postanweisungsdienst ermächtigten Postanstalten teil. Der Mindestbetrag einer Spareinlage ist auf 1 s, der Höchstbetrag der in 1 Jahr bewirkten Einlagen auf 100 £, der Höchstbetrag eines Guthabens auf 500 £ festgesetzt. Teilbeträge eines s werden bei Einlagen nicht angenommen; dagegen sind „Sparkarten" ausgegeben, auf die jedermann kleine Beträge in Freimarken aufkleben kann, bis ein Betrag von 1 s erreicht ist. Bei der ersten Einlage muß der Sparer eine Erklärung unterschreiben, daß er noch kein Sparbuch besitzt und sich den Bedingungen der Postsparkasse (Post Office Savings Bank) unterwirft; diese Unterschrift muß von einem Beamten bescheinigt sein. Auf Grund der Erklärung wird ihm dann ein Sparbuch unentgeltlich ausgehändigt; zieht der Sparer jedoch sein ganzes Guthaben binnen 1 Monat zurück, so hat er für das Sparbuch 1 s zu entrichten. Geht dem Sparer das Buch verloren, so wird ihm auf Antrag von dem Controller der Sparbank gegen eine Gebühr von $2\frac{1}{2}$ s ein Doppel ausgefertigt. Ein- und Rückzahlungen können bei jeder beliebigen Postanstalt bewirkt werden. Die Einlagen trägt der Postbeamte handschriftlich in das Sparbuch ein und setzt seinen Namen und einen Abdruck des Tagesstempels daneben. Außerdem wird dem Sparer über jede Einlage noch ein Anerkenntnis vom Controller der Sparbank in Johannesburg zugesandt, ohne daß für die Eintragung des Postamts keine Haftung übernommen wird.

Will der Sparer einen Betrag zurückziehen, so hat er dies mittels Formulars, aus dem auch die zur Auszahlung gewählte Postanstalt ersichtlich sein muß, bei dem mehrerwähnten Controller anzumelden. Dieser schickt ihm dann eine Zahlungsanweisung und dem Auszahlungsamt zugleich eine Zahlungsermächtigung zu. Der Sparer hat diese Anweisung mit dem Sparbuch dem Postamt vorzulegen, das alsbald gegen Quittung unter Eintragung des zurückgezahlten Betrages in das Sparbuch Zahlung leistet. Die Zahlungsanweisung kann auch durch Vermittelung des Postamts telegraphisch eingeholt und erteilt werden; hierfür ist eine Gebühr von 2 s zu zahlen.

Der Zinsfuß beträgt 3%. Einlagen werden vom 1. des folgenden Monats ab, Rückzahlungen bis zum Schluß des vorangegangenen Monats verzinst. Die Zinsen werden am Ende des Rechnungsjahres (30. Juni) berechnet. Zur Eintragung der Zinsen und zur Kontrolle der Einträge muß der Sparer sein Buch jährlich in dem Monat, in dem es ausgefertigt ist, an den Controller der Postsparkasse einsenden; Briefumschläge dazu sind bei jeder Postanstalt erhältlich. Die Hin- und Rücksendung des Sparbuches geschieht portofrei.

Guthaben können auf die Postsparkassen der südafrikanischen Kolonien und Großbritanniens und umgekehrt übertragen werden.

35. Natal.

(Mit Zululand 91 607 qkm und 1 167 440 Einwohner.)

Post und Telegraphie der britischen Kolonie Natal unterstehen dem „Post Office Department“ in Pietermaritzburg, das von einem „Postmaster General“ geleitet wird. Diesem sind ein „Secretary“, ferner für das Kassen- und Rechnungswesen ein „Chief Accountant“ und für die wichtigsten Dienstzweige „Controllers“ beigegeben. Einem „Inspektor“ liegt der Aufsichtsdienst ob. Die Zentralbehörde zerfällt in mehrere Abteilungen, die von „Chief Clerks“ geleitet werden und denen „Clerks“ zur Hilfleistung zugeteilt sind. Die Postanstalten sind dem Post Office Department unmittelbar unterstellt, Bezirksbehörden bestehen nicht. Die Postanstalten zerfallen in „Postämter“ und „Postagenturen“; ihre Vorsteher heißen „Postmeister“ und „Postagent“; in den größeren Orten bestehen auch noch „Zweigpostanstalten“. Die nachgeordneten Beamten, von denen etwa ein Drittel fest angestellt ist, sind „Clerks“. Die Unterbeamten, von denen ein großer Teil Eingeborene sind, zerfallen in „Mail Carriers“ und „Messengers“. Die Beförderung der Posten geschieht mit Schiff (an der Küste), mit Eisenbahn, mit Postkarren mit Pferdebespannung und durch Boten zu Fuß oder zu Pferd.

Postzwang besteht nicht.

A. Briefpost.

Briefe (Letters), wie auch alle übrigen Briefsendungen, dürfen in den Ausdehnungen 2 zu 1 zu 1 Fuß nicht überschreiten; ein Höchstgewicht ist dagegen nicht festgesetzt. Münzen, Uhren, Juwelen, kostbare Steine, Goldstaub und Rohgold, sowie andere kostbare Gegenstände dürfen in gewöhnlichen Briefen nicht versandt werden. Tarif: 1 d*) für jede ½ Uz., unfrankiert und unzureichend frankiert das Doppelte des fehlenden Portos. In Pietermaritzburg und Durban ist für Briefe, die nach Eintritt der Schlußzeit für eine Post aufgeliefert werden und mit letzterer noch befördert werden sollen, eine „Spätlingsgebühr“ von 1 d zu entrichten.

Briefe, die mit einem Eisenbahnzuge durch das Eisenbahnpersonal befördert und bei der Bestimmungsstation lagern oder der nächsten Postanstalt in irgend einer möglichen Weise zugeführt werden sollen, sind zulässig. Diese Eisenbahnbriefe müssen stets frankiert sein, eine Zuschlagtaxe wird nicht erhoben. Die Beförderung dieser Briefe erfolgt in besonderen Umschlägen, die den beteiligten Eisenbahnstationen von der Postverwaltung geliefert werden.

Die Postverwaltung hat auch Kartenbriefe (Letter Cards) zu 1 d ausgegeben. Sie werden mit einem Aufschlage, der für 3 Stück 1 d, für 6: 1½ d, für 9: 2½ d und für 12: 3 d beträgt, verkauft.

Postkarten (Post Cards) kosten ½ d die einfache, 1 d die Karte mit Antwort, unfrankiert und unzureichend frankiert das Doppelte des fehlenden Portos. Von der Privatindustrie hergestellte Postkarten sind zulässig; doch dürfen diese nicht größer als 5½ zu 3½ und nicht kleiner als 4 zu 2¾ Zoll sein. Postkarten, die den Vorschriften nicht entsprechen, werden wie Briefe taxiert.

Zeitungen (Newspapers) können einzeln oder in Paketen versandt werden; ein Höchstgewicht ist für letztere nicht festgesetzt. Tarif: ½ d für jede 4 Uz., unzureichend frankiert das Doppelte des fehlenden Portos. Unfrankierte Zeitungen werden nicht abgesandt, sondern vernichtet. Gegen das ermäßigte Zeitungsporto werden nur solche Zeitungen mit ihren ordentlichen Beilagen befördert, die wöchentlich mindestens einmal erscheinen. Von neu im Inlande erscheinenden Zeitungen wird die erste Nummer, sofern die Zeitungen innerhalb 2 Tage nach dem Erscheinen aufgeliefert werden, zu ½ d befördert, wenn der General-Postmeister die zur Verpackung verwendeten Umschläge genehmigt hat. Die Zeitungen dürfen keinerlei schriftliche Angaben oder Zusätze enthalten, außer dem Vermerk „newspaper only“ in der Aufschrift; andernfalls werden sie wie Briefe taxiert. Tauschexemplare sind portofrei.

Drucksachen und Geschäftspapiere, die den Sammelnamen „Book packets“ führen, sowie Warenproben (Pattern and sample packets) dürfen ein Gewicht von 7 Pfd. nicht übersteigen. Für die schriftlichen Zusätze und Änderungen, sowie für die Verpackung gelten die gleichen Bestimmungen wie im Weltpostverein. Tarif: ½ d für jede 2 Uz., unfrankiert und unzureichend frankiert das Doppelte des fehlenden Portos.

Briefsendungen jeder Art können eingeschrieben (registered) versandt werden. Einschreibgebühr 4 d. Sie müssen vollständig frankiert sein und am Schalter aufgeliefert werden. Bargeld, Uhren, Juwelen, kostbare Steine, Gold-

---

*) Münzen, Maße und Gewichte wie im Kapland (s. Seite 389).

staub, Rohgold, Straußenfedern und ähnliche wertvollere Gegenstände dürfen nur in Einschreibsendungen verschickt werden. Finden sich solche Sendungen als gewöhnliche Briefe im Briefkasten vor, so werden sie von Amts wegen gegen die doppelte Einschreibgebühr eingeschrieben. Über jede Einschreibsendung wird unentgeltlich ein Einlieferungsschein erteilt. Rückscheine (Acknowledgment of delivery) sind zulässig; Gebühr 2½ d. Im Falle des Verlustes einer Einschreibsendung, die nicht von Amts wegen eingeschrieben worden ist, leistet die Postverwaltung Ersatz bis 5 £.

Nach- oder Rücksendung der Briefsendungen erfolgt gebührenfrei. Postlagersendungen müssen stets den richtigen und vollen Namen des Empfängers tragen; solche mit Vornamen, Anfangsbuchstaben usw. werden als unbestellbar behandelt. Postlagerbriefe werden 1 Monat für den Empfänger bereitgehalten. — Unbestellbare Briefsendungen, die den Namen des Absenders und das Ersuchen um Rücksendung innerhalb einer bestimmten Frist tragen, werden an den Absender unmittelbar zurückgesandt; andere Briefe werden an das Rückbriefamt in Pietermaritzburg eingesandt, wo sie geöffnet und, wenn der Absender nicht ermittelt wird, vernichtet werden. Zeitungen, Zirkulare u. dgl. werden dagegen nicht eingesandt, sondern beseitigt.

Die Briefsendungen werden den Empfängern in Postorten unentgeltlich in die Wohnung bestellt. Doch können die Empfänger ihre Briefe auch bei der Postanstalt regelmäßig abholen; zu dem Zwecke besteht bei den Postanstalten von einiger Bedeutung die Einrichtung der Schließfächer. Für ein gewöhnliches Fach ist eine Jahresmiete von 1 £ 1 s, für ein größeres von 2 £ 2 s zu entrichten. Als Pfand für die gute Erhaltung des Faches und der zugehörigen 2 Schlüssel ist ein Betrag von 7½ s zu hinterlegen. Personen, die an einem Postkurse wohnen, können ihre Briefsendungen sowie die für Nachbarn durch die Fahrposten oder Botenposten in Beuteln (Private letter bags) zugestellt werden; auf dem Rückwege können die Beutel zur Auflieferung benutzt werden. Zu jedem Beutel gehören ein Schloß und 2 Schlüssel. Die Beschaffungskosten der Beutel, die leer nicht über 2½ Pfd. wiegen dürfen, hat der Empfänger zu tragen. Für die Beförderung ist eine Jahresgebühr zu entrichten; diese beträgt bei wöchentlich einmaliger Zustellung und Abholung für 1 bis 2 Personen 1 £ 1 s, für mehr als 2 Personen 1 £ 11 s 6 d, bei zwei Beförderungen wöchentlich für 1 Person 1 £ 1 s, für zwei 1 £ 11 s 6 d, für mehr als zwei 2 £ 2 s, bei mehr als zweimaliger Beförderung wöchentlich für 1 Person 1 £ 11 s 6 d, für zwei und mehr Personen 2 £ 2 s, bei mehr als einmaliger Beförderung täglich diese letzteren Sätze für die erstmalige Beförderung und für jede weitere für 1 Person 15 s 9 d, für mehrere Personen 1 £ 1 s mehr. Wird für derartige Sendungen zugleich ein Schließfach gemietet, das zwischendurch geleert werden kann, so ist dafür noch eine besondere Miete von 1 £ 1 s jährlich zu entrichten.

In den Städten können Privatleute auch eigene Briefkasten für aufzuliefernde Sendungen an ihren Häusern anbringen (Private posting boxes). Für das Leeren dieser Kasten durch das Postpersonal auf den gewöhnlichen Leerungsgängen ist für eine werktäglich einmalige Leerung eine Gebühr von 3 £ und für jede weitere Leerung von 1 £ jährlich zu entrichten; befindet sich ein solcher Briefkasten in einem höheren Stockwerk, so tritt für jede zu ersteigende Treppe ein Zuschlag von 1 £ hinzu.

Auch Eilbestellung (Express delivery) ist eingerichtet. Für Briefsendungen, die am Aufgabeorte oder von diesem aus nach Nachbarorten durch Eilboten abgetragen werden sollen, ist, wenn ihr Gewicht 20 Pfd. oder, wenn öffentliche Beförderungsmittel nicht zur Verfügung stehen, 15 Pfd. nicht übersteigt, eine Eilbestellgebühr von 6 d für jede Meile (1,61 km) zu zahlen; Porto wird für solche Sendungen nicht erhoben. Übersteigt die Entfernung 2 Meilen und ist die Sendung schwerer als 20 und 15 Pfd., so ist von dem Boten Fuhrwerk zu benutzen, dessen Kosten der Absender neben der Eilbestellgebühr zu zahlen hat. Wiegt die Sendung nicht mehr als 5 Pfd., so ist ein Fuhrwerk erst bei Entfernungen von mehr als 3 Meilen erforderlich. Benutzt der Eilbote ein Fahrrad, so können Sendungen bis 5 Pfd. auch auf größere Entfernungen als 3 Meilen ohne Einstellung eines Fuhrwerks befördert werden; die Eilbestellgebühr beträgt jedoch in diesem Falle für die ganze Strecke 8 d für jede Meile. Sollen von einem Eilboten mehrere Sendungen (höchstens 10 bis zum Gesamtgewicht von 15 oder 20 Pfd.) an mehrere Empfänger in verschiedenen Wohnungen oder an mehrere Empfänger in demselben Orte oder Hause abgetragen werden, so ist das einfache Meilengeld für die ganze Beförderungsstrecke und daneben für die zweite und jede weitere Sendung eine besondere Gebühr von 3 d zu entrichten. Trägt eine Sendung den Vermerk „Wait Reply" (auf Antwort warten), so muß der Eilbote beim Empfänger zur Mitnahme einer durch Eilboten zu bestellenden Sendung (als Antwort) bis zu 10 Minuten unentgeltlich warten, für jede weitere Viertelstunde Wartezeit ist dagegen ein Wartegeld von 3 d zu zahlen. Durch Eilboten gegen das Meilengeld können auch Eisenbahnbriefe an den Bahnhof oder Spätlingsbriefe zum Postamt getragen werden. Ferner können Eilboten Personen führen. Für die Abholung von Eilsendungen in der Wohnung dürfen auch Eilboten durch den Fernsprecher vom Postamt herbeigerufen werden usw. Briefe nach auswärts können auch mit den gewöhnlichen Posten befördert und erst am Bestimmungsorte durch Eilboten abgetragen werden; solche Briefe müssen in der Aufschrift den Vermerk „Express delivery" und auf der Vorder- und Rückseite einen starken senkrechten Strich in der Mitte tragen. Die Eilbestellgebühr ist die gleiche wie für Ortssendungen, daneben ist jedoch noch das Porto für die Sendung zu entrichten; die Gebühr soll im voraus entrichtet werden. Ist dem Absender die Entfernung nicht genau bekannt gewesen, so sollen solche Eilbriefe auch dann abgetragen werden, wenn wenigstens die Hälfte des Eilbotenlohnes durch Freimarken gedeckt ist; der Rest wird dann vom Empfänger eingezogen. Bleibt die vorausbezahlte Gebühr jedoch hinter der Hälfte des fälligen Eilbestellgeldes zurück, so unterbleibt die Eilbestellung. Wünscht der Empfänger, daß ihm ankommende Sendungen durch Eilboten zugeführt werden, so hat er für die erste Sendung das volle Meilengeld, für jede weiteren 10 Stück oder einen Teil davon 2 d zu zahlen. Der Antrag ist schriftlich zu stellen, das Eilbestellgeld muß auf dem Verlangschreiben in Freimarken verrechnet sein.

An Postwertzeichen sind bei den Postanstalten außer Freimarken, Postkarten und Kartenbriefen noch gestempelte Briefumschläge (2 Sorten zu $\frac{1}{2}$ d, 1 Sorte zu 1 d), gestempelte Streifbänder (zu $\frac{1}{2}$ und 1 d) und gestempelte Einschreibbriefumschläge zu 4 d (2 Sorten), die alle mit einem Aufschlage von verschiedener Höhe für das Papier verkauft werden, erhältlich. Für Postkarten wird ein Aufschlag jedoch nicht erhoben. Markenbüchlein mit 29 1 d-Marken kosten $2^1/_2$ s. Die größeren Postanstalten nehmen auch Wertzeichen jeder Art im Gesamtwerte von mindestens 5 s vom Publikum gegen bar zurück; vom Betrage des Wertstempels wird jedoch eine Rückkaufgebühr von 5%, mindestens von 3 d, einbehalten. — Bei Massenauflieferungen kann bei den Postämtern in Pietermaritzburg und Durban auch Barfrankierung (statt mit Freimarken) stattfinden; doch müssen alle gleichzeitig aufgelieferten Sendungen derselben Taxe unterliegen, zu Bunden von je 5 s Porto vereinigt sein und insgesamt mindestens 1 £ Porto kosten.

Ein Wertbriefdienst besteht nicht.

B. Postanweisungen.

Am Postanweisungsdienst nehmen nur die besonders dazu ermächtigten Postanstalten (Money order offices) teil. Postanweisungen sind bis 40 £ zulässig. Tarif: bis 1 £ 3 d, über 1 bis 2 £ 6 d, über 2 bis 3 £ 9 d, über 3 bis 5 £ 1 s, über 5 bis 7 £ 1 s 3 d, über 7 bis 10 £ 1 s 6 d und für jede weiteren 2 £ 3 d mehr. Das Verfahren deckt sich genau mit dem im Kapland bestehenden; es wird daher auf diese Ausführungen (siehe Nr. 32 unter B) verwiesen.

Auch telegraphische Postanweisungen sind zulässig. Neben der Postanweisungsgebühr ist die Telegrammgebühr von 1 s zu entrichten. Das Überweisungstelegramm fertigt der Annahmebeamte auf Grund des Verlangschreibens aus; private Mitteilungen können dem Telegramm nicht angefügt werden. Dem Absender liegt es auch ob, den Empfänger von der Absendung der telegraphischen Postanweisung zu verständigen, da die Bestimmungspostanstalt diesem keinerlei Nachricht über das Vorliegen einer Anweisung zugehen läßt. Der Empfänger hat sich bei der Postanstalt durch Angabe des Namens des Absenders auszuweisen und über das Geld zu quittieren.

Postal Orders sind zu 6 d, ferner zu allen ein Vielfaches von 6 d darstellenden Beträgen bis 20 s und zu 21 s (im ganzen also 41 Sorten) ausgegeben. Alle Sorten sind nur bei den Hauptpostämtern erhältlich, während die übrigen Postanstalten nur von einzelnen Sorten Bestände halten; doch vermitteln auch letztere den Bezug aller Sorten. Tarif: bis 5 s 1 d, bis $10\frac{1}{2}$ s 2 d, bis 21 s 3 d. Beträge bis 5 d können durch Aufkleben von (höchstens 3) Freimarken auf die Postal Order dargestellt werden, die erst nach der Auszahlung zu entwerten sind. Bei Ausgabe einer Postal Order muß der Name des Empfängers und sollte auch der Bestimmungsort darauf angegeben werden. Die Übersendung an den Empfänger ist Sache des Absenders; letzterer hat von der Postal Order einen Abschnitt (Counterfoil) loszulösen, der ihm als Einlieferungsschein gilt. Soll die Auszahlung einer Postal Order durch eine Bank geschehen, so ist dies durch die Angabe „and Co" auf der Postal Order ersichtlich zu machen; es bedarf dann keiner Quittung des Empfängers. Wird dagegen der Betrag unmittelbar bei der Postanstalt abgehoben, so muß der Empfänger die Postal Order am Fuße mit seinem Namen unterzeichnen. Postal Orders verfallen nach 3 Monaten. Die Verfallfrist kann dadurch, daß der Inhaber die Hälfte der Taxe durch Aufkleben von Freimarken auf die Postal Order verrechnet, um weitere 3 Monate ohne weiteres verlängert werden; nach 6 Monaten kann die Gültigkeitsdauer nur noch durch den Chief Accountant des Post Office Department hinausgeschoben werden.

C. Postaufträge.

Der Postauftragsdienst (Postal Drafts) deckt sich genau, auch hinsichtlich des Höchstbetrages, der Gebühren und der Fristen, mit dem kapländischen. Es wird daher auf die unter Nr. 32 zu C gegebenen Ausführungen verwiesen.

D. Postpakete.

Pakete (Parcels) sind bis 11 Pfd. und in den Ausdehnungen bis 3½ Fuß in der Länge und 6 Fuß in Länge und Umfang zusammengenommen zulässig. Auf dem Paket muß der Vermerk „Parcel Post" angebracht sein. Die zur Frankierung bestimmten Freimarken sind auf das Paket oder auf einen daran zu befestigenden Zettel aufzukleben; eine Begleitadresse ist nicht beizufügen. Die Pakete sind offen, d. h. so zu versenden, daß ihr Inhalt leicht geprüft werden kann. Briefe dürfen in die Pakete nicht eingeschlossen werden, widrigenfalls die Pakete als Briefe taxiert werden. Auch lebende Tiere, leichtverderbliche und gefährliche Gegenstände und fettige Sachen sind zur Beförderung in Paketen nicht zugelassen. Wünscht der Absender einen Einlieferungsschein, so hat er das Formular dazu selbst auszufertigen; der Annahmebeamte bedruckt es mit dem Tagesstempel, was als ausreichender Einlieferungsbeweis gilt.

Tarif: 2 d für jede 4 Uz., unfrankiert oder unzureichend frankiert das Doppelte des fehlenden Portos. Pakete, deren Inhalt ausschließlich aus einheimischen landwirtschaftlichen Erzeugnissen besteht, unterliegen einem ermäßigten Tarif, und zwar bis 1¼ Pfd. 3 d, über 1¼ bis 3 Pfd. 6 d, über 3 bis 6 Pfd. 8 d, über 6 bis 9 Pfd. 10 d, über 9 bis 11 Pfd. 1 s. Einschreibung ist gestattet; Einschreibgebühr 4 d. Auch Rückscheine sind zulässig; Gebühr 2½ d. Für eingeschriebene Pakete gelten im übrigen die gleichen Vorschriften wie für eingeschriebene Briefsendungen (siehe unter „A. Briefpost"). Wird ein Paket nicht innerhalb 14 Tagen abgeholt, so ist für die weitere Lagerzeit eine Gebühr (demurrage) von 1 d für jeden Tag zu entrichten. — Für gewöhnliche Pakete übernimmt die Postverwaltung keine Ersatzpflicht; für Einschreibpakete wird wie für eingeschriebene Briefsendungen gehaftet.

E. Postsparkassen.

Alle zum Postanweisungsdienst ermächtigten Postanstalten nehmen auch am Postsparkassendienst teil. Der Mindestbetrag einer Einlage ist auf 2 s, der Höchstbetrag der an demselben Tage bewirkten Einlagen auf 25 £, der Höchstbetrag der verzinslichen Guthaben auf 100 £ festgesetzt. Bei der ersten Einlage hat der Sparer seinen vollen Namen, seine Beschäftigung und seinen Wohnort in einer schriftlichen Erklärung, daß er noch kein Sparbuch besitzt und sich den allgemeinen Bedingungen der Postsparkasse unterwirft, anzugeben; seine Unterschrift muß von einem Beamten beglaubigt sein. Darauf wird ihm ein Sparbuch (Pass Book) unentgeltlich ausgefertigt. Ein- und Rückzahlungen können auf das Sparbuch bei jedem Postamt bewirkt werden. Jede Einzahlung hat der Postbeamte in Buchstaben in das Sparbuch einzutragen; der Eintragung ist die Namensunterschrift des Beamten und der Abdruck des Tagesstempels beizusetzen. Geht dem Sparer das Sparbuch verloren, so kann ihm auf Antrag vom Controller der Postsparkasse in Pietermaritzburg ein Doppel gegen eine Gebühr von 4 s ausgefertigt werden.

Will jemand einen Sparbetrag zurückziehen, so hat er einen Antrag auf vorgeschriebenem Formular an den genannten Controller zu senden. Dieser schickt ihm alsdann eine Zahlungsanweisung, dem im Antrag genannten Auszahlungspostamt zugleich eine Zahlungsermächtigung zu. Die Anweisung hat der Sparer dem Postamt mit dem Sparbuch vorzulegen. Nur in Pietermaritzburg können Rückzahlungen (Withdrawals) bis 20 £ auch ohne Einhaltung dieser Form gegen eine Gebühr von 1 s sofort ausgezahlt werden. Rückzahlungen können auch telegraphisch beantragt und bewilligt werden; die Gebühr hierfür ist 2 s.

Der Zinsfuß beträgt $3^3/_4$ %. Einlagen werden vom 1. des folgenden Monats ab, Rückzahlungen nur bis zum Schluß des vorangegangenen Monats verzinst. Über 100 £ hinausgehende Guthaben werden für den überschießenden Betrag nicht verzinst. Jährlich hat der Sparer sein Sparbuch in dem Monat, in dem es ausgefertigt ist, an den Controller einzusenden, damit es geprüft werden kann und die Zinsen eingetragen werden. Umschläge hierzu sind bei den Postämtern unentgeltlich zu haben. Hin- und Rücksendung erfolgen ebenso wie die der Anmeldungen von Rückzahlungen portofrei. Sparbücher, auf die 7 Jahre weder Ein- noch Rückzahlungen bewirkt sind, werden ungültig und die Guthaben verfallen dem Staat.

Guthaben können auch auf die Postsparkassen Englands und der anderen britischen Kolonien und umgekehrt übertragen werden; hierfür ist in Natal eine Übertragungsgebühr von 1 d für jede 2 £ zu entrichten.

Asien.

36. Britisch-Indien.

(Einschließlich Birma und Aden 4826100 qkm und 295213000 Einwohner.)

Die britisch-indische Postverwaltung ist von dem Finanz- und Handelsministerium abhängig. An ihrer Spitze steht ein „Director-General of the Post Office"; ihm sind 2 „Deputy Directors-General" und 4 „Assistant Directors-General" beigegeben. Das gesamte Abrechnungswesen untersteht einem besonderen Zentralbureau in Calcutta, an dessen Spitze ein „Comptroller, Post Office" steht; ihm sind 4 „Deputy-Comptrollers" beigeordnet, die ihren Amtssitz in Calcutta, Delhi, Nagpur und Madras haben. Das indische Kaiserreich ist in 8 Postbezirke eingeteilt; an der Spitze jedes Bezirks steht ein „Postmaster-General". Den Postmasters-General in Calcutta, Madras und Lahore ist je ein „Deputy Postmaster-General" zugeteilt. Die Postbezirke sind folgende: Bengalen (Sitz der Direktion in Calcutta), Madras und Bombay (Direktionen in den gleichnamigen Hauptorten), vereinigte Provinzen (Direktion in Lucknow), Pendschab und Nordwestgrenze (Direktion in Lahore), Zentralprovinzen (Direktion in Nagpur), Birma (Direktion in Rangoon), Ostbengalen und Assam (Direktion in Dacca). Für den „Bahnpostdienst" ist das Land in 4 Bezirke eingeteilt; an der Spitze jedes Bezirks steht ein „Inspector General". Diese haben ihre Amtssitze in Nasik (Westbezirk), Allahabad (Ostbezirk), Bangalore (Südbezirk) und Ambala (Nordbezirk); sie unterstehen dem Director-General unmittelbar.

Die Hauptpostämter am Sitze der Bezirksdirektionen werden vom Postmaster-General unmittelbar mitverwaltet, ausgenommen in Calcutta, Bombay und Madras, wo das Hauptpostamt von einem besonderen „Presidency Postmaster" geleitet wird, und in Lahore und Rangoon, wo sie der Leitung von Postmeistern übertragen sind. Die Postbezirke zerfallen wieder in eine Reihe von Unterbezirken, an deren Spitze je ein „Superintendent" steht. Diesen sind „Probationary Superintendents" und „Assistant Superintendents", sowie „Inspektoren" beigegeben, denen die Beaufsichtigung des Postdienstes in bestimmten Teilen der Bezirke übertragen ist.

Die Postanstalten zerfallen in 4 Klassen: „Hauptpostämter" (Head Offices), die an allen Dienstzweigen teilnehmen, „Unterpostämter" (Sub Post-Offices), die ebenfalls an allen Dienstzweigen beteiligt, aber hinsichtlich der Abrechnung einem Hauptpostamt zugeteilt sind, und „Zweigpostämter" (Branch Offices), die von der Teilnahme am Sparkassendienst und zum Teil auch an anderen Dienstzweigen ausgeschlossen und in bezug auf die Abrechnung einem

Haupt- oder Unterpostamt zugeteilt sind. In den kleineren Orten gibt es noch „Agenturen" (Agencies), die z. T. von Frauen verwaltet werden. Die Vorsteher der Postanstalten haben die Amtsbezeichnung „Postmeister" (Postmaster); ihnen sind bei großen Ämtern „Deputy Postmasters" und „Assistant Postmasters" zugeteilt. Das nachgeordnete Personal besteht aus „Clerks" (im Fahrdienst auch „Overseers"), „Booking Agents", „Postmen", „Village Postmen", „Coachmen" (Postillione), „Boatmen" (Ruderer), „Bearers" (Fußboten) usw.

Seit mehreren Jahren ist von der Postverwaltung eine Kapital- und Rentenversicherung zugunsten ihrer Beamten eingerichtet worden. Die angestellten Beamten im Alter von 21 bis 60 Jahren können ihr Leben mit 50 bis 5000 Rupees*) versichern, sowie durch Zahlung feststehender Prämien entweder eine gleich nach dem Einkauf fällige oder eine von einem späteren Zeitpunkt ab zahlbare monatliche Rente von 8 A. bis 50 R. erwerben. Schuldner des Kapitals oder der Rente wird die Regierung. Es sind abgekürzte Lebensversicherungen und solche auf Lebenszeit zulässig. Die Prämien können in einer Summe oder durch monatliche Abzüge vom Gehalt der versicherten Beamten bezahlt werden. Im Falle der Aufhebung des Versicherungsvertrages wird gegen Rückgabe der Police die Hälfte des Wertes der aufgegebenen Versicherung gewährt. Die Versicherungssumme wird innerhalb eines Monats nach dem Tode des Versicherten dessen Erben ausgezahlt. Für die Rentenversicherungen gelten im allgemeinen die gleichen Bestimmungen wie für die Lebensversicherungen. Auch hier ist Zahlung der Prämien durch Gehaltsabzüge statthaft. Ferner ist Rückkauf der Renten zulässig. Die Auszahlung der Renten findet bei jeder indischen Postanstalt statt. Die Erben eines Rentners haben Anspruch auf den Betrag der auf den Sterbemonat entfallenden Rente.

Die Postanstalten befassen sich auch mit dem Verkauf von Salzscheinen und von Chinin.

Die britisch-indische Postverwaltung verwaltet den Postdienst in Aden und unterhält Postanstalten in Bahrain, Bushire, Bunder-Abbas, Linga, Mohammerah und Jask am Persischen Golf, in Maskat (Arabien), in Guadur (Beludschistan), in Bagdad und Bassorah (asiatische Türkei) und (vorübergehend — temporary post-offices) in Ghantse, Pharijong und Yatung oder Chumbi (Tibet).

Das **Postregal** erstreckt sich nur auf die Beförderung von Briefen, wobei nach der „Post Office Act" von 1866 unter einem Briefe jede Mitteilung verstanden wird, die den Charakter einer wirklichen oder persönlichen Korrespondenz trägt. Als eine Übertretung wird auch die Versendung von Briefen an verschiedene Personen in einem an *eine* Person gerichteten Briefpaket angesehen. Zur Aufrechterhaltung geregelter Postverbindungen und eines ordnungsmäßigen Dienstbetriebes ist die Verhaftung einer mit der Beförderung einer Post betrauten Person untersagt, sofern nicht etwa die Festnahme im unmittelbaren Auftrage der Regierung oder wegen eines schweren Verbrechens erfolgt; ferner dürfen Pferde und Wagen, die zur Postbeförderung benutzt werden, nicht mit Beschlag belegt und Briefbeutel und Briefsendungen nicht unbefugterweise geöffnet werden. Zuwiderhandlungen gegen diese Bestimmungen ziehen eine

*) Münze: 1 Rupee (R.) = 16 Annas (A.) zu 12 Pice (P.) = 1 M. 36 Pf.; der Kurs der Rupee schwankt. Gewicht: 1 Tola (T.) = 11,66 g.

Geldstrafe bis 500 R. nach sich. Ferner ist jedermann verpflichtet, einen unrichtig ausgelieferten Gegenstand zurückzugeben, widrigenfalls er einer Gefängnisstrafe bis zu 2 Jahren verfällt.

A. Briefpost.

Für Briefe (letters) bestehen in Gewicht und Umfang keine Grenzen. Tarif: $\frac{1}{2}$ A. bis 1 T., 1 A. über 1 bis 10 T. und 1 A. mehr für jede weiteren 10 T., unfrankiert und unzureichend frankiert das Doppelte des fehlenden Portos. Werden Briefe nach Eintritt der Schlußzeit für eine Post für letztere am Schalter eingeliefert oder in die an den Bahnpostwagen befindlichen Briefkasten eingelegt, so ist eine besondere „Spätlingsgebühr" von $\frac{1}{2}$ A. auf dem Briefe zu verrechnen; in Calcutta, Bombay und Madras ist jedoch die Auflieferung am Bahnpostwagen nicht gestattet. Gewöhnliche Briefe dürfen weder Wertpapiere, Wechsel, Schecks, Papiergeld und Postwertzeichen, noch Gold, Edelsteine und Juwelen enthalten.

Postkarten (post-cards) kosten $\frac{1}{4}$ A. die einfache, $\frac{1}{2}$ A. die Karte mit Antwort, unfrankiert oder unzureichend frankiert das Doppelte des fehlenden Portos. Auch die von der Privatindustrie hergestellten Postkarten sind zur Beförderung zugelassen, doch dürfen sie nicht größer als $5\frac{1}{2}$ zu $3\frac{1}{2}$ und nicht kleiner als $4\frac{3}{4}$ zu 3 Zoll sein. Postkarten, die den Vorschriften nicht entsprechen, unterliegen der Brieftaxe.

Zeitungsbestellungen nehmen die Postanstalten nicht an.

Die Postverwaltung übernimmt die Beförderung von Zeitungen (newspapers), die mindestens monatlich einmal erscheinen und regelmäßige Bezieher haben, gegen eine ermäßigte Taxe. Die Zeitungen, auf die diese Taxe Anwendung findet, werden „eingetragene Zeitungen" (registered newspapers) genannt. Für sie ist zwischen dem Herausgeber und der Postverwaltung eine besondere Verabredung je auf 1 Jahr zu treffen. Der Verleger hat die Zeitung bei dem Bezirkspostmeister unter Benutzung eines vorgeschriebenen Formulars zur Eintragung anzumelden. Findet sich gegen die Eintragung nichts einzuwenden, so wird dies dem Verleger und der Verlagspostanstalt unter Mitteilung der Nummer der Eintragung bekannt gegeben. Die Zeitungen müssen dann über der Aufschrift den Vermerk „Registered" und diese Nummer tragen. Die Zeitungen können ohne besondere Umhüllung oder auch unter Band versandt, müssen aber stets am Schalter aufgeliefert werden. Tarif: für jedes Exemplar bis 8 T. $\frac{1}{4}$ A., über 8 bis 40 T. $\frac{1}{2}$ A. und für jede weiteren 40 T. $\frac{1}{2}$ A. mehr. Stellt sich danach die Taxe für Zeitungspakete höher als für Drucksachen, so kann die Taxe für diese angewendet werden.

Bücherpost- und Mustersendungen (book and pattern packets) müssen so verpackt sein, daß der Inhalt leicht geprüft werden kann. Tarif: $\frac{1}{2}$ A. für je 10 T., unfrankiert und unzureichend frankiert das Doppelte des fehlenden Portos. Zugelassen sind alle Arten von Zeitungen und Drucksachen, gefaltet, broschiert und gebunden, Photographien mit oder ohne Album, Bücherumschläge, Rechnungen, Fakturen, Abschriften und Auszüge von Dokumenten, Manuskripte, Geschäftspapiere, unbeschriebenes Papier und alle Arten von Mustern oder Proben, die keinen Kauf- oder Handelswert haben. Die Sendungen dürfen nicht größer als 2 zu 1 zu 1 Fuß sein; Mustersendungen dürfen ferner 80 T. nicht übersteigen, während für Bücherpostsendungen eine Gewichtsgrenze nicht vorgesehen ist. Jede vorschriftswidrige Bücherpost- oder Mustersendung, sowie jede derartige Sendung, die eine eigentliche oder persönliche Korrespondenz enthält, wird als ungenügend frankierte Brief- oder Paketsendung behandelt, je nachdem sich die Taxe am niedrigsten stellt.

Unter Einschreibung (Registered) können Briefsendungen jeder Art, mit Ausnahme der eingetragenen Zeitungen, versandt werden. Derartige Sendungen müssen am Schalter eingeliefert und stets im voraus frankiert werden. Für Form und Verschluß der Einschreibsendungen bestehen keine besonderen Bestimmungen. Die Einschreibbriefe dürfen Wertpapiere, Wechsel, Schecks, Banknoten und Freimarken, aber keine Münzen, Gold- und Silbersachen, Edelsteine und ähnliche Kostbarkeiten, die nur mittels Wertbriefes zu versenden sind, enthalten. Für im Briefkasten vorgefundene Einschreibbriefe, die nicht vollständig frankiert sind, und für gewöhnliche Briefe mit Wertpapieren, die von Amts wegen einzuschreiben sind, wird der doppelte Betrag der Einschreibgebühr vom Empfänger eingezogen. Die Einschreibgebühr beträgt 2 A. Für Einschreibsendungen, die nach Eintritt der Schlußzeit aufgeliefert werden, ist ferner eine Spätlingsgebühr (late letter fee) von 2 A. zu entrichten. Rückscheine (acknowledgments of delivery) sind zulässig; Gebühr 1 A. Im Falle des Verlustes einer Einschreibsendung leistet die Postverwaltung Ersatz bis 25 R., obwohl eine gesetzliche Verpflichtung dazu nicht besteht.

Soweit dem Publikum nicht von Amts wegen über die zur Post gegebenen Sendungen ein Einlieferungsschein erteilt wird, kann gegen eine Gebühr von ½ A., und zwar bei Bücherpostsendungen bis zu je 6 Sendungen, bei anderen bis zu je 3, die Ausfertigung eines solchen verlangt werden, selbst für gewöhnliche Briefpostsendungen. Der Absender hat dann mit der Sendung dem Postbeamten einen Zettel mit der Überschrift „Certificate of posting for letters" (oder parcels) vorzulegen, der die Adresse der Sendung und eine Marke zu ½ A. trägt. Der Beamte entwertet die Marke zum Zeichen, daß die Sendung ordnungsmäßig eingeliefert worden ist, mit einem Abdruck des Tagesstempels. Auf Einschreibsendungen sind Nachnahmen zulässig; wegen des näheren siehe unter „D. Postaufträge".

Nachsendung von Postsachen erfolgt gebührenfrei, und zwar auch dann, wenn bereits bestellte Gegenstände zur Nachsendung uneröffnet an die Postanstalt zurückgegeben werden. Die für diese Sendungen bei der Bestellung erhobenen Taxbeträge werden nicht erstattet, die Aushändigung der Sendungen am neuen Bestimmungsort erfolgt aber gebührenfrei. Postlagersendungen werden in Calcutta, Madras, Bombay, Chittagong, Karachi und Rangoon 4 Monate, bei den übrigen Postanstalten 1 Monat für die Empfänger aufbewahrt. Solche mit Anfangsbuchstaben, Vornamen oder falschen Namen als Adresse sind unzulässig.

Sendungen, die infolge verweigerter Annahme unbestellbar sind, werden an den Absender umgehend zurückgeschickt, sofern dieser sich auf der Außenseite der Sendung genannt hat. Andere werden nach 7 Tagen an das „Dead Letter Office" in Calcutta eingesandt, wo sie geöffnet und dem ermittelten Absender zugeschickt oder aber 1 Jahr aufbewahrt und dann vernichtet werden. Für den Fall, daß eine Einschreibsendung als unbestellbar zurückkommen sollte, kann der Absender bei der Auflieferung seine vollständige Adresse bei der Postanstalt vermerken lassen; letztere hat dann die Pflicht, bei Ermittelung der Absender unbestellbarer Einschreibbriefe auf diese Vermerke zurückzugehen. Unbestellbare Einschreibbriefe werden daher stets zunächst an die Aufgabepostanstalt zurückgeschickt, der erst nach Umständen die Weitersendung an das Dead Letter Office obliegt.

Es gilt als Regel, daß die eingehenden Sendungen den Empfängern unentgeltlich durch die Briefträger in die Wohnung bestellt werden. Den Empfängern bleibt es indessen unbenommen, ihre Sendungen am Postschalter regelmäßig abzuholen; dies ist gebührenfrei, ausgenommen in Calcutta, Madras, Bombay und Rangoon, wo die Abholung unstatthaft ist. Wo Abholung erfolgt, können dazu verschließbare Taschen Verwendung finden, mit denen auch Sendungen aufgeliefert werden dürfen; hierfür ist jedoch eine Gebühr von 1 R. monatlich zu entrichten, die stets bis zum Schluß des Rechnungsjahres (31. März) vorauszubezahlen ist. — Ein Eilbestelldienst besteht nicht.

Am Verkauf der Postwertzeichen beteiligen sich außer den Postanstalten auch die Finanzbeamten, die Agenten der Polizeistationen sowie die Verkäufer der Steuermarken. Diesen Personen wird für die Mühewaltung eine Vergütung von $1^9/_{16}\%$ des Erlöses, d. i. ½ A. für jede R. gewährt. Außer Freimarken und Postkarten sind von der Postverwaltung gestempelte Briefumschläge zu ½ und 1 A. (3 Größen) und zu 2 A. für Einschreibbriefe (2 Größen), ferner gestempelte Streifbänder zu ½ und 1 A. ausgegeben. Für die Briefumschläge kleiner Art wird kein Zuschlag, für die größeren sowie für die Einschreibbriefumschläge und die Streifbänder dagegen ein Aufschlag erhoben, der je nach Größe und Beschaffenheit des Papiers verschieden ist. Marken werden auch in „Heftchen" (stamp-booklets) mit 32 Stück zu ½ A. oder 16 zu 1 A. oder 16 zu ½ A. und 8 zu 1 A. zu je 1 R., also ohne Aufschlag verkauft.

B. Wertbriefe.

Für Wertbriefe ist eine Gewichts- und Maßgrenze nicht festgesetzt. Sie zerfallen in solche mit voller (complete insurance) und mit beschränkter Versicherung (partial insurance) des Wertes. Zu den letzteren gehören namentlich Wertbriefe, die auf unsicheren Straßen des Gebiets der Eingeborenen zu befördern sind; für diese leistet die Postverwaltung keinen Ersatz, wenn sie in jenen Gegenden durch Straßenraub in Verlust geraten. Wertbriefe können gemünztes Geld, Gold- und Silbersachen, Juwelen und sonstige Kostbarkeiten, aber auch Wertpapiere, Banknoten u. dgl. enthalten. Im Verkehr mit den Zweigpostämtern ist der Höchstbetrag der Wertangabe auf 500 R., sonst auf 2000 R. festgesetzt.

Die Wertbriefe müssen in starkes Papier oder in einen sonstigen haltbaren Stoff verpackt sein; sie sind mit Siegeln zu verschließen, die nicht weiter als höchstens 2 Zoll voneinander entfernt sein dürfen. Wenn möglich, ist durch den Briefumschlag und Inhalt ein fester Faden zweimal hindurchzuziehen, dessen Enden zusammengeknotet werden; der Knoten ist durch ein Siegel zu verdecken. Die Wertbriefe müssen stets am Schalter aufgeliefert werden; ihnen muß eine auf besonderem, von den Postanstalten unentgeltlich hergegebenem Formular gefertigte Inhaltserklärung beigegeben sein, auf der Wert, Münzsorten, bei Banknoten Seriennummer, laufende Nummer und Betrag jeder einzelnen Banknote, sowie die Unterschrift des Absenders enthalten sein müssen. Der Wert einer Sendung muß voll angegeben werden; eine unrichtige Wertangabe wird bestraft. Über jede Wertsendung wird ein Einlieferungsschein unentgeltlich erteilt; ein Rückschein wird jedem Wertbrief von Amts wegen beigefügt.

Wertbriefe bis 250 R. werden den Empfängern in die Wohnung bestellt, solche von höherem Wert sind stets am Schalter abzuholen; in letzterem Falle wird dem Empfänger nur ein Benachrichtigungsschreiben zugestellt.

Für Wertbriefe leistet die Postverwaltung im Falle des Verlustes oder der Beschädigung Gewähr. Ein Anspruch auf Entschädigung kann indessen nicht erhoben werden, wenn die Sendung infolge unrichtiger oder unvollständiger Aufschrift falsch ausgeliefert worden ist, wenn der Inhalt der Sendung in betrügerischer Absicht falsch oder unvollständig angegeben war, wenn der über die Sendung ausgefertigte Ablieferungsschein von dem Empfänger oder einem Beauftragten vollzogen worden ist, wenn der Anspruch auf Entschädigung nicht innerhalb 3 Monate erhoben wird, wenn die Sendung infolge ungenügender Verpackung während der Postbeförderung eine Beschädigung erlitten hat, wenn die Verpackung und die Siegel bei der Aushändigung unverletzt sind und wenn der Verlust sich auf einer Beförderungsstrecke ereignet hat, für welche die Postverwaltung eine Garantie nicht übernommen hat. Der Ersatzbetrag wird stets an den Absender gezahlt, und zwar innerhalb 1 Monats nach dem Tage der Erhebung des Ersatzanspruches.

Tarif: Franko für einen gleichschweren Einschreibbrief und Versicherungsgebühr von 1 A. für jede 50 R.; für Briefe mit beschränkter Versicherung wird nur die Hälfte dieser Versicherungsgebühr erhoben.

Wegen der Wertbriefe mit Nachnahme siehe unter „D. Postaufträge"

C. Postanweisungen.

Vom Postanweisungsdienst ist eine Anzahl der kleineren Postanstalten ausgeschlossen; außerdem nehmen von den Eingeborenenstaaten nur die Staaten Chamba, Gwalior, Jhind, Nabha und Patiala teil. Der Höchstbetrag einer Postanweisung (Money order) ist auf 600 R. festgesetzt.

Tarif: bis 5 R. 1 A., über 5 bis 10 R. 2 A., über 10 bis 15 R. 3 A., über 15 bis 25 R. 4 A. und für jede weiteren 25 R. 4 A. mehr; ist ein überschießender Teilbetrag jedoch nicht höher als 5, 10 oder 15 R., so kommt dafür nur der Satz von 1, 2 oder 3 A. zur Anrechnung. Nach den Eingeborenenstaaten besteht z. T. ein höherer Tarif, und zwar meist von 2% des Postanweisungsbetrages. Postanweisungsformulare werden von den Postanstalten unentgeltlich abgegeben. Personen, die öfter Postanweisungen versenden, können von den Postanstalten für 2 A. ein Heft mit 50 Formularen erhalten. Im Bedarfsfall werden die Formulare aus diesem Heft herausgelöst; von jedem Formular bleibt jedoch ein Abschnitt (Stamm) im Heft zurück, den der Absender zu nachrichtlichen Vormerkungen benutzen kann. Der Absender hat das Postanweisungsformular auszufüllen und am Schluß seinen Namen zuzufügen. An dem Formular befinden sich ein Abschnitt, der vom Absender zu schriftlichen Mitteilungen jeder Art benutzt werden kann, und ein zweiter Abschnitt, der als Auszahlungsschein dient. Auf letzterem hat der Aufgeber seinen Namen und seine

Wohnung zu vermerken. Über jede Postanweisung wird ein Einlieferungsschein erteilt. Die Versendung der Postanweisung erfolgt amtlich an die Bestimmungspostanstalt. Eine Nachsendung der Postanweisungen ist statthaft und erfolgt taxfrei.

In der Regel werden die Postanweisungen nebst den zugehörigen Geldbeträgen den Empfängern gebührenfrei in die Wohnung bestellt. Ist dies nicht ausführbar, so wird dem Empfänger ein Benachrichtigungsschreiben mit dem Ansuchen übersandt, entweder persönlich bei der Postanstalt sich einzufinden oder einen Bevollmächtigten mit der Abholung des Geldes zu beauftragen. Der quittierte Auszahlungsschein wird seitens der Postanstalt von der Postanweisung losgetrennt und der Aufgabepostanstalt zur Aushändigung an den Absender zugeschickt. Außer auf dem Auszahlungsschein hat der Empfänger auch auf der Postanweisung selbst zu quittieren.

Telegraphische Postanweisungen (Telegraphic money orders) sind bis 600 R. zulässig. Befindet sich am Einzahlungs- oder Auszahlungsort keine Staatstelegraphenanstalt, so erfolgt die Beförderung bis zur nächsten Telegraphenanstalt oder von dieser aus durch die Post. Die telegraphischen Postanweisungen zerfallen in 2 Klassen, je nachdem das Überweisungstelegramm durch den gewöhnlichen Besteller (Ordinary) oder durch besonderen Boten (Express) abgetragen werden soll. Die Gattung ist im Überweisungstelegramm anzugeben. Tarif: für gewöhnliche (ordinary) telegraphische Anweisungen bis 10 R. 10 A., für jede weiteren 5 R. bis 40 R. 1 A. mehr, von 40 bis 50 R. 1 R., für jede weiteren 5 R. bis 90 R. 1 A. mehr, von 90 bis 100 R. 1 R. 8 A., für jede weiteren 5 R. bis 140 R. 1 A. mehr, von 140 bis 150 R. 2 R.; dann steigt die Gebühr von 10 zu 10 R. in der Weise, daß für jede 50 R. sich die Gebühr um 8 A. erhöht und so für 600 R. 6 R. 8 A. beträgt. Für „Express" Anweisungen ist die Gebühr stets um 8 A. höher. Dem Aufgeber einer telegraphischen Postanweisung wird unentgeltlich ein Einlieferungsschein erteilt, auf dem auch die Stunde der Auflieferung vermerkt wird. Der Absender hat ein gewöhnliches Postanweisungsformular auszufüllen und quer darüber die Worte „by telegraph ordinary" oder „by telegraph express" zu schreiben. Das Telegramm fertigt der Annahmebeamte aus. Das Postanweisungsformular wird ebenfalls der Bestimmungspostanstalt übersandt, indessen darf der Abschnitt schriftliche Mitteilungen nicht tragen. Auf dem zweiten, als Auszahlungsschein dienenden Abschnitt bescheinigt der Vorsteher der Bestimmungspostanstalt die erfolgte Auszahlung und sendet ihn an die Aufgabepostanstalt zur Aushändigung an die Aufgeber zurück. Telegraphische Postanweisungen werden den Empfängern mit dem zugehörigen Geldbetrag in die Wohnung bestellt und zwar nach Landorten durch den Landbriefträger. Doch ist auch hier die Abtragung durch Eilboten gestattet; es wird aber nur ein Benachrichtigungsschreiben bestellt, worauf der Empfänger das Geld bei der Postanstalt abholen muß. Den Eilbotenlohn hat der Absender im voraus zu entrichten; reicht er für die Bezahlung des Eilboten nicht aus, so unterbleibt die Eilbestellung. Ist eine telegraphische Postanweisung unbestellbar, so wird die Aufgabepostanstalt hiervon telegraphisch verständigt, die dem Absender Nachricht gibt; verfügt der Absender sodann anderweit über die Postanweisung, so hat er für das Telegramm oder Schreiben die gewöhnliche Taxe zu entrichten.

Die Postanstalten verkaufen und lösen britische Postal Orders ein. Hierfür gelten die Taxen und Vorschriften, die in Großbritannien für die „Postal Orders“ erlassen sind. Dabei gilt 1 A. für einen d (Penny). Teilbeträge eines halben Schillings werden durch indische Freimarken auf den Postal Orders dargestellt.

D. Postaufträge.

Die Stelle des Postauftragsdienstes vertritt in Indien der sog. „value payable articles“-Dienst, der allerdings mehr einem Postnachnahmedienst gleicht. Auf der Sendung wird unter Beisetzung der Buchstaben „V. P.“ die Summe angegeben, die von der Postanstalt am Bestimmungsort bei Aushändigung der Sendung vom Empfänger einzuziehen und demnächst mit Postanweisung dem Absender zu übermitteln ist. Dieses Verfahren ist bei gewöhnlichen und eingeschriebenen Paketen, Einschreibbriefen und eingeschriebenen und gewöhnlichen Bücherpostsendungen, bei eingetragenen Zeitungen sowie bei Wertbriefen und Wertpaketen im Verkehr zwischen solchen Postanstalten zulässig, die zum Postanweisungsdienst ermächtigt sind. Außerdem kann auch ein auf Eisenbahngütern lastender Nachnahmebetrag auf Grund des der Postanstalt zur Aushändigung an den Empfänger zu übergebenden Frachtbriefes eingezogen werden. Das Porto für einen value payable article ist das gleiche wie für eine nicht value payable Sendung und wird vom Absender im voraus erhoben. Bei gewöhnlichen Büchersendungen, Zeitungspaketen und gewöhnlichen Paketen ist auch die Einziehungsgebühr im voraus zu entrichten, bei anderen Sendungen wird sie vom Empfänger eingezogen. Sie ist der Postanweisungsgebühr gleich. Weniger als 4 A. und mehr als 1000 R. sind auf einer Sendung nicht zulässig; auch werden Bruchteile einer Anna nicht eingezogen.

Bei der Einlieferung eines value payable article hat der Absender eine schriftliche Erklärung auf einem von den Postanstalten unentgeltlich abzulassenden Formular abzugeben, welcher Betrag vom Empfänger erhoben werden soll. Diese Erklärung muß mit dem Datum der Einlieferung und der vollen Adresse des Absenders vollzogen sein. Die Formulare sind verschieden, je nachdem es sich um eine gewöhnliche Bücherpostsendung, ein Zeitungspaket oder ein gewöhnliches Paket oder aber um einen anderen Gegenstand handelt. An Ge- Geschäftshäuser werden auch Hefte mit 100 Formularen für 1 A. verkauft.

Am Bestimmungsort ist die Erklärung vom Empfänger mit Empfangsanerkenntnis zu versehen und gelangt dann mit dem eingezogenen Betrag an den Absender zurück. Value payable articles, auf denen Beträge bis 25 R. haften, werden den Empfängern in die Wohnung bestellt; bei höheren Beträgen wird dem Empfänger nur eine Aufforderung zugesandt, die Sendung bei der Postanstalt einzulösen. Dem Aufgeber einer mit Nachnahme belasteten Bücherpostsendung wird nur auf Verlangen, und zwar unter den gleichen Bedingungen wie bei anderen gewöhnlichen Briefsendungen, ein Einlieferungsschein erteilt. Die Rücksendung uneingelöster value payable articles erfolgt gebührenfrei.

E. Pakete.

Pakete (parcels) sind bis 800 T., im Verkehr mit einzelnen kleineren Postanstalten aber nur bis 600 T. zulässig. Sie müssen haltbar verpackt sein; für die Größe sind bestimmte Grenzen nicht gezogen. Gegenstände, die andere Postsendungen beschädigen können, steuerpflichtige Waren, unzüchtige Bilder und Photographien, Goldstücke von mehr als 20 engl. Pfd. Sterl. sowie Opium dürfen in Postpaketen nicht versandt werden; dagegen ist es gestattet, den Paketen einen für den Empfänger bestimmten Brief beizulegen. Über gewöhnliche Pakete wird nur auf Verlangen ein Einlieferungsschein erteilt. Pakete können eingeschrieben werden, solche im Gewicht von mehr als 440 T. müssen unter Einschreibung versandt werden. Wertangabe ist wie bei Wertbriefen bis 2000 oder 500 R. zugelassen; nach Umständen werden jedoch auch die Pakete nur gegen beschränkte Wertversicherung (siehe unter „B. Wertbriefe") angenommen. Wegen der Nachnahmen auf Paketen siehe unter „D. Value payable articles". Wertpakete dürfen auch bares Geld, Gold- und Silbersachen, Edelsteine und ähnliche Kostbarkeiten enthalten.

Die Pakete müssen am Schalter aufgeliefert werden. Eine Begleitadresse wird ihnen nicht beigegeben. Gewöhnliche und eingeschriebene Pakete, ferner Wertpakete bis 250 R. und Nachnahmepakete bis 25 R. werden den Empfängern in der Regel gebührenfrei in die Wohnung bestellt. Für gewöhnliche Pakete übernimmt die indische Postverwaltung keinerlei Haftpflicht; dagegen wird für Wertpakete Ersatz nach denselben Grundsätzen wie für Wertbriefe geleistet. Wertpakete müssen jedoch stets mindestens 12 Kubikzoll groß sein.

Die Pakete müssen frankiert aufgeliefert werden. Die Frankierung erfolgt in Freimarken, die auf das Paket selbst oder auf einen daran zu befestigenden Zettel aufzukleben sind. Tarif: für jede 40 T. bis 440 T. 2 A., von 440 T. bis 480 T. 3 R., für jede weiteren 40 T. 4 A. mehr. Einschreibgebühr wie für Einschreibbriefe, Versicherungsgebühr wie für Wertbriefe, Nachnahmegebühr wie für andere value payable articles.

F. Postsparkassen.

Spareinlagen müssen mindestens 4 A. betragen und stets ein Vielfaches von 1 A. darstellen. In einem Jahre oder auf einmal kann ein Sparer nicht mehr als 1200 R. einlegen, doch bleiben hiervon nur 200 R. jederzeit rückzahlbar, während der Rest fest angelegt wird; nur für Wohltätigkeitsanstalten, Waisenhäuser, Asyle, Bibliotheken usw. ist eine Ausnahme hiervon gestattet. Der Höchstbetrag eines Guthabens ist für Privatpersonen auf 2000 R. (ausschließlich der Zinsen) festgesetzt; aber auch in dieser Beziehung wird für die angeführten Institute eine Ausnahme zugelassen. Die Einlagen können auf jederzeitigen Widerruf oder mit 6monatiger Rückzahlungskündigung eingezahlt werden. Der Zinsfuß beträgt z. Zt. 3% für jederzeit rückzahlbare Beträge und 3¼% für Einlagen mit 6monatiger Kündigung. Beträge von weniger als 5 R. werden nicht verzinst.

Die Sparbücher (pass-books) werden von den Postanstalten ausgefertigt. Der Annahmebeamte hat bei jeder Einlage den eingezahlten Betrag in Buchstaben und Zahlen und das Gesamtguthaben einschließlich der neuen Einlage in das Sparbuch einzutragen und seinem Namenszug einen Abdruck des Tagesstempels beizufügen. Einlagen müssen stets bar bewirkt werden. Freimarken werden nicht angenommen; Sparkarten bestehen nicht. In Verlust geratene Sparbücher können gegen 1 R. durch ein Doppel ersetzt werden.

Anträge auf Rückzahlungen müssen bei der Postanstalt, die das Buch ausgefertigt hat, unter Vorlage des Sparbuches gestellt werden, und zwar unter Benutzung eines vorgeschriebenen Formulars. Die größeren Postanstalten zahlen alsdann jederzeit widerrufliche Beträge in jeder beliebigen, dieses Guthaben nicht übersteigenden Höhe sogleich aus; die kleineren Postanstalten dagegen haben stets zuvor die Genehmigung ihres Abrechnungsamts einzuholen. Wöchentlich kann von einem Sparer nur einmal ein Antrag auf Rückzahlung gestellt werden. Der Mindestbetrag einer Rückzahlung ist auf 4 A. festgesetzt. Die auf Kündigung eingezahlten Beträge unterliegen stets der 6monatigen Kündigungsfrist.

Die Postanstalt übernimmt es, auf schriftlichen Antrag unter Vorlegung des Sparbuches einen Teil eines Guthabens in Staatspapieren oder Rententiteln anzulegen. Bedingung ist jedoch, daß das Sparbuch mindestens 3 Monate im Gebrauch ist. Der so anzulegende Betrag muß mindestens 10 R. und darf jährlich nicht über 1000 R., insgesamt für einen Sparer nicht über 5000 R. betragen. Für die Mühewaltung wird eine Gebühr von ¼ % berechnet, wenn es sich um den Ankauf von Rententiteln handelt.

Einzahlungen können nur bei der Postanstalt, die das Sparbuch ausgestellt hat, bewirkt werden. Auf schriftlichen Antrag kann jedoch das Sparbuch auf eine andere Postanstalt umgeschrieben werden; Voraussetzung ist, daß das Buch mindestens 3 Monate im Gebrauch ist. Jährlich werden von den Sparern die Sparbücher eingefordert, um die Richtigkeit der Eintragungen zu prüfen und die Zinsen den Guthaben zuzuschreiben. Wird auf ein Sparbuch während einer gewissen Zeit weder eine Einzahlung noch eine Auszahlung bewirkt, so wird das Buch ungültig (dead) und kann nur mit vorheriger Genehmigung des Comptroller, Post Office, in Calcutta wieder benutzt werden; diese Verfallfrist beträgt 3 Jahre bei Guthaben bis 10 R., 6 Jahre bis 100 R. und 12 Jahre bei höheren Guthaben.

Den Postbeamten wird aus Anlaß der ihnen durch die Postsparkassengeschäfte erwachsenden Mühewaltung eine besondere Vergütung nicht bewilligt.

G. Personenbeförderung.

Die indische Post befaßt sich mit der Beförderung von Reisenden auf Landwegen (Passenger service), und zwar sowohl mit den regelmäßigen Posten als auch mit Extrapost. Dieser Dienst besteht jedoch nur noch auf der 58 engl. Meilen langen Postlinie Simla—Kalka.

---

37. Siam.

(633000 qkm und 7 Millionen Einwohner.)

Die oberste Verwaltung des siamesischen Post- und Telegraphenwesens bildet eine Abteilung des Ministeriums der öffentlichen Arbeiten; an der Spitze dieser Abteilung steht ein „General-Postdirektor" als Vorsteher des „General-Postamts" in Bangkok. Ein deutscher Postbeamter (Ober-Postsekretär) nimmt z. Zt. die Stellung eines interimistischen Generaldirektors ein; sein Vertreter ist ebenfalls ein mittlerer deutscher Postbeamter. Die Postanstalten zerfallen in 3 Klassen, in solche mit vollem Dienst, in Kurierstationen (mail runner stations) und in Hilfspostanstalten. Die Zahl der Kurierstationen und Hilfspostanstalten ist nur gering. Die Beförderung der Posten im Inneren des Landes erfolgt entweder mit der Eisenbahn oder zu Wasser durch Dampfschiffe oder zu Lande durch Postfußboten (Kuriere oder mail runners).

Das ausschließliche Beförderungsrecht (Postregal) erstreckt sich nur auf Briefe; von diesem Postzwang sind jedoch ausgenommen Briefe, die (jedoch höchstens drei) von Privatpersonen ohne jede Entschädigung befördert werden oder die jemand in eigenen Angelegenheiten oder im Interesse des Empfängers durch besonderen Boten befördert, sofern der Bote nur von einem Absender geschickt worden ist, Begleitbriefe und Konossemente, die gleichzeitig mit den zugehörigen Waren ohne Entgelt zur Beförderung gelangen, und endlich Briefe, die zwischen Orten ohne Postanstalt ausgetauscht werden.

A. Briefpost.

Briefe müssen so beschaffen sein, daß sie in die Postsäcke aufgenommen werden können; sonst sind Gewicht und Umfang unbeschränkt. Tarif: 4 A. für jeden Tical*), innerhalb der Aufgabeprovinz 2 A. für den ersten T. und 1 A. mehr für jeden weiteren T., unfrankiert und unzureichend frankiert das Doppelte des fehlenden Portos.

Postkarten kosten 1½ A. für den Nah- und Fernverkehr. Postkarten mit Antwort sind nicht eingeführt.

Auch für Drucksachen (einschließlich der Zeitungen) sind ein Meistgewicht und Höchstausdehnungen nicht festgesetzt. Tarif: allgemein 1 A. für jeden T., unzureichend frankiert das Doppelte des fehlenden Frankos; unfrankierte Drucksachen gelangen nicht zur Absendung. Die Frankierung der Drucksachen hat ebenso wie die der anderen Briefsendungen mit Freimarken zu geschehen; indessen kann zwischen den Verlegern von Zeitungen und der Postverwaltung ein Abkommen getroffen werden, daß jene das Porto für die regelmäßig zu versendenden Zeitungen für einen bestimmten Zeitraum, der mindestens 1 Monat und höchstens 3 Monate betragen darf, in einer Summe vorausbezahlen. In diesem Falle gelangen die Zeitungen ohne Freimarken als vollständig frankiert zur Absendung. Die Drucksachen müssen allgemein so verpackt sein, daß der Inhalt leicht geprüft werden kann. Für Anbringung schriftlicher Zusätze decken sich die Bestimmungen mit den gleichartigen Vorschriften des Weltpostvertrages.

Geschäftspapiere sind zugelassen; Tarif: 1 A. für je 2 T., mindestens 4 A.

Warenproben sind bis 15 T. zulässig; in den Ausdehnungen dürfen sie 8 zu 4 zu 2 Zoll nicht überschreiten. Tarif: 1 A. für je 2 T., unzureichend frankiert das Doppelte des fehlenden Frankos; unfrankierte Mustersendungen sind von der Beförderung ausgeschlossen. Die Vorschriften über Verpackung, Beschaffenheit, zulässige schriftliche Angaben usw. lehnen sich eng an die Weltpostvereinsbestimmungen an.

---

*) 1 Tical (T.) zu 64 Atts (A.) = 2 M. 64 Pf.; 1 Att also = 4 Pfennig. Die Einführung der Goldwährung in Siam steht bevor; der Tical wird dann zu 100 Satang gerechnet so daß 1 Att = 2 Satang, 2 A. = 3 S., 4 A. = 5 S., 9 A. = 13 S., 18 A. = 26 S. und 35 A. = 52 S. gelten. — 1 Tical (T.) als Gewicht = rund 15 g. — 1 Fuß = 12 Zoll; 1 Zoll = 2,54 cm.

Briefsendungen jeder Art können unter Einschreibung versandt werden. Für den Verschluß der Einschreibbriefe sind besondere Vorschriften nicht erlassen. Die Einschreibbriefe dürfen keine Geldstücke, können aber Banknoten, Wertpapiere u. dgl. enthalten. Die Auflieferung soll stets am Schalter geschehen. Eingeschriebene Sendungen müssen vom Absender vollständig frankiert sein; werden unzureichend frankierte Einschreibsendungen im Briefkasten vorgefunden, so werden sie wie gewöhnliche Briefsendungen behandelt. Einschreibgebühr 4 A. für jede Sendung. Dem Aufgeber wird unentgeltlich ein Einlieferungsschein erteilt. Ein Rückschein wird gebührenfrei zu jeder Einschreibsenduug ausgefertigt. Werden Einschreibsendungen außerhalb der gewöhnlichen Dienststunden aufgeliefert, so ist eine besondere Spätlingsgebühr von 8 A. zu entrichten.

Im Falle des Verlustes einer Einschreibsendung zahlt die Postverwaltung dem Absender einen Ersatzbetrag von 20 T., ausgenommen höhere Gewalt. Für Beschädigung oder verzögerte Beförderung einer Einschreibsendung übernimmt die Postverwaltung keinerlei Ersatzverbindlichkeit.

Nach- oder Rücksendung von Briefschaften erfolgt in der Regel gebührenfrei. Postlagersendungen bleiben 1 Monat bei der Bestimmungspostanstalt zur Verfügung des Empfängers.

Unbestellbare Briefe werden an den Aufgabeort zurückgesandt und dem Absender zurückgegeben. Ist letzterer aus der Aufschrift nicht ersichtlich, so werden die Briefe an den Sekretär des General-Postamts zur Eröffnung eingesandt; hier dürfen die mit der Eröffnung betrauten Beamten nur von der Über- und Unterschrift, nicht auch von dem Inhalt der Briefe Kenntnis nehmen. Wird der Absender hierbei nicht ermittelt, so werden die Sendungen 3 Monate aufbewahrt und dann verbrannt. Sind die Briefe eingeschrieben, so wird zunächst ein Aushang bei der Aufgabepostanstalt angebracht; bleibt dieser ohne Erfolg, so werden die Sendungen 18 Monate beim General-Postamt aufbewahrt und dann vernichtet. In den Briefen vorgefundene Wertgegenstände werden zugunsten der Staatskasse verwertet.

Im allgemeinen werden die Briefsendungen den Empfängern gebührenfrei durch die Briefträger in die Wohnung bestellt, doch ist den Empfängern auch freigestellt, die Sendungen bei der Postanstalt abzuholen. Im letzteren Falle wird dem Abholer eine amtliche Ausweiskarte kostenfrei ausgefolgt, die bei der Abholung jedesmal vorzuzeigen ist. Eine Fachmiete ist nicht zu entrichten. Auch die Einschreibsendungen werden von den Briefträgern abgetragen; vor der Aushändigung hat der Empfänger einen Empfangsschein zu vollziehen. Abholern wird zunächst nur der Empfangsschein zugefertigt; die Aushändigung der Einschreibsendung erfolgt demnächst an die Person, die den mit dem Namen des Empfängers oder seines Bevollmächtigten unterschriebenen Empfangsschein vorlegt. Werden die für einen Abholer vorliegenden Sendungen nicht binnen 24 Stunden abgefordert, so werden sie den Briefträgern zur Bestellung überwiesen. — Eilbestellung ist zulässig; die im voraus zu entrichtende Eilbestellgebühr beträgt 12 A. für jede Sendung.

Zum Vertrieb der Postwertzeichen können neben den Postanstalten auch Privatpersonen zugelassen werden. Letzteren wird für die Mühewaltung in dem Falle, daß sie die Wertzeichen gegen Barzahlung entnehmen, ein Preisnachlaß von 10%, falls ihnen der Betrag gestundet werden muß, von 5% gewährt. Die Postbeamten erhalten dagegen keine besondere Entschädigung. Neben den Freimarken und Postkarten hat die Postverwaltung auch noch Briefumschläge zum Verkauf gestellt, auf denen die wichtigsten Bestimmungen für die Versendung von Briefen in siamesischer Sprache abgedruckt sind, um das Publikum im Innern des Landes mit den Vorteilen der Posteinrichtungen vertrauter zu machen. Diese Briefumschläge werden, mit Freimarken beklebt, zum Nennwert der Marken, ohne Freimarken aber zu einem sehr niedrigen Preise an das Publikum abgelassen.

B. Postanweisungen.

Am Postanweisungsdienst nehmen nur die größeren Postanstalten teil. Postanweisungen sind bis 80 T. zulässig. Tarif: bis 20 T. 8 A., über 20 bis 40 T. 16 A., über 40 bis 80 T. 24 A. Die Postanweisung hat der Aufgeber selbst auszufertigen, doch kann ihm der Annahmebeamte dabei behilflich sein. Postanweisungsformulare geben die Postanstalten zu 2 A. für 3 Stück ab. Der Abschnitt des Formulars kann zu schriftlichen Mitteilungen über den Geldbetrag benutzt werden. Die Postanweisungsgebühr wird in Freimarken auf der Postanweisung verrechnet. Die Beförderung der Postanweisung erfolgt postseitig; dem Absender wird nur ein Einlieferungsschein unentgeltlich ausgehändigt. Erfolgt die Einzahlung in Bangkok nach einem Ort im Innern des Landes, so wird daneben dem Aufgeber aber auch noch ein Scheck über den Postanweisungsbetrag ausgefolgt, den er dem Empfänger zu übersenden hat. Nur wenn dieser vorgelegt wird, erfolgt die Auszahlung, die der Gouverneur oder Hauptsteuerbeamte bewirkt. Zu Postanweisungen nach Bangkok werden solche Schecks nicht ausgefertigt. Der Empfänger einer Postanweisung wird von der Bestimmungspostanstalt von dem Vorliegen der Anweisung benachrichtigt; über den Empfang des Benachrichtigungszettels hat er zu quittieren. Wird ein Postanweisungsbetrag nicht innerhalb 15 Tagen abgehoben, so wird die Postanweisung an die Aufgabepostanstalt zurückgesandt. Geht eine Postanweisung oder ein Scheck verloren, so wird auf Antrag von dem General-Postamt in Bangkok ein Doppel unentgeltlich ausgefertigt. Nach 6 Monaten verfallen unanbringliche Postanweisungsbeträge der Postkasse.

C. Postpakete.

Postpakete sind bis 300 T. zulässig; sie dürfen 3 zu 2 zu 2 Fuß in den Ausdehnungen nicht überschreiten. Jedem Postpaket muß eine vom Absender unterzeichnete Inhaltserklärung beigefügt sein; sonstige Begleitpapiere sind nicht erforderlich. Gegenstände, die anderen Postsendungen schädlich werden können, Flüssigkeiten, übelriechende Stoffe, lebende oder tote Tiere, sowie schriftliche Mitteilungen irgendwelcher Art sind von der Versendung in Postpaketen ausgeschlossen. Finden sich dennoch in einem Paket Briefe oder sonstige schriftliche Mitteilungen vor, so wird das Paket der Brieftaxe unterworfen. Die Postpakete müssen so verpackt sein, daß der Inhalt gehörig geschützt ist, aber doch leicht geprüft werden kann; in der Aufschrift muß der Vermerk „Parcels Post" angegeben werden.

Postpakete müssen stets frankiert werden; das Franko wird in Freimarken auf den Paketen verrechnet. Tarif: innerhalb der Aufgabeprovinz 6 A., im Fernverkehr 12 A. für jede 30 T. Im Falle des Verlustes eines Postpakets wird dem Absender ein Ersatzbetrag bis zu 1 T. für jede 30 T. gezahlt. Bei Verlustfällen infolge höherer Gewalt ist ebenso, wie im Falle der Beschädigung oder verzögerten Beförderung eines Postpakets, jede Ersatzverbindlichkeit der Postverwaltung ausgeschlossen.

38. Niederländisch-Indien.

(1915417 qkm und 38938000 Einwohner.)

Post und Telegraphie in Niederländisch-Indien sind zu einer Verwaltung vereinigt, die dem Ministerium der öffentlichen Arbeiten unterstellt ist und von einem „Ober-Inspektor" (hoofdinspecteur) geleitet wird. Ihm sind 2 „Inspektoren" 1. Klasse und 3 „Inspektoren" 2. Kl., 4 „Adjunkt-Inspektoren", 3 „Ingenieure", 1 „Elektrotechniker" und 2 „Instrukteure für den Apparatdienst" unterstellt. Das Bureaupersonal besteht aus „Sekretären" (3 Klassen), „Adjunkt-Sekretären", „Hilfssekretären" und „Assistenten" (klerken). Die Postanstalten unterstehen der Zentralverwaltung unmittelbar.

Die Postanstalten zerfallen in „Oberpostämter" (hoofdkantoren) — nur in Weltevreden, Semarang und Soerabaja —, in „Postämter" (kantoren) 1. bis 5. Klasse und in „Hilfspostämter" (hulppostkantoren). In den größeren Orten sind ferner „Zweigpostanstalten" (bijkantoren) eingerichtet. Die Vorsteher der Oberpostämter heißen „Oberpostamtsvorsteher" (hoofdkantoorchefs), der Postämter „Amtsvorsteher" (kantoorchefs). Die Hilfspostämter werden von Privatpersonen oder Beamten anderer Verwaltungen im Nebenamt verwaltet. Die Oberpostämter und Postämter sind sämtlich mit Telegraphenanstalten vereinigt. Die Hilfspostämter nehmen nur am Brief- und Postanweisungsdienst teil. Die nachgeordneten Beamten zerfallen in „Sekretäre" (commiezen) der 1., 2. und 3. Kl., „Adjunkt-Sekretäre" (adjunct-commiezen), „Aspiranten" (adspirant adjunct-commiezen), „Hilfssekretäre" (hulppostcommiezen) und „Assistenten" (klerken). Als Assistenten werden auch Eingeborene beschäftigt, die übrigen Beamten sind sämtlich Europäer. Außer der Aufnahmeprüfung zum Assistent ist für jede Beförderung (zum Sekretär 1., 2. und 3. Kl. und zum Adjunkt-Inspektor) eine Prüfung abzulegen; für solche Beamte, die eine höhere Bürgerschule mit 5jährigem Kursus absolviert haben, bestehen dabei erleichternde Bedingungen.

Die Beförderung der Postsachen erfolgt längs der Küste zwischen den Inseln und auf schiffbaren Flüssen mit Dampfern, im Inneren mit der Eisenbahn, mit Straßenbahnen und Automobilen, ferner mit Postwagen mit 4 oder 2 Pferden oder 1 Pferd, durch Postreiter (postiljon) mit eigenem Pferd und durch Fußboten.

Eigenartig wirkt die Einrichtung, daß in den Schaltervorräumen der Post- und Telegraphenanstalten private Geschäftsankündigungen ausgehängt werden dürfen. Diese sind bei dem Ober-Inspektor anzumelden, der über die Zulässigkeit entscheidet. An Miete wird hierfür für jedes qdm Fläche erhoben: bis 3 Monate 10 Ct., bis 6 Monate 15 Ct., bis zu 1 Jahr 25 Ct.

Die Postverwaltung besitzt das ausschließliche Recht der Beförderung — Monopol — von offenen und verschlossenen Briefen; ausgenommen sind hiervon nur Briefe von mehr als ½ kg, Frachtbriefe, die Warensendungen begleiten, und Briefe, die nach Abgang der Post Schiffsführern mit der Weisung übergeben werden, sie bei der nächsten Postanstalt aufzuliefern.

A. Briefpost.

Briefe (brieven) sind bis 1 kg zugelassen; dieses Gewicht kann bei Versendung unteilbarer Papiere überschritten werden. In der Größe müssen die Briefe so beschaffen sein, daß sie innerhalb der Felleisen und Briefsäcke Beförderung erhalten können. Tarif: 10 Ct.*) für die ersten 20 g, 7½ Ct. für jede weiteren 20 g, amtliche Briefe (bis 5 kg zulässig) 4 Ct. für jede 50 g, unfrankiert und unzureichend frankiert das Doppelte des fehlenden Frankos, u. U. unter Abrundung auf eine durch 2½ teilbare Centsumme nach oben. Diese Abrundung gilt auch für unfrankierte und unzureichend frankierte Sendungen anderer Gattungen. Briefe an Unteroffiziere und Soldaten sowie von solchen kosten 5 Ct. bis 20 g; doch müssen sie stets frankiert sein, widrigenfalls sie wie gewöhnliche Briefe taxiert werden.

Für Postkarten (briefkaarten) beträgt die Taxe 5 Ct. für die einfachen, 10 Ct. für die Karten mit Antwort, unfrankiert und unzureichend frankiert das Doppelte des fehlenden Frankos. Von der Privatindustrie hergestellte Postkarten müssen den amtlichen in Größe, Stärke des Papiers usw. entsprechen. Die Anfügung von Mustern u. dgl. an Postkarten ist nicht gestattet; finden sich derartige Karten im Briefkasten vor, so werden sie amtlich unter Umschlag gelegt und wie unfrankierte Briefe behandelt und taxiert.

Mit der Annahme und Ausführung von Zeitungsbestellungen befassen sich die Postanstalten nicht.

Pakete mit Zeitungen, die mindestens einmal wöchentlich erscheinen, dürfen im Gewicht 5 kg, in den Ausdehnungen 45 cm nicht überschreiten. Tarif: ½ Ct. für jede 25 g jeder eine Adresse tragenden Einzelsendung. Die nach demselben Bestimmungsort gerichteten Zeitungspäckchen können jedoch zu Paketen vereinigt werden, die aber nach Maßgabe der inliegenden Einzelsendungen zu frankieren sind. Für unzureichend frankierte Zeitungssendungen wird das Doppelte des fehlenden Portos vom Empfänger eingezogen, unfrankierte werden wie Briefe von gleichem Gewicht behandelt und taxiert. Ordentliche Beilagen werden als Bestandteile der Zeitungen angesehen und taxiert.

Andere Drucksachen als Zeitungen (drukwerken) sind bis 2 kg und bis 45 cm in jeder Richtung zugelassen. Tarif: 1 Ct. für jede 50 g, unzureichend frankiert das Doppelte des fehlenden Portos; unfrankierte Drucksachen werden unfrankierten Briefen gleichgeachtet. Für die zulässigen handschriftlichen Bemerkungen und Zusätze decken sich die Vorschriften im wesentlichen mit den Bestimmungen des Weltpostvertrages. Drucksachen müssen unter Streifband, in Rollenform oder zwischen Pappstücken so verpackt sein, daß ihr Inhalt leicht geprüft werden kann; aber auch einfach zusammengefaltet können sie zur Absendung gelangen, in diesem Falle müssen sie jedoch mindestens die Stärke einer Postkarte haben und 12 bis 18 cm in der Länge und 9 bis 13 cm in der Breite messen.

Geschäftspapiere (documenten) unterliegen denselben Versendungsbedingungen und Taxen wie Drucksachen, die Mindesttaxe für eine Sendung beträgt jedoch 5 Ct.

Für Warenproben (monsters) beträgt das Meistgewicht 350 g; in den Ausdehnungen darf eine Warenprobe 30 zu 20 zu 10 cm, in Rollenform 30 zu 15 cm

*) 1 Gulden niederländisch (Gld.) zu 100 Cent (Ct.) = 1 M. 68 7/10 Pf.

nicht überschreiten. Tarif: 1 Ct. für jede 50 g, mindestens aber $2\frac{1}{2}$ Ct. für jede Sendung, unzureichend frankiert das Doppelte des fehlenden Portos; unfrankierte Warenproben werden wie unfrankierte Briefe behandelt. Die sonstigen Vorschriften decken sich mit denen des Weltpostvertrages.

Die Vereinigung von Drucksachen, Warenproben und Geschäftspapieren zu einer Sendung ist gestattet.

Briefsendungen jeder Art können eingeschrieben (aangeteekend) versandt werden. Einschreibsendungen sind stets vollständig zu frankieren. Eingeschriebene Briefe, die in der Aufschrift nicht eine Bescheinigung tragen, daß sie keine auf den Inhaber lautende Wertpapiere enthalten, müssen versiegelt sein, und zwar kleinere mit mindestens 2, größere mit mindestens 5 Siegeln; bei den anderen Sendungen bestehen für Verpackung und Verschluß keine besonderen Vorschriften. Die Einschreibgebühr beträgt 10 Ct. Über jede Einschreibsendung wird gebührenfrei ein Einlieferungsschein erteilt. Rückscheine (bewijs van ontvangst) sind zulässig; Gebühr 5 Ct. Briefe, die Geldstücke, Gold- und Silbersachen, Edelsteine oder andere wertvolle Gegenstände enthalten, müssen unter Einschreibung versandt werden. Werden solche Sachen in gewöhnlichen Briefen aufgeliefert, so werden diese von Amts wegen eingeschrieben; der Empfänger muß alsdann derartige Briefe bei der Postanstalt öffnen und den doppelten Betrag des Portos, sowie 5% des Wertes des Inhalts als Strafe zahlen. Dem Absender eines in Verlust geratenen Einschreibbriefes wird, auch bei höherer Gewalt, ein Ersatzbetrag von 25 Gld. gezahlt. Der Anspruch muß binnen Jahresfrist geltend gemacht werden.

Einschreibsendungen jeder Art können mit Nachnahme (verrekening) bis 1000 Gld. belastet werden. Nachnahmesendungen werden 14 Tage zur Verfügung des Empfängers bereit gehalten. Eingezogene Beträge werden dem Absender, nach Abzug einer Einziehungsgebühr von 5 Ct. und der Postanweisungsgebühr, mit Postanweisung übersandt.

Nach- oder Rücksendung der Briefsendungen erfolgt gebührenfrei. Postlagersendungen werden 3 Monate zur Verfügung der Empfänger bereitgehalten. Sie dürfen nicht Anfangsbuchstaben, Vornamen und angenommene Namen als Aufschrift tragen.

Unbestellbare Briefe, deren Rückgabe an die Absender nicht gelingt, sind an die Postdirektion einzusenden, wo sie 6 Monate aufbewahrt und dann in Gegenwart eines Beamten des Gerichtshofes geöffnet werden. Wird der Absender hierbei nicht ermittelt und enthalten die Sendungen keinerlei Wertgegenstände, so werden sie vernichtet. Über Bücher und Zeitschriften kann anderweit verfügt werden. Werden unanbringliche Wertsachen innerhalb weiterer 5 Jahre nicht untergebracht oder abgefordert, so werden sie zugunsten des Staates verwertet, die zugehörigen Briefe aber vernichtet.

Gewöhnliche Briefsendungen jeder Art werden den Empfängern gebührenfrei durch Briefträger in die Wohnung bestellt, ebenso Benachrichtigungsschreiben über vorliegende nachzuweisende Sendungen, wenn die Empfänger im Postort oder außerhalb nicht mehr als 6 km vom Postort entfernt wohnen. Andere Briefempfänger haben ihre Sendungen bei der Postanstalt in Empfang zu nehmen. Aber auch im Bezirk einer Bestellpostanstalt wohnende Briefempfänger können ihre Sendungen stets bei der Postanstalt abholen; Fachgebühr wird nicht erhoben.

Eilbestellung ist für gewöhnliche Briefsendungen sowie für Benachrichtigungsschreiben zu Einschreibsendungen zulässig. Die Aufschrift muß den Vermerk tragen: „Expresse bestelling". Die Eilbestellgebühr beträgt bis 6 km von der Postanstalt 50 Ct.; bei größeren Entfernungen richtet sich die Höhe des Eilbestellgeldes nach der größeren oder geringeren Mühewaltung in der Leistung und ist sehr verschieden. Das Eilbestellgeld muß mit dem Porto stets im voraus entrichtet werden, und zwar durch Aufkleben von Marken auf die Sendung; unfrankierte oder unzureichend frankierte Eilbriefe werden den Empfängern auf gewöhnlichem Wege zugestellt. Eilbriefe nach Landorten, die weiter als 6 km von der Bestimmungspostanstalt entfernt liegen, können daher nur dann von der Aufgabepostanstalt angenommen werden, wenn dieser die Höhe des fälligen Eilbotenlohnes bekannt ist.

Zur Erleichterung des Ankaufes von Postwertzeichen ist eine Anzahl amtlicher Markenverkaufsstellen eingerichtet; ihre Inhaber beziehen jedoch ebensowenig wie die Postbeamten eine Entschädigung auf den erzielten Erlös. Ferner beteiligen sich die Vorsteher der Eisenbahnhaltestellen an Orten ohne Postanstalt und die 1. Offiziere der Schiffe der „Koninklijke Paketvaart Maatschappij" am Verkauf der Wertzeichen. Außer Freimarken und Postkarten sind gestempelte Briefumschläge zu 4 Werten, die mit einem Aufschlag von ½ Ct. das Stück an das Publikum abgelassen werden, ausgegeben. Markenbüchlein (postzegelboekjes) mit 24 Marken zu 1 oder 10 Ct. sind ohne Aufschlag käuflich. Ferner verkaufen die Postanstalten niederländische Freimarken zu 5, 10 und 12½ Ct., sowie Stempelpapier und Stempelmarken.

Das Porto auf unfrankierten und unzureichend frankierten Sendungen wird durch Aufkleben von Taxmarken (portzegels) verrechnet.

B. Wertbriefe.

Am Wertbriefdienst nehmen nur die dazu besonders ermächtigten Post- und Hilfspostämter teil. Der Höchstbetrag der Wertangabe ist auf 5000 Gld. festgesetzt. Tarif: Porto für einen gleichschweren Einschreibbrief und Versicherungsgebühr von 10 Ct. für jede 150 Gld. Die Gesamttaxe ist in Freimarken auf den Wertbriefen (brieven met aangegeven geldswaarde) zu verrechnen. Auch Nachnahme bis 1000 Gld. ist auf Wertbriefen zulässig, und zwar unter den gleichen Bedingungen wie auf Einschreibbriefen (s. unter „A. Briefpost"). Wertbriefe von kleinen Abmessungen müssen mit mindestens 2, größere mit mindestens 5 Siegeln verschlossen sein; kein Siegel darf von dem anderen und von den Briefrändern mehr als 7 cm entfernt sein. Über einen Wertbrief erhält der Aufgeber unentgeltlich einen Einlieferungsschein. Rückscheine sind zulässig; Gebühr 5 Ct.

Im Falle des Verlustes, auch bei höherer Gewalt, und der Beraubung von Wertbriefen wird Ersatz bis zur Höhe der Wertangabe geleistet. Der Anspruch muß binnen Jahresfrist geltend gemacht werden.

Wertbriefe sind stets bei der Postanstalt abzuholen; doch wird in Orten mit Briefbestelldienst dem Empfänger ein Benachrichtigungszettel zugestellt. Wertbriefe mit mehr als 600 Gld. werden nur dem Empfänger persönlich ausgefolgt, solche bis 600 Gld. können auch an Bevollmächtigte ausgehändigt werden.

C. Postanweisungen.

Am Postanweisungsdienst nehmen sämtliche Postämter, Zweig- und Hilfspostämter teil. Der Meistbetrag einer Postanweisung ist auf 1000 Gld. festgesetzt. Tarif: 10 Ct. für jede 10 Gld.

Die Ausfertigung der Postanweisungen erfolgt durch den Annahmebeamten. Dem Aufgeber wird die aus einem Heft mit Stamm herausgelöste Postanweisung zur Übersendung an den Empfänger ausgehändigt; außerdem erhält der Einzahler unentgeltlich einen Einlieferungsschein. Der Bestimmungspostanstalt wird amtlich ein Einzahlungsschein übersandt. Auf Verlangen des Empfängers kann eine Postanweisung auf eine andere als die darauf genannte Postanstalt gebührenfrei überwiesen werden. Auch die Überweisung auf einen anderen Empfänger mittels Indossements ist zulässig; indessen ist der Indossat nicht berechtigt, eine nochmalige Indossierung vorzunehmen, auch muß der erste Indossat im Bestellbezirk der ursprünglichen Bestimmungspostanstalt wohnen. Auszahlungsscheine sind zulässig; Gebühr 5 Ct.

Die Postanweisungen verlieren nach 3 Monaten ihre Gültigkeit; diese Frist kann durch ein von der Zentralbehörde auszustellendes Visa verlängert werden. Im Falle des Verlustes einer Postanweisung kann ein Doppel ausgefertigt werden, das aber stets von Amts wegen an die Bestimmungspostanstalt gesandt wird.

Die Postanweisungen sind bei der Postanstalt zur Auszahlung vorzulegen. Der Empfänger hat auf der Postanweisung über den Geldbetrag zu quittieren. Postanweisungsbeträge, die innerhalb 5 Jahre nicht ausgezahlt sind, verfallen dem Staat.

Telegraphische Postanweisungen sind bis 500 Gld. zugelassen. Besteht am Einzahlungs- oder Bestimmungsort keine Staatstelegraphenanstalt, so wird das Überweisungstelegramm bis zur nächsten oder von der letzten Telegraphenanstalt ab mit der Post befördert. Außer der Postanweisungsgebühr ist nur noch die Telegrammgebühr zu entrichten. Sind telegraphische Postanweisungen unbestellbar, so wird eine telegraphische Unbestellbarkeitsmeldung abgelassen. Werden telegraphische Postanweisungen sonst nicht binnen 6 Wochen abgefordert, so werden sie nach dem Aufgabeort zurückgesandt.

D. Postaufträge.

Die Post befaßt sich auch mit der Einziehung von Geldern auf Quittungen. An diesem Dienst nehmen alle Postkantoren teil. Der Höchstbetrag einer Quittung ist auf 100 Gld. festgesetzt. Den Quittungen müssen 2 Formulare beigefügt sein, von denen das eine Namen und Wohnort der Schuldner, sowie den Betrag jeder einzelnen Quittung, das andere den Gesamtbetrag der Quittungen enthalten muß. Die Formulare werden von den Postanstalten unentgeltlich verabfolgt.

Auf jeder Quittung ist eine Gebühr von 10 Ct. für jede 10 Gld. in Freimarken zu verrechnen, die auf keinen Fall erstattet wird. Die Abgabe der Quittungen und die Höhe der entrichteten Gebühr werden auf den beiden Formularen vom Annahmebeamten bescheinigt; das Formular, das den Gesamtbetrag der Quittungen enthält, wird dem Aufgeber ausgehändigt, das andere wird mit den Quittungen der Einziehungspostanstalt zugefertigt. Mit demselben Verzeichnis können bis zu 75 Quittungen versandt werden, die jedoch sämtlich für dieselbe Postanstalt bestimmt sein müssen.

Die Quittungen werden den Zahlungspflichtigen durch die Briefträger in der Wohnung vorgezeigt, wenn sich diese im Umkreis von 6 km von der Postanstalt befindet. Andernfalls wird der Zahlungspflichtige brieflich aufgefordert, sich zur Einlösung der Quittung bei der Postanstalt einzufinden. Jede Quittung wird nur zweimal vorgezeigt. Erfolgt die Einlösung nicht binnen 14 Tagen, so werden die uneingelösten Quittungen nebst einem Verzeichnis der eingelösten Quittungen an die Aufgabepostanstalt zurückgesandt, die dann mit dem Auftraggeber abrechnet. Letzterer hat das Einlieferungsformular dabei zurückzugeben.

E. Postpakete.

Am Postpaketdienst nehmen nur bestimmte Postämter teil. Erfolgt die Beförderung der Pakete ausschließlich mit Schiff, Eisenbahn, Automobil oder Postwagen, so sind Pakete bis 5 kg, nach Orten, die nur durch Postboten oder zu Pferd erreicht werden, bis 3 kg zulässig. Pakete bis 5 kg dürfen in keiner Richtung 60 cm und an Umfang nicht 25 cbdm, mit Plänen, Karten, Schirmen und Stöcken nicht 1 m in der Länge und 20 cm in der Stärke, solche bis 3 kg nicht 40 cm in einer Richtung und nicht 6 cbdm im Umfang überschreiten. Briefe dürfen einem Postpaket nicht beigefügt werden, wohl aber Zettel mit auf die Sendung bezüglichen Mitteilungen; ferner sind lebende Tiere und Pflanzen, leichtentzündliche oder sonst gefährliche Stoffe und Gegenstände, deren Beförderung in Paketen aus Zollrücksichten verboten ist, von der Aufnahme in Postpakete ausgeschlossen. Jedem Paket muß eine Begleitadresse beigefügt sein; Formulare zu Begleitadressen sind zu 1 Ct. das Stück bei den Postanstalten erhältlich. Postpaketen aus Freihäfen nach einem anderen Orte müssen je 2 Zollinhaltserklärungen, zu denen Formulare zu 1 Ct. für 2 Stück von den Postanstalten verkauft werden, beigegeben sein. Postpakete können mit Wertangabe bis 250 Gld. und mit Nachnahme bis 250 Gld. versandt werden. Wegen der Nachnahmen siehe unter „A. Briefpost". Wertpakete müssen umschnürt und mit einer angemessenen Zahl Siegeln, von denen ein Abdruck auch auf dem Abschnitt der Begleitadresse anzubringen ist, verschlossen sein. Für Wertpakete wird ein Einlieferungsschein unentgeltlich, für gewöhnliche Pakete nur gegen eine Gebühr von 5 Ct. ausgefertigt.

Die Taxe setzt sich zusammen aus einer festen Gebühr, die bis zu 1 kg 25 Ct., über 1 bis 3 kg 30 Ct. und über 3 bis 5 kg 35 Ct. beträgt, und einer Beförderungsgebühr, die verschieden ist, je nachdem das Paket mit Schiff, Eisenbahn oder Postwagen usw. fortgeschafft wird. Bei der Beförderung mit Schiff beträgt diese bis 125 geogr. Meilen bis 1 kg 10 Ct., über 1 bis 3 kg 20 Ct., über 3 bis 5 kg 30 Ct. und bei größeren Entfernungen das Doppelte dieser Sätze. Bei der Beförderung mit der Eisenbahn oder mit Automobil wird ohne Rücksicht auf die Entfernung für jede bei der Beförderung beteiligte Eisenbahngesellschaft usw. eine Gebühr von 5 Ct. bis 1 kg, 10 Ct. über 1 bis 3 kg und 15 Ct. über 3 bis 5 kg erhoben. Erfolgt die Beförderung mit Postfuhrwerk, durch reitende Post oder durch Fußboten, so werden für jede 25 km 5 Ct. bis 1 kg, 10 Ct. über 1 bis 3 kg, 15 Ct. über 3 bis 5 kg berechnet. Werden mehrere Beförderungsarten bei einem Paket in Anspruch genommen, so ist die Beförderungsgebühr für jede besonders in Ansatz zu bringen. Die Versicherungsgebühr beträgt 10 Ct. für jede 150 Gld., die Nachnahmegebühr 10 Ct. für jede 10 Gld. Rückscheine sind zulässig; Gebühr 5 Ct.

Im Falle des Verlustes oder der Beschädigung eines Pakets wird der wirklich erlittene Schaden, höchstens jedoch eine Betrag von $2^1/_2$ Gld. für jedes kg ersetzt; bei Wertpaketen wird für Bemessung des Schadenersatzes die Wertangabe zugrunde gelegt. Ersatzansprüche müssen innerhalb 6 Monaten gestellt werden.

Die Bestellung der gewöhnlichen Postpakete an die Empfänger erfolgt bis zu 6 km von der Postanstalt unentgeltlich, aber gegen Quittung auf der Begleitadresse. Über Pakete, die nicht abgetragen werden können, und über alle Wert- und Nachnahmepakete wird dem Empfänger nur ein Benachrichtigungszettel zugestellt. Werden Pakete nicht angenommen oder binnen 4 Wochen nicht abgeholt, so wird der Absender benachrichtigt und aufgefordert, binnen 8 Tagen Verfügung über die Sendungen zu treffen; geht diese binnen 8 Tagen nicht ein, so werden die Pakete noch 3 Monate aufbewahrt und dann verkauft. Für Nach- und Rücksendungen ist das Porto von neuem zu entrichten.

F. Postsparkassen.

Alle Postkantoren, ferner alle Zweig- und Hilfspostämter auf Java und Madoera, sowie die meisten Hilfspostämter der Außenbesitzungen beteiligen sich am Postsparkassendienst. Jede Einlage muß mindestens 25 Ct. betragen, der Höchstbetrag der Guthaben ist auf 2400 Gld. festgesetzt, höhere Guthaben werden keinesfalls verzinst. Bei der ersten Einlage wird ein Sparbuch unentgeltlich ausgefertigt. Die Einlagen, die bei jeder beliebigen Postanstalt bewirkt werden können, werden vom Annahmebeamten handschriftlich in das Sparbuch eingetragen.

Rückzahlungen müssen mindestens 25 Ct., dürfen aber höchstens 100 Gld. betragen; letzterer Betrag darf auch innerhalb 4 Wochen nicht überschritten werden. Solche Rückzahlungen können bei der Postanstalt, die das Sparbuch ausgefertigt hat, sogleich ohne Einhaltung einer Kündigungsfrist geleistet werden. Für höhere Beträge ist vorherige schriftliche Kündigung, die durch die Postanstalt vermittelt werden kann, bei dem Direktor der Postsparkasse erforderlich. Dieser fertigt dann eine Zahlungsanweisung für den Sparer aus, auf die hin die Auszahlung erfolgt. Kündigung und Zahlungsanweisung kann auch auf Verlangen und für Rechnung des Sparers telegraphisch bewirkt werden.

Der Zinsfuß ist auf 2,4% festgesetzt. Die Zinsen, die stets am 31. Dezember festgesetzt werden, trägt die Direktion bei sich bietender Gelegenheit in das Sparbuch ein; dieses soll deshalb jährlich in dem Monat der Ausfertigung durch die Postanstalt dem Direktor eingeliefert werden. Auf Antrag des Sparers kann ein Sparbuch auch auf eine andere Postanstalt umgeschrieben werden.

Guthaben können auf die niederländische Postsparkasse und umgekehrt übertragen werden.

---

39. Japan.

(452922 qkm und 52924202 Einwohner.)

Die Postverwaltung, vereinigt mit der Verwaltung der Telegraphen, bildet eine Abteilung des Verkehrsministeriums. Die oberste Leitung ist der „General-Direktion der Posten und Telegraphen" (Isushin Kyoku) in Tokio übertragen. Unter der unmittelbaren Leitung des Ministers stehen ein besonderes „Postanweisungsamt" und ein „Postsparkassenamt", die Zweigstellen in Osaka und Shimonoseki haben. Das Land ist in 18 Postbezirke eingeteilt, die mit den Provinzen zusammenfallen. In Tokio und Osako wird das Postwesen der Bezirke durch „Direktionen", in den übrigen 16 Bezirken durch „Postämter 1. Kl." geleitet, die zugleich den Post- und Telegraphendienst der Bezirkshauptstädte mit wahrnehmen. Die Direktionen und Postämter 1. Kl. werden je von einem „Direktor" geleitet, dem ein „Unterdirektor" und, zur Beaufsichtigung des Post- und Telegraphendienstes, ein „Postinspektor" und mehrere „Unterinspektoren" beigegeben sind. Die Postämter 1. Kl. haben ihren Sitz in Aomori, Hiroshima, Kagoshima, Kanazawa, Kioto, Kobe, Kumamoto, Nagano, Nagasaki, Nagoya, Niigata, Sapporo, Sendai, Takamatsu, Utsunomiya und Yokohama.

Die „Postämter" in den Bezirken zerfallen in solche 2. und 3. Kl.; daneben bestehen „Postagenturen" und „amtliche Markenverkaufsstellen". In großen Städten sind noch „Zweigpostämter" und einige selbständige „Telegraphenämter" vorhanden. Die Leitung des „Bahnpostdienstes" ist den Direktionen und Postämtern 1. Kl. übertragen. Der Postdienst auf Formosa untersteht dem General-Gouverneur und ist ähnlich wie in Japan selbst geregelt.

Die japanischen Staatsbeamten werden in 3 Klassen eingeteilt. Die Beamten der 1. Kl. ernennt der Kaiser, die der 2. das Staatsministerium und die der 3. der Ressortminister. Bei der Post- und Telegraphenverwaltung ist nur der Generaldirektor Beamter 1. Kl., die Abteilungschefs der Generaldirektion, die Bezirksdirektoren und die Vorsteher der Zentralämter für den Postanweisungs- und Postsparkassendienst sind Beamte 2. Kl., alle übrigen Beamten solche 3. Kl. Letztere werden wiederum geschieden in „Ingenieure", „Clerks" 1. und 2. Kl. und „Privatclerks". Zu den Ingenieuren rechnen die Vorsteher der Telegraphen- und Fernsprechämter, der Vorsteher der Telegraphenapparatwerkstatt und die oberen Beamten im Telegraphen- und Fernsprechbetriebsdienst. Clerks 1. und 2. Kl. sind die Bureaubeamten der Generaldirektion, die nachgeordneten Beamten der Bezirksdirektionen und der Abrechnungsämter und das Betriebspersonal der Verkehrsanstalten bis zum Postamt 2. Kl. einschließlich abwärts. Die Vorsteher der letzteren sind Clerks 1. Kl. Alle bei Postämtern 3. Kl. beschäftigten nachgeordneten Beamten stehen im Dienste der Vorsteher und werden Privatclerks genannt.

Die Unterbeamten scheiden sich in 2 Hauptgruppen, in solche, die unmittelbar aus der Postkasse, und in solche, die von den Amtsvorstehern besoldet werden. Letztere Gattung umfaßt die Unterbeamten der Postämter 3. Kl. und der Agenturen. Sie werden nicht weiter in Klassen eingeteilt. Dagegen zerfallen die ersteren in „Postboten für den Ortsdienst" (carriers) und in „Postboten für den Beförderungsdienst" zwischen den einzelnen Postorten (postmen).

Der Eintritt als mittlerer Beamter in den Dienst ist an eine gewisse Schulbildung geknüpft. Ein großer Teil dieser jungen Leute wird auf der Post- und Telegraphenschule in Tokio ausgebildet, ehe sie in den Dienst eintreten. Die bei Postämtern 3. Kl. ihre Laufbahn beginnenden Privatclerks müssen Elementarschulbildung besitzen. Sie treten mit der Zeit in die Stellungen als Clerks 2. Kl. bei Ämtern höherer Ordnung über und können dann nach Befähigung und Leistung weiter aufrücken. Zu der eben erwähnten Post- und Telegraphenschule in Tokio werden junge Leute, die eine gute Mittelschule absolviert haben, ohne Aufnahmeprüfung zugelassen; andere Bewerber müssen sich einer solchen Prüfung unterwerfen, die entweder bei der Schule selbst oder bei einer Direktion oder einem Postamt 1. Kl. abgehalten wird. Das Lebensalter der Eintretenden schwankt zwischen 16 und 20 Jahren. Die Schulzeit dauert 2 Jahre. Am Schlusse jedes Halbjahres finden Prüfungen statt. Bei einer größeren Anzahl von Postämtern 2. Kl. bestehen außerdem Lehrkurse für junge Leute, die bei Postämtern 3. Kl. als Privatclerks eintreten wollen. Diese haben sich durchweg aus eigenen Mitteln zu unterhalten. Bewerber für die höhere Laufbahn müssen eine Prüfung vor einer besonderen Kommission von 25 Mitgliedern (höhere Beamte und Universitätsprofessoren) ablegen, die schriftlich und mündlich ist. Sie müssen mindestens die Reife für die Universität haben. Die bestandene Prüfung berechtigt für alle Verwaltungen. Die in den Postdienst eintretenden geprüften Bewerber haben zunächst ein Probejahr im Dienst abzulegen, während dessen sie zu den mittleren Beamten zählen (Vergütung 1000—1100 M.). Sie rücken später in die Stellen als Vorsteher der Postämter 2. Kl., der Posträte usw. ein.

Das Mindest- und Höchstgehalt für die einzelnen Beamten- und Unterbeamtenklassen ist durch Kaiserliche Verordnung festgesetzt. Indessen bewilligt das Parlament, das schon seit geraumer Zeit mit finanziellen Schwierigkeiten zu kämpfen hat, durchweg geringere als die nach dem Mindest- und Höchstgehalt sich ergebenden Durchschnittssätze, womit sich die Regierung einrichten muß. Es beziehen, nach dem bisherigen Silberkurse, in Reichswährung umgerechnet, rund jährlich: der Generaldirektor und der General-Verkehrsinspektor 6000 M., die Bureauchefs der Generaldirektion 1600 bis 5000 M., Clerks 1. Kl. bei der Generaldirektion 288 bis 1440 M., Clerks 2. Kl. daselbst 120 bis 360 M., Bezirksdirektoren, Posträte, Vorsteher der Abrechnungsämter, Ingenieure im Fernsprechdienst und Telegrapheningenieure 1400 bis 5000 M., Vorsteher von Postämtern 2. Kl. 1100 bis 2000 M., Clerks 1. Kl. 288 bis 1440 M., Clerks 2. Kl. 120 bis 360 M., Fernsprechgehilfinnen 110 bis 180 M., Unterbeamte der Generaldirektion 96 bis 168 M., Carriers und Postmen 96 bis 288 M. Die Zulagen werden im allgemeinen jährlich bewilligt.

Die Vorsteher der Postämter 3. Kl. und die Postagenten sind keine Fachbeamte, sondern Privatpersonen. Sie werden den Kreisen des angesehenen und vermögenden Bürgerstandes entnommen und vor Antritt ihrer Stellung in der Handhabung des Dienstes, den sie später im wesentlichen durch ihre Privatclerks verrichten lassen, durch Berufsbeamte unterwiesen. Ihre Bezahlung ist gering. Sie wird in Form einer Bauschvergütung gewährt, woraus das nachgeordnete Personal mit zu unterhalten ist. Den Post- und Telegraphenbeamten ist keine bestimmte Kleidung vorgeschrieben. Eine Uniform haben nur die Unterbeamten zu tragen, denen sie amtlich geliefert wird.

Der Postbeförderungsdienst wird durch Eisenbahnen, Dampfschiffe,

Wagen, Handkarren und Boten vermittelt. Die Bedingungen der Benutzung der Bahnen sind durch Verträge mit der Staatsbahn und den Privatgesellschaften geregelt. Ein Anrecht auf kostenfreie Benutzung der Bahnen hat die Post nicht. Die zu zahlenden Entschädigungen richten sich nach der Länge der Bahnstrecken. Die Bahnposten befördern fast ausschließlich geschlossene Posten und befassen sich mit der Umarbeitung der Sendungen nur in ganz geringem Umfang. Die Postladungen werden in für den Postdienst eingerichteten Abteilungen der Güterwagen untergebracht; wo diese nicht ausreichen, werden Abteilungen von Personenwagen zu Hilfe genommen.

Für die Seebeförderung stehen die Regierungsdampfer unter der Leitung der den Beförderungsdienst vermittelnden Nippon Yusen Kaisha Steamship Company, die Verbindungen mit sämtlichen Hafenorten Japans einschließlich Okinawa (Liu-Kiu-Inseln), ferner mit Shanghai, Hongkong, Wladiwostok, den dem japanischen Handel geöffneten koreanischen Häfen usw. unterhält, zur Verfügung. Die Gesellschaft bezieht eine jährliche Subvention und hat dafür die Posten zu befördern. Die Beförderung der Posten mit anderen Schiffen erfolgt auf Grund von Verträgen, die mit den Eigentümern dieser Schiffe abgeschlossen sind.

Die Beförderung der Posten durch Kariole ist durch Vertrag, der alle 3 Jahre erneuert wird, der Expreß-Gesellschaft übertragen. Eine derartige Verbindung wird z. B. zwischen Kanazawa und Kioto unterhalten. Die Vergütung beträgt 4 Y. 45 S.*) für jeden Briefsack. Die Postkariole dürfen zur Beförderung von Reisenden und Gütern nicht benutzt werden; ihre Beförderungsfrist ist auf 2½ Ri für die Stunde festgesetzt. Weitere Verträge wegen Beförderung von Postsachen bestehen noch mit anderen Gesellschaften oder Fuhrwerksbesitzern, doch ist mit diesen ein fester Vergütungssatz nicht verabredet; auch ist in diesen Fällen weder eine Mindestbeförderungsfrist, noch eine bestimmte Vertragsdauer vereinbart.

Handkarren sind bei jeder Postanstalt für Beförderungszwecke vorhanden; die die Fortschaffung der Karren vermittelnden Leute erhalten, je nach der Beschaffenheit der Wege, 5 bis 14 S. für den Ri. Das Meistgewicht der auf diese Weise beförderten Posten ist auf ungefähr 50 kg für jeden Karren, die Mindestbeförderungsfrist auf den Hauptpoststraßen auf 2 Ri und auf den Straßen von untergeordneter Bedeutung auf 1½ Ri für die Stunde festgesetzt. Die Mitnahme von Reisenden oder Waren auf diesen Karren ist nicht gestattet.

Zu Postboten werden von den Postanstalten kräftige Leute aus dem Orte von gutem Lebenswandel angenommen; ihre Löhnung wird nach den Sätzen von 9 bis 15 S. für den Ri auf den Hauptstraßen und von 4 bis 9 S. für den Ri auf Straßen von untergeordneter Bedeutung berechnet und monatlich ausgezahlt. Bei Festsetzung der Beförderungsfristen werden Straßen zwischen zwei großen Städten als Straßen 1. Kl. angesehen; Straßen zwischen zwei oder mehreren kleinen Städten gelten als solche 2. Kl. und Verbindungen zwischen Dörfern als Straßen 3. Kl. Die Beförderungszeit für Botenposten ist auf 2½ Ri für die Stunde für Straßen 1. Kl. und das Meistgewicht der zu befördernden Postsachen auf etwa 32 Pfund bemessen. Für Straßen 2. Kl. ist die Beförderungs-

*) Münze: 1 Yen (Y.) = 100 Sen (S.) zu je 10 Rin (R.) = 2 M. 9⅕ Pf.; Maß: 1 Ri = 3,9273 km; 1 Schaku zu 10 Sun = 0,303 m; Gewicht: 1 Momme oder Me = 3¾ g.

frist auf 2 Ri für die Stunde und das Meistgewicht auf ungefähr 40 Pfund festgesetzt, wogegen auf Straßen 3. Kl. der Bote $1\frac{1}{2}$ Ri in der Stunde zurücklegen und eine Last bis zu 45 Pfund befördern muß.

Die japanische Postverwaltung unterhält eine Reihe von Postanstalten im Auslande (in China, in der Mandschurei und in Korea).

Die Post besitzt das Monopol der Beförderung von Briefen jeder Art; ausgenommen davon sind nur Briefe, die unentgeltlich von einem Verwandten, Freund oder Diener des Absenders dem Empfänger unmittelbar überbracht, die in dringlichen Fällen, wo die Inanspruchnahme der Post zur Erreichung des Zweckes ausgeschlossen erscheint, durch besondere Boten dem Empfänger zugeführt werden, und Frachtbriefe zu Waren.

A. Briefpost.

Die Briefsendungen zerfallen in 5 Klassen: 1. Kl. Briefe, 2. Kl. Postkarten und Kartenbriefe, 3. Kl. mindestens monatlich einmal erscheinende Zeitungen und Zeitschriften, 4. Kl. andere Zeitungen, Drucksachen und Bücher, Geschäftspapiere und Warenproben, 5. Kl. Sämereien.

Briefe mit dem Vermerk „postlagernd", sowie Briefe an Staatsbehörden oder Staatsbeamte müssen stets frankiert sein, die übrigen können frankiert oder unfrankiert zur Post geliefert werden. Für das Gewicht besteht keine Höchstgrenze, dagegen sollen die Ausdehnungen von 1 Schaku 3 Sun zu $8\frac{1}{2}$ Sun zu 5 Sun nicht überschritten werden. Tarif: 3 S. für je 4 Me, unfrankiert und unzureichend frankiert das Doppelte des fehlenden Portos.

Postkarten kosten $1\frac{1}{2}$ S. die einfache, 3 S. die Karte mit Antwort. Von der Privatindustrie hergestellte Postkarten sollen den amtlichen tunlichst entsprechen. Postkarten, denen Muster oder dgl. angeheftet sind oder die den Vorschriften sonst nicht genügen, werden wie Briefe behandelt und taxiert.

Zeitungsbestellungen nehmen die japanischen Postanstalten nicht an.

Pakete mit mindestens monatlich einmal erscheinenden Zeitungen und Zeitschriften sind bis 300 Me zugelassen; für die Ausdehnungen gelten die gleichen Beschränkungen wie bei Briefen. Tarif: 5 R. für jede 20 Me, wenn sie einzeln, und 1 S. für jede 20 Me, wenn sie in Paketen zur Versendung kommen, unfrankiert und unzureichend frankiert das Doppelte des fehlenden Portos. Das Porto für Zeitungspakete der Verleger kann in Fristen bar entrichtet werden. Für die den Zeitungen beigefügten Beilagen wird besonderes Porto nicht berechnet; gelangen jedoch derartige Beilagen für sich zur Versendung, so unterliegen sie den Bestimmungen für gewöhnliche Drucksachen. Die Beilagen sollen nicht geheftet oder broschiert sein, auch darf ihr Gewicht das der Zeitung selbst nicht übertreffen, widrigenfalls sie auch dann, wenn sie den Zeitungen beigelegt sind, wie Drucksachen behandelt werden. Um gegen die angeführte ermäßigte Zeitungstaxe befördert zu werden, müssen die Zeitungen bei der Generaldirektion zur Eintragung in das amtliche Verzeichnis der regelmäßig erscheinenden Zeitungen angemeldet sein; daß dies geschehen ist, muß aus dem Titel der Zeitung hervorgehen. Zeitungssendungen, die den angegebenen Bestimmungen nicht entsprechen, werden wie gewöhnliche Drucksachen angesehen. Auf den Zeitungspaketen sind schriftliche Zusätze jeder Art zulässig, sofern diese nicht die Eigenschaft einer eigentlichen und persönlichen Korrespondenz tragen.

Für andere als eingetragene Zeitungen, für Drucksachen und Geschäftspapiere gelten für Umfang und Gewicht die gleichen Vorschriften wie für Zeitungen. Tarif: 2 S. für jede 30 Me, unfrankiert und unzureichend frankiert das Doppelte des fehlenden Portos. Schriftliche Zusätze jeder Art, die nicht die Eigenschaft einer persönlichen Korrespondenz tragen, sind zulässig. Die Versendung hat offen unter Band oder Umschlag zu erfolgen. Drucksachen und Geschäftspapiere, die den Bestimmungen nicht entsprechen, werden wie gewöhnliche Briefe behandelt und taxiert.

Warenproben unterliegen hinsichtlich des Tarifs, der Frankierung und der Ausdehnungsgrenzen den gleichen Bestimmungen wie die Drucksachen, dagegen sind sie nur bis 100 Me zugelassen. Wenn Warenproben zu der ermäßigten Taxe Beförderung finden sollen, so ist Vorbedingung, daß sowohl der Absender als auch der Empfänger mit Stoffen, von denen die Sendungen Muster enthalten, Handel treiben. Der Inhalt einer Warenprobe darf nicht aus leichtentzündlichen Sachen, aus Gegenständen, die leicht verderben, wie Tieren, Pflanzen u. dgl., aus leichtzerbrechlichen Sachen, sowie aus Gold- und Silbersachen, Edelsteinen und anderen Kostbarkeiten bestehen. Enthalten Warenproben solche Gegenstände, so werden sie dem Absender zurückgegeben. Warenproben, die in sonstiger Hinsicht den Vorschriften nicht entsprechen, werden wie Briefe taxiert. Eine besondere Gattung von Warenproben bilden die Sendungen mit heimatlichen Sämereien; diese unterliegen nur einer Taxe von 1 S. für jede 30 Me, unfrankiert und unzureichend frankiert das Doppelte des fehlenden Portos.

Briefsendungen jeder Art können unter Einschreibung versandt werden. Sie müssen stets frankiert sein. Für Verpackung und Verschluß sind besondere Vorschriften nicht getroffen. Einschreibgebühr 7 S. für jede Sendung. Rückscheine sind zulässig; Gebühr 3 S. Über jede Einschreibsendung wird dem Aufgeber unentgeltlich ein Einlieferungsschein erteilt. Die Versendung von Banknoten, barem Geld, Wertpapieren, Gold- und Silbersachen und Edelsteinen in Briefen, und zwar auch in Einschreibbriefen ist untersagt. Im Falle des Verlustes einer Einschreibsendung zahlt die Postverwaltung einen Schadenersatz bis 10 Y.

Nach- oder Rücksendung von Briefen usw. erfolgt taxfrei. Bemerkenswert ist, daß in der Wohnung des Empfängers abgegebene Briefe, die ihm nachgesandt werden sollen, bis 10 Tage nach erfolgter Bestellung mit der neuen Adresse zurückgegeben werden können, ohne daß für die Nachsendung Porto erhoben wird. Postlagersendungen werden 30 Tage zur Verfügung des Empfängers aufbewahrt. Wünscht der Absender, daß der Empfänger vom Vorliegen einer Postlagersendung verständigt wird, so ist eine besondere Gebühr von 3 S. zu entrichten.

Unbestellbare Briefe, deren Absender sich aus der Außenseite der Briefe nicht erkennen läßt, werden bei der Aufgabepostanstalt 10 Tage lang öffentlich ausgestellt. Meldet sich der Absender während dieser Zeit nicht, so werden die Briefe an das vorgesetzte Postamt 1. Kl. eingesandt, wo sie in einem besonderen Bureau geöffnet werden. Wird auch hierbei der Absender nicht festgestellt, so werden die Briefaufschriften durch die Zeitungen veröffentlicht. Bleiben die Briefe auch dann noch 6 Monate unabgefordert, so werden sie, sofern sie Wertgegenstände nicht enthalten, vernichtet. Briefe mit Wertsachen dagegen werden noch 2 Jahre aufbewahrt, worauf die Verwertung des Inhaltes zugunsten der

Staatskasse erfolgt. Meldet sich der Absender von Briefen mit Wertinhalt innerhalb der angegebenen Lagerfrist, so werden sie ihm gegen eine Gebühr von 10% des Wertes, höchstens jedoch von 5 Y. ausgefolgt.

Briefsendungen jeder Art werden in der Regel den Empfängern durch die Briefträger gebührenfrei in die Wohnung bestellt, sofern die Zustellung nicht mit außergewöhnlichen Schwierigkeiten verbunden ist, z. B. nach einsamen Inseln, Abbauten im Gebirge u. dgl. Indessen ist es den Empfängern auch gestattet, ihre Sendungen regelmäßig bei der Postanstalt abzuholen. Diese Befugnis erstreckt sich jedoch nur auf gewöhnliche, vollständig frankierte Sendungen; Einschreibbriefe sowie mit Porto belastete Sendungen werden stets durch die Briefträger abgetragen. Abholern werden Fächer im Ausgabespind eingeräumt, für die eine Miete von höchstens 50 Y. jährlich zu entrichten ist.

Eilbestellung ist zulässig. Das Verlangen der Eilbestellung ist in der Aufschrift unzweideutig zum Ausdruck zu bringen. Eilsendungen müssen stets vollständig frankiert sein und unter Einschreibung versandt werden; auch die Eilbestellgebühr ist im voraus zu entrichten. Sie beträgt im Ortsbestellbezirk 10 S., im Landbestellbezirk 30 S. Soll eine Sendung nach einem zum Bezirk einer anderen Postanstalt gehörigen Orte bestellt werden, so tritt jener Gebühr eine solche von 15 S. für jeden Ri hinzu. Ist bei der Eilbestellung ein Boot zu benutzen, so sind die Kosten für dieses allgemein besonders zu zahlen. Ist die Entfernung von dem Absender oder der Aufgabepostanstalt nicht richtig abgeschätzt worden, so ist der etwa fehlende Betrag des Eilbotenlohnes vom Empfänger einzuziehen.

Mit dem Verkauf von Postwertzeichen können außer den Postanstalten auch Kaufleute und selbst einfache Privatleute betraut werden. Aus dem Erlös an Postfreimarken wird den Vorstehern der Postanstalten 3. Kl. eine Vergütung von 5%, den Privatpersonen von $3\frac{1}{2}$% bewilligt. Außer Freimarken und Postkarten hat die Postverwaltung gestempelte Briefumschläge zu 3 S. ausgegeben.

B. Wertbriefe.

Wertsachen, die unter Wertangabe versandt werden sollen, sind dem Inhalt entsprechend gut einzupacken; sie werden bei der Auflieferung zur Post von der Postanstalt in einen haltbaren amtlichen Umschlag eingelegt, doch kann, wenn der Umschlag nicht geeignet erscheint, eine andere Verpackung angewendet werden. Der Verschluß wird mit amtlichen Siegelmarken hergestellt, auf denen der Absender sein Privatsiegel abzudrücken hat. Wertangabe ist bis 1000 Y. zulässig. Außer dem Porto für einen gleichschweren Brief ist eine Versicherungsgebühr von 15 S. bis 10 Y. und von 5 S. mehr für jede weiteren 10 Y. zu entrichten. Einschreibung ist neben der Wertangabe nicht zulässig. Über jeden Wertbrief wird ein Einlieferungsschein unentgeltlich ausgefertigt. Rückscheine sind zulässig; Gebühr 3 S. Eilbestellung ist wie bei Briefen gestattet.

Wertbriefe können auch mit Nachnahme bis 300 Y. belastet werden. Die Einlösung der Nachnahmesendungen kann nur am Schalter geschehen; dem Empfänger wird daher eine Benachrichtigung über das Vorliegen einer Nachnahmesendung mit der Aufforderung, die Sendung binnen 30 Tagen einzulösen, zugestellt. Wird die Nachnahme eingelöst, so wird hiervon die Aufgabepostanstalt verständigt, die den Absender einladet, die Vorzeigegebühr von 5 S. und die

Übermittelungsgebühr von 5 S. bis 10 Y., von 4 S. mehr für jede weiteren 10 Y. bis 100 Y. und von 3 S. mehr für jede 10 Y. über 100 Y. hinaus zu entrichten, worauf ihm gegen Rückgabe des Einlieferungsscheines der Nachnahmebetrag ausgezahlt wird.

Im Falle des Verlustes oder der Beschädigung eines Wertbriefes leistet die Postverwaltung Ersatz für den entstandenen Schaden bis zur Höhe der Wertangabe. Der Absender hat das Recht, gegen die Ersatzentscheidung binnen 3 Monaten die Gerichte anzurufen.

C. Postanweisungen.

Am Postanweisungsdienst nehmen alle Postämter und eine Anzahl Agenturen teil. Der Höchstbetrag einer Postanweisung ist auf 50 Y., der Mindestbetrag auf 1 R. festgesetzt. Tarif: bis 10 Y. 6 S., über 10 bis 20 Y. 10 S., über 20 bis 30 Y. 15 S., über 30 bis 40 Y. 18 S., über 40 bis 50 Y. 22 S.

Der Aufgeber einer Postanweisung hat die erforderlichen Angaben auf ein bei den Postanstalten erhältliches Anmeldeformular niederzuschreiben und die Gebühr in Freimarken darauf zu verrechnen. Der Annahmebeamte fertigt auf Grund dieser Angaben die Postanweisung aus und übergibt sie dem Aufgeber, der für ihre Übersendung an den Empfänger Sorge zu tragen hat; doch kann die Anweisung auch postseitig gesandt werden, wofür eine Gebühr von 5 S. zu zahlen ist. Auf dem Abschnitt sind schriftliche Mitteilungen über den Zweck des Geldes gestattet. Die Aufgabepostanstalt übersendet der Bestimmungspostanstalt das Anmeldeformular als Einzahlungsschein. Der Empfänger hat die Postanweisung quittiert und mit seinem Siegel bedruckt bei der Bestimmungspostanstalt vorzulegen; diese zahlt nur aus, wenn der Einzahlungsschein vorliegt und der Empfänger den Namen des Absenders anzugeben vermag. Der Absender kann auch eine Frist auf der Postanweisung bezeichnen, vor deren Ablauf das Geld nicht ausbezahlt werden darf. — Auszahlungsscheine sind zulässig; Gebühr 3 S. oder bei telegraphischen Auszahlungsmeldungen die Telegrammgebühr.

Ist auf der Postanweisung und dem Anmeldeformular keine Zahlungsfrist vorgesehen, so können Postanweisungsgelder (auch auf telegraphischen Postanweisungen) dem Empfänger gegen eine Gebühr von 4 S. in die Wohnung bestellt werden. Ein solches Verlangen können Absender und Empfänger stellen.

Die Postanweisungen verfallen nach 3, in Formosa nach 4 Monaten; die Gültigkeitsdauer kann jedoch auf Antrag des Absenders oder Empfängers von der obersten Postbehörde verlängert werden. Im Falle des Verlustes einer Postanweisung kann dem Absender oder Empfänger ein Doppel ausgestellt werden; er muß die Umstände, unter denen der Verlust eingetreten ist, angeben und durch einen Zeugen bestätigen lassen. Die Übertragung einer Postanweisung auf eine dritte Person durch Indossierung ist zulässig; der Indossat muß jedoch an demselben Ort wie der ursprüngliche Empfänger wohnen. Eine Postanweisung kann auf Verlangen des Absenders oder Empfängers auch auf eine dritte Postanstalt gegen eine Gebühr von 6 S. übertragen werden. Ist eine Postanweisung binnen 2 Jahren nicht zur Zahlung vorgelegt und eine Verlängerung der Gültigkeitsfrist nicht beantragt worden, so wird die Postanweisung durch die Zeitungen aufgerufen. Meldet sich hierauf binnen 3 Jahren der Absender, so wird ihm über den Betrag, nach Abzug des 10. Teils, eine neue Postanweisung zugefertigt. Nicht abgehobene Geldbeträge verfallen nach Ablauf der genannten Frist dem Staat.

Telegraphische Postanweisungen sind bis 50 Y. zugelassen. Tarif: einschl. der Gebühr für das Überweisungstelegramm bis 10 Y. 30 S., über 10 bis 20 Y. 35 S., über 20 bis 30 Y. 40 S., über 30 bis 40 Y. 35 S., über 40 bis 50 Y. 50 S. Die Auszahlung telegraphischer Postanweisungen erfolgt bei der Postanstalt, die dem Empfänger eine von ihr ausgefertigte Postanweisung zustellt.

Die Postverwaltung hat auch Postbons ausgegeben, die auf Beträge von 1 R. bis 5 Y. lauten können. Die Gebühr beträgt 3 S. für jeden Postbon. Der Käufer eines Postbons hat in diesem vor der Absendung Namen und Wohnort des Empfängers einzutragen; soll jedoch die Auszahlung an den Inhaber erfolgen, so unterbleibt diese Angabe, ebenso kann sie wegbleiben, wenn die Auszahlung durch eine Bank erfolgen soll. Auf Verlangen wird ein Postbonbetrag gegen eine Gebühr von 2 S. in die Wohnung bestellt. Die Postbons verlieren nach 60 Tagen ihre Gültigkeit.

D. Postaufträge.

Am Postauftragsdienst nehmen alle Postanstalten teil. Als Postauftragsanlagen sind Handelspapiere jeder Art zulässig. Für denselben Zahlungspflichtigen können einem Auftrage mehrere Papiere beigefügt werden; ein Auftrag kann Papiere für zwei Schuldner enthalten, dann darf für jeden aber nur ein Papier beiliegen. Der Höchstbetrag der durch einen Auftrag einzuziehenden Gesamtsumme darf 300 Y. nicht übersteigen. Das vom Absender auszufüllende Auftragformular ist mit den Papieren der Bestimmungspostanstalt im Einschreibbrief zu übersenden, worüber er einen Einlieferungsschein unentgeltlich erhält. Werden Papiere nicht bei der ersten Vorzeigung eingelöst, so wird beim Empfänger ein Zettel zurückgelassen, daß die Einlösung am Schalter zu erfolgen habe. Eine zweite Vorzeigung in der Wohnung findet nicht statt. Löst der Schuldner die Papiere dann binnen 30 Tagen nicht ein, so werden sie unter Einschreibung an die Aufgabepostanstalt zurückgesandt, doch kann der Auftraggeber auch sofortige Rücksendung verlangen. Dem Auftraggeber werden die Papiere gegen Rückgabe des Einlieferungsscheines ausgefolgt. Erfolgt die Einlösung der Papiere, so wird die Aufgabepostanstalt hiervon in Kenntnis gesetzt; diese ladet den Absender ein, sich bei ihr einzufinden, um nach Entrichtung einer Vorzeigegebühr von 5 S. und einer Geldübermittelungsgebühr von 5 S. bis 10 Y., von 4 S. mehr für jede weiteren 10 Y. bis 100 Y. und von 3 S. mehr für jede 10 Y. über 100 Y. hinaus, sowie gegen Rückgabe des Einlieferungsscheines die Auftragssumme abzuheben.

E. Postpakete.

Postpakete sind bis 1500 Me zulässig. In den Ausdehnungen dürfen sie in keiner Richtung 2 Schaku oder, wenn die Dicke nicht über 5 Sun beträgt, in der Länge nicht 3 Schaku überschreiten. Die Pakete müssen so verpackt sein, daß niemand ohne Verletzung der Umhüllung dem Inhalt beikommen kann. Pakete mit Wertangabe müssen außerdem mit mindestens 3 Siegeln verschlossen sein. Pakete, die Gold, Silber, Geld, kostbare Steine, Wertpapiere u. dgl. enthalten, sollen besonders sorgfältig verpackt und verschlossen sein; in dieser Beziehung bestehen sehr eingehende Einzelvorschriften. Briefe dürfen den Paketen nicht beigepackt werden. Jedem Paket ist eine Begleitadresse auf vorgeschriebenem Formular, wie sie von den Postanstalten unentgeltlich verabreicht werden, beizufügen; auf der Begleitadresse ist das Porto in Freimarken zu verrechnen. Über jedes Paket wird unentgeltlich ein Einlieferungsschein erteilt.

Auf den Paketen ist Wertangabe bis 1000 Y. zulässig. Der angegebene Wert darf den gemeinen Wert der Sendung nicht übersteigen. Auch Nachnahme ist auf Paketen zulässig, und zwar bis 300 Y. Auf Nachnahmepakete finden die gleichen Vorschriften Anwendung wie auf Wertbriefe mit Nachnahme (s. unter „B. Wertbriefe").

Im Falle des Verlustes oder der Beschädigung leistet die Postverwaltung Ersatz in Höhe des entstandenen Schadens, bei Wertpaketen nach Maßgabe des angegebenen Wertes, bei gewöhnlichen Paketen höchstens 20 S. für je 100 Me. Der Ersatzanspruch muß innerhalb 2 Monaten bei der Direktion oder dem vorgesetzten Postamt 1. Kl. geltend gemacht werden.

Am Postpaketdienst nehmen nur bestimmte Postanstalten teil. Ist ein Paket für einen Ort bestimmt, an dem sich keine zum Paketdienst ermächtigte Postanstalt befindet, so muß es nach dem nächsten Postamt mit Paketdienst postlagernd gerichtet werden. Zu Postlagerpaketen händigt die Aufgabepostanstalt dem Absender einen Schein aus, den der Absender dem Empfänger übersenden muß. Dem Empfänger wird das Paket nur gegen Rückgabe dieses mit seiner Namensunterschrift und mit Siegelabdruck zu versehenden Scheines ausgeliefert. Auch über andere als Postlagerpakete haben die Empfänger Quittung zu leisten. Eine Abtragung der Pakete in die Wohnung findet nicht statt; die Pakete müssen vielmehr bei der Postanstalt abgeholt werden. Dagegen ist Eilbestellung wie bei Briefen zulässig.

Postpakete müssen frankiert sein. Die Taxe ist verschieden je nach Entfernung und Gewicht. Es bestehen 3 Zonen: Zone 1 bildet die Aufgabeprovinz, Zone 2 sind weitere Entfernungen, Zone 3 ist für Japan Formosa. Ferner bestehen 6 Gewichtsstufen, und zwar bis 200, 400, 600, 900, 1200 und 1500 Me. Die Taxen stellen sich danach in der 1. Zone allgemein auf 5 S., in der 2. Zone auf 10, 15, 20, 30, 40 und 50 S., in der 3. Zone auf 30, 35, 40, 50, 60 und 70 S.; Versicherungsgebühr wie für Wertbriefe, Nachnahmegebühr wie bei Wertbriefen mit Nachnahme. Die Nach- und Rücksendung innerhalb der 1. Zone erfolgt gebührenfrei, nach Zone 2 und 3 ist dagegen das Porto von neuem zu entrichten.

F. Postsparkassen.

Am Postsparkassendienst nehmen im allgemeinen nur die Postämter teil. Der Mindestbetrag einer Einlage ist auf 10 S., der Höchstbetrag auf 50 Y. und der Höchstbetrag der Guthaben auf 500 Y. festgesetzt. Der Zinsfuß, der jeweilig vom Minister festgesetzt wird, beträgt z. Z. 4,8%. Die Verzinsung der Einlagen beginnt mit dem 1. des folgenden Monats, die einer Rückzahlung erlischt am 1. des Auszahlungsmonats.

Die Sparbücher werden von der Postanstalt ausgefertigt, bei der die erste Einlage bewirkt wird. Der Sparer hat der Postanstalt auf vorgeschriebenem Formular ein Verlangschreiben vorzulegen, das Namen, Wohnung und Stand des Sparers enthalten und vom Einleger unterschrieben und unterstempelt sein muß. Er hat das Sparbuch, das ihm auf Grund dieses Antrages ausgestellt wird, mit seiner Namensunterschrift und seinem Stempel zu versehen und den Betrag der Einlage einzurücken. Hierauf trägt der Beamte in das Buch ebenfalls den Einlagebetrag und den Einzahlungstag ein und drückt daneben den Sparkassen- und den Tagesstempel ab. In ähnlicher Weise wird bei weiteren Einlagen verfahren, doch können diese bei jeder beliebigen Postanstalt bewirkt werden.

Auch Sparkarten, auf denen kleine Sparbeträge in Freimarken angesammelt werden, bis sie 1 Y. erreichen, sind eingeführt, und zwar solche für ½, 1 und 2 S. Monatlich ist jedoch nur eine Sparkarte als Einlage zulässig. Auch Wertpapiere und Zinsscheine werden als Einlagen angenommen, aber in einem besonderen Sparbuche verzeichnet.

Geht dem Sparer das Sparbuch verloren, so hat er ein Doppel bei der Zentralbehörde zu beantragen. Die Ungültigkeit des in Verlust geratenen Sparbuches wird durch die Zeitungen veröffentlicht; gleichzeitig wird dem Sparer gegen eine Gebühr von 15 S. ein neues Buch ausgefertigt. Auf ein solches Doppel kann jedoch vor Ablauf der nächsten 3 Monate eine Rückzahlung nicht bewirkt werden.

Anträge auf Rückzahlungen sind unmittelbar oder durch die Postanstalt an die Zentraldirektion zu richten, die dem Sparer eine Zahlungsanweisung umgehend übersendet. Diese Zahlungsanweisung und das Sparbuch hat der Sparer der von ihm selbst bezeichneten Postanstalt vorzulegen. Ohne Kündigungsfrist kann monatlich nur einmal eine Summe bis 30 Y. abgehoben werden; doch kann bestimmten Sparern die Ermächtigung erteilt werden, auch höhere Beträge ohne Kündigung jederzeit abzuheben. Rückzahlungsanträge und Zahlungsanweisungen sind auch telegraphisch zulässig, doch muß der Betrag mindestens 1 Y. sein. Die Gebühr dafür ist 30 S.

Die Konten der Sparer werden in einfacher Ausfertigung in Kartenform bei der Zentraldirektion geführt. Die Postanstalten übersenden täglich eine Übersicht der bewirkten Ein- und Auszahlungen der Zentraldirektion, die auf Grund dieser Übersichten die Konten auf dem Laufenden hält. Außer diesen täglichen Listen reicht jede Postanstalt am Monatsschluß noch eine den ganzen Monat umfassende Zusammenstellung an die Zentraldirektion ein. Zur Eintragung der Zinsen haben die Sparer ihre Sparbücher jährlich am Tage der Ausfertigung des Buches der Zentraldirektion einzusenden. Sparbücher, auf die 10 Jahre lang weder eine Ein- noch eine Rückzahlung bewirkt wird, verfallen dem Staate.

Die Postverwaltung vermittelt den Ankauf von Rententiteln für die Sparer, und zwar gegen eine Gebühr von 20 S. bei Beträgen bis zu 50 Y., von 30 S. über 50 bis 100 Y. und von 10 S. für jede weiteren 10 Y. Die Rententitel werden bei der Postsparkasse aufbewahrt. Übersteigt ein Guthaben den Höchstbetrag, so wird der Einleger aufgefordert, den Mehrbetrag abzuheben. Wird dieser Aufforderung nicht binnen 6 Monaten Folge gegeben, so kauft die Postsparkassenverwaltung ohne weiteres einen Rententitel von 50 Y. für Rechnung des Sparers an.

Die Postbeamten mit fester Besoldung beziehen für die ihnen aus dem Postsparkassenbetrieb erwachsende Mühewaltung keinerlei besondere Vergütung;

den nicht mit festem Gehalt angestellten Beamten wird dagegen eine Vergütung gewährt, die je nach der Bedeutung des Postamts zwischen 50 S. und 12 Y. monatlich schwankt.

G. Postscheck- und Girodienst.

Im Anschluß an die Postsparkasse ist in Japan ein Postscheck- und Girodienst eingerichtet worden. Die Stammeinlage der Teilnehmer ist auf 20 Y. festgesetzt; von Staatsbehörden wird eine solche nicht beansprucht. Einzahlungen auf Scheckkontos werden von jedermann entgegengenommen; Formulare zu Einzahlungsscheinen werden von den Postanstalten unentgeltlich abgegeben. Den Kontoinhabern steht es frei, ihre Einzahlungsscheine mit Aufdruck der Firma und Kontonummer zu 10 S. für 50 Stück von der Postsparkasse liefern zu lassen oder sie anderweit zu beziehen. Die mit Kontonummer und Firma des Kontoinhabers versehenen Scheckformulare müssen dagegen von der Postsparkasse zu 15 S. für je 50 Stück entnommen werden. An diesen Formularen befindet sich ein Abschnitt, der unentgeltlich zu schriftlichen Mitteilungen benutzt werden kann und dem Kontoauszug des Teilnehmers beigeschlossen wird. Erfolgt jedoch auf Grund von Schecks die Ausfertigung von Zahlungsanweisungen, so sind schriftliche Mitteilungen auf dem Abschnitt nicht zulässig.

Jeder Kontoinhaber kann nur über einen Betrag verfügen, der das in seinem letzten Kontoauszuge nachgewiesene Guthaben nicht übersteigt. Die bei der Kasse des Postsparkassenamts in Tokio zahlbaren Kassenschecks haben eine Lauffrist von 1 Woche; die Scheckzahlungsanweisungen, die nur bis 1000 Y. ausgestellt werden dürfen, haben 30 Tage Gültigkeit.

Auf Grund der an das Postsparkassenamt eingesandten Schecks werden je nach Wunsch des Kontoinhabers Zahlungsanweisungen ausgefertigt oder die Überweisungen im Clearingverkehr durchgeführt. Alle Banken, die ein Postscheckkonto haben, können Beträge von ihren Postsparkassenguthaben auf ihre Konten bei der Bank von Japan übertragen lassen.

Für jede Eintragung im Konto wird eine Gebühr von 2 S. berechnet; die im Monat aufgelaufenen Gebühren werden von dem Kontoguthaben abgeschrieben. Für die Gutschriften der Zinsen oder die Lastschriften für Formulare, sowie bei Rückzahlungen mittels Zahlungsanweisung kommen solche Gebühren nicht in Ansatz. Bei Barzahlungen auf Grund von Zahlungsanweisungen werden folgende Gebühren berechnet und vom Kontoguthaben abgezogen: bis 10 Y. 5 S., über 20 bis 50 Y. 10 S., über 50 bis 100 Y. 15 S., über 100 bis 500 Y. 30 S., über 500 bis 1000 Y. 50 S.

Das Guthaben der Scheckkontoinhaber, für das ein Höchstbetrag nicht festgesetzt ist, wird mit 3,6% verzinst. Die Verzinsung wird vom 1. des auf den Einlagetag folgenden Monats und bis zum Schluß des der Rückzahlung vorhergehenden Monats berechnet. Beträge von weniger als 1 Y. werden nicht verzinst. Bei den Konten der Staatsbehörden werden weder Zinsen noch Gebühren berechnet.

Meldet ein Kontoinhaber seinen Austritt aus dem Scheckverkehr an, so wird die Löschung des Kontos veröffentlicht. Das Restguthaben einschl. Stammeinlage wird nach 1 Monat zurückgezahlt; innerhalb dieser Frist vorkommende Einlagen werden noch auf dem Konto gebucht, Rückzahlungen werden jedoch nicht mehr geleistet.

40. China.

(11138880 qkm und 330130000 Einwohner.)

Das chinesische Staatspostwesen wird unter der Oberaufsicht des „General-Zoll- und Postinspektorats" von dem „Postal Secretary" in Peking geleitet. Das Postgebiet, das die 18 Provinzen des eigentlichen China und die Mandschurei umfaßt, ist in 32 Bezirke eingeteilt, die von „Postkommissären", „Distrikts-Postmeistern" und „Vize-Postmeistern" verwaltet werden. Die Postmeister usw. haben ihren Amtssitz in folgenden Orten: Peking, Mukden, Tientsin, Tschifu, Tsinan, Kiautschou, Tschungking, Itschang, Schasi, Tschangscha, Yotschau, Hankau, Kiukiang, Tatung, Wuhu, Nanking, Tschinkiang, Schanghai, Sutschau, Hangtschau, Ningpo, Wentschau, Santuao, Futschau, Amoy, Swatau, Kanton, Kiungtschau, Lungtschau, Mengtß, Semau und Tengyueh. Einzelne größere Bezirke sind in „Sub-Districts" eingeteilt, die unter der Leitung von „Betriebsinspektoren" stehen. Die Postanstalten zerfallen in 4 Klassen: „Hauptpostämter", denen die Postmeister usw. vorstehen, „Zweigpostämter", die in reichseigenen Gebäuden eingerichtet und von kaiserlichen Beamten (clerks) verwaltet werden, „Binnenlandagenturen", von gutgestellten Kaufleuten verwaltet, die gegen eine bestimmte Vergütung den Postdienst, einschließlich der Ortsbestellung, wahrnehmen, und „Briefkastenbureaus", d. s. kleine Kaufmannsläden, in denen die kaiserliche Post ihre Briefkasten aufstellt. Der Ladeninhaber kann gegen eine geringe Entschädigung Freimarken an das Publikum verkaufen und gewöhnliche sowie einzuschreibende Postsendungen annehmen. Diese Bureaus sind nur in größeren Städten zur Unterstützung der Haupt- und Zweigämter eingerichtet.

Das kaiserliche Postwesen ist noch in der Entwickelung begriffen, immerhin besitzen schon alle Provinzialhauptstädte, die meisten Präfektur- und Bezirksstädte und die wichtigeren sonstigen Städte in China (und zwar auch in den Westprovinzen) ihre kaiserliche Postanstalt.

Die Verbindung zwischen den kaiserlichen Postanstalten wird an der Meeresküste und auf den größeren Flüssen durch Dampfer, auf den sonstigen Wasserwegen durch Dampfbarkassen, Dschunken oder durch sog. Hong-Boote hergestellt. Im übrigen geschieht die Beförderung durch die wenigen vorhandenen Eisenbahnen und durch Postboten zu Fuß und zu Pferde. Die Botenkurse folgen in der Regel den von alters her begangenen Handelsstraßen, auch wo diese nicht den kürzesten Weg zwischen den Postorten darstellen, einesteils weil sie größere Sicherheit für den Postboten und seine Ladung bieten, anderenteils weil sie an einer größeren Anzahl von Städten und Dörfern vorbeiführen und somit eine bequemere Festsetzung der Stationen ermöglichen. Die Entfernung von einer Station bis zur anderen beträgt im allgemeinen nicht mehr als 100 li = 33 engl. Meilen; das ist dort die gewöhnliche Tagesleistung eines Fußboten. Die Botenposten verkehren an bestimmten Tagen der Woche nach festem Plane. Man unterscheidet zwischen leichten und schweren Posten, erstere enthalten nur Briefe und Postkarten, letztere die übrigen Briefpostgegenstände. Auf den Hauptkursen werden leichte Posten täglich, schwere alle 2 Tage oder wöchentlich zweimal abgefertigt. Für die Beförderung leichter Posten werden in manchen Gegenden berittene Boten, in anderen aber sog. Tag- und Nachtfußboten verwendet. Solche Posten legen täglich 200 li = 65 engl. Meilen zurück. Die

Postboten sind Beamte der kaiserlichen Post und tragen Uniform oder besondere Abzeichen.

Die Leitung der Zentral-Postverwaltung und der Hauptpostämter ist in den Händen von Ausländern; Chinesen sind lediglich im Betriebsdienste beschäftigt. Mit Ausländern werden auch die Stellen der „Postal Officers“ besetzt, denen die Beaufsichtigung des Dienstbetriebes bei den Hauptämtern und, soweit angängig, die Kontrolle der Dienstverrichtungen der chinesischen Beamten im Bezirk obliegt. In den Vertragshäfen werden als Vorsteher der Zweigpostämter nur chinesische „Clerks“ verwendet, die des Englischen mächtig sind. Das Amt des Postmeisters versieht der jeweilige Zollkommissar am Orte. Die Besoldung der Beamten regelt sich nach festen Gehaltsskalen. Alle chinesischen Beamten haben Bürgschaft zu stellen.

Ein Postmonopol besteht noch nicht.

A. Briefpost.

Alle ganz oder teilweise geschriebenen Mitteilungen, gleichviel ob offen oder verschlossen, sowie alle verschlossenen Sendungen werden als Briefe angesehen. Das Höchstgewicht der Briefe ist auf 2 kg, die Höchstausdehnungen sind auf 60 zu 30 zu 30 cm festgesetzt. Tarif: 2 Ct.*), Ortsbriefe 1 Ct. für jede 15 g; Briefe müssen frankiert sein.

Postkarten kosten allgemein 1 Ct. die einfache, 2 Ct. die Karte mit Antwort; es besteht Frankierungszwang. Von der Privatindustrie hergestellte Postkarten sind zugelassen, doch dürfen sie nicht größer als 14 zu 9 und nicht kleiner als 10 zu 7 cm sein.

Zeitungen, die in China gedruckt sind und im Lande selbst nicht seltener als monatlich einmal erscheinen, können von den Verlegern beim Hauptpostamt ihres Bezirks in das Zeitungsregister eingetragen werden; dabei unterscheidet man „gewöhnliche“ Eintragung, solche unter „besonderer Marke“ und solche zur Versendung in „großen Paketen“ (in bulk). Daß die Zeitungen eingetragen sind und in welcher Weise, muß aus dem Kopf der Zeitungen ersichtlich sein. Bei gewöhnlicher Eintragung erfolgt die Versendung in einzelnen Päckchen unter Streifband an die Adresse der Bezieher; jede Sendung ist für sich zu frankieren. Eingetragene Zeitungen unter „besonderer Marke“, die übrigens mindestens zehntäglich erscheinen müssen, werden ebenfalls unter Einzeladresse verpackt, doch werden sie nicht einzeln frankiert; die für denselben Ort bestimmten Sendungen sind zu Paketen von je 25 oder 50 Stück zu vereinigen. Die Frankierung erfolgt vierteljährlich in einer annäherungsweise berechneten Summe. Die in großen Paketen (in bulk) zu versendenden Zeitungen müssen täglich mindestens einmal erscheinen; die einzelnen Zeitungen sind nicht zu falten und nicht besonders zu adressieren, sondern in Ballen oder Körben unter der gemeinsamen Adresse eines Agenten oder Zeitungshändlers zu versenden; sie sind nur zwischen Anlegehäfen zulässig, werden unmittelbar auf den Schiffen abgeliefert und genießen Zollfreiheit. Für Zeitungspakete „in bulk“ wird nur eine Gebühr von 2 cash für jedes Exemplar nach der beförderten Durchschnittszahl

*) 1 (mexik.) Dollar (D.) zu 100 Cents (Ct.) = rund 2 M.; 1 Cash (chinesische Münze) = $^2/_5$ Pf.

vierteljährlich vom Verleger entrichtet. Für die gewöhnliche und unter besonderer Marke eingetragenen Zeitungen beträgt die Taxe 1 Ct., im Stadtverkehr ½ Ct. für jede 50 g. Diese Zeitungen dürfen das Gewicht von 2 kg für jede Sendung nicht überschreiten; für Sendungen „in bulk“ ist eine Gewichtsgrenze nicht festgesetzt. Es besteht Frankierungszwang.

Für Drucksachen (einschl. der nicht eingetragenen Zeitungen) und Geschäftspapiere gelten im wesentlichen Bestimmungen gleich denen des Weltpostvertrages, namentlich hinsichtlich der Beschaffenheit und der Zusätze und Änderungen. Das Meistgewicht ist auf 2 kg, die Höchstausdehnungen sind auf 45 cm in jeder Richtung, bei Rollenform auf 75 zu 10 cm festgesetzt. Es besteht Frankierungszwang. Tarif: Ortssendungen bis 100 g 1 Ct., über 100 bis 250 g 2 Ct., über 250 bis 500 g 4 Ct., über 500 g bis 1 kg 8 Ct., über 1 bis 2 kg 15 Ct., im Fernverkehr: bei den gleichen Gewichtsstufen 2, 5, 10, 15 und 30 Ct.

Auch für Warenproben decken sich die Bestimmungen mit denen des Weltpostvertrages. Das Gewicht ist auf 350 g, die Ausdehnungen sind auf 30 zu 20 zu 10 cm, in Rollenform auf 30 zu 15 cm beschränkt. Die Sendungen müssen frankiert sein. Tarif: bis 100 g im Ortsverkehr 1 Ct., im Fernverkehr 2 Ct., über 100 bis 250 g 2 und 5 Ct., über 250 bis 350 g 4 und 10 Ct.

Briefsendungen jeder Art können eingeschrieben werden. Sie müssen frankiert sein. Die Einschreibgebühr beträgt 5 Ct. Rückscheine sind zulässig; Gebühr 5 Ct. Über jede Einschreibsendung hat sich der Absender unentgeltlich einen Einlieferungsschein aushändigen zulassen. Bei Massenauflieferungen muß der Absender ein Verzeichnis in doppelter Ausfertigung mit vorlegen, wovon ihm ein Exemplar als Einlieferungsschein zurückgegeben wird. In Fällen des Verlustes einer Einschreibsendung wird, höhere Gewalt ausgenommen, dem Absender Ersatz für den entstandenen Schaden, höchstens jedoch ein Betrag von 10 D. gezahlt.

Nach- und Rücksendung erfolgen gebührenfrei; werden jedoch Ortssendungen weiterhin nachgesandt, so ist das Doppelte des Portounterschiedes vom Empfänger einzuziehen. Postlagersendungen sind nur an Fremde (nicht Ortseingesessene) zulässig und müssen die volle Adresse des Empfängers tragen; solche mit Anfangsbuchstaben, Vornamen usw. werden nicht befördert. Nachsendung ist für Postlagerbriefe ausgeschlossen. Postlagersendungen werden 1 Monat zur Verfügung des Empfängers bereitgehalten.

Unbestellbare Sendungen werden an den Absender zurückgesandt, wenn sich dieser genannt hat; andernfalls sind sie an eines der Rückbriefämter in Peking, Schanghai oder Kanton zu senden. Unfrankierte und unzureichend frankierte Sendungen aus dem Briefkasten, deren Absender nicht bekannt ist, werden ausnahmsweise abgeschickt, doch wird vom Empfänger das Doppelte des fehlenden Portos eingezogen.

Die Briefsendungen jeder Art, ausgenommen schwere Gegenstände, werden den Empfängern im Ortsbestellbezirk gebührenfrei in die Wohnung bestellt; über Einschreibsendungen muß der Bote sich Quittung geben lassen. Sendungen nach Orten ohne kaiserliche Postanstalt werden den Privatposten, deren es in China noch eine große Zahl gibt und die hauptsächlich von Kaufleuten unterhalten werden, zur Weiterbeförderung übergeben. Schließfächer usw. zur Abholung sind nicht eingerichtet.

Eilbestellung besteht nur bei einer beschränkten Zahl von Postämtern

(z. B. Peking, Tientsin, Schanghai, Hankau, Kaifeng, Futschau und Kanton) und ist nur für Briefe zulässig. Die Taxe beträgt bis 30 g 10 Ct., für schwerere Sendungen 5 Ct. mehr für jede 30 g; das Höchstgewicht ist auf 2 kg beschränkt. Die Auflieferung muß am Schalter erfolgen. Der Aufgeber hat sich einen Eilbestellzettel für 10 Ct. zu lösen, der aus 3 Teilen besteht; ein Teil dient als Einlieferungsschein, einer als Empfangsschein für den Empfänger, der dritte ist die Eilbestellmarke. Das weitere Franko ist in gewöhnlichen Freimarken auf der Sendung zu verrechnen. Will der Absender die Quittung des Empfängers erhalten, so muß er den Einlieferungsschein mit einer Gebühr von 5 Ct. vorlegen. Ergibt sich, daß der Brief in Verlust geraten ist, so wird dem Absender ein Ersatz von 5 D. geleistet.

Postwertzeichen (Freimarken und Postkarten) verkaufen nur die Postanstalten. Die Marken hat stets der Absender auf die Sendungen zu kleben, den Postbeamten ist dies untersagt. Portostundung, Umtausch von Marken usw. ist verboten. Das Porto auf unfrankierten und unzureichend frankierten Sendungen wird durch besondere Taxmarken verrechnet.

B. Postanweisungen.

Am Postanweisungsdienst nehmen alle Hauptpostämter sowie die meisten Zweigpostämter und Binnenlandagenturen teil. Der Meistbetrag einer Postanweisung ist zwischen Orten, die durch Dampfer bedient werden, auf 50 D., für die übrigen Orte auf 10 D. festgesetzt. Mehr als 5 Anweisungen dürfen nicht an demselben Tage für den gleichen Absender ausgefertigt werden. Der Absender hat zunächst ein Anmeldeformular, Memo genannt, auszufüllen, auf das hin der Beamte die Postanweisung selbst ausstellt. Tarif: 2 Ct. für jeden D. Da der Geldwert in den verschiedenen Landesteilen nicht gleich ist, so hat der Absender außer dem Betrag der Postanweisung noch den Kursunterschied zu zahlen. Das Porto wird in Freimarken auf der Postanweisung verrechnet. Außerdem schneidet der Beamte Freimarken zum Werte des Postanweisungsbetrages halb durch und klebt die einen Hälften auf die Postanweisung, die anderen Hälften auf einen Einzahlungsschein. Diese Marken werden nicht entwertet. Der Beamte händigt dem Aufgeber das „Memo" als Einlieferungsschein sowie die Postanweisung selbst aus, die er dem Empfänger im Einschreibbrief übersenden muß; den Einzahlungsschein schickt der Beamte dagegen unter Umschlag an die Bestimmungspostanstalt. Die Auszahlung erfolgt nur, wenn Einzahlungsschein und Postanweisung sich in ihren Angaben und den Markenteilen decken. Der Aufgeber kann gegen eine Gebühr von 10 Ct. einen Rückschein erhalten. Der Empfänger muß bei Vorlegung der Postanweisung auch den Umschlag, in dem ihm die Anweisung zugegangen ist, als Ausweis vorlegen. Postanweisungen verfallen nach 6 Monaten.

C. Pakete.

Am Paketdienst nehmen alle Postanstalten teil. Pakete sind von und nach Orten, die an der Eisenbahn oder an einem Dampfschiffkurs liegen, bis 10 kg, nach und von anderen Orten bis 3 kg zulässig. Erstere Pakete dürfen 60 cm, letztere höchstens 30 cm in jeder Richtung messen, kleiner als $4\frac{1}{2}$ zu 5 zu 5 cm darf kein Paket sein. Die Pakete müssen gut verpackt und versiegelt sein; eine Begleitadresse ist ihnen nicht beizugeben, wohl aber eine Zollinhaltserklärung. Briefe dürfen nicht in die Pakete gelegt werden, dagegen ist ein Zettel mit auf das Paket bezüglichen Mitteilungen zulässig. Über jedes Paket wird unentgeltlich ein Einlieferungsschein erteilt; bei Massenauflieferungen ist wie bei Auflieferung einer größeren Zahl Einschreibbriefe zu verfahren. Tarif: im Ortsverkehr: bis 2 kg 10 Ct., über 2 bis 5 kg 20 Ct., über 5 bis 10 kg 30 Ct.; im Fernverkehr: bis ½ kg 15 Ct., über ½ bis 1 kg 20 Ct., über 1 bis 2 kg 30 Ct., über 2 bis 3 kg 40 Ct., über 3 bis 5 kg 50 Ct., über 5 bis 7 kg 80 Ct., über 7 bis 10 kg 100 Ct. Für Sperrgut, d. h. für Pakete, welche die vorangegebenen Höchstausdehnungen überschreiten, ausgenommen jedoch solche mit Schirmen, Stöcken, Plänen u. dgl., wenn sie 1 m zu 20 cm nicht übersteigen, wird die Hälfte jener Sätze als Zuschlag erhoben. Ferner wird für Pakete nach und aus den Provinzen Schensi, Kansu, Yünnan, Kweitschau und Setschuan die doppelte Taxe erhoben. Rückscheine sind zulässig; Gebühr 5 Ct.

Die gewöhnlichen Pakete, für die nicht eine Verzollung am Bestimmungsort nötig ist, können den Empfängern durch die Briefträger in die Wohnung bestellt werden, doch ist dafür ein Bestellgeld von 10 Ct. zu entrichten. Über andere Pakete wird dem Empfänger nur eine Abholungsaufforderung zugestellt.

Pakete können bei Postämtern mit Postanweisungsdienst auch unter Wertangabe aufgeliefert werden, sofern die Beförderung ausschließlich mit der Bahn oder zu Schiff möglich ist. Gold- und Silbersachen, Juwelen, kostbare Steine und Waren im Werte von mindestens 30 D. können nur in Wertpaketen versandt werden. Der Höchstbetrag der Wertangabe ist auf 200 D. festgesetzt. Außer dem Porto ist eine Versicherungsgebühr von 1% des Wertes, mindestens aber von 10 Ct. zu entrichten. Wertpakete müssen stets bei der Postanstalt abgeholt werden.

Gewöhnliche und Wertpakete können mit Nachnahme (Trade Charges) bis 200 D. belastet werden, doch ist auch für sie Voraussetzung, daß die Beförderung ausschließlich mit Bahn oder Schiff erfolgt. Der Nachnahmebetrag muß sowohl auf dem Paket als auch in der Inhaltserklärung mit roter Tinte niedergeschrieben werden. Die neben dem Porto und u. U. der Versicherungsgebühr zu entrichtende Nachnahmegebühr beträgt 2% des Nachnahmebetrages. Ist die Nachnahme eingelöst, so wird die Aufgabepostanstalt verständigt, die den Absender auffordert, das Geld abzuholen. Wird die Nachnahme innerhalb 30 Tagen nicht bezahlt, so wird das Paket als unbestellbar behandelt.

Über unbestellbare Pakete wird eine Unbestellbarkeitsmeldung ausgefertigt. Geht darauf binnen 3 Monaten keine Verfügung des Absenders ein, so wird das Paket nach dem Aufgabeort zurückgesandt. Für Nach- und Rücksendungen ist das Porto von neuem zu entrichten.

Im Falle des Verlustes oder der Beschädigung eines Pakets wird Schadenersatz gewährt, und zwar bei gewöhnlichen Paketen bis 5 D., bei Wertpaketen nach Maßgabe der Wertangabe.

Australien.

Die Staaten des australischen Festlandes (Victoria, Süd-Australien, Neu-Süd-Wales, Queensland und West-Australien) nebst Tasmania haben sich zu dem „Australischen Staatenbund", der Commonwealth of Australia, zusammengeschlossen. Eine Reihe von Verwaltungszweigen, die sich vordem in den Händen der Einzelregierungen befanden, ist auf die Bundesregierung übergegangen, hierzu gehören auch das Post- und das Telegraphenwesen, die in den grundsätzlichen Fragen eine für das ganze Gebiet des Bundes gemeinsame Verwaltung bilden. Das am 1. Dezember 1901 in Kraft getretene Bundes-Post- und Telegraphengesetz (Post and Telegraph Act 1901) hat eine Anzahl wichtiger Fragen für das Bundesgebiet einheitlich geregelt und andere Angelegenheiten dem Bundes-Generalpostmeister zur Regelung im Verordnungswege zugewiesen.

An der Spitze der Bundes-Post- und Telegraphen-Verwaltung steht ein „General-Postmeister" (Postmaster-General), dem ein „Sekretär" (Secretary) beigegeben ist; in jedem Einzelstaate liegt die Leitung des Post- und Telegraphendienstes einem dem General-Postmeister unterstellten „Deputy Postmaster-General" ob. Dem General-Postmeister, der bis zur endgültigen Festsetzung einer Bundeshauptstadt seinen Sitz in Melbourne hat, liegt u. a. ob, zu bestimmen, welche Gewichts- und Ausdehnungsgrenzen für die verschiedenen Gattungen von Postsendungen gelten sollen, unter welchen Bedingungen und zu welchen Taxen Postsendungen zur Postbeförderung anzunehmen sind, wie mit Sendungen, die augenscheinlich zollpflichtige Gegenstände enthalten, zu verfahren ist, unter welchen Bedingungen Geldbeträge im Wege der Postanweisung oder des Postbons versandt werden können, welche Gebühren für Einschreibsendungen und für Überlassung von Schließfächern zu entrichten sind, gegen welche Gebühren der Fernsprecher benutzt werden kann usw.

Der Postzwang erstreckt sich im Bundesgebiet nur auf Briefe. Wer Briefe gegen Bezahlung auf andere Weise als durch die Post versendet oder befördert, unterliegt einer Geldstrafe von 5 bis 50 £ *). Vom Postzwange sind jedoch ausgeschlossen: Briefe von mehr als 16 Uz., Briefe, die sich auf Warensendungen beziehen und mit diesen befördert werden, sowie Briefe, die der Absender in eigener Angelegenheit durch besondere Boten versendet.

Ferner sind u. a. einheitlich geregelt: die besonderen Vorrechte der Post und ihrer Beamten, der Schutz gegen Fälschung der Postwertzeichen, gegen Beschädigung der Posthäuser und Briefkasten und gegen Einschmuggelung von

*) Münzen: 1 Pfd. Sterl. (£) = 20 Schilling (s) zu 12 Pence (d) = 20 M. 43 Pf.; 1 Penny also = rund $8^1/_3$ Pf. — Maße: 1 Fuß zu 12 Zoll = 0,305 m; 1 Zoll = 2,54 cm. 1 engl. Meile = 1,609 km. — Gewichte: 1 engl. Pfund (Pfd.) zu 16 Unzen (Uz.) = 453 g; 1 Unze = 28,3465 g.

Postanweisungen, die Benutzung der Eisenbahnen und Schiffe zur Postbeförderung, die Art der Verrechnung des Portos, das Portofreiheitswesen usw. Eine ganze Reihe von Bestimmungen des Gesetzes befaßt sich mit der Aushändigung der Sendungen an die Empfänger. Die nach Hotels, Logierhäusern usw. gerichteten Postsendungen und Telegramme werden im allgemeinen, auch wenn die Empfänger noch nicht eingetroffen sind, an die Inhaber der Hotels ausgehändigt; die Sendungen verbleiben aber bis zu ihrer Aushändigung an die eigentlichen Empfänger unter der Kontrolle der Postverwaltung, und die Hotelinhaber sind verpflichtet, die binnen Monatsfrist nicht angebrachten Sendungen an die Post zurückzugeben. Zuwiderhandlungen gegen diese Vorschrift werden mit Geldstrafe bis zu 5 £ geahndet. Sendungen an zahlungsunfähige und in Bankrott geratene Personen werden an den Konkursverwalter bestellt. Die Sendungen, deren Empfänger gestorben sind, sollen grundsätzlich nur an die Personen ausgehändigt werden, die sich durch eine amtliche Bescheinigung als Erben oder Testamentsvollstrecker ausweisen, doch ist der General-Postmeister oder der Deputy Postmaster-General des betreffenden Staates befugt, bis zur erfolgten Beibringung der Bescheinigung nach Maßgabe der Einzelheiten des Falles darüber Bestimmung zu treffen, an wen die Bestellung zu erfolgen hat. Soweit keine Bestellung von Postsendungen stattfindet (bei der geringen Dichtigkeit der Bevölkerung sind erklärlicherweise weite Strecken Landes ohne Bestelleinrichtung), werden die Postsachen bis zu der der Wohnung des Empfängers nächstgelegenen Postanstalt befördert, wo sie vom Adressaten in Empfang genommen werden müssen. Wo Bestelleinrichtungen bestehen, sollen die Postkarten, Drucksachen, Zeitungen und Postpakete von der Bestellung zurückgestellt und für einen späteren Bestellgang aufbewahrt werden, wenn durch ihre Mitnahme die Bestellung der Briefe verzögert werden würde. Postsendungen, die irrtümlich an eine zur Empfangnahme nicht berechtigte Person ausgehändigt worden sind, müssen an die Postanstalt zurückgegeben werden.

Über die Höhe des Portos der Brief- und anderen Sendungen trifft das Postgesetz keine Bestimmungen. Innerhalb der einzelnen Staaten weichen denn auch die Portosätze selbst für Briefe noch jetzt mehrfach voneinander ab. Aber auch für den Verkehr der Staaten untereinander, den „Inter-state"-Verkehr, besteht noch keine volle Einheitlichkeit. Wir lassen die Taxsätze dieses letzteren Verkehrs hier folgen. Das Porto beträgt für Briefe 2 d für jede ½ Uz., für Kartenbriefe 2 d, in Neu-Süd-Wales 1½ d, in Süd-Australien sind keine ausgegeben, für Postkarten einfach 1 d, mit Antwort 2 d, für Geschäftspapiere 1 d für jede 2 Uz., für Warenproben und Warenpäckchen 1 d für jede 2 Uz., für Drucksachen 1 d für jede 2 Uz., in Tasmania 1 d für jede 4 Uz., für Bücher 1 d für jede 4 Uz., für Zeitschriften (Magazines) 1 d für jede 4 Uz., in Victoria, Süd-Australien und Neu-Süd-Wales 1 d für die ersten 8 Uz. und ½ d für jede weiteren 4 Uz., ausgenommen nach Queensland, wohin 1 d für jede 4 Uz. erhoben wird; Einschreibgebühr 3 d, Rückscheingebühr 2½ d, Postanweisungen 6 d für jede 5 £, Postal-Notes bis 1½ s ½ d, bis 4½ s 1 d, für 5 s 1½ d, für 7½ s 2 d, von 10 bis 20 s 3 d, Pakete 8 d für das erste Pfd., 6 d für jedes weitere Pfd., Nachnahmegebühr bis 10 s 2 d, für jede weiteren 5 s 1 d. Das Höchstgewicht der Pakete ist auf 11 Pfd., der Meistbetrag einer Postanweisung auf 20 £ festgesetzt. Für unfrankierte oder ungenügend frankierte Postsendungen wird das Doppelte des fehlenden Portos vom Empfänger eingezogen. Die Frankierung der Postsendungen hat ausschließlich mit Postwertzeichen des Aufgabestaates zu geschehen. Der Briefverkehr zwischen den Staaten gibt keinen Anlaß zu Abrechnungen zwischen ihnen, vielmehr bezieht jeder Staat ungeteilt das Porto, das er erhebt.

Wir lassen nun die Bestimmungen, Tarife usw. folgen, die in den einzelnen Staaten für ihren inneren Verkehr bestehen, wobei wir bemerken, daß Neuseeland dem Australischen Staatenbunde nicht angehört. Wie aus den folgenden Ausführungen ersichtlich ist, stimmen die Vorschriften über eine ganze Reihe von Dienstzweigen, insbesondere über Bestell- und Abholungseinrichtungen, über Vertrieb und Umtausch der Postwertzeichen, über Barfrankierung von Massensendungen und über den Postanweisungs-, Postal-Notes- und Postpaketdienst in den 6 Staaten schon jetzt fast durchweg überein, und es ist anzunehmen, daß im Laufe der Zeit für alle Dienstzweige gleichartige Bedingungen und Tarife für den ganzen Bereich des Australischen Staatenbundes zur Durchführung kommen werden.

41. Victoria.

(227610 qkm und 1248095 Einwohner.)

Die Leitung der Post- und Telegraphenverwaltung Victorias liegt in den Händen des „Deputy Postmaster-General", der zugleich die Oberleitung des Betriebes bei dem „Hauptpostamt" (General Post Office) in der Hauptstadt Melbourne besorgt. Bezirksdirektionen bestehen nicht, vielmehr sind die Postanstalten dem General-Postamt unmittelbar unterstellt. Dem Deputy Postmaster-General sind ein „Assistant Secretary", mehrere „Postinspektoren" und „Telegrapheningenieure" beigegeben. Die Postanstalten heißen einheitlich „Postämter" (post-offices), in den größeren Städten bestehen einige „Zweigpostanstalten" (Branch offices). Die Vorsteher der Postanstalten heißen „Postmasters" und, soweit die Anstalten von Frauen verwaltet werden, „Postmistresses".

A. Briefpost.

Für **Briefe** (letters) sind ein Höchstgewicht und Ausdehnungsgrenzen nicht festgesetzt. **Tarif:** 1 d für jede ½ Uz., unfrankiert und unzureichend frankiert das Doppelte des fehlenden Portos. Briefe, die nach Eintritt der Schlußzeit für eine Post aufgeliefert werden, mit letzterer aber noch Beförderung finden sollen oder die in die Briefkasten der Bahnpostwagen eingelegt werden, unterliegen einer besonderen **Spätlingsgebühr** (late letter fee) von 1 d, nach dem Auslande in Höhe des Portos für einen einfachen Brief. Briefe an und von Soldaten bis zum Sergeant einschl. aufwärts, sowie an und von Seeleuten im Dienste des Königs genießen eine Portoermäßigung insofern, als sie bis ½ Uz. auch unfrankiert nur 1 d Porto kosten.

Die Postverwaltung hat **Kartenbriefe** (letter cards) zu 1 und 2 d ausgegeben, von denen die letzteren zum Nennwert des Stempels, die ersteren zu 2½ d für 2 Stück verkauft werden.

Postkarten (post cards) kosten 1 d die einfache, 2 d die Karte mit Antwort, unfrankiert und unzureichend frankiert das Doppelte des fehlenden Portos. Von der Privatindustrie hergestellte Postkarten sind zulässig, doch sollen sie nicht größer als $5\frac{1}{2}$ zu $3\frac{1}{2}$ und nicht kleiner als 4 zu $2\frac{3}{4}$ Zoll sein.

Zeitungen (newspapers), die nicht seltener als monatlich einmal erscheinen, beim General-Postamt unter Entrichtung einer Einschreibungsgebühr von 5 s in das Verzeichnis der regelmäßig erscheinenden Zeitungen eingetragen sind und von dem Verleger an Zeitungshändler, Agenten usw. in Paketen versandt werden, kosten 1 d für jede 20 Uz. Daß die Zeitungen eingetragen sind, muß aus ihrem Kopf ersichtlich sein. Das Gewicht dieser Zeitungspakete ist unbeschränkt. Das Franko für die Zeitungspakete wird durch Aufkleben von Freimarken auf ein mit den Zeitungspaketen bei der Annahmestelle vorzulegendes Verzeichnis (docket) verrechnet; der Aufgeber hat quer über die Freimarken in Gegenwart des Annahmebeamten seinen Namen zu schreiben; eine weitere Entwertung der Marken findet nicht statt. Die Zeitungspakete werden bei der Aufgabepostanstalt nur mit einem Stempel „paid at" bedruckt.

Werden die Zeitungen unter Einzeladressen versandt, so können sie ohne Umschlag, einfach zusammengerollt und gebunden, oder unter Streifband gelegt sein. Außer der Aufschrift dürfen auf Zeitungen handschriftlich nur die Worte „newspaper only" (nur Zeitungen) und der Name und Wohnort des Absenders, ferner gedruckt nur der Name des Verlegers oder Verkäufers, sowie die Benennung der Zeitung nachträglich angegeben werden; außerdem ist es gestattet, einzelne Stellen des Inhalts, auf welche die Aufmerksamkeit gelenkt werden soll, durch Striche kenntlich zu machen. Das Einlegen oder Anbringen schriftlicher Mitteilungen jeder Art in Zeitungssendungen wird mit Geldstrafe bis zu 50 £ belegt. Tarif: $\frac{1}{2}$ d für jede Zeitungsnummer und jede 10 Uz. Stellt sich bei Versendung mehrere Nummern unter einem Band die Drucksachentaxe billiger, so wird diese angewendet, doch soll dann das Gewicht des Zeitungspakets 5 Pfd. nicht überschreiten. Als Zeitungen im eben besprochenen Sinne werden solche regelmäßig erscheinenden Blätter betrachtet, die nur oder doch teilweise politische Nachrichten oder Tagesneuigkeiten enthalten und nicht seltener als alle 3 Monate einmal erscheinen. Beilagen können den Zeitungen ohne Taxerhöhung beigefügt werden, wenn sie einen Teil der Zeitung bilden und am Kopf den Titel der Zeitung, der sie beigelegt sind, aufgedruckt tragen.

Drucksachen, Geschäftspapiere und Warenproben (packets: printed papers, commercial papers und patterns) können je nach ihrer Beschaffenheit offen ohne Umschlag oder unter Streifband, Warenproben auch in Säckchen, Schachteln oder Kästchen versandt werden. Warenproben sind bis 1 Pfd., Drucksachen und Geschäftspapiere bis 5 Pfd. zulässig; Warenproben dürfen in den Ausdehnungen 1 Fuß zu 8 Zoll zu 4 Zoll nicht übersteigen, Drucksachen und Geschäftspapiere dürfen nicht größer sein als 2 zu 1 zu 1 Fuß, in Rollenform $2\frac{1}{2}$ Fuß zu 4 Zoll. Tarif: für Bücher und Kataloge 1 d für jede 4 Uz., für Drucksachenpakete ohne jede schriftliche Zusätze $\frac{1}{2}$ d für jede 2 Uz., für andere Drucksachen und Geschäftspapiere 1 d für jede 2 Uz. und ebenso für Warenproben 1 d für jede 2 Uz.; unfrankiert und unzureichend frankiert allgemein das Doppelte des fehlenden Frankos. Die Aufschrift darf außer dem Namen und Wohnort des Absenders und des Empfängers nur noch die Angabe „packet only", „sample only" usw. tragen. In Drucksachen sind gleiche schriftliche Zusätze und Änderungen zugelassen wie im Weltpostverein, solche Drucksachen zählen jedoch zu den Geschäftspapieren. Entsprechen die Sendungen den Bedingungen nicht, so werden sie wie unzureichend frankierte Briefe behandelt und taxiert. Zeitschriften, die nicht in Victoria erscheinen, unterliegen einer Taxe von ½ d bis 2 Uz., 1 d über 2 bis 8 Uz. und ½ d mehr für jede weiteren 4 Uz.

In den Warenprobenpaketen dürfen auch Waren jeder Art gegen die ermäßigte Taxe zur Versendung kommen; dagegen ist die Beförderung von Bargeld, Banknoten, Gold, leichtverderblichen Gegenständen, wie Fischen, Fleisch, Früchten, Pflanzen usw., von Sachen, die den Postbeamten oder Postsendungen gefährlich werden können, und von Briefen oder schriftlichen Mitteilungen, welche die Eigenschaft einer eigentlichen und persönlichen Korrespondenz tragen, in solchen offenen Paketen ausgeschlossen. Sämereien können in verschlossenen Säckchen von durchsichtigem Stoff verschickt werden. Sollen Pakete verschlossen befördert werden oder übersteigen sie das Gewicht von 1 Pfd., so müssen sie als eigentliche Postpakete (parcels, siehe unter C.) versandt werden. Werden von einem Absender gleichzeitig größere Mengen Zirkulare aufgeliefert, so kann die Frankierung in derselben Weise wie bei Zeitungspaketen bar erfolgen.

Briefsendungen jeder Art können unter Einschreibung (registered) verschickt werden. Einschreibsendungen müssen stets frankiert sein; Einschreibgebühr 3 d. Über jede Einschreibsendung des Inlandsverkehrs erhält der Aufgeber einen Einlieferungsschein unentgeltlich. Rückscheine (Acknowledgments of delivery) sind zulässig; Gebühr 2½ d. Die Postverwaltung leistet im Falle des Verlustes einer Einschreibsendung Ersatz bis 2 £.

Die Versendung von Münzen, Banknoten, Gold- und Silbersachen und anderen Kostbarkeiten in gewöhnlichen Briefen ist untersagt. Findet sich im Briefkasten ein Brief vor, der anscheinend solche Gegenstände enthält, so wird er von Amts wegen als eingeschrieben behandelt; vom Empfänger wird alsdann der doppelte Betrag der Einschreibgebühr, also 6 d, eingezogen, sofern jener nicht den Nachweis liefert, daß der Brief derartige Gegenstände nicht enthält. Zur Verpackung der Einschreibbriefe hat die Postverwaltung besondere Einschreibbriefumschläge mit einem Wertstempel von 3 d zum Verkauf gestellt. Diese tragen über die ganze Aufschriftseite hin ein blaues Kreuz, das als besonderes Kennzeichen für Einschreibsendungen dient. Einschreibbriefe können auch mit Nachnahme belastet werden (value payable articles), siehe näheres unter „C. Pakete". Solche Briefe müssen am Paketschalter aufgeliefert werden.

Nach- oder Rücksendung von Briefsendungen jeder Art erfolgt gebührenfrei. Postlagerbriefe werden 1 Monat bei der Bestimmungspostanstalt aufbewahrt, wenn nicht der Absender eine andere Lagerfrist in der Aufschrift des Briefes besonders bestimmt hat.

Unbestellbare Briefsendungen jeder Art werden nur dann unmittelbar an den Absender zurückgesandt, wenn sie den Namen des Absenders und das Verlangen der Rücksendung nach einer bestimmten Frist (nicht unter 7 Tagen) in der Aufschrift tragen; alle anderen werden nach einer Lagerfrist von 1 Monat zunächst an das Rückbriefamt (Dead Letter Office) in Melbourne gesandt, wo sie nötigenfalls geöffnet und, falls die Absender auch hierbei nicht festzustellen sind, vernichtet werden. Nicht abgeholte Zeitungen können nach einer Lagerfrist von 1 Monat an den Verleger zurückgesandt werden, wenn er dies ausdrücklich wünscht und sich verpflichtet, für jede Zeitungsnummer und für jede 10 Uz das Porto von $\frac{1}{2}$ d von neuem zu zahlen; andernfalls werden Zeitungen nie zurückgesandt.

Die Briefsendungen jeder Art werden den Empfängern in der Regel kostenfrei in die Wohnung bestellt, doch ist ein Bestelldienst bei den kleinen Postanstalten noch nicht eingerichtet. Wohnt ein Empfänger mehr als 100 Fuß seitwärts einer Straße oder von einem Fußwege, so hat er auf Bestellung seiner Sendungen keinen Anspruch; nur Einschreibsendungen werden auch in diesem Falle abgetragen. Einem abseits wohnenden Empfänger wird daher dringend die Anbringung eines Hausbriefkastens an der Straße angeraten. Den Briefträgern liegt auch die Verpflichtung ob, Sendungen zur Auflieferung vom Publikum auf den Bestellgängen entgegenzunehmen; sie haben die eingesammelten Gegenstände entweder zum Postamt zu bringen oder in den nächsten Straßenbriefkasten einzulegen. Befindet sich die Wohnung eines Briefauflieferers jedoch innerhalb des Umkreises von $\frac{1}{2}$ Meile vom Postamt oder ist sie nicht mehr als $\frac{1}{4}$ Meile vom nächsten Briefkasten entfernt, so darf die Vermittelung der Briefträger zur Auflieferung nicht in Anspruch genommen werden.

Es ist zulässig, Zirkulare, die an sämtliche Bewohner eines Ortes verteilt werden sollen, mit der Einzelaufschrift „The Householder" in Paketen an ein Postamt zur Bestellung zu übersenden; für jedes Zirkular wird die fällige Taxe ($\frac{1}{2}$ d bis 2 Uz.) berechnet, doch ist das Gesamtporto für ein solches Paket bar — nicht in Freimarken — wie für Zeitungen zu entrichten.

Eilbestellung ist zulässig in Orten, wo Telegrammbesteller beschäftigt sind, und zwar sowohl für Ortssendungen bis 8 Uz., als auch für Sendungen von weiterher. Die Eilsendungen müssen in der Aufschrift den Vermerk „Express delivery" und Fernsendungen außerdem einen dicken Strich über Vorder- und Rückseite (von oben nach unten) tragen. In den großen Städten ist Eilbestellung bis zu einer Entfernung von 2 Meilen, in den Vororten und Landstädten nur bis 1 Meile vom Postamt gestattet. Das Eilbestellgeld beträgt — neben dem gewöhnlichen Porto — für die 1. Meile 4 d, für jede weitere $\frac{1}{2}$ Meile 2 d. Der Absender kann verlangen, daß der Eilbote beim Empfänger bis zu 10 Minuten auf Mitnahme einer durch Eilboten abzutragenden Antwort wartet; in solchem Falle muß die Aufschrift den Vermerk „Wait reply" (auf Antwort warten) tragen. Kann die Antwort von dem Boten auf dem Rückwege zum Postamt bestellt werden, so ist nur eine Eilbestellgebühr von 3 d (neben dem Porto) zu entrichten. Bei Sendungen von weiterher muß ein Eilbestellgeld von 4 d im voraus verrechnet sein; andernfalls unterbleibt die Abtragung durch Eilboten. Auch der Empfänger von gewöhnlichen (nicht Eil-) Sendungen kann das schriftliche Verlangen stellen, daß ihm die mit einer Post ankommenden Sendungen sogleich durch Eilboten zugeführt werden. Hierfür hat er eine Gebühr von 4 d für die erste Sendung und für jede Meile und $\frac{1}{2}$ d für jede weitere Sendung (ohne Rücksicht auf die Entfernung) zu zahlen; doch dürfen die einzelnen Sendungen nicht schwerer als 8 Uz. sein und das Gesamtgewicht der Sendungen darf 4 Pfd. nicht übersteigen. Endlich können auch mit den Bahnposten Sendungen offen befördert werden, die auf der Bestimmungsstation dem wartenden Empfänger oder seinem Boten unmittelbar oder dem die Post abholenden Postboten, wenn ein besonderer Abholer nicht erschienen ist, ausgefolgt werden. Für solche Sendungen ist außer dem Porto und der Spätlingsgebühr von 1 d eine Eilbestellgebühr von 4 d auf dem Umschlage zu verrechnen.

Den Empfängern steht es in allen Fällen frei, ihre Sendungen regelmäßig bei der Postanstalt abzuholen. Zu diesem Zwecke kann sich der Empfänger ein Schließfach, das mittels Schlüssels von außen geöffnet werden kann (Yale-Lock Box System), mieten. Die Miete für ein Schließfach beträgt für das Jahr 1 £ für ein kleines, 2 £ für ein mittleres und 3 £ für ein großes Fach und muß im voraus gezahlt werden. Bei Anmietung eines Faches werden dem Mieter 2 Schlüssel zu dem Fache gebührenfrei ausgefolgt, für jeden weiteren Schlüssel ist 1 s zu zahlen. Die Schlüssel müssen durch Vermittelung der Postanstalt beschafft werden. Geht ein Schlüssel verloren, so muß das Schloß des Faches durch ein anderes ersetzt werden; hierfür sind 5 s zu entrichten. Wo diese Einrichtung nicht besteht, können ebenfalls Abholerfächer eingerichtet werden, wenn sich wenigstens 10 Abholer finden; in solchen Fällen gibt es nur kleine Fächer, für die bei Postanstalten mit weniger als 2 werktäglichen Bestellungen eine Miete von 10 s, bei Postanstalten mit häufigerer Bestellung von 1 £ für das Jahr zu zahlen ist.

Personen, die an einem Landpostkurs wohnen, können ihre Postsachen mit der Post durch die Postboten (Mailmen) in verschlossenen Beuteln (Private Mail Bags) erhalten und aufliefern. Hierfür ist, außer den Kosten für den Beutel, eine Jahresgebühr von 1 £, wenn der Beutel nicht öfter als 3 mal wöchentlich befördert wird, und von 2 £ bei häufigerer Beförderung zu zahlen. Diese Personen können aber, ebenso wie die nicht an einem Postkurs wohnenden, solche Beutel auch durch eigene Boten (Private messengers) abholen und zur Post bringen lassen; in diesem Falle ist, wenn die Abholung höchstens täglich einmal geschieht, eine Gebühr von 1 £, bei öfterer Abholung von 2 £ zu entrichten.

Das Publikum kann für Einlieferung seiner gewöhnlichen Briefsendungen Privatbriefkasten (Private Posting Boxes) im Hausflur der Häuser aufstellen, die von den Postbeamten auf den gewöhnlichen Leerungsgängen geleert werden. Hierfür ist eine Jahresgebühr von 4 £ bei werktäglich zweimaliger, von 5 £ bei werktäglich dreimaliger und von 6 £ bei werktäglich viermaliger und häufigerer Leerung fällig.

Am Verkauf der Postwertzeichen können sich mit Genehmigung des General-Postamts auch Privatpersonen, wie Kaufleute und Händler, beteiligen. An der Wohnung oder den Geschäftsräumen solcher Personen muß außen ein Schild mit der Inschrift „Licensed to sell stamps (Ermächtigt, Freimarken zu verkaufen)“ auf ihre Kosten angebracht sein. Für ihre Mühewaltung wird ihnen auf die eingekauften Wertzeichen ein Rabatt von 2½% bewilligt, wenn für mindestens 3 £ auf einmal bezogen werden; dieser Rabatt darf jedoch 30 s in einer Woche nicht übersteigen. Die Postanstalten und Markenverkäufer nehmen auch am Vertrieb der Stempelmarken zur Entrichtung der Zoll-, Wechsel-, Eisenbahnfracht- und der zahlreichen sonstigen Stempelsteuern der Kolonialregierung teil; für diese wird den Markenverkäufern ebenfalls ein Rabatt bewilligt. Den Postbeamten wird eine Vergütung auf den Erlös für Marken nicht gewährt.

Außer Freimarken und Stempelmarken, Kartenbriefen und Postkarten verkaufen die Postanstalten usw. auch gestempelte Briefumschläge zu 1 und 2 d, Einschreibbriefumschläge zu 3 d und gestempelte Streifbänder zu ½ und 1 d. Auch Markenbüchlein (Stamp booklets) mit 240 1 d- oder 120 2 d-Marken sind erhältlich und zwar zum Nennwert der Marken (1 £).

Beim General-Postamt werden auch Freimarken der anderen australischen Staaten in geringen Mengen gegen einen kleinen Aufschlag verkauft.

Unbenutzte Postfreimarken werden von den Postanstalten gegen eine Gebühr von 2 d auf je 1 s 8 d zurückgekauft, auch werden beschmutzte oder sonst beschädigte Postkarten gegen eine Gebühr von 2 s auf jedes £ zurückgenommen. Größeren Geschäftshäusern kann vom General-Postamt gestattet werden, ihre Marken mit dem Anfangsbuchstaben des Namens der Firma oder sonstigen Zeichen zu durchlochen; durchlochte Marken werden von den Postanstalten niemals zurückgekauft.

Die Postverwaltung befaßt sich damit, von der Privatindustrie hergestellte Briefumschläge, Zirkulare und Streifbänder in Mengen von mindestens 500 Stück gegen eine Gebühr von 5 s für das Tausend mit dem Wertstempel zu bedrucken.

Ähnlich wie die Zirkulare können bei den größeren Postämtern auch in Massen aufgelieferte Briefsendungen jeder Art bar frankiert werden, doch muß das Gesamtporto mindestens 1 £ ausmachen; die Sendungen sind in Päckchen zu 10 oder einem Vielfachen von 10 (bis 100) einzuliefern.

Ein Wertbrief- und ein Postauftragsdienst sind in Victoria (und überhaupt in Australien) nicht eingerichtet.

B. Postanweisungen.

Am Postanweisungsdienst nehmen nur die bedeutenderen Postanstalten teil, denen die Bezeichnung „Money Order Office" (Postanweisungsamt) beigelegt ist. Postanweisungen sind bis 20 £ zulässig. Tarif: bis 5 £ 6 d, über 5 bis 10 £ 1 s, über 10 bis 15 £ 1½ s, über 15 bis 20 £ 2 s.

Die Postanweisungen fertigt der Annahmebeamte auf Grund der vom Aufgeber auf einem Formular (Requisition form) niedergeschriebenen Angaben aus. Die Postanweisung wird dem Einzahler zur Übersendung an den Empfänger ausgehändigt, außerdem erhält der Aufgeber gebührenfrei einen Einlieferungsschein. Die Aufgabepostanstalt übersendet der Bestimmungspostanstalt einen Einzahlungsschein (Advice); die vom Empfänger quittiert vorzulegende Postanweisung wird von der Bestimmungspostanstalt nur dann ausbezahlt, wenn der Einzahlungsschein vorliegt, die Angaben darin mit denen der Postanweisung übereinstimmen und der Empfänger den Absender, dessen Name nur auf dem Einzahlungsschein, nicht auch auf der Postanweisung vermerkt wird, namhaft machen kann. Die Auszahlung kann auch durch Vermittelung einer Bank geschehen; in diesem Falle hat der Absender oder der Empfänger den Vermerk „and Co." auf die Anweisung niederzuschreiben. Dieses Verfahren heißt „Crossing" (Kreuzen). Geht eine Postanweisung verloren so wird dem Absender ein Doppel ausgefertigt. Die Überweisung einer Postanweisung auf ein anderes Auszahlungsamt ist zulässig; der Absender oder Empfänger hat die Postanweisung mit einem Antragschreiben unter Beifügung der von neuem fälligen Postanweisungsgebühr der ursprünglichen Bestimmungspostanstalt zu übersenden, die dann die Überweisung mittels neuer Postanweisung bewirkt.

Die Postanweisungen verfallen nach 1 Jahr; nach dieser Frist erfolgt die Auszahlung nur gegen Entrichtung einer Gebühr von 6 d.

Auch telegraphische Postanweisungen sind zulässig; außer der Postanweisungsgebühr ist für die telegraphische Übermittelung des Einzahlungsscheins die Telegrammgebühr zu entrichten. Der Empfänger ist von der Absendung einer telegraphischen Postanweisung vom Absender noch telegraphisch zu verständigen; er hat sich zur Abhebung des Geldbetrages bei der Postanstalt einzufinden und durch Nennung des Namens des Absenders oder auf sonst zulässige Weise als Empfänger auszuweisen. Auch telegraphische Postanweisungen können durch Vermittelung einer Bank ausgezahlt werden.

Von der Postverwaltung sind „Postal-Notes“ ausgegeben, und zwar auf die festen Beträge von 1, 1½, 2, 2½, 3, 3½, 4, 4½, 5, 7½, 10, 10½, 15 und 20 s. Tarif: bis 1½ s ½ d, bis 4½ s 1 d, bis 7½ s 2 d, bis 20 s 3 d. Postal-Notes werden von den meisten Postanstalten verkauft, aber nur von den zum Postanweisungsdienst ermächtigten Postanstalten eingelöst. Die Werte der Postal-Notes sind so eingerichtet, daß sämtliche ganzen und halben Schillingbeträge von 1 bis 20 s mit höchstens 2 Postal-Notes gebildet werden können. Beträge bis 5 d können durch Aufkleben von Freimarken auf die Postal-Notes dargestellt werden. Der für den Namen und Wohnort des Empfängers bestimmte Raum auf einer Postal-Note kann vom Empfänger ausgefüllt oder freigelassen oder mit dem Wort „bearer“ (Inhaber) beschrieben werden. Der Empfänger, der das Geld bei der Postanstalt abhebt und in dem Falle, daß er vom Absender auf der Postal-Note namhaft gemacht ist, mit dem genannten Empfänger identisch sein muß, hat die Postal-Note zu quittieren. Die Angaben auf einer Postal-Note dürfen nachträglich nicht abgeändert werden; ist also der Empfänger genannt, so kann dieser die Postal-Note an eine dritte Person in Zahlung nicht weitergeben, was sonst bei den Postal-Notes zulässig ist. Die Auszahlung durch Vermittelung einer Bank ist jedoch bei allen Postal-Notes gestattet. Die Postal-Notes tragen eine vorgedruckte fortlaufende Nummer und den Namen der Ausgabepostanstalt, ferner werden sie bei der Ausgabe mit dem Aufgabestempel bedruckt und mit der Namensunterschrift des Ausgabebeamten versehen. Einen Einlieferungsschein erhält der Käufer nicht; es ist daher diesem anzuempfehlen, sich Nummer, Datum und Namen der Ausgabepostanstalt vor Versendung einer Postal-Note zu vermerken, um im Falle des Verlustes Nachforschungen zu ermöglichen. Postal-Notes verlieren nach 6 Monaten die Gültigkeit; diese kann jedoch gegen erneute Zahlung der Postal-Note-Gebühr auf Antrag durch das Hauptpostanweisungsamt um weitere 6 Monate verlängert werden.

C. Postpakete.

Am Postpaketdienst (parcel post) nehmen sämtliche Postanstalten teil, die abgelegenen Postanstalten, die nicht von der Eisenbahn, von Dampfschiffen oder von einer fahrenden Post berührt werden, allerdings nur für Pakete (parcels) bis 3 Pfd., während sonst das Meistgewicht auf 11 Pfd. festgesetzt ist. Ein Postpaket darf in der Länge nicht 3½ Fuß, in Länge und Umfang zusammengenommen nicht 6 Fuß überschreiten.

Tarif: bis 1 Pfd. 6 d und für jedes weitere Pfd. 3 d mehr. Das Franko ist in Freimarken auf dem Paket oder auf einem Zettel zu verrechnen, der vom Annahmebeamten auf dem Paket befestigt wird; solche Zettel sind bei allen Postanstalten kostenfrei erhältlich. Die Auflieferung der Postpakete hat stets am Schalter zu geschehen. Der Absender kann unentgeltlich einen Einlieferungsschein erhalten; er hat das Formular selbst auszufüllen und mit dem Paket vorzulegen, worauf der Beamte lediglich den Tagesstempel darauf abdruckt. Im Briefkasten vorgefundene Pakete bis 1 Pfd. werden als Briefe- oder als Warenproben befördert, schwerere Pakete werden nur dann als Pakete befördert, wenn sie wenigstens teilweise frankiert sind; in diesem Falle wird vom Empfänger der doppelte Betrag des fehlenden Portos eingezogen. Unfrankierte oder sonst unzulässige Pakete werden dagegen dem Aufgeber gegen eine Gebühr von 6 d zurückgegeben. Rückscheine zu gewöhnlichen Paketen sind zulässig; Gebühr 2 d. Eine Ersatzverbindlichkeit wird für Postpakete in keinem Falle übernommen.

Den Postpaketen ist eine Begleitadresse nicht beizugeben. Die Versendung von Briefen, Münzen, Papiergeld, Gold, Postanweisungen, Postal-Notes u. dgl. in Postpaketen ist unzulässig, ebenso von Gegenständen, deren Beförderung mit Gefahr oder Nachteil für die Postbeamten oder die anderen Sendungen verbunden ist. Flüssigkeiten, Spielwaren, Modewaren, Eier, Butter, Blumen, Fische, Öle, Medikamente usw. sind besonders gut zu verpacken und in der Aufschrift mit „fragile" (zerbrechlich) oder „perishable" (gefährlich) zu kennzeichnen. Die Postpakete können von den Postbeamten vor der Aushändigung oder auch unterwegs geöffnet werden, um festzustellen, ob sie verbotene Gegenstände enthalten. Finden sich derartige Sachen vor, so werden die Pakete entweder beschlagnahmt oder als unfrankierte Briefe befördert. Um die Prüfung zu erleichtern, sollen die Pakete nicht versiegelt sein; dagegen brauchen sie nicht, wie die „packets" (siehe Drucksachen), an einer Seite oder an beiden Querseiten offen zu sein.

Auf der Außenseite eines Pakets soll außer der Aufschrift noch der Name und Wohnort des Absenders, und zwar an der linken oberen Ecke, angegeben sein, damit die Rückgabe der Pakete im Falle der Unbestellbarkeit keine Schwierigkeiten bietet. Pakete, deren Annahme verweigert worden ist, werden 7 Tage, andere unbestellbare Pakete 1 Monat bei der Bestimmungspostanstalt aufbewahrt und dann durch Vermittelung des Postpaketamts (Parcel Office) in der Hauptstadt den Absendern gegen Anrechnung einer Rücksendungsgebühr in Höhe des halben Portos, mindestens aber von 6 d zurückgegeben. Bleiben Pakete unanbringlich, so werden sie noch weitere 3 Monate aufbewahrt und dann vernichtet. Für die Nachsendung eines Postpakets ist die gleiche Taxe wie für die Rücksendung zu entrichten.

Die Postpakete werden den Empfängern in der Regel unentgeltlich in die Wohnung bestellt, und zwar in der Hauptstadt nebst Vororten und in einigen anderen großen Städten durch besondere Paketbesteller, denen die Bestellung durch Vertrag übertragen ist, sonst durch die Briefträger. Sind diese mit Rücksicht auf die Menge und das Gewicht der abzutragenden Briefsendungen nicht in der Lage, die Postpakete zur Bestellung mitzunehmen, oder besteht überhaupt keine Bestelleinrichtung, so wird dem Empfänger eine Aufforderung zugefertigt, sein Paket bei der Postanstalt abzuholen. Bleiben in Orten mit Bestelleinrichtung Pakete länger als 21 Tage unabgeholt, so ist Lagergeld zu zahlen; dieses berechnet sich mit 1 d für den Tag, soll aber $1\frac{1}{2}$ s nicht übersteigen.

Postpakete können ebenso wie Einschreibbriefe zwischen Postanweisungsämtern mit Nachnahme (Value payable post) belastet werden; sind Pakete usw. nach Orten ohne ein solches Amt gerichtet, so werden sie bis zum benachbarten Postanweisungsamt gesandt, das den Empfänger auffordert, den Nachnahmebetrag im Einschreibbrief einzusenden. Nach Eingang des Geldes wird ihm dann das Paket usw. als gewöhnliches Paket usw. zugeschickt. Nachnahmepakete müssen eingeschrieben werden, was bei Paketen ohne Nachnahme nicht gestattet ist. Der Aufgeber hat einen Einlieferungsschein in 2 Exemplaren auszufertigen, wovon ihm der eine zurückgegeben wird. Der Sendung ist ferner ein ausgefülltes Antragsformular (Requisition form) zur Ausfertigung einer Postanweisung über den Nachnahmebetrag beizufügen. Außer dem Porto und der Einschreibgebühr (3 d) ist eine Nachnahmegebühr im voraus zu entrichten, die bis 10 s 2 d, für jede weiteren 5 s 1 d mehr beträgt. Jede Nachnahmesendung wird durch Aufkleben eines farbigen Zettels als solche gekennzeichnet. Der Absender hat in der Aufschrift ferner anzugeben, nach Ablauf welcher Frist (nicht unter 14 Tagen) die Sendung im Falle der Nichteinlösung an ihn zurückgesandt werden soll. Nachnahmesendungen sind stets beim Postamt abzuholen, dem Empfänger wird nur ein Benachrichtigungszettel zugestellt. Eingezogene Nachnahmebeträge werden nach Abzug der Postanweisungsgebühr mit Postanweisung übermittelt; die Anweisung wird der Aufgabepostanstalt übersandt, die sie dem Absender zustellt.

D. Postsparkassen.

Am Postsparkassendienst (Post Office Savings Banks) nehmen nur die Postanweisungsämter teil. Die Einlagen müssen mindestens 1 s betragen; ein Meistbetrag der Einlagen und Guthaben ist nicht festgesetzt.

Die Sparbücher werden von den Postanstalten ausgegeben, die täglich ein Verzeichnis der vorgekommenen Ein- und Rückzahlungen an das Sparkassenamt einzusenden haben. Dort wird für jeden Sparer ein Konto in einfacher Ausfertigung geführt. Auf ein Sparbuch können Einzahlungen wie Rückzahlungen bei jeder beliebigen am Sparkassendienst beteiligten Postanstalt bewirkt werden.

Anträge auf Rückzahlungen müssen unter Angabe der auszahlenden Postanstalt an das Sparkassenamt gesandt werden, das dem Sparer umgehend eine Zahlungsanweisung zufertigt; unter Vorlegung dieser Anweisung und des Sparbuches bei der in der Anweisung genannten Postanstalt erfolgt sodann die Rückzahlung. Bei Rückzahlungen bis zu 20 £ kann auf Wunsch und Kosten des Sparers die Zahlungsanweisung telegraphisch eingeholt und erteilt werden. Besitzt ein Sparer ein in der Hauptstadt ausgestelltes Sparbuch, so kann die Rückzahlung eines Betrages daselbst ohne zuvorige Einholung einer Zahlungsanweisung unter Vorlegung des Sparbuches erfolgen.

Für die Ausgabe eines Sparbuches wird eine Gebühr nicht erhoben. S p a r k a r t e n, auf die je 12 Postfreimarken zu 1 d aufgeklebt werden können, werden von allen Sparkassenämtern ausgegeben; eine vollständig beklebte Sparkarte wird bei Einlagen als 1 s in Zahlung genommen. Die Zinsen werden alljährlich dem Guthaben zugeschrieben. Die Sparer haben daher jährlich einmal ihr Sparbuch an das Sparkassenamt zur Prüfung und zum Eintragen der Zinsen einzusenden; die Ein- und Rücksendung der Sparbücher erfolgt gebührenfrei.

42. Süd-Australien.

(2340640 qkm und 392665 Einwohner.*)

Die Post- und Telegraphenverwaltung von Süd-Australien wird vom „Deputy Postmaster-General" in Adelaide geleitet. Mit der Zentralverwaltung des Postwesens ist zugleich die Leitung des Betriebsdienstes für die Hauptstadt verbunden. Das Hauptpostamt in Adelaide heißt „General-Postamt" (General Post Office). Der Zentralverwaltung sind die Postanstalten des Landes, die durchweg „Postämter" (post-offices) genannt werden, unmittelbar untergeordnet. Die Postämter befassen sich sämtlich mit der Annahme und Ausgabe von Briefsendungen jeder Art und von Paketen, während zum Postanweisungsdienst nur die wichtigeren ermächtigt sind; die letzteren führen die zusätzliche Bezeichnung „Money Order Office" (Postanweisungsamt). In größeren Orten bestehen auch „Zweigpostanstalten" (Branch post-offices); die Postämter auf dem Lande führen auch die Bezeichnung „Country post-offices". Die Vorsteher der Postämter haben einheitlich den Titel „Postmeister". Die Post- und die Telegraphenanstalten sind zumeist vereinigt. Bemerkenswert ist, daß die Telegraphenanstalten (nicht die Postanstalten) als Zweigstellen der Sparbank von Süd-Australien tätig sind; diese Telegraphenanstalten heißen als solche „Savings Bank Agencies", die Sparkasseneinrichtung wird „Telegraph Office Savings Banks" genannt.

A. Briefpost.

Für Briefe (letters) sind Grenzen im Gewicht und in den Ausdehnungen nicht gezogen, doch sollen sie nicht unförmlich sein. Tarif: 2 d für jede ½ Uz., unfrankiert und unzureichend frankiert das Doppelte des fehlenden Portos. Für Briefe, die nach Eintritt der Schlußzeit für eine Post aufgeliefert werden, mit der letzteren aber noch Beförderung erhalten sollen, ist eine Spätlingsgebühr (late letter fee) von 1 d, nach anderen Ländern von 2 d zu zahlen. Einer gleichen Zuschlaggebühr unterliegen Briefe, die durch die an den Bahnpostwagen oder auf den Eisenbahnstationen angebrachten Briefkasten zur Auflieferung gelangen.

Briefe der Unteroffiziere, Soldaten, Deckoffiziere und Seeleute genießen in beiden Richtungen Portoermäßigung. Vorbedingung ist, daß in der Aufschrift eines von diesen Personen abgesandten Briefes der Name und Stand des Absenders angegeben und von dem kommandierenden Offizier bescheinigt ist. Die Taxe für solche Briefe beträgt frankiert 1 d bis ½ Uz.

Postkarten (post cards) kosten 1 d die einfache, 2 d die Karte mit Antwort. Von der Privatindustrie hergestellte Postkarten sind zugelassen, doch dürfen sie nicht kleiner als 4 zu $2\frac{3}{4}$ Zoll und nicht größer als $5\frac{1}{2}$ zu $3\frac{1}{2}$ Zoll sein.

Unter Zeitungen (newspapers) im postalischen Sinne sind alle gedruckten Veröffentlichungen zu verstehen, die sich ganz oder teilweise aus politischen Nachrichten zusammensetzen oder sich auf sonstige laufende Vorkommnisse beziehen, in regelmäßigen Fristen, aber nicht seltener als monatlich einmal im Inland erscheinen und am Kopfe der ersten Seite den vollen Titel und den Tag des Er-

*) Wegen der Taxe nach den übrigen australischen Staaten, sowie wegen Münzen, Maßen und Gewichten siehe unter „Australien".

scheinens gedruckt tragen. Beilagen können den Zeitungen beigegeben sein, sofern sie nicht nur aus einer einzigen, auf eine und dieselbe Person bezüglichen Veröffentlichung bestehen; ferner sollen die Beilagen am Kopfe ebenfalls die Bezeichnung der Zeitung (Name und Datum) tragen, zu der sie gehören. Die Zeitungen müssen beim General-Postamt gegen eine Gebühr von 5 s in ein Register eingetragen sein. Tarif: $1/2$ d für jede Zeitung und jede 10 Uz. Die Zeitungen müssen ohne Hülle oder in einem auf beiden Schmalseiten offenen Umschlag aufgeliefert werden. Zeitung wie Umschlag dürfen außer den Worten „Nur Zeitungen (Newspapers only)", dem gedruckten Titel der Zeitung, dem gedruckten Namen und Wohnort des Herausgebers oder Verkäufers, der Adresse des Absenders und der eigentlichen Aufschrift nur Striche, welche die Aufmerksamkeit der Leser auf bestimmte Artikel oder Stellen hinlenken sollen, sonst aber keinerlei handschriftliche Angaben oder Vermerke enthalten. Zeitungen, die diesen Vorschriften nicht entsprechen, werden zwar befördert, aber mit der Taxe für unfrankierte Briefe belegt; außerdem verfällt der Absender in eine Geldstrafe von 10 bis 100 £.

Werden die Zeitungen von dem Verleger für Zeitungshändler oder Agenten und umgekehrt ohne Einzelaufschriften in größerer Zahl in Paketen aufgeliefert, so beträgt das Porto nur 1 d für jede 20 Uz. der ganzen Sendung (bulk rate, Massentaxe). Das Franko für solche Pakete wird auf einem besonderen Begleitscheine, der in den Händen des Verlegers bleibt und wiederholt benutzt werden kann, durch Aufkleben von Freimarken verrechnet; der Aufgeber hat diesen Schein bei der Auflieferung der Zeitungspakete vorzulegen und die Freimarken in Gegenwart des Annahmebeamten durch Überschreiben seines Namens oder seiner Firma oder wenigstens der Anfangsbuchstaben seines Namens selbst zu entwerten. Die Postanstalt bedruckt die Zeitungspakete alsdann nur noch mit einem Frankostempel mit der Inschrift „paid at" und mit dem Tagesstempel. Ein Höchstgewicht für solche Zeitungspakete ist nicht festgesetzt.

Wird eine größere Zahl von Zeitungen von einer Privatperson versandt, so ist dieser freigestellt, die Pakete nach der Drucksachentaxe zu frankieren, falls sich das Gesamtporto danach niedriger stellt; doch darf dann das Paket 5 Pfd. nicht überschreiten.

Die Zeitungen müssen wenigstens teilweise frankiert sein; unzureichend frankierte Zeitungen werden mit dem doppelten Betrage des fehlenden Portos belegt. Die Frankierung der von Privatpersonen herrührenden Zeitungen hat stets durch Freimarken zu geschehen, die nicht auf die einzelnen Zeitungsexemplare, sondern auf die äußere Seite des Zeitungspakets aufzukleben sind.

Bücherpostsendungen (book post) sollen in den Ausdehnungen 2 zu 1 zu 1 Fuß, in Rollenform $2\frac{1}{2}$ Fuß zu 4 Zoll, im Gewicht 5 Pfd. nicht überschreiten. In Bücherpostsendungen können Drucksachen, Geschäftspapiere (zu denen die Drucksachen mit schriftlichen Zusätzen oder Änderungen gehören), Warenproben, Schreibmaterialien usw., aber auch Waren und kleinere Sachen zur Versendung kommen, doch sind leichtverderbliche Waren, wie Wildpret, Fisch, Fleisch, Früchte und Gemüse, leichtentzündliche oder sonst gefährliche Stoffe, ferner Briefe und alle die Eigenschaft einer persönlichen Korrespondenz tragenden schriftlichen Mitteilungen von der Versendung in Bücherpostpaketen unbedingt ausgeschlossen. Die Gegenstände können ohne Umschlag, einfach zusammengefaltet oder zusammengerollt und umschnürt, oder in Umschlägen verpackt, die auf den beiden Schmalseiten offen sind, zur Post geliefert werden. Sämereien, Drogen u. dgl. können in Säckchen, die am Kropfe zugebunden sind, oder in ganz verschlossenen Hüllen, die jedoch durchsichtig sein müssen, versandt werden. Das Höchstgewicht einer Warenprobe und einer offenen Warensendung ist auf 1 Pfd. beschränkt. Tarif: für Bücher und Kataloge, gebunden oder broschiert, 1 d für jede 4 Uz., für Zeitschriften (Magazines) und nicht im Inlande gedruckte und erscheinende Zeitungen 1 d für die ersten 8 Uz. und ½ d mehr für jede weiteren 4 Uz., für andere Drucksachen, Geschäftspapiere, Warenproben und Waren 1 d für jede 2 Uz., unfrankiert oder unzureichend frankiert allgemein das Doppelte des fehlenden Portos.

Briefsendungen jeder Art können eingeschrieben (registered) befördert werden. Briefe mit Münzen, kostbaren Steinen, Uhren, Banknoten, Postanweisungen, Postal-Notes u. dgl. müssen eingeschrieben werden. Finden sich derartige Sendungen im Briefkasten vor, so werden sie von Amts wegen eingeschrieben und mit der doppelten Einschreibgebühr belastet. Bei der Einlieferung hat der Annahmebeamte die Aufschriftseite der Einschreibsendungen mit einem stehenden roten Kreuz zu durchstreichen, wenn nicht zu Briefen die amtlichen Einschreibbriefumschläge benutzt worden sind. Die Sendungen müssen vollständig frankiert sein; die Einschreibgebühr beträgt 3 d. Über jede Einschreibsendung erhält der Aufgeber unentgeltlich einen Einlieferungsschein. Liefert jemand eine größere Anzahl Einschreibsendungen gleichzeitig ein, so muß er ihnen auf vorgeschriebenen Formularen, die unentgeltlich zu haben sind, in doppelter Ausfertigung ein Verzeichnis beigeben; die eine Ausfertigung des Verzeichnisses wird vom Annahmebeamten gestempelt, unterzeichnet und dem Absender als Einlieferungsschein ausgefolgt, während die andere beim Postamt verbleibt. Rückscheine sind zulässig; Gebühr 2½ d. Für den Verlust einer Einschreibsendung wird Ersatz bis 2 £ geleistet, obwohl eine gesetzliche Verpflichtung hierzu nicht besteht. Einschreibbriefe können unter den gleichen Bedingungen wie in Victoria mit Nachnahme (value payable post) belastet werden.

Nach- oder Rücksendung von Briefsendungen erfolgt taxfrei. Die Rücksendung von Briefen, auch im Falle der Unbestellbarkeit, an den Absender unmittelbar ist ohne dessen ausdrückliches Verlangen auf der Adresse unter Angabe der Lagerfrist (nicht unter 7 Tagen) nicht statthaft. Unbestellbare Sendungen werden nach 30tägiger Lagerfrist an die Abteilung des General-Postamts für unbestellbare Briefe (Dead Letter Office) eingesandt. Bei diesem werden die Briefe, wenn es nicht gelingt, die Absender zu ermitteln, vernichtet. In den Sendungen vorgefundene Gegenstände von Wert werden verkauft.

Die Briefsendungen werden in der Regel den Empfängern auf deren Verlangen kostenfrei in die Wohnung bestellt; nur in den kleineren Postorten ist ein Bestelldienst nicht eingerichtet.

Für Auflieferung und Bestellung von Massenzirkularen mit der allgemeinen Aufschrift „The Householder", für Schließfächer (private lock letter boxes), für Abholung oder Zustellung von verschlossenen Beuteln mit den angekommenen Sendungen (private mail bags), für Aufstellung von Privatbriefkasten zur Auflieferung der Briefsendungen (private posting boxes) und für die Eilbestellung, ferner für den Vertrieb der Postwertzeichen durch Privatpersonen, für den Umtausch von Wertzeichen gegen bar, für das Bedrucken von Privatbriefsendungen, Zirkularen, Streifbändern usw. mit dem Wert stempel, für die Barfrankierung von Massensendungen und für Markenbüchlein (stamp booklets) gelten genau die gleichen Bestimmungen wie in Victoria (s. unter „41. Victoria. A. Briefpost").

Außer Postwertzeichen setzen die Postanstalten auch Stempelmarken ab, die zur Entrichtung und Verrechnung der zahlreichen Arten von Stempelabgaben dienen. Postmarken wie Stempelmarken bis 2 s sind bei allen Postanstalten, solche von höheren Werten bis 1 £ bei den größeren Postanstalten und solche der höchsten Werte über 1 bis 20 £ nur beim General-Postamt erhältlich; doch vermitteln die Postanstalten auf Bestellung auch den Bezug von Marken der hohen Werte. Das Aufkleben der Marken auf die Sendungen ist Sache der Aufgeber; den Beamten ist es untersagt. Von der Verwaltung sind auch besondere gestempelte Einschreibbriefumschläge zu 3 d und 2 Sorten gestempelte Streifbänder für Zeitungspakete ausgegeben. Beim General-Postamt sind auch britische und neuseeländische Postfreimarken zu 1 d erhältlich; außer dem Nennwert wird ein Aufschlag von 1 d für jede 6 d erhoben.

B. Postanweisungen.

Am Postanweisungsdienst nehmen, wie schon erwähnt, nur die größeren Postanstalten, die „Money Order Offices", teil. Der Höchstbetrag einer Postanweisung ist auf 20 £ festgesetzt. Tarif und Vorschriften über die Behandlung der Postanweisungen decken sich in jeder Beziehung mit den in Victoria gültigen Bestimmungen; das gleiche ist der Fall für die telegraphischen Postanweisungen (s. unter „41. Victoria. B. Postanweisungen").

Postal-Notes werden von fast allen Postanstalten verkauft. Sie lauten auf feste Beträge, und zwar gibt es 15 Arten, nämlich zu ½, 1, 1½, 2, 2½, 3, 3½, 4, 4½, 5, 7½, 10, 10½ und 15 s und zu 1 £. Sollen Teilbeträge eines halben Schilling, jedoch nur volle Pennysummen, übermittelt werden, so sind unentwertete Postfreimarken in Höhe des Teilbetrages auf die Rückseite der Postal-Note aufzukleben. Auf diese Weise sind alle Beträge von ½ s bis 1 £ durch Verwendung von höchstens 2 Postal-Notes darstellbar. Tarif: bis 1½ s ½ d, bis 4½ s 1 d, bis 7½ s 2 d, höhere Beträge 3 d. Im übrigen decken sich die Bestimmungen über die Postal-Notes genau mit den in Victoria bestehenden.

C. Postpakete.

Für die Postpakete (ohne und mit Nachnahme) gelten in Süd-Australien genau die gleichen Vorschriften wie in Victoria (s. unter „41. Victoria. C. Postpakete").

---

43. Neu-Süd-Wales.

(803890 qkm und 1568942 Einwohner.*)

In Neu-Süd-Wales (einschl. Lord Howe- und Norfolk-Inseln) sind die Postverwaltung und die Telegraphenverwaltung vereinigt und werden wie in den

*) Wegen der Taxen für den Verkehr zwischen den verschiedenen Staaten des Australischen Bundes, sowie wegen Maßen, Gewichten und Münzen siehe unter „Australien."

übrigen Staaten des Australischen Staatenbundes von einem dem Postmaster-General des Bundes unterstellten „Deputy Postmaster-General‘ geleitet. Mit der Zentralverwaltung des Postwesens ist zugleich auch die Leitung des Betriebsdienstes für die Hauptstadt Sydney verbunden; das Hauptpostamt in Sydney heißt „General-Postamt". Der Zentralverwaltung sind die Postanstalten des Landes unmittelbar unterstellt; die Postanstalten zerfallen, je nach ihrer Wichtigkeit, in „Postämter" (Post-offices) und in „Annahmestellen" (Receiving offices); außerdem sind in den größeren Städten noch „Zweigpostanstalten" (Branch offices) eingerichtet. Die Postämter werden wiederum in mehrere Arten eingeteilt, je nachdem sie auch am Postanweisungsdienst (Money Order Offices) oder am Postsparkassendienst (Government Savings Bank Agencies) teilzunehmen ermächtigt sind. Die Post- und Telegraphenanstalten sind fast durchweg vereinigt. Die Vorsteher der Postanstalten heißen „Postmaster", die weiblichen „Postmistress".

A. Briefpost.

Für **Briefe** (letters) ist das Meistgewicht auf 3 Pfd. festgesetzt; für die Ausdehnungen ist eine Grenze nicht gezogen. **Tarif**: 2 d, im Stadtbezirk 1 d für jede $^1/_2$ Uz., unfrankiert und unzureichend frankiert das Doppelte des fehlenden Portos. Den Stadtbezirk bildet ein Umkreis um das Hauptpostamt, der in Sydney einen Radius von 13 Meilen, in den übrigen Städten von 1 Meile für jede 3000 Einwohner, höchstens aber von acht Meilen hat.

Für Briefe, die nach Eintritt der Schlußzeit für eine Post aufgeliefert werden, aber mit dieser Post noch Beförderung erhalten sollen, wird eine stets im voraus zu entrichtende **Spätlingsgebühr** (late letter fee) von 1 d, nach dem Auslande in Höhe des einfachen Briefportos erhoben. Diese Spätlingsgebühr ist auch für Briefe zu entrichten, die in die Briefkasten der Bahnpostwagen, in die Spätlingsbriefkasten auf dem Bahnhof in Sydney und in die an Bord der Postschiffe aufgestellten Briefkasten eingelegt werden. Ist auf einem durch diese Briefkasten aufgelieferten Briefe die Spätlingsgebühr nicht verrechnet, so wird der Brief dennoch als Spätlingsbrief befördert und von dem Empfänger der doppelte Betrag der Spätlingsgebühr eingezogen. — Briefe der Soldaten, Seeleute, Marinebeamten und Deckoffiziere, die im Heer oder bei der Handels- oder Kriegsmarine aktiv beschäftigt sind, kosten, wenn sie $^1/_2$ Uz. nicht überschreiten, in beiden Richtungen nur 1 d. Die von jenen Personen herrührenden Briefe müssen von dem kommandierenden Offizier mit der Namenszeichnung versehen sein und die Benennung des Truppenteils oder Schiffes tragen; alle diese Briefe müssen vollständig frankiert sein. Derartige Briefe von mehr als $^1/_2$ Uz. sind der gewöhnlichen Brieftaxe unterworfen.

Geburts-, Trau- und Sterbeurkunden, die von den Zivilstandsbeamten und Geistlichen auf Wunsch der Behörden mit der Post versandt werden, können unfrankiert abgeschickt werden; das gewöhnliche Briefporto muß alsdann von den Behörden beim Empfang der Briefe entrichtet werden. Briefe dieser Art müssen in der Aufschrift einen Hinweis auf den Inhalt tragen.

Die Postverwaltung hat auch **Kartenbriefe** (letter cards) zu $1^1/_2$ d ausgegeben. Zu dieser ermäßigten Taxe sind auch die von der Privatindustrie hergestellten Kartenbriefe ohne und mit Antwort zugelassen. Ist ein Kartenbrief durch Einlagen schwerer als $^1/_2$ Uz., so unterliegt er dem gewöhnlichen Briefporto.

Postkarten (post cards) kosten 1 d die einfache, 2 d die Karte mit Antwort, unfrankiert und unzureichend frankiert das Doppelte des fehlenden Portos. Von der Privatindustrie hergestellte Postkarten sind zulässig, doch müssen sie die dafür auch in Victoria festgesetzten Höchst- und Mindestmaße einhalten. Die Postverwaltung übernimmt es, Privatpostkarten und Privatkartenbriefe in der Mindestzahl von 500 Stück unentgeltlich mit dem Wertstempel zu versehen.

Für **Zeitungen** (newspapers) gelten genau die gleichen Vorschriften und Taxsätze wie in Victoria.

Bücherpostsendungen (packets) sollen in den Abmessungen nicht 2 zu 1 zu 1 Fuß, in Rollenform nicht $2^1/_2$ Fuß in der Länge überschreiten; das Meistgewicht ist auf 5 Pfd., für **Mustersendungen**, die ebenfalls zur Gattung der Bücherpostsendungen zählen, auf 1 Pfd. festgesetzt.

In Bücherpostsendungen können nicht nur Drucksachen, Zeitungen, Zeitschriften, Warenproben und Geschäftspapiere, sondern auch Waren der verschiedensten Art versandt werden, doch dürfen offene Warenpakete nicht 1 Pfd. im Gewicht übersteigen. Ausgeschlossen von der Versendung in Bücherpostsendungen sind jedoch Briefe, sowie sonstige Mitteilungen mit der Eigenschaft einer persönlichen Korrespondenz, ferner leichtverderbliche Sachen, wie Wildpret, Fisch, Fleisch, Früchte und Gemüse, leichtentzündliche Stoffe, auch alle versiegelten oder sonst gegen eine Durchsicht oder Prüfung gesicherten Gegenstände. **Tarif**: für Bücher (book rate) $^1/_2$ d bis 2 Uz., 1 d über 2 bis 4 Uz. und 1 d mehr für jede weiteren 4 Uz., für Zeitschriften (magazine rate) $^1/_2$ d bis 2 Uz., 1 d über 2 bis 8 Uz. und $^1/_2$ d mehr für jede weiteren 4 Uz., alle übrigen Drucksachen, Geschäftspapiere, Warenproben und Waren 1 d für jede 2 Uz., unfrankiert und unzureichend frankiert allgemein das Doppelte des fehlenden Portos. Für Bücher, die von öffentlichen Bibliotheken ausgehen oder an solche gerichtet sind, ist nur die Hälfte der book rate zu berechnen. Im übrigen gelten die gleichen Vorschriften wie in Victoria und Süd-Australien.

Briefe und Bücherpostsendungen mit wertvollem Inhalt können unter **Einschreibung** (registered) versandt werden. Auf die Einschreibsendungen finden im übrigen die gleichen Vorschriften und Taxsätze Anwendung wie in Victoria, ebenso können Einschreibbriefe wie dort mit **Nachnahme** versandt werden. Zu bemerken ist nur, daß Einschreibbriefe mit Gold bis 6 Pfd. schwer sein dürfen.

Die **Nachsendung** von Postsendungen erfolgt portofrei. Wünscht jemand, daß ihm die Briefe nachgesandt werden, so muß er dies dem Postamt schriftlich zu erkennen geben; doch ist dabei zu beachten, daß eine derartige Erklärung nach 6 Monaten ihre Gültigkeit verliert, also von 6 zu 6 Monaten erneuert werden muß. Soll ein Brief im Falle der Unbestellbarkeit an den Absender zurück- oder an eine andere Person weitergesandt werden, so muß er vom Absender mit dem Vermerk „If not delivered or claimed within fourteen days, return to . . . (Wenn nicht binnen 14 Tagen bestellt oder abgeholt, zurückzusenden an . . .)“ unter Hinzufügung seiner oder der neuen Adresse versehen werden; für die Nachsendung oder Rücksendung wird auch in diesem Falle Porto nicht erhoben. In allen anderen Fällen werden die unbestellbaren Sendungen 1 Monat bei der Bestimmungspostanstalt aufbewahrt und dann an die Abteilung des General-Postamts in Sydney für Rückbriefe (Dead Letter Office) eingeschickt, die sie den Absendern zustellen läßt oder, falls dies unausführbar ist, verwertet oder vernichtet. Zeitungspakete, auf denen sich der Absender genannt hat, werden nach Ablauf der einmonatigen Lagerfrist auf Verlangen unmittelbar an den Aufgeber zurückgesandt, jedoch unter Anrechnung einer Taxe von $^1/_2$ d für jede Zeitung und jede 10 Uz.

Die Briefsendungen jeder Art, ausgenommen die Bücherpostsendungen von mehr als 1 Pfd., werden den Empfängern in Orten mit Bestelleinrichtung durch die Briefträger kostenfrei in die Wohnung bestellt; von der Ankunft von schweren Bücherpostsendungen wird dem Empfänger durch die Briefträger Nachricht gegeben. In allen anderen Orten müssen die Sendungen von den Empfängern bei der Postanstalt abgeholt werden.

Für Auflieferung und Bestellung von Massenzirkularen mit der allgemeinen Aufschrift „The Householder", für Schließfächer (private letter boxes), für Abholung und Zustellung von Beuteln mit den angekommenen Sendungen (private mail bags), für Leerung von Privatbriefkasten (private posting boxes), für Eilbestellung (express delivery), für den Vertrieb von Postwertzeichen durch Privatpersonen, für den Rückkauf von Postwertzeichen, für das Bedrucken von Privatbriefumschlägen, Zirkularen und Streifbändern mit dem Wertstempel, für die Barfrankierung von Massensendungen und für die Markenbüchlein (stamp booklets) gelten genau die gleichen Vorschriften wie in Victoria.

Außer den Freimarken, Kartenbriefen und Postkarten hat die Postverwaltung auch Briefumschläge mit eingestempeltem Wertzeichen, die zu 1 d in der Größe zu $4^1/_2$ zu $2^1/_2$ Zoll in Päckchen zu 25 Stück zu 2 s 3 d das Paket, solche zu 2 d in gleicher Größe und Menge zu 4 s 4 d und mit 3 d gestempelte Umschläge zu Einschreibbriefen in 3 verschiedenen Größen (4 zu $2^1/_2$ Zoll, 5 zu 3 Zoll und 9 zu 4 Zoll) einzeln das Stück zu 3 d (also ohne Aufschlag für den Umschlag) an das Publikum verkauft werden, sowie gestempelte Streifbänder für Zeitungen zu $^1/_2$ und 1 d, die ohne Aufschlag an das Publikum abgesetzt werden, und schließlich Postkarten mit Ansicht und mit dem Aufdruck „Greetings from . . ." (Grüße von . . .), die zu 1 d erhältlich sind, ausgegeben.

Vom General-Postamt in Sydney werden auch Freimarken der übrigen australischen Staaten an das Publikum abgelassen, um dieses in die Lage zu setzen, seinen Briefen das Porto für die Antwort beizufügen; zu Geldübermittelungszwecken soll diese Einrichtung jedoch nicht dienen, weshalb derartige Marken nur bis 4 d ohne Aufschlag zum Nennwert, höhere Werte aber gegen Aufschlag abgegeben werden.

Zur Darstellung der Portobeträge auf unfrankierten und unzureichend frankierten Sendungen sind besondere Portomarken (postage due stamps) in Gebrauch, die jedoch an das Publikum nicht verkauft werden.

Die Postmeister sind ermächtigt, zur Bequemlichkeit für das Publikum Briefpapier sowie gewöhnliche Briefumschläge zum Verkauf bereit zu halten, sofern ein von den Diensträumen getrennter Raum vorhanden ist, worin sich das Publikum zum Schreiben von Briefen aufhalten kann; der Schreiberaum in den Telegraphenanstalten kann hierzu mit benutzt werden, doch haben die Aufgeber von Telegrammen in der Benutzung der Tische und Sessel den Vorrang vor den Briefschreibern. Für einen Briefbogen und für einen Briefumschlag darf der Postmeister je 1/2 d vom Publikum erheben.

B. Postanweisungen.

Am Postanweisungsdienst nehmen nur die Postanstalten von einiger Bedeutung (Money Order Offices) teil. Postanweisungen sind bis 20 £ zulässig. Tarif: bis 5 £ 6 d, über 5 bis 10 £ 1 s, über 10 bis 15 £ 1½ s, über 15 bis 20 £ 2 s. Außerdem unterliegen die Postanweisungen einer Stempelabgabe von 1 d, die vom Absender zu entrichten ist. Die Vorschriften über die Behandlung der Postanweisungen decken sich im übrigen völlig mit den gleichartigen Bestimmungen in Victoria; das gleiche gilt für die telegraphischen Postanweisungen.

Von der Postverwaltung sind Postbons (Postal Notes), auf feste Beträge (½, 1, 1½, 2, 2½, 3, 3½, 4, 4½, 5, 7½, 10, 10½, 15 und 20 s lautend, ausgegeben. Tarif: bis 1½ s ½ d, bis 4½ s 1 d, bis 7½ s 2 d, für höhere Beträge 3 d. Im übrigen decken sich auch die Vorschriften über die Postal-Notes genau mit den in Victoria bestehenden.

C. Postpakete.

Am Paketdienst nehmen alle Postanstalten teil, doch sind Postpakete nur im Verkehr mit Postorten an der Eisenbahn, an Schiffs- und Postwagenkursen bis 11 Pfd., für alle anderen Orte nur bis 3 Pfd. zugelassen. Tarif: bis 1 Pfd. 6 d und für jedes weitere Pfd. 3 d mehr. Im übrigen gelten die gleichen Vorschriften wie in Victoria.

D. Postsparkassen.

Eine Anzahl Postanstalten sind ermächtigt, als Zweigstellen der Regierungssparbank (Government Savings Bank) Einlagen von Sparern entgegenzunehmen und Rückzahlungen an letztere zu bewirken. Der gesamte, den Sparbankverkehr betreffende Schriftwechsel ist von den Postanstalten an das Sparbankdepartement des General-Postamts in Sydney zu richten. Die geringste Einlage beträgt 1 s; Teilbeträge eines s werden auch bei größeren Einlagen nicht angenommen. Der Höchstbetrag eines verzinsbaren Guthabens ist auf 500 £ festgesetzt. Der Zinsfuß der Einlagen beträgt 3%; die Zinsen werden jährlich berechnet und dem Guthaben zugeschrieben.

Jedem Sparer wird bei der ersten Einlage ein Sparbuch ausgehändigt, das er bei jeder weiteren Einlage und bei jeder Rückzahlung bei der Postanstalt vorzulegen hat. Bei jeder Einlage hat der Sparer ferner der Postanstalt ein ausgefülltes Formular (deposit slip) zu übergeben, das alle auf die Einlagen bezüglichen Angaben enthalten muß. Der Annahmebeamte trägt Tag und Betrag der Einlage in das Sparbuch ein und versieht diese Eintragung mit seiner Unterschrift und einem Abdruck des Tagesstempels.

Anträge auf Rückzahlungen müssen auf vorgeschriebenem Formular vom Sparer unmittelbar an das Sparbankdepartement des General-Postamts gerichtet werden. Dieses sendet dann binnen 10 Tagen eine Zahlungsermächtigung (warrant) an die auszahlende Postanstalt ab. Rückforderungen und Zahlungsermächtigungen können für Rechnung des Sparers auch telegraphisch bewirkt werden. Geht dem Sparer ein Sparbuch verloren, so wird ein Doppel ausgefertigt, wofür jedoch eine Gebühr von 1 s bei Guthaben bis 1 £, von 2½ s bei höheren Guthaben zu entrichten ist. Der Schriftwechsel zwischen Sparbank und Sparer ist portopflichtig.

44. Queensland.

(Mit Britisch-Neuguinea 1965602 qkm und 892515 Einwohner.*)

Die Verwaltung des vereinigten Post- und Telegraphenwesens ist dem „General-Postamt" in Brisbane übertragen, an dessen Spitze der „Deputy Postmaster-General" steht. Diesem sind ein „Untersekretär" (Under Secretary) sowie mehrere „Abteilungsvorsteher" (Superintendents) beigegeben. Die oberste Post- und Telegraphenbehörde leitet zugleich das Hauptpostamt, das General Post Office, in Brisbane; die übrigen Postanstalten des Landes sind dem General-Postamt unmittelbar unterstellt. Die Landesposten zerfallen in eigentliche „Postämter" (post-offices) und in „Hilfspostanstalten" (receiving offices), die einem benachbarten Postamt zugeteilt sind; in den größeren Orten sind noch „Zweigpostanstalten" (branch offices) eingerichtet.

Die Beförderung der Postsendungen im Innern der Kolonie erfolgt mit Reit- oder Kariolposten, sowie durch die Eisenbahnen. In den Zügen der von Brisbane ausgehenden Eisenbahnen nach Toowoomba, Wallangarra, Charleville, Rockhampton und Emerald verkehren Bahnposten, die von Beamten begleitet werden. An den Zügen ohne Bahnpost ist stets ein Briefkasten vorhanden, der vom Zugführer geleert wird. Zwischen den Orten an der Küste wird der Postverkehr durch kleinere Dampfer vermittelt, die zwischen Brisbane und Cooktown, ferner zwischen Cooktown, den Donnerstags-Inseln und Normantown sowie zwischen Normantown und Burketown verkehren. — Zur Auflieferung der Briefsendungen sind in den größeren Städten Straßenbriefkasten angebracht, die zum Teil in Säulenform frei auf den Straßen oder Plätzen aufgestellt sind. — Die meisten Postämter sind mit Telegraphenanstalten vereinigt.

A. Briefpost.

Für Briefe (letters) sind ein Meistgewicht und Höchstausdehnungen nicht festgesetzt. Tarif: 2 d, im Ortsverkehr (siehe unter „43. Neu-Süd-Wales".) 1 d, für jede ½ Uz., unfrankiert und unzureichend frankiert das Doppelte des fehlenden Portos.

Eine Taxermäßigung genießen die Briefe an und von Seeleuten, Deckoffizieren, Unteroffizieren und Soldaten im königlichen Dienst; die von solchen Personen ausgehenden Briefe müssen jedoch in der Aufschrift den Namen

*) Wegen der Taxe für den Verkehr zwischen den verschiedenen Staaten des Australischen Bundes, sowie wegen Maßen, Gewichten und Münzen siehe unter „Australien."

und die Stellung des Absenders, die Bezeichnung des Truppenteils oder den Namen des Schiffes sowie die Namensunterschrift des kommandierenden Offiziers enthalten. Die Taxe beträgt, aber nur im Frankierungsfalle, bis ½ Uz. 1 d. Schwerere Briefe genießen keine Portoermäßigung.

Briefe, die nach Eintritt der Schlußzeit für eine Post aufgeliefert werden, mit letzterer aber noch befördert werden sollen, unterliegen neben dem Porto einer Spätlingsgebühr (late letter fee) von 1 d. Diese Gebühr kommt auch für Briefe, die bei den Bahnposten oder an Bord der Postschiffe unmittelbar eingeliefert werden, zur Erhebung.

Kartenbriefe (letter cards) sind mit einem Wertstempel von 2 d ausgegeben.

Als Postkarten (post cards) sind die von der Postverwaltung ausgegebenen sowie solche von der Privatindustrie hergestellte Postkarten, die amtlich mit dem Wertstempel bedruckt oder mit Freimarken frankiert sind, zulässig. Tarif: 1 d die einfache, 2 d die Karte mit Antwort, unfrankiert oder unzureichend frankiert das Doppelte des fehlenden Portos. Das Bedrucken von Privatpostkarten mit dem Wertstempel geschieht kostenfrei, doch müssen sie in Mengen von mindestens 500 Stück gleichzeitig an die Postverwaltung eingereicht werden.

Für Zeitungen (newspapers) und Bücherpostsendungen (packets) — d. s. Drucksachen, Geschäftspapiere, Warenproben und Waren — gelten die gleichen Vorschriften wie in Victoria, nur die Taxen für Bücherpostsendungen weichen etwas ab, indem für Bücher und Zeitschriften 1 d für jede 4 Uz., für andere Drucksachen, Geschäftspapiere, Warenproben und Waren 1 d für jede 2 Uz. zu zahlen ist.

Briefsendungen jeder Art können gegen eine besondere Gebühr von 3 d unter Einschreibung (registered) versandt werden. Dem Aufgeber einer Einschreibsendung wird über diese ein Einlieferungsschein kostenfrei ausgehändigt. Rückscheine sind zulässig; Gebühr 2½ d. Will jemand Banknoten oder Wechsel mittels Einschreibbriefes versenden, so empfiehlt es sich, Vermerk über die Nummern und sonstigen Besonderheiten zurückzubehalten. Bei Einschreibsendungen in Sparkassenangelegenheiten, die von Sparkassenbeamten in Landbezirken ausgehen und an das Hauptamt der Sparbank gerichtet sind, braucht die Einschreibgebühr nicht im voraus entrichtet zu werden, vielmehr wird sie bei Aushändigung der Sendungen an die Sparbank von letzterer nachträglich eingezogen. Briefe mit Geld, Juwelen, Uhren oder ähnlichen Wertsachen müssen eingeschrieben versandt werden. Werden solche Briefe im Briefkasten vorgefunden, so sind sie von Amts wegen einzuschreiben; vom Empfänger wird alsdann eine Gebühr von 6 d eingezogen. Auf Einschreibbriefen ist Nachnahme wie auf eingeschriebenen Postpaketen zulässig; sie sind am Paketschalter aufzuliefern.

Nach- oder Rücksendung erfolgt gebührenfrei. Für unbestellbare Briefsendungen gelten die gleichen Bestimmungen wie in Victoria, doch befindet sich das Rückbriefamt für Queensland in Brisbane.

In Orten mit Briefbestelleinrichtung werden die Briefsendungen den Empfängern gebührenfrei in die Wohnung bestellt. In allen anderen Orten ist es Sache des Publikums, seine Sendungen bei der Postanstalt abzulangen.

Für Auflieferung und Abtragung von Massenzirkularen mit der allgemeinen Aufschrift „The Householder", für Schließfächer, für Abholung oder Zustellung von Privatbriefbeuteln, für Leerung von Privatbriefkasten, für Eilbestellung, für den Vertrieb von Postwertzeichen durch Privatpersonen, für den Rückkauf von Postwertzeichen, für das Bedrucken von Privatbriefumschlägen, Zirkularen und Streifbändern mit dem Wertstempel und für die Barfrankierung von Massensendungen gelten genau die gleichen Vorschriften wie in Victoria.

Von der Postverwaltung sind außer Freimarken, Postkarten und Kartenbriefen auch Zeitungsstreifbänder mit eingeprägter Marke und besondere Einschreibbriefumschläge (zu 3 d) ausgegeben, die ohne Aufschlag zum Nennwert des Wertstempels an das Publikum abgesetzt werden. Beim General-Postamt in Brisbane sind auch Postfreimarken der anderen australischen Staaten, von Neu-Seeland und von England käuflich, es werden jedoch von ersteren höchstens für 4 d auf einmal abgegeben; außer dem Werte der Marken wird eine Gebühr von 1d für jede 6d britischer und neuseeländischer Marken erhoben. Dem Publikum kann vom General-Postmeister gestattet werden, seine Marken und Postkarten mit den Anfangsbuchstaben des Namens oder der Firma oder mit sonstigen Zeichen zu durchlochen, um sich gegen Mißbrauch seiner Marken zu schützen.

B. Postanweisungen.

Zum Postanweisungsdienst sind nur die größeren Postanstalten (Money Order Offices) ermächtigt. Die Taxen und die sonstigen Vorschriften über die Behandlung der gewöhnlichen und telegraphischen Postanweisungen sowie der Postal-Notes decken sich in allen Punkten mit den in Victoria gültigen Bestimmungen, auf die verwiesen wird.

C. Postpakete.

Die Vorschriften über die Postpakete, einschl. der Gewichtsgrenzen und der Taxen, ferner über Postpakete (und Einschreibbriefe) mit Nachnahme decken sich durchaus mit den in Victoria gültigen. Zu bemerken ist nur, daß in Brisbane eine besondere Paketbestelleinrichtung besteht, während in den anderen größeren Orten die Abtragung der Pakete durch die Briefträger erfolgt.

45. West-Australien.

(2527530 qkm und 261563 Einwohner.*)

Das Post- und Telegraphenwesen von West-Australien wird unter der obersten Leitung des Bundes-Generalpostmeisters von dem „Deputy Postmaster-General" in Perth verwaltet. Dieser ist zugleich Vorsteher des Hauptpostamts in Perth, des sogen. „General-Postamts". Ihm sind die übrigen Postanstalten des Landes unmittelbar unterstellt, Bezirksbehörden gibt es nicht. Die Postanstalten zerfallen in „Postämter" (post-offices) und „Receiving offices", die sich nur mit Briefsendungen befassen. Sind die Postämter zum Postanweisungsdienst ermächtigt, so heißen sie „Money order offices", nehmen sie am Postpaketdienst teil, so nennt man sie „Parcels offices". Die Postämter sind meist mit Telegraphenbetrieb ausgestattet, nur in Perth besteht ein besonderes Telegraphenamt

*) Wegen der Münzen, Maße und Gewichte und wegen der Taxen im Verkehr mit den anderen Staaten des Australischen Bundes siehe unter „Australien".

(Central Telegraph Office). Die Vorsteher der Postämter heißen einheitlich „Postmeister", ein Teil davon sind Frauen.

Bemerkenswert ist, daß in Perth die Ankunft und die bevorstehende Abfahrt eines Postdampfers im Verkehr mit den anderen Staaten und mit Europa durch Flaggensignale auf dem Stadthaus in Perth öffentlich angekündigt werden.

A. Briefpost.

Briefe (letters) dürfen im Gewicht 3 Pfd., in den Ausdehnungen 2 zu 1 zu 1 Fuß nicht überschreiten. Tarif: 1 d, im Ortsverkehr ½ d für jede ½ Uz., unfrankiert und unzureichend frankiert das Doppelte des fehlenden Portos. Wegen der Grenzen für den Ortsverkehr siehe unter „Nr. 43. Neu-Süd-Wales. A. Briefpost". Für Perth gilt ein Umkreis von 13 Meilen als Ortstaxbereich. Briefe an und von Soldaten, Unteroffizieren, Seeleuten und Deckoffizieren im königlichen Dienst kosten bis ½ Uz. stets nur 1 d.

Briefsendungen, die nach Eintritt der Schlußzeit für eine Post aufgeliefert werden, mit letzterer aber noch befördert werden sollen, sowie solche, die in die Briefkasten auf den Bahnhöfen, an den Bahnpostwagen oder auf den Postdampfern eingelegt werden, unterliegen einer Spätlingsgebühr (late letter fee) von 1 d, nach dem Auslande in Höhe des einfachen Briefportos.

Kartenbriefe (letter cards) hat die Verwaltung zu 2 d ausgegeben; doch können auch die von Privaten hergestellten Kartenbriefe mit und ohne Antwort (erstere nur innerhalb West-Australiens) befördert werden.

Postkarten (post cards) kosten 1 d die einfache, 2 d die Karte mit Antwort, unfrankiert und unzureichend frankiert das Doppelte des fehlenden Portos. Die Verwaltung hat auch Ansichtskarten (pictorial cards) mit dem Aufdruck „Greetings from . . ." herstellen lassen, die zu 1 d käuflich sind. Von der Privatindustrie gefertigte Postkarten sind auch zulässig, doch sollen sie die Maße zwischen 5½ zu 3½ und 4 zu 2¾ Zoll einhalten. Solche Karten, ebenso wie Privatkartenbriefe bedruckt die Verwaltung auf Antrag in Mengen von mindestens 500 Stück unentgeltlich mit dem Wertstempel.

Für Zeitungen (newspapers) gelten die gleichen Bestimmungen und Taxsätze wie in Victoria. Doch sollen in großen Paketen von den Verlegern versandte Zeitungen (bulk) nur dann bar frankiert werden, wenn die Aufschriftseite der Pakete zur Aufnahme der Freimarken nicht ausreicht.

Packets, d. s. offene Sendungen mit Büchern, Zeitschriften und anderen Drucksachen und Geschäftspapieren, sind bis 5 Pfd., solche mit Warenproben und Waren bis 4 Pfd. und in den Ausdehnungen bis 2 zu 1 zu 1 Fuß, in Rollenform bis 2½ Fuß in der Länge zugelassen. Sind jedoch Warenpakete nach Orten gerichtet, die am Postpaketdienst teilnehmen, so darf deren Gewicht 1 Pfd. nicht überschreiten. Drucksachen mit schriftlichen Zusätzen usw., wie sie im Weltpostverein bei diesen zugelassen sind, zählen zu den Geschäftspapieren. Tarif: für Bücher, Zeitschriften und Kataloge, gebunden, broschiert oder geheftet, 1 d für jede 4 Uz., für andere Drucksachen, Geschäftspapiere, Warenproben und Warenpakete 1 d für jede 2 Uz., unfrankiert und unzureichend frankiert das Doppelte des fehlenden Portos. Im übrigen gelten für die packets dieselben Vorschriften wie in Victoria und den anderen Staaten des Australischen Bundes.

Auch für eingeschriebene (registered) Briefsendungen gelten genau die gleichen Bestimmungen und Taxsätze wie in Victoria usw. Bemerkenswert ist nur, daß die Rückscheine vom Absender selbst ausgefertigt werden müssen.

Für Nach- und Rücksendung, für die unbestellbaren Briefsendungen, für gewöhnliche und Eilbriefbestellung, für Auflieferung und Abtragung von Massenzirkularen mit der allgemeinen Aufschrift „The Householder", für Schließfächer, für Abholung oder Zustellung der Briefschaften in Privatbeuteln, für Leerung von Privatbriefkasten, für den Vertrieb der Postwertzeichen durch dazu ermächtigte Privatpersonen, für den Rückkauf von Postwertzeichen, für das Bedrucken von Privatumschlägen, Zirkularen und Streifbändern mit dem Wertstempel, für die Barfrankierung bei Massenauflieferungen und für Markenbüchlein decken sich die Vorschriften in West-Australien genau mit den in Victoria und den übrigen Staaten des Australischen Bundes bestehenden (vgl. deshalb „41. Victoria" unter „A. Briefpost").

Außer Postfreimarken, Kartenbriefen und Postkarten sind von der Verwaltung noch Einschreibbriefumschläge zu 3 d (3 Sorten) und Streifbänder zu ½ und 1 d, die ohne Aufschlag verkauft werden, und gestempelte Briefumschläge zu 1 und 2 d ausgegeben, die in Päckchen zu 25 Stück mit einem Aufschlage von 2 d abgesetzt werden. Beim General-Postamt in Perth sind ferner Marken der anderen australischen Staaten zu 2 d und britische und neuseeländische Marken zu 1 d erhältlich; von den ersteren werden nur bis 4 d ohne Aufschlag abgegeben, für größere Mengen ist ein Aufschlag zu zahlen, der sich nach der gekauften Menge richtet und z. B. bis 1½ s ½ d, bei 1 £ 3 d beträgt. Für britische und neuseeländische Marken gelangt allgemein ein Aufschlag von 1 d für je 6 Stück zur Erhebung.

Zur Verrechnung des Portos auf unfrankierten usw. Sendungen dienen besondere Taxmarken (postage due stamps).

B. Postanweisungen.

Für gewöhnliche und telegraphische Postanweisungen und für Postal-Notes gelten die gleichen Taxsätze und Bestimmungen wie in Victoria. Zu bemerken ist nur, daß die kleinsten Postal-Notes auf ½ s lauten.

C. Postpakete.

Auch für Postpakete sind die gleichen Taxen und Vorschriften wie in Victoria in Geltung, auf die wir deshalb verweisen.

46. Tasmania.

(68334 qkm und 184008 Einwohner.*)

Wie in den anderen Staaten des Australischen Bundes wird auch in Tasmania das vereinigte Post- und Telegraphenwesen von einem dem Bundes-Generalpostmeister in Melbourne unterstehenden „Deputy Postmaster-General",

---

*) Wegen der Münzen, Maße und Gewichte und wegen der Taxen für Sendungen nach und aus den anderen Staaten des Australischen Bundes siehe unter „Australien".

der seinen Sitz in Hobart hat, verwaltet. Er leitet zugleich das „General-Postamt" genannte Hauptamt in der Hauptstadt. Ihm unterstehen die Post- und Telegraphenanstalten des Staates unmittelbar. Die „Postämter" heißen allgemein post-offices, ihre Vorsteher „Postmaster" oder, wenn ein Amt von einer Frau verwaltet wird, „Postmistress". Neben den Postämtern gibt es noch „Receiving offices" (Annahmeämter), die sich nur mit Briefsendungen befassen. Die Mehrzahl der Postämter ist mit Telegraphenanstalten vereinigt. Sind die Postämter zum Postanweisungsdienst ermächtigt, so heißen sie „Money order offices", nehmen sie am Postpaketdienst teil, so führen sie die Bezeichnung „Parcels offices".

A. Briefpost.

Für Briefe (letters) sind Grenzen in Gewicht und Ausdehnungen nicht gezogen. Tarif: 2 d, Ortsbriefe 1 d für jede ½ Uz., unfrankiert und unzureichend frankiert das Doppelte des fehlenden Portos. Als Ortstaxbereich gilt in Hobart ein Umkreis von 13 Meilen, in den anderen Orten nur von soviel Meilen, als sie ein Vielfaches von 3000 Einwohnern haben, höchstens aber von 8 Meilen. Für Spätlingsbriefe (siehe unter „41. Victoria") ist eine Spätlingsgebühr von 1 d, nach Orten außerhalb Tasmanias von dem einfachen Briefporto zu erheben. Für Briefe der Soldaten und Unteroffiziere, Seeleute und Deckoffiziere im königlichen Dienst ist bis ½ Uz. nur 1 d Porto zu zahlen; schwerere Briefe unterliegen der gewöhnlichen Brieftaxe.

Für Kartenbriefe (letter cards) gelten die gleichen Bestimmungen wie in West-Australien.

Postkarten (post cards) kosten 1 d die einfache, 2 d die Karte mit Antwort, unfrankiert und unzureichend frankiert das Doppelte des fehlenden Portos. Für von der Privatindustrie hergestellte Postkarten und das Bedrucken dieser Karten und der Kartenbriefe mit dem Wertstempel decken sich die Vorschriften mit denen West-Australiens.

Das gleiche gilt für die Zeitungen (newspapers).

Für Packets, d. s. offene Sendungen mit Büchern, Zeitschriften, Noten, nicht im Inlande gedruckten und erschienenen Zeitungen, Drucksachen jeder Art, Geschäftspapieren, Warenproben und Waren sind als Höchstausdehnungsgrenzen allgemein 2 zu 1 zu 1 Fuß, in Rollenform eine Länge von 2½ Fuß und als Höchstgewicht 5 Pfd. festgesetzt. Tarif: für Bücher, Zeitschriften, nicht im Inlande gedruckte und erschienene Zeitungen und für Kataloge 1 d bis 8 Uz. und ½ d mehr für jede weiteren 4 Uz., für die anderen packets 1 d für jede 2 Uz., unzureichend frankiert und unfrankiert das Doppelte des fehlenden Frankos. Im übrigen gelten für die packets die gleichen Vorschriften wie in Victoria und den anderen Staaten des Australischen Bundes.

Für eingeschriebene (registered) Sendungen, für Nach- und Rücksendung, für die Behandlung unbestellbarer Briefsendungen, für Bestellung und Abholung, für Eilbriefbestellung, für Massenzirkulare mit der allgemeinen Aufschrift „The Householder", für Schließfächer, für Unterhaltung von Briefbeuteln (private mail bags), für Leerung von Privatbriefkasten, für den Vertrieb von Postwertzeichen durch besonders dazu ermächtigte Privatpersonen, für den Rückkauf von Postfreimarken, für das Bedrucken von Briefumschlägen, Streifbändern und Zirkularen mit dem Wertstempel, für die Barfrankierung bei Massenauflieferungen und für Markenbüchlein sind die in Victoria gültigen Bestimmungen durchweg auch in Tasmania in Geltung.

Außer Freimarken, Kartenbriefen, Postkarten und Einschreibbriefumschlägen zu 3 d (in 3 Größen) sind noch gestempelte Streifbänder zu ½ und 1 d ausgegeben, die wie jene zum Nennwert des Wertstempels verkauft werden. Das General-Postamt in Hobart gibt auch Freimarken zu 2 d der übrigen australischen Staaten sowie britische und neuseeländische Marken zu 1 d ab; von den ersteren werden 1 und 2 Stück zum Nennwert der Marken, mehr als 2 aber und die britischen und neuseeländischen Marken nur mit einem Aufschlag von 1 d für je 6 d abgelassen.

B. Postanweisungen.

Auf gewöhnliche und telegraphische Postanweisungen, sowie auf Postal-Notes, von denen es auch solche zu ½ s gibt, finden genau die gleichen Vorschriften, Taxsätze usw. Anwendung wie in Victoria und in den anderen Staaten des Australischen Bundes.

C. Postpakete.

Auch für Postpakete (mit und ohne Nachnahme) gelten genau die gleichen Bestimmungen und Taxen wie für Postpakete in Victoria.

47. Neu-Seeland.

(Mit Cook-Inseln 271059 qkm und 948649 Einwohner.)

Die Leitung des vereinigten Post- und Telegraphenwesens des Dominiums Neu-Seeland (einschl. der Cook-Inseln) ist dem „Post Office and Telegraph Department" übertragen, an dessen Spitze der „General-Postmeister" (Postmaster General and Minister of Telegraphs) steht. Dem General-Postmeister sind ein „Sekretär" (Secretary), ein „Hilfssekretär" und „Inspektor", dem neben der Beaufsichtigung des Postdienstes im Bezirk der Hauptstadt Wellington zugleich die Vertretung des Sekretärs obliegt, ein „Chief Clerk", ein „Postamtsinspektor", ein „Controller and Accountant" für Postanweisungs- und Sparkassendienst, ein „Assistant Controller" für diese Dienstzweige und ein „Controller" der Lager beigegeben. Das nachgeordnete Personal sind „Clerks". Das Land ist für Revisionszwecke in 4 Inspektionsbezirke eingeteilt: Northern, Central, Midland und Southern. Die Oberleitung der Aufsichtsgeschäfte liegt in den Händen des „Postamtsinspektors" (Inspector of post-offices); jeder Inspektionsbezirk untersteht einem „Assistant Inspector of post-offices". Im übrigen zerfällt das Dominium in 17 Postbezirke, in deren jedem die Leitung und Überwachung des Betriebsdienstes einem „Head Office" übertragen ist; solche Head Offices (Hauptpostämter) befinden sich in Auckland, Blenheim, Christchurch, Dunedin, Gisborne, Greymouth, Hokitika, Invercargill, Napier, Nelson, New Plymouth, Oamaru, Thames, Timaru, Wanganui, Wellington und Westport. Diesen unterstellt sind die „Sub-Offices", die Unterpostämter, die wiederum in „permanente Unterämter", die Berufsbeamten übertragen sind, und in „ländliche Unterämter" (country offices), die von Kaufleuten, Lehrern, Eisenbahnbeamten usw. im Nebenamt verwaltet werden, zerfallen. Abgesehen von Auckland, Christchurch, Dunedin, Napier und Wellington, wo selbständige Telegraphenämter bestehen, sind die Postämter mit Telegraphie vereinigt. Die Vorsteher der Hauptpostämter heißen „Chief Postmaster", die der Unterpostämter „Sub-Postmaster". Das nachgeordnete Personal zerfällt in „Chief clerks" und „Clerks" oder „Officers" 1. bis 6. Klasse; die Beamten im Vorbereitungsdienst heißen „Cadets". Um zu Clerks befördert zu werden, müssen letztere eine Prüfung ablegen. Neben den Clerks gibt es „Exchange, Dispatch und Counter Clerks" (Auswechselungs-, Abfertigungs- und Schalterbeamte) und „Sortierer" (Sorters), die sich aus den Unterbeamten, den „Letter carriers" und „Messengers", sowie aus „Lehrlingen" (Learners) rekrutieren. Vollenden die „Cadets" das 18. Lebensjahr, so führen sie die Bezeichnung „Volunteers", als welche sie frühestens nach 3 Jahren zur Clerk-Prüfung zugelassen werden. Der „Bahnpostdienst" ist geeigneten Postämtern übertragen; ihn besorgen die Clerks und Sorters. Nur die Unterbeamten tragen Dienstkleider, die ihnen geliefert werden.

Zur Erleichterung der Auflieferung der Briefe und Zeitungen sind in den größeren Orten Straßenbriefkasten angebracht, die entweder an den Häusern befestigt (Wall Receiving-boxes) oder in Gestalt von eisernen Säulen frei aufgestellt (Iron-pillar Receiving-boxes) oder an den Laternenständern aufgehängt sind (Lamp-post Receiving-boxes).

Die Beförderung der Postsendungen im Inneren des Landes erfolgt teils mit der Eisenbahn durch Bahnposten, teils durch Fahr- und Kariolposten, durch Reitposten, Botenposten und zu Wasser (in Booten). Die zwischen den einzelnen Postanstalten unterhaltenen Verbindungen sind je nach der Bedeutung der Orte und nach den in Betracht kommenden Entfernungen entweder tägliche oder wöchentlich vier-, drei-, zwei- und einmalige, nach einzelnen Orten selbst nur vierzehntägige.

Der Postverwaltung steht das alleinige Recht auf die Beförderung von Briefen jeder Art (Postmonopol) zu. Zuwiderhandlungen werden mit Geldbuße bis 20 £ für jeden widerrechtlich anderweit versandten oder beförderten Brief geahndet.

A. Briefpost.

Briefe (letters) sind ohne Beschränkung des Gewichts zulässig. Sie dürfen in den Ausdehnungen jedoch 2 zu 1 zu 1 Fuß nicht überschreiten. Tarif: im Ortsverkehr (town letters) 1 d*) die ersten 4 Uz. und ½ d mehr für jede weiteren 2 Uz., im Fernverkehr 2 d für jede ½ Uz., unfrankiert und unzureichend frankiert das Doppelte des fehlenden Portos. Werden von den vom Auslande kommenden Schiffen die zu den Frachten gehörigen Frachtbriefe der Post zur Beförderung übergeben, so werden diese Briefe wie Inlandsbriefe taxiert, sofern sie in der Aufschrift den Vermerk „Consignees' letter" tragen. Münzen, Banknoten, Schecks u. dgl. dürfen in gewöhnlichen Briefen nicht versandt werden.

Eine Taxermäßigung genießen die Briefe der Seeleute und Soldaten im königlichen Dienst insofern, als sie, frankiert wie unfrankiert, bis ½ Uz. nur 1 d Porto kosten. Gehen Briefe von den bezeichneten Personen aus, so müssen sie in der Aufschrift den Namen und die Stellung des Absenders,

*) Wegen der Münzen, Maße und Gewichte siehe unter „Australien".

den Truppenteil oder den Namen des Schiffes sowie die Namensunterschrift des kommandierenden Offiziers tragen.

Briefe, die nach Eintritt der Schlußzeit für eine Post aufgeliefert werden, mit dieser Post aber noch befördert werden sollen, ferner die an Bord der Postschiffe und durch die Briefkasten der Bahnpostwagen aufgelieferten Briefe unterliegen neben dem tarifmäßigen Porto einer besonderen Spätlingsgebühr (late letter fee) von 1 d für den Brief, den Kartenbrief oder die Postkarte. Derartige Briefe müssen vollständig frankiert sein, widrigenfalls sie erst mit der nächsten Post zur Absendung gelangen. Finden sich unzureichend frankierte Briefe in den Briefkasten der Postschiffe oder Bahnposten vor, so werden sie zwar weiterbefördert, doch wird vom Empfänger das Doppelte des fehlenden Portos und der Spätlingsgebühr eingezogen.

Kartenbriefe (letter-cards) werden an das Publikum zu ½ d, solche mit Antwort zu 1 d das Stück verkauft.

Als Postkarten (post cards) sind nicht nur die von der Postverwaltung ausgegebenen, sondern auch die von der Privatindustrie hergestellten Postkarten zulässig, doch dürfen diese nicht größer als 5½ zu 3½ und nicht kleiner als 4 zu 2¾ Zoll sein. Tarif: ½ d die einfache, 1 d die Karte mit Antwort, unfrankiert und unzureichend frankiert das Doppelte des fehlenden Portos. Die von der Privatindustrie gefertigten Kartenbriefe und Postkarten können von der Verwaltung unentgeltlich mit dem Postwertstempel bedruckt werden.

Zeitungen (newspapers), die mindestens monatlich einmal erscheinen, in Neu-Seeland herausgegeben werden und beim General-Postamt als solche gegen eine Gebühr von 5 s in ein Register eingetragen sind, können entweder als Drucksachen unter den Bedingungen für Bücherpostsendungen (siehe weiter unten) oder zur Taxe von ½ d für jedes Zeitungsexemplar versandt werden. Beilagen, die einen wirklichen Bestandteil einer Zeitung darstellen, werden als Teil der Zeitung auch postalisch angesehen und nicht besonders taxiert. Außer der Aufschrift, dem Namen und Wohnort des Absenders und dem gedruckten Namen der Zeitung darf eine Zeitungssendung keinerlei schriftliche Angaben oder schriftliche und gedruckte Zusätze enthalten, widrigenfalls sie als unzureichend frankierter Brief behandelt wird. Finden sich in einem Zeitungspaket mehr Zeitungen vor, als frankiert sind, so wird für die überschüssigen Exemplare ein Porto von je 1 d nacherhoben. Einzelne Zeitungsexemplare, die zwischen den Verlegern verschiedener Zeitungen als Tauschexemplar ausgewechselt werden, genießen Portofreiheit, sofern sie in der Aufschrift den Vermerk „Newspaper Exchange only" (nur Zeitungen, Tauschexemplar) tragen; fehlt dieser Vermerk, so werden sie wie unfrankierte Briefe behandelt und taxiert, und enthält eine solche Sendung mehr als ein Zeitungsexemplar, so wird für jedes überschüssige Exemplar 1 d berechnet. Die Zeitungen können ohne Umschlag, einfach zusammengefaltet und gebunden, oder unter Umschlag, der an den beiden Schmalseiten offen sein muß, versandt werden. Von Verlegern abgesandte Zeitungspakete, die in Mengen von mindestens 100 Stück gleichzeitig aufgeliefert werden, brauchen nicht einzeln frankiert zu werden. Es werden nur tägliche Verzeichnisse über die abgesandten Zeitungen geführt, nach denen das Gesamtporto von 8 zu 8 Tagen nachträglich bar entrichtet wird.

In Bücherpostsendungen (Book-Post) können Bücher, Drucksachen, Zirkulare, Geschäftspapiere, Warenproben sowie Waren jeder Art enthalten sein; nur die Versendung von Münzen und Banknoten sowie von Rechnungen in Bücherpostsendungen ist verboten. Im allgemeinen dürfen die Sendungen schriftliche Mitteilungen nicht enthalten, doch sind in Drucksachen, Geschäftspapieren und Warenproben die gleichen handschriftlichen Zusätze usw. gestattet wie im Weltpostverkehr. Die Bücherpostsendungen müssen so verpackt sein, daß der Inhalt vom Postbeamten leicht geprüft werden kann; ist die Verpackung derart, daß dem Inhalt ohne Verletzung des Umschlages oder etwaiger Siegel nicht beizukommen ist, so wird die Sendung als unzureichend frankierter Brief taxiert. Eine Bücherpostsendung soll, wenn sie nur Bücher enthält, nicht 18 Zoll in irgend einer Ausdehnung, in Rollenform nicht 2½ Fuß in der Länge und 4 Zoll im Durchmesser und 4 Pfd. im Gewicht, wenn sie nur Drucksachen oder Geschäftspapiere enthält, nicht 2 zu 1 zu 1 Fuß und nicht 5 Pfd., wenn sie Warenproben oder Waren enthält, nicht 1 Fuß zu 8 Zoll zu 4 Zoll, in Rollenform nicht 1 Fuß 6 Zoll in der Länge und nicht 12 Uz. überschreiten. Tarif: für Geschäftspapiere, Zirkulare, Rechnungen u. dergl. im Ortsverkehr ½ d bis ½ Uz., bei schwererem Gewicht sowie im Fernverkehr 1 d für die ersten 4 Uz. und ½ d mehr für jede weiteren 2 Uz., für Drucksachen (einschl. Bücher), Warenproben und Waren ½ d für jede 2 Uz., unfrankiert und unzureichend frankiert allgemein das Doppelte des fehlenden Portos.

Zeitschriften und Kataloge (Magazine and Trade Catalogue Post) genießen, in offenen Umschlägen versandt, eine weitere Portoermäßigung. Die Zeitschriften und Kataloge müssen vor ihrer Versendung vom General-Postamt geprüft und als gegen das ermäßigte Porto versendbar anerkannt worden sein. Jede Sendung darf nur ein Exemplar der Zeitschrift oder des Katalogs enthalten; die Aufschrift soll auch den Namen des Absenders sowie die Worte „Magazine Post“ oder „Catalogue Post“ enthalten. Das Porto beträgt 1 d für jedes Exemplar und für jede 16 Uz., unzureichend frankiert das Doppelte des fehlenden Portos; unfrankierte sowie den Vorschriften sonst nicht entsprechende Sendungen werden dagegen wie unfrankierte oder unzureichend frankierte Briefe behandelt. Nicht geprüfte Zeitschriften unterliegen der Taxe für Bücher.

Briefsendungen jeder Art können unter Einschreibung (registered) versandt werden. Die Sendungen müssen stets frankiert sein; Einschreibgebühr 2 d. Die Einschreibsendungen sollen stets am Schalter aufgeliefert werden, wo dem Aufgeber ein Einlieferungsschein ausgefolgt wird. Briefe mit Münzen oder Banknoten, ferner kleine Warenpäckchen mit Uhren, Steinen u. dgl. im Werte von mehr als 1 s sollen stets unter Einschreibung versandt werden; wird eine derartige uneingeschriebene Sendung im Briefkasten vorgefunden, so ist sie von Amts wegen als Einschreibsendung zu behandeln und mit einer Einschreibgebühr von 4 d zu belegen. Rückscheine sind zulässig; Gebühr 2½ d. Die Postverwaltung leistet im Falle des Verlustes einer Einschreibsendung Ersatz in Höhe des wirklich erlittenen Schadens, höchstens jedoch von 2 £ für jede Sendung.

Für Nach- oder Rücksendung von Briefsendungen wird Porto nicht von neuem in Ansatz gebracht. Bleiben Briefe vom Ausland 2 Monate nach Ablauf des Aufgabemonats unabgeholt, so werden sie als unbestellbar angesehen und am 1. Tage des folgenden Monats in eine Liste aufgenommen, die 1 Monat bei der Postanstalt zur öffentlichen Kenntnis ausgehängt wird. Bleibt der Brief auch dann unabgefordert, so wird er an das Büreau für unbestellbare Sendungen (Dead Letter Office) beim General-Postamt in Wellington eingesandt. Unbestellbare Briefe des Inlandsverkehrs werden in jene Liste dagegen nicht aufgenommen, sondern nach einer Lagerfrist von 1 Monat an das Dead Letter Office eingeschickt, wo sie geöffnet und dann den hierbei ermittelten Absendern zugestellt oder vernichtet werden. Ist auf unbestellbaren Briefen des Inlandsverkehrs der Name des Absenders vermerkt, so werden sie, frühestens jedoch nach 10, spätestens nach 30 Tagen, unmittelbar den Absendern zugeschickt, ohne daß die Vermittelung des Dead Letter Office in Anspruch zu nehmen ist. Unbestellbare Einschreibsendungen, amtliche Briefe sowie mit Porto belastete Sendungen werden niemals unmittelbar an den Absender zurückgesandt, sondern stets zunächst dem Dead Letter Office zugeführt.

Briefsendungen jeder Art werden in Orten mit Bestelleinrichtung den Empfängern durch die Briefträger gebührenfrei in die Wohnung bestellt. Den Briefträgern ist untersagt, neben den Postgebühren Trinkgelder oder dgl. zu fordern, doch ist ihnen gestattet, Weihnachtsgeschenke anzunehmen. Gehen Postlagerbriefe ein, so werden diese bei der Postanstalt aufbewahrt, bis die Empfänger sich zur Abholung melden; sind die Empfänger von Postlagersendungen aber Einwohner des Postorts, so werden die Sendungen durch die Briefträger abgetragen.

Es ist gestattet, Zirkulare, die in den Häusern einfach abgegeben werden sollen und deshalb nur die Aufschrift „The Householder" tragen, gegen eine Taxe von ½ d für das Stück und je 2 Uz. in Paketen an ein Postamt zur Abtragung zu senden. Handelt es sich um mindestens 240 Stück, so können die Sendungen bar frankiert werden.

In Orten ohne Bestelleinrichtung muß das Publikum seine Sendungen sämtlich bei der Postanstalt abholen. Aber auch in Orten mit Bestelleinrichtung ist es den Briefempfängern gestattet, ihre Sendungen regelmäßig bei der Postanstalt abzuholen und zu dem Zwecke ein Fach des Ausgabeschrankes zu mieten. Bei den größeren Postämtern sind Schließfächer (private boxes) eingerichtet, die auch außerhalb der gewöhnlichen Schalterdienststunden zugänglich sind. Für ein Schließfach ist in Orten mit Briefbestellung eine Fachmiete von 10 s für ein Halbjahr oder 1 £ für das Jahr, in anderen Orten von 5 und 10 s zu entrichten. In Orten mit Briefbestellung können auch gewöhnliche Fächer eines Ausgabespindes, das so aufgestellt ist, daß man vom Schaltervorraum aus durch die Glasrückwand sehen kann, ob Sendungen in den Fächern liegen, zu dem Zwecke angemietet werden, die Sendungen zwischen zwei Bestellungen am Schalter abzufordern. Für solche Fächer, „call boxes" genannt, ist eine Miete von 2½ s jährlich zu zahlen.

Personen, die an Poststraßen wohnen, können sich ihre Sendungen durch die Post in Taschen (private bags) zuführen lassen. Die Taschen sind für Rechnung des Publikums zu beschaffen. Sie müssen aus Leder gefertigt und verschließbar sein; leer dürfen sie 2 Pfd. nicht übersteigen. Die Taschen können auch zur Auflieferung von Sendungen benutzt werden. Die Aufnahme von Sendungen auch für andere Personen als den Empfänger der Tasche ist statthaft. Die Taschengebühr beträgt halbjährlich 1 £, jährlich 2 £ und für jede mitbenutzende Person 10 s jährlich mehr.

In den größeren Orten besteht auch ein Eilbestelldienst. Nur Sendungen bis 3 Pfd. können durch Eilboten abgetragen werden. Sie müssen in der Aufschrift oben links die Angabe „Express delivery" tragen, außerdem sind über

Aufschrift- und Rückseite zwei Parallelstriche zu ziehen. Das Eilbestellgeld muß stets vorausbezahlt werden; es kann in gewöhnlichen Freimarken verrechnet werden, doch wird empfohlen, dazu die besondere Eilbestellmarke von 6 d zu verwenden. Das Eilbestellgeld beträgt 6 d für eine Meile Entfernung vom Posthause und 3 d mehr für jede weitere Meile bis höchstens 3 Meilen. Ist das Eilbestellgeld nicht voll vorausbezahlt, so unterbleibt die Eilbestellung. Die Abtragung der Eilsendungen besorgen die Telegrammbesteller. Über jede Sendung hat der Empfänger Quittung zu leisten.

Die Postanstalten befassen sich außer mit dem Vertrieb der Postwertzeichen auch mit dem Verkauf von Stempelmarken, die übrigens, an Stelle der Postmarken, auch zur Frankierung der Postsendungen benutzt werden dürfen, ferner mit der Erhebung der Eigentumssteuer und der Schaftaxe sowie mit der Einkassierung von Spiel- und anderen Lizenzabgaben.

Am Verkauf der Postwertzeichen dürfen sich auch Privatpersonen beteiligen, denen jedoch hierzu vom General-Postamt die ausdrückliche Erlaubnis erteilt sein muß (Licensed vendors); anderen Personen ist der Vertrieb von Postmarken bei Strafe von 10 £ verboten. Die Privatverkäufer erhalten einen Rabatt von 2½% für den Vertrieb von Wertzeichen bis 5 s, von höheren Werten 1¼% bei Einkäufen von mindestens 2 £; die Vorsteher der Country Offices genießen beim Bezug von mindestens 1 £ stets 1¼% und Privatkäufer, die für 20 £ auf einmal entnehmen, ebenfalls 1¼% Rabatt. Im weiteren sind bei den Postanstalten auch englische Freimarken sowie Postfreimarken und gestempelte Briefumschläge von Victoria, Neu-Süd-Wales und West-Australien in kleineren Mengen (im Einzelfall höchstens bis zu 6 d) erhältlich. Außer Freimarken und Stempelmarken, Postkarten und Kartenbriefen hat die Verwaltung auch noch ausgegeben: gestempelte Streifbänder, für die ein Zuschlag von 1 d für je 18 Stück erhoben wird, ungummierte gestempelte Briefumschläge zu 2 d und (2 Sorten) zu 1 d, von denen die ersteren mit 1½ d, die letzteren mit 2 d Zuschlag für das Dutzend abgegeben werden, Briefumschläge zu 3 d zu Einschreibbriefen, die in der Größe von 5¼ zu 3¼ Zoll und von 6 zu 3¾ Zoll zu 3¼ d, von 11¼ zu 6 Zoll zu 4 d das Stück käuflich sind, und Markenbüchlein (stamps booklets) mit 24 Stück 1 d-Marken, für die ein Aufschlag von ½ d erhoben wird.

Geschäftshäusern kann vom General-Postamt gestattet werden, ihre Vorräte an Postmarken, Postkarten und gestempelten Streifbändern mit den Anfangsbuchstaben der Firma oder sonstigen Zeichen durchlochen zu lassen. Endlich sind die Vorsteher von Postanstalten, die am Postanweisungsdienst teilnehmen, berechtigt (nicht aber verpflichtet), ungebrauchte Freimarken gegen bar, jedoch unter Abzug einer Gebühr von 5%, vom Publikum zurückzukaufen; die Marken müssen jedoch zu wenigstens je zwei zusammenhängen, und der Gesamtwert der Marken muß mindestens 10 s betragen. Durchlochte Marken sind vom Rückkauf ausgeschlossen.

Die Verwaltung befaßt sich auch damit, Privatumschläge mit dem Wertstempel zu bedrucken; hierfür ist eine Gebühr zu zahlen, die bei Mengen von mehr als 10 000 Stück 5 s für jedes Tausend, bei geringeren Mengen 8 s für das erste und 5 s für jedes weitere Tausend beträgt.

Auch Barfrankierung ist bei Massenauflieferungen zulässig; doch müssen mindestens 240 gleichartige Sendungen auf einmal aufgeliefert werden.

Zur Verrechnung des Portos auf unfrankierten usw. Sendungen werden besondere Taxmarken (Postage due stamps) verwendet.

B. Postanweisungen.

Am Postanweisungsdienst nehmen sämtliche Hauptpostämter und mit Postbeamten besetzte Unterpostämter, sowie eine größere Anzahl der anderen Unterpostämter teil. Der Postanweisungsdienst entspricht dem gleichartigen Dienst in Victoria durchaus; wir verweisen daher bezüglich der Einrichtung dieses Dienstes auf die unter „41. Victoria" gegebenen Mitteilungen. Der Höchstbetrag einer Postanweisung (Money Order) ist auf 40 £ festgesetzt. Tarif: für jede 5 £ 3 d. Will jemand an einem Orte ohne Postanweisungsamt eine Postanweisung aufgeben, so muß er das Geld mit einem Anmeldeformular (application form) in einem Einschreibbriefe, für den nur die Einschreibgebühr von 2 d, aber kein Porto zu entrichten ist, an das nächste Postanweisungsamt einsenden, das dann die Anweisung ausfertigt und dem Empfänger zuschickt.

Auch telegraphische Postanweisungen sind zulässig, wenn sich am Aufgabe- und am Bestimmungsort eine Telegraphenanstalt befindet. An Gebühren sind zu entrichten 3 d für jede 5 £ sowie die Taxe für das Überweisungstelegramm (1 s). Der Absender muß den Empfänger von der erfolgten Absendung einer telegraphischen Postanweisung u. U. telegraphisch benachrichtigen. Dem Überweisungstelegramme können private Mitteilungen des Absenders für den Empfänger angefügt werden, wofür die gewöhnliche Telegrammgebühr fällig ist.

Postal-Notes werden von allen zum Postal-Note-Dienst besonders ermächtigten Postanstalten verkauft und eingelöst. Die Postal-Notes lauten auf 9 verschiedene Werte, nämlich auf 1, 1½, 2, 2½ s (Gebühr ½ d), auf 3 und 5 s (Gebühr 1 d) und auf 10, 15 und 20 s (Gebühr 2 d). Teilbeträge eines halben s bis zu 5 d können durch Aufkleben von Postfreimarken auf die Rückseite der Postal-Notes dargestellt werden.

Bei der Ausgabe werden die Postal-Notes, die eine fortlaufende Nummer und den Namen des Ausgabeamts tragen, mit dem Tagesstempel der Ausgabepostanstalt bedruckt. Der Absender kann auf der Vorderseite der Postal-Note vor der Versendung den Namen des Empfängers sowie den Namen der Auszahlungspostanstalt vermerken; die Eintragung kann jedoch auch dem Empfänger überlassen werden. Soll die Auszahlung des Betrages durch ein Bankhaus erfolgen, so hat der Absender statt des Namens des Empfängers die Angabe „and Co." auf die Postal-Note zu setzen; alsdann darf die Auszahlung nur an ein Bankhaus, und ist ein solches auf der Postal-Note genannt, nur an dieses erfolgen. Der Empfänger oder das Bankhaus, das die Zahlung vermittelt, hat am Fuße der Vorderseite der Postal-Note über den Empfang der Betrages zu quittieren.

Ist auf einer Postal-Note irgend eine Angabe abgeändert oder radiert, oder ist die Postal-Note beschnitten, beschmutzt oder sonst verstümmelt, so wird die Zahlung ausgesetzt. Eine Postal-Note verliert 4 Monate nach dem Ausgabemonat ihre Gültigkeit und erlangt sie nur dadurch wieder, daß für die Dauer von je 4 weiteren Monaten die Gebühr für die Postal-Note von neuem entrichtet und in Postfreimarken auf der Vorderseite der Postal-Note verrechnet wird. Der Absender soll sich für die Fälle der Nachforschungen Nummer, Datum und das Postamt der Ausgabe vermerken. Solche Nachforschungen sind nur innerhalb 2 Jahre zulässig; die Gebühr hierfür beträgt 6 d.

Die Postal-Note-Ämter verkaufen auch britische Postal Orders zu den gleichen Taxen wie in Großbritannien und lösen solche auch ein; doch sind sie für den inneren Verkehr nicht zugelassen, sondern nur nach und aus Großbritannien und den übrigen britischen Kolonien.

Ein Wertbrief- und ein Postauftragsdienst sind in Neu-Seeland nicht eingerichtet.

C. Postpakete.

Postpakete (parcels) sind bis 11 Pfd. zulässig. In der Länge sollen sie nicht $3\frac{1}{2}$ Fuß, in Länge und Umfang zusammen nicht 6 Fuß, solche mit Angelruten und Racketts in der Länge nicht $4\frac{1}{2}$ Fuß überschreiten; diese Grenzen gelten jedoch nur für Postpakete, die ausschließlich mit der Eisenbahn, mit Fahrposten oder mit Postschiffen befördert werden. Hat die Beförderung ganz oder zum Teil mit Boten- oder Reitposten zu geschehen, so sollen die Pakete nicht 5 Pfd., in den Ausdehnungen nicht 2 zu 1 zu 1 Fuß übersteigen. Pakete mit ungemünztem Gold und Silber sind stets bis 6 Pfd. zugelassen. Die Taxe, die im voraus in Freimarken zu entrichten ist, beträgt für das erste Pfd. 4 d und für jedes weitere Pfd. 2 d mehr, für Pakete mit Angelruten und Racketts bis 3 Pfd. $1\frac{1}{2}$ s, für jedes weitere Pfd. 3 d mehr. Eine Begleitadresse ist nicht beizufügen. Die Marken sind auf ein Formular (label) aufzukleben, das der Annahmebeamte auf dem Paket nach Ermittelung des Gewichts mit Klebstoff befestigt.

Die Postpakete, die als solche in der Aufschrift durch den Vermerk „Parcel Post" gekennzeichnet sein müssen, sollen stets am Postschalter aufgeliefert werden; wird ein Postpaket in einem Briefkasten vorgefunden, so wird es mit einem Strafporto von 6 d belegt. In einem Postpaket dürfen Gegenstände, deren Beförderung mit Gefahr verbunden ist, lebende Tiere sowie Briefe nicht versandt werden. Die Postbeamten sind berechtigt, die Postpakete zur Prüfung des Inhalts zu öffnen; doch können die Pakete trotzdem fest verpackt und verschlossen werden. Findet sich in einem Postpaket ein Brief vor, so wird es mit dem doppelten Betrage des für den Brief fälligen Portos belegt. Ist ein Paket anscheinend ungenügend verpackt, so wird es bei der Annahme mit dem Vermerk „P. O. accepts no risk" (Auf Gefahr des Absenders) versehen. Postpakete können auch unter Einschreibung versandt werden; Einschreibgebühr 2 d. Alsdann empfängt der Absender einen Einlieferungsschein, und das Paket wird dem Empfänger nur gegen Quittung ausgefolgt. Solche mit Bargeld, Banknoten, Wechseln, Juwelen, Gold- und Silbersachen, Uhren und ähnlichen wertvollen Gegenständen müssen stets eingeschrieben werden und gehörig versiegelt sein. Rückscheine sind zulässig; Gebühr $2\frac{1}{2}$ d.

In Orten mit Bestelleinrichtung werden die Postpakete, soweit als irgend möglich, den Empfängern durch die Briefträger gebührenfrei in die Wohnung bestellt; in allen anderen Fällen müssen die Pakete auf der Post abgeholt werden, und es empfiehlt sich daher, die Empfänger von der erfolgten Absendung eines Postpakets noch brieflich besonders zu benachrichtigen. Eilbestellung ist wie bei Briefen (bis 3 kg) zugelassen (siehe unter „A. Briefpost"). Für Postpakete mit dem Vermerk „To be called for" (postlagernd) wird in Orten mit Bestelleinrichtung nach Ablauf einer Lagerfrist von 7 Werktagen eine Lagergebühr von 1 d für den Tag berechnet.

Wird ein Postpaket innerhalb 1 Monats nach der Ankunft nicht abgeholt, so ist der Absender zu befragen, was mit dem Paket geschehen soll. Verlangt er

Rück- oder Nachsendung, so ist hierfür das Porto nochmals zu entrichten. Trifft der Absender innerhalb 3 Monate keine Bestimmung, so wird das Paket an das Dead Letter Office in Wellington eingesandt, das, unter Einziehung einer neuen Taxe für die Rücksendung, für Rückgabe an den Absender sorgt, sofern sich dieser, was zu empfehlen ist, auf oder in dem Paket namhaft gemacht hat; neben der Rücksendungsgebühr kommt eintretendenfalls auch die Lagergebühr zur Erhebung. Bleiben Postpakete bei dem genannten Amte während weiterer 2 Monate unanbringlich, so wird über sie vom General-Postamt zugunsten der Postkasse verfügt.

Im Falle des Verlustes eines gewöhnlichen oder eingeschriebenen Pakets kann die Postverwaltung Ersatz bis 2 £ leisten.

Postpakete können auch unter Wertangabe bis 400 £ aufgegeben werden. In diesem Falle ist die Postverwaltung gesetzlich verpflichtet, bei Verlust oder Beschädigung Ersatz bis zur Höhe der Wertangabe zu gewähren. Der angegebene Wert soll den gemeinen Wert der Sendung nicht übersteigen. Flüssigkeiten und leichtverderbliche Sachen sind von der Beförderung in Wertpaketen ausgeschlossen; keinesfalls wird für sie Schadenersatz gezahlt. Wertpakete müssen sorgfältig verpackt und gut versiegelt sein; die Siegel dürfen nicht mehr als 3 Zoll voneinander oder von den Rändern entfernt sein. Ersatzansprüche sind spätestens 3 Monate nach der Auslieferung geltend zu machen. Neben dem Porto für ein gewöhnliches Paket und, im Falle der Einschreibung, neben der Einschreibgebühr ist eine Versicherungsgebühr in Freimarken auf dem Paket oder auf dem Klebezettel zu verrechnen. Diese Gebühr beträgt bis 12 £ 4 d und für jede weiteren 12 £ 2 d mehr.

D. Postsparkassen.

Die Mehrzahl der zum Postanweisungsdienst ermächtigten Postanstalten ist auch als Zweigstellen der Regierungssparkasse tätig. Die Postanstalten nehmen Spareinlagen entgegen und zahlen zurückgeforderte Guthaben zurück. Jede Spareinlage bei der Postsparkasse (Post Office Savings Bank) muß mindestens 1 s oder ein Mehrfaches von 1 s betragen. Zum Sparen kleinerer Beträge sind Sparkarten ausgegeben, auf die Freimarken bis zum Betrage von 1 s aufzukleben sind; solche Karten werden dann als Einlagen von 1 s angenommen. Einlagen können bei jeder Postanstalt auf ein Sparbuch gemacht werden, aber nicht länger als 3 Jahre bei einem Postamt eines anderen Bezirks als desjenigen, für den das Sparbuch ausgefertigt ist. Personen, die nicht in einem Orte mit Sparkasse wohnen, können bei der nächstgelegenen Sparkassenpostanstalt Einlagen bewirken, indem sie Betrag und Sparbuch im Einschreibbriefe dahin senden; auch die Rücksendung erfolgt unter Einschreibung. Für solche Briefe ist nur die Einschreibgebühr von 2 d, nicht auch Porto zu zahlen.

Die Guthaben werden bis 300 £ mit 3½%, über 300 bis 600 £ mit 3%, höhere Guthaben aber überhaupt nicht verzinst. Die Verzinsung erfolgt nur für ganze Monate, vom 1. ab gerechnet.

Will jemand ein Sparbuch haben, so muß er der Postanstalt Vor- und Zunamen, sowie Beschäftigung und Wohnort angeben; außerdem hat er eine Bescheinigung zu vollziehen, daß er ein Sparbuch noch nicht besitzt. Sodann wird das Sparbuch ausgefertigt; der Postmeister rückt den Betrag der ersten Einzahlung in das Buch ein und bescheinigt die Eintragung durch Namensunterschrift und

Abdruck des Tagesstempels. In gleicher Weise ist bei späteren Einzahlungen zu verfahren. Über jede Einzahlung von mindestens 1 £ erhält der Sparer außerdem vom General-Postamt nach einigen Tagen eine Einzahlungsbestätigung. Bleibt diese aus oder enthält sie Änderungen oder Rasuren, so hat der Sparer dies schleunigst dem General-Postamt zu melden. Jährlich an dem Tage, an dem das Sparbuch ausgefertigt worden ist, hat der Sparer sein Sparbuch zur Prüfung und zur Eintragung der Zinsen an das General-Postamt einzusenden; Umschläge für den Zweck sind bei jeder am Postsparkassendienst beteiligten Postanstalt erhältlich. Der gesamte diesbezügliche Schriftwechsel erfolgt portofrei. Geht einem Sparer ein Sparbuch verloren, so wird ihm auf Antrag mittels Formulars, auf das 1 s in Marken aufzukleben ist, ein Doppel ausgefertigt.

Rückzahlungen können bei Hauptpostämtern jederzeit ohne schriftlichen Antrag erhoben werden. Wohnt der Sparer jedoch im Bezirk einer anderen Postanstalt, so muß er wegen einer Rückzahlung einen schriftlichen Antrag unter Verwendung eines vorgeschriebenen Formulars stellen; es wird ihm dann ein Rückzahlungsschein übersandt, auf den er bei der von ihm bezeichneten Postanstalt den Betrag abzuheben hat. Die Rückzahlungsermächtigung kann auch telegraphisch erteilt werden; in diesem Falle hat der Sparer den schriftlichen Antrag dem Vorsteher der Postanstalt nebst dem Betrage von 6 d für das Telegramm (oder von 1 s für ein dringendes Telegramm) zu übergeben.

Guthaben können auch auf die britische Postsparkasse und umgekehrt übertragen werden.

Nachtrag.

Zu 3. Frankreich.

Seite 45: Die Zentralverwaltung des französischen Post-, Telegraphen- und Fernsprechdienstes unterliegt einer Neuorganisation. Das Unterstaatssekretariat für Post und Telegraphie ist aufgehoben worden, die sechs Abteilungen bilden Abteilungen des Ministeriums und die Direktoren sind dem Minister unmittelbar unterstellt. Die Abteilung für Materialien und Bauwesen soll aufgehoben, die Abteilung für den Telegraphen- und Fernsprechbetrieb in zwei Abteilungen geteilt werden, in eine Abteilung für Telegraphie (einschl. Bau) und in eine Abteilung für Fernsprechwesen (einschl. Bau).

Zu 6. Schweiz.

Durch ein neues Postgesetz, das noch der Beratung durch Nationalrat und Ständerat unterliegt, sind folgende Änderungen in den Postbestimmungen vorgesehen:

Seite 138: Postregal. Verletzungen des Postgesetzes sollen nur noch mit einer Geldstrafe von 1 bis 500 Fr., in Wiederholungsfällen bis 2000 Fr. geahndet werden. Von der Geldstrafe fällt ein Drittel der anzeigenden Person, der Rest der Postkasse zu.

A. Briefpost.

Seite 138: Das Zeitungsporto soll auf $^3/_4$ Ct. für jede 75 g ermäßigt werden.

D. Postaufträge.

Seite 143: Für einen Postauftragsbrief soll nur noch das Porto wie für einen gleichschweren Einschreibbrief erhoben werden; dagegen soll von dem eingezogenen Betrage noch eine Einziehungsgebühr von 10 Ct. einbehalten werden.

E. Pakete.

Seite 144: Für unfrankierte Pakete soll außer der Taxe für ein frankiertes Paket allgemein nur ein Zuschlagporto von 10 Ct. berechnet werden.

Für Sendungen mit Wertangabe bis 1000 Fr. soll die Versicherungsgebühr 5 Ct. für jede 300 Fr. des angegebenen Wertes nicht überschreiten. Für Sendungen mit höherer Wertangabe wird dem Bundesrat die Festsetzung der Versicherungsgebühr überlassen.

Nachnahme soll auf Briefsendungen (ausgenommen Drucksachen zur Vorzeigung, abonnierte Drucksachen, gerichtliche Akten und portofreie Sendungen) und auf Paketen bis 1000 Fr. zugelassen werden. Dem Bundesrat wird das Recht erteilt, die Ausgleichung der Nachnahmebeträge durch Postanweisung einzuführen und statt der sich nach der Höhe des Nachnahmebetrages richtenden Nachnahmegebühr neben einer festen Einziehungsgebühr die Postanweisungsgebühr vom eingezogenen Betrage einbehalten zu lassen.

F. Personenbeförderung.

Seite 146: Für Reisegepäck soll die Gebühr nur noch von dem das Freigewicht übersteigenden Gewicht berechnet werden.

H. Postscheck- und Girodienst.

Seite 152: Die Gebühr soll bei Auszahlungen, wenn die Abhebung des Geldes bei einem Postscheckbureau erfolgt, allgemein nur noch 5 Ct. für jede 1000 Fr. betragen.

GPSR Compliance

The European Union's (EU) General Product Safety Regulation (GPSR) is a set of rules that requires consumer products to be safe and our obligations to ensure this.

If you have any concerns about our products, you can contact us on ProductSafety@springernature.com

In case Publisher is established outside the EU, the EU authorized representative is:

Springer Nature Customer Service Center GmbH
Europaplatz 3
69115 Heidelberg, Germany

Batch number: 10844655

Printed by Printforce, the Netherlands